中国旱涝灾害风险特征及其防御

张　强　王　莺　王劲松　姚玉壁　张　良　等编

内容简介

本论文集围绕旱涝灾害的变化规律与风险特征，汇集了旱涝灾害及其风险进展评述、旱涝的监测及其时空分布特征、旱涝致灾因子变化特征、旱涝灾害承灾体的脆弱性和旱涝灾害的风险评估、旱涝灾害对农业的影响及对策防御等5个方面的研究成果。内容涵盖了旱涝灾害的特点及其在气候变暖背景下的变异性；在引入气候变化和人类活动的影响并考虑到孕灾环境的敏感性下，构建了气候变暖背景下旱涝风险形成概念模型及其评估方法；未来气候情景下旱涝灾害和粮食产量风险特征；揭示了旱涝灾害传递的特点；给出了基于旱涝灾害链的断链式风险控制的策略，为提高旱涝灾害防御和风险管理提供了科学参考依据。

本论文集可供地理、生态、气象、水文、农业、经济等方面从事科研和业务的专业人员以及政府部门决策管理人员参考，也可供大专院校师生参考。

图书在版编目(CIP)数据

中国旱涝灾害风险特征及其防御/张强等编．—北京：气象出版社，2021.1
ISBN 978-7-5029-7338-4

Ⅰ.①中…　Ⅱ.①张…　Ⅲ.①旱灾—灾害防治—中国②水灾—灾害防治—中国　Ⅳ.①P426.616

中国版本图书馆CIP数据核字(2020)第237081号

Zhongguo Hanlao Zaihai Fengxian Tezheng jiqi Fangyu
中国旱涝灾害风险特征及其防御

出版发行：气象出版社
地　　址：北京市海淀区中关村南大街46号　　**邮政编码**：100081
电　　话：010-68407112(总编室)　010-68408042(发行部)
网　　址：http://www.qxcbs.com　　**E-mail**：qxcbs@cma.gov.cn
责任编辑：林雨晨　　**终　　审**：吴晓鹏
责任校对：张硕杰　　**责任技编**：赵相宁
封面设计：地大彩印设计中心
印　　刷：北京建宏印刷有限公司
开　　本：787 mm×1092 mm　1/16　　**印　　张**：33.25
字　　数：851千字
版　　次：2021年1月第1版　　**印　　次**：2021年1月第1次印刷
定　　价：168.00元

前　言

中国是世界上气候灾害最为频繁和严重的国家之一。受亚洲季风影响，中国的旱涝分布格局呈现北方易遭受旱灾、南方旱涝灾害并发的特征，特别是自20世纪80年代以来，大范围的旱涝灾害频繁发生，给社会经济和人民生命财产造成了重大损失。为此，开展旱涝灾害变化规律与风险特征及其防御对策研究是关系国家粮食安全、生态安全、水安全乃至国家安全的重大战略课题。

在气候变暖的背景下，旱涝灾害的致灾因子危险性、孕灾环境敏感性、承灾体暴露度和脆弱性均发生了新的变异。开展气候变暖背景下中国旱涝灾害特征研究，特别是开展旱涝灾害可能引发的粮食、水资源及生态安全风险研究，增进对旱涝灾害风险的认识，构建有效的评估模型，提出应对风险的对策，是提高旱涝灾害防御能力的必然选择。同时，针对旱涝发生过程与农业受旱涝影响过程的不同步性，以及不同区域旱涝灾害的承灾体脆弱性存在差异的问题，研究旱涝发生过程与农业旱涝发生的因果联系、区域间的差异性与协同性，评估各类型区域农业抗旱涝灾害的能力，也是旱涝灾害防灾减灾关注的重点领域。

本论文集汇集了旱涝灾害及其风险进展评述、旱涝的监测及其时空分布特征、旱涝致灾因子变化特征、旱涝灾害承灾体的脆弱性和旱涝灾害的风险评估、旱涝灾害对农业的影响及对策防御等5个方面的研究成果。这些研究成果是在国家重点基础研究发展计划（973计划）“气候变暖背景下我国南方旱涝灾害的变化规律和机理及其影响与对策”第六课题“气候变暖背景下我国南方旱涝灾害风险评估与对策研究”（编号：2013CB430206）资助下开展的系统性研究成果。项目团队成员在中国气象局兰州干旱气象研究所张强研究员的带领下，在完成课题研究目标的基础上，拓展了研究内容和研究区域，取得了丰硕成果。论文集精选了该团队在“中国旱涝灾害风险特征及其防御”方面的部分重要论文，分别研究了旱涝的时空分布特征；气候变暖背景下旱涝灾害致灾因子变异规律，分析了不同区域、不同时段主要致灾因子变化特征，定量分析了致灾因子的累积效应，以及旱涝灾害对农业的关键影响期特征；根据气候变暖背景下旱涝的时空分布特征，基于旱涝灾害风险评估的科学方法，在IPCC灾害风险形成机理的基础上，引入了气候变化和人类活动的影响并考虑到孕灾环境的敏感性，构建了气候变暖背景下旱涝风险形成概念模型；确定了不同区域和时段旱涝灾害的主要致灾因子和旱涝灾害链，揭示了旱涝灾害传递的特点；建立了气候变暖背景下多种风险评估方法相互验证的旱涝灾害风险综合评估方法。评估了气候变暖背景下旱涝灾害可能引发的粮食和水资源风险；分析了未来气候情景下旱涝灾害和粮食产量风险特征；给出了基于旱涝灾害链的断链式风险控制对策；提出了针对不同风险因子和针对不同风险承受领域的干旱灾害风险控制策略，为提高旱涝灾害防御和风险管理水平提供了科学参考依据。

本论文集共收录论文44篇。其中旱涝灾害及其风险研究评述收录论文5篇；旱涝的监测及其时空分布特征收录论文6篇；旱涝致灾因子变化特征收录论文9篇；旱涝灾害风险特征收录论文14篇；旱涝的影响及防御收录论文10篇。编辑出版此论文集旨在向国内外广大读者系统交流和分享作者课题组的最新研究成果。

本论文集由张强负责策划，王莺、王劲松、姚玉璧、张良负责分类选编，蒋丽萍负责收集整理。出版编辑工作由中国气象局兰州干旱气象研究所牵头，武汉区域气候中心、中国气象局武汉暴雨研究所、中国气象局（甘肃省）干旱气候变化与减灾重点实验室、国家气候中心、甘肃省气象局、兰州资源环境职业技术学院、西北区域气候中心、宁夏大学、甘肃省定西市气象局、甘肃省天水市气象局和甘肃省张掖市气象局等单位共同参与完成。

本书出版得到中华人民共和国科技部、中国气象局的支持和关心，并得到973计划（编号：2013CB430200）和国家自然科学重点基金（编号：41630426）的资助，深表谢忱！

由于研究论文较多，选辑水平所限，难免沧海遗珠，顾此失彼，恳请大家批评指正。

编　者

2020 年 6 月

目　录

4 旱涝灾害风险特征

5 旱涝的影响及防御

1　旱涝灾害及其风险研究评述

中国干旱事件成因和变化规律的研究进展与展望*

张　强[1,2]　姚玉璧[3,1]　李耀辉[1]　黄建平[4]　马柱国[5]

王芝兰[1]　王素萍[1]　王　莺[1]　张　宇[1]

（1. 中国气象局兰州干旱气象研究所/甘肃省干旱气候变化与减灾重点实验室/中国气象局干旱气候变化与减灾重点开放实验室，兰州，730020；2. 甘肃省气象局，兰州，730020；3. 兰州资源环境职业技术学院，兰州，730021；4. 兰州大学大气科学学院，兰州，730000；5. 中国科学院大气物理研究所，北京，100029）

摘　要　干旱是世界上危害最广泛、最严重的自然灾害之一。中国是典型的季风气候区，干旱灾害的影响尤为突出。国际上对干旱问题已经进行了大量研究，逐渐由对干旱的定性和表象的认识发展到对干旱客观特征的定量认识和形成机理的深入揭示。自新中国成立以来，中国从以往仅对一些重大干旱事件的零散认识逐步发展到与国际干旱研究的完全接轨，在干旱研究方面取得了长足进展。但是，目前对干旱研究取得的科学进展缺乏客观全面的整体认识，对干旱研究的发展方向尚未能充分洞察。为此，基于国际干旱研究现状，系统回顾了新中国成立以来我国干旱研究的历程，总结了中国干旱研究的重要进展，划分出了干旱事件的现象特征和时空分布、干旱形成机理及变化规律、干旱灾害风险和骤发性干旱研究兴起等中国干旱研究的四个主要发展过程。并从干旱事件特征、干旱时空分布、干旱变化规律、干旱成因、干旱影响机制、干旱风险形成过程以及干旱对气候变暖的响应、骤发性干旱的特殊性等方面归纳凝练了中国干旱研究的主要成果。同时，结合干旱研究的国际前沿、热点问题和发展趋势，科学分析了中国干旱研究的不足和问题，提出了中国未来干旱研究需要在加强典型干旱频发区综合性干旱科学试验研究的基础上，对于干旱形成的多因子协同影响、陆-气相互作用对干旱形成发展的作用、骤发性干旱的判别及监测预测、各类干旱之间传递规律及其非一致性特征、关键影响期对农业干旱发展的作用、干旱对气候变暖响应的复杂性、干旱灾害风险的科学评估等重点科学问题上取得突破。该研究将对中国干旱研究未来布局和规划及推动干旱研究取得新的突破有重要指导意义。

关键词　干旱事件；形成机理；变化规律；进展与展望；中国

引　言

干旱气象是气象学的一个重要分支，也是一个深受社会各界广泛关注的学科领域。一般而言，干旱气象研究主要包括两个范畴，它既指对干旱半干旱气候区的形成和演化以及发生在该区域的天气气候的研究，又指对发生在全球任何区域的气象干旱的研究（张强 等，2011b）。对于前者的研究最近已有一些文章进行了系统的总结（张强 等，2012a；钱正安 等，2017a，b；Huang et al.，2019；管晓丹 等，2019；闫昕旸 等，2019），本文主要聚焦于后者即气象干旱（简称干旱）方面的研究工作进行综述和讨论。

全球自然灾害中气象灾害约占到 70%，而在全球气象灾害中干旱灾害又占到 50%（秦大

* 发表在：《气象学报》，2020，78(3)：500-521.

河 等,2002)。1980—2009 年全球因干旱造成的经济损失年平均为 173.3 亿美元,而 2010—2017 年的年平均损失增加到 231.25 亿美元,远超其他气象灾害损失的增速(Wilhite,2000;Buda et al.,2018)。在气候变暖背景下,全球水循环进一步加快,植物蒸腾和地表蒸散等水分平衡随之调整,干旱风险增高,农业生产的不稳定性和风险进一步加大(张强 等,2011a,2015a;Zhang et al.,2019b)。并且,干旱灾害发生的频率和强度均呈增加态势,特大干旱事件更加频繁发生,干旱灾害的表现特征愈加异常,对人类生产生活的危害日益加剧(IPCC,2012)。

中国是世界上干旱灾害发生频率最高且影响最严重的国家之一。20 世纪 70 年代以来,影响中国大部分区域的东亚大气环流系统从对流层到平流层均发生了明显的年代际转折,中国旱涝格局呈现为北方易受旱灾影响、南方旱涝并发的特征,大范围的干旱灾害连年发生,农作物每年平均受旱面积为 2090 万 hm^2,最高年份达 4054 万 hm^2,平均干旱成灾面积为 887 万 hm^2,最高年份达 2678 万 hm^2。每年造成的粮食减产从数百万吨到 3000 多万吨,干旱的直接经济损失高达 440 亿元/年(Buda et al.,2018)。干旱灾害严重威胁着粮食和生态安全,已成为制约社会经济可持续发展的重要因素之一。

所以,国际国内对干旱问题均进行了大量研究(Tannehill,1947;Charney,1975;Wilhite,1985;Wilhite et al.,2000;Gao et al.,2009;Dezfuli et al.,2010;Ummenhofer et al.,2011;Belayneh et al.,2014),已逐渐由对干旱的定性和表象认识,发展到对干旱客观特征的定量认识和形成机理的深入揭示。我国自新中国成立以来,干旱研究也取得了长足进展,从只对一些重大干旱事件的零散研究逐步发展到与国际干旱研究的完全接轨。

干旱灾害的形成和发展过程不仅包含着复杂的动力学过程及多尺度的水分和能量循环机制,而且还涉及气象、农业、水文、生态和社会经济等多个领域(张强 等,2015b)。中国大部分区域既处于东亚季风的两类子系统——“东亚热带季风(南海季风)”和“东亚副热带季风”重叠影响区,又同时受西风环流、高原季风的共同影响,再加之生态系统的敏感性以及高强度人类活动影响等因素,干旱气象灾害具有十分明显的区域性和复杂性,对其成因和变化规律的认识还不够深入,诸多新的科学问题还有待进一步研究(钱正安 等,2001;丁一汇 等,2003,2014,2016;黄荣辉 等,2003a,2005;Ding et al.,2014a,b,2015)。

目前,干旱事件的相关研究论文很多,但研究结果比较分散,许多观点各异甚至相悖,缺乏系统性地梳理,权威性地凝练。尚未对干旱问题形成整体性科学认识和系统系宏观理论概念。鉴于此,本文试图回顾总结新中国成立以来中国干旱研究的主要进展,科学划分干旱事件研究的主要发展过程,系统归纳凝练中国干旱研究的重要成果,并以此为基础剖析干旱研究存在的问题和挑战,提出解决问题的途径及未来研究方向和突破口。形成对中国干旱事件研究成果的宏观认识及未来挑战和机遇的系统性理解,为中国干旱研究未来布局和规划提供理论依据,为应对和防御干旱灾害提供科技支撑,为推动中国干旱研究取得新的突破和进展提供重要指导。

1 干旱研究的发展阶段及其取得的主要科学认识

中国对干旱问题的认识已经有很长的历史,但比较系统地对干旱进行研究分析应该是新中国成立之后的事。从新中国成立之后开始,中国干旱事件的研究历程大致可以分为如下四个主要发展过程。

1.1 干旱事件的现象特征和时空分布规律研究进程

20 世纪 30 年代美国发生了持续性干旱事件，造成美国中、北部大平原区 5 个州的严重灾情，约 250 万人离家出走。该事件引发了全球对干旱灾害的关注。1955 年美国在新墨西哥州召开干旱会议，明确了要以干旱灾害为重点研究方向（Hodge et al.，1963；Dregne，1970）。新中国成立之初，我国自然灾害频发，为了稳定农业生产，力争旱涝保收，开展了大规模干旱灾害调查（杨鉴初，1956；萧廷奎 等，1964）。起初，干旱研究工作受实测降水量资料的限制，多以史料记载、群众经验及少量降水量记录为依据，从干旱事件的现象特征入手，分析干旱灾害特征及其危害。随着观测站网的完善和探测手段的不断进步，逐步发展到对干旱时空分布规律的认识。在这一发展过程中主要取得了如下几个方面的科学认识。

第一，区域干旱事件年发生频率高、影响大，大范围干旱事件虽然年发生频率不高，但危害尤为严重。中国最严重的干旱是明朝崇祯年间的大旱，从崇祯元年（1628 年）陕北干旱起，至 1638 年旱区扩及陕、晋、冀、豫、鲁和苏等省，中心区连旱 17 年。赤地千里，民不聊生。爆发了明末农民大起义。20 世纪分别在 1900 年、1928—1929 年、1934 年、1956—1961 年和 1972 年出现了大范围干旱。大范围干旱事件年发生频率为 11%（任瑾 等，1989）。元明清三代河南省共有 654 年发生干旱，以夏旱最多，春旱次之，冬旱最少，季节连旱中以夏秋旱、春夏旱居多（萧廷奎 等，1964）。河北省在 1368—1900 年中共有 379 年发生了干旱，其中夏旱最多，其次春旱；1640 年，1641 年 1832 年和 1877 年四个年份是河北省在明清受旱范围广，时间长，旱情最为严重的干旱事件（唐锡仁 等，1962）；黄土高原区域 1951—1980 年春旱频率最高的是宁夏北部，为 75%，陇中与晋中次之，分别为 57% 和 56% ；关中最少，仅 30%，其余大部地区在 37%～52%之间。随后，黄土高原大部分区域夏旱形势更加严峻。干旱频率比以往增加，大旱概率明显增大，夏旱越来越严重。黄河流域以春旱为最严重（杨鉴初，1956；任瑾 等，1989）。可见，中国区域干旱事件年发生频率大多在 50%以上，黄土高原区域春季干旱年发生频率更高达 75%；华北、中原区域以夏旱为最。其中大范围干旱事件年发生频率为 11%，虽然大范围干旱事件年发生频率不高，但危害非常严重，应予以高度关注。

第二，北方地区属干旱频发区，但近年来南方地区干旱频次也明显增加。中国干旱的空间分布存在显著的区域差异，东北地区西部、华北、黄淮、西北地区东部、内蒙古中东部、西南等区域年平均干旱日数普遍在 40 d 以上，华北中南部、黄淮东北部、西北地区东部以及吉林西部等地年干旱日数甚至在 60 d 以上，北方地区总体属于干旱多发区域（Wang et al.，2011；钱维宏等，2012；廖要明 等，2017；韩兰英 等，2019）。进入 21 世纪后，北方干旱仍然频繁发生的同时，南方地区干旱频次明显增加，季节性干旱事件增加尤为明显（黄晚华 等，2010；Sun et al.，2012；Chen et al.，2015）。其中，西南地区，四川南部、云南和贵州西部等地 2011—2014 年干旱频率达到了 50%（韩兰英 等，2014，2019），重大干旱事件频发（黄荣辉 等，2012；钱维宏 等，2012），2006 年重庆四川遭受百年一遇的特大干旱，2009 年西南出现有气象记录以来最严重的秋冬春连旱；2009—2012 年云南 5 年连旱等。2002 年广东也发生罕见的冬春连旱；2004 年整个华南地区遭遇了 1951 年以来最为严重的秋冬连旱；2007 年一场 50 年一遇的特大干旱波及江南、华南及西南等几乎整体南方区域。

第三，北方发生持续性干旱事件的概率大于南方地区，3 个月以上的较长干旱事件多发生在北方半干旱和半湿润区及西南。干旱的形成和发展是地表水分亏缺不断积累的过程，干旱持续时间越长，产生的危害越重。中国北方区域发生持续性干旱事件的概率要大于南方地区，北方半干旱和半湿润区常发生持续时间在3个月以上的干旱事件，其发生概率大部分区域大于51.7%，燕山—太行山—秦岭—巫山—横断山脉一线的山地区域甚至高于77.6%，持续6个月以上的干旱主要发生在西北地区及东北东部的半湿润区，发生概率通常大于17.2%，局部区域会高于31%，持续12个月以上的干旱主要发生在西北地区大部以及华北、东北、黄淮的小部分区域，发生概率小于15%。南方区域持续性干旱事件发生概率相对较低，主要出现在西南和华南局部区域（李明星 等，2015；Yu et al.，2014b；Wang et al.，2018）。另外，中国持续性干旱事件起止时间具有一定的区域差异性，西南地区及华南地区的持续性干旱事件在秋季和初冬季频次最高，且大部分在春季结束（李忆平 等，2014，李韵婕 等，2014）；而西北中西部的大部分地区秋季开始的持续性干旱事件明显比其他季节偏多，在冬、春季结束的频次明显高于夏、秋季，夏季发生概率最小；东北区域秋季持续性干旱事件偏少，其他季节出现频率均比较高（李忆平 等，2014）。

第四，旱灾受灾面积总体呈加重趋势，农作物因旱受灾面积和成灾面积趋于增加。图1给出了中国历年干旱灾害受旱面积和成灾面积变化曲线，可见20世纪50年代以来，中国旱灾总体呈加重趋势，农作物因旱受灾面积和成灾面积趋于增加。尤其，华北、东北、西北地区东部、西南以及华南等地显著干旱化（图2，略），干旱程度加重，频次升高，旱区范围显著扩张（马柱国 等；2007；邹旭恺 等，2008；Chen et al.，2015；Li et al.，2015a；李明星 等，2015；Huang et al.，2016；黄庆忠 等，2018）。进入21世纪后，重大干旱事件明显增加（Wang et al.，2011；韩兰英 等，2019），重旱到特旱面积增加3.72%/(10a)（Yu et al.，2014b）。

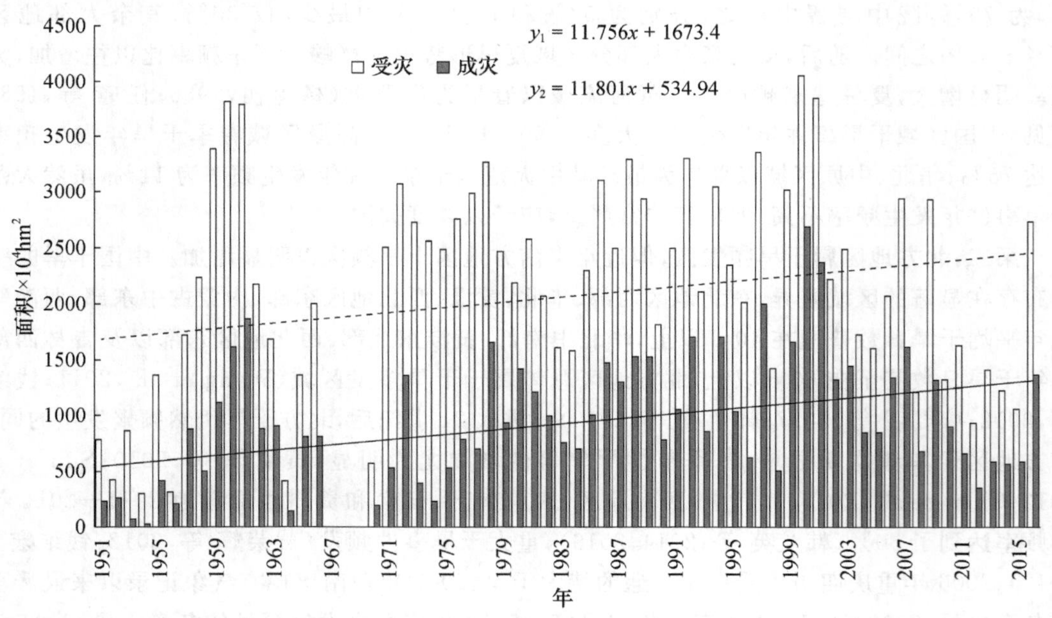

图1 1951—2016年中国因旱受灾面积和成灾面积变化

1.2 干旱形成机理及变化规律研究进程

引起干旱的因素很复杂，包括气候波动、气候异常、气候变化和外强迫因素及水资源供需变化等多因子及其协同作用。而且，即使在同样的大气环流异常背景下，干旱也往往是从生态环境相对脆弱的地区开始爆发而后再向周边扩散。干旱的发生和发展还往往表现为不同的时空尺度，干旱的多时空尺度性及尺度之间交叉耦合问题使干旱的形成机制变得更加复杂。对干旱事件成因的认识远没有对干旱气候成因认识得清楚，很多结论还比较定性甚至模糊（王绍武 等，1979）。为此，我国学者从 20 世纪 80 年代起对中国干旱形成机理及变化规律开始逐步进行深入研究，在这一发展过程中主要取得了如下几个方面的科学认识：

第一，大气环流异常导致降水量时空分布变异，部分区域降水量减少，形成区域干旱事件。中国气象灾害的发生主要由于东亚气候系统变化所引起（叶笃正 等，1996），干旱气象灾害亦不例外，主要受东亚气候系统变化影响。东亚气候系统成员主要有如下三类：一是在大气圈中有东亚季风（包括冬、夏季风）、西太平洋副热带高压、中纬度扰动；二是在海洋圈中有热带太平洋的厄尔尼诺和南方涛动循环（NESO 循环）、热带西太平洋暖池热力状态和印度洋的热力状态；三是在陆面与岩石圈有青藏高原的动力和热力作用、北冰洋海冰、欧亚积雪以及陆面过程，特别是干旱和半干旱区的陆面过程（黄荣辉 等，2003b；张庆云 等，2003a）。在中国华北地区每当东亚夏季风偏弱年，西太平洋副热带高压位置偏南，华北地区夏季降水可能偏少，这也是干旱事件发生的主要成因（张庆云 等，2003a，b）。同时，在华北夏季旱年，中高纬度地区以纬向环流为主，华北地区处于“西高东低”的环流形势下，受控于异常的偏北气流以及贝加尔湖高压脊的下沉气流，且西太副高脊线位置偏南，西伸脊点位置稍偏东，这些环流形势均不利于华北地区夏季降水，比较容易形成干旱事件（沈晓琳 等，2012，邵小路 等，2014）。而西北干旱的环流场特征为 500 hPa 中纬度（40°N）新疆脊强，东亚槽深，东亚中纬度北风偏强。在高度距平场上，新疆为正距平，在日本海为负距平，形成“西正东负”的态势。西北区东部干旱年夏季常盛行“上高（西部型南亚高压）下高（新疆脊或伊朗高压东伸上高原）”形势。而西北区西部干旱年夏季也常盛行“上高（西部型南亚高压）下高（中亚或新疆脊或伊朗高压东伸）组合流型”（钱正安 等，2001）。另外，当西太平洋副热带高压脊线位置偏南，脊线以北 8～9 个纬度的雨带位置也偏南，雨带位于西北地区东部以南，即夏季雨带不能北上影响西北地区东部时，西北地区东部会出现干旱。脊线位置越偏南，干旱程度越严重（钱正安 等，2001；蔡英 等，2015，Zhang et al.，2019a）。西北地区为正距平，东亚沿海附近为负距平时形成偶极型的热力强迫异常，也将导致西北地区东部夏季干旱。

21 世纪以来，西南地区也逐渐成为中国干旱发生频率较高的地区之一，引起了各界广泛关注。例如，2006/2007 年和 2009/2010 年两次特大干旱及 2012/2013 年秋、冬、春季持续干旱，均影响范围广，经济损失严重。南支槽强度偏弱、孟加拉湾水汽输送偏少以及弱极涡背景下，异常波活动造成的 AO 负异常引起的冷空气路径偏东是西南地区持续干旱的共同特点（黄荣辉 等，2012，胡学平 等，2014，2015）。同时，北大西洋多年代际尺度振荡（AMO）通过激发环球尺度的斜压遥相关型（AMO-Northern hemisphere teleconnection，ANH），不但可以影响东亚地区的降水，还可以影响从大西洋、欧亚直至北美地区的整个北半球降水的年代际变化。在东亚地区，ANH 遥相关引起的环流异常通常会使得长江以北地区低层气旋式环流异常和长江流域反气旋式环流异常，导致淮河流域降水偏多而长江流域降水偏少。另外，AMO 的正位相始终有利于长江以南的干旱（丁一汇 等，2018）。

第二，植被退化、积雪增加或土地利用等陆面因子改变造成地表反照率增大，会导致下沉运动加强，抑制降水发生，导致干旱。中国西北地区植被的退化（从植被覆盖到裸土）将减少地表吸收的辐射，并引起较弱的地表热力作用，这使得西北干旱区大部分区域上空对流层中层出现反气旋异常环流，导致此区域大部分地区降水减少(Li et al.,2010)。然而，西北干旱区植被退化也会使高原东北侧上空对流层上层产生反气旋异常，在高原的东北部上空对流层中层会产生气旋环流异常，从而引起了高原东北侧上空产生垂直上升运动的异常，这些环流的变化会导致青藏高原东北部的降水增多(黄荣辉 等,2012)。同时，积雪通过激发大气遥相关型以及通过影响土壤湿度、温度分布及辐射状况，对同期和后期大气环流型和东亚夏季风降水产生影响，进而对我国旱涝的发生及发展产生影响(张人禾 等,2016)。有研究通过数值模拟表明：青藏高原南部冬、春积雪异常偏多，长江及其以北地区夏季降水偏多，华南大部分地区夏季降水偏少；而当高原北部冬、春积雪异常偏多，华北及东北地区夏季降水偏多，长江下游南部地区夏季降水偏少，雨带更偏北(Wang et al.,2017)。另外，欧亚大陆地面感热异常偏低(高)，冷源作用强(弱)，伴随夏季阻塞形势和蒙古气旋较强(弱)，暖湿空气易(难)深入到北方，有利于北方干旱缓解(加重)(Jin,et al.,2015)。

第三，青藏高原从多个方面影响东亚干旱事件。第一方面是青藏高原通过屏障作用、侧边界动力作用和下沉运动带等因素影响中国的干旱事件。首先，青藏高原阻碍了南亚西南季风的北上，其动力抬升作用的异常变化直接影响下游干旱形成；同时，在夏季高原北侧对流层中，干旱年高层有比常年更强的经圈环流圈，下沉运动也更强。另外，青藏高原冬、春季地面感热异常变化也会影响中国干旱的形成。第二个方面是大地形的动力和热力过程影响区域尺度的环流及干旱形成。青藏高原隆升不仅是新生代固体地球演化的重大事件之一，也被认为是地球气候和环境演化的重要驱动力，不仅改变了它本身的地貌和自然环境，而且对亚洲季风、亚洲内陆干旱至新生代全球气候变化都有深刻的影响(叶笃正 等;1979,徐国昌 等,1983)。青藏高原热力抬升作用影响到亚洲大部分区域，夏季高原的加热作用通过激发异常的大气环流，使得中亚、西北和华北的干旱事件加剧(Wu et al.,1998,2007,2012;Liu et al.,2007;王同美 等,2008)。当青藏高原冬、春季地面感热异常偏强时，造成后期对流层中上层高度场异常偏高，且高度场异常偏高的响应随时间从低层向高层传递，导致夏季副热带高压偏强、偏西，南亚高压异常偏强，使得中国南方夏季异常偏干；而当青藏高原冬、春季地面感热异常偏弱时，中国北方夏季异常偏干(Wang et al.,2008,2017a)。第三个方面是在青藏高原北侧边界层中盛行西风，形成了一条东一西向的负涡度带。由此造成在南疆东部和高原东北侧的宁夏和甘肃中部一带，由于气流过山的绕流和辐散，加大了那里的负涡度，并且使下沉运动加强，会加剧该区域的干旱事件。第四个方面是在高原及邻近地区多年夏季平均的垂直运动场上，夏半年(4—9月)高原上盛行较强的上升运动，而绕高原西、北和东北侧分布着下沉运动带，带中的三个下沉中心大体分别与中亚、西北和华北三片干旱及半干旱区对应，其下沉运动的异常变化和三片区干旱事件的强弱显著相关。第五个方面是由于高原夏季是热源作用 500 hPa 高度场形成了暖高压脊，而西太平洋沿海区域相对较冷，是热汇区，在 500 hPa 高度场东亚中纬度沿海形成了冷槽区，500 hPa 高度距平场上，西北地区为正距平，东亚沿海附近为负距平，造成西北地区东部上空偏北气流加强。这个偶极型强迫由一个区域热汇和一个区域热源构成。热汇位置相应于西太平洋沿海区域，热源位置相应于高原区域。这种西高东低的高空形势会形成西北的干旱事件(罗哲贤,2005)。

第四，海温和海洋引起的环流异常是形成干旱事件的重要因子。海洋环境条件尤其是太平洋、大西洋或印度洋等海域的海表面温度(SST)对全球各地降水量的异常分布有重要的影响(Ting et al.,1997;Seager et al.,2005;Mo et al.,2009;Dai,2013)。SST 异常对 1998～2002 年发生在欧洲南部、非洲西南部及美国等地的大范围干旱影响较大(Hoerling et al.,2003);伊朗西南部气象干旱与 SOI 和 NAO 相关,6—8 月的 SOI 与秋季降水呈显著负相关关系,春旱与 10—12 月的 NAO 相关性系数超过 0.5,但是冬旱不滞后于 SOI 和 NAO(Dezfuli et al.,2010);澳大利亚东南部的干旱归因是印度洋偶极子(IOD)和 ENSO 的共同影响(Ummenhofer et al.,2011);冬季全球海洋表面温度与欧洲夏季干旱之间存在明显的滞后关系(Findell et al.,2010;Ionita et al.,2012)。在全球变暖背景下,当北太平洋年代际变化减弱,POD 频率向高频移动,黑潮延伸体和副极地海洋西部的 SST 年代际变率振幅减弱最明显。北太平洋年代际变化减弱导致东亚夏季风强度减弱,会直接导致华北地区夏季降水量的减少。ENSO 是热带海-气相互作用的主要模态,El Niño 年冬季东亚冬季风偏弱,冬季西太平洋副热带高压偏强偏北,水汽输送偏多,有利于东亚季风降水,La Niña 年水汽输送则偏少,不利于华北地区降水(陶诗言 等,1998;龚道溢 等,2003;琚建华 等,2004;陈文 等,2006;林大伟 等,2018)。ENSO 事件对华北地区的干旱起主要的促进和加强作用(杨修群 等,2005;Gao et al.,2009;邵小路 等,2014)。例如,2010 年秋、冬季发生在华北地区持续性干旱即是叠加在降水减少气候趋势之上的极端干旱事件,这次极端干旱事件主要成因是受到同期较强的北极涛动(AO)负位相和 La Niña 事件共同的影响(沈晓琳 等,2012)。ENSO 事件的不同阶段,对中国夏季华北地区、江淮流域以及黄河流域干旱的影响不同(黄荣辉,2006;黄荣辉 等,2012)。5 月北太平洋涛动与华北夏季旱涝有较好的正相关关系,NPOI 正(负)位相异常年,一般 PDSI 偏大(小)。华北地区夏季偏涝(旱)北大西洋涛动与西北夏季降水第一模态降水相关性好,北太平洋涛动与第二模态相关性好(郑秋月 等,2014)。

同时,海洋作为水汽的重要源地,可通过改变影响东亚地区季风(东亚季风和南亚季风)、西风带等气候系统水汽输送的强弱、路径、来源及汇合地等,从而影响东亚地区干旱事件的发生(黄荣辉,2006;Zhang et al.,2016a;Xing et al.,2017)。东亚夏季风减弱导致季风携带的水汽在长江流域汇合,输送到华北的水汽减少,导致华北地区夏季降水减少,发生干旱(丁一汇 等,2014;Zhu et al.,2012;Zuo et al.,2012)。南亚季风通过影响孟加拉湾水汽输送,从而影响中亚及东亚夏季干湿状况(Zhang,2001;Zhao et al.,2014)。自 20 世纪 80 年代以来,南亚季风的增强和西风环流的减弱,导致更多的水汽从印度洋经孟加拉湾和阿拉伯海输送到中亚,这是近年来中亚干旱区降水增多的重要原因之一(Staubwasser et al.,2006;Liu et al.,2018)。西北干旱区夏季干、湿与东南沿海水汽输送密切相关,来自孟加拉湾、南海等海域的水汽借助西行台风、西伸的西太平洋太副热带高压及柴达木低压等多个天气系统和西太平洋太副热带高压西南侧东南风急流、西侧南风低空急流及河西偏东风等三支气流输送到达西北内陆旱区,影响着该区域的干旱形成(蔡英 等,2015)。

第五,人类活动改变地表状况,进而改变大气和地表之间的能量、动量和水分交换,对区域干旱显著影响。人类活动已经并将继续改变地表状况。人类活动通过改变土地利用/覆盖,进而改变大气和地表之间的能量、动量和水分交换,对区域干旱产生显著影响(Findell et al.,2007;Van Loon et al.,2016;Huang et al.,2017a,b)。土地过垦、过牧及过采地下水等过度开发使得土地退化和生态环境恶化。尤其在半干旱地区,退化的土地与区域干旱形成正反馈作用,导致干旱不断加剧(Charney,1975;Taylor et al.,2002;Olson et al.,2008;Sherwood et al.,2014;Huang et al.,2017c)。在东非的干旱/半干旱地区也发现了类似的正反馈机制。在研究美国1930年代沙尘暴及北非大旱与人类活动的关系时，也模拟检验了陆-气相互作用的正反馈致旱机制（Charney，1975）。另外，气溶胶即大气中颗粒物浓度增加不仅通过散射和吸收太阳辐射直接影响地表的辐射平衡、感热和潜热通量的输送，而且通过对云的催化作用，改变云的微物理量和降水效率，进一步间接影响大气中的热量和水汽以及陆面水文和生态过程。一般在较干旱地区，颗粒物增加抑制降水，加速干旱进程，加重了干旱强度（Fu，et al.，2014；Lin et al.，2018；Zhao et al.，2015；Huang et al.，2016）。

第六，开展了综合性的干旱气象科学研究和综合观测试验。为了提升北方干旱频发区防灾减灾能力，中国于2015年启动了“干旱气象科学研究（DroughtEX_China）”重大项目。该项目由中国气象局牵头实施，在中国北方干旱半干旱地区通过常规、加密与特种观测以及野外模拟试验，开展跨学科、综合性、系统性的干旱气象科学研究和综合观测试验（图3），在干旱灾害形成和发展过程、多尺度的大气-土壤-植被水分和能量循环机理、大气、农业、水文等干旱之间的相互关系等方面取得了明显进展，在干旱的准确监测、风险评估以及干旱早期预警等技术方面也取得了重要进步（李耀辉 等，2017；Li et al.，2019）。

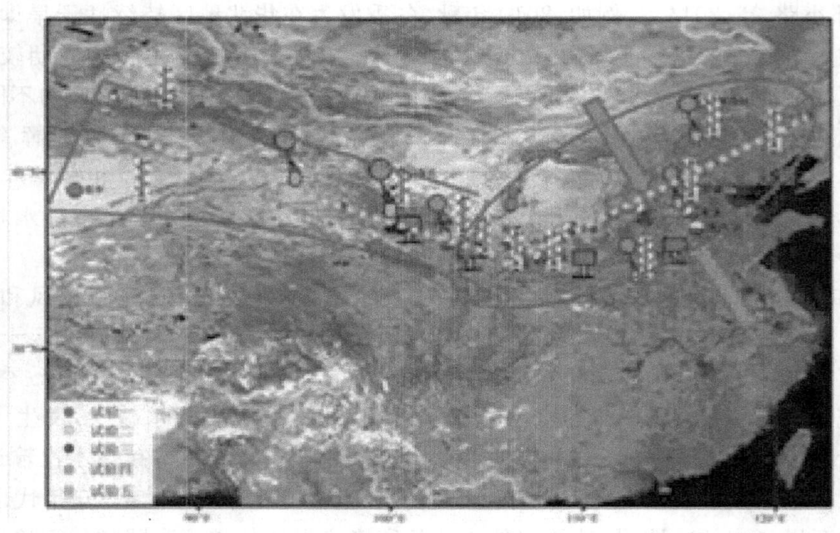

图3　干旱气象科学研究外场观测试验站网布局

1.3　干旱灾害风险研究进程

为了适应对自然灾害从应急管理向风险管理的转变，从20世纪80年代初，国际上开始了自然灾害风险研究探索，灾害学家试图从系统论角度认识自然灾害风险要素及相互作用（Burton et al.，1993；Blaikie et al.，1994）。中国的干旱灾害风险研究兴起于21世纪初，从干旱灾害风险机制、干旱灾害风险评估方法和中国干旱灾害风险特征等方面开展了研究。在这一发展过程中主要取得了如下几个方面的科学认识。

第一，提出了干旱灾害风险形成的概念模型。干旱灾害风险形成机制主要有“二因子说”“三因子说”和“四因子说”等（张继权 等，2013）。IPCC认为灾害风险是致灾因子、暴露度和脆弱性的函数（IPCC，2014）。张强等（2017a）在灾害风险形成机理的基础上，引入了气候变化和人类活动的影响并考虑到孕灾环境的敏感性，提出了一个新的干旱灾害风险形成机理概念模型(图 4)。新概念模型能全面、客观地表征出干旱灾害风险的形成机理,反映出干旱灾害风险的可变性与动态过程特征。其形成的干旱灾害风险特征更加科学,更接近干旱灾害风险的本质。

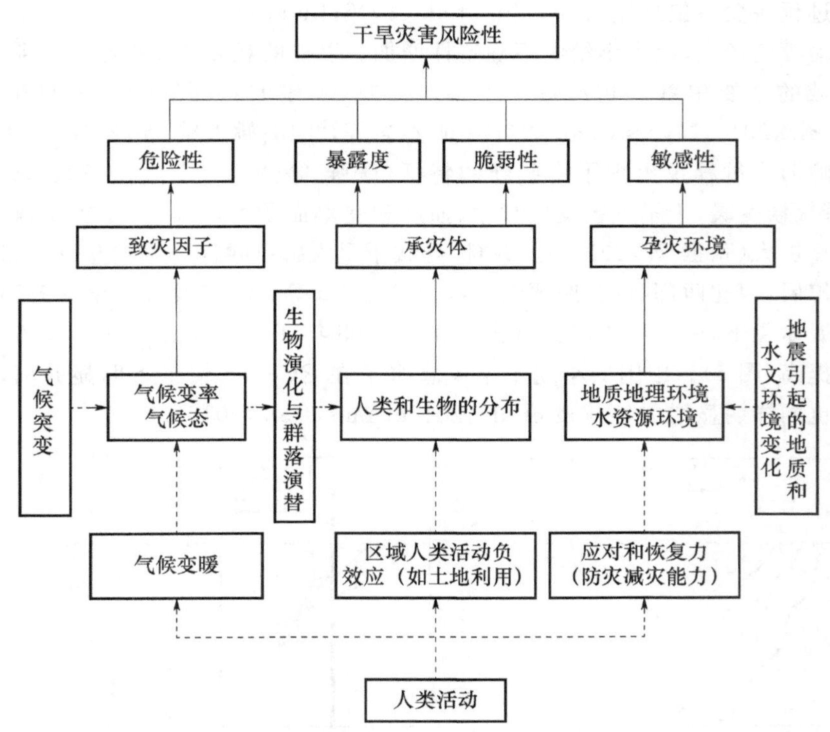

图 4　干旱灾害风险形成机理概念模型(张强 等,2017a)

第二,建立了分别基于风险因子、灾害损失概率统计分析和风险机理的干旱灾害风险评估方法。干旱灾害风险评估方法的建立是进行风险评估的基础。目前主要有基于风险因子的评估、基于灾害损失概率统计分析的评估和基于风险机理的评估等三种方法(尹占娥,2012)。基于风险因子的评估方法是以风险影响因子为核心的风险评估体系,在方法上侧重于灾害风险指标的选取、优化以及权重的计算,具有全面和灵活的优点,但是只开展定性分析,评估结果的主观性较强(Huang et al.,2014;Zhang et al.,2016b;Murthy et al.,2015;王莺 等,2015;Thomas et al.,2016)。基于灾害损失概率数理统计的干旱灾害风险建模与评估是指利用数理统计方法,对以往的干旱灾害实况数据进行统计分析,并找出干旱灾害风险分布演化规律,从而达到预测评估未来干旱灾害风险的目的(张峭 等,2011; Belayneh et al.,2014;王文祥等,2014;Wang et al.,2017c)。基于物理模型的风险评估方法是通过对评估区域的自然灾害过程进行仿真建模,并以此进行风险分析评估,属于灾情预测或模拟,即通过借助于分布式水文模型、作物生长模型等系统平台对致灾因子的致灾过程进行仿真模拟,对各情景下的不利后果进行量化综合分析,最终获得不同气象灾害情景下的承灾体灾害风险情况。该方法的优点是可以细致描述灾害系统要素间的反馈机理,缺点是仿真建模的边界条件难以设定,涉及的许多参数难以获取,一般比较适合于较小区域或重点地区的灾害风险精细化分析评估(王志强等,2012;Yu et al.,2014a;Yue et al.,2015)。

第三，干旱灾害风险主要呈现北高南低的分布格局，随着气候变暖干旱灾害风险明显加剧。中国干旱灾害危险性主要呈现北高南低的分布格局（费振宇 等，2014）。张强等（2017a）对南方干旱灾害风险研究发现，重旱高风险区主要集中于西南。受气候变化影响，干旱灾害的形成和发展过程将变得更加复杂（Neelin et al.，2006；Lu et al.，2007；Kam et al.，2016），全球农业产量波动幅度增大，粮食供给的不确定性增加。以往的观测及模拟结果表明，气候变化已经对许多区域的主要粮食作物产量产生不利影响，少量的正面影响一般见于高纬度地区（Wheeler et al.，2013；Myers et al.，2017；刘立涛 等，2018；姚玉璧 等，2018）。由此导致干旱灾害及其风险形成过程也出现了一些新的特征（张强 等，2014；秦大河，2015；Cheng et al.，2016）。随着气候变暖，干旱灾害发生频率、强度和受旱面积均增加，干旱灾害风险增加；高干旱风险区明显扩大（张强 等，2017a）。并且，导致干旱灾害风险高值区向华北中部、东北西部、内蒙古东部扩展，西北西部收缩（廖要明 等，2017）。Su 等（2018）发现在全球升温 1.5 ℃条件的可持续发展途径下，中国干旱损失将比 1986—2005 年高 10 倍，比 2006—2015 年高 3 倍，干旱风险显著提高（图 5）。中国的小麦干旱风险水平在 RCP8.5 情景下明显升高，甘肃省的干旱灾害风险也同样明显增加（Wang et al.，2017c；Yue et al.，2018）。

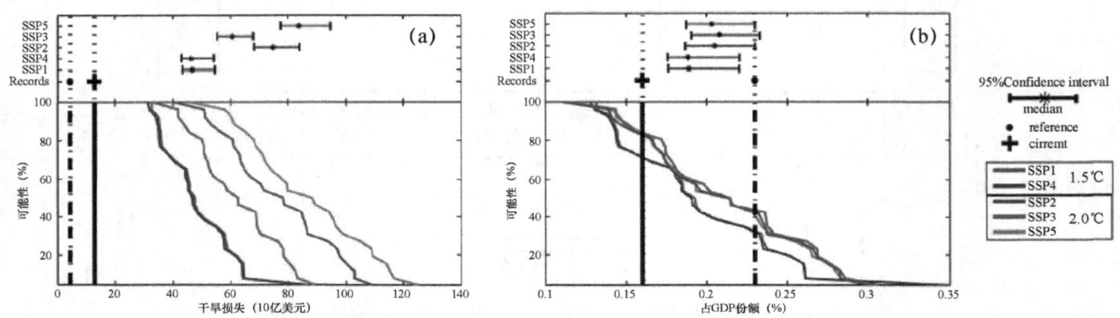

图 5　中国在全球变暖 1.5 ℃和 2.0 ℃水平下的干旱损失(a)及其占 GDP 的份额(b)(Su et al.，2018)

1.4　骤发性干旱事件研究进程

骤发性干旱是一种不同于传统慢过程干旱的快速发展的短期干旱，其突发性强、发展迅速、强度高，对作物产量形成和水资源供给有严重影响，在气候变暖背景下这类干旱日益突出，引起了广泛关注。目前，对骤发性干旱的定义尚未有广泛共识，有学者提出应以由于降雨亏缺、高温热浪或人类活动，导致在半月或月以内时间段，作物耕作层土壤水分出现异常偏低的干旱事件为骤发性干旱（Sun et al.，2015；Mo et al.，2015；Otkin et al.，2018）。相对传统的缓慢发展的干旱，骤发性干旱具有发生迅速的显著特征，对社会经济影响严重，对其监测和预测提出了更高的要求。在目前所知会的尺度上，只有在气象干旱情况下才会出现骤发性干旱，其他类型干旱情况下不一定必然会出现。中国骤发性干旱的研究兴起于 2010 年之后，在这一发展过程主要取得了如下几个方面的科学认识。

第一，揭示了两类骤发性干旱的主要特征。Ⅰ型骤发性干旱主要受高温驱动，并伴随蒸散发作用增强和土壤湿度的减少；Ⅱ型骤发性干旱主要由严重的水分亏缺引起，从而引发土壤快速变干和植被蒸散发能力的减弱（Mo et al.，2015；Wang et al.，2016；2017b）。Ⅰ型骤发性干旱多发生在湿润和半湿润区（图略），中国南方是这类骤发性干旱的高发区，平均发生 12～18

次/(10a),平均持续 6~7 d,其次是华北和东北地区,平均发生 3~9 次/(10a),平均持续5 d;而Ⅱ型骤发性干旱较易发生在半干旱地区如中国北方(图 6b,略),平均发生 9~15 次/(10a),持续 7~8 d。生长季(4—9 月)内,Ⅰ型骤发性干旱在南方出现次数是北方的 2~3 倍,多发生在 7 月,而Ⅱ型骤发性干旱在北方出现次数是南方的 2 倍,多发生在春末夏初时段。近几十年来,中国两类骤发性干旱均呈现显著增加的趋势(Wang et al.,2016,2018;Zhang et al.,2017;张翔 等,2018),仅 1979—2010 年间Ⅰ型骤发性干旱的发生次数就增加了 129%,Ⅱ型骤发性干旱次数也增加了 59%(Wang et al.,2018)。通常情况下,反气旋环流异常为骤发性干旱的发生提供有利条件,但由于不同地区气候、植被和土壤条件的不同,两类骤发性干旱的分布存在较大差异。在中国南方,由于水汽较为充足,蒸散发主要受到能量控制,温度升高极易引发蒸散发快速增加并导致干旱,正因为如此,Ⅰ型骤发性干旱更易发生在南方等湿润地区,并且约有 15%的骤发性干旱发生在季节性干旱的爆发阶段。相反,北方由于长期水分供给不足,发生降水短缺时更易导致土壤湿度的快速减少从而引发Ⅱ型骤发性干旱,且有 19%的骤发性干旱发生在季节干旱的爆发阶段,18%的骤发性干旱发生在季节干旱(张翔等,2018)。

第二,长期气候变暖导致骤发性干旱显著增加。长期变暖是造成骤发性干旱增加的主要原因,其贡献可达 50.1%,其次是土壤湿度下降和蒸散作用增强的影响,贡献分别为 37.7%和 13.8%(Wang et al.,2016)。我国湿润和半湿润区水分较为充足,蒸散主要受能量控制,高温极易导致蒸散发增大,进而使得土壤水分迅速降低,一般在Ⅰ型骤发性干旱发生前约 10 天存在土壤湿度的快速变干。而在干旱和半干旱地区,受地表水分和植被条件的限制,土壤水分亏缺引起蒸散减少,进而使地表温度上升、土壤水分迅速降低引发Ⅱ型骤发性干旱。一般在Ⅱ型骤发性干旱爆发前 10 天已有一定的土壤水分亏缺,若Ⅱ型骤发性干旱出现后降水仍持续偏少,则有可能引发季节性干旱(Zhang et al.,2017;Wang et al.,2018)。

第三,骤发性干旱与传统持续性干旱既有共性又有显著差异性。骤发性干旱与传统持续性干旱既有共性又有显著差异性(表 1)。其共性主要为:气候特征均表现为气候异常,前提条件均是降水亏缺,空间尺度均会出现局地干旱、区域干旱甚至洲际干旱,陆-气互馈关系演变均由能量约束型转化为水分约束型,危害性均强,监测预测难度均较大。其差异性主要为:就发展而言,前者快速发展,而后者缓慢发展;就发生频率而言,前者发生频率较低,而后者发生频率较高;就持续的时间尺度而言,前者一般为季节内时间尺度,而后者一般可持续到季节、年际、年代时间尺度;就主导因子而言前者是多气象要素异常所致,而后者主要是降水亏缺形成;就发生的时间而言,前者多在春、夏时发生,而后者全年均可发生;就发生的区域而言,前者多发生在农田或植被茂盛区,而后者在任何区域均可能出现;就干旱程度而言,前者一般为严重或极端干旱,而后者轻旱、严重、极端干旱均有;就涉及的干旱类型而言,前者多以气象干旱、农业干旱、生态干旱为主,而后者气象干旱、农业干旱、生态干旱、水文干旱、社会干旱均会出现;就影响程度而言,前者往往影响严重、破坏性强,而后者影响深远而广;就孕育过程而言,前者突发性强、猝不及防,而后者具有隐蔽性、觉察到为时已晚;就需要监测的主要要素而言,前者包括蒸散、饱和水气压差、水分供需平衡值、气温,而后者则以监测降水为主;就先兆特征而言,前者蒸散量由快速增加转为减弱、减少,而后者蒸散量低且无显著变化。

关于中国干旱事件研究发展进程的标志性成果和主要事件在表 2 中进行了简要归纳,基本反映了中国干旱事件研究历史脉络。

表 1　骤发性干旱与传统干旱的对比

属性		骤发性干旱	传统干旱
差异性	发展速度	快速发展	缓慢发展
	发生频率	不常发生	频发
	时间尺度	季节内	月到年际、年代尺度
	主导因子	多气象要素异常	降水亏缺
	多发时间	春、夏季	全年都有可能
	多发地区	农田或植被茂盛区	任何区域
	干旱程度	严重或极端干旱	轻旱到极端严重干旱
	涉及干旱类型	以气象干旱、农业干旱、生态干旱为主	气象干旱、农业干旱、生态干旱、水文干旱、社会干旱
	影响方式	影响严重、破坏性强	影响深远而广
	预防难度	突发性、猝不及防	隐蔽性、觉察到为时已晚
	监测要素	蒸散、饱和水气压差、水分供需平衡值	降水和温度
	先兆特征	蒸散量由快速增加转为减弱、减少	蒸散量低并没有显著变化
共性	气候表现	气候异常	
	前提条件	以降水亏缺为前提	
	空间尺度	局地、区域甚至洲际尺度	
	陆-气互馈关系及演变	由能量约束型转化为水分约束型	
	危害性	危害性强	
	监测预测	难度大	

2　干旱研究的科学问题与展望

自新中国成立以来，中国已在干旱气象灾害形成机理、时空变化特征、干旱风险特征及减灾防灾技术等方面取得了较大进展，并已逐渐融入国际干旱研究的主流体系。但由于干旱气象科学问题的广泛性、复杂性及中国干旱问题的特殊性、区域差异性，加之中国社会经济发展对干旱防灾减灾要求的不断提高，中国干旱研究仍存在许多问题和挑战需要解决。比如，支撑干旱研究的针对性强的综合性野外科学试验仍然比较缺乏，对干旱形成的多因子协同作用机理及多尺度叠加效应缺乏深入认识，涉及陆-气相互作用对干旱形成作用的研究仍然很少，干旱判别及监测预测技术明显缺乏对骤发性干旱的针对性，对气象、农业、生态和水文干旱之间的传递规律和非一致性特征认识不足，在干旱影响评估模型中对干旱关键影响期特征考虑不够，干旱对气候变暖的响应规律也缺乏深入理解，干旱灾害风险评估模型的科学严谨性还有待改进，等等。不过，随着观测技术的快速进步以及多源数据和再分析资料的不断丰富和提高，加之气候数值模拟技术的不断发展，对这些问题的解决逐渐成为可能，未来干旱研究有望在一些关键科学问题上取得新的突破。

第一，典型干旱频发区综合性干旱科学试验研究。虽然，国际上已相继展开过一些与干旱有关的科学观测试验，但以往许多试验在陆-气能量、水分和物质循环等方面的长时间、多要素的系统观测明显不足。目前刚刚完成的“干旱气象科学研究——我国北方干旱致灾过程及机

表 2　中国干旱事件研究发展过程的标志性成果和主要事件

阶段	兴起时间	主要成果	重要项目	重要会议及重要奖励	备注
干旱事件的现象特征和时空分布研究发展过程	新中国成立以来（1949年）	•区域干旱事件年发生频率高、影响大；大范围干旱事件虽然年发生频率不高，但危害尤为严重。 •北方是干旱多发区域。进入21世纪后，北方干旱仍然频繁发生的同时，南方地区干旱频次明显增加。 •北方发生持续性干旱事件的概率大于南方地区，3个月以上的干旱过程多发生在北方半干旱和半湿润区及西南。 •旱灾受灾面积总体呈加重趋势，农作物因旱受灾面积和成灾面积趋于增加。	•1958年中国科学院科学家在甘肃省委支持下成立工作组率领7个小分队共2000余人分赴祁连山区进行大面积雪面黑化、融冰化雪的调查和研究，试图缓解西北干旱问题。 •20世纪60年代中期，原兰州高原大气物理所和甘肃省气象局协作进行河西干热风的野外观测、预报和防御研究。 •国家科委"八五"攻关项目（85-006）增补专题"华北农业干旱监测预报与影响评估技术研究"。	•2003年"短期气候预测系统的研究"获国家科技进步一等奖。	•1958年成立了"中国科学院改变西北干旱面貌组"，同年底成立了"中国科学院兰州地球物理所"（现中国科学院西北生态环境资源研究院的一部分）并开始了干旱研究工作。
干旱形成机理及变化规律研究发展过程	改革开放以来（1980年左右）	•大气环流异常导致降水量时空分布变异，部分区域降水量减少，形成该区域干旱事件。 •植被退化、积雪增加或土地利用等陆面因子改变造成地表反照率增大，会导致下沉运动加强，抑制降水发生，导致干旱。 •青藏高原的动力和热力过程影响东亚干旱事件。 •海洋条件尤其是太平洋、大西洋或印度洋各海域的海表面温度（SST）对全球的降水的产生有重要的影响，海温异常是形成干旱事件的重要因子。 •人类活动改变地表状况，进而改变大气和地表之间的能量、动量和水分交换，对区域干旱显著影响。	•1998年启动国家重点基础研究发展计划（973计划）"我国重大气候和天气灾害形成机理和预测理论研究"。 •2011年启动国家重点基础研究发展计划（973计划）"全球气候变化对气候灾害的影响及区域适应研究"。 •2015年启动行业重大专项"干旱气象科学研究——我国北方干旱致灾过程及机理"。	•2004年、2007年、2010年分别在兰州举办了"干旱气候变化与可持续发展国际学术研讨会"。 •2013年"中国西北干旱气象灾害监测预警及减灾技术"获国家科技进步二等奖。	•1986年，中国气象局批准成立"兰州干旱气象研究所"。 •2002年，成立"中国气象局兰州干旱气象研究所"，作为中国气象局"一院八所"之一。 •丁一汇，2008.《中国气象灾害大典·综合卷》。 •宋连春，邓振镛，董安祥．2002.《干旱》。 •张书余，2008.《干旱气象学》。 •张强，潘学标，马柱国 2009.《干旱》。

续表

阶段	兴起时间	主要成果	重要项目	重要会议及重要奖励	备注
干旱灾害风险研究发展过程	新世纪以来（2000 年左右）	•提出了干旱灾害风险形成机理新的概念模型。 •开展了基于风险因子、灾害损失概率统计分析和风险机理等评估方法的干旱灾害风险评估。 •干旱灾害危险性主要呈现北高南低的分布格局。	•2013 年启动国家重点基础研究发展计划(973 计划)“气候变暖背景下我国南方旱涝灾害风险评估与对策研究”。		•张强，王劲松，姚玉璧，2017.《干旱灾害风险及其管理》。 •张强，尹宪志，王胜 .2017.《走进干旱世界》。
骤发性干旱研究发展过程	近 10 年以来（2010 年左右）	•中国有两类突出的骤发性干旱。 •骤发干旱的增加主要是长期变暖造成的。 •骤发性干旱与传统持续性干旱既有共性又有显著差异性。			

理”在我国北方构建了干旱气象综合观测试验体系，形成了从新疆—西北中部—华北广大范围的“V”字形观测布局，并对该区域干旱发生发展过程中陆-气相互作用机理、干旱的致灾和解除过程特征、干旱指数的区域改进等方面进行了连续观测试验研究，在区域多时间尺度干旱形成的物理机制、重大干旱形成、发展的概念模型、农业干旱灾害风险评估模型及干旱风险区划等方面取得了一些新的研究进展（李耀辉 等，2017；Li et al.，2019）。但是，目前的干旱试验研究还明显缺乏专门聚焦干旱频发区的工作，而且试验设计和布局也缺乏与干旱形成机理和分布特征的科学针对性，观测试验与气候模拟研究的结合也不够充分。尤其在中国夏季风影响过渡区分布着北方干旱频发带和西南重旱多发区，这些区域的干旱事件还呈现出在气候变暖背景下不断增加的趋势（黄荣辉 等，2012；钱维宏 等，2012；韩兰英 等，2014，2019）。当前，特别需要在这些典型区域开展明确针对干旱形成机理和发展特征的综合性干旱科学试验，对干旱事件的形成和发展进行解剖式分析和机理性研究，深入认识干旱环流的精细化动力和热力结构及发展过程的气候动力学特征，以彻底揭示干旱发生发展的深层次内在规律。

第二，干旱形成的多因子协同作用及多时间尺度叠加效应。中国干旱的形成和发展有其特殊性和复杂性，它不仅受季风环流和西风带环流的共同影响，而且季风系统本身也存在东亚季风和印度季风等季风分支的各自不同影响及其相互协同作用。不仅有高原大地形的积雪和植被变化造成的热力异常影响，也有局地陆-气相互作用的显著热力和水分贡献。既有关键海洋区海温异常的影响，又有全球不同大陆区域陆面过程的遥相关作用。因此，如果只从单个因素或某几个因素去认识干旱形成和发展的机理是远远不够的，基于这样的认识所建立的预测方法也会在很多时候失去效用。更不用说，干旱事件还具有多时间尺度特征，它可以包括从旬到年代甚至更长时间尺度范围，有些较轻的干旱也许只是单一时间尺度的干旱事件，而重大干旱大多都是多个时间尺度叠加或转换形成的（张强 等，2017d），一般至少会包含具有一定规律性的季节尺度干旱和规律性较差的年际或年代尺度干旱，或者由季节性干旱发展转换为长时间尺度的干旱。所以，应该对干旱形成的多因子协同作用及多时间尺度叠加和转换效应进行深入研究，把握多因子协同作用规律和多尺度叠加转换特征，建立能够同时考虑多因子协同组合作用和多尺度干旱变化规律的干旱预测系统，以提高对重大干旱事件的监测预测能力。

应该充分重视干旱发生与结束具有显著的非对称性特征。这主要是由于地表实际蒸散受蒸发潜力所约束，干旱发展过程一般比较缓慢，而降水在理论上没有极限约束，一场大雨就可能会使干旱结束，出现旱涝急转（封国林 等，2012）。所以，对干旱结束时间的预测技术难度会更大，需要加强对干旱事件结束规律的认识，以提升干旱结束时间的预测能力。

第三，陆-气相互作用对干旱形成发展的作用。以往比较重视大气环流因素在干旱形成中的作用，在许多研究中忽视了陆-气相互作用的影响，即使涉及陆-气相互作用的影响也主要是从陆面强迫的角度进行简单考虑，这也许正是影响目前干旱预测准确率的主要原因之一。已有研究表明（Seneviratne et al.，2006），在气候过渡带和干旱频发区，陆-气耦合度要明显更强，陆-气相互作用对干旱的贡献可以与大气环流的贡献基本相当，甚至有时可能还会超过大气环流的贡献。在陆-气相互作用过程中，陆面热力、水分和生理生态之间的耦合作用对干旱信号的传递及致灾过程也十分关键，它是把气象干旱与农业、生态和水文干旱联系起来的重要物理环节。所以，应该将数值模拟、观测试验、遥感反演和理论研究等方法相结合，系统分析干旱事件形成和发展的陆面过程、大气边界层及大气边界层与自由大气相互作用的动力、热力和水分特征，研究从土壤→植被→边界层→对流层→平流层的能量、水分和动能的交换和输送过程，揭示干旱事件中陆-气相互作用对大气环流和季风变化的影响机理，建立针对重大干旱事件的大气-土壤-植被之间的水分和能量循环过程特征及其与大气环流和季风的关系（张强 等，1997，1999，2012b，2017c）。由此，可为区域干旱预测理论和气候数值模式的改进提供新的理论依据，为干旱监测和预测技术的发展提供新的科学认识。

第四，骤发性干旱的判别及监测预测。以往认为干旱事件的形成和发展是一个相对缓慢的过程，所以干旱监测预测技术更多是针对传统的渐变干旱事件而建立的（Tsegaye et al.，2007；Brown et al.，2008；邹旭恺 等，2008）。干旱监测技术要求的监测产品的时间间隔相对较长，但要能分辨干旱要素的微量变化。预测方法也更多是针对季节或年际时间长度的预测。而近年发生比较频繁的骤发性干旱（Zhao et al.，2012；Wang et al.，2016，2018）具有迅速发展的显著特征，对社会经济影响严重，对其监测，判识和预测提出了更高的要求（Otkin et al.，2016，2018）。目前对骤发性干旱发生发展的准确判别还比较困难，缺乏判识其发生发展的客观定量的阈值标准，对不同区域和不同干旱影响对象而言，阈值标准存在显著差异。骤发性干旱发展到一定程度也可能会转变为传统的缓变干旱，在不同时间尺度上表现出截然不同的两种干旱特征。对骤发性干旱的监测技术要求至少要达到侯或周的时间间隔的，要能够及时捕捉到干旱要素的快速变化，对其预测要更加关注季节内的预测，及时掌握可能在1～2月内发生的干旱事件。目前，高密度干旱监测技术和季节内的预测本身还是个难题，需要在多源资料与多模式模拟资料结合利用的基础上发展能够进行周时间间隔发布的干旱监测指数，并发展动力与统计相结合的季节内气候预测方法，实现对骤发性干旱的准确、及时判别和监测预测。

第五，气象、农业、生态和水文干旱之间传递规律及其非一致性特征。在大气降水累积匮缺的前提下就必然会出现气象干旱，然后会经历气象干旱→农业干旱→水文干旱→生态干旱→社会经济干旱这样一个链条式传递过程，农业干旱、水文干旱、生态干旱和社会经济干旱的内部发展进程中也存在明显的传递过程。例如，农业干旱或生态干旱内部是土壤干旱→作物（或植被）生理干旱→作物（或植被）生态干旱→作物经济产量下降（或植被状况变差）→农业（生态）效益降低。不过，这个传递过程并不会必然发生，它们是有条件性地往下传递，只有在前面干旱指标达到一定阈值后才会继续往下传递。如果干旱传递到作物生理干旱之前就被阻断，就不会对作物生理生态造成伤害，更不会形成灾害，可以进行可逆性恢复。但如果已经传递到了作物生态干旱，干旱灾害影响就不可逆转了。所以出现了气象干旱，可能不会出现农业干旱，出现了农业干旱也不一定会出现水文干旱或生态干旱。不过，在内陆河灌溉农业区，一般水文干旱还可能会出现在农业干旱之前。

如果遇到较长期的重大干旱，也许气象干旱和农业干旱已经解除了，但水文干旱和生态干旱可能依然长期存在，也有可能存在水文或生态干旱时并没有农业干旱或气象干旱存在，气象、农业、生态和水文干旱之间具有一定的非一致性特征。所以，从科学角度讲，针对气象、农业、生态和水文的干旱指数只是反映了干旱发展的不同阶段，不需要追求发布出一致的气象、农业、生态和水文干旱监测结论，而需要充分了解气象、农业、生态、水文和社会干旱之间的内在关系，揭示它们之间的传递规律、阈值标准和非一致性特征，实现对干旱发生发展的全程监测，发挥逐级预警作用，才能及时把握干旱发展的动态，形成对干旱进行提前预判和共同防御的多部门合力。

第六，气候要素对农业干旱发展过程的关键影响期特征。我们一般会以某个干旱指数或干旱要素的变化来分析农业干旱发展的状态，但这种做法在很多情况会做出不准确甚至错误的判断。这是因为在农作物生长季节,不同生长阶段对水分的需求显著不同。这就意味着,作物不同生长阶段对气象干旱指数或干旱影响要素的敏感性差异很大,在关键影响期作物对水分需求旺盛,对干旱指数或干旱影响要素很敏感;而在非关键影响期作物对水分的需求较弱,对干旱指数或干旱影响要素不太敏感。甚至在成熟期还需要干晒的气候条件,降水反而会起到不利的作用。所以,在分析干旱发展或评估干旱影响时,应该针对特定地区和特定作物的各个生长阶段赋予干旱指数或干旱要素的影响权重,这样才能够准确分析和判断农业干旱的发展趋势或影响程度。然而,目前对作物关键影响期的认识还比较有限,十分缺乏对作物生长阶段的影响权重分布的准确了解,更何况不同地区和不同作物类型的影响权重分布规律也会差异很大,甚至这种权重分布还会随着气候变暖进行动态调整。其实,农业干旱的这种关键影响特征在生态干旱发展过程中也会有类似的表现。所以,目前需要针对不同地区和不同类型的作物或植被,分析它们在生长过程中对干旱的敏感性特征,研究针对不同地区和不同作物或植被类型的生长期影响权重分布规律,建立将干旱监测指数与影响权重相结合的干旱监测指标。

第七,干旱对气候变暖的响应的复杂性。干旱对气候变暖响应的复杂性主要在于几乎影响干旱形成和发展的所有因素都会对气候变暖做出响应甚至连锁反应。许多因素对气候变暖的响应还十分复杂,它们既可以通过不同途径进行多重响应,也可以通过直接或间接方式进行多方式响应。比如,干旱形成的最主要因素降水的变化就是个最明显的例子,很显然它并不会随温度变化表现出某种必然变化趋势,而是在不同区域和不同时段对气候变暖的响应具有明显的差异。类似地表蒸散这样的主要干旱影响因子对气候变暖的响应受气候和环境背景的影响均很大,在不同区域之间甚至会表现出截然相反的响应趋势(张强 等,2018)。在干旱形成和发展过程中,气温-蒸发-湿度-降水之间的相互作用与反馈也并不是简单的线性过程,而往往表现为相当复杂的多层次、多途径交叉耦合过程。所以,要准确预测或预估气候变暖背景下干旱的发展趋势或者评估干旱的响应程度其实并不是一件很容易的事情,目前给出的不少研究结果也许只是反映了干旱对气候变暖的某种方式或某种条件下的响应特征。需要充分认识干旱对气候变暖的响应的复杂性,系统了解气候变暖对各种干旱形成因子的作用过程,深入揭示气候变暖对干旱形成与发展的影响机理。只有这样才会对气候变暖背景下干旱发展趋势及其的影响程度做出准确的预判。

第八,干旱灾害风险的科学评估及其风险管理理念的实现。干旱灾害风险是由干旱致灾因子的危险性、孕灾环境的敏感性、承灾体的脆弱性和暴露度等多种因素影响,而且还具有突出的动态性和非线性影响特征。由于对孕灾环境的作用机理和承灾体的社会经济属性认识不足及其数据信息的缺乏,目前对干旱灾害风险进行科学评估还比较困难。同时,由于干旱致灾因子在干旱灾害风险中的主导作用,很多时候就简单地用干旱致灾因子的危险性来代替干旱灾害的风险,即使有时候考虑了孕灾环境和承灾体的因素,也往往由于对这两种因素表征指标的合理性及指标中参数和数据的不完整性,只能在一定程度上反映孕灾环境和承灾体的作用。

气候变暖不仅会使干旱致灾因子的危险性显著响应,而且还会使干旱灾害承灾体的脆弱性和孕灾环境的敏感性不断调整。气候变暖正在使干旱致灾因子的危险性呈增加趋势,且其不稳定性也在增强;孕灾环境中由气象干旱向水文干旱、农业干旱和生态干旱的传递进程也在加快。所以,需要干旱灾害风险模型能够反映干旱灾害风险受气候变暖影响的动态特征。目前干旱灾害风险评估模型都只能进行静态评估,不符合干旱灾害风险的动态变化特征点,需要在干旱评估模型增加能够反映气候变暖影响的作用因子。

目前干旱灾害风险评估模型在风险形成及气候变暖影响机理、风险表达、方法的合理性、数据和参数的完整性等方面均有明显不足。需要加强干旱灾害风险形成规律及其评估方法的基础性研究，在深入认识干旱灾害风险因子作用机理及其气候变暖影响机制的基础上，揭示干旱致灾因子、承载体、孕灾环境之间相互作用关系，提出物理内涵清晰的干旱灾害风险的数学表达方式，通过多源资料融合使用，建立科学合理的灾害风险评估模型。

从干旱灾害的风险管理理念角度讲，应该建立其技术、机制和政策相互匹配的科学有效的干旱灾害风险管理体系(张强 等，2015a，2017b)。干旱灾害风险管理是目前国际上公认的科学应对干旱灾害的策略，其意义在于通过对干旱灾害风险及早预警，指导政府和决策部门及时采取减缓干旱灾害风险的应对措施，动员社会人力和物力，采取预防、减缓和防备等行为，有效地避免、减少或转移干旱灾害的不利影响，以达到降低风险和防旱减灾的目的，实现经济和社会效益最大化(Fisher et al.，1995；马柱国，2007；张强 等，2015a；Zhang et al.，2016a，b，McNeeley et al.，2016)。这其中不仅需要专业技术机构通过对干旱灾害风险评估对未来风险做出准确研判，还需要包括行政指令和组织机构的效能发挥、干旱防御政策和策略的贯彻落实，以及干旱灾害应对能力的提高等方面在内的系统化组织过程。所以建立能够体现风险管理理念的干旱灾害风险管理系统及其支持和保障其运行的制度和机制体系是十分必要的。

3 结束语

自新中国成立以来，中国干旱研究主要在对重大干旱事件的认识、干旱时空分布规律、干旱灾害的形成机理、干旱影响特征、干旱灾害风险特征和骤发性干旱等方面取得了许多重要成果和明显进步。中国干旱研究已彻底摆脱了传统意义上只关注降水的局面，已与多种气候要素变化、全球变化、生态环境、社会经济与可持续发展等紧密结合，成为多学科交叉特征突出和综合性显著的国际关注的焦点学科领域。不过，正是由于干旱不仅是一个多学科交叉的科学问题，而且在中国还有其独特性，再加之全球气候变暖和社会快速变化的影响，使中国干旱问题的复杂性进一步加剧，中国干旱研究仍面临许多重要挑战，还需进一步加大科研力量和资源投入，加快发展，优先解决一些突出的关键科学问题，快速提升干旱防灾减灾技术能力。

当前，广泛的社会需求和快速的科技进步，既是干旱气象科技迅速发展的需求牵引力，又是技术驱动力。一方面，社会经济发展对干旱防灾减灾的依赖性增强，全球气候变化使干旱的影响日益显著，为干旱气象科学研究提出了许多新的科学问题和发展的需求。另一方面，社会经济发展带来的科技投入增加，中国综合气象观测体系不断完善，卫星遥感技术和大气数值模拟技术的不断发展，又为干旱气象科学研究提供了更加良好的基础条件和更加难得的发展动力。突破和解决干旱气象领域关键科学问题的迫切性和可能性均正在日益增加。

对干旱问题的研究而言，它的理论性和实践性都很强，必须遵循“针对关键干旱科学问题→科学试验→理论研究→技术研发→业务应用”的全链条式科学问题驱动发展思路，在深入揭示干旱事件表现特征和形成机理的基础上，对干旱监测、预测和风险评估技术实现新的突破，建立针对不同区域干旱特征的干旱防御技术体系，以干旱科技创新提升中国干旱气象业务现代化水平。

近年来，随着现代卫星遥感对地观测系统的快速发展，遥感技术对干旱的监测能力进一步提高，数学和物理等基础科学及数值模拟技术、大数据＋智能技术等应用技术的不断发展，可以在最新的大数据与数据挖掘技术方法基础上，利用可见光遥感和微波遥感数据构建的高分辨率的遥感干旱监测系统，形成包括气象资料、地理信息、下垫面状况、植被特征、土壤类型、土地利用和植物生理生态资料等多学科集成的干旱监测体系，可为干旱研究提出强有力的科学数据支撑。

目前，中国国家级干旱气象观测试验网正在日益完善，并且以《中国干旱气象科学试验研究计划》为蓝本，正在开展的“干旱气象科学研究——我国北方干旱致灾过程及机理”和“我国典型夏季风影响过渡区陆-气相互作用及其对夏季风响应研究”等一系列重大科学项目，正在针对我国干旱灾害形成机制、变化规律、干旱灾害传递过程、多尺度干旱监测预警技术和干旱灾害风险特征等重大科学问题，集中优势力量进行科技攻关，必将会在干旱研究方面取得一些新的进展，可以更好地满足当前中国干旱气象业务现代化发展的科技需要。

从长远来看，国家以及 WMO 和 FAO 等一些国际组织都将干旱问题研究作为优先研究主题，国家防灾减灾和应对气候变化也将干旱防灾减灾作为主要任务。所以，中国干旱气象科学长远发展必须既要瞄准国际干旱研究前沿与热点，也要充分结合中国建设现代化气象强国的干旱技术需求，科学制定中国干旱气象研究的未来规划，明确干旱气象科学的优先发展方向，针对典型干旱频发区综合性干旱科学试验、干旱形成的多因子协同作用及多尺度叠加转换效应、陆-气相互作用对干旱形成发展的作用、骤发性干旱的判别及监测预测技术、各类干旱之间传递规律及其非一致性特征、气候要素对农业干旱发展过程的关键影响期特征、干旱对气候变暖响应的复杂性、干旱灾害风险的科学评估及其风险管理理念的实现等关键科学问题，有计划地分步骤推进干旱气象研究重大科研项目的实施，促进中国干旱气象科技创新，逐步达到中国干旱气象科技水平在国际上的领先地位。

参考文献

蔡英，宋敏红，钱正安，等，2015. 西北干旱区夏季强干、湿事件降水环流及水汽输送的再分析[J]. 高原气象，34(3):597-610.

陈文，康丽华，2006. 北极涛动与东亚冬季气候在年际尺度上的联系：准定常行星波的作用[J]. 大气科学，30(5):863-870.

丁一汇，张锦，徐影，等，2003. 气候系统的演变及其预测[M]. 北京：气象出版社：75-79.

丁一汇，柳艳菊，梁苏洁，等，2014. 东亚冬季风的年代际变化及其与全球气候变化的可能联系[J]. 气象学报，72(5):835-852.

丁一汇，李怡，2016. 亚非夏季风系统的气候特征及其长期变率研究综述[J]. 热带气象学报，32(6):786-796.

丁一汇，司东，柳艳菊，等，2018. 论东亚夏季风的特征、驱动力与年代际变化[J]. 大气科学，42(3):533-558.

费振宇，孙宏巍，金菊良，等，2014. 近 50 年中国气象干旱危险性的时空格局探讨[J]. 水电能源科学，32(12):5-10.

封国林，杨涵洧，张世轩，等，2012. 2011 年春末夏初长江中下游地区旱涝急转成因初探[J]. 大气科学，36(5):1009-1026.

龚道溢，王绍武，2003. 近百年北极涛动对中国冬季气候的影响[J]. 地理学报，58(4):559-568.

管晓丹，马洁茹，黄建平，等，2019. 海洋对干旱半干旱区气候变化的影响 . 中国科学：地球科学，49(6):895-912.

韩兰英，张强，姚玉璧，等，2014. 近 60 年中国西南地区干旱灾害规律与成因[J]. 地理学报，69(5):632-639.

韩兰英，张强，贾建英，等，2019. 气候变暖背景下中国干旱强度、频次和持续时间及其南北差异性[J]. 中国沙漠，39(5):1-10.

胡学平，王式功，许平平，等，2014. 2009—2013 年中国西南地区连续干旱的成因分析[J]. 气象，40(10):

1216-1229.

胡学平,许平平,宁贵财,等,2015. 2012—2013 年中国西南地区秋、冬、春季持续干旱的成因[J]. 中国沙漠,35(3):763-773.

黄庆忠,张强,李勤,等,2018. 基于 SPEI 的季节性干湿变化特征及成因探讨[J]. 自然灾害学报,27(2):130-140.

黄荣辉,陈际龙,周连童,等,2003a. 关于中国重大气候灾害与东亚气候系统之间关系的研究[J]. 大气科学,27(4):770-787.

黄荣辉,陈文,丁一汇,等,2003b. 关于季风动力学以及季风与 ENSO 循环相互作用的研究[J]. 大气科学,27(4):484-502.

黄荣辉,顾雷,徐予红,等,2005. 东亚夏季风爆发和北进的年际变化特征及其与热带西太平洋热状态的关系[J]. 大气科学,29(1):20-36.

黄荣辉,2006. 我国重大气候灾害的形成机理和预测理论研究[J]. 地球科学进展,21(6):564-575.

黄荣辉,刘永,王林,等,2012. 2009 年秋至 2010 年春我国西南地区严重干旱的成因分析[J]. 大气科学,36(3):443-457.

黄晚华,杨晓光,李茂松,等,2010. 基于标准化降水指数的中国南方季节性干旱近 58a 演变特征[J]. 农业工程学报,26(7):50-59.

琚建华,任菊章,吕俊梅,2004. 北极涛动年代际变化对东亚北部冬季气温增暖的影响[J]. 高原气象,23(4):429-434.

李明星,马柱国,2015. 基于模拟土壤湿度的中国干旱检测及多时间尺度特征[J]. 中国科学:地球科学,45(7):994-1010.

李耀辉,周广胜,袁星,等,2017. 干旱气象科学研究——“我国北方干旱致灾过程及机理”项目概述与主要进展[J]. 干旱气象,35(2):165-174.

李忆平,王劲松,李耀辉,等,2014. 中国区域干旱的持续性特征研究[J]. 冰川冻土,36(5):1131-1142.

李韵婕,任福民,李忆平,等,2014. 1960—2010 年中国西南地区区域性气象干旱事件的特征分析[J]. 气象学报,72(2):266-276.

廖要明,张存杰,2017. 基于 MCI 的中国干旱时空分布及灾情变化特征[J]. 气象,43(11):1402-1409.

林大伟,布和朝鲁,谢作威,2018. 夏季中国华北降水、印度降水与太平洋海表面温度的耦合关系[J]. 大气科学,42(6):1175-1190.

刘立涛,刘晓洁,伦飞,等,2018. 全球气候变化下的中国粮食安全问题研究[J]. 自然资源学报,33(6):927-939.

罗哲贤,2005. 中国西北干旱气候动力学引论[M]. 北京:气象出版社:1-232.

马柱国,2007. 华北干旱化趋势及转折性变化与太平洋年代际振荡的关系[J]. 科学通报,52(10):1199-1206.

马柱国,任小波 . 2007. 1951—2006 年中国区域干旱化特征[J]. 气候变化研究进展,3(4):195-201.

马柱国,符淙斌,杨庆,等,2018. 关于我国北方干旱化及其转折性变化[J]. 大气科学,42(4):951-961.

钱维宏,张宗婕,2012. 西南区域持续性干旱事件的行星尺度和天气尺度扰动信号[J]. 地球物理学报,55(5):1462-1471.

钱正安,吴统文,宋敏红,等,2001. 干旱灾害和我国西北干旱气候的研究进展及问题[J]. 地球科学进展,16(1):28-38.

钱正安,宋敏红,吴统文,等,2017a. 世界干旱气候研究动态及进展综述(Ⅰ):若干主要干旱区国家的研究动态及联合国的贡献[J]. 高原气象,36(6):1433-1456.

钱正安,宋敏红,吴统文,等,2017b. 世界干旱气候研究动态及进展综述(Ⅱ):主要研究进展[J]. 高原气象,36(6):1457-1476.

秦大河,丁一汇,王绍武,等,2002. 中国西部生态环境变化与对策建议[J]. 地球科学进展,17(3):314-319.

秦大河,2015.中国极端天气气候事件和灾害风险管理与适应国家评估报告[M].北京:科学出版社:108-115.

任瑾,罗哲贤,1989.从降水看我国黄土高原地区的干旱气候特征[J].干旱地区农业研究,(2):36-43.

邵小路,姚凤梅,张佳华,等,2014.华北地区夏季旱涝的大气环流特征诊断[J].干旱区研究,31(1):131-137.

沈晓琳,祝从文,李明.2012.2010年秋、冬季节华北持续性干旱的气候成因分析[J].大气科学,36(6):1123-1134.

唐锡仁,薄树人,1962.河北省明清时期干旱情况的分析[J].地理学报,28(1):73-82.

陶诗言,张庆云,1998.亚洲冬夏季风对ENSO事件的响应[J].大气科学,22(4):399-407.

王绍武,赵宗慈,1979.我国旱涝36年周期及其产生的机制[J].气象学报,37(1):64-73.

王同美,吴国雄,万日金,2008.青藏高原的热力和动力作用对亚洲季风区环流的影响[J].高原气象,27(1):1-9.

王文祥,左冬冬,封国林,2014.基于信息分配和扩散理论的东北地区干旱脆弱性特征分析[J].物理学报,63(22):229201.

王莺,沙莎,王素萍,等,2015.中国南方干旱灾害风险评估[J].草业学报,24(5):12-24.

王志强,何飞,贾健,等,2012.基于EPIC模型的中国典型小麦干旱致灾风险评价[J].干旱地区农业研究,35(5):210-215.

萧廷奎,彭芳草,李长付,等,1964.河南省历史时期干旱的分析[J].地理学报,31(3):259-276.

徐国昌,张志银,1983.青藏高原对西北干旱气候形成的作用[J].高原气象,2(2):9-16.

闫昕旸,张强,闫晓敏,等,2019.全球干旱区分布特征及成因机制研究进展[J].地球科学进展,34(8):826-841.

杨鉴初,徐淑英.1956.黄河流域的降水特点与干旱问题[J].地理学报,23(4):339-352.

杨修群,谢倩,朱益民,等,2005.华北降水年代际变化特征及相关的海气异常型[J].地球物理学报,48(4):789-797.

姚玉璧,杨金虎,肖国举,等,2018.气候变暖对西北雨养农业及农业生态影响研究进展[J].生态学杂志,37(7):2170-2179.

叶笃正,高由禧,1979.青藏高原气象学[M].北京:科学出版社:1-127.

叶笃正,黄荣辉,1996.长江黄河流域旱涝规律和成因研究[M].济南:山东科学技术出版社:387-388.

尹占娥,2012.自然灾害风险理论与方法研究[J].上海师范大学学报(自然科学版),41(1):99-103.

张继权,刘兴朋,刘布春,2013.农业灾害风险管理//农业灾害与减灾对策[M].北京:中国农业大学出版社:753-794.

张强,胡隐樵,赵鸣,1997.降水强迫对戈壁局地气候系统水、热输送的影响[J].气象学报,55(4):492-498.

张强,赵鸣,1999.绿洲附近荒漠大气逆湿的外场观测和数值模拟[J].气象学报,57(6):729-740.

张强,李裕,陈丽华,2011a.当代气候变化的主要特点、关键问题及应对策略[J].中国沙漠,31(2):492-499.

张强,张良,崔显成,等,2011b.干旱监测与评价技术的发展及其科学挑战[J].地球科学进展,26(7):763-778.

张强,王润元,邓振镛,2012a.中国西北干旱气候变化对农业与生态影响及对策[M].北京:气象出版社:420-475.

张强,王胜,问晓梅,等,2012b.黄土高原陆面水分的凝结现象及收支特征试验研究[J].气象学报,70(1):128-135.

张强,韩兰英,张立阳,等,2014.论气候变暖背景下干旱和干旱灾害风险特征与管理策略[J].地球科学进展,29(1):80-91.

张强,韩兰英,郝小翠,等,2015a.气候变化对中国农业旱灾损失率的影响及其南北区域差异性[J].气象学报,73(6):1092-1103.

张强,姚玉璧,李耀辉,等,2015b. 中国西北地区干旱气象灾害监测预警与减灾技术研究进展及其展望[J]. 地球科学进展,30(2):196-211.

张强,王劲松,姚玉璧,等,2017a. 干旱灾害风险及其管理[M]. 北京:气象出版社:1-30.

张强,尹宪志,王胜,等,2017b. 走进干旱世界[M]. 北京:气象出版社:1-23.

张强,王蓉,岳平,等,2017c. 复杂条件陆-气相互作用研究领域有关科学问题探讨[J]. 气象学报,75(1):39-56.

张强,姚玉璧,王莺,等,2017d. 中国南方干旱灾害风险特征及其防控对策[J]. 生态学报,37(21):7206-7218.

张强,韩兰英,王兴,等,2018. 影响南方农业干旱灾损率的气候要素关键期特征[J]. 科学通报,63(23):2378-2392.

张峭,王克,2011. 我国农业自然灾害风险评估与区划[J]. 中国农业资源与区划,32(3):34-38.

张庆云,陶诗言,陈烈庭,2003a. 东亚夏季风指数的年际变化与东亚大气环流[J]. 气象学报,61(5):559-569.

张庆云,卫捷,陶诗言,2003b. 近 50 年华北干旱的年代际和年际变化及大气环流特征[J]. 气候与环境研究,8(3):307-318.

张人禾,张若楠,左志燕,2016. 中国冬季积雪特征及欧亚大陆积雪对中国气候影响[J]. 应用气象学报,27(5):513-526.

张翔,陈能成,胡楚丽,等,2018. 1983—2015 年我国农业区域三类骤旱时空分布特征分析[J]. 地球科学进展,33(10):1048-1057.

郑秋月,沈柏竹,龚志强,等,2014. 5 月北太平洋涛动与华北夏季旱涝的关系[J]. 高原气象,33(3):775-785.

邹旭恺,张强,2008. 近半个世纪我国干旱变化的初步研究[J]. 应用气象学报,19(6):679-687.

Belayneh A,Adamowski J,Khalil B,et al,2014. Long-term SPI drought forecasting in the Awash River Basin in Ethiopia using wavelet neural network and wavelet support vector regression models[J]. J Hydrol,508:418-429

Blaikie P,Cannon T,Davis I,et al, 1994. At Risk:Natural Hazards,People's Vulnerability and Disasters[M]. London,New York:Routledge:141-156.

Brown J F,Brian D W,Tsegaye T,et al, 2008. The vegetation drought response index(vegdri):A new integrated approach for monitoring drought stress in vegetation[J]. GIS Science & Remote Sensing,45(1):16-46.

Buda S,Huang J L, Fischer T,et al, 2018. Drought losses in China might double between the 1.5 ℃ and 2.0 ℃ warming[J]. Proc Natl Acad Sci USA,115(42):10600-10605,doi:10.1073/pnas.1802129115.

Burton I,Kates R W, White G F, 1993. The Environment as Hazard[M]. 2nd ed. New York: The Guilford Press:284pp.

Charney J G, 1975. Dynamics of deserts and drought in the Sahel[J]. Quart J Roy Meteor Soc,101(428):193-202.

Chen H P,Sun J Q, 2015. Changes in drought characteristics over china using the standardized precipitation evapotranspiration index[J]. J Climate,28(13):5430-5447.

Cheng L Y,Hoerling M,AghaKouchak A,et al, 2016. How has human-induced climate change affected California drought risk? [J]. J Climate,29(1):111-120.

Dai A G, 2013. Increasing drought under global warming in observations and models[J]. Nat Climate Change,3(1):52-58.

Dezfuli A K,Karamouz M,Araghinejad S, 2010. On the relationship of regional meteorological drought with SOI and NAO over southwest Iran[J]. Theor Appl Climatol,100(1-2):57-66.

Ding Y H,Liu Y J,Liang S J,et al, 2014a. Interdecadal variability of the East Asian winter monsoon and its possible links to global climate change[J]. J Meteor Res,28(5):693-713.

Ding Y H,Si D,Sun Y,et al, 2014b. Inter-decadal variations,causes and future projection of the Asian summer monsoon[J]. Eng Sci,12(2):22-28.

Ding Y H,Liu Y J,Song Y F,et al, 2015. From MONEX to the global monsoon:a review of monsoon system research[J]. Adv Atmos Sci,32(1):10-31,doi:10. 1007/s00376-014-0008-7.

Dregne H E,1970. Arid Lands in Transition,Baltimore[M]. Maryland:Geo W King Printing Co:1-524.

Findell K L,Shevliakova E,Milly P C D,et al, 2007. Modeled impact of anthropogenic land cover change on climate[J]. J Climate,20(14):3621-3634,doi:10. 1175/JCLI4185. 1.

Findell K L,Delworth T L, 2010. Impact of common sea surface temperature anomalies on global drought and pluvial frequency[J]. J Climate,23(3):485-503.

Fisher A,Fullerton D,Hatch N,et al, 1995. Alternatives for managing drought:a comparative cost analysis[J]. J Environ Econ Manage,29(3):304-320.

Fu Q,Feng S, 2014. Responses of terrestrial aridity to global warming[J]. J Geophys Res Atmos,119(13):7863-7875.

Gao H,Yang S,2009. A severe drought event in northern China in winter 2008—2009 and the possible influences of La Niña and Tibetan Plateau [J]. J Geophys Res Atmos, 114 (D24): D24104, doi: 10. 1029/2009JD012430.

Hodge C,Ducisberg P C, 1963. Aridity and Man-the Challenge of the Arid Lands in United States[M].Baltimore,Maryland:The Horn-Shater Company: 1-584.

Hoerling M,Kumar A, 2003. The perfect ocean for drought[J]. Science,299(5607):691-694.

Huang J,Li Y,Fu C,et al, 2017a. Dryland climate change:recent progress and challenges[J]. Rev Geophys,55(3):719-778,doi:10. 1002/2016RG000550.

Huang J P,Ji M X,Xie Y K,et al, 2016. Global semi-arid climate change over last 60 years[J]. Climate Dyn,46(3-4):1131-1150,doi:10. 1007/s00382-015-2636-8.

Huang J P,Xie Y K,Guan X D,et al, 2017b. The dynamics of the warming hiatus over the Northern Hemisphere[J]. Climate Dyn,48(1-2):429-446,doi:10. 1007/s00382-016-3085-8.

Huang J P,Yu H P,Dai A G,et al, 2017c. Drylands face potential threat under 2℃ global warming target[J]. Nat Climate Change,7(6):417-422. doi:10. 1038/nclimate3275.

Huang J P,Ma J R,Guan X D,et al, 2019. Progress in semi-arid climate change studies in China[J]. Adv Atmos Sci,36(9):922-937,doi:10. 1007/s00376-018-8200-9.

Huang L M, Yang P L, Ren S M, 2014. Brief probe into the key factors that influence Beijing agricultural drought vulnerability//Li D, Chen Y. IFIP Advances in Information and Communication Technology[M]. Berlin:Springer:392-403.

Ionita M,Lohmann G,Rimbu N,et al, 2012. Interannual to decadal summer drought variability over Europe and its relationship to global sea surface temperature[J]. Climate Dyn,38(1-2):363-377.

IPCC, 2012. Summary for policymakers//Managing the Risks of Extreme Events and Disasters to Advance Climate Change Adaptation. A Special Report of Working Groups I and II of the Intergovernmental Panel on Climate Change[M]. Cambridge:Cambridge University Press,1-19.

IPCC, 2014. Climate Change 2014:Impacts,Adaptation,and Vulnerability[M]. Cambridge:Cambridge University Press.

Jin D C,Guan Z Y,Cai J X,et al, 2015. Interannual variations of regional summer precipitation in mainland China and their possible relationships with different teleconnections in the past five decades[J]. J Meteor Soc Japan Ser II,93(2):265-283.

Kam J,Sheffield J, 2016. Increased drought and pluvial risk over California due to changing oceanic conditions [J]. J Climate,29(22):8269-8279.

Li Q,Xue Y K, 2010. Simulated impacts of land cover change on summer climate in the Tibetan Plateau[J]. Environ Res Lett,5(1):015102,doi:10.1088/1748-9326/5/1/015102.

Li X Z,Zhou W,Chen Y D, 2015. Assessment of regional drought trend and risk over China:a drought climate division perspective[J]. J Climate,28(18):7025-7037.

Li Y H,Yuan X,Zhang H S,et al, 2019. Mechanisms and early warning of drought disasters: experimental drought meteorology research over China[J]. Bull Am Meteor Soc,100(4):673-687.

Lin L,Gettelman A,Fu Q,et al, 2018. Simulated differences in 21st century aridity due to different scenarios of greenhouse gases and aerosols[J]. Climatic Change,146(3-4):407-422.

Liu Y M,Hoskins B,Blackburn M, 2007. Impact of Tibetan orography and heating on the summer flow over Asia[J].J Meteor Soc Japan Ser II,85B:1-19.

Liu Y Z,Wu C Q,Jia R,et al, 2018. An overview of the influence of atmospheric circulation on the climate in arid and semi-arid region of Central and East Asia[J]. Sci China Earth Sci,61(9):1183-1194.

Lu J,Vecchi G A,Reichler T, 2007. Expansion of the Hadley cell under global warming[J]. Geophys Res Lett, 34(6):L06805,doi:10.1029/2006GL028443.

McNeeley S M,Beeton T A,Ojima D S, 2016. Drought risk and adaptation in the interior United States: understanding the importance of local context for resource management in times of drought[J]. Wea Climate Soc, 8(2):147-161.

Mo K C,Schemm J K E,Yoo S H, 2009. Influence of ENSO and the Atlantic Multidecadal oscillation on drought over the United States[J]. J Climate,22(22):5962-5982,doi:10.1175/2009JCLI2966.1.

Mo K C,Lettenmaier D P, 2015. Heat wave flash droughts in decline[J]. Geophys Res Lett,42(8):2823-2829, doi:10.1002/2015GL064018.

Murthy C S,Yadav M,Ahamed J M,et al, 2015. A study on agricultural drought vulnerability at disaggregated level in a highly irrigated and intensely cropped state of India[J]. Environ Monit Assess,187(3):140,doi: 10.1007/s10661-015-4296-x.

Myers S S,Smith M R,Guth S,et al, 2017. Climate change and global food systems:potential impacts on food security and undernutrition[J]. Annu Rev Public Health,38(1):259-277.

Neelin J D,Münnich M,Su H,et al, 2006. Tropical drying trends in global warming models and observations [J]. Proc Natl Acad Sci USA,103(16):6110-6115.

Olson J M,Alagarswamy G,Andresen J A,et al, 2008. Integrating diverse methods to understand climate-land interactions in East Africa[J]. Geoforum,39(2):898-911.

Otkin J A,Anderson M C,Hain C,et al, 2016. Assessing the evolution of soil moisture and vegetation conditions during the 2012 United States flash drought[J]. Agric Forest Meteor,218-219:230-242,doi:10.1016/j.agrformet.2015.12.065.

Otkin J A,Svoboda M,Hunt E D,et al, 2018. Flash droughts:a review and assessment of the challenges imposed by rapid-onset droughts in the United States[J]. Bull Am Meteor Soc,99(5):911-919,doi:10.1175/BAMS-D-17-0149.1.

Seager R,Kushnir Y,Herweijer C,et al, 2005. Modeling of tropical forcing of persistent droughts and pluvials over Western North America:1856—2000[J]. J Climate,18(19):4065-4088.

Seneviratne S I,Lüthi D,Litschi M,et al, 2006. Land-atmosphere coupling and climate change in Europe[J]. Nature,443(7108):205-209.

Sherwood S,Fu Q, 2014. A drier future? [J]. Science,343(6172):737-739.

Staubwasser M,Weiss H, 2006. Holocene climate and cultural evolution in late prehistoric-early historic West Asia[J]. Quat Res,66(3):372-387.

Sun C H,Yang S. 2012. Persistent severe drought in southern China during winter-spring 2011:large-scale circulation patterns and possible impactingfactors[J]. J Geophys Res Atmos, 117(D10): D10112, doi: 10.1029/2012JD017500.

Sun Y, Fu R, Dickinson R, et al, 2015. Drought onset mechanisms revealed by satellite solar-induced chlorophyll fluorescence:insights from two contrasting extreme events[J]. J Geophys Res Biogeosci, 120(11):2427-2440,doi:10.1002/2015JG003150.

Tannehill I R, 1947. Drought—its Causes and Effects[M]. Princeton:Princeton University Press:1-264.

Taylor C M,Lambin E F,Stephenne N,et al, 2002. The influence of land use change on climate in the Sahel[J].J Climate,15(24):3615-3629.

Thomas T,Jaiswal R K,Galkate R,et al, 2016. Drought indicators-based integrated assessment of drought vulnerability:a case study of Bundelkhand droughts in central India[J]. Nat Hazards,81(3):1627-1652,doi:10.1007/s11069-016-2149-8.

Ting M F,Wang H, 1997. Summertime U. S. precipitation variability and its relation to Pacific sea surface temperature[J]. J Climate,10(8):1853-1873.

Tsegaye T,Brian W, 2007. The vegetation outlook(vegout):A new tool for providing outlooks of general vegetation conditions using data mining techniques[C]. Seventh IEEE International Conference on Data Mining Workshops(ICDMW 2007),667-672.

Ummenhofer C C,Gupta A S,Briggs P R,et al, 2011. Indian and pacific ocean influences on Southeast Australian drought and soil moisture[J]. J Climate,24(5):1313-1336.

Van Loon A F,Gleeson T,Clark J,et al, 2016. Drought in the anthropocene[J]. Nat Geosci,9(2):89-91.

Wang A H,Lettenmaier D P,Sheffield J, 2011. Soil Moisture Drought in China,1950—2006[J]. J Climate,24(13):3257-3271.

Wang C H,Yang K,Li Y L,et al, 2017a. Impacts of spatiotemporal anomalies of Tibetan Plateau snow cover on summer precipitation in Eastern China[J]. J Climate,30(3):885-903,doi:10.1175/JCLI-D-16-0041.1.

Wang H,Li D L, 2019. Decadal variability in summer precipitation over eastern China and its response to sensible heat over the Tibetan Plateau since the early 2000s[J]. Int J Climatol, 39(3): 1604-1617, doi: 10.1002/joc.5903.

Wang L,Chen W,Huang R H, 2008. Interdecadal modulation of PDO on the impact of ENSO on the East Asian winter monsoon[J]. Geophys Res Lett,35(20):L20702.

Wang L Y,Yuan X,Xie Z H,et al, 2016. Increasing flash droughts over China during the recent global warming hiatus[J]. Sci Rep,6:30571,doi:10.1038/srep30571.

Wang L Y,Yuan X, 2018. Two types of flash drought and their connections with seasonal drought[J]. Adv Atmos Sci,35(12):1478-1490.

Wang P Y,Tang J P,Sun X G,et al, 2017b. Heat waves in China:definitions,leading patterns,and connections to large-scale atmospheric circulation and SSTs[J]. J Geophys Res Atmos,122(20):10679-10699.

Wang Y,Zhang Q,Wang S P,et al, 2017c. Characteristics of agro-meteorological disasters and their risk in Gansu Province against the background of climate change[J]. Nat Hazards,89(2):899-921.

Wheeler T,Von Braun J, 2013. Climate change impacts on global food security[J]. Science, 341(6145): 508-513.

Wilhite D A,Glantz M H, 1985. Understanding:the drought phenomenon:the role of definitions[J]. Water Int,10(3):111-120.

Wilhite D A, 2000. Drought as a Natural Hazard:Concepts and Definitions[J]. Drought:A Global Assessment: 3-18.

Wu G X, Zhang Y S, 1998. Tibetan Plateau forcing and the timing of the monsoon onset over South Asia and the South China Sea[J]. Mon Wea Rev, 126(4): 913-927.

Wu G X, Liu Y M, Zhang Q, et al, 2007. The influence of mechanical and thermal forcing by the Tibetan Plateau on Asian Climate[J]. J Hydrometeorol, 8(4): 770-789.

Wu G X, Liu Y M, He B, et al, 2012. Thermal controls on the Asian summer monsoon[J]. Sci Rep, 2: 404, doi: 10.1038/srep00404.

Xing W, Wang B, 2017. Predictability and prediction of summer rainfall in the arid and semi-arid regions of China[J]. Climate Dyn, 49(1-2): 419-431.

Yu C Q, Li C S, Xin Q C, et al, 2014a. Dynamic assessment of the impact of drought on agricultural yield and scale-dependent return periods over large geographic regions[J]. Environ Model Softw, 62: 454-464.

Yu M X, Li Q F, Hayes M J, et al, 2014b. Are droughts becoming more frequent or severe in China based on the Standardized Precipitation Evapotranspiration Index: 1951-2010? [J]. Int J Climatol, 34(3): 545-558.

Yue Y J, Li J, Ye X Y, et al, 2015. An EPIC model-based vulnerability assessment of wheat subject to drought [J]. Nat Hazards, 78(3): 1629-1652.

Yue Y J, Wang L, Li J, et al, 2018. An EPIC model-based wheat drought risk assessment using new climate scenarios in China[J]. Climatic Change, 147(3-4): 539-553.

Zhang H L, Zhang Q, Yue P, et al, 2016a. Aridity over a semiarid zone in northern China and responses to the East Asian summer monsoon[J]. J Geophys Res Atmos, 121(23): 13901-13918.

Zhang Q, Han L Y, Jia J Y, et al, 2016b. Management of drought risk under global warming[J]. Theor Appl Climatol, 125(1-2): 187-196, doi: 10.1007/s00704-015-1503-1.

Zhang Q, Han L Y, Lin J J, et al, 2018. North-South differences in Chinese agricultural losses due to climate-change-influenced droughts[J]. Theor Appl Climatol, 131(1-2): 719-732, doi: 10.1007/s00704-016-2000-x.

Zhang Q, Lin J J, Liu W C, et al, 2019a. Precipitation seesaw phenomenon and its formation mechanism in the eastern and western parts of Northwest China during the flood season[J]. Sci China Earth Sci, 62(12): 2083-2098, doi: 10.1007/s11430-018-9357-y.

Zhang Q, Yao Y B, Wang Y, et al, 2019b. Characteristics of drought in Southern China under climatic warming, the risk, and countermeasures for prevention and control[J]. Theor Appl Climatol, 136(3-4): 1157-1173, doi: 10.1007/s00704-018-2541-2.

Zhang R H. 2001. Relations of water vapor transport from Indian monsoon with that over East Asia and the summer rainfall in China[J]. Adv Atmos Sci, 18(5): 1006-1017.

Zhang Y Q, You Q L, Chen C C, et al, 2017. Flash droughts in a typical humid and subtropical basin: a case study in the Gan River Basin, China[J]. J Hydrol, 551: 162-176. doi: 10.1016/j.jhydrol.2017.05.044.

Zhao G J, Mu X M, Hörmann G, et al, 2012. Spatial patterns and temporal variability of dryness/wetness in the Yangtze River Basin, China[J]. Quat Int, 282: 5-13.

Zhao S Y, Zhang H, Feng S, et al, 2015. Simulating direct effects of dust aerosol on arid and semi - arid regions using an aerosol-climate coupled system[J]. Int J Climatol, 35(8): 1858-1866.

Zhao Y, Huang A N, Zhou Y, et al, 2014. Impact of the middle and upper tropospheric cooling over Central Asia on the summer rainfall in the Tarim Basin, China[J]. J Climate, 27(12): 4721-4732.

Zhu C W, Wang B, Qian W H, et al, 2012. Recent weakening of northern East Asian summer monsoon: a possible response to global warming[J]. Geophys Res Lett, 39(9): L09701.

Zuo Z Y, Yang S, Kumar A, et al, 2012. Role of thermal condition over Asia in the weakening Asian Summer Monsoon under global warming background[J]. J Climate, 25(9): 3431-3436.

论气候变暖背景下干旱和干旱灾害风险特征与管理策略*

张 强[1,2] 韩兰英[3] 张立阳[4] 王劲松[1]

(1. 中国气象局兰州干旱气象研究所/甘肃省干旱气候变化与减灾重点实验室/中国气象局干旱气候变化与减灾重点开放实验室,兰州,730020;2. 甘肃省气象局,兰州,730020;3. 西北区域气候中心,兰州,730020;4. 兰州大学大气科学学院,兰州,730000)

摘 要 干旱是全球影响最广泛的自然灾害,给人类生活带来了巨大的危害,近百年气候显著变暖使干旱灾害及其风险问题更加突出。目前,对干旱和干旱灾害风险的内在规律理解并不全面,对气候变暖背景下干旱和干旱灾害风险的表现特征认识也比较模糊。本文在系统总结国内外已有干旱和干旱灾害风险研究成果的基础上,归纳了干旱灾害传递过程的基本规律及干旱灾害的本质特征,综合分析了干旱灾害风险关键要素的主要特点及其相互作用关系,讨论了气候变暖对干旱和干旱灾害风险的影响特点,探讨了干旱灾害风险管理的基本要求。在此基础上,提出了干旱灾害防御的主要措施及干旱灾害风险管理的重点策略。

关键词 干旱灾害;风险评估与管理;气候变暖;干旱灾害传递过程;干旱防御措施

干旱灾害与地球环境相伴而生,是致灾因子和社会脆弱性共同作用的结果,也是地球上空间范围较广、持续时间较长和长期社会经济和环境影响最严重的自然灾害,人类从诞生伊始就遭受干旱灾害的困扰(Ashok et al.,2010)。干旱与干旱气候区的永久性干气候状态不同,它是指某个时段的暂时干旱。因此,无论是湿润地区还是干燥地区都会发生(张强 等,2001)。而且,与洪水等自然灾害相比,重大干旱灾害会引起更大量的人员死亡,迫使大规模人群背井离乡,甚至还造成文明消亡和朝代更迭,是地球上最具破坏力的自然灾害之一。干旱还与土地退化和荒漠化密切关联,对许多发展中国家造成了特别惨痛的后果。尽管,由于各地地理环境差异使得干旱灾害特性很不同,但全球已普遍认识到干旱会造成生命财产损失、生态退化、社会动荡等一系列重大影响。

我国大部分地区处于季风气候影响区,也是一个干旱灾害频发的国家(涂长望 等,1944)。在我国,干旱灾害是造成农业经济损失最严重的气象灾害。研究表明(李茂松 等,2003),我国每年干旱灾害损失占各种自然灾害总和的15%以上,在1949—2005年发生的5种主要气象灾害中,干旱灾害频次约占总自然灾害的1/3,平均每年干旱受灾面积约为2188万hm^2,占自然灾害受灾总面积的57%,均为各项灾害之首。粮食因旱减产占总产量的4.7%以上,干旱灾害的影响比其他任何自然灾害都要大(顾颖 等,2010)。研究还表明(Dai,2010),20世纪70年代以来,气候变暖不仅增加了大气水分的要求,而且还改变着大气环流格局,使全球干旱不断加重。如今,干旱灾害正在成为一种新的气候常态,其出现的频率更高、持续的时间更长、波动的范围更大,对国民经济特别是农业生产造成的影响也更为严重(卢爱刚 等,2006)。尤其,自1980年以来,干旱已经造成全球约56万人死亡,干旱引发的战争或冲突造成的影响也特别突

* 发表在:《地球科学进展》,2014,29(1):80-91.

出，农业、牧业、水资源、渔业、工业、供水、水力发电、旅游业等许多社会经济部门正在因干旱灾害遭受越来越重的经济损失。比如，1990 年发生在非洲南部的干旱就造成津巴布韦水电量减少 2/3 左右，农业生产下降约 45%，导致其在股票市场上损失 62%，国民生产总值也因此降了约 11%。美国 2012 年遭遇的 20 世纪 30 年代"尘暴"灾害以来最严重的干旱灾害造成了严重的粮食减产和粮价飙升，玉米和小麦价格分别暴涨了 60%和 26%，牲畜和畜牧产品的价格及肉和奶制品的价格也大幅攀升，不仅引发了全球性的粮食安全危机，也引起了人们对干旱问题的新思考(张强，2012)。

干旱作为一种自然灾害会对人类的生命健康、财产和生存环境等带来直接或间接的不利影响，这种不利影响发生的强度和频次可称为干旱灾害风险(UGS，1997)，它客观反映了干旱灾害对人类的直接危害和潜在威胁的可能性大小。干旱灾害风险服从干旱灾害形成规律和统计学的概率分布规律，受干旱致灾因子、干旱承灾体脆弱性与敏感性、干旱孕灾环境和干旱防灾能力等多种因素相互作用影响(张强 等，2012)。事实上，全球许多地区处于干旱灾害风险之中，并遭受着干旱灾害的直接或间接威胁。我国是全球经常暴露于干旱灾害危险区人口最多的国家，也是干旱灾害风险比较高的地区，人民生活和社会经济发展严重受干旱灾害风险制约，我国和印度加起来有高达 1 亿人左右人口受干旱灾害威胁(张强 等，2011)。

许多发达国家正在通过制定科学有效的干旱灾害风险管理方案，建立干旱灾害风险分析评估系统，对干旱灾害风险进行客观评估和及时预警，并在此基础上采取科学合理的防御行动和应对措施，以达到预防、控制和降低干旱灾害风险的目的(哲伦，2010)。美国等发达国家为了缓解干旱灾害引发的高风险影响，特别是持续性和破坏性干旱带来的巨大风险，正在干旱灾害风险管理框架下建立一系列干旱灾害风险应对措施(朱增勇 等，2009)。

气候变暖不仅使干旱灾害形成和发展过程更加复杂(Neelin et al.，2006；Lu et al.，2007；Sheffield et al.，2008)，而且也使干旱灾害风险影响因素变得更加多样。气候变暖背景下，干旱灾害及其风险形成过程正表现出一些新的特征(Bohle et al.，1994；Tol et al.，1999；Feyen et al.，2009)，也引发了一些令人困惑的新问题(吴绍洪，2011)。应该说，目前对干旱灾害形成过程及干旱灾害风险的内在特征已经开展了一些研究(Petak et al.，1982；Young，1984；King et al.，1984；Huang et al.，1998；唐明，2008)，也取得了一定研究进展(任鲁川，1999；杨帅英 等，2004；亚行技援中国干旱管理战略研究课题组，2011；杨志勇 等，2011)，对气候变暖背景下干旱灾害及其风险问题也有所关注。但总体而言，对干旱灾害及其风险的内在规律理解并不系统，对气候变暖背景下干旱灾害及其风险的新特征认识也不全面，这在客观上影响了目前干旱灾害防御和风险管理水平的提高。

为此，本文试图在总结归纳国际上以往研究成果基础上，综合分析干旱灾害的本质特征，更加系统认识影响干旱灾害风险的关键物理要素，探讨气候变暖对干干旱灾害及其风险的影响特点和规律，为提高干旱灾害防御和风险管理水平提供科学参考依据。

1 干旱灾害的传递过程及主要特征

干旱灾害是一种发源于降水异常偏少和温度异常偏高等气象要素变化，而作用于农业、水资源、生态和社会经济等人类赖以生存和发展的基本条件，并能够对生命财产和人类生存条件造成负面影响的自然灾害(Houghton et al.，2001)。在国际上，通常将干旱分为四类：即气象干旱、农业干旱、水文干旱和社会经济干旱(Wilhite et al.，1985，Houghton et al.，2001)。如果再详细一些，还应该加上生态干旱。它虽然类似于农业干旱，但又有别于农业干旱。在加强生态文明建设的今天，把生态干旱分离出来是十分必要的。气象干旱实际上主要反映了降雨强度及其概率特征，而农业干旱、生态干旱、水文干旱和社会经济干旱则分别表征了气象干旱对农业、生态、水资源和社会经济活动影响的程度。

1.1 干旱灾害传递过程

从本质上讲，这五类干旱并不是相互独立的，它们反映的是从干旱发生到产生灾害或影响的链状传递过程，五类干旱实际上就是干旱传递到不同阶段的具体表现。即使出现了气象干旱，如果不再向下传递也不一定会发生农业干旱、生态干旱、水文干旱和社会经济干旱。任何单一干旱类型只是从不同侧面描述了干旱的影响特征，并不能全面反映干旱灾害特征(涂长望等，1944；李茂松 等，2003；顾颖 等，2010；Dai，2010；张强 等，2011)。

如图 1 所示，气象干旱发生后，在合适的条件下，会向农业干旱、生态干旱和水文干旱并行传递，当农业干旱、生态干旱和水文干旱发展到一定程度后又会向社会经济干旱传递。农业干旱、生态干旱和水文干旱一般是并行发展的。但在依靠河流或水库灌溉的地区，水文干旱可能要更早一些，它发生后再向农业干旱和生态干旱传递。而且，农业干旱、生态干旱、水文干旱的内部过程也存在明显的传递过程(Wilhite et al.，1985；Houghton et al.，2001)。比如：农业干旱内部是最先由土壤干旱传递到作物生理干旱，再由作物生理干旱传递到作物生态干旱，最后由作物生态干旱传递到粮食产量形成；生态干旱内部也有类似的传递过程；而水文干旱内部则最先由积雪干旱传递到冰川干旱，再由冰川积雪干旱传递到河流干旱，由河流干旱传递到水库干旱，最后由水库干旱传递到水资源减少。当然，在较小流域，水文干旱内部不一定要经过冰川和积雪干旱传递过程，可最先直接由河流干旱传递到水库干旱，再由水库干旱传递到水资源减少。对农业和生态干旱而言，如果干旱在传递到作物生理干旱或植被生理干旱之前就缓解，基本上对作物机体没有实质破坏，不会有本质性灾害影响。但如果传递到作物或植被生理干旱阶段，灾害影响就是必然的了，而且越往后传递灾害的影响越难以逆转(Petak et al.，1982；Young，1984；King et al.，1984；Huang et al.，1998；唐明，2008，吴绍洪 等，2011)。

正是由于干旱灾害的这种逐阶传递特征，可以原则上根据干旱灾害的传递规律对干旱灾害进行早期预警。具体而言，可以由气象干旱监测对农业干旱、生态干旱和水文干旱进行早期预警，由农业干旱、生态干旱和水文干旱监测对社会经济干旱进行早期预警。在一定程度上，还可以通过水文干旱监测对农业干旱和生态干旱进行早期预警。而且，还可以根据农业干旱、生态干旱和水文干旱内部的发展规律，通过监测其内部的前期发展阶段来进行早期预警。比如，在农业干旱内部，可以通过监测土壤干旱来预警作物生理干旱，由作物生理干旱监测来预警作物生态干旱，由作物生态干旱监测来预警作物产量损失。同样，在水文干旱内部，也可以由高山积雪监测来预警高山冰川干旱，由积雪和冰川监测来预警河流干旱，由河流流量监测来预警水库干旱，由水库和河流流量监测来预警水资源减少情况(Wilhite et al.，1985；Houghton et al.，2001)。

因此，对干旱监测而言，不仅需要通过分析干旱程度和频率来区分干旱的等级，还需要通过针对其影响的对象区分其类型和发展进程。气象干旱一般比较容易通过降水发生强度和频率区分其等级，而对农业干旱、生态干旱、水文干旱和社会经济干旱的概率和强度确定要复杂得多，需要对气象干旱影响农业、生态、水文和社会经济的特征和规律具有深刻认识。仅就农

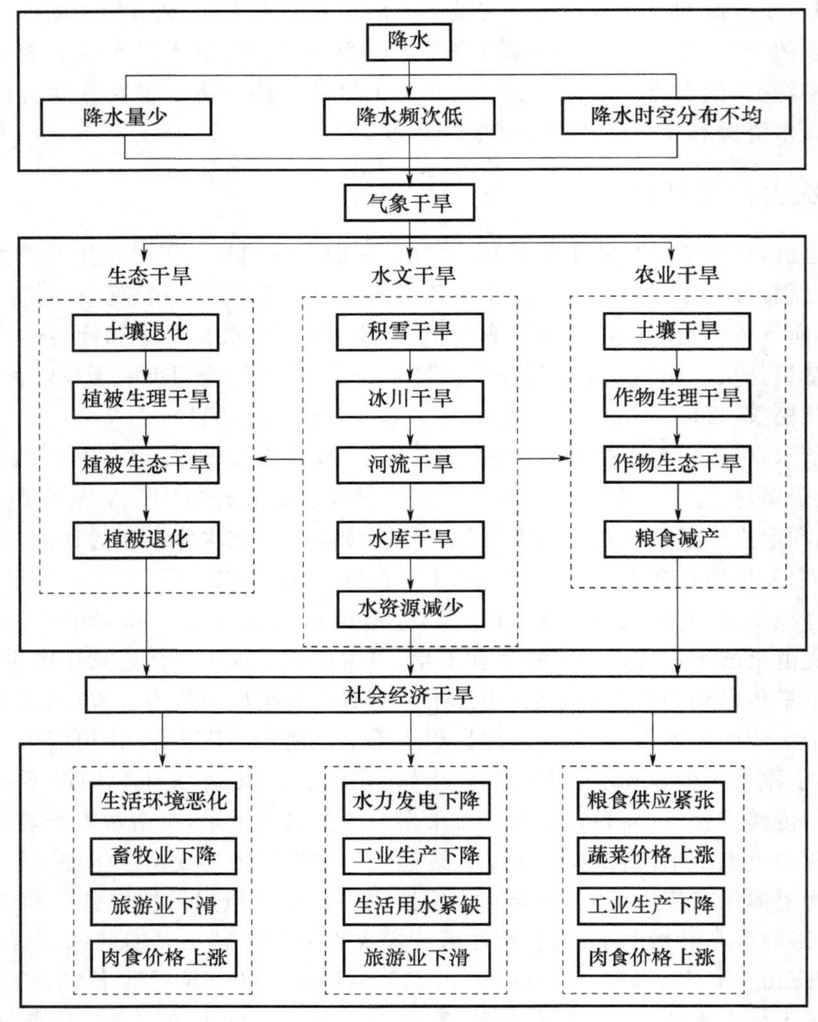

图 1　干旱的传递过程及其相互作用

业干旱而言,其干旱影响程度不仅取决于降水量和降水期及气温环境,还取决于农业系统的脆弱性等干旱向下传递的环境条件(King et al.,1984;杨帅英 等,2004)。

由于农业或生态系统的水文条件不同,气象干旱向农业或生态干旱传递的进程常常会有三种典型情况出现:(1)对雨养农业或生态系统而言,水分储存的主要形式是根区附件土壤水分或临近的毛细上升水,它们只能帮助农作物或自然植被渡过几周长的干旱期。所以,干旱向下传递得很快,仅短期气象干旱就对农业和生态比较致命。(2)对有小型水库的灌溉农业或生态系统而言,由于全年周期性水分蓄存的贡献,可以度过几个月的较长干旱期,即使在有效降雨结束后仍然可以使生长季节延长几周。所以,干旱向下传递得相对比较慢,短期气象干旱对农业和生态并无大碍。(3)对有大型水库或上游有大量冰川和积雪可以提供足够径流的农业或生态系统而言,如果水库和土壤水储存比较充分,一般只有历史罕见的多年连续干旱才会对农业和生产有本质的影响。所以,气象干旱向下传递得更慢,即使连续几年的气象干旱也可能不会有显著灾害。这主要是由于水库或冰雪的储水深度比平均年蒸发量要大好几倍,从而使跨年水分储存贡献占据主导地位所发挥的作用，西北干旱区绿洲农业生态系统实际上就属于这种情况（Wilhite et al.，1985；任鲁川，1999；Lu et al.，2007；Feyen et al.，2009）。

可见，对旱作农业系统即雨养农业系统而言，几个关键时期的降雨量及作物生长季节的第一场透雨可能就是干旱是否发展的关键（张强 等，2003）。对于灌溉农业系统而言，生长季节前几个月或几年的长期降雨量及农业系统存储水分的时间长度可能才是干旱是否发展的关键；对畜牧系统或草原生态系统而言，放牧周期的关键时段降水及所能动用的土壤水分可能才是干旱是否发展的关键；而对森林生态系统而言，几年的长期降雨量及地下水埋深可能才是干旱是否发展的关键。

同时，由于干旱影响对象的生理结构和生态特征不同，其传递的时间进程也会很不同。对有些水分依赖性较强且根系较浅的植被来说，可能短期的气象干旱就会表现出显著影响；而对有些水分依赖性不太强的植被来说，较长期的气象干旱也不会有太大影响；甚至对有些根系很发达的植被来说，比如有些树木，由于能够有效利用地下水，对气象干旱并不太敏感，反而对地下水位降低等水文干旱更敏感（Lu et al.，2007；Sheffield et al.，2008；Feyen et al.，2009；吴绍洪 等，2011）。

另外，气候变化额外增加了干旱问题的复杂性。首先，由于气候变暖对降水的影响，使衡量降水距平的参考态发生了改变，比如正常降水量减少将会使干旱的降水量阈值降低。其次，由于气候变暖对降水量和温度的改变，改变了干旱发生的频率，极端干旱事件会有所增加。第三，气候变化还使干旱传递所依赖的生态环境脆弱性等因素发生了改变，从而影响了气象干旱向农业干旱、生态干旱和水文干旱传递及发展的进程。一般而言，气候变暖会加快传递进程。第四，气候变化还会使干旱分布格局发生改变，干旱灾害的分布范围会有所扩展。第五，气候变暖会使干旱灾害发生的时间和地点不确定性增加，表现出许多反常的时间和空间分布特征，其发生发展的规律更加难以把握。

1.2　干旱灾害主要特征

在气候变暖背景，干旱灾害具有一些比较显著的特征（Tol et al.，1999；Neelin et al.，2006）。主要表现在：(1)干旱灾害具有蠕变性。与地震和暴雨等突发性灾害不同，干旱灾害是气候自然波动引起的蠕变性灾害，它的发展是一个渐变过程，很难明确区分其时间和空间界限，其特征也比较模糊和复杂。所以，对干旱的灾害性往往难以及时察觉，到发现时一般已十分严重和难以逆转。(2)干旱灾害具有系统性。干旱灾害系统包括致灾因子、孕灾环境、承灾体和防灾减灾能力等 4 个子系统，各个子系统又包含着一些次级子系统，比如，孕灾环境包括空间、时间及人文社会背景等次级子系统，而空间子系统又可分为大气环境、水文气象环境以及下垫面环境等多个方面，它们之间通过物质、能量及信息传递和转换互相耦合，其整体过程具有比较系统的内在驱动、反馈、发展和变化机制。(3)干旱灾害具有非线性。从混沌理论来看，系统状态处于分叉点时即使小的扰动都可能会引起非线性变化，放大其效应。干旱灾害系统由于其随机性、动态性和多层次结构及各子系统间的关联性，蕴含着多重互动与耦合关系，任意一个子系统的变化都可能会逐渐累积、放大和突变，并波及和牵动其他子系统连锁反应，具有明显的非线性特征（杨帅英 等，2004）。这也是干旱灾害多样性、奇异性及复杂性的根源。(4)干旱灾害具有不可逆性。这一方面表现在干旱灾害虽然发展比较缓慢，但解除却要快得多，也许只要有一场透雨就很快可以结束，甚至会出现旱涝急转，这是由于蒸散的约束性特征

(张强 等,2011)和降水的发散性特征共同作用的必然结果;干旱灾害的不可逆性还表现在干旱一旦发展为灾害就会逐渐渗透和蔓延到社会经济的各个方面(Eriyagama et al.,2009),到那时再多的降水也难以挽回损失。(5)干旱灾害具有多尺度性。干旱灾害是个多时间尺度和多空间尺度的科学问题(马柱国,2007)。由于降水和大气水分循环具有短期异常、年循环、年际波动、年代际异常和长期气候变化等不同时间尺度,干旱灾害也会表现出短期干旱、季节性干旱、干旱年、年代性干旱和干旱化趋势等不同时间尺度特征。一般,季节性干旱是周期性发生的,短期干旱经常发生,干旱年会时而出现,年代性干旱则比较罕见。一般来说,年代性干旱和干旱化趋势的灾害性最强,尤其是多时间尺度迭加在一起的干旱往往是灾难性的。同时,干旱的发生和发展也往往表现在不同空间尺度上,地形和土地利用等局地因素引起的干旱尺度范围往往较小,而气候系统内部变率引起的干旱空间尺度也一般只能达到区域尺度,外强迫引起的干旱往往可以达到洲际空间尺度,而天文因素和全球变暖引起的干旱可能会达到全球尺度。另外,干旱的空间尺度有时也是动态的,随着干旱的发展,其空间尺度可能会由局地尺度发展为区域尺度。不仅如此,干旱还往往随环流异常信号传递而扩展,或从生态环境相对脆弱的地区开始爆发而后再向周边扩散。(6)干旱灾害具有衍生性。干旱灾害通常并非独立发生,而是在干旱灾害发生后会诱发或衍生出沙尘暴、土地荒漠化和风蚀等其他自然灾害(张之贤等,2012),这些自然灾害之间彼此相互作用,会形成复杂的以干旱为主导的灾害群。(7)干旱灾害具有很强的社会性。干旱灾害损失涉及农业、水文、社会经济以及生态环境等许多方面,社会关联性强,社会影响面大,社会关注度高。

2　干旱灾害风险及影响因素特征

正是由于决定和影响干旱灾害的因素和环节比较复杂,干旱灾害在发生和发展过程中具有许多不确定性因素,所以从风险性角度来认识干旱灾害是十分必要的。而且,由于干旱的常态化,及气候变暖和人类活动在干旱灾害中的角色逐渐加重,干旱灾害造成生命、经济和生态损失的风险性在逐渐加大。过去单纯以被动回应性的危机管理方式来应对干旱灾害不仅影响应对的及时性和针对性,造成应对失当(要么应对过度,要么应对缺失),导致较大的资源浪费;而且还会使干旱应急体系疲劳化,干旱应急意识削弱。因此,在干旱减灾防灾体系中,需要突出风险管理的思想理念,这不仅可以更加有效地降低国家对干旱灾害风险的脆弱性,而且还可以保障灾后重建基金的有效使用。从危机管理向风险管理为主转变是干旱管理现代化的必然趋势。

2.1　干旱灾害风险的主要因素及风险评估

实际上,从干旱灾害危机管理转向干旱灾害风险管理是一项比较艰巨的任务,不仅需要建立一套干旱灾害风险管理体系,而且还必须形成一系列以干旱灾害风险评估能力为基础的预防措施。其复杂性在于干旱灾害风险是一个受多因素控制的综合性指标,它包含了干旱致灾因子、干旱承灾体、干旱孕灾环境和干旱防灾能力等主要因素及其相互作用的影响。

从本质上讲,降水和温度是最主要的干旱致灾因子,它不仅是干旱灾害风险的主导因素,也是干旱灾害风险中最活跃的因子,直接控制着干旱灾害风险的分布格局和发展趋势。干旱孕灾环境是干旱灾害风险形成的环境条件,能够对干旱灾害风险性起到缩小或放大的作用。一般,稳定性较差、抗干扰能力较低及容易传递干旱信息的孕灾环境其干旱灾害风险性会更显著,生态环境脆弱带大多是干旱灾害的高风险区。干旱承灾体是干旱灾害的作用主体和风险对象,是指暴露在干旱危险之下的生命、财产和人类生活环境。一般来说,暴露在干旱危险区概率较高及自身适应性较差和恢复能力较弱的承灾体,其干旱灾害风险较大。干旱防灾能力是干旱灾害风险中的主观作用力,是人类主动干预干旱灾害能力的表现。相比较而言,干旱承灾体和孕灾环境是干旱灾害风险中相对比较被动和稳定的因素,干旱防灾能力是干旱灾害风险中相对比较主动和活跃的因素,而干旱致灾因子虽然是受自然因子变化控制的被动因素,但却是十分活跃和波动性很强的因素。

如图 2 所示,干旱致灾因子、干旱承灾体、干旱孕灾环境和干旱防灾能力等影响干旱灾害风险性的 4 种主要因素可以分别由干旱灾害致灾因子危险性、承灾体的暴露度和脆弱性、孕灾环境的敏感性和防灾能力的可靠性等来表征和度量,其中干旱致灾因子危险性与气象干旱的发生频率、强度和持续时间有关;干旱承灾体暴露度与暴露在干旱危险区的生命和财产数量和时间有关,干旱承灾体脆弱性与承灾体自身的耐旱性和恢复力有关;孕灾环境敏感性与干旱危险区的植被状况、地理条件、土壤性质和水文环境有关;干旱防灾能力可靠性则与干旱危险区的抗旱资金投入、抗旱防旱技术水平、公众教育水平和社会对干旱的关注度等有关。

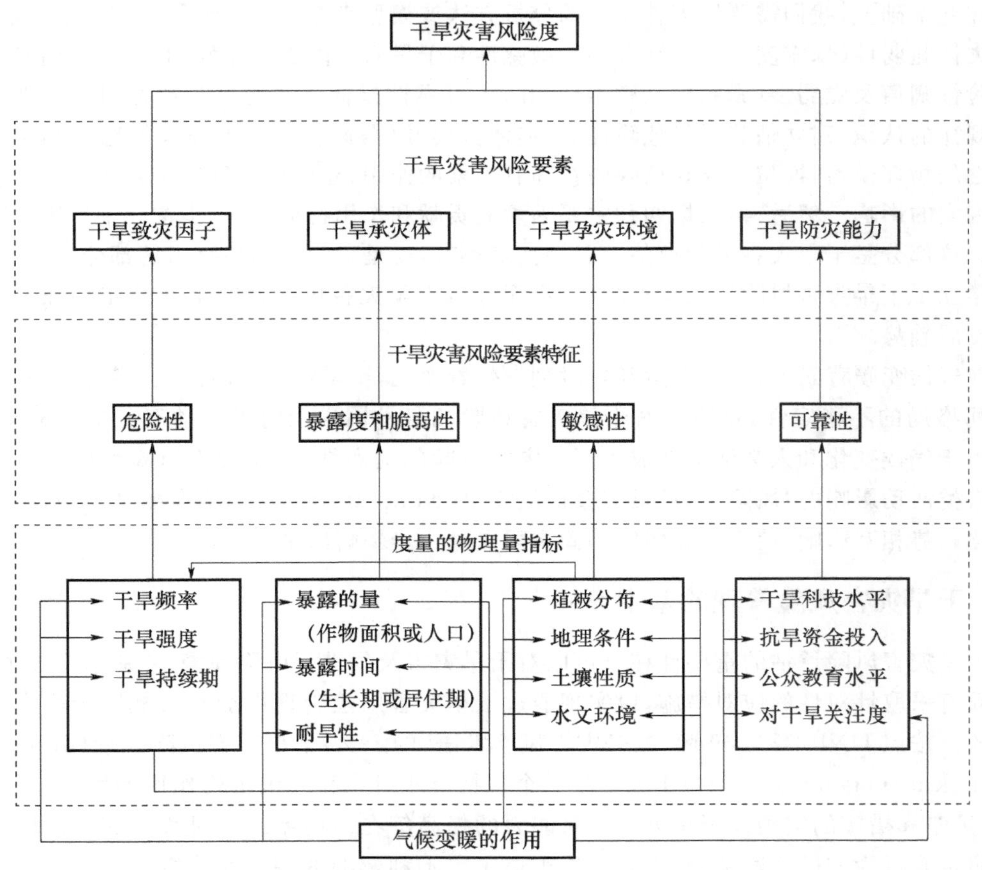

图 2　干旱灾害风险要素之间的关系及其受气候变暖的影响

然而,干旱灾害风险影响要素之间并不是独立的,它们之间存在一定程度的相互作用关系,并且它们还会不同程度受到气候变暖的作用。所以,干旱气象灾害风险的形成过程其实是一个比较复杂的过程。图 2 表明，干旱致灾因子即气象干旱的频率和强度能够在一定程度上影响干旱灾害承灾体、孕灾环境和防灾能力，导致承灾体和孕灾环境发生变异和防灾能力发生改变。一般而言，随着干旱频率和程度加重，干旱承灾体会更脆弱，孕灾环境会更敏感，而防灾能力会有所提高。不仅如此，气候变暖也会影响到干旱灾害风险性的四种主要因素，而且影响程度在不断加剧。总体来看，气候变暖会使气象干旱更加频发和加重，使承灾体的暴露度和脆弱性增加，使孕灾环境的敏感性加大，这些都会增强干旱灾害的风险性。不过，气候变暖可能会在一定程度上通过影响社会对干旱的关注程度来间接提高干旱防灾能力，从而对干旱灾害风险性起到一定抑制作用。

即使我们对影响干旱灾害风险性的因素有了比较清楚的认识，但要科学、准确、及时地评估干旱灾害风险仍然是件不容易的事情。从图 3 给出的气候变暖背景下干旱灾害风险分析评估技术流程图可以看出，干旱灾害风险评估不仅需要依赖 3S 技术，而且还要用到气象、水文、农业、生态及干旱灾情和社会经济数据等多种资料，尤其要获得比较可靠的干旱灾情和社会经济数据是比较困难的。并且，我们在开展干旱灾害风险评估前，还必须充分了解干旱变化趋势和突变特征及气候变暖的规律等前提条件。

在此基础上，我们需要用多种先进的分析方法或模型来综合分析干旱致灾因子危险性、干旱承灾体脆弱性(暴露度)、干旱孕灾环境敏感性和干旱防灾能力可靠性的特征，从而确定出干旱危险性阈值及脆弱性(暴露度)、敏感性和防灾可靠性指标。并通过对各种因子物理机制及影响规律的认识，建立估算干旱危险性、承灾体脆弱性(暴露度)、孕灾环境敏感性和防灾能力可靠性的物理模型，模型不仅要反映内在固有因素的作用，还要包含气候变暖和人类活动等外强迫因素的影响。然后，再根据四种主要因素的贡献和作用特征，进一步构建干旱灾害风险性模型。这部分是干旱灾害风险评估的关键技术环节，也是科学问题最突出的部分。

建立了干旱灾害风险评估模型之后，进而分析干旱灾害风险性的空间分布特征及变化规律和发展趋势。

在气候变暖背景下，由于自然环境时刻发生着变化，干旱灾害风险的最大特点就是动态性和空间格局的不稳定性，这需要对干旱灾害风险的各种因素及时进行动态分析和科学调控。正是由于气候变化和人类活动造成了干旱灾害风险的动态性，干旱灾害风险性中反映气候变化和人类活动影响的“风险系数”贡献会比较突出(Kunreuther，1996；谭海丽，2012)，并与其本身变化趋势相互影响，使干旱脆弱区的固有弱点进一步暴露出来。

2.2 干旱灾害风险管理的基本原则

干旱灾害风险评估的重要性在于可以对干旱灾害及早进行风险预警，并科学指导个体、社会和政府采取针对性的应对措施，以实现通过干旱灾害风险管理更加有效减缓干旱灾害影响的目的。按照 UNISDR2009 版“减轻灾害风险术语”的定义，干旱灾害风险管理(drought disaster risk management，DRM)实际上是一个包括行政指导和组织机构作用的发挥、干旱防御政策、策略和措施的实施及干旱灾害应对能力的提高等在内的系统化过程，也是通过预防、减缓和防备等行为和措施避免、减少或转移干旱灾害不利影响的综合实践行为。其核心在于以经济和社会效益最大化为基本原则，对干旱灾害进行科学有效地分类防御。对风险性程度一般的干旱，可以采取干旱灾害损失保险、抗旱技术应用、公众干旱防范意识提高、饮食结构多元化及社会救济制度建立等日常性措施，并直接纳入农业制度之中，由个体农户和家庭的常规策

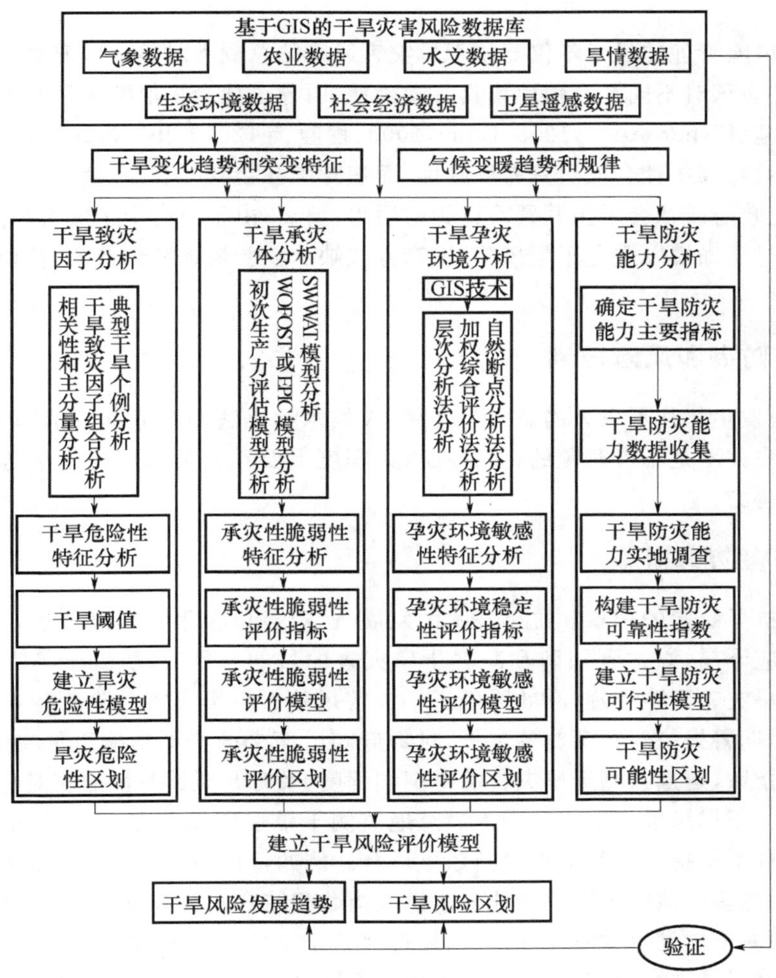

图 3　气候变暖背景下干旱灾害风险分析评估技术流程

略来应对。对干旱的高风险区，则需要采取风险管理和危机管理相结合的方式，启动各级地方政府或国家干旱灾害防御预案，动用社会和国家力量来帮助高风险地区防御干旱灾害，由公共风险防御方式来处理。对风险性超出预警能力的意外性严重干旱，则需要采取应急性危机管理模式，临时启动地方政府甚至国家或国际救援机制，调动社会、国家和国际资源来共同救援干旱灾害地区，一般要以社会和国家为应对主体。

干旱灾害危机管理主要着重于灾害发生时的应急救援或灾后的恢复与重建，而旱灾风险管理则应该强调从准备、预测和早期预警到应对和恢复等干旱灾害防御全程的重视。当前，应该将干旱灾害风险管理主流理念融入到干旱灾害防御规划和实践活动中，加强地方、国家、区域和全球的合作，提高公众对干旱的认识和防备能力，制定抗旱政策和策略，并将政府和个人综合保险及财政战略纳入干旱灾害防御计划，建立干旱灾害紧急救助机制和安全联络网。尤其，要将抗旱救灾与防备和适应相结合，推行保护和修复森林等具有增强干旱适应性潜力和减缓干旱不利影响的土地管理行为；要将抗旱政策与可持续发展政策相结合，降低社会、经济和环境对干旱影响的敏感性；并且由于环境条件不断变化，应对干旱灾害风险进行持续的和动态化的管理。

干旱灾害风险管理的目标不仅要使干旱灾害风险的总成本对整个国家或大多数人来说是最小的，而且还应该对不同社会角色均具有激励性，引导全社会采取整体利益最大化和经济最优化的抗旱措施(Fisher et al.,1995;Litan,2000;程静 等,2010,ISDR,2004)。不恰当的干旱风险管理要么只对某些社会成员具有激励性，而违背了社会共同利益，社会成员往往采取高风险行为方式，让政府或社会承担其冒险行为的后果；要么，由于没有干旱灾害风险分担机制，每个社会成员都过于谨慎以避免干旱风险，生产方式缺少创新精神和创造力，从而导致总体收益降低。

3 干旱灾害防御和风险控制

虽然，干旱发生往往不以人的意志为转移，人类永远无法回避或彻底消除干旱，但干旱的影响和灾害损失并不是不可避免的，而是在很大程度上要看人类采取的干旱防御措施和风险管理策略是否得力。

3.1 干旱灾害防御措施

随着人类抗旱经验的积累和抗旱技术的发展，已经可以在很大程度上通过采取有效的措施来应对或适应干旱，以达到预防和减轻干旱灾害的目的。目前，防御干旱灾害的主要措施有：(1)实施干旱灾害风险管理，有效降低干旱灾害风险。干旱灾害风险管理在干旱发生前就已进行预测、早期警报、准备、预防等工作，对降低随后而来的干旱影响更加有效。(2)建立科学有效的干旱指数，定量监测干旱灾害的范围和程度，及时开展针对性的应对行动。虽然目前还没有哪个单一干旱指数能够十分令人满意地监测干旱强度和危害，但我们至少能够知道在哪种情况下那种干旱指数比其他干旱指数更适合。例如，Palmer 干旱指数适用于地形一致的大平原地区，而在多山地区则需要与地表水供应指数相结合才会有效。(3)发展干旱预测和评估方法，准确预测干旱发生的时间和地点，客观评估干旱的影响程度，采取恰当的干旱灾害预防措施。应该对干旱进行旬、月、季、年和年代等不同时间区间的预测，并与干旱监测预警无缝隙衔接。(4)构建国家统一的干旱灾害综合信息系统，提高对干旱灾害的反应速度和统一行动能力。该系统能够充分集中全国监测、预报、灾情和其他数据信息资源，对干旱灾害进行综合预测、追踪、评估和应对，并开展针对干旱灾害的国民教育和网络互动。(5)加强水利工程建设，科学调配水资源。可以通过建库蓄水，对水资源实现时间调控；通过跨流域调水，对水资源实现空间调配；通过地下水开发，对水资源实现结构调整，将近期不能直接利用的地下水转化为可以直接使用的地表水。(6)开展人工增雨和露水收集工程，科学开发空中云水资源。大气中的云水资源只有小部分被转化为降水或露水，可以通过开展人工增雨和露水收集工程，提高大气中云水转化为降水和露水的比例，从而增加可利用水资源总量。(7)发展新的灌溉和耕作技术，提高水资源利用效率。可以通过发展喷灌、滴灌、覆膜、沟垄、套种及控制播种等技术措施[8]，有效提高水资源的利用效率，甚至可以将无效水资源转化为有效水资源。(8)开发生物抗旱技术，增强对干旱灾害的适应能力。培育能够在极端干旱条件下存活并生长的转基因植物，提高作物或生态植被的抗旱能力。(9)完善以客观评估干旱灾损为依据的干旱灾害救援制度。该制度既对受灾地区恢复生产和稳定生活起到实质性的保障和机理作用，又对利用制度漏洞或技术缺陷骗取国家救灾物资和资金的行为起到限制作用。

3.2 干旱灾害风险控制策略

风险控制是应对和防御干旱灾害的重要措施。可以通过实施干旱灾害风险管理，采取干旱风险评估、缓解、转移、分担和应急准备等一系列措施(Andersen et al.,2001)，减少脆弱性，提高适应能力，有效控制干旱风险，实现对干旱灾害管理从被动向主动、从救灾向防灾、从临时应急向全程防御的系统转变。针对干旱灾害风险形成的特点，干旱灾害风险控制有如下主要策略和步骤：(1)制定科学合理的干旱灾害风险管理规划，保证风险管理政策的有效性和执行力及财务预算的早期响应能力。比如，成立由具有政治影响力单位牵头的、由部委、民间团体及利益相关单位组成的干旱防御联盟，并建立相应的制度和机制确保其持续性和运行效果。(2)建立干旱灾害风险分析与评估系统，提高对干旱灾害风险的早期预警水平，为采取针对性的防御措施提供科学依据。(3)有效影响干旱致灾因子。通过增强人工增雨能力和提高露水利用水平，减少气象干旱的频率和强度，从而降低干旱危险程度。(4)综合提高干旱承灾体的抗旱机能。通过开发抗旱植物品种，提高对干旱的适应性；通过实施产业多样化战略，减少社会经济的干旱脆弱性；通过退耕或移民工程等措施减少干旱承灾体的暴露度；通过改变作物生长期缩短干旱承灾体的暴露时间。(5)科学改善干旱孕灾环境的条件。通过改善生态环境，降低无效蒸散量，提高水分涵养能力；通过改进水文条件，增强水资源综合保障能力；通过改进土壤条件，提高土壤保墒能力。这些方面都能够有效降低干旱孕灾环境的敏感性。(6)多方面增强干旱防灾能力。可以通过提高政府和社会重视程度、加强干旱减灾防灾技术开发、加大抗旱工程建设、提高公众抗旱科学素养等多方面措施来提高干旱防灾水平。(7)建立干旱灾害风险共担和转移制度。干旱灾害风险共担制度可以降低个体的干旱灾害风险性，干旱灾害风险转移制度可以降低短期的干旱灾害风险性，从而提高全社会整体对干旱灾害风险的承担能力。

4 结束语

虽然气候变暖及大规模土地利用和城市化等人类活动加剧了干旱灾害，但实际上很多干旱的发生发展是不以人的意志为转移，干旱灾害风险是人类永远无法避免的问题。对人类而言，重要的是要能够认识干旱灾害发生发展的规律，对干旱灾害风险做出早期预警，并采取积极有效的干旱灾害防御措施，降低干旱灾害风险，减少干旱灾害损失。

干旱的发展进程不仅在于有多少降水量，而且还取决于雨水从降落到被作物根吸收期间有多少能够被利用和存储以及干旱影响的对象是什么。从气象干旱发生再向农业干旱、生态干旱和水文干旱及社会经济干旱发展甚至最终形成干旱灾害是一个比较复杂的过程，但这种过程蕴含着信息和能量传递的某些规律，可以为预警干旱发展提供理论依据。原则上讲，只要干旱还没有发展到不可逆转的破坏性阶段，就可以通过早期预警及时采取措施来避免或降低其灾害损失。

就目前技术水平而言，虽然仍然没有找到令人满意的通用干旱监测指数，但在某些方面或某些地区应用效果比较好的干旱监测指数已经不少，干旱监测预警技术已经相对比较成熟性，基本上可以客观定量监测干旱的强度和范围，为干旱灾害风险评估及采取针对性的干旱灾害防御措施提供了比较可靠的科学依据。不过，干旱预测技术虽然随着气候预测模式的发展有了较大提高，但干旱预测的不确定性仍然非常明显，干旱预测产品还不能够作为采取防灾措施的重要依据使用，只能在某种程度上作为制定规划和发展战略的参考材料。但气候预测模式的不断发展及在季节性、跨年度和数十年气候预测方面取得的科学进展为持续开发新的干旱预测方法提供了前景。

过去将干旱灾害防御的注意力主要集中于通过增强组织机构能力、提高监测预警水平、明确抗旱措施的决策权限及改善政府内部机构之间的信息交流和相互协调等方面来提高政府对干旱事件的应急反应能力上。由于干旱灾害的全球化和常态化，及提高干旱灾害防御的效果和快速反应能力的需要，现在应该更多地将注意力放在干旱灾害发生前就着手准备、预防和干预等干旱灾害风险防控能力上，实现对干旱灾害防御从被动向主动、从救灾向防灾、从临时应急向全程防御转变。

干旱灾害具有自然与社会双重属性，应该以自然科学和社会科学相结合的视角来认识干旱灾害。干旱灾害风险评估也要在深入认识干旱气候规律的同时，重视对生态环境和社会经济系统的综合研究，干旱风险评估的研究理论和方法也要将气象学与其他科学相融合。干旱灾害风险管理要在遵从干旱发生发展的自然规律的基础上，体现干旱风险共担原则和经济最优化原则等社会学规律。

气候变暖已经成为影响干旱灾害及其风险的新因素。气候变暖不仅会改变从干旱发生到灾害形成的各个环节，而且还会影响形成干旱灾害风险的致灾因子、承灾体、孕灾环境和防灾能力等多个因素。所以，干旱监测预警和干旱灾害风险评估都应该充分考虑气候变暖因素，并且要做好应对和适应气候变暖引起的干旱灾害风险加剧及其格局不断变化的各方面准备。

虽然，由于干旱灾害表现出多样性、蠕变性、系统性、非线性、不可逆性、多尺度性、衍生性和社会性等多种特点，使得干旱灾害问题显得十分复杂，对其进行准确及时监测预警、预测和有效防御往往比较困难。但随着控制论、系统论、信息论及突变理论、协同理论、耗散理论、非线性理论和分形理论等新理论的不断发展，为干旱灾害研究提供了新的机遇。

参考文献

程静，彭必源，2010. 干旱灾害安全网的构建：从危机管理到风险管理的战略性变迁[J]. 孝感学院学报，30(4)：79-62.

顾颖，刘静楠，林锦，2010. 近 60 年来我国干旱灾害情势和特点分析[J]. 水利水电技术，41(1)：71-74.

李茂松，李森，李育慧，2003. 中国近 50 年来旱灾灾情分析[J]. 中国农业气象，24(1)：7-10.

卢爱刚，葛剑平，庞德谦，等，2006. 40a 来中国旱灾对 ENSO 事件的区域差异响应研究[J]. 冰川冻土，28(4)：535-542.

马柱国，2007. 华北干旱化趋势及转折性变化与太平洋年代际振荡的关系[J]. 科学通报，52(10)：1199-1206.

任鲁川，1999. 区域自然灾害风险分析研究进展[J]. 地球科学进展，14(3)：242-246.

谭海丽，2012. 农业干旱灾害风险规避途径——保险与再保险[J]. 现代商贸工业(4)：292-293.

唐明，2008. 旱灾风险分析的理论探讨[J]. 中国防汛抗旱(1)：38-40.

涂长望，黄士松，1944. 中国夏季风之进退[J]. 气象学报，18(1)：1-20.

吴绍洪，潘韬，贺山峰，2011. 气候变化风险研究的初步探讨[J]. 气候变化研究进展，7(5)：363-368.

亚行技援中国干旱管理战略研究课题组，2011. 中国干旱灾害风险管理战略研究[M]. 北京：中国水利水电出版社：79.

杨帅英，郝芳华，宁大同，2004. 干旱灾害风险评估的研究进展[J]. 安全与环境科学，4(2)：79-82.

杨志勇，刘琳，曹永强，等，2011. 农业干旱灾害风险评价及预测预警研究进展[J]. 水利经济，29(2)：12-18.

张强，陈丽华，王润元，2012. 气候变化与西北地区粮食和食品安全[J]. 干旱气象，30(4)：509-513.

张强，王有民，姚佩珍，2003. 我国三北地区春季第一场透雨指标的确定[J]. 中国农业气象，24(2)：28-30.

张强,张良,崔县成,等,2011. 干旱监测与评价技术的发展及其科学挑战[J]. 地球科学进展,26(7):763-778.

张强,张之贤,问晓梅,等,2011. 陆面蒸散量观测方法比较分析及其影响因素研究[J]. 地球科学进展,26(5):538-547.

张之贤,张强,陶际春,等,2012. 2010 年“8・8”舟曲特大山洪泥石流灾害形成的气候特征及地质地理环境分析[J]. 冰川冻土,(4):898-905.

哲伦,2010. 世界各国应对干旱的对策及经验[J]. 资源与人居环境(14):61-63.

朱增勇,聂凤英,2009. 美国的干旱危机处理[J]. 世界农业,362(6):17-19.

Andersen T,Masci P,2001. Economic exposures to natural disasters public policy and alternative risk management approaches[J]. Infrastructure and Financial Markets Review,7(4):1-12.

Ashok K M,Vijay P S,2010. A review of drought concepts[J]. Journal of Hydrology,391(1/2):202-216.

BohleH C,Downing T E,Watts M J,1994. Clmiate change and social vulnerability[J]. Global Environmental Change,4(1):37-48.

DaiAiguo, 2010. Drought under global warming: a review [J]. WIREs Climatic Change, 2: 45-65. doi: 10. 1002/wcc. 81.

Eriyagama N, Smakhtin V, Gamage N,2009. Mapping Drought Patterns and Impacts: A Global Perspective [M].International Water Management Institute:23.

Feyen L, Dankers R,2009. Impact of global warming on stream flow drought in Europe[J]. J Geophys Res, 114:D17116. doi:17110. 11029/12008JD011438.

Fisher A C, Fullerton D, Hatch N, et al,1995. Alternatives for managing drought: a comparative cost analysis [J]. Journal of Environmental Economics and Management,29:304-320.

Houghton J T,Ding Y,2001. The scientific basis[C]//IPCC. Climate change 2001:summary for policy maker and technical summary of the working group I report. London:Cambridge University Press:98.

HuangChongfu,Liu Xinli,Zhou Guoxian,et al,1998. Agriculture natural disaster risk assessment method according to the historic disaster data[J]. Journal of Natural Disasters,7(2):1-9.

ISDR,2004. Living with Risk: A Global Review of Disaster Reduction Initiatives[M]. Switzerland, United Nations Publications:126.

King R P, Robison L J, 1984. Risk Efficiency Models [M]// Barry P J (ed). Risk management in agriculture. Ames, Iowa, Iowa State University Press:68-81.

Kunreuther H,1996. Mitigating disaster losses through insurance [J]. Journal of Risk and Uncertainty,12(2/3):171-187.

Litan R E, 2000. Catastrophe Insurance and Mitigating Disaster Losses: A PossibleHappy Marriage[M]// Kreimer A Arnold M(eds). Managing Disaster Risk in Emerging Countries. Washington D C,World Bank: 187-193.

Lu J, Vecchi GA, Reichler T,2007. Expansion of the Hadleycell under global warming[J]. Geophys Res Lett, 34:L06805. doi:06810. 01029/02006GL028443.

Neelin J D, Munnich M, Su H, Meyerson J E, Holloway C E,2006. Tropical drying trends in global warming models and observations[J]. P Natl Acad Sci,103:6110-6115.

Petak W J, Atkisson A A,1982. Natural Hazard Risk Assessment and Public Policy [M]. Springer-Verlag New York Inc:27-29.

Sheffield J, Wood E F,2008. Projected changes in drought occurrence under future global warming from multimodel, multi-scenario, IPCC AR4 simulations[J]. Clim Dyn,31:79-105.

Tol R S J,Leek F P M,1999. Economic analysis of natural disasters[M]//Downing T E, Olsthoorn A A,Tol S J(eds). Climate, Change and Risk. London, Routlegde: 308-327.

UGS, 1997. Quantitative risk assessment for slopes and landslides-the state of the art[A]//Cruden D and Fell R, eds. Landslide Risk Assessment[C]. Rotterdam: A A Balkema.

Wilhite D A, Glantz M H, 1985. Understanding the drought phenomenon: The role of definitions [J]. Water International, 10(3): 111-120.

Young D, 1984. Risk concepts and measures in decision analysis[M]// Barry P J(ed). Risk management in agriculture. Ames, Iowa, Iowa State University Press: 31-42.

干旱灾害风险评估技术及其科学问题与展望*

姚玉璧[1,2]　张　强[1]　李耀辉[1]　王　莺[1]　王劲松[1]

(1. 中国气象局兰州干旱气象研究所/甘肃省干旱气候变化与减灾重点实验室/中国气象局干旱气候变化与减灾重点开放实验室，兰州，730020；2. 甘肃省定西市气象局，定西，743000)

摘　要　在全球变暖的背景下，干旱发生的频率和强度呈增加趋势，由于干旱灾害所引发的水资源匮乏、粮食危机、生态恶化(如荒漠化)等，直接威胁到国家的粮食安全和社会经济发展，干旱灾害风险评估及应急管理的技术水平亟待提高。本文介绍了干旱灾害风险评估研究领域的主要科技进展。在系统总结以往研究成果基础上，进行了干旱灾害风险分析，阐述了对干旱风险评估的科学认识，归纳了灾害致灾因子危险性、孕灾环境的脆弱性、承灾体暴露度和防灾减灾能力的主要特征及其主要评估方法。从科学发展趋势和社会经济发展需求角度，思考了干旱灾害风险评估技术发展面临的主要科学问题及未来科学发展途径。

关键词　干旱灾害风险；评估技术；脆弱性；暴露度

2011年11月18日，联合国政府间气候变化专门委员会(IPCC)第一工作组和第二工作组在乌干达首都坎帕拉联合发布了《管理极端事件和灾害风险推进气候变化适应特别报告决策者摘要》(SREX，Special Report：Managing the Risks of Extreme Events and Disasters to Advance Climate Change Adaptation)(IPCC，2012)，该报告由包括中国的来自62个国家的220位作者和编审历时两年半时间完成，通过综合分析大气物理、大气化学、地球科学、气候变化适应、灾害风险管理等多个领域中的科学文献，在总结过去应对气象灾害的经验教训的基础上提出了未来控制灾害风险的政策选项。SREX报告指出，在全球变暖的背景下，全球范围内特大干旱、高温等极端天气气候事件发生的频率和强度呈增加趋势；不断变化的气候可导致极端天气和气候事件在频率、强度、空间范围、持续时间和发生时间上的变化，并能够导致前所未有的极端天气和气候事件的发生。世界气象组织的统计数据表明，气象灾害约占自然灾害的70%，而干旱灾害又占气象灾害的50%左右(秦大河 等，2002)。据测算，每年因干旱造成的全球经济损失高达60亿～80亿美元，远远超过了其他气象灾害(Wilhite，2000)。以上数据表明干旱灾害是全球最为常见的自然灾害，其发生频率最高、持续时间最长、影响面最广、对农业生产威胁最大、对生态环境和社会经济产生影响最深远。干旱灾害几乎遍布世界各地，并频繁地发生于各个历史时期。全球有120多个国家和地区每年遭受不同程度干旱灾害威胁，主要分布在亚洲大部地区、澳大利亚大部、非洲大部、北美和南美西部的半干旱区，约占全球陆地总面积的35%。由于半干旱区社会和自然环境对降水的依赖更强，气候波动性也更大(张强 等，2011)。我国是世界上干旱灾害最为频繁和严重的少数国家之一。我国处于东亚季风的两类子系统——“东亚热带季风(南海季风)”和“东亚副热带季风”共同影响的地区，两类季风在全球变暖的影响下产生变异。20世纪70年代中期以来，大气环流系统从对流层到平流层都发

* 发表在：《资源科学》，2013，35(9)：158-171.

生了明显的年代际转折。我国的旱涝分布格局呈现北方易遭旱灾、南方旱涝并发的特征，大范围的干旱灾害频繁发生，我国平均每年有 667～2667 万 hm^2 农田因旱受灾，最高达 4000 万 hm^2，每年减产粮食数百万吨到 3000 万吨(姚国章 等，2010)。遇到大旱之年，我国粮食减产大约有一半以上来自旱灾，干旱灾害严重地威胁着我国粮食安全和生态安全，成为制约社会经济可持续发展的重要因素。

近年来，我国干旱灾害呈现出发生频率高、持续时间长、影响范围广的特点，1951—1990 年 40 年间出现重大干旱事件 8 年，发生频率为 20.0%；1991—2000 年 10 年间出现重大干旱事件 5 年，发生频率为 50.0%；而 2001—2012 年 12 年间出现重大干旱事件 8 年，发生频率达到 66.7%。干旱灾害发生的区域不断扩展，值得注意的是，近年来在我国北方干旱形势依然严峻的情况下，南方干旱出现明显的增加和加重趋势。1951—1990 年出现重大干旱事件 8 年中南方出现干旱的只有 3 年，占总事件数的 37.5%；1991—2000 年出现重大干旱事件 5 年中南方出现干旱就有 3 年，占总事件数的 60%；而 2001—2012 年 12 年间出现重大干旱事件 8 年次中南方均出现干旱，占总事件数的 100%。

在这样的背景下，中国抗旱减灾面临的形势越来越严峻，任务越来越艰巨，因此亟待做好干旱灾害风险评估和管理，减轻由气候变化引起的干旱极端事件的影响。我国传统的防御自然灾害模式是危机管理，即在灾情出现后才临时组织和动员公共和社会力量投入防灾减灾。这种管理模式在新形势下不能对干旱灾害实现机制化和制度化管理，容易出现“过度”应急或应急“缺失”(张强 等，2011)。随着干旱灾害频发和国家对防灾减灾要求的提高，要求对干旱灾害从应急管理转向风险管理，要做到风险管理必须研究风险的特征，对风险进行评估和应对。必须发展一套科学可行的风险评估方法，在干旱灾害风险事件发生前或发生后对人类生活、生命、财产等各个方面造成的影响和损失的可能性进行正确的量化评估(张强 等，2010)。通过对干旱发生机理和风险管理内涵的解析，从现代干旱气候灾害风险管理的目标入手，探索建立面向适应的干旱灾害风险评估机制。

1 干旱灾害风险评估的科学理解

风险(risk)这一概念最早出现在 19 世纪末，是由西方经济学家在经济学领域中提出的，指从事某项活动结果的不确定性。1895 年，美国学者 J. Haynes 在《Risk as Economic Factor》(《经济因素的风险》)一书中最早提出了风险的概念，对风险定义为：风险意味着损害的可能性。20 世纪中期，该概念已逐步引入到自然灾害学和社会学等众多领域(赵传君，1985)。韦伯字典(1989)对风险的定义是面临着伤害或损失的可能性；Willett 在其博士毕业论文《风险及保险的经济理论》中认为风险的本质是不确定性；Wilson 等(1987)在《Science》(《科学》)上发表的文章中将风险描述为不确定性，定义为期望值；日本学者 Ikeda(1998)强调风险有两个组成部分，即不利事件的发生概率和不利事件的后果。虽然对于“风险”目前仍没有一个统一的定义，但其基本意义是相同或相近的，都具有“损失”的“可能性(期望值)”这样的关键词(Tobin et al.，1997；Deyle et al.，1998；Hurst，1998)，因此，可将风险定义为：不利事件造成损失的可能性(期望值)。SREX 报告中指出，灾害风险是指在某个特定时期的由于危害性自然事件造成某个社区或社会的正常运行出现剧烈改变的可能性，这些事件与各种脆弱性的社会条件相互作用，最终导致大范围不利的人类、物质、经济或环境影响，就需要立即做出应急响应，以满足危急的人类需要，而且也许需要外部援助方可恢复。

干旱灾害风险是指干旱的发生和发展对社会、经济及自然环境系统造成影响和危害的可能性。风险研究的基本理论表明，极端气候事件并不必然导致灾害，而是与脆弱性和暴露程度叠加之后产生灾害风险，风险才能转化为灾害（刘冰 等，2012）。干旱灾害风险包括致灾因子危险性、承灾体的暴露度和孕灾环境脆弱性（图 1）。

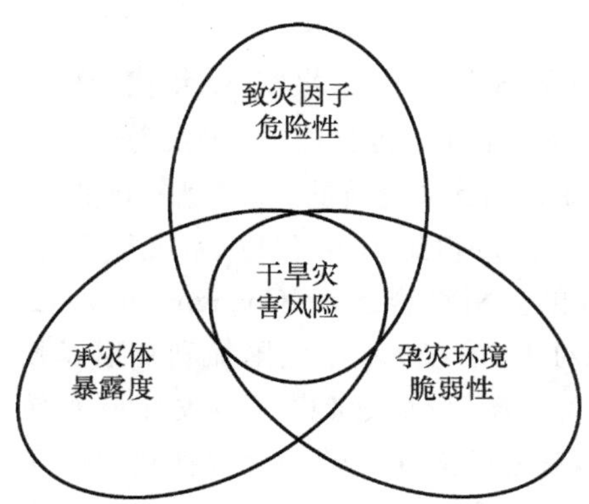

图 1　干旱灾害风险形成机制

致灾因子的危险性是指造成干旱灾害的主要气象因子的变化特征和异常程度，例如天然降水量的异常减少、蒸发量增大或气温的异常偏高等。一般认为干旱灾害风险随着致灾因子危险性的增大而增大。

暴露度（exposure）是指人类及与之生产生活密切相关的基础设施、环境资源和社会、经济、文化财产等处在易受负面影响的地方（Turner et al.，2003）。干旱承灾体的暴露度是指可能受到干旱缺水威胁的社会、经济和自然环境系统，具体包括农业、牧业、工业、城市、人类和生态环境等。地区暴露度越大，可能受到的潜在损失越大，风险也就越高。

脆弱性（vulnerability）是指受到不利影响的倾向或趋势（郑菲 等，2012），脆弱性通常被界定为系统在外界干扰下容易受到损害的可能性、程度或状态。干旱孕灾环境的脆弱性是指因各种自然因素与社会因素制约而造成的易于遭受干旱灾害损失和影响的性质。自然因素主要包括地形地貌特征、气候条件、水文条件等；社会因素主要包括社会经济发展水平、产业结构、农作物种植结构、基础灌溉设施建设、防旱保障体系建设以及人们的防旱抗旱意识强弱等。一般认为干旱灾害风险随着孕灾环境脆弱性的增加而增加。

风险评估是认识风险本质和决定风险水平的一种过程（尹姗 等，2012），干旱灾害风险评估是对干旱灾害风险发生的强度和形式进行评定和估计，具有不确定性。评估偏重于结果，可以通过观察外表或对有关参数进行测试来完成，也可以通过分析有关原因和过程，推导出结果。基于概率统计的评估属于观察外表的方法，系统分析方法属于推导方法。方法的选用主要基于拥有的数据资料和对干旱灾害相关知识的掌握程度来决定。这里需要注意的是干旱灾害评估和干旱灾害风险评估的不同。干旱灾害评估主要是指灾后评估，干旱灾害风险评估主要是预评估，带有预测性质。

灾害风险管理（disaster risk management）是指通过设计、实施和评价各项战略、政策和措施，以增进对灾害风险的认识，鼓励减少和转移灾害风险，并促进备灾、应对灾害和灾后恢复做法的不断完善，其明确的目标是提高人类的安全、福祉、生活质量、应变能力和可持续发展（郑艳，2012）。干旱灾害风险管理包含既相关又独立内容，减灾和灾害管理，干旱灾害减灾主要侧重于避免和预防未来的干旱灾害风险；而干旱灾害管理主要侧重于减少已经出现的干旱灾害风险或当下发生的干旱灾害可能性很高的风险。一旦灾害发生的可能性变得很明显，资源和能力被置于要响应灾害影响前后的位置时，灾害管理过程即被启动。

2 干旱灾害风险分析

国外对自然灾害风险评估的研究始于 20 世纪 20 年代，最初的研究多局限于关注致灾因子发生的概率，即自然灾害发生的可能性(包括时间、强度等)，而对自然灾害的脆弱性研究不多(Hewitt,1998)。但随着全球变暖和社会经济的迅猛发展，自然灾害对社会经济的影响以及人类对自然灾害的脆弱性在不断增强，20 世纪 70 年代以后，灾害风险评估发展为更加关注致灾因子作用的对象，与社会经济条件的分析结合起来(Changon et al. ,2000；Bender，2002；Prabhakar et al. ,2008)，如 Brabb 等(1972)对 1970—2000 年美国加利福尼亚州 10 种自然灾害损失的风险评估。20 世纪 90 年代，自然灾害风险评估又考虑了孕灾环境的暴露度和敏感性(史培军，1991，1996，2002)，从这一时期开始，灾害风险评估转变为包括致灾因子、暴露度(敏感性)和脆弱性的分析及其他们之间的相互作用分析(Hayes et al. ，2004；张继权 等，2006；贾增科 等，2009)。Hayes 等(2004)具体给出了致灾因子、敏感性和脆弱性三因素在干旱灾害风险评估中的分析方法。

国内在干旱灾害风险评估研究方面开展了干旱对农作物影响的风险评估工作(王石立等，1997；王素艳 等，2005；刘荣花 等，2006)，从干旱灾害发生的孕灾环境、灾害发生的可能性以及承灾体的暴露度三个方面，建立了地区干旱灾害的数学模型(罗培；2007)；对干旱区的水资源安全及其风险进行了评估(张翔；2005)。

干旱灾害风险分析是风险科学的核心，是干旱灾害风险评估和管理的基础。其分析原理是从干旱灾害风险系统最基本的元素着手，对各元素进行量化分析和组合，以反映干旱灾害风险的全貌。

从灾害学和自然灾害风险形成机制的角度出发(张继权 等，2007；葛全胜 等，2008)，建立了干旱灾害风险构成框图(图 2)。

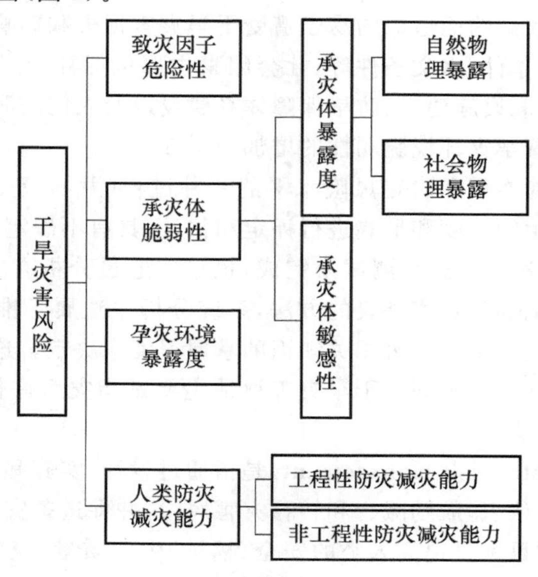

图 2 干旱灾害风险构成框图

根据干旱灾害风险构成框图可将干旱灾害风险系统分解为致灾因子危险性(disaster factor risk)、孕灾环境脆弱性(vulnerability)、承灾体暴露度(exposure)和防灾减灾能力(capability)四部分(章国材,2012),即,干旱灾害风险指数=危险性∩脆弱性∩暴露度∩防灾减灾能力。由此,可构建干旱灾害风险的表达式:

$$R_d = f(d,v,e,c) = f_1(d) \times f_2(v) \times f_3(e) \times f_4(c) \tag{1}$$

采用层次分析法对干旱灾害风险元素进行分解。元素分解的基本原则是被分离元素间应该是相互独立的。因为只有独立的变量才能够分离,其解才能成为独立变量函数的乘积。因此干旱灾害风险表达式也可以表示为:

$$R_d = H_d \cdot E_v \cdot V_e \cdot V_f \cdot P_c \tag{2}$$

式中:R_d为干旱灾害风险;H_d为干旱致灾因子的强度和概率;E_v为孕灾环境脆弱性(考虑自然环境条件);V_e是承灾体的社会物理暴露度;V_f是承灾体的敏感性;P_c为防灾减灾能力。对于干旱灾害而言,其评估的区域内承灾体的物理暴露度、灾损敏感性和防灾减灾能力是相对独立的变量,因此可以分离变量,使得这三者在承灾体暴露度的综合评估中为相乘关系,同时又由于防灾减灾能力对承灾体的暴露度的作用是相反的,因此得到干旱灾害风险表达式为:

$$R_d = H_d \cdot E_b \cdot V_e \cdot V_f[a + (1-a)(1-C_d)] \tag{3}$$

式中:各项均为归一化指标的,其中,a 为系数,干旱致灾因子 H_d是致灾物理条件、E_v是孕灾环境脆弱性;物理暴露 V_e是暴露在干旱灾害之下的人口、农业、牧业、工厂等数量和价值量的函数,由于各变量都是互相独立和并列的,物理暴露总量应当是各物理暴露的权重累加;V_f是承灾体敏感性,因为这些变量是相互独立和并列的,所以灾损敏感性总量是各变量灾损敏感性的权重累加。防灾减灾和灾后重建能力(或应对或恢复的弹性或能力);C_d是抗旱减灾工程、干旱灾害预报水平、防御预案与人力、物力、财力等的函数。

3 干旱灾害风险评估及区划

3.1 致灾因子危险性评估

美国气象学会将干旱分为四大类,分别为气象干旱、农业干旱、水文干旱和社会经济干旱(American Meteorological Society,1997)。干旱又有多种不同的干旱划分指标。总体而言可划分为单因子指标和多因子指标(姚玉璧,2007)。单因子指标主要指降水距平百分率、无雨日数、标准差指数、Z 指数和土壤湿度等,此类指标突出降水量这一主要影响因子来反映干旱变化,意义明确,计算简单,但不能清楚表达干旱起讫时间,在进行不同的时空比较时缺乏统一的标准(Mckee et al.,1993;Agnew et al.,1999);多因子指标多从水分平衡角度出发,考虑降水、蒸发、土壤水、地表径流、气温等因素对于干旱的影响而构建的复杂干旱指标,主要包括 Palmer 干旱指标、相对湿润度指数和综合气象干旱指数等,该类指标主要强调干旱形成的机理和过程,可以较好地反映各因素对干旱过程的综合影响,但是由于涉及的参数多,很多参数需要试验来确定,计算过程烦琐,所以使用范围受到限制(Palmer et al.,1965;王劲松 等,2007);还有的从河流水文变化的角度出发,用河流年径流量序列负轮长来考察区域干旱程度,这种水文干旱指标指示明确,能较好地表达水文变化的过程(Bahlme et al.,1980;丁晶 等,1997),但由于平均负轮长的分布具有明显的区域差异,在具体应用时应予以充分注意。本文重点归纳气象干旱指标和农业干旱指标。

3.1.1 气象干旱指标

降水量指标是气象干旱指标中最常见的指标方法，主要有降水量值指标、降水距平指标和均方差指标等，由于降水量是影响干旱的主要因素，降水量的多少基本反映了气象的干湿状况加之降水量指标具有简便、直观、资料准确丰富的特点，在干旱分析评价和相关研究中应用较多。

3.1.1.1 降水量标准差指标

降水量标准差指标是假定年降水量服从正态分布，用降水量的标准差划分旱涝等级。计算公式为：

$$K=\frac{R_i-\bar{R}}{\sigma} \tag{4}$$

式中：K 为标准差指标；R_i为年降水量；$\bar{R}$ 为多年平均年降水量，σ 为降水量的均方差。该指标虽然简单易行，但该指标仅仅表征了年际变化特征，无法反映季节变化。

3.1.1.2 降水量距平百分率

降水量距平百分率是指某时段降水量与历年同时段平均降水量的距平百分率。公式为：

$$I_{pa}=\frac{R_i-\bar{R}}{\bar{R}}\times 100\% \tag{5}$$

式中：I_{pa}为降水量的距平百分率；R_i为某时段降水量；$\bar{R}$ 为多年平均降水量。根据各时空尺度降水量分布特征可确定降水距平百分率旱涝等级标准。

3.1.1.3 *BMDI* 指标

BMDI 指标是 Bhalme 和 Mooley 提出的(Bahlme et al.，1980)，其表达式为：

$$BMDI=\frac{1}{n}\sum_{k=1}^{n} i_k \tag{6}$$

$$i_k=c_1 i_{k-1}+c_0 p_k \tag{7}$$

式中：p_k是第 k 个月的标准化降水量；c_1和 c_0为参数，可以通过历史旱涝资料来估算。

Bogard 等(1994)根据该指标研究了不同环境对干旱的影响，认为 *BMDI* 指标仅考虑了降水量，可视为 Palmer 指标的简化形式。*BMDI* 指标采用 n 个月的降水量资料，这比采用年降水量的指标更加合理，因为它考虑了降水量的年内分配。

3.1.1.4 标准化降水指标

由于不同时间、不同地区降水量变化幅度很大，直接用降水量很难在不同时空尺度上相互比较，而且降水分布是一种偏态分布，不是正态分布，所以采用 Γ 分布概率来描述降水量的变化，再进行正态标准化处理，最终用标准化降水量累积频率分布划分干旱等级。

标准化降水指标(standardized precipitation index，SPI)：

$$SPI=\pm\left(t-\frac{c_0+c_1 t+c_2 t^2}{1+d_1 t+d_2 t^2+d_2 t^3}\right) \tag{8}$$

式中：t 为累积概率的函数；c，d 均为系数；当累积概率小于 0.5 时取负号，否则取正值。

Hayes 等(1999)使用 *SPI* 监测美国的干旱得到了很好的效果，但是 *SPI* 假定了所有地点旱涝发生概率相同，无法标识频发地区；此外没有考虑水分的支出。

3.1.1.5　降水 Z 指数

降水 Z 指数是假设降水量服从 Person-Ⅲ型分布，通过对其量进行正态化处理，可将概率密度函数 Person-Ⅲ型分布转换为以 Z 为变量的标准正态分布，公式为：

$$Z=\frac{6}{C_S}\left(\frac{C_S}{2}\Phi+1\right)^{1/3}-\frac{6}{C_S}+\frac{C_S}{6} \tag{9}$$

式中：Φ 为降水的标准化变量；C_S为偏态系数。Z 指数是对不服从正态分布的变量经过正态化处理以后而得到的，因而对于降水时空分布不均匀的西北地区可使用。张存杰等(1998)在对 Z 指数的旱涝等级划分标准进行修正后，提出西北地区 Z 指数分级标准。

3.1.1.6　德马顿指标

德马顿(De Martonne)干旱指标如下：

$$I_{dm}=R/(T+10) \tag{10}$$

式中：I_{dm}为德马顿干旱指标；R 为月降水量；T 为月平均气温

Botzan 等(1998)对德马顿干旱指标的计算进行了修改，考虑了水分的盈亏，通过对拿帕盆地的研究，他认为计算结果与盆地的实际景观特征相符合。

3.1.1.7　降水温度均一化指标

降水温度均一化指标(I_s)实际上就是降水标准化变量与温度标准化变量之差，即：

$$I_S=\frac{\Delta R}{\sigma_R}-\frac{\Delta T}{\sigma_T} \tag{11}$$

式中：ΔR 为降水量距平；σ_R降水量均方差；ΔT 为平均气温距平；σ_T为气温均方差。I_s考虑了气温对干旱发生的影响。在其他条件相同时，高温有利于地面蒸发，反之则不利于蒸发，因此当降水减少时，高温将加剧干旱地发展或导致异常干旱，反之将抑制干旱地发生与发展，从气温对干旱影响物理机制而言是完全正确的。但气温对干旱的影响程度随地区和时间不同，因此，在应用 I_s指标时，应对温度影响项适当调整权重(吴洪宝，2000)。

3.1.1.8　相对湿润度指数

相对湿润度指数是指某时段降水量与可能蒸散量的差占同时段可能蒸散量的百分比。相对湿润度指数(M_w)的计算公式为：

$$M_w=\frac{R-ET_0}{ET_0} \tag{12}$$

式中：R 为某时段降水量(mm)；ET_0为某时段的可能蒸散量(mm)，该值可以利用气象干旱等级国家标准推荐的 Thornthwaite 方法计算(张强 等，2006)，或 FAO(联合国粮农组织)推荐的 Penman-Monteith 公式计算。

3.1.1.9　综合气象干旱指标

综合气象干旱指标是我国气象部门广泛应用的干旱监测指标。其计算公式为(张强 等，2006)：

$$CI=a\,Z_{30}+b\,Z_{90}+c\,M_{30} \tag{13}$$

式中：CI 为综合气象干旱指标；Z_{30}、Z_{90}分别为近 30 天和近 90 天标准化降水指数 SPI；M_{30}为近 30 天相对湿润度指数；a 为近 30 天标准化降水系数，平均取 0.4；b 为近 90 天标准化降水系数，平均取 0.4；c 为近 30 天相对湿润系数，平均取 0.8。

利用前期平均气温、降水量可以滚动计算出每天综合干旱指数(CI),进行干旱监测,在我国近年的干旱监测中发挥了较好的作用(邹旭恺 等,2010)。

3.1.2 农业干旱指标

农业干旱的发生发展有着极其复杂的机理,在受到各种自然因素如大气降水、田间温度、地形地貌和土壤生态环境等影响的同时也受到人类活动和科技措施的影响,如农业结构、作物布局、种植制度、栽培方式、作物品种和生长发育阶段状况等。因此,农业干旱指标涉及大气降水量、农田土壤生态环境、作物等多种因子。

3.1.2.1 农田土壤干旱指标

农作物生长发育所需要的水分主要靠根系直接从土壤中吸取,土壤水分变化是影响作物生长发育的主导因子。表征农田土壤干旱的指标主要包括土壤重量含水率、土壤相对湿度、土壤有效水分贮存量、土壤水分平衡等指标。

土壤重量含水率指标是指单位土壤中水分重量占干土重的百分数。根据当地作物生育所需土壤重量含水率的平均状况值而确定干旱程度。

土壤相对湿度(S_d)是土壤重量含水率占田间持水量的百分比。田间持水量是土壤所能保持的毛管悬着水的最大量。当土壤相对湿度 $S_d \leqslant 40\%$ 为重旱;$40\% < S_d \leqslant 50\%$ 为中旱;$50\% < S_d \leqslant 60\%$ 为轻旱。

土壤有效水分贮存量(S)是土壤某一厚度层中存储的能被植物根系吸收的水分,当 S 小到一定程度植物就会发生凋萎,因此可以用它来反映土壤的缺水程度及评价农业旱情。公式如下:

$$S = 0.1(w - w_w)\rho h \tag{14}$$

式中:w 为土壤重量含水率;w_w 为凋萎湿度;ρ 为土壤容重;h 为土层厚度。该指标范围需要根据土质、作物和生长期的具体特性决定。

土壤水分平衡方程为:

$$W_i - W_{i+1} + R + I_w + W_c - ET_0 - T_u - D_w = 0 \tag{15}$$

式中:W_i、W_{i+1} 分别表示第 i 生育阶段开始和结束时的土壤有效含水量;R 为所计算时段内的降水量;I_w 为人为灌溉量;W_c 为土壤毛管上升水的补给量,ET_0 为蒸散量;T_u 为地表径流量(或无效降水);D_w 为渗漏量。

土壤水分平衡指标标是根据土壤水分平衡原理和水分消退模式计算各个生育时段土壤含水量,并以作物不同生长状态下(正常、缺水、干旱等)土壤水分的试验数据作为判定指标,确定农业干旱程度。

3.1.2.2 作物干旱指标

作物旱情指标是利用作物生理生态特征的突变和最优分割理论而建立的反映农业干旱程度的作物旱情指标。是目前国内外普遍认可的直接反映作物受水分胁迫的最灵敏的指标(Duff et al.,1997)。作物旱情指标可以分为作物形态指标和作物生理指标两大类,作物形态指标是定性的利用作物长势、长相来进行作物受水分胁迫诊断的指标;作物生理指标是包括利用叶水势、气孔导度、产量、冠层温度等建立的指标。

其中,作物冠层温度指标因遥感及卫星资料的应用加速了其技术的发展和应用。作物冠层温度与其能量的吸收与释放过程有关,作物蒸腾过程的耗热将降低其冠层温度值。水分供应充足的农田冠层温度值低于缺水时冠层温度值。因此，农田冠层温度可作为作物旱情诊断指标。通常表征的形式包括：农田冠层温度的变异幅度、与供水充足对照区的冠层温度差和冠层一空气温度差等。

另外，基于能量平衡原理，利用植被指数和环境温度也可建立作物旱情指标。如 Moran 等在能量平衡双层模型的基础上，建立了作物水分亏缺指数 *WDI*（water deficit index）(Moran et al.，1994)：

$$WDI=\frac{(T_s-T_a)-(T_s-T_a)_m}{(T_s-T_a)_x-(T_s-T_a)_m} \tag{16}$$

$$(T_s-T_a)_m=c_0-c_1(\mathrm{SAVI})$$

$$(T_s-T_a)_x=d_0-d_1(\mathrm{SAVI})$$

式中：T_s为地表混合温度（红外辐射遥感反演值）；T_a为空气温度；$(T_s-T_a)_m$和$(T_s-T_a)_x$分别为地表与空气温差的最小值和最大值；SAVI 为植被指数；c_0，c_1，d_0和 d_1 可以利用植被指数-温度关系梯形解出。*WDI* 采用地表混合温度信息，引入植被指数变量，成功地扩展了以冠层温度为基础的作物缺水指标在低植被覆盖下的应用及其遥感信息源。

3.1.2.3　农作物水分平衡指标

作物水分平衡指标是根据作物需水量和耗水量建立的指标。作物需水量是指土壤水分充足、作物正常发育状况下，农田消耗与作物蒸腾和株间土壤蒸发的总水量。目前国内外常用方法是计算出标准蒸散量，再经过作物需水系数的订正，算出实际作物需水量。标准蒸散量是指不匮乏水分、高度一致并全面遮覆地表的矮小绿色植物群体的蒸散量。在各种计算方法中，常用联合国粮农组织推荐的 Penman-Monteith 公式（Allen et al.，1998）。

下面所列模式为基于农作物水分平衡原理而建立的农作物水分综合指标：

$$D_a=\frac{R-R_e+\rho_0/\rho_g+R_g}{ET_0+\rho_m/\rho_g} \tag{17}$$

式中：R 为作物生长期降水量；R_e为径流量及深层渗漏雨量；ρ_0为作物生长初期根系层土壤含水量；ρ_g为每 1mm 降水量增加的土壤含水量；R_g为地下水补给量；ET_0为可能蒸散量；ρ_m为适应作物正常生长所需土壤含水量。农作物水分指标 D_a满足 $D_a>1.3$、$0.8<D_a\leqslant1.3$、$0.5<D_a\leqslant0.8$、$D_a\leqslant0.5$ 时的干旱程度分别为水分过多、正常、半干旱、干旱。

此指标综合考虑了水分平衡的各个因素，并与农作物需水量相关联，在我国旱作农业区有重要应用价值，其缺点是某些参数难以确定。

3.1.3　Palmer 指标

Palmer 指标是一种被广泛用于评估旱情的干旱指标。该指标不仅列入了水量平衡概念，考虑了降水、蒸散、径流和土壤含水量等条件；同时也涉及一系列农业干旱问题，考虑了水分的供需关系，具有较好的时间、空间可比性（Palmer，1968）。用该指标的方法基本上能描述干旱发生、发展直至结束的全过程。因此，从形式上用 Palmer 方法可提出最难确定的干旱特性，即干旱强度及其起讫时间。安顺清等（刘庚山 等，2004）进行了修订并应用于在国内干旱评估。但其缺点也是某些参数难以确定。

PDSI 干旱指标如下：

$$PDSI=K_j d_p \tag{18}$$

$$d_p=R-P_0=R-(\alpha_j ET_0+\beta_j P_R+\lambda_j P_{R0}-\sigma_j P_L) \tag{19}$$

$$K_j = 17.67K'/\sum DK' \tag{20}$$

$$K' = 1.5\lg\{[(ET_0 + D_R + D_{R0})/(R+L) + 2.8]/D_P\} + 0.5 \tag{21}$$

式中：R 为实际降水量；P_0为气候上所需要的降水量；ET_0为可能的蒸散量；P_R为可能土壤水补给量；P_{R0}为可能径流量；P_L为可能损失量；D_R为土壤水实际补给量；D_{R0}为实际径流量；L为实际损失量；D_P为各月 d_p的绝对值的平均值；α，β，γ，σ 分别为各项的权重系数，它们依赖于研究区域的气候特征。

3.2 孕灾环境脆弱性评估

自然灾害对社会经济的影响以及人类对自然灾害的脆弱性在不断增强，这与气候变化、人口增加（尤其是在原本水资源短缺的地方）、土地利用变化、社会管理导向政策以及环境恶化等都有关系（Changnon et al.，2000；Wilhite，2000；Bender，2002；Prabhakar，2008）。采取合适的减灾行动的一个有效途径是进行灾害的脆弱性分析，从而降低灾害风险（Nelson，2008；Boken，2009）干旱灾害的孕灾环境脆弱性主要体现在农作物、牲畜、地形地貌、降水量、土壤、植被、气候特征等自然因素中。

3.2.1 农作物表征指标

农作物在干旱情况下可能会因为缺水而影响其正常生长，或者导致病虫害的发生而使农作物叶片受损（李世奎，1999）。评估农作物的脆弱性通常以农作物抵抗灾害的打击能力来表示。用水分敏感指数 C_d来评估农作物耐旱指数（章国材，2012）：

$$C_d = \sum_{i=1}^{n} D_{ij}\left(\frac{S_i}{S}\right) \tag{22}$$

式中：S_i是评估单元内第 i 类作物的播种面积；S 为评估单元内作物总的播种面积；D_{ij}是第 i 类作物在生育期 j 阶段的水分敏感指数，n 为农作物生育期数。上式中的 S 和 S_i数据可以从农业部门、实地调查或遥感数据获得。D_{ij}来自于田间试验数据。

3.2.2 畜牧表征指标

牲畜在干旱中的脆弱性取决于个体对干旱的忍耐能力。一般情况下在相同缺水程度下，日常需水量小的牲畜，受缺水的影响程度小，其对干旱灾害风险的脆弱性低，在干旱灾害中的损失量小。因为牲畜的日常需水量和其个体大小关系密切，个体越大，日常需水量也越大，所以可以用大牲畜 N_{big}占总牲畜数 N 的比例表示牲畜干旱脆弱性指数：

$$D_{vul(drought)} = N_{big}/N \tag{23}$$

式中：N_{big}为大牲畜数；N 为总牲畜数，资料取自农业及畜牧业主管部门的相关资料或通过实地调查获得。

3.2.3 地形和地貌表征指标

地形和地貌对干旱的影响主要表现在相对海拔高度、坡度和地貌状况（如岩溶地貌）等方面。可以将研究区的每一个地貌大区划分为若干个有差异的次一级地貌：平原、低山、中山、丘陵和山原，再根据每一个次一级地貌对干旱形成的影响程度分别赋以权重，以每一个次一级地貌的面积与地貌区域的总面积的比作为脆弱性指数，每一个地貌大区的脆弱性值为次一级地貌脆弱性指数的加权平均（罗培，2007），计算公式为：

$$S_j=\sum_{i=1}^{n}(\theta_i Q_i) \tag{24}$$

$$\theta_i=C_i/C_j \tag{25}$$

式中：S_j为第 j 个地貌大区的脆弱性；Q_i为第 i 类地貌的作用权重；θ_i为第 i 类因素的脆弱性指数。C_i为第 i 类次一级地貌面积；C_j为第 j 类地形区域面积；C_i，C_j分别通过有关资料和空间数据库的查询获得；Q_i通过专家打分的方法获得。

3.2.4 植被覆盖度表征指标

植被对抑制和减缓干旱灾害具有重要的作用。良好的植被覆盖度有涵养水源、调节水量、减少地表径流量等作用，可以有效地减轻干旱导致的灾害。因此可以选择植被覆盖度来表征孕灾环境脆弱性。

$$O_j=\sum_{i=1}^{n}(\theta_{oi} Q_{oi}) \tag{26}$$

$$\theta_{oi}=C_{oi}/C_{oj} \tag{27}$$

式中：O_j为第 j 个大区的植被脆弱性；Q_{oi}为第 i 类植被的作用权重；θ_{oi}为第 i 类植被的脆弱性指数。C_{oi}为第 i 类植被的面积；C_{oj}为第 j 类区域面积；Q_{oi}通过专家打分的方法获得。

3.2.5 土壤田间持水量表征指标

土壤田间持水量是在土壤中所能保持的最大数量的毛管悬着水，即在排水良好和地下水较深的土地上充分降水或灌水后，使水分充分下渗，并防止其蒸发，经过一定时间，土壤剖面所能维持较稳定的土壤含水量。它是土壤的重要水分指标，是土壤有效水的上限，当灌水量超出田间持水量时，不能增加土层中含水量的百分率，只能够加深土壤湿润程度，且不受地下水的影响。从理论上讲，土壤田间持水量是反映不同质地及类型的土壤持水能力的一个比较稳定的常数量。该数值的大小与土壤的理化性质和土地利用状况等多种因素有关。

$$W_j=\sum_{i=1}^{n}(\theta_{wi} Q_{wi}) \tag{28}$$

$$\theta_{wi}=C_{wi}/C_{wj} \tag{29}$$

式中：W_j为第 j 个大区土壤田间持水量的脆弱性；Q_{wi}为第 i 类土壤田间持水量的作用权重；θ_{wi}为第 i 类土壤田间持水量的脆弱性指数。C_{wi}为第 i 类土壤田间持水量面积；C_{wj}为第 j 类区域面积；Q_{wi}通过专家打分的方法获得。

根据孕灾环境脆弱性表征指标体系，对各指标进行标准化处理，采用加权综合评价法构建脆弱性评估模型。

3.3 承灾体暴露度评估

承灾体暴露度的评估对象一般为人类及社会经济实体，评估指标有数量型和价值量型两种。与干旱灾害风险有关的数量型指标包括耕地面积、灌溉面积、农作物播种面积百分比、经济密度、人口密度、牲畜总量、耕作制度等；价值量型指标包括粮食产量等。承灾体暴露度指标的选取应遵循代表性与普适性、客观性与准确性、综合性与可操作性以及结构性与系统性的原则，从而全面反映区域干旱灾害暴露度的本质特征。

承灾体暴露度评价模型为：

$$V_j = k\sum_{i}^{n}(Q_{vi}y_i) \tag{30}$$

$$y_i = P_{wi}/P_{ww} \tag{31}$$

式中：V_j为第j个区域暴露度指数；k为修订系数Q_{wi}为第i种因素的危险性权重。y_i为第i类要素的指数值；P_{wi}为第i个区域的第i类要素的密度；P_{ww}为整个区域内第i类因素的密度。

根据承灾体暴露度表征指标体系，对各指标进行规范化处理，采用加权综合评价法构建暴露度评估模型。

3.4 防灾减灾能力评估

防灾减灾能力包括工程性和非工程性两类。工程性防灾减灾能力指标主要包括抗旱减灾工程，如有效灌溉面积占区域总耕地面积比例，单位面积水库容量，单位面积耕地配备的机井数，单位面积人工增雨设施装备数，覆膜保墒、集雨补灌和垄沟栽培等旱作农业工程技术推广应用面积比例等；非工程性防灾减灾能力指标主要包括财政收入和抗旱投入，抗旱减灾管理系统建设，干旱灾害监测预警系统，种植制度、农业布局及结构调整、农业气候资源利用等（李世奎，1999）。

防灾减灾能力评价模型为：

$$A_j = \sum_{i}^{n}(a_iQ_{Ai}) \tag{32}$$

式中：A_j为第j个区域防灾减灾能力指数；a_i为第i种防灾减灾能力指数；Q_{Ai}为第i种防灾减灾能力权重。

3.5 干旱灾害风险综合评估

根据干旱灾害风险的定义我们可以得到干旱灾害风险的区间是：

$$(a\sim1)H_dE_vV_eV_f$$

式中：a是不可防御的干旱灾害风险百分率，它与防灾减灾能力有关，当防御能力完全发挥至100%时，干旱灾害风险为$a\ H_dE_vV_eV_f$。

由于干旱灾害的四个组成部分（致灾因子危险性、孕灾环境脆弱性、承灾体暴露度和防灾减灾能力）的评估因子包含有若干的指标，为了消除各指标间量纲和数量级的差异，就必须对每一个指标值做规范化处理，计算公式如下：

$$D_{ij} = 0.5 + 0.5\times\frac{A_{ij}-\min_i}{\max_i-\min_i} \tag{33}$$

式中：D_{ij}为j区第i个指标的规范化值；A_{ij}为j区第i个指标值；$\min_i$和$\max_i$为第i个指标值中的最小值和最大值。处理后的数据其最大值为1，最小值为0.5。

3.5.1 加权综合评价法

加权综合评估法是综合评价方法的一种，是目前最为常用的计算方法之一，适宜于对决策、方案或技术进行综合分析评价。该方法基于一个假设，认为由于指标i量化值的不同而使每个指标i对于特定因子j的影响程度存在差别，用公式表达为：

$$C_{vj} = \sum_{i=1}^{m}Q_{vij}W_{ci} \tag{34}$$

式中：C_{vj} 为评价因子的总值；Q_{vij} 为对于因子 j 的指标 i（$Q_{vij} \geqslant 0$）；W_{ci} 为指标 i 的权重值（$0 \leqslant W_{ci} \leqslant 1$），通过专家打分法或特征向量法获得；$m$ 为评价指标个数。

用特征向量法计算权重时，首先要构造各层因素的比较判断矩阵，通过计算判断矩阵的最大特征值和它的特征向量，可以求出某层各因素相对于它们的上层相关因素的重要性权值。

3.5.2 分布函数评估法

分布函数评估法是根据历史资料分析总结出干旱灾害对不同地区造成的灾害损失占 GDP 的百分比的风险分布函数。此方法的关键是从历史资料中算出分布函数，需要较长时间的历史资料。该方法假定孕灾环境没有发生变化，如果孕灾环境变了，例如修建了防灾工程，则利用孕灾环境变化前的资料求得的分布函数不能用于孕灾环境保护后的风险评估。

3.5.3 历史相似评估法

历史相似评估法的主要思路是在历史资料库中找到与所评估的干旱灾害强度和范围相似的若干个例（相似程度必须大于 0.5），根据相似程度分别给予每个相似个例一定的权重，然后对相似个例的灾损资料进行必要的订正，最后对订正后的相似个例灾损资料进行加权求和便得到干旱灾害的灾损风险值。该方法的最大局限性是难以找到相似的个例，对于干旱灾害风险评估而言，只有致灾因子的强度和地理上的分布相似，产生的灾损才有可能相似，要寻找这样的相似个例无论是方法还是个例的数量都难以办到。为了获得足够多的历史样本，就需要长时间序列的个例，而在长期的历史中，孕灾环境脆弱性和承灾体暴露度都发生了很多变化，同时还要考虑经济发展速度、物价指数以及防灾减灾能力等问题。

3.6 干旱灾害风险区划

干旱灾害风险区划有两种思路，第一种是基于灾损的区划。它是根据各地过去出现过的干旱灾害产生的损失大小计算各地干旱灾害风险度，然后将干旱灾害分成几个等级，求它们的出现概率，便可以得到干旱灾害风险区划图了。这种思路的优点是可以得到干旱灾害风险的分布，告诉受众哪些地方干旱灾害风险强，应该加以重视；缺点是它不提供给我们可以直接用于防灾减灾的有用信息。第二种思路是研究各地致灾因子的发生概率，从而绘制出干旱灾害风险区划图，这种区划图实际是干旱灾害危险性区划，它不仅可以告诉我们干旱灾害风险的空间分布，而且可以为农业结构调整、灾害防御工程等提供依据。

需要注意的是在采用已观测样本去计算干旱灾害的概率密度分布时必须假定相应的干旱风险系统变化符合马尔可夫随机过程，即干旱风险系统未来的发展状态只与过去 T 年的风险情况有关，而且相应的概率规律不因时间的平移而改变。因此，对致灾因子及其相关灾损资料（例如成灾面积）可以用过去 T 年的风险系统资料推测未来 T 年的风险。对于承灾体脆弱性的相关灾损资料来说，由于其不符合平稳马尔可夫过程，在使用前必须将干旱灾损资料订正到基准年水平。

干旱灾害风险区划的本质特征就是给出干旱灾害风险的分布。在统计模型中干旱灾害风险的数学描述如下：

设 X 为干旱灾害指标，T 年内关于 X 的超越概率分布定义为灾害风险。记：

$$X=\{x_1, x_2, \cdots, x_n\}$$

又设超越 x_i 的概率 $P(x \geqslant x_i)$ 为 p_i，$i=1,2,\cdots,n$，则概率分布为：

$$P=\{p_1,p_2,\cdots,p_n\}$$

就称为干旱灾害风险概率分布。干旱灾害风险区划就是要求风险的概率分布。

3.6.1 基于灾损的区划

该方法以数理统计学中的大数定律和中心极限定理为理论基础，认为样本数大于30时就可以用干旱灾害事件发生的频率作为干旱灾害危险性的无偏估计。首先对干旱灾害发生频率计算公式如下：

$$f_i=\frac{t_i}{Y} \tag{35}$$

式中：f_i是第i等级的干旱致灾因子强度(临界气象条件)出现的频率，t_i是统计年限Y内第i等级的干旱致灾因子出现的次数，Y一般要求30年以上。当$f_i\leqslant1$时，一般采用多少年一遇来表示。

对不同强度等级的干旱灾害发生频率进行加权求和，强度越高权重值越大。最后对所有数据进行归一化处理，便可以得到干旱灾害风险区划图。

3.6.2 基于信息扩散理论的风险评估及区划

对于小样本事件来说，因为其提供的信息量小，具有模糊不确定性。在这种情况下就不能将单个样本信息看作一个确切信息或一个确定的观测值，而应该把它看作是一个样本代表，看作一个集值，换句话说就是一个模糊集观测样本。信息扩散理论基于这样一个假设：可以用一个给定的知识样本估计一个关系，直接使用该样本得到的结果就是非扩散估计，当且仅当样本量不完备时，就一定存在一个适当的扩散函数和相应的算法，使得扩散估计比非扩散估计更接近真实情况(张竟竟，2012；王积全，2007)。根据不同旱灾情形下的风险值，绘制出干旱灾害风险区划图。

3.6.3 产量损失风险评估法区划

这类方法着眼于干旱影响结果的研究，将损失程度作为干旱强度的主要指标，结合干旱发生的频率来进行干旱风险评估。如一些研究通常将作物产量分为气候产量(CY_i)、实际产量(AY_i)和趋势产量(TY_i)，其中有$CY_i=AY_i-TY_i$。因为实际产量已知，趋势产量(考虑技术进步等因素)可以由历史资料拟合获取，可求出气候产量。根据干旱对气候产量的影响模拟，确定干旱对作物产量的影响，由此来评价干旱风险(王石立，1997；王素艳 等，2005；刘荣花等，2006)。该方法评估方便，意义明确，但产量往往是多种因素共同作用的结果，而公式中仅以滑动平均的方法消去其他因素对产量的影响，使得结果还需要进一步验证。

4 面临的科学问题与未来展望

4.1 面临的科学问题

干旱灾害风险评估与区划虽然有了长足地发展，但在气候变化的背景下，目前仍存在以下问题。

(1)干旱灾害风险评估尚未形成较为统一的风险表征模式。在全球气候变化的背景下，自然气候变率和人为气候变化不仅对干旱灾害事件有影响，也对人类社会和自然生态系统的脆弱性及暴露度产生影响；干旱灾害事件、脆弱性和暴露度共同决定了干旱灾害风险(郑菲，

2012)，如何理解干旱灾害风险、暴露度、脆弱性和恢复力的表征指标，如何结合研究区的生态气候特点和干旱风险发生规律，建立符合当地实际的评估模型，同时，如何使研究结果具有时间和空间的可比性等问题需要进一步探讨。

(2)干旱灾害风险评估对于承灾体的社会经济属性研究不足。干旱灾害风险是由内部和外部因素共同导致的，内部因素是人类活动所导致暴露度和脆弱性，外部因素是自然致灾因子的影响。要从评估灾害的自然与社会双重属性出发，以自然科学和社会科学相结合的视角来认识干旱灾害风险评估。随着社会经济的发展抵御自然灾害的能力越来越强，自然灾害带来的人口伤亡逐渐减少，但是带来的经济损失却随着社会经济的发展日益扩大(刘毅，2007)。干旱灾害风险评估的自然与社会双重属性及多视角研究问题更加凸显。

(3)干旱灾害风险评估主要是以大尺度研究为主，对次区域及其区域内不同尺度干旱灾害风险实证研究较少，缺乏对一个地区或区域内的干旱灾害敏感性、暴露度度和脆弱性评估，及其所造成的在农业、水文、生态等方面的损失的综合风险评估；在农业的风险评估中，缺乏适用于某种作物的针对性风险评估。对不同尺度干旱灾害风险评估在数据获取、研究方法、风险表达和结果精度、尺度效应和耦合应用方面不够。

(4)现行的干旱灾害风险评估多是静态的评估。干旱风险并非静态不变，它会随时空的变化而呈现出差异，干旱风险评估的发展应是随时空变化而不断变化的动态过程。当前的干旱灾害风险研究大多集中在风险的不确定性、危害性和复杂性等静态特性上，正确认识干旱灾害风险的时空动态特性有着重要现实意义(赵思健，2012)，将有助于制定不同地域和时域的灾害风险管理措施。

4.2 未来展望

以气候变暖为特征的全球气候变化是不争的事实(IPCC，2007)，在全球变暖的背景下，干旱发生的频率和强度呈增加趋势(IPCC，2012)。干旱灾害风险作为一个复杂系统，涉及多个无法用相同的方法度量的变量(经济、社会、文化、物理、生态和环境)(尹姗 等，2012)。未来脆弱性和风险评估的主要挑战是加强综合及整体评估的方法(郑菲 等，2012)，从多维、整体的角度理解暴露度和脆弱性，注重风险沟通和风险累积。在不同时空尺度上，这些变化和波动所遵循的规律及其具有的基本特性存在着很大的差异。时空尺度的研究也是深刻认识、恰当评价和有效管理灾害时空风险必须关注的重要学科问题(赵思健，2012)。因此，从多维、整体和不同时空尺度上研究干旱灾害风险评估与干旱灾害风险管理是学科发展的必然选择。

面对未来干旱灾害风险，面临的主要风险和挑战是什么，有哪些不确定性，人们有哪些作为，均需在严谨的科学评估下进行判断。必须加强我国气候变化背景下的干旱灾害影响和风险评估的基础研究(郑艳，2012)，研究干旱灾害致灾因子的变异规律，分析干旱灾害孕灾环境的脆弱性敏感性、承灾体暴露度及其对干旱灾害的影响；将干旱灾害风险管理的重点置于在风险评估的基础上适应气候变化，减少对干旱灾害的脆弱性和暴露度，提高对风险的恢复力；把干旱灾害风险管理和气候变化适应视为发展过程的组成部分，可以降低未来干旱灾害风险，实现科学的可持续的发展。

我国地域辽阔、地理环境复杂多样、气候差异大、生态及自然环境脆弱、自然灾害的种类多、发生频率高、强度大，是世界上自然灾害最严重的国家之一，自然灾害造成的损失大小与经济密度和人口密度相关。灾损较大的往往都是农业、社会经济较为发达的区域。随着社会经济的发展，抵御自然灾害的能力越来越强，自然灾害带来的人口伤亡逐渐减少，但是带来的经济损失却日益扩大(刘毅 等，2007)，自然灾害对社会的影响以及人类对自然灾害的脆弱性在不断增强(Prabhakar et al.，2008)，干旱灾害的时空变化趋势特征亦如此，因此，干旱灾害风险评估和管理科学随着社会经济的发展显得尤为重要性。在研究不同等级干旱灾害及与之对应的灾害链关系、孕灾环境脆弱性、承灾体暴露度对气候变暖的响应特征方面应有突破；在揭示气候变暖背景下干旱灾害对农业、水资源及社会生态潜在风险，建立“断链式”灾害风险防御系统方面有取得较大进展的机遇。

风险分析是研究具有不确定性系统的有效的技术工具，而农业干旱灾害现象极其复杂，涉及的因素众多，不确定程度较高，对我国这样一个人口大国，农业大国，保障粮食安全是我国的基本国策，因此，将风险理论用于农业干旱灾害研究非常迫切(张继权 等，2012)，充分应用现代科技成果(薛建军 等，2012)，应用风险量化、风险评价技术研究农业干旱灾害，从而有效提高风险等级评价结果的可信度与可靠性(邹强 等，2012)，对农业干旱灾害风险管理具有重要的意义。

参考文献

丁晶，袁鹏，杨荣富，等，1997. 中国主要河流干旱特性的统计分析[J]. 地理学报，52(4)：374-381.

葛全胜，邹铭，郑景云，等，2008. 中国自然灾害风险综合评估初步研究[M]. 北京：科学出版社：12-86.

贾增科，邱菀华，郭章林，2009. 基于脆弱性的突发事件风险分析[J]. 兵工学报，30(增刊)：145-149.

李世奎，1999. 中国农业灾害风险评估与对策[M]. 北京：气象出版社：23-126.

李玉山，王志勇，芮江峰，等，2012. 青铜峡站天然年径流量枯水段周期变化分析[J]. 人民黄河，34(6)：43-44.

刘冰，薛澜，2012.“管理极端气候事件和灾害风险特别报告”对我国的启示[J]. 中国行政管理，3(321)：92-95.

刘庚山，郭安红，安顺清，等，2004. 帕默尔干旱指标及其应用研究进展[J]. 自然灾害学报，1(4)：21-27.

刘荣花，朱自玺，方文松，等，2006. 华北平原冬小麦干旱灾损风险区划[J]. 生态学杂志，25(9)：1068-1072.

刘毅，杨宇，2007. 历史时期中国重大自然灾害时空分异特征[J]. 地理学报，67(3)：291-300.

罗培，2007. 基于 GIS 的重庆市干旱灾害风险评估与区划[J]. 中国农业气象，28(1)：100-104.

秦大河，丁一汇，王绍武，等，2002. 中国西部环境变化与对策建议[J]. 地球科学进展，17(3)：314-319.

史培军，1991. 灾害研究的理论与实践[J]. 南京大学学报(自然科学版)，5(4)：37-41.

史培军，1996. 再论灾害研究的理论与实践[J]. 自然灾害学报，5(4)：6-17.

史培军，2002. 三论灾害研究的理论与实践[J]. 自然灾害学报，11(3)：1-9.

王积全，李维德，2007. 基于信息扩散理论的干旱区农业旱灾风险分析[J]. 中国沙漠，27(9)：826-830.

王劲松，郭江勇，周跃武，等 . 2007. 干旱指标研究的进展与展望[J]. 干旱区地理，30(1)：60-65.

王石立，娄秀荣，1997. 华北地区冬小麦干旱风险评估的初步研究[J]. 自然灾害学报，6(3)：64-68.

王素艳，霍治国，李世奎，等，2005. 北方冬小麦干旱灾损风险区划[J]. 作物学报，31(3)：267-274.

吴洪宝，2000. 我国东南部夏季干旱指数研究[J]. 应用气象学报，11(2)：137-144.

薛建军，李佳英，张立生，等，2012. 我国台风灾害特征及风险防范策略[J]. 气象与减灾研究，35(1)：59-64.

姚国章，袁敏，2010. 干旱预警系统建设的国际经验与借鉴[J]. 中国应急管理(3)：43-48.

姚玉璧，张存杰，邓振镛，等，2007. 气象、农业干旱指标综述[J]. 干旱地区农业研究，25(1)：185-189.

尹姗，孙诚，李建平，2012. 灾害风险的决定因素及其管理[J]. 气候变化研究进展，8(2)：84-89.

张存杰，王宝灵，刘德祥，等，1998. 西北地区旱涝指标的研究[J]. 高原气象，17(4)：381-386.

张继权，冈田宪夫，多多纳裕一，2006. 综合自然灾害风险管理——全面整合的模式与中国的战略选择[J]. 自然灾害学报，15(1)：29-36.

张继权,李宁,2007. 主要气象灾害风险评价与管理的数量化方法及其应用[M]. 北京:北京师范大学出版社:10-48.

张继权,严登华,王春乙,等,2012. 辽西北地区农业干旱灾害风险评价与风险区划研究[J]. 防灾减灾工程学报,32(3):300-306.

张竟竟,2012. 基于信息扩散理论的河南省农业旱灾风险评估[J]. 资源科学,34(2):280-286.

张强,李裕,陈丽华,2011. 当代气候变化的主要特点、关键问题及应对策略[J]. 中国沙漠,31(2):492-499.

张强,张存杰,白虎志,等,2010. 西北地区气候变化新动态及对干旱环境的影响[J]. 干旱气象,28(1):1-7.

张强,张良,崔县成,等,2011. 干旱监测与评价技术的发展及其科学挑战[J]. 地球科学进展,26(7):763-778.

张强,邹旭恺,肖风劲,等,2006. 气象干旱等级:GB/T 情 20481—2006[S]. 北京:中国标准出版社:17.

张翔,夏军,贾绍凤 . 2005. 干旱期水安全及其风险评价研究[J]. 水利学报,2005,36(9):1138-1142.

章国材,2012. 气象灾害风险评估与区划方法[M]. 北京:气象出版社:15-21.

赵传君,1985. 风险经济学[M]. 哈尔滨:黑龙江教育出版社:10-11.

赵思健,2012. 自然灾害风险分析的时空尺度初探[J]. 灾害学,27(2):1-18.

郑菲,孙诚,李建平,2012. 从气候变化的新视角理解灾害风险、暴露度、脆弱性和恢复力[J]. 气候变化研究进展,8(2):79-83.

郑艳,2012. 将灾害风险管理和适应气候变化纳入可持续发展[J]. 气候变化研究进展,8(2):103-109.

邹强,周建中,周超,等,2012. 基于可变模糊集理论的洪水灾害风险分析[J]. 农业工程学报,28(5):126-132.

邹旭恺,任国玉,张强,2010. 基于综合气象干旱指数的中国干旱变化趋势研究[J]. 气候与环境研究,15(4):371-378.

Agnew C T,Svoboda M D,Wilhite D A,et al, 1999 . Monitoring the 1996 drought using the standardized precipition index [J]. Bull Amer Meteor Soc,80:129-438.

Allen R G,Pereira L S,Raes D,et al. 1998. Crop Evapotranspiration Guidelines for computing crop water requirements[R]. FAO Irrigation and Drainage Paper 56,Rome:FAO.

American Meteorological Society,1997. Meteorological drought-Policy statement[J]. Bull Amer Meteor Soc, 78:847-849.

TurnerB L,Kasperson R E,Matsone A,et al, 2003. A framework for vulnerability analysis in sustainability science[J]. Proceedings of the National Academy of Sciences of the United States of America,100(14):8074-8079.

Joern B,2007. Risk and vulnerability indicators at different scales:Applicability,usefulness and policy implications [J]. Environmental Hazards(7):20-31.

Bahlme H N,Mooley D A,1980. Large scale drought/flood and monsoon circulation[J]. Monthly Weather Review,108(8):1197-1211.

Bender S,2002. Development and use of natural hazard vulnerability assessment techniques in the Americas[J]. Nat Hazards Rev,3(4):136-138.

Bogard H,Matgasovszky I,1994. A hydroclimatological model of aerial drought[J]. Journal of Hydrology,153(1-4):245-264.

Botzan M G,1998. Modified de Martonne aridity index :application to the Napa Basin,California[J]. Physical Geography,19:55-70.

Brabb E E,Pampeyan E H,Bonilla M G,1972. Landslide susceptibility in San Mateo County [Z]. California, US Geological Survey Miscellaneous Field Studies Map Mf-360,scale 1:62500.

Changnon S A,Pielke R A,Jr Changnon et al, 2000. Human factors explain the increased losses from weather and climate extremes [J]. Bull Am Meteorol Soc,81(3):437-442.

Deyle R E,French S P,Olshansky R B,et al. 1998. Hazard assessment:the factual bas is for planning and mitigation [M]// Burby R J, ed. Cooperating with Nature: Confronting Natural Hazards with Land-Use Panning for Sustain able Communit ies. Washing on D C: Joseph Henry Press: 119-166.

Duff G A, Myers B A, Williams R J, et al, 1997. Seasonal patterns in soil moisture. vapour pressure deficit tree canopy cover and pre-dawn water potential in a northern Australian savanna[J]. Australian Journal of Botany, 45(2): 211-224.

Hayes M J, Wilhelmi O V, Knutson C L, 2004. Reducing drought risk: bridging theory and practice [J]. Natural Hazards Review, 5(2): 106-113.

Hayes M J, Svoboda M D, Wilhite D A, et al, 1999. Monitoring the 1996 drought using the standardized precipitation index [J]. Bull Am Meteorol Soc, 80: 429-438.

Hewitt K, 1998. Excluded perspectives in the social construction of disaster[M]//Quarantelli E L, ed. What is a disaster Perspectives on the question. New York: Routledge: 75-91.

Hurst N W, 1998. Risk Assessment : the Human Dimension[M]. Cambridge: The Royal Society of Chemistry: 1-101.

IPCC, 2007. Summary for Policymakers of the Synthesis Report of the IPCC Fourth Assessment Report[M]. Cambridge, UK: Cambridge University Press.

IPCC: Summary for Policymakers, 2012. In: Managing the Risks of Extreme Events and Disasters to Advance Climate Change Adaptation. A Special Report of Working Groups I and II of the Intergovernmental Panel on Climate Change [M]. Cambridge University Press, Cambridge, UK, and New York, NY, USA: 1-19.

Mckee T B, Doeskn N J, Kleist J, 1993. The relationship of drought frequency and duration to time scales [M]. Proceedings of Vulnerability. UK, Cambridge University Press: 517.

Moran M S, Clarke T R, Inoue Y, et al, 1994. Estimating crop water deficit using the relation between surface-air temperature and spectral vegetation index [J]. Remote Sensing of Environment, 49: 246-263.

Palmer W C, 1968. Keeping track of crop moisture conditions, nationwide: The new crop moisture index[J]. Weatherwise, 21: 156-161.

Palmer W C, 1965. Meteorological drought US [R]. Weather Bureau Research Paper, 45: 58.

Prabhakar S V R K, Shaw R. 2008. Climate change adaptation implications for drought risk mitigation: a perspective for India [J]. Climate Change, 88: 113-130.

Nelson R, Howden M, Smith M S, 2008. Using adaptive governance to rethink the way science supports Australian drought policy [J]. Environmental Science & Policy, 11(7): 588-601.

Ikeda S, 1998. Risk analysis in Japan-ten years of Sra Japan and a research agenda toward the 21st century [M]// Beijing Normal University. Risk research and management in Asian perspective: proceedings of the first China-Japan conference on risk assessment and management. International Academic Publishers.

Tobin G, Montz B E, 1997. Natural Hazards: Explanation and Integration [M]. New York: The Guilford Press: 1-388.

Boken V K, 2009. Improving a drought early warning model for an arid region using a soil-moisture index [J]. Applied Geography, 29(3): 402-408.

Wilhite D A, 2000. Drought as a natural hazard: Concepts and defitnitions [M]//Wilhite D A, ed. Drought: A Global Assessment. London, New York, Routledge: 3-18.

Wilson R, Crouch E A C, 1987. Risk assessment and comparison: an introduction [J]. Science, 236(4799): 267-270.

农业干旱灾害风险研究进展及前景分析*

韩兰英[1]　张　强[2]　程　英[3]　陈佩璇[1]

（1. 兰州区域气候中心，兰州，730020. 2. 甘肃省气象局，兰州，730000. 3. 兰州中心气象台，兰州，730000）

摘　要　我国是干旱灾害最频发和损失最严重的地区之一，干旱灾害严重威胁我国的粮食安全。随着气候变化的影响，我国农业干旱风险特征和管理问题尤为突出，我国作为主要粮食作物生产基地，其干旱灾害风险对农作物产量影响及其致灾机制有待进一步研究。鉴于此，本论文在总结分析国内外干旱灾害风险研究进展的基础上，围绕农作物干旱致灾阈值及风险影响机制问题，试图提出利用气象观测、长序列作物产量、干旱灾害实况资料和遥感等多种资料集成，采用遥感反演、野外调查、数理统计和建模相结合的风险评估理论和技术框架，通过对比分析干旱指数的适应性，识别干旱监测指标，建立农业干旱致灾因子与灾害损失的定量关系，筛选出主要的致灾指标和技术体系，确定不同等级农业干旱致灾阈值和等级，综合干旱灾害风险因子耦合模拟的理论，建立精细化动态的农作物干旱灾害风险评估模型，构建一套适合农业干旱灾害风险评估的详细理论和技术框架。并开展其研究进展分析和未来发展前景分析的思考。研究成果可为提升风险管理水平提供理论和科技支撑。

关键词　农作物；干旱灾害风险；阈值；动态评估

引　言

干旱灾害是全球发生频率最高、持续时间最长、影响面最广的气象灾害（IPCC，2014；Han et al.，2015；张强 等，2015）。我国是干旱灾害最频发和损失最严重的地区之一，农作物干旱受灾面积和损失均为各类自然灾害之首（Wang et al.，2005）。中国每年因干旱造成的损失占各种自然灾害的15%以上，而西北地区处于季风边缘的干旱半干旱区，是生态环境脆弱带和气候变化敏感区，降水量变率大，农作物对干旱尤为敏感（林而达 等，2004，张强 等，2015）。受气候变化影响，干旱灾害正呈现多发、加重趋势的一种新的气候常态发生，对农业生产造成的影响更加严重，农业灾害风险不断扩大（Etkin et al.，2012，Dai，2013；Cook et al.，2014；韩兰英 等，2014；Zhang et al.，2015）。联合国政府间气候变化专门委员会（IPCC）第五次评估报告（AR5）表明，中等排放情景下，未来极端事件中暖事件发生的可能性将会迅速增加。我国西北地区对全球气候变化的响应更加敏感（Wang et al.，2005），同时，农业又是气候变化的高影响行业（Etkin et al.，2012），农作物产量对关键时段气候条件依赖十分突出（张强 等，2015），受干旱灾害影响尤其显著（Tao et al.，2014）。素有“三年一小旱，十年一大旱”之说的西北地区而言，遇到大旱之年，粮食减产大约有一半以上来自旱灾（Wang et al.，2005）。据统计，20世纪50年代西北地区平均农业受旱面积为64.1万hm^2，21世纪初增加为330.2万hm^2。西北地区粮食安全严重地受干旱灾害威胁，干旱灾害成为制约社会经济可持续发展的重要原因

* 发表在：《干旱区资源与环境》，2020，34(6)：97-102.

(林而达 等,2004,张强 等,2014)。实际上干旱是我国的气候常态,全国各地均有可能发生干旱,只是发生的地点、范围和危害程度不同而已。干旱之所以成灾,受降水等干旱致灾因子危险性的时空格局、承灾体的暴露度和孕灾环境的脆弱性共同决定,三者既相互独立,又有不可分割的联系。干旱灾害风险关注危险性、脆弱性和暴露度及多视角研究问题更加凸显(Tao et al. ,2014;张强 等,2015;王春乙 等,2015)。

我国地域广阔,粮食作物种类繁多,各个区域作物种植面积和分布区域各不同,受气候变化影响,农业区干旱灾害风险致灾因子、承灾体和孕灾环境不仅发生了显著变化(Wang et al. ,2005;史培军,2013;Belal et al. ,2014),而且影响因素和风险特征地区差异性显著。在全球气候变化背景下,中国年农作物需水关键期(孕穗—扬花和返青—拔节)干旱严重,而且,由于风险影响因子之间相互作用,干旱灾害风险性的影响机制变得愈发复杂(Belal,2014),多种因子叠加耦合效应使干旱灾害风险加剧(Etkin,2012)。同时,干旱灾害风险形成和发展过程具有明显的非线性特点,农业生产气候环境的不确定性增加(Zhang et al. ,2015)。气候变化不仅使干旱灾害风险形成过程表现出一些新的特征(Dai,2013;Cook et al. ,2014;IPCC,2014),也引发了一些令人思考的新问题。

综上所述,深入研究农业干旱灾害风险特征规律及其响应机制,降低干旱造成的经济损失,具有十分重要的实用价值。本研究成果将有利于提升干旱预警及风险评估管理水平,为保障粮食安全和生态文明提供科技支撑。

1 干旱灾害风险研究的新成果

国内外已经制定了科学有效的干旱灾害风险管理方案,在干旱灾害风险管理框架下建立了干旱灾害风险评估系统(Wilhite et al. ,2000;朱增勇 等,2009;王春乙 等,2015)。早在1987年,Wilson 等(1987)就在《Science》(《科学》)发表了关于风险评估的研究综述。2007 年,联合国国际减灾战略组织(UNISDR)发布了一份以旱灾风险和脆弱性为核心概念的干旱管理框架的旱灾风险缓减框架与实践报告(UNISDR,2007)。美国等发达国家为了缓解干旱灾害引发的高风险影响,正在干旱灾害风险管理框架下建立一系列干旱灾害风险应对措施(亚行技援中国干旱管理战略研究课题组,2011;贾慧聪,2011;尹圆圆 等,2014)。2012 年 IPCC 发布了《管理极端事件和灾害风险,推进气候变化适应》特别报告,评估了针对暴露度和脆弱性减少的风险方案,提出了建立预警系统、创新保险等应对极端气候之策。IPCC AR5 把风险作为热点问题研讨,至此,风险有了新的认识和进一步的研究(IPCC,2014)。

国外学者在农业干旱灾害风险方面开展了大量研究。Blaikie 等(2004)依据危险性概率、孕灾环境脆弱性和减缓能力构建风险函数。Richter 等(2005)研究了风险与土壤、气候变化和防灾能力的关系,研究表明干旱灾害风险受气候、孕灾环境和防灾能力等多种因素影响。Tsakiris(2010)建立了垦殖干旱指数评估区域干旱灾害风险的研究。Coumou 等(2012)在《Nature Climate Change》(《自然气候变化》)发表的论文认为气候变暖与高温和极端降水具有非常密切的关系。Leblois 等(2013)提出了农业保险研究。Jayanthi 等(2014)基于干旱发生频次、程度和持续时间、暴露度和脆弱性构建了损失概率曲线,建立了定量的干旱灾害风险评估模式。Petr 等(2014)构建了致灾因子危险性、承灾体暴露度和孕灾环境脆弱性三因子的风险评估模型。Murthy 等(2015)构建了基于暴露度、敏感性和防灾能力的综合风险指数,分析了农业干旱脆弱性。尽管前人在干旱灾害风险方面做了大量研究,但在农业干旱风险的动态性和精细化方面的研究还需进一步深入。

近年来，我国风险管理的方式正逐步转变，以减灾为主要目的单纯的被动性、应急性的危机管理方式向以防灾为主要目的主动的、制度化的风险管理理念转变（张继权 等，2007；黄崇福，2012；张钛仁 等，2014；张存杰 等，2014）。深入认识干旱致灾阈值、风险特征及其影响机制成为我国防灾减灾体系科学化发展的必然趋势。《国家中长期科学和技术发展规划纲要（2006—2020年）》明确提出重点研究重大自然灾害综合风险分析评估技术，将重大自然灾害监测与防御列为公共安全领域的优先主题（Shi et al.，2010）。《国家"十二五"科技发展规划》中也要求，建立重大自然灾害风险管理技术平台，加快提升自然灾害应对技术能力（Etkin，2012；Dai，2013；Cook et al.，2014；韩兰英 等，2014；Zhang et al.，2015）。我国学者在农业干旱灾害风险方面也开展了大量研究（Liu X J et al.，2013；Liu X Q et al.，2013；Liu Z J et al.，2016；韩兰英 等，2019），Xu 等（2013）基于连续无降水日数和历史灾损曲线，对我国东部三种主要农作物进行了风险分析。单坤等（2012）基于信息扩散理论，对辽宁省西北部玉米进行了干旱灾害风险评估。张存杰等（2014）构建了危险性和承灾体脆弱性模型，分析我国北方冬小麦干旱风险。Han 等（2015）基于灾害系统理论建立了西南地区农业综合干旱灾害风险模型。目前，我国在农业干旱灾害风险的定义、内涵、评估方法、管理框架和对策等方面取得了长足的进展（张继权，2007；Shi et al.，2010；黄崇福，2012；Xu et al.，2013；张钛仁 等，2014；Liu et al.，2016；韩兰英 等，2019）。从刚开始的单一指标表征风险，发展到利用遥感、地理信息和社会经济统计等多源数据，引入模糊数学和基因算法等分析方法（贾慧聪 等，2011；尹圆圆 等，2014），开展了基于针对草地、水稻、玉米和小麦等农作物的干旱灾害风险特征分析（Farhangfar et al.，2015；韩兰英 等，2019）。干旱灾害风险研究取得了进一步深入的研究和发展。

2 干旱风险研究的新思想和新突破

基于上述国内外干旱灾害风险研究成果的总结和分析基础上，针对目前干旱灾害风险研究的存在的问题，本文尝试探索构建干旱灾害风险理论和技术框架；提出农业干旱灾害风险特征认识和影响机制的基本思想和一些新的突破点（图1）。

2.1 建立研究区农业干旱灾害风险研究数据库

农业干旱灾害风险是区域自然环境与气候因子耦合/互馈的结果。干旱灾害风险影响复杂，当然，要想充分认识其规律，必须要有大量相关资料的支撑。干旱灾害风险研究中常用的数据资料主要包括气象站的气象要素（包括日降水量、气温、相对湿度等）、干旱灾情资料（受灾面积、成灾面积、绝收面积等）、作物资料（包括产量、种植面积、有效灌溉面积和地膜覆盖面积等）、统计资料（经济损失、GDP等）和地理信息系统资料（土地利用、地形地貌、土壤有效含水量、土壤类型和河流水系）等等。一般利用 ArcGIS 数据重采样和地理信息空间匹配构建统一空间尺度数据，与 Access 构建的属性数据库链接构建干旱灾害风险评估基础数据库。

建立风险数据库，主要是针对干旱和灾害损失变化规律与趋势分析，认识其发生特点和机制，作为灾害风险致灾因子指标筛选和技术体系构建的理论基础。

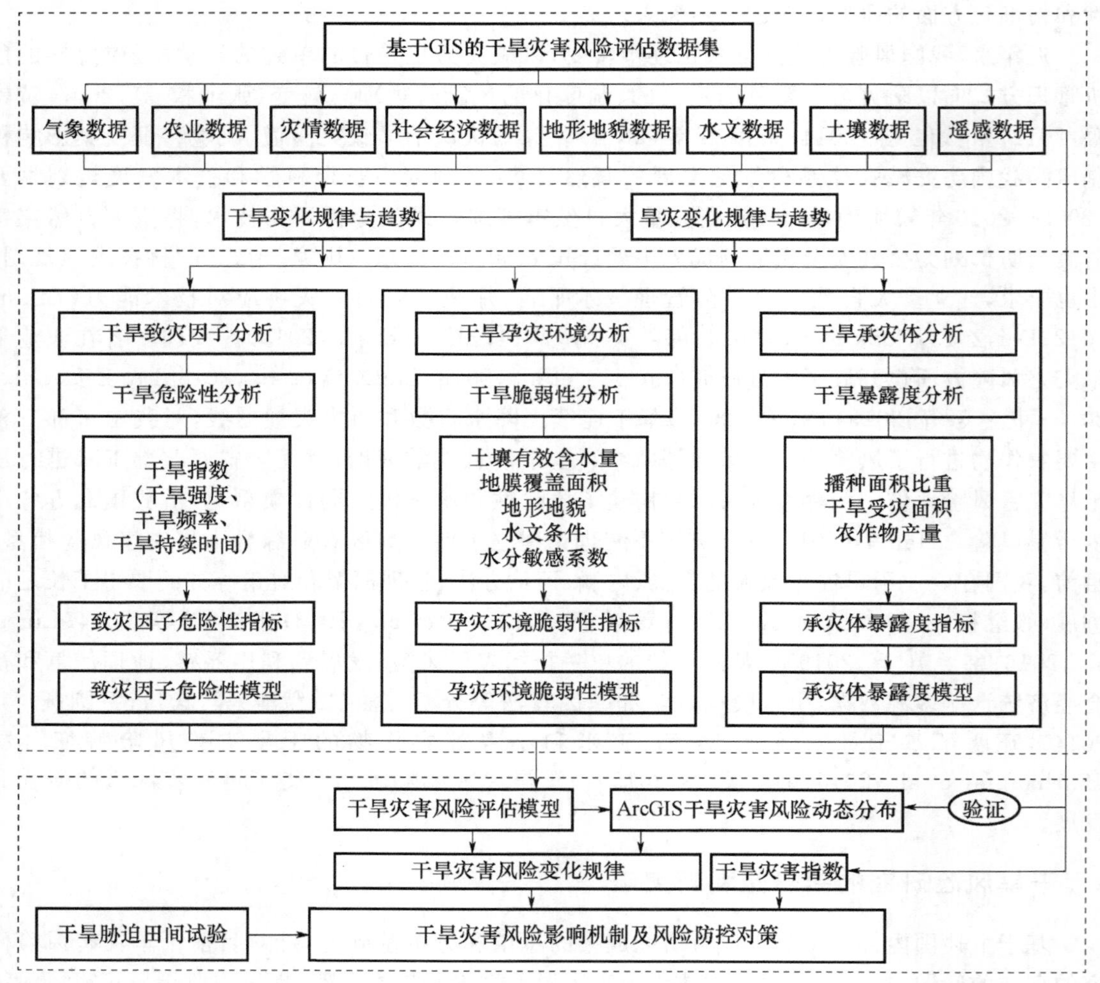

图 1　风险理论和技术框架图

2.2　确定干旱致灾阈值和构建风险评估模型

基于上述建立的数据库,基于灾害风险理论(致灾因子危险性、孕灾环境脆弱性和承灾体暴露度),分析认识其干旱灾害和气候发生规律和发展规律,筛选出主要致灾因子,构建致灾指标,确定致灾阈值,分析危险性、脆弱性和暴露度,根据灾害风险理论,建立干旱风险评估模型,具体如图 2 所示。

(1)干旱监测指数识别

干旱灾害风险四大因子中,致灾因子是主要的也是最活跃的因子,因此干旱监测指数识别是干旱灾害风险中至关重要的。所以,首先进行干旱监测指数识别以确定干旱致灾因子(图 2)。干旱监测指数选取方法和研究成果丰硕,但是不同区域,监测方法的适宜性差异很大,总体而言,主要采用气象、农业、遥感反演和观测等方法。其中遥感土壤湿度反演可以作为区域尺度干旱监测的主要指标之一。同时,依据历史农业干旱灾损资料,构建综合干旱灾损指数,分析其时空分布特征,也可以挑选主要作物生育期典型干旱过程,对比分析干旱指数的适应

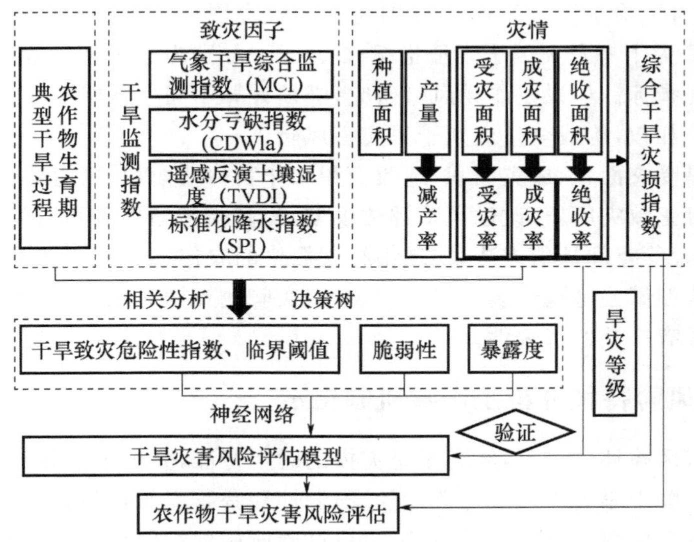

图 2　干旱致灾阈值确定及风险评估模型构建

性，确定适用于主要作物的干旱监测指数。值得注意的是，干旱指数适应性选择遵循干旱的发生发展机制，干旱迅速解除，但渐进缓慢发生发展的原则。

(2)致灾阈值确定

依据长序列历史灾情和产量资料，挑选出农作物生育期发生干旱的产量样本计算减产率。因为干旱致灾因子主要是对作物减产的影响，作物产量受生产力水平的趋势产量和气候因子影响的气候产量共同决定，所以在研究中，需要将由人为因素造成的产量剔除，一般用趋势分析法剔除。根据农作物实际减产情况，确定减产率干旱等级，建立干旱监测指标和减产率之间的定量关系模型，依据作物减产率确定致灾因子阈值和等级，计算不同生育期超出阈值的干旱频次、强度。

(3)危险性、脆弱性和暴露度分析

基于实际干旱灾害发生规律，采用相关、决策树等分析方法，率定主要的致灾因子、孕灾环境和承灾体指标，利用历史灾情数据和典型干旱个例，逐项分析各指标对每个因子的贡献度，分别建立干旱致灾因子危险性、脆弱性和暴露度指标体系，认识其特征和变化规律，进一步完善指标体系。

2.3　干旱灾害风险评估模型

依据灾害风险系统理论和形成机制，干旱灾害风险系统由致灾因子危险性(H)、承灾体暴露度(S)和孕灾环境脆弱性(V)构成式(1)。采用层次分析法对干旱灾害风险元素进行分解，得到式(2)—式(4)。识别干旱监测指数和确定致灾阈值后，计算超出致灾阈值的超过致灾阈值的致灾因子危险性、脆弱性和暴露度构建农作物干旱灾害风险评估模型。

$$R=f(H,V,S,\cdots) \tag{1}$$

$$H=f(P,F,T,\cdots) \tag{2}$$

$$V=f(G_v,S_v,W_v,\cdots) \tag{3}$$

$$S=f(A_r,D_a,P_w,\cdots) \tag{4}$$

式中：R 为干旱灾害风险系统；H, V, S 分别为干旱致灾因子危险性、孕灾环境脆弱性和承灾体暴露度；P, F, T 为干旱致灾因子表征指标；G、S、W 分别为孕灾环境表征指标；A_r, D_a, P_w 分别为暴露度表征指标。如果是作物风险研究，必须计算不同生育期干旱灾害风险指数权重，各生育期干旱风险加权，构成全生育期干旱灾害风险。

基于作物干旱受灾面积、成灾面积、绝收面积和作物种植面积，构建综合干旱灾损指数，结合干旱田间试验订正致灾阈值、改进风险评估模型，提高模拟精度和可靠性。在 ArcGIS 平台下，利用协同克里金等空间插值方法，实现精细化栅格的农作物干旱灾害风险动态分布。值得注意的是要选择典型试验基地开展干旱试验观测，实验地要能对当地干旱致灾机理、风险激发机制和气候特点具有广泛的代表性。

2.4　干旱灾害风险特征分析及影响机制揭示

根据干旱灾害风险评估结果，结合干旱灾损的时空特征，分析干旱灾害不同等级风险特征与规律。根据农作物干旱灾害风险与危险性、脆弱性和暴露度的相关分析，结合干旱试验和农业气象试验站生育期资料，利用干旱胁迫下干旱试验所得到的作物生理生态特征，分析作物从不旱到形成旱灾的生理生态过程及其对干旱胁迫的响应规律。对于具体作物而言，主要是在厘清农作物不同生育期干旱过程特征的基础上，分析不同干旱胁迫下农作物的生理参数在各生长期对干旱致灾过程的响应，阐明农作物不同发育期不同等级干旱对风险的贡献度。依据农作物不同生育期抵御干旱的能力及其对产量的影响，明确农作物干旱灾害风险关键影响期，揭示农作物干旱灾害风险主要因子和驱动机制。

3　干旱灾害风险研究未来发展方向

国内外自 20 世纪 80 年代开始已取得了较多的灾害风险研究成果，但是，由于干旱灾害风险成因和区域复杂性，还有许多科学问题需要深入研究（UNISDR，2007；IPCC，2014；Bannayan et al.，2015）。(1)如何结合区域的生态气候特点和干旱发生规律，确定适宜的干旱监测指标和致灾阈值，综合考虑致灾因子、脆弱性和暴露度，建立符合实际的精细化风险评估是今后研究的重点方向。(2)在全球气候变暖的背景下，干旱灾害风险受自然气候变率和人类活动的共同影响，同时也对社会经济和生态环境的脆弱性与暴露度产生影响（UNISDR，2007；IPCC，2014；Etkin et al.，2012）。如何建立基于干旱灾害风险评估关注自然（致灾因子）与社会（脆弱性和暴露度）双重属性及多视角研究问题更加凸显（张强 等，2014）。(3)建立适用于单一作物不同生育期的针对性动态干旱灾害风险研究。干旱风险随时空变化而呈现出差异，当前干旱灾害风险研究主要集中在风险指标模型、不确定性和复杂性等静态特性上（Han et al.，2015；Farhangfar，2015）。如何针对干旱对具体承灾对象的影响，研究针对不同承灾体的动态栅格尺度上更为精细和实用的干旱致灾阈值、致灾指标和关键风险判识尤为重要。例如，利用卫星资料不仅可以提高风险评估的精度和时效性（Belal et al.，2014），而且采用遥感反演陆面参数作为干旱灾害风险的致灾因子，依据灾损率确定致灾阈值和风险等级，可避免以不同等级干旱本身概率划分致灾等级的主观性（Han et al.，2015）。(4)气候变暖背景下区域尺度高精度干旱灾害风险评估技术体系构建、评估方法适用性和精度，尚需深入研究。农业干旱风险的研究主要集中在以大尺度行政单元研究为主的风险特征方面，对区域内不同尺度干旱灾害风险实证研究较少（Zhang et al.，2015；Belal et al.，2014）。不同时空尺度的干旱灾害风险评估在数据获取、研究方法、风险精度、尺度效应和耦合应用方面不够(Shi et al.,2010;Farhangfar et al.,2015)。灾害风险评估方法归纳起来主要有风险因子模型法和基于历史灾情概率统计法(Zhang,2004;贾慧聪 等,2011;Farhangfar et al.,2015;张强 等,2015)。两种方法各有优缺,结合两种评估方法优势,明确区域栅格尺度上精细化农作物干旱灾害风险影响机制是风险研究的突破口。

4 干旱灾害风险研究的前景预测

综上所述,尽管国内外已在干旱灾害风险开展了广泛的研究,也取得了显著的成果,但是,由于我国气候特点和干旱灾害发生规律与激发机制复杂,随着气候变化,干旱发生特点出现了新变化,影响机制愈发复杂,所以,在气候变化背景下开展农业干旱灾害风险特性认识及深入研究具有现实意义。今后农业干旱灾害风险研究的重点应以干旱关键区和气候敏感区的主要承灾对象,以干旱致灾阈值及风险影响机制为切入点,建立遥感反演参数、田间试验、野外调查、数理统计和建模等多种资料和方法相结合开展研究。细化干旱指标识别和致灾阈值,综合考虑致灾因子、孕灾环境和承灾体耦合模拟的方法,构建主要农作物不同生育期干旱灾害风险动态评估模型,实现农业干旱灾害风险精细化和动态化,并明确主要农作物干旱监测指标、致灾阈值、风险特征及其影响机制,只有这样才利于提升我国干旱灾害预防能力和风险管理水平。

参考文献

韩兰英,张强,贾建英,等,2019. 气候变暖背景下中国干旱强度、频次和持续时间及其南北差异性[J]. 中国沙漠,39(5):1-10.

韩兰英,张强,杨阳,等,2019. 气候变化背景下甘肃省主要气象灾害综合损失特征[J]. 干旱区资源与环境,33(7):107-114.

韩兰英,张强,姚玉璧,等,2014. 近60年中国西南地区干旱灾害规律与成因[J]. 地理学报,69(5):632-639.

黄崇福,2012. 自然灾害风险分析与管理[J]. 北京:科学出版社.

贾慧聪,王静爱,2011. 国内外不同尺度的旱灾风险评价研究进展[J]. 自然灾害学报,2(20):138-45.

林而达,周广胜,任立良,2004. 北方干旱化对农业、水资源和自然生态系统影响的研究[M]. 北京:气象出版社.

单琨,刘布春,刘园,等,2012. 基于自然灾害系统理论的辽宁省玉米干旱风险分析[J]. 农业工程学报,28(8):186-194.

史培军,2013. 论政府在综合灾害风险防范中的作用——基于中国的实践与探讨[J]. 中国减灾,6(206):11-14.

王春乙,张继权,霍治国,等,2015. 农业气象灾害风险评估研究进展与展望[J]. 气象学报,73(1):1-19.

亚行技援中国干旱管理战略研究课题组,2011. 中国干旱灾害风险管理战略研究[M]. 北京:中国水利水电出版社.

尹圆圆,王静爱,黄晓云,等,2014. 全球尺度的旱灾风险评价指标与模型研究进展[J]. 干旱地区研究.4(31):619-626.

张存杰,王胜,宋艳玲,等,2014. 我国北方地区冬小麦干旱灾害风险评估[J]. 干旱气象,32(6):883-893.

张继权,李宁.2007. 主要气象灾害风险评价与管理的数量化方法及其应用[M]. 北京:北京师范大学出版社.

张强,韩兰英,郝晓翠,等,2015. 气候变化对我国农业干旱灾损率的影响及其南北区域差异性[J]. 气象学报,

73(6):1092-1103.

张强,韩兰英,张立阳,等,2014. 论气候变暖背景下干旱灾害风险特征与管理[J]. 地球科学进展,29(1):80-91.

张钛仁,李茂松,潘双迪,等,2014. 气象灾害风险管理[M]. 北京:气象出版社.

朱增勇,聂凤英,2009. 美国的干旱危机处理[J]. 世界农业,362(6):17-19.

Belal A A,Ramady H R. Mohamed E S,Saleh A M,2014. Drought risk assessment using remote sensing and GIS techniques[J]. Arabian Journal of Geosciences,7:35-53.

Blaikie P,Cannon T,Davis I,et al,2004. At Risk:Natural Hazards,People's Vulnerabilities,and Disasters[M]. New York:Routledge.

Cook B I,Smerdon J E,Seager R. et al,2014. Global warming and 21st century drying[J]. Climate Dynamics, 43:2607-2627.

Coumou D,Rahmstor F S,2012. A decade of weather extremes[J]. Nature Climate Change,25(3):71-81.

Dai A G, 2013. Increasing drought under global warming in observations and models [J]. Nature Climate Change,3:52-58.

Etkin D,Medalye J,Higuchi K,2012. Climate warming and natural disaster management:an exploration of the issues[J]. Climate Change,112:585-599.

Farhangfar S,Bannayan M,Khazaei H R,Baygi M M,2015. Vulnerability assessment of wheat and maize production affected by drought and climate change[J]. International Journal of Disaster Risk Reduction,13: 37-51.

Han L Y,Zhang Q,Ma P L,et al,2015. The spatial distribution characteristics of a comprehensive drought risk index in southwestern China and underlying causes[J]. Theoretical and Applied Climatology,120(1): 1756- 1769.

IPCC,2014. Climate Change 2014:Impacts,Adaptation and Vulnerability,Working Group II Report[M]. New York:Cambridge University Press.

Jayanthi H,Husak G J,Funk C,et al, 2014. Modeling rain-fed maize vulnerability to droughts using the standardized precipitation index from satellite estimated rainfall—Southern Malawi case study[J]. International Journal of Disaster Risk Reduction,2(4):71-81.

Leblois A,Philippe Q,2013. Agricultural insurances based on meteorological indices:realizations,methods and research challenges[J]. Meteorological Application,1(20):1-9.

Liu X J,Zhang J Q,Ma D L,etal,2013. Dynamic risk assessment of drought disaster for maize based on integrating multi-sources data in the region of the northwest of Liaoning Province,China[J]. Natural Hazards, 3(65):1393-1409.

Liu X Q,Wang Y L,Peng J,et al,2013. Assessing vulnerability to drought based on exposure,sensitivity and adaptive capacity:a case study in middle Inner Mongolia of China[J]. Chinese Geographical Science,23(1): 13-25.

Liu Z J,Yang X G,LinX M,et al,2016. Maize yield gaps caused by non-controllable,agronomic,and socioeconomic factors in a changing climate of Northeast China[J]. Science of the Total Environment,541 :756-764.

Murthy C S,Laxman B,Sai M V R S,2015. Geospatial analysis of agricultural drought vulnerability using a composite index based on exposure,sensitivity and adaptive capacity[J]. International Journal of Disaster Risk Reduction,12:163-171.

Petr M,Boerboom L G J,Veen A V D,et al,2014. A spatial and temporal drought risk assessment of three major tree species in Britain using probabilistic climate change projections[J]. Climatic Change,124:791-803.

Richter G M,Semenov M A,2005. Modelling impacts of climate change on wheat yields in England and Wales:

assessing drought risks[J]. Agricultural Systems, 84: 77-97.

Shi P J, Shuai J B, Chen W F, et al, 2010. Study on large-scale disaster risk assessment and risk transfer models [J]. International Journal of Disaster Risk Science, 1(2): 1-8.

Tao F L, Zhang Z, Xiao D P, et al, 2014. Responses of wheat growth and yield to climate change in different climate zones of China, 1981—2009[J]. Agricultural and Forest Meteorology, 91-104.

Tsakiris G, 2010. Towards an adaptive preparedness framework for facing drought and water shortage[M]// Franco Lopez A, ed. Proceedings of the 2nd International Conference "Drought Management: Economics of Drought and Drought Preparedness in a Climate Change Context", Options éditerranéennes. Turkey, Istanbul, 95: 4-7.

UNISDR(United Nations International Strategy for Disaster Reduction), 2007. Living with Risk: A Global Review of Disaster Reduction Initiatives[M]. Switzerland, United Nations Publications.

Wang S Y, Huo Z G, Li S K, et al, 2005. Risk regionalization of winter wheat loss caused by drought in North of China[J]. Acta Agronomica Sinica, 31(3): 267-274.

Wilhite D, Hayes M J, Knutson C, et al, 2000. Planning for drought: moving from crisis to risk management[J]. Journal of the American Water Resources Association, 26: 697-710.

Wilson R, Crouch E A C, 1987. Risk assessment and comparison: an introduction[J]. Science, 236(4799): 267-270.

Xu X C, Ge Q S, Zheng J Y, et al, 2013. Agricultural drought risk analysis based on three main crops in prefecture-level cities in the monsoon region of east China[J]. Natural Hazards, 66: 1257-1272.

Zhang J Q, 2004. Risk assessment of drought disaster in the maize-growing region of Songliao Plain, China[J]. Agriculture ecosystems & environment, 102(2): 133-153.

Zhang Q, Han L Y, Jia J Y, et al, 2015. Management of drought risk under global warming[J]. Theoretical and Applied Climatology, 163(7): 1756-1769.

暴雨洪涝灾害风险评估研究进展*

周月华[1,2]　彭　涛[1]　史瑞琴[1,2]

（1. 中国气象局武汉暴雨研究所/暴雨监测预警湖北省重点实验室，武汉，430205；
2. 武汉区域气候中心，武汉，430074）

摘　要　暴雨洪涝灾害是最为频发、多发的自然灾害之一，已成为我国实现可持续发展的严重障碍，开展暴雨洪涝灾害风险评估的研究，是当今防洪减灾中的一项迫切要求。本文基于灾害客观的发展过程从灾前预评估、灾中跟踪评估、灾后评估三个方面系统回顾了前人的研究历史和当前研究所取得的成果，并在对研究现状进一步认识的基础上，提出了当今暴雨洪涝灾害风险评估研究中存在的主要问题，指出了有待进一步研究和发展的新方向。

关键词　暴雨洪涝；灾害风险评估；灾前评估；灾中跟踪评估；灾后评估

引　言

据统计，目前全球各种由自然灾害导致的损失，暴雨洪涝灾害所占比重约为40%。我国是暴雨洪涝灾害最为频发、多发的地区之一，每年汛期暴雨及其引发的洪涝及次生灾害给社会经济发展和人民生命财产安全造成了严重的损失和威胁（葛全胜 等，2008；韩平 等，2012）。1998年发生在长江流域的特大洪涝灾害造成的直接经济损失超过1600亿元，死亡人数超过3000人。2012年7月21—22日，北京遭遇罕见暴雨内涝灾害，190万人受灾，79人死亡，经济损失达百亿元以上。同年7月，受长江上游地区强降雨影响，三峡水库遭遇建库以来的最大洪峰$7.12\times10^4 m^3/s$，国家防总启动防汛Ⅱ级应急响应，四川、重庆分别转移群众15万人和6.6万人。2016年汛期我国暴雨洪涝灾害南北齐发，长江流域发生1998年以来最大洪水，全国有26省（区、市）1192县遭受洪涝灾害，受灾人口3282万人，直接经济损失约1470亿元，与2000年以来同期均值相比，直接经济损失偏多51%。

目前暴雨及其诱发的灾害已成为中国实现可持续发展的严重障碍。受天气气候、地形地貌、区域地质、植被覆盖等自然因素及社会经济发展、防洪抗洪设施等社会因素的共同影响，暴雨洪涝灾害的成因变得极为复杂，其发生具有很强的随机性和不确定性。为了分析评估暴雨洪涝灾害发生的可能性及可能造成的损失，尽可能减小灾害所造成的危害，如何有效地开展暴雨灾害风险评估与区划等研究工作日益受到相关学者和政府部门的重视，成为当前研究热点问题（高庆华 等，2007；章国材，2013，Yin et al.，2015）。本文根据暴雨及其诱发灾害发生、发展的规律，从灾前、灾中、灾后评估等角度围绕暴雨洪涝灾害风险评估这一核心，对国内外相关研究进展进行归纳总结，旨在为暴雨灾害风险评估研究提供参考。

* 发表在：《暴雨灾害》，2019，38(5)：494-501.

1　暴雨洪涝灾害风险评估概况

1.1　暴雨及诱发的次生灾害种类

暴雨的发生主要是受到大气环流和天气、气候系统的影响，是一种自然现象。暴雨是指一定时间内强度很大的雨。如果 3 h 降雨在 16 mm 以上，或者 12 h 降雨在 30 mm 以上，或者 24 h 降雨在 50 mm 以上，都称之为暴雨。持续时间长、影响范围广、降水强度大的暴雨过程常常引发流域洪水、中小河流洪水、城市内涝等灾害，同时部分山体地质松软的地区易造成突发性山体滑坡、泥石流等次生灾害。

1.2　暴雨洪涝灾害风险评估定义

暴雨洪涝灾害风险评估是对其风险发生的强度和形式进行定量评定和估计。要进行风险评估，首先必须存在风险源，即存在自然灾变；第二，必须有风险承载体（承灾体），即人类社会，自然灾害是自然力作用于承灾体的结果。因此，暴雨洪涝风险评估实际上是评估暴雨洪涝灾害对承灾体的负面影响。

1.3　暴雨洪涝灾害风险评估原理

国内外相关的研究和实践（章国材，2013）表明，暴雨洪涝灾害风险评估基本原理如下。

暴雨洪涝灾害对第 i 类承灾体的风险（$R_{\mathrm{D,i}}$）为

$$R_{D,i}=H\cap\{E_i\cdot V_{\mathrm{d},i}\cdot[a_i+(1-a_i)(1-C_{\mathrm{d},i})]\}\tag{1}$$

式中：H 为致灾因子危险性，E_i为第 i 类承灾体暴露在灾害中的量（数量和价值量），$V_{\mathrm{d},i}$为第 i 类承灾体的灾损敏感性，$C_{\mathrm{d},i}$为人类社会对第 i 类承灾体的防灾减灾能力（包括应对能力和灾后重建能力），a_i为第 i 类承灾体不可防御的灾害风险。

暴雨洪涝灾害的总风险为评估区域内所有承灾体的风险值之和（R_{D}）

$$R_D=\sum_i R_{D,i}\tag{2}$$

式中：$R_{\mathrm{D},i}$为致灾暴雨洪涝灾害风险度。

2　暴雨洪涝灾害风险评估技术研究进展

关于暴雨洪涝灾害风险评估，国内外学者做了大量研究（周成虎 等，2000；Ahmad et al.，2013；Kim et al.，2017），认为灾害的形成是承灾体脆弱性、致灾因子和暴露度等方面综合作用的结果。暴雨洪涝灾害风险评估应综合考虑致灾因子、承灾体和防灾能力等因素，构建评估模型开展风险评估，其主要包括暴雨灾害危险性、承灾体暴露性、承灾体脆弱性以及综合风险分析，风险等级划分及其风险应对措施等内容。

按照灾害发展的时间顺序，暴雨洪涝灾害风险评估相应地也可以分为三种：一是灾前评估；二是灾期跟踪或监测评估；三是灾后实测评估（高庆华 等，2007；章国材，2013）。不同阶段暴雨洪涝灾害风险评估的关键技术如图 1 所示。

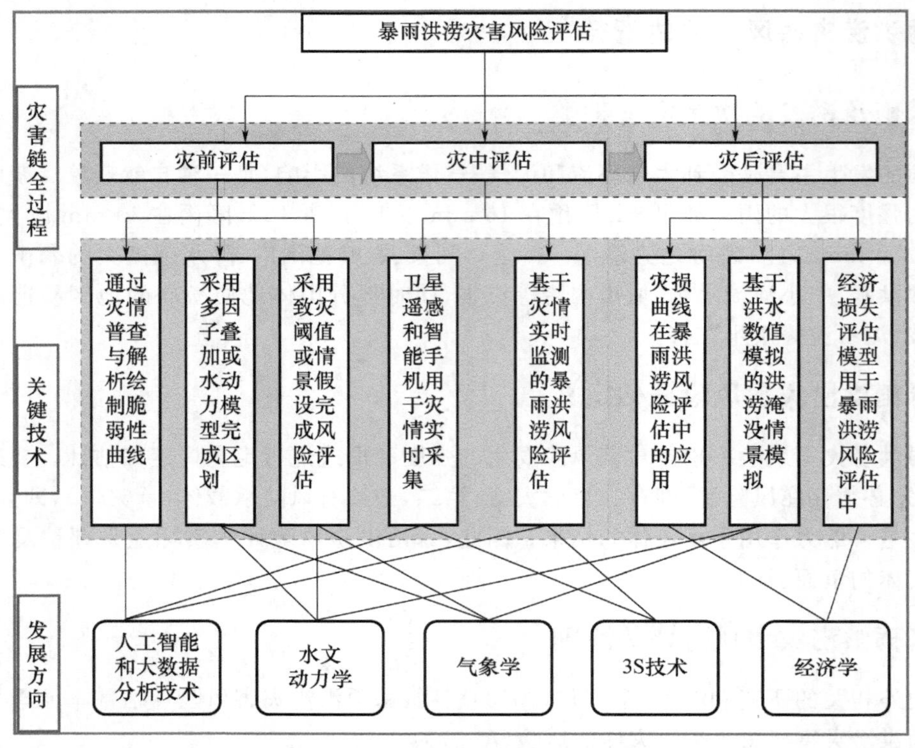

图 1　不同阶段暴雨洪涝灾害风险评估关键技术流程

2.1　灾前评估技术进展

灾前评估的主要任务是通过合理的科学方法定性或定量地预测某地区未来洪水发生的强度、分布和可能造成的人员伤亡、经济损失、社会影响和减灾效益，是制定国土规划和社会发展计划以及减灾对策预案系统的基础。其主要考虑三个因素：一是未来灾害可能达到的强度与频度；二是本区历史上的灾度与成灾率；三是灾区的人口密度、经济发达程度和防灾抗灾能力。

2.1.1　历史灾情普查与解析技术

历史灾情普查主要针对各地因气象灾害对人口、农业、房屋、设施、经济等造成的损失或伤亡进行普查。基于历史暴雨洪涝灾害普查数据的解析，可以推算出某一地区暴雨洪涝灾害与特定承灾体之间的灾度与成灾率，从而建立脆弱性曲线。目前洪水灾害是脆弱性曲线研究较为完善的灾种之一。

灾情数据可以来自于历史文献、灾害数据库、实地调查或保险数据等，其中历史文献和灾害数据库是脆弱性曲线的主要数据源。这项工作国外开展最早的是 1977 年英国洪灾研究中心(FHRC)的 Penning-Roswell 等提出的针对英国居住和商用房产的阶段-损失曲线。而使用保险数据推断脆弱性曲线的方法，在北美(石勇 等，2009)、澳大利亚(Hohi et al.，2002)、日本(Dutta et al.，2003；石勇 等，2009)等发达地区的保险市场已得到有效应用。

我国暴雨洪涝灾害脆弱性研究起步于 20 世纪 80 年代末期，但主要是基于社会经济指标体系的研究方法，基于历史灾情统计来研究脆弱性曲线的并不多见。直到 20 世纪 90 年代，国内黄河水利委员会对黄河下游洪涝损失率做了比较系统的研究，确定了80年代北金堤滞洪区农作物的洪灾损失率（章国材，2013）；李汉浸等（2009）对河南省濮阳高新区的洪涝损失进行了研究，根据降水强度、历时和受灾实况，统计得出了不同洪灾等级下各种资源类型（城市基础资源、自然资源、行政事业资源、工商企业资源、居民财产、城市生命线工程以及其他）的损失率和受灾比例。

由于承灾体脆弱性曲线是承灾体自身固有的脆弱性的表现，不同地区同种承灾体的脆弱性不同。尽管各地同种承灾体脆弱性曲线可能各异，但可以通过研究区对已有的曲线参数进行本地化修正，从而形成新的脆弱性曲线。国外有研究者引用US Army Corps of Engineer（美国陆军工程兵）提供的洪水灾害建筑物脆弱性曲线，针对意大利的水灾灾情，对曲线参数进行了修正（Lotto et al.，2000）；史瑞琴等（2013）参考对比黄河下游洪涝损失率，通过与长江中游地区淹没区社会经济实际情况的对比，调整、整合损失率数据，确定了长江中游地区洪灾的分项资产损失率。随着社会经济的发展和人民需求的日益提高，精准化的暴雨洪涝承灾体脆弱性曲线的建立变得越来越重要。

2.1.2 风险区划技术

区划是研究某种事物时间上的演替和空间上的分布规律，对其空间范围进行区域划分的过程。暴雨洪涝灾害风险区划是根据过去发生过的暴雨洪涝灾害事件，按照其在时间上的演变和空间上的分布规律，对其空间范围进行区域划分的过程。

从类型上来说可以分为流域洪水、中小河流洪水、山洪灾害及城市内涝风险区划等。最早的暴雨洪涝灾害风险区划是以全国或区域性洪水为主。日本1977年就制定了“综合治水对策”，在特别重要的河段上编制洪水风险图，指出100～200 a一遇的洪水淹没范围，并逐步推向全国；欧洲一些国家从20世纪70年代开始采用水文、水力学数值模拟方法编制全国洪水风险图。国内最早的暴雨洪涝风险区划研究大多采用多因子赋以一定的权重系数后叠加的方法来绘制区域或某一地区的暴雨洪涝灾害风险区划图。李军玲等（2010）提出基于GIS的洪灾风险评估指标模型，以降雨、地形和区域社会经济易损性为主要指标，得出河南省洪灾风险综合区划图，指出信阳、驻马店、周口大部地区发生洪涝风险最大的有效结论。近年来国内多以中小河流洪水、城市内涝和山洪灾害风险区划研究为主。苏布达等（2005）运用Floodarea模型进行了荆江分洪区洪水演进动态模拟；解以扬等（2004）通过重构短历时强降水过程，并利用暴雨内涝仿真模型对不同重现期的强降水过程进行情景模拟，应用内涝等级判别标准对城市社区不同重现期降水过程模拟的过程最大积水深度进行了分级。

从方法上来看，大流域或区域的暴雨洪涝灾害风险区划仍以多因子叠加的区划方法为主。而对于中小河流洪水和山洪风险区划，则需要更为精细化的区划方法，如近年来利用GIS与水动力模型结合的洪水淹没模拟研究十分活跃。李兰等（2013）以漳河流域为例，采用耿贝尔极值Ⅰ型分布法求取流域不同重现期面雨量，基于GIS的暴雨洪涝淹没模型，利用D8及曼宁公式计算不同重现期面雨量淹没范围和水深，并运用灾害风险原理绘制了漳河流域暴雨洪涝灾害风险区划图。王胜等（2016）利用统计方法与水文模型相结合的方法确定淠河流域山洪雨-洪关系，得到致灾临界面雨量，基于Floodarea模型开展洪水淹没模拟，叠加承灾体信息，得到T年一遇山洪对不同承灾体影响的风险区划图组。此外，城市内涝风险区划近年来国内也涌现出许多成果。任智博等（2019）以正在规划建设过程中的武汉光谷中心城为研究对象，利用MIKE URBAN和MIKE 21分别构建中心城区一维和二维水动力模型，并通过MIKE

FLOOD 耦合计算了 50 a 一遇暴雨条件下的城市内涝情况，通过分析内涝演进过程、绘制了内涝灾害风险图。

2.1.3 风险评估技术

美国、日本等发达国家对暴雨洪涝灾害评估研究至今已有 40 年的发展历史。1977 年开始，美国先后对加利福尼亚 Saratoga 和 Switzerlard 地区展开山洪危险性研究工作，选取地形条件和岩性作为指标对滑坡灾害进行严重性等级评价(Wieczork，1984)。日本早在 20 世纪 70 年代就着手进行山洪灾害评价研究，足立胜治等(1977)根据山洪发生可能性的特点将总指标分解为研究区域形态、地形地貌及降雨量三大指标，然后将其进行逐层次分解，最后给定每个等级的得分，确定山洪风险性。，就水灾而言，联合国开发计划署提出的覆盖全球的灾害风险指标计划(DRI)和世界银行发起的覆盖全球的热点计划(HOTSPOTS)，都是影响力巨大的成功典例(丁志雄，2004)。

我国对暴雨洪涝灾害评估研究起步较晚，至今仅有 20 多年的研究历史，但在灾前评估方面也有显著的研究成果，主要集中体现在利用 GIS 技术开展灾害易损度、脆弱性评价、风险评价以及风险区划等方面的研究工作。尤其是 2006 年实施山洪灾害防治规划以来，山区洪水风险评估和区划工作取得了较大进展。张平仓等(2006)、马建华等(2007)按照 200 km^2 的阈值划分小流域，并采用最大 6 h 雨量和 6 h 临界雨量的比值即临界雨量系数、山洪灾害经验频率以及社会经济区类型，分别考虑小流域降雨、地形地质和社会经济等三方面的因素，将全国山洪灾害防治区划分成一级重点防治区、二级重点防治区和一般防治区。

除上述具有代表性的全国暴雨洪涝灾害风险评估成果外，还有很多学者对流域或某一地区的洪涝灾害风险进行了评估。万君等(2007)从洪涝灾害的危险性及社会经济易损性两个角度出发，结合湖北省暴雨频次、地形、河网密度、土地覆盖及耕地面积、人均 GDP、人口密度等因素，通过 GIS 得到湖北省洪涝灾害风险评估图。曹罗丹和李加林(2015)基于历史长时间序列的遥感数据、格网化的地理背景数据、空间化的社会经济数据等，利用 GIS 空间分析与功能，从洪涝灾害的危险性、暴露性、脆弱性及防灾减灾能力等 4 方面，构建了洪涝灾害风险评估模型，对浙江省洪涝灾害进行了风险评估。彭建等(2018)以深圳市茅洲河流域为例，对 12 种暴雨洪涝致灾-土地利用承灾情景下的城市暴雨洪涝灾害风险进行定量模拟分析。梁益同等(2015)以湖北省秭归县为例，基于 USLE 土壤侵蚀模型计算滑坡发生时土壤侵蚀强度，通过分析多个滑坡个例确定了滑坡临界土壤侵蚀强度，再根据降雨侵蚀力与降雨量之间的关系推算不同预警点滑坡临界雨量，以此开展滑坡灾害风险评估。

2.2 灾中评估技术进展

灾中跟踪评估是在暴雨及其诱发的灾害发生时，根据灾害发展的情况和灾区的承灾能力，对已经发生灾害损失的快速评估以及可能继续遭受的损失进行评估。它是救灾决策和应急抗灾措施制定的基础。评估内容包括应用检测系统跟踪灾害的发展，准确地判断成灾地点，灾害强度和灾情特征，以及洪水灾害损失的跟踪评估等。

2.2.1 灾情实时采集技术

暴雨洪涝灾害风险普查是推进暴雨洪涝灾害风险评估与区划工作的重要环节，但目前传统的灾害普查方法得到的灾情已远远不能满足暴雨洪涝灾害风险预警业务的需要，主要呈现出灾情不全、实时性不强、缺乏定点定时性等弊端。而随着移动网络基础设施的建设，智能手机、视频影像、卫星遥感等逐渐成为重要的信息载体，基于信息采集能力和互联网连接能力，这些实时采集工具已普遍应用于各行各业。近年来智能手机、视频监测、卫星遥感和社交媒体等手段也广泛地用于气象灾情信息采集中，成为获取实时灾情的有效手段，其成果是显著的，获得的经济效益是任何技术方法都无法比拟的。

早在1973年，整个密西西比河泛滥成灾，美国就通过对洪水前后的陆地卫星图像对比分析，及时了解水位的变化和洪水的情况，并标出泛洪区，与土地利用图层相对比，确定出市区、农田及其他方面的洪水灾害分布情况，政府依据这些资料迅速分析出灾害情况，提出了必要的受灾救援基金(Ramamoorthi，1985)。Rehman等(1991)利用NOAA AVHR影像提取洪水淹没深度和范围，并评价洪水危险性。

遥感技术在我国的洪涝监测评估中应用也有比较长的历史。早在1983年，水利部遥感技术应用中心就用地球资源卫星的TM影像调查了发生在三江平原挠力河的洪水，成功地获取了受淹面积和河道变化的信息。在1984年和1985年，用极轨气象卫星分别调查了发生在淮河和辽河的洪水。1987—1989年，水利部遥感技术应用中心、中国科学院、国家测绘局和空军合作，先后在永定河、黄河、荆江地区、洞庭湖和淮河进行了防洪试验，建立了洪涝灾害监测的准实时全天候系统，这个系统在1991年淮河和1998年长江大洪水的监测以及评估中发挥了重大作用(李纪人 等，2001；李戈伟，2002)。此外，近年来智能手机也广泛地用于气象灾情信息采集中。如梁益同等(2017)在设计暴雨洪涝灾情实时采集流程和确定灾情记录内容的基础上，解决采集过程中的任务接收、现场定位、一体化采集、即时传输等关键技术，研发了基于智能手机的暴雨洪涝灾情采集手机APP，可以在第一时间内获取灾害现场信息，为灾情验证评估提供实时资料，使灾害评估业务能力得以提升。

2.2.2 实时风险评估技术

20世纪90年代后期，随着遥感技术与GIS技术的集成应用，我国洪涝灾害实时灾情评估研究翻开了崭新的一页，取得长足的进展。如陈秀万等(1999)利用遥感和GIS技术对洪涝灾害的损失评估进行了初步研究，利用洪水遥感水体提取模型提取受淹范围，并利用统计的社会经济资料，进行了洪灾损失的实时评估。李纪人等(2001)基于遥感与空间展布式社会经济数据库的洪涝灾害遥感监测评估，该方法主要从对洪水的遥感监测角度出发，在基础背景数据库的支持下，实现了对洪涝灾害的灾中评估，评估精度可以以县为单位的受灾总面积，受灾耕地面积，受灾居民地面积，受灾人口等。丁志雄等(2004)基于遥感与GIS技术，应用数字高程模型(DEM)生成的格网模型对洪水的淹没进行了分析，将遥感监测与一般洪漠灾害损失评估模型较好地结合，得出了更准确的灾情损失评估结果。段光耀等(2012)以松花江流域为研究区域，结合GIS提出了一种基于遥感实时监测数据和历史洪涝灾害数据的洪涝风险评估改进模型。近年，基于“互联网技术＋”的气象灾害评估技术得到了发展，梁益同等(2017)利用灾情采集手机APP及时采集实时灾害数据并上传至后台，后台工作人员利用实时灾情数据成功制作发布了及时、精细的暴雨洪涝灾害风险预评估产品，很大程度上提升了业务服务产品的时效性和准确性。

2.3 灾后评估技术进展

灾后调查评估是确定救灾方案、制定灾害援助计划的重要依据。灾后实测性评估是在灾后现场对直接的和间接的灾害损失逐区、逐片、逐点、逐项的实际测算，并对可能发生的衍生灾害进行预评估，包括灾后现场调查、统计损失、次生灾害的影响评估、间接损失估算以及灾害对社会与环境影响的评估等。

在进行洪灾损失研究方面，总体上可以分为灾损曲线法、基于水文水力学的情景模拟法和基于不确定性的洪灾损失评估方法。发达国家早在20世纪60年代末70年代初就已开始进行相关的洪灾损失计算工作。1968年美国联邦保险机构最早开始实际应用灾损曲线，以理论表格的形式展现水灾中不同英尺水深下7种类型建筑物的损失变化(Smith,1994)。Das等(1988)提出了用于评估特大洪水发生时可能造成的经济损失的评估方法，该方法主要是通过拟合得到六种不同财产在遭受不同水深时可能造成的损失大小的水深-损失曲线，并将该水深-损失曲线应用于俄亥俄州富兰克林县的洪水灾害损失评估，并证明该曲线有广泛地适用性。

我国学者在这方面也先后进行了大量探索性的研究和实践。首先是灾损曲线法，如程涛等(2002)利用洪灾重演法，分析历史洪灾在不同年份发生时可能造成的经济损失，并找出损失变化的规律，建立直接经济损失-财产的函数关系曲线，通过拟合得到洪灾经济损失即时评估模型。基于不确定性的洪灾损失评估方法主要是利用模糊数学方法、灰色系统方法、人工神经网络方法针对灾害损失的不确定性开展应用。如王宝华等(2008)从洪水灾害和洪水灾害损失评估的特点出发，在分析了传统洪水灾害损失评估方法的基础上，提出了混合式模拟神经网络数学评估模型，并将该模型应用于典型流域中，从评估结果表明，该评价模型在评估精度及收敛速度方面都有较好的效果，为洪灾损失评估提供了新的方法。基于水文水力学的情景模拟法是指通过采用一定的产汇流模型进行数学模拟，从而得到可能的淹没范围、深度、历时等要素进行风险评价。随着科技的发展，基于洪水数值模拟、遥感和GIS技术在洪水灾害评估方法中得到广泛应用，使洪灾评估更加科学、实用。如李云等(2005)基于GIS和二维不恒定模型对洪水演进数值模拟、经济损失评估等进行了研究，并开发了一套大型行蓄洪区防洪减灾决策支持系统软件；史瑞琴等(2013)借助暴雨洪涝淹没模型输出淹没面积和淹没水深等信息，结合暴雨洪涝灾害经济损失评估模型，计算分析了一次暴雨洪涝灾害过程造成的各项经济损失，其推算结果基本能够反映此次暴雨洪涝灾害所造成的经济损失。

3 问题与展望

3.1 存在的问题

(1)真实可靠的灾情数据是开展灾害风险评估和管理的基础，然而目前我国灾情数据收集主要是靠行政渠道逐级上报，这些灾情统计数据缺乏统一的统计标准和规范化的计算方法，人为性、主观性较大，导致不同部门评估出来的数字相差几倍甚至十几倍，因此进一步加强灾情数据规范化的研究显得尤为重要。

(2)暴雨洪涝灾害所造成的损失是由众多灾害影响因素相互作用的结果，而这些影响因素中有些可以用精确的数学模型来度量，有些则无法用精确的数学模型来描述。目前所采用的评估方法本身存在评价机理不够直观、部分评价方法由于其建立的数学基础本身的原因，影响评估结果的可信度等诸多不足。

(3)针对灾后灾害损失评估方面的研究，目前更多地集中在直接经济损失的评估，评估结果的正确性有待进一步提高，相关的理论研究和评估方法还不是很完善，还处于以数学算法和统计学为基础的半定量半定性状态。

3.2 发展方向

防范暴雨洪涝灾害迫切需要实时动态的风险评估，而当前灾害风险实时评估的工作相对匮乏。从致灾机理出发，研究洪涝灾害发生的过程以及过程间的联系，通过科学描述洪涝灾害发生发展的一系列环节以及对社会经济的潜在影响，可以将风险评估研究分解为一系列气象水文和社会统计等过程，从而能够借鉴相关学科的成熟技术，采用多学科交叉的方式来综合解决这些过程中的关键科学问题，以实现最终目的。具体而言，以地面气象观测数据、遥感资料、水文数据、地理信息数据和社会统计资料为基础，综合运用气象学、水文学以及统计学方法并结合遥感和GIS技术，来实现灾害风险的动态评估。主要发展方向包括：

(1)基于人工智能、大数据的暴雨洪涝风险评估方法研究。暴雨洪涝损失和影响因素之间存在着非线性的关系，数据量大且复杂，如何利用机器学习、数据挖掘等人工智能技术开展暴雨洪涝风险评估的应用研究将会成为洪涝风险分析领域的热点。

(2)基于水文水动力学的动态风险及损失评估方法研究。立足于暴雨洪涝灾害发生发展的全过程，借助于3S技术，运用水文学原理、水动力学模型开展水文气象耦合的暴雨洪涝的动态模拟，精细地刻画洪涝灾害的演进过程，引入经济学相关理论，实现暴雨洪涝灾害风险的综合动态评估，从而为提升实时防灾减灾能力和保障社会经济的持续发展提供有力支撑。

(3)基于灾害链的全过程风险评估方法研究。暴雨致洪过程各环节是存在因果关联和有机联系，然而目前暴雨洪涝风险评估、分析领域的研究还处于零散阶段，完整的洪灾综合风险分析系统研究还不够完善，包含洪灾发生的灾前、灾中、灾后全过程的全面而综合的风险建模整体评价研究是目前洪灾风险分析领域紧要的研究趋势(杨小玲，2012；叶丽梅 等，2018)。

(4)加强综合灾害的风险评估。洪灾的发生不是独立事件，势必造成其他灾害的发生或由其他灾害引发，综合灾害风险评估能更准确地评判灾害风险结果。由单灾种风险评估的形式逐渐向综合洪灾风险评估转变是灾害风险评估发展的趋势。

参考文献

曹罗丹，李加林，2015. 基于遥感与GIS的浙江省洪涝灾害综合风险评估研究[J]. 自然灾害学报，24(4)：111-119.

陈秀万，1999. 洪涝灾害损失评估系统—遥感与GIS技术应用研[M]. 北京：中国水利水电出版社：23-44.

程涛，吕娟，张立忠，等，2002. 区域洪灾直接经济损失即时评估模型[J]. 水利发展研究，2(12)，40-47.

丁文峰，杜俊，陈小平，等，2015. 四川省山洪灾害风险评估与区划[J]. 长江科学院院报，32(12)：41-45：97.

丁志雄. 2004. 基于RS与GIS的洪涝灾害损失评估技术方法研究[D]. 北京：中国水利水电科学研究院.

段光耀，赵文吉，宫辉力，2012. 基于遥感数据的区域洪涝风险评估改进模型[J]. 自然灾害学报，21(4)：57-61.

范一大，和海霞，李博，等，2016. 基于hj-1ccd数据的洪涝灾害范围动态监测研究——以黑龙江省抚远县为例[J]. 遥感技术与应用，31(1)：102-108.

高庆华，马宗晋，张业成，2007. 自然灾害评估[M]. 北京：气象出版社：75-83.

葛全胜，邹铭，郑景云，等，2008. 中国自然灾害风险综合评估初步研究[M]. 北京：科学出版社：6-8.

韩平，程先富，2012. 洪水灾害损失评估研究综述[J]. 环境科学与管理，37(4)：61-64.

李戈伟,2002. 基于遥感和GIS的洪灾监测与评估方法研究[D]. 北京:中国科学院.

李汉浸,等,2009. 濮阳高新区洪灾城市经济损失评估[J]. 气象. 35(1):97-101.

李纪人,2001. 遥感和地理信息系统在防洪减灾中的应用//中国遥感奋进创刊20年论文集[M]. 北京:气象出版社:307-311.

李纪人,黄诗峰,等,2003. "3S"技术水利应用指南[M]. 北京:中国水利水电出版社:35-58.

李继清,张玉山,王丽萍,等,2005. 洪灾综合风险结构与综合评价方法(I)——宏观方面. 武汉大学学报,38(5),19-23.

李军玲,刘忠阳,邹春辉,等,2010. 基于GIS的河南省洪涝灾害风险评估与区划研究[J]. 气象. 36(2):87-92.

李兰,周月华,叶丽梅,等,2013. 基于GIS淹没模型的流域暴雨洪涝风险区划方法[J]. 气象. 39(1):112-117.

李云,范子武,吴时强,等,2005. 大型行蓄洪区洪水演进数值模拟与三维可视化技术[J]. 水利学报,36(10):1158-1164.

梁益同,柳晶辉,李兰,等,2015. 基于土壤侵蚀模型的滑坡临界雨量估算探讨[J]. 长江流域资源与环境,24(3),464-468.

梁益同,周月华,高伟,等,2017. 暴雨洪涝灾情采集手机APP设计与应用[J]. 暴雨灾害,36(3):276-280.

刘仁义,刘南,2001. 基于GIS复杂地形洪水淹没区计算方法[J]. 地理学报. 56(1):1-6.

马建华,张平仓,任洪玉,2007. 我国山洪灾害防治区划方法研究[J]. 中国水利(14):21-24.

彭建,魏海,武文欢,等,2018. 基于土地利用变化情景的城市暴雨洪涝灾害风险评估——以深圳市茅洲河流域为例[J]. 态学报,38(11):3741-3755.

任智博,付小莉,李南生,2019. 城市防涝风险分析研究[J]. 土木工程. 8(2):233-243.

任智博,付小莉,李南生,等,2019. 城市防涝风险分析研究——以武汉光谷中心城为例[J]. 土木工程,8(2):233-243.

施国庆,1990. 洪灾损失率及其确定方法探讨[J]. 水利经济,1990(2):37-42.

石勇,2015. 城市居民住宅的暴雨内涝脆弱性评估[J]. 灾害学,30(3):94-98.

石勇,许世远,石纯,等,2009. 洪水灾害脆弱性研究进展[J]. 地理科学进展,28(1):41-46.

史瑞琴,刘宁,李兰等,2013. 暴雨洪涝淹没模型在洪灾损失评估中的应用[J]. 暴雨灾害. 32(3):1-6.

谭徐明,张伟兵,马建明,等,2004. 全国区域洪水风险评价与区划图绘制研究[J]. 中国水利水电科学研究院学报,2(1):50-60.

唐明,邵东国,唐绪荣,2007. 基于遗传程序设计的洪水灾害损失评估及自动建模[J]. 武汉大学学报(工学版),40(3):5-9.

万君,周月华,王迎迎,等,2007. 基于GIS的湖北省区域洪涝灾害风险评估方法研究[J]. 暴雨灾害,26(4):42-47.

王宝华,付强,冯艳,等,2008. 洪灾经济损失快速评估的混合式模糊神经网络模型[J]. 东北农业大学学报,39(6),47-51.

王博,崔春光,彭涛,等,2007. 暴雨灾害风险评估与区划的研究现状与进展[J]. 暴雨灾害. 26(3):91-96.

王胜,吴蓉,谢五三,等,2016. 基于FloodArea的山洪灾害风险区划研究——以淠河流域为例[J]. 气候变化研究进展,12(5):432-441.

魏一鸣,张林鹏,范英,2002. 基于Swarm的洪水灾害演化模拟研究[J]. 管理科学学报,5(6):39-46.

谢五三,田红,卢燕宇,2015. 基于FloodArea模型的大通河流域暴雨洪涝灾害风险评估[J]. 暴雨灾害,34(4):384-387.

解以扬,韩素芹,由立宏,等,2004. 天津市暴雨内涝灾害风险分析[J]. 气象科学,24(3),342-349.

杨小玲,2012. 多属性决策分析及其在洪灾风险评价中的应用研究[D]. 武汉:华中科学大学.

叶丽梅,彭涛,周月华,等,2016. 基于GIS淹没模型的洪水演进模拟及检验[J]. 暴雨灾害. 35(3),285-290.

叶丽梅,周月华,周悦,等,2018. 暴雨洪涝灾害链实例分析及断链减灾框架构建[J]. 灾害学,33(1),65-70.

詹小国,祝国瑞,文余源,2003. 综合评价山洪灾害风险的方法[J]. 长江科学院院报,20(6):48-50.

张平仓,任洪玉,胡维忠,等,2006. 中国山洪灾害防治区划初探[J]. 水土保持学报,20(6):196-200.

章国材 . 2013. 自然灾害风险评估与区划原理和方法[M]. 北京:气象出版社:180-187.

赵士鹏,1996. 基于 GIS 的山洪灾情评估方法研究[J]. 地理学报,51(5):471-479.

周成虎,万庆,黄诗峰,等,2000. 基于 GIS 的洪水灾害风险区划研究[J]. 地理学报 . 55(1):15-24.

足立胜治,德山久仁夫,中筋章人,等,1977. 土石流发生危险度の判定にフやて[J]. 新砂防 . 30(3):7-16.

Ahmad SS,Simonovic S P,2013. Spatial and temporal analysis of urban flood risk assessment[J]. Urban Water Journal,10(1):26-49.

DasS,Lee R,1988. A nontraditional methodology for flood stage damage calculation[J]. Water resources Bulletin:110-135.

Dutta D, Herath S, Musiake K, 2003. A mathematical model for flood loss estimation [J] . Journal of Hydrology,277(1/2):24-49.

Dutta D,Tingsanchali T,2003. Development of loss functions for urban flood risk analysis in Bangkok[C].Proceeding of the 2nd International Symposium on New Technologies for Urban Safety of Mega Cities in Asia, ICUS:The University of Tokyo:229-238.

Hasanzadeh N R,Ngo T,Lehman W,2016. Calibration and validation of FLFARs — a new flood loss function for australian residential structures[J]. Natural Hazards and Earth System Sciences,16(1):15-27.

Hohl R,Schiesser H,Aller D,2002. Hailfall:The relationship between rader-dericed hail kinetic energy and hail damage to building[J]. Atmospheric Research,63(1/2):177-207.

Hohl R,Schiesser H,Knepper I,2002. The use of weather raders to estimate hail damage to automobiles:An exploratory study in Switzerland[J]. Atmospheric Research,61(3):215-238.

Huang Z W,Zhou J Z,2010. Flood disaster loss comprehensive evaluation and modle based on optimization support vector machine[J]. Expert System with Applications,37:3810-3814.

Islam MM,KSado,2002. Development priority map for flood countermeasures by remote sensing data with geographic information systern[J]. Journal of Hydrologic Engineering,7(5):346-355.

Kim H,Marcouiller D W,2017. Mitigating flood risk and enhancing community resilience to natural disasters: plan quality matters[J]. Environmental Hazards,17(5):1-21.

Lotto P D,Testa G,2000. Risk assessment:A simplifies approach of flood damage evaluation with the use of GIS/[C]/ Interpraevent 2000-Villach/Osterreich ,Italy.

Rahman N,Ochi S,Mural S,et al,1991. Flood risk mapping in Bangladesh—flood disaster management using remote sensing and GIS[C]//Application of remote sensing in Asia and Oceania—environmental change monitoring. Tokyo:Asian Association of Remote Sensing.

Ramamoorthi A S,Rao P S,1985. Inundation mapping of the Sahibs River Flood of 1977[J]. Int Jounral of Remote Sens,6(3/4):443-445.

Salman A M,Li Y,2018. Flood risk assessment,future trend modeling,and risk communication:a review of ongoing research[J]. Natural Hazards Review,19(3),04018011-04018031.

Smith J A,1994. Flood Damage Estimation-A Review of Urban Stage-Damage Curves and Loss Functions[J]. Water SA,20(3):231-238.

Wieczork G F,1984. Evaluating Danger Landslide Catalogue map[J]. Bulletin of the Association of Engineering Gelogists,1(1):337-342.

Yin J,Ye M,Yin Z,et al,2015. A review of advances in urban flood risk analysis over China[J]. Stochastic Environmental Research and Risk Assessment,29(3):1063-1070.

2　旱涝的监测及其时空特征

一种基于地表能量平衡的遥感干旱监测新方法及其在甘肃河东地区干旱监测中的应用初探*

郝小翠[1,2]　杨泽粟[3]　张　强[4]　王　胜[1]　王晓巍[2]　岳　平[1]　韩　涛[2]

(1. 中国气象局兰州干旱气象研究所/甘肃省干旱气候变化与减灾重点实验室/中国气象局干旱气候变化与减灾重点实验室，兰州，730020；2. 西北区域气候中心，兰州，730020；3. 兰州大学大气科学学院，兰州，730000；4. 甘肃省气象局，兰州，730020)

摘　要　目前遥感干旱监测方法的精度普遍不高，探求新的遥感干旱监测方法有助于干旱监测预警技术的提升与发展。鲍恩比是感热通量与潜热通量之比，能综合反映地表水热特征，可尝试将其引入到遥感干旱监测领域加以利用。应用甘肃河东地区的地面气象资料和三次 EOS-MODIS 卫星资料，基于地表能量平衡原理构建了鲍恩比干旱监测模型，对比分析了鲍恩比指数(β)、温度植被指数(TVX)与土壤水分的相关性，并以典型晴空影像(2014 年 10 月 5 日)为例初步建立了 β 的干旱分级标准，对研究区进行了旱情评估。结果表明：β 与土壤相对湿度呈现出高度负相关，相比于当下广泛应用的 TVX，β 与 0～20 cm 平均土壤相对湿度具有更好的相关性，监测精度得到了显著提高。用 β 干旱分级标准评估的研究区干湿状况与前期降水空间分布吻合得相当好，评估表明 2014 年 10 月 5 日研究区基本为适宜(无旱)，与 2014 年 9 月的降水距平百分率特征一致。基于地表能量平衡的 β 指数在干旱监测中效果突出，具有很好的应用前景。

关键词　MODIS；鲍恩比指数；温度植被指数；干旱监测；甘肃河东地区

引　言

干旱是指生态系统异常缺水(Ghulam et al.，2007；Qin et al.，2008)。常规的干旱监测方法多采用基于测站的定点监测，但是由于下垫面条件的空间异质性，常规的观测方法难以反映大面积的干旱分布和综合影响，而大范围高密度观测成本太大，时效性也较差(鲍平勇，2007)。卫星遥感技术具有空间上连续和时间上动态变化的特点(易永红，2008)，以其独有的宏观、快速、客观、经济、大区域尺度及地图可视化显示等优势，已成为应用于干旱监测的一种有效手段。

干旱的遥感监测，主要是探究地表的土壤水分含量。土壤水分是描述地-气能量变换和水循环的重要参数。土壤水分的时空分布及其变化会对地表蒸散发、土壤温度、农业墒情等产生影响(李喆等，2010)，归根结底是对地表水热平衡产生影响。反之，地表水热平衡一旦发生变化也可以反映出土壤水分的变化，从而反映到干旱上。目前对干旱的监测主要就是基于地表水热变化所引起的土壤或植被的变化，找出能反映土壤或植被水热特性的因子，用这些因子建立干旱模型，通过对模型相关因子在不同时空的差异分析来达到监测干旱的目的。

反照率、归一化植被指数和地表温度常被用来建立干旱监测模型，正是利用了它们可以反

* 发表在：《地球物理学报》，2016，59(9)：3188-3201.

映地表水热特性的变化这一特点。反照率常被用来建立干旱监测模型，是因为土壤水分对植被生长状态具有直接影响，而这种影响可以通过反照率反映出来。如基于反射率数据的归一化植被指数法（normalized difference vegetation index，NDVI）（Rouse et al.，1974）是利用了植被生长状态与土壤水分的密切联系，当植被受水分胁迫时，植被覆盖地表的反射率会发生变化，反映绿色植被生长状态的植被指数也会随之发生变化，从而达到监测干旱的目的。自从NDVI被提出后，考虑到其对水分胁迫的敏感性，NDVI也成为一种常用来构建干旱监测模型的因子，如人们通过NDVI衍生出的一系列植被指数法：距平植被指数法（AVI）（Chen et al.，1994）、条件植被指数法（vegetation condition index，VCI）（Kogan，1990）、归一化差值水分指数（normalized difference water index，NDWI）（Feng et al.，2004）和归一化干旱指数（normalized difference drought index，NDDI）（Gu et al.，2007）等。地表温度也常被用来构建干旱监测模型，则是因为它体现了地表水热平衡的微观特性。如常用于裸土地表干旱监测的表观热惯量法，该方法便是利用了土壤热学特性对土壤水分的敏感性，通过一天中最高和最低温度所对应的两个时段热红外成像的温度数据，构成日温差最大值，估算物体的表观热惯量（赵英时，2013），再通过表观热惯量与土壤水分之间的线性模型反演出土壤含水量。此外，基于热红外数据的温度条件指数（temperature condition index，TCI）（Kogan，1995）、作物缺水指数（CWSI）（Idso et al.，1981）和水分亏缺指数（water deficitindex，WDI）（Moran et al.，1994）是利用植被的蒸腾原理及能量平衡原理建立的，构建因子也是地表温度。植被的蒸腾作用与能量、土壤水分的含量密切相关，它本身是一个耗热过程。当水分充足时，植被冠层温度处于稳定较低的状态，当植被受到水分胁迫时，蒸腾作用减弱，从而导致植被冠层温度升高，由此可用冠层温度作为反映植被水分状况和干旱的指标（刘欢等，2012）。由于NDVI和地表温度均与地表干旱状态密切相关，结合两者构建干旱监测模型有助于我们更好的理解干旱事件，一些新的干旱监测方法应运而生。如目前科学界公认比较有效的干旱监测指数——温度植被指数（temperaturevegetation index，TVX）（Prihodko and Goward，1997），它是地表温度与NDVI的比值，是一个简单又有明确物理意义的干旱综合指标。其他还有温度植被干旱指数（temperature vegetation dryness index，TVDI）（Sandholt et al.，2002）和植被温度条件指数（vegetation temperature condition index，VTCI）（Wang et al.，2001）等，也是结合了地表温度和NDVI构建而成。

不过这些方法要么只适用于裸土地表（如表观热惯量法），要么只适用于植被覆盖地表（如NDVI及其衍生的一系列干旱监测模型），很少能在裸土和植被的混合地表均适用，而且大多时候这些方法的监测精度无法满足我们的需求。在对干旱监测需求日益增加的今天，探求新的遥感干旱监测方法有助于干旱监测预警技术的进一步提升与发展。

鲍恩比（Bowen ratio）定义为感热通量和潜热通量之比，反映了因水分条件不同而引起的水热平衡分配的变化，净辐射能量分配给感热和潜热的比例，用于衡量感热和潜热消耗的相对大小（莫兴国等，1997；曾剑，2011；王慧等，2008）。土壤水分越充足，地表温度越低，感热通量也会越低，同时土壤水分越充足表明地表蒸散发作用越强，潜热通量越大；反之，土壤含水量越少，地表温度越高，感热通量越大，地表蒸散发越弱，潜热通量越小，这种相互调节扼制现象遵循了地表能量平衡原理。可以推断，土壤水分越充足，鲍恩比将越小，土壤含水量越少，鲍恩比将越大。因此，理论上鲍恩比能够综合反映地表的水热特征，可以用来表征下垫面的干湿特性，鲍恩比越大地表越干旱，鲍恩比越小地表越湿润（王慧等，2008；高艳红等，2002；张强等，

2003;涂刚等,2009),在干旱监测中利用之具有扎实的理论依据。而且,相比于用地表温度这一地表水热平衡的微观体现来建立干旱监测模型,感热通量宏观地体现了干旱中能量的作用,潜热通量则宏观地体现了干旱中水分的作用,干旱的两个主要因子能量和水分在鲍恩比中都得以兼顾。再者,很显然鲍恩比中的能量因子感热通量对裸土地表和植被覆盖地表都适用,而水分因子潜热通量在植被覆盖地表可以代表植被蒸腾作用,在裸土地表则可以代表地表水分蒸发作用。所以鲍恩比可适用于裸土和植被的混合地表,这对以上所提及的干旱监测模型要么只适用于裸土地表要么只适用于植被覆盖地表或许也是一种改进。鉴于此,我们有足够的理由将鲍恩比作为一种新的方法引入到遥感干旱监测中加以研究利用。

然而,尽管鲍恩比在不少研究中常被用作反映地表干湿状况的物理量进行陆面过程的相关分析(曾剑,2011;王慧等,2008;高艳红等,2002;张强等,2003;涂刚等,2009;夏露等,2014),但目前国内外遥感干旱监测领域还几乎没有出现过鲍恩比的足迹。本文将基于地表能量平衡原理,以中国甘肃省河东地区为研究对象,利用 MODIS 影像资料构建鲍恩比干旱监测模型,将鲍恩比法与其他干旱监测方法(TVX)进行比较,并依据土壤相对湿度的农业干旱等级标准建立鲍恩比的干旱分级标准,进而评估甘肃河东地区土壤干湿状况的空间分布。

1　研究区

中国西北地区是干旱灾害发生频率最高的区域。其中,甘肃省是西北地区最具代表性的干旱省份之一。甘肃省地处黄河上游,距海遥远,主要受干燥的大陆气团控制,降水少,境内以干旱半干旱气候为主。干旱灾害是甘肃省最典型、最严重的气象灾害,干旱出现频率高,占气象灾害的 70%以上(王燕等,2009)。黄河穿甘肃省而过,习惯上将黄河以西称为河西,黄河以东称为河东。河西主要位于干旱区,以灌溉农业为主,河东主要位于半干旱半湿润区,以雨养农业为主。同时习惯上将黄河横穿的白银和兰州两市划归到河东。河西由于常年降水稀少,在作物生长季均以灌溉来维持作物所需水,很少会发生农业旱灾。而河东是雨养农业区,作物生长主要依靠自然降水来维持,气象干旱往往会造成农业旱灾,该地区的干旱监测也显得尤为重要。

本文以甘肃河东为研究区,包括兰州市、白银市、临夏州、定西市、天水市、平凉市、庆阳市、甘南州和陇南市 9 个市州,位于 32°31′—37°36′N、100°48′—108°46′E 之间(图 1)。该地区是气候变化的敏感区,也是生态环境的脆弱区(张旭东等,2009),气象要素、土壤要素观测力度较大,研究区内有 61 个常规气象观测站和 50 个自动土壤水分站(图 1)。

2　方法

2.1　数据预处理

本文所使用的资料主要为:

(1)晴空 MODIS 影像资料 3 景(图 2),空间分辨率为 1km,日期为 2014 年 5 月 11 日、2014 年 7 月 24 日和 2014 年 10 月 5 日,分别代表典型春季、夏季和秋季,这三个季节正是研究区干旱主要发生的季节。数据来源于西北区域气候中心,数据通过中国国家卫星气象中心自主开发的图像处理软件,实现数据的辐射校正、大气校正、几何校正、地理定位和拼接等预处理,生成可以在软件 ENVI5.0 中自由处理的 ld3 格式文件。

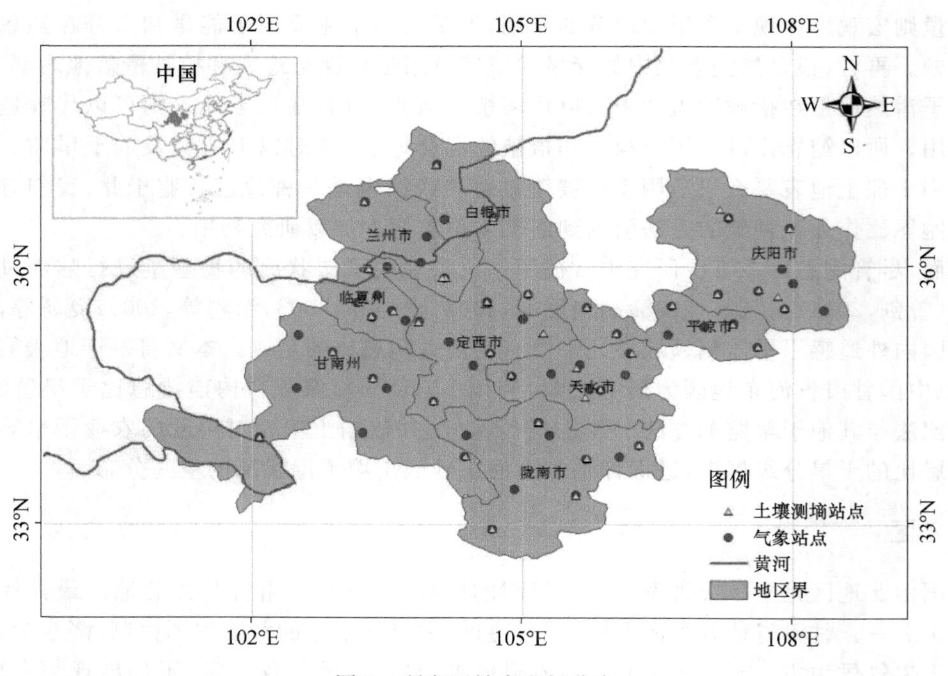

图 1　研究区站点空间分布

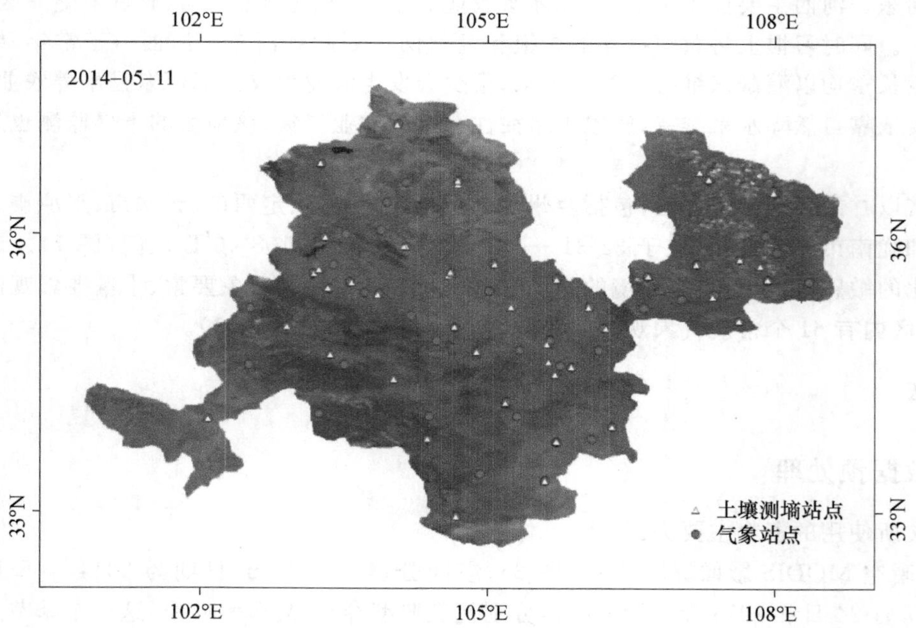

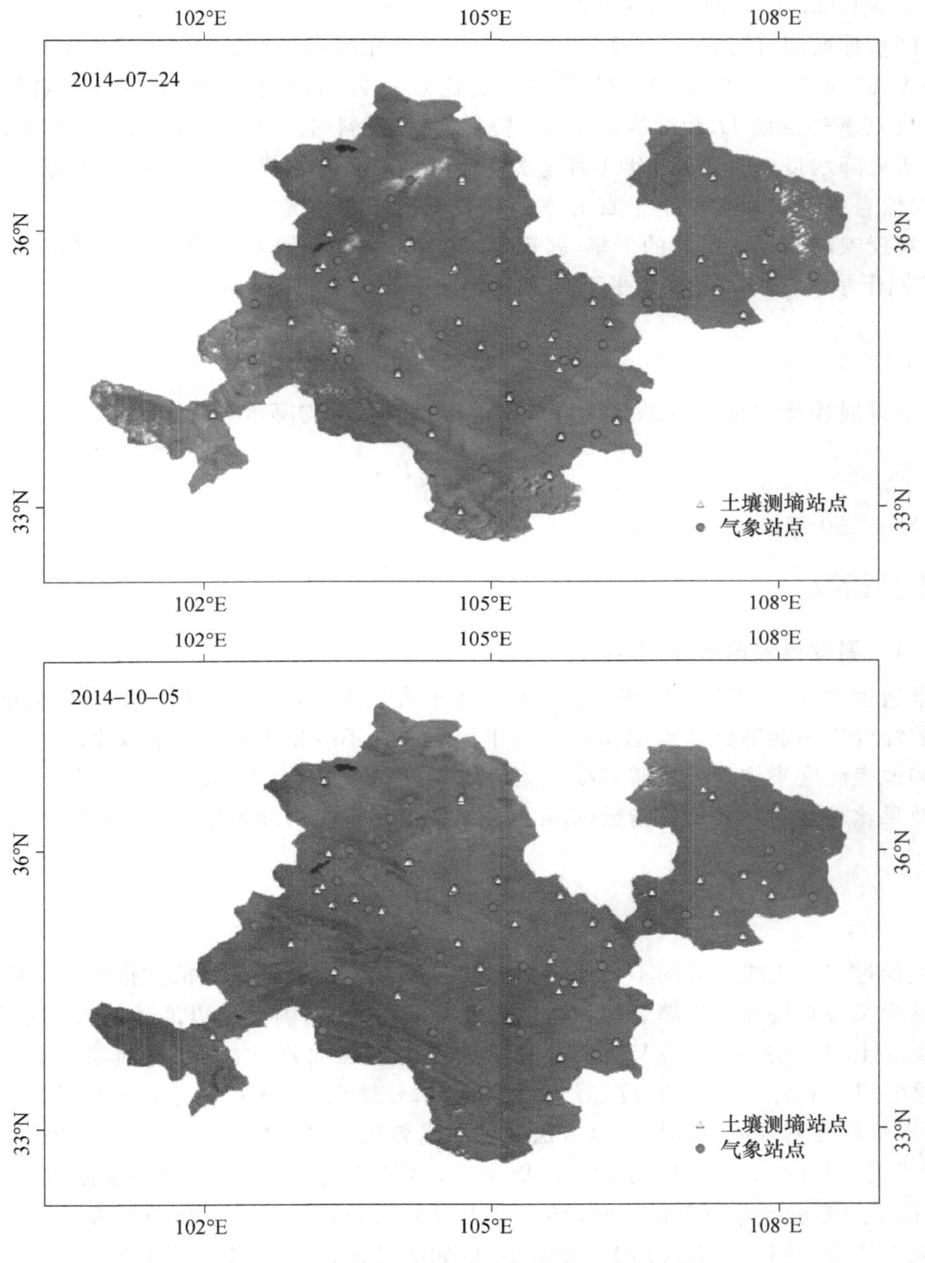

图 2　研究区 MODIS 晴空资料三通道合成图
(2014 年 5 月 11 日;2014 年 7 月 24 日;2014 年 10 月 5 日)

(2)同步地面气象资料(61 站),数据来源于甘肃省气象局信息中心,包括日降水量、太阳总辐射 Q、气压 P、大气相对湿度 H_r、近地层大气温度 T_a、地表温度 T_s和近地层风速 u,对这些气象数据利用 Kriging 方法进行插值处理,使其与 MODIS 影像的空间网格点相匹配。

(3)同步土壤墒情资料(50 站),数据来源于西北区域气候中心,包括 10 cm 和 20 cm 两层土壤相对湿度,将两层资料平均成 10～20 cm 平均土壤相对湿度,并对各站点资料进行时间插值，使其与 MODIS 影像的时间相匹配。

(4)同步地面湍流资料，反演结果的检验采用研究区内平凉(106.94°E，35.53°N)和庆阳(107.85°E，35.68°N)2 个观测站的半小时湍流观测数据，包括净辐射 R_n、土壤热通量 G_0(2 cm深度)、感热通量 H 和潜热通量 LE 资料，将该资料时间插值到卫星过境时刻。

(5)历史降水量资料：1985 年 1 月至 2014 年 10 月日降水量数据(61 站)，数据来源于甘肃省气象局信息中心。降水量距平百分率是表征某时段降水量较常年值偏多或偏少的一种指标，能直观反映降水异常引起的干旱(郭铌等，2007)，本文用研究区的降水距平百分率来评估 β 指数监测干旱的能力。降水距平百分率(P_a)按下式计算(郭铌等，2007)：

$$P_a=\frac{P-\bar{P}}{\bar{P}}\times 100\% \tag{1}$$

式中：P 为某时段降水量(mm)；$\bar{P}$ 为计算时段同期气候平均降水量(mm)。

$$\bar{P}=\frac{1}{n}\sum_{i=1}^{n}P_i \tag{2}$$

式中：n 为 1～30 年，$i=1,2,\cdots,30$。

2.2 干旱指数

2.2.1 温度植被指数(TVX)

干旱通过改变 NDVI、反照率和地表温度等地表生态物理要素来影响地表的水热特性，这些要素的综合应用能够更准确地反映地表干湿状况。不少研究致力于探索综合应用 NDVI、反照率和地表温度来构建干旱监测模型，其中，温度植被指数(TVX)是目前科学界公认的干旱监测效果比较好的一种干旱指数(Qin et al.，2008)，定义为地表温度 T_s(单位：℃)和 NDVI 的比：

$$TVX=\frac{T_s}{NDVI} \tag{3}$$

植被的生长过程中土壤水分的不足会影像植被的正常生长进而导致植被指数的下降，而土壤水分的减少又会直接导致土壤表面和植被冠层温度的升高，因此可以通过植被指数和地表温度间接反映土壤水分状况。TVX 正是基于这样的原理而建立，当水分越匮乏时，T_s越大，NDVI 越小，TVX 越大，干旱程度越严重；反之，水分越充足时，T_s越小，NDVI 越大，TVX 越小，相对干旱程度越轻或者无旱。该方法的主要优势在于它综合了可见光-近红外和热红外波段，利用了更丰富的光谱信息，可衍生出更丰富、清晰的地表信息，监测结果比较准确。但是 TVX 的值不只是受土壤湿度的影响，还会受土壤的物理参数以及植被的生理特点影响，在应用时却未作考虑；并且当 NDVI 趋于无穷小时(如裸露地表)，TVX 将趋于无穷大，该方法将无法再适用于干旱监测。

2.2.2 鲍恩比指数的建立

鲍恩比可以综合反映地表的水热特征，一般用符号 β 表示，表达为：

$$\beta=\frac{H}{LE} \tag{4}$$

式中：H 为感热通量；LE 为潜热通量；单位均是 W/m^2，β 是鲍恩比，为无量纲量。图 3 给出了 MODIS 反演鲍恩比的技术流程，具体计算方法介绍如下。

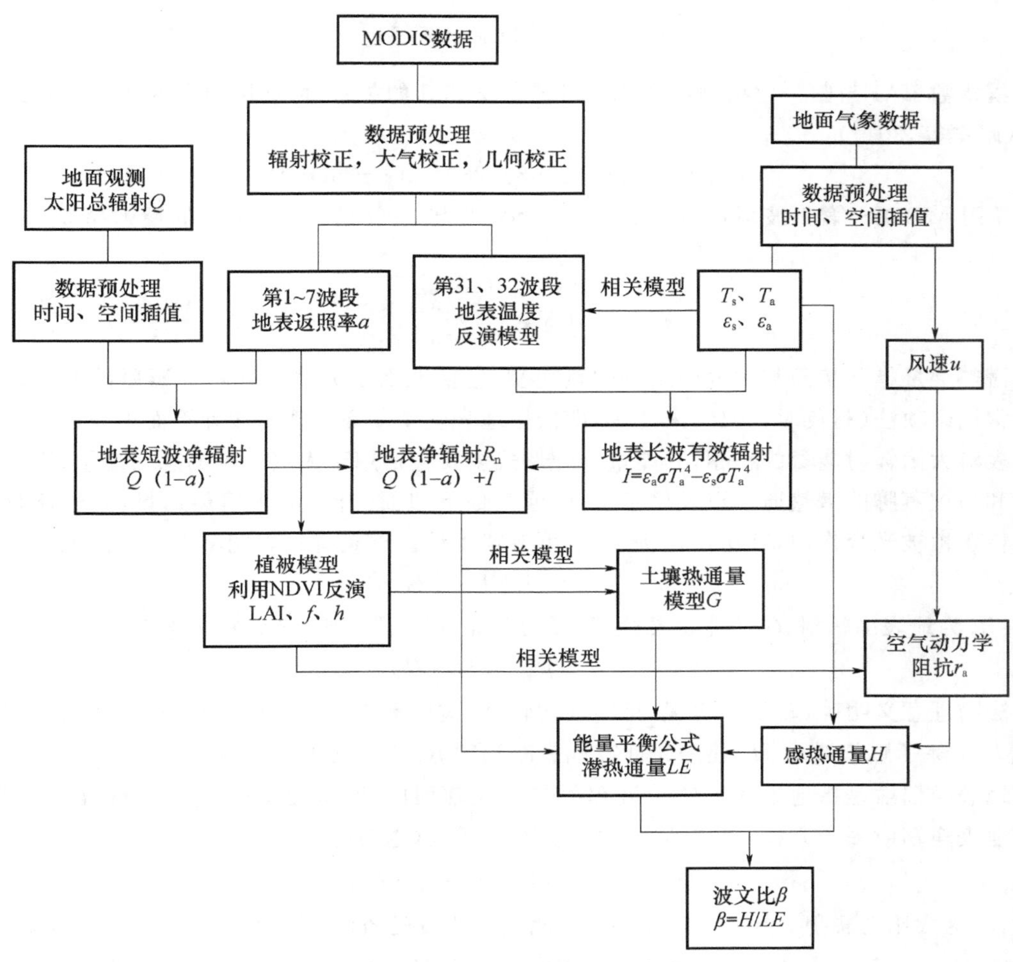

图 3　MODIS 反演鲍恩比技术流程图

感热通量表征下垫面与大气间湍流形式的热交换，通常用一维通量梯度表达式来模拟（赵英时，2013）：

$$H=\rho c_p \frac{T_s-T_a}{r_{ac}} \tag{5}$$

式中：ρ 为空气密度，单位是 kg/m^3；c_p 为空气比定压热容，单位是 J/(kg·℃)，二者乘积 ρc_p 为空气的体积热容量；T_s，T_a 分别为地表温度和参考高度（一般取 2m）的空气温度，单位均是℃；r_{ac} 为空气动力学阻抗，单位是 s/m，它与近地层湍流状况有关，表征下垫面至参考高度之间大气对感热传输的阻力。目前存在很多计算 r_{ac} 的经验公式，本文用下式计算（赵军等，2011）：

$$r_{ac}=\frac{4.72\left[\ln\left(\frac{z}{z_0}\right)\right]^2}{1+0.54u} \tag{6}$$

式中：z 为地表以上参考高度（2m），又称有效高度；u 为参考高度处的风速，单位是 m/s；z_0 为动力学粗糙度长度，一般取 $z_0=0.13h$，h 为植被冠层高度，单位是 m。植被高度 h 可根据叶面积指数 LAI 间接获得（赵军等，2011）：

$$h=\exp\left[\frac{2}{3}(\mathrm{LAI}-5.5)\right] \tag{7}$$

叶面积指数 LAI 与归一化植被指数 NDVI 有十分密切的关系，可利用两者的经验关系式计算 LAI（赵军等，2011）：

$$\mathrm{LAI}=-4.9332-86.2804\ln(1-\mathrm{NDVI}) \tag{8}$$

NDVI 用 MODIS 第 1 波段（620—670 nm）和第 2 波段（841—876 nm）的反射率 α_1，α_2 计算得到：

$$\mathrm{NDVI}=\frac{\alpha_2-\alpha_1}{\alpha_2+\alpha_1} \tag{9}$$

潜热通量指下垫面与大气间水分的热交换，包括地面水分蒸发或植被蒸腾的能量。潜热通量常用余项法（赵英时，2013）来计算，即依据地表能量平衡原理间接计算而得。地表净辐射是地表对太阳辐射能量的积累，其能量分配形式主要包括用于大气升温的感热通量、用于水分蒸发和植被蒸腾的潜热通量以及用于土壤（或其他下垫面）升温的土壤热通量，另外还有一部分消耗于植被光合作用，其所占比例较小，可忽略不计。于是有地表能量平衡公式如下：

$$R_{\mathrm{n}}=H+LE+G \tag{10}$$

式中：R_{n}为地表净辐射，G 为土壤热通量，单位均是 $\mathrm{W/m^2}$。那么，潜热通量可由下式计算：

$$LE=R_{\mathrm{n}}-(H+G) \tag{11}$$

该方法物理意义明确，较易于实现，且精度比较高，被广泛应用（赵英时，2013）。所以计算潜热通量 LE，除了感热通量 H，还需先计算地表净辐射 R_{n}和土壤热通量 G。

地表净辐射是指地表净得的短波辐射与长波辐射的和，即指地表辐射能量收支的差额。根据地表净辐射平衡方程，可将地表净辐射 R_{n}表示为（赵英时，2013）：

$$R_n=(1-\alpha)Q+\sigma(\varepsilon_{\mathrm{a}}T_{\mathrm{a}}^4-\varepsilon_{\mathrm{s}}T_{\mathrm{s}}^4) \tag{12}$$

式中：Q 为太阳总辐射，单位是 $\mathrm{W/m^2}$；α 为地表宽波段反照率；σ 为 Stefan-Boltzmann 常数，值为 $5.67\times10^{-8}\ \mathrm{W/(m^2\cdot K^4)}$；$\varepsilon_{\mathrm{a}}$为空气比辐射率；$\varepsilon_{\mathrm{s}}$为地表比辐射率；此处的 T_{a}和 T_{s}均是以 K 为单位。MODIS 地表宽波段反照率由窄波段反射率按照下式得到（Liang，2000）：

$$\alpha=0.16\alpha_1+0.291\alpha_2+0.243\alpha_3+0.116\alpha_4+0.112\alpha_5+0.081\alpha_7-0.0015 \tag{13}$$

式中：α_1，…，α_5，α_7分别是 MODIS 第 1—5 和第 7 波段的反射率。

（12）式中的 ε_{a}可由下式给出（Win et al.，1999）：

$$\varepsilon_a=1.24\left(\frac{e_{\mathrm{a}}}{T_{\mathrm{a}}}\right)^{\frac{1}{7}} \tag{14}$$

式中：e_{a}是 T_{a}温度时的空气实际水汽压，单位是 hPa，可由相对湿度 H_{r}结合 Tetens 经验公式计算得到（盛裴轩等，2010）：

$$H_{\mathrm{r}}=\frac{e_{\mathrm{a}}}{e_0} \tag{15}$$

$$e_0=6.1078\exp\left[\frac{17.2693882(T_{\mathrm{a}}-273.15)}{T_{\mathrm{a}}-35.86}\right] \tag{16}$$

式中：H_{r}是空气相对湿度，e_0是空气饱和水汽压。

（12）式中的 ε_{s}可由植被覆盖度 f 计算得到：

$$\varepsilon_s=\begin{cases}0.9624744+0.0652704f-0.0461286f^2\\0.9643744+0.0614704f-0.0461286f^2\\0.9662744+0.0576704f-0.0461286f^2\end{cases}\tag{17}$$

对于水体象元，$\varepsilon_s=0.995$。

根据 Gutman 等(1998)的研究，植被覆盖度 f 与 $NDVI$ 的关系为：

$$f=\frac{\mathrm{NDVI}-\mathrm{NDVI}_{\min}}{\mathrm{NDVI}_{\max}-\mathrm{NDVI}_{\min}}\tag{18}$$

式中：$\mathrm{NDVI}_{\min}$，$\mathrm{NDVI}_{\max}$，NDVI 分别对应于纯裸土像元、纯植被像元及混合像元对应的 NDVI 值，取 $\mathrm{NDVI}_{\min}=0.099$，$\mathrm{NDVI}_{\max}=0.77$。当 NDVI$\leqslant$0.099 时，植被覆盖度 $f=0$，当 NDVI$\geqslant$0.77 时，植被覆盖度 $f=1$。

土壤热通量是指土壤内部的热交换，即从地表向土壤或从土壤向地表传递的热量。土壤热通量一般通过与地表净辐射的经验关系获得，本文利用 Bastiaanssen 等(1998)提出的经验公式：

$$G=\left[\frac{T_s-273.15}{\alpha}(0.0032\alpha+0.0062\alpha^2)(1\text{-}0.98\,\mathrm{NDVI}^4)\right]R_n\tag{19}$$

对于水体像元，土壤热通量用下式计算(Burba et al.，1999)：

$$G_{water}=0.41R_n-51\tag{20}$$

从以上的计算过程可看出 β 指数也同时结合了遥感影像资料的可见光-近红外和热红外波段，在对光谱信息的充分利用上将不会逊于 TVX。

3 结果分析

3.1 反演结果检验

为了验证鲍恩比反演结果的准确性，需对各反演中间量净辐射、感热通量、潜热通量和土壤热通量进行检验。利用地面湍流观测站庆阳站、平凉站同步观测的净辐射 R_n、土壤热通量 G_0、感热通量 H、潜热通量 LE 资料对相应的 MODIS 反演结果进行误差统计(表 1)，由于 7 月 24 日两站的观测资料存在缺测现象，仅统计 5 月 11 日和 10 月 5 日两天的资料。可见遥感反演的各通量基本能够反映地表特征的真实状况，仅 5 月 11 日庆阳站和 10 月 5 日平凉站的土壤热通量相对误差比较大，其余相对误差都小于 20%，这可能是因为土壤热通量是地下 2 cm 的观测结果，地表到 2 cm 间的土壤热通量难以计入，而土壤热通量在地表能量各分支中是比重最小的一个，少量低估就可能会导致土壤热通量更大的相对误差。总体而言，各通量反演结果比较好，说明鲍恩比反演结果还是比较可靠的。

表 1　MODIS 反演结果与观测结果的对比

名称		2014-05-11				2014-10-05			
		R_n	G_0	H	LE	R_n	G_0	H	LE
庆阳	观测值	687.14	80.95	172.76	315.47	497.53	59.85	113.95	258.17
	反演值	668.32	106.41	197.04	364.87	411.00	64.03	92.35	254.62
	绝对误差	−18.82	25.46	24.28	49.4	−86.53	4.18	−21.6	−3.55
	相对误差	−2.74%	31.45%	14.05%	15.66%	−17.39%	6.98%	18.95%	−1.38%

续表

名称		2014-05-11				2014-10-05			
		R_n	G_0	H	LE	R_n	G_0	H	LE
平凉	观测值	696.09	101.83	203.47	280.14	475.20	67.01	106.45	236.42
	反演值	630.13	107.68	221.71	300.74	422.99	82.16	92.34	248.49
	绝对误差	−65.96	5.85	18.24	20.6	−52.21	15.15	−14.11	12.07
	相对误差	−9.48%	5.74%	8.96%	7.35%	−10.99%	22.61%	−13.25%	5.11%

3.2 β 指数与土壤水分的相关性分析

由于干旱直接关系到土壤水分，所以若想知道鲍恩比方法对研究区干湿状况反演效果的好坏，首先要看其与土壤水分观测值的相关性大小。并且，为了看这种效果的好坏程度，可与当下科学界公认的干旱监测效果比较好的 TVX 方法作对比。通常农业干旱监测业务中认为 0～20 cm 的浅层土壤水分对作物生长尤为重要，往往着重监测分析土壤 0～20 cm 的平均相对湿度，而遥感监测干旱一定程度上也仅能反映浅层的土壤干湿特征，本文将用 0～20 cm 土壤相对湿度与 β、TVX 分别作相关性分析。值得一提的是，由于自动土壤水分站 20 cm 以上仅有 10 cm 和 20 cm 两层观测，本文用 10～20 cm 平均代表 0～20 cm 平均，为了避免混淆，下文统一为 0～20 cm 土壤相对湿度。由图 2 可看出本文所用 2014 年 5 月 11 日、2014 年 7 月 24 日和 2014 年 10 月 5 日的 3 幅 MODIS 影像在自动土壤水分站上空基本都是无云的，仅个别站点上空有云或仪器出故障，我们予以剔除：2014 年 5 月 11 日存在 3 个有云站点，予以剔除，采用 47 个样点；2014 年 7 月 24 日存在 3 个有云站点，1 个站点仪器故障无资料，予以剔除，采用 46 个样点；2014 年 10 月 5 日 50 个站点上空均无云，但其中 1 个站点仪器故障出现全 0 值，予以剔除，采用 49 个样点。运用(3)—(20)式计算出 3 幅 MODIS 影像空间的 β 和 TVX 值，并用自动土壤水分站点的经纬度从中提取出 β 和 TVX 值。

图 4 给出了 3 天 β、TVX 与 0～20 cm 土壤相对湿度相关散点图。可看出，β 和 0～20 cm 土壤相对湿度呈很好的负相关关系，决定系数 R^2 分别达到了 0.336、0.680 和 0.760(均通过 0.01 的显著性检验)。相比而言，TVX 和 0～20 cm 土壤相对湿度也呈负相关关系，但是 R^2 明显比前者要小，分别为 0.206，0.508 和 0.458(均通过 0.01 的显著性检验)。除了土壤水分，还有很多其他因素影响着 TVX，结合了可见光-近红外和热红外波段的 TVX 虽然会捕捉到更多的光谱信息，但同时也许会对土壤水分和 TVX 的关系造成更多的干扰。鲍恩比(β)指数同时兼顾了能量和水分这两个干旱的先决条件，具有更合理、更全面的科学支撑，监测精度明显比 TVX 的高，尤其在 2014 年 10 月 5 日，R^2 高出了 0.302，改进效果相当大。显然，可见光-近红外和热红外波段的多光谱综合应用在 β 指数中似乎起到了更为积极的作用。

当然，尽管 β 和 TVX 两种干旱指数与 0～20 cm 土壤相对湿度都有很显著的相关性，然而对于干旱监测而言，这两种指数的决定系数 R^2 都没有我们所期待的那么高，尤其在 2014 年 5 月 11 日。这可能归因于以下几个方面：(1)自动土壤水分站的土壤相对湿度资料可能存在系统误差；(2)所用的 MODIS 数据的空间分辨率是 1000 m，直接和地面点的数据进行对比会存在尺度变化和混合像元的偏差；(3)存在大气扰动。对于 β 指数，还存在以下两方面原因：(1)地面气象资料空间插值后，各像元气象要素值相对于实际值存在误差，导致反演结果也会存在误差;(2)鲍恩比的反演过程复杂,某些过程量的计算应用了一些经验算法,这也会造成反演结果的误差。尽管如此,β 与 0～20 cm 土壤相对湿度的相关性仍比 TVX 的高出很多,这更能说明 β 指数的优越性。

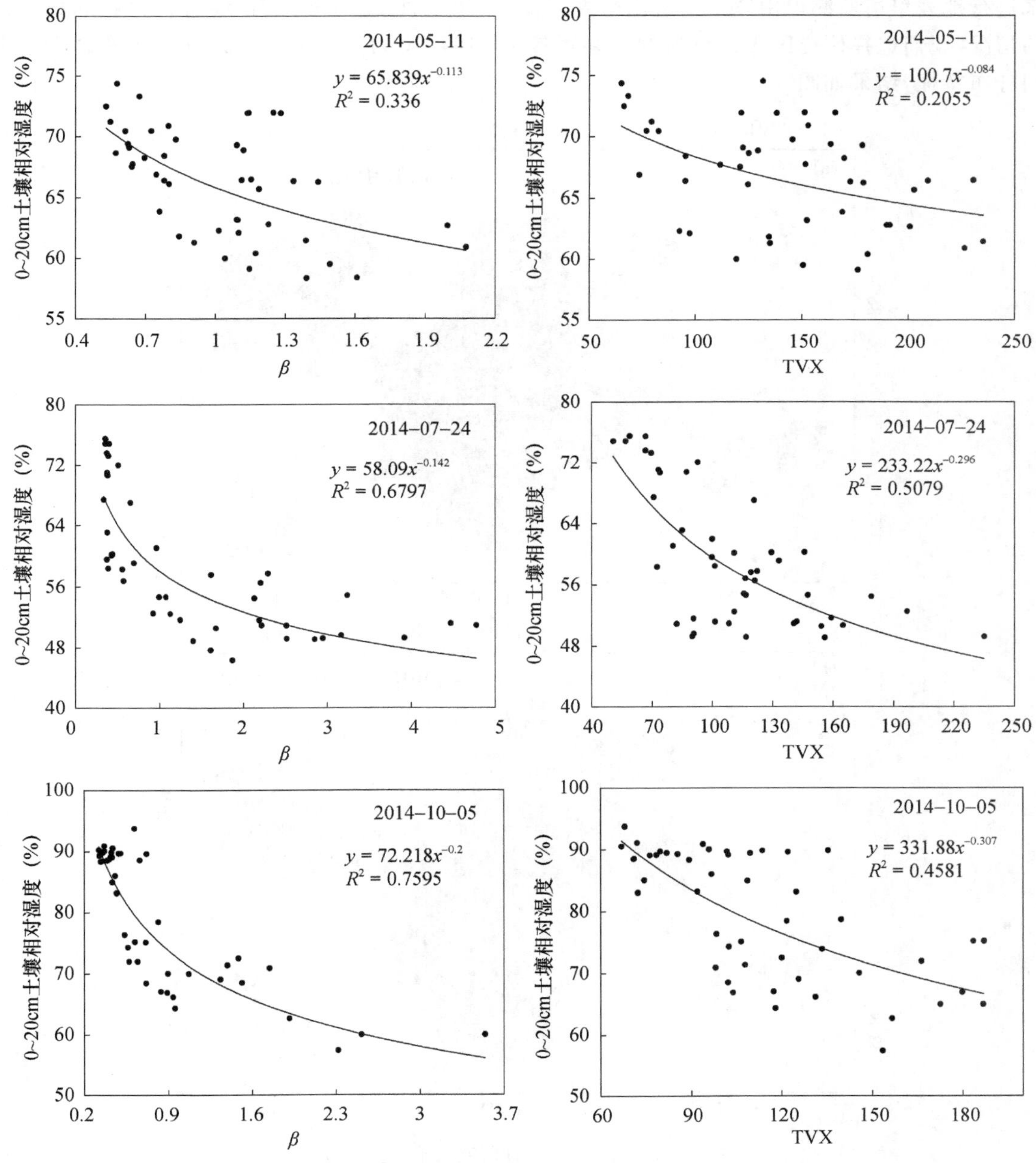

图 4　β 和 TVX 与 0～20 cm 土壤相对湿度的相关性比较

(2014 年 5 月 11 日;2014 年 7 月 24 日;2014 年 10 月 5 日)

3.3 β指数在干旱监测中的应用初探——以2014年10月5日的研究区为例

以上分析充分证明了本文提出的鲍恩比(β)干旱监测方法在宏观尺度上有效,可以尝试用来进行地表旱情监测。由图2可看出研究区2014年5月11日和7月24日仍存在局部有云的情况,我们选择研究区无云覆盖的一幅影像2014年10月5日,计算β,分析研究区干旱空间分布特征,结果如图5。

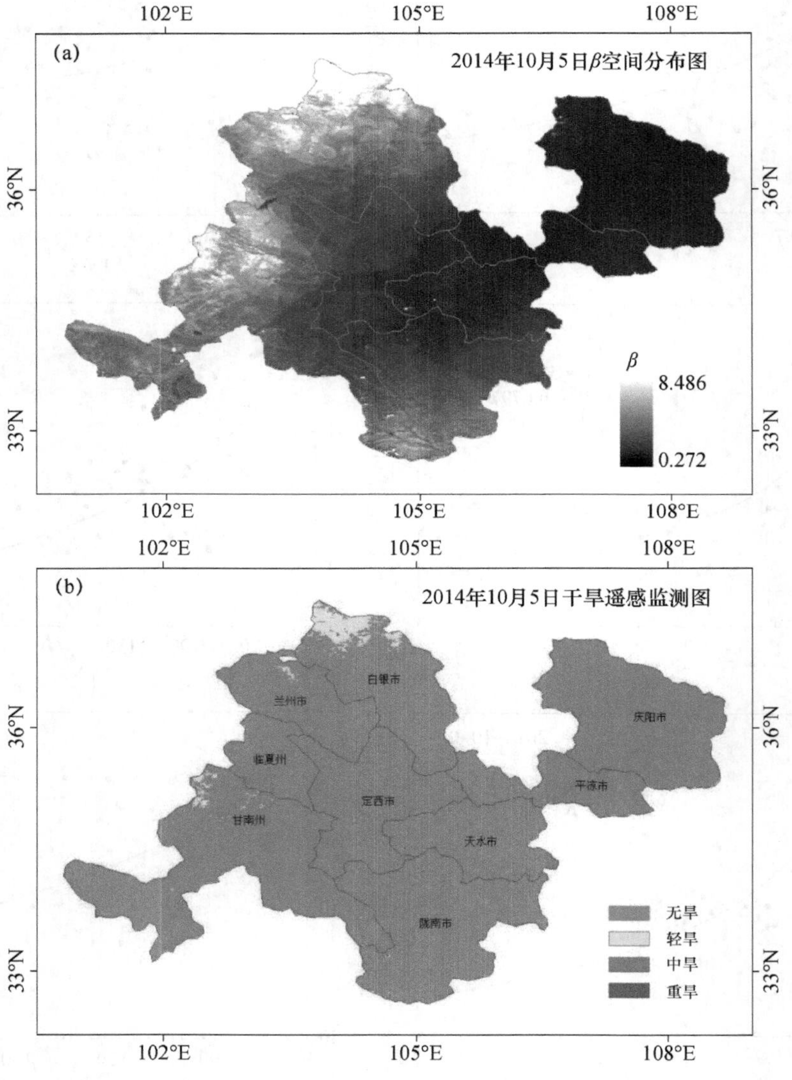

图5　2014年10月5日研究区干湿空间分布

图5a显示β高值区主要出现在研究区的西北侧,东南角也存在局部高值区,β值总体表现为从西北向东南依次是高—低—高,反映了干旱的强—弱—强。研究区是雨养农业区,可用降水量检验该方法的干旱监测效果。图6是用研究区61个气象站2014年10月5日前一个月(近似于2014年9月)的累积降水量插值得到的降水空间分布图,降水量空间分布总体表现

为从西北向东南依次为低—高—低，可见 β 反映的研究区干旱分布的空间特征与区域降水量分布情况基本吻合。只在中部某些区域存在降水量的低值区，这与鲍恩比吻合得不是很好，这可能与降水量的空间分布是由站点插值而得有关。于是我们用 61 个气象站点的经纬度提取了 β 值，与降水量进行相关性分析（图 7），由图 7 可知 β 与降水量之间存在很好的相关性，β 随着降水的增大而减小，相关系数 R 达到 0.754（通过 0.01 的显著性检验）。相关系数并未达到很大，这不仅与 β 反演结果难免存在误差有关，关键是不同站点降水时间有先后、单次降水量大小有差异，这也使得用前一个月的累积降水量无法非常精确的反映 10 月 5 日土壤干旱。总体而言，降水量的检验已经足以让我们对 β 指数的干旱监测效果感到满意。

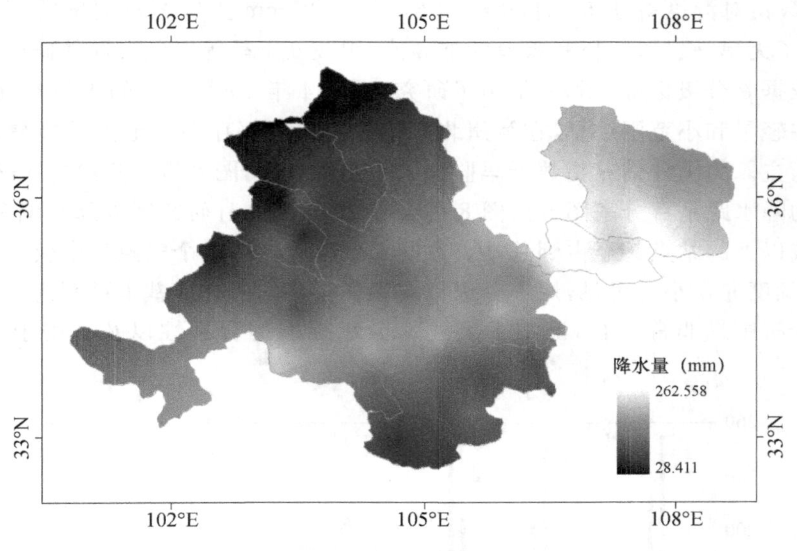

图 6　2014 年 9 月研究区降水量空间分布

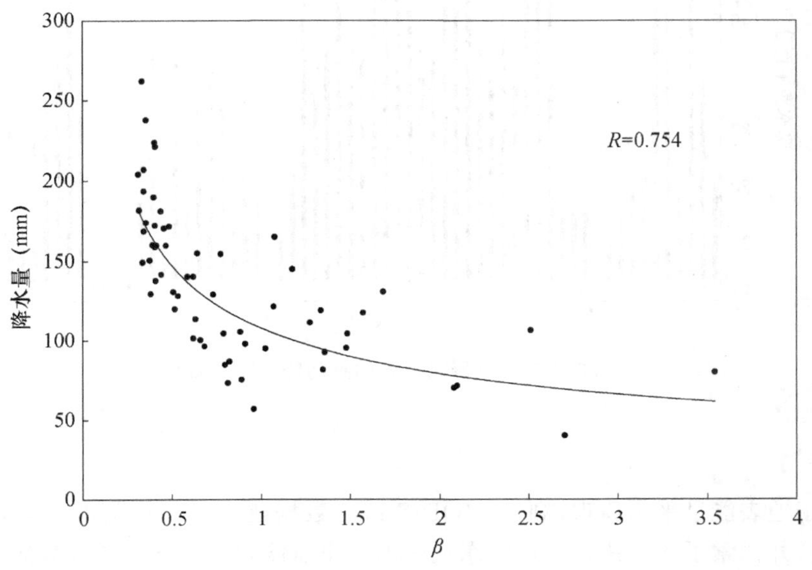

图 7　研究区 2014 年 10 月 5 日 β 值与 2014 年 9 月累计降水量的相关关系

对研究区的旱情做出评估才是最终目的，于是在计算出 β 指数后需建立 β 的干旱分级标准，进而对研究区进行旱情评估。根据《中华人民共和国国家标准农业干旱预警等级》，当 0～20 cm 土壤相对湿度大于 60％时，土壤中的水分最适合作物生长，土壤比较湿润，可以界定为不发生干旱的临界范围；当 0～20 cm 土壤相对湿度在 50％～60％时，水分基本上能够维持作物正常生长，但不充足，发生轻度干旱；当 0～20 cm 土壤相对湿度在 40％～50％时，干旱情况进一步加重，可界定为中度干旱；当 0～20 cm 土壤相对湿度小于 40％时，土壤已经严重缺水，对作物的生长产生严重影响，发生重度干旱。根据图 4 中 2014 年 10 月 5 日的 β 和 0～20 cm 土壤相对湿度的拟合关系，可计算得到当 0～20 cm 土壤相对湿度等于 60 时，β 约为 2.5，当 0～20 cm 土壤相对湿度等于 50 时，β 约为 6，当 0～20 cm 土壤相对湿度等于 40 时，β 约为 19，这便得到了无旱、轻旱、中旱和重旱的临界值，用该 β 干旱等级便可评估研究区的土壤干湿状况分布。依据 β 分级标准，图 5b 给出了研究区 2014 年 10 月 5 日的干旱空间分布，可见在白银北部存在轻旱和小范围中旱，在兰州北部和甘南西北部存在小范围的轻旱，总体而言，研究区以适宜为主。为了评估 β 指数干旱监测结果是否合理，图 8 进一步给出了 2014 年 9 月研究区各站点的降水距平百分率图。由图 8 可看出 2014 年 9 月研究区以降水偏多为主，特别是降水偏多 8 成以上的站点甚至占到总站点数的 6 成以上，在 61 个气象站中仅 5 个站点降水偏少，而且偏小额度非常小。可见，用 β 分级标准评估得到的研究区基本适宜这一结论与降水距平百分率的分析结果非常吻合，证实了上述 β 分级标准的合理性以及 β 用于干旱监测的可行性。

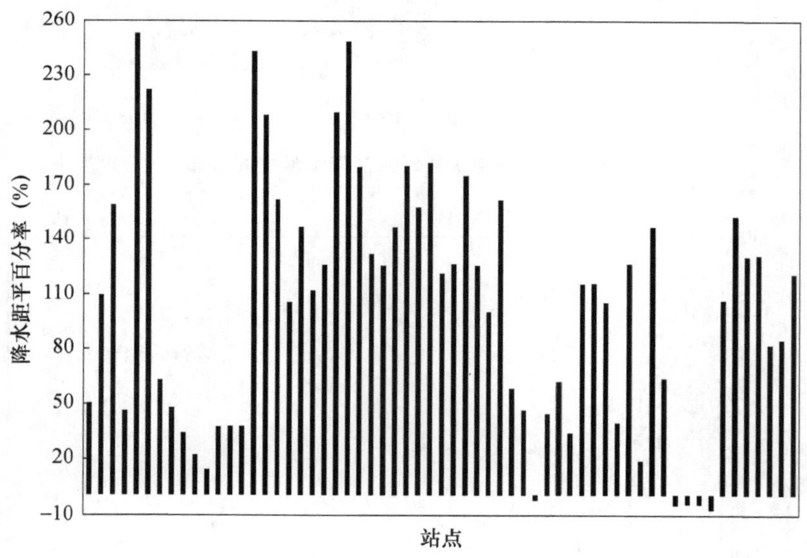

图 8　2014 年 9 月研究区各站点的降水距平百分率

4　总结

本文基于地表能量平衡原理，利用 MODIS 遥感数据建立了一种新的干旱监测方法——鲍恩比（β）法，并探索了该方法在甘肃河东地区的干旱监测效果。选取了代表典型春、夏、秋的 3 景晴空 MODIS 影像资料（2014 年 5 月 11 日、2014 年 7 月 24 日和 2014 年 10 月 5 日），通过分析得知β与土壤相对湿度呈现出高度负相关,3景的决定系数 R^2 分别达到了0.336、0.680和0.760。相比于当下科学界比较认可并广泛应用的TVX干旱监测方法,β与0～20 cm平均土壤相对湿度具有更好的相关性,监测精度得到了提高。继而选取研究区完全无云覆盖的影像2014年10月5日,建立了β干旱分级标准,评价宏观尺度的旱情空间分布格局。发现用β评估的研究区土壤干湿分布状况与前期实际降水吻合得相当好,评估结果显示2014年10月5日研究区基本为适宜,这与2014年9月份的降水距平百分率主要表现降水偏多这一结果非常一致。可见,基于MODIS数据的鲍恩比法在干旱监测中应用效果非常显著,今后可探索利用MODIS以外更多形式的卫星数据,并进一步优化β反演模型中各参数的算法以提高β反演精度。

本文首次将鲍恩比这一可以反映地表干湿特性的物理量引入到遥感干旱监测中,在对干旱监测精度需求日益增大的当今社会具有开拓创新的意义。不过,尽管鲍恩比法监测干旱具有扎实的科学理论依据,监测效果也比当下常用的监测方法有所改善,监测精度得到大幅提高。但由于β反演过程中涉及一些参数(如温度,反照率)的变化具有明显的季节性和波动性,不同时期、不同地区β与土壤相对湿度的关系不具有普遍意义,β干旱分级标准具有动态性,监测结果缺乏时空可比性,本文具体表现在由β与土壤相对湿度的相关散点图(图4)计算的10月5日的干旱分级临界值与5月11日和7月24日的各不相同。因此,需在对我国各地干旱特点进行深入研究的基础上,积累长期的遥感资料进行对比分析,制定出统一的干旱监测标准。并且,β反演过程复杂,需结合气象数据,在常规干旱监测业务中评估效率有所降低。需建立完善的气象数据共享服务体系和卫星遥感干旱数据库,以满足干旱实时业务应用的需求。

参考文献

鲍平勇,2007. 半干旱区域日蒸散发估算的遥感研究[D]. 南京:河海大学.

高艳红,陈玉春,吕世华,2002. 灌溉在现代绿洲维持与发展中的重要作用[J]. 中国沙漠,22(4):383-386.

郭铌,管晓丹,2007. 植被状况指数的改进及在西北干旱监测中的应用[J]. 地球科学进展,22(11):1160-1168.

李喆,谭德宝,秦其明,等. 2010. 基于特征空间的遥感干旱监测方法综述[J]. 长江科学院院报,27(1):37-41.

刘欢,刘荣高,刘世阳,2012. 干旱遥感监测方法及其应用发展[J]. 地球信息科学学报,14(2):232-239.

莫兴国,刘苏峡,1997. 麦田能量转化和水分传输特征[J]. 地理学报,52(1):37-44.

盛裴轩,毛节泰,李建国,等. 2010. 大气物理学[M]. 北京:北京大学出版社:18-22.

涂刚,刘辉志,董文杰,2009. 半干旱区不同下垫面近地层湍流通量特征分析[J]. 大气科学,33(4):719-725.

王慧,胡泽勇,马伟强,等. 2008. 鼎新戈壁下垫面近地层小气候及地表能量平衡特征季节变化分析[J]. 大气科学,32(6):1458-1470.

王燕,王润元,张凯,等. 2009. 干旱气候灾害及甘肃省干旱气候灾害研究综述[J]. 灾害学,24(1):117-121.

夏露,张强,2014. 黄土高原地表能量平衡分量年际变化及其对气候波动的响应[J]. 物理学报,63(11):119201.

易永红,2008. 植被参数与蒸发的遥感反演方法及区域干旱评估应用研究[D]. 北京:清华大学.

曾剑,2011. 中国北方地区陆面过程特征和参数化及其与气候关系[D]. 北京:中国气象科学研究院.

张强,曹晓彦,2003. 敦煌地区荒漠戈壁地表热量和辐射平衡特征的研究[J]. 大气科学,27(2):245-254.

张旭东,秘晓东,辛吉武,等,2009. 基于DEM的农业指标温度分析——以甘肃河东地区为例[J]. 冰川冻土,31(5):880-884.

赵军,刘春雨,潘竟虎,等,2011. 基于MODIS数据的甘南草原区域蒸散发量时空格局分析[J]. 资源科学,33

(2):341-346.

赵英时,2013. 遥感应用分析原理与方法(第二版)[M]. 北京:科学出版社:115-119,441-449.

Bastiaanssen W G M,Pelgrum H,Wang J,et al,1998. A remote sensing surface energy balance algorithm for land(SEBAL)-2. validation[J]. Journal of Hydrology,213(1/4):213-229.

Burba G G,Verma S B,Kim J,1999. Surface energy fluxes of Phragmites australis in a prairie wetland[J].Agricultural and Forest Meteorology,94(1):31-51.

Chen W,Xiao Q,Sheng Y,1994. Application of the anomaly vegetation index to monitoring heavy rought in 1992[J]. Remote Sensing of Environment,9:106-112.

Feng Q,Tian G L,Wang A S,et al,2004. Experimental study on drought monitoring by remote sensing in China by using vegetation condition index(I)-Data analysis and processing[J]. Arid Land Geography,27(2):131-136.

Ghulam A,Qin Q M,Zhan Z M,2007. Designing of the perpendicular drought index[J]. Environmental Geology,52:1045-1052.

Gu Y,Brown J F,Verdin J P,et al,2007. A five-year analysis of MODIS NDVI and NDWI for grassland drought assessment over the central Great Plains of the United States[J]. Geophysical Research Letters,34:L06407.

Gutman G,Ignatov V,1998. The derivation of the green vegetation fraction from NOAA AVHRR data for use in numerical weather prediction models[J]. Remote Sensing,19(8):1533-1543.

Idso S B,Jackson R D,Pinter P J,et al,1981. Normalizing the stress degree day for environmental variability [J]. Agricultural Meteorology,24:45-55.

Kogan F N,1990. Remote sensing of weather impacts on vegetation in nonhomogeneous area[J]. International Journal of Remote Sensing,11:1405-1420.

Kogan F N,1995. Application of vegetation index and brightness temperature for drought detection[J]. Advances in Space Research,15:91-100.

Liang S L,2000. Narrowband to broadband conversions of land surface albedo:I algorithms[J]. Remote Sensing of Environment,76:213-238.

Moran M S,Clarke T R,Inoue Y,et al,1994. Estimating crop water deficit using the relation between surface air-temperature and spectral vegetation index[J]. Remote Sensing of Environment,49(2):246-263.

Prihodko L,Goward SN,1997. Estimation of air temperature from remotely sensed surface observations[J].Remote Sensing of Environment,60:335-346.

Qin Q M,Ghulam A,Zhu L,et al,2008. Evaluation of MODIS derived perpendicular drought index for estimation of surface dryness over northwestern China[J]. International Journal of Remote Sensing,29(7):1983-1995.

Rouse J W,Haas R W,Schell J A,et al,1974. Monitoring the vernal advancement and retrogradation(green wave effect)of natural vegetation[R]. NASA/GSFC Type III Final Rep. ,Greenbelt,Md. ,371.

Sandholt Z,Rasmussen K,Andersen J,2002. A simple interpretation of the surface temperature/vegetation index space for assessment of surface moisture status[J]. Remote Sensing of Environment,79:213-224.

Wang P,Gong J,Li X,2001. Vegetation-Temperature Condition Index and its application for drought monitoring[J]. Geomatics and Information Science of Wuhan University,26:412-418.

Win C de Rooy,Holtslag A A M,1999. Estimation of surface radiation and energy flux densities from single-level weather data[J]. Journal of Applied Meteorology,38:526-540.

甘肃省河东地区干旱遥感监测指数的对比和应用*

王 莺[1] 沙 莎[1] 张 雷[2]

(1. 中国气象局兰州干旱气象研究所/甘肃省干旱气候变化与减灾重点实验室/
中国气象局干旱气候变化与减灾重点开放实验室,兰州,730020;
2. 草地农业生态系统国家重点实验室/兰州大学草地农业科技学院,兰州,730020)

摘 要 干旱是影响甘肃省河东地区农业生产的主要气象灾害之一。在众多干旱遥感监测指数中如何选择适宜于研究区的指数是干旱遥感监测工作面临的主要问题。利用研究区 30 个农业气象观测站观测的不同深度土壤相对湿度和对应的 MODIS 数据,分析了 7 种典型干旱遥感监测指数的构建原理和模拟结果,并选择适宜的干旱遥感指数对 2006 年甘肃省河东地区干旱情况的时空分布做了动态监测,结果表明,7 种干旱遥感指数均能反映研究区土壤湿度的时空变化特征。各干旱遥感指数对土壤水分监测的最佳深度为 20 cm,其次为 10 cm。从相关系数来看,*PDI* 和 *MPDI* 指数对春季、*VSWI*、*NDWI* 指数对夏季的土壤相对湿度有较好的监测结果,*MEI* 指数对秋季土壤相对湿度模拟效果较差,其余指数模拟效果均较好。根据各指数与 20 cm 处土壤相对湿度的相关系数,结合各指数的构成原理,春季选择 *PDI* 和 *MEI*,夏季选择 *VSWI* 和 *NDWI*,秋季选择 *PDI* 和 *MPDI*,分别对 2006 年甘肃省河东地区干旱情况进行监测。通过考虑各等级出现的频率,同时兼顾土壤相对湿度,评定各指数干旱等级。监测结果显示,庆阳市北部连续出现春旱、春末夏初旱、伏旱和秋旱,陇中北部和庆阳市北部旱情严重,给农业生产带来巨大损失。

关键词 干旱遥感指数;对比;应用

引 言

IPCC 第一工作组第五次评估报告再一次肯定了全球变暖这一事实。报告指出 1880—2012 年全球平均温度已升高 0.85 ℃(0.65～1.06 ℃),而北半球 1983—2012 年可能是最近 1400 a 来气温最高的 30 a(IPCC,2013)。升温过程导致地球表面温度和海洋温度上升,海平面增高,冰盖消融,冰川萎缩,高温、干旱等极端天气气候事件的发生频率和强度增加(政府间气候变化专门委员会,2011;秦大河 等,2014)。例如自 20 世纪 70 年代中期以来,大气环流系统从对流层到平流层都发生了明显的年代际转折,导致了全球旱情不断加重(Dai,2010)。如今,干旱灾害正在以一种新的气候常态对国民经济,特别是农业生产造成严重影响(卢爱刚 等,2006)。

中国地处东亚季风的两类子系统——“东亚热带季风”和“东亚副热带季风”共同影响的地区,季风的季节性循环和年际波动等气候特征使中国成为了一个干旱灾害频发的国家,而气候变暖又使中国的旱情不断加重(涂长望 等,1944)。中国西北地区深居欧亚大陆腹地,是全球气候变化响应的敏感区(张强 等,2000;丁一汇等 2001)。在气候变暖和社会经济快速发展等

* 发表在:《中国沙漠》,2015,035(4):1006-1014.

因素的影响下，该地区水资源匮乏、土壤荒漠化严重、生态环境恶化、气象灾害增多（秦大河等，2002）。虽然有一些研究发现该地区部分出现暖湿迹象（王绍武 等，2001；施雅风 等，2002，2003），但是总体变化趋势仍然以干旱化为主，并已在中、小时空尺度上得到识别（谢金南等，2001；张存杰 等，2004）。甘肃省作为西北地区的主要省份，其干旱半干旱区面积占全省总面积的72%，其中极端干旱区面积占全省总面积的40%。根据《中国气象灾害大典·甘肃卷》的记录，甘肃省旱地面积占总耕地面积的73%，极易受到干旱的威胁。1949—2000年的50多年间，甘肃省平均每年有62万 hm^2 农田遭受旱灾，占播种面积的13%，平均每年减产3.7亿kg，占粮食总产量的9.1%。

为了积极有效的应对干旱，减少干旱对农业生产带来的严重影响，就必须利用先进的技术手段对干旱进行动态监测，准确及时地反映研究区干旱发生的时间、范围、程度和变化速度。目前干旱监测的方法主要有三类，第一类是基于地面观测站网的土壤湿度监测，这类方法的优点是测量精度高，缺点是单点数据代表性差，投入经费多。第二类是气象干旱指数，这类指数主要从降水量或水分平衡角度出发建立干旱指标，重点反映气象干旱程度。第三类以卫星遥感数据为主，构建干旱遥感监测指数，该方法具有探测范围广、搜集数据快、能反映干旱动态变化等特点，适宜于及时获得大范围地表干旱的时空信息。目前国内外对干旱遥感监测做了大量的研究（Bhuiyan et al.，2006；唐巍 等，2007；杨秀海 等，2011；孙灏，2012；Anderson et al.，2013），其中MODIS（MODerate-resolution Imaging Spectroradiometer）资料以其高光谱分辨率、高时间分辨率和适中的空间分辨率等优点，在干旱监测中脱颖而出（卢远 等，2007；柳锦宝等，2013；Opoku-Duah et al.，2013）。综合近些年的研究，将干旱遥感监测指数大致分为4类，第一类是基于植被指数的干旱遥感指数，该指数主要反映水分多寡对植物生长的作用，绿色植被在可见光和红外波段不同的吸收与反射光谱特征是干旱动态监测的理论依据，例如距平植被指数（anomaly vegetation index，*AVI*）、归一化水分指数（normalized difference water index，*NDWI*）和条件植被指数（vegetation condition index，*VCI*）；第二类是基于红外的干旱遥感指数，该指数主要通过对可见光、近红外波段一定形式的组合来进行土壤水分估算，例如垂直干旱指数（perpendicular drought index，*PDI*）和修正的垂直干旱指数（modified perpendicular drought index，*MPDI*）；第三类基于植被和地表温度的干旱遥感指数，例如植被供水指数（vegetation supply water index，*VSWI*）；第四类是基于能量的干旱遥感指数，例如改进型能量指数（modified energy index，*MEI*）（张红卫 等，2009）。不同干旱遥感指数具有不同的区域和时间适宜性。李菁等（2014）比较了几种干旱遥感监测模型在陕北地区的应用，发现*MEI*对干旱的监测效果最好。张学艺等（2009）对比了几种干旱监测模型在宁夏的应用效果，结果显示*MPDI*在作物生长季监测效果显著，*MEI*和*PDI*对稀疏地表植被监测比较有效。对于甘肃省河东地区的相关研究还鲜见报道。因此，选择雨养农业的主要分布区——甘肃省河东地区为研究区，评价不同干旱遥感监测模型对该区域的应用效果，这对实现区域干旱的精细化监测业务工作就显得尤为重要。

基于上述原因，用MODIS遥感资料对河东地区土壤湿度进行反演，得到河东地区旱情空间分布图，根据比较结果，结合农业干旱过程对各干旱遥感指数进行分析，为及时掌握该地区旱情的时空分布提供参考。

1 研究区简介

甘肃省河东地区属于青藏高原东北边缘与黄土高原西端的过渡带，主要指黄河以东除河西走廊以外的甘肃省大部分地区。从行政区划来说，该地区辖 5 个市和 2 个自治州，分别为定西市、陇南市、天水市、平凉市、庆阳市、临夏回族自治州和甘南藏族自治州。该地区地形地貌复杂，海拔落差大，是西北区域气候变化的敏感地带，气候的纬向地带性和垂直地带性明显，年降水量为 240～750 mm，自北向南分为干旱、半干旱和半湿润区。从农业分区来说，这里属于雨养农业区，降水的时空分布是农作物生长状况的决定因子(孙秉强 等，2005；高蓉 等，2008)。近些年河东地区干旱少雨现象严重，例如 2006 年，甘肃全年因旱受灾农作物117.6 万 hm^2，而河东干旱发生面积和干旱程度都是 2000 年以来最重的一年。

2 资料与方法

2.1 数据及其来源

根据选择的干旱遥感监测指数，选用的主要数据有：

(1)美国宇航局/中分辨率成像光谱辐射计(National Aeronautics and Space Administration/ Moderate Resolution Imaging Spectro radiometer，NASA/ MODIS)陆地产品组按照统一算法开发的 2006 年 8 日最大合成产品 MOD09A1(500 m×500 m)数据；16 日最大合成产品 MOD13A2(1000 m×1000 m)中的 *NDVI* 数据；8 日最大合成产品 MOD11A2(1000 m×1000 m)数据。

(2)气象数据来自于甘肃省气象局和中国气象科学数据共享服务网(http://cdc.cma.gov.cn/)提供的河东地区 38 个气象站的逐日降水资料(mm)。

(3)土壤湿度来自于中国农作物生长发育和农田土壤湿度旬值数据集。

(4)社会经济数据来自于 2006 年《甘肃统计年鉴》。

2.2 研究方法

用 MODIS 数据计算研究区 7 种干旱遥感指数(*AVI*，*NDWI*，*VCI*，*PDI*，*MPDI*，*VSWI* 和 *MEI*)，将该结果和 2006 年研究区 30 个农业气象观测点每旬逢 8 日的 10 cm、20 cm 和 50 cm 土壤剖面处实测土壤相对湿度做对比分析，评估各指数的模拟结果，得到河东地区旱情空间分布图。

3 结果与讨论

3.1 几种干旱遥感指数的原理对比

3.1.1 距平植被指数

AVI 是某一研究区某一时段的归一化植被指数(normalized differential vegetation index，*NDVI*)与该时段多年平均值的偏差(陈维英等 1994)。资料的时间序列越长，平均值的代表性就越好。计算公式为：

$$AVI = TNDVI - TNDVI_{ave} \tag{1}$$

式中：*TNDVI* 为某一时段的 *NDVI* 值，$TNDVI_{ave}$为该时段 *NDVI* 的多年平均值。当 *AVI* 为正值时，说明当前时段植被生长状态比常年值好；为负值时，说明当前植被生长状态比常年值差。出现大范围负距平的一般原因是干旱，且负距平越大，干旱越严重。

3.1.2 归一化水分指数

NDWI 是 Gao(1996)于 1996 年提出的。该指数用短波红外波段和近红外波段来反演植被水分含量。有研究表明,*NDWI* 比 *NDVI* 更能有效的反映植被水分含量信息(Serrano et al.,2000)。该方法已在干旱监测中得到了实际应用(刘小磊 等,2007)。计算方法为:

$$NDWI=(R_{nir}-R_{swir})/(R_{nir}+R_{swir}) \tag{2}$$

式中:R_{nir}为近红外波段反射率;R_{swir}为短波红外波段。

3.1.3 条件植被指数

VCI 由 Kogan(1990)提出,该指数不仅反映了 *NDVI* 的当前信息,也反映了 *NDVI* 的历史信息。计算公式为:

$$VCI=100\times\frac{NDVI_i-NDVI_{min}}{NDVI_{max}-NDVI_{min}} \tag{3}$$

式中:$NDVI_i$为某年第 i 个时期的 *NDVI* 值;$NDVI_{min}$和 $NDVI_{max}$分别是历史多年第 i 个时期 *NDVI* 的最大值和最小值。分子代表某一区域植被的当前生长状况,分母反映了该区域植被生长的生境。$NDVI_i$与 $NDVI_{min}$越接近,说明植被的生长状况越差。该指数在河南的干旱监测中得到了比较好的验证(沙莎 等,2013)。

3.1.4 垂直干旱指数

裸地对红光和近红外的反射率基本不变,而植被对红光呈强吸收态,对近红外呈强反射态,且随植被覆盖度的增加,红光的反射减小,近红外的反射增大。水体对红光和近红外波段为强吸收,土壤含水率可以显著影响土壤反射率,即土壤含水率越高,反射率越低。基于这个原理,受垂直植被指数(perpendicular vegetation index,*PVI*)(Richardson et al.,1977)的启发,詹志明等(2006)建立了 NIR-Red 光谱特征空间,Ghulam 等(2006)提出了垂直干旱指数 *PDI*。计算公式如下:

$$PDI=\frac{1}{M^2+1}(R_{red}+MR_{nir}) \tag{4}$$

式中:R_{red}和 R_{nir}分别为经过大气校正的红光和近红外波段反射率;M 为土壤线性斜率。*PDI* 越大,表示地表干旱越严重,反之亦然。研究发现将 *PDI* 用于裸土的水分监测效果较好。

3.1.5 修正的垂直干旱指数

针对 *PDI* 对茂密植被的应用局限性,Ghulam 等(2006)提出了修正的垂直干旱指数 *MPDI*。该指数引入植被盖度分解 NIR-Red 光谱特征空间的混合象元,获取与旱情有关的纯土壤信息。计算公式如下:

$$MPDI=\frac{1}{\sqrt{M^2+1}}(R_{s,red}+MR_{s,nir}) \tag{5}$$

式中:$R_{s,red}$和 $R_{s,nir}$分别代表裸土地表红光波段反射率和近红外波段反射率。

植被覆盖度(f_v)可利用 f_v与植被光谱指数之间的相关关系计算得出。可利用光谱指数来计算植被覆盖度。Jiang 等(2006)的研究发现 *NDVI* 尺度方法在多数情况下对 f_v的模拟值偏高。因此,建议在计算 f_v时采用植被指数尺度差分方法,以便减少由阴影及土壤背景多样性所带来的不稳定性。Bareta 等(1995)提出的计算 f_v的方法如下:

$$f_v=1-\left(\frac{NDVI_{max}-NDVI}{NDVI_{max}-NDVI_{min}}\right)^{0.6175} \tag{6}$$

式中，$NDVI_{max}$和 $NDVI_{min}$分别代表裸地($f_v=0$)和植被完全覆盖($f_v=1$)时的 $NDVI$ 值。这两个值来源于单张或序列卫星图像中的裸地或完全覆盖植被像元。

若一个像元由裸土和植被组成，可以认为波段 R_i 的混合像素反射率为土壤和植被比例的综合线性函数，即：

$$R_i=f_vR_{v,i}+(1-f_v)R_{s,i} \tag{7}$$

$$R_{s,i}=\frac{R_i-f_vR_{v,i}}{1-f_v} \tag{8}$$

式中：$R_{i,v}$和 $R_{s,v}$分别是混合像元中植被和土壤的反射率。

以上方程通过合并可得到 MPDI 的数学表达式：

$$MPDI=\frac{R_{red}+MR_{nir}-f_v(R_{v,red}+MR_{v,nir})}{(1-f_v)\sqrt{M^2+1}} \tag{9}$$

式中：$R_{v,red}$和 $R_{v,nir}$代表植被在红光波段反射率和近红外波段反射率。

与 *PDI* 相比，*MPDI* 的值由植被覆盖和土壤水分两种因子决定。在裸土处土壤水分对 *MPDI* 的影响大，在有植被覆盖地表，f_v决定 *MPDI*。土壤水分和 f_v增加均可使 *MPDI* 降低。

3.1.6 植被供水指数

当作物受到水分胁迫时，生长受阻，*NDVI* 降低，同时作物水分吸收不足，叶片气孔自卫性关闭，使叶面的水分蒸腾作用减弱，导致作物冠层温度增高。因此利用 *NDVI* 和作物冠层温度(T_s)建立的干旱监测指标 *VSWI* 可以反映作物生长季的干旱情况。计算公式如下：

$$VSWI=\frac{NDVI}{T_S} \tag{10}$$

式中：*VSWI* 越大，说明作物蒸腾旺盛，土壤水分含量较高；反之，说明植被供水不足，土壤含水量较低。

3.1.7 改进型能量指数

土壤越干燥，向外释放的长波辐射越强，地表和植冠温度越高；反之，向外释放的长波辐射越弱，地表和植冠温度越低。用能量指数(energy index，*EI*)来表达这个过程(张文宗 等，2006)：

$$EI=(1-\rho_2)/T_S \tag{11}$$

式中：ρ_2是 EOS 卫星 2 通道的反射率；T_s是 EOS 卫星 31 通道亮温。张学艺(2009)提出用 *LST* 代替 T_s，获得改进型能量指数 *MEI*：

$$MEI=(1-\rho_2)/LST \tag{12}$$

3.2 几种模型监测结果的对比分析

将植被生长季 3—11 月各站点 10 cm，20 cm 和 50 cm 深度观测到的相对土壤湿度与 7 种干旱遥感指数(*AVI*，*NDWI*，*VCI*，*PDI*，*MPDI*，*VSWI* 和 *MEI*)做相关性分析，得到表 1 所示结果。从表 1 中可以看出，除 *PDI* 和 *MPDI* 与土壤相对湿度呈负相关关系之外，其余干旱遥感指数与土壤相对湿度均为正相关关系，且 7 种干旱遥感指数在不同时期均通过了显著性检验，说明它们都可以反映土壤湿度的时空变化特征。从不同土壤深度的干旱遥感监测结果

来看，10 cm 和 20 cm 的模拟结果较好，$|r|$ 平均值分别为 0.48 cm 和 0.53 cm；50 cm 的模拟效果较差，$|r|$ 平均值为 0.38。

从季节来看，*PDI* 和 *MPDI* 指数对春季土壤相对湿度模拟效果较好，*NDWI*、*VCI* 和 *VSWI* 指数对春季土壤相对湿度模拟效果较差；*VSWI*，*NDWI* 指数对夏季土壤相对湿度模拟效果比较好；*MEI* 指数对秋季土壤相对湿度模拟效果较差，其余指数模拟效果均较好。从整个生长季来看，*PDI*，*MEI* 和 *MPDI* 指数对干旱的监测结果比较好。

表 1　不同时期 7 个指数与土壤相对湿度的相关系数

指数	时期	土层深度		
		10 cm	20 cm	50 cm
AVI	春季(3—5 月)	0.3741**	0.3755**	0.2258*
	夏季(6—8 月)	0.4909**	0.4950**	0.3209**
	秋季(9—11 月)	0.5167**	0.5771**	0.6164**
	生长季	0.5285**	0.5512**	0.4393**
NDWI	春季(3—5 月)	0.2933**	0.3317**	0.1949*
	夏季(6—8 月)	0.4583**	0.5925**	0.5422**
	秋季(9—11 月)	0.6693**	0.7127**	0.6648**
	生长季	0.4573**	0.5403**	0.4514**
VCI	春季(3—5 月)	0.3240**	0.3256**	0.2098*
	夏季(6—8 月)	0.4990**	0.5254**	0.4336**
	秋季(9—11 月)	0.5301**	0.6017**	0.4583**
	生长季	0.5144**	0.5314**	0.3970**
PDI	春季(3—5 月)	−0.4539**	−0.4743**	−0.4207**
	夏季(6—8 月)	−0.4806**	−0.5459**	−0.2646**
	秋季(9—11 月)	−0.4868**	−0.5648**	−0.3924**
	生长季	−0.5671**	−0.6132**	−0.4507**
MPDI	春季(3—5 月)	−0.4483**	−0.4171**	−0.3808**
	夏季(6—8 月)	−0.4930**	−0.5158**	−0.2627**
	秋季(9—11 月)	−0.5357**	−0.5967**	−0.4037**
	生长季	−0.5821**	−0.5737**	−0.3873**
VSWI	春季(3—5 月)	0.2933**	0.3421**	0.2550**
	夏季(6—8 月)	0.5394**	0.6091**	0.4785**
	秋季(9—11 月)	0.6148**	0.6708**	0.6245**
	生长季	0.5094**	0.5274**	0.3666**
MEI	春季(3—5 月)	0.3899**	0.4722**	0.2950**
	夏季(6—8 月)	0.5992**	0.5683**	0.1703*
	秋季(9—11 月)	0.3114**	0.4680**	0.2490**
	生长季	0.5620**	0.6173**	0.3987**

注：*、** 分别表示相关系数通过 0.10 和 0.05 的显著性水平检验。

图 1 是 7 种干旱遥感指数与 20 cm 处土壤相对湿度随时间变化的折线图，除 *PDI*、*MPDI* 指数与土壤相对湿度的时间变化趋势相反外，其余指数和土壤相对湿度的变化趋势基本一致。根据各指数的物理含义和计算公式可知，图 1 中所示的变化趋势符合理论依据。个别监测结果与地面实测数据不符，可能是由于天空中云对遥感图像的影响。从图 1 中可以看出，2006 年河东地区的春旱、春末夏初旱和伏旱非常严重，秋季也有旱情出现。

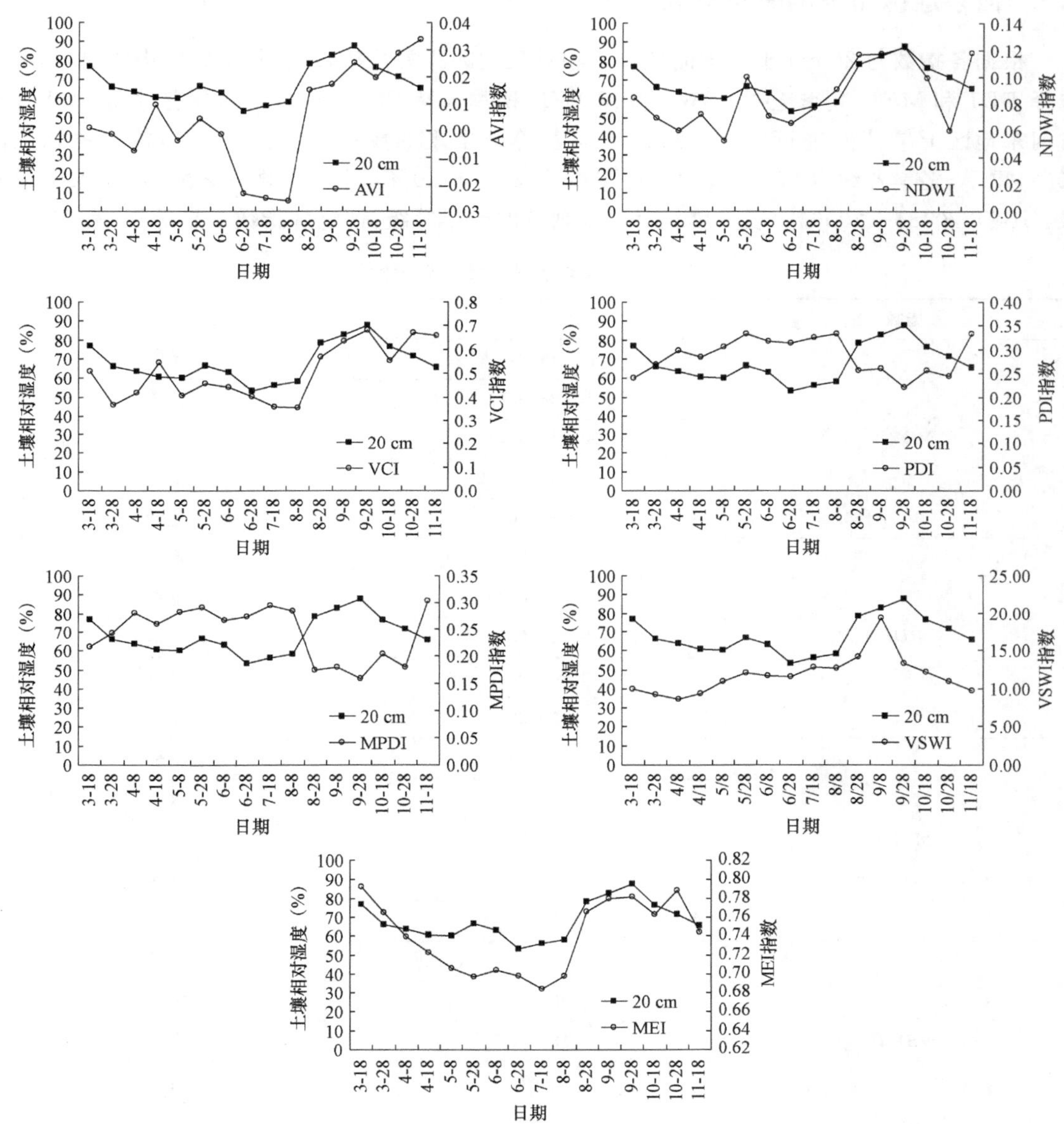

图 1　各干旱遥感指数与 20 cm 土壤相对湿度随时间变化的折线图

根据图 1 所示结果，结合指数构成原理可以看出，*AVI* 和 *VCI* 是通过作物形态和绿度变化来反映干旱的，因此，它们对干旱胁迫都存在一定的延迟响应，适宜于进行干旱成灾预警和评估；*NDWI* 反映了植被水分含量的变化，该变化也是在干旱胁迫积累到一定程度之后才通过作物生理变化反映出来，因此，该指数适宜于作干旱成灾预警和评估；*MEI*、*PDI* 和 *MPDI* 是基于土壤反射率变化建立的指数，相对于 *PDI*，*MEI* 和 *MPDI* 考虑了植被对光谱变化产生的反应，适宜于对土壤干旱型农业干旱和早期农业干旱做预警和评估；*VSWI* 是由植被冠层的温度变化来推演干旱胁迫状态，该指数适宜于对生理及大气干旱型农业干旱做预警和评估。

3.3 河东地区旱情的时空分布

根据各指数与 20 cm 土壤剖面处土壤相对湿度的相关系数，结合各指数的构成原理，春季选择 *PDI* 和 *MEI*，夏季选择 *VSWI* 和 *NDWI*，秋季选择 *PDI* 和 *MPDI*，分别对 2006 年甘肃省河东地区干旱情况进行监测。通过考虑各等级出现的频率，使特旱、无旱各约占总数的 10%，重旱、轻旱各约占 20%～30%，中旱约占 30%～40%，同时兼顾国家标准《气象干旱等级：GB/T 20481—2006》中以土壤相对湿度划分的干旱等级，评定各指数干旱等级(表 2)。

表 2　各指数干旱监测分类指标

指数	范围	分级
NDWI	>0.21	无旱
	0.13～0.21	轻旱
	0.02～0.13	中旱
	−0.04～0.02	重旱
	<−0.04	特旱
PDI	>0.35	特旱
	0.30～0.35	重旱
	0.25～0.30	中旱
	0.20～0.25	轻旱
	<0.20	无旱
MPDI	>0.35	特旱
	0.30～0.35	重旱
	0.20～0.30	中旱
	0.10～0.20	轻旱
	<0.10	无旱
VSWI	>25	无旱
	20～25	轻旱
	15～20	中旱
	10～15	重旱
	<10	特旱
MEI	>0.79	无旱
	0.75～0.79	轻旱
	0.71～0.75	中旱
	0.68～0.71	重旱
	<0.68	特旱

选择2006年4月23日、6月26日、8月13日和10月16日4个代表时期的监测结果来分析甘肃省河东地区旱情的时空分布(图2)。从图2可以看出，不同干旱遥感指数对不同时期旱情的监测结果基本一致。4月下旬，陇中北部、庆阳和平凉地区出现重旱和特旱，陇中南部、陇南东南部和甘南西部主要为轻旱和部分重旱，该时期正好是春小麦的三叶期，玉米和青稞的播种期，此时发生干旱可以对作物的播种和后期的生长发育带来影响。6月下旬，庆阳、定西和临夏北部、陇南中部以及平凉地区出现大范围重旱和特旱，该时期是春小麦的开花、乳熟期，是玉米的拔节、孕穗期，是青稞的孕穗、抽穗期，此时发生干旱会对作物的产量产生严重影响。8月中旬，临夏北部、庆阳和平凉地区的特旱面积有所减少，定西北部和陇南中部的旱情依然严重，该时期是玉米的吐丝、乳熟期，干旱会导致玉米授粉不良，植株矮化，造成玉米大幅减产，其影响是不可逆的。10月中旬，旱情有所减缓，重旱和特旱区继续北退，主要位于环县北部、定西和通渭，其余地区则呈轻旱和无旱状态，该时期秋收工作已基本结束，此时干旱对夏粮作物的影响较小，但是会影响冬小麦的出苗。综合以上分析可以看出，2006年河东地区陇中北部和庆阳出现了严重的“卡脖子旱”，对这一年的夏粮作物产量带来了严重影响，部分地区还出现了严重的秋旱。这一结论与2007年《中国气象灾害年鉴》的记录一致。图3是2006年《甘肃统计年鉴》中记载的河东地区所辖5个市和2个自治区的农作物播种面积、旱灾受灾面积和旱灾成灾面积。从图中可以看出，旱灾受灾面积和成灾面积占农作物播种面积的比例从高到低依次为定西、临夏、庆阳、陇南、天水、平凉和甘南。该结果与干旱遥感指数监测到的旱情空间分布也是一致的。

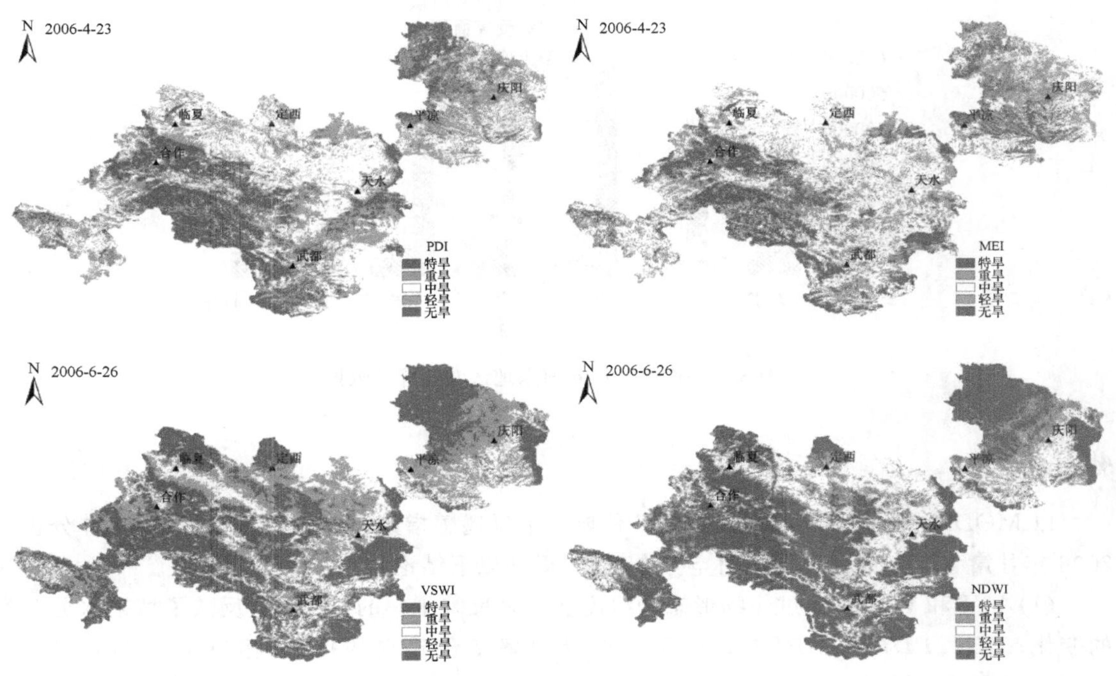

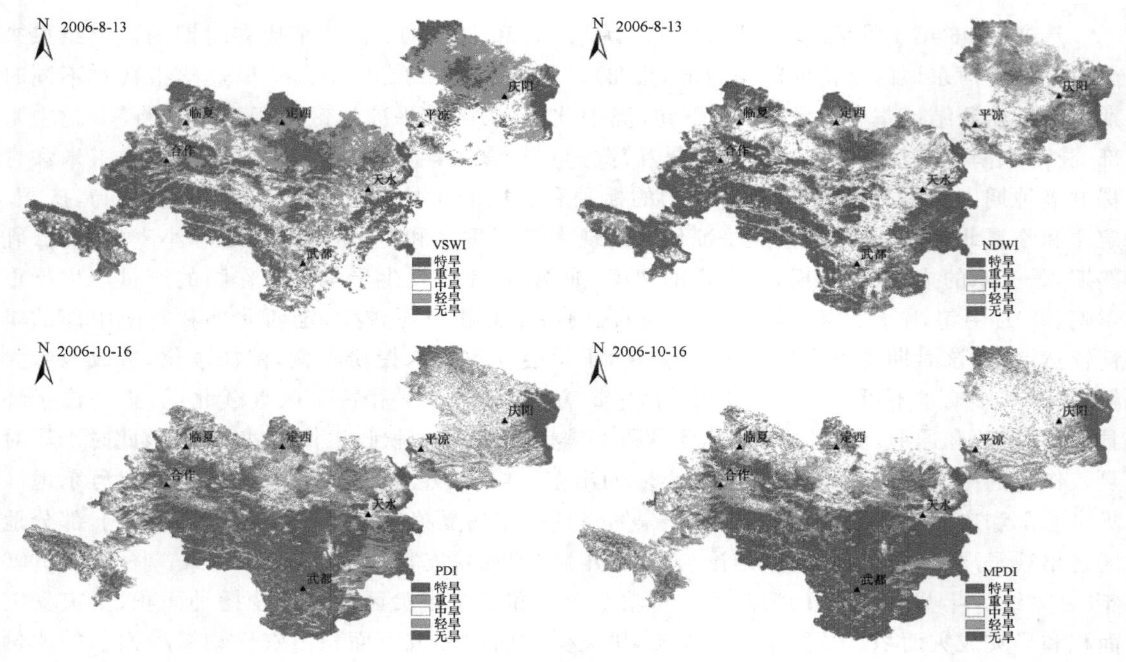

图 2 各指数不同时期干旱监测结果

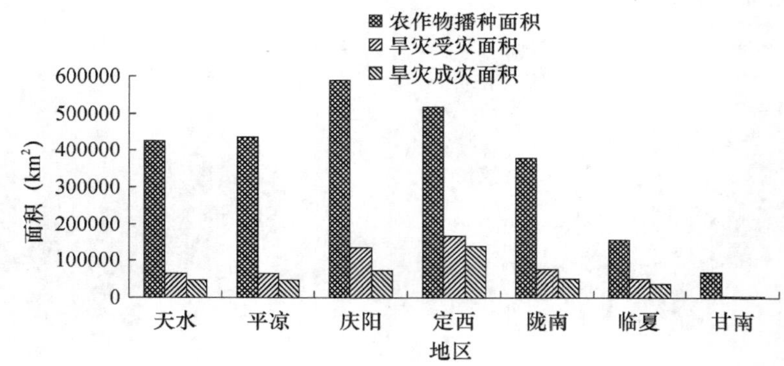

图 3 2006 年甘肃省河东地区农业统计数据

4 结论

以 MODIS 产品为数据源，比较了 7 种典型干旱遥感指数构建原理和模拟结果，并分析了 2006 年甘肃省河东地区旱情的时空分布特征，得到以下结论：

(1)*AVI* 和 *VCI* 是通过作物形态和绿度变化来反映干旱的；*NDWI* 反映了植被水分含量的变化；*MEI*、*PDI* 和 *MPDI* 是基于土壤反射率变化建立的指数，相对于 *PDI*，*MEI* 和 *MPDI* 考虑了植被对光谱变化产生的反应；*VSWI* 是由植被冠层的温度变化来推演干旱胁迫状态。

(2)7 种干旱遥感指数监测土壤水分的最佳深度为 20 cm，其次为 10 cm。从相关系数来看，*PDI* 和 *MPDI* 指数对春季、*VSWI*、*NDWI* 指数对夏季的土壤相对湿度有较好的监测结果，*MEI* 指数对秋季土壤相对湿度模拟效果较差，其余指数模拟效果均较好。

(3)根据各指数与 20 cm 处土壤相对湿度的相关系数，结合各指数的构成原理，春季选择 *PDI* 和 *MEI*，夏季选择 *VSWI* 和 *NDWI*，秋季选择 *PDI* 和 *MPDI*，分别对 2006 年甘肃省河东地区干旱情况进行监测。通过考虑各等级出现的频率，同时兼顾土壤相对湿度，评定各指数干旱等级。监测结果显示，庆阳市北部连续出现春旱、春末夏初旱、伏旱和秋旱，陇中北部和庆阳市北部旱情严重，农业损失巨大。

综上所述，在实际的干旱遥感监测业务应用中应该多种指数相互配合才能达到最好的效果。干旱遥感指数的空间分辨率远远小于土壤相对湿度实测点，因此，在精度验证方面难免存在较大误差，在将来的工作中应该进一步增加土壤水分观测点的数量和空间分布范围，提高实测值的空间代表性。由于甘肃省河东地区地域广阔，地貌类型多样，降水和温度的空间差异大，因此在干旱等级划分中可能存在一定的偏差。

参考文献

陈维英，肖乾广，盛永伟，1994. 距平植被指数在 1992 年特大干旱监测中的应用[J]. 环境遥感，9：106-112.

丁一汇，王守荣，2001. 中国西北地区气候与生态环境概论[M]. 北京：气象出版社：77-154.

高蓉，陈少勇，董安祥，等，2008. 西北地区东部耕作层土壤湿度近 22 年变化分析[J]. 干旱地区农业研究，26(6)：186-190.

李菁，王连喜，沈澄，等，2014. 几种干旱遥感监测模型在陕北地区的对比和应用[J]. 中国农业气象，35(1)：97-102.

刘小磊，覃志豪，2007. NDWI 与 NDVI 指数在区域干旱监测中的比较分析——以 2003 年江西夏季干旱为例[J]. 遥感技术与应用，22(5)：608-612.

柳锦宝，何政伟，段英杰，2013. MODIS 数据支持下的西藏干旱遥感监测[J]. 干旱区资源与环境，27(6)：134-139.

卢爱刚，葛剑平，庞德谦，等，2006. 40a 来中国旱灾对 ENSO 事件的区域差异响应研究[J]. 冰川冻土，28(4)：535-542.

卢远，华璀，韦燕飞，2007. 利用 MODIS 数据进行旱情动态监测研究[J]. 地理与地理信息科学，23(3)：55-58.

秦大河，Stoker T，259 名作者和 TSU(驻伯尔尼和北京)，2014. IPCC 第五次评估报告第一工作组报告的亮点结论[J]. 气候变化研究进展，10(1)：1-6.

秦大河，王绍武，董光荣，2002. 中国西部环境演变评估(第一卷)//中国西北环境特征及其演变[M]. 北京：科学出版社：71-145.

沙莎，郭铌，李耀辉，等，2013. 植被状态指数 VCI 与几种气象干旱指数的对比——以河南省为例[J]. 冰川冻土，35(4)：990-998.

施雅风，沈永平，胡汝骥，2002. 西北气候由暖干向暖湿转型的信号影响和前景初步探讨[J]. 冰川冻土，24(3)：219-226.

施雅风，沈永平，李栋梁，等，2003. 中国西北部气候由暖干向暖湿转型的特征和趋势探讨[J]. 第四纪研究，23(2)：152-164.

孙秉强，张强．董安祥，等，2005. 甘肃黄土高原土壤水分气候特征[J]. 地球科学进展，20(9)：1041-1046.

孙灏，陈云浩，孙洪泉，2012. 典型农业干旱遥感监测指数的比较及分类体系[J]. 农业工程学报，28(14)：147-154.

唐巍，覃志豪，秦晓敏，2007. 农业干旱遥感监测业务化运行方法研究[J]. 遥感应用(2)：37-41.

涂长望，黄士松．1944. 中国夏季风之进退[J]. 气象学报，18(1)：1-20.

王绍武，龚道溢，翟盘茂，2001. 西部地区的气候变化(第二章)//秦大河．中国西部地区环境演变[M]. 北京：

科学出版社：31-80.

谢金南，周嘉，2001. 西北地区中、东部降水趋势的初步研究[J]. 高原气象，20(4)：362-367.

杨秀海，卓嘎，罗布，2011. 基于 MODIS 数据的西北地区旱情监测[J]. 草业科学，28(8)：1420-1426.

杨学斌，秦其明，姚云军，赵少华，2011. PDI 与 MPDI 在内蒙古干旱监测中的应用和比较[J]. 武汉大学学报：信息科学版，36(2)：195-198.

詹志明，秦其明，阿布都瓦斯提·吾拉木，汪冬冬，2006. 基于 NIR-Red 光谱特征空间的土壤水分监测新方法[J]. 中国科学，36(11)：1020-1026.

张存杰，李栋梁，王小平，2004. 东北亚近 100 年降水变化及未来 10～15 年预测研究[J]. 高原气象，23(6)：919-929.

张红卫，陈怀亮，申双和，2009. 基于 EOS/MODIS 数据的土壤水分遥感监测方法[J]. 科技导报，27(12)：85-92.

张强，胡隐樵，曹晓彦，等，2000. 论西北干旱气候的若干问题[J]. 中国沙漠，20(4)：357-361.

张文宗，姚树然，赵春雷，等，2006. 利用 MODIS 资料监测和预警干旱新方法[J]. 气象科技，34(4)：501-504.

张学艺，李剑萍，秦其明，等，2009. 几种干旱监测模型在宁夏的对比应用[J]. 农业工程学报，25(8)：18-23.

政府间气候变化专门委员会，2011. 管理极端事件和灾害风险，推进气候变化适应性报告：决策者摘要[R].

中华人民共和国质量监督检验检疫总局，2006. 气象干旱等级：GB/T 20481—2006[S]. 北京：中国标准出版社.

Anderson M C，Hain C，Otkin J，et al，2013. An intercomparison of drought indicators based on thermal remote sensing and NLDAS-2 simulations with U. S. drought monitor classifications[J]. Journal of Hydrometeorology，14(4)：1035-1056.

Baret F，Clevers J G P W，Steven M D，1995. The robustness of canopy gap fraction estimations from red and near-infrared reflectances：A comparison of approaches[J]. Remote Sensing of Environment，54(3)：141-151.

Bhuiyan C，Singh R P，Kogan F N，2006. Monitoring drought dynamics in the Aravalli region(India) using different indices based on ground and remote sensing data[J]. International Journal of Applied Earth Observation and Geoinformation，8(4)：289-302.

Chakroun H，Mouillot F，Nasr Z，et al，2013. Performance of LAI-MODIS and the influence on drought simulation in a Mediterranean forest[J]. Ecohydrology，doi：10. 1002/eco. 1426.

Dai A，2010. Drought under global warming：a review [J]. WIREs Climatic Change，2：45-65. doi：10. 1002/wcc. 81.

Gao B C，1996. NDWI—a normalized difference water index for remote sensing of vegetation liquid water from space[J]. Remote Sensing of Environment，58(3)：257-266.

Ghulam A，Qin Q，Zhan Z，2006. Designing of the perpendicular drought index(PDI)[J]. Environmental Geology，doi：10. 1007/s00254-006-0544-2.

IPCC，2013. Climate Change 2013：The Physical Science Basis. Contribution of Working Group I to the Fifth Assessment Report of the Intergovernmental Panel on Climate Change[M]. Cambridge University Press，Cambridge，United Kingdom and New York，NY，USA.

Jiang Z，Huete A，Chen J，et al，2006. Analysis of NDVI and scaled difference vegetation index retrievals of vegetation frantion[J]. Remote Sensing of Environment，101(3)：366-378.

Kogan F N，1990. Remote sensing of weather impacts on vegetation in non-homogeneous areas[J]. International Journal of Remote Sensing，11(8)：1405-1419.

Opoku-Duah S，Donoghue D M N，Burt T P，2013. Vegetation and drought mapping in West Africa using remote sensing：A Case Study[J]. Online Journal of Social Sciences Research，2(6)：142-150.

Qin Q，Ghulam A，Zhu L，et al，2007. Elvaluation of MODIS derived perpendicular drought index for estimation of surface dryness over northwestern China[J]. International Journal of Remote Sensing,26(16):1-13.

Richardson A J, Wiegand C L, 1977. Distinguishing vegetation from soil background information[J]. Photogrammatric Engineering and Remote Sensing,43(12):1541-1552.

Serrano L,Susan L U,Roberts D A,et al,2000. Deriving water content of chaparral vegetation from AVIRIS data[J]. Remote Sensing of Environment,74(3):570-581.

石羊河流域土壤含水量生态水文模型研究*

韩兰英[123]　张　强[4]　贾建英[2]　马鹏里[2]　张存杰[5]

(1. 中国气象局兰州干旱气象研究所/甘肃省干旱气候变化与减灾重点实验室/中国气象局干旱气候变化与减灾重点实验室，兰州，730020；2. 西北区域气候中心，兰州，730020；3. 兰州大学大气科学学院，兰州，730000；4. 甘肃省气象局，兰州，730020；5. 国家气候中心，北京，100081)

摘　要　本文利用DEM、MODIS资料和石羊河流域周围29个(甘肃19个，青海10个)气象站1976—2005年30年气象数据，基于ArcGIS和SPSSR软件，利用主成分分析(principal component analysis，PCA)、基因算法(genetic algorithms)、地形抬升原理(orographic lifting principles)和赫伯特(Hubbard)方法。利用土壤湿度、辐射和温度地形分布模型(landscape distribution of soil moisture，energy，temperature，LANDSET)和空气相对湿度地形分布模型(landscape distribution of atmospheric moisture，LANDAM)两个子模型，最终由两个子模型建立估算流域土壤水分含量模型(soil water content，SWC)。本文介绍了该水文模型，并将该模型应用于石羊河流域。通过将该模型应用在石羊河流域土壤水分含量计算中发现，利用该模型计算得到石羊河流域各个参数效果较好，石羊河流域的土壤水分含量在0.068～1之间，石羊河流域的土壤水分含量空间分布趋势是从上游的祁连山区到下游荒漠区是逐渐呈减少趋势。该模型能适合石羊河流域这样的内陆河流域。

关键词　水文模型；基因算法；土壤水分含量

引　言

河西走廊和石羊河流域是甘肃最为干旱的地区，这里降水稀少、气温较高、蒸发强烈[2](Shi et al.，1995)。河西有限的水资源引起了众多学者的关注，并且采取了一系列的行动。本文试图从水文角度出发，研究影响石羊河流域绿洲水文特征。祁连山的冰川融水是维持石羊河流域绿洲环境的最重要的因素。祁连山的冰盖和前期冬季积雪通常在温暖的春夏季节融化成水向流中下游地区。根据甘肃省气象局历史资料记载，尽管石羊河上游的低洼地区降水每年超过了170 mm。随着气候变暖，山区温度升高时，山上水源的洪峰流量自然从春夏季转变为了冬季中后期，当种植业对水的供应需求高时，就进一步对下游水的供应造成压力(Barnett et al.，2005)。为了流域管理和水土保持工程的供水系统预测模型建立，必须对流域上游到下游的降水极值进行估测。获得土壤水分含量时空分布模型，对于下游绿洲的降水重新分派和流入到绿洲的融化雨水的复杂动力学非常关键。

随着地理信息、遥感等空间测量技术的迅速发展，水文模型与其结合日益紧密。利用地理信息和遥感技术分析流域空间变异性的水文模型已成为当今水文科学研究的热点、难点和重点之一。本文基于LANDSET和LANDAM两个模型，利用主成分分析、基因算法、地形抬升原理、赫伯特(Hubbard)方法、DEM、MODIS和29个气象站30(1976—2005)年的历史气象资

* 发表在：《土壤通报》，2014，45(2)：102-107.

料，建立了石羊河流域的点位置土壤水分含量预测技术。利用土壤湿度、能量和温度模型和空气湿度两个模型联合计算得到石羊河流域的土壤水分含量。

1 研究方法

1.1 研究区域概况

研究区域为祁连山从西北方向到东北方向的石羊河流域，石羊河流域为河西三大内陆河流域之一，起源于祁连山西南端，东北流向，终止于民勤(Li et al.，2007)。石羊河流域总面积为 14360 km^2，流域的海拔高度为 1370～5194 m(图 1)，平均海拔高度是 2487 m。坡度范围 0～69°。流域年降水量小于 200 mm，年平均气温 8.2 ℃。流域中心的年蒸发量为 700～2600 mm。祁连山总的供水量大约是 16.6 亿 m^3，供水量的 94%直接被转化为了地表径流(Tong et al.，2007)。由于该区域蒸发大、水供应有限和水的过度开采，使得该区域已经经历了严重的可耕地流失，对该区域的可持续发展是非常不利的(Kang et al.，2004)。

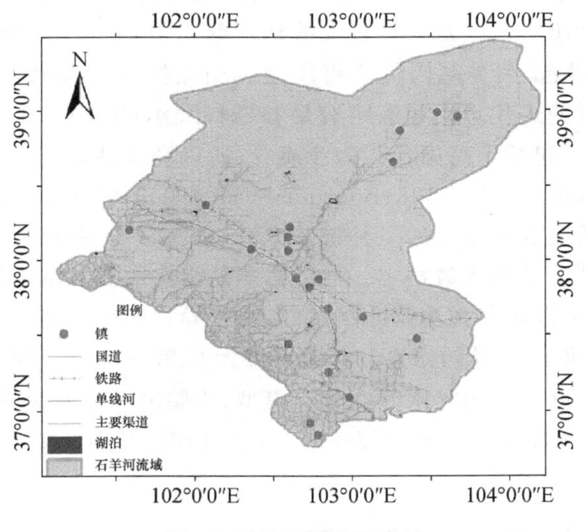

图 1 石羊河流域示意图

1.2 资料来源

模型应用了 DEM、MODIS 和流域周围 29 个气象站 30 年的气象数据，站点不仅有甘肃的，还包括流域南部青海的 10 个站点。选择青海站点是为了充分利用现存的气象站网描述石羊河流域降水的空间变化。分析月气候数据包括气压、相对湿度、云量和近地层气温和风速。

以 10 年为一个阶段，将 30 年气象数据平均划分为 3 个数据集(1976—1985 年、1986—1995 年和 1996—2005 年)，每个数据集用在不同的模型，1986—1995 年数据用于基因算法训练和模型建立、1976—1985 年数据用于模型验证、1996—2005 年数据用于模型应用。在模型中，应用基因算法前，先用主成分分析法剔除训练数据库中冗余和不相关的变量。主成分分析在通用数据统计分析软件(SPSS)中的要素分析功能中执行，将训练数据集中最初列出的冗余和非描述性(non-descriptive)的变量剔除，确定分组(特征值大于 1)、因素荷载和冲击值。

1.3 建模过程

土壤水分含量模型由两个子模块组成，即土壤湿度、辐射和温度地形分布模型(LANDSET)和空气相对湿度地形分布模型(LANDAM)两个子模型。LANDSET(Landscape Distribution of Soil moisture,Energy,& Temperature)和 LANDAM(Landscape Distribution of Atmospheric Moisture)。其中 LANDAM 包含经过填充过的数字高程图(DEM)、降水、平均温度、相对湿度和太阳辐射。LANDSET 中包含了 6 个参数：数字高程图(DEM)、基于气象台站的降雨时空分布模式、地表覆盖类型、月温度、相对湿度和月降雨。

1.3.1 算法的选择

大范围的气象要素估测一般基于离散点数据的空间内插。一般来讲，内插质量的好坏反映了内插站点数据的空间分布和内插方法的好坏。许多内插方法(例如泰森多边形、克里金、反距离权重、三角格网和三次多项式曲线法)除了包含在数据中的内部联系外，其他的外部影响因素(如高程变化、坡度、盛行风向和总体的天气情况)不被作为变量考虑。有时由于一些区域的内插数据覆盖范围小和山区常存在较大的地形起伏时，内插的结果不是很理想。基因算法可以解决部分这种问题，因为基因算法可以使观测数据和外部因素的关系被计算机执行。基因算法基于自然选择的进化理论和假定有足够迭代表示(Tung et al. ,2003)。本文所研究的区域下垫面类型复杂，包括了高山，河谷，沙漠等，所以利用基因算法能够更好地解决复杂下垫面带来的问题(Bourque et al. ,1998;Bourque et al. ,2000;Cios et al. ,2007)。

主成分分析法是研究多变量时的一种重要方法，由主成分分析得出的四个解释变量和降水输出变量作为基因算法的训练数据集。通过实测的降水数据与基因算法预测数据的对比分析发现，训练基因算法可以解释观测降水的 84%的差异。应用了相同站点，1976—1985 年和 1996—2005 年的数据，得出同样的结论。相关系数为 0.83～0.84。应用训练基因算法检验沿海拔高度(降水梯度)不同站点的降水时空分布模型，检验的站点有民勤绿洲的民勤县(38.63°N,103.083°E)、红崖山水库的东北部和祁连山南面的门源(37.45°N,101.62°E)。

1.3.2 模型参数

利用定量的相对湿度、太阳辐射、降水和温度等地表参数的空间输入，输出地表土壤水分含量的空间分布，来评估石羊河上游的当前和将来气候条件下的土壤水分状况。

本文在建立模型过程中，必须确定降水、相对湿度、太阳辐射和温度等地表参数。第一输入数字高程模型，用于确定地形对水系的影响，确定水量的重新分配和水系边界(秦福来 等，2006)。第二确定基于气象台站的降水分布模型，在确定降水时，考虑了 9 个变量：气象站的经度、纬度、数字高程模型(DEM)、月气象资料、气压、近地层气温、云量、相对湿度和风速。应用主成分分析方法(PCA)剔除了 9 个变量中对降水预测贡献率不大的冗余的变量，将特征值大于 1.0 的四个主要的成分筛选出，四个主要参数为：海拔高度、时间序列、地表气温和相对湿度。第三确定地表覆盖类型，所用数据为 MODIS 数据或 ISODATA 分类，用来确定地表的能量平衡。第四为地表温度，地表温度可以通过 MODIS 或内插方法得到。第五为相对湿度，首先依据哈伯特方法和地形抬升原理计算出露点温度(T_d)(Bourque,1998,2000)，然后通过露点温度来计算相对湿度，计算中输入了太阳辐射参数修正该模型，通过计算到达地面的太阳辐射，能够进一步了解土壤水分的实际和潜在蒸发，确定土壤水分状况；太阳辐射是比较重要的参数，在 LANDSET 和 LANDAM 都需要。第六为输入月计算降水量。确定了上述各个参数之后，将降水、温度、相对湿度和土地覆盖数据输入模型，最终计算出研究区域的土壤水的含量。

2 分析与讨论

2.1 降水的预测

由上述第二个模型参数确定过程可得，影响降水四个参数变量和降水输出变量作为基因算法的训练数据集。通过实测的降水数据与基因算法预测数据的对比分析发现，训练基因算法可以解释观测降水的84%的差异。应用了相同站点，1976—1985 年和 1996—2005 年的数据，得出同样的结论。相关系数为 0.83～0.84。应用训练基因算法检验沿海拔高度的不同站点的降水时空分布模型，检验的站点有民勤绿洲的民勤县（38.63°N，103.10°E）、红崖山水库的东北部和祁连山南面的门源（37.45°N，101.62°E）。

表 1 流域中心站点计算结果表

站号	站名	降水/mm	太阳辐射/MJ・m^{-2}	相对湿度/%	温度/℃	土壤水分含量
52557	临泽	0.9	17.1	56.5	19.8	0.562
52643	肃南	1.2	17.9	55.5	21.6	0.108
52652	张掖	2.5	15.6	70.9	17.1	0.444
52656	民乐	5.6	17.8	84.5	12.4	1
52661	山丹	0.8	18.1	38.7	24.1	0.218
52674	永昌	0.8	18.2	41.5	22.9	0.168
52679	武威	2.1	17.1	65.6	15.9	0.594
52681	民勤	1.5	16.9	57.9	18	0.502
52784	古浪	0.8	17.2	40.2	23.5	1
52787	乌鞘岭	1.6	17.5	53.5	18.1	0.306
52657	祁连	2.7	17.4	52.1	14.4	0.355
52754	刚察	2	17.8	56.5	11.3	0.188
52765	门源	1.1	17.9	56.3	12.3	0.097

图 2 和表 1 对比了流域及其周围月降水的时间序列，月降水的模拟值和观测值之间的一致性很好。计算结果表明，石羊河流域月降水为 0.8～9.8 mm，在流域及其周围的站点中，降水为 0.8～5.6 mm，且大多数站点的降水很小，在 3 mm 以下。民乐的降水最大，为 5.6mm，其次为祁连 2.7 mm、张掖 2.5 mm、武威 2.1 mm 和刚察 2 mm；最小值为 0.8 mm，为山丹、永昌和古浪，其次为临泽和门源，分别为 0.9 mm 和 1.1 mm。同时，由图 2 也可以看出，石羊河流域的降水空间分布趋势是从上游的祁连山区到下游荒漠区是逐渐呈减少趋势。荒漠地区降水少，小于 1.8 mm；其次为流域绿洲区，降水为 1.8～4.8 mm；祁连山区降水最多，大于 4.8 mm。

2.2 太阳辐射的计算

在 LANDSET 模型中输入 DEM 文件、土地覆盖类型、太阳传播系数，计算土壤水分含量(SWC)。计算 SWC 时，输入大气透射率(地面站的参考温度)、土地覆盖类型、考虑无云状况下的净长波辐射、MODIS 反演的温度栅格数据、相对湿度、平均气温、相对湿度和平均海拔高度。相对湿度用研究区域的临界湿度指数，表示土壤水分含量能力，在函数中用湿度指数比上临界湿度指数得到相对湿度连续变化分布，范围为 4～10。输入连续变化的土壤水分指数、降水和排泄量，计算实际/潜在蒸发。

2.3 相对湿度的计算

相对湿度可以由遥感反演或空间内插得到，本模型中相对湿度利用 Hubbard 方法和地形抬升理论。利用 Hubbard 方法时，需要输入的参数包括：最高温度、最低温度、海拔和辐射指数。地形抬升理论主要利用风资料来计算。最终由 $\mathrm{RH}=(\mathrm{esat}(T_{\mathrm{d}}))/\ \mathrm{esat}(T))$计算得到。

四个变量中，在不利用空间内插时，相对湿度对降水的获得是最具有挑战性，不像相对湿度、海拔高度和温度可以有独立的数据源决定，一定条件下的温度由数字高程模型和中分辨率分光辐射计传感器(MODIS)的热成像图像获得。相对湿度采用了混合(半经验机械的)模型的生成。模型考虑了好几个气象站测得的相对湿度、月平均风向、地形抬升理论、模拟的净辐射和应用普里斯特利一泰勒公式计算的地表水蒸发损失。计算结果得到，石羊河流域(图 2 和表 1)的土壤水分含量在 0～100%之间，在流域及其周围的站点中，相对湿度为 38.7%～84.5%，且大多数站点的相对湿度在 50%左右。民乐的相对湿度最大，为 84.5%，其次为张掖 70.9%和武威 65.6%，最小值为山丹 38.7%，其次为古浪和永昌，分别为 40.2%和 41.5%。由图 2 也可以看出，石羊河流域的相对湿度空间分布趋势是从上游的祁连山区到下游荒漠区是逐渐呈减少趋势。荒漠地区低，相对湿度小于 20%；其次为流域绿洲区，湿度为 20%～60%；祁连山区湿度最高，大于 60%。

2.4 地表温度的反演

地表温度可以由遥感反演或者空间内插得到，本文利用 MODIS 分裂窗算法得到。模型将土壤温度表达为地表温度、日平均气温和土壤温度衰减的共同函数。日最高气温、日最低气温、云、植被和土壤水分等参数作为输入数据。

利用 MODIS 资料反演得地面辐射温度。计算结果得到，石羊河流域(图 2 和表 1)的地面辐射温度为－9.6～38.5 ℃。在祁连山区的几个站点地面辐射温度较低，刚察的地面辐射温度最小，为 11.3 ℃，其次为民乐、门源和祁连，分别为 12.3 ℃、12.4 ℃和 14.4 ℃。最大值出现在山丹，为 24.1 ℃，其次为古浪 23.5 ℃和永昌 22.9 ℃。在流域中心的 7 个站点中，地面辐射温度为 12.4～24.1 ℃。民乐的辐射温度最低为 12.4 ℃，其次为武威、民勤和乌鞘岭，最大值是 24.1 ℃。由图 2 也可以看出，石羊河流域的地面辐射温度空间分布趋势是从上游的祁连山区到下游荒漠区是逐渐呈增加趋势。荒漠地区最高，辐射温度大于 20 ℃；其次为流域绿洲区，温度为 10～20 ℃；祁连山区辐射值最低，辐射温度小于 10 ℃。

2.5 土壤水分含量的计算

计算土壤水分含量除上述六个参数外，还需要地表径流、下渗和蒸散发。该模型可由降雨量直接计算地表径流量，计算采用美国土壤保护所（USSCS）开发的径流曲线数法（runoff curve number）。降雨强度为降雨量的函数，采用随机方法预测坡面流和河道流的汇流时间通过曼宁公式（Manning's formula）来计算。

该模型下渗采用土壤蓄水演算技术来计算植物根部带每层土壤之间的水的流动。如果土壤层的含水量超过了田间持水量，而且下层土壤含水量没有达到饱和状态，就会存在水的下渗运动，流动速率由土壤层的饱和导水率来控制；当下层土壤含水量超过了田间持水量，就会存在水的向上流动，这一过程由上下两层土壤含水率和田间持水量的比例来调节。土壤温度对水的下渗也产生一定影响，如果某一土壤层的土壤温度为 0 ℃或 0 ℃以下，则该土壤层不存在水的流动。蒸散发的计算，土壤水蒸发和植物蒸腾被分开计算。潜在土壤水蒸发由潜在蒸散发和叶面指数估算。实际土壤水蒸发用土壤厚度和含水量的指数关系式计算。植物蒸腾由潜在蒸散发和叶面指数的线性关系式计算。该模型提供潜在蒸散发的计算法是 Priestley-Taylor（秦福来 等，2006）。

在确定了上述各个参数的算法后，模型计算得到 7 月石羊河流域及其周围各参数如表 1 和图 2。

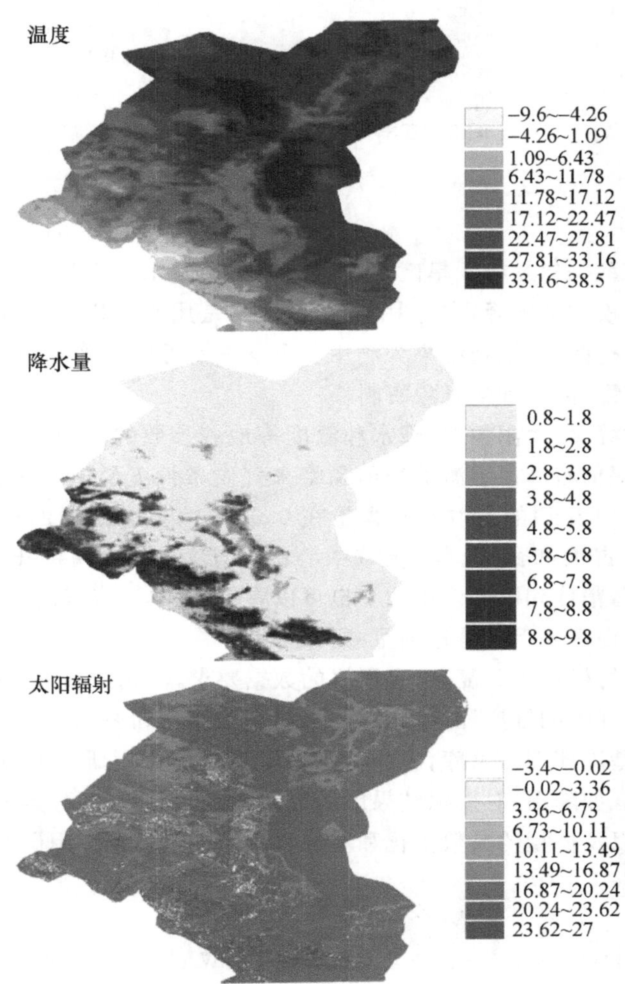

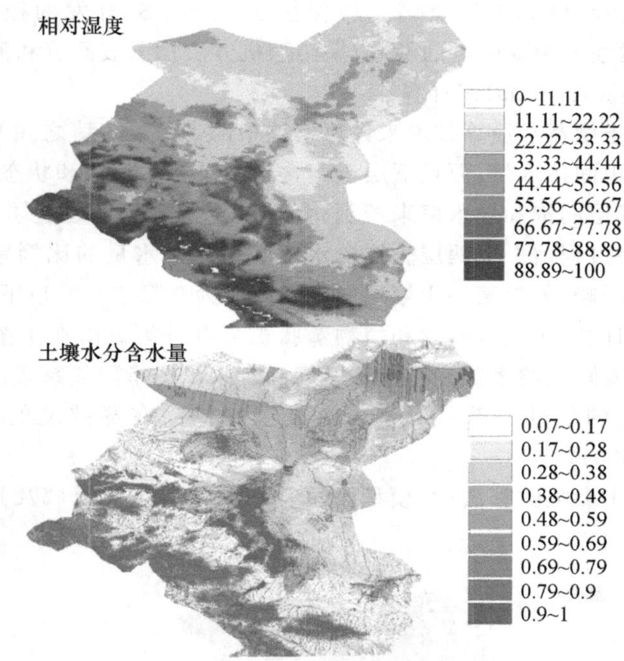

图 2 石羊河流域模型计算结果图

3 结论与讨论

本文水文生态模型是建立在干旱区内陆河流域的土壤水分含量水文模型，并将该模型应用于石羊河流域。该模型中的降水模型中的基因算法是用来对影响区域降水的 9 个参数，利用主成分分析方法进行筛选，筛选结果为利用 4 个参数就可以精确的预测区域降水，4 个参数为：相对湿度，海拔高度，温度和年气象资料。

利用定量的相对湿度、太阳辐射、降水和温度等地表参数的空间输入，输出地表土壤水分含量的空间分布，来评估石羊河上游的当前和将来气候条件下的土壤水分状况。计算结果得到，石羊河流域(图 2 和表 1)的土壤水分含量在 0.07～1 之间，门源的土壤水分含量最小，为 0.097，最大值出现在古浪和民勤。在流域中心的 7 个站中，永昌的土壤水分含量最低，为 0.168，其次为山丹、乌鞘岭和民勤。由图 2 也可以看出，石羊河流域的土壤水分含量空间分布趋势是从上游的祁连山区到下游是逐渐呈减少趋势。

由于该模型的运行机理十分复杂，有严格的数据要求，而我国基础数据的普遍匮乏势必限制了它在我国流域管理中的推广和应用，因此如何利用遥感和 GIS 的技术获取模型的运行的参数，建立研究区的基础地理信息库，应作为该模型在国内应用研究的重点方向。另外，模型输入数据的空间分布(如降雨)对模拟结果影响很大，特别是在空间分异较大的流域，对资料的空间分布分析、处理以及模型的参数优化和验证也应成为该模型应用研究的重要方面。

参考文献

秦福来，王晓燕，张美华，2006. 基于 GIS 的流域水文模型——SWAT(Soil and Water Assessment Tool)模型的动态研究[J]. 首都师范大学学报(自然科学版)，27(1)：81-85.

Barnett T P,Adam J C,et al,2005. Potential impacts of a warming climate on water availability in snow-dominated regions[J]. Nature,438:303-309.

Bourque C P,Gullison J J,1998. A technique to predict hourly potential solar radiation and temperature for a mostly unmonitored area in the Cape Breton Highlands[J]. Canadian Journal of Soil Science,78:409-420.

Bourque C P,Meng F R,Gullison J J,et al,2000. Biophysical and potential vegetation growth surfaces for a small watershed in northern Cape Breton Island,Nova Scotia,Canada[J]. Canadian Journal of Forest Research,30:1179-1195.

Cios K J,Pedrycz W,Swiniarski R W,et al,2007. Data Mining:A Knowledge Discovery Approach[Z]. Springer US,606 pP.

Kang S,Su X,Tong L,et al. ,2004. The impacts of water-related human activities on the water-land environment of Shiyang river basin,an arid region in Northwest China[J]. Hydrological Sciences Journal,49(3):413-427.

Li X Y,Xiao D,He X Y,et al,2007. Evaluation of landscape changes and ecological degradation by GIS in arid regions:a case study of the terminal oasis of the Shiyang River,northwest China[J]. Environmental Geology,52:947-956.

Ma J Z,Wang X S,Edmunds W M, 2005. The characteristics of groundwater resources and their changes under the impacts of human activity in the arid Northwest China—a case study of the Shiyang River Basin[J].Journal of Arid Environments,61:277-295.

Shi Y,Zhang X,1995. The influence of climate changes on the water resources in arid areas of northwest China [J]. Science in China(Series B),25:968-977.

Tong L,Kang S Z,Zhang L,2007. Temporal and spatial variations of evapotranspiration for spring wheat in the Shiyang river basin in northwest China[J]. Agricultural Water Management,87:241-250.

Tung C P,Hsu S Y,Liu C M,et al,2003. Application of the genetic algorithm for optimizing operation rules of the LiYuTan reservoir in Taiwan[J]. Journal of the American Water Resources Association,39:649-657.

几种干旱指标在我国南方区域月尺度干旱监测中的适用性评价*

王素萍　王劲松　张　强　李忆平　王芝兰

（中国气象局兰州干旱气象研究所/甘肃省干旱气候变化与减灾重点实验室/
中国气象局干旱气候变化与减灾重点开放实验室，兰州，730020）

摘　要　利用西南和华南区域129个气象站逐日和逐月气象数据，计算并对比分析了7种干旱监测指标在该区域的适用性，结果表明：MCI指数和K干旱指数在研究区各季干旱监测中表现均较好，其中，夏、秋季K干旱指数优于MCI指数，冬、春季MCI指数优于K指数；DI指数对于冬季和春季的旱情监测的较好；PDSI指数和GEVI指数在夏、秋季监测能力较强；SPI指数夏季监测效果较好；SPIW60指数在各季的监测能力都较弱。K干旱指数对干旱演变过程的刻画能力最强，其次是DI指数；MCI指数在干旱缓解阶段存在监测偏重的情况；SPI、SPIW60以及GEVI指数对干旱的累积效应考虑不够，存在监测偏轻、缓解或解除过快情况；PDSI指数对干旱波动发展过程反映能力较差。综合来看，MCI指数和K指数优于其他指数，K指数更适用于研究区月尺度干旱监测。

关键词　干旱指标；南方；月尺度；干旱监测；适用性

引　言

干旱是一定时间尺度上水分收支或供求不平衡形成的水分短缺现象。干旱灾害是我国最主要的自然灾害之一。在全球气候变暖的背景下，我国干旱的发展具有面积增大、频率加快、灾情加重的趋势（黄会平，2010），进入21世纪以后，我国旱涝格局发生了新的变化，在华北、东北以及西北地区东部干旱形势依然严峻的同时我国南方部分区域也明显变干，重大干旱事件频繁发生（齐冬梅 等，2011；张万诚 等，2011；过霁冰 等，2012；郑建萌 等，2013；叶敏 等，2013），如2002年广东发生罕见的冬春连旱；2004年华南地区遭遇了1951年以来最为严重的秋冬连旱；2006年重庆遭受了100年一遇的特大伏旱，四川出现1951年以来最严重伏旱；2007年江南、华南及西南东南部发生50年一遇特大秋旱和严重秋旱连初冬旱；2009年西南地区出现有气象记录以来最严重的秋冬春连旱；2009—2012年云南5年连旱；等等。干旱发生频率高、持续时间长、影响范围广，已成为制约当地经济发展和社会进步的重要因素之一。加强干旱监测、预测和对策方面的研究是区域气候影响评价、风险管理以及防灾减灾的迫切需求。

干旱指数是开展干旱监测、评估干旱风险的基本依据。国内外常用的干旱指标有50多种，不同指标在不同区域、不同季节具有不同的监测能力。为准确反映各区域干旱特征，需要对干旱指标在特定区域的适用性进行检验。目前，针对我国北方和淮河等区域干旱指标的适用性评价的工作较多（张存杰 等，1998；杨世刚 等，2011；杨小利 等，2013；王芝兰 等，2013；蔡

* 发表在：《高原气象》，2015，34(6)：108-116.

晓军 等,2013;王劲松 等,2013;段莹 等,2013),而针对南方的研究甚少。本文拟在前人研究的基础上,选择近年来南方旱情较严峻的西南和华南区域作为研究区,对 7 种干旱指标在该区域干旱监测中的适用性进行对比分析,以期为区域干旱监测、预警以及旱灾影响评估和风险管理提供科学依据。

1 研究区域

选择西南和华南 2 个区域 129 个气象站点开展研究,其中,西南区域中包括四川、重庆、贵州、云南在内的 3 省 1 市共 83 个气象站点,华南区域包括广东省和广西壮族自治区 1 省 1 区共 46 个站点,研究区范围和站点分布如图 1 所示。

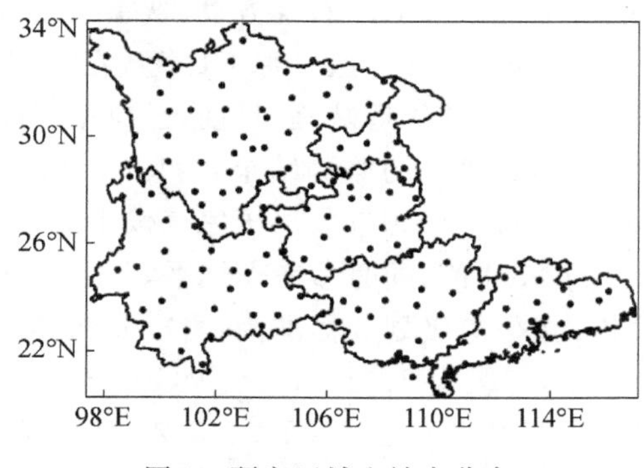

图 1 研究区域和站点分布

2 资料和方法

2.1 资料

计算干旱指标时所需的气象数据来源于国家气象信息中心提供的研究区 129 个站点 1961—2012 年逐日和逐月的平均温度、最高温度、最低温度、降水量、日照时数、平均风速以及相对湿度观测数据。

2.2 方法

2.2.1 干旱指标

选择标准化降水指数(SPI)、帕默尔干旱指数(PDSI)、标准化权重降水指数 SPIW、改进后的综合气象干旱指数(MCI)、K 干旱指数、广义极值分布指数 GEVI 以及 DI 指数共 7 种干旱指数进行对比分析。

SPI 和 PDSI 指标是国内外较为常用的指标,具体计算方法和等级划分标准可参见文献(McKee et al.,1993;刘巍巍 等,2004)或国家标准《气象干旱等级:GB/ T20481—2006》(张强 等,2006),这里不再详述。

标准化权重降水指数 SPIW 是陆尔(Lu,2009)基于前期降水对后期旱涝的影响呈指数衰减理念提出的,当贡献参数 a 取值为 0.95 时,前期降水贡献率衰减为 5%时,需要 60 天,此时该指数可写为:

$$WAP = 0.05\sum_{n=0}^{60} 0.95^{n} P_{n} \tag{1}$$

为便于不同时空尺度上的比较，对 WAP 进行了标准化，标准化后定义为 SPIW60 指数，其等级划分标准同标准化降水指数 SPI。

CI 综合气象干旱指数是国家气候中心研制并广泛应用于我国干旱监测业务和科学研究中的指标，本文中使用的 CI 指数是改进后指数 MCI，其形式如下：

$$MCI = a \times SPIW_{60} + b \times MI_{30} + c \times SPI_{90} + d \times SPI_{150} \tag{2}$$

式中：$SPIW_{60}$ 是近 60 天标准化权重降水指数；MI_{30} 是近 30 天相对湿润度指数；SPI_{90} 和 SPI_{150} 分别为近 90 天和近 150 天的标准化降水指数；a,b,c,d 为权重系数，随着地区和季节变化进行调整，南方冬、春季一般取：0.3，0.4，0.3，0.2，南方夏、秋季一般取：0.5，0.6，0.2，0.1。该指数考虑了 1～5 个月的水分亏盈状况，有效克服了原 CI 指数在干旱监测中存在的对季节以上旱情反映偏轻以及空间和时间存在不连续等缺陷，目前，已应用于国家气候中心干旱监测和预警业务中。由于 MCI 指数得到的是逐日的监测结果，为便于与其他指数比较，需将其转换为月值。本文根据《全国气候影响评价》（中国气象局国家气候中心，2008，2009）中某时段干旱等级的确定方法，得到各站逐月的 MCI 值，同时参考李忆平等（2013）的方法，得到研究区特旱阈值为－3.26。最终得到月 MCI 指数等级划分标准为：当－0.5≤MCI 时，为无旱，等级为 1；当－1.0≤MCI＜－0.5 时，为轻旱，等级为 2；当－1.5≤MCI＜－1.0 时，为中旱，等级为 3；当－3.26≤MCI＜－1.5 时，为重旱，等级为 4；当 MCI＜－3.26 时，为特旱，等级为 5。

K 干旱指数是根据某时段内降水量和蒸发量的相对变率来确定旱涝状况，以往研究（王劲松 等，2013）表明其在我国西北地区和黄河流域具有较好的干旱监测能力，其计算公式和等级划分标准可参见王劲松等（2007）。

GEVI 指数假设某一时段的降水量 x 服从 GEV 分布，根据形状参数确定不同的分布函数，再将分布函数 F 的复合负对数定义为一个干旱指数，其具体算法和等级划分标准可参见王澄海等（2012）。

DI 干旱指数是基于前期降水指数 API 和相对湿润度指数 MI 建立的旱涝监测指标，其具体算法和等级划分标准可参见王春林等（2012）。

2.2.2　对比分析方法

为尽可能准确、客观地评价各干旱指标的监测能力，避免用个别实例进行检验可能带来的片面性，本文基于《中国气象灾害大典》、水利部《中国水旱灾害公报》以及相关文献中的灾情记录（温克刚 等，2006，2007，2008；中国气象局，2006，2007；国家防汛抗旱总指挥部，中华人民共和国水利部，2007，2008；中国气象局，2010，2011；国家防汛抗旱总指挥部，中华人民共和国水利部，2011，2012；王素萍 等，2010；段海霞 等，2010），以某季有旱且有 2 个以上省份存在重度以上气象干旱为标准在研究区确定了 50 次严重的干旱事件。同时，也选取了 10 次存在轻到中度干旱的一般性事件，总共 60 次干旱事件（表 1），其中春旱 19 次，夏（伏）旱 21 次，秋旱 10 次，冬旱 10 次。以灾情描述信息为对比标准，对以上 60 次事件中 7 种指数的监测效果进行了评价。评价时给定了一个定量的适用性评分标准，如表 2 所示。

表 1　研究区干旱事件

干旱事件	年份	干旱类型	主要旱区
重大干旱事件	1961	夏(伏)旱	四川盆地、重庆、贵州东北部
	1962	春旱	四川盆地和川西南山地、云南西部、广东南部和东北部、广西中南部
	1963	春旱	四川南部、重庆、贵州、云南、广东、广西
		夏(伏)旱	重庆西部、贵州、广东局部、广西
	1966	春旱	四川盆地、重庆西部、贵州西部、云南东南部、广西西南部
		夏(伏)旱	四川盆地、重庆西部、贵州北部、广西局地
		秋旱	广东、广西局地
	1969	春旱	贵州局地、云南局地
	1970	冬旱	川西南山地、重庆中南部、云南
	1971	春旱	四川盆地和川西南山地、云南局部、广东中南部
		夏(伏)旱	四川盆地、重庆中南部、贵州北部
	1972	夏(伏)旱	四川盆地、重庆、贵州、云南东部局地、广东中部、广西
	1975	夏(伏)旱	四川盆地、重庆西部、贵州
	1977	冬春旱	广东、广西中南部
	1978	春旱	云南、重庆东北部、贵州
		夏(伏)旱	四川盆地、重庆、贵州、广西北部
		秋旱	四川西南部和东北部、重庆
	1979	春旱	四川盆地、重庆局地、贵州局地、云南局地
		夏(伏)旱	四川盆地、重庆局地、云南中东部
		秋旱	四川盆地局地、贵州南部、广东、广西
	1980	冬春旱	四川盆地局地、云南南部和东北部、广东、广西
	1983	夏(伏)旱	四川西部、云南东部局地、广西中南部
	1985	夏(伏)旱	四川盆地东北部、重庆、贵州中东部、广西
	1987	冬旱	四川北部、重庆、贵州中部、云南东部、广东、广西西部和南部
		春旱	重庆、贵州、云南中东部、广西西部和南部
	1988	春旱	四川盆地、重庆、贵州东北部和西部、云南、广东西南部、广西中西部
		夏(伏)旱	重庆、贵州东部、云南、广东西南部、广西中西部局地
	1990	夏(伏)旱	四川盆地、重庆、贵州、广东中西部、广西东部
	1991	春旱	贵州西部、云南局地、广东局部、广西
		秋旱	广东西南部和中部偏西区域、广西
	1992	夏(伏)旱	四川盆地、重庆、贵州、云南局地、广西西部
		秋旱	重庆、贵州局地、广西西部
	1993	春旱	四川盆地局部、贵州、云南局地、广西西部
		夏(伏)旱	四川盆地、重庆西部、云南
	1997	夏(伏)旱	四川盆地、重庆、贵州中部

续表

干旱事件	年份	干旱类型	主要旱区
重大干旱事件	1999	冬旱	四川局地、重庆、云南局地、广东、广西西部
		春旱	四川盆地西部、重庆局地、云南局地、广东、广西西部
	2004	秋旱	广东、广西
	2005	秋旱	贵州东南部、广东、广西东部
	2006	夏(伏)旱	四川、重庆、贵州北部、云南北部
	2007	夏(伏)旱	广东、广西
		秋旱	贵州、广东、广西
	2008	冬旱	贵州、广东、广西
	2009	冬旱	四川中南部、贵州、云南、广东、广西
		秋旱	四川南部局地、贵州、云南、广东局地、广西
	2010	冬旱	四川南部、贵州、云南、广西西部
		春旱	四川西南部、贵州西南部、云南、广西西部
	2011	夏(伏)旱	四川、重庆西南部、贵州、云南局地、广东局地、广西西北部
一般性干旱事件	1961	春旱	重庆北部局地、云南中西部、广东、广西西部局地
	1965	秋旱	广东局地、广西中部局地
	1974	夏(伏)旱	四川盆地、重庆东北部局地、云南西南部局地、广西东南部局地
	1983	春旱	四川盆地、重庆、云南中东部、广西
	1985	春旱	重庆东北部、贵州东部、云南西南部局地、广东、广西中部局地
	1986	夏(伏)旱	四川盆地、重庆中北部局地、广西局地
	1995	冬旱	云南南部、广东南部沿海
	1998	冬旱	四川盆地东南部、重庆西部、广东西南部
		春旱	四川盆地、重庆中西部、贵州西北部、广东西南部、广西中西部
		夏(伏)旱	云南中部局地、广东西南部和北部、广西中部和东北部

表 2　各干旱指数监测效果评分标准

监测结果		监测效果	评分
漏监测		差	0
监测到旱情	程度和范围均有偏差	较差	1
	程度和范围有 1 项符合	一般	2
	程度和范围均符合	较好	3

另外,一个好的干旱指数不仅要能准确监测到某一时段旱情的程度和范围,也要能准确刻画干旱发生、发展,以及缓解、解除的整个过程特征,因此,本文以 2009—2010 年西南严重秋冬春连旱事件为例,对各指数对干旱事件演变过程的刻画能力也进行了适当的评估。

3 结果分析

3.1 不同干旱指标对不同类型干旱强度和范围的监测能力

表 3 为各指数对不同季节干旱的监测能力评分。可以看出，MCI 指数和 K 干旱指数在研究区监测能力最强，各季评分都在 2 分以上，其中，夏、秋季 K 干旱指数优于 MCI 指数，冬、春季 MCI 指数优于 K 干旱指数；DI 指数对于冬季和春季的旱情监测的较好，夏、秋季监测效果略差，其中漏监测 2 次夏(伏)旱事件；PDSI 指数和 GEVI 指数在夏、秋季监测能力较强，春季和冬季存在漏测情况；SPI 指数夏季监测效果较好，其他季节监测效果较差；比较而言，SPIW60 指数在各季的监测能力都较弱。

表 3　不同干旱指标对不同类型干旱的监测能力评分

干旱类型	干旱指标						
	SPI	PDSI	MCI	GEVI	K	SPIW60	DI
春旱	1.6	1.7 (漏 1/0)	2.7	1.7	2.4	1.6	2.2
夏(伏)旱	2.1	2.1	2.3	2.2	2.7	1.9 (漏 1/1)	1.3 (漏 2/1)
秋旱	1.8 (漏 1/1)	2.2	2.3	2.0	2.4	1.8	1.6
冬旱	1.2 (漏 1/1)	1.6	2.6	1.4 (漏 1/1)	2.1	1.2 (漏 1/1)	2.3

注：漏测事件(漏 a/b)中，a 表示漏测事件总数，b 表示其中漏测的严重干旱事件总数。

从表 3 也可以看出，综合考虑水分收支各项、不同时间尺度的水分亏缺与累积效应以及气候背景的干旱指数比仅考虑单一要素或当月降水状况的指数具有更好的监测效果，如 K、MCI 以及 DI 指数。同时，由于冬、春季干旱不仅仅受到近期降水的影响，也受到前期较长时间降水的影响，而 MCI 指数和 DI 指数既考虑了近期 1～3 个月的降水情况，还考虑了前期 5 个月的降水状况或常年平均的湿润状况，因此，在冬、春季其监测效果优于仅考虑当月降水的 SPI、SPIW60 以及 GEVI 指数。另外，夏季南方近期 1 个月降水和蒸发在干旱发展过程中起主要作用，因此，考虑近 1 个月降水和蒸发变率的 K 指数表现出更强的监测能力。

由于受本文篇幅所限，以下仅就不同类型的干旱事件各给出 1 个实例。

图 2 为各指数对研究区 1963 年春旱的监测结果。1963 年春季，华南、云南、贵州以及四川南部发生严重春旱。其中，广东重春旱，遍及全省；广西除东北部外，大部分地区存在重春旱；贵州大部、重庆大部、四川南部以及云南中东部和西北部部分地区有严重的春旱；四川盆地大部也存在一定程度的春旱。从各指数的监测结果来看，SPI，PDSI，GEVI 和 SPIW60 指数均没有监测出重庆大部的旱情，另外，SPI 监测到的云南西北部的旱情较实际偏轻，PDSI 和 DI 指数监测到的广西的旱情较实际偏轻，范围偏小；K 干旱指数对重庆旱情的监测结果偏轻，范围偏小；比较而言，MCI 指数对此次春旱的监测效果最好，与实际情况最吻合，打分为 3 分。

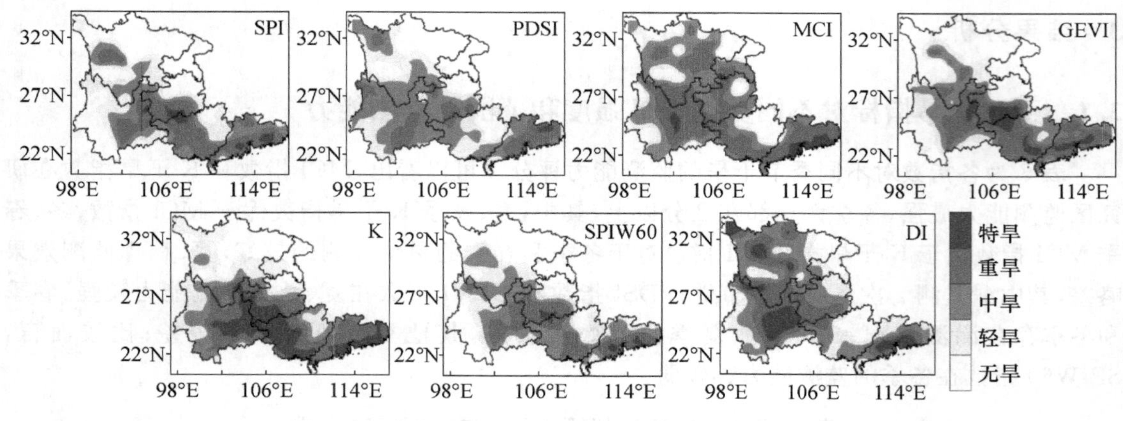

图 2　1963 年 4 月干旱指数监测图

图 3 为各指数对 2006 年研究区伏旱的监测结果。8 月，伏旱最严重，旱情较为严重的区域位于重庆、四川东部、贵州北部以及云南北部地区，其中，重庆遭受了 100 年一遇的特大伏旱，四川旱情最重的地方位于盆地中部和东北部交接的南充、遂宁两市，K 干旱指数和 MCI 指数很好地反映出这一旱情；PDSI 监测的特旱范围较其他指数大；DI 指数监测的旱情较实际偏轻，范围也稍偏小；SPI、SPIW60 以及 GEVI 监测的旱情较实际偏轻。

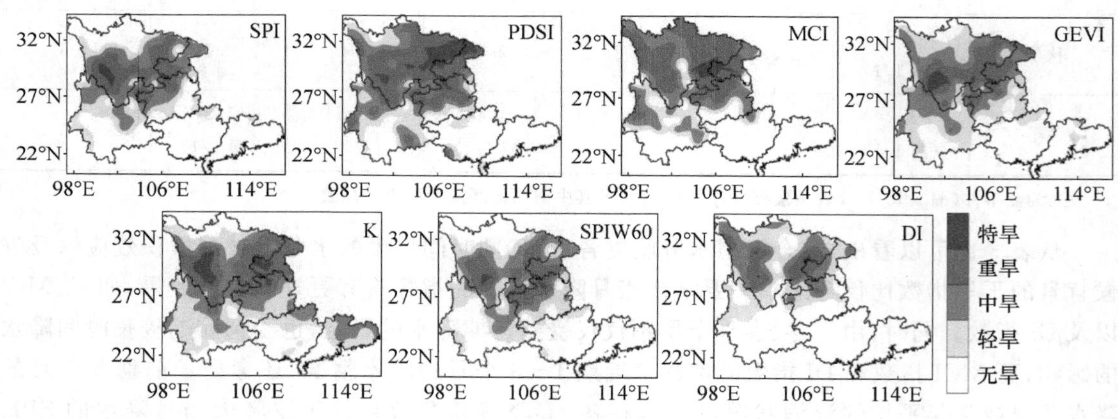

图 3　2006 年 8 月干旱指数监测图

图 4 为各指数对研究区 2004 年秋旱的监测结果。2004 年入秋以后，南方大部地区降水持续偏少，尤其是 10 月份降水锐减，秋旱快速发展，广西、广东大部等地达到重旱标准，部分地区达到特旱标准，贵州、云南等地也有不同程度的旱情。从各指数的监测结果来看，K 指数监测结果与实况最吻合，DI 指数监测结果与实况差异最大，程度偏轻，范围偏小。

对于冬旱而言，MCI 和 K 干旱指数的监测结果仍与实况最吻合。图 5 是各指数对 2008/2009 年冬旱的监测结果。2008 年 12 月至 2009 年 2 月，我国南方地区降水持续偏少，华南大部及云南南部较常年偏少 5～8 成，广东东部偏少 8 成以上，加之气温显著偏高，气象干旱发展迅速。2 月，华南大部及贵州大部、云南、四川中部和南部有中到重度气象干旱，局部达特旱。从各指数的监测结果来看，MCI 指数的监测结果与实况最吻合，其次是 K 干旱指数和 DI 指数，PDSI 指数和 GEVI 指数与实况差异较大，存在监测范围偏小、程度偏轻的情况。

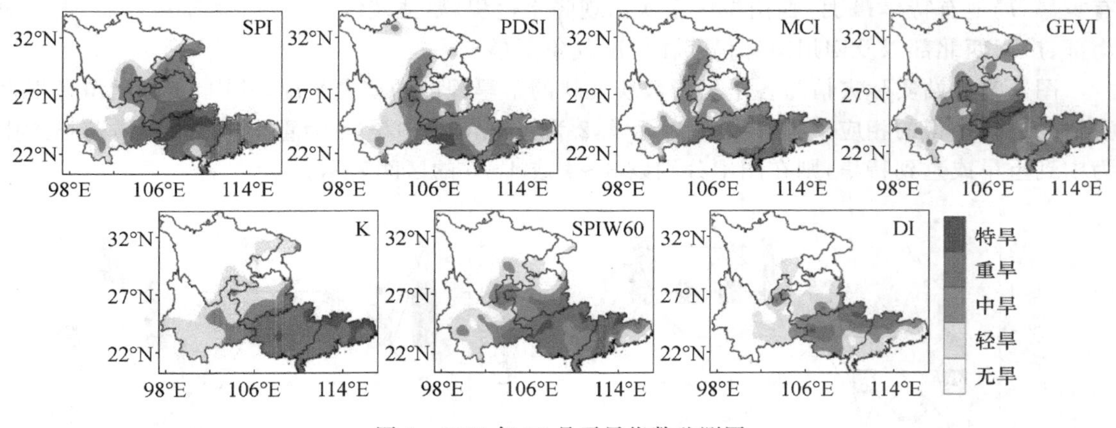

图 4　2004 年 10 月干旱指数监测图

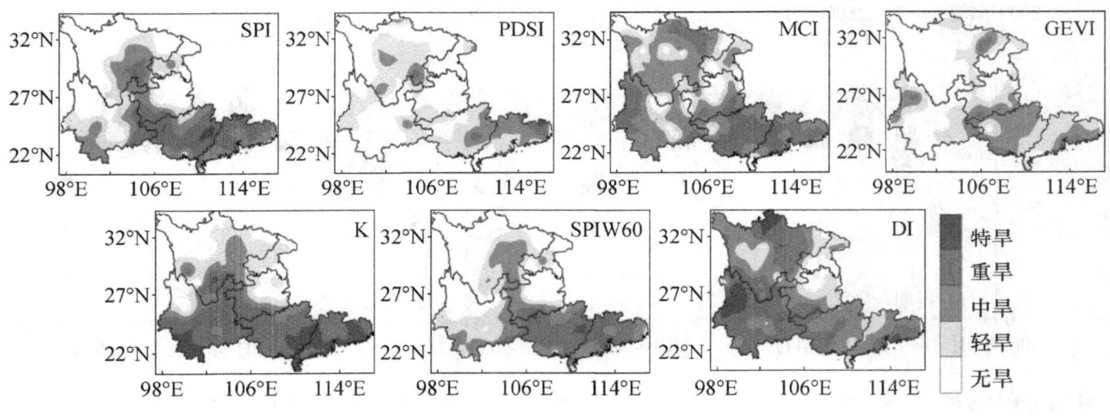

图 5　2009 年 2 月干旱指数监测图

3.2　不同干旱指标对干旱发展过程的刻画能力评估

进入 21 世纪以后，西南和华南地区季以上尺度的重大干旱事件频繁发生，本文选择 2009 年研究区秋冬春连旱事件，选取西昌、河池、昆明以及兴仁作为四川南部、广西西北部、云南东北部以及贵州西南部的代表站，从各站实际灾情与各干旱指数所反映的干旱程度的对应情况，进一步探讨各指数对干旱演变过程的刻画能力。

根据《中国气象灾害年鉴》(中国气象局，2010，2010，2011)、《中国水旱公报》(国家防汛抗旱总指挥部，中华人民共和国水利部，2011)以及相关文献(王素萍 等，2010；段海霞 等，2010)中的灾情信息，2009 年 8 月，我国西南和华南大部高温少雨，部分地区存在轻度伏旱，广西西北部有中到重旱；9 月，广西西部、贵州大部、云南东部有中到重旱，川西南山地东北部无旱；10 月，贵州旱情持续，广西西部、云南东部达到重旱，四川南部有轻旱，11 月，云南北部和东部、四川南部、贵州西部、广西西部存在重旱；12 月，干旱持续发展；2010 年 1 月，广西西北部降水偏多 5 成至 1 倍，干旱解除，云南北部、四川南部、贵州西部等地仍有重度气象干旱；2 月，云南、贵州、广西西北部、四川南部维持中等以上程度干旱，其中云南中北部、贵州大部和四川南部等地达重旱等级；3 月，旱情持续发展，云南北部有中旱，广西西北部、四川南部以及贵州西南部有重旱，局地有特旱；4 月，西南旱区多次出现降水过程，旱情缓解，但云南北部和东部、贵州西南部、广西西北部以及四川南部仍存在中度气象干旱。

图 6 为各站实际灾情与各干旱指数所反映的干旱程度的演变情况，其中，实际旱情是根据灾情描述转换得的相应干旱等级，1 为无旱，2 为轻旱，3 为中旱，4 为重旱，5 为特旱，若描述中为中到重旱或重到特旱，则在图中分别以 3～4 或 4～5 的区间表示。

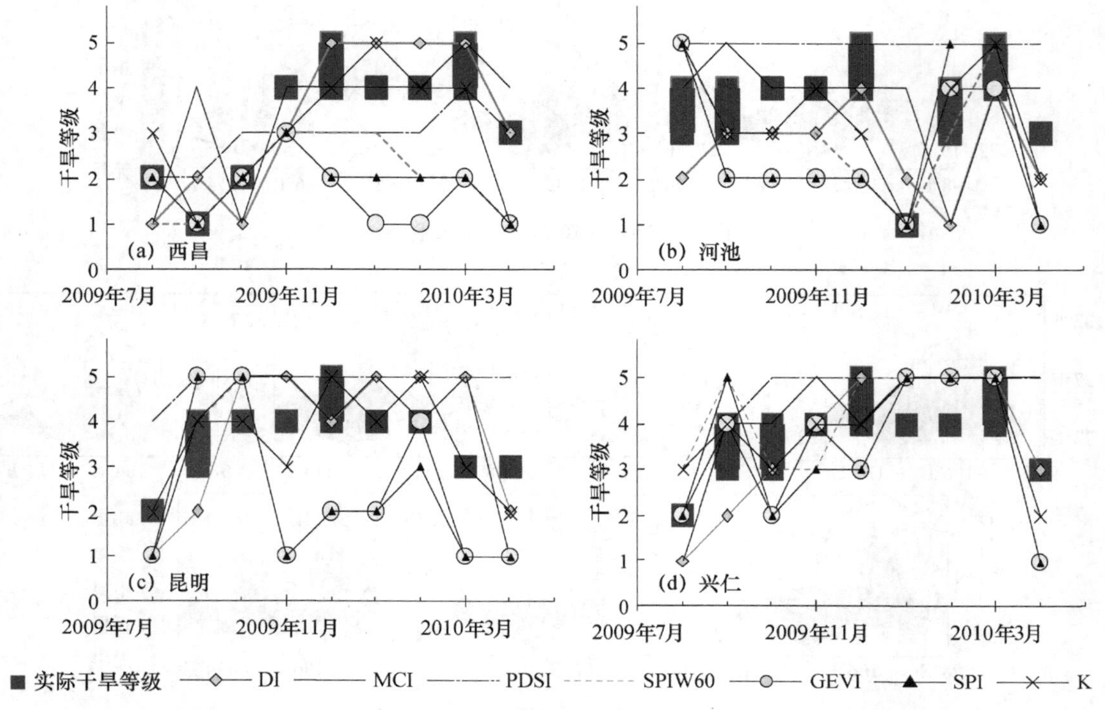

图 6　2009 年 8 月至 2010 年 4 月代表站实际干旱等级及各干旱指数干旱等级演变图

从西昌站各指数监测结果与实际旱情的对应情况来看(图 6a)，DI 指数对干旱过程的刻画与实况最吻合，其次是 K 指数和 MCI 指数，其中，K 指数在干旱缓解阶段监测到的旱情较实际明显偏轻，而 MCI 指数在干旱发生阶段监测出的旱情与实际不符；其他 4 种指数，尤其是 SPI、SPIW60 以及 GEVI 指数在干旱持续阶段监测的旱情较实况明显偏轻。在河池站(图 6b)，K 指数对干旱过程的刻画与实况最吻合；MCI 指数在干旱缓解和再次发生时段的监测结果较实际偏重或偏轻，缓解或发生偏晚；SPI、SPIW60 以及 GEVI 指数在干旱持续阶段监测的旱情仍较实况明显偏轻；PDSI 指数没有反映出干旱发展的波动特征。在昆明站(图 6c)，K 指数、MCI 指数以及 DI 指数对干旱过程的刻画仍与实况较吻合，SPI，SPIW60 以及 GEVI 指数的变化基本一致，仍存在偏轻情况，PDSI 对干旱波动特征的反映能力仍较差。在兴仁站(图 6d)，K 指数和 DI 指数反映出的干旱过程演变过程与实况最接近，MCI 指数在干旱缓解阶段监测的旱情较实际偏重，没有反映出缓解特征；PDSI 指数在干旱持续过程中监测结果偏重，且没有反映出 2010 年 4 月干旱的缓解特征；其他 3 种指数仍存在偏轻的情况。

综合来看，K 干旱指数对干旱发展过程的刻画能力最强；其次是 DI 指数，MCI 指数由于考虑了前 5 个月的降水情况，其干旱持续时间更长，缓解时间偏晚，缓解阶段监测的旱情较实际偏重，而 SPI、SPIW60 以及 GEVI 指数对干旱的累积效应考虑不够，存在旱情持续阶段监测偏轻、旱情缓解或解除过快情况；PDSI 指数对降水的响应较慢，对干旱波动发展过程反映能力较差。

4 结论和讨论

本文利用西南和华南区域 129 个气象站逐日和逐月气象数据，从干旱监测能力和干旱演变过程刻画能力两方面对比分析了 7 种干旱监测指标在该区域的适用性，结果表明：

从干旱监测能力来看，MCI 指数和 K 干旱指数在研究区各季干旱监测中表现均较好，其中，夏、秋季 K 干旱指数优于 MCI 指数，冬、春季 MCI 指数优于 K 干旱指数；DI 指数对于冬季和春季的旱情监测的较好，夏秋季监测效果略差，存在漏测情况；PDSI 指数和 GEVI 指数在夏、秋季监测能力较强，春季和冬季存在漏测情况；SPI 指数夏季监测效果较好，其他季节监测效果较差；SPIW60 指数在各季的监测能力都较弱。

从各指数对干旱演变过程的刻画能力看，K 干旱指数对干旱演变过程的刻画能力最强；其次是 DI 指数，而 MCI 指数也能够刻画干旱的发展过程，但由于考虑到前期较长降水的影响，因此，在干旱缓解阶段存在监测偏重的情况；而 SPI、SPIW60 以及 GEVI 指数对干旱的累积效应考虑不够，存在监测偏轻、缓解或解除过快情况；PDSI 指数对干旱波动发展过程反映能力较差。

从本文的结果来看，综合考虑水分收支各项、不同时间尺度的水分亏缺与累积效应以及气候背景和前期土壤状况的干旱指数比仅考虑单一要素的指数具有更好的监测效果，如 K 指数和 MCI 指数。若考虑 MCI 和 K 的计算过程，K 的计算更简便，因此，在研究区月及季尺度的干旱监测中，推荐使用 K 指数，而 MCI 指数虽计算较复杂，但其可进行逐日尺度的干旱监测。总之，各类指数各具有优缺点，通过对比检验各指数的适用性，结合具体研究对象选择适合的、便于应用的指数是科学合理地开展干旱监测与干旱气候变化研究的有效途径。

致谢：感谢国家气候中心张存杰研究员在 MCI 指数计算过程中给予的指导和帮助；感谢广东省气候中心王春林研究员提供 DI 指数计算结果。

参考文献

蔡晓军，茅海祥，王文，2013. 多尺度干旱指数在江淮流域的适应性研究[J]. 冰川冻土，35(4)：978-989.

段海霞，王素萍，冯建英，2010. 2010 年春季全国干旱状况及其影响与成因[J]. 干旱气象，28(2)：238-244.

段莹，王文，蔡晓军，2013. PDSI、SPEI 及 CI 指数在 2010/2011 年冬、春季江淮流域干旱过程的应用分析[J]. 高原气象，32(4)：1126-1139.

国家防汛抗旱总指挥部，中华人民共和国水利部，2007. 中国水旱灾害公报 2006[R]. 北京：中国水利水电出版社：15-24.

国家防汛抗旱总指挥部，中华人民共和国水利部，2008. 中国水旱灾害公报 2007[R]. 北京：中国水利水电出版社：15-25.

国家防汛抗旱总指挥部，中华人民共和国水利部，2009. 中国水旱灾害公报 2008[R]. 北京：中国水利水电出版社：18-29.

国家防汛抗旱总指挥部，中华人民共和国水利部. 2011. 中国水旱灾害公报 2010[R]. 北京：中国水利水电出版社：17-26.

国家防汛抗旱总指挥部，中华人民共和国水利部，2012. 中国水旱灾害公报 2011[R]. 北京：中国水利水电出版社:18-26.

过霁冰,徐祥德,施晓晖,等,2012. 青藏高原冬季积雪关键区视热源特征与中国西南春旱的联系[J]. 高原气象,31(4):900-909.

黄会平,2010.1949—2007 年我国干旱灾害特征及成因分析[J]. 冰川冻土,32(4):659-665.

李忆平,王劲松,李耀辉,2013. 两种判断月干旱过程的方法在黄河流域的对比研究[J]. 冰川冻土,35(4):968-977.

刘巍巍,安顺清,刘庚山,等,2004. 帕默尔旱度模式的进一步修正[J]. 应用气象学报,15(2):207-215.

齐冬梅,李跃清,陈永仁,等,2011. 近 50 年四川地区旱涝时空变化特征研究[J]. 高原气象,30(5):1170-1179.

王澄海,王芝兰,郭毅鹏,2012. GEV 干旱指数及其在气象干旱预测和监测中的应用和检验[J]. 地球科学进展,27(9):957-968.

王春林,陈慧华,唐力生,2012. 广东省气象干旱图集[M]. 北京:中国科学技术出版社:12.

王劲松,郭江勇,倾继祖,2007. 一种 K 干旱指数在西北地区春旱分析中的应用[J]. 自然资源学报,22(5):709-717.

王劲松,李忆平,任余龙,等,2013. 多种干旱监测指标在黄河流域应用的比较[J]. 自然资源学报,28(8):1337-1349.

王素萍,段海霞,冯建英,2010. 2009/2010 年冬季全国干旱状况及其影响与成因[J]. 干旱气象,28(1):107-112.

王芝兰,王劲松,李耀辉,等,2013. 标准化降水指数与广义极值分布干旱指数在西北地区应用的对比分析[J]. 高原气象,32(3):839-847.

温克刚,刘建华,2006. 中国气象灾害大典:云南卷[M]. 北京:气象出版社:67-145.

温克刚,罗宁,2006. 中国气象灾害大典:贵州卷[M]. 北京:气象出版社:39-65.

温克刚,马力,2008. 中国气象灾害大典:重庆卷[M]. 北京:气象出版社:50-92.

温克刚,宋丽莉,2006. 中国气象灾害大典:广东卷[M]. 北京:气象出版社:238-250.

温克刚,杨年珠,2007. 中国气象灾害大典:广西卷[M]. 北京:气象出版社:165-198.

温克刚,詹兆渝,2006. 中国气象灾害大典:四川卷[M]. 北京:气象出版社:288-358.

杨世刚,杨德保,赵桂香,等,2011. 三种干旱指数在山西省干旱分析中的比较[J]. 高原气象,30(5):1406-1414.

杨小利,王丽娜,2013. 4 种干旱指标在甘肃平凉地区的业务适应性分析[J]. 干旱气象,31(2):419-424.

叶敏,钱忠华,吴永萍,2013. 中国旱涝时空分布特征分析[J]. 物理学报,62(13):139203.

张存杰,王宝灵,刘德祥,等,1998. 西北地区旱涝指标的研究[J]. 高原气象,17(4):381-389.

张强,邹旭凯,肖风劲,等,2006. 气象干旱等级:GB/T 20481—2006[S]. 北京:中国标准出版社:12-17.

张万诚,万云霞,任菊章,等,2011. 水汽输送异常对 2009 年秋、冬季云南降水的影响研究[J]. 高原气象,30(6):1534-1542.

郑建萌,张万诚,万云霞,等,2013. 云南极端干旱年春季异常环流形势的对比分析[J]. 高原气象,32(6):1665-1672.

中国气象局,2006. 中国气象灾害年鉴 2005[M]. 北京:气象出版社:14-16,113-117.

中国气象局,2007. 中国气象灾害年鉴 2006[M]. 北京:气象出版社:28-31.

中国气象局,2010. 中国气象灾害年鉴 2010.[M]. 北京:气象出版社:11-20,98-104.

中国气象局,2012. 中国气象灾害年鉴 2011.[M]. 北京:气象出版社:10-16,79-83.

中国气象局国家气候中心,2009. 全国气候影响评价 2008[M]. 北京:气象出版社.

Lu E, 2009. Determining the start, duration, and strength of flood and drought with daily precipitation: Rationale[J]. Geophysical Research Letters, 36, L12707, doi:10.1029/2009GL038817.

McKee T B, Doesken N J, Kliest J, 1993. The relationship of drought frequency and duration to time scales [C]//Proceedings of the 8th Conference on Applied Climatology, 17-22 January, Anaheim, CA. American Meteorological Society: Boston, MA: 179-184.

Richard R, Heim J R, 2002. A review of twentieth century drought indices used in the United States [J]. Bulletin of American Meteorological Society, 83(8): 1149-1165.

基于土壤侵蚀模型的滑坡临界雨量估算探讨*

梁益同　柳晶辉　李　兰　温泉沛

（武汉区域气候中心，武汉，430074）

摘　要　针对滑坡临界雨量确定目前存在的问题，提出一种基于土壤侵蚀模型的滑坡临界雨量估算的新方法。该方法基本思路是：降雨引起土壤侵蚀，当土壤侵蚀达到一定强度时可诱发滑坡，因此利用土壤侵蚀模型可以推算滑坡临界雨量。以湖北省秭归县为例进行试验，从降雨-土壤侵蚀-滑坡的成灾机理入手，利用卫星资料、地理信息资料及降雨资料，计算降雨侵蚀力、土壤可蚀性、地形（坡长、坡度）、植被覆盖和土地利用类型等因子，基于 USLE 土壤侵蚀模型，计算滑坡发生时土壤侵蚀强度，通过分析多个滑坡个例，确定滑坡临界土壤侵蚀强度，再根据降雨侵蚀力与降雨量之间的关系，推算不同预警点滑坡临界雨量。相比以往仅仅分析灾情与降雨之间关系的传统方法，该方法有较为清晰的物理意义，实际业务中也易于实现，在滑坡预警预报中有较高实用价值。

关键词　滑坡；临界雨量；土壤侵蚀；USLE 模型

滑坡是斜坡的岩体或土体在重力作用下，当促滑应力超过了抗滑能力，整体沿连续破坏面向下滑动的现象。滑坡灾害具有发生频率高、分布范围广、损失严重等特点。滑坡发生的最主要诱发因素是降雨，1998 年全国范围内因特大暴雨而诱发了大量的滑坡、崩塌和泥石流灾害，造成的死亡人数为 1157 人，受伤人员超过 1 万。有效预测滑坡的关键点是确定诱发滑坡的临界雨量。国内外学者针对降雨诱发滑坡之间的关系做了大量研究（Keefer et al.，1987；Chan et al.，2004；姚学祥 等，2005；陈洪凯 等，2012），研究方法目前主要有三种：第一种是基于灾害资料的统计分析方法，如赵衡等（2011）等通过对实际的降雨和滑坡灾害资料进行统计分析，得出相应的前期有效降雨量和触发雨量之间的关系，从而绘制雨量阈值曲线，这种方法往往忽略了下垫面植被状况、地质条件等影响滑坡灾害的一些其他因素，而且所得的滑坡临界雨量是代表一个区域范围而不是一个具体滑坡点。第二种是相似类比法，如陈列等等（2009）和王仁乔等（2005）针对缺少降雨和灾害资料的地区，当这些地方的地理、地质、生态等与已确定致灾临界阈值的地区较为相似，可近似的认为致灾临界雨量也相似，可根据实际情况适当调整。第三种是通过边坡稳定性分析的力学方法，如何玉琼等（2012）的降雨阈值模型或水位高度模型、殷坤龙等（2002）的滑坡剖面二维不稳定流动问题的动力学模型，但力学方法需要对滑坡点进行大量气象、水文、地质等方面的数据观测试验，离实际预报预警业务应用有较大距离。

国内外研究表明，影响滑坡灾害的主要因素有降雨、下垫面植被状况、地质条件、人类工程活动等方面。何东升（2012）研究发现，地质灾害是在土壤侵蚀过程中侵蚀形态上的继承和伴生，通过宏观区域上的土壤侵蚀强度和地质灾害分布关系的分析，得出二者具有一定的相关性，在一定的区域尺度上，可以用土壤侵蚀的强度近似表示地质灾害的发育程度。周琪龙（2013）研究也表明，土壤侵蚀是在自然动力的作用下发生了土壤颗粒的分离和转移，在沟谷地

* 发表在：《长江流域资源与环境》，2015，24(3)：464-468.

区逐渐发育，随着地表水土轻微流失、雨水下渗在沟坡地区逐渐形成浅层滑坡。基于这些考虑，本文提出一种新的滑坡临界雨量确定思路，认为降雨引起土壤侵蚀，当土壤侵蚀达到一定程度便可诱发滑坡。从降雨-土壤侵蚀-滑坡的机理入手，基于土壤侵蚀模型，利用卫星、地理信息资料及降雨资料，就可以推算不同滑坡预警点的临界雨量。本文以湖北省秭归县为例进行探讨。

1　研究区概况

秭归县地理坐标为 110°18′—111°0′E，30°38′—31°11′N，位于湖北省西部，地处川鄂咽喉长江西陵峡两岸，三峡库区首县，面积 2427 km^2，人口 42.3 万人。该地属亚热带季风气候，年降雨量为 1000 mm 左右。由于地质条件复杂、降雨丰沛、人类工程活动强烈等因素影响，滑坡频率高、分布广、灾害重，是湖北最严重的县市之一。

2　资料及方法

2.1　资料及处理

滑坡灾害资料来源于湖北省国土资源厅以及气象部门调查，起止时间为 1985 年至 2013 年，共计 84 个滑坡样本，滑坡发生时间大部分发生汛期(5—9 月)。由于本文研究的是降雨引起的滑坡，所以按照侵蚀性降雨标准(谢云 等，2000)，设置滑坡发生当天及前 2 天至少有一天降雨量>12 mm 原则(土壤侵蚀模型中一般认为 12 mm 以上得降水才会引起土壤侵蚀)，共有 29 个样本满足条件，选取其中 21 个用于分析临界雨量的确定，其余 8 个(发生于 2008 年)作为滑坡预警点进行验证。

收集整理秭归县比例尺 1∶50000 地理信息资料(土地利用类型、土壤类型、高程)、2004 年 5 月 9 日覆盖秭归县的 TM 卫星影像、灾情发生当天及前期逐日降雨资料。

由于地理信息数据及卫星数据的坐标格式及分辨率不统一。数据在使用前必须进行一致化处理，统一到相同的分辨率和参考坐标系下来，以保证数据空间分析的可操作性。本文以 WGS84 为地理坐标，UTM 投影坐标作为基准坐标系，以 30 m×30 m 为单位像元，对各类数据进行标准化处理。

2.2　方法

2.2.1　USLE 土壤侵蚀模型

土壤侵蚀从本质上可以看作各种影响因子(包括降雨因子、地形因子、植被盖度因子、成土母质因子、土地利用类型及侵蚀防治措施因子等)的综合函数，即：

E(土壤侵蚀量)$=F$(降雨因子，土壤因子，地形因子，植被因子，沟谷密度因子，…)

土壤侵蚀方程中构成的多因子解释具有物理意义，因子与土壤侵蚀量之间的关系并非是简单的线性关系。近 30 年来国内外发展了多种模型(周正朝 等，2004)，其中 USLE 是基于缓坡的模型，有大量实地观测数据统计分析验证，已是应用最广泛的土壤侵蚀定量预测模型。USLE 模型算式定义为：

$$E_q = R \cdot K \cdot L \cdot \mathrm{S} \cdot V_{eg} \cdot P \tag{1}$$

式中：E_q为土壤侵蚀量[t/hm^2]；R 为降雨侵蚀力因子[MJ · mm/(hm^2 · h)]；K 为土壤可蚀

性因子[MJ · mm/(hm^2 · h)];L,S,V_{eg}和 P 分别代表坡长、坡度、植被覆盖和土地利用类型因子,无量纲。R 通过降雨资料计算得到,K,L,S 和 P 从地理信息资料推算出来,V_{eg}可以从卫星资料计算而来,各因子的具体计算方法参考 Renard 等(1997)、Wischmeier 等(1978)、王万忠等(1996)的研究文献。

2.2.2 滑坡临界土壤侵蚀强度的计算

从(1)式中计算的土壤侵蚀量一般是年内土壤侵蚀强度,计算特定时段内土壤侵蚀强度可利用逐日降雨量计算该时段降雨侵蚀力(Richardson et al.,1983)的总和,再根据(1)式计算单位面积内的土壤在该时段内的侵蚀量,即土壤侵蚀模数,以表示该时段内降雨引起土壤侵蚀强度。

滑坡的发声除了跟当天降雨有关之外,还跟前期的降雨量有很大关系,因此用于滑坡灾害分析的降雨量数据一般是取自当天及前几天的逐日降雨量记录,并且不同日期的雨量对滑坡发生的贡献是不同的,国内外学者对此已作过相应的研究(Lumb,1962;Bruce et al.,1969;王仁乔 等,2005),并提出了对滑坡发生有贡献的有效雨量的经验公式(Bruce et al.,1969):

$$P_j = k^j \cdot r_j \tag{2}$$

式中:P_j和 r_j分别为滑坡当天倒数第 j($j=0,1,\cdot\cdot\cdot$)天的有效降雨量和实际雨量;k 有效雨量系数,一般取 0.84。

为了研究方便,本文取前期天数为 15 d(半月)。特定时段降雨量和侵蚀力一般表现为幂函数关系,估算半月侵蚀力的模型定义如下:

$$M = \alpha \sum_{j=0}^{14} (P_j)^\beta \tag{3}$$

式中:M 是半月时段的降雨侵蚀力值[MJ · mm/(hm^2 · h)];P_j表示滑坡当天倒数第 j 天的侵蚀性日雨量,要求日雨量大于等于 12 mm,否则以 0 计算;α,β 是模型待定参数,根据章文波等(2002)的模拟结果,秭归县的 α 和 β 分别取 0.274 和 1.892。

将半月时段的降雨侵蚀力 M 取代(1)式中的 R,即可计算滑坡发生时前半月的土壤侵蚀强度。

2.2.3 滑坡临界雨量的计算

如果已知滑坡发生所达到的土壤侵蚀强度,根据(3)式可求出滑坡当天预警雨量 P_0:

$$P_0 = \sqrt[\beta]{\frac{M}{\alpha} - \sum_{j=1}^{14} (P_j)^\beta} \tag{4}$$

式中:半月降雨侵蚀力 M 可根据(1)式求得:

$$M = \frac{E_q}{K \cdot L \cdot S \cdot V_{eg} \cdot P} \tag{5}$$

计算出 P_0后,半月时段内滑坡致灾临界雨量 P_a为:

$$P_a = \sum_{j=0}^{14} (k^j \cdot r_j) \tag{6}$$

2.2.4 滑坡临界雨量估算技术流程

滑坡临界雨量估算技术流程如图 1 所示。

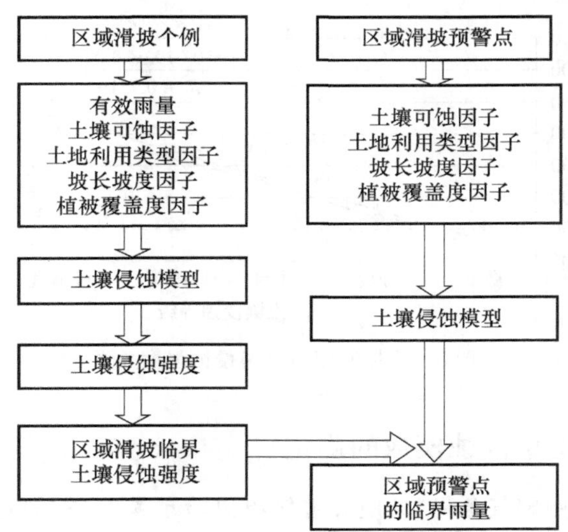

图 1　滑坡致灾临界雨量估算技术流程

3　结果分析

3.1　滑坡密度与土壤侵蚀强度分析

为了分析滑坡的发生与土壤侵蚀之间的关系，利用 USLE 模型计算秭归多年平均土壤侵蚀量，并参照水利部颁布的《土壤侵蚀分类分级标准：SL190—2007》，获得秭归年平均土壤侵蚀等级分布图，并将滑坡点叠加到图上（图 2）。由图 2 可见，滑坡点大部分分布在土壤侵蚀等级较高区域上。对各侵蚀等级的滑坡密度（滑坡个数除以等级面积）进行统计，得到滑坡密度与侵蚀强度对应的散点图（图 3）。由图 3 可以看出，滑坡密度与土壤侵蚀强度呈现近似的比例关系。

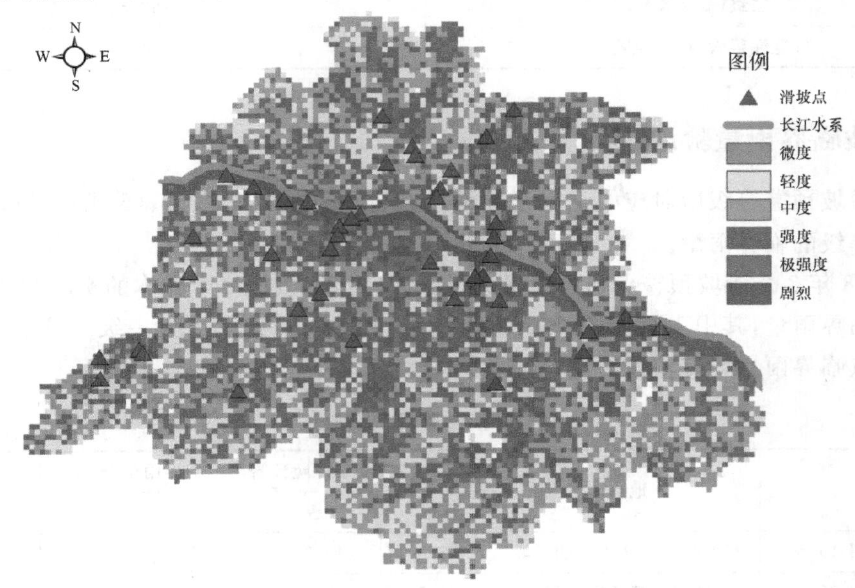

图 2　秭归县年平均土壤侵蚀强度及滑坡灾情点空间分布

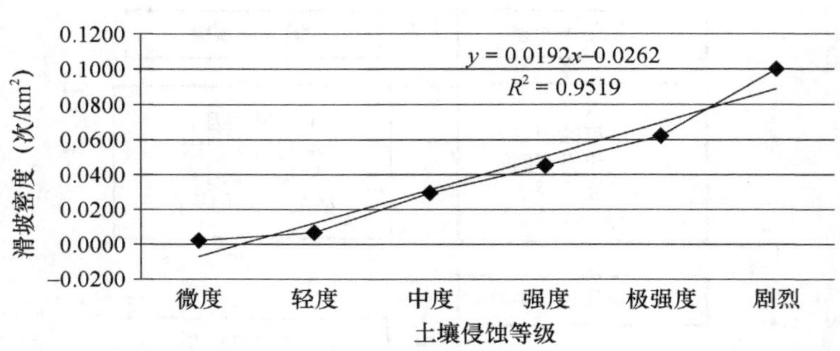

图 3　滑坡密度与土壤侵蚀强度关系

3.2　区域滑坡临界土壤侵蚀模数的确定

根据国土资源部和中国气象局“地质灾害气象风险预警业务”规定，地质灾害气象风险预警的等级由弱到强依次分为四级、三级、二级、一级，分别表示气象因素致地质灾害发生有一定风险、较高风险、高风险、很高风险。按 USLE 模型算法，计算 21 个滑坡个例的土壤侵蚀模数，取其中最小值为 58.2 t/km² 为该区域的滑坡气象风险预警等级四级的临界土壤侵蚀模数。若分别选取发生滑坡 30%、50%、70%的概率为三级、二级、一级的预警等级，同样计算出秭归县各滑坡预警等级的临界土壤侵蚀模数分别为 115.7 t/km²、162.5 t/km²和284.5 t/km²（表 1）。

表 1　秭归县不同滑坡气象风险预警等级临界土壤侵蚀模数

预警等级	临界土壤侵蚀模数/(t/km²)
四级(有一定风险)	58.2
三级(较高风险)	115.7
二级(高风险)	162.5
可能性很大(很高风险)	284.5

3.3　滑坡临界雨量验证

不同滑坡预警等级所对应的土壤侵蚀模数获得后，根据(4)、(5)、(6 式)计算滑坡预警点不同预警等级的临界雨量。

将 2008 年 8 个滑坡预警点临界雨量进行验证(表 2)，发现 8 个样本的实际有效雨量中，全部超过了临界雨量，其中 1 个为四级，2 个为三级，2 个为二级，3 个为一级。验证结果表明各滑坡预警点临界雨量均有较强的预警效果。

表 2　滑坡临界雨量验证

时间	地点	不同滑坡气象风险预警等级临界雨量/mm				实际有效雨量/mm
		四级	三级	二级	一级	
2008 年 8 月 15 日	宜巴公路卜文段肖胡子岭	32.3	40.3	48.5	62.5	60.0
2008 年 8 月 23 日	郭家坝镇郭家坝村	34.5	46.9	52.3	66.5	52.1

续表

时间	地点	不同滑坡气象风险预警等级临界雨量/mm				实际有效雨量/mm
		四级	三级	二级	一级	
2008年8月30日	归州镇二碑湾	25.3	32.9	38.9	50.4	69.3
2008年8月30日	归州集镇政府宾馆屋后	38.2	46.9	54.8	70.2	69.3
2008年8月30日	沙镇溪镇集镇香山路	35.0	46.7	52.5	66.6	69.3
2008年8月31日	水田坝乡下坝村三组	46.2	58.9	69.0	82.4	57.3
2008年9月10日	沙镇溪镇乐丰村委会	28.4	36.2	43.6	52.2	58.6
2008年9月12日	沙镇溪镇树坪村委会	25.2	33.8	39.9	48.8	37.8

4 小结与讨论

本文针对滑坡致灾临界雨量确定目前存在的问题，提出一种新的滑坡临界雨量估算思路。从降雨-土壤侵蚀-滑坡的地质灾害成灾机理入手，利用卫星、地理信息资料及降雨资料，基于USLE土壤侵蚀模型，推算出滑坡预警点的临界雨量。相比以往研究仅仅分析灾情与降雨的传统方法，该方法考虑了影响滑坡灾害的一些主要因素：降雨、下垫面植被状况、地质条件，有较为清晰的物理意义，并且实现了不同滑坡预警点临界雨量的推算，实际业务中也易于实现，在滑坡预警预报中有较高实用价值。但本文研究尚需进行从技术和资料两方面进行完善。

技术方面。从降雨-土壤侵蚀-滑坡的机理，需从多方位、多角度进行分析来完善技术环节。如：土壤侵蚀模型种类不少，如何选择土壤侵蚀模型以适应不同的区域；模型土壤侵蚀模型中的降雨因素本文只考虑降雨总量而忽略降雨强度；土壤侵蚀强度与滑坡发生的关系只能停留在相关性定性分析的层面上。这些需要在以后研究加以改进。

资料方面。由于历史资料收集困难，本文使用秭归县气象站的降雨资料代替滑坡点的资料，可能导致离气象站点较远的滑坡点的实际雨量在与其有较大差距。近年来气象和水利部门部署了空间分布较为密集的自动雨量观测站，为今后的地质灾害致灾临界雨量确定的研究提供了更好的降雨资料。此外，比例尺为1：50000地理信息和空间分辨率为30 m的TM卫星资料，对于研究滑坡这种面积较小的对象来说还是显得分辨率不足，同时滑坡点的地理信息数据由于滑坡的发生及治理而更新较快，因子今后的研究需进一步提高资料时空分辨率。

参考文献

陈洪凯，魏来，谭玲，2012. 降雨型滑坡经验性降雨阈值研究综述[J]. 重庆交通大学学报(自然科学版)，31(5)：990-996.

陈列，黄新晴，石蓉蓉，等，2009. 浙江省滑坡分区预报研究[J]. 科学通报，25(5)：577-581.

何东升，2012. 延安地区土壤侵蚀与地质灾害相关性研究[D]. 西安：长安大学.

何玉琼，徐则民，张勇，等，2012. 斜坡失稳的降雨阈值模型及其应用[J]. 岩石力学与工程学报，31(7)：1484-1490.

王仁乔，周月华，王丽，等，2005. 大降雨型滑坡临界雨量及潜势预报模型研究[J]. 气象科技，33(4)：311-314.

王万忠，焦菊英，1996. 中国的土壤侵蚀因子定量评价研究[J]. 水土保持通报，16(5)：1-20.

谢云，刘宝元，章文波，2000. 侵蚀性降雨标准研究[J]. 土壤侵蚀与水土保持学报，14(4)：6-11.

姚学祥，徐晶，薛建军，等，2005. 基于降水量的全国地质灾害潜势预报模式[J]. 中国地质灾害与防治学报，16

(4):97-102.

殷坤龙,汪洋,唐仲华,2002. 降雨对滑坡的作用机理及动态模拟研究[J]. 地质科技情报,21(1):75-79.

章文波,谢云,刘宝元,2002. 利用日雨量计算降雨侵蚀力的方法研究[J]. 地理科学,22(6):705-711.

赵衡,宋二祥,2011. 诱发区域性滑坡的降雨阈值[J]. 吉林大学学报(地球科学版),41(5):1481-1487.

中华人民共和国水利部,2008. 土壤侵蚀分类分级标准:SL190—2007. 北京:中国水利水电出版社.

周琪龙,2013. 黄土沟壑区土壤侵蚀与浅层滑坡相关关系研究[D]. 兰州:兰州大学.

周正朝,上官周平,2004. 土壤侵蚀模型研究综述[J]. 中国水土保持科学,2(1):52-55.

Bruce J P, Clark R H,1969. Introduction to Hydrometeorology[M]. London:Pergamon Press:252-270.

Chan R K S,Pun W K,2004. Landslip warning system in Hongkong[J]. Geotechnical News,22(4):33-35.

Keefer K D,Wilson C R,Mark K R,et al,1987. Real-time landslide warning during heavy rainfall[J]. Science, 238:921-924.

Lumb,1962. Effect of rainstorm on slope stability[M]. Hong Kong: Local Property & Printing Compony: 73-87.

Renard K G,Foster G R et al,1997. Predicting soil erosion by water:a guide to conservation planning with the Revised Universal Soil Loss Equation. Washington:Department of Agriculture:105-107.

Richardson C W,Foster G R,Wright D A,1983. Estimation of erosion index from daily rainfall amount[J]. Transactions of the ASAE,26(1):153-156.

Wischmeier W H,Smith D D,1978. Predicting rainfall erosion losses: A guide to conservation planning[R]. Agriculture Handbook. No. 537. USDA.

有效降水指数在暴雨洪涝监测和评估中的应用*

秦鹏程　刘　敏　李　兰

（武汉区域气候中心，武汉，430074）

摘　要　科学有效的监测和评估是防范和减轻暴雨洪涝灾害的重要基础。基于有效降水指数（*EP*）构建了单站和区域暴雨洪涝监测、评估指标，利用1961—2014年湖北省76站逐日气象观测资料及相关灾情资料，确定降水衰减参数及致涝阈值，在此基础上分析*EP*指数在历史暴雨洪涝评估及实时暴雨洪涝过程监测中的应用效果。结果表明：经参数率定后的*EP*指数对农作物洪涝受灾面积的解释方差达78.1%，对年际间暴雨洪涝强度差异反应敏感，能识别历史典型大涝年和严重洪涝年，在2014年实时暴雨洪涝过程监测中能直观诊断出一般性暴雨洪涝的起止时间和过程动态变化，但对局地性和间歇性发生的暴雨洪涝过程刻画不足。创建*EP*指数所需数据资料少、计算简便，可用于洪涝灾害历史排位、年景评价、灾情预评估、风险区划以及作物产量建模等。

关键词　有效降水指数；参数率定；暴雨洪涝；应用检验

洪涝灾害是全球最为频繁的自然灾害之一，其造成的生命财产和经济损失居各类自然灾害的前列。中国季风气候显著，降水集中，且地形复杂，是全球洪涝灾害频发和重发区域之一（李翠金，1996；冯强 等，1998）。因此，对暴雨洪涝的监测预警和评估具有重要的现实意义。

国内外针对洪涝灾害的监测评估方法和案例研究较多，其复杂程度各异，对资料的要求也不同，如依据气象指标、地形地貌、水文模型、卫星遥感及灾情统计资料等开展的洪涝灾害监测、预警、灾情评估、风险区划（Hirabayashi et al.，2013）。目前，对洪涝灾害评估的研究进展迅速，从微观、简单系统到中观复杂及宏观巨系统，洪涝灾情评估范围不断拓展，评估手段不断完善，评估结果的客观性和科学性不断提高。然而，随着专业化和多元化评估的不断深入，其对信息获取、软硬件设施及计算时间的要求也越来越高（周月华 等，2007），相反，其普适性和应用范围却越来越有限。

尽管形成暴雨洪涝的灾害系统异常复杂，但其致灾因子主要是过强或过于集中的降水导致（郭广芬 等，2009），因此，以降水为主导因子建立暴雨洪涝危险性的评估指标，在洪涝灾害监测预警及灾前和灾中快速评估中仍有良好的应用前景。温泉沛等（2011）基于10个降水因子开展了中国中东部地区暴雨气候及其农业灾情风险评估，郭广芬等（2009）基于过程雨量建立了湖北省暴雨洪涝等级划分模型，其不足之处在于对地表水分收支考虑不足，同时也不便于确定暴雨洪涝过程的起止时间。Byun等（1999）提出了有效降水的概念，即降水经蒸发、渗漏、径流等物理过程后的剩余量，Lu（2009）通过推导证明有效降水随着时间的推移呈指数衰减，并示范了基于有效降水指数的旱涝监测应用，Deo（2015）基于有效降水指数建立了洪涝监测评估指数并在澳大利亚地区进行了应用检验，国内张国平基于有效雨量建立了滑坡泥石流灾害预测模型，赵一磊等（2013）基于有效降水指数建立了干旱监测指标，但在暴雨洪涝监测评估

* 发表在：《中国农业气象》，2016，37(1)：84-90.

方面的应用还未见报道。本文以湖北省为例，利用历史灾情资料对有效降水指数进行参数率定，并对其在暴雨洪涝监测和评估中应用的可行性进行分析，以期为暴雨洪涝灾害监测预警服务和评估业务提供依据。

1 资料与方法

1.1 资料来源

气象资料为 1961 年 1 月 1 日—2014 年 12 月 31 日湖北省 76 个气象站的逐日观测资料，由湖北省气象信息与技术保障中心提供，数据均经过质量检验，站点分布及高程信息见图 1。1961—2014 年湖北省洪涝灾情资料来自历年《湖北省农村统计年鉴》《中国气象灾害大典·湖北卷》及湖北省民政厅灾情快报。

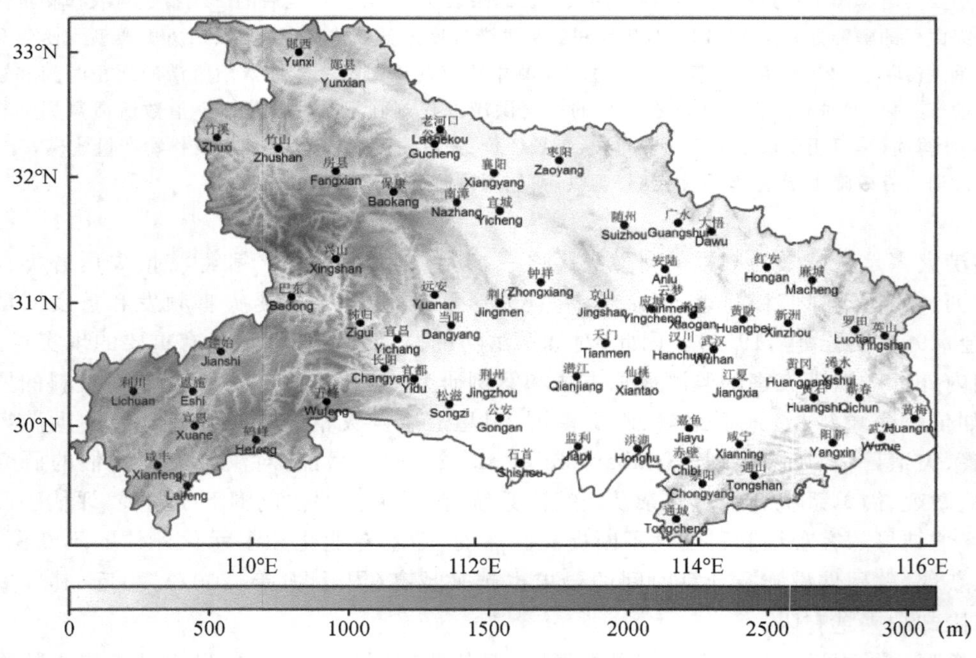

图 1 研究区域地形高程及站点(·)分布

1.2 利用有效降水指数监测与评估暴雨洪涝过程的方法

1.2.1 有效降水指数

本文采用 Lu(2009)的研究定义来有效降水指数(effective precipitation index，EP)，即：

$$EP = \sum_{t=0}^{N} a^t P_t \tag{1}$$

式中：EP 为有效降水指数，a 为降水衰减参数，取值 0～1，$P(t)$为 t 时刻降水量，t 为距离当前的日数，$t=0$ 表示当日，$t=1$ 表示前一日，以此类推，N 为前期降水对当前影响的有效时长，理论上可以取无穷大(即考虑距当前无穷日前降水的影响)，但由于随着距离当前日数的增加，降水的权重衰减迅速，距当前 14 d 时降水权重已不足 5%($a \leqslant 0.8$ 时)，因此，在暴雨洪涝的监测评估中取 14 既可满足需求同时也降低了资料收集和计算要求。从式(1)可以看出,EP 实际上相当于加权累积降水,因此,与降水量具有相同的量纲,EP 数值越小,表示有效降水越少,偏旱;EP 数值越大,表示有效降水越多,偏涝。

1.2.2 单站暴雨洪涝过程识别与评估

通过对降水资料序列进行滚动计算,建立 EP 指数的时间序列,根据暴雨洪涝致灾阈值,当 EP 指数超过暴雨洪涝致灾阈值时确定发生一次暴雨洪涝过程,过程起始日期为第 1 天 EP 指数大于致灾阈值的日期,结束日期为最后 1 次 EP 指数大于致灾阈值的日期。过程强度以过程内的 EP 指数累积值表示,即

$$S(t)=\sum_{i=1}^{t}EP(i) \quad EP(i)>EP_{\text{thr}} \tag{2}$$

式中:$S(t)$为 t 时刻暴雨洪涝强度,$EP(i)$为自过程起始日起第 i 日的有效降水,EP_{thr}为暴雨洪涝致灾阈值。

1.2.3 区域暴雨洪涝过程识别与评估

区域性暴雨洪涝的确定通常要求发生暴雨洪涝的站点数达到一定数量或百分比,如福建省区域性暴雨的界定要求发生暴雨的站点数不少于 3 个(或至少 5%)(邹燕 等,2014),湖北省区域性暴雨天气过程判定的最低站点数量为 7～10 个,约占总站点数的 10%(邵末兰 等,2010)。为了综合考虑暴雨洪涝过程的发生范围和强度,首先对单站建立 EP 指数序列,依据单站暴雨洪涝致灾阈值,确定单站的暴雨洪涝过程,然后对每日发生暴雨洪涝的单站 EP 指数进行累加,作为区域暴雨洪涝的监测指标,为了避免监测站数不同及过程内数据缺失造成的误差,将累加值除以总站数,参照单站暴雨洪涝过程的识别和评估方法确定起止时间和强度,其中区域暴雨洪涝过程的阈值为单站暴雨洪涝致灾阈值与区域性过程判定最低站数(百分比)的乘积。

区域暴雨洪涝监测指数用公式表示为

$$RFI(t)=\frac{1}{n}\sum_{i=1}^{n}EP_i(t) \tag{3}$$

其中

$$EP(t)=\begin{cases}EP(t),EP(t)>EP_{\text{thr}}\\0,EP(t)\leqslant EP_{\text{thr}}\end{cases} \tag{4}$$

式中:$RFI(t)$为 t 时刻区域暴雨洪涝监测指数,n 为区域内观测站的总个数,EP_{thr}为暴雨洪涝致灾阈值。

区域暴雨洪涝的综合强度 RSI 表示为

$$RSI(t)=\frac{1}{n}\sum_{i=1}^{n}S_i(t) \tag{5}$$

式中:$S_i(t)$为第 i 个站点 t 时刻暴雨洪涝强度。

区域暴雨洪涝站次比 RPI 定义为当日发生暴雨洪涝的站数(n_{flood})与区域内总站数(n)的比值,即

$$RPI(t)=100\times\frac{n_{\text{flood}}}{n} \tag{6}$$

1.3 参数率定及洪涝等级划分

降水衰减参数和洪涝致灾阈值通过遗传算法优化确定,遗传算法是借鉴生物界自然选择

思想和自然遗传机制的一种全局优化算法，在水文模型参数率定中具有广泛应用(Dong，2008)。以湖北省历年农作物洪涝受灾面积与该年暴雨洪涝过程累积强度的相关系数作为遗传算法的目标函数，在预先设定的参数取值空间，当降水衰减参数和洪涝致灾阈值的组合使洪涝受灾面积与过程累积强度的相关系数达到最大时即为最优参数。优化过程通过 R 语言 genalg 包实现。暴雨洪涝等级划分为一般性洪涝、严重洪涝和特大洪涝 3 级。一般性洪涝等级划分阈值直接采用上述优化后的致灾阈值，严重洪涝和特大洪涝等级通过对 76 站 1961—2014 年历次暴雨洪涝过程的最大 EP 值进行概率分布拟合计算重现期，分别以 1 a 一遇和 5 a 一遇对应的 EP 指数值作为等级划分依据。概率分布拟合基于超定量法的广义帕累托分布(丁裕国 等，2011)，通过 R 语言 extRemes 包实现。

2 结果与分析

2.1 降水衰减权重及洪涝等级划分阈值的确定

从式(1)可以看出，如果降水衰减参数 a 取值 0.5，则降水量减弱 50%需要 1 d，取值 0.7 则需 3 d，取值 0.9 需 7 d，通常一般性暴雨洪涝的衰退需要 3～10 d，据此，参数 a 可近似取值 0.7～0.9。由于不同地理区域及不同季节降水在地表的滞留时间具有明显差异，故采用统一的降水衰减参数难免存在偏差，为此，利用湖北省历年农作物洪涝受灾面积资料，基于遗传算法对降水衰减参数和致涝阈值同时进行率定。其中参数 a 取值空间设置为 0～1，EP_{thr}取值空间设置为 10～150，种群规模设置为 200，迭代次数设置为 100 次。优化结果显示(图 2)，降水衰减参数 a 取值 0.825，暴雨洪涝致灾阈值 EP_{thr}取值 70 较为合理。基于率定后的 EP 指数统计年内暴雨洪涝累积强度与历年农作物洪涝灾害受灾面积百分比具有较好的线性关系，解释方差达 78.1%。基于超定量法的广义帕累托分布，以 70 mm 为门限值，对 76 站 1961—2014 年历次暴雨洪涝过程的最大 EP 值进行概率分布拟合，计算得到 1 a 一遇和 5 a 一遇的重现期对应的 EP 值分别为 140 和 220 mm，由此确定严重洪涝和特大洪涝的划分阈值分别为 140 和 220 mm。

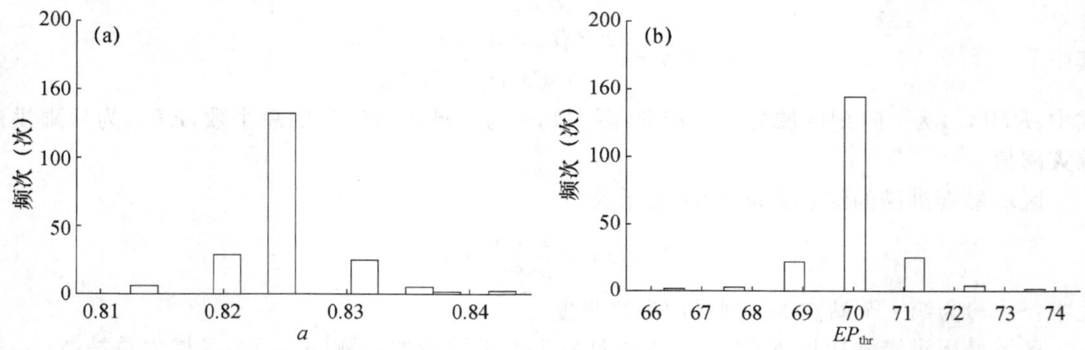

图 2 基于遗传算法的降水衰减参数 a(a)和洪涝致灾阈值 EP_{thr}(b)优化结果频率统计

2.2 利用有效降水指数评估暴雨洪涝过程方法的检验

2.2.1 历史暴雨洪涝灾害的评估与检验

利用湖北省 1961—2014 年 76 站逐日气象观测资料，计算各站逐日 EP 指数，依据式(2)

统计各站暴雨洪涝过程。由于缺乏详细、可靠的单站验证资料，故针对全省统计历年暴雨洪涝过程的累积强度，并与《中国气象灾害大典·湖北卷》的灾情记载及湖北省历年农作物洪涝受灾面积进行对比验证。

图 3 为基于 *EP* 指数的湖北省历年暴雨洪涝累积强度指数，为了区分不同等级类型的洪涝过程，依据一般性洪涝、严重洪涝和特大洪涝的划分阈值分别进行洪涝强度统计，其中一般性洪涝累积强度在统计时包含了严重洪涝和特大洪涝过程，同理，严重洪涝强度包含特大洪涝。从图 3 中可以看出，1961 年以来的 1964 年、1969 年、1980 年、1983 年、1991 年、1996 年、1998 年、1999 年、2010 年暴雨洪涝累积强度指数相对较高，反映的洪涝程度较为严重，这与灾情记载中的大涝年一致，对应年份农作物洪涝灾害受灾面积均在 30%以上，严重洪涝年主要集中在 20 世纪 90 年代，均与实际情况吻合，表明 *EP* 指数能客观反映洪涝灾害程度及年际间的差异。从图还可以看出，1980 和 1996 年特大洪涝等级强度较弱，主要以一般性洪涝和严重洪涝为主，而其他大涝年份均有特大洪涝发生，表明基于不同致涝阈值能够有效诊断出洪涝过程强度特征。

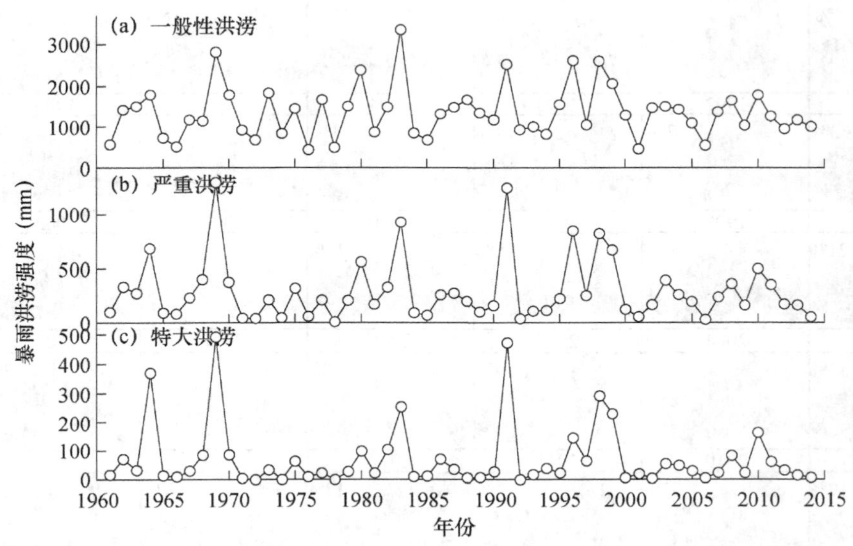

图 3　基于 *EP* 指数的 1961—2014 年湖北省历年暴雨洪涝累积强度

图 4 为基于一般性洪涝临界阈值和 *EP* 指数的湖北省历年暴雨洪涝过程累积强度空间分布格局，从图 4 中可以看出，*EP* 指数反映的湖北省域范围暴雨洪涝强度具有明显的空间差异，频发重发区域主要位于鄂西南、鄂东南及鄂东北地区，几近每年发生，鄂西北地区发生频率较低，程度也相对较轻，这与湖北省的地形和降水分布特征一致。通过对典型洪涝年灾害发生范围验证比较，*EP* 指数反映的暴雨洪涝空间格局与实际灾情相符，洪涝发生的范围和强度与农作物受灾面积也有较好的对应关系。

2.2.2　实时暴雨洪涝过程监测和诊断

以 2014 年为例，利用 *EP* 指数计算湖北省 4—10 月逐日的区域暴雨洪涝监测指数、站次比及综合强度指数，绘制时间序列曲线如图 5 所示。从图可以看出，2014 年湖北省共发生 5 次明显的区域性暴雨洪涝过程，分别在 4 月中下旬、5 月中旬、7 月上中旬及 9 月上旬，其中最

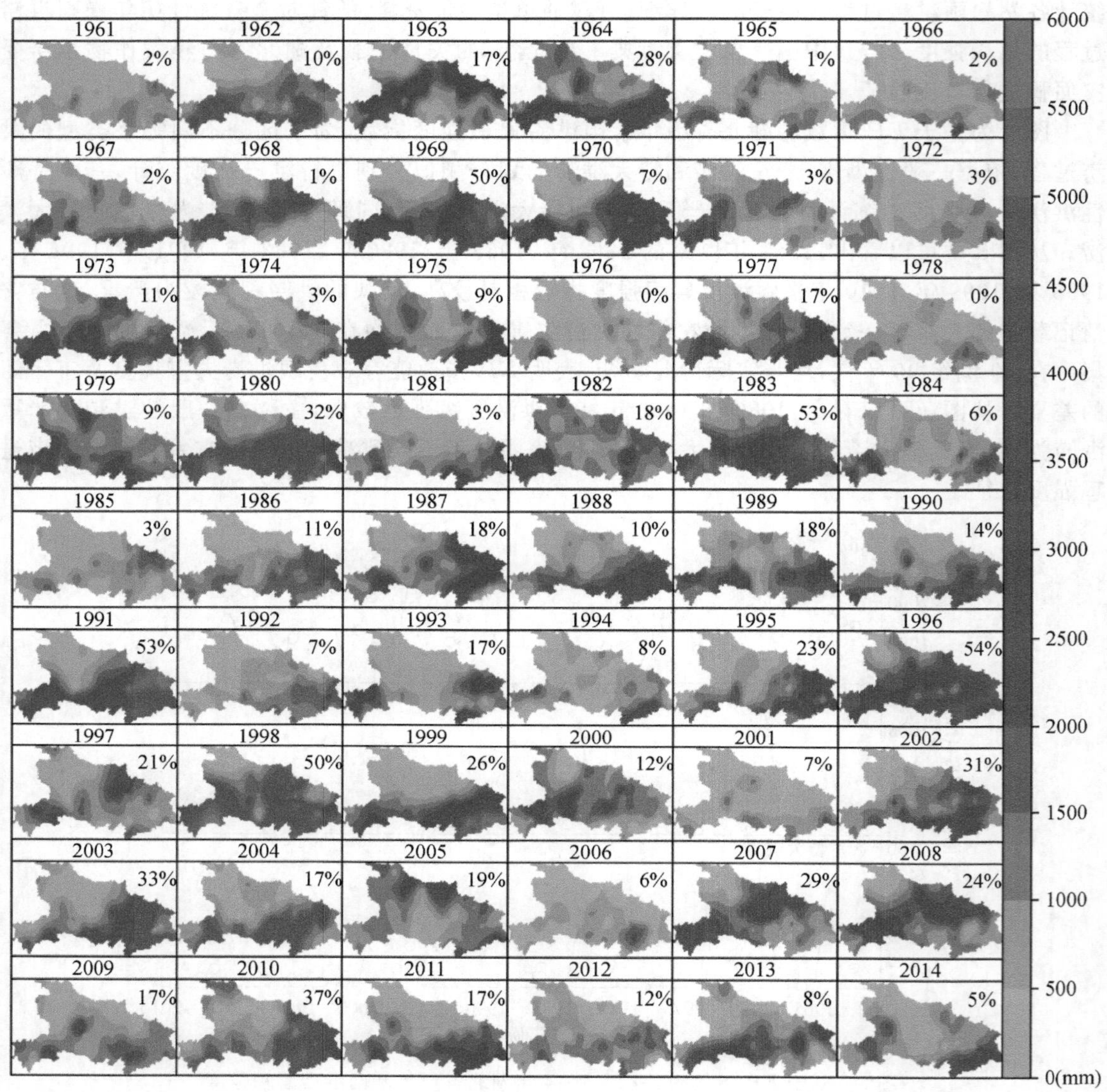

图 4　1961—2014 年湖北省历年暴雨洪涝累积强度空间分布格局

（图中标注百分数为农作物洪涝受灾面积占当年耕地面积的百分比）

强过程为 7 月上旬，其次为 9 月上旬，最大过程的站次比达到了 1/3 左右，强度达到全省平均 165 mm，此外，在 5 月下旬、6 月下旬、8 月上旬、9 月中下旬还出现了数次局地性暴雨洪涝，以上过程均在民政厅灾情统计资料（表 1）中得到了印证，其中 5 月 9—10 日过程监测结果范围偏大，程度偏重，这是由于过程发生在鄂东南地区，该地区常年多暴雨，当地抗灾能力较强，9 月 10—19 日监测结果显示出现两次轻度暴雨洪涝过程，但实际灾情较重，这与 9 月上旬以来连续数次暴雨洪涝过程的累积影响有关，表明 *EP* 指数对间歇性发生的洪涝过程监测存在不足。总体而言，基于 *EP* 指数建立的区域暴雨洪涝监测和评估指标对于暴雨洪涝起止时间和过程强度的动态变化诊断基本合理，但由于对日内降水集中度考虑不足及监测站点密度有限，对局地性过程的诊断存在一定偏差，在监测中有必要结合单站指标进行综合分析。

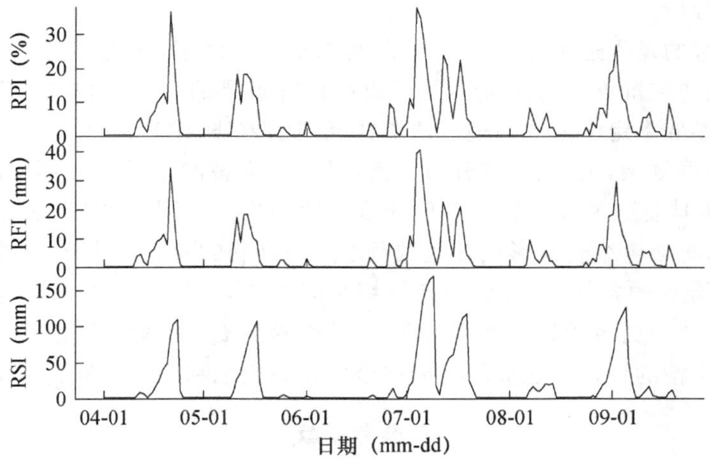

图 5 基于的 *EP* 指数湖北省 2014 年暴雨洪涝过程监测

(RPI,RFI,RSI 分别为区域暴雨洪涝站次比、监测指数和强度指数)

表 1 2014 年湖北省暴雨洪涝过程及灾情

发生时段(mm-dd)	影响县(市、区)	灾害损失
04-11—22	9	因灾死亡 4 人,受灾 1.26 万人,受灾农作物 0.63 khm², 直接经济损失 1168 万元
05-09—10	3	受灾 1.28 万人,农作物 1.32 khm²,直接经济损失 1189 万元
05-03—06-02	3	受灾 1.23 万人,农作物 1.34 khm²,直接经济损失 1301 万元
06-19—20	10	受灾 13.12 万人,农作物 10.36 khm²,直接经济损失 4023 万元
06-26—27	9	因灾死亡 1 人,受灾 2.03 万人,农作物 1.24 khm²,直接经济损失 1301 万元
07-02—05	30	因灾死亡 1 人,受灾 51.08 万人,农作物 54.86 khm²,直接经济损失 4.24 亿元
07-10—14	20	因灾死亡 1 人,受灾 33.74 万人,农作物 27.33 khm²,直接经济损失 3.27 亿元
07-15—17	11	受灾 11.45 万人,农作物 8.91 khm²,直接经济损失 1.38 亿元
08-06—07	6	受灾 2.6 万人,农作物 1.81 khm²,直接经济损失 926 万元
08-31—09-04	25	受灾 41.8 万人,农作物 26.7 khm²,直接经济损失 7.86 亿元
09-10—19	30	因灾死亡 1 人,受灾 48.77 万人,农作物 37.0 khm²,直接经济损失 8.49 亿元

3 结论与讨论

利用洪涝灾情资料对经验参数进行率定后的 *EP* 指数,可以解释农作物洪涝受灾面积 78.1%的变异,针对 1961—2014 年历史暴雨洪涝的评估检验,能有效识别出典型大涝年和严重洪涝年,合理刻画出空间分布的差异性,在 2014 年实时暴雨洪涝过程监测中,对大部分灾情信息具有较为一致的响应关系,能动态反映出过程起始时间、结束时间及强度变化,但对局地性较强和间歇性发生的暴雨洪涝过程监测存在一定偏差。暴雨洪涝引发的次生灾害种类繁多,限于灾情资料收集的困难,本文仅利用湖北省域年尺度的农业灾情资料对 *EP* 指数进行了初步应用检验,表明其在农业洪涝损失评估、年景评价、风险区划以及作物产量建模中具有一定的应用前景。对于暴雨洪涝引发泥石流、山体滑坡以及城市内涝等的应用检验需进一步收集灾情资料系统分析。

暴雨洪涝灾害的发生远不止区域内的自然降水一个因素，地理、地形、土壤质地、江湖水位、外来洪水以及防灾抗灾能力对灾害的形成都具有重要的影响（谢立华 等，2013）。本文在对 *EP* 指数进行参数率定中采取通过灾情资料反演的方法，未考虑地形因子对地表水分平衡的影响，湖北省地形复杂，山地、丘陵分布广泛，对洪涝灾害的形成具有不同的影响，这是导致 *EP* 指数在洪涝实时监测中验证效果不佳的重要原因之一。因此，在降水衰减参数及致灾临界雨量的确定上，有必要结合地形或分区域考虑更加准确的参数。此外，本文基于日雨量建立 *EP* 指数，在资料允许的条件下，可以考虑采用小时雨量，以提高降水集中度对暴雨洪涝形成的反映能力，以及使用更多的加密气象站资料，从而提高 *EP* 指数在暴雨洪涝监测评估中的应用效果。在农业灾情的评估中还应尽可能结合农作物土地利用图以提高评估精度。

参考文献

丁裕国，李佳耘，江志红，等．2011. 极值统计理论的进展及其在气候变化研究中的应用[J]. 气候变化研究进展，7(4)：248-252.

冯强，王昂生，李吉顺，1998. 我国降水的时空变化与暴雨洪涝灾害[J]. 自然灾害学报，7(1)：87-93.

郭广芬，周月华，史瑞琴，等，2009. 湖北省暴雨洪涝致灾指标研究[J]. 暴雨灾害，28(4)：357-361.

李翠金，1996. 中国暴雨洪涝灾害的统计分析[J]. 灾害学，1996，11(1)：59-63.

李茂松，李森，李育慧，2004. 中国近 50 年洪涝灾害灾情分析[J]. 中国农业气象，25(1)：40-43.

邵末兰，张宁，岳阳，等，2010. 基于距离函数的区域性暴雨灾害风险预估方法研究[J]. 暴雨灾害，29(3)：268-273＋278.

温泉沛，霍治国，马振峰，等．2011. 中国中东部地区暴雨气候及其农业灾情的风险评估[J]. 生态学杂志，30(10)：2370-2380.

谢立华，赵寒冰，2013. 洪涝灾害与地形的相关性研究：以肇庆市为例[J]. 自然灾害学报，22(6)：240-245.

张国平，2014. 有效雨量和滑坡泥石流灾害概率模型[J]. 气象，40(7)：886-890.

赵一磊，任福民，李栋梁，等，2013. 基于有效降水干旱指数的改进研究[J]. 气象，39(5)：600-607.

周月华，郭广芬，邵末兰，等，2007. 基于水位和雨量的洪涝受灾面积评估模型研究[J]. 暴雨灾害，26(4)：323-327.

邹燕，叶殿秀，林毅，等，2014. 福建区域性暴雨过程综合强度定量化评估方法[J]. 应用气象学报，25(3)：360-364.

Byun H-R, Wilhite D A, 1999. Objective quantification of drought severity and duration[J]. Journal of Climate, 12(9): 2747-2756.

Deo R, Byun H-R, Adamowski J, et al, 2015. A real-time flood monitoring index based on daily effective precipitation and its application to Brisbane and Lockyer valley flood events[J]. Water Resources Management, 29(6): 1-19.

Dong S H, 2008. Genetic algorithm based parameter estimation of Nash model[J]. Water Resources Management, 22(4): 525-533.

Hirabayashi Y, Mahendran R, Koirala S, et al, 2013. Global flood risk under climate change[J]. Nature Climate Change, 3(9): 816-821.

Lu E, 2009. Determining the start, duration, and strength of flood and drought with daily precipitation: rationale[J]. Geophysical Research Letters, 36(12): L12707.

3 旱涝及其致灾因子变化特征

西南和华南干旱灾害链特征分析*

王劲松　张　强　王素萍　王　莺　王　静　姚玉璧　任余龙

（中国气象局兰州干旱气象研究所/甘肃省干旱气候变化与减灾重点实验室/
中国气象局干旱气候变化与减灾重点实验室，兰州，730020）

摘　要　利用历史资料记录，考虑西南（云贵川渝）和华南（粤桂）各自不同的孕灾环境（包括气候背景、下垫面状况、地貌类型、土壤类型、河网分布）、人口密度、经济条件等，分别构建了西南和华南地区的干旱灾害链模式，分析各自灾害链链条上的灾害传递特点。结果表明，尽管西南和华南干旱灾害链的链条结构有相似的地方，但各自链条上灾害的传递过程不同。干旱灾害链上灾害传递具有明显的区域性特征，西南在轻度气象干旱时就会引起作物干旱，而华南则要在中度气象干旱时才会下传到作物干旱；西南在中度气象干旱就会引起诸如人畜饮水困难和牲畜饲草料不足等问题，而华南则要在重度气象干旱时才会引起相应的问题；由于孕灾环境的差异，西南在重度气象干旱时可引起部分区域的石漠化现象，而华南则除了桂北外，其他大部分地区出现石漠化的概率小。在同一区域，对不同承灾体而言，干旱等级的下传阈值不同，如干旱达中旱等级就可下传影响航运，达到重旱等级时可下传引发森林火灾和病虫害，而达到特旱等级时才可下传导致土壤退化。

关键词　干旱灾害；灾害链；孕灾环境；西南和华南

引　言

我国是世界上自然灾害种类多且发生频繁的地区之一。由于我国地域辽阔、地形地貌特征多样、各地气候差异大，自然灾害的发生在空间上常常呈现出不同的特征。灾害发生的特点可表现为一地多灾，即在同一地区多种灾害并存，如干旱—火灾—植被退化—生存环境恶化，暴雨—山洪—滑坡—泥石流；亦可表现为多地同灾，即在不同地区发生相同的自然灾害，如同一时期发生的各地大范围干旱；或可表现为异地异灾，即不同地区同时发生不同的自然灾害，如同一时期发生的南涝北旱或北涝南旱。在我国，大部分自然灾害以气候变化和气象灾害为始发源头（傅敏宁 等，2004），由气候变化引起的气象灾害损失占所有自然灾害总损失的70%以上，而干旱灾害又是我国最严重的气象灾害，大范围呈片状分布的特点使得其危害对象广泛，一旦发生就会造成大范围、长时间的影响（王劲松 等，2012）。干旱灾害影响到与人类生存相关的各个方面，但其最主要和直接的影响对象是农业，它是造成农业损失最大的自然灾害之一，其发生发展必然影响到粮食安全。近年来频繁不断的干旱灾害已导致全球粮食储备连续3 a下降（张强 等，2012）。

研究表明，许多自然灾害发生之后，常常会诱发一连串的次生灾害，这种现象称为灾害链。史培军（1991）将灾害链定义为由某一种致灾因子或生态环境变化引发的一系列灾害现象。严重灾害的发生往往会伴随着灾害链现象的发生，从而加大灾害的致灾力，灾情也随着灾能在灾

---

* 发表在：《干旱气象》，2015，33(2)：187-194.

害链过程中的传播被放大，承灾体脆弱性也累积加大。对于干旱灾害来说，灾害链实质上就是由干旱本身的降水短缺以及由此引发的一连串的次生灾害共同构成的。文传甲(1994)的分析表明，干旱灾害链的特点表现为逐渐发生、破坏缓慢而长久或较久，作用的范围相对静止(区别于台风灾区的移动性)。由于原发灾害与次生灾害之间存在灾变链式演化的关系，最终表现为一地多灾的特点，进而影响到我国生态安全和水安全。因此，有必要了解干旱灾害链的发生、发展和转变的过程，从而为预防次生灾害提供一定的依据。

在自然灾害链的研究中，史培军(2002)定义了4种常见的灾害链：台风—暴雨灾害链、寒潮灾害链、干旱灾害链和地震灾害链。最近，Xu等(2014)系统回顾了国内外自然灾害链的研究成果，认为自然灾害链可分为三大类：地质灾害链、气象灾害链和地质—气象灾害链，其中将干旱灾害链归入地质—气象灾害链中；同时还发现，在前人已做的干旱灾害链的研究中，多以地震与干旱的关系为研究对象，主要探讨了地震与干旱之间的长时间尺度的关系，强调了地热的传播及其影响局地气象要素，从而改变局地大气环流，而并未单独对干旱灾害链进行研究。朱伟等(2011)分析了城市暴雨灾害链的演化特点，提出交通堵塞是暴雨灾害链的关键节点。吴立等(2012)对巢湖流域灾害链成因、结构和机制的分析指出，水土流失加大是整个灾害链形成的关键点，是促使灾害链形成发展最活跃且最敏感的因子。吴瑾冰(2002)对华南的地震与洪涝、台风、风暴潮所形成的灾害链及其机制进行了讨论。陈香(2007)、帅嘉冰(2012)等对台风灾害链进行了分析。

可见，已有的研究对台风、暴雨、洪涝灾害链分析得较多，即使涉及干旱灾害，也主要是由地震引发的干旱，而针对由干旱引发的次生灾害，即对干旱灾害链的研究还较少。然而，一旦干旱灾害链形成，如果灾能在传递过程中被放大，那么承灾体的脆弱性将会累积加重。因此，我们更需要了解的是干旱灾害的特征及由此引发的次生灾害，搞清干旱灾害链的形成、发展及(可改为“采取”)适当的断链处理，对提高干旱防灾减灾能力有积极的指导作用。

本文目的是分析西南和华南的干旱灾害链特征。按大区划分方法(即地理分布法)，我国被划分为华东、华北、华南、华中、东北、西南、西北7大区，其中西南包括重庆、四川、贵州、云南、西藏；华南包括广东、广西、海南、香港、澳门。这里需要说明的是，为获取资料的方便和考虑地域的整体性，本文所指的西南包括重庆、四川、贵州和云南；华南包括广东和广西。

除四川盆地外，西南和华南地区的地形高度特征总体上是由西北向东南逐渐降低(图1)。其中西南地区主要位于亚热带，而云南南部的部分区域位于热带，四川西北部位于高原气候区。西南境内地貌独特、地势起伏、高差悬殊，特殊的地理位置和气候环境，使得该地区成为我国的多灾、重灾区之一，受灾的面积和人口、经济损失和灾种之最，皆以旱灾类最重(文传甲，1995)。华南地区西邻云贵高原，境内丘陵、谷地、平原、河川纵横交错、地形复杂。以华南的珠三角地区为例，该区域人口众多，加之水污染严重，城市水资源短缺状况相对严峻，对干旱的抵抗力十分脆弱(肖名忠 等，2012)。基于近年来在西南和华南多发的干旱及其危害，以及华南沿海城市人口的不断增长和资源的相对减少，开展对西南和华南干旱灾害链及干旱灾害风险的分析有很现实的意义。

西南和华南年降水量虽然充沛，但分布极不均匀，干旱和洪涝灾害频繁发生。相比较而言，由于2个地区社会经济条件差异大、减灾能力不同、干旱致灾因子的孕灾环境不同，因而灾害种类、活动强度和破坏损失程度的区域性变化较大，使得西南和华南形成的干旱灾害链的各环节也不同。本文试图通过对西南和华南干旱灾害链的分析，初步探讨干旱传递及其成灾规律。

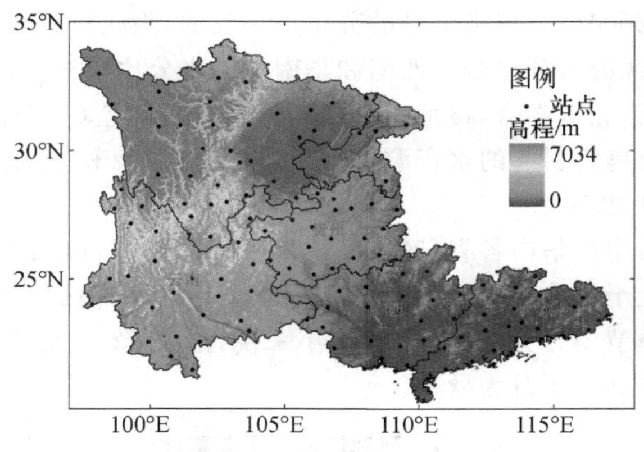

图1 研究区地形高度和站点分布

1 资料和方法

1.1 资料

所用的气象数据资料来源于中国气象科学数据共享服务网(http://cdc. cma. gov. cn),选取其中西南和华南区域的167个气象台站近50 a(1961—2011年)的逐月降水量和逐月平均气温资料。在剔除了缺测或不连续站点资料后,得到分布较为均匀的129个气象台站(图1)的资料。另外,有关干旱灾害发生的时段、区域及其影响的事实,以及干旱灾害进一步引发的次生灾害的定性描述资料,主要来源于文献、网络、气象灾害大典、各省年鉴等历史资料的记载。

1.2 方法

采用常规的气候统计学方法对气象数据进行处理。对于发生干旱的区域,计算该区域的平均气温或降水时,采用其中的站点气温或降水数据的平均。

通过普查的方式对定性描述资料进行处理。先把历史资料中记载的西南和华南干旱期的干旱状况、影响及其带来的危害挑选出来,分别进行统计;然后,将干旱作用的不同承灾体进行归纳,以便区分干旱对不同承灾体的影响;最后,确定由干旱引起的次生灾害都是由什么程度的干旱造成的,即干旱的强度达到怎样的程度会引起怎样的次生灾害。

2 西南和华南干旱概况

西南和华南,是我国气候湿润、雨水充沛的地区,除四川西北部及云南中部和北部地区年降水量在400~800 mm外,其余地区的年降水量在1000 mm以上,华南沿海的广东省南部,年降水量甚至超过2000 mm。然而,近年来这些区域却频繁发生严重的干旱事件,尤其是西南地区的云南省,发生了持续数年的严重干旱(琚建华 等,2011)。一个地区干旱与否,不仅与其年降水量异常偏少和气温的异常偏高有关,更为密切联系的是该地区降水量的季节分配和时空分布。如2006年夏季川渝地区和2009/2010年西南地区特大干旱,均是降水量的季节分配不均造成的(尹晗 等,2013)。从西南和华南农田水分盈亏量来看(科技部国家计委国家经贸委灾害综合研究组,2000),与年降水量的分布是一致的,除四川西北部及云南中部和北部地区水分亏缺外,其余地区的水分盈余。西南和华南虽然水分比较充裕,但年内降水主要集中在夏季,与农作物需水期不完全吻合,再加上土壤涵养水分功能差(如西南特殊的喀斯特地貌),旱灾也会比较严重。由旱灾引起的水资源供需矛盾,造成西南和华南的广西成为全国人畜饮水困难的地区(张强 等,2014)。

根据历史资料对西南和华南各省(区、市)干旱事实的描述,以某季有旱,且有4个以上省份(区市)存在重度以上干旱为标准,得到1961—2011年间研究区较严重的干旱事件(表1)。季节划分以气象上的季节划分为标准,即对某年来说,上年12月至当年2月为冬季、3—5月为春季、6—8月为夏季、9—11月为秋季。

表1　研究区重大干旱事件

序号	年份	时段	次数	发生区域
1	1962	春旱	1	四川盆地和川西南山地、云南西部、广东南部和东北部、广西中南部
2	1963	春旱	2	四川南部、重庆、贵州、云南、广东、广西
		夏旱	3	重庆西部、贵州、广东局部、广西
3	1966	春旱	4	四川盆地、重庆西部、贵州西部、云南东南部、广西西南部
		夏旱	5	四川盆地、重庆西部、贵州北部、广西局地
4	1972	夏旱	6	四川盆地、重庆、贵州、云南东部局地、广东中部、广西
5	1978	夏旱	7	四川盆地、重庆、贵州、广西北部
6	1979	春旱	8	四川盆地、重庆局地、贵州局地、云南局地
		秋旱	9	四川盆地局地、贵州南部、广东、广西
7	1980	冬春旱	10	四川盆地局地、云南南部和东北部、广东、广西
8	1985	夏旱	11	四川盆地东北部、重庆、贵州中东部、广西
9	1987	冬旱	12	四川北部、重庆、贵州中部、云南东部、广东、广西西部和南部
		春旱	13	重庆、贵州、云南中东部、广西西部和南部
10	1988	春旱	14	四川盆地、重庆、贵州东北部和西部、云南、广东西南部、广西中西部局地
		夏旱	15	重庆、贵州东部、云南、广东西南部、广西中西部局地
11	1990	夏旱	16	四川盆地、重庆、贵州、广东中西部、广西东部
12	1991	春旱	17	贵州西部、云南局地、广东局部、广西
13	1992	夏旱	18	四川盆地、重庆、贵州、云南局地、广西西部
14	1993	春旱	19	四川盆地局部、贵州、云南局地、广西西部
15	1999	冬旱	20	四川局地、重庆、云南局地、广东、广西西部
		春旱	21	四川盆地西部、重庆局地、云南局地、广东、广西西部
16	2006	夏旱	22	四川、重庆、贵州北部、云南北部
17	2009	冬旱	23	四川中南部、贵州、云南、广东、广西
		秋旱	24	四川南部、贵州、云南、广东局地、广西
18	2010	冬旱	25	四川南部、贵州、云南、广西西部
		春旱	26	四川西南部、贵州西南部、云南、广西西部
19	2011	夏旱	27	四川、重庆西南部、贵州、云南局地、广东局地、广西西北部

从表 1 可以看到，在 1961—2011 年的 51 a 里，研究区发生严重干旱的年份为 19 a。由于某些年份出现了几次干旱事件，根据下述的统计规则，这 19 a 中，严重干旱事件共为 27 次。具体的统计规则为：(1)不同季节发生的且旱区位于不同区域的干旱事件，不管发生干旱的季节是否连续，均看成是不同次的干旱事件。(2)不同季节发生的且旱区位于相同区域的干旱事件，如果发生干旱的季节不连续，看成是不同次的干旱事件；如果发生干旱的季节是连续的，则看成是同一次的干旱事件。

分析表 1 中不同年代际发生严重干旱的年数(次数)可知，1960 年代为 3 a(5 次)，1970 年代为 4 a(5 次)，1980 年代为 4 a(6 次)，1990 年代为 4 a(5 次)，2000 年代(含 2011 年)为 4 a(6 次)。干旱持续发生的最长连续年份为 4 a，是 1990—1993 年；其次为连续 3 a 发生严重干旱，分别是 1978—1980 年、2009—2011 年。

图 2 是 27 次干旱事件发生期的降水和温度的变化。可以看到，所有干旱事件的旱期降水量均低于旱期多年的平均降水量，即降水缺乏是引起干旱的直接原因。而温度的变化通过影响蒸散的变化，在干旱的形成中也起到重要的作用，在 27 次干旱事件中，旱期平均温度高于旱期多年平均温度的为 18 次，占干旱发生总次数的 67%。这些现象印证了，在一般情况下，降水少温度高的水热配置，是发生干旱的理想组合。但同时看到，仍然有 9 次的干旱事件(占 33%)，其旱期温度低于多年平均的同期温度，普查这 9 次干旱事件，发现主要发生在 2000 年以前，表明近 10 a 来，温度在干旱的发生中起到的作用越来越显著。

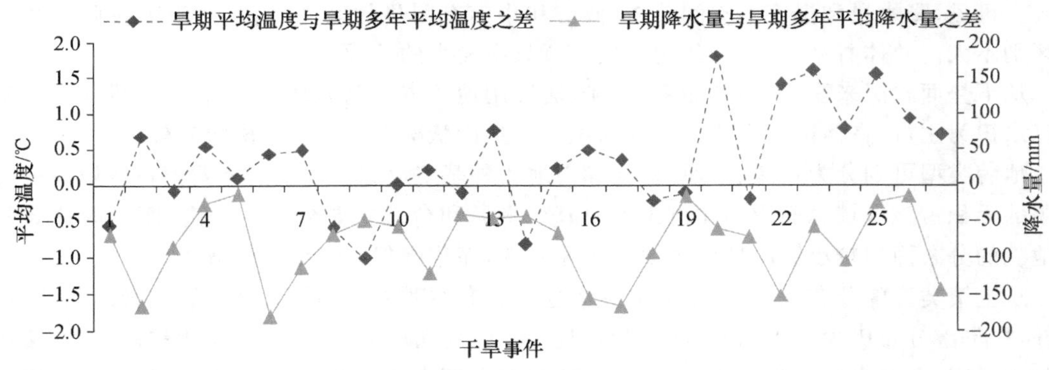

图 2 重大干旱事件对应的温度和降水变化

统计 27 次严重干旱事件中，各次事件在不同区域(区分为西南和华南地区)发生的频率，鉴于表 1 中的严重干旱事件的发生区域是以省(区、市)为单位统计的，这里以每一次事件发生在云贵川渝省(市)之一的，记为在西南地区发生干旱事件 1 次；以每一次事件发生在粤桂省(区)之一的，记为在华南地区发生干旱事件 1 次。统计发现，在西南地区发生干旱的百分率为 100%，华南地区为 92%，表明只要在西南和华南地区发生严重干旱，就一定有位于西南地区的区域发生干旱。所以，较之华南地区，在西南地区发生干旱的概率更高一些。

3 西南华南干旱灾害链及其特征

3.1 影响干旱灾害链的主要因子分析

根据灾害链效应，旱灾除了呈现缺水状态的直接灾害外，其更大的危害还表现在灾害下传引起次级灾害的发生，即由旱灾衍生出的间接灾害，如病虫害(包括草地、作物、森林病虫害)、土壤退化(包括森林、草地退化及盐碱化)、石漠化、森林火灾等。若旱灾导致人畜饮水困难，必然对地下水过度开采，又可诱发地质灾害，如地表塌陷、海水入侵等。

干旱灾害链的形成，与受灾地区的自然条件(孕灾环境)、人口密度、经济条件等有密切的关系。黄锡荃等(1995)认为，除国际上划分的气象干旱、农业干旱、水文干旱和社会经济干旱4类干旱外，从更详细的角度上看，还应该加上生态干旱。并指出，这5类干旱实际上就是干旱传递到不同阶段的具体表现。这里提到的干旱传递，表征了不同类别之间干旱的传递，反映的是从干旱发生到产生灾害或影响的链状传递过程，事实上就是干旱灾害链在宏观层面上的表现，而干旱灾害链则可以理解成是更为具体明晰地指明旱灾直接作用的对象(承灾体)，因此分析干旱灾害链各链条上的特征和传递特点，采取必要的措施和手段，通过断链处理，可以阻止干旱灾害的进一步发生。

一个地区的孕灾环境，是由当地的气候背景、下垫面状况、地貌类型、土壤类型、河网分布等要素构成。

从气候背景来看，平均年降水量、年平均温度、年平均相对湿度在研究区均是由东南向西北，也就是从华南到西南呈减少的分布。平均年降水量以1200 mm为界，华南的平均年降水量＞1200 mm，而西南地区均在1200 mm以下。年平均温度以20 ℃为界，华南＞20 ℃，而西南＜20 ℃(除云南南部)。年平均相对湿度除四川西部、云南西北部＜70%，其余地方均＞70%。可见，降水量和温度的空间分布，西南和华南有明显的区别，而相对湿度在西南和华南的区别不大。总体看来，西南和华南的气候背景有较大的差异。

从下垫面状况来看，华南的城镇、工矿、居民用地所占比例远高于西南地区；耕地在华南主要以水田为主，而在西南则主要以旱地为主。下垫面状况在西南和华南差异较大。

地貌类型可划分为丘陵、平原、台地和山地4种基本形态。以华南和西南各区域某种类型地貌的面积占该区域总面积的比例来看，丘陵、平原和台地主要分布在华南，而西南这3种类型地貌的分布面积较小。山地则主要分布在西南，而华南仅有部分低山分布。

从土壤类型的分布来看，棕壤和岩性土主要分布在西南的四川大部、重庆、云南北部、贵州北部，在华南分布极少。水稻土、红壤和石灰土在西南和华南均有分布，相比较而言，红壤在华南分布最广，在西南分布相对少；石灰土主要分布在西南的贵州和云南东部，以及华南的广西西部和北部。可见，西南和华南的土壤类型有较为明显的区别，西南主要为棕壤、岩性土、水稻土和石灰土，华南主要为红壤和水稻土。从不同土壤的特性来看，西南地区土壤的抗旱力相对比华南地区土壤的抗旱力要弱。喀斯特发育旺盛的地区主要分布在西南，易造成雨水形成径流和渗漏，在相同的气象干旱等级情况下，干旱更容易发生，受灾程度更加严重。

从河网分布来看，西南境内为西南水系，受西南季风影响，降雨量集中在夏秋两季，春季较为干旱。华南境内为珠江水系，处于亚热带季风气候区，终年温暖多雨，流域内水量丰盈，是中国河网密度最大的地区，大部分地区年径流深度均在800 mm以上，境内多春雨，夏秋又多台风，使得河流汛期较长(黄锡荃，1995)。

从人口密度和经济条件方面来看，人口密度较大的区域主要集中在广东西南部和沿海地区，广西南部以及四川盆地；经济发展水平较高的区域主要位于广东省、广西东部和南部以及四川盆地。总体看来，华南地区的人口密度和经济水平均高于西南地区。

上述分析表明，影响西南和华南地区干旱灾害链的因子存在较大的差异，这是造成2个地区干旱灾害链不同的原因。另外，通过专家打分和层次分析法相结合的方法对上述因子分析得出，气候背景对干旱风险的影响最大，决定着干旱灾害风险的空间分布状况，地貌和土壤类型等在一定程度上仅起到放大或缩小干旱风险的作用。

3.2 干旱灾害链的形成

灾害链产生的原因是由于原生灾害能量的传递、转化、再分配和对周围环境的影响，导致在原生灾害活动的同时或以后，发生一种或多种次生灾害。上节分析表明，西南和华南 2 地区的干旱孕灾环境、人口密度、经济条件均有差别，这些与干旱灾害链形成密切相关的因素的不同，必然使得这 2 个地区的干旱灾害链有所不同。

依据表 1 中的干旱事件，同时普查历史资料记载的西南和华南干旱期干旱状况及其影响和危害，并参考相关文献的研究成果，发现全国森林火灾最严重的地区集中在云南、广西、贵州，主要由于这些地区春冬季气候干燥，一般在干旱年火灾较多，造成森林火灾严重。森林火灾除直接危害林业发展外，还同时破坏生态环境，而火灾造成的植被退化等问题又反过来加剧旱灾等(程建刚 等，2009)。如西南地区 2009 年秋季到 2010 年春季的特大旱灾期间，贵州省就发生了 1000 多起森林火灾。

干旱随着其程度的加重，通常会引起人畜饮水困难，在库存水不充足的情况下，通常会开采地下水来满足基本生活需求，但过量开采往往使可利用水资源减少，破坏淡水资源，严重的可导致地表水萎缩，地下水位大幅度下降，并造成地面沉降、地表塌陷，还可造成沿海地区海水入侵等灾害，从而又进一步加剧水资源供需矛盾。长期严重干旱导致的水源卫生差，还可引起疫病的发生和传播。干旱使得降雨量不能满足牧草对水分的需求，牧草长势差，从而畜牧养殖业又会出现饲草不足的现象。干旱还常常使某些农作物遭受病虫害。严重的干旱使土地质量下降，生态环境恶化，造成财产损失和生产损失，影响人民生活和工农业生产。程建刚等(2009)对云南重大气候灾害分析的结果表明，干旱灾害可造成农作物栽播困难、粮食经济作物失收、引发森林火灾、农林病虫危害、库塘干涸、水力发电量骤降、人畜饮水告急、城市供水不足等问题，从而造成重大经济损失。徐玲玲等(2010)的研究表明，2009 年秋季以来，西南地区遭受特大秋冬连旱，以云南、贵州为主要受灾地区的夏收粮油作物生长和春播生产受到严重影响，给当地人畜饮水造成困难。

通过对已有资料和研究成果的整理和归类，综合分析得到西南和华南地区的干旱灾害链，如图 3 所示。

3.3 西南和华南干旱灾害链的异同

不管是西南还是华南地区，假如在没有任何干预的情况下，即如果没有采取相应的灾害链的断链处理，那么干旱灾害通过链状形式的传递，最终都将造成生存环境的恶化和经济损失的加剧(图 3)。无论上述哪一个区域，对不同承灾体而言，其灾害下传阈值都是不同的，如航运，在中度干旱就可下传影响，森林火灾、病虫害和水力发电量降低在重度干旱时可下传影响，而土壤退化则要在特大干旱时才下传。

但从干旱灾害链条上的干旱传递来看，西南和华南有明显的差异，即干旱灾害传递具有明显的区域性特征。西南在轻度气象干旱时就会引起作物干旱，而华南则要在中度气象干旱时才会下传到作物干旱；西南在中度气象干旱就会引起诸如人畜饮水困难和牲畜饲草料不足等

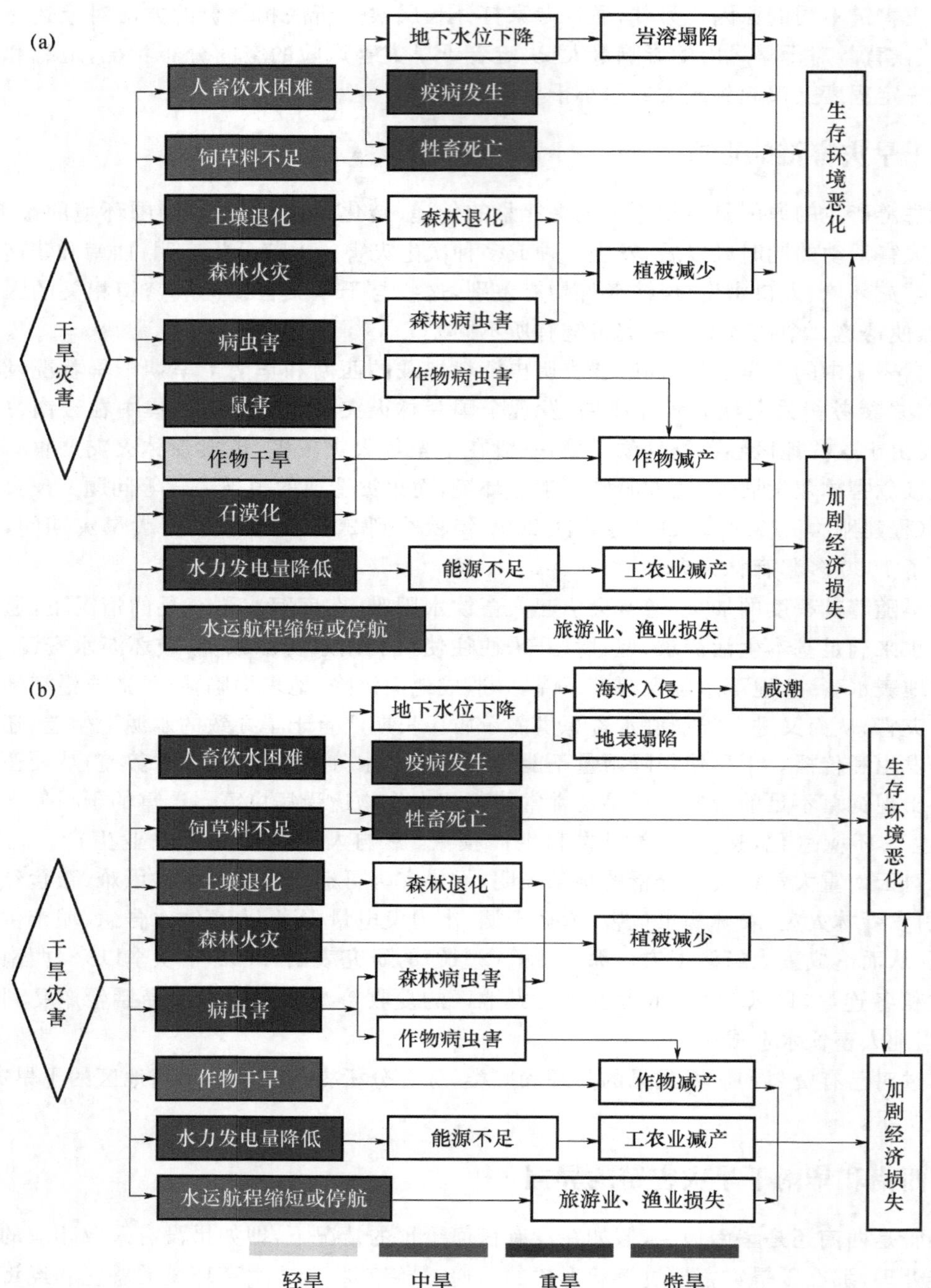

图 3　干旱灾害链(色标表示达到此等级干旱,旱灾可影响到相应的承灾体)
(a)西南;(b)华南

的问题,而华南则要在重度气象干旱时才会下传。

中国广大的喀斯特地貌分布在亚热带的西南地区,尤其以贵州省最为突出。干旱对贵州典型喀斯特石漠化地区生态环境的影响更为明显。研究表明(刘孝富 等,2012),干旱可提高石漠化敏感性，受旱灾影响程度越深，石漠化敏感性越明显。由干旱灾害加剧造成的石漠化问题对农业生产的影响，在西南远比华南严重。如贵州省 2009 年秋季到 2010 年春季的三季连旱特大旱灾，给贵州石漠化面积的扩大带来了深远的影响。图 3 也显示了由于孕灾环境的差异，西南在重度气象干旱时可引起部分区域的石漠化现象，而华南则除了桂北外，其他大部分地区出现石漠化的概率很小。

另外，华南为沿海地区，经济发达，而西南处于内陆地区，长期以来生产方式比较落后，社会生产、经济活动对自然因素的依赖较大，故对自然灾害的承受力较弱，干旱对粮食作物的风险最大。尤其云南和贵州处于云贵高原，高原自然环境复杂，农业基础较差，抗御自然灾害的能力更为薄弱。

综上所述，在遭受同样严重程度干旱的情况下，西南受到的旱灾影响要大于华南。灾害链的传递特征也体现了这一点，即西南和华南在相同影响链条的情况下，干旱的严重程度不同。

4 讨论

干旱从发生到产生灾害，是一种链状的传递过程，即是一种以灾害链形式演变发展的成灾规律。本文通过对干旱灾害及其影响的历史资料的收集整理，从不同干旱类型之间的相互联系和影响的角度出发，仅定性地分析了西南和华南地区的干旱灾害链的链条结构，及不同链条上干旱灾害传递的方向。由于能量守恒、能量转化传递与再分配是认识灾害传递的重要线索和依据，可知西南和华南的干旱灾害链中各种灾害相继发生，链条上不同干旱等级表现出的不同传递特点，实际上是体现了灾害链条上灾害不同能量的传递特点，那么怎样结合干旱的不同等级(阈值)，通过定量的方法来表示旱灾的传递能量和方向？还需做进一步的研究。

干旱灾害具有非线性的特点(张强 等，2014)，干旱灾害链上旱灾能量的传递也是一种非线性的过程，且干旱灾害受干旱致灾因子危险性、承灾体脆弱性、孕灾环境敏感性和防灾能力不可靠性等多种因素相互作用影响(张强 等，2014)。系统动力学(system dynamics，SD)方法，能够有效处理多维、非线性的系统问题，因此，对于旱灾这样的非线性、多因素相互作用的对象，考虑下一步运用 SD 方法，通过建立试验模型，找到干旱灾害链上能量传递的某些规律，从而为控制干旱灾害的进一步传递提供一定的依据。

致谢：中国气象局兰州干旱气象研究所沙莎绘制了部分图形，匿名审稿专家对论文提出了建设性意见，作者在此表示衷心感谢。

参考文献

陈香，陈静，王静爱. 2007. 福建台风灾害链分析——以 2005 年“龙王”台风为例[J]. 北京师范大学学报(自然科学版)，43(2)：203-208.

程建刚，晏红明，严华生，等. 2009. 云南重大气候灾害特征和成因分析[M]. 北京：气象出版社.

傅敏宁，邹武杰，周国强，2004. 江西省自然灾害链实例分析及综合减灾对策[J]. 自然灾害学报，13(3)：101-103.

黄锡荃，苏法崇，梅安新，1995. 中国的河流——中国自然地理知识丛书[M]. 北京：商务出版社：1-88.

琚建华，吕俊梅，谢国清，等. 2011. MJO 和 AO 持续异常对云南干旱的影响研究[J]. 干旱气象，29(4)：401-406.

科技部国家计委国家经贸委灾害综合研究组，2000. 灾害·社会·减灾·发展——中国百年自然灾害态势与 21 世纪减灾策略分析[M]. 北京：气象出版社.

刘孝富,潘英姿,曹晓红,等,2012.旱灾对石漠化影响评估及灾后石漠化防治分区[J].环境科学研究,25(8):882-889.

史培军,2002.三论灾害研究的理论与实践[J].自然灾害学报,11(3):1-9.

史培军,1991.灾害研究的理论与实践[J].南京大学学报(自然科学版),11:37-42.

帅嘉冰,徐伟,史培军,2012.长三角地区台风灾害链特征分析[J].自然灾害学报,21(3):36-42.

王劲松,李耀辉,王润元,等,2012.我国气象干旱研究进展评述[J].干旱气象,30(4):497-508.

文传甲,1994.论大气灾害链[J].灾害学,9(3):1-6.

文传甲,1995.西南地区的大气灾害及其时空变化规律[J].灾害学,10(3):37-43.

吴瑾冰,2002.滇、桂、粤、闽、台灾害链讨论[J].灾害学,17(2):82-87.

吴立,王传辉,王心源,等,2012.巢湖流域灾害链成因机制与减灾对策[J].灾害学,27(4):86-91.

肖名忠,张强,陈晓宏.2012.珠江流域干旱事件的多变量区域分析及区域分布特征[J].灾害学,27(3):12-18.

徐玲玲,侯英雨,韩丽娟,等,2010.2009/2010年度冬季气候对农业生产的影响[J].中国农业气象,31(2):324-326.

尹晗,李耀辉,2013.我国西南干旱研究最新进展综述[J].干旱气象,31(1):182-193.

张强,陈丽华,王润元,等,2012.气候变化与西北地区粮食和食品安全[J].干旱气象,30(4):509-513.

张强,韩兰英,张立阳,等,2014.论气候变暖背景下干旱和干旱灾害风险特征与管理策略[J].地球科学进展,29(1):80-91.

朱伟,陈长坤,纪道溪,等,2011.我国北方城市暴雨灾害演化过程及风险分析[J].灾害学,26(3):88-91.

Xu L F,Xiang W M,Xue G X,2014.Natural hazard chain research in China:A review[J].Nat Hazards,70:1631-1659.DOI 10.1007/s11069-013-0881-x.

暴雨洪涝灾害链实例分析及断链减灾框架构建*

叶丽梅[1]　周月华[1]　周　悦[1]　牛　奔[2]

（1. 武汉区域气候中心，武汉，430074；2. 武汉中心气象台，武汉，430074）

摘　要　基于2012年8月湖北省鄂西北地区暴雨洪涝灾害典型案例，从灾害系统论出发对暴雨洪涝灾害成灾机制、灾害衍生链进行灾害系统分析。通过对灾害过程进行了归纳整理，构建暴雨洪涝灾害断链减灾框架，并给出暴雨洪涝灾害产生过程和不同位置风险管理的关键时机与措施。

关键词　暴雨洪涝；灾害链；断链减灾

暴雨洪涝历来是湖北自然灾害之首，它具有发生频率高，影响范围广，危害强度大，造成的损失严重等特点（温克刚，2007）。构建暴雨洪涝灾害链能够更好地认识灾害链的时空分布特征、发展规律，对防灾减灾具有重要的意义。

案例透析法是灾害研究的常用方法，常见于暴雨洪涝、旱灾、沙尘暴等灾害中（王静爱 等，2001，2005；李景保 等，2005），该方法能够比较全面地对研究对象进行系统的理论分析。2012年8月4—6日，受台风"苏拉"登陆后形成的倒槽和冷空气共同影响，湖北省鄂西北地区出现强降水，造成河水陡涨，水库泄洪，局部出现山体滑坡，部分群众房屋因滑坡和进水被毁坏，交通、通信、电力、水利等设施被毁。此案例涉及中小河流洪水、山洪、内涝、滑坡泥石流等次生灾害，涵盖了暴雨诱发的灾害类别，因此，以"2012年鄂西北洪涝灾害"典型案例透析暴雨洪涝灾害链特点及提出防御重点具有典型意义，同时有利于减灾防灾工作，以减少由灾害连锁效应带来的损失。

本文根据民政部门提供的鄂西北暴雨洪涝灾害灾情数据和湖北省气象局提供雨情、地理信息资料，以"2012年鄂西北洪涝灾害"为例，结合湖北省特殊孕灾环境和承灾体，研究暴雨洪涝的致灾成灾机制，构建基于典型案例的灾害链形成机制，基于案例的总结归纳绘制暴雨洪涝灾害风险管理示意图，旨在给出灾害链孕源断链减灾对策。

1　灾害链基本概念

灾害链是一个复杂灾害系统，由致灾因子链、孕灾环境和承灾体组成，灾情是由致灾因子危险性、孕灾环境不稳定性、承灾体暴露性以及脆弱性等特征在时间与空间上复杂的耦合作用形成的（史培军，1996，2005；刘文方 等，2006）。链内各灾害之间相互渗透相互作用相互影响以及与环境进行着物质，能量和信息的交换，形成相互联系相互制约的复杂的反馈系统（哈斯 等，2016）。因此，灾害链一般可描述为（史培军，2005）：

$$D=\{E,H,S,R\} \tag{1}$$

式中：D 为灾害链系统，E 是孕灾环境，H 致灾因子，S 承灾体，R 表示致灾因子、孕灾环境、承

* 发表在：《灾害学》，2018，33(1)：65-70.

灾体之间复杂的耦合作用。

2 灾害链的构成

在气象灾害上表现为一次天气过程发展为灾害性天气过程，造成了重大自然灾害，以及诱发的一连串自然灾害衍生灾害事件的危机事件的全过程。灾害链的过程，即灾害链的构成可分为能量输入、衍生链构成要素、能量输出（图 1）（陈长坤 等，2008）。灾害系统遵循能量守恒、能量转化传递与再分配。能量输入决定着灾害事件造成的后果，但是衍生链构成要素的条件决定着衍生危机事件造成的后果，能量输出就是灾害事件和衍生危机事件共同造成的后果严重程度（陈长坤等 2008；吴立 等，2012）。

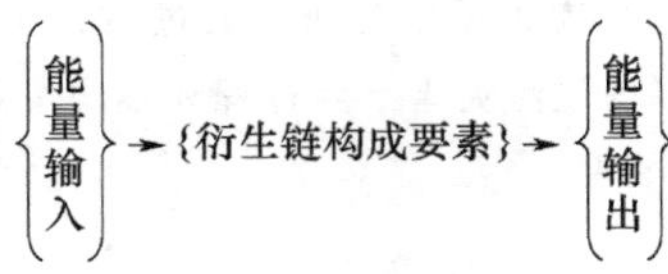

图 1　灾害链构成

2.1　能量输入因子的确定

选择致灾因子强降水（持续强降水、瞬时强降水）作为暴雨洪涝灾害的能量输入因子。强降水（持续强降水、瞬时强降水）在不同的孕灾环境下出现的洪涝、山洪、渍涝、积涝等，是强降水这个能量的转化形式的表征，也作为输入能量的延展。

2.2　衍生链构成要素的确定

暴雨洪涝灾害衍生链构成要素主要是由基础链（也称作物理暴露）组成的，电力、农业、交通、建筑等基础链共同对系统产生作用，最终造成对系统的影响。

2.3　能量输出因子的确定

能量输出的衍生链后果影响的结果链主要由断电、停水，农作物受淹、物价上涨，交通堵塞、人口滞留，房屋倒塌、经济损失等组成（图 2）。暴雨洪涝灾害事件的基础链和结果链的影响是相互和交叉的。

3 暴雨洪涝灾害链实例分析

2012 年 8 月 4—6 日鄂西北发生历史罕见的强降水过程，造成严重的洪涝灾害，据湖北省民政部门统计，截至 2012 年 8 月 7 日 10 时，此次暴雨洪涝灾害造成襄阳、十堰、咸宁、宜昌、荆州等地 18 县（市、区）107.25 万人受灾，直接经济损失 23.17 亿元。本文对此过程进行了详细的分析，并作为典型案例分析暴雨洪涝灾害链的发生和演变情况。

3.1　暴雨洪涝灾害链成灾机制

（1）降水因子

利用鄂西北 14 个国家气象站建站 2011 年逐日降雨资料，运用耿贝尔极值Ⅰ型分布法原理（郭广芬 等，2009；李兰 等，2013），求取各气象站的重现期阈值：

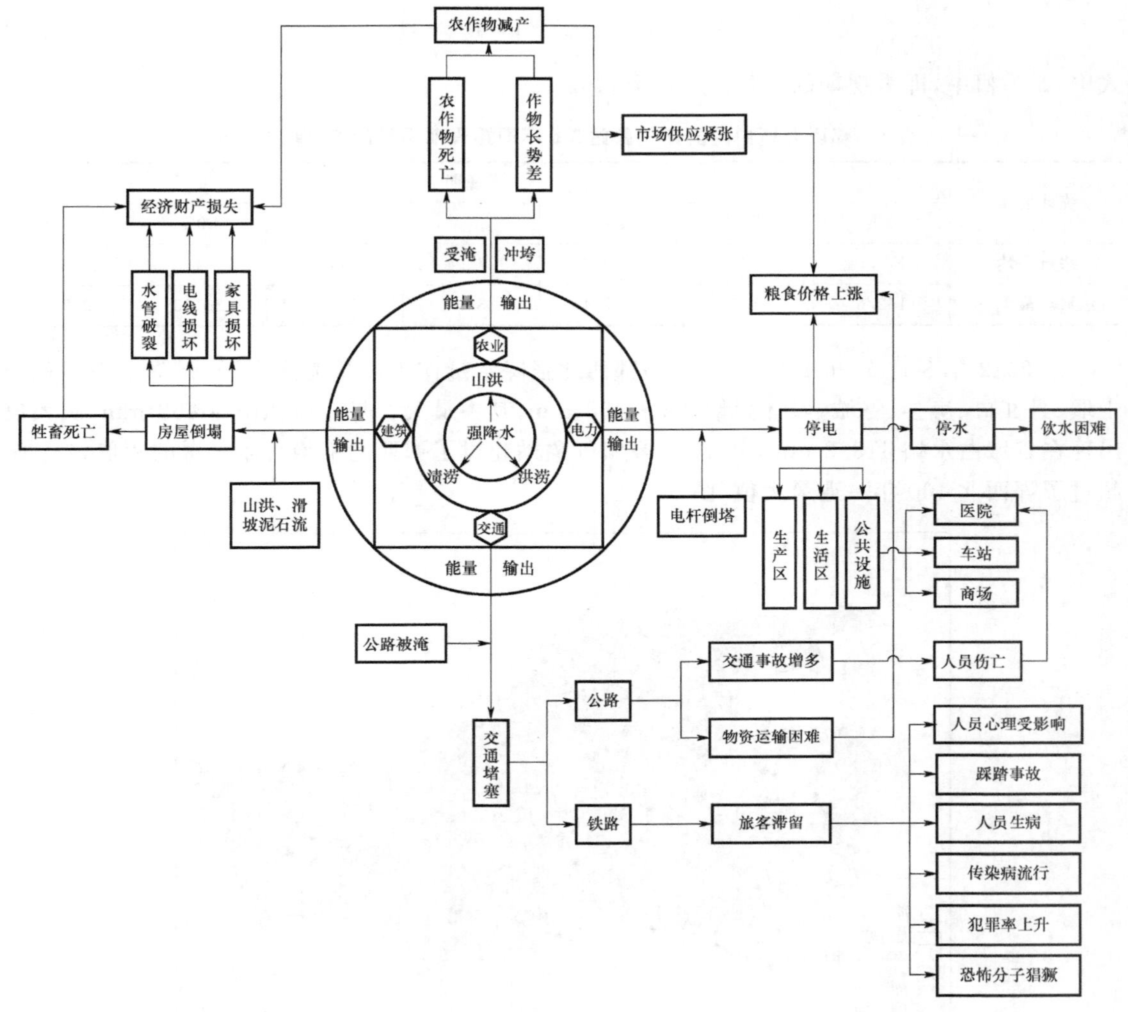

图 2 从影响因子能量输出绘制的灾害链图

极值Ⅰ型分布函数为：

$$F(x)=P(X_{\max}<x)=e^{-e^{-a(x-u)}} \tag{2}$$

其超过保证率函数，即 Gumbel 概率分布函数是：

$$p(x)=1-e^{-e^{-a(x-u)}} \tag{3}$$

式中：$F(x)$为极大值的分布函数，$P(X_{\max}<x)$为极大值的概率分布表达式，重现期为概率的倒数，a 及 u 是极大值分布参数，计算公式为：

$$a=\frac{\sigma_y}{\sigma_x} \tag{4}$$

$$u=\overline{x}-\frac{\sigma_x}{\sigma_y}\overline{y} \tag{5}$$

式中：$\overline{x}$，σ_x 分别为样本序列的数学期望和均方差；$\overline{y}$，σ_y 可根据不同的样本数通过查表得到。

不同重现期的面雨量可通过下式求得：

$$X_p = u - \frac{1}{a}\ln(-\ln(1-p)) \tag{6}$$

式中：p 为概率，即重现期的倒数。由此算得表 1。

表 1　鄂西北境内的国家气象站 2 d 不同重现期雨量阈值(单位:mm)

统计要素	重现期						
	5 a	10 a	20 a	30 a	40 a	50 a	100 a
站点平均	115.5	137.2	159.6	173.4	183.4	191.5	218.0
站点最大	152.6	185	217.4	236.6	250.5	261.3	297.6

以 2012 年 8 月 5—6 日(20—20 时)鄂西北强降水量作为能量输入因子，强降水中心位于十堰、丹江口、房县、谷城，累计雨量 200～458 mm，其中最大在丹江口孤山村 458 mm，次大值出现在谷城白水峪 413.2 mm，共 11 个乡镇气象站超过了鄂西北平均百年一遇的阈值，4 个站超过了鄂西北 100 年一遇最大值(图 3)。

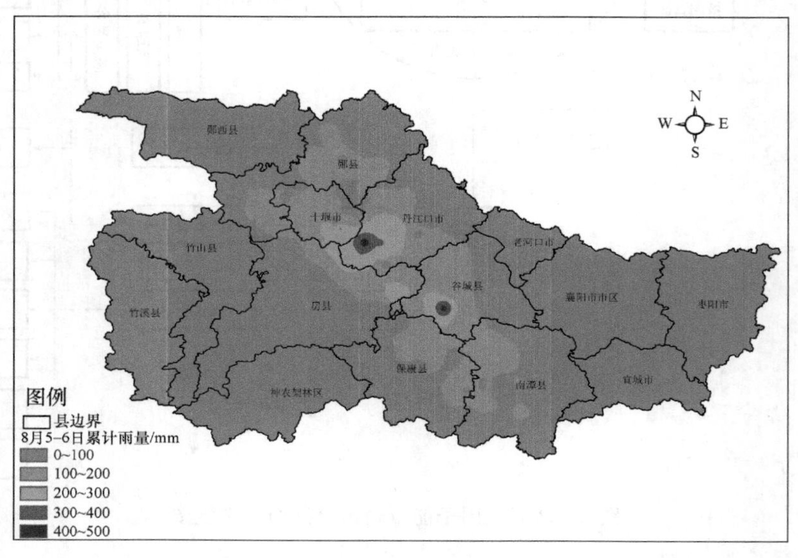

图 3　2012 年 8 月 5—6 日(20—20 时)鄂西北累计雨量图

(2)孕灾环境因子

从地形、河网因子分析，鄂西北西南部及郧西、郧县地形海拔高，多为山地，地形起伏很大，坡度陡峻，沟谷幽深，一旦受强降水影响，易发生山洪、滑坡、泥石流等灾害(图 4)。鄂西北东北部海拔低，为平原地区，不仅受当地强降水的影响，还受上游洪水的影响，易发生内涝、河网漫堤、溃口等洪涝灾害，上游洪水与当地强降水共同影响时，洪涝灾害将累积扩大。

(3)致灾临界雨量

鄂西北是湖北省年均降水量最少的区域，夏季 6—8 月平均降水总量 402 mm(武汉区域气候中心，2013)。运用历史旱涝灾情(李兰 等，2013)计算的鄂西北平均致灾雨量为 75 mm。8 月 4—6 日降水过程雨量超过了致灾临界气象条件。

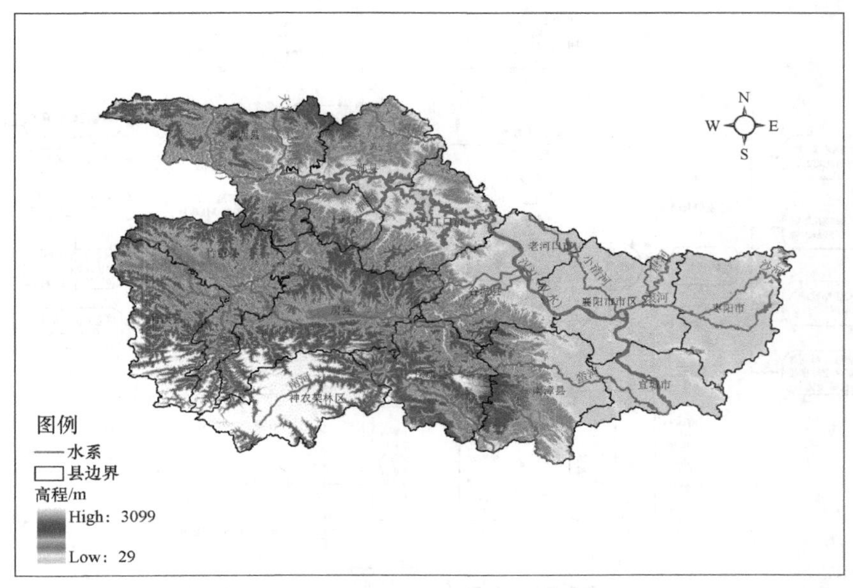

图 4　鄂西北水系高程图

3.2　暴雨洪涝灾害链

(1)暴雨—洪涝灾害链(图 5)

北河上游地势高,与下游海拔差 1000 m 左右。强降水正位于北河上游,外加地形影响,引发了谷城北河泄洪、漫堤,茅塔河、大坪河水位暴涨漫堤,使道路积水严重、大桥被冲垮、房屋进水,进而导致交通中断。例如,8 月 5 日谷城境内北河泄洪最大流量 4200 m^3/s,是 1975 年 8 月以来发生的最大一次洪水。北河漫堤造成县城三分之二被淹,9 个乡镇受灾较重,1430 户房屋进水,城关通往石花的下新店大桥左侧引桥被冲垮,交通中断。

(2)暴雨—崩塌、滑坡—泥石流灾害链

暴雨诱发泥石流是指在山区或者其他沟谷深壑,地形险峻的地区,因为暴雨引发的山体滑坡并携带有大量泥沙以及石块的特殊洪流。在这灾害链中,强降水引发山洪、滑坡泥石流等灾害,导致电线杆倒塌、变电站进水、电力设施损失严重、道路被毁、房屋倒塌、农作物被冲垮,造成停水停电、移动手机、电视信号全部中断、交通受阻、人员伤亡等灾害。强降水过程导致了严重地质灾害。在“8 月 5 日鄂西北”案例中,郧县多处出现山体滑坡,鲍峡镇水西村 1 人因屋后滑坡被掩埋,胡家营镇 1 人因屋后山体滑坡落石砸倒房屋死亡;省道 305 保康境内损毁严重,黄堡镇峰儿垭隧道口发生泥石流,一辆小汽车被掩埋。

(3)暴雨—山洪灾害链

山洪是指山区溪沟中发生的暴涨洪水,具有突发性,水量集中流速大、冲刷破坏力强等特点。鄂西北海拔差 3070 m,强降水中心处于海拔较高的山区,引发严重的山洪灾害。在此次强降水过程中,郧县鲍峡镇鲍竹路赵湾村境内路段被山洪冲毁,6 日凌晨 2 时左右,一辆外地牌照黄色 QQ 轿车,强行通过,被山洪冲入东河。

(4)暴雨-渍涝灾害链

渍涝灾害的形成与地形、地貌、排水条件有密切的关系,可划分为平原坡地、平原洼地、水

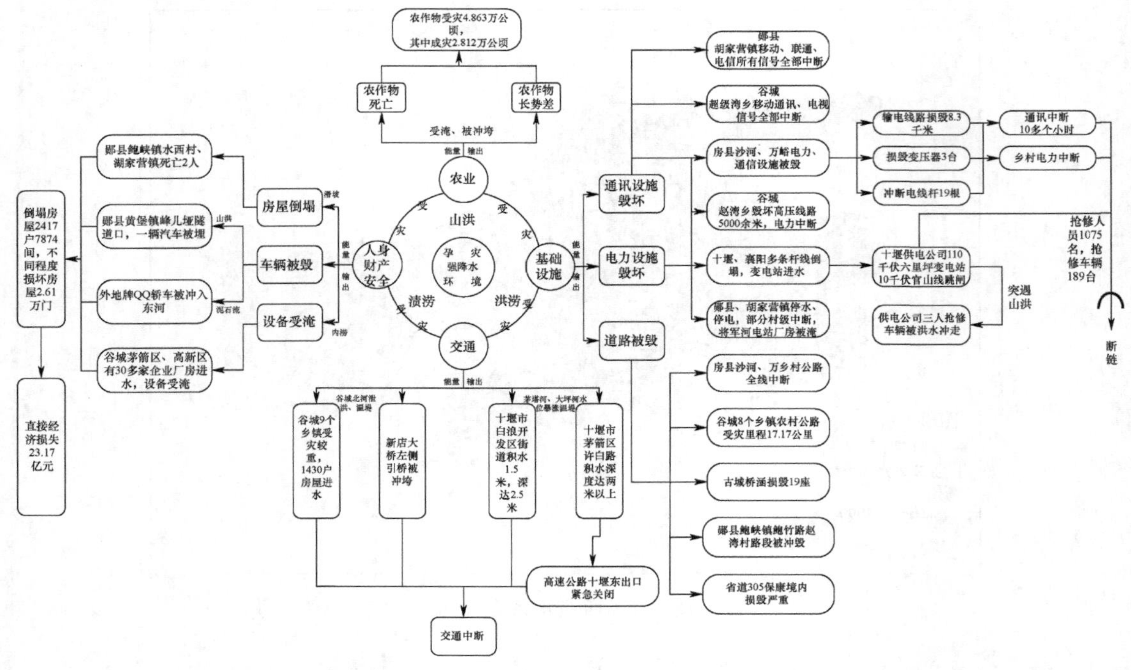

图 5　2012 年 8 月 4—6 日鄂西北强降水过程的暴雨洪涝灾害链图

网圩区、山区谷地、沼泽地等几种类型。鄂西北地区属于山区谷地型，其特点是山区谷地地势相对低下，遇强降水时，受周围山丘下坡地侧向地下水的侵入，水流不畅而产生渍涝。除了本地强降水，上游强降水诱发的中小河流洪涝、山洪灾害均能造成渍涝。渍涝作用于农田，使农田受淹严重，而造成农作物长势差，甚至死亡。此次强降水过程农作物受灾 48.63 khm^2，其中成灾 28.12 khm^2。另外，由于茅塔河、大坪河水位暴涨漫堤，谷城北河泄洪、漫堤，谷城县城、十堰市城区出现了路面积水，房屋近水的现象。

4　构建暴雨洪涝灾害断链减灾框架

从灾害系统论的角度，对湖北省暴雨洪涝典型案例的解析，从致灾因子、孕灾环境、承灾体对灾害的发生过程进行了归纳整理，建立了暴雨洪涝灾害产生过程和不同位置进行风险管理的关键时机与措施(图 6)。

4.1　暴雨洪涝灾害形成过程

当强降水(包括短历时强降水、持续性强降水)降落到山洪沟、地质条件脆弱区、病险水库、中小河流、城市内涝点等孕灾环境，且达到临界致灾雨量阈值时，易引发山洪沟洪水、滑坡泥石流暴发，病险水库溃坝，中小河流漫堤破堤，城市易涝点积水，进而对影响范围内的人口、人身财产、农田、通信设施、公共基础设施等承灾体进行冲垮和淹没，导致生命财产受损、农田受淹、电力、道路基础设施受损、街道积水等灾害的发生，最终造成人身安全威胁、经济财产损失。

4.2　断链减灾措施

深入了解暴雨洪涝灾害链的发生发展过程，即从致灾因子、孕灾环境、承灾体对灾害发生

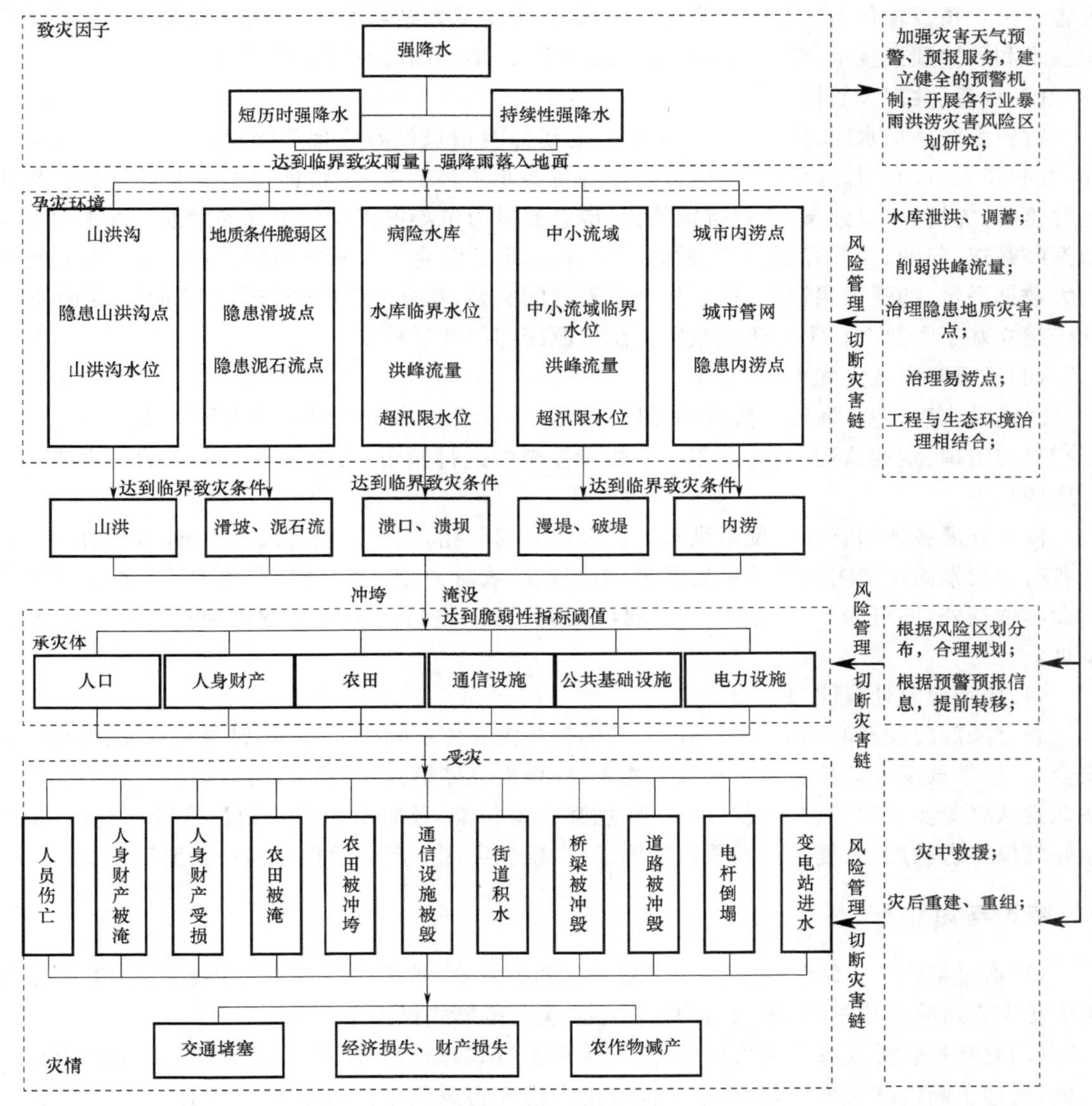

图 6　依灾害系统论绘制的暴雨洪涝风险管理示意图

的作用及其相互影响出发，找出断链最佳环节，达到防灾减灾的目的。

(1)加强暴雨及衍生灾害预报预警服务

气象灾害是可以预报的，这为防灾减灾提供了一个基础条件。因此，气象灾害监测预警和信息发布在气象防灾减灾中具有重要的意义。应当建设结构合理、布局适当、功能齐备的暴雨洪涝灾害综合探测系统，构建暴雨洪涝灾害综合信息共享平台，发展精细化气象预报业务和公共气象服务平台，加强暴雨洪涝灾害预警的发布，显著提升灾害监测、预警和发布能力。各部门紧密协作，共同做好自然灾害链的研究和预报，有利于提高预报准确率和临灾预警水平，为各级政府组织防灾减灾、排除隐患和紧急救援提供科学的决策依据。

暴雨洪涝灾害预警有两个重点：①确定暴雨洪涝致灾临界气象条件；②提高气象条件预报准确率和时空分辨率(精细度)。在确定致灾的临界气象条件之后，我们就可以将气象要素和灾害性天气预报转化为气象灾害预报了。例如，确定了临界降雨量，利用天气雷达定量估测降水技术和外推预报技术，便可以开展暴发性洪水、山洪、滑坡、泥石流的预报。

(2)构建、共享大数据平台

对各大中小型水库、山洪沟、中小河流、易涝点及滑坡泥石流地质隐患点开展风险普查工作，并收集人口、农田、通信设施、电力设施等主要承灾体的数量、价值量及分布等信息。构建包含监测、灾情、人口分布、承灾抗灾能力、应急救援力量等灾害应急信息的大数据库平台。大数据经筛选、归纳、去假存真、变零散处理后备索，形成综合防灾减灾的信息网。通过建立统一的大数据平台、加强顶层设计、树立伙伴型部门间关系、建立部门间合作信任机制等渠道，将有助于建立基于大数据技术的防灾减灾信息资源跨部门共享机制。

(3)增强防灾抗灾能力

对病险水库、中小河流病险堤坝、城市内涝点、易发生崩塌、滑坡、泥石流等灾害的隐患点进行提前治理、定期监测，同时采用一定的工程措施进行预防，可有效减少灾害的发生或灾害导致的损失。

深入开展各敏感行业的暴雨洪涝灾害风险区划研究，建立行业的致灾敏感脆弱性曲线，形成各行业的暴雨洪涝灾害风险区划图谱，为制定区域防灾减灾整体规划、确定综合减灾对策提供参考依据外，亦可为区域规划、土地利用规划、国土整治和确定区域可持续发展战略提供依据。

(4)增强应急处置能力

各有关部门应及时响应气象部门启动的气象灾害应急响应的指令，划分危险区、警戒区和安全区，科学调度应急救援队伍和救灾物资，并根据具体情况积极采取有效措施。各有关部门按职责认真落实防灾减灾救灾各项措施，加强查险排险，及时组织受威胁群众转移避险，全力做好气象灾害救助、恢复生产和重建家园工作，确保灾区生产生活秩序和社会稳定。

5 结论与讨论

(1)通过解剖“2012 年 8 月 4—6 日鄂西北洪涝灾害”典型个例的灾害链系统结构，揭示暴雨洪涝灾害风险形成过程，进而为构建灾害风险防范模式提供实证。

(2)总结提炼暴雨洪涝灾害历史灾情，从灾害链式理论出发，揭示了暴雨洪涝灾害形成过程链，构建了断链减灾框架，给出了不同暴雨洪涝灾害风险形成过程的断链措施，从而正确的预测和有效的防治灾害。

参考文献

陈长坤，孙云凤，李智，2008. 冰灾危机事件衍生链分析[J]. 防灾科技学院学报，10(2)：67-71.

郭广芬，周月华，史瑞琴，等，2009. 湖北省暴雨洪涝致灾指标研究[J]. 湖北气象，28(4)：357-361.

哈斯，张继权，佟斯琴，等，2016. 灾害链研究进展与展望[J]. 灾害学，31(2)：131-138.

李景保，肖洪，王克林，等，2005. 基于流域系统的暴雨径流型灾害链——以湖南省为例[J]. 自然灾害学报，14(4)：30-38.

李兰，周月华，叶丽梅，等，2013. 基于 GIS 淹没模型的流域暴雨洪涝区划方法[J]. 气象，39(1)：174-179.

李兰，周月华，叶丽梅，等，2013. 一种依据旱涝灾情资料确定分区暴雨洪涝临界雨量的方法[J]. 暴雨灾害，32(3)：280-283.

刘文方，肖盛燮，隋严春，等，2006. 自然灾害链及其断链减灾模式分析[J]. 岩石力学与工程学报，25(增刊 1)：

2675-2681.

史培军,1996. 再论灾害研究的理论与实践[J]. 自然灾害学报,5(4):6-17.

史培军,2005. 四论灾害系统研究的理论与实践[J]. 自然灾害学报,14(6):1-7.

王静爱,商彦蕊,苏筠,等,2005. 中国农业旱灾承灾体脆弱性诊断与区域可持续发展[J]. 北京师范大学学报(社会科学版),41(3):130-137.

王静爱,徐伟,史培军,等,2001,2000 年中国风沙灾害的时空格局与危险性评价[J]. 自然灾害学报,10(4):1-7.

温克刚,2007. 中国气象灾害大典・湖北卷[M]. 北京:气象出版社:10-11.

吴立,王传辉,王心源,等,2012. 巢湖流域灾害链成因机制与减灾对策[J]. 灾害学,27(4):85-91.

武汉区域气候中心,2013. 湖北气候服务手册[Z]. 武汉:武汉区域气候中心.

气候变暖背景下中国干旱强度、频次和持续时间及其南北差异性*

韩兰英[1,2]　张　强[1,3]　贾建英[2]　王有恒[2]　黄　涛[2]

（1. 中国气象局兰州干旱气象研究所/甘肃省干旱气候变化与减灾重点实验室/中国气象局干旱气候变化与减灾重点开放实验室，兰州，730020；2. 西北区域气候中心，兰州，730020；3. 甘肃省气象局，兰州，730020）

摘　要　在全球气温日趋升高和极端降水增加的气候背景下，近年来中国干旱变化特征异常突出，新形势下干旱灾害影响机制认识需进一步深入。利用1960—2014年中国527个气象站逐日气温和降水量数据，选用改进的综合气象干旱指数（MCI）作为干旱监测的指标，详细分析了中国干旱强度、频次和持续时间变化特征及其南北差异性。结果表明：气候变暖背景下，中国干旱范围扩大、程度加剧和频次增加；干旱发生的范围发生了明显的转移，北方干旱加剧的同时，南方干旱明显加重，尤其是大旱范围明显增加。中国干旱范围主要在黄河流域以南和长江以北地区。干旱频次北方高于南方，东部高于西部，长江流域以北干旱频次较高。中国干旱持续时间较长，而且一年四季任何时间都有可能发生干旱。干旱不仅发生在干旱区和半干旱区，即使是湿润和半湿润区域也常有干旱发生。但是不同年代、不同区域干旱发生的程度、持续时间和频次有一定的差异。中国20世纪90年代中后期至21世纪初期干旱范围最广、持续时间最长，造成的损失最严重。中国干旱强度、频次和持续时间南北差异性显著。气候变暖后，中国干旱强度加重、范围扩大、频次增加和持续时间增加明显。

关键词　干旱；中国；气候变化；MCI；干旱指数

引　言

干旱变化特征是指造成干旱灾害的主要气象因子的变化特征和异常程度（李克让 等，1999；杨志勇 等，2011），它不仅是灾害风险评估的致灾因子，也是灾害风险中主导因素和最活跃的因子，直接控制着灾害风险的分布格局和发展趋势（孙荣强 1994；Hayes et al.，1999）。干旱灾害致灾因子主要由干旱强度、发生概率和持续时间决定（张书余，2008；王劲松 等，2012）。一般干旱强度越大、频次越高和持续时间越长，干旱灾害造成的损失就越严重，风险也就越大（张强 等，2011）。

中国是全球干旱最频发的国家之一（张强 等，2011），随着气候变化，中国干旱发生异常特征十分突出，中国干旱强度、区域、频次和持续时间等等都出现明显的变化，鉴于此，深入认识气候变暖背景下的中国干旱发生规律具有重要意义。目前对气象干旱监测指标进行了大量研究，也取得了一系列显著地成果。众多学者基于气温、降水量、蒸散发等气象条件，建立了大量的干旱监测指标，这些指标依据因子多少大致可分为两类（单因子和多因子指标）。单因子指标如标准化降水指数，仅考虑降水量多少，其意义明确，计算简单，但该指标由于没有考虑其他

* 发表在：《中国沙漠》，2019，39(5)：1-10.

相关因素的影响，对干旱反映具有一定的局限性，且部分指标在进行不同时空对比时缺乏统一的标准（鞠笑生 等，1997；黄晚华 等，2013）。多因子指标（如 Meteorological Drought Composite Index，MCI）基于水分平衡原理，考虑的影响因素相对全面，可以较好地反映干旱事件过程的综合影响，但是计算过程繁琐，所以在日常业务运行中受到限制（Palmer 1965；刘巍巍 等，2004）。目前，不同学者采用干旱指标对中国不同区域进行了一些研究，相比而言，MCI 指数无论从区域还是时间尺度上都具有更广泛的适应性（卫捷 等，2003；袁文平 等，2004；王劲松 等，2007；王澄海 等，2012；蔡晓军 等，2013；谢五三 等，2014；熊光洁 等，2014；王林 等，2014；王素萍 等，2015）。

由于中国气候条件复杂多样，干旱影响因素多、成因和形成机制复杂，而且干旱发生具有随机性，干旱事件可以发生在干旱、半干旱、半湿润和湿润的任何气候区和一年四季的任何时候（袁文平 等，2004；熊光洁 等，2014），所以，深入认识中国干旱致灾因子特征规律和区域差异有重要意义，是客观评价干旱灾害风险的基础。

1 资料与方法

所用资料主要为中国常规气象站 572 个气象站 1961－2014 年日降水量和气温，数据来源于国家气候中心及中国气象数据共享服务网（http://cdc.cma.gov.cn/home.Do），该资料经过标准化的质量控制，在业务和研究中被广泛应用。由于青藏高原是形成独特的高寒气候区，气候系统具有明显的独立性，并且其观测站网不太完整，所以本研究范围不包括青藏高原（王林 等，2014）。基于前人研究成果（卫捷 等，2003；袁文平 等，2004；王劲松 等，2007；王澄海 等，2012；蔡晓军 等，2013；谢五三 等，2014；熊光洁 等，2014；王林 等，2014；王素萍 等，2015；张强 等，2016），对于农业干旱监测，无论从实效性上，还是监测能力的表征上，*MCI* 指数均优于其他指数（张存杰 等，2014）。故采用 *MCI* 作为干旱致灾因子表征指标。

MCI 是由国家气候中心在以往干旱指数基础上修订完善而来、正在业务中使用的干旱监测指标。该指标不仅考虑了降水量对干旱的贡献和其他气象干旱指数，也考虑了 60 d 内有效降水（权重平均降水）和蒸发（相对湿度）、90 d 和 150 d 的降水，该指数有效克服了其他干旱指数在一定区域和一定时间内因土壤水分迅速增加或减少干旱量值发生跳跃等的不足。该指标既能反映短时间（日尺度）的实时干旱监测，也能反映长时间（月、季和年尺度）降水量偏少等气候异常情况，还能反映气象干旱指数对农业和水资源在短时间尺度水分亏缺情况，可以用于气象干旱监测和历史同期农业和水资源的干旱影响评估（张存杰 等，2014）。

$$MCI = a \times SPIW_{60} + b \times MI_{60} + c \times SPI_{90} + d \times SPI_{150} \tag{1}$$

式中：$SPIW_{60}$ 为近 60 d 标准化权重降水指数，$SPIW_{60} = SPI(WAP)$，$WAP = \sum_{n=0}^{60} 0.95^n P_n$，标准化处理计算方法参见 GB/T 20481—2006（张强 等，2006）；MI_{30} 为最近 30 d 湿润度指数，$MI = \frac{R - ET_0}{ET_0}$，详细计算方法参见《气象干旱等级：GB/T 20481—2006》；SPI_{90} 和 SPI_{150} 为近 90 d 和 150 d 的 *SPI*，计算方法参见《气象干旱等级：GB/T 20481—2006》；*a*、*b*、*c*、*d* 为随地区和时间变化而调整的权重系数。*MCI* 干旱监测的时间尺度包括日、月、季、年、甚至任意时间，但月、季、年和任意时间尺度计算方法与日有差异。

$$MCI_t = \frac{2}{n} \sum_{k=1}^{n} MCI_k \text{，当 } MCI \leqslant -0.5 \text{ 时} \tag{2}$$

$$MCI_d = \frac{2}{m}\sum_{j=1}^{m} MCI_j\text{，当 }MCI \leqslant -0.5\text{ 时} \tag{3}$$

式中：MCI_t 和 MCI_d 分别为某时段（月、季、年）和某区域干旱指数；MCI_k 为某气站（区域）k 日综合干旱指数；MCI_j 为某日（时段）j 站综合干旱指数；n 为某时段内的总天数；m 为某区域内的站数。

MCI 干旱等级划分标准根据《气象干旱等级：GB/T 20481—2006》，具体等级划分见表 1。

表 1　基于 MCI 的干旱等级划分标准

等级	类型	综合气象干旱指数（MCI）
1	无旱	$-0.5<MCI$
2	轻旱	$-1.0<MCI\leqslant-0.5$
3	中旱	$-1.5<MCI\leqslant-1.0$
4	重旱	$-2.0<MCI\leqslant-1.5$
5	特旱	$MCI\leqslant-2.0$

由于中国环境和气候南北分界比较分明，以“秦岭—淮河线”为界将中国划分为南方和北方两大区域分析（图 1，略）。这种中国南北方分界线的确定方法无论从地理角度还是从气候角度都比较合理（李玉中 等，2003）。同时，由于青藏高原的气候系统具有明显的独立性，并且其观测站网也不够完善，所以特意将青藏高原排除在研究范围之外，按照图 1 中所界定的范围进行统计分析干旱。

2　结果与分析

2.1　干旱年变化

中国干旱强度一致呈加重趋势，每年都有可能发生干旱，只是不同年份发生干旱的程度不同（图 2a）。具体而言，1961－2014 年共 54 a。当中，有 49 a 发生干旱，其中 31 a 轻旱，18 a 中旱，1 a 重旱。20 世纪 90 年代中后期－21 世纪初期（1999 年和 2011 年为特旱，其次是 2001 年）、20 世纪 60 年代干旱最严重。从干旱的程度和持续时间来看，20 世纪 90 年代干旱最严重，其次为 20 世纪 60 年代（表 2，图 2b）。

由图 3a（略）干旱强度可以看出，由中国干旱主要发生在黄河和长江流域之间，内蒙古中东部、黑龙江、吉林、辽宁、山西、北京、河北、山东、河南、安徽北部、云南、贵州西部、广西和广东南部等地都会发生干旱，但是新疆西部、甘肃中东部、宁夏、河北、河南、四川和云南的干旱强度较重。由图 3b（略）干旱频次可以看出，西北西部与东部、华北和西南地区干旱频次较高，大于 30 次 。具体来讲，新疆中北部、甘肃中东部、宁夏、内蒙古中东部、陕西北部、北京、河北、山东西北部、山西南部、四川北部、云南、广西南部和广东南部等地干旱频次较高。总体来看，干旱频次北方高于南方、东部高于西部。长江流域以北干旱频次较高，特别是黄河流域频次高于其他地方。新疆南部、贵州北部、湖北南部、湖南中部、浙江、江西西北部和福建东北部干旱频次较低。

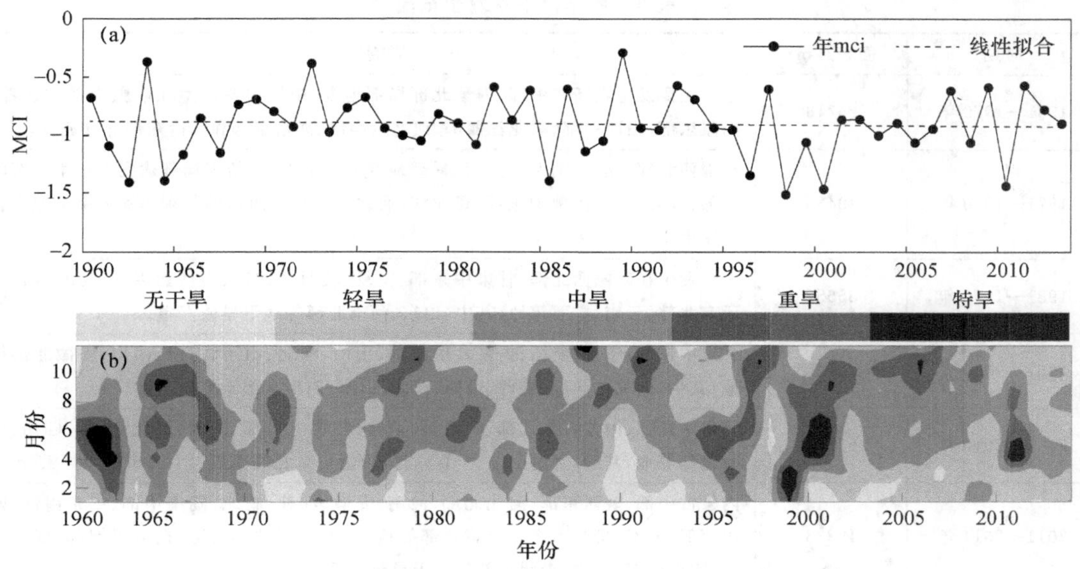

图 2 1961—2014 年中国干旱强度(a)和持续时间(b)年际变化

表 2 干旱平均值和干旱频次

年	MCI			干旱频次(全国/北方/南方)			
	全国	北方	南方	轻旱	中旱	重旱	总次数
1961—1970 年	−0.68	−0.94	−0.40	4/5/5	5/2/1	0/2/1	9/9/7
1971—1980 年	0.85	−0.95	−0.71	7/5/5	2/5/2	0/0/0	9/10/7
1981—1990 年	−0.83	−0.98	−0.71	5/4/5	4/3/2	0/2/0	9/9/7
1991—2000 年	−0.96	−1.11	−0.79	7/5/7	2/3/2	1/2/0	10/10/9
2001—2010 年	−0.94	−0.99	−0.88	6/6/5	4/2/3	0/1/0	10/10/10
2011—2014 年	−0.93	−0.70	−1.21	2/1/0	1/1/2	/1/2/2	4/4/4

2.2 干旱强度年代际分布

由图 4 可以看出，中国干旱主要发生在黄河和长江流域之间，内蒙古中东部、黑龙江、吉林、辽宁、山西、北京、河北、山东、河南、安徽北部、云南、贵州西部、广西和广东南部等地都会发生干旱，但是新疆西部、甘肃中东部、宁夏、河北、河南、四川和云南的干旱强度较重。

中国各年代干旱强度空间分布特征差异明显(图 4，略；表 3)。20 世纪 60 年代干旱主要发生在北方大部分区域，南方零星发生。其中，重旱主要发生在新疆中部、内蒙北部局部地方；中旱主要发生在新疆中部和西部、内蒙东部、山西中部、黑龙江西部、河北东南部、河南东部和云南东部部分地方；轻旱主要发生在新疆中北部、甘肃西北部、内蒙古中东部、黑龙江东部和西部、吉林西部、辽宁西部、北京、山西北部、山东、安徽东部、江苏北部、河南、四川西北部、云南、广西西部和广东等地。

表3 各年代干旱发生范围

时期	面积/km²	影响区域
1961—1970年	25718	重旱主要发生在新疆中部、内蒙北部局部地方；中旱主要发生在新疆中部和西部、内蒙东部、山西中部、黑龙江西部、河北东南部、河南东部和云南东部部分地方。
1971—1980年	40480	新疆西北部、北京、河北、黑龙江局部地方为中旱以上，新疆局部达到了重旱。新疆中部、甘肃东部、内蒙中东部，黑龙江、河北、山西、四川西部与东部和云南等地有轻旱发生。
1981—1990年	35652	主要发生在新疆西北部、甘肃中东部、宁夏、陕西西北部、山西西南部、河北、山东、云南北部、云南、广西等地，其中，山东、河南北部等地干旱较严重。
1991—2000年	40720	甘肃中东部、宁夏、陕西、内蒙古的南部、山西、河北、山东、河南、四川、安徽北部等地，其中，内蒙古南部、陕西、山西、河北、山东、四川东部干旱较严重。
2001—2010年	33538	甘肃中东部、内蒙古东北部、宁夏、陕西、内蒙古的南部、山西、河北、山东、四川、安徽北部等地，其中，甘肃中部、宁夏东部、内蒙古东北部和四川中部干旱较严重。
2011—2014年	19233	内蒙古中部、陕西东部、河北北部、河南、安徽、江苏、湖北、湖南中部、山东南部、四川南部、云南、贵州东部和福建西部等地，其中，陕西东部、河南、山东南部、湖北北部、四川南部、云南、贵州东部等地干旱较严重。

2.3 干旱频次年代际空间分布

从图5(略)可以看出，20世纪60年代西北西部和东部、华北、东北、华中北部与西南中部地区干旱频次较高，大于30次，尤其是新疆西北部和东部、华北中东部、华东中部和东北西北部干旱频次最高。而新疆中部偏南地方、内蒙古西部、贵州北部、湖南中北部和福建干旱频次相对较低。总的来说，20世纪60年代干旱频次是北方高于南方。

20世纪70年代干旱趋势和范围与60年代一致，但是干旱强度相对60年代轻，尤其是高频次干旱发生的范围缩小。高频次干旱主要发生在新疆西北部、甘肃中东部、宁夏、内蒙古中东部、黑龙江、吉林的东部、北京、河北和四川西部。而新疆中南部、内蒙古西部、贵州、湖北西部、湖南中北部、安徽南部、浙江北部、广东北部和福建干旱频次相对较低。总体而言，20世纪70年代干旱频次也是北方高于南方。

20世纪80年代干旱高频次主要集中在西北东部、华北南部、华东北部，尤其是甘肃中部、宁夏、陕西北部、内蒙南部、河北、河南北部、山东和云南干旱频次较高。而新疆中南部、四川南部、重庆、湖南南部、湖北南部、江西、安徽南部和浙江干旱频次相对较低。总体而言，80年代华东和华北干旱频次较高。

20世纪90年代干旱高频次最高，明显高于20世纪60－80年代，高频次范围和程度范围明显增大。西北中东部、华北中部、华东西部、华中北部和西南中东部干旱频次大于40次/a，尤其是甘肃中东部、宁夏、陕西、山西、河北、山东西部和四川中部干旱频次高于50次/a。而新疆、内蒙古西部、甘肃西部、黑龙江北部、云南北部、贵州中部、湖南中部、江西、安徽南部、浙江和福建干旱频次相对较低。总体而言，20世纪90年代干旱发生的区域性广且强度大，大旱范围比较集中。

21世纪高频次干旱发生的范围发生了明显的变化，南方干旱干旱频次加重，干旱明显具有东部多于西部的趋势。而且干旱高频次主要集中在华北的中东部地方，其次甘肃中部、宁夏、河北、山东北部、四川中部、云南南部、广西南部和广东南部干旱频次增加，而新疆、甘肃西部、内蒙古西部干旱频次明显降低。2011－2014 年高频次干旱主要在南方的华中、华东、西南地区。陕西南部、湖北北部、河南、四川南部、云南和贵州西部等地干旱频次达到了 50 次/a。

综上所述，从 1961—2014 年中国各年代干旱发生的频次、程度和范围来看，近 50 多年来，中国干旱有范围扩大、程度加剧和频次升高的趋势，尤其是大旱发生的频次和范围发生了明显的变化，21 世纪之前是东部高于西部、北方高于南方，但是，21 世纪以来，在北方干旱加剧的同时，南方干旱范围明显扩大，尤其是大旱增加更明显。

2.4 干旱南北区域差异性

从图 6 可以看出，北方干旱强度呈波浪式减轻趋势，南方呈加重趋势，这就是目前干旱发生规律的异常特征，以前认为干旱时北方严重，实际上，随着气候变化，干旱特征发生明显的变化了，在北方干旱的同时，南方干旱尤其是特大旱增加明显（张强，2016）。近 50 多年内，49 a 发生干旱，其中 25 a 轻旱，16 a 中旱，8 a 重旱。20 世纪 90 年代中后期－21 世纪初期干旱最严重，其次为 20 世纪 60 年代和 80 年代。具体而言，1965 年干旱最严重，为特旱，其次是 1999 和 2001 年。南方干旱强度呈线性加重趋势。50 多年内，41 a 发生干旱，其中 28 a 轻旱，11 a 中旱，2 a 发生重旱。自 20 世纪 60 年代开始，干旱呈持续加重趋势（表 3）。干旱较严重的年份为 2011 年和 1963 年，为重旱，1988 年、1966 年、2009 年、2003 年、1978 年、1992 年、1991 年、2013 年、1986 年、2004 年和 1969 年为中旱。

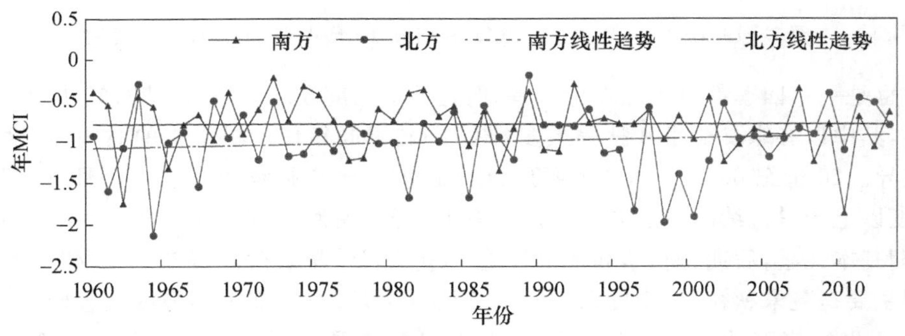

图 6 1961－2014 年中国北方和南方 MCI 年际变化

从各年代干旱发生的平均状况看，北方 20 世纪 90 年代最严重，其次是 21 世纪前 10 年，2011－2014 干旱强度最轻（表 3）。从干旱强度分析得出，70 年代和 90 年代最多（李玉中 等，2003）。从中度以上干旱发生次数和程度来看，20 世纪 90 年代发生干旱次数最多、程度最重，其次为 60 年代（表 3）。南方从中度以上干旱发生次数和等级来看，21 世纪干旱最严重，南方干旱呈持续加重趋势。所以，从各年代干旱发生的平均状况看，21 世纪以来最严重，20 世纪 60 年代干旱强度最轻。这就说明，随着气候变暖，南方干旱呈持续加重趋势。

1961—2014 年北方干旱持续时间与中国相似，一年四季都有可能发生干旱，其中以春末夏初旱最多，但是不同年代，干旱发生的时间、程度和范围有一定的差异（图 7a），这与 Mckee 等（1993）、马柱国（2007）和黄荣辉等（2010）的研究结果一致。各年代变化分析得出，20 世纪 60 年代前期主要是春末夏初旱，中期从春季到秋季干旱都较严重，但以春旱和夏旱为主，中度以上干旱持续时间达 4 个多月。20 世纪 70 年代，干旱持续时间相对较短，中度以上干旱主要是春末夏初旱。20 世纪 80 年代干旱发生比较零散，前期干旱时间较长，中后期干旱持续时间较短，干旱发生后很快就被解除，干旱强度相对也较轻。20 世纪 90 年代前期干旱持续时间也较短，以轻旱为主，中后期干旱持续时间较长，干旱较严重。21 世纪前 10 年前期干旱较重，从春末开始干旱一直持续到秋季结束，尤其是秋旱较严重。2010－2014 年干旱相对较轻，持续时间较短，以春末夏初旱为主。因此，从干旱持续的时间和空间上看，20 世纪 90 年代中后期和 21 世纪初干旱持续的时间最长，干旱强度最严重，干旱持续了 9 个月，春旱、夏旱和秋旱都较严重。

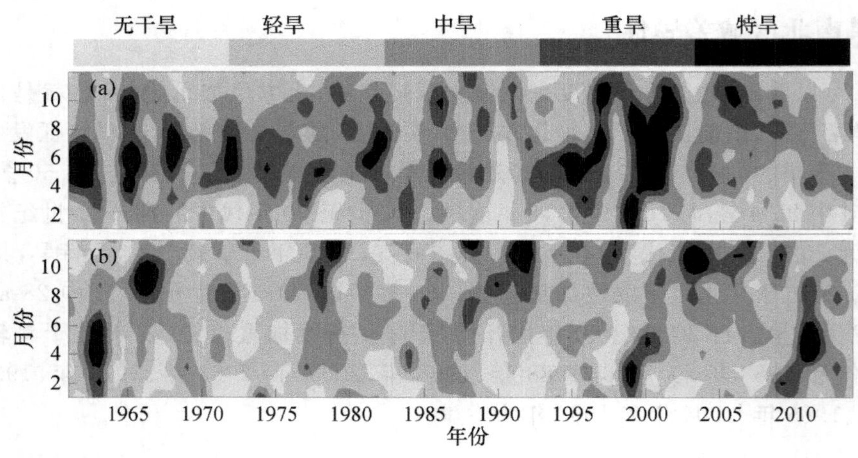

图 7　1961－2014 年中国北方(a)和南方(b)干旱强度和持续时间变化

南方也是一年四季都有可能发生干旱，但是干旱强度较北方轻，持续时间和发生空间范围较北方小，其中以春末夏初旱和秋旱最多(图 7b)。不同年代干旱发生的时间、程度和范围有一定的差异。20 世纪 60 年代前期主要是春末夏初旱，干旱持续时间达 7 个月；中期秋旱比较严重，重度以上干旱持续时间达 3 个月。70 年代，干旱持续时间相对较短，前期主要是夏末秋初旱，中期基本无旱，后期是秋旱和冬旱较重。80 年代干旱发生趋势与 70 年代基本一致。90 年代前期主要是夏末秋初旱，中度以上干旱持续 4 个月；中后期干旱强度也较轻，有春旱和冬旱发生。21 世纪前 10 年，主要是中期的秋旱和冬旱较重，中度以上干旱持续 4 个月。2011－2014 年春末夏初旱较严重，中度以上干旱持续 6 个月。因此，从南方干旱持续时间上分布得出，21 世纪前 10 年干旱强度最严重，持续时间最长，最长持续达 9 个月，春旱、夏旱和秋旱都较严重。

2.5　气候变暖对中国干旱的影响

为了更加深入认识气候变暖对干旱的影响，故利用 Mann-Kendall 法对中国气温和降水量作突变分析，由图 8 看出，21 世纪增暖趋势均大大超过了显著性检验水平 0.05 临界线，甚至超过了 0.001 的显著性检验水平($\alpha_{0.001}=\pm 2.56$)，表明中国气温升高趋势十分显著。根据 UF 和 UB 曲线交点位置，可以确定年平均气温 20 世纪 90 年代的增暖是一突变现象，近 50 年来，中国气温突变年份为 1994。由突变分析发现，中国自 20 世纪 80 年代气温开始增暖，90 年代明显增暖。由图 9b 降水 UF 曲线可见，1998 年以前降水呈持续波动状态，之后有明显的下降趋势。根据 UF 和 UB 曲线交点位置，可以确定年降水突变发生在 1998 年。

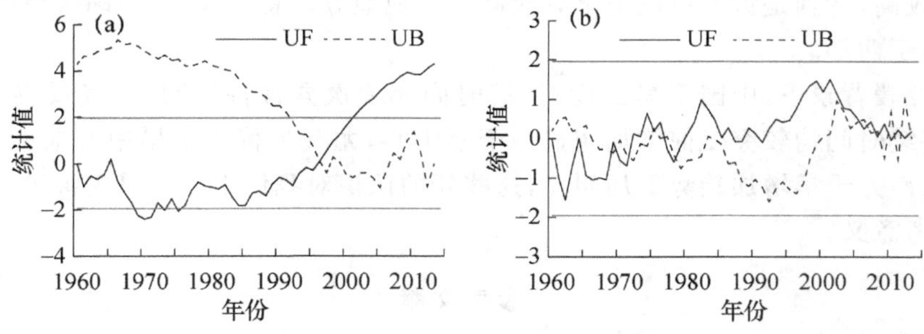

图 8　1961—2014 年中国气温(a)和降水(b)MK 突变分析

(直线为 $\alpha=0.05$ 显著性检验水平临界值)

由图 9 干旱突变前后变化看出，气候突变后，中国干旱强度、干旱频次和持续时间均较突变前增加。在中国、南方和北方气温突变后，干旱强度突变前分别为－0.87、－0.75 和－0.98，突变后分别为－0.98、－0.88 和－1.04，分别增加了 0.11、0.14 和 0.06，频次突变前后分别增加了 1.09、0.07 和 1.72，干旱持续月份突变前分别为 10.91、8.74、10.32，突变后分别为 11、9.75 和 10.7 个月，分别增加了 0.09、1.01 和 0.38. 属于，气候变暖致使干旱强度加重、频次增大个持续时间增长。因此，认识气候变暖背景下干旱变化规律和特征具有重要意义。

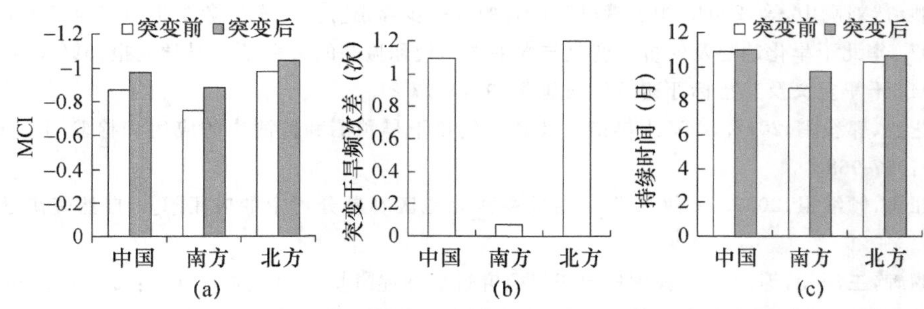

图 9　气候突变前后中国干旱强度(a)、频次(b)和持续时间(c)变化

3　结论

随着气候变暖，中国干旱范围扩大、程度加剧和频次增加。干旱发生的范围发生了明显的转移，北方干旱加剧的同时，南方干旱明显加重，尤其是大旱范围明显增加。中国 20 世纪 90 年代中后期－21 世纪初期、60 年代较严重，其中 1999 年干旱最严重，其次是 2001 年、2011 年。这段时间内干旱范围最广、持续时间最长，造成的损失最严重。中国干旱主要发生在黄河流域以南和长江以北地区。中国干旱频次北方高于南方，东部高于西部，长江流域以北干旱频次较高，黄河流域干旱频次大于 30 次 。但不同年代，干旱发生范围、程度、频次和持续时间有一定的差异性。

中国一年四季都有可能发生干旱，但是不同年代、不同区域干旱发生的程度、时间和频次有一定的差异。从干旱强度上分析，20 世纪 90 年代干旱最严重，其次为 60 年代。从干旱持续时间分析，90 年代中后期、21 世纪初干旱持续的时间较长，可达 11 个月，其中春末夏初旱较严重。从干旱的范围分析，干旱主要发生在黄河流域以南和长江以北地区。从干旱发生的频次分析，西北西部和东部、华北和西南地区干旱频次较高，大于 30 次 。相对而言，长江流域以北干旱频次较高，特别是黄河流域干旱频次高于其他地方。总的来说，中国干旱频次北方高于南方、东部高于西部。

在气候变暖背景下，中国干旱强度、持续时间和频次异常特征明显，气候突变后，干旱强度、频次和持续时间均较突变前增加明显。干旱中心，尤其是特大干旱中心向南方转移，北方干旱的同时，南方干旱增加趋势更加明显，这些新的认识对我们中国干旱灾害风险认识和管理具有重要参考意义。

参考文献

蔡晓军，茅海祥，王文，2013. 多尺度干旱指数在江淮流域的适应性研究[J]. 冰川冻土，35(4)：978-989.

黄荣辉，杜振彩，2010. 全球变暖背景下中国旱涝气候灾害的演变特征及趋势[J]. 自然杂志，32(4)：187-195.

黄晚华，隋月，杨晓光，等，2013. 气候变化背景下中国南方地区季节性干旱特征与适应Ⅲ：基于降水量距平百分率的南方地区季节性干旱时空特征[J]. 应用生态学报，24(2)：397-406.

鞠笑生，杨贤为，陈丽娟，等，1997. 我国单站旱涝指标确定和区域旱涝级别划分的研究[J]. 应用气象学报，8(1)：26-33.

李克让，郭其蕴，张家诚，1999. 中国干旱灾害研究及减灾对策[M]. 郑州：河南科学技术出版社：9-32.

李玉中，程延年，安顺清，2003. 北方地区干旱规律及抗旱综合技术[M]. 北京：中国农业科学技术出版社，18：25-32.

刘巍巍，安顺清，刘庚山，等，2004. 帕尔默旱度模式的进一步修正[J]. 应用气象学报，15(1)：1-10.

马柱国，2007. 华北干旱化趋势及转折性变化与太平洋年代际振荡的关系[J]. 科学通报，52(10)：1199-1206.

孙荣强，1994. 干旱定义及其指标评述[J]. 灾害学，9(1)：17-21.

王澄海，王芝兰，郭毅鹏，2012. GEV 干旱指数及其在气象干旱预测和监测中的应用和检验[J]. 地球科学进展，27(9)：957-968.

王劲松，郭江勇，倾继祖，2007. 一种 K 干旱指数在西北地区春旱分析中的应用[J]. 自然资源学报，22(5)：709-717.

王劲松，李耀辉，王润元，等，2012. 我国气象干旱研究进展评述[J]. 干旱气象，30(4)：497-508.

王林，陈文，2014. 标准化降水蒸散指数在中国干旱监测的适用性分析[J]. 高原气象，33(2)：423-431.

王素萍，王劲松，张强，等，2015. 几种干旱指标对西南和华南区域月尺度干旱监测的适用性评价[J]. 高原气象，34(6)：1616-1624.

卫捷，马柱国，2003. Palmer 干旱指数、地表湿润指数与降水距平的比较[J]. 地理学报，58(S1)：117-124.

谢五三，王胜，唐为安，等，2014. 干旱指数在淮河流域的适用性对比[J]. 应用气象学报，25(2)：176-184.

熊光洁，王式功，李崇银，等，2014. 三种干旱指数对西南地区适用性分析[J]. 高原气象，33(3)：686-697.

杨世刚，杨德堡，赵桂香，等，2011. 三种干旱指数在山西省干旱分析中的比较[J]. 高原气象，5(30)：1406-1414.

杨志勇，刘琳，曹永强，等，2011. 农业干旱灾害风险评价及预测预警研究进展[J]. 水利经济，29(2)：12-17.

袁文平，周广胜，2004. 干旱指标的理论分析与研究展望[J]. 地球科学进展，19(6)：982-991.

张存杰，王胜，宋艳玲，2014. 我国北方地区冬小麦干旱灾害风险评估[J]. 干旱气，32(6)：883-893.

张强，韩兰英，韩涛，2016. 气候变化对我国农业干旱灾损率的影响及其南北区域差异性[J]. 气象学报，73(6)，1092-1103.

张强，张良，崔显成，等，2011. 干旱监测与评价技术的发展及其科学挑战[J]. 地球科学进展，6(7)：763-778.

张强，邹旭凯，肖风劲，等，2006. 气象干旱等级：GB/T 20481—2006 [S]. 北京：中国标准出版社：12-17.

张书余，2008. 干旱气象学[M]. 北京：气象出版社：19-26.

张相文，1908. 新撰地文学[M]. 上海：文明书局.

Dai A G, 2010. Drought under global warming: a review[J]. Wiley Interdisciplinary Reviews: Climatic Change, 2(1): 45-65.

Hayes M J, Svoboda M D, Wilhite D A, et al, 1999. Monitoring the 1996 drought using the standardized precipitation index[J]. Bulletin of the American Meteorological Society, 80: 429-438.

IPCC, 2014. Climate Change 2014: Impacts, Adaptation and Vulnerability [M]. New York: Cambridge University Press.

Mckee T B, Doesken N J, Kleist J, 1993. The relationship of drought frequency and duration to time scales // Proc. 8th Conference on Applied Climatology[C].

Neelin J D, Munnich M, Su H, et al, 2006. Tropical drying trends in global warming models and observations [J]. Proceedings of the National Academy of Sciences of the United States of America, 103(16): 6110-6115.

Palmer W C, 1965. Meteorological Drought[M]. US Weather Bureau: 45-58.

黄土高原中部秋季干湿的年际和年代际环流异常特征及与海温的多尺度相关性研究*

刘晓云　王劲松　李栋梁　岳　平　李耀辉　姚玉璧

（中国气象局兰州干旱气象研究所/甘肃省干旱气候变化与减灾重点实验室/中国气象局干旱气候变化与减灾重点开放实验室，兰州，730020）

摘　要　黄土高原地区作为气候敏感区和生态脆弱区，地表干湿状况的年际和年代际变化特征十分明显。但以往主要是针对夏季进行分析，而对黄土高原秋季干湿变化规律及大气环流机制的认识非常有限。本文基于中国 589 站最近 50 a(1961—2010 年)月降水和气温月平均资料、NCEP/NCAR 提供的再分析资料以及 NOAA 提供的海表温度(sea surface temperature，SST)资料，运用带通/低通滤波、小波分析、EOF/REOF 和回归分析等方法，在对中国秋季干湿时空演化分类的基础上，通过研究秋季黄土高原中部干湿演变周期、大气环流特征及与海温的多尺度相关关系，以揭示影响黄土高原中部秋季干湿变化的物理机制，并确定影响该区域干湿状况的前兆信号。小波功率谱分析表明，黄土高原中部秋季干湿指数存在准 4 a 和准 8 a 的周期，1970—1990 年准 8 a 尺度周期振荡尤为明显。年际(周期≤8 a)尺度上偏湿年的大气环流特征是，欧亚大陆中高纬呈“双阻型”，200 hPa 西风急流显著北移，日本海-鄂霍茨克海受反气旋控制，其底部的偏东水汽输送带将水汽输入研究区。年代际(周期>8 a)尺度上偏湿年的大气环流特征是，东亚大陆为一致的低值系统；200 hPa 东亚副热带西风急流减弱北移，研究区主要水汽来源由经孟加拉湾在中南半岛转向的南风水汽输送及中纬度的西风水汽输送组成。整个序列上，Nino3 区 SST 指数(Nino3I)超前 5 个月与秋季干湿指数已呈显著的负相关关系，而孟加拉湾—中国南海 SST 指数(BayI)则超前 3 个月与干湿指数呈现显著的负相关关系。年际尺度上，秋季 Nino3I、BayI 均与秋季干湿指数存在显著相关(准 4 a，4～6 a)，而年代际尺度上，只有 BayI 与秋季干湿指数存在显著相关性(准 10 a)。黄土高原中部秋季干湿的年际和年代际周期的确定、大气环流异常特征的认识及与海温的多尺度相关关系的建立，不仅揭示了影响该区域干湿变化的物理机制，也为干旱气候预测提供了重要的前兆信号。

关键词　黄土高原中部；干湿特征；海表温度；小波分析

1　引言

中国地域辽阔，气候类型复杂，东部湿润地区受季风气候系统影响，西部干旱地区主要受西风带控制[1]，其位于东部湿润与西部干旱气候区之间的广袤区域，则是夏季风活动的边缘带，也是夏季风与西风带的耦合区[2]。由于特殊的大气环流背景，造成该区域主要以半干旱和半湿润气候为主，年降水基本维持在 300～600 mm，这一量级正好处在维持生态和农作物生长的临界值附近。另外，该区域气候波动明显，年降水变率大，区域内生态环境脆弱，对气候变化的适应能力较差[3-6]。在全球变化背景下，该区域气温升高显著，极端气候事件频繁发生，干

* 发表在：《物理学报》，2013，62(21)：527-541.

旱和洪涝问题日益凸显[7]。从全球角度来看，北半球中高纬度的快速升温，已经导致下垫面属性发生了一系列显著变化[8-10]，并通过陆面与大气的反馈过程对大气环流产生影响[11-13]。其中最明显的特征是西风带的暖湿化，这已经直接或间接地影响了中国中西部地区的干湿状况[1]。

另外，夏季风作为我国气候系统的重要成员之一，不仅决定了我国基本气候格局，同时影响着我国干湿状况的分布特征[14]。我国西北和华北地区大部分地区属于季风边缘带，对该区域干湿变化特征也有了比较深入的认识。如马柱国等[15-16]基于长时间序列的年资料，利用地表湿润指数对中国西北和华北地区干旱化趋势进行了分析，认为自 20 世纪 80 年代以来，西北西部当前处于相对湿润时期，但温度的升高抵消了变湿的趋势，西北东部和华北则主要以干旱化趋势为主。张永等[17]对中国西北地区干湿变化的时空分布进行了分析。卫捷等[18]基于 PDSI 指数对华北干旱进行了分析。总体来看，目前关于干湿变化的研究主要侧重于夏季或年变化趋势的分析[19-20]，而针对秋季干湿特征及成因的研究相对较少[21]。事实上，秋季是东亚大气环流由夏季型向冬季型转换的过渡季节，我国很多地区仍会发生各种旱涝灾害[22]。由于黄土高原位于西北东部，降水的季节差异尤其显著，从多年降水的季节平均分布特征来看，夏季降水占年总降水的 50%，秋季降水约占年降水的 25%，总体上，黄土高原中部地区年降水量呈减少趋势，秋季降水减少尤为显著[23]。因此，该区域的干旱化除了夏季降水的减少，秋季降水的减少也是不容忽视的关键因素。从农事活动的角度考虑，认识和把握黄土高原地区秋季干湿变化的年际和年代际规律非常重要。该区域秋季处于秋粮生长、收割、仓储，以及冬小麦播种的关键阶段，因此，秋季的旱涝灾害不仅会影响人们的日常生活，而且可能会给农业生产造成严重损失[21]。因此，研究黄土高原中部秋季干湿特征及其影响机制具有现实意义，并已经引起了气象学家的高度重视。张存杰等[24]指出，新疆脊和印缅槽是影响西北地区秋季降水的主要环流系统，新疆脊弱、印缅槽深有利于降水，反之不利于降水。李耀辉等[25]讨论了 ENSO 对中国西北地区秋季降水异常的影响，发现赤道中东太平洋海表温度异常与西北地区秋季大范围的区域降水异常有较好的对应关系。

然而，以往针对黄土高原中部秋季干湿变化周期及物理机制的研究可能存在不足。此前在分析干湿的年际变化周期时[24-25]，往往将年代际信号也混淆在其中，而黄土高原中部秋季降水存在显著的年代际周期，这可能会造成在理解影响该区域干湿变化的大气环流特征方面不够深入，在认识调控该区域干湿变化的物理机制方面出现偏差。故本文利用 Butterworth 带通滤波和高斯低通滤波方法，有效地将年际和年代际变化信号进行分离；并基于长时间序列的干湿指数和海温资料，利用小波交叉谱和小波相干谱方法，揭示两序列的时空能量共振和协方差分布规律，分析两序列在不同时段、不同尺度上的相关性。另外，从年际和年代际时间尺度上分析黄土高原中部秋季干湿变化规律及与之相关联的大气环流与海温异常特征，进而揭示影响黄土高原中部秋季干湿变化的物理机制，并探究黄土高原地区秋季干湿变化的前兆信号。

2 数据与方法

2.1 数据

本文使用的资料有：(1)中国气象局 589 个气象观测站 50 a(1961—2010 年)逐月降水和温度月平均资料。(2)美国国家环境预报中心/大气研究中心(NCEP/NCAR)的月平均再分析资料(水平分辨率为 2.5°×2.5°),主要包括 500 hPa 位势高度场,200 hPa 和 850 hPa 气压层的风场(u,v 分量),计算水汽通量所用的包括 1000~300 hPa 8 个标准气压层的风场(u,v 分量)、比湿(q)以及相应的地面气压资料。由于 300 hPa 以上的水汽输送较小,计算整层水汽输送时,只考虑 300 hPa 以下的层次。(3)美国航空航天局(NOAA)提供的逐月海表温度(sea surface temperature,SST)资料(水平分辨率为 2.0°×2.0°);Nino3 指数,定义为海温异常在 150°—90°W,5°S—5°N 区域内的平均。文中季节划分时间是:12(-1)/1/2(0)月为冬季,3/4/5(0)月为春季,6/7/8(0)月为夏季,9/10/11(0)月为秋季。其中(0)表示当年,(-1)表示前一年。之后用到的秋季物理量均是指 9—11 月平均的物理量。

2.2 研究方法

2.2.1 干湿指数

这里利用 589 站 9—11 月月降水和月平均气温资料来计算干湿指数[26]:

$$H = P - P_e \tag{1}$$

式中:P 为秋季降水的观测值;$P_e = \sum_{9}^{11} P_{ei}$ 为秋季潜在蒸发总量;P_{ei} 为第 i 个月的潜在蒸发,可由经过改进的 Thornthwaite[27] 方法求得:

$$P_{ei} = \begin{cases} 0 & T_i \leqslant 1 \\ 1.6d\ (10T_i/I)^a \times 10 & 1 < T_i \leqslant 26.5 \\ a_1 + a_2 T_i + a_3 T_i^2 & T_i > 26.5 \end{cases} \tag{2}$$

$$a = 0.49239 + 1.792\,(10)^{-2} I - 7.71\,(10)^{-5} I^2 + 6.75\,(10)^{-7} I^3$$

$$I = \sum_{1}^{12} i$$

$$i = \left(\frac{T_i}{5}\right)^{1.514}$$

式中:T_i 为月平均温度;I 为月总加热指数;i 为月平均加热指数;T_i 为第 i 个月的月平均温度;$a_1 = -415.8547$;$a_2 = 32.2441$;$a_3 = -0.4325$;d 为每月的天数除以 30。为消除不同地域的影响,对干湿指数做了标准化处理,标准化干湿指数 H 减小表示变干,增大则表示变湿。

2.2.2 小波分析方法

小波分析的优点是在频率域和时间域同时具有良好的局部化性质。而且对于高频成分采用逐渐精细的频率域和时间步长,可以聚焦到分析对象的任何细节[28]。本文小波分析方法采用的母小波是标准 Morlet 小波,形式是:

$$\psi(t) = \pi^{-\frac{1}{4}} e^{i\omega_0 t} e^{-\frac{t^2}{2}} \tag{3}$$

式中:$\omega_0 = 6$;当分析的对象 $x(t)$ 是平方可积的,$x(t) \in L^2$,它的连续小波变换定义为:

$$W(a,b) = a^{-\frac{1}{2}} \int_{-\infty}^{\infty} x(t) \psi * \left(\frac{t-b}{a}\right) \mathrm{d}t \tag{4}$$

式中:a 为尺度参数;b 为平移参数;* 表示共轭。

由于 Morlet 小波是复数,因此小波系数 $W(a,b)$ 也是复数,在小波分析中,仅计算和分析小波系数的实部是不合理的。另外,由于模的平方省去了 $1/a^2$ 因子,在不同尺度之间比较时,夸大了尺度大的成分的强度。因此，模的平方也不能代表不同尺度参数的小波对总能量的贡献，而只有小波功率谱 $E(a,b)$ 能够清楚地反映序列中各个周期成分强度随时间的变化特征。小波功率谱定义为[29]：

$$E(a,b)=\frac{1}{C_{\varphi}a^{2}}|W(a,b)|^{2} \tag{5}$$

式中，对不同的 a 和 b 而言，C_{φ} 是常数，所以分析中直接采用 $\frac{1}{a^{2}}|W(a,b)|^{2}$。

小波功率谱显著性检验公式如下[29]：

$$p_{k}=\frac{1-\alpha^{2}}{1+\alpha^{2}-2\alpha\cos(2\pi a)} \tag{6}$$

$$\frac{1}{a^{2}}|W(a,b)|^{2}\Rightarrow\frac{1}{2}P_{k}\chi^{2} \tag{7}$$

物理量详细说明参见文献[29]。

Grinsted 等[30] 2004 年给出了小波交叉谱和小波相干谱，这两种方法是基于小波变换发展起来的两序列多尺度相互关系的信息处理方法，它们能够提取两序列在时频空间中能量共振和协方差分布规律，揭示两序列不同时段不同尺度上的一致性和相关性，并能再现资料序列在时频空间中的相位关系。

设 $W_{n}^{X}(s)$ 和 $W_{n}^{Y}(s)$ 分别为时间序列 X_{n} 和 Y_{n} 的连续小波变换结果，小波交叉谱定义为：

$$W_{n}^{XY}(s)=W_{n}^{X}(s)W_{n}^{Y*}(s) \tag{8}$$

式中：$W_{n}^{Y*}(s)$ 为 $W_{n}^{Y}(s)$ 的复共轭。由此所定义小波交叉功率为 $|W_{n}^{XY}(s)|$，反映了 X_{n} 和 Y_{n} 在时频空间能量共振信息。W_{n}^{XY} 的复角表示了 X_{n} 和 Y_{n} 在时频空间的局部相位信息。

小波相干谱定义为：

$$R_{n}^{2}(s)=\frac{|S(s^{-1}W_{n}^{XY}(s))|^{2}}{S(s^{-1}|W_{n}^{X}(s)|^{2})\cdot S(s^{-1}|W_{n}^{Y}(s)|^{2})} \tag{9}$$

式中：S 为平滑操作符，该表达式与传统意义上相关系数的定义类似，可以反映时频空间局部的相关性大小。

2.2.3 Butterworth 带通滤波和高斯低通滤波

Butterworth 带通滤波，也称卷积滤波。写为[28]：

$$y_{k}=\sum_{i=-M}^{M}W_{i}x_{k-i} \tag{10}$$

通过一个变换 $z=e^{-iw\Delta t}$，可得到滤波公式：

$$y_{k}=a(x_{k}-x_{k-2})-b_{1}y_{k-1}-b_{2}y_{k-2} \tag{11}$$

式中：$x_{0},x_{1},...,x_{k-1}$ 是原序列，y_{k} 是滤波后的结果；式(11)中的系数 a、b_{1}、b_{2} 由式(12)—(14)确定：

$$a=\frac{2\Delta\Omega}{4+2\Delta\Omega+\Omega_{0}^{2}} \tag{12}$$

$$b_{1}=\frac{2(\Omega_{0}^{2}-4)}{4+2\Delta\Omega+\Omega_{0}^{2}} \tag{13}$$

$$b_{2}=\frac{4-2\Delta\Omega+\Omega_{0}^{2}}{4+2\Delta\Omega+\Omega_{0}^{2}} \tag{14}$$

式中：$\Delta\Omega=2\left|\frac{\sin\omega_1\Delta t}{1+\cos\omega_1\Delta t}-\frac{\sin\omega_2\Delta t}{1+\cos\omega_2\Delta t}\right|$；$\Omega_0^2=\frac{4\sin\omega_1\Delta t\sin\omega_2\Delta t}{(1+\cos\omega_1\Delta t)(1+\cos\omega_2\Delta t)}$；$\Delta t$ 是样本的采样时间间隔，一般取为 1。计算时先要把原序列中的平均值和线性倾向成分先消除掉，再分两步计算。第一步，由原序列出发，在时间正方向上用滤波公式计算出 y_k；第二步，把第一步得到的结果时间序号上倒过来从 $N-1,N-2,\cdots,3,2,1$ 再用滤波公式计算一次，就得到最后的滤波结果。圆频率 ω 与周期的关系是 $\omega=2\pi/T$，ω_0 是带通滤波的中心频率，在该频率上，振幅响应函数 1.0。ω_1 和 ω_2 是在 ω_0 两边的频率值，在这 2 个频率上，振幅频率响应函数都是 0.5，从 ω_1 至 ω_2 是带通滤波的通过带，满足 $\omega_0^2=\omega_1\omega_2$。滤波的频率响应函数是：

$$W(z)=\frac{a(1-z^2)}{(1+b_1z+b_2z^2)} \tag{15}$$

式中：$|W(z)|$ 是振幅响应函数，$|W(z)|^2$ 是功率谱响应函数。

高斯低通滤波：

文中时间序列滤波使用的是数字滤波，它是一个线性运算系统，从输入的时间序列 x_t 产生输出的时间序列 y_t，所经过的运算是[28]：

$$y_t=\sum_{k=-m}^{m}c_kx_{t-k} \tag{16}$$

当 $c(-k)=c(k)$，且 k 从 $-m$ 到 m 对称，滤波器的频率响应函数 $H(f)$ 的虚部为零。其中 m 的表示为：例如，取 9 项（$m=4$）滑动平均就近似地认为抑制了周期小于 $9\Delta t$ 的成分（Δt 是样本的采样时间间隔，一般取为 1）。取低通滤波器的权系数为正态分布概率密度函数值：

$$c_k=\frac{1}{\sigma\sqrt{2\pi}}\mathrm{e}^{-\frac{k2}{2\sigma2}},k=0,\pm1,\pm2,\cdots,\pm m \tag{17}$$

因为正态分布也称为高斯分布，所以这样应用的滤波器也常称为高斯滤波。其中的 σ 是正态分布的均方差，σ 取多大与 m 有关，正态概率密度函数从 -3σ 积分到 3σ 为 0.998，所以取 $m=3\sigma$，即 $m=\sigma/3$ 就能使所有 c_k 之和近似等于 1。高斯滤波的频率响应函数为：

$$H(f)=\sum_{k=-m}^{m}\frac{1}{\sigma\sqrt{2\pi}}\mathrm{e}^{-\frac{k2}{2\sigma2}}\cos2\pi fk \tag{18}$$

2.2.4 线性倾向估计

x_i 为气候变量，$\hat{x}_i$ 为气象要素的拟合值。t_i 表示 x_i 对应的时间，x_i 与 t_i 间的一元线性回归方程为[31]：

$$\hat{x}_i=a+bt_i,i=1,2,\cdots,n \tag{19}$$

$$\begin{cases}b=\dfrac{\sum\limits_{i=1}^{n}x_it_i-\dfrac{1}{n}(\sum\limits_{i=1}^{n}x_i)(\sum\limits_{i=1}^{n}t_i)}{\sum\limits_{i=1}^{n}t_i{}^2-\dfrac{1}{n}(\sum\limits_{i=1}^{n}t_i)^2}\\ a=\bar{x}-b\bar{t}\end{cases} \tag{20}$$

$$\bar{x}=\frac{1}{n}\sum_{i=1}^{n}x_i$$

$$\bar{t}=\frac{1}{n}\sum_{i=1}^{n}t_i$$

式中：a，b 为回归系数；b 表示气候变量的趋势倾向。

2.2.5 Mann-Kendall(M-K)检验

Mann-Kendall 法是一种非参数统计检验方法。具体的计算方法如下[31]：

对于具有 n 个样本量的时间序列 x，构造一秩序列：

$$s_k = \sum_{i=1}^{k} r_i, k = 2, 3, \cdots, n \tag{21}$$

$$r_i = \begin{cases} +1 & x_i > x_j \\ 0 & x_i \leqslant x_j \end{cases} (j = 1, 2, \cdots i)$$

在时间序列随机独立的假设下，定义统计量：

$$UF_k = \frac{[s_k - E(s_k)]}{\sqrt{\mathrm{var}(s_k)}} \quad k = 1, 2, \cdots n \tag{22}$$

式中：$UF_1 = 0$，$\mathrm{var}(s_k)$，$E(s_k)$ 是累积数 s_k 的方差和均值，在 $x_1, x_2, \cdots x_n$ 有相同连续分布且相互独立时，可以由下式计算出：

$$\begin{cases} E(s_k) = \dfrac{k(k-1)}{4} \\ \mathrm{var}(s_k) = \dfrac{k(k-1)(2k+5)}{72} \end{cases}, k = 2, 3, \cdots, n, \tag{23}$$

UF_i 是标准正态分布，是按时间 $x_1, x_2, \cdots x_n$ 顺序计算出的统计量序列，在给定显著性水平 α 条件下，若 $|UF_i| > U_\alpha$，表明序列存在明显的趋势变化。最后按时间序列 x 逆序 x_n，$x_{n-1}, \cdots x_1$，再重复上述过程，同时使 $UB_k = -UF_k$，$(k = n, n-1, \cdots, 1)$，$UB_1 = 0$。

2.2.6 EOF/REOF 分析方法

EOF 方法能够将气象变量场的时间与空间变化分离开来，并且用尽可能少的模态表达出它们主要的空间和时间变化[28]。

$$x_{jt} = \sum_{k=1}^{K} (\sqrt{\lambda_k} v_{jk})(\alpha_{kt} / \sqrt{\lambda_k}) + \varepsilon_{jt} = \sum_{k=1}^{K} a_{jk} f_{kt} + \varepsilon_{jt} \tag{24}$$

式中：$a_{jk} = (\sqrt{\lambda_k} v_{jk})$，$f_{kt} = (\alpha_{kt} / \sqrt{\lambda_k})$，$m$ 是空间点，n 是时间序列长度；$j = 1, 2, \cdots, m$；$t = 1, 2, \cdots, n$；$k = 1, 2, \cdots, K$。

(24)式用矩阵表示，并经过简化后可写为(具体简化过程参见文献[28])：

$$\boldsymbol{X} = \boldsymbol{V}\boldsymbol{\Lambda}^{\frac{1}{2}}\boldsymbol{\Lambda}^{-\frac{1}{2}}\boldsymbol{\alpha} + \boldsymbol{\varepsilon} \tag{25}$$

其中

$$\boldsymbol{A} = \boldsymbol{V}\boldsymbol{\Lambda}^{\frac{1}{2}} = \begin{pmatrix} a_{11} & a_{12} & \cdots & a_{1K} \\ a_{21} & a_{22} & \cdots & a_{2K} \\ \vdots & \vdots & \vdots & \vdots \\ a_{m1} & a_{m2} & \cdots & a_{mK} \end{pmatrix}$$

$$\boldsymbol{F} = \boldsymbol{\Lambda}^{-\frac{1}{2}}\boldsymbol{\alpha} = \begin{pmatrix} f_{11} & f_{12} & \cdots & f_{1n} \\ f_{21} & f_{22} & \cdots & f_{2n} \\ \vdots & \vdots & \vdots & \vdots \\ f_{K1} & f_{K2} & \cdots & f_{Kn} \end{pmatrix}$$

$$\varepsilon=\begin{pmatrix}\varepsilon_{11} & \varepsilon_{12} & \cdots & \varepsilon_{1n}\\ \varepsilon_{21} & \varepsilon_{22} & \cdots & \varepsilon_{2n}\\ \vdots & \vdots & \vdots & \vdots\\ \varepsilon_{m1} & \varepsilon_{m2} & \cdots & \varepsilon_{mn}\end{pmatrix}$$

式中:$\boldsymbol{A}$ 称为载荷矩阵,第 k 列 $\boldsymbol{A}_k$ 为载荷向量。

REOF 方法是在 EOF 分析的基础上,对载荷特征向量场再做方差极大旋转变换,以突出要素异常分布的局域特征。对 $\boldsymbol{A}$ 和 $\boldsymbol{F}$ 再做线性变换,同时要保持 ε 不变,在 $\boldsymbol{A}$ 和 $\boldsymbol{F}$ 之间乘以一个正交矩阵($\boldsymbol{\Gamma}_{lk}$)和它的转置矩阵,$\boldsymbol{A}$ 和 $\boldsymbol{F}$ 的乘积不变,ε 也不变。变换的目标要使 $\boldsymbol{A}$ 的各列内部元素平方之间差异增大。

$$\boldsymbol{X}=\boldsymbol{A}\boldsymbol{\Gamma}_{lk}\boldsymbol{\Gamma}_{lk}^{T}\boldsymbol{F}+\boldsymbol{\varepsilon} \tag{26}$$

其中

$$\boldsymbol{B}=\boldsymbol{A}\boldsymbol{\Gamma}_{lk},\boldsymbol{G}=\boldsymbol{\Gamma}_{lk}^{T}\boldsymbol{F}$$

$$\boldsymbol{X}=\boldsymbol{B}\boldsymbol{G}+\boldsymbol{\varepsilon} \tag{27}$$

每次变换使 $\boldsymbol{A}$ 的两列(记为第 k 和第 l 列)向这一目标迈进;当 $K>2$ 时,应做 $\frac{1}{2}K(K-1)$ 次不同 l,k 组合的旋转,全部完毕称为一个循环,第一循环后载荷矩阵列向量元素平方的方差之和 $V_{(1)}=\sum_{1}^{K}V_k$ 在第一循环的基础上再进行第二次循环,并计算 $V_{(2)}$。如果 $V_{(1)}\leqslant V_{(2)}$ 则不断重复上述循环的旋转,当载荷矩阵的列向量元素平方的方差之和改变不大时停止旋转。最后得到的 $\boldsymbol{B}$ 矩阵的列向量就是旋转载荷向量,$\boldsymbol{G}$ 矩阵的行向量就是旋转主成分。

3 结果分析与讨论

3.1 秋季中国区域干湿异常区域确定

虽然针对黄土高原地区秋季干湿状况已经做了大量研究[24-25],但对影响该区域中部秋季干湿变化周期及物理机制的认识不是很清楚。为寻找能够代表该区域干湿变化的参量,采用EOF/REOF 分析方法对秋季中国区域干湿异常区域进行划分,因这种方法可以突出要素异常分布的局域特征。确定参加旋转模态的一种标准是使前 K 个 EOF 展开对原场的累积方差贡献率达一定量(如 60%~80%)[26,32]。据此,我们选取前 20 个 EOF 做方差最大正交旋转(REOF),旋转后,前 20 个 REOF 累积方差贡献率达 76.1%,与旋转前相等。表 1 给出了干湿指数 EOF 及 REOF 分析的前 20 个模态方差贡献和累计方差贡献。一方面,中国区域范围大,地形复杂,干湿指数的时空变化较大,导致 EOF 及 REOF 分解各模态的方差贡献率不高,前 20 个模态的累积方差贡献率才达到 76.1%;另一方面,由于中国区域干湿场子区域特征存在明显的复杂性,特征值的收敛速度较慢[26]。这里给出了秋季干湿指数的第 7 个模态(图 1,略),旋转载荷向量正的高值区位于黄土高原中部,中心旋转载荷向量值为 0.86。可见,黄土高原中部是我国秋季干湿异常发生频率最高的地区之一,且为一个独立模态,可以单独提取出来分析。

表 1　干湿指数前 20 个 EOF 和 REOF 的方差贡献率

序号	特征值	EOF 方差贡献率/%	EOF 累积方差贡献率/%	REOF 的方差贡献率/%	REOF 累积方差贡献率/%
1	72.4	12.3	12.3	8	8
2	57.7	9.8	22.1	5.4	13.4
3	44.8	7.6	29.7	5	18.4
4	35.9	6.1	35.8	4.2	22.6
5	29.3	5	40.8	2.8	25.4
6	24.7	4.2	44.9	3.5	28.9
7	21.5	3.7	48.6	6.7	35.7
8	18.5	3.1	51.7	2.8	38.5
9	17.0	2.9	54.6	2.3	40.8
10	15.6	2.7	57.3	3.1	43.9
11	14.3	2.4	59.7	2.7	46.6
12	13.5	2.3	62	2.6	49.2
13	12.6	2.1	64.1	3.5	52.7
14	11.8	2	66.1	5.6	58.2
15	11.5	1.9	68.1	6.3	64.5
16	10.6	1.8	69.9	2.3	66.8
17	10.1	1.7	71.6	3.3	70.2
18	9.2	1.6	73.2	1.9	72.1
19	8.8	1.5	74.7	1.8	73.9
20	8.4	1.4	76.1	2.2	76.1

3.2　秋季黄土高原中部干湿特征

3.2.1　干湿指数的季节变化

根据 REOF 分析结果，我们选取资料连续、且旋转载荷向量大于 0.60 的 10 个站作为代表站，分别是临夏、合作、岷县、华家岭、西吉、平凉、西峰镇、环县、洛川和隰县，并将这 10 个站标准化平均干湿指数作为黄土高原中部干湿指数。表 2 给出了上述 10 个站最近 50 a 的温度和降水统计量。黄土高原中部秋季平均雨量为 128.7 mm，占全年降水量的 25。2%。

表 2　黄土高原中部 10 个测站最近 50 a 的气温和降水(降水单位:mm,温度单位:℃)

	临夏	合作	岷县	华家岭	西吉	平凉	西峰镇	环县	洛川	隰县	平均
秋季温度	7.2	2.9	6.4	3.9	5.7	8.7	8.7	8.5	9.6	9.2	7.1
年平均温度	7.1	2.5	5.9	3.7	5.6	9.0	8.8	8.8	9.6	9.3	7.0
秋季降水	119	122	140	117	102	130	150	110	164	135	128.7
年降水	503	539	575	483	407	501	548	428	611	514	510.9

为了判断黄土高原中部各个季节的干湿趋势，我们还计算了标准化干湿指数的倾向系数（表 3）。从干湿指数的倾向系数来看，4 个季节中只有冬季呈变湿趋势，春、夏、秋 3 个季节均为干旱化趋势。其中秋季的干湿倾向系数为－0.29/(10a)，表明黄土高中部秋季干旱化趋势最为明显。

表 3　50 a 干湿变化的倾向系数

季节	冬季	春季	夏季	秋季
倾向率/(10a)	0.16	－0.19	－0.11	－0.29

3.2.2　干湿变化的突变检验及周期分析

气候系统的演化并非总是渐进的，有可能在短时间内从一种相对稳定的状态跃变到另一种稳定状态[33]，而突变检验是认识不同时间尺度上发生气候突变的有效途径。图 2 为黄土高原中部秋季干湿指数的 M-K 统计曲线。结果显示，20 世纪 60 年代至 90 年代末，黄土高原中部秋季一直呈现干旱化趋势，20 世纪 80 年代中期至 21 世纪初干化趋势异常显著。但是，气候变化具有多时间尺度特性，不仅在时域中存在着多时间尺度结构和局部变化特征，而且在频域中表现为不同显著性水平的周期振荡。为了分析黄土高原中部秋季干湿变化的多时间尺度周期，我们分析了干湿指数序列的小波功率谱。从图 3 可以看出，黄土高原中部秋季干湿变化具有准 4 a 和准 8 a 的周期，其中准 8 a 周期振荡在 1970—1990 年表现尤为明显。

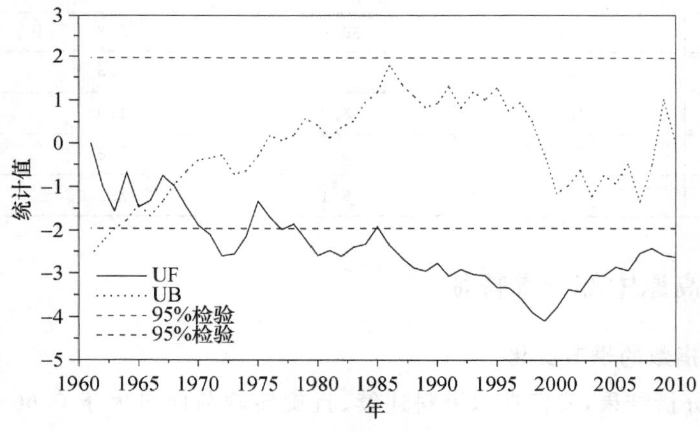

图 2　黄土高原中部秋季干湿指数的 M-K 曲线

UF 为顺序统计曲线（实线）；UB 为逆序统计曲线（点线）

3.3　与秋季黄土高原中部干湿变化相关的大气环流特征

3.3.1　年际尺度上干湿变化对应的环流异常

如果忽略一些随机因素的影响，大气系统可以被认为是一个确定的非线性系统，非线性系统在外强迫作用下会呈现不同的震荡周期[34-36]。从前文的周期分析得到，黄土高原中部秋季干湿变化既包含年际尺度（周期≤8 a）的变化，同时也包含年代际尺度（周期＞8 a）的异常。如果不对两种尺度信号进行有效分离，则很难判定大气环流异常是影响年代际还是年际变化的因子。为此，采用 Butterworth 带通滤波方法对干湿指数及大气环流资料进行滤波，剔除序列

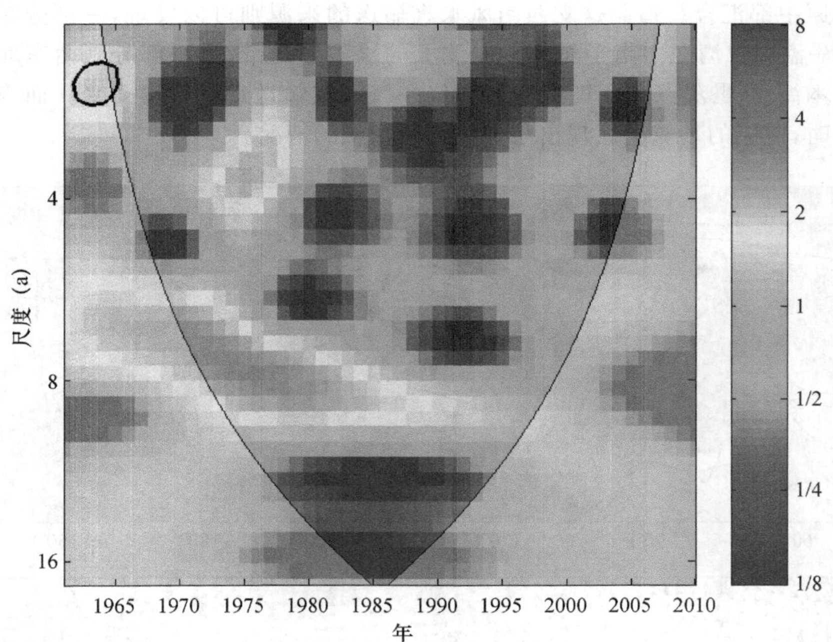

图 3　干湿指数的小波功率谱

（粗实线所围的范围表示小波凝聚谱值通过了 95％红噪声显著性水平检验的区域，
黑色圆弧线外表示受边界效应影响较大的区域）

中的年代际信息（周期＞8 a）[37]，并对滤波后的资料进行回归分析，以获取准确的年际变化信息。为检验回归结果的显著性，我们还计算了有效自由度，并对有效自由度进行了统计上的信度检验[38]。

图 4 给出了与黄土高原中部秋季干湿变化相联系的大气环流特征。当黄土高原中部秋季偏湿时，在 500 hPa 位势高度场上中高纬度表现为"双阻型"，其中乌拉尔山以西东欧平原的阻塞高压显著偏强，日本海-鄂霍茨克海以及太平洋东北部的阻塞高压亦偏强，太平洋东北部的显著异常中心值为 12 gpm。在 30°—50°N 范围，从里海-咸海以东一直到贝加尔湖附近存在显著的带状负异常中心。异常中心在经向表现为"＋－＋"的波列型态，且正显著异常中心在 200 hPa 和 850 hPa 风场上也存对应的特征，在垂直方向上呈准正压结构。需要指出的是，尽管 500 hPa 位势高度场上表现为双阻型高压型异常结构，但是这与真正的双阻塞高压有本质的区别。因为阻塞高压是天气尺度大气环流特征，有特定的定义，而本文的双阻塞高压型异常并不代表真正的阻塞高压[39]，只是其形状分布类似，目的是为了说明其对天气系统移动具有阻碍作用。平均状况下，200 hPa 西风急流中心的位置位于 35°N[40]。黄土高原中部秋季偏湿时，200 hPa 风场上东亚地区 35°N 南北两侧分别为东风异常和西风异常，西风急流中心位置北移至 42°N 附近。高由禧[41]和丁一汇[42]指出，高空急流所引起的次级环流往往导致其南侧有明显降水中心。秋季偏湿时西风急流轴偏北，黄土高原中部正好位于急流轴入口区的南侧，由此引发的次级环流的异常上升支相应位于黄土高原中部地区，这一特征非常有利于黄土高原中部秋季降水的偏多。

从整层水汽输送通量场来看，中纬度有较弱的西风水汽输送，并与较强的西南风水汽输送带在黄土高原中部汇合。追溯这支西南风水汽输送的来源则可以发现，一部分源自经阿拉伯海、印度半岛-孟加拉湾在中南半岛的转向北上的水汽输送带，另一部分则由东北太平洋异常反气旋及日本海-鄂霍茨克海反气旋底部的偏东风水汽输送带经台湾而来。而当黄土高原中部秋季偏干时，对应的环流场表现出与上述特征相反的情况。

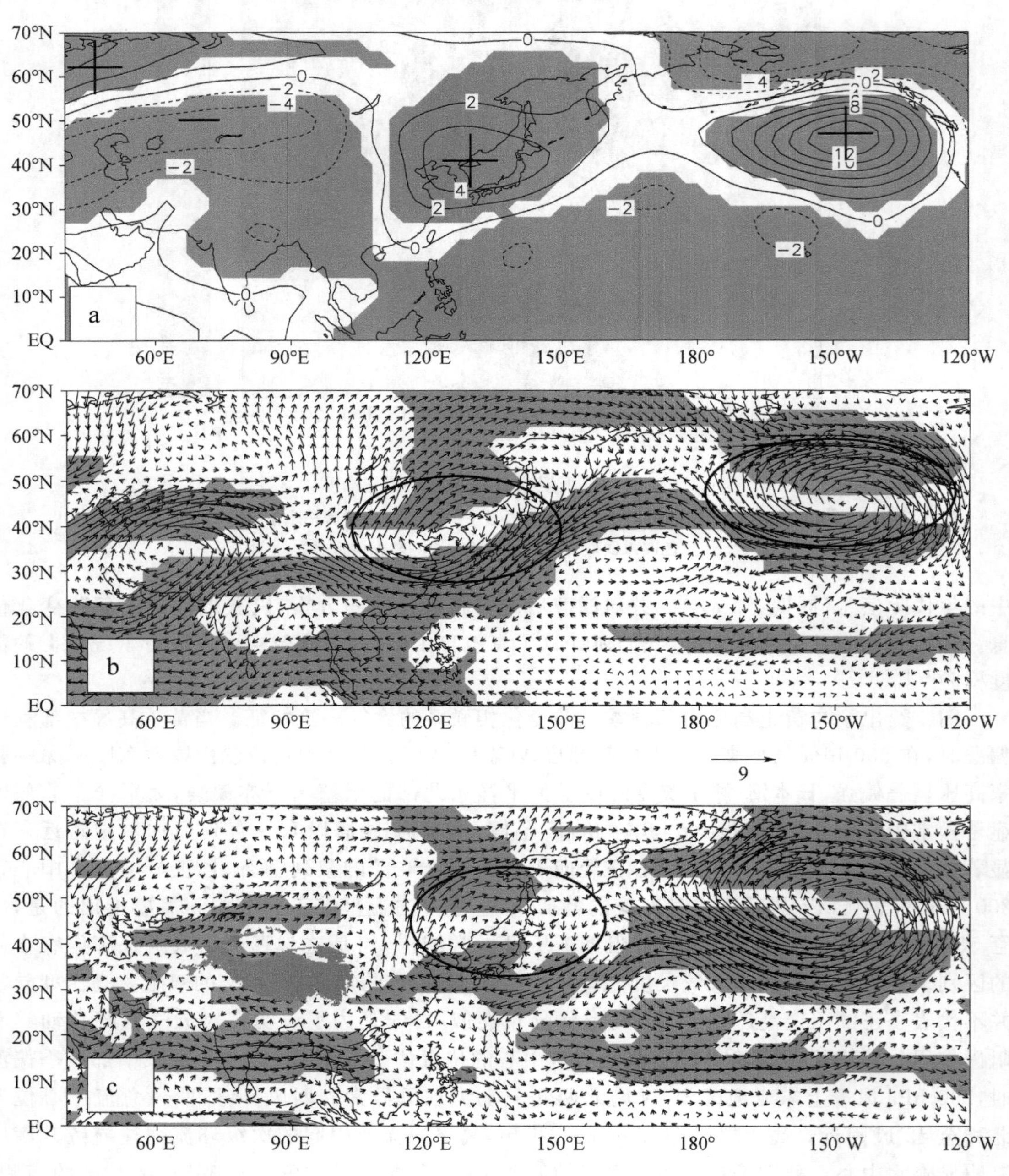

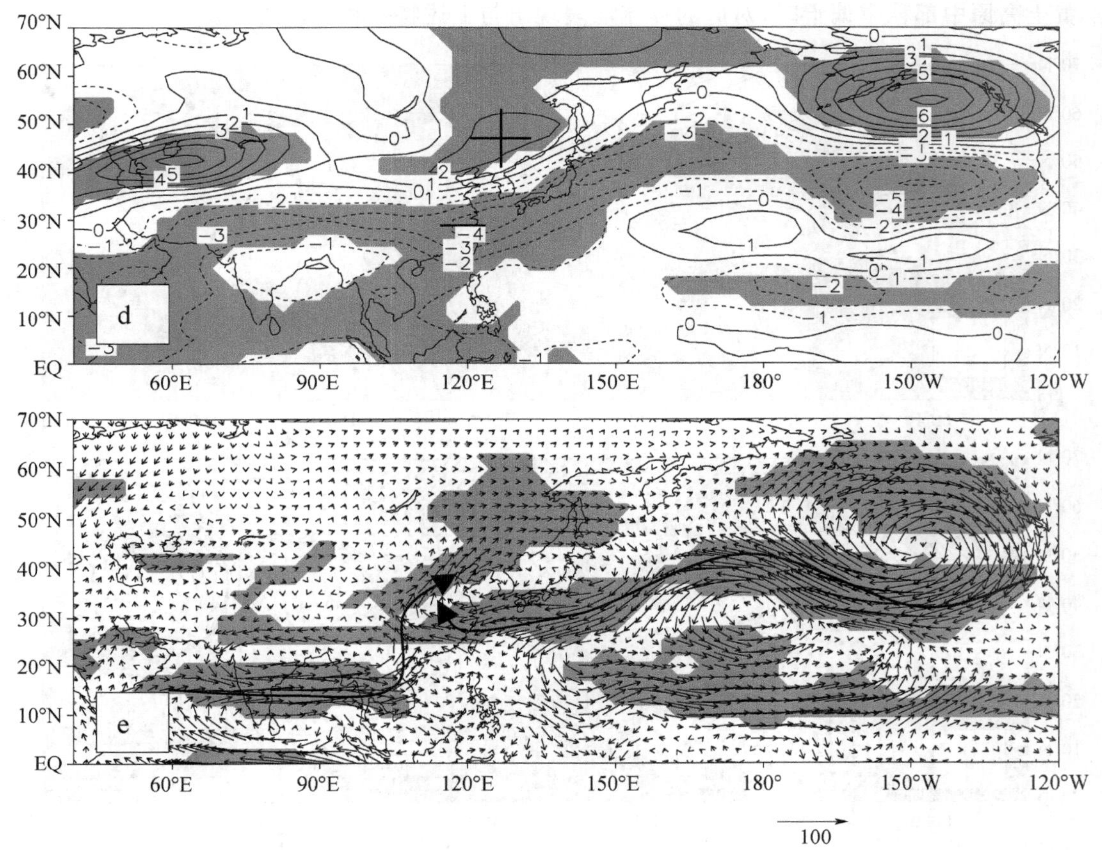

图 4 年际尺度上秋季 500 hPa 位势高度场(单位:gpm)

(a)200 hPa 风矢量场;(b)850 hPa 风矢量场;(c)200 hPa 纬向风场(风场单位 m/s);

(d)和秋季垂直积分水汽输送通量(单位:kg · m^{-1} · s^{-1});

(e)分别对黄土高原中部秋季干湿指数的线性回归系数分布(阴影区表示通过 95%的信度检验)

3.3.2 年代际尺度上干湿变化对应的环流异常

为剔除资料序列中年际信息对年代际的干扰,我们采用高斯低通滤波方法对干湿指数以及大气环流资料进行滤波(周期≤8 a),对滤波后的资料进行回归分析得到年代际变化特征。从与黄土高原中部干湿变化相联系的年代际尺度的大气环流特征来看(图 5),当黄土高原中部秋季偏湿时,在 500 hPa 位势高度场上(图 5a),中高纬度呈现“－＋－”的波列型分布;里海、咸海以东一直到贝加尔湖附近存在显著的负异常中心,中心值为－24 gpm;北太平洋上空自西向东存在着两个正、负异常中心。500 hPa 环流场上(图略),北太平洋北部上空自西向东为反气旋和气旋,这两个正负显著异常中心在 200 hPa 风场和 850 hPa 风场上均存在相应结构(图 5b,c)。从 200 hPa 纬向风分布来看(图 5d),东亚范围,日本岛南部为负异常中心,北部为正异常中心,但纬向风异常绝对值较小。

从整层水汽输送通量上来看(图 5e),东亚中高纬度为气旋式水汽输送,气旋底部的西风水汽输送与来自南海的南风水汽输送在黄土高原中部汇合,给黄土高原中部带来充足的水汽。南风水汽主要来源于经阿拉伯海、印度半岛—孟加拉湾在中南半岛的显著转向水汽输送。而当黄土高原中部秋季偏干时，对应的环流场表现出与上述特征相反的情况。

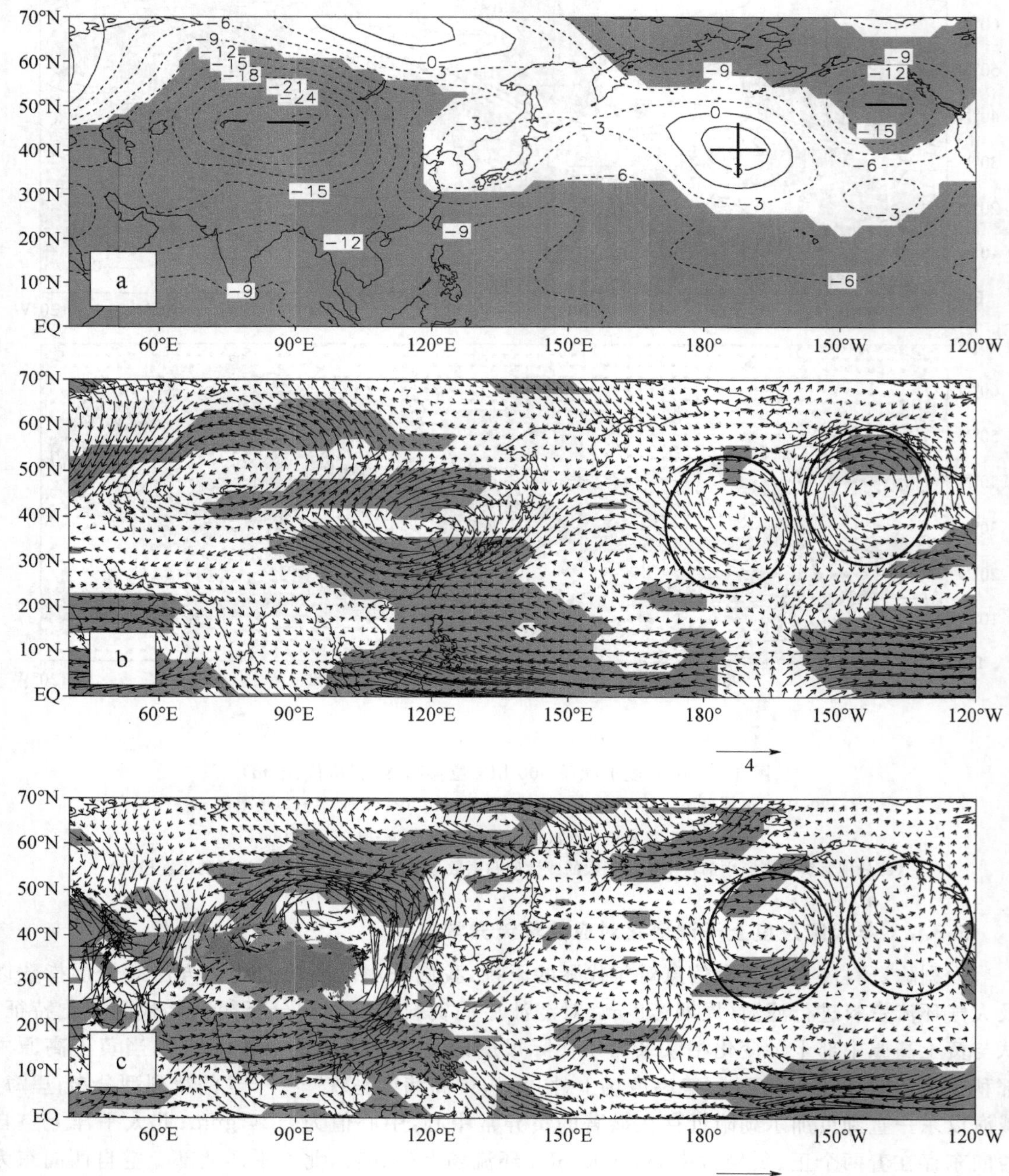

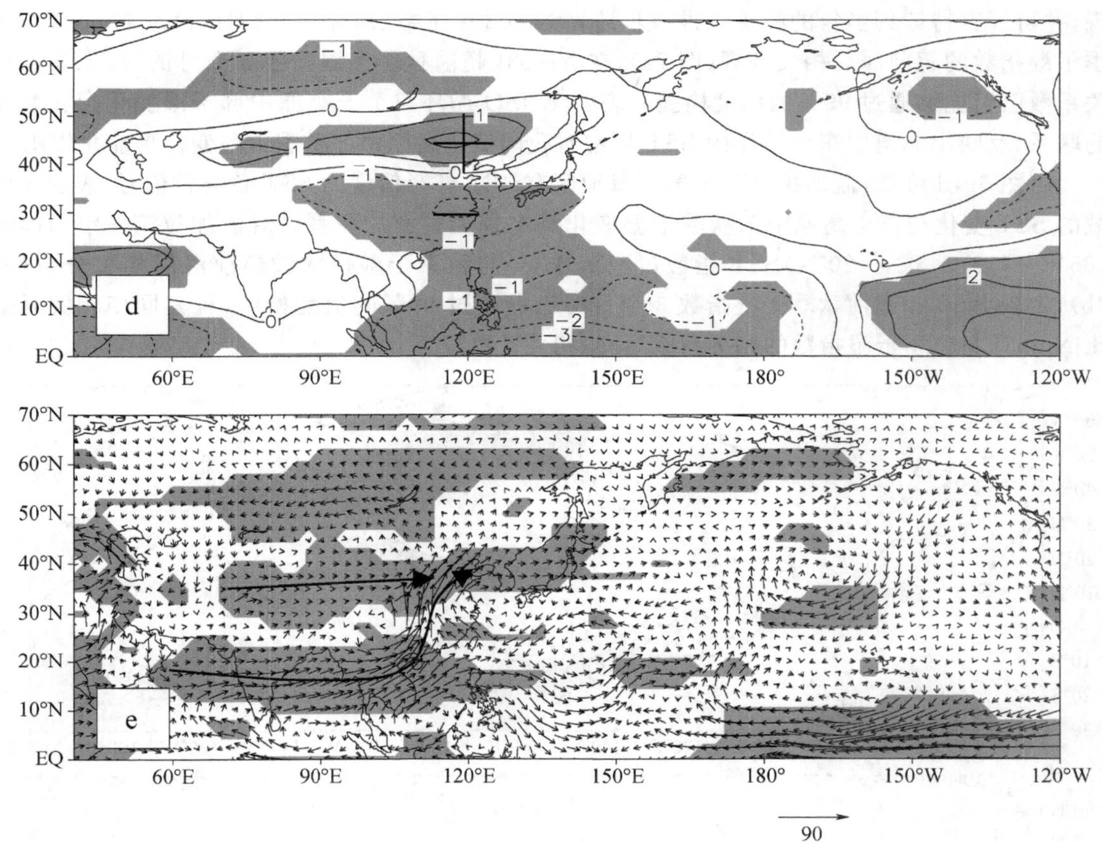

图 5　年代际尺度上秋季 500 hPa 位势高度场(单位:gpm)
(a)200 hPa 风矢量场;(b)850 hPa 风矢量场;(c)200 hPa 纬向风场(风场单位 m/s);
(d)和秋季垂直积分水汽输送通量(单位:kg・m^{-1}・s^{-1});
(e)分别对黄土高原中部秋季干湿指数的线性回归系数分布(阴影区表示通过 95%的信度检验)

3.4　秋季黄土高原中部干湿变化与海温的相关关系

3.4.1　干湿变化与海温的关系

大气环流的异常往往与海温等大气外强迫的变化相联系,分析与黄土高原中部秋季干湿变化相联系的大气外强迫信号,对于进一步认识我国黄土高原中部秋季干湿变化的成因具有重要作用。由于外强迫信号的持续性一般都比环流异常的持续性更好,因此,有效的外强迫信号是大气环流和地表干湿变化的前兆信号,是预测未来气候变化的关键所在[43-45]。我们将黄土高原中部干湿指数与 SST 各个格点数据求相关,寻找与该区域秋季干湿变化联系密切的海温信号。图 6 是 1961—2010 年黄土高原中部秋季干湿指数与 SST 的相关系数分布状况。可以看到,秋季太平洋的 SST 呈现类似 La Nina 的异常分布型[46],即赤道中东太平洋的 SST 为负异常;孟加拉湾—中国南海的 SST 呈负异常特征,上述区域的 SST 异常都通过了 95%的信度检验。

为深入揭示海温异常分布与秋季黄土高原中部干湿演变的联系,我们对秋季干湿指数和 SST 做超前滞后相关分析(图 6a—d)。发现,赤道中东太平洋 SST 负信号在前期春季便已出现，并可一直持续到当年的秋季。进一步计算 Nino3 区指数（简称：Nino3I），通过 Nino3I 与秋季干湿指数的超前滞后相关发现（图 7a），在 Nino3I 超前秋季干湿指数 5 个月的时，二者的相关系数已经能够通过 99%的信度检验。表明 ENSO 循环与黄土高原中部干湿变化存在紧密的联系，反映出赤道中东太平洋的 SST 异常对我国黄土高原中部秋季干湿变化具前兆作用。

由图 6c，d 可知，孟加拉湾—中国南海地区有超过 95%信度的 SST 负异常信号，表明该区域的 SST 变化与黄土高原中部秋季干湿变化具有较为紧密的联系。对孟加拉湾—中国南海（85°E—120°E，5°N—20°N）SST 指数（简称：BayI）与秋季干湿指数做超前滞后相关分析（图 7b），发现 BayI 在超前秋季干湿指数 3 个月时已能通过 99%的信度检验，且其同期相关系数比 Nino3I 与秋季干湿指数的相关系数更高，相关性更好。

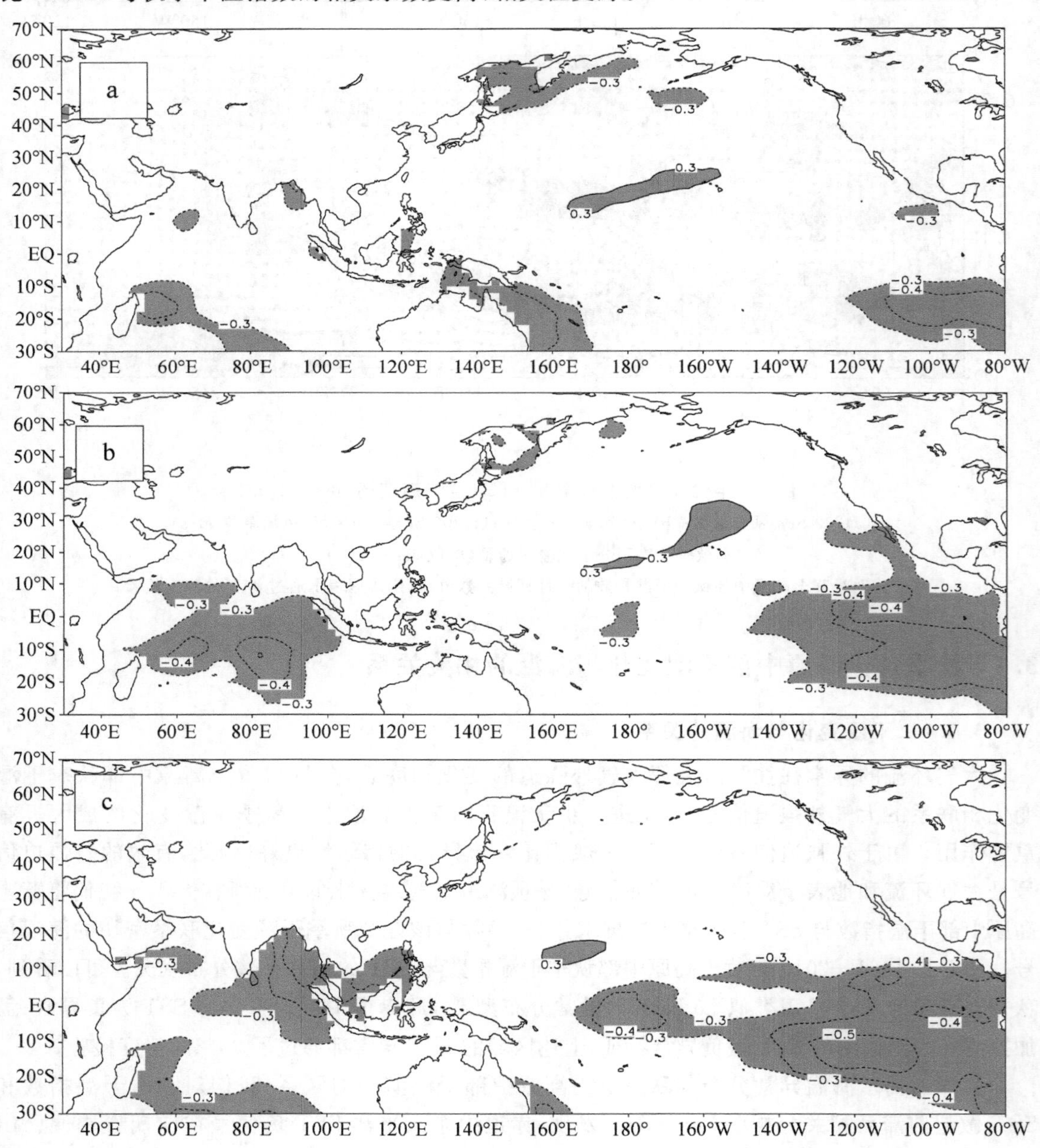

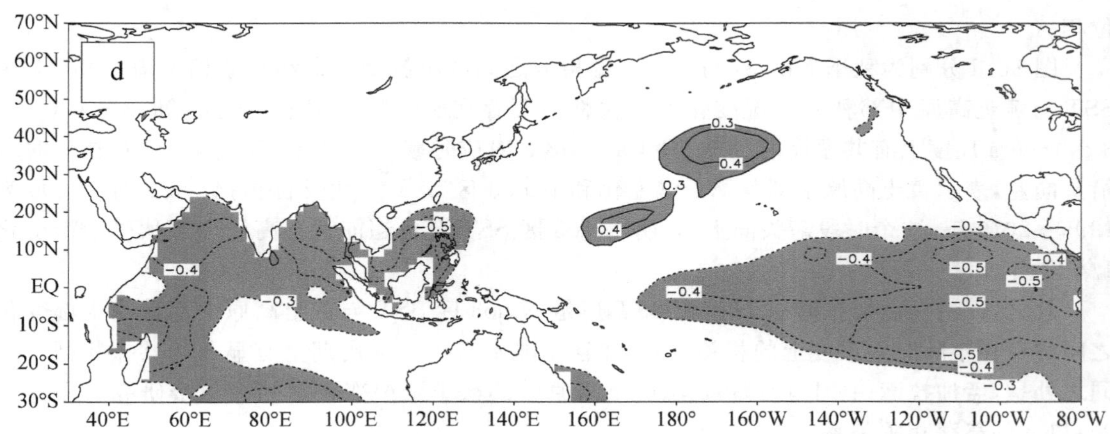

图 6　1961—2010 年黄土高原中部秋季干湿指数与 SST 的相关系数分布

(a)前期冬季；(b)前期春季；(c)前期夏季；(d)同期秋季

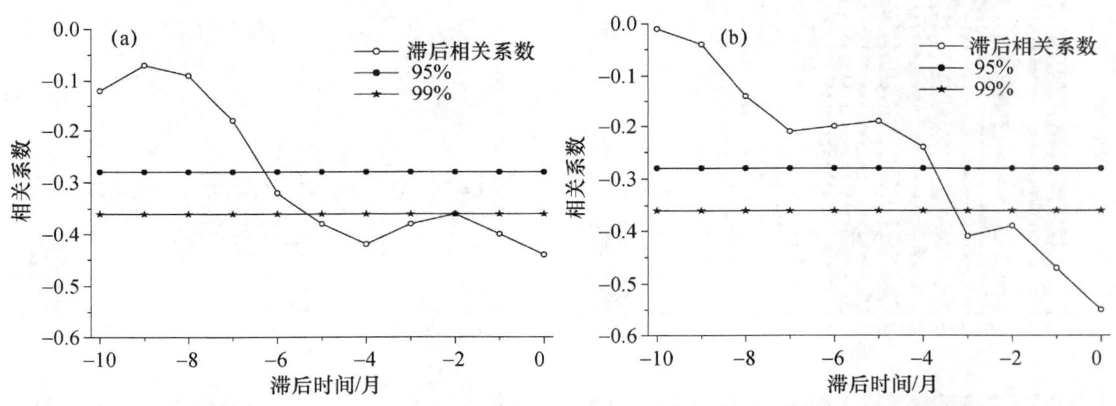

图 7　Nino3I(a)和 BayI(b)滞后于黄土高原中部秋季干湿指数的相关系数

3.4.2　干湿变化与海温的多尺度关系

用小波交叉变换可以揭示两序列共同的高能量区以及位相关系，小波相干谱则可用于度量时—频空间中两个序列局部相关的密切程度，以往的研究表明，即使对应交叉小波功率谱中低能量值区，在小波相干谱中的相关性也有可能很显著[30]。因此，为进一步揭示孟加拉湾—中国南海 SST、Nino3 区 SST 与黄土高原中部秋季干湿变化之间的关系，图 8 给出了秋季 BayI 与秋季干湿指数，秋季 Nino3I 与秋季干湿指数的小波交叉谱及小波相干谱。

图 8a，b 分别是秋季 BayI 与秋季干湿指数之间的小波交叉谱和相干谱。由小波交叉谱及相干谱可以清楚地看到，BayI 与秋季干湿指数之间存在准 4 a、4～8、9～11 a 尺度上的显著共振周期，并且准 4 a 在 1961—1980 年能量强并通过 95%显著性水平检验，图中箭头指向左，表示黄土高原中部秋季干湿变化和孟加拉湾—中国南海 SST 变化反位相。4～8 a 对应时域为 1995—2010 年，箭头基本向上，表明孟加拉湾-中国南海变化超前黄土高原中部秋季干湿变化 1/4 位相；非常显著的 9～11 a 尺度的共振周期存在于整个分析时段，其中 1961—1980 年箭头向下，表明黄土高原中部秋季干湿指数超前孟加拉湾-中国南海 SST 变化 1/4 位相，1980 年之后箭头向左，为反位相，表明黄土高原中部秋季干湿变化和孟加拉湾-中国南海 SST 变化呈反

位相。

图 8c,d 分别为秋季 Nino3I 与秋季干湿指数之间的小波交叉谱和小波相干谱。Nino3 区 SST 与黄土高原中部秋季干湿变化的相关性主要存在于年际尺度上,分别在准 2～4 a、6～8 a,4～6 a 尺度上有共振周期。准 2～4 a、6～8 a 对应时域为 20 世纪 70 年代之前,这一时段箭头向左,表示黄土高原中部秋季干湿变化和 Nino3 区 SST 变化反位相;4～6 a 对应时域为 1995—2010 年,这个时段箭头向上,表明 Nino3 区 SST 变化超前黄土高原中部秋季干湿变化 1/4 位相。

总之,无论是孟加拉湾-中国南海 SST 还是 Nino3 区 SST 与黄土高原中部秋季干湿变化之间均存在年际时间尺度上的相关关系,并且在准 4 a,4～6 a 周期上有显著的共振特征。不同之处是,孟加拉湾-中国南海 SST 与黄土高原中部秋季干湿变化之间在整个研究时段存在 9～11 a 的显著相关关系。

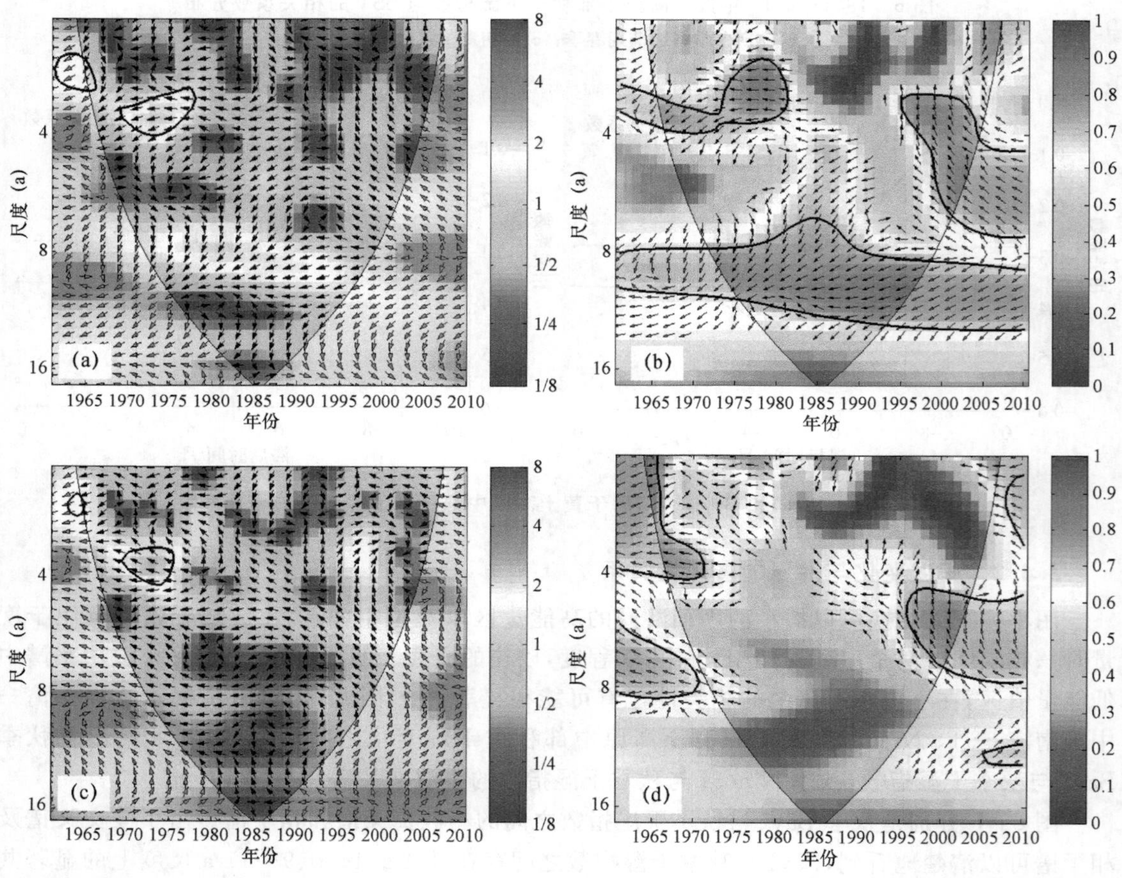

图 8 (a)秋季 BayI 与秋季干湿指数之间的交叉小波变换;(b)秋季 BayI 与秋季干湿指数之间的小波相干谱;(c)秋季 Nino3I 与干湿指数之间的交叉小波变换;(d)秋季 Nino3I 与干湿指数之间的小波相干谱(粗实线所围的范围表示小波凝聚谱值通过了 95%红噪声显著性水平检验的区域,黑色圆弧线外表示受边界效应影响较大的区域;箭头表示相对位相关系:箭头向右表示同位相(正相关),箭头向左表示反位相(负相关),箭头向上表示 BayI 或 Nino3I 超前黄土高原中部秋季干湿变化 1/4 位相,箭头向下表示黄土高原中部秋季干湿变化超前 BayI 或 Nino3I 1/4 位相)

4 结论

基于1961—2010年中国589站干湿指数、NCEP/NCAR再分析资料以及NOAA提供的SST资料，分析了黄土高原中部秋季干湿状况的年际、年代际变化规律，揭示了黄土高原秋季干湿异常的大气环流特征，确立了黄土高原中部秋季干湿变化与海温的多尺度相关关系。

利用Butterworth带通滤波、高斯低通滤波方法，对黄土高原中部秋季干湿指数年际和年代际两种尺度的信号进行分离，通过回归分析得到了与黄土高原中部秋季干湿异常相联系的大气环流。年际尺度上，北太平洋东北部为较强的反气旋，反气旋的底部存在一支偏东的水汽输送带；200 hPa东亚副热带西风急流显著减弱。年代际尺度上，北太平洋东北部为一组反气旋和气旋，研究区的水汽主要由中纬度的西风水汽输送以及经孟加拉湾在中南半岛转向的南风水汽输送组成；200 hPa东亚副热带西风急流减弱。上述环流场的配置有利于黄土高原中部秋季偏湿情景，相反的异常分布则对应的是黄土高原秋季偏干状况。对比发现，年际和年代际尺度黄土高原中部秋季偏湿的大气环流差异非常明显：首先，在500 hPa位势高度场上，年际尺度上的大气环流呈“双阻型”，年代际尺度上东亚大陆则为一致的低值系统；其次，年际尺度上，研究区域的水汽由东北太平洋深厚的反气旋底部偏东输送带提供；年代际尺度上，整层水汽主要由中纬度的显著西风水汽输送及经孟加拉湾在中南半岛转向的水汽输送组成；从200 hPa东亚副热带西风急流位置来看，年际尺度上，东亚地区35°N南北两侧分别为东风异常和西风异常，西风急流中心位置北移至42°N附近，且200 hPa东亚副热带西风急流显著减弱；年代际尺度上，东亚副热带西风急流位减弱，但减弱程度没有年际尺度明显。

通过分析最近50 a海温与黄土高原中部秋季干湿的关系发现，Nino3区SST和孟加拉湾—中国南海SST是影响该区域秋季干湿变化的重要外强迫因子。Nino3区SST指数超前黄土高原中部秋季干湿指数5个月便已呈现显著的负相关关系，孟加拉湾—中国南海SST指数超前3个月则与黄土高原中部秋季干湿指数呈现显著的负相关关系。利用小波交叉谱和相干谱分析得出，无论是秋季北印度洋—中国南海SST还是秋季Nino3区SST与黄土高原中部秋季干湿变化之间均存在年际尺度上的相关性，并且在准4 a和4～6 a周期上具有显著共振特征。另外，在整个研究时段内，北印度洋—中国南海SST与黄土高原中部秋季干湿变化之间存还存在准10 a的年代际显著相关关系。

参考文献

[1]戴新刚，汪萍，张凯静．近60年新疆降水趋势与波动机制分析[J]．物理学报，2013(12)：527-537.

[2]张强，王胜．关于黄土高原陆面过程及其观测试验研究[J]．地球科学进展，2008，23(2)：167-173.

[3] Huang J，Zhang W，Zuo J et al. An overview of the semi-arid climate and environment research observatory over the Loess Plateau[J]. Adv Atmos Sci，2008，25(6)：906-921.

[4]张强，曾剑，张立阳．夏季风盛行期中国北方典型区域陆面水、热过程特征研究[J]．中国科学：D辑地球科学，2012，42(9)：1385-1393.

[5]张强，孙昭萱，王胜，黄土高原定西地区陆面物理量变化规律研究[J]．地球物理学报，2011，54(7)：1727-1737.

[6]张强，李宏宇，张立阳，等．陇中黄土高原自然植被下垫面陆面过程及其参数对降水波动的气候响应[J]．物理学报，2013，62(1)．019201．doi：10．7498/aps．62．019201.

[7] Dai X G，Li W J，Ma Z G，Wang P. Water-vapor sources of Xinjiang region during the recent twenty years

[J]. Progress in Natural Science,2007,17(5):42-48.

[8]张强,李宏宇. 黄土高原地表能量不闭合度与垂直感热平流的关系[J]. 物理学报,2010,59(8):5888-5895.

[9]岳平,张强,牛生杰,等. 草原下垫面湍流动量和感热相似性函数及总体输送系数的特征[J]. 物理学报,2012,61(21).219201. doi:10.7498/aps.61.219201.

[10]岳平,张强,牛生杰,等. 半干旱草原下垫面能量平衡特征及土壤热通量对能量闭合率的影响[J]. 气象学报,2012,70(1):136-143

[11]曾庆存,周广庆,浦一芬,等. 地球系统动力学模式及模拟研究[J]. 大气科学,2008,32(4):653-690.

[12]Lucht W,Prentice I C,Myneni R B,Sitch S,Friedlingstein P,Cramer W,Bousquet P,Buermann W,Smith B. Climate control of the high latitude vegeation greening trend and Pinatube effect[J]. 2002 ,Science,296(5573):1687-1689.

[13]Stroeve J,Holland M M,Meier W,et al. Arctic sea ice decline:Faster than forecast[J]. Geophys Res Lett,2007,34(9). doi:10.1029/2007GL0297.

[14]Wand H J. The weakening of the Asian monsoon circulation after the end of 1970's [J]. Adv Atmos Sci,2001,18(3):376-385.

[15]马柱国,符淙斌. 1951—2004 年中国北方干旱化的基本事实[J]. 科学通报,2006,51:2429-2439.

[16]马柱国,任小波. 1951—2006 年中国区域干旱化特征[J]. 气候变化研究进展,2007,3(4):195-201.

[17]张永,陈发虎,勾晓华,等. 中国西北地区季节间干湿变化的时空分布——基于 PDSI 数据[J]. 地理学报,2007,62(11):1142-1152.

[18]卫捷,陶诗言,张庆云. Palmer 干旱指数在华北干旱分析中的应用[J]. 地理学报,2003(z1):91-99.

[19]沈柏竹,张世轩,杨涵洧,等. 2011 年春夏季长江中下游地区旱涝急转特征分析[J]. 物理学报,2012,61(10).109202. doi:10.7498/aps.61.109202.

[20]苏涛,张世轩,支蓉,等. 江淮流域夏季降水对前冬持续时间长短的响应[J]. 物理学报,2013,62(6).069203. doi:10.7498/aps.62.069203.

[21]顾薇,李维京,陈丽娟,等. 我国秋季降水的年际变化及与热带太平洋海温异常分布的关系[J]. 气候与环境研究,2012,17(4):467-480.

[22]黄荣辉,刘永,王林,等. 2009 年秋至 2010 年春我国西南地区严重干旱的成因分析[J]. 大气科学,2012,36(3):443-457.

[23]宋连春,张存杰. 20 世纪西北地区降水量的变化特征[J]. 冰川冻土,2003,25(2):143-148.

[24]张存杰,高学杰,赵红岩. 全球气候变暖对西北地区秋季降水的影响[J]. 冰川冻土,2003,25(2):157-164.

[25]李耀辉,李栋梁,赵庆云,等. ENSO 对中国西北地区秋季异常降水的影响[J]. 气候与环境研究,2000,5(2):205-213.

[26]刘晓云,李栋梁,王劲松. 1961—2009 年中国区域干旱状况的时空变化特征[J]. 中国沙漠,2012,32(2):473-483.

[27]马柱国,黄刚,甘文强,陈明林. 近代中国北方干湿变化趋势的多时段特征[J]. 大气科学,2005,29(5):671-681.

[28]吴洪宝,吴蕾. 气候变率诊断和预测方法[M]. 北京:气象出版社,2005.

[29]Torrence C,Compo G P. A practical guide to wavelet analysis [J]. Bull Amer Meteor Soc,1998,79:61-78.

[30]Grinsted A,Moore J C,Jevrejeva S. Application of the cross wavelet transform and wavelet coherence to geophysical time series[J]. Nonlinear Processes in Geophysics,2004,11:561-566.

[31]魏凤英. 现代气候统计诊断与预测技术[M]. 2 版. 北京:气象出版社,2007 .

[32]Niu N,Li J P. Interannual variability of autumn precipitation over South China and its relation to atmos-

pheric circulation and SST anomalies [J]. Adv Atmos Sci,2008, 25(1):117-125. DOI:10.1007/s00376-008-0117-2.

[33]吴浩,封国林,侯威,等. 中国不同区域气候突变的前兆信号[J]. 2013,62(5):059202. doi:10.7498/aps. 62.059202.

[34]Yao C G, He Z W, Zhan M. High frequency forcing on nonlinear systems[J]. Chin Phys B, 2013, 22(3),030503.

[35]Jiang LL, Luo X Q, Wu D, Zhu S Q. ,Stochastic properties of tumor growth with coupling between non-Gaussian and Gaussian noise term[J]. Chin Phys B, 2012,21(9),090503.

[36]Yang J H, Liu X B. Stochastic resonance in an asymmetric bistable system driven by colored noises[J]. Chin Phys B,2010,19(5),050504.

[37]王彰贵,巢纪平. 北半球冬季大气环流与热带太平洋海表温度二年振荡相互作用的若干事实[J]. 气象学报,1990,48(4):438-449.

[38]闫昊明,钟敏,朱耀仲. 时间序列数字滤波后自由度的确定——应用于日长变化与南方涛动指数的相关分析[J]. 天文学报,2003,44(3):324-329.

[39]武炳义,张人禾. 东亚夏季风年际变率及其与中、高纬度大气环流以及外强迫异常的联系[J]. 气象学报,2011,69(2):219-233.

[40]况雪源,张耀存. 东亚副热带西风急流季节变化特征及其热力影响机制探讨[J]. 气象学报,2006,64(5):564-575.

[41]高由禧. 徐淑英高由禧院士文集[M]. 广州:中山大学出版社,1999.

[42]丁一汇. 高等天气学[M]. 北京:气象出版社,1991.

[43]吴浩,侯威,钱忠华,等. 基于气候变化综合指数的中国近 50 年来气候变化敏感性研究[J]. 物理学报,2012,61(14):149205. doi:10.7498/aps. 61.149205.

[44]金红梅,何文平,侯威,等. 不同趋势对滑动移除近似熵的影响[J]. 物理学报,2012,61(6):069201. doi:10.7498/aps. 61.069201.

[45]张璐,章大全,封国林. 中国旱涝极端事件前兆信号及可预测性研究[J]. 物理学报,2010,59(8):5896-5903.

[46]何溪澄,李巧萍,丁一汇,何金海. ENSO 暖冷事件下东亚冬季风的区域气候模拟[J]. 气象学报,2007,65(1):18-28.

中国华南地区持续干期日数时空变化特征*

王　莺[1]　王劲松[1]　姚玉璧[1,2]　黄小燕[1]

(1. 中国气象局兰州干旱气象研究所/甘肃省干旱气候变化与减灾重点实验室/中国气象局干旱气候变化与减灾重点开放实验室,兰州,730020;2. 甘肃省定西市气象局,定西,743003)

摘　要　利用华南地区 46 个地面气象站 1960—2012 年逐日降水数据,分析该地区各季节持续干期日数的时空分布特征。结果表明:(1)近 53 年来,华南地区春季和夏季的持续干期日数呈波动下降趋势,下降速率分别为 0.042 d·$(10a)^{-1}$和 0.108 d·$(10a)^{-1}$;秋季和冬季的持续干期日数呈波动上升趋势,上升速率分别为 1.911 d·$(10a)^{-1}$和 0.118 d·$(10a)^{-1}$。广东省春季和夏季持续干期日数呈下降趋势,下降速率分别为 0.171 d·$(10a)^{-1}$和 0.243 d·$(10a)^{-1}$;秋季和冬季持续干期日数呈增加趋势,增加速率分别为 1.737 d·$(10a)^{-1}$和 0.32 d·$(10a)^{-1}$。广西区春、夏和秋季持续干期日数呈增加趋势,增加速率分别为 0.109 d·$(10a)^{-1}$、0.046 d·$(10a)^{-1}$和 2.117 d·$(10a)^{-1}$;冬季为减小趋势,减少速率为 0.106 d·$(10a)^{-1}$。(2)华南地区持续干期日数在春季呈从北向南逐渐增多的趋势,夏季呈自西南向东北逐渐增加的趋势,秋季呈自西向东逐渐增加的趋势,冬季呈从北向南逐渐增多的趋势。冬季的持续干期日数是四个季节中最长的,大致在 20～44 d。(3)华南地区春季持续干期日数变化倾向率在−1.20 d·$(10a)^{-1}$～1.00 d·$(10a)^{-1}$之间,增加趋势最明显的区域是广西区的南部地区,减少趋势最明显的区域是广东省的沿海地区;夏季在−1.00 d·$(10a)^{-1}$～0.60 d·$(10a)^{-1}$之间,呈增加趋势的区域主要位于广西区的中部和南部,呈减少趋势的区域位于广东省大部分地区和广西区的东部;秋季在 0～3.50 d·$(10a)^{-1}$之间,整体呈现增加趋势,变化倾向率较大的区域主要位于广西区的中部和广东省的东北部沿海地区;冬季在−1.50 d·$(10a)^{-1}$～2.00 d·$(10a)^{-1}$之间,呈增加趋势的区域主要集中在广东省的中南部和东部地区,以及广西的东部边缘,呈减少趋势的区域主要集中在广东省的北部以及广西的中部和西北部地区。持续干期日数增加趋势最明显的季节是秋季;(4)持续干期日数与降水量表现出负相关性,与气温和无降水日数表现为正相关性。降水量和无降水日数的变化对持续干期日数的变化起着重要的作用,而温度对持续干期日数的影响比较小。

关键词　降水;持续干期日数;华南地区;时空变化

干旱是指天然降水异常引起的水量相对亏缺的自然现象,一般指大气干旱。它可以发生在任何区域的任何季节(张强 等,2011)。与其他自然灾害相比,重特大干旱灾害会引起大量的人员死亡,迫使大规模人群背井离乡,甚至还可能是文明消亡和朝代更迭的主要原因,因此是地球上最具破坏力的自然灾害之一(于琪祥,2003)。20 世纪 70 年代中期以来,在全球气候变化背景下,大气水分含量和大气环流格局都发生了明显的年代际转折,导致干旱极端事件日益增多(Dai,2010;张家团 等,2008)。这一现象受到了研究者的广泛关注(马柱国 等,2003;陈少勇 等,2012;周俊菊 等,2012;贺晋云 等,2011;Li et al.,2009;Sun et al.,2013)。

中国主要处于东亚季风的两类子系统——“东亚热带季风(南海季风)”和“东亚副热带季

* 发表在:《生态环境学报》,2014,23(1):86-94.

风”共同影响的地区，季风的季节性循环及年际波动等气候特征决定了我国在本质上是一个干旱灾害频发的国家(涂长望 等,1944)。值得注意的是，近年来在我国北方干旱形势依然严峻的情况下(马柱国 等,2006;李新周 等,2006)，南方干旱出现明显的加重趋势。1951—1990 年出现重大干旱事件 8 年中南方出现干旱的只有 3 年，占总事件数的 37.5%;1991—2000 年出现重大干旱事件 5 年中南方出现干旱就有 3 年，占总事件数的 60%;而 2001—2012 年出现重大干旱事件 8 年中南方均出现干旱，占总事件数的 100%。华南地处我国南部沿海，属南海季风区和全球气候变化趋势南北位相相反的交界带，年降水量约为 900～2700 mm，是我国多雨地区之一。但是在降水空间变率大、太阳辐射强、气温高、蒸腾蒸散量大的情况下，干旱灾害发生频繁，尤其是自 21 世纪初以来大范围的秋冬春干旱给工农业生产带来了很大的损失，给人民生活带来了严重影响。因此对华南干旱的研究是一个重要的科学问题。在已有的研究中多采用干旱指标的方法，如李伟光等(2012)用 SPEI 指数研究了华南地区 1961—2010 年的干旱趋势，发现最近 10 年是干旱最严重的 10 年，干旱化最严重的区域是海南岛、广西南部和西部地区，广东的干旱化趋势最轻。郭晶等(2008)用 MI 指数对广东省 1954—2005 年的干湿状况做了评价，结果表明广东地表总体呈现缓慢暖干趋势。姚蕊和陈子燊(2013)分析广西旱涝特征时发现，桂东北和桂东南地区重旱发生的频率较大，桂西南的重涝发生频率较大。干旱与降水有直接的关系。伍红雨等(2011)对华南的雨日和雨强做了分析，发现华南年雨日以 4.8 d/(10a) 的速率减少，雨强以 0.4 mm/(10a・d)的速率增加。何慧等(2012)对华南地区 1961—2010 年极端降水日数的分析结果显示该区域极端降水日数均呈增加趋势，且在 2～5 a 周期上有显著地同位相演变趋势。科研人员还就中国华南地区气温、降水等方面做了大量研究(黄晓莹 等,2008;姚才 等,2010)。

以上研究多从降水量和气温异常的角度进行分析，而较少考虑持续性少雨的累积效应。世界气象组织气候委员会、气候变率与可预测性计划以及海洋学和海洋气象学联合技术委员会构成的“气候变化检测监测与指数专家组”选择了 27 个核心指数(New et al.,2006;Aguilar et al.,2005)，其中针对持续缺少有效降水程度的指标就是“持续干期日数(consecutive dry days)”，该组织给出的定义是某一区域某一时间段中日降水量小于 1 mm 的持续日数的最大值(单位:d)。You 等(2010)就利用该指标对中国年持续干期日数做了研究，发现中国东部地区的持续干期日数基本呈增加趋势，而西北有减少趋势。也有一些研究使用了更低的降水阈值，即无降水日为 24 h 内降水量观测记录小于 0.1 mm(刘莉红 等,2010;魏锋 等,2007)。该指标主要用于研究中国北方的干旱问题，而很少涉及中国南方(顾欣 等,2012)。而事实上南方地区的干旱多是因为降水的时间分布不均造成的。鉴于以上原因，本文利用华南地区(广东、广西)46 个地面气象站 53 年逐日降水数据，分析了该地区各季节持续干期日数的时空分布特征。这项工作为研究华南地区的干旱气候特征、防灾减灾和水资源合理利用提供了基础数据，有着十分重要的现实意义和实用价值。

1 资料与方法

本文中研究的华南地区包括广东和广西两省(区)。所用资料由中国气象科学数据共享服务网(http://cdc. cma. gov. cn/home. do)提供。根据资料连续长度在 50 a 以上这个条件筛选出研究区内符合条件的 46 个地面气象站(图 1)1960—2012 年的逐日降水资料，以 24 h 内降水量记录小于 1 mm 作为无降水日阈值，按照上年 12 月至翌年 2 月为冬季，3—5 月为春季，

6—8 月为夏季和 9—11 月为秋季，计算出每个季节的持续干期日数，建立各站的持续干期日数序列。

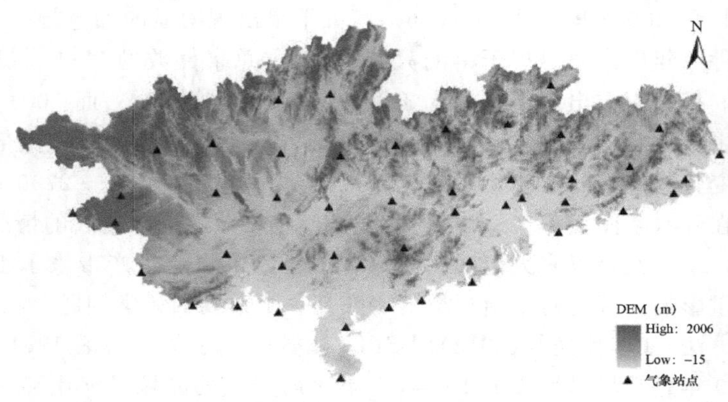

图 1　华南地区气象站点分布图

2　结果与分析

2.1　持续干期日数的时间分布特征

2.1.1　华南地区年际变化

用研究区 46 个地面气象站持续干期日数平均值代表某一年华南地区持续干期日数。图 2 是 1960—2012 年华南区域不同季节持续干期日数的年际变化趋势。图 2 中折线表示历年数值，直线表示线性趋势，虚线表示 6 阶多项式曲线。总体来说，春季和夏季的持续干期日数呈波动下降趋势，下降速率分别为 0.042 d·$(10a)^{-1}$和 0.108 d·$(10a)^{-1}$；秋季和冬季的持续干期日数呈波动上升趋势，上升速率分别为 1.911 d·$(10a)^{-1}$和 0.118 d·$(10a)^{-1}$。只有秋季的线性变化趋势通过了 0.01 的显著性水平检验，其余季节均未通过显著性水平检验。从 6 阶多项式曲线可以看出，华南地区春季持续干期日数从 20 世纪 60 年代初期至 60 年代中期显著增加，60 年代中期至 70 年代末期开始下降，70 年代末至 90 年代初表现出增加趋势，90 年代初至 21 世纪初缓慢下降，21 世纪初期之后又呈明显增加趋势，从农业生态角度来说最近几年春旱加重；夏季持续干期日数在 60 年代初期明显增加，60 年代中期至 70 年代初期开始下降，70 年代初期至 80 年代中期增加趋势明显，80 年代中期至 2000 年呈明显下降趋势，2000 年之后又有了增加趋势，但在最近 3 年，持续干期日数又开始下降；秋季持续干期日数自 60 年代初期至中期有增加趋势，60 年代中期至 70 年代中期缓慢下降，70 年代中期至 21 世纪初期呈显著增加趋势，最近几年又有下降趋势；冬季变化趋势比较平稳，没有明显的波峰与波谷。

2.1.2　广东省年际变化

从图 3 可以看出，自 1960—2012 年的 53 年间，广东省春季和夏季持续干期日数总体上呈现减小趋势，下降速率分别为 0.171 d·$(10a)^{-1}$和 0.243 d·$(10a)^{-1}$；秋季和冬季持续干期日数呈增加趋势，增加速率分别为 1.737 d·$(10a)^{-1}$和 0.32 d·$(10a)^{-1}$。显著性水平检验结果显示，只有秋季的线性变化趋势通过了 0.05 的显著性水平检验。从 6 阶多项式可以看出，广东省春季的持续干期日数在 60 年代初呈上升趋势，70 年代呈下降趋势，80 年代之后持续上升；

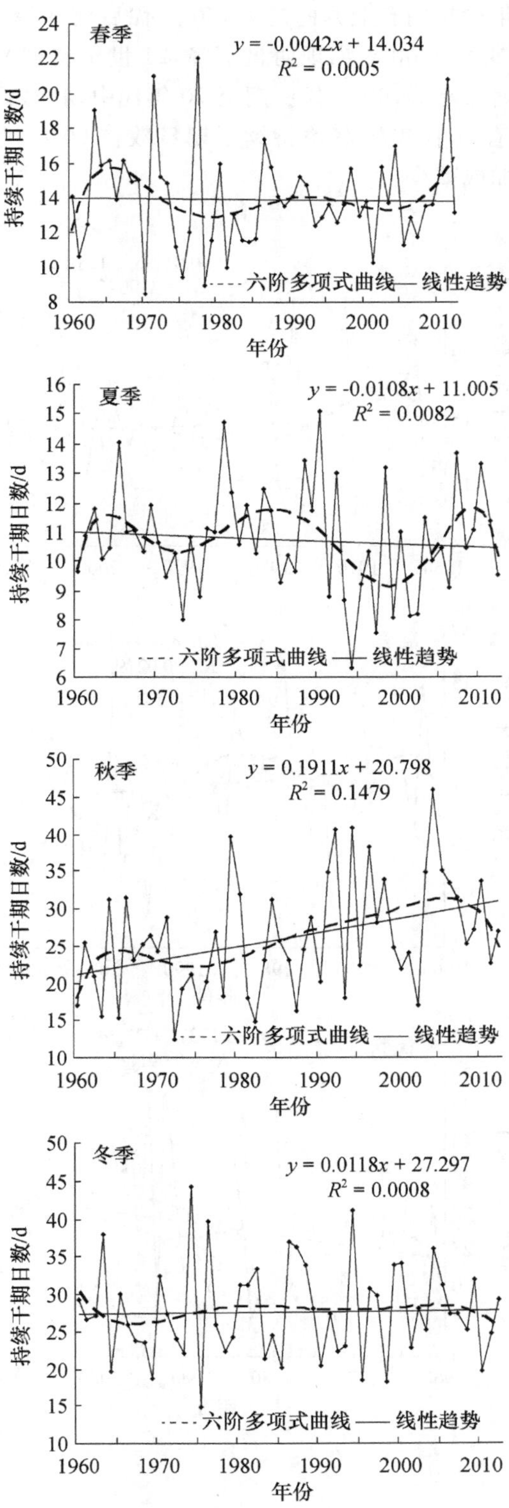

图 2　华南地区平均持续干期日数年际变化趋势

夏季持续干期日数在60年代初期有上升的趋势，60年代后期开始下降，70年代至80年代中期有增加趋势，80年代后期至2000年出现明显下降，21世纪初期又有增加趋势；秋季持续干期日数在60年代初期有增加趋势，60年代中期至70年代中期开始下降，80年代至2000年呈增加趋势，2000年之后又有减小趋势；冬季持续干期日数在60年代呈减小趋势，70年代之后变化较平稳，无显著的增加或减少。

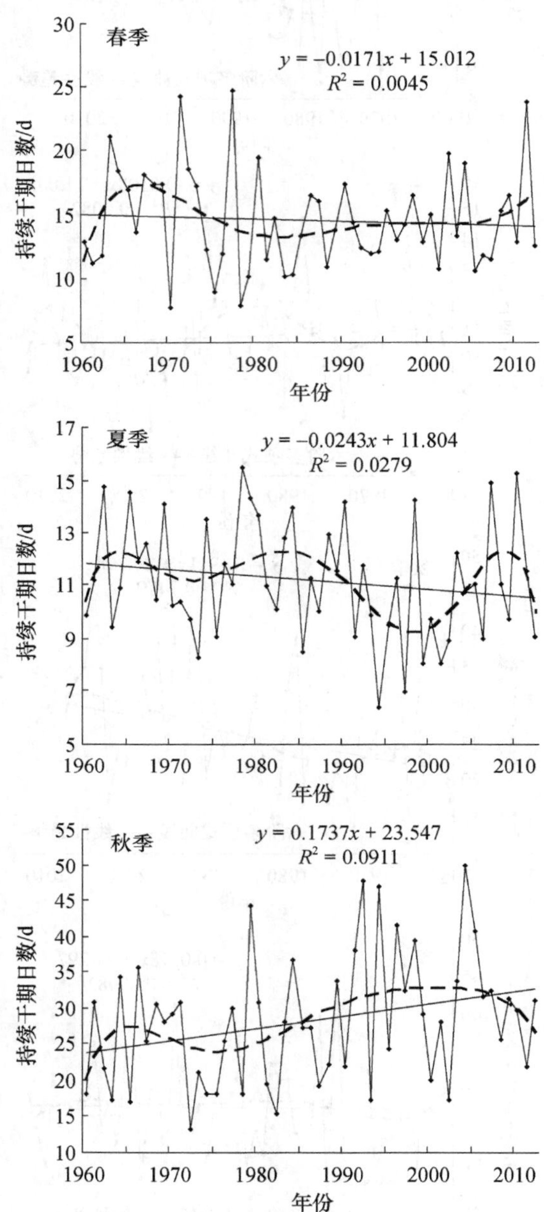

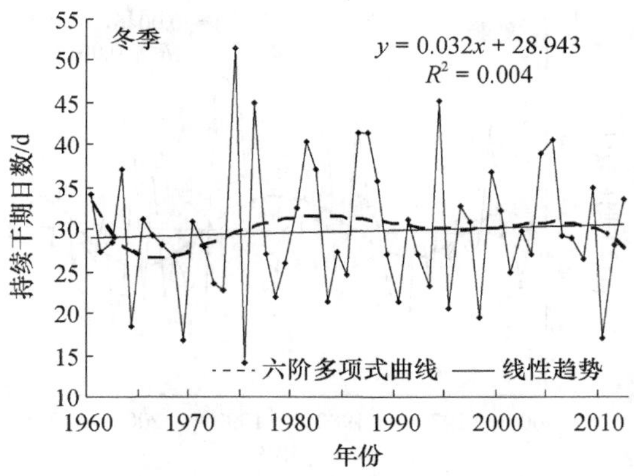

图 3　广东省平均持续干期日数年际变化趋势

2.1.3　广西区年际变化

从图 4 中可以看出，1960—2012 年的 53 年间，广西区春、夏和秋季的持续干期日数均呈增加趋势，增加速率分别为 0.109 d·$(10a)^{-1}$、0.046 d·$(10a)^{-1}$和 2.117 d·$(10a)^{-1}$；冬季呈减少趋势，减少速率为 0.106 d·$(10a)^{-1}$。只有秋季的线性变化趋势通过了 0.01 的显著性水平检验。从 6 阶多项式曲线来看，广西区春季持续干期日数在 60 年代初期表现为增加趋势，60 年代中期至 70 年代中期有显著的下降趋势，70 年代中期至 80 年代末开始增加，90 年代至 21 世纪初期呈下降趋势，2010 年之后又表现出增加趋势；夏季持续干期日数的年际变化趋势和春季相似；秋季持续干期日数在 60 年代初期有增加趋势，60 年代中期至 70 年代呈微弱下降趋势，80 年代至 21 世纪初持续增加，2010 年之后又有了下降趋势；冬季持续干期日数的年际变化不明显，2000 年之后有下降趋势。

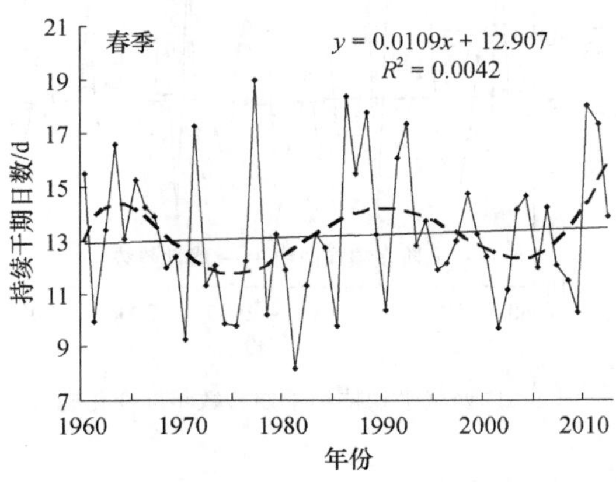

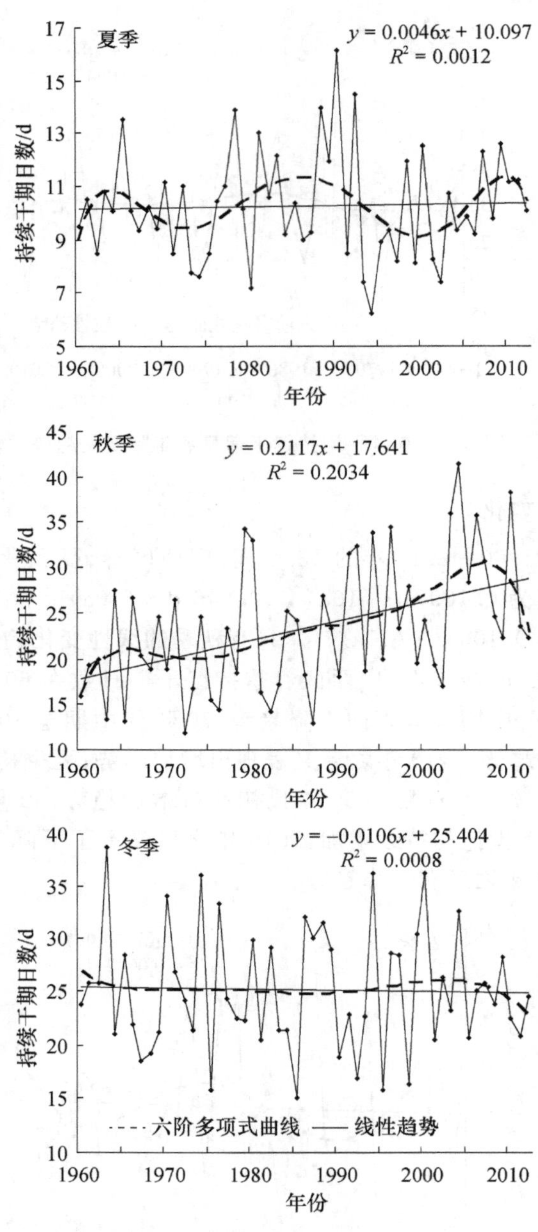

图 4　广西区平均持续干期日数年际变化趋势

2.2　持续干期日数的空间分布特征

2.2.1　空间分布

图 5 是华南地区 1960—2012 年不同季节多年平均持续干期日数的空间分布图。从图 5 中可以看出持续干期日数的空间分布具有地域差异性。春季呈现出从北向南逐渐增多的趋势，华南北部的融安、桂林、蒙山、连州和南雄一带的持续干期日数主要在 8～10 d，中部的河池、都安、来宾、灵山、桂平、贺州、梧州、广宁、韶关、连平、梅县和广州等地区的持续干期日数在

10～12 d，南部的凤山、龙州、南宁、信宜、湛江、惠阳和五华等地区的持续干期日数在 14～16 d，而沿海地区北海、徐闻、电白、台山、惠来以及广西的百色和那坡地区的持续干期日数最长，均大于 16 d。夏季呈现出自西南向东北逐渐增加的趋势，广西西南部的凤山、都安、那坡、靖西、龙州、东兴、钦州、灵山以及广东的信宜、阳江和台山地区的持续干期日数最短，基本在 7～10 d，华南东南部的韶关、南雄、梅县和惠来一带的持续干期日数最长，在 12～14 d，华南其余地区的持续干期日数为 10～12 d。秋季的持续干期日数大致在 18～34 d 之间，呈自西向东逐渐增加的趋势，广西的持续干期日数低于广东，具体来说广西西部的那坡、凤山、靖西、河池、融安、都安和钦州一带持续干期日数最短，为 18～22 d，广东东部的五华、梅县和惠来地区的持续干期日数最长，为 30～34 d，广西东部和广东西部的大部分地区持续干期日数在 22～30 d。冬季的空间分布和春季相似，呈现出从北向南逐渐增多的趋势，但是持续干期日数是四个季节中最长的，大致在 20～44 d，持续干期日数最长的地区位于广东南部的徐闻、湛江、阳江、深圳等沿海地带，持续干期日数最短的区域位于广西北部的融安、桂林、河池、柳州、蒙山、贺州以及广东北部的连州、韶关和南雄一带。总的来说，华南地区持续干期日数最多出现在冬季，最少出现在夏季；春、冬季的持续干期日数是南部多，夏季是北部和东部多，秋季是东部多。

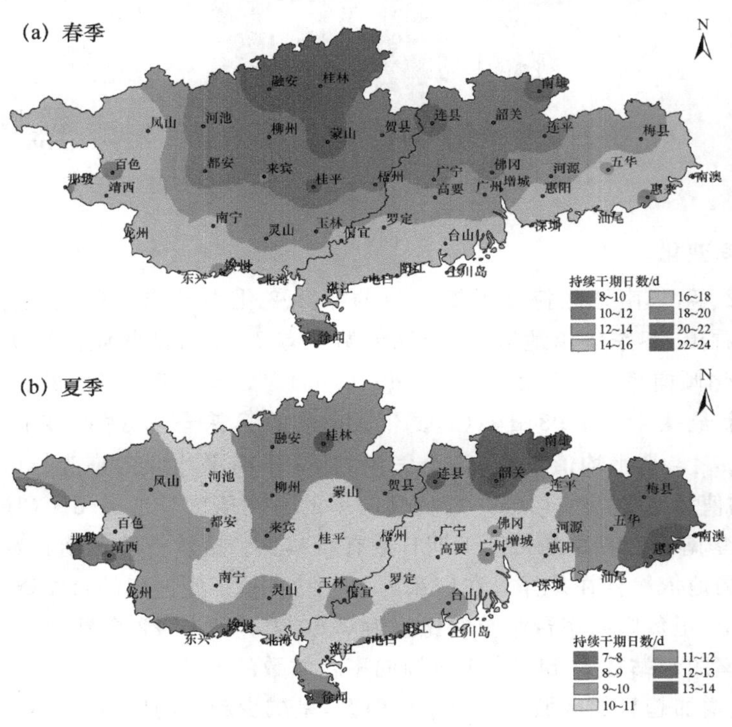

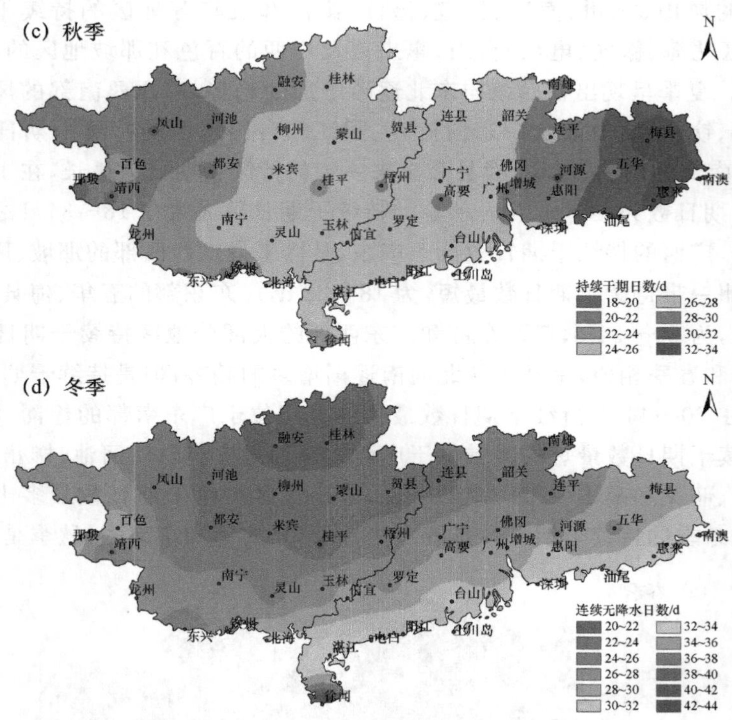

图 5　多年平均持续干期日数空间分布图

2.2.2　空间变化

1960—2012 年，华南地区持续干期日数的年际变化表现出了明显的空间差异(图 6)。从图 6a 中可以看出，春季华南地区 46 个气象站中有 22 个台站的倾向率为正，24 个台站的倾向率为负，变化倾向率在 $-1.20\sim1.00\ d\cdot(10a)^{-1}$ 之间，其中广西的钦州气象站点持续干期日数变化率最大，为 $0.93\ d\cdot(10a)^{-1}$，广东的惠来气象站点变化率最小，达到了 $-1.12\ d\cdot(10a)^{-1}$。从平均值来看，46 个气象站 53 年间平均倾向率为 $-0.03\ d\cdot(10a)^{-1}$，正倾向率的平均值为 $0.26\ d\cdot(10a)^{-1}$，负倾向率的平均值为 $-0.31\ d\cdot(10a)^{-1}$。由以上数据可知，53 年来华南地区春季的持续干期日数有所减少。虽然持续干期日数在整体上呈现减少的趋势，但是局地依然存在差异。在广东的 24 个站中，正倾向率的台站数为 8 个，负倾向率的台站数为 16 个，正负倾向率台站数的比值为 0.50；在广西的 22 个站中，正倾向率的台站数为 8 个，负倾向率的台站数为 14 个，正负倾向率台站数的比值为 0.57。结合图 6a 可以看出，持续干期日数呈增加趋势的区域主要位于广西区，呈减少趋势的区域主要位于广东省；增加趋势最明显的区域是广西区的南部地区，减少趋势最明显的区域是广东省的沿海地区。

图 6b 显示的是夏季华南地区持续干期日数的年际变化趋势。46 个气象站中有 16 个台站的倾向率为正，30 个台站的倾向率为负，变化倾向率在 $-1.00\sim0.60\ d\cdot(10a)^{-1}$ 之间，广西的北海气象站变化率最大，为 $0.56\ d\cdot(10a)^{-1}$，广东的汕头变化率最小，为 $-0.96\ d\cdot(10a)^{-1}$。46 个台站的平均年际变化倾向率为 $-0.12\ d\cdot(10a)^{-1}$，正倾向率的平均值为 $0.19\ d\cdot(10a)^{-1}$，负倾向率的平均值为 $-0.28\ d\cdot(10a)^{-1}$，说明华南地区夏季的持续干期日数有减少的倾向。广东省的 24 个台站中有 5 个台站呈正倾向率，19 个台站呈负倾向率，正负倾向率台站数的比值

为 0.26；广西的 22 个台站中有 11 个台站为正倾向率，11 个台站为负倾向率，正负倾向率台站数的比值为 1.00。从空间分布来看，持续干期日数呈增加趋势的区域主要位于广西区的中部和南部，呈减少趋势的区域位于广东省大部分地区和广西区的东部。

图 6c 显示了秋季华南地区持续干期日数倾向率的空间分布。华南地区 46 个台站的变化倾向率全部为正，平均年际变化倾向率为 1.91 d·$(10a)^{-1}$，说明华南地区秋季的持续干期日数呈增加趋势。变化倾向率的最大值出现在广西的来宾(3.27 d·$(10a)^{-1}$)，最小值出现在广东的徐闻(0.46 d·$(10a)^{-1}$)。从表 1 的统计数据来看，华南地区 63%的台站的变化倾向率集中在 1.5～2.5d·$(10a)^{-1}$区间，其中广东省倾向率大于 2.5 d·$(10a)^{-1}$的台站数为 1，而广西区倾向率大于 2.5 d·$(10a)^{-1}$的台站数为 6。说明广西区秋季持续干期日数的增加趋势更加明显。从图 6c 可以看出变化倾向率较大的区域主要位于广西区的中部和广东省的东北部沿海地区。

表 1　华南地区秋季持续干期日数倾向率台站数量统计

地区	倾向率/ d·$(10a)^{-1}$						
	0～0.5	0.5～1.0	1.0～1.5	1.5～2.0	2.0～2.5	2.5～3.0	3.0～3.5
广东省	1	3	3	7	9	0	1
广西区	0	0	4	6	7	2	3
合计	1	3	7	13	16	2	4

图 6d 是冬季华南地区持续干期日数倾向率的空间分布图。46 个气象台站中有 25 个台站的倾向率为正，21 个台站的倾向率为负，变化倾向率在－1.50～2.00 d·$(10a)^{-1}$之间，广东的惠阳变化倾向率最大，为 1.86 d·$(10a)^{-1}$，广西的融安变化倾向率最小，为－1.26 d·$(10a)^{-1}$。46 个台站的平均年际变化倾向率为 0.12 d·$(10a)^{-1}$，正倾向率的平均值为 0.59 d·$(10a)^{-1}$，负倾向率的平均值为－0.42 d·$(10a)^{-1}$。由以上数据可知，华南地区冬季的持续干期日数整体上呈现减少的趋势。从局地来看，广东省有 17 个台站的倾向率为正，有 7 个台站的倾向率为负，正负倾向率台站数的比值为 2.43；广西区有 8 个台站的倾向率为正，有 15 个台站的倾向率为负，正负倾向率台站数的比值为 0.53。这说明广东省冬季持续干期日数主要呈增加趋势，广西区冬季持续干期日数主要呈减少趋势。从图 6d 可以看出，倾向率为正的区域主要集中在广东省的中南部和东部地区，以及广西的东部边缘；倾向率为负的区域主要集中在广东省的北部以及广西的中部和西北部地区。

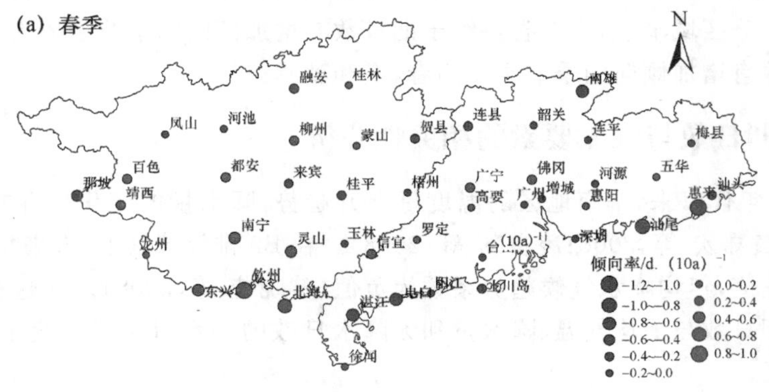

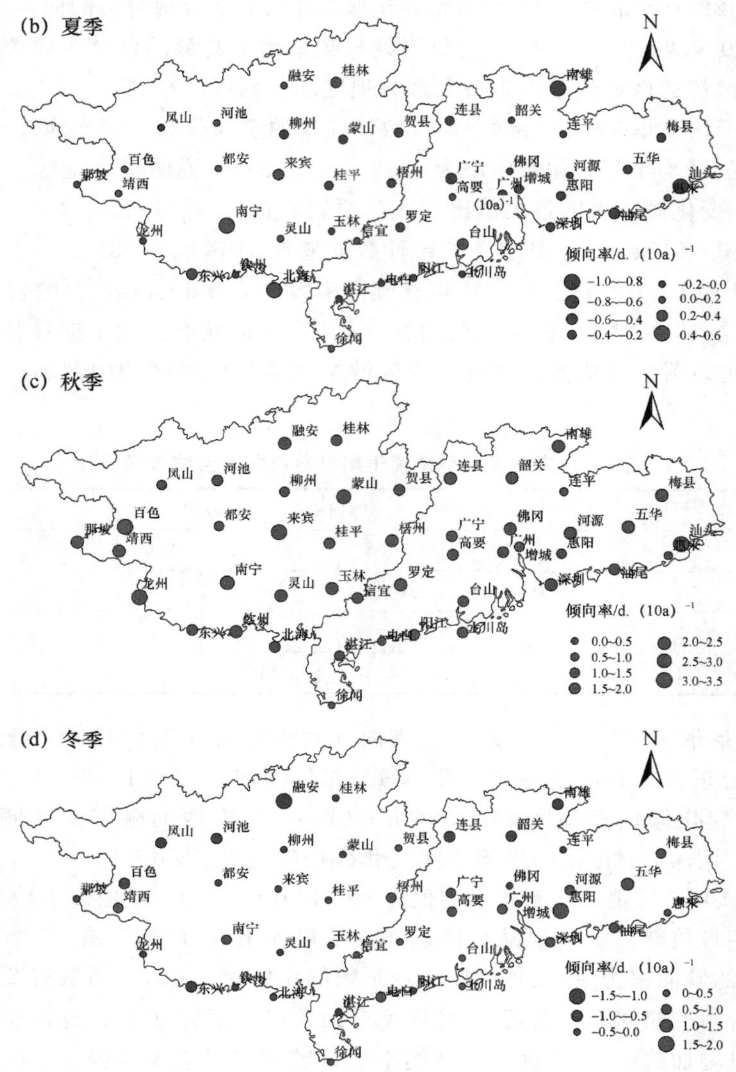

图 6　1960—2012 年华南地区持续干期日数倾向率的空间变化

总的来说，华南地区持续干期日数增加趋势最明显的季节是秋季，说明该地区秋旱的发生概率逐渐变大。分区域来说，广东省持续干期日数有增加倾向的季节主要为秋季和冬季，广西区持续干期日数有增加倾向的季节主要为春、夏和秋季。

2.3　持续干期日数与气象要素的相关性分析

20 世纪 60 年代以来，华南地区的温度呈上升趋势，降水量的变化也存在着区域差异（黄珍珠 等，2008；黄嘉宏 等，2006；凌良新 等，2008）。在 B2 排放情景下，未来华南地区的温度气候趋势系数为正值，年均降水气候趋势系数为负值（黄晓莹 等，2008）。在这种情况下，研究不同季节持续干期日数与平均气温、降水量和无降水日数的关系对探讨持续干期日数的发展趋势有着重要意义。

从表 2 可以看出，广东省持续干期日数与平均气温呈正相关关系，春季和夏季的相关系数通过了 0.01 和 0.1 的显著性水平检验，秋季和冬季的相关系数未通过检验，说明春季和夏季气温的增加对持续干期日数的增加起着重要的作用，而秋季和冬季气温的变化对持续干期日数的变化影响很小。与温度相反，持续干期日数与降水量呈负相关关系，春、夏和冬季的相关系数通过了 0.01 和 0.05 的显著性水平检验，秋季的相关系数未通过检验，说明春、夏和冬季降水量的减少对持续干期日数的增加有明显作用，而秋季降水量的变化对持续干期日数的影响很小。持续干期日数与年无降水日数的相关系数均为正，且均通过了 0.01 的显著性水平检验，说明无降水日数的增加对持续干期日数的增加有着重要的作用，从相关系数来看，春季和秋季无降水日数的影响较明显，夏季和冬季的影响稍小。

表 2　广东省持续干期日数与平均气温、降水量和无降水日数的相关系数

气象要素	春季	夏季	秋季	冬季
平均气温	0.35***	0.25*	0.16	0.10
降水量	−0.47***	−0.53***	−0.02	−0.28**
无降水日数	0.77***	0.56***	0.76***	0.46***

注：*、** 和 *** 分别表示通过 0.1，0.05 和 0.01 的显著性水平检验。

表 3 是广西区持续干期日数与平均气温、降水量和无降水日数的相关系数。从中可以看出持续干期日数与平均气温呈正相关关系，夏季和秋季的相关系数通过了 0.01 和 0.05 的显著性水平检验，春季和冬季未通过检验，说明夏季和秋季气温的增加对持续干期日数的增加作用较明显，而春季和冬季气温的变化对持续干期日数的影响很小。持续干期日数与降水量的相关系数均为负，且均通过了 0.01 的显著性水平检验，说明各季节降水量的减少会引起持续干期的增加，从相关系数的数值来看，夏季和秋季降水量的变化对持续干期的影响大于春季和冬季。持续干期日数与无降水日数的相关系数都为正值，且均通过了 0.01 的显著性水平检验，说明无降水日数的增加对持续干期日数的增加起着重要的作用，具体来说，无降水日数对夏季和秋季持续干期日数的影响大于春季和冬季。

表 3　广西区持续干期日数与平均气温、降水量和无降水日数的相关系数

气象要素	春季	夏季	秋季	冬季
平均气温	0.10	0.43***	0.33**	0.10
降水量	−0.48***	−0.58***	−0.69***	−0.38***
无降水日数	0.63***	0.72***	0.81***	0.41***

注：*、** 和 *** 分别表示通过 0.1，0.05 和 0.01 的显著性水平检验。

从以上分析可以看出，持续干期日数的变化是多种因素共同作用的结果。降水量和无降水日数的变化对持续干期日数的变化起着重要的作用，而温度对持续干期日数的影响比较小。

3　结论

利用华南地区（广东省、广西区）46 个地面气象站 53 年逐日降水数据，分析该地区各季节持续干期日数的时空分布特征，得到以下结论：

(1)1960—2012 年，华南地区春季和夏季持续干期日数的下降速率分别为 0.042 d·$(10a)^{-1}$

和 0.108 d·(10a)$^{-1}$；秋季和冬季持续干期日数的上升速率分别为 1.911 d·(10a)$^{-1}$ 和 0.118 d·(10a)$^{-1}$。广东省春季和夏季持续干期日数的下降速率分别为 0.171 d·(10a)$^{-1}$ 和 0.243 d·(10a)$^{-1}$；秋季和冬季持续干期日数的增加速率分别为 1.737 d·(10a)$^{-1}$ 和 0.32 d·(10a)$^{-1}$。广西区春、夏和秋季持续干期日数的增加速率分别为 0.109 d·(10a)$^{-1}$、0.046 d·(10a)$^{-1}$ 和 2.117 d·(10a)$^{-1}$；冬季的减少速率为 0.106 d·(10a)$^{-1}$。

(2)华南地区持续干期日数在春季呈现出从北向南逐渐增多的趋势，夏季呈现出自西南向东北逐渐增加的趋势，秋季呈自西向东逐渐增加的趋势，冬季的空间分布和春季相似，呈现出从北向南逐渐增多的趋势，但是持续干期日数是四个季节中最长的，大致在 20～44 d。持续干期日数最长的地区位于广东南部的徐闻、湛江、阳江、深圳等沿海地带。

(3)从年际变化来看，春季持续干期日数增加趋势最明显的区域是广西区的南部地区，减少趋势最明显的区域是广东省的沿海地区。夏季持续干期日数呈增加趋势的区域主要位于广西区的中部和南部，呈减少趋势的区域位于广东省大部分地区和广西区的东部。秋季持续干期日数整体呈现增加趋势，变化倾向率较大的区域主要位于广西区的中部和广东省的东北部沿海地区。冬季持续干期日数倾向率为正的区域主要集中在广东省的中南部和东部地区，以及广西的东部边缘，倾向率为负的区域主要集中在广东省的北部以及广西的中部和西北部地区。

(4)持续干期日数的变化与降水量表现出负相关性，与气温和无降水日数表现为正相关性。从相关系数来看，降水量和无降水日数的变化对持续干期日数的变化起着重要的作用，而温度对持续干期日数的影响比较小。

参考文献

陈少勇，王劲松，郭俊庭，等，2012. 中国西北地区 1961—2009 年极端高温事件的演变特征[J]. 自然资源学报，27(5)：832-844.

顾欣，杨绍洪，黄大卫，等，2012. 黔东南地区各季节极端干期日数的时空分布特征[J]. 高原气象，31(2)：463-469.

郭晶，吴举开，李远辉，等，2008. 广东省气候干湿状况及其变化特征[J]. 中国农业气象，29(2)：157－161.

何慧，陆虹，陈思蓉，2012. 1061—2010 年华南极端降水日数的时空变化特征[J]. 安徽农业科学，40(12)：7256-7259，7276.

贺晋云，张明军，王鹏，等，2011. 近 50 年西南地区极端干旱气候变化特征[J]. 地理学报，66(9)：1179－1190.

黄嘉宏，李江南，李自安，等，2006. 近 45 a 广西降水和气温的气候特征[J]. 热带地理，26(1)：23-28.

黄晓莹，温之平，杜尧东，等，2008. 华南地区未来地面温度和降水变化的情景分析[J]. 热带气象学报，24(3)：254-258.

黄珍珠，张锦华，时小军，等，2008. 全球变暖与广东气候带变化[J]. 热带地理，28(4)：302-305，330.

李伟光，侯美亭，陈汇林，等，2012. 基于标准化降水蒸散指数的华南干旱趋势研究[J]. 自然灾害学报，21(4)：84-90.

李新周，马柱国，刘晓东，2006. 中国北方干旱化年代际特征与大气环流的关系[J]. 大气科学，30(2)：277-284.

凌良新，章鹰，陈往溪，2008. 广东年、季降水量时空变化分布特征[J]. 广东气象，30(6)：24-27.

刘莉红，翟盘茂，郑祖光. 2010. 中国北方夏半年极端干期的时空变化特征[J]. 高原气象，29(2)：403-411.

马柱国，符淙斌，2006. 1951—2004 年中国北方干旱化的基本事实[J]. 科学通报，51(20)：2429-2439.

马柱国，华丽娟，任小波，2003. 中国近代北方极端干湿事件的演变规律[J]. 地理学报，58(增刊)：69-74.

涂长望,黄士松,1944. 中国夏季风之进退[J]. 气象学报,18(1):1-20.

魏锋,丁裕国,王劲松,2007. 西北地区 5—9 月极端干期长度的概率特征分析[J]. 中国沙漠,27(1):147-152.

伍红雨,杜尧东,陈桢华,等,2011. 华南雨日、雨强的气候变化[J]. 热带气象学报,27(6):877-888.

姚才,钱维宏,2010. 华南 6 月降水的十年际和极端年际差异及其环境分析[J]. 热带气象学报,26(4):463-469.

姚蕊,陈子燊,2013. 基于标准将水指数的广西旱涝特征演变分析[J]. 中山大学学报(自然科学版),52(2):115-120.

于琪祥,2003. 对我国干旱及旱灾问题的思考[J]. 中国水利(4):67-69.

张家团,屈艳萍,2008. 近 30 年来中国干旱灾害演变规律及抗旱减灾对策探讨[J]. 中国防汛抗旱(5):47-52.

张强,张良,崔县成,等,2011. 干旱监测与评价技术的发展及其科学挑战[J]. 地球科学进展,26(7):763-778.

周俊菊,石培基,师玮,2012. 1960—2009 年石羊河流域气候变化及极端干湿事件演变特征[J]. 自然资源学报,27(1):143-153.

Aguilar E, Peterson T C, Ramírez Obando P, et al, 2005. Changes in precipitation and temperature extremes in Central America and northern South America, 1961-2003[J]. Journal of geophysical Reserch: Atmospheres (1984-2012), 110, D23107, doi:10.1029/2005JD006119.

Dai A, 2011. Drought under global warming: a review [J]. WIREs Climatic Change, 2 (1): 45-65. doi: 10.1002/wcc.81.

Li Y P, Ye W, Wang M, et al, 2009. Climate change and drought: a risk assessment of crop-yield impacts[J]. Climate Research, 39: 31-46.

New M, Hewitson B, Stephenson D B, et al, 2006. Evidence of trends in daily climate extremes over southern and west Africa[J]. Journal of geophysical Reserch, 111, D14102, doi:10.1029/2005JD006289.

Sun Y, Zhou H, Zhang L, et al, 2013. Adapting to droughts in Yuanyang Terrace of SW China: insight from disaster risk reduction[J]. Mitigation and Adaptation Strategies for Global Change, 18: 759-771.

You Q, Shi C, Aguilar E, et al, 2010. Changes in daily climate extremes in China and its connection to the large scale atmospheric circulation during 1961-2003[J]. Climate Dynamics, 36: 2399-2417.

近 60 年来西南地区旱涝变化及极端和持续性特征认识*

杨金虎[1,2]　张　强[1]　王劲松[1]　姚玉璧[2]　尚军林[2]

(1. 中国气象局兰州干旱气象研究所/甘肃省干旱气候变化与减灾重点实验室/中国气象局干旱气候变化与减灾重点开放实验室，兰州，730020；2. 甘肃省定西市气象局，定西，743000)

摘　要　利用 1953—2012 年中国西南地区 44 个气象台站的逐日降水、温度资料，通过降水和潜在蒸发均一化旱涝指数，从旱涝的年代际、年际、季节内变化以及极端和持续性特征等方面进行了分析，结果表明：从旱涝的空间趋势变化来看，西南近 60 年来秋季和年呈显著的一致变旱趋势，而春、夏、冬三季旱涝变化趋势表现出一定的区域性特征；从旱涝的时间演变来看，在温度与降水双重因子驱动下春、夏、秋、冬均表现为干旱化趋势，相比较秋季的干旱化程度最强，而春季的最弱，夏、冬两季相当，而全年的干旱程度比四季的程度更强；从极端旱涝的多时间尺度来看，在年代际和年际尺度上，极端洪涝发生频次逐渐减少，而极端干旱发生频次逐渐增多，从季节尺度看，春、冬两季极端干旱发生频次较多，而夏季最少，极端洪涝发生频次夏季最多，春季次之，秋季最少。从旱涝的持续性特征来看，持续性干旱事件的持续时间有增长趋势，发生频率有增多趋势，发生强度有增强趋势，并且主要发生在冬春两季，而持续性洪涝事件的持续时间、发生强度没明显趋势，发生频率有减少趋势，发生的季节也没明显差异。

关键词　中国西南；旱涝；演变；极端；持续性

干旱是目前全球最严重的自然灾害之一，它已成为危急人类生存环境的严重问题，也是科学界普遍关心的科学问题．据统计，全球每年因干旱所造成的经济损失可达 60 亿～80 亿美元(Keyantash et al.，2002)，远远超过了其他气象灾害。近些年来，随着气温的不断升高，干旱问题日益突出，干旱、缺水已严重制约着了工农业生产的进一步发展，也严重影响着城乡人民的生活(宋连春 等，2003)。因此大量的学者已经投入到干旱的研究工作中。

我国也是干旱灾害频发的国家(Katz et al.，1986)。在北方，尤其是在东北、华北和西北东部，持续的干旱化已严重威胁这些地区的生存环境，导致当地水资源严重匮乏、生态环境退化和荒漠化等一系列环境问题(符淙斌 等，2002)。近年来，我国的干旱区域不断增大、有从干旱区向湿润区发展的趋势。我国西南地区本来是一个雨水充沛、气候湿润的地区，但最近几年，该地区屡屡发生严重的干旱灾害，造成了难以估量的损失。近年来发生在西南地区的几次异常干旱灾害事件主要有 2005 年春季云南异常干旱，2006 年夏季川渝地区特大干旱，以及 2009 年秋至 2010 年春以云南、贵州为中心的 5 个省份的旱灾(黄荣辉 等，2012)，特别是 2009—2012 年的干旱事件具有持续时间长、影响范围广、灾害程度重的特点，是西南地区有气象记录以来最严重的干旱事件。所以关于西南地区干旱事件及其变化规律的研究显得尤为重要，也成为近年来科学研究的热点领域。黄荣辉等(2012)，钱维宏等(2012)，杨辉等(2010)从成因角度对 2009—2010 年西南地区的持续性干旱进行了分析；李永华等(2009)，周秉根等

* 发表在：《地理科学》，2015，35(10)：1333-1340.

(2012)对 2006 年夏季西南地区东部特大干旱及其环流特征进行了分析。贺晋云等(2011)对近 50 年来西南地区干旱的气候特征进行了分析。尽管关于西南地区的干旱目前已做了大量研究,但关于西南极端干旱和持续性干旱气候特征的研究目前尚不多见。基于以上理由本文利用最新资料,从多时间尺度入手对我国西南地区的旱涝变化及极端和持续性特征进行全面分析。

1 资料及方法

本文所用资料为中国气象局国家气象信息中心提供的中国西南地区(四川、重庆、云南、贵州)44 个台站 1953—2012 年逐日降水和平均气温资料。

旱涝指数选择了王鹏祥定义的降水与蒸发均一化指数,只是本文用的蒸发为地表潜在蒸发,并非蒸发皿蒸发,具体方法见王鹏祥等(2007,2008)和贺晋云等(2011)。而潜在蒸发的计算应用了 Thornthwaite(杨金虎 等,2012)方法。另外在计算区域平均时间序列时,采用 Jones 等(1996)和郭军等(2005)的方法。趋势变化采用了气候趋势系数进行分析,方法详细介绍见施能等(1995),这里不在鳌述。

2 结果分析

2.1 西南地区四季及年旱涝的空间趋势变化

为了全面了解近 60 年来西南地区旱涝变化的空间分布,图 1 给出了西南地区春、夏、秋、冬及年旱涝指数趋势系数的空间分布,可以看出春季(图 1a)四川西部、云南北部以及四川与重庆的交界地区呈变涝趋势,而其他区域呈变旱趋势,而贵州北部的变旱趋势更为明显。为了进一步了解变化趋势的主导因子,通过分析春季潜在蒸发和降水的空间变化,发现潜在蒸发只有在四川西南部和贵州南部呈减少趋势,其他区域均呈增加趋势,而降水的变化趋势同旱涝指数很相似,也就是说在贵州,云南东北部以及四川东部呈减少趋势,其他区域呈增加趋势,所以春季旱涝的变化降水起了主要驱动作用。

从夏季旱涝指数趋势变化(图 1b)来看除了四川东部。重庆和贵州部分地方呈变涝趋势外,其他大部分区域呈变旱趋势。从潜在蒸发的趋势变化来看除了四川同重庆交界处呈减少趋势外,其他区域均呈增多趋势,特别是云南的增加趋势更为显著,而降水在四川东部和西部、重庆以及贵州东部呈增多趋势,其他区域呈减少趋势。比较发现夏季旱涝指数的空间趋势变化同降水比较相似,所以夏季西南地区旱涝变化降水仍然是主要驱动因子。

从秋季旱涝指数趋势变化(图 1c)来看整个西南地区呈一致的变旱趋势,相比较四川东南、贵州西北以及云南东北部变旱趋势更为显著。从潜在蒸发的趋势变化来看,整个西南呈一致增多趋势,相比较四川中部增多趋势更为显著,从降水的趋势变化来看,除个别区域外,整个西南基本呈减少趋势。比较发现秋季西南地区显著变旱是降水和气温双重因子驱动的结果。

冬季旱涝指数趋势变化空间分布(图 1d)同夏季比较相似,除四川东北部呈微弱变旱趋势外,其他区域呈变旱趋势,而变涝的区域只在云南比较显著。从潜在蒸发趋势系数空间分布来看,除四川东南部少部分区域外,几乎整个西南地区呈一致变旱趋势,而云南变旱得更为显著。而从降水趋势系数的空间分布来看,四川东北部、云南东北部 贵州东南部呈微弱变涝趋势,其他区域呈微弱变旱趋势，通过比较发现冬季主要在温度显著驱动下，整个西南地区基本呈一致变旱趋势。

从全年旱涝指数趋势变化空间分布(图 1e)来看，几乎整个西南地区呈一致变旱趋势，而贵州、云南及四川中部的变旱趋势更为显著。从潜在蒸发的趋势系数空间分布来看，整个西南呈一致的变旱趋势，而从降水趋势系数的空间分布来看，四川西部、云南中部和西部以及四川与重庆交汇地区呈增多趋势，而其他区域呈减少趋势，比较发现，西南地区全年呈显著变旱趋势主要是温度显著驱动的结果。

通过以上的分析发现，西南近 60 年来秋季和年呈显著的一致变旱趋势，而春、夏、冬三季旱涝变化趋势表现出一定的区域性特征。其中春夏两季降水起主要驱动作用，冬季和年温度起主要驱动作用，而秋季是降水和温度共同驱动的结果。

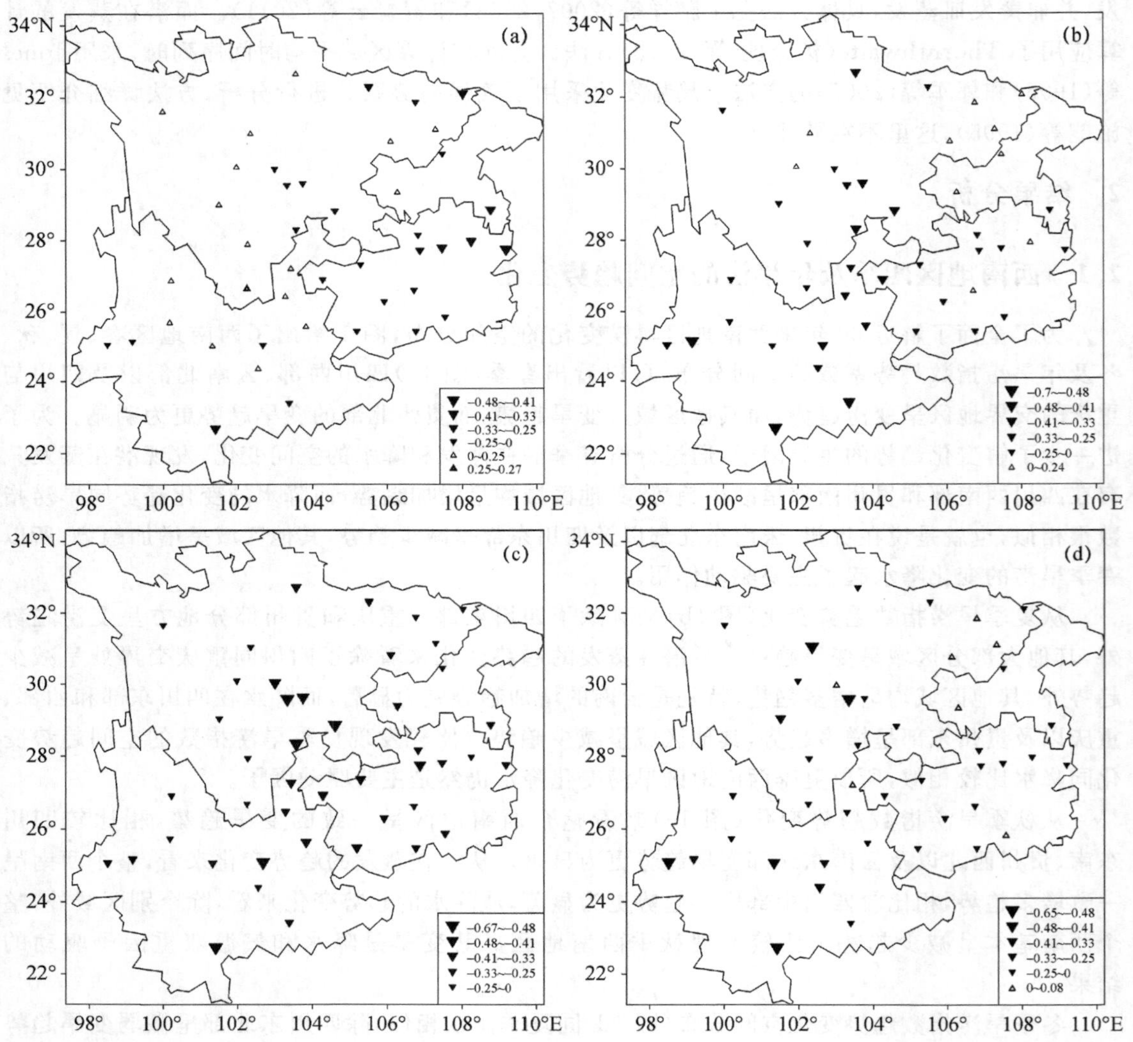

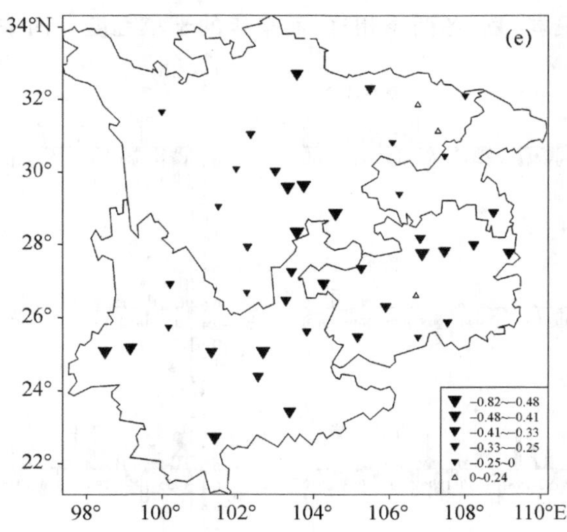

图1　春、夏、秋、冬及年旱涝指数趋势系数空间分布

2.2　西南地区旱涝的区域时间演变

为了解近60年来西南地区旱涝的区域性时间演变特征，图2给出了西南地区春、夏、秋、冬及年区域平均的潜在蒸发、降水及旱涝指数的时间演变特征，春季（图2a）潜在蒸发在1970年之前正负交替出现，1970—1995年间处于偏少阶段，而1995年之后处于偏多阶段。降水在1995年之前正负交替出现，1995—2007年间处于偏多，而近5年来又一直偏少。旱涝指数的变化位相同潜在蒸发基本同步，也就是说在1970年之前旱涝交替发生，1970—1995年间由于潜在蒸发偏少而表现为偏涝，而1995年以后由于潜在蒸发偏多而表现为偏旱。从近60年来看春季呈干旱化趋势（趋势系数为－0.14）。

夏季（图2b）潜在蒸发在1977年之前明显偏少，1977—2004年间正负交替出现，但变幅明显偏小，2004年以后又明显偏多，降水在2002年之前正负交替出现，而近10年来一直偏少，旱涝指数时间变化位相同潜在蒸发也完全一致，即1977年之前主要表现为涝，1977—2004年间旱涝交替发生，但强度偏弱，而近10年来在潜在蒸发偏多、降水偏少共同作用下表现为显著偏旱。从近60年来看夏季呈干旱化趋势（趋势系数为－0.32）。

秋季（图2c）潜在蒸发在1995年之前明显偏少，而之后明显偏多，降水在1995年之前明显偏多，而之后明显偏少，在二者的共同作用下在1995年之前明显偏涝，而之后明显偏旱，从整个60年来看表现为明显的干旱化趋势（趋势系数－0.5）。

冬季（图2d）潜在蒸发以1985年为界，之前偏少，之后偏多，而降水在1970年之前正负交替出现，1970—1988年间以偏少为主，1988—2007年间以偏多为主，近5年来一直偏少，而从旱涝指数来看，在1965年之前偏涝，1965—1998年间旱涝交替发生，近15年来偏旱，从长期趋势来看呈干旱化趋势（趋势系数－0.32）。

全年（图2e）潜在蒸发、降水和干湿指数的异常情况明显弱于四季，而潜在蒸发在1997年之前偏少，而之后明显偏多，降水表现为波动震荡，而从旱涝指数来看，主要在潜在蒸发的驱动下1997年之前偏涝，之后偏干，近60年来呈显著的干旱化趋势（趋势系数－0.61）。

以上分析发现，西南地区近60年来春、夏、秋、冬均表现为干旱化趋势，相比较秋季的干旱化程度最强，而春季的最弱，夏、冬两季相当，而全年的干旱程度比四季的程度更强。

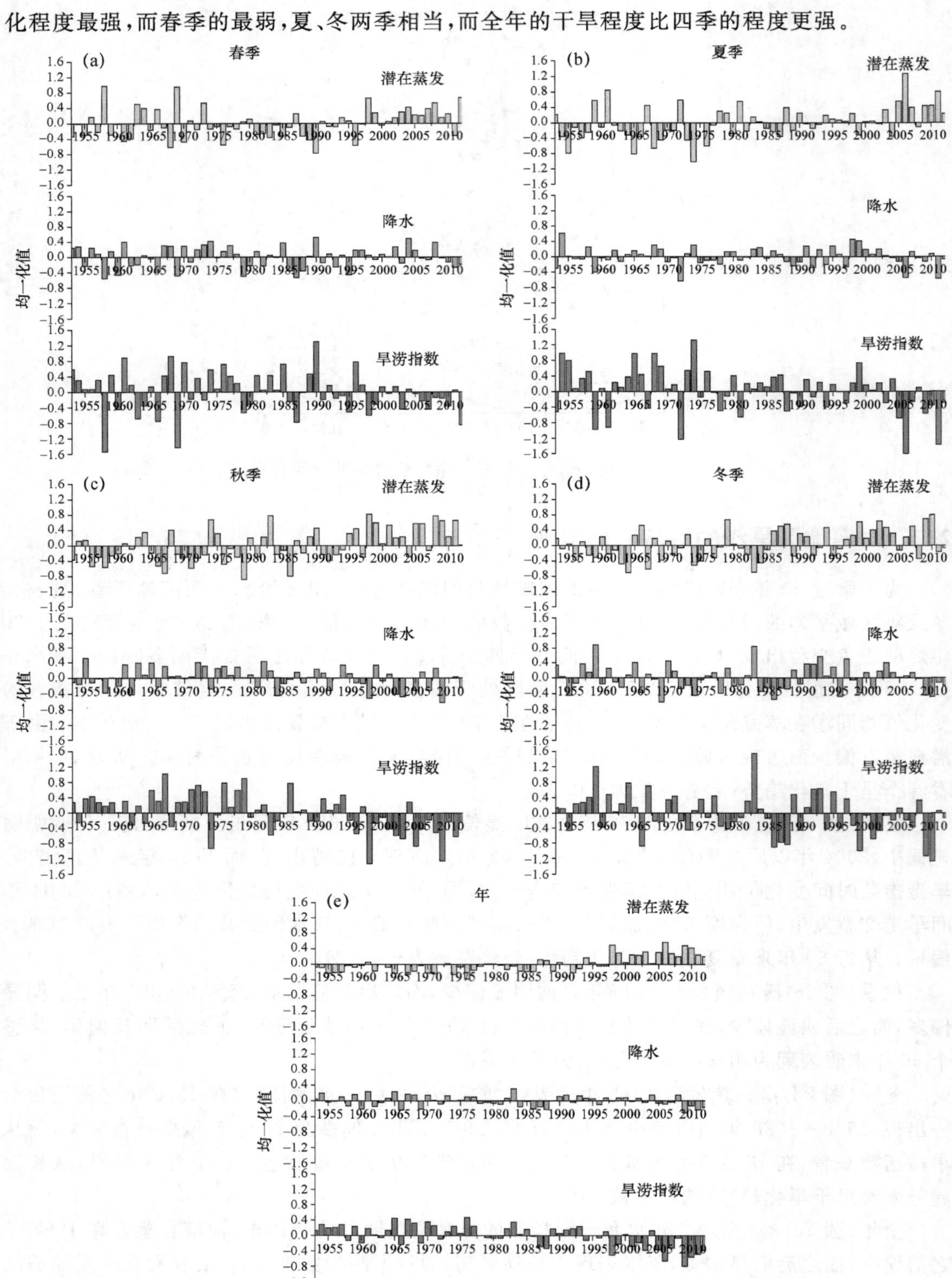

图 2　春(a)、夏(b)、秋(c)、冬(d)和年(e)潜在蒸发、降水及旱涝指数的年际演变

2.3　西南地区极端旱涝的多尺度特征

为了更详实地了解西南地区旱涝的演变事实，特别是极端旱涝演变特征，本文定义月旱涝指数大于 1 和小于－1 的月分别为极端洪涝和干旱月份，下面对极端旱涝的年代际、年际及季节内特征做一分析。

2.3.1　年代际特征

通过统计每个年代极端洪涝和干旱的发生频次(图 3)，发现极端洪涝的发生频次在近 6 个年代中，20 世纪 60 年代最多，50 年代次之(仅 8a)，而 21 世纪初的 10 年最少，而且从 20 世纪 90 年代到 21 世纪初突然减少，因此，自 20 世纪 50 年代以来西南地区极端洪涝发生频次从年代际来看有逐渐减少的趋势。极端干旱发生频次在 20 世纪 50—70 年代明显偏少于 80 年代以后，从 70 年代到 80 年代突然增多，从年代际来看有增多趋势。

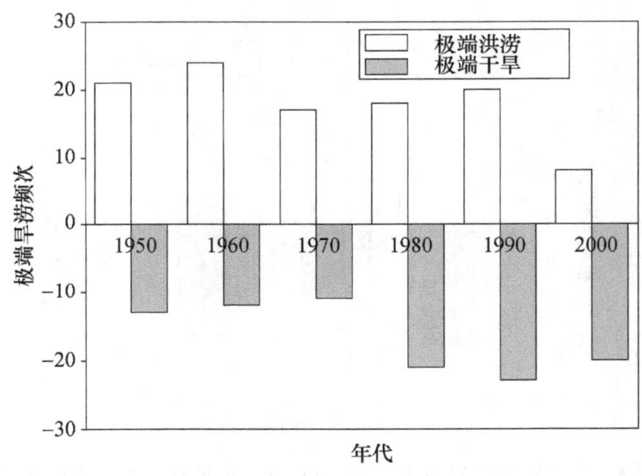

图 3　每个年代极端旱涝发生频次

2.3.2　年际特征

通过分析西南地区每年极端旱涝发生频次占全年 12 个月百分比的年际变化(图略)，发现每年极端洪涝发生的比例在 20 世纪明显偏多，平均每年发生比例在 15％以上，而 21 世纪以来平均小于 10％；每年极端干旱的发生频次在 20 世纪 80 年代中期之前明显偏少，大概小于 10％，而 20 世纪 80 年代中期之后比例大约在 15％以上，特别是近 10 年以来基本维持在 20％以上，所以西南地区每年极端洪涝发生的频次表现为减少趋势，而极端干旱发生频次表现为增多趋势。

2.3.3　季节内特征

为了分析西南地区近 60 年来极端旱涝发生频次的季节内变化情况，图 4a 给出了近 60 a 内每个月极端旱涝发生的百分比，可以看出，极端干旱发生概率 8 月份最大，2 月份次之，6 月份最小；极端洪涝发生概率 8 月份最大，2 月份次之，1 月份最小。为了进一步了解季节的变化，图 4b 给出了近 60 a 内每个季节极端旱涝的发生频次，可以看出春、冬两季极端干旱发生频次较多，而夏季最少，极端洪涝发生频次夏季最多，春季次之，秋季最少。

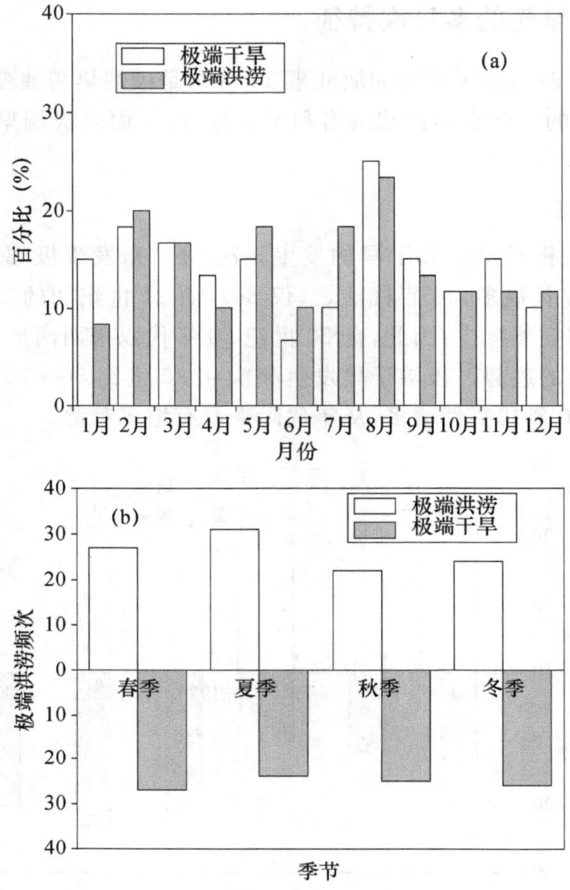

图 4　每月极端旱涝发生比例(a)和每季度极端旱涝发生频次(b)

以上的分析表明，近 60 a 来西南地区极端旱涝发生的年代际和年际来看，极端洪涝发生频次逐渐减少，极端干旱发生频次逐渐增多，从季节内来看，春、冬两季极端干旱发生频次较多，而夏季最少，极端洪涝发生频次夏季最多，春季次之，秋季最少。

2.4　西南地区旱涝的持续性特征

尽管关于西南地区的旱涝已经做了大量的研究工作，但是更多集中在具体个例的研究上，而对于持续性旱涝的气候特征研究较少，事实上持续性旱涝造成的损失更为严重，本文将连续三个月或以上旱涝指数小(大)于－0.5(0.5)，而且其中最小(大)值小(大)于-1(1)的一次过程定义为持续性干旱(洪涝)事件，如果连续两次持续性干旱(洪涝)事件中间只有一个月旱涝指数大(小)于－0.5(0.5)，我们将这两次持续性干旱(洪涝)事件看作一次较强事件，而且将每次持续性干旱(洪涝)事件中旱涝指数最小(大)值定义为该次持续性干旱(洪涝)事件的强度。表 1 和表 2 分别给出了西南地区近 60 年来持续性旱涝事件发生的时间、强度以及持续时间。

表1 持续性干旱事件发生时间、强度和持续时间

开始年份(月)	跨越季节	持续时间(月)	最小指数	累计指数	月平均指数
1958(03)	春	3	−2.26	−4.64	−1.55
1966(01)	冬、春	4	−2.95	−5.42	−1.36
1969(02)	冬、春	4	−1.14	−4.84	−1.21
1972(06)	夏	3	−1.79	−3.71	−1.24
1978(12)	冬	3	−1.32	−3.33	−1.11
1983(05)	春、夏	3	−1.14	−2.38	−0.79
1986(12)	冬、春	4	−1.45	−4.36	−1.09
1988(05)	春、夏	3	−1.76	−3.30	−1.10
1988(10)	秋、冬	3	−1.55	−2.89	−0.96
1996(08)	夏、秋	3	−1.04	−2.60	−0.87
1998(09)	秋、冬、春	8	−2.69	−10.29	−1.29
2000(12)	冬、春	4	−1.25	−3.90	−0.98
2002(02)	冬、春	3	−1.24	−2.57	−0.86
2003(08)	夏、秋	4	−1.30	−3.39	−0.85
2005(04)	春、夏	4	−1.79	−3.88	−0.97
2006(06)	夏、秋	4	−2.46	−5.99	−1.50
2009(07)	夏、秋、冬、春	9	−2.40	−10.55	−1.17
2011(04)	春、夏	6	−1.79	−6.32	−1.05

表2 持续性洪涝事件发生时间、强度和持续时间

开始年份(月)	跨越季节	持续时间(月)	最小指数	累计指数	月平均指数
1955(06)	夏	3	1.14	2.35	0.78
1959(01)	冬、春	4	2.59	4.29	1.43
1961(02)	冬、春	4	1.47	3.20	1.07
1961(11)	秋、冬	3	1.26	3.25	1.08
1963(10)	秋、冬	3	1.83	3.28	1.09
1965(08)	夏、秋	3	1.81	3.68	1.23
1967(02)	冬、春	4	1.46	3.10	1.03
1967(09)	秋、冬	3	1.46	4.10	1.03
1968(04)	春、夏	3	1.99	4.30	0.86
1974(06)	夏	3	2.16	3.92	1.31
1976(05)	春、夏	8	1.17	2.86	0.95
1980(08)	夏、秋	4	1.65	2.92	0.97
1982(11)	秋、冬、春	3	1.96	7.59	1.52
1986(07	秋、冬、春	4	1.63	4.36	1.09
1990(03)	夏、秋	4	1.70	4.60	1.15

续表

开始年份(月)	跨越季节	持续时间(月)	最小指数	累计指数	月平均指数
1992(01)	冬、春	4	1.71	3.57	1.19
1993(08)	夏、秋	9	1.53	2.87	0.96
1996(03)	春	6	1.04	2.27	0.76

从表1可以看出，近60年来共发生持续性干旱事件18次；从持续时间长度来看，除3次以外，其他15次都是持续3或4个月；从发生年代来看，60、70、90年代各2次，80年代4次，而本世纪以来共7次；从趋势来看有增多的趋势；从强度来看，1998年和2009年开始的两次累计旱涝指数小于－10，明显小于其他16次，并且最小月指数和月平均指数分别位于第2、3少，明显强于其他16次，从强度变化趋势来看有增强的趋势；从跨越季节来看，春季共发生12次，历经19个月，夏季共发生8次，历经16个月，秋季共发生5次，历经13个月，冬季共发生9次，历经20个月，从发生季节来看，冬、春季发生持续性干旱事件的概率较大，而夏、秋季较小。另外通过比较华南近60年来的持续性干旱事件发生情况(另文)，发现有9次在发生时间上基本一致，特别是1998年开始的秋、冬、春连旱完全一致，有9次完全不一致。

从表2可以看出，近60年来共发生持续性洪涝事件18次；从持续时间长度来看，除2次5个月，3次4个月外，其他都是持续3个月，持续时间没明显变化趋势；从发生年代来看，60年代7次、70年代2次、80年代3次，90年代4次，而21世纪以来没有发生过，从趋势来看有减少的趋势；从强度来看，1982年的1次累计干湿指数为7.59，并且最大月指数和月平均指数分别位于第4和第1多，明显强于其他16次。强度也没明显变化趋势；从跨越季节来看，春季共发生9次，历经15个月，夏季共发生9次，历经17个月，秋季共发生8次，历经15个月，冬季共发生8次，历经15个月，从发生季节来看，持续性洪涝事件没有明显差别。同样通过比较华南近60年来的持续性洪涝事件发生情况，发现有7次在发生时间上基本一致，有11次完全不一致。因此，西南和华南的持续性旱涝的影响系统并非完全一致。

3 结论

本文通过降水和潜在蒸发均一化旱涝指数，从年代际和年际演变、季节内变化以及极端和持续性特征等方面较系统地揭示了近60年来西南地区的区域性旱涝演变事实，结果表明：从空间趋势变化来看，西南地区近60年来秋季和年呈显著的一致变旱趋势，而春、夏、冬三季旱涝变化趋势表现出一定的区域性特征，而春、夏的旱涝变化降水起主要驱动作用，而冬季和全年温度起主要驱动作用，秋季降水和温度的驱动作用都比较明显。因此仅仅通过降水来分析旱涝并非客观，气候变暖对干旱的加剧要引起我们的关注。从旱涝的时间演变来看，西南地区近60年来在温度与降水双重因子驱动下春、夏、秋、冬均表现为干旱化趋势，相比较秋季的干旱化程度最强，而春季最弱，夏、冬两季相当，而全年的干旱程度比四季程度更强。从极端旱涝的多时间尺度来看，在年代际和年际尺度上来看，极端洪涝发生频次逐渐减少，极端干旱发生频次逐渐增多，从季节尺度看，春、冬两季极端干旱发生频次较多，而夏季最少，极端洪涝发生频次夏季最多，春季次之，秋季最少，从月尺度来看，极端干旱发生概率8月份最大，2月份次之，6月份最小；极端洪涝发生概率8月份最大，2月份次之，1月份最小。因此8月份和2月份是旱涝最容易发生异常的月份。从旱涝的持续性特征来看，持续性干旱事件的持续时间有增长趋势，发生频率有增多趋势，发生强度有增强趋势，主要发生在冬春季节；而持续性湿润事件的持续时间、发生强度没明显趋势，发生频率有减少趋势，发生的季节没明显差别。

参考文献

符淙斌，安芷生，2002. 我国北方干旱化研究——面向国家需求的全球变化科学问题[J]. 地学前缘，9：271-275.

符淙斌，温刚，2002. 中国北方干旱化的几个问题[J]. 气候与环境研究，7(1)：22-29.

郭军，任国玉，2005. 黄淮海流域蒸发量的变化及其原因分析[J]. 水科学进展，16(5)：666-672.

贺晋云，张明军，王鹏，等，2011. 近 50 年西南地区极端干旱气候变化特征[J]. 地理学报，66(9)：1179-1190.

黄荣辉，刘永，王林，等，2012. 2009 年秋至 2010 年春我国西南地区严重干旱的成因分析[J]. 大气科学，36(3)，43-457.

李永华，徐海明，刘德，等，2009. 2006 年夏季西南地区东部特大干旱及其大气环流异常[J]. 气象学报，67(1)：124-134.

钱维宏，张宗婕，2012. 西南区域持续性干旱事件的行星尺度和天气尺度扰动信号[J]. 地球物理学报，55(5)：1462-1471.

施能，陈家其，屠其璞，1995. 中国近 100 年来 4 个年代际的气候变化特征[J]. 气象学报，53(4)：31-439.

宋连春，邓振镛，董安祥，等，2003. 干旱[M]. 北京：气象出版社：14-55.

王鹏祥，何金海，郑有飞，等，2007. 近 44 年来我国西北地区干湿特征分析[J]. 应用气象学报，18(6)：769-775.

王鹏祥，郑有飞，2008. 西北地区干湿演变及其成因分析[D]. 南京：南京信息工程大学.

杨辉，宋洁，晏红明，等，2010. 2009/2010 年冬季云南严重干旱的原因分析[J]. 气候与环境研究，17(3)：315－326.

杨金虎，江志红，刘晓芸，等，2012. 近半个世纪中国西北干湿演变及持续性特征分析[J]. 干旱区地理，35(1)：10-22.

周秉根，陈建业，何俊杰，等，2012. 2009－2010 年冬春季节我国西南地区持续干旱的成因分析[J]. 安徽师范大学学报：自然科学版，35(1)：52-55.

Jones P D, Hulme M, 1996. Calculating regional climatic time series for temperature and precipitation: Methods and illustrations[J]. International Journal of Climatology, 16: 361-377.

Katz R W, Glantz M H, 1986. Anatomy of a rainfall index[J]. Mon Wea Rev, 114: 764-771.

Keyantash J, Dracup J A, 2002. The quantification of drought: An evaluation of drought indices[J]. Bull Amer Meteorol Soc, 83: 1167-1180.

基于 K 指数的四川省春玉米气象干旱灾害致灾因子危险性研究*

郭晓梅[1]　袁淑杰[1]　王劲松[2]　张　碧[1]

(1. 成都信息工程大学大气科学学院，成都，610225；2. 中国气象局兰州干旱气象研究所/甘肃省干旱气候变化与减灾重点实验室/中国气象局干旱气候变化与减灾重点实验室，兰州，730020)

摘　要　利用1961—2014年四川省147个地面气象观测站逐日气象资料及春玉米生育期资料，基于 K 干旱指数构建了四川省春玉米播种—出苗、拔节—孕穗、抽雄开花—吐丝、乳熟—完熟期以及春玉米全生育期气象干旱灾害致灾因子危险性评估模型，计算出四川省春玉米各生育期及全生育期气象干旱致灾因子危险性时空分布特征。结果表明：(1)四川省春玉米播种—出苗、拔节—孕穗、抽雄开花—吐丝、乳熟—完熟期发生特旱、重旱、中旱、轻旱时的 K 干旱指数空间分布不同，其中播种—出苗期，出现干旱程度较重，范围较大，抽雄开花—吐丝期次之，乳熟—完熟期，出现干旱程度较轻，范围较小。(2)播种—出苗期，在春玉米四个需水关键期中气象干旱致灾因子危险性最大，抽雄—开花吐丝期次之，乳熟—完熟期最小。(3)全生育期气象干旱致灾因子危险性，盆中丘陵区最高，川西高原西南河谷地区次之，高原北部至盆地西南部及攀西地区较小，其中盆地西南部与攀西地区交接处气象干旱致灾因子危险性最小。

关键词　四川；春玉米；K 指数；干旱；致灾因子危险性

干旱是全球最为常见的自然灾害现象，具有普遍性、随机性、隐蔽性(Wilhite，2000)，对农业生产的影响最为严重。干旱的发生是不可能避免的，只能最大限度地降低其危害程度，通过干旱灾害风险评估，可有效降低灾害发生时带来的损失。由自然灾害学理论，灾害风险形成有四因素：致灾因子危险性、孕灾环境稳定性、承灾体易损性及防灾减灾能力(塔依尔江·吐尔浑等，2014)。在一定区域和时间段，致灾因子较其他三因子具有多变性，在成灾过程中起关键作用。客观定量地诊断致灾因子危险性的时空分布差异是准确评估风险大小的基本前提(杨秋珍等 2010)。前期多数灾害致灾因子的研究并未考虑不同承灾体(如不同农作物、果树等)(温华洋 等，2013；李红梅 等，2013；李红英 等，2014)，近期王明田等(2012)利用四川盆地玉米资料、1960—2009年气象资料，应用标准化降水指数(SPI)，进行了播种—拔节、拔节—乳熟、乳熟—成熟期四川盆地玉米旱灾风险评估及区划，袁淑杰等(2013)、刘义花等(2012)应用降水距平百分率和相对湿润度，分别对四川水稻、青海春小麦不同生育期，从干旱致灾因子危险性来完成了干旱风险评估及区划。在以上研究中所采用的干旱指标，如降水距平百分率、标准化降水指数(SPI)，只考虑了降水单一量，易受极端降水事件影响，且干旱划分标准都采用了国家标准，由于南北差异较大，且四川省地形地貌复杂、气候条件迥异，难免有一定误差，对此本文采用了 K 干旱指数(另有一篇文章进行了各种干旱指标与四川省干旱实际情况的比较研究，K 干旱指数用本文方法确定的干旱指标与干旱实况吻合较好)，该指数同时考虑了降水和蒸

* 发表在：《兰州大学学报(自然科学版)》，2017，53(1)：79-87.

发两个量的相对变率,并应用统计学中累积频率法针对 147 个站分别确定了 K 指数的干旱划分标准,能更好反应实际情况。玉米作为四川省第三大粮食、第一大饲料及加工品原料作物,干旱对其生长发育及产量影响巨大。本文采用 K 干旱指数,结合四川省春玉米生育资料,进行四川春玉米气象干旱灾害致灾因子危险性研究,对四川春玉米产量提高、防灾、减灾有重要意义。

1 资料与方法

1.1 资料来源

气象资料来源于四川省气象局,主要包括四川省 147 个地面气象观测站(剔除资料年数少于 30a 的 12 个站)1961—2014 年逐日降水量、平均气温、最高气温、最低气温、相对湿度、平均风速、日照时数等,以及四川春玉米生育期资料(主要包括四川省 25 个农业气象观测站 1979—2006 年玉米生育情况观测记录年报表)。

1.2 研究方法

1.2.1 四川省春玉米生育期

玉米全生育期主要包括播种、出苗、三叶、七叶、拔节、孕穗、抽雄、开花、吐丝、灌浆、乳熟、完熟等。利用四川省春玉米生育期资料,统计出 1979—2006 年 25 个农业气象观测站各生育期主要时间,因相邻站点生育期差别不大,所以借鉴这 25 个农业气象观测站资料并结合当地农学专家意见,分别给出各生育期时间。其中播种—出苗、拔节—孕穗、抽雄开花—吐丝、乳熟—完熟期,玉米对水分需求较大,表 1 列出了四川春玉米这 4 个需水关键期时间。

表 1 四川省春玉米需水关键期时间

地理部位	代表地点	站点数	播种—出苗期	拔节孕穗期	抽雄开花—吐丝期	乳熟—完熟期
盆地西北部	成都、德阳、绵阳、广元	30	3 月中—4 月上	5 月中—5 月下	6 月中—7 月上	7 月中—8 月中
盆地西南部	雅安、眉山、乐山	19	3 月上—3 月下	5 月上—5 月中	6 月上—6 月下	7 月上—8 月上
盆地中部	资阳、遂宁、内江	12	3 月中—4 月上	5 月中—5 月下	6 月中—7 月上	7 月中—8 月中
盆地东北部	南充、巴中、达州、广安	21	3 月上—3 月下	5 月上—5 月中	6 月上—6 月下	7 月上—8 月上
盆地南部	自贡、宜宾、泸州	15	2 月下—3 月中	4 月下—5 月上	5 月下—6 月下	7 月上—7 月下
川西高原	甘孜、阿坝	31	4 月下—5 月上	7 月上—7 月中	7 月下—8 月中	8 月下—9 月下
攀西地区	西昌、攀枝花	19	3 月下—4 月上	6 月中—6 月下	7 月上—7 月下	8 月上—9 月中

1.2.2 K 干旱指数

干旱发生主要源于降水减少,但气温升高、风速增加等会使干旱增强。蒸发量作为能反映气温、湿度、风速、日照等与干旱发生相关因子的综合,对干旱的研究不容忽视。气象上常用干旱指标有多种,降水距平百分率仅考虑了降水单因素,对干旱反应灵敏度较差;标准化降水指数(*SPI*)虽对干旱反应较灵敏,但易受极端降水事件影响,不易识别旱涝频发(袁文平 等,2004)。帕尔默干旱指数(*PDSI*)考虑了降水、蒸发,参数需根据实际情况调整,不能很好区分干旱起止点(Alley,1984)。K 干旱指数是某一时段降水相对变率与该时段蒸发相对变率的比值。它同时考虑了降水量和蒸发量,并对降水和蒸发进行了标准化,消除了各地降水、蒸发量级不同产生的影响,使干旱标准便于统一。计算某站的 K 干旱指数的表达式如下

$$K_i = R'_i / E'_i \tag{1}$$

式中:K_i 为某时段(本文中采用四川省春玉米各生育期)K 干旱指数;R'_i 为该时段降水相对变率,$R'_i = R_i / R_p$,其中,R_i 为该时段降水总量,R_p 为该时段降水总量的气候平均值;E'_i 为该时段可能蒸散量相对变率,$E'_i = E_i / E_p$,其中 E_i 为该时段可能蒸散量,E_p 为该时段可能蒸散量的气候平均值,$i=1,2,\cdots,n$,为该站资料年数。文中 n 为 54(1961—2014 年)。

(1)式中可能蒸散量 E_i 采用(FAO)Penman-Monteith 法计算,该法以水汽扩散和能量平衡理论为基础,同时考虑了参考作物生理情况和空气动力学参数变化(许翠平 等,2005),相比仅基于温度来计算可能蒸散量的 Thornthwaite 法和 Hargreaves 法,其估算精度要高,可靠性较好。(1)式表明:降水相对变率越小、蒸发量相对变率越大,K 值越小,干旱越严重;反之,越湿润(李世奎 等,2004;王劲松 等,2007,2008)。

1.2.3 干旱等级

由于干旱的复杂性,干旱指标受多种因素影响,与当地实际情况有很大关系,文章采用气候统计法—累积频率法来确定。累积频率小于等于 2%时,定为特旱(即 100 年出现 2 年或 100 年 2 遇);累积频率小于等于 5%时,定为重旱(即 100 年出现 5 年或 100 年 5 遇);累积频率小于等于 15%时,定为中旱(即 100 年出现 15 年或 100 年 15 遇);累积频率小于等于 30%时,定为轻旱(即 100 年出现 30 年或 100 年 30 遇)。应用(1)式分别计算 147 个站 1961—2014 年春玉米各生育期 K 干旱指数的值,绘制各站春玉米各生育期累积频率曲线,确定每个站 2%,5%,15%,30%,对应 K 值,分别制定各站春玉米播种—出苗、拔节—孕穗、抽雄开花—吐丝、乳熟—完熟期 K 干旱指数的干旱指标。

1.2.4 春玉米不同生育期干旱致灾因子危险性的干旱风险指数

干旱致灾因子危险性的干旱风险指数(李世奎 等,2004;袁淑杰 等,2013)是干旱等级和各等级干旱发生概率的函数,即

$$I = \sum_{i=1}^{n} P_i G_i \tag{2}$$

式中:I 为干旱致灾因子危险性的干旱风险指数;G_i 为不同干旱等级划分阈值(常取中值),P_i 为不同干旱等级干旱发生的概率;n 为干旱类别数。文中 n 为(特旱、重旱、中旱、轻旱)4 个干旱类别,G_i 为累积频率达 2%对应的 K 值、2%和 5%对应 K 值的中间值、5%和 15%对应 K 值的中间值、15%和 30%对应 K 值的中间值。

1.2.5 春玉米全生育期干旱致灾因子危险性干旱风险指数

播种—出苗期,水分对玉米出苗成功及幼苗壮弱起决定作用,拔节—孕穗期玉米生长加速,需水增加,抽雄开花—吐丝期,需水达最高峰值,水分不足使玉米授粉不良、籽粒灌浆不足,乳熟—完熟期籽粒继续增重,完熟后,需水量减少。玉米不同生育期对水分需求不同,采用层次分析法,计算玉米播种—出苗、拔节—孕穗、抽雄开花—吐丝、乳熟—完熟期权重值,春玉米全生育期干旱致灾因子危险性干旱风险指数可以表示为

$$I_0 = \sum_{j=1}^{n} W_j I_j \tag{3}$$

式中：I_0为春玉米全生育期干旱致灾因子危险性干旱风险指数，W_j为不同生育期权重，I_j为春玉米不同生育期干旱致灾因子危险性干旱风险指数，j 为春玉米不同生育期。文中 W_i 采用层次分析法得到，j 为春玉米播种—出苗、拔节—孕穗、抽雄开花—吐丝、乳熟—完熟期 4 个重要需水时期。

2 结果与分析

2.1 四川各生育期不同干旱等级 K 干旱指数空间分布

利用(1)式计算得到 147 个站春玉米播种—出苗、拔节—孕穗、抽雄开花—吐丝、乳熟—完熟期 K 干旱指数，将各生育期各站 1961—2014 年 K 值进行排序，采用累积频率法绘制累积频率曲线，确定各站累积频率达 2%、5%、15%、30%对应的 K 值，应用克里金插值法，得出不同干旱等级各生育期 K 干旱指数空间分布图(图 1—图 4)。

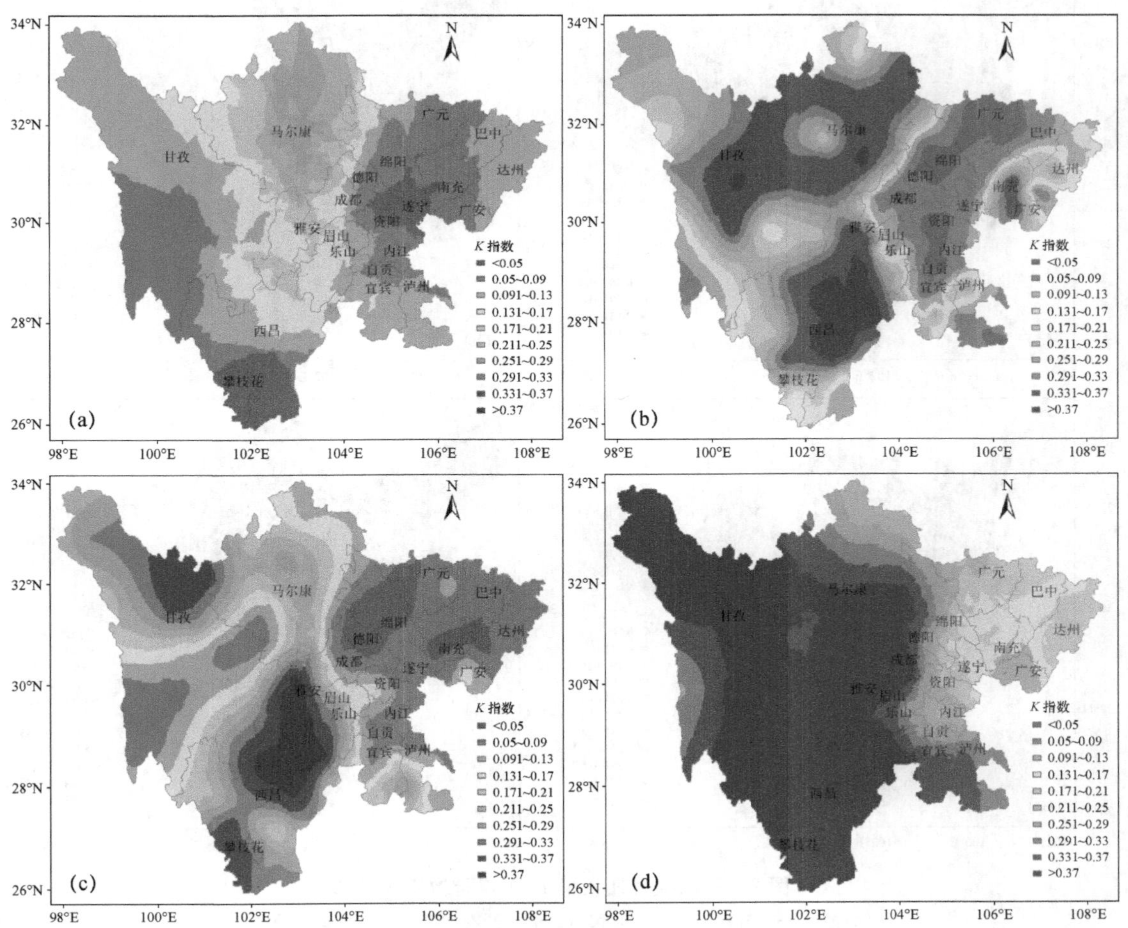

图 1 不同生育期特旱 K 干旱指数空间分布

(a)播种—出苗；(b)拔节—孕穗；(c)抽雄开花—吐丝；(d)乳熟—完熟

图 1 中春玉米各生育期 K 干旱指数为 0.028～0.557，累积频率小于等于 2%，发生特旱。

播种—出苗期，K 干旱指数为 0.028～0.29，较小值为 0.028～0.049，位于川南攀枝花、盐边等地，以及盆中乐至、遂宁地区，干旱程度较重；川西高原北部至盆地西缘一线，干旱程度较轻，K 值为 0.251～0.29。拔节—孕穗期，K 干旱指数 0.031～0.493，成都、德阳东北至广元以北、资阳向南至自贡及盆地南缘古蔺地区值较小，0.031～0.049，干旱较重；甘孜、高原北部南坪至盆地西缘以及雅安至凉山州值较大，为 0.251～0.493，干旱较轻，且较播种—出苗期干旱较重范围减少。抽雄开花—吐丝期，K 干旱指数为 0.029～0.5，较小值 0.029～0.049，位于盆西北及其周边缘、盆东南充至达州西南部，干旱较重；较大值为 0.371～0.5，位于盆西南至西昌东北，干旱较轻；高原西南部至马尔康，干旱及其范围较拔节—孕穗期大。乳熟—完熟期，K 干旱指数为 0.05～0.557，其中盆东南广安、武胜值较小，为 0.05～0.049，干旱较重；较大值为 0.371～0.557，位于高原西北部至川南大部分地区以及盆地西南部边缘山地地区。

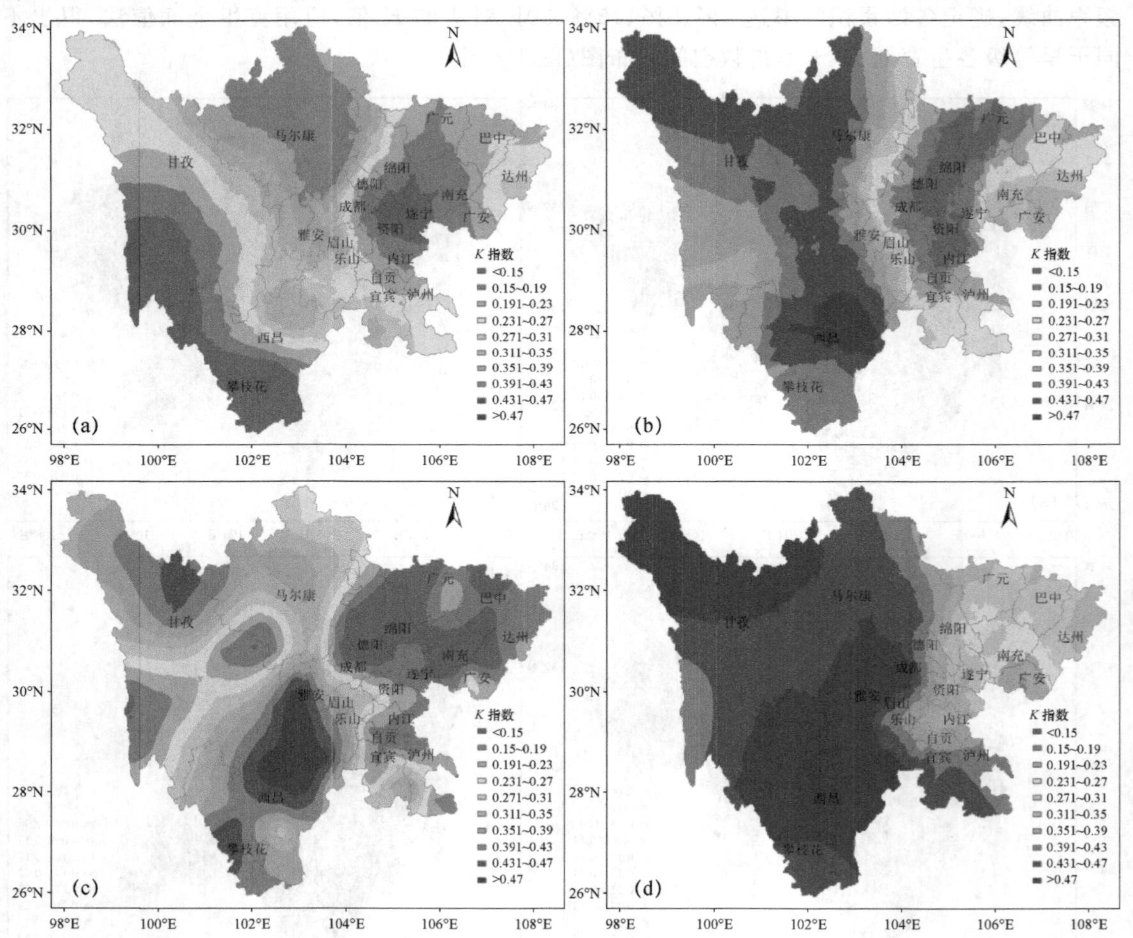

图 2　不同生育期重旱 K 干旱指数空间分布

(a)播种—出苗；(b)拔节—孕穗；(c)抽雄开花—吐丝；(d)乳熟—完熟

图 2 中四川春玉米不同生育期 K 干旱指数为 0.068～0.619，累积频率小于等于 5%，发生重旱。播种—出苗期，K 干旱指数为 0.068～0.43，较小值为 0.068～0.149，位于四川西南部至攀西南山地区，及绵阳南部、资阳、遂宁等地，干旱较重；川西高原北部至雅安以北值较大，

为 0.351～0.43，干旱较轻。拔节—孕穗期，K 干旱指数为 0.077～0.575，较小值为 0.077～0.149，位于盆西北广元至盆中丘陵，干旱较重，相反值较大位于凉山州西昌东北部值较大，为 0.471～0.575，干旱较轻。抽雄开花—吐丝期，K 干旱指数 0.07～0.556，较小值 0.07～0.149，主要位于盆西北边缘地区至南充及巴中以北，以及高原西南部巴塘、中部丹巴和盆东南自贡以东等零星地区，干旱较高；较大值 0.471～0.556，位于盆西南雅安等边缘山地至西昌以北，干旱较轻。乳熟—完熟期，K 干旱指数 0.15～0.619，全省重旱程度较轻，仅盆东南丘陵广安较重，K 干旱指数为 0.15～0.19，较大值 0.471～0.619，位于高原西北部及东南部与盆地西南周边缘山地至攀枝花以北。

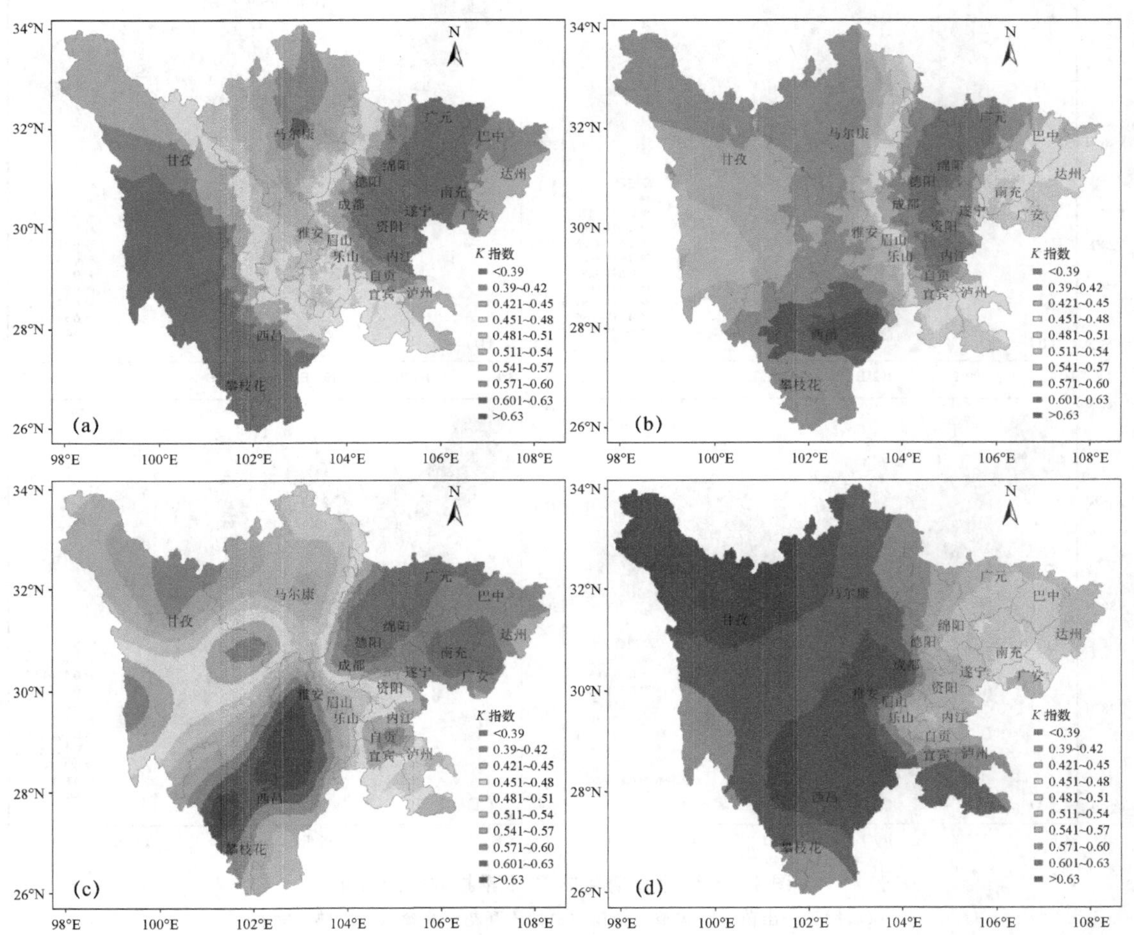

图 3　不同生育期中旱 K 干旱指数空间分布

(a)播种—出苗；(b)拔节—孕穗；(c)抽雄开花—吐丝；(d)乳熟—完熟

图 3 中春玉米不同生育期 K 干旱指数为 0.198～0.745，累积频率小于等于 15%，发生中旱。播种—出苗期，K 干旱指数为 0.198～0.63，较小值 0.198～0.389，位于甘孜以南至攀西一带，以及广元至盆中丘陵地区，干旱较重；值较大为 0.601～0.63，高原北部马尔康、黑水，干旱较轻。拔节—孕穗期，K 干旱指数为 0.225～0.745，较小值为 0.225～0.389，位于盆西北广元、绵阳、成都至盆中南资阳、自贡北部一带，干旱较重；干旱较轻范围较播种—出苗期扩大，

主要在高原北部至盆西南周边及川南地区，其中凉山州中东部 K 干旱指数分较大，为0.631～0.745，干旱较轻。抽雄开花—吐丝期，K 干旱指数为 0.206～0.698，较小值为 0.206～0.389，位于盆地西北、东南部，干旱较重；较大值为 0.631～0.698，位于盆西南边缘部马边至凉山州东部，干旱较轻。乳熟—完熟期，K 干旱指数为 0.39～0.741，仅盆地东北部广安一带干旱较重，值为 0.39～0.48，其中高原西北部、成都向盆西南周边山区和高原东南部至凉山州北部值较大，为 0.631～0.741，干旱较轻。

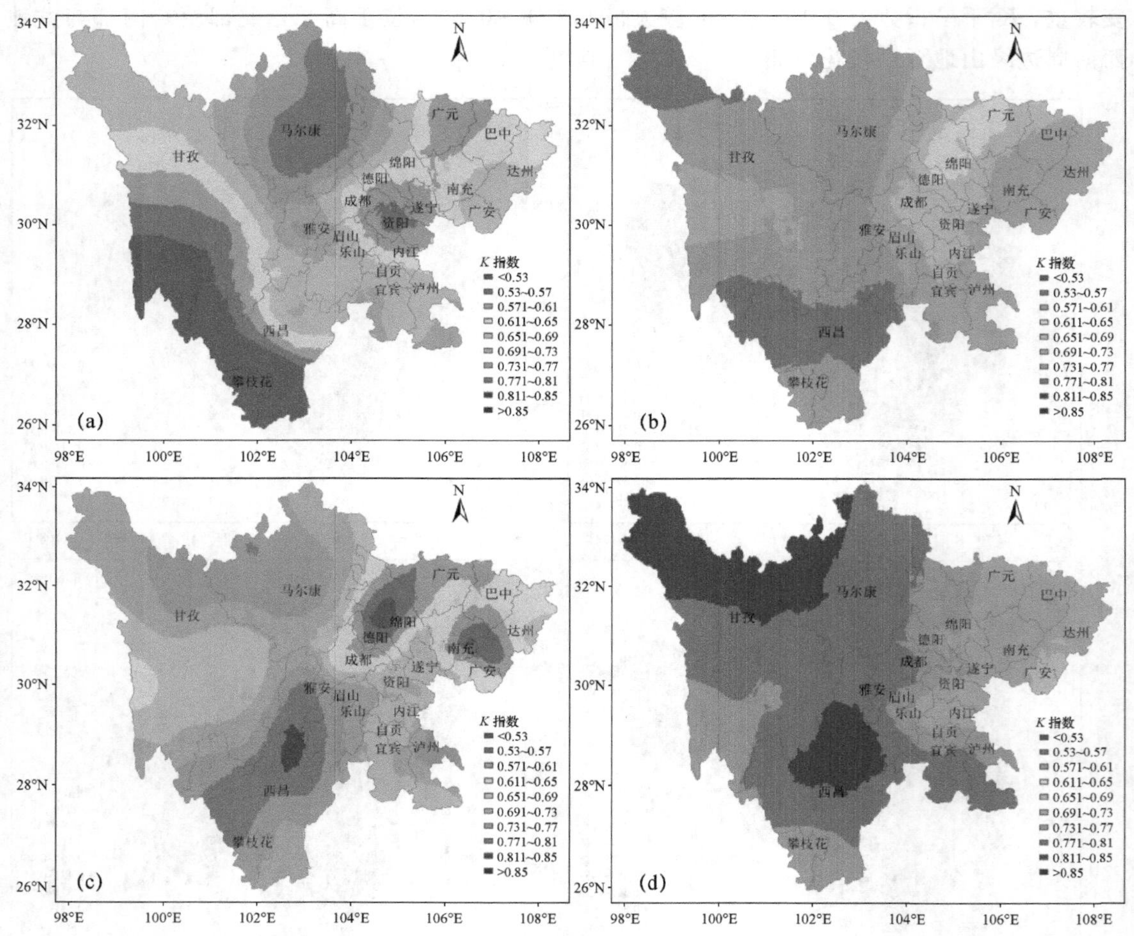

图 4　不同生育期轻旱 K 干旱指数空间分布

(a)播种—出苗；(b)拔节—孕穗；(c)抽雄开花—吐丝；(d)乳熟—完熟

图 4 中四川春玉米不同生育期 K 干旱指数为 0.39～0.85，累积频率小于等于 30%，发生轻旱。播种—出苗期，K 干旱指数为 0.39～0.81，较小值为 0.39～0.57，位于高原南部至川西南山一带，其次在盆中资阳，干旱较大；较大值 0.771～0.81，高原金川、马尔康向北至若盖尔地区，干旱较轻。拔节—孕穗期，K 干旱指数为 0.53～0.81，较小值 0.53～0.69，盆中自贡向北至绵阳、广元一带，干旱较重；较大值 0.771～0.81，甘孜州西北石渠、德格，高原南部稻城至凉山州中北部和乐山南边缘一带，干旱较轻。抽雄开花—吐丝期，K 干旱指数为 0.399～0.85，绵阳中部、南充东部干旱较重，值较小，为 0.399～0.57；值较大在盆西南边缘与凉山州

交汇处，值为 0.811～0.85；乳熟—完熟期，K 干旱指数为 0.53～0.85，仅盆东部达州南部、广安东南部干旱程度较重，其值为 0.53～0.69，较大值为 0.811～0.85，位于川西高原西北部石渠、色达、阿坝一带及高原东南边缘与盆西南、凉山州交汇处。

2.2 四川春玉米不同生育期气象干旱致灾因子危险性干旱风险指数空间分布

应用(3)式，计算出四川春玉米不同生育期干旱致灾因子危险性干旱风险指数 I，运用 GIS 中克里金插值法，对四川春玉米播种—出苗期、拔节孕穗期、抽雄开花—吐丝期、乳熟—完熟期 147 个站 I 值进行插值，分别得到以上 4 个需水关键期干旱风险指数空间分布(图 5)。

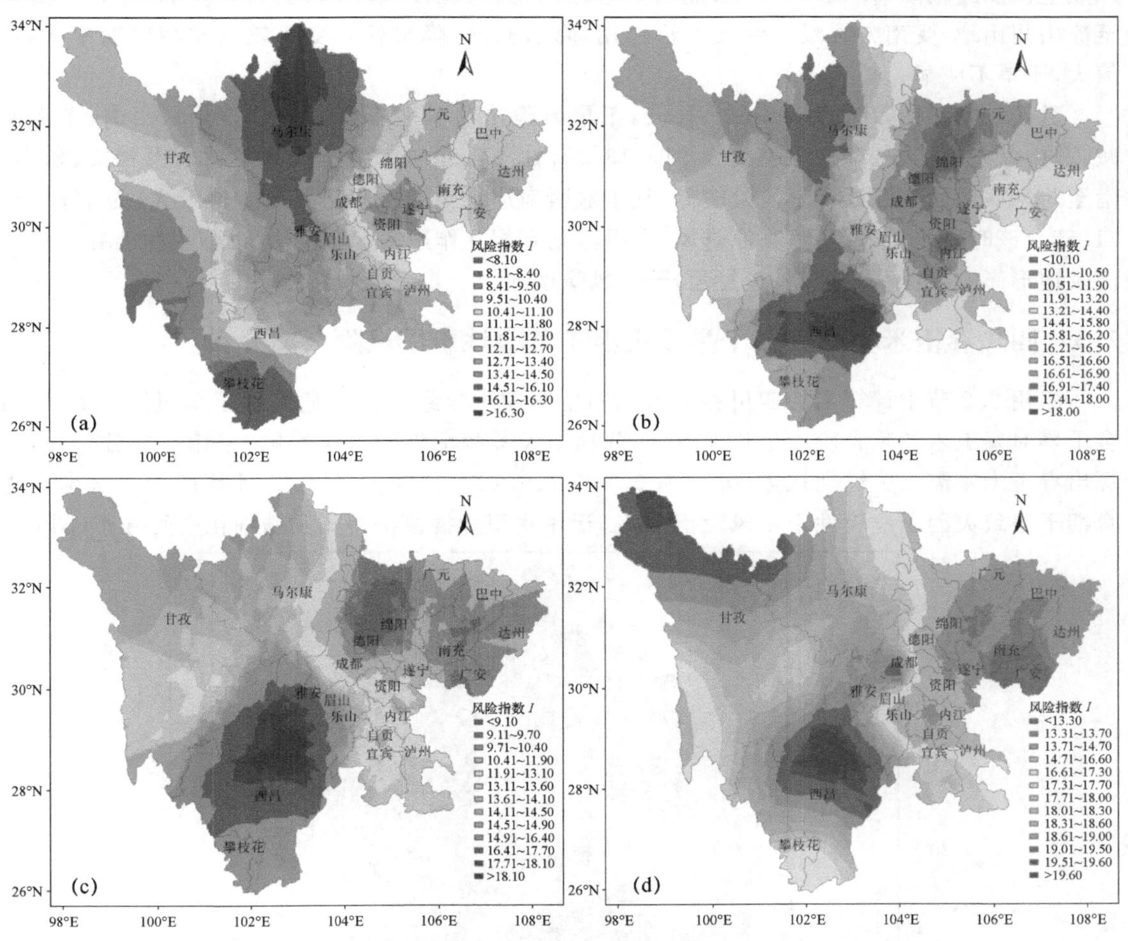

图 5 不同生育期春玉米干旱致灾因子危险性干旱风险指数空间分布

(a)播种—出苗；(b)拔节—孕穗；(c)抽雄开花—吐丝；(d)乳熟—完熟

播种—出苗期，干旱风险指数 I 为 5.94～19.02，攀枝花及其东南部干旱风险较高，I 值为 5.94～8.09，干旱风险由四川西南部向东北递减，盆中丘陵资阳、遂宁向四周递减，在高原北部至盆西南南部干旱风险较低，I 值为 15.26～19.02。该时段正值四川春季，川西受南支西风控制，晴朗少雨，降水相对变率小，且处河谷低地，气流下沉增温减湿，蒸发相对变率大，K 值小，干旱重；盆地西部、中部及其以北，受蒙古高压控制，少雨，且位于青藏高原东麓，气流下山，焚风效应促使蒸腾作用加强，干旱加重。

拔节—孕穗期，干旱风险指数 I 为 6.81～21.18，较小值为 6.81～10.5，位于北起广元西部至内江狭长一带，风险较大；较低风险区位于高原北部、盆西南周边与凉山州，I 值为 17.41～21.18。该时段多值春末初夏，盆丘陵区仍受冷空气影响，冷空气越过高原和高山后进入盆地西部，强化旱情。川西地区受南方暖湿气流影响，降水增加，旱情缓解。

抽雄开花—吐丝期，I 为 6.13～20.12，风险较大位于盆西北，其 I 值为 7.67～9.74，风险较小位于雅安、眉山、乐山西南部至西昌以北，其 I 值为 17.71～20.12，风险向四周递增。该时段处四川夏季，降水增多，但受地形地貌影响，位于气流下沉区的德阳、绵阳及其以北，干热风效应使蒸腾剧烈，K 值小，干旱；盆西南边缘山地，气流沿高原东坡上爬，降水增加；盆西南至凉山州山地，受南方暖湿气流及地形作用，降水充沛，降水相对变率较蒸发相对变率大，K 值大，干旱不明显。

乳熟—完熟期，I 值为 9.91～21.55，干旱风险由盆东南广安、南充向西北、西南、东南递减，其中盆东南广安、南充 I 值为 9.91～13.29；甘孜以北向东南至成都及盆西南雅安、乐山，南至与攀西地区交汇处干旱风险较低，其中盆西南边缘至攀西北部山地 I 值较大，为 19.51～21.55。该时段处夏末至秋，高原季风、太平洋副高相互作用使盆东酷热少雨；川西河谷区受气流及地形影响，少雨，温度高，蒸发强，干旱风险增加。

2.3 四川春玉米全生育期干旱致灾因子危险性干旱风险空间分布

应用 2.2 节中计算出的四川春玉米不同生育期干旱致灾因子危险性干旱风险指数 I，结合干旱对春玉米各生育阶段生长发育、水分利用及其酶活性和产量影响，采用层次分析法，计算出春玉米 4 需水关键期权重，分别为 0.1、0.3、0.4、0.2；再应用(4)式计算四川春玉米全生育期干旱致灾因子危险性干旱风险指数 I_0，运用克里金插值法得到其精细化空间分布(图 6)。

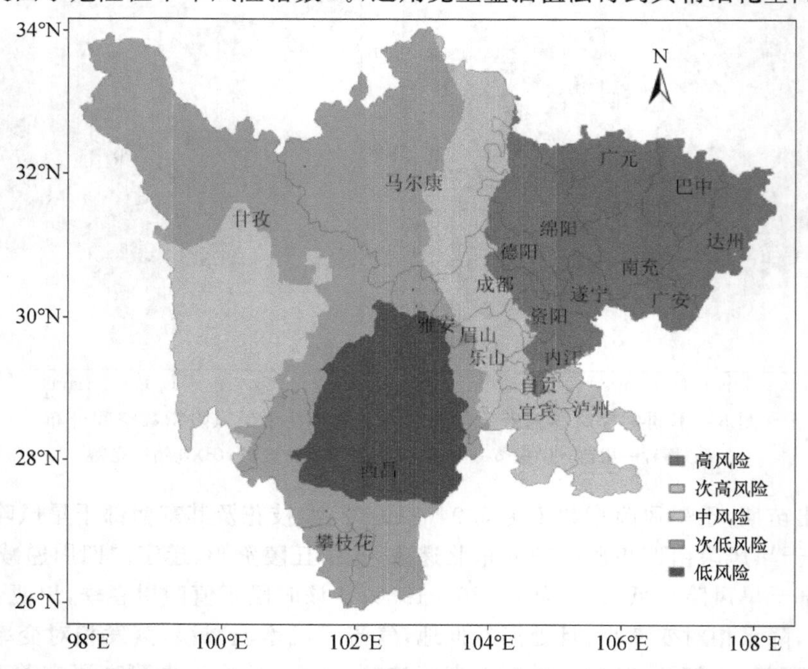

图 6　四川省春玉米全生育期干旱致灾因子危险性精细化空间分布

四川春玉米全生育期干旱致灾因子危险性的干旱风险指数 I_0 为 8.53～19.54，风险高值区在盆地中东北、西北部，并向西、西南递减，在川西高原西南部风险略较大，其中盆西北德阳、绵阳、广元一带 I_0 较小，为 8.53～10.79；风险较低位于川西高原北部—盆西南—川南，其中盆西南、攀西北部 I_0 值较大，为 16.47～19.54，春玉米干旱致灾因子危险性的干旱风险较低。

3　结论与讨论

(1)四川省春玉米不同生育期 K 指数时空分布表明：播种—出苗期，川西高原南部巴塘、稻城至攀西南部河谷地区及盆地中北部，干旱较重；川西高原北部马尔康一带，干旱较轻。拔节—孕穗期，盆中至盆西北广元至盆中自贡一带，干旱较重；川西高原西北、盆西南—攀西北部山地，干旱较轻。抽雄开花—吐丝期，盆中东北部干旱较重，其中盆西北绵阳、德阳及盆东南南充、广安是中心区；甘孜以北、盆西南与川南凉山州接壤处，干旱较轻。乳熟—完熟期，全省干旱较轻，仅盆地东南部干旱较重。以上 4 个需水关键期中，播种—出苗期全省出现干旱程度较重，范围较大，乳熟—完熟期，出现干旱程度较小，范围较小。

(2)四川省春玉米气象干旱致灾因子危险性的干旱风险指数，播种—出苗期，川西高原西南部至攀西南部较高，盆中西北、东北丘陵地区次高；高原北部至盆西南较低，盆南及攀西北部次低。拔节—孕穗期，盆西北广元、绵阳、德阳、成都至资阳、内江丘陵一带较高；盆西南至川南山地较低；高原西北向南至盆西南次低。抽雄开花—吐丝期，盆西北较高，盆东北、高原西南部次高；盆西南与凉山州交汇处及高原西北部较低。乳熟—完熟期，盆地东北部，尤其是南充、广安地区较高；甘孜以北及盆西南与凉山州接壤山地处较低。

(3)四川省春玉米全生育期干旱致灾因子危险性高风险区位于盆中丘陵区，次高风险区在高原西南河谷地区，低风险区位于高原北部至盆地西南部及攀西地区，其中盆地西南部与攀西地区交接处风险最低。高风险区由于盛行环流与地形地貌等因素影响，降水分布不均匀，蒸发剧烈，干旱风险增加，反之降低。四川春玉米生育期正值多发春、夏、伏旱时期，极易受春、夏、伏旱影响，文章研究结果与实际结果相符，能较好反应春玉米生育期干旱灾害情况。

参考文献

李红梅，李林，高歌，等，2013. 青海高原雪灾风险区划及对策建议[J]. 冰川冻土，2013，35(3)：656-661.

李红英，张晓煜，王静，等 . 2014. 基于 CI 指数的宁夏干旱致灾因子特征指标分析[J]. 高原气象，33(4)：95-1001.

李世奎，霍治国，王素艳，等，2004. 农业气象灾害风险评估体系及模型研究[J]. 自然灾害学报，13(1)：77-87.

刘义花，李林，苏建军，等，2012. 青海省春小麦干旱灾害风险评估与区划[J]. 冰川冻土，2012，34(6)：1416-1423.

刘永红，李茂松，等，2011. 四川季节性干旱与农业防控节水技术研究[M]. 北京：科学出版社：1-163.

塔依尔江・吐尔浑，安瓦尔・买买提明，2014. 新疆喀什地区城市自然灾害综合风险评估[J]. 冰川冻土，36(5)1321-1327.

王劲松，郭江勇，倾继祖，2007. 一种 K 干旱指数在西北地区春旱分析中的应用[J]. 自然资源学报，22(5)：709—717.

王劲松，任余龙，宋秀玲，2008. K 干旱指数在甘肃省干旱监测业务中的应用[J]. 干旱气象，26(4)：75-79.

王明田，张玉芳，马均，等，2012. 四川省盆地区玉米干旱灾害风险评估及区划[J]. 应用生态学，2012，23(10)：2803-2811.

温华洋,田红,唐为安,等,2013. 安徽省冰雹气候特征及其致灾因子危险性区划[J]. 中国农业气象,34(1):89-93.

许翠平,刘洪禄,赵立新,2005. 应用 Penman-Monteith 方程推算北京地区苜蓿的灌溉定额[J]. 农业工程学报,21(8):30-34.

杨秋珍,徐明,李军,2010. 对气象致灾因子危险度诊断方法的探讨[J]. 气象学报,68(2):277-284.

袁淑杰,王婷,王鹏,2013. 四川省水稻气候干旱灾害风险研究[J]. 冰川冻土,2013,35(4):1036-1043.

袁文平,周广胜,2004. 干旱指标的理论分析与研究展望[J]. 地球科学进展,19(6):982-991.

Alley W M,1984. The Palmer drought severity index:Limitations and assumptions[J]. Journal of Climate and Applied Meteorology,23(7):1100-1109.

Wilhite D A,2000. Drought as a natural hazard :Concepts and definitions[M]//Wilhite D A. Drought:A Global Assessment. London & New York :Routledge,3-18.

湖北省旱涝灾害致灾规律的初步研究*

周　悦[1,2]　周月华[2]　叶丽梅[2]　高正旭[2]

（1. 中国气象局武汉暴雨研究所，暴雨监测预警湖北省重点实验室，武汉，430074；
2. 武汉区域气候中心，武汉，430074）

摘　要　利用1960—2005年湖北省76个地区气象灾害的灾情普查数据和逐日降水量观测资料，对湖北省旱涝灾害的时空分布特征及其致灾规律进行分析。结果表明：干旱灾害的频发区呈东西走向的带状分布，而洪涝灾害的发生频次和频发区面积均明显少于干旱；干旱和洪涝灾害年平均发生站次在1996年以后出现相反的变化趋势，干旱发生站次增加，而洪涝发生站次减少，且两种灾害均主要集中发生在夏季；1996—2001年湖北省部分地区连续出现严重干旱灾害，干旱的累积增强效应导致农业经济损失出现跳跃性增长并在2001年达到最大值；洪涝的致灾强度呈准周期的起伏振荡，农作物受洪涝影响面积最大、损失最多的年份集中在20世纪90年代，农作物受害面积与农业经济损失的决定系数为0.8；受害人口与直接经济损失具有较好的相关特征，且直接经济损失随受害人口增多而增加的速度加快，但近年来人口对洪涝灾害的抵御能力也显著提高；急转干旱和急转洪涝主要发生在鄂西北和鄂东南的夏季，农作物的脆弱度增加，农业经济损失随受害面积增大而增加的速度加快，但所造成的农业经济损失远小于仅发生干旱和洪涝时的数值。

关键词　干旱灾害；洪涝灾害；旱涝急转；致灾规律；灾情普查

引　言

湖北省位于长江中下游地区，受季风大气环流影响其降水时空变化很大，同时其地貌类型多样，山地、丘陵、岗地和平原兼备，并以山地为主（占总面积的55.5%），从而进一步加剧了降水分布的不均匀性，致使旱涝灾害成为该地区主要的自然灾害之一。学者们对旱涝灾害多方面的问题都进行了大量的研究（徐予红等 1996；吴志伟 等，2006；封国林 等，2012；李兰 等，2013；叶丽梅 等，2013），然而对自然灾害的认识不能仅局限于灾害性天气本身，还需要从多研究角度对自然灾害进行深入剖析（张强 等，2011），对灾害过程致灾强度的大小、承灾体受影响的程度以及经济损失的多少等特征进行充分分析，进而得到对洪涝灾害更全面的认识（周月华 等，2010）。而且近年来，气候变暖的天气背景也使得我国南方的雨涝和干旱具有不同的变化趋势（李维京 等，2015），不同灾害的形成机理更加复杂，并显现出更多新的风险特征（张强 等，2014；Zhang et al.，2015）。葛全胜等（2008）指出不光要加强灾害监测的预警研究，也需要看到强化灾害风险评估的重要性。

对于旱涝灾害的评估，主要围绕着致灾因子的强度，并结合其发生的频率，得到该地区旱涝致灾规律的基本认识。学者们通过对致灾因子进行分析，根据相关指标的划分和阈值的判断来对灾情强度进行评估。Hays等（1999）利用标准化降水指数（SPI）对美国1996年的干旱

* 发表在：《气象》，2016，42(2)：221-229.

过程进行监测，取得了良好的效果。卫捷和马柱国(2003)分析了中国 160 站 49 年的月均降水资料，指出帕尔默干旱指数(PDSI)能反映降水变化对干旱的决定性作用。作物缺水指数(CWSI)则主要用于干旱的遥感监测，作为大范围农业旱情的评估指标(刘安麟 等，2004；申广荣等 2000)。张水锋等(2012)通过对淮河径流量的分析，探讨其流域旱涝急转灾害的特征。郭广芬等(2009)对湖北省日最大降水量和过程最大降水量进行分析，给出洪涝灾害等级的阈值。Chen 等(2013)利用 SPI 指数分析了气候变暖背景下中国旱涝灾害的变化。陈莹和陈兴伟(2011)根据 SPI 指数给出了福建省旱涝的时空分布特征。Wu 等(2006)结合 SPI 指数提出了旱涝急转指数，并对长江中下游的旱涝急转强度进行了分析。综上所述，可以看出 SPI 指数对旱涝灾害均有较好的适用性，因此本文中选用该指数对致灾因子的强度进行判断。

同时，灾害过程中承灾体本身的属性和灾害最终导致损失的情况也是旱涝致灾过程的重要方面，但是对它们的研究较少，且缺乏将两者与致灾因子相结合对旱涝致灾规律进行的综合研究。本文通过分析 1960—2005 年湖北省 76 个气象站逐日降水量的观测资料以及相应地区的灾情资料，得到基于灾情数据的湖北省旱涝灾害时空分布特征，并探讨灾害过程中致灾因子、承灾体和经济损失的变化特征及其之间的相互关系，给出湖北省旱涝灾害的致灾规律，为有关部门应对旱涝灾害并对灾情做出相应的评估研究提供一定的科学依据。

1 资料和方法

1.1 资料

气象数据为湖北省 76 个气象站逐日降水量的观测资料。灾情数据为湖北省相应地区的气象灾害普查资料，包括起止时间、灾害类别、人口灾情、农作物灾情、基础设施损失、农业经济损失和直接经济损失等，其单位分别为人、公顷、间和万元。灾情数据经过了相关人员的审查和复核，具有较好的可靠性。在下文对灾情的统计分析中，除致灾强度是通过气象因子计算得到，其他参量均根据灾情数据分析得到，其中只要有灾害损失记录的即记为一次灾害，但在相关性分析中，不考虑仅记录有起止时间和灾害类别，而缺少其他具体灾害标准的旱涝过程。

1.2 方法

SPI 指数是根据降雨量的统计特征规律反映不同时间尺度下(1 个月、3 个月、6 个月、12 个月、24 个月等)旱涝的强度。其原理是基于降雨量分布不是正态分布，而是一种偏态分布，即认为某一时间尺度的降雨量时间序列服从Γ分布，通过降雨量的Γ分布概率密度函数求累积概率，进而转化为标准正态分布而得到，详细计算方法见文献(葛全胜 等，2008)。

本文中对灾情参量的相关特征采用了决定系数进行分析，其表征了因变量的变异中有多少百分比可由自变量的变化来解释，数值为相关系数的平方，决定系数的大小决定了相关的密切程度。对旱涝致灾强度的计算是基于 1 个月时间尺度的 SPI 指数，分别根据公式(1)和(2)对灾情记录中干旱和洪涝过程的致灾强度进行计算，SPI 小于－0.5 认为偏旱，SPI 大于 0.5 认为偏涝，且绝对值越大，旱涝强度越强。其中，D_i 和 F_j 分别为单次干旱或洪涝的致灾强度，i 和 j 为不同旱涝过程的编号，N_{all} 为灾情持续的总月份，$N_{SPI<-0.5}$ 和 $N_{SPI>0.5}$ 分别为单次灾害过程中偏旱和偏涝的总月份。

$$D = \sum_{i=1}^{m} \left(\frac{N_{\text{SPI}<-0.5}}{N_{\text{all}}} \sum \text{SPI}(< -0.5) \right) / m, i = 1, \cdots, m \tag{1}$$

$$F = \sum_{j=1}^{n} \left(\frac{N_{\text{SPI}>0.5}}{N_{\text{all}}} \sum \text{SPI}(> 0.5) \right) / n, j = 1, \cdots, n \tag{2}$$

对农作物受不同灾害影响范围的记录是通过受灾面积、成灾面积和绝收面积的大小来描述，其中受灾面积是指作物产量比正常年产量减产1成以上的面积，成灾面积是指减产3成以上的面积，而绝收面积是指减产7成以上的面积(邱海军 等,2013)。为了较准确地给出农作物承灾体的多少，本文定义受害面积来综合考虑受灾面积、成灾面积和绝收面积，表征农作物受灾害影响实际收获量较常年产量减少100%的播种面积，如公式(3)所示。

$$\text{受害面积} = 0.1 \times (\text{受灾面积} - \text{成灾面积} - \text{绝收面积}) + 0.3 \times (\text{成灾面积} - \text{绝收面积}) + 0.7\,\text{绝收面积} \tag{3}$$

2 结果和分析

2.1 旱涝灾害时空分布特征

基于灾情数据得到的干旱和洪涝灾害时空分布能够较真实地反映灾害多发的时间和地点，综合考虑了自然因素和社会因素，明确给出在不同致灾强度、承灾体属性和防灾减灾能力等条件下灾害的出现特征。

2.1.1 旱涝灾害空间分布特征

图1给出了1960—2005年湖北省旱涝次数的分布特征。从图1a中可以看出，干旱发生较频繁的地区主要集中在湖北省东北部，并进一步向中西部扩展，呈东西走向的带状分布，而其他地区发生干旱灾害的次数较少，高值中心主要在孝感、安陆和应城等地，分别为0.93 a^{-1}、0.75 a^{-1}和0.71 a^{-1}。这与刘可群等(2012)通过气象要素得到的干旱分布基本一致，仅是高值区分布略有不同，两种方法均明确地给出了位于鄂西南和鄂东南的干旱灾害少发区，这表明对于降水丰富干旱少发的地区，环境和社会的承受能力对干旱发生的影响较弱，气象要素和灾情数据的统计结果基本一致，而对于降水偏少干旱多发的地区，环境和社会则会显著影响干旱灾害发生频次的分布。

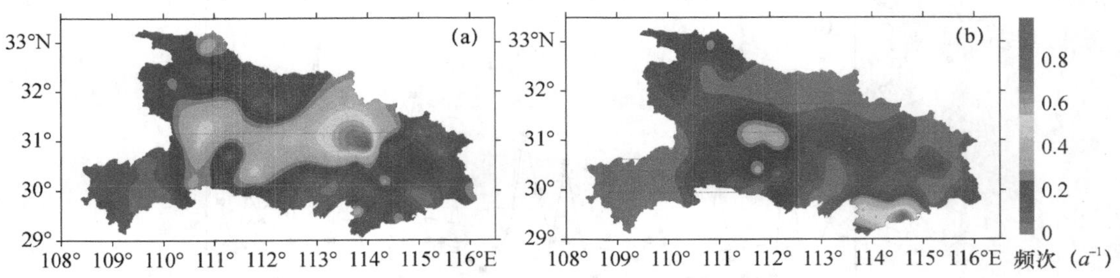

图1 1960—2005年湖北省年旱涝次数分布

(a)干旱;(b)洪涝

洪涝的年均发生次数和频发区面积均明显少于干旱，这也反映出了“旱一片，涝一线”的灾害特征，干旱灾害通常是渐进的、大范围的，而洪涝则主要发生在河流沿岸。洪涝的高值中心集中在鄂东南的通山、赤壁和崇阳等地，分别为 0.78 a^{-1}、0.57 a^{-1} 和 0.56 a^{-1}，如图 1b 所示，而其他地区洪涝的发生次数基本处在 0.20 a^{-1} 以下。

2.1.2 旱涝灾害时间分布特征

不同时期的气候背景存在差别，社会和环境对自然灾害的承受能力也存在不同，图 2 给出了 1960—2005 年湖北省旱涝灾害的年变化特征，可以看出，两者均经历了 3 个具有不同变化趋势的时期。1960—1969 年，干旱和洪涝灾害均表现为振荡减少的趋势，并分别在 20 世纪 60 年代末和 70 年代初达到该阶段的极小值。1970—1995 年，干旱灾害发生站次以起伏变化为主，没有出现明显增加或减少的趋势，其平均发生次数约为 13.6 a^{-1}；而洪涝灾害则表现为逐年增加的趋势，尤其是 80 年代初为洪涝灾害频发期，分别在 1983 和 1991 年有 16 和 20 站次出现洪涝。1996—2005 年，两者则表现为完全相反的变化趋势。干旱灾害逐年增加，并在 2000 年达到最大值 38 站次，这主要是由于气候变暖加剧导致水供需的失衡，蒸发的增加，径流量的减少（邓振镛 等，2008；王劲松 等，2012）；洪涝灾害则在 1998 年达到最大值 25 站次后，呈现逐年减少的趋势，此时为洪涝的少发期（方修琦 等，2007），这与 2000 年后我国大量水利工程的建设，以及三峡水利枢纽工程的竣工是分不开的。进一步分析干旱和洪涝灾害发生站次的月变化特征（图 3），可以看出两者的分布规律完全一致，呈现为单峰分布，频发期主要集中在夏季的 6 月、7 月和 8 月，尤其是该时段干旱灾害的发生站次均超过 300，且洪涝灾害的发生站次占总次数的 71.6%。

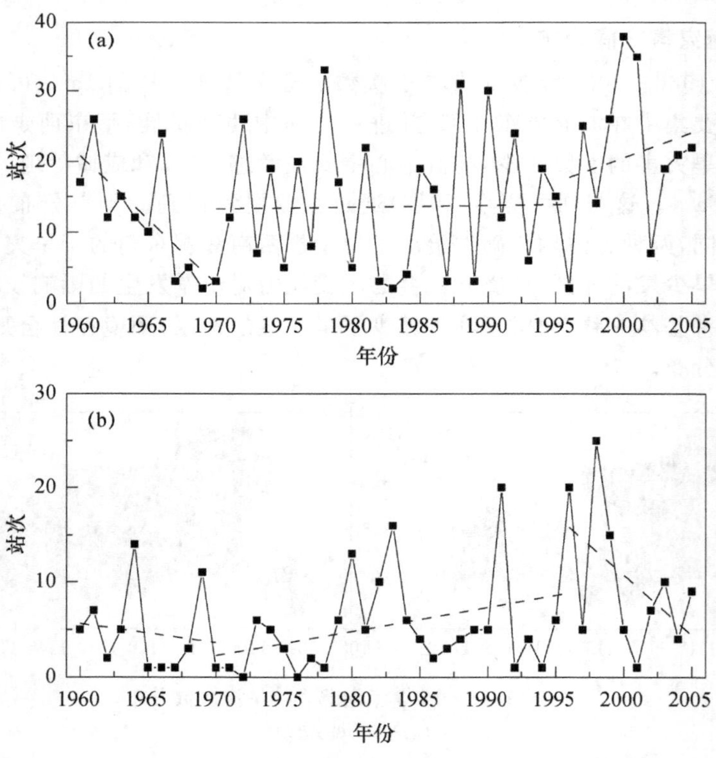

图 2 1960—2005 年湖北省旱涝灾害的年变化特征

(a)干旱；(b)洪涝

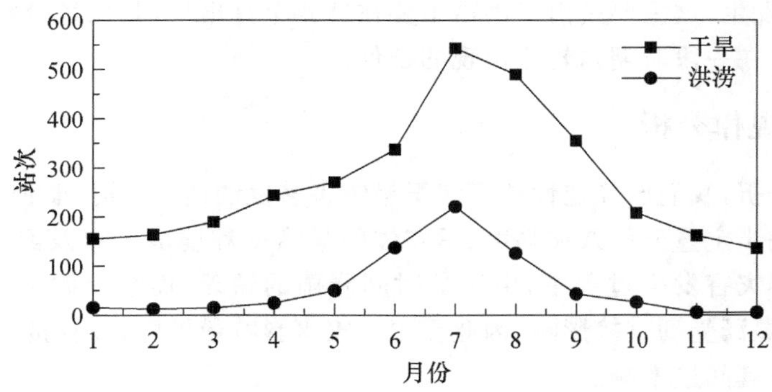

图 3　湖北省旱涝灾害的月变化特征

2.1.3　"旱涝急转"的时空分布特征

干旱和洪涝灾害对人们生产、生活的影响主要是通过对可能造成威胁或伤害的致灾因子（干旱和洪涝的气象特征）、处在灾害物理暴露之下的潜在受灾对象（生命、财产和环境等）及其脆弱性进行评估分析得到的。其主要受致灾因子、物理暴露度和脆弱性的作用，当在给定致灾强度的情况下，灾害损失风险取决于脆弱性的大小（葛全胜 等，2008）。通过上面的分析，可以发现湖北省干旱和洪涝灾害的频发区在空间分布上具有重叠性，两者在鄂西北、鄂中部和鄂东南的发生次数均较多；同时，在时间分布上，两者也主要集中在夏季发生。干旱和洪涝发生次数在时空分布上的相似性可能会导致两种灾害对某区域的影响时段接近，即"旱涝急转"现象的出现。

当某一区域先发生了干旱，并在一段时间后又出现洪涝（"旱转涝"），或者先洪涝再干旱（"涝转旱"），且两种灾害间隔的时间不超过 30 d，则认为"旱涝急转"现象的出现。由于前一种灾害的作用，承灾体的脆弱性会逐渐增大，随后受到物理属性相反的灾害影响时，承灾体抵御灾害的能力会出现质的减弱，从而造成严重的灾情。图 4 给出了 1960—2005 年湖北省旱涝急转出现次数的时空分布特征，其空间分布与洪涝灾害的分布类似，高发区主要在鄂西北的郧县和鄂东南的通山、赤壁，出现次数分别为 5 次、6 次和 5 次；而其年代际变化表现为 20 世纪 90 年代初和 21 世纪初"旱涝急转"频发，且年际振荡显著，存在较大的年际差异，这与吴志伟（2006）对长江中下游地区夏季旱涝急转指数变化规律的分析一致。旱涝急转仅出现在 6—9

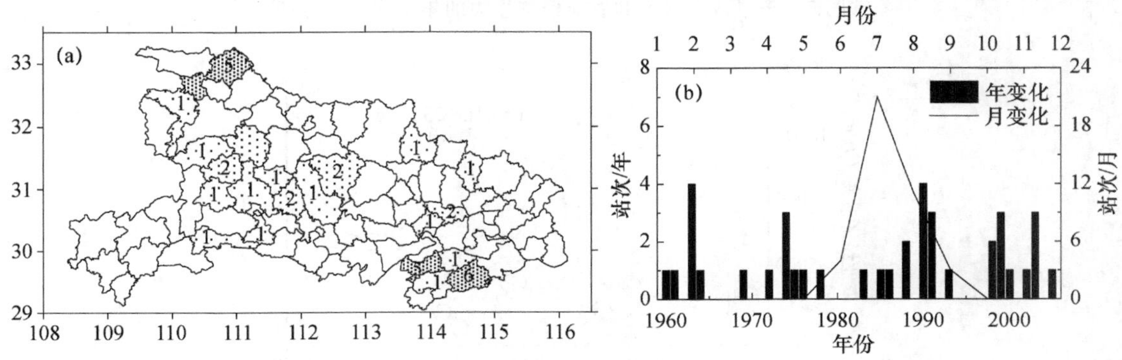

图 4　1960—2005 年湖北省旱涝急转特征

(a)空间分布(次数)；(b)时间分布

月，其他月份均未发生，这主要是由于洪涝主要在这 4 个月出现，其他月份发生次数较少，使之无法满足两种灾害在一段时期内轮流出现的条件。

2.2 干旱致灾规律分析

通过上文的分析，我们已经定性地了解干旱灾害多发的地区和时期，但是对其致灾规律的深入认识需要进一步定量分析致灾强度、承灾体的暴露度和脆弱度以及经济损失的变化特征和相关关系。干旱灾害发生过程中，由于长时间降雨的缺乏，而水资源又对人畜饮用优先供应，导致农作物的灌溉受到直接影响，因此受干旱灾害影响最敏感、最直接的是农业生产，而人们的生产生活会受其间接影响。

图 5 给出了干旱致灾强度和农业经济损失的年变化特征，1960—1995 年，致灾强度表现为起伏振荡，其变化趋势平稳没有明显增加或减少，而此时的农业经济损失呈逐年缓慢增加趋势，这可能主要是由于农作物本身经济价值不断提高的原因；1996—2001 年，湖北省进入了一段较强的干旱灾害时期，其致灾强度和农业经济损失均在 2001 年达到最强，两者的变化趋势基本对应，农业经济损失呈现跳跃性增长的特征，这可能是由于干旱灾害的累积增强效应，当致灾强度在 1996 年达到重旱（$-2.0<D_i\leqslant-1.5$）后，1997—2001 年又连续出现重旱（$-2.0<D_i\leqslant-1.5$）和特旱（$D_i\leqslant-2.0$）的灾情，干旱灾害的连续发生会导致土壤含水量长时间维持低值，农作物抗旱能力明显减弱，河流径流量减少，水库蓄水量大幅降低，防灾减灾的措施进一步缺乏，从而致使 2001 年出现了最严重的农业经济损失。

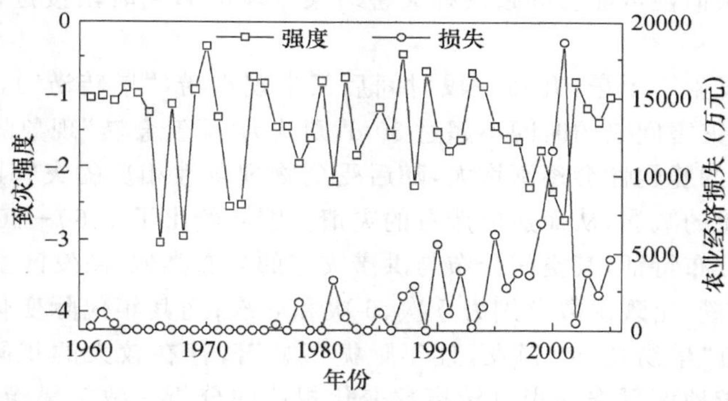

图 5　干旱致灾强度和农业经济损失的年平均变化特征

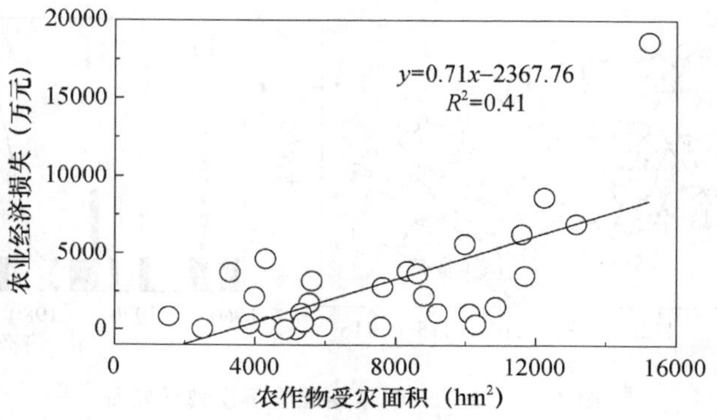

图 6　农作物受害面积与农业经济损失的相关特征

但是，对致灾强度和农业经济损失的相关性进行分析发现，两者的决定系数仅为 0.08（图略），农业经济损失的变化仅有 8%由致灾强度所决定，却有 41%由农作物的受害面积（承灾体暴露度）决定（图 6），这表明干旱导致农业经济损失的多少主要取决于承灾体本身的属性，而受灾害强度等外部因素的影响较弱。

2.3 洪涝致灾规律分析

与干旱灾害对农业生产的影响主要表现为持续性增强不同，洪涝灾害对农业生产的影响更加直接且迅速，一旦发生洪水淹没农田，浸泡生长中的作物，就会造成巨大的农业经济损失。同时，洪涝的发生还会直接对人们的生产生活造成影响，损坏房屋，危害生命财产的安全。因此，分别对洪涝的致灾强度（标准化降水指数）、承灾体的暴露度（受害面积和受灾人口）以及灾害最后造成的损失进行分析，找出洪涝灾害的致灾特征。

2.3.1 致灾强度变化特征

图 7 给出了洪涝致灾强度的变化特征。与干旱致灾强度总体平稳且存在高强度时期的变化趋势相比，洪涝致灾强度的变化趋势明显不同，尽管其存在极大值和极小值年，但总体趋势表现为准周期的起伏振荡（图 7a）。进一步利用小波变换分析致灾强度的准周期振荡特征，从图 7b 中可以看出，在 8～12 a 的时间尺度区，小波系数经历了正负转换的变化过程，转折点与图 7a 中的变化转折点非常一致，并且还叠加了 3～5 a 时间尺度的正负交替变化，表明其致灾强度的年际变化主要受到这 2 种周期尺度的共同影响，为更加准确的预测并判断洪涝的致灾强度提供了理论依据。

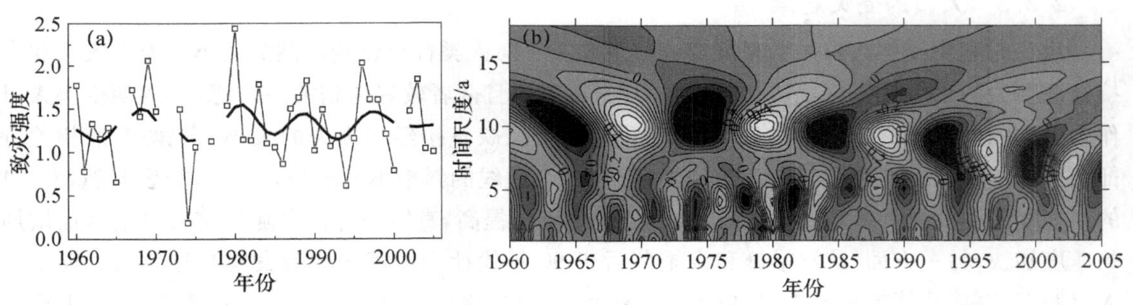

图 7　洪涝致灾强度的变化特征

(a)年变化；(b)小波变换

2.3.2 农作物的受灾规律

然而，灾害的发生及其危害人类社会的严重程度是由其自然和社会双重属性共同决定，取决于自然因素的改变程度和人类社会对自然环境变化的响应。通过降水量计算得到的洪涝致灾强度仅能反映灾害的自然属性，表明洪涝本身强度的大小，但其产生的灾情强弱，需要进一步考虑承灾体本身的属性。结合灾情数据的特点，洪涝灾害主要作用的承灾体分别为农作物和人，而农业经济损失、死亡人口、房屋损坏、房屋倒塌和直接经济损失等灾害损失则是自然和社会属性共同作用的结果。

洪涝灾害对农作物的致灾规律与干旱灾害存在不同，图 8 给出了洪涝导致的农作物受害面积与农业经济损失之间的关系。可以看出，1960—1999 年，洪涝导致的农作物受害面积和农业经济损失呈逐年代增加的趋势，其中20世纪90年代农作物受害面积最大，农业经济损失最多，有5年的受害面积超过7500 hm^2，损失超过18000万元；2000年以后，水利设施的不断建设，防洪能力的不断提高，洪涝灾害造成的农业经济损失明显减少。同时，农作物受害面积与农业经济损失呈明显的正相关关系，决定系数达到了0.8，远大于干旱灾害中的决定系数0.4，这是由于两种灾害对农作物的致灾方式不同，干旱对农作物的影响是积累的过程，随着干旱持续时间的增加，受害面积上农作物的经济价值不断减少，其农业经济损失会出现跳跃性增长的特征。而洪涝对农作物的影响是迅速的，一旦农田受害，洪水的浸泡就能导致受害农作物失去经济价值，从而使得两者显著相关。

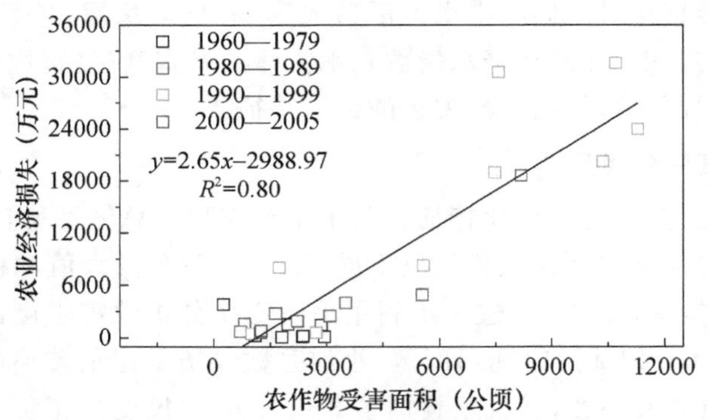

图8 洪涝灾害农作物受害面积与农业经济损失的相关特征

2.3.3 人口的受灾规律

洪涝过程中受害人口的数量能够间接反映灾害对人类社会影响范围的大小。受害人口和直接经济损失的逐年代变化规律与农作物类似(图略)，且两者较好的相关关系(图9)表明受害人口作为洪涝的基本承灾体之一，其数值的变化能间接反映直接经济损失的大小。但两者的相关特征在不同年代存在差异，20世纪60—90年代，拟合曲线的斜率不断减小，这一方面表明随着人口的增加和经济的发展，承灾体(人口)的经济价值不断提高，直接经济损失随受害人口增多而增加的速度加快；另一方面，防汛措施和设施落后于90年代社会经济的快速发展是导致该时期受害人口增多，直接经济损失显著增加的重要原因。同时，该段时期共有5年的受害人口超过了20万，大范围洪涝灾害的频发会增加承灾体的脆弱性，进而加剧了损失严重年份的出现频次。

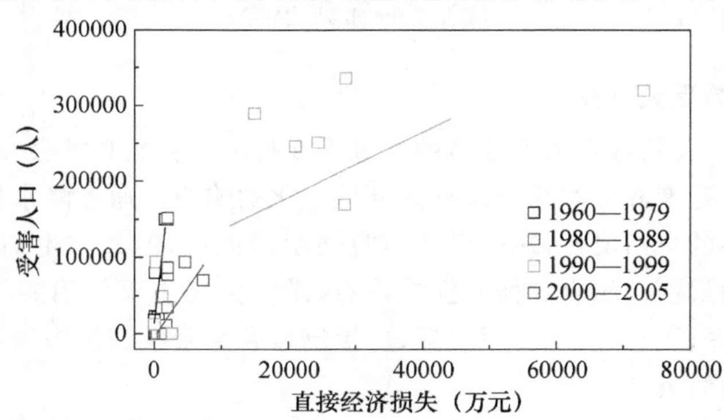

图9 洪涝灾害受害人口与直接经济损失的相关特征

洪涝灾害不仅会给人民的生产、生活带来巨大的财产损失，而且能危及到人民的生命安全，几乎每一年的洪涝灾害都造成了人员的死亡。死亡总人口与受害总人口的相关关系在一定程度上能反映灾害对人员生命的威胁程度，尤其是承灾体的脆弱度，两者的拟合曲线斜率越小，承灾体对洪水的相对脆弱性也就越高（葛全胜等，2008）。图 10 给出了湖北省洪涝灾害死亡总人口与受害总人口的相关特征，1960—1989 和 1990—2005 年死亡总人口的分布规律基本一致，大部分灾害年的死亡总人口集中在 20 人以内，且均出现了死亡超 100 人的强灾害年，但两段时期死亡人口与受害总人口的比值却存在明显不同，1990—2005 年两者的比值远小于 1960—1989 年的比值，这表明一方面洪涝灾害的影响人口在增加，而另一方面承灾体对洪涝灾害的抵御能力也在显著提高。

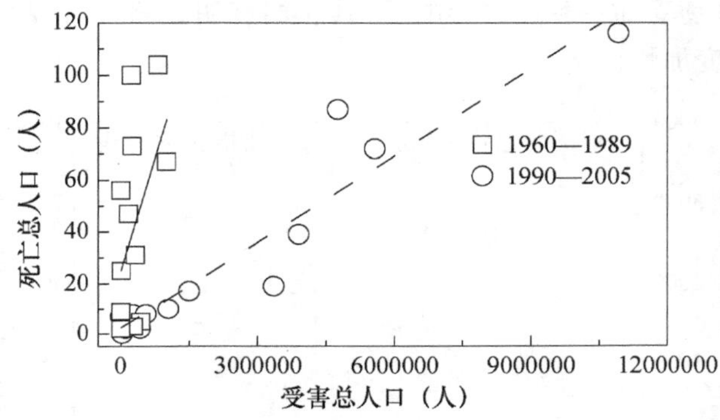

图 10　洪涝灾害受害总人口与死亡总人口的相关特征

2.3.4　房屋的受灾规律

洪涝对受害人口的影响不仅表现为导致人员的死亡，而且也会破坏房屋，甚至造成房屋的倒塌，图 11 给出了房屋损坏与房屋倒塌和直接经济损失之间的关系。可以看出房屋倒塌是房屋损坏到极致的表现，受损房屋越多，出现房屋倒塌的概率也越高，两者呈较好地正相关关系，决定系数为 0.58。同时，房屋损坏作为构成洪涝灾害直接经济损失的主要因子之一，能够较好地反映出直接经济损失的多少，两者呈正相关关系，决定系数为 0.60；并且房屋损坏数量可以在一定程度上表明基础设施对洪涝灾害的抵御能力，其中 20 世纪 90 年代防灾减灾能力落后于社会经济的发展是该段时期房屋损坏和直接经济损失均高于其他时期的主要原因之一。

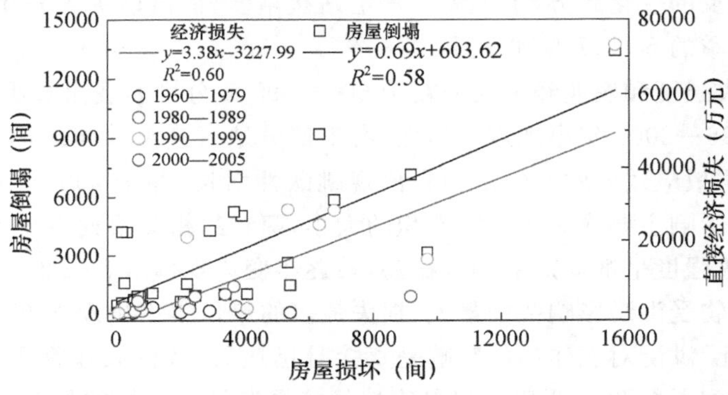

图 11　洪涝灾害房屋损坏与房屋倒塌和直接经济损失的关系

2.4 “旱涝急转”致灾规律分析

上两节分别分析了湖北省干旱和洪涝灾害影响农田、人口和房屋等承灾体的致灾特征，然而当“旱涝急转”现象出现时，承灾体受前一种灾害的影响还未完全恢复，又遭遇属性相反灾害的作用，导致后一种灾害的致灾规律与其单独发生时存在不同。图 12 分别给出了两种“急转”情况下农作物受害面积与农业经济损失的相关特征，可以看出，急转干旱和急转洪涝所造成的农业经济损失远小于仅发生干旱和洪涝时的数值（图 6 和图 8），这是由于农作物受前一种灾害的影响，经济价值明显降低，此时再经历的一次灾害过程造成的农业经济损失有限。同时，急转灾害中受害面积与经济损失的决定系数与图 6 和图 8 中类似，但拟合曲线的斜率却远大于两图中的数值，农作物受前一种灾害影响后，其脆弱度明显增加，导致农业经济损失随受害面积增大而增加的速度加快。

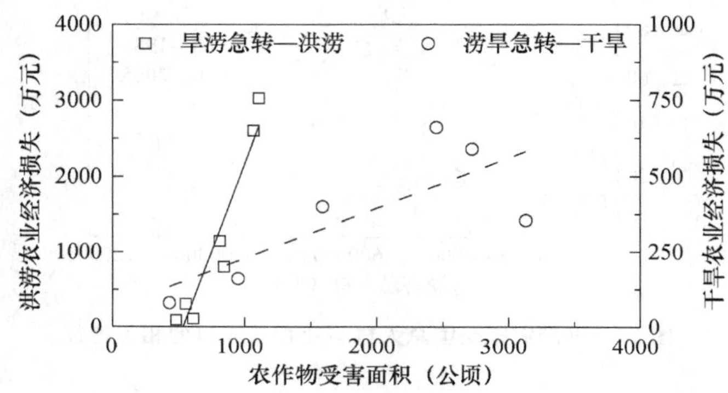

图 12　急转干旱和急转洪涝过程农作物受害面积与经济损失的相关特征

3　结论

(1)干旱灾害的频发区域呈东西走向的带状分布，其高值中心分别位于孝感、安陆和应城，分别为 0.93 a^{-1}、0.75 a^{-1}和 0.71 a^{-1}；洪涝灾害的发生次数和频发区面积均明显少于干旱，主要集中在鄂东南的通山、赤壁和崇阳，分别为 0.78 a^{-1}、0.57 a^{-1}和 0.56 a^{-1}。干旱和洪涝经历了 3 个变化时期，分别为 1960—1969 年、1970—1995 年和 1996—2005 年，其中 1996—2005 年两者表现为完全相反的变化趋势，干旱灾害发生站次增多，而洪涝灾害发生站次减少，两种灾害均主要发生在夏季的 6 月、7 月和 8 月。

(2)干旱的致灾强度和农业经济损失在 1960—1995 年分别表现为起伏振荡和缓慢增加的变化趋势，并在 1996—2001 年出现迅速增强，由于部分地区连续 6 年均出现较严重的干旱灾害，干旱的累积增强效应致使农业经济损失出现跳跃性增长，并于 2001 年达到最大值。干旱对农业经济损失的影响主要取决于受害面积的大小，两者的相关系数为 0.41。

(3)洪涝的致灾强度呈准周期的起伏振荡，其逐年变化规律由 8～12 a 和 3～5 a 的周期尺度共同影响。农作物受洪涝影响范围最大、损失最多的年份集中出现在 90 年代，2000 以后明显减少；与干旱相比，洪涝对农作物的影响是直接且迅速的，致使农作物受害面积与农业经济损失的相关系数达到了 0.80。受害人口与直接经济损失具有较好的相关关系，其中受害人口的拟合曲线斜率逐年代减小，直接经济损失随受害人口增多而增加的速度加快；1990—2005

年洪涝灾害死亡人口与受害人口的比值远小于1960—1989年的比值，人口对洪涝灾害的抵御能力显著提高。

(4)急转干旱和急转洪涝主要发生在鄂西北和鄂东南的夏季，受急转过程中前一种灾害的影响，农作物的脆弱度增加，致使后一种灾害过程中农业经济损失随受害面积增大而增加的速度加快，但所造成的农业经济损失远小于仅发生干旱或洪涝时的数值。

参考文献

陈莹，陈兴伟，2011. 福建省近50年旱涝时空特征演变—基于标准化降水指数分析[J]. 自然灾害学报，20(3)：57-63.

邓振镛，张强，辛吉武，等，2008. 干旱生态环境及水资源对全球气候变暖响应的研究进展[J]. 冰川冻土，30(1)：57-63.

方修琦，陈莉，李帅，2007. 1644—2004年中国洪涝灾害主周期的变化[J]. 水科学进展，18(5)：656-661.

封国林，杨涵洧，张世轩，等，2012. 2011年春末夏初长江中下游地区旱涝急转成因初探[J]. 大气科学，36(5)：1009-1026.

葛全胜，邹铭，郑景云，等，2008. 中国自然灾害风险综合评估初步研究[J]. 北京：科学出版社.

郭广芬，周月华，史瑞琴，等，2009. 湖北省暴雨洪涝致灾指标研究[J]. 暴雨灾害，28(4)：357-361.

李兰，周月华，叶丽梅，等，2013. 基于GIS淹没模型的流域暴雨洪涝风险区划方法[J]. 气象，39(1)：112-117.

李维京，左金清，宋艳玲，等，2015. 气候变暖背景下我国南方旱涝灾害时空格局变化[J]. 气象，41(3)：261-271.

刘可群，李仁东，刘志雄，等，2012. 基于CI指数的湖北干旱及其气象变化特征分析[J]. 长江流域资源与环境，21(10)：1274-1280.

刘安麟，李星敏，何延波，等，2004. 作物缺水指数法的简化及在干旱遥感监测中的应用[J]. 应用生态学报，15(2)：210-214.

邱海军，曹明明，郝俊卿，等，2013. 1950—2010年中国干旱灾情频率-规模关系分析[J]. 地理科学，33(5)：576-580.

申广荣，田国良，2000. 基于GIS的黄淮海平原旱灾遥感监测研究——作物缺水指数模型的实现[J]. 生态学报，20(2)：224-228.

卫捷，马柱国，2003. Palmer干旱指数、地表湿润指数与降水距平的比较[J]. 地理学报，58(增刊)：117-124.

王劲松，李耀辉，王润元，等，2012. 我国气象干旱研究进展评述[J]. 干旱气象，30(4)：497-508.

吴志伟，2006. 长江中下游夏季风降水“旱涝并存、旱涝急转”现象的研究[D]. 南京：南京信息工程大学：27-28.

吴志伟，江志红，何金海，2006. 近50年华南梅雨、江淮梅雨和华北雨季旱涝特征对比分析[J]. 大气科学，30(3)：391-401.

徐予红，陶诗言，1996. 东亚季风的年际变化与江淮流域梅雨期旱涝//灾害性气候的过程及诊断[M]. 北京：气象出版社.

叶丽梅，周月华，李兰，等，2013. 通城县一次暴雨洪涝淹没个例的模拟与检验[J]. 气象，39(6)：699-703.

张强，张良，崔显成，等，2011. 干旱监测与评价技术的发展及其科学挑战[J]. 地球科学进展，26(7)：763-778.

张强，韩兰英，张立阳，等，2014. 论气候变暖背景下干旱和干旱灾害风险特征与管理策略[J]. 地球科学进展，29(1)：80-91.

张水峰，张金池，闵俊杰，等，2012. 基于径流分析的淮河流域汛期旱涝急转研究[J]. 湖泊科学，24(5)：679-686.

周月华，郭广芬，2010. 基于多指标综合指数的灾害性天气过程预评估方案[J]. 气象，36(9)：87-93.

Chen H P, Sun J Q, Chen X L, 2013. Future changes of drought and flood events in China under a global warming scenario[J]. Atmos Oceanic Sci Lett, 6(1): 8-13.

Wu Z W, Li J P, He J H, et al, 2006. Large-scale atmospheric singularities and summer long-cycle droughts-floods abrupt alternation in the middle and lower reaches of the Yangtze River[J]. China Sci Bull, 51(16): 2027-2034.

Hayes M J, Svoboda M D, Wilhite D A, et a1, 1999. Monitoring the 1996 drought using the standardized precipitation index[J]. Bull Amer Meteor Soc, 80(3): 429-438.

Zhang Qiang, Han Lanying, Jia Jianying, et al, 2015. Management of drought risk under global warming[J]. Theor Appl Climatol, doi: 10. 1007/s00704-015-1503-1.

4　旱涝灾害风险特征

气候变化对中国农业旱灾损失率的影响及其南北区域差异性*

张　强[1,2,4]　韩兰英[1,3,4]　郝小翠[3]　韩　涛[3]　贾建英[3]　林婧婧[3]

1. 中国气象局兰州干旱气象研究所/甘肃省干旱气候变化与减灾重点实验室/中国气象局干旱气候变化与减灾重点开放实验室，兰州，730020；2. 甘肃省气象局，兰州，730020；3. 西北区域气候中心，兰州，730020；4. 兰州大学大气科学学院；兰州，730000）

摘　要　由于我国农业生态系统对气候变化响应比较敏感，在全球变暖背景下干旱灾害对我国农业生产的影响日益严重，准确认识我国农业干旱灾损的特征及其对气候变化的响应规律对防旱抗旱具有重要意义。然而，由于干旱灾损规律的复杂性及其显著的区域差异性，至今对我国农业干旱灾损规律及其影响机制的认识仍然十分有限。本文利用1961年以来我国农业干旱灾害的灾情资料和常规气象资料，比较系统地分析了我国近50年我国农业干旱受灾率、成灾率、绝收率和综合损失率等灾损度指标的变化趋势及其在北方和南方的区域差异性，研究了温度突变对综合损失率等灾损度指标的影响特征，探讨了综合损失率与温度和降水等气候要素的依赖关系及其在气候空间的分布特征。结果发现，在气候变暖背景下，近50年来我国农业干旱综合损失率平均每十年约增加0.6%，风险明显加大；而且北方综合损失率每十年约增加0.7%左右，是南方的2倍还多，风险加大的速度明显比南方快。20世纪90年代温度突变后，变暖趋势明显加剧，全国农业干旱综合损失率平均比突变前增加了约0.9%，风险明显更高；而且北方综合损失率的增值高达1.8，是南方的4倍还多，气候变暖对北方农业干旱灾害风险的影响明显比南方更突出。我国农业干旱综合损失率对降水变化的响应要比对温度变化的响应更敏感，不过北方对降水响应比较敏感，而南方对温度响应更敏感一些。关键时段的温度和降水对农业干旱风险具有显著影响，而且南方关键期温度的作用更显著，而北方关键期降水的作用更显著。

关键词　气候变暖；农业干旱；灾损度；响应规律；南北差异性

引　言

我国是全球干旱灾害最为频发的国家之一（张强 等，2011），干旱灾害损失占自然灾害总和的15%以上（李茂松 等，2003），干旱受灾面积占自然灾害受灾总面积更是高达57%左右，均为各类自然灾害之首。而且，我国还是干旱灾害危险区暴露人口最多的国家，高达数千万以上的人口常年受干旱灾害威胁（张强 等，2014），社会经济发展和农业生产受干旱灾害风险的严重制约（杨志勇 等，2011）。所以深入认识我国干旱灾害风险规律和影响机制具有十分重要现实意义。

与全球大多数地区相比，我国对全球气候变暖的响应更加敏感（Dai，2010）。在全球气候变暖背景下，我国干旱灾害的致灾因子和孕灾环境和承灾体等都正在发生着显著变化，重大干旱事件呈现明显增加趋势，干旱灾害的风险也正在不断加剧，干旱对社会经济和农业生产的影

* 发表在：《气象学报》，2015，73(6)：1092-1103.

响在不断加重(马柱国,2007;顾颖 等,2010)。同时,由于致灾因子、孕灾环境和承灾体等干旱影响因子之间的相互作用,干旱灾害形成过程具有明显的非线性特点(Neelin et al.,2006),干旱灾害风险性的影响机制也比较复杂(吴绍洪 等,2011)。而且,由于受大型山脉部分和季风活动特征的共同影响,我国气候环境的空间分布极不均匀,以长江为界的南北气候环境的区域差异十分明显,其干旱致灾因子、孕灾环境和承灾体及干旱灾害风险在南北特征也很不相同(韩兰英 等,2014)。

农业生产活动对气候的依赖性十分突出,受干旱灾害的影响尤其显著。我国农业产生因干旱造成的损失十分严重(Huang et al.,1998;杨志勇 等,2011),造成的粮食减产幅度总减产量的4.7%以上(顾颖 等,2010),比其他任何灾害的危害都大。同时,农业又是气候变暖的高影响行业,气候变暖不仅会引起农作物生长期和播种期的改变,还会引起种植结构和种植制度的调整,已导致我国农业干旱的致灾因子险性和孕灾环境敏感性不断加大,承灾体的稳定性不断降低,这种迭加效应使农业干旱风险加剧,农业生产的不确定性增加,严重威胁我国粮食安全问题(张强 等,2012)。

对干旱灾害实行风险管理不仅可以有效降低和科学防控干旱灾害风险,而且还可以充分发挥抗旱资金和资源效益。一些发达国家为了缓解干旱引发的高风险影响已经在干旱灾害风险管理框架下建立一套完善的干旱灾害风险防控措施(朱增勇 等,2009),并且达到了很好的干旱防灾减灾效果。因此,在我国现代干旱防灾减灾体系中,风险管理的理念已日益加强(程静 等,2010),管理方式正在从单纯以减灾为主要目的被动性、应急性的危机管理方式向以防灾为主要目的主动的、制度化的风险管理方式转变(顾颖 等,2010),这也是干旱灾害防御体系科学化发展的必然趋势。

开展干旱灾害风险管理不仅需要建立科学有效的干旱灾害风险管理制度体系,而且更为重要的是要建立干旱灾害风险管理的技术体系,要能够在技术上准确认识干旱灾害风险分布特征和变化趋势,切实掌握干旱灾害风险防控策略,从而采取具有针对性的干旱灾害风险防控措施(Andersen et al.,2001)。然而,由于我国农业干旱灾害的复杂性和区域差异性比较突出,以及在气候变暖背景下农业干旱灾害表现更加异常,至今对我国农业干旱灾害风险规律的科学认识十分有限,对农业干旱灾害风险的影响机制理解并不深刻,极大地限制了我国农业干旱灾害的防御能力和风险管理水平的提高。

目前,对干旱灾害风险特征的认识一般分别通过基于灾害学原理的风险因子分析法和基于经验统计规律的历史灾情资料概率分析法。历史灾情资料概率分析法实际上是通过对历史上已经发生的大量干旱灾害个例的统计分析而总结得到的规律性认识,这种方法虽然缺少对干旱灾害风险形成内在机理考虑,但它避免了因子分析法确定风险因子权重时的主观性和随意性缺陷,可以通过对灾情实况资料的统计分析直接得到干旱灾害风险客观特征。因此,本文试图通过对我国农业干旱受灾率、成灾率、绝收率和综合损失率等灾损指标的变化趋势及其与温度和降水等气候要素的关系分析,研究我国干旱灾损度的变化特征及其南北的区域差异性,揭示干旱灾损度对全球气候变化的响应规律,对我国农业干旱灾害风险的变化趋势和分布特征形成基本认识,为提高我国干旱灾害风险管理水平提供科学依据。

1　资料和分析方法

本文利用了我国1961年以来的农业干旱受灾面积、成灾面积和绝收面积等干旱灾情实况资料及降水和温度等常规气象观测数据。这些数据资料主要来源于《中国统计年鉴》和《中国农业统计资料》及国家气象资料数据库，这期间农业干旱灾情资料统计相对比较规范，气象观测站网建设基本完成，布局基本稳定。干旱灾情资料中的干旱受灾面积是指当年因旱灾导致农作物产量较正常年份减产1成以上的农作物播种面积，成灾面积是指当年农作物产量较正常年份减少3成以上的农作物播种面积，绝收面积是指当年农作物产量较正常年份减少7成以上的农作物播种面积。由此，表征农业干旱灾损度的指标可以定义为

$$I_1=(D_1/A)\times 100\% \tag{1}$$

$$I_2=(D_2/A)\times 100\% \tag{2}$$

$$I_3=(D_3/A)\times 100\% \tag{3}$$

式中：I_1是农业干旱受灾率，单位为%；I_2是农业干旱成灾率，单位为%；I_3是农业干旱绝收率，单位为%。这些不同指标实际上表示了不同受灾的强度的分布率，其中，受灾率是受灾强度最弱的，其次是成灾率，而绝收率是受灾强度最大的。D_1，D_2和D_3分别是农业干旱受灾面积、成灾面积和绝收面积，单位为m^2；A为农作物种植总面积，单位为m^2。在此基础上，为了便于分析，还可以构建一个表示农业干旱灾害综合灾损度的指标：

$$L_a=I_3\times 90\%+(I_2-I_3)\times 50\%+(I_1-I_2)\times 20\% \tag{4}$$

式中：L_a是农业干旱灾害的综合损失率，单位为%。

我国南北分别是比较分明。早在19世纪初，张相文(1908)就对我国南方和北方的划分提出了“秦岭—淮河线”划分理论，首次明确界定了我国南北方的自然地理分界线。就今天而言，这种对我国南北方分界线的划分方法无论从地理角度还是气候角度仍然比较合理。如图1(图略)所示，本文按照张相文(1908)的南北方划分原则利用地理信息系统数据提取出了我国南北分界线的分布。同时，由于青藏高原在气候系统具有明显的独立性，并且其观测站网还不够完善，干旱灾情统计资料也不太完整，所以特意将青藏高原区域排除在研究范围之外，暂不做考虑和分析。

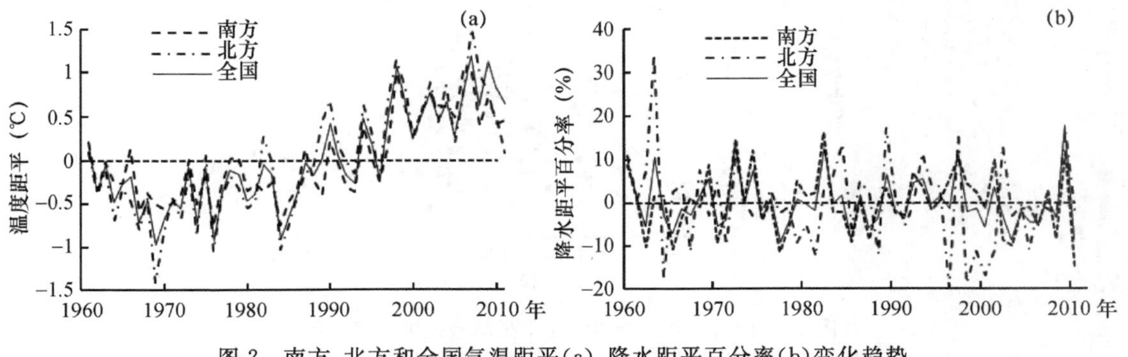

图2　南方、北方和全国气温距平(a)、降水距平百分率(b)变化趋势

2　农业干旱灾损度变化趋势及分布特征

近50年是全球气候变化最显著的时段。从图2给出的1961—2011年南方、北方及全国气的温和降水距平百分率变化趋势就可以看出，我国气候变化趋势也是如此，无论南方和北方变暖趋势均比较明显。但相比较而言，北方的变暖趋势和年际波动要比南方更大一些。虽然南方和北方降水趋势都没有表现出明显的增加或减少，但年际波动性有所加大，而且北方的年

际波动比南方更大，年际分布更加不稳定。

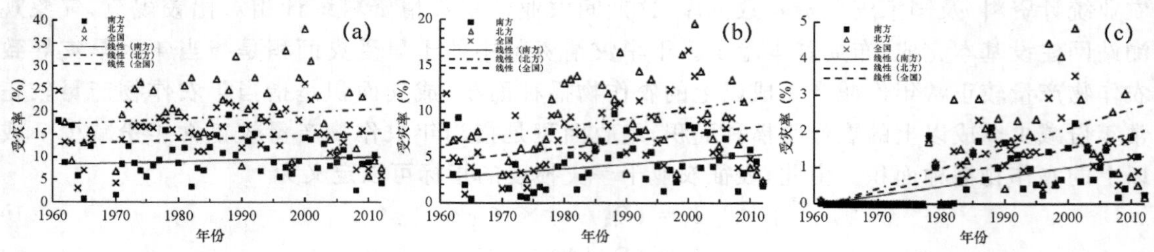

图 3　南方、北方和全国农业干旱受灾率(a)、成灾率(b)和绝收率(c)变化趋势

近 50 年我国气候突出的变暖趋势及其显著的南北差异必然会影响农业干旱灾害特征(翁白莎 等，2010；张强 等，2012)。图 3 给出的 1961—2011 年南方、北方和全国农业干旱受灾率、成灾率和绝收率的变化趋势表明，就全国而言，农业干旱受灾率、成灾率和绝收率 50 年平均分别为 13.3%、6.4%和 1.4%左右，属于全球干旱灾害风险比较高的区域。尤其，值得注意的是近 50 年来受灾率、成灾率和绝收率均有所增加，而且成灾率要明显比受灾率增加得快，绝收率要比成灾率增加得更快，这说明不仅干旱影响范围在不断增加，而且干旱影响程度也越来越严重。并且，相比较而言，北方农业干旱受灾率、成灾率和绝收率 50 年平均分别为 18.4%、9.8%和 1.9%左右，而南方分别只有 7.2%、4.0%和 0.9%左右，北方干旱受灾率、成灾率和绝收率均明显比南方高。不仅如此，北方各类灾损度的增加趋势也比南方的更快一些，而且成灾率加快程度比受灾率明显，绝收率比成灾率更明显。这说明在气候变暖背景下北方干旱灾害影响范围和影响程度的加剧趋势都要比南方更突出，这与南北气候态差异及其气候变化趋势差异不无有关。

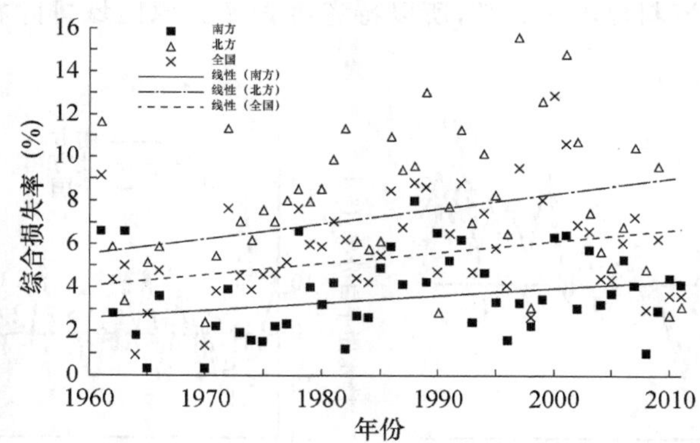

图 4　南方、北方和全国农业干旱综合损失率变化趋势

农业干旱综合损失率是表征农业干旱灾损特征的综合指标。从图 4 可以看出，全国平均农业干旱综合损失率约为 5.6%。但北方和南方相差较大，其农业干旱综合损失分别约为 6.1%和 4.8%，北方要比南方高 1.3%左右。近 50 年全国农业干旱综合损失率增加了约 3%，平均每十年增加 0.6%左右，干旱灾害风险明显加大。而且，农业干旱综合损失率变化趋势南北差异比较明大，近 50 年来南方农业干旱综合损失率增加了不到 1.5%，平均每十年只增加了 0.3%左右；而北方近 50 年增加幅度高达 3.5%左右，平均每十年增加 0.7%左右，增幅比南方高 2%，几乎与南方损失率的平均值相当，增速也是南方的 2 倍多。北方干旱灾害风险性明

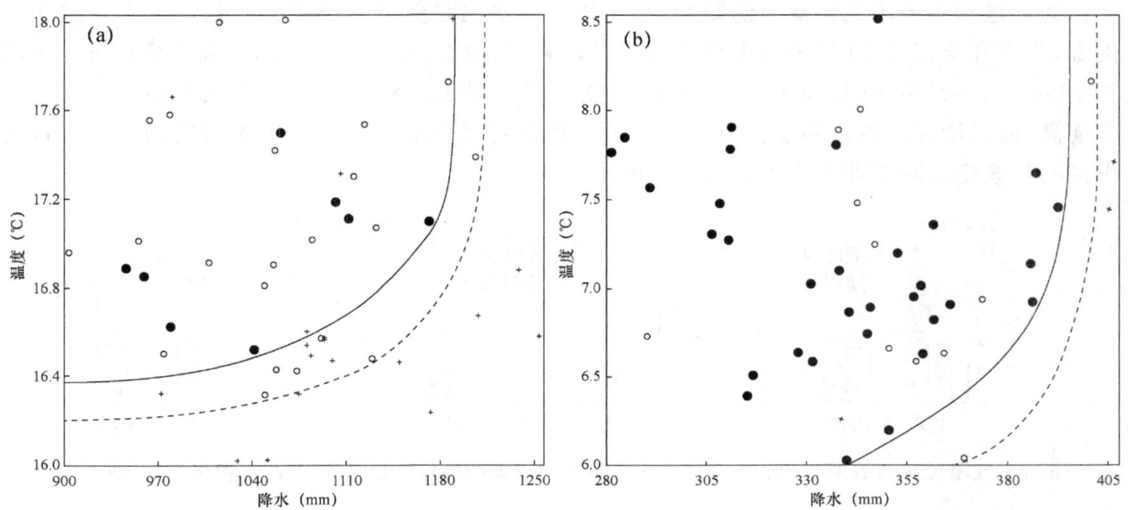

图5　南方(a)和北方(b)农业综合损失率在温度和降水的空间分布特征
（＋为轻灾，○为中灾，●为重灾；实线为重灾分界限，虚线为中灾以上分界限）

显比南方高，增速也比南方快。

温度和降水是农业生产的重要气候要素，也是农业干旱的主要致灾因子，农业干旱灾损程在很大程度上受这两个因素共同控制（王静爱 等，2002；黄荣辉 等，2010）。在气候变暖背景下，农业干旱灾损度在温度和降水构成的物理空间会表现出一定的分布特征。为了便于分析，本文将农业干旱综合损失率小于3%的年份定义为轻灾年，将农业干旱综合损失率在3%～6%的年份定义为中灾年份，将农业干旱综合损失率大于6%的年份定义为重灾年份。图5是南方和北方农业综合损失率在温度和降水的空间的分布特征。由图5可见，北方重灾和中灾分布的象限空间范围都明显比南方大，这说明北方比南方容易发生干旱。具体而言，在南方，中灾主要分布在年降水量小于1200 mm，年平均温度大于16.3 ℃的象限空间范围内，重灾主要分布在年降水量小于1220 mm，年平均温度大于16.2 ℃的象限空间范围内，其余象限空间基本没有重灾和中灾分布。而在北方，重灾和中灾分布范围几乎不受温度条件约束，在任何温度空间范围都会出现。重灾和中灾分布主要依赖降水条件，中灾主要分布在年降水量小于390 mm的象限范围内，重灾主要分布年降水量小于395 mm象限范围限内。这说明温度变化对北方农业干旱的影响较弱，而南方农业干旱影响较大。

3　农业干旱灾损度对气候变化响应规律

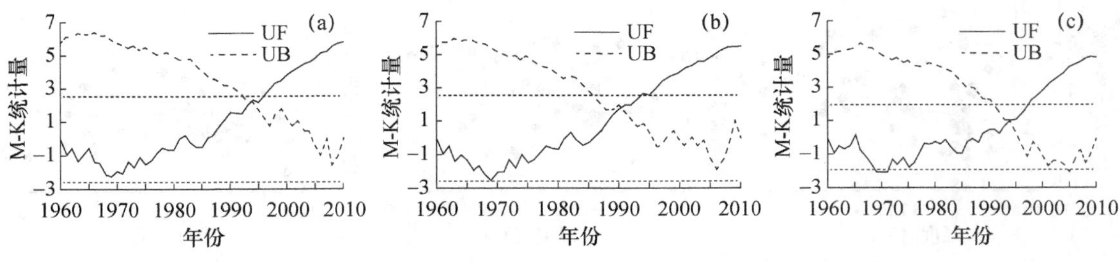

图6　南方(a)、北方(b)和全国(c)近50年来空气温度突变特征

为了进一步突出气候变暖的影响，本文特意对增温趋势进行了突变分析。从图6给出的南方、北方和全国近50年来温度突变分析可以看出，南方、北方和全国的温度突变点分别出现在1994年、1991年和1993年，南方温度突变比北方早了3年。突变后不仅气温要显著比突变前高，而且增温速度也明显比突变前更快。对温度突变前后农业干旱灾损度的对比可以突出说明气候变暖对农业干旱灾损度的影响。

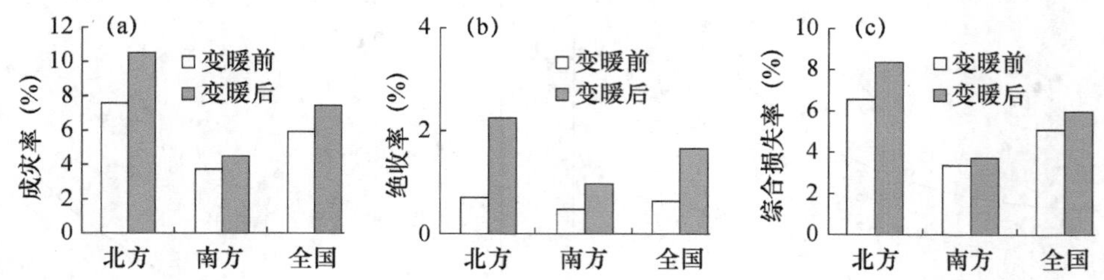

图7　气温突变前后南方、北方、全国农业干旱平均成灾率(a)、绝收率(b)和综合损失率(c)的对比

图7给出的气温突变前后南方、北方和全国农业干旱平均成灾率、绝收率和综合损失率的对比分析表明，在温度突变前我国农业干旱成灾率、绝收率和农业综合损失率分别为5.8%、0.6%和4.8；在温度突变后它们分别为7.0%、1.7%和5.6%，分别增加了1.2%、1.1%和0.9%。其中，绝收率增幅最大，受温度突变影响最显著，成灾率次之。比较来看，温度突变前后南方成灾率差值平均为0.8%，而北方高达2.9%，是南方的3倍多；南方绝收率差值平均为0.5%，而北方高达1.6%，也是南方的3倍以上；南方综合损失率的差值平均为0.4%；而北方高达1.8%，更是南方的4倍还多。这说明北方农业要比南方更脆弱，干旱灾害受气候变暖影响也更大，这也比较符合我国农业的实际现状。

为了更详细地了解温度突变对农业干旱灾损度的空间影响特征，在图8(图略)中给出了气温突变前后我国农业干旱成灾率、绝收率和综合损失率差值的空间分布。由图可见，由于受气候变暖的影响，突变前后的农业干旱综合损失率有明显的变化。就农业干旱的成灾率而言，全国绝大部分地方突变后明显增加，只有湖南和河南的极少部分地方有微量降低；农业干旱的绝收率在全国范围无一例外地都在增加；农业干旱综合损失的情况与成灾率比较类似。不过，很显然，气温突变前后，北方和南方农业干旱灾损度的变化幅度差异很大，北方要明显比南方增幅更大。南方成灾率的差值范围在－0.92～4.9，降幅的极值比北方大，而北方的差值范围在－0.29～11.4，增幅的极值比南方大；南方绝收率的差值范围在0～3.9，而北方的差值范围在0.39～4.8，分布范围向高增幅偏移；南方综合损失率的差值范围在－0.92～4.9，而北方的差值范围在－0.9～8.4，极大值向高增幅偏移。

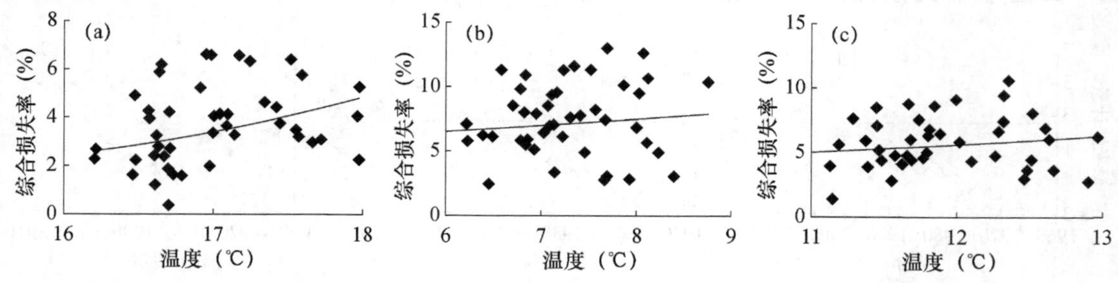

图9　1961—2011年南方(a)、北方(b)、全国(c)农业综合损失率随温度的变化关系

图 9 给出的近 50 年南方、北方和全国农业综合损失率随温度的关系进一步表明，无论是全国还是南方和北方综合损失率均随温度升高而有所增加。但相比较而言，南方综合损失率随温度升高增加比较明显，大约温度每升高 10℃综合损失率就增加 1%左右，而北方综合损失率随温度升高变化并不明显，这与前面的分析结论是一致的。不过，由于北方平均综合损失率较高，对全国综合损失率贡献更大，全国综合损失率也基本随温度升高没有太明显变化。

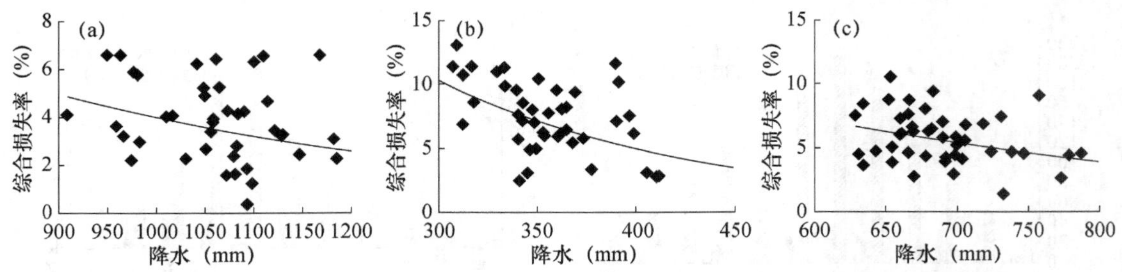

图 10　1961—2011 年南方(a)、北方(b)、中国(c)农业综合损失率随降水的变化关系

除了温度而外，降水是气候变化另一重要因素。由图 10 给出近 50 年南方、北方和全国农业综合损失率随降水的变化关系可以看出，农业干旱灾损度与降水的关系要明显好于与温度的关系，南方、北方和全国的农业综合损失率均随降水增加而显著降低，这说明降水对我国农业干旱的影响更大。相比较来看，年降水量每增加 100 mm，南方的农业干旱综合损失率大约只降低了 0.7%，而北方的大约要降低 4.7%。而且，南方综合损失率与降水的相关系数只有 0.3，而北方的相关系数高达 0.58，可见，北方农业干旱风险对降水的依赖性要远比北方强，降水变化是其致灾的主导因子。

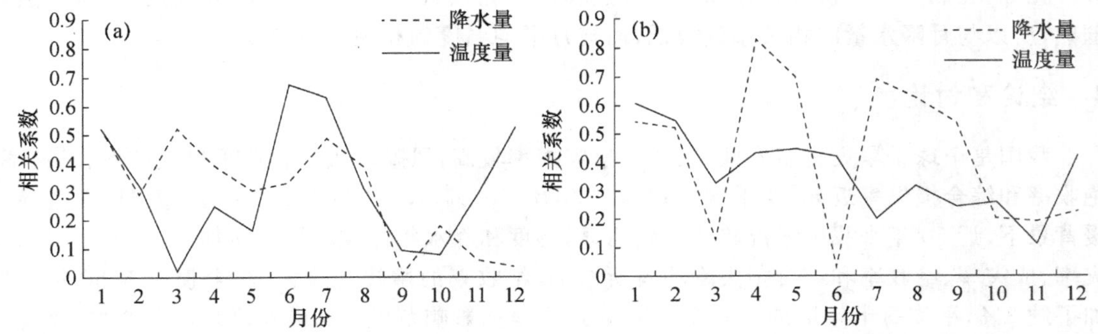

图 11　南方(a)、北方(b)综合损失率与月降水量和月平均温度的相关系数分布

不过，从图 9 和图 10 可以发现，农业干旱综合损失率无论与降水还是温度的关系都相对比较离散，这虽然与温度和降水的交叉影响作用有一定关系，但更主要原因是有些时段的气候要素变化对农业干旱并不重要，在某些关键时段的温度和降水变化才对农业干旱有显著影响。图 11 是南方和北方综合损失率与月降水量和月平均温度的相关系数分布。可见，农业干旱综合损失率与月降水量和月平均温度的相关系数分布很不均匀。并且，在南方与月平均温度的相关系数分布更不均匀，而在北方与月降水量的相关系数分布更不均匀。

相比较而言，在南方，综合损失率与月降水量的相关系数在 1—8 月大于 0.3，1 月、3 月和 6 月甚至达到了 0.5 以上，而其他月份基本在 0.1 左右；而综合损失率与月平均温度的相关系数在1月、6月、7月和12月较高，均超过了0.5，6月和7月甚至达到了0.6以上，而其他月份基本在0.3以下。在北方，综合损失率与月降水量的相关系数在1月、2月、4月、5月和7—9月均大于0.5，4月、5月和7月份甚至接近或超过了0.7，而其他月份基本都在0.2以下；而综合损失率与月平均温度的相关系数在1—5月和12月较高，均超过了0.3，1月和2月份甚至达到了0.5以上，而其他月份基本在0.3以下。

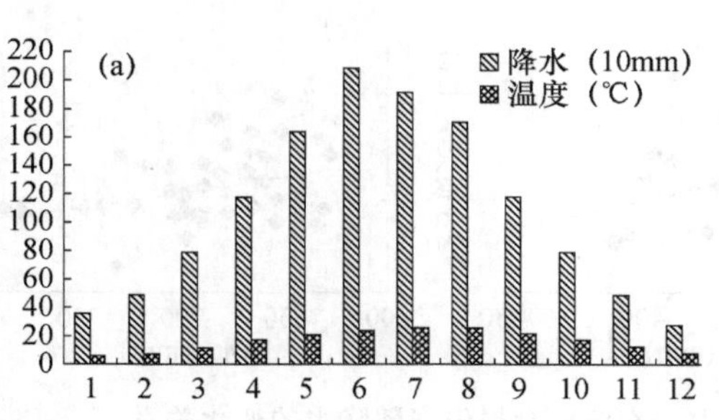

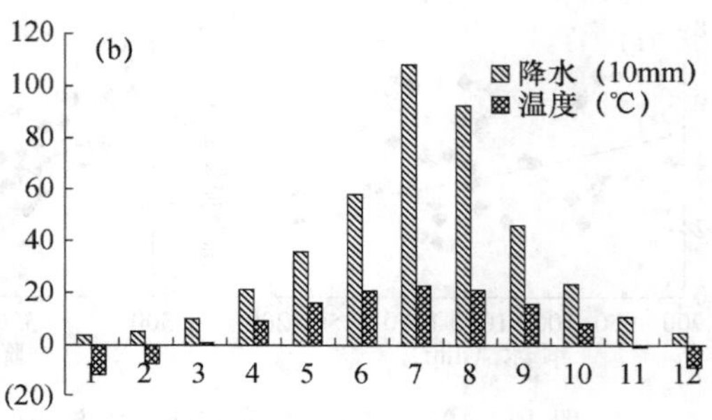

图12 南方(a)、北方(b)各月降水量和各月平均温度的分布

这说明，在南方，后冬和春夏季的降水多少及夏季和冬季的温度高低对农业干旱至关重要，而秋季和前冬的降水及春秋季温度高低对干旱的影响并不大；而在北方冬季、后春和盛夏的降水多少及冬春季和初夏的温度高低对农业干旱更重要，而初春、初夏和冬季的降水及后夏和秋季温度高低对干旱的影响并不大。并且，在南方，温度的关键期更显著；而在北方，降水的关键期更显著。农业干旱综合损失率表现出的关键期降水和温度的影响特征既与如图12所示的月降水量和月平均温度的分布有关，更与南方和北方农作物的生长期的生理生态特征有关。比如，在北方6月份夏粮作物的生长过程基本完成，已经不太需要水分，而更多需要热量催熟，所以与月降水量的相关系数很低，而与月平均温度的相关系数较高。

4 结论和讨论

我国是全球干旱灾害多发区，农业干旱灾损率较高，风险较大。农业干旱受灾率、成灾率、绝收率和综合损失率近50年平均分别为13.3%、6.4%、1.4%和5.6%左右。并且，在气候变暖背景下，近50年来我国增温趋势比较明显，温度和降水年际波动性有所加大，农业干旱的受灾率、成灾率、绝收率和综合损失率均有所增加，绝收率的增幅为最大，综合损失率50年来增加了约3%，平均每十年增加0.6%左右，农业干旱的影响范围和影响程度均明显增加，风险显著加大。

我国气候和地理环境的南北差异十分明显，北方的增温趋势及其年际波动比南方更大一些，降水时空分布比南方更不均匀。因此，北方农业干旱受灾率、成灾率、绝收率和综合损失率均明显比南方高，其近50年的增速也比南方更快，综合损失率平均每十年增加0.7%左右，是南方的2倍还多，就北方农业干旱灾损度比南方更快的增速特征而言，成灾率表现得比受灾率明显，绝收率表现得比成灾率明显。北方农业干旱影响范围和程度及其加剧趋势都要比南方更显著，风险会更高。

南方、北方和全国的温度突变点分别出现在1994年、1991年和1993年，突变后气温不仅显著比突变前高，而且增温速度也明显更快。温度突变后的全国农业干旱的受灾率、成灾率、绝收率和综合损失率明显增加，分别增加了1.2%、1.1%和0.9%。其中，绝收率增幅最大，受温度突变影响最显著。而且,温度突变后,北方成灾率、绝收率和综合损失率的增幅均明显要比南方大,大约是南方 3～4 倍,受气候变暖影响更显著。

全国农业干旱综合损失率均随温度升高而有所升高,但南方综合损失率随温度升高比北方更明显,大约温度每升高 10 ℃综合损失率增加 1%左右。农业干旱损失率受降水的影响程度明显高于受温度的影响程度,而且北方受降水的影响更显著,年降水量每增加100 mm 农业干旱综合损失率大约要降低 4.7%,而南方的降低速度只有北方的 1/7。在南方,农业干旱的重灾和中灾分布在特定的温度和降水构成的物理象限空间范围,而北方重灾和中灾分布几乎不受温度约束,只受降水条件限制,温度变化对南方农业干旱的影响要明显比北方强。

关键时段的温度和降水对农业干旱具有更显著影响,南方的后冬和春夏季的降水多少及夏季和冬季的温度高低对农业干旱至关重要,但北方的冬季、后春和盛夏的降水多少及冬春季和初夏的温度高低对农业干旱更重要。而且,南方的关键期温度对农业干旱的作用更显著,北方的关键期降水的作用更显著,这与降水量和温度的年分布特征及农作物生长期的生理生态特征密切相关。

该文对农业干旱灾损度的变化趋势和南北区域差异性及其与气候变化的关系进行了比较系统的分析,对我国农业干旱风险的分布特征和变化规律有了比较客观的认识。但由于受农业干旱灾情资料准确性的限制和干旱致灾过程复杂性的影响,对农业干旱灾损度变化特征的定量性及其影响机制的系统性认识上还比较欠缺,这需要在今后工作中对多源资料结合和作物模型的应用来进一步解决。

参考文献

程静,彭必源,2010. 干旱灾害安全网的构建:从危机管理到风险管理的战略性变迁[J]. 孝感学院学报,30(4):79-62.

顾颖,刘静楠,林锦,2010. 近 60 年来我国干旱灾害情势和特点分析[J]. 水利水电技术,41(1):71-74.

韩兰英,张强,姚玉璧,等,2014. 近 60 年中国西南地区干旱灾害规律与成因[J]. 地理学报,69(5):632-639.

黄荣辉,杜振彩,2010. 全球变暖背景下中国旱涝气候灾害的演变特征及趋势[J]. 自然杂志,4(32):187-195.

李茂松,李森,李育慧,2003. 中国近 50 年来旱灾灾情分析[J]. 中国农业气象,24(1):7-10,1.

马柱国,2007. 华北干旱化趋势及转折性变化与太平洋年代际振荡的关系[J]. 科学通报,52(10):1199-1206.

王静爱,孙恒,徐伟,等,2002. 近 50 年中国旱灾的时空变化[J]. 自然灾害学报,11(2):1-6.

翁白莎,严登华,2010. 变化环境下我国干旱灾害的综合应对[J]. 中国水利(7):4-8.

吴绍洪,潘韬,贺山峰,2011. 气候变化风险研究的初步探讨[J]. 气候变化研究进展,7(5):363-368.

杨志勇,刘琳,曹永强,等,2011. 农业干旱灾害风险评价及预测预警研究进展[J]. 水利经济,29(2):12-18.

张强,陈丽华,王润元,2012. 气候变化与西北地区粮食和食品安全[J]. 干旱气象,30(4),509-513.

张强,韩兰英,张立阳,等,2014. 气候变暖背景干旱和干旱灾害风险特征及管理策略[J]. 地球科学进展,29(1):80-91.

张强,张良,崔县成,等,2011. 干旱监测与评价技术的发展及其科学挑战[J]. 地球科学进展,26(7):763-778.

张相文,1908. 新撰地文学[M]. 中国地学会.

朱增勇,聂凤英,2009. 美国的干旱危机处理[J]. 世界农业,362(6):17-19.

Andersen T,Masci P,2001. Economic exposures to natural disasters public policy and alternative risk management approaches[J]. Infrastructure and Financial Markets Review,7(4):1-12.

DaiAiguo,2010. Drought under global warming: a review[J]. WIREs Climatic Change,2:45-65.

Huang Chongfu, Liu Xinli, Zhou Guoxian, et al, 1998. Agriculture natural disaster risk assessment method according to the historic disaster data[J]. Journal of Natural Disasters, 7(2): 1-9.

Neelin J D, Munnich M, Su H, et al, 2006. Tropical drying trends in global warming models and observations [J]. P Natl Acad Sci, 103: 6110-6115.

中国北方地区农业干旱脆弱性评价*

王 莺 赵 文 张 强

(中国气象局兰州干旱气象研究所/甘肃省干旱气候变化与减灾重点实验室/
中国气象局干旱气候变化与减灾重点开放实验室,兰州,730020)

摘 要 在调查和分析中国北方地区农业生产现状的基础上,选择水资源、农业经济、社会和防旱抗旱能力4个准则层共16个指标构建农业干旱脆弱性评价指标体系。运用主成分分析法对高维变量系统进行有效降维,根据方差贡献率建立中国北方地区农业干旱脆弱性评价模型,获得各省(区、市)干旱脆弱性分级阈值和区划,得到以下结论:(1)通过主成分特征分析得到5个主成分,方差贡献率分别为41.99%、19.25%、14.06%、8.07%和5.32%。(2)获得中国北方地区水资源、农业经济、社会和防旱抗旱能力脆弱性评价结果,并分析了这些脆弱性在不同地区产生的主要原因。得到中国北方地区农业干旱脆弱性分级阈值和区划,发现农业干旱脆弱性从小到大依次为北京、天津、山东、辽宁、吉林、山西、内蒙古、安徽、河北、河南、陕西、宁夏、青海、黑龙江、新疆和甘肃,并分析了不同地区影响农业干旱脆弱性的主导因素。

关键词 主成分分析;农业干旱;脆弱性;中国北方地区

引 言

干旱可以造成土地退化和荒漠化,也可以导致农作物减产或绝收,重大干旱灾害还可以引起人员死亡,导致大规模人群迁徙,甚至文明消亡和朝代更迭(张强 等,2011;Ashok et al.,2010)。因此,干旱是地球上最具破坏力的自然灾害之一。农业作为一个弱质性行业,其面临的干旱灾害风险明显大于其他行业。中国是一个农业大国,经济呈现二元结构特征,农村人口比重较高,农业生产技术相对落后,农民抵御干旱灾害的能力较低,是世界上受干旱灾害影响最严重的国家之一。据统计,2001—2016年中国年均农业干旱受灾面积为17991千公顷,约占自然灾害总受灾面积的50%,为各项灾害之首。近年来,占国土面积约60%的中国北方地区干旱化问题突出,造成了巨大的农业经济损失。2001—2016年,中国北方地区年均农作物播种面积约占全国农作物播种面积的60%,年均农业干旱受灾面积约占全国农业干旱受灾面积的70%,说明干旱灾害对中国北方农业生产的影响比其他任何自然灾害都要大。IPCC第五次评估报告指出,1951—2012年全球平均地表温度的升温速率为0.12 ℃/(10 a)(IPCC,2013)。中国北方地区气温与全球的增暖分布一致,总体呈上升趋势,升温速率为0.1~0.4 ℃/(10 a)(谢祥永,2014)。基于WCRP耦合模式输出结果发现,2011—2050年北方地区温度呈增加趋势,降水量总体呈下降趋势,有干旱化倾向,尤其是重度和极端季节性干旱发生频率增加(胡实 等,2015)。在这样的背景下,中国北方地区农业遭受旱灾的强度和频次都将呈现上升趋势。为了保持北方地区农业经济的健康稳定发展,就必须加强农业干旱灾害风险分析及相关研究,为政府制定防旱抗旱措施提供基础资料。

* 发表在:《中国沙漠》,2019,39(4):149-158.

从灾害形成机理来看，其破坏性取决于致灾因子发生的强度和承灾体在灾害面前表现出的脆弱性（史培军 1996，刘铁民 2010）。当致灾因子发生强度和脆弱性程度增加，灾情随之加强（Blakic et al.，2004）。对于干旱灾害来说，目前还未发现有效方法可以大区域改变致灾因子的发生和发展过程，因此降低干旱脆弱性就成了干旱灾害综合管理和防灾减灾的重要途径（Tanago et al.，2016）。农业干旱脆弱性在干旱灾害和社会稳定的关系中起着重要作用，其强度直接影响农业对干旱灾害的抵御能力、受损失程度和风险等级，因此干旱灾害风险管理的重要工作就是干旱灾害脆弱性评价。该工作将脆弱性关键构成要素进行分解，再通过一定的逻辑关系建立多目标评估指标体系，并对各指标加权赋值，通过脆弱性综合评价模型得到干旱脆弱性评价结果。从基于农户的微观视角来看，一般选择家庭人数、职业、受教育程度、年龄结构、生计多样性、人均收入等影响农户干旱脆弱性的内在因素，以及耕地面积、物质资本、信贷途径、保险、土地政策、社会帮扶等外部社会经济因子进行分析（Ng'Ambi et al.，2015；石翠萍等，2015；石育中 等，2017；Silva et al.，2018）。从基于区域的宏观视角来看，一般选择降水量、空气相对湿度、干旱化程度、地形、地貌、水土流失、水资源等自然因素，旱地农户数、人口资源、控制性水源工程等社会因素，以及第一产业所占比重、财政预算收入等经济因素进行分析（Naumann et al.，2014；王莺 等，2014；李梦娜 等，2016；武建军 等，2017；Ahmadalipour et al.，2018；徐玉霞 等，2018；王娅 2018）。由于指标的选择具有不确定性，没有规范可循，往往依据的是研究者的经验和已有研究成果。这样做易忽略指标间的相关性和各指标的重要性，对评价结果产生影响。随着多元统计方法的发展与应用，在干旱脆弱性评价前可以先对评价指标进行主成分分析，通过线性变换对高维变量系统进行有效降维，使新变量两两之间互不相关，且尽可能保留原有信息（Ashraf et al.，2014）。何斌等（2017）通过主成分分析将 27 个干旱风险常用指标降维成 4 个主成分，建立了陕西省农业干旱风险评价指标体系。常文娟等（2017）等采用主成分分析法将降雨、径流及土壤含水量等水文气象要素融合为一个干旱综合指标，并将该指标应用于干旱过程识别和干旱频率分析。Kim 等（2016）应用主成分分析法提出了一种不考虑人工抗旱设施的自然干旱指数。为此，本研究以中国北方地区农业为研究对象，从干旱脆弱性成因入手，基于水资源、社会、经济、农业生产条件和防旱抗旱能力，构建农业干旱脆弱性评价指标和评价模型，实现干旱脆弱性空间区划，以期为中国北方地区农业可持续发展和科学防旱抗旱提供基础数据与理论支撑。

1 研究区概况

中国北方地区主要指秦岭-淮河以北、内蒙古高原以南、青藏高原以东以及大兴安岭区域。从行政区划来看，具体包括北京、天津、河北、内蒙古、辽宁、吉林、黑龙江、安徽、山东、河南、陕西、甘肃、青海、宁夏和新疆等 16 个省（区、市）。中国北方地区主要属于温带季风气候区，四季分明，雨热同期，年降水量多在 400～800 mm，适宜农作物生长。地形以平原为主，兼有高原和山地。

2 资料与方法

2.1 资料及其来源

（1）社会经济数据来源于《中国统计年鉴 2017》和《中国区域经济统计年鉴 2017》；

（2）水资源数据来源于《中国环境统计年鉴 2017》；

（3）农业和农村数据来源于《中国农业统计资料 2016》和《中国农村统计年鉴 2017》；

(4)1987—2016年近30年降水数据来源于中国气象数据网(http://data.cma.cn/)。

2.2 评价指标体系的建立

通过分析中国北方地区农业干旱风险特征,基于全面性、系统性和可操作性原则构建了干旱脆弱性评价指标体系(表1)。水资源脆弱性主要选择了单位面积地表水、地下水资源量和年均降水量,这些指标主要反映了一个地区可供利用或有可能被利用的水资源数量,该数量越多,水资源脆弱性就越低。农业经济脆弱性主要选择了人均地区生产总值、第一产业在经济中的比重以及农村居民自身收入情况作为评价指标。人均地区生产总值和农村居民人均纯收入越高,抵御干旱风险的能力就越强,脆弱性程度越低。第一产业所占比重和第一产业增加值占地区总产值比重越高,说明该地区经济结构中以利用自然力为主,生产不必经过深度加工就可消费的产品或工业原料的比例越高,对自然环境的依赖性越强,脆弱性程度越高。社会脆弱性主要选择了人口密度、乡村人口比例、城乡居民收入差距指数和消费差距指数、恩格尔系数以及农村居民最低生活保障人数占农村人口比例。人口密度越高,对水资源的需求越大,并会由此产生各种内部摩擦,脆弱性程度增加。乡村人口所占比例反映了一个地区的城镇化水平,该比例越高,说明城镇化水平越低,对农业的依赖度越高,脆弱性程度越高。城乡居民收入差距指数是城镇居民可支配收入与农村居民人均纯收入之比,城乡居民消费差距指数是城镇居民人均消费支出与农村居民人均消费支出之比,这两个指标越高,说明城乡经济发展差距越大,脆弱性程度越高。恩格尔系数指食品支出总额占个人消费支出总额的比重,该系数越大,说明家庭中用来购买食物的支出比例越大,家庭收入越少,脆弱性程度越高。农村居民最低生活保障人数占农村人口比例越高,说明农村贫困人口问题越严重,脆弱性程度越高。防旱抗旱能力脆弱性选择了耕地灌溉率、节水灌溉率和单位面积水库库容。耕地灌溉率反映了耕地质量和农村水利水电工程建设情况,节水灌溉率反映了提高单位灌溉水量的农作物产量和产值的能力,单位面积水库库容代表了供水能力,这些指标的值越高,脆弱性越低。

表1 研究区干旱脆弱性评价指标

目标层	准则层	指标层
北方农业干旱脆弱性	水资源脆弱性	地表水资源/总面积(X_1)
		地下水资源/总面积(X_2)
		年平均降水量(X_3)
	农业经济脆弱性	人均地区生产总值(X_4)
		第一产业所占比重(X_5)
		第一产业增加值占地区总产值比重(X_6)
		农村居民家庭平均每人纯收入(X_7)
	社会脆弱性	人口密度(X_8)
		乡村人口/总人口(X_9)
		城乡居民收入差距指数(X_{10})
		城乡居民消费差距指数(X_{11})
		恩格尔系数(X_{12})
		农村居民最低生活保障人数占农村人口比例(X_{13})
	防旱抗旱能力脆弱性	耕地灌溉面积/耕地面积(X_{14})
		节水灌溉面积/耕地面积(X_{15})
		水库库容/总面积(X_{16})

2.3 评价指标的标准化

干旱脆弱性评价指标间的量纲不同，而量纲对主成分分析的结果具有显著影响（舒晓慧等，2004），因此，需要在分析前对各指标做标准化无量纲处理。

当脆弱性随 X_{mn} 的增大而增大时，X_{mn} 称为正效应指标。正效应指标的标准化方法为：

$$X_{mn}=\frac{(x_{mn}-\min x_{mn})}{(\max x_{mn}-\min x_{mn})} \tag{1}$$

当脆弱性随 X_{mn} 的增大而减小时，X_{mn} 称为负效应指标。负效应指标的标准化方法为：

$$X_{mn}=\frac{(\max x_{mn}-x_{mn})}{(\max x_{mn}-\min x_{mn})} \tag{2}$$

式中，X_{mn} 为标准化后的无量纲值，$X_{mn}\in[0,1]$，且越趋向于1，说明其对干旱脆弱性的贡献越大；X_{mn} 为第 m 评价对象的第 n 指标；$\max(x_{mn})$ 和 $\min(x_{mn})$ 为第 m 个评价对象第 n 个指标的最大和最小值。

2.4 主成分分析法

主成分分析法（principal component analysis，PCA）由 Pearson 于 1901 年提出，是一种减少数据维数且同时保持数据集对方差贡献率最大的数据处理方法（Pearson，1901）。也就是通过对协方差矩阵进行特征分析，把原来的多个指标降维为若干互不相关的综合指标变量，即主成分。具体过程为：

（1）构造样本矩阵。设有 n 个干旱脆弱性标准化评价指标，m 个评价区域，则数据矩阵 $\boldsymbol{X}$ 为：

$$\boldsymbol{X}=\begin{vmatrix} x_{11} & \cdots & x_{1n} \\ \vdots & \ddots & \vdots \\ x_{m1} & \cdots & x_{mn} \end{vmatrix} \tag{3}$$

（2）通过获得各指标间的相关系数，构建相关系数矩阵 $\boldsymbol{R}$。

（3）求 $\boldsymbol{R}$ 的特征值和特征向量，以及特征值所对应的方差贡献率。

（4）确定主成分个数。通常取特征值大于1且累积方差贡献率大于85%的前 q 个主成分去综合原始数据信息。记方差贡献率 C 为：

$$C=(c_1,c_2,\cdots,c_q) \tag{4}$$

（5）标准化特征向量：

$$A=\frac{[e_f-\min(e_f)]}{[\max(e_f)-\min(e_f)]}=(a_1,a_2,\cdots,a_q) \tag{5}$$

式中，e 为特征向量，$f\in[1,q]$。

（6）获得各指标对总体的贡献率：

$$P=\frac{C\cdot A^Q}{\sum_{i=1}^{q}C_i}=(p_1,p_2,\cdots p_n) \tag{6}$$

（7）归一化 P，得到第 j 个指标的权重 w_j：

$$W=\frac{p_j}{\sum_{1}^{n}p_j}=(w_1,w_2,\cdots w_n) \tag{7}$$

2.5 干旱脆弱性评价模型

构建中国北方农业干旱脆弱性综合评价模型，计算干旱脆弱性指数 Y，Y 越大，则干旱脆弱性越大，反之则越小。

$$Y=\sum_{i=1}^{n} w_i x_i \tag{8}$$

2.6 干旱脆弱性等级阈值

根据正态分布原理，设样本均值为 μ，标准差为 σ，制定中国北方地区干旱脆弱性等级划分阈值。脆弱性指数 Y 小于（$\mu-0.5\sigma$），定义为低脆弱性；Y 位于（$\mu-0.5\sigma$）和 μ 之间，定义为较低脆弱性；Y 位于 μ 和（$\mu+0.5\sigma$）之间，定义为较高脆弱性；Y 大于（$\mu+0.5\sigma$），定义为高脆弱性。

3 结果与分析

3.1 主成分特征分析

通过公式（1）和（2），将表 1 中选择的 16 个指标进行标准化处理，在 SPSS 16.0 软件中计算其相关矩阵的特征值、贡献率和累积贡献率，结果见表 2。根据特征值大于 1 且累积方差贡献率大于 85%这个条件，选择前 5 个主成分来代替原来的 16 个原始变量。前 5 个主成分的累积贡献率达到 88.69%，即损失了 11.31%的信息，说明前 5 个主成分基本可以反映原指标主要信息。

表 2 相关系数矩阵的特征值

成分	特征值	贡献率/%	累积贡献率/%
1	8.40	41.99	41.99
2	3.25	19.25	61.24
3	2.11	14.06	75.30
4	1.21	8.07	83.37
5	1.06	5.32	88.69
6	0.96	4.78	93.47
…			
20	0.00	0.00	100.00

因子载荷矩阵是各原始变量因子表达式的系数，表达了提取的公因子对原始变量的影响程度。本研究中的因子载荷矩阵对原始数据信息的反映不清晰，无侧重性，因此选用最大方差法对因子进行旋转，得到因子旋转矩阵。从因子旋转矩阵可以看出，第一主成分主要反映了农业经济脆弱性，第二主成分主要反映了水资源脆弱性，第三主成分主要反映了防旱抗旱能力脆弱性，第四和第五主成分主要反映了社会脆弱性。

3.2 农业干旱脆弱性评价

通过主成分分析法获得各指标权重，并以 5 个主成分的方差贡献率为系数，建立中国北方农业干旱脆弱性评价模型：

$$Y=\frac{41.99\%\times W_1+19.25\%\times W_2+14.06\%\times W_3+8.07\%\times W_4+5.32\%\times W_5}{88.69\%} \tag{9}$$

将标准化无量纲的16个原始指标代入式(9)，得到中国北方地区农业干旱脆弱性评价结果。对16个省(区、市)的干旱脆弱性评价结果进行正态分布检验，结果 P 值大于0.05，表明估计值落在95%的置信区间内，总风险指数服从正态分布。根据2.6中脆弱性阈值划分标准，将中国北方地区水资源、经济、社会、农业、防旱抗旱能力和农业干旱脆弱性划分为低、较低、较高和高脆弱性4个区域。

3.2.1 水资源脆弱性

图1是中国北方地区水资源脆弱性空间分布图。水资源的低脆弱区主要位于安徽、北京、河南和山东，较低脆弱区主要位于辽宁和吉林，较高脆弱区主要位于河北、山西、黑龙江、陕西和天津，高脆弱区主要位于青海、宁夏、新疆、甘肃和内蒙古。图2是水资源脆弱性指标雷达图。为了将不同指标表现在同一张图上，将各指标值归一化(下同)。归一化后的指标值越接近1，其脆弱性程度越高。从图中可以看出，安徽省的地表水资源密度(84.50万 m^3/km^2)、地下水资源密度(15.71万 m^3/km^2)和年均降水量(1207.8 0 mm)均为研究区最高。北京的地下水资源密度(14.75万 m^3/km^2)较高，年均降水量542.73 mm，但地表水资源密度(8.53万 m^3/km^2)较低。河南地下水资源密度、地表水资源密度和年均降水量分别为11.39万 m^3/km^2、13.18万 m^3/km^2 和739.33 mm，山东地下水资源密度、地表水资源密度和年均降水量分别为10.43万 m^3/km^2、7.67万 m^3/km^2 和684.68 mm。因此这四个地区的水资源脆弱性低。水资源脆弱性较低的东北地区其脆弱性主要体现在较低的地下水资源密度和年均降水量上。水资源脆弱性较高的天津和陕西主要体现在地表和地下水资源密度较低；河北和山西主要体现在地表水资源密度较低。水资源高脆弱区存在的问题比较一致，地表水资源密度、地下水资源密度和降水量都很低。脆弱性最高的内蒙古，其地下水资源密度仅为2.10万 m^3/km^2，是整个研究区内最低的。

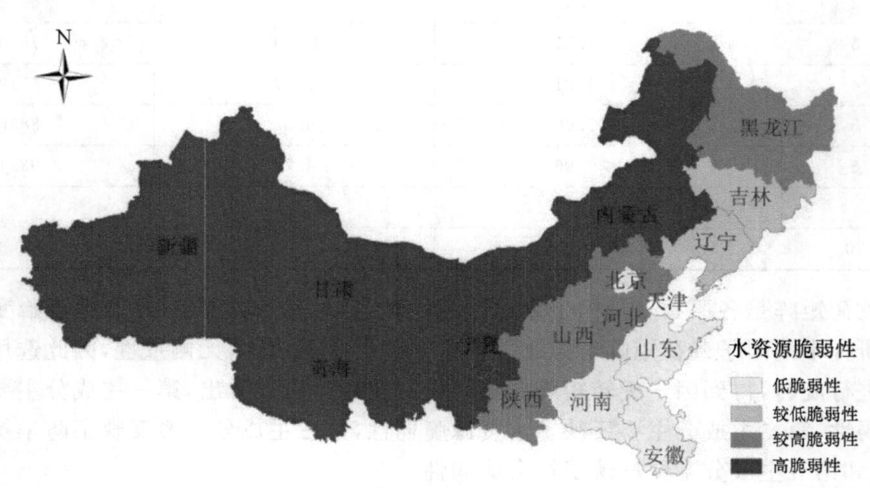

图1 水资源脆弱性空间分布图

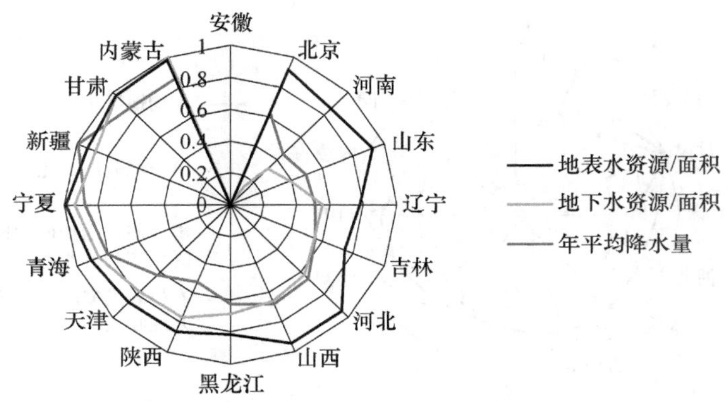

图 2 各地区水资源脆弱性指标雷达图

3.2.2 农业经济脆弱性

图 3 是北方地区农业经济脆弱性空间分布图。从图中可以看出，经济的低脆弱区主要位于北京和天津，较低脆弱区主要位于山东、内蒙古、山西、河南和安徽，较高脆弱区主要位于宁夏、辽宁、吉林、陕西和河北，高脆弱区主要位于青海、甘肃、黑龙江和新疆。从归一化后的农业经济脆弱性指标雷达图中可以看出(图 4)，农业经济脆弱性低值区北京和天津的农村居民人均纯收入分别为 22309.5 元和 20075.6 元，人均地区生产总值分别为 118198 元和 15053 元，远高于其他地区；第一产业所占比重分别为 0.5%和 1.2%，第一产业增加值占地区生产总值比重分别为 0.5%和 1.2%，远低于世界平均水平(5%)。农业经济脆弱性较低区域内蒙古的农村居民人均纯收入为 11609 元，较山东低；山东和内蒙古的人均地区生产总值较高，分别为 68933 元和 72064 元。农业经济脆弱性较高区的山西、宁夏和陕西存在的主要问题是人均地区生产总值(35532 元、47194 元和 51015 元)和农村居民家庭人均纯收入(10083 元、9852 元和 9396 元)较低，辽宁、吉林、河南和河北存在的主要问题是第一产业所占比重(9.8%、10.1%、10.6%和 10.9%)较大。农业经济脆弱性高值区甘肃和青海的农村居民人均纯收入(7457 元、8664 元)和人均生产总值(27643 元、43531 元)低。黑龙江和新疆存在的主要问题是第一产业所占比重很高，分别达到了 17.7%和 17.1%。

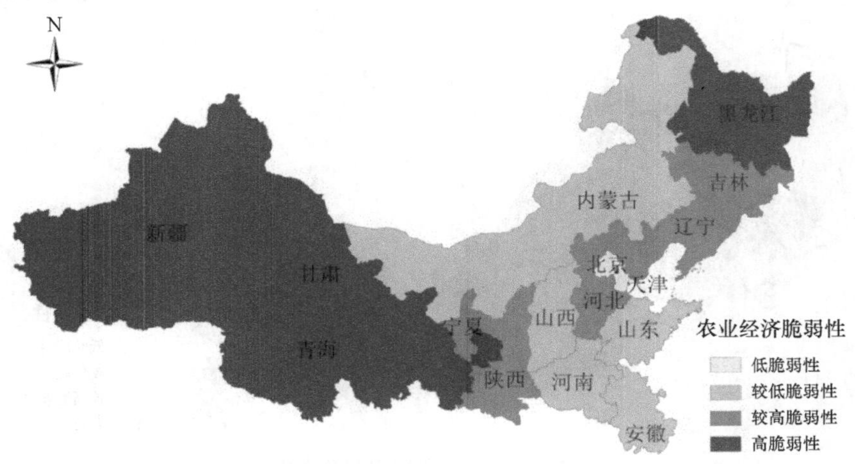

图 3 农业经济脆弱性空间分布图

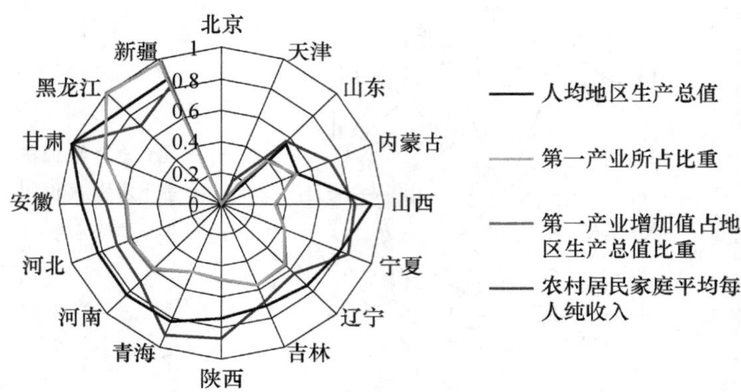

图 4　各地区农业经济脆弱性指标雷达图

3.2.3　社会脆弱性

图 5 是社会脆弱性空间分布图。社会低脆弱区主要包括北京、辽宁、黑龙江、天津、吉林和内蒙古，较低脆弱区主要位于山西、河北和山东，较高脆弱区主要位于宁夏和陕西，高脆弱区主要位于青海、河南、新疆、安徽和甘肃。从归一化后的社会脆弱性指标雷达图中可以看出（图 6），社会低脆弱区北京和天津的人口密度很高，分别为 1324 人/km^2 和 1307 人/km^2，但乡村人口比重和农村居民最低生活保障人数/农村人口比例很低；辽宁、黑龙江、吉林和内蒙古的乡村人口比例较高，分别为 32.6%、40.8%、44.0% 和 38.8%；天津的城乡居民收入和消费差距指数较其余地区低，分别为 1.85 和 1.80；内蒙古和黑龙江的人口密度较低，分别为21.30 人/km^2 和 86.68 人/km^2。较低脆弱区存在的主要问题是乡村人口占总人口比重较高，分别为 43.8%、46.7% 和 41%，山东的恩格尔系数达到了 29.8%，山西的城乡居民收入差距指数为 2.71。较高脆弱区宁夏存在的主要问题是农村居民最低生活保障人数/农村人口比例（14.31%）很高，陕西存在的主要问题是城乡居民收入和消费差距指数（3.03、2.6）较高。高脆弱区河南和安徽的乡村人口比例（51.5%、51.7%）较高，安徽的恩格尔系数甚至达到了 34.2，青海、新疆和甘肃的人口密度都较低，分别为 8.22 人/km^2、14.46 人/km^2 和 57.53 人/km^2，但农村居民最低生活保障人数/农村人口比例都很高，分别为 17.98%、13.44% 和 22.49%，甘肃

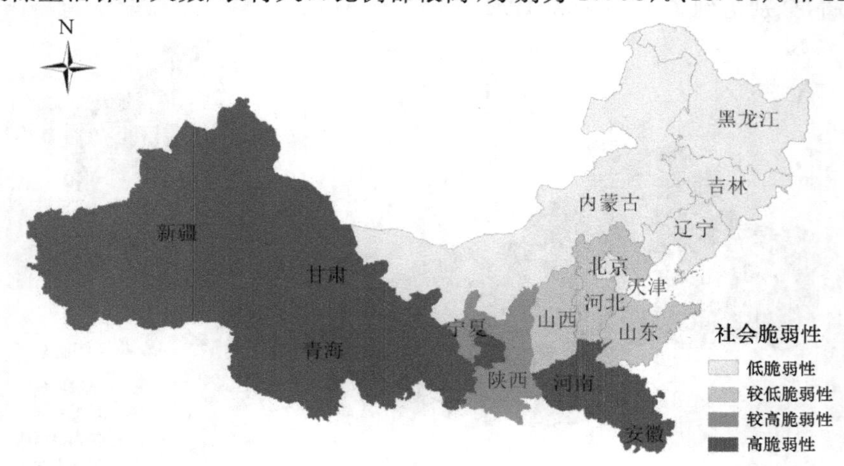

图 5　社会脆弱性空间分布图

的乡村人口比例达到了 55.3%，城乡居民收入和消费差距指数分别为 3.45 和 3.1，因此甘肃的社会脆弱性最高。

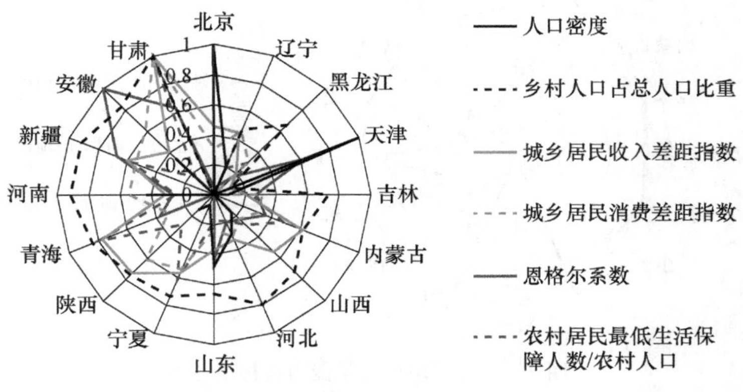

图 6　各地区社会脆弱性指标雷达图

3.2.4　防旱抗旱能力脆弱性

图 7 是北方地区防旱抗旱能力脆弱性空间分布图。从图 7 中可以看出，防旱抗旱能力的低脆弱区主要位于北京、天津、河南、安徽和辽宁，较低脆弱区主要位于山东和河北，较高脆弱区主要位于吉林，高脆弱区主要位于新疆、宁夏、山西、青海、黑龙江、陕西、内蒙古和甘肃。从图 8 可以看出，北京和天津的耕地灌溉面积/耕地面积、节水灌溉面积/耕地面积以及水库库容/总面积的比例都比较高，抵御干旱灾害风险的能力强。河南和安徽的水库库容/总面积（25.31 万 m^3/km^2、23.29 万 m^3/km^2）以及耕地灌溉面积/耕地面积比例（64.64%、75.63%）较高，但节水灌溉面积/耕地面积比例较低（22.27%和 16.09%）。辽宁的水库库容/总面积比例较高，为 24.77 万 m^3/km^2，但耕地灌溉面积/耕地面积和节水灌溉面积/耕地面积较低，分别为 31.62%和 11.77%。新疆的水库库容/总面积的比例很低，仅有 1.20 万 m^3/km^2，但耕地灌溉面积/耕地面积以及节水灌溉面积/耕地面积比例分别达到 95.50%和 74.59%。防旱抗旱能力高脆弱区的甘肃，耕地灌溉面积/耕地面积、节水灌溉面积/耕地面积以及水库库容/

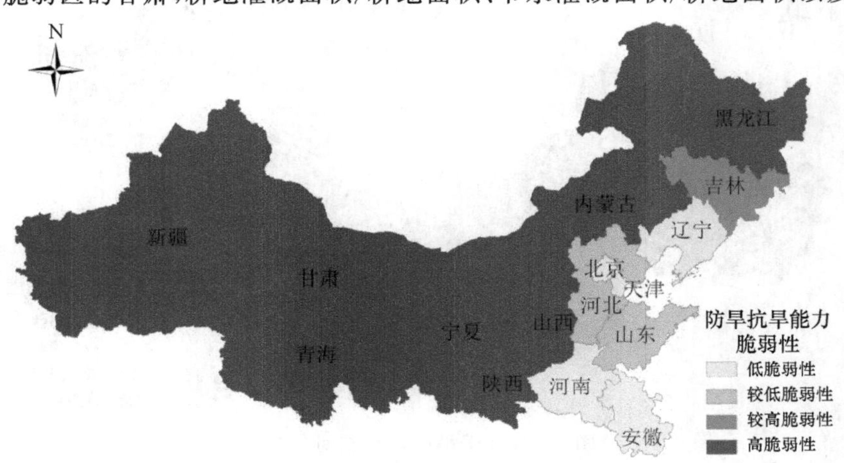

图 7　防旱抗旱能力脆弱性空间分布图

总面积的比例都比较低，这三个值分别为 24.52%、18.17%和 2.26 万 m^3/km^2。

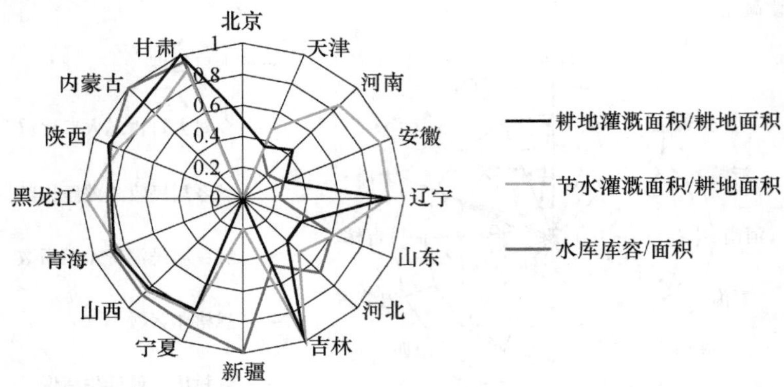

图 8　各地区防旱抗旱能力指标雷达图

3.2.5　农业干旱脆弱性评价

从图 9 可以看出，农业干旱脆弱性低值区主要位于北京和天津，较低脆弱区位于山东、辽宁和吉林，较高脆弱区位于山西、内蒙古、安徽、河北、河南、陕西和宁夏，高脆弱区位于青海、黑龙江、新疆和甘肃。从图 10 可以看出，不同地区，其农业干旱脆弱性的主导因素不同。农业干旱脆弱性低及较低区北京的各农业干旱脆弱性指标都呈低脆弱性，天津的主导因素是水资源脆弱性，山东主导因素是经济和社会脆弱性，辽宁主导因素是经济和防旱抗旱能力脆弱性，吉林主导因素是经济、社会和防旱抗旱能力脆弱性。农业干旱脆弱性高及较高区山西和青海的农业干旱脆弱性主导因素是经济、社会和防旱抗旱能力脆弱性，内蒙古和宁夏的主导因素是水资源、经济和防旱抗旱能力脆弱性，安徽和河南的主导因素是经济和社会脆弱性，河北的主导因素是水资源和农业经济脆弱性，陕西的主导因素是经济和防旱抗旱能力脆弱性，黑龙江的主导因素是经济和防旱抗旱能力脆弱性，新疆的主要因素是水资源、经济和社会脆弱性，甘肃的主导因素是水资源、经济、社会和防旱抗旱能力脆弱性。

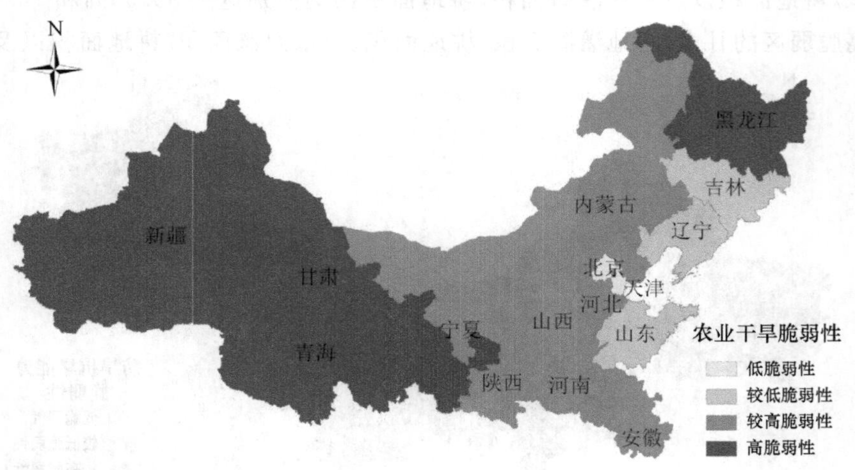

图 9　农业干旱脆弱性空间分布图

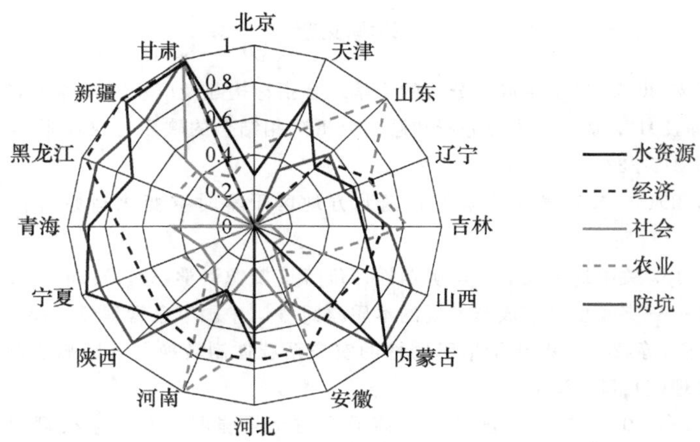

图 10　各地区农业干旱脆弱性指标雷达图

4　讨论

从方法来看，本文采用主成分分析法对高维变量系统进行有效降维，根据各指标所代表的信息量大小和系统效应来确定研究区的干旱脆弱性指标权重。该方法避免了专家打分法和层次分析法等的主观因素干扰，使量化结果客观易行。从指标选择来看，影响中国北方地区农业干旱脆弱性的因素很多，不同地区的主要影响因子不同，且各因素间关系复杂，因此如何客观全面的选取干旱脆弱性指标就成了研究的难点。本文在北方地区农业干旱脆弱性指标的选取上侧重于社会经济因素，未考虑研究区地形地貌、土壤属性等自然因素，未来有必要进一步深入研究。由于研究区面积较大，包含 16 个省(区)，不同省(区)统计资料所包含的统计指标和统计尺度不尽相同，为了使数据具有可比性，避免较多的数据缺失，本研究选择的统计尺度为省。这样做将模糊化一部分细节信息。在进一步研究中应加强数据的收集整理，对多源数据进行融合，提高农业干旱脆弱性分析的空间分辨率。虽然研究中存在着以上不足，但由主成分分析法获得的农业干旱脆弱性评价及区划结果仍具有较好的客观性和实用性，对于认识中国北方地区农业干旱脆弱性程度以及分析影响干旱脆弱性的因素具有重要意义。

5　结论

从水资源、农业经济、社会和防旱抗旱能力入手，建立了中国北方地区农业干旱脆弱性评价指标体系。通过主成分特征分析，选择前 5 个主成分来代替原来的 16 个原始变量，并以 5 个主成分的方差贡献率为系数建立中国北方地区农业干旱脆弱性评价模型，得到脆弱性评价阈值和空间区划。研究发现，水资源高脆弱区主要位于青海、宁夏、新疆、甘肃和内蒙古；经济高脆弱区主要位于甘肃、黑龙江和新疆；社会高脆弱区主要位于青海、河南、新疆、安徽和甘肃；防旱抗旱能力高脆弱区主要位于新疆、宁夏、山西、青海、黑龙江、陕西、内蒙古和甘肃。综合以上结果，得到中国北方地区农业干旱脆弱性评价结果，脆弱性由小到大依次为北京、天津、山东、辽宁、吉林、山西、内蒙古、安徽、河北、河南、陕西、宁夏、青海、黑龙江、新疆和甘肃。进一步分析了不同地区各指标脆弱性产生的主要原因。

参考文献

常文娟,梁忠民,马海波,2017. 基于主成分分析的干旱综合指标构建及应用[J]. 水文,37(1):33-38,82.

何斌,王全九,吴迪,等,2017. 基于主成分分析和层次分析法相结合的陕西省农业干旱风险评估[J]. 干旱地区农业研究,35(1):219-227.

胡实,莫兴国,林忠辉,2015. 未来气候情景下我国北方地区干旱时空变化趋势[J]. 干旱区地理,38(2):239-248.

李梦娜,钱会,乔亮,2016. 关中地区农业干旱脆弱性评价[J]. 资源科学,38(1):166-174.

刘铁民,2010. 脆弱性——突发事件形成与发展的本质原因[J]. 中国应急管理(10):32-35.

石翠萍,杨新军,王子侨,等,2015. 基于干旱脆弱性的农户系统体制转换及其影响机制——以榆中县中连川乡为例[J]. 人文地理(6):77-82.

石育中,王俊,王子侨,等,2017. 农户尺度的黄土高原乡村干旱脆弱性及适应机理[J]. 地理科学进展,36(10):1281-1293.

史培军,1996. 再论灾害研究的理论与实践[J]. 自然灾害学报,5(4):6-17.

舒晓慧,刘建平 . 2004. 利用主成分回归法处理多重共线性的若干问题[J]. 统计与决策,(10):25-26.

王娅,周立华,2018. 宁夏盐池县沙漠化逆转过程的脆弱性诊断[J]. 中国沙漠,38(1):39-47.

王莺,王静,姚玉璧,等,2014. 基于主成分分析的中国南方干旱脆弱性评价[J]. 生态环境学报,32(12):1897-1904.

武建军,耿广坡,周洪奎,等,2017. 全球农业旱灾脆弱性及其空间分布特征[J]. 中国科学:地球科学(6):733-744.

谢祥永,2014. 中国北方干旱化的时空变化特征//中国气象学会年会 s5 干旱灾害风险评估与防控[C].

徐玉霞,许小明,杨宏伟,等,2018. 基于 GIS 的陕西省干旱灾害风险评估及区划[J]. 中国沙漠,38(1):192-199.

张强,张良,崔县成,等,2011. 干旱监测与评价技术的发展及其科学挑战[J]. 地球科学进展,26(7):763-778.

赵宗权,周亮广,2017. 江淮分水岭地区旱灾风险评估[J]. 水土保持研究,24(1):370-375.

Ahmadalipour A, Moradkhani H, 2018. Multi-dimensional assessment of drought vulnerability in Africa: 1960-2100[J]. Science of the Total Environment, 644: 520-535.

Ashok K M, Vijay P S, 2010. A review of drought concepts[J]. Journal of Hydrology, 391(1/2): 202-216.

Ashraf M, Routray J K, Saeed M et al, 2014. Determinants of farmers' choice of coping and adaptation measures to the drought hazard in Northwest Balochistan, Pakistan[J]. Natural Hazards, 73(3): 1451-1473.

Blakic P, Cannon T, Davis I, et al, 2004. At risk: Natural Hazard, People's vulnerability and disasters[M]. London: Routledge: 13-21.

IPCC. Climate change 2013: the physical science basis [M/OL]. Cambridge: Cambridge University Press, in press. 2013-09-30 [2013-09-30]. http://www.ipcc.ch/report/ar5/wg1/#.Uq_tD7KBRR1.

Kim S H, Lee M H, Bae D H, 2016. Estimation and assessment of natural drought index using principal component analysis[J]. Journal of Korea Water Resources Association, 49(6): 565-577.

Naumann G, Barbosa P, Garrote L, et al, 2014. Exploring drought vulnerability in Africa: an indicator based analysis to be used in early warning systems[J]. Hydrology and Earth System Sciences, 18(5): 1591-1604.

Ng'Ambi C, Dzanja J, Mwase W, 2015. Rural Farming Households Vulnerability to Climate Variability in Malawi: A Case of Chitekwere Area Development Programme(ADP) in Lilongwe District[J]. Journal of Agricultural Science, 7(7): 93-102.

Pearson K, 1901. Principal components analysis [J]. The London, Edinburgh, and Dublin Philosophical Magazine and Journal of Science, 6(2): 559.

Silva MM G T D,Kawasaki A,2018. Socioeconomic vulnerability to disaster risk:A case study of flood and drought impact in a Rural Sri Lankan Community[J]. Ecological Economics152:131-140.

Tanago I G,Urquijo J,Blauhut V,et al,2016. Learning from experience:a systematic review of assessments of vulnerability to drought[J]. Natural Hazards,80:951-973.

基于风险价值方法的甘肃省农业旱灾风险评估*

王芝兰　王　静　王劲松

（中国气象局兰州干旱气象研究所/甘肃省干旱气候变化与减灾重点实验室/
中国气象局干旱气候变化与减灾重点开放实验室，兰州，730020）

摘　要　利用农作物旱灾受灾面积、成灾面积、绝收面积、播种面积及单位面积产量，在获得农业旱灾灾损率的基础上，根据优度检验结果拟合出旱灾损失率最优概率分布模型，并借鉴经济学风险价值(Value at Risk，VaR)方法，强调在统计意义下不同等级旱灾的风险水平，实现对农业旱灾风险的有效度量。以甘肃省农业旱灾风险为案例，依据上述方法对甘肃省农业旱灾风险进行评估，结果表明：1950—2011 年旱灾对甘肃省农业生产的影响相对有限，损失率均在 30%以下，平均 10%左右，旱灾损失率的年际变化呈现增长趋势，1995 年因旱致灾的损失率最大；近 62 a 甘肃省农业旱灾损失率的最优概率分布模型为广义极值(generalized extreme value，GEV)分布模型；在面临 10 a 一遇的旱灾时损失率为 18.8%，遭遇 50 a 一遇的旱灾农业损失率为 25.7%，遭遇 100 a 一遇的极端旱灾时损失率达到 28.3%，即全省农业产量或粮食产量将面临减少近 30%的风险，这将给甘肃省粮食生产带来严峻的考验。

关键词　风险价值；概率分布；优度检验；旱灾风险评估；甘肃省

旱灾是世界上影响范围最广、造成农业损失最严重的自然灾害类型(郑远长，2000)。据统计，每年因干旱造成的全球经济损失远远超过其他气象灾害(王劲松 等，2012)。近 50 a 来，在全球变暖和北方旱化(施雅风 等，1995；李久生，2001；张强 等，2010)的背景下，中国受旱面积、受旱成灾面积及旱灾损失呈上升趋势(李茂松 等，2003；He et al.，2011)。鉴于旱灾频发、灾损严重的形势，全面认识和科学评价旱灾给人类社会造成的风险，既是防灾减灾工作的基础环节，也是社会经济可持续发展的迫切需要，已逐步成为地球科学的发展方向、重点领域和前沿课题(Ammann，2006)。

国外干旱灾害风险评估研究大致经历了两个阶段(徐新创 等，2010)：第一阶段(1990—2000 年)，基于历史数据总结旱灾的时空分布特征及发展规律，并从应对危机向风险管理意识的转变；第二阶段(2001 年以后)，分析干旱发展过程，突出非自然因素在减缓干旱影响中的作用，加强风险管理意识，研究未来发生灾害的风险。中国对干旱灾害风险评估起步较晚，目前仍处在定性向定量或半定量分析的转变阶段。有关灾害风险评估的方法主要有 3 种：(1)灾害指标体系(单一指标及综合风险指标)的风险建模与评估(魏瑞江 等，2000，王静爱 等，2005，段晓凤 等，2012，王婷 等，2013)。认为灾害风险由致灾因子危险性、孕灾环境敏感性、承灾体脆弱性及防灾减灾能力等 4 要素构成，分析各要素指标的时空特征、强度、频率等，采用主观权重确定方法如专家打分法、层次分析法等或客观权重确定方法如熵权系数法、灰色关联度法等确定各指标权重，构建评估模型，继而对研究区域干旱风险进行区划，该方法侧重于灾害风险

*　发表在：《中国农业气象》，2015，36(3)：331-337.

指标的选取、组合及权重的计算;(2)风险概率的建模与评估(徐磊,2012)。认为风险是由{〈概率,损失〉}或{〈概率,事件(可能性)〉}所组成的事件空间,或者结合事件和损失的发生概率,即{〈概率,事件(可能性),损失〉}等的组成,在搜集研究单元农业灾害数据的基础上,利用数理统计方法对灾害数据进行拟合,揭示灾害发展演变的特点和规律,预测未来发生灾害的风险,该方法侧重于灾害数据的拟合及分布模型参数的估计。(3)情景模拟的动态风险建模与评估(Bocchiola et al.,2012;栾庆祖 等,2014)。借助水文模型、作物模型等系统平台,通过"情景制作—情景演练—情景结局—情景综合"4个步骤对致灾过程进行仿真模拟,分析各种未来情景下不利后果的综合量化评估。这三类方法也可称为基于风险因子、风险损失、风险机理的灾害风险评估。

甘肃省地处西北,农业是主导产业,也是经济命脉,对甘肃省农业旱灾风险进行有效度量十分必要,但目前对甘肃省农业旱灾风险评估的研究报道较少,多数基于历史资料对过去旱灾特征进行分析(王静 等,2006)。针对资料的有限性,王积全等(2017)利用信息扩散的模糊数学方法对甘肃省民勤县的农业旱灾风险做了分析,王莺等(2013)利用相同方法对1990—2010年甘肃省农业旱灾进行了风险评估,结果表明信息扩散理论能较为稳定及定量地对农业旱灾进行风险分析。

本文在已有研究的基础上,搜集甘肃省62 a旱灾灾情数据,借鉴经济学分析中的风险价值思想,分析了甘肃省农业旱灾发生的风险水平,构建农业旱灾风险评估体系,并与以往的研究结果进行对比,得出更为合理的风险评估结果,以期为现代农业旱灾风险分析技术提供一个新途径,为防旱减灾工作、制定风险管理预案及气候变化适应政策等提供科学依据。

1 资料与方法

1.1 研究区概况

甘肃省(92°—108°E,32°—42°N,800～3000 m)位于西北内陆地区,是中国干旱半干旱交界地带,气候干燥,气温日较差大,太阳辐射强,年平均气温在0～14 ℃,由东南向西北降低。降水量空间差异大,在42～760 mm之间,自东南向西北减少,年均降水量300 mm左右,不足全国降水量的1/3。省内地形地貌复杂,高原、山地、荒漠、河谷、绿洲等交错分布,生态环境脆弱,气象灾害频发。全省气象灾害占整个自然灾害的88.5%,高出全国平均水平18.5%,其中旱灾出现频率高,占气象灾害的70%以上,是最主要的气象灾害(尹宪志 等,2005),严重影响甘肃省农业经济的可持续发展。

1.2 数据来源

以省为研究尺度,搜集整理甘肃省1950—2011年农作物受灾面积、农作物旱灾受灾面积、旱灾成灾面积及旱灾绝收面积、农作物播种面积、粮食作物播种面积及粮食作物产量等数据,其中1950—1977年农作物受灾面积、农作物旱灾受灾、成灾和绝收面积、农作物播种面积及粮食作物产量资料来源于《中国气象灾害大典·甘肃卷》(温克刚 等,2005),1950—1977年粮食作物播种面积及1978—2011年所有资料均来自中华人民共和国农业部种植业管理司网站(www.zzys.moa.gov.cn),网站灾情数据库数据来源于《中国统计年鉴》及《中国农业统计资料》。个别年份(1958年、1970年)旱灾受灾、成灾及绝收面积数据缺失,用农作物受灾、成灾面积代替。

由于国家民政部门对农作物产量无统计，所以无法获取农作物单位面积产量，文中使用粮食作物产量与粮食作物播种面积比值得出粮食作物单位面积产量，代替农作物单位面积产量。

1.3 方法

1.3.1 农业旱灾损失模型

徐磊等(2011)，建立基于农业间接灾情统计数据的农业旱灾损失模型，即

$$\mathrm{Crop}_{\mathrm{Loss}(i)}=\frac{[(A_1-A_2)\cdot C_1+(A_2-A_3)\cdot C_2+A_3\cdot C_3]\cdot y}{A_0\cdot y} \tag{1}$$

式中：$\mathrm{Crop}_{\mathrm{Loss}(i)}$为某年某一地区因干旱所导致的农作物产量损失率(%)；A_1，A_2和A_3分别为干旱导致的农作物受灾面积、成灾面积和绝收面积(hm^2)；C_1，C_2和C_3分别为农作物旱灾受灾面积的平均减产系数、成灾面积的平均减产系数和绝收面积的平均减产系数；y为农作物单位面积产量(kg/hm^2)；A_0为农作物总播种面积(hm^2)。

由于农作物受灾面积、成灾面积和绝收面积分别指自然灾害造成农作物减产10%以上、减产30%以上和减产80%以上，本文采用徐磊等(2011)的建议，分别取各自减产损失的平均值作物旱灾受、成灾和绝收面积的平均减产系数，即农作物旱灾受、成灾和绝收面积的平均减产系数分别取0.20、0.55和0.90。

1.3.2 农业旱灾损失概率分布模型

准确拟合旱灾损失的概率分布至关重要。首先选取目前国内外相关研究中使用较多的10种概率分布模型(Beta分布、Chi-Squared分布、Frechet分布、Gamma分布、Weibull分布、Gen. Extreme Value分布、Logistic分布、Log-Logistic分布、Normal分布和Lognormal分布)，假定农作物旱灾损失数据服从这些候选模型，利用Anderson-Darling检验(A-D检验)、Kolmogorov-Smirnov检验(K-S检验)和Chi-Square检验(χ^2检验)对农作物旱灾损失数据时间序列进行优度检验，从而获取最优模型。

χ^2、K-S检验和A-D检验是基于累积分布函数，用以检验一个经验分布是否符合某种理论分布，若两者间距离很小，则推测该样本符合某理论分布。χ^2对样本长度要求较高，通常在$N>200$情况下才能获得较理想的检测效果，而K-S和A-D检验适用范围广，不依赖均值的位置，对尺度化不敏感；在相同检测环境下，A-D检验效果较K-S检验更稳健(张维等，2009)。因此，基于3种检验的结果，规定如果3种检验中有2种检验结果一致，则以该结果为准；如果3种检验结果各不相同，优先考虑A-D检验结果。

从候选的10个模型中选出最优模型后，采用极大似然法或线性矩法对最优模型的各项参数值进行估算，以确定最优模型的概率分布函数$F(x)$，并分析其概率密度函数图、累积分布概率图(P-P图)或分位数图(Q-Q图)等相关概率图，以进一步检验最优模型拟合的准确性。

1.3.3 农业旱灾风险的度量

采用目前经济学的风险度量方法即风险价值(Value at Risk，VaR)对农业旱灾风险进行有效度量。VaR是指在正常的市场波动条件下，某一金融资产或证券组合在给定置信度和一定的持有期内可能的最大损失，即在一定概率水平(置信度)下，某一金融资产或证券组合价值在未来特定时期内的最大可能损失。VaR的一个重要特点是可以事前计算风险，不像以往风

险管理方法均在事后衡量风险大小，可描述为，设 x 为某一金融资产或证券组合损失的随机变量，$F(x)$是其概率分布函数，置信水平为 $1-\alpha$，则

$$\mathrm{VaR}(\alpha)=\max\{x \mid F(x)\geqslant 1-\alpha\} \tag{2}$$

也可表述为

$$P(\Delta X\leqslant \mathrm{VaR})=1-\alpha \tag{3}$$

式中：P 为资产价值损失小于可能损失上限的概率；ΔX 为某一金融资产在一定持有期 Δt 内的价值损失额；$1-\alpha$ 为预先给定的置信水平；VaR 为在置信水平下处于风险中的价值，即可能的损失上限。VaR 属于统计概念的范畴，可用 $1-\alpha$ 的概率保证损失不会超过 VaR。如某投资组合在 95%置信水平下的 VaR，就是该投资组合收益分布曲线左尾 5%（1%～95%）分位点所对应的损失金额。从 VaR 的原始定义来看，只有在给定置信水平和持有期这两个关键参数的情况下才具有实际意义。

VaR 本质上是计算 $F(x)$在置信水平 α 下的上分位数或下分位数，本文中 VaR 是指面临干旱灾害时"处于风险状态的价值"，即在给定的置信水平内，处于某种风险水平的预期旱灾最大损失量。根据最优模型得到的农业旱灾损失概率分布函数 $F(x)$，其中 x 为农业旱灾损失率，VaR 为农作物遭遇 10a 一遇（$\alpha=0.1$ 的上分位数）、20a 一遇（$\alpha=0.05$ 的上分位数）、50 a 一遇（$\alpha=0.02$ 的上分位数）以及 100 a 一遇（$\alpha=0.01$ 的上分位数）的极端干旱事件下，预期得到农作物的旱灾损失率，从而实现对农业旱灾风险的有效分析和评估。

2 结果与分析

2.1 甘肃省农业旱灾损失年际变化

甘肃省农作物旱灾受灾面积占农作物受灾（气象灾害）面积的比例如图 1 所示，由图可见，甘肃省干旱灾害在自然灾害中所占比重较大，在过去的 62 a 中，有 48 a 干旱灾害占气象灾害 50%以上，其中 1951 年、1953 年、1971 年、1995 年和 1997 年高达 85%以上。从年代变化看，20 世纪 50 年代干旱占气象灾害的 53.7%，60 年代为 52.6%，70 年代为 52.7%，80 年代为 58.6%，90 年代为 68.1%，进入 21 世纪（2000-2011 年）为 65.7%。由此可以看出，甘肃省的干旱灾害较为严重，在增温明显的 20 世纪 80 年代中期后，干旱灾害所占比重均在 50%以上，较前期有所增加。

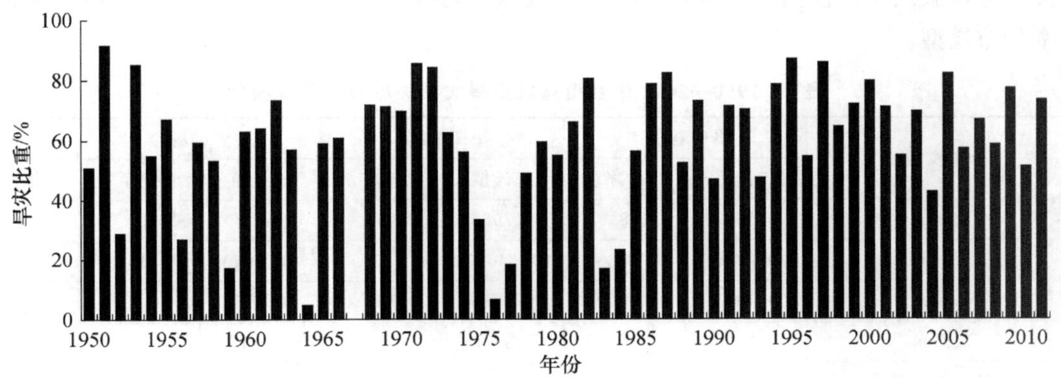

图 1　1950—2011 年甘肃省农作物旱灾受灾面积占农作物受灾面积比例的年际变化

根据式(1)计算得到1950—2011年甘肃省农业旱灾损失率，结果见图2。由图可见，分析期内甘肃省因干旱造成农业损失率均在30%以下，1995年、2000年分别高达26.8%、25.5%；旱灾损失率时间序列的年际变化呈增长趋势，尤其在20世纪90年代以后，损失率增大较明显。由各年代平均值看，20世纪50年代甘肃省农业旱灾损失率为4.16%，60年代为8.40%，70年代为10.15%，80年代为8.95%，90年代为12.93%，21世纪以来上升至14.49%。可见，农业旱灾损失率年代际变化与年际变化呈现一致的增大趋势。

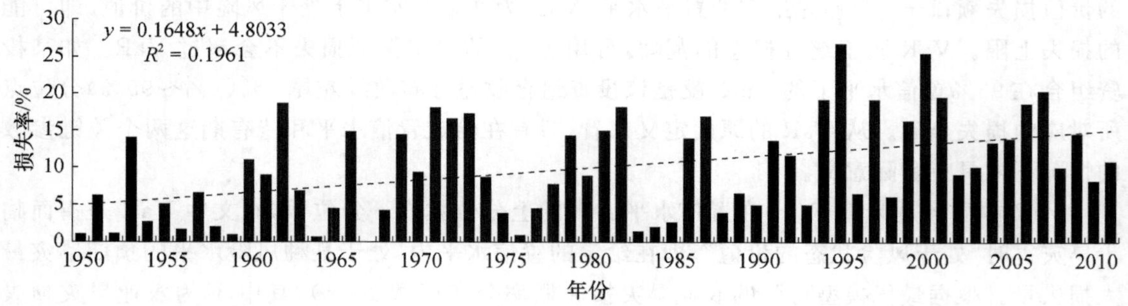

图2 1950—2011年甘肃省农业旱灾损失率的年际变化

2.2 甘肃省农业旱灾损失率概率分布函数拟合

由历年损失率的分布结果看，分析期内甘肃省农业旱灾平均损失率为10%，损失率中位数为9.01%，标准差为6.71%，损失率时间序列在5%的显著性水平下表现为右偏态分布(偏度为0.39，均值大于中位数)；峰度小于3，呈现出平顶曲线的特征。

运用Easy-Fit统计软件，对甘肃省62 a的农业旱灾损失率时间序列，在候选的10种概率分布模型中选取最优模型。表1所示为10种模型的优度检验。从表1中可以看出，10种模型中的K-S检验、A-D检验及χ^2检验的结果的排序均存在差异，根据优度检验的规定，Gen. Extreme Value、Normal、Weibull、Lognormal、Log-Logistic、Frechet及Chi-Squared模型的检验结果中有2种或以上方法的检验结果一致，则以该结果为准；Logistic、Gamma和Beta模型的3种结果各不相同，则以A-D检验结果为准。由表1还可以看出，Gen. Extreme Value(极值理论，GEV)模型排序第一。计算得到CV值(CV=0.7426)对结果进行检验，$AD<CV$，故接受样本服从指定模型的假设，因此甘肃省农业旱灾损失率服从GEV分布模型，且为最优概率分布模型。

表1 1950—2011年甘肃省农业旱灾损失率拟合优度检验

分布模型	K-S检验		A-D检验		χ^2检验		综合
	统计值	排序	统计值	排序	统计值	排序	排序
Beta	0.1532	8	6.7966	9	N/A		9
Chi-Squared	0.2389	10	13.4690	10	16.4910	9	10
Frechet	0.1985	9	6.3685	8	10.6730	8	8
Gamma	0.1209	5	2.9343	4	1.9916	1	4
Gen. Extreme Value	0.0973	1	0.6119	1	2.3329	2	1

续表

分布模型	K-S 检验		A-D 检验		χ^2 检验		综合
	统计值	排序	统计值	排序	统计值	排序	排序
Log-Logistic	0.1476	7	4.2966	7	7.4990	7	7
Logistic	0.1192	4	1.2942	3	7.4696	6	5
Lognormal	0.1256	6	3.9491	6	4.3374	5	6
Normal	0.0990	2	0.8338	2	4.1901	4	2
Weibull	0.1123	3	3.0755	5	3.6826	3	3

GEV 模型的概率密度函数 $f(x)$ 为

$$f(x)=\frac{1}{v}\exp[-(1-w)y-\exp(-y)] \tag{4}$$

其中

$$y=\begin{cases}\dfrac{(x-u)}{v} & w=0\\ -\dfrac{1}{w}\ln\left[1-\dfrac{w(x-u)}{v}\right] & w\neq0\end{cases} \tag{5}$$

其累积分布函数 $F(x)$ 为

$$F(x)=\exp[\exp(-y)]=\begin{cases}\exp\left\{-\exp\left[-\left(\dfrac{x-u}{v}\right)\right]\right\} & w=0\\ \exp\left\{-\left[1+w\left(\dfrac{x-u}{v}\right)\right]^{-\frac{1}{w}}\right\} & w\neq0\end{cases} \tag{6}$$

式中：u 为位置参数，v 为尺度参数，w 为形状参数。

根据甘肃省 1950—2011 年历年农业旱灾损失率资料，采用极大似然法对选取的 GEV 分布模型进行参数估计（王澄海 等，2012）。所得参数为，$u=7.1169$，$v=5.7993$，$w=0.1036$。因此，确定出最优模型的概率分布函数为

$$F(x)=\exp\left\{-\left[1+0.1036\left(\frac{x-7.1169}{5.7993}\right)\right]^{-\frac{1}{0.1036}}\right\} \tag{7}$$

进一步检验甘肃省农业旱灾损失率概率分布模型拟合的合理性，概率分布函数 $F(x)$ 对应的累积分布概率图（*P-P* Plot）和概率密度函数图（density function）如图 3 所示。*P-P* 图表述变量的累积比例与指定分布的累积比例间的关系，可检验变量是否符合指定的分布，由图 3 可看出，*P-P* 图中虽有些点不在直线上，但近似呈一条直线，说明损失率分布与指定的 GEV 模型的偏离不大。由概率密度函数图也可看出，函数的估计和频率图拟合相对较好，损失率在 8%左右的发生概率最大，也可认为农业旱灾损失率在 8%左右的干旱事件在甘肃省易发生。

2.3 甘肃省农业旱灾风险度量

基于甘肃省农业旱灾损失概率分布函数式(7)，运用 VaR 方法计算出甘肃省农业生产遭受 10 a 一遇、20 a 一遇的较重旱灾及 50 a 一遇和 100 a 一遇重旱时的损失率，结果见表 2。由表 2 可见，甘肃省农业旱灾风险度量，10 a 一遇的旱灾农业损失不超过 20%；20 a 一遇的旱灾农业损失率为 22%；遭受 50 a 一遇或 100 a 一遇的旱灾巨灾时（张维 等，2009），农业损失率均超过 25%，分别达到 25.7%和 28.3%。

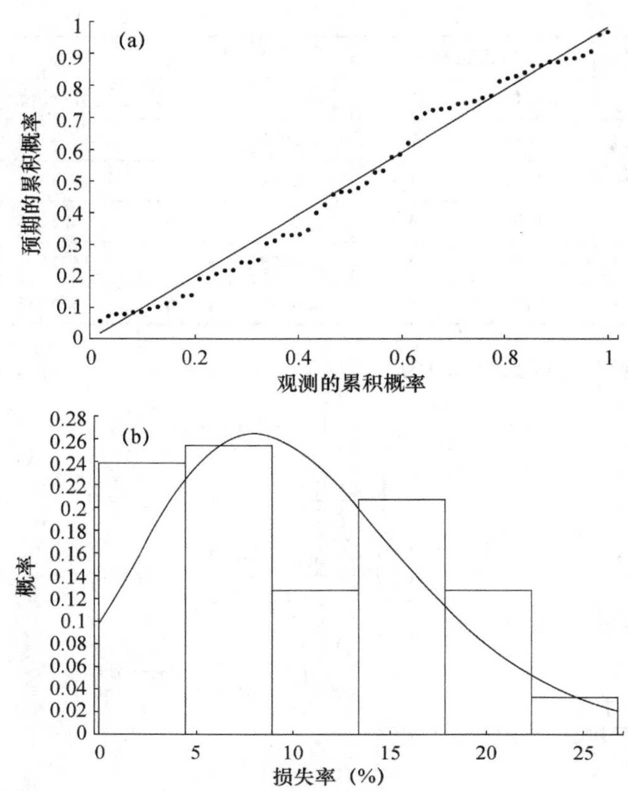

图 3　甘肃省农业旱灾损失累积概率分布 *P-P* 图(a)和概率密度函数图(b)

1960—2011 年甘肃省农业旱灾灾损最严重发生在 1995 年，造成农业产量减产 26.8%，根据文献(徐磊 等，2011)记载，1995 年 3—6 月全省降水普遍偏少 30%～80%，陇东及陇中大部分地区降水偏少 50%～80%，其降水量为气象记录以来的最小值或次小值；全省粮食受灾面积达 187.06 万 hm^2，占全省粮食面积的 63.9%，由此可见，1995 年甘肃省的确发生极端干旱，造成严重的农业损失，符合本文运用 VaR 方法计算出的 50 a 一遇到 100 a 一遇的旱灾损失风险度量。这也说明运用 VaR 方法对农业旱灾进行分析评估是合理的。同时，如果甘肃省遇到 100 a 一遇的干旱巨灾时，全省农业产量或粮食产量将减少近 30%，这将给甘肃省粮食安全造成极大损失和严峻考验。

表 2　甘肃省农业旱灾风险度量

灾害	10 a 一遇	20 a 一遇	50 a 一遇	100 a 一遇
损失率/%	18.8	21.9	25.7	28.3

3　结论与讨论

(1)甘肃省干旱灾害在自然灾害中所占比重较大，在 20 世纪 80 年代中期以后的旱灾比重增加。近 1960—2011 年甘肃省农业因干旱造成农作物损失率年际变化呈现增长趋势，损失率均值为 10%，损失率最大值为 26.8%，出现在 1995 年。

(2)从K-S检验、A-D检验及χ^2检验结果来看，近62 a甘肃省农业旱灾损失率的最优拟合模型为GEV模型。

(3)甘肃省10 a一遇的旱灾农业损失率不超过20%；20 a一遇的旱灾农业损失率为22%；遭遇50 a一遇的旱灾农业损失率为25.7%，遭遇100 a一遇的极端旱灾时农业损失率达到28.3%，即全省农业产量或粮食产量将减少近30%。

农业旱灾风险评估的主要目的是给出不同干旱强度发生的可能性，也就是其概率密度函数，传统的评估方法多数基于均值理论(服从正态分布)，在全球气候变暖，极端天气气候事件频发的形势下，可能会产生较大的偏差。文献(王莺 等，2013)采用信息扩散理论分析甘肃省农业旱灾风险认为，甘肃省旱灾受灾指数(农业旱灾受灾面积与农作物播种面积的比值)在22%时旱灾受灾概率最大，农业旱灾受灾指数10%～20%时风险概率为1～1.6 a一遇，指数＞50%时的风险概率为12.2 a一遇，这与本文旱灾损失率在8%时旱灾发生概率最大，10a一遇的旱灾损失率为18.8%相符，但1990—2010年资料存在一定的局限性，选取农业旱灾受灾指数为分析指标对旱灾强度等级及造成的损失考虑不全面。本文使用优度检验拟合旱灾损失率的最优模型，将经济学风险度量思想运用到旱灾风险评估中，拟合结果说明了概率密度函数的准确性和运用VaR方法的合理性。文中甘肃省农业旱灾损失率样本数为62个，属小样本集合，在概率函数拟合时可能会因样本数少而造成误差，已有研究(徐磊 等，2011)使用蒙特卡洛模拟来扩大样本数量，但其得到的新样本也一定程度地改变了样本本身的属性如均值、最大值、最小值、方差等。此外，由于旱灾灾情数据所限，本研究以“省”为研究尺度，虽然对于不同农业区如灌溉农业区或雨养农业区等有一定的局限性，但对于全省的农业旱灾灾损风险价值的评估和灾损保险的厘定仍具有重要意义，可为干旱灾害风险的规划管理提供科学依据。

参考文献

段晓凤，刘静，张晓煜，等，2012. 基于旱灾指数的宁夏小麦产量风险[J]. 干旱气象，30(1)：71-76.

郭小燕，张家武，陈雪梅，等，2011. 甘肃省水旱灾害时空分布特征及其与粮食产量的关系[J]. 干旱区资源与环境，25(6)：132-137.

李久生，2001. 北方地区干旱变化趋势分析[J]. 干旱地区农业研究，19(3)：42-51.

李茂松，李森，李育慧，2003. 中国近50年旱灾灾情分析[J]. 中国农业气象，24(1)：6-9.

栾庆祖，叶彩华，莫志鸿，等，2014. 基于WOFOST模型的玉米干旱损失评估：以北京为例[J]. 中国农业气象，35(3)：311-316.

任国玉，郭军，徐铭志，等，2005. 近50年来中国地面气候变化基本特征[J]. 气象学报，63(6)：942-957.

施雅风，张祥松，1995. 气候变化对西北干旱区地表水资源的影响和未来趋势[J]. 中国科学：B辑，25(9)：968-977.

王澄海，王芝兰，郭毅鹏，2012. GEV干旱指数及其在气象干旱预测和监测中的应用和检验[J]. 地球科学进展，27(9)：957-968.

王积全，李维德，2007. 基于信息扩散理论的干旱区农业旱灾风险分析[J]. 中国沙漠，27(9)：826-830.

王劲松，李耀辉，王润元，等，2012. 我国气象干旱研究进展评述[J]. 干旱气象，30(4)：497-508.

王静，韩永翔，尉元明，2006. 甘肃省雨养农业区气候变暖背景下秋粮生产脆弱性研究[J]. 干旱地区农业研究，24(1)：15-19.

王静爱，商彦蕊，苏筠，等，2005. 中国农业旱灾承灾体脆弱性诊断与区域可持续发展[J]. 北京师范大学学报(社会科学版)，3：130-137.

王婷，袁淑杰，王鹏，等，2013. 基于两种方法的四川水稻气候干旱风险评价对比[J]. 中国农业气象，34(4)：

455-461.

王莺,李耀辉,赵福年,等,2013. 基于信息扩散理论的甘肃省农业旱灾风险分析[J]. 干旱气象,31(1):43-48.

魏瑞江,姚树然,王云秀,2000. 河北省主要农作物农业气象灾害灾损评估方法[J]. 中国农业气象,21(1):27-31

温克刚,董安祥,2005. 中国气象灾害大典·甘肃卷[M]. 北京:气象出版社:5-6.

徐磊,张峭,2011. 中国农业巨灾风险评估方法研究[J]. 中国农业科学,44(9):1945-1952.

徐磊,2012. 农业巨灾风险评估模型研究[D]. 北京:中国农业科学院.

徐新创,刘成武,2010. 干旱风险评估研究综述[J]. 咸宁学院学报,30(10):5-9.

尹宪志,邓振镛,徐启运,等,2005. 甘肃省近50a干旱灾情研究[J]. 干旱区研究,22(1):120-124.

张强,张存杰,白虎志,等,2010. 西北地区气候变化新动态及干旱环境的影响[J]. 干旱气象,28(1):1-7.

张维,于盛林,张弓,2009. Anderson-Darling 检验在杂波分布辨别中的应用[J]. 仪器仪表学报,30(3):631-635.

郑远长,2000. 全球自然灾害概述[J]. 中国减灾,10(1):14-19.

Ammann W J, 2006. Program of international disaster reduction conference(IDRC Davos 2006)[C]. Davos, Switzerland.

Bocchiola D,Nana E,Soncini A,2012. Impact of climate change scenarios on crop yield and water footprint of maize in the Po valley of Italy[J]. Agricultural Water Management,(1):50-61.

He B,Lv A F,Wu J J,et al,2011. Drought hazard assessment and spatial characteristics analysis in China[J]. Journal of Geographical Sciences,21(2):235-249.

Pickands J,1975. Statistical inference using extreme order statistics[J]. The Annals of Statistics,(3):119-131.

基于信息扩散理论的中国南方水旱灾害风险特征*

王　莺[1,2]　张　强[1]　韩兰英[3]

(1. 中国气象局兰州干旱气象研究所/甘肃省干旱气候变化与减灾重点实验室/
中国气象局干旱气候变化与减灾重点开放实验室,兰州,730020;
2. 兰州大学大气科学学院,兰州,730000;3. 西北区域气候中心,兰州,730020)

摘　要　水旱灾害是影响中国南方地区农业生产的主要自然灾害。收集1997—2012年中国南方所辖5省1市的农业灾情数据,建立基于水旱灾害受(成)灾面积的受(成)灾指数。以灾害学理论为基础,用基于信息扩散理论的风险评估模型获得中国南方地区不同等级农业水旱灾害风险发生概率。得到以下结论:(1)贵州和云南的旱灾成灾率高,重庆和广西的水灾成灾率高,说明这些地区的农业对干旱和洪涝的适应性和恢复力差,容易成灾;(2)农业水(旱)灾受灾等级普遍高于成灾等级。随着农业水(旱)灾受灾风险等级的增加,成灾风险等级可能并未随之增加,说明良好的防灾减灾能力可以有效地降低农业水(旱)灾成灾率。研究区北部的水灾风险防范难度大于南部,西南的旱灾风险防范难度大于华南,农业旱灾较之水灾的发生风险等级高、成灾率高,受灾面积和成灾面积广;(3)从空间分布来看,水灾主要发生在四川和重庆地区,旱灾主要发生在西南地区,其中重庆的成灾率较高。

关键词　中国南方;信息扩散理论;水旱灾害;风险特征

中国地处亚洲季风气候区,降水不仅具有明显的季节性和地域性,而且年际波动大,这些特征使得中国成为一个水旱灾害频发的国家(涂长望 等,1944)。据《中国农业统计资料》提供的数据显示,1978—2012年中国农业旱灾的平均受灾面积和成灾面积分别为2 393万 hm^2 和1 224万 hm^2,水灾分别为1 130万 hm^2 和618万 hm^2。水旱灾害已严重影响了中国的农业生产。IPCC第五次评估报告指出,北半球1983—2012年可能是最近1400年来气温最高的30年(Qin et al.,2014)。在此背景下,中国降水年际、年内变异增大,农业水资源有效利用的不确定性和脆弱性增加,不同地域、不同季节发生极端水旱灾害事件的次数增多(王静爱 等,2008,IPCC,2012,黄小燕 等,2014)。值得注意的是,近年来在北方农业水旱灾害形势依然严峻的情况下,中国南方水旱灾害也出现了愈演愈重的趋势。如,2000年4—6月,四川重旱导致的直接经济损失达22.5亿元;2006年川渝夏秋大旱,部分地区持续干旱时间超过了100 d;2008年粤、桂、川、滇等省(区)出现严重洪涝灾害;2009—2010年云、贵、川、桂等省(区)出现秋、冬、春季连旱;2011年6月,贵州出现旱涝急转;2012年3月,广东发生大范围春汛;2013—2014年西南地区出现秋冬春连旱(尹晗 等,2013;段海霞 等,2014)。南方地区作为中国粮油主产区,其农业安全对中国社会发展具有十分重要的现实意义,因此有必要开展该地区农业水旱灾害风险特征研究。

近年来,很多国际组织和国家都开展了水旱灾害风险评估工作。如联合国发展计划署

* 发表在:《干旱气象》,2016,34(6):919-926.

(UNDP)与联合国环境规划署(UNEP)全球资源信息数据库(GRID)合作开发了“灾害风险指数(DRI)”(Dilley et al.,2005;Arnold et al.,2006);Pandey 等(2012)研究了印度恰尔肯德邦地区的农业干旱风险;Shahid 等(2008)构建了孟加拉地区的干旱评估模型,强调危险性和脆弱性在干旱风险中的联合作用;Balica 等(2013)通过物理模型研究了肯尼亚西部的洪涝灾害风险。中国学者对水旱灾害风险评估的研究主要开始于 20 世纪 90 年代。徐向阳等(1999)从水旱灾害防治需求入手,对水旱灾害损失评估系统做了论述;徐乃璋等(2002)将灾损和社会、经济、人文等因素结合,研究水旱灾害对中国农业和社会经济发展的影响;叶明华等(2013)通过收集历年粮食主产省份的水旱灾害成灾率数据,构建灾害波动测算模型,得到了基于灾损的分级与评估结果;郭小燕等(2011)根据甘肃省历年水旱灾害受灾面积和粮食产量数据,分析了水旱灾害的时空分布特征以及与粮食产量的关系。以上研究主要基于大样本的概率统计模型,所需样本数较多。当前中国水旱灾情数据主要来自社会统计资料,该资料的年代序列较短,且连续性较差,导致风险评估结果稳定性弱,甚至与实际情况相差甚远(黄崇福 等,1998)。为了准确分析小样本事件,信息扩散理论被广泛应用于自然灾害风险评估中(黄崇福,1992;张竟竟,2012;杜子璇 等,2012;王莺 等,2013;Li,2013;王文祥 等,2014;杜向润 等,2014;Wu et al.,2015)。该理论将一个观测值变成一个模糊集,用样本模糊信息去弥补小样本信息的不足,进而获得区域小概率事件的风险度。但上述研究区域多集中于中国北方,研究对象多以农业灾情为主,而忽略了致灾因子在灾害风险中的作用。鉴于此,本研究以信息扩散理论为基础,从农业灾情方面对中国南方地区农业水旱灾害进行空间风险评估和分级评价,以期为中国南方地区农业生产和水旱灾害管理提供借鉴。

1 研究区概况

中国南方地区主要指秦岭—淮河一线以南、青藏高原以东的地区。该地区主要粮食作物是水稻,主要经济作物是油菜、甘蔗、棉花、烤烟和茶叶。选择位于中国南方的华南(广东、广西)和西南(贵州、云南和四川省以及重庆)地区为案例区来分析气候变暖背景下南方农业水旱灾害风险特征(图 1)。从气候类型看,华南地区主要为亚热带季风气候,年降水量为 1300~2500 mm,年平均温度为 16~24 ℃;西南地区的湿润北亚热带季风气候主要分布于四川盆地,亚热带季风气候主要分布于云贵高原的低纬地区,高寒气候和立体气候主要分布于云贵高原和青藏高原的高纬地区,热带季雨林气候主要分布于西南地区南端。从地形地貌看,华南地区地表侵蚀切割强烈,丘陵广布;西南地区主要分布有四川盆地、云贵高原高山山地丘陵以及青藏高原高山山地。从土壤类型看,华南地区脱硅富铝化强烈,是砖红壤和赤红壤的集中分布区;西南地区的贵州主要分布为黄壤,四川盆地和重庆主要为紫色土,广西、云南和四川西南部主要为红壤。以上自然环境因素决定了案例区是一个水旱灾害的易发区。根据 1978—2008 年水旱灾情统计数据可知,中国南方地区 31 a 间旱灾平均受灾面积占农作物受灾总面积的 47%,水灾所占比例为 29%;旱灾成灾面积占农作物成灾总面积的 45%,水灾所占比例为 32%(中国人民共和国农业部,2009)。因此,水旱灾害是对中国南方地区农业影响最大的 2 种自然灾害。

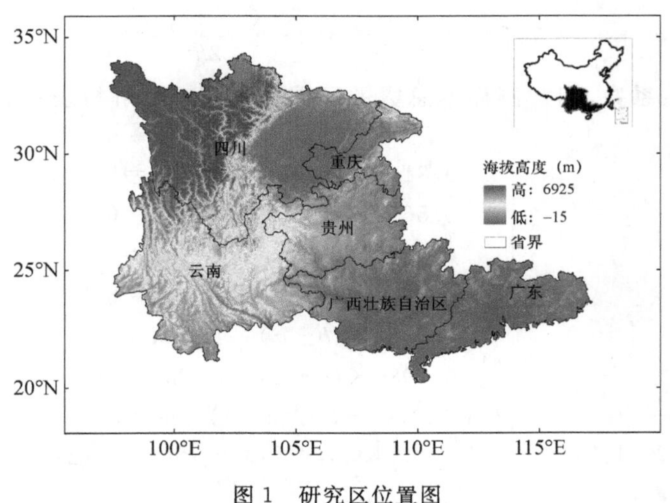

图 1　研究区位置图

2　数据来源与研究方法

2.1　数据来源

风险分析的基础数据有农业旱灾受（成）灾面积、水灾受（成）灾面积和农作物播种面积。由于 1997 年重庆成立直辖市，考虑到资料的连贯性，以上数据的起止时间均为 1997—2012 年。其中 1997—2008 年的数据来源于《新中国农业 60 年统计资料》，2009—2012 年的数据来源于《中国农业统计资料》。

2.2　农业水旱灾害风险评估模型

农业水旱灾害风险评估的目的是给出不同水旱灾害强度发生的可能性，也就是概率密度函数。一般采用的极值风险模型和概率风险模型所需数据量大，不适用于对信息不完备的小样本事件的分析。为了解决这一问题，信息扩散理论被引入了气象灾害风险评估领域。此方法解决了从普通样本转变为模糊样本的问题，从而超越了传统模糊集技术依赖专家选定隶属函数的随意性，既可提高概率分布的精度，又可较合理地构建参数间的关系，明显提高风险评估的客观性（黄崇福，2012）。

基于信息扩散理论的风险评估模型中，令 X 为研究区在过去 m 年内风险评估指标的实际观测值样本集合：

$$X=\{x_1,x_2,x_3,\cdots,x_m\} \tag{1}$$

式中，x_i是观测样本点，m 是观测样本数。

设 U 为 X 集合中 x_i的信息扩散范围集合：

$$U=\{u_1,u_2,u^3,\cdots,u_n\} \tag{2}$$

式中，u_j代表区间$[u_1, u_n]$内固定间隔离散得到的任意离散实数值，n 是离散点总数。

将样本集合 X 中的每一个单值观测样本值 x_i所携带的信息扩散到指标论域 U 中的所有点：

$$f_i(u_j)=\frac{1}{h\sqrt{2\pi}}\exp\left[-\frac{(x_i-u_j)^2}{2h^2}\right] \tag{3}$$

式中,h 是信息扩散系数,因观测样本总数的不同而不同。其解析表达式如下(黄崇福 等,2004):

$$h=\begin{cases}0.8146\times(b-a) & m=5\\ 0.5690\times(b-a) & m=6\\ 0.4560\times(b-a) & m=7\\ 0.3860\times(b-a) & m=8\\ 0.3362\times(b-a) & m=9\\ 0.2986\times(b-a) & m=10\\ 2.6851\times(b-a)/(n-1) & m\geqslant 11\end{cases} \tag{4}$$

式中,$a=\min(x_i,\ i=1,2,\cdots,m)$,$b=\max(x_i, i=1,2,\cdots,m)$。标记:

$$C_i=\sum_{j=1}^{n}f_i(u_j),i=1,2,\cdots,m \tag{5}$$

则样本 x_i 的归一化信息分布可表示为:

$$\mu_{xi}(u_j)=\frac{f_i(u_j)}{C_i}(i=1,2,\cdots,m;j=1,2,\cdots,n) \tag{6}$$

假设

$$\begin{cases}q(u_j)=\sum_{i=1}^{m}\mu_{xi}(u_j),j=1,2,\cdots,n\\ Q=\sum_{j=1}^{n}q(u_j)\end{cases} \tag{7}$$

可得到

$$p(u_j)=\frac{q(u_j)}{Q} \tag{8}$$

公式(8)为风险概率的估计值,即所有样本落在 $U=(u_1,u_2,u_3,\cdots,u_n)$ 处的频率值。其超越概率的表达式如下:

$$P(u\geqslant u_j)=\sum_{k=j}^{n}q(u_k),j=1,2,\cdots,n \tag{9}$$

式中,P 为不同水旱灾情下的风险值。

2.3 评估指标

选择受灾面积和成灾面积作为农业水旱灾害风险的评估指标。综合考虑这两方面的内容可以更加系统地反映研究区水旱灾害风险的实际情况。

水旱灾害受(成)灾指数是农业水旱灾害受(成)灾面积与农作物播种面积之比,代表了农业水旱灾害受(成)灾程度。水旱灾害成灾率是农业水旱灾害成灾面积和受灾面积的比值,代表了研究区对农业水旱灾害的适应性和恢复力。

具体计算公式如下:

$$\begin{cases}X_{\mathrm{f}}=\frac{S_{\mathrm{f}}}{S}\times 100\%\\ X_{\mathrm{d}}=\frac{S_{\mathrm{d}}}{S}\times 100\%\\ C=S_{\mathrm{d}}/S_{\mathrm{f}}\end{cases} \tag{10}$$

式中，X_f和 X_d分别为水灾、旱灾的年受(成)灾指数，指数值越大，说明水旱灾害影响越大；S_f和 S_d分别为水灾、旱灾的年受(成)灾面积；S 为农作物的年播种面积；C 为水旱灾害的年成灾率。由于水旱灾害受(成)灾指数的值域为[0,1]，考虑计算精度要求，将论域的固定间隔设为0.01，即风险指标论域 U_j 为{0,0.01,0.02,… ,1}。

2.4 农业水旱灾害风险等级划分

由信息扩散风险评估模型得到的水旱灾害受(成)灾风险估计值代表某一受(成)灾指数下的风险概率。根据张竟竟(2012)和刘亚彬(2010)等制定的风险等级标准，结合研究区 6 省市的实际情况，将农业水旱灾害风险等级分为高风险、中高风险、中风险、中低风险和低风险 5 个等级，制定了中国南方地区农业水旱灾害风险等级阈值(表 1)。高风险意味着灾害受(成)灾指数高、发生周期短、再现频率高；反之，则为低风险。为了使风险等级的概念更加直观，表 1 中 R 为历史重现期，用 $1/P$ 来表示。如水旱灾害受(成)灾面积占播种面积 15%以上的灾害，重现期为 1～2 a，即为高风险，重现期＞10 a，则为低风险。

表 1 水旱灾害受(成)灾指数下的风险等级划分

水旱灾害受(成)灾指数/%	高风险	中高风险	中风险	中低风险	低风险
≥5		$R=1$	$1<R\leqslant2$	$2<R\leqslant4$	$R>4$
≥10	$1<R\leqslant2$	$2<R\leqslant3$	$3<R\leqslant5$	$5<R\leqslant7$	$R>7$
≥15	$1<R\leqslant2$	$2<R\leqslant4$	$4<R\leqslant6$	$6<R\leqslant10$	$R>10$
≥20	$1<R\leqslant2$	$2<R\leqslant5$	$5<R\leqslant10$	$10<R\leqslant20$	$R>20$

注：R 为历史重现期，单位为 a。

3 结果与分析

3.1 水旱灾害受(成)灾指数

图 2 给出 1997—2012 年间年平均水旱灾害受(成)灾指数和成灾率。可以看出，1990 年代末以来中国南方农业水灾受(成)灾指数由高到低依次为重庆、四川、广西、贵州、广东和云南，水灾成灾率由高到低依次为重庆(54%)、广西(53%)、贵州(51%)、云南(49%)、四川(48%)和广东(46%)(图 2a)；农业旱灾受(成)灾指数由高到低依次为云南、重庆、四川、贵州、广西和广东，旱灾成灾率由高到低依次为贵州(56%)、云南(55%)、广西(52%)、重庆(51%)、四川(50%)和广东(43%)(图 2b)。上述分析可见，中国南方地区同时受到干旱和洪涝的影响，但干旱对西南地区的影响范围大于华南地区；成灾率越高，说明这些地区的农业对干旱和洪涝的适应性和恢复力越差，越容易成灾。

3.2 农业水旱灾害风险评估

3.2.1 农业水灾风险评估

由基于信息扩散理论的风险评估模型得到中国南方地区 5 省 1 市水灾受(成)灾指数的概率密度函数。在此基础上，根据农业水旱灾害风险划分等级(表 1)获得中国南方地区各省、直辖市不同等级水灾受(成)灾指数的风险评估分布格局(图 3)。从图 3 中可以看出，当受灾指

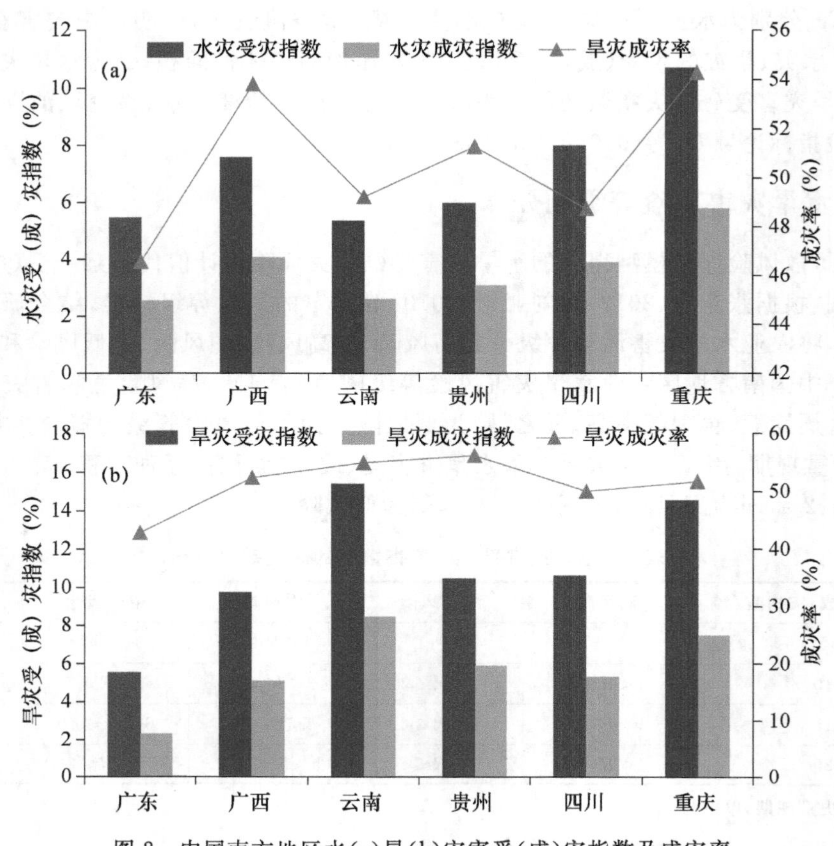

图 2 中国南方地区水(a)旱(b)灾害受(成)灾指数及成灾率

数≥5%时，研究区水灾整体处于中风险等级，即历史重现期为 1～2 a；当成灾指数≥5%时，除重庆风险等级不变外，四川和广西的风险等级降为中低风险，云南、广东和贵州的风险等级降为低风险。当受灾指数≥10%时，云南为低风险，贵州为中低风险，广东和广西为中风险，四川为中高风险，重庆为高风险；当成灾指数≥10%时，除重庆降为中低风险以外，其余地区均为低风险。当受灾指数≥15%时，四川为中低风险，重庆为中高风险，其余地区为低风险；当成灾指数≥15%，研究区均处于低风险区。当受灾指数≥20%时，重庆为中风险，其余地区为低风险；当成灾指数≥20%时，研究区均处于低风险区。分地区来看，四川和重庆的水灾受灾风险等级较其他地区高，云南的水灾受灾风险等级最低；重庆的水灾成灾风险等级也较其他地区高。虽然四川的水灾受灾等级较高，但成灾等级较低。综上所述，1990 年代末以来，随着农业水灾受灾风险等级的增加，成灾风险等级可能并未随之增加，说明良好的防灾减灾能力可以有效地降低水灾成灾率，且研究区北部的水灾风险防范难度大于南部。

3.2.2 农业旱灾风险评估

同样方法，得到了中国南方地区各省(区、市)不同旱灾受(成)灾指数的风险评估结果分布格局(图 4)。可以看出，当旱灾受灾指数≥5%时，研究区干旱风险为中风险等级；当成灾指数≥5%时，广东的风险等级降为低风险，其余地区仍为中风险。当受灾指数≥10%时，除广东是中风险外，其余地区均为高风险；当成灾指数≥10%时，广东和广西降为低风险，四川降为中低

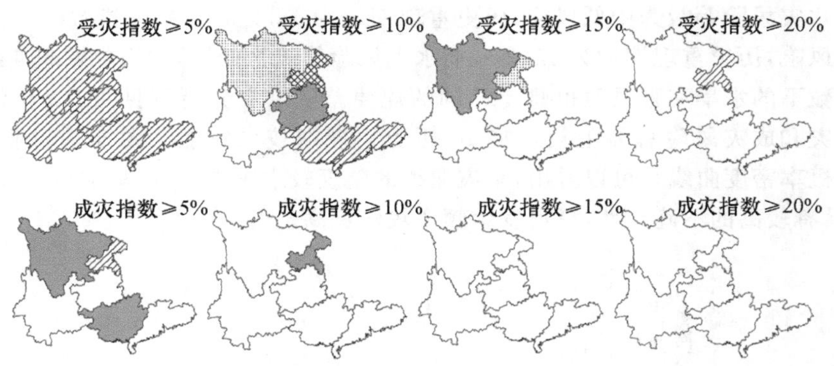

图 3 不同受(成)灾指数下的水灾风险评估图

风险,贵州降为中风险,云南和重庆降为中高风险。当受灾指数≥15%时,广东风险等级为中低风险,其余地区仍为高风险;当成灾指数≥15%时,四川、广东和广西降为低风险,贵州降为中低风险,云南和重庆降为中风险。当受灾指数≥20%时,广东和广西为中低风险,四川和贵州降为中风险,云南和重庆仍保持高风险;当成灾指数≥20%时,其风险分布格局与成灾指数≥15%时保持一致。分地区来看,云南和重庆的干旱受(成)灾风险等级较高,广东的干旱受(成)灾风险较低,总体来说西南地区的干旱风险等级较华南地区高。综上所述,1990 年代末以来,随着农业旱灾受灾风险等级的增加,成灾风险等级可能出现不变甚至降低的现象,说明防旱抗旱措施对降低农业干旱灾害的成灾率具有积极意义。西南地区的旱灾风险防范难度大于华南地区,尤其是云南、重庆和贵州。

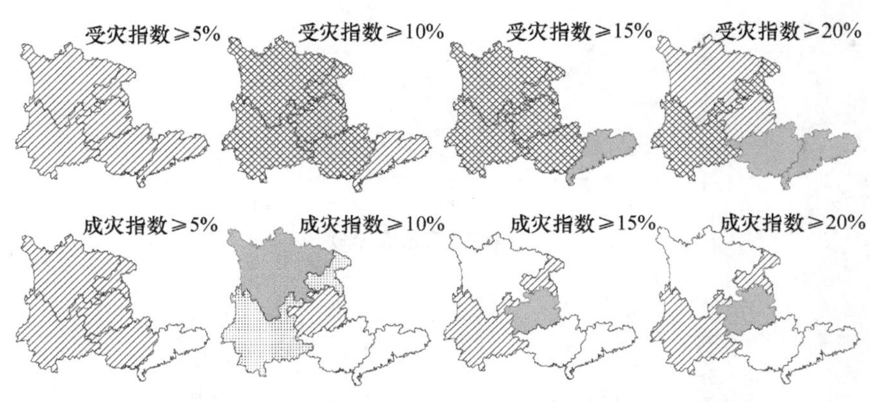

图 4 不同受(成)灾指数下的旱灾风险评估图

3.3 水旱灾害风险特征比较

比较中国南方地区 5 省 1 直辖市水旱灾害风险程度。以四川为例,当受灾指数≥5%时,干旱风险等级为中风险,历史重现期约为 1.7 a,水灾风险等级也为中风险,历史重现期约为 1.8 a;当受灾指数≥10%时,干旱风险等级为高风险,历史重现期约为 4.1 a,水灾风险等级为中高风险,历史重现期约为 4.8 a;当受灾指数≥15%时,干旱风险等级为高风险,历史重现期约为 8.6 a,水灾风险等级为中低风险,历史重现期约为 15.8 a;当受灾指数≥20%时,干旱风险等级为中风险,历史重现期约为 15.2 a,而水灾风险等级为低风险,历史重现期约为 69.6 a。不同成灾指数下的水旱灾害风险也具有相同的规律。从以上分析可见,1990 年代末以来,农业旱灾的受灾和成灾风险总体上较水灾高,历史重现期较水灾短。图 5 是农业水旱灾害受(成)灾超越概率密度曲线。可以看出,旱灾曲线的陡度较水灾缓,说明旱灾事件发生的离散性较水灾强,具有较高的不确定性,旱灾发生频率较水灾高。

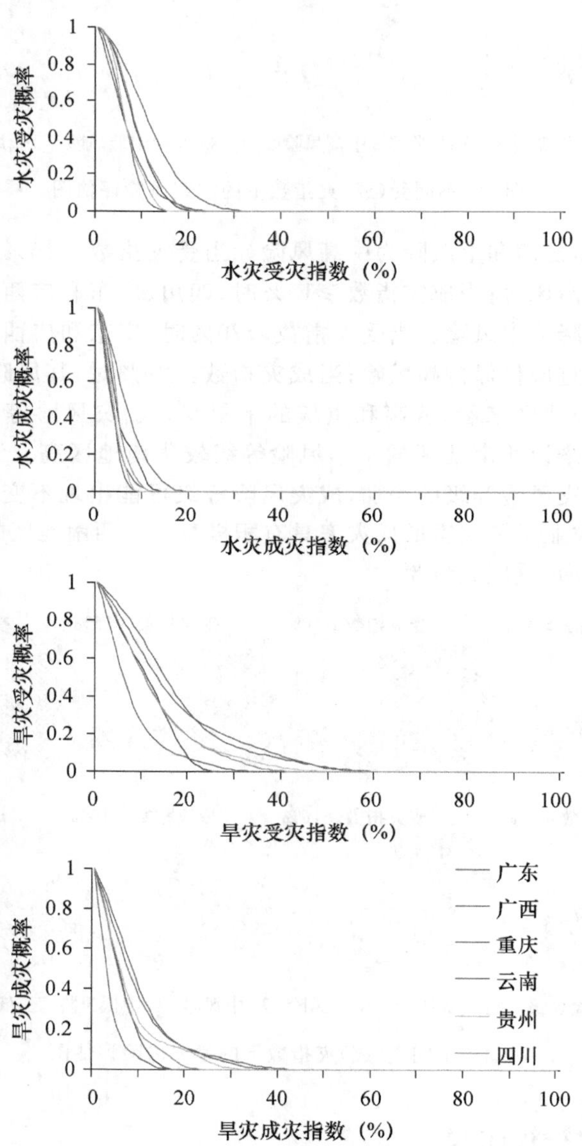

图 5　水旱灾害受(成)灾超越概率密度曲线

从空间分布来看,受灾指数≥5%时,水旱灾害风险等级均为中风险;受灾指数≥10%时,重庆是水旱灾害的高风险区,广东是水旱灾害的中风险区,广西、贵州、云南和四川分别是水灾的中、中低、低和中高风险区,是旱灾的高风险区。受灾指数≥15%时,重庆是水旱灾害的中高和高风险区，四川是水旱灾害的中低和高风险区，其余地区为水灾低风险区，旱灾中高和高风险区。当受灾指数≥20％时，重庆水旱灾害为中、高风险区，其余地区为水灾低风险区，云南为旱灾高风险区，四川、贵州、广东和广西为旱灾中、中低风险区。成灾风险也具有相似的规律，当成灾指数≥10％时，旱灾的中高风险区有2个，而水灾只有1个中低风险区；当成灾指数≥15％时，旱灾有2个中风险区，而水灾均为低风险区。由此可见，1990年代末以来，水灾主要发生在四川和重庆地区，旱灾主要发生在西南地区，其中重庆的成灾率较高；研究区旱灾较之水灾的发生风险等级高，成灾率高，受灾面积和成灾面积广。

4　结论与讨论

(1)1990年代末以来，中国南方地区同时遭受干旱和洪涝的影响，但干旱对西南地区的影响范围大于华南地区；从成灾率来看，贵州和云南的旱灾成灾率高，重庆和广西的水灾成灾率高，说明这些地区的农业对干旱和洪涝的适应性和恢复力差，容易成灾。

(2)随着农业水(旱)灾受灾风险等级的增加，中国南方地区成灾风险等级可能并不随之增加，说明良好的防灾减灾能力可以有效地降低水(旱)灾成灾率。1990年代末以来，研究区北部的水灾风险防范难度大于南部，西南的旱灾风险防范难度大于华南，尤其是云南、重庆和贵州；旱灾较之水灾的发生风险等级高，成灾率高，历史重现期短，受灾面积和成灾面积广。

(3)从农业水旱灾害受(成)灾超越概率密度曲线图中看出，旱灾的曲线陡度较水灾缓，说明旱灾事件发生的离散性较水灾强，具有较高的不确定性，旱灾发生频率较水灾高。从空间分布来看，水灾主要发生在四川和重庆地区，旱灾主要发生在西南地区，其中重庆的成灾率较高。

基于信息扩散模型能够得到中国南方农业水旱灾害的风险分布特征，表明该方法是一有效解决小样本问题的方法，评价结果意义明确。但该方法仍属于灾害静态风险分析的范畴，其结果显示了农业水旱灾害在地理分布上的差异，基本满足了解中国南方地区水旱灾害风险特征和掌握灾害发生规律的要求。但是，由于水旱灾害风险具有动态变化特征，未来研究中应该加强对其动态风险的分析。

参考文献

杜向润，冯民权，张建龙，2014. 基于改进信息扩散理论的水资源短缺风险评价研究[J]. 干旱地区农业研究，32(6):188-194.

杜子璇，刘静，刘伟昌，2012. 基于信息扩散理论的长江中下游地区高温热害风险分析[J]. 气象与环境科学，35(2):8-14.

段海霞，王素萍，冯建英，2014. 2013年全国干旱状况及其影响与成因[J]. 干旱气象，32(2):310-316.

郭小燕，张家武，陈雪梅，等，2011. 甘肃省水旱灾害时空分布特征及其与粮食产量的关系[J]. 干旱区资源与环境，25(6):132-137.

黄崇福，刘立新，周国贤，等，1998. 以历史灾情资料为依据的农业自然灾害风险评估方法[J]. 自然灾害学报，7(2):1-9.

黄崇福，张俊香，刘静，2004. 模糊信息化处理技术应用简介[J]. 信息与控制，33(1):61-66.

黄崇福，1992. 信息扩散原理与计算思维及其在地震工程中的应用[D]. 北京:北京师范大学.

黄崇福，2012. 自然灾害风险分析与管理[M]. 北京:科学出版社:182-222.

黄小燕，王小平，王劲松，等，2014. 中国大陆1960—2012年持续干旱日数的时空变化特征[J]. 干旱气象，32(3):326-333.

刘亚彬,刘黎明,许迪,等,2010. 基于信息扩散理论的中国粮食主产区水旱灾害风险评估[J]. 农业工程学报,26(8):1-7.

涂长望,黄士松,1944. 中国夏季风之进退[J]. 气象学报,18(1):1-20.

王静爱,毛佳,贾慧聪,2008. 中国水旱灾害危险性的时空格局研究[J]. 自然灾害学报,17(1):115-121.

王文祥,左冬冬,封国林,2014. 基于信息分配和扩散理论的东北地区干旱脆弱性特征分析[J]. 物理学报,63(22):447-457.

王莺,李耀辉,赵福年,等,2013. 基于信息扩散理论的甘肃省农业旱灾风险分析[J]. 干旱气象,31(1):44-48.

徐乃璋,白婉如,2002. 水旱灾害对我国农业及社会经济发展的影响[J]. 灾害学,17(1):91-96.

徐向阳,刘俊,1999. 水害灾害损失评估系统[J]. 灾害学,14(1):1-5.

叶明华,孙蓉,2013. 农业水旱灾害的分级评估与农业保险的风险分担[J]. 农村经济,6:3-8.

尹晗,李耀辉,2013. 我国西南干旱研究最新进展综述[J]. 干旱气象,31(1):182-193.

张竟竟,2012. 河南省农业水旱灾害风险评估与时空分布特征[J]. 农业工程学报,28(18):98-106.

张竟竟,2012. 基于信息扩散理论的河南省农业旱灾风险评估[J]. 资源科学,34(2):280-286.

中国人民共和国农业部,2009. 新中国农业 60 年统计资料[M]. 北京:中国农业出版社:114-143.

Arnold M,Chen R S,Deichmann U,et al,2006. Natural disaster hotspots case studies[R]. Washington DC: Hazard Management Unit,World Bank:1-181.

Balica S F,Popescu I,Beevers L,et al,2013. Parametric and physically based modelling techniques for flood risk and vulnerability assessment:A comparison[J]. Environmental Modelling & Software,41:84-92.

Dilley M,Chen R S,Deichmann U,et al,2005. Natural disaster hotspots:A global risk analysis synthesis report [R]. Washington DC:Hazard Management Unit,World Bank:1-132.

IPCC,2012. Summary for policymakers. In:Managing the risks of extreme events and disasters to advance climate change adaptation. A special report of working groups I and II of the intergovernmental Panel on Climate Change[M]. Cambridge,UK,and New York:Cambridge University Press,2013:1-19.

Li Q,2013. Fuzzy approach to analysis of flood risk based on variable fuzzy sets and improved information diffusion methods[J]. Natural Hazards and Earth System Science,13(2):239-249.

Pandey S,Pandey A C,Nathawat M S,et al. 2012. Drought hazard assessment using geoinformatics over parts of Chotanagpur plateau region,Jharkhand,India. Natural Hazards,63:279-303.

Qin D,Plattner G K,Tignor M,et al,2014. Climate change 2013:The physical science basis[M]. Cambridge, UK,and New York:Cambridge University Press:1-20.

Shahid S,Behrawan H,2008. Drought risk assessment in the western part of Bangladesh[J]. Natural Hazards, 46(3):391-413.

Wu M,Chen Y,Xu C,2015. Assessment of meteorological disasters based on information diffusion theory in Xinjiang,Northwest China[J]. Journal of Geographical Sciences,25(1):69-84.

基于 Copula 函数的中国南方干旱风险特征研究*

刘晓云　王劲松　李耀辉　杨金虎　岳　平　田庆明　杨庆华

(中国气象局兰州干旱气象研究所/甘肃省干旱气候变化与减灾重点实验室/
中国气象局干旱气候变化与减灾重点开放实验室，兰州，730020)

摘　要　为了准确认识和分析与干旱灾害致灾因子危险性相关的干旱特征变量，利用中国南方 96 个气象站点 1961—2012 年逐月降水资料，基于 Clayton、Frank、Galambos、Gumbel 以及 Plackett Copula 函数，建立了服从威布尔分布的干旱历时、服从对数正态分布的干旱严重程度两个相关特征变量间的联合分布模型，择优使用 Frank Copula 函数计算了中国南方干旱条件概率与条件重现期，比较分析了该区域干旱事件第 1、第 2 联合重现期的空间分布特征。研究表明，干旱严重程度(干旱历时)的条件概率分布随着干旱历时(干旱严重程度)阈值的增大而减小；干旱严重程度(干旱历时)的条件重现期与干旱历时(干旱严重程度)阈值成正比。当干旱历时阈值为 6 个月、干旱严重程度阈值为 6 时，中国南方整体存在较大的干旱风险，研究区整体第 1“且”(干旱历时和干旱严重程度均超过给定阈值)联合重现期平均为 4.8 a 一遇，第 1“或”(干旱历时和干旱严重程度有一个超过给定阈值)联合重现期平均为 2.6 a 一遇，第 2“或”联合重现期平均为 3.5 a 一遇。当干旱历时阈值为 9 个月、干旱严重程度阈值为 13.5 时，研究区整体第 1“且”联合重现期平均为 12.6 a 一遇，第 1“或”联合重现期平均为 4.7 a 一遇，第 2“或”联合重现期平均为 7.7 a 一遇。中国南方的干旱高风险的区域主要位于四川盆地、贵州东北部、广西北部、广东西部以及云南大部；低风险的区域主要位于四川西北部，四川、云南、贵州三省交汇地以及广东中部地区。

关键词　中国南方；干旱；Copula；重现期

1　引　言

干旱作为一种几乎在全球各个气候区都会发生的极端自然现象(Mishra et al.，2010)，对水资源、农业生产和经济活动都会产生深远的影响，因此，引起了人们的高度重视(Li et al.，2011；Ding et al.，2011)。IPCC 第 5 次评估报告指出，1880—2012 年全球地表温度上升了 0.85℃(0.65～1.06℃)(IPCC，2013)。伴随着全球温度的持续升高，全球许多地区的干旱风险会加剧(Dai，2012)。即使在中国气候相对湿润、人口密集、经济发达的南方地区，近年来干旱事件也频繁发生，造成了巨大的社会经济损失。如 2006 年四川省和重庆市遭遇了百年一遇特大伏旱，其中，四川省有 700 多万人出现临时饮水困难，农作物受旱面积 206.7×10^4 hm^2，成灾面积 116.6×10^4 hm^2，绝收面积 31.1×10^4 hm^2，直接经济损失 125.7 亿元；重庆市直接经济损失达 90.7 亿元。2009 年 9 月—2010 年 3 月中旬，位于中国西南的云南、贵州、广西、四川和重庆五省(市)遭遇了历史上罕见的特大干旱，因干旱导致 6900 多万人受灾、农作物受灾面积超过 660×10^4 hm^2，直接经济损失高达 400 多亿元(兰州干旱气象研究所干旱监测预测研究室，2009；中国气象局，2007，2012)。值得关注的是，随着人口的增长，工业、农业以及能源规模

* 发表在：《气象学报》，2015，73(6)：1080-1091.

不断扩大,用水需求急剧增加,进一步加剧了干旱的影响。为了有效地预防和缓解干旱带来的灾害,近几年,干旱风险管理已引起了政府和学者的重视(Mishra et al.,2010;IPCC,2014)。干旱风险分析是干旱风险管理的一项重要组成部分,准确认识和分析与干旱灾害致灾因子危险性相关的干旱的发生频率、严重程度和持续时间是干旱风险分析的一项基础性工作。

事实上,干旱频率、干旱严重程度以及干旱持续时间等都属于干旱事件的特征变量,然而在以往的干旱事件研究中,为了使问题简单化,通常假定这上述随机变量之间是相互独立的,但 Córdova 等(1985)很早就证实了这种假定的不合理性。随后的研究中即使在多变量分布模型中考虑了随机变量间的相关性,但必须假定单变量边际分布函数属于同一类型,诸多限制因素使得这种模型在干旱事件分析应用中受到客观因素的制约。而 Copula 函数能够将服从任意边际分布的多个变量"连结"起来得到其联合分布函数,并可以很好地描述变量间的相关性结构,从而克服了上述多变量模型的不足(Zhang et al.,2006)。鉴于 Copula 函数的这种灵活性,目前已经在水文过程频率分析中得到了广泛应用(Zhang,et al,2006;Fu et al.,2014)。Shiau(2006)首次将 Copula 函数应用于气象干旱事件频率分析中。此后,Copula 函数对干旱事件的表征在以下几个方面取得了进展:一是干旱严重程度-干旱历时-干旱频率(SDF)三者的关系曲线的建立(Shiau et al.,2009;Reddy et al.,2014),如 Shiau 等(2009)建立了伊朗两个台站的干旱严重程度-干旱历时-干旱频率关系曲线,发现在给定干旱历时和干旱频率时,伊朗北部的湿润区 Anazali 较伊朗西南部半干旱区的 Abadan 具有更加严重的干旱,并从湿润区降水量波动大对这一现象给予了解释。二是更加重视干旱特征变量的尾部相关,例如陆桂华等(2010)和 Mirabbasi 等(2012)在考虑干旱特征变量上尾相关的前提下,分别选取极值 Copula 中的 Galambos 和 Gumbel 函数建立了干旱特征二维变量间的联合相关结构,快速捕捉到了上尾相关的变化。三是在利用 Copula 函数进行干旱事件频率研究中,已经将干旱特征变量的维数由二维扩展到了三维甚至四维(Wong et al.,2010;Chen et al.,2011),但相应的计算和分析就更加的复杂。除以上针对干旱事件本身的多变量统计模型外,还可以利用 Copula 函数建立气候要素和干旱事件之间的变量模型,认识二者之间的联系和相关结构(夏军 等,2012)。可见,Copula 函数在干旱事件分析方面具有很大的发展空间和应用前景。

值得一提的是,对于建立好的 Copula 而言,边际函数概率分布值的不同组合可能产生相同的累积概率,将累积概率作为一种指标,即相同的累积概率值可能造成相同的影响,而超过累积概率的事件的重现期对我们进行风险分析具有重大意义,第 2 重现期的概念便应运而生(Salvadori et al.,2004)。目前来看,第 2 重现期主要被应用于水利工程基础设施建设阈值的设定方面(Requena et al.,2013;Salvadori et al.,2011),而在气象干旱风险评估中应用较少(肖名忠等,2012)。本文以干旱历时和干旱严重程度为干旱特征变量,基于 Copula 函数建立中国南方干旱历时及严重程度之间的联合分布统计模型,分析干旱特征变量的条件概率、第 1 及第 2 重现期。通过对该区域干旱事件统计规律的分析,以期为抗旱减灾及区域水资源规划管理提供科学依据。

2 研究区域及数据介绍

传统意义上将秦岭—淮河一线作为划分中国北方地区和南方地区的界限,而文中所指的中国南方区域包括西南的云南、贵州、四川和重庆以及华南地区的广西、广东五省一市。所用数据为基于中国国家气象信息中心整编的 753 站逐日降水资料,筛选并整理出 1961—2012 年资料完整的中国南方98个站点的逐月降水资料。利用最新发布的RHtest软件包(RHtestV4)中的惩罚最大F检验(PMFT)均一性检验技术(Wang et al.,2013;Wang,2008a,2008b)对这98个台站的月降水序列进行均一性检验,结果显示:在所检验的98个台站中仅有2个站(四川的盐源站和云南的景东站)的月降水序列存在非均一性,文中已剔除,并对剩余96个台站的月降水序列作进一步的分析,图1给出了96站的站点分布,而相应的站点名称在表4中给出。此区域属于亚热带季风湿润气候区,52 a年平均降水量(表略)空间差异大,其中,川西高原的道孚站降水量最少(602.3 mm),广西东兴的降水量最多(2729.2 mm)。

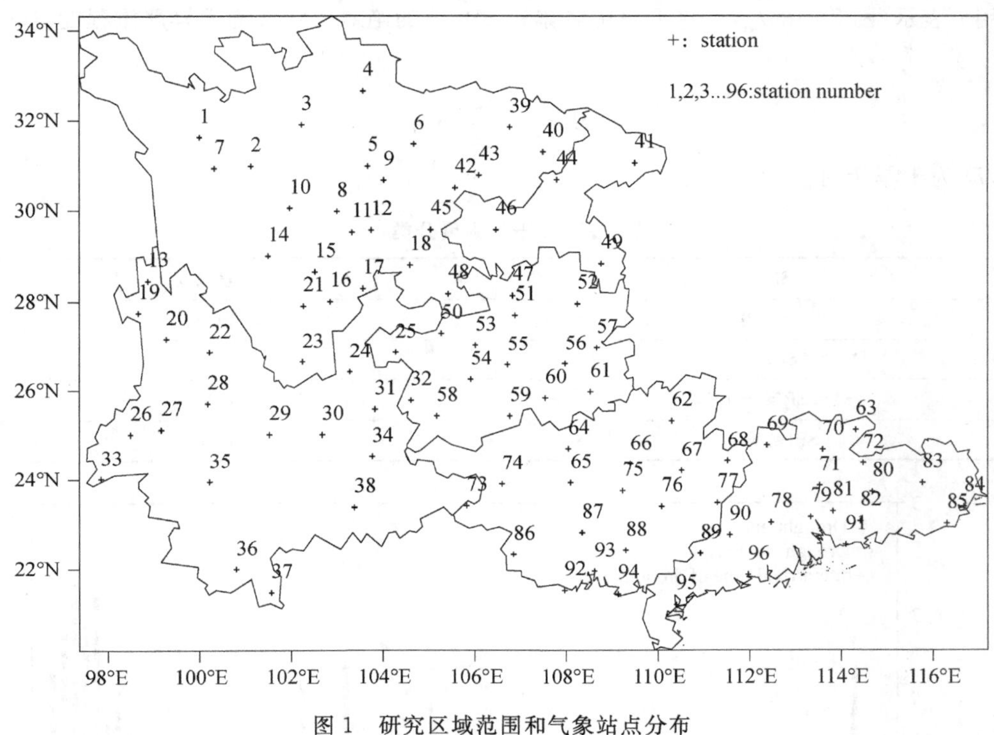

图1 研究区域范围和气象站点分布

3 研究方法

3.1 标准化降水指数

由于不同时间、不同地区降水量变幅很大,难以直接用降水量对其进行不同时空尺度比较。McKee等(1993)在评估美国科罗拉多州干旱状况时提出了标准化降水指数(standardized precipitation index,SPI)。因SPI所具有的概率属性,可以对不同地区的干旱状况进行比较;此外,SPI最主要的一个特点是可以用来监测不同时间尺度的干旱,一般研究的时间尺度可为3个月、6个月、9个月和12个月。鉴于中国南方干湿季分明,大部分区的雨季集中于5—10月,而干季集中于11—次年4月,本文中研究6个月时间尺度的SPI(SPI6),SPI6的计算可参见Abramowitz等(1965)和Edwards等(1997)给出的详细步骤。

3.2 游程理论

一般用干旱历时(D)和干旱严重程度(S)来表征一次干旱事件的特征。为了得到这两个特征变量,需要借助于游程理论(Yevjevich,1967)。游程理论的基本问题是截断水平的确定,文中参照 Lloyd-Hughes 等(2002)对干旱等级的划分(表 1),取 0 作为截断水平,因为即使强度较弱的干旱事件,如果持续时间足够长,也会导致严重的干旱灾害发生(Shiau,2006);因此,将 SPI 连续小于 0 的这一时间段定义为干旱历时(图 2 中的d_1,d_2);连续两个干旱事件的间隔时间用 l 表示(图 2 中的l_1)。将干旱历时累积 SPI 值的绝对值定义为干旱严重程度 S(图 2 中的s_1,s_2)

$$S = -\sum_{1}^{D} \mathrm{SPI}_i \tag{1}$$

式中,D 为干旱历时。

表 1 干旱强度分类

SPI	干旱强度
−1.0<SPI<0	轻旱
−1.5<SPI≤−1.00	中旱
−2<SPI≤−1.50	重旱
SPI≤−2	特旱

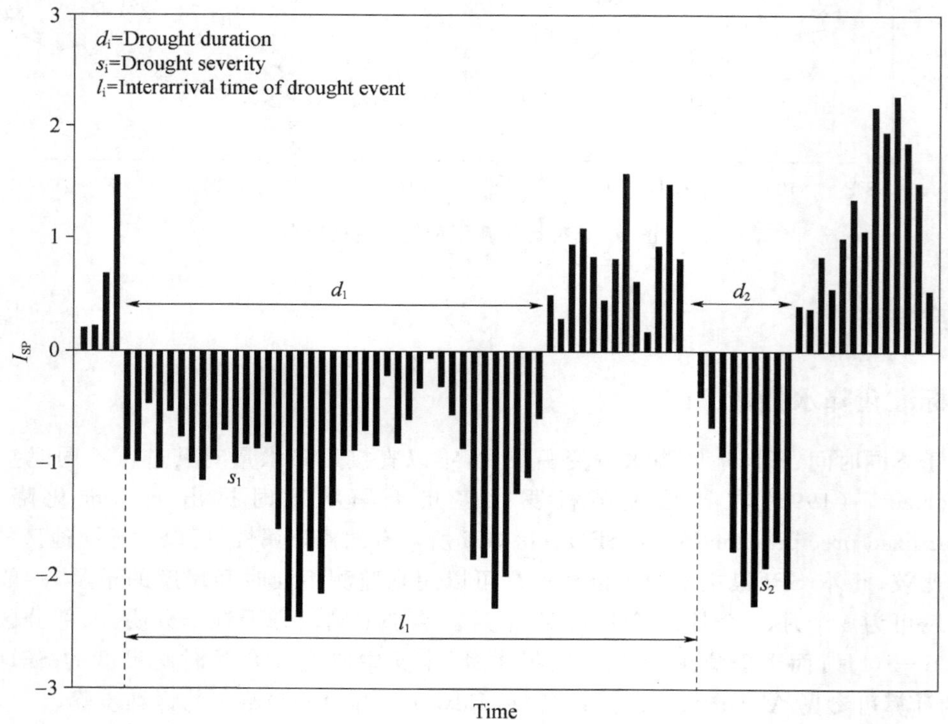

图 2 干旱事件的游程

3.3 肯德尔相关系数

肯德尔(Kendall)相关系数(τ)为用来测量两个随机变量相关性的统计值,

$$\tau=\binom{n}{2}^{-1}\sum_{1\leqslant i\leqslant j\leqslant n}\operatorname{sgn}[(x_i-x_j)(y_i-y_j)] \tag{2}$$

式中,$i,j=1,2,\cdots,n$,$\operatorname{sgn}(\psi)=\begin{cases}1,\psi>0\\0,\psi=0\\-1,\psi<0\end{cases}$。

3.4 边际分布函数

以往在对干旱特征变量的研究中,一般直接采用指数分布来拟合干旱历时,γ 分布来拟合干旱严重程度(Shiau,2006;Mirabbasi et al.,2012)。为了使结果更加可靠,文中选择了中外目前在干旱事件特征研究中应用比较广泛的 γ 分布、对数正态分布、威布尔(Weibull)分布以及指数分布 4 种常用的分布函数来拟合干旱历时和干旱严重程度(Gangguli et al.,2012;Abudu Rauf et al.,2014)。上述 4 种分布函数的概率密度函数见表 2。各分布函数的参数估计采用极大似然估计,并使用 Kolmogorov-Smirnov(K-S)方法对各分布函数进行拟合优度检验,以检验经验分布函数是否符合选定理论分布。

表 2　4 种概率密度函数的表达式及其对应的参数

边际分布	概率密度函数	参数
γ	$f(x)=\frac{1}{\beta^{\alpha}\Gamma(\alpha)}x^{\alpha-1}e^{-x/\beta}\ (x>0)$ 式中:$\Gamma(\alpha)=\int_0^{\infty}y^{\alpha-1}e^{-y}dy$	a:形状参数($a>0$) β:尺度参数($\beta>0$)
对数正态	$f(x)=\frac{1}{x\sigma\sqrt{2\pi}}e^{-\frac{(\ln x-\mu)^2}{2\sigma^2}}\ (x>0)$	μ:ln(X)的均值($-\infty<\mu<\infty$) σ:ln(X)的标准差($\sigma>0$)
威布尔	$f(x)=b\,a^{-b}x^{b-1}e^{-\left(\frac{x}{a}\right)^{-b}}\ (x\geqslant0)$	a:形状参数($a>0$) β:尺度参数($\beta>0$)
指数	$f(x)=\lambda e^{-\lambda x}(x>0)$	λ:比率参数($\lambda>0$)

3.5 Copula 函数

Sklar 定理(Sklar,1959)是 Copula 函数的理论基础,Copula 可以将多个随机变量的边际分布连接起来并得到其联合分布。对于二元情况而言,由 Copula 定义的随机变量 X 和 Y 的联合分布函数为

$$F_{X,Y}(x,y)=C(F_X(x),F_Y(y))=C(u,v) \tag{3}$$

式中,$F_{X,Y}(x,y)$为两随机变量 X 和 Y 的联合分布函数,$F_X(x)$和$F_Y(y)$分别为随机变量 X 和 Y 的边际分布函数。文中选取了 Arhimedean Copula 簇中的 Clayton、Frank Copula 函数,极值簇中的 Galambos、Gumbel Copula 以及 Plackett Copula 函数。表 3 给出了上述 5 个 Copula 的密度函数及其参数的取值范围,并采用分步估计法估计 Copula 的参数。分步估计

法是由 Joe 等(1996)提出的,它包括两个独立的步骤:首先用极大似然估计出边际分布函数的参数,然后估计 Copula 函数的参数。具体如下:

根据图 1 定义的干旱事件,用 D 代表干旱历时,它的边际分布函数表示为 $F_D(d;\lambda_1,\lambda_2,\cdots,\lambda_r)$,边际密度函数为 $f_D(d;\lambda_1,\lambda_2,\cdots,\lambda_r)$,$r$ 个待确定参数为 $\lambda_1,\lambda_2,\cdots,\lambda_r$。同理,用 S 代表干旱严重程度,它的边际分布函数为 $F_S(s;\alpha_1,\alpha_2,\cdots,\alpha_p)$,边际密度函数为 $f_S(s;\alpha_1,\alpha_2,\cdots,\alpha_p)$,$p$ 个待确定参数 $\alpha_1,\alpha_2,\cdots,\alpha_p$。设选取的 Copula 分布函数为 $C(u,v;\theta)$,Copula 密度函数为

$$c(u,v;\theta)=\frac{\partial^2 C(u,v;\theta)}{\partial u\partial v} \tag{4}$$

利用极大似然估计分别求出两个边际分布函数的参数估计 $\hat{\lambda}_1,\hat{\lambda}_2,\cdots,\hat{\lambda}_r,\hat{\alpha}_1,\hat{\alpha}_2,\cdots,\hat{\alpha}_p$ 并代入下式

$$\hat{\theta}=\mathrm{argmax}\sum_{i=1}^{n}\ln c(F_{\mathrm{D}}(d_i;\hat{\lambda}_1,\hat{\lambda}_2,\cdots,\hat{\lambda}_r),F_{\mathrm{S}}(s_i;\hat{\alpha}_1,\hat{\alpha}_2,\cdots,\hat{\alpha}_p);\theta) \tag{5}$$

估计出 Copula 函数中未知参数 θ 的估计 $\hat{\theta}$。文中根据 Akaike 提出的 AIC(Akaike information criterion)法,检验各种 Copula 分布的拟合程度。

$$AIC=-2\ln L+2k \tag{6}$$

式中,$\ln L$ 为式(7)所示,k 为独立可调参数的个数。AIC 值越小,说明函数拟合程度越好。

$$\begin{aligned}\ln L(d,s;\hat{\lambda}_1\dots,\hat{\lambda}_r,\hat{\alpha}_1,\cdots,\hat{\alpha}_p,\hat{\theta})=&\sum_{i=1}^{n}\ln c(F_{\mathrm{D}}(d_i;\hat{\lambda}_1,\hat{\lambda}_2,\cdots,\hat{\lambda}_r),F_{\mathrm{S}}(s_i;\hat{\alpha}_1,\hat{\alpha}_2,\cdots,\hat{\alpha}_p);\hat{\theta})\\&+\sum_{i=1}^{n}\ln f_{\mathrm{D}}(d_i;\hat{\lambda}_1,\hat{\lambda}_2,\cdots,\hat{\lambda}_r)+\sum_{i=1}^{n}\ln f_{\mathrm{S}}(s;\hat{\alpha}_1,\hat{\alpha}_2,\cdots,\hat{\alpha}_p)\end{aligned} \tag{7}$$

表 3　5 个 Copula 函数及其相应的属性

Copula 函数	Copula 分布函数 $C(u,v)$	参数范围	生成元 $\varphi(t)$
Clayton	$(u^{-\theta}+v^{-\theta}-1)^{-1/\theta}$	$\theta\geqslant0$	$\varphi(t)=t^{-\theta}-1$
Frank	$-\frac{1}{\theta}\ln\left[1+\frac{(e^{-\theta u}-1)(e^{-\theta v}-1)}{(e^{-\theta}-1)}\right]$	$\theta\neq0$	$\varphi(t)=\ln\left[\frac{\exp(\theta t)-1}{\exp(\theta)-1}\right]$
Galambos	$uv\exp\{[(-\ln u)^{-\theta}+(-\ln v)^{-\theta}]^{-1/\theta}\}$	$\theta\geqslant0$	—
Gumbel-Hougaard	$\exp\{-[(-\ln u)^{\theta}+(-\ln v)^{\theta}]^{1/\theta}\}$	$\theta\geqslant1$	$\varphi(t)=(-\ln t)^{\theta}$
Plackett	$\frac{1}{2}\frac{1}{\theta-1}\{1+(\theta-1)(u+v)-[(1+(\theta-1)(u+v))^2-4\theta(\theta-1)uv]^{\frac{1}{2}}\}$	$\theta\geqslant0$	—

3.6 条件概率

基于 Copula 的二元干旱分布函数一旦确定,就很容易得到干旱的条件概率分布。在实际应用中,则主要考虑两种情况:一种为给定干旱历时超过某一阈值 d' 时,估计干旱严重程度的概率分布(Shiau,2006)

$$\begin{aligned}P(S\leqslant s\mid D\geqslant d')&=\frac{P(D\geqslant d',S\leqslant s)}{P(D\geqslant d')}\\&=\frac{F_{\mathrm{S}}(s)-F_{\mathrm{D,S}}(d',s)}{1-F_{\mathrm{D}}(d')}=\frac{F_{\mathrm{S}}(s)-C(F_{\mathrm{D}}(d'),F_{\mathrm{S}}(s))}{1-F_{\mathrm{D}}(d')}\end{aligned} \tag{8}$$

另一种为给定干旱严重程度超过某一阈值s'时，估计干旱历时的概率分布(Shiau，2006)

$$P(D\leqslant d\mid S\geqslant s')=\frac{P(D\geqslant d,S\leqslant s')}{P(S\geqslant s')}=\frac{F_D(d)-F_{D,S}(d,s')}{1-F_S(s')}=\frac{F_D(d)-C(F_D(d),F_S(s'))}{1-F_S(s')} \tag{9}$$

3.7 频率分析

3.7.1 条件重现期

重现期概念广泛的应用在地球物理和环境科学中，便于用来识别危险的事件，对于理性的分析和决策是具有重要意义的。重现期表示对于一给定事件，每出现一次平均所需的时间间隔。当给定干旱历时大于等于某一阈值 d 时，估计干旱严重程度的条件重现期的表达式为(Shiau，2006)

$$T_{S|D\geqslant d}=\frac{T_D}{P(D\geqslant d,S\geqslant s)}=\frac{\mu_T}{1-F_D(d)}\times\frac{1}{1-F_D(d)-F_S(s)+F_{DS}(d,s)}=\frac{\mu_T}{[1-F_D(d)][1-F_D(d)-F_S(s)+F_{DS}(d,s)]} \tag{10}$$

类似地，当给定干旱严重程度大于等于某一阈值 s 时，估计干旱历时的条件重现期的表达式为(Shiau，2006)

$$T_{D|S\geqslant s}=\frac{T_S}{P(D\geqslant d,S\geqslant s)}=\frac{\mu_T}{1\text{-}F_S(s)}\times\frac{1}{1\text{-}F_D(d)-F_S(s)+F_{DS}(d,s)}=\frac{\mu_T}{[1\text{-}F_S(s)][1\text{-}F_D(d)-F_S(s)+F_{DS}(d,s)]} \tag{11}$$

3.7.2 联合重现期

根据建立好的 Copula 函数，8 种组合的联合重现期(Salvadori et al.，2004)被用来分析干旱事件频率。事实上，除了上述讨论的条件重现期外，“或”联合重现期和“且”联合重现期是人们最感兴趣的两种组合。“或”联合重现期，其中干旱事件的随机变量中有一个超过给定的阈值；“且”联合重现期，其中干旱事件的两个随机变量均必须超过给定的阈值。在实际的应用中，这两种组合下的干旱事件往往被认为是危险的。为了与下述的第 2 联合重现期区分，用$T^{\vee}_{D,S}$代表第 1“或”联合重现期，计算公式为(Salvadori et al.，2011)：

$$T^{\vee}_{D,S}=\frac{\mu_T}{P(D>d\vee S>s)}=\frac{\mu_T}{1\text{-}C(F_D(d),F_S(s))} \tag{12}$$

用$T^{\wedge}_{D,S}$代表第 1“且”联合重现期计算公式为(Salvadori et al.，2011)：

$$T^{\wedge}_{D,S}=\frac{\mu_T}{P(D>d\wedge S>s)}=\frac{\mu_T}{1-F_D(d)-F_S(s)+C(F_D(d),F(s))} \tag{13}$$

式中，μ_T表示连续两个干旱事件的平均的间隔时间，可以根据 SPI6 获得。$F_D(d)$和$F_S(s)$分别是干旱历时和干旱严重程度的累积分布函数。

3.7.3 第 2 重现期

对于建立好的 Copula 而言，边际函数概率分布值的不同组合可能产生相同的累积概率 q，即有 $C(u_x,v_x)=q$，也有可能存在 $C(u_y,v_y)=q$。假设累积概率 q 被作为一种指标，即累

积概率为 q 时可能造成相同的影响，在干旱风险评估中，我们可能对随机事件 (U,V) 的 $C(u,v)>q$ 这种超临界状况更感兴趣。根据这种需求第 2 重现期的概念被提了出来，相应的 Salvadori 等（2010）将肯德尔分布函数（K_C）用于定义第 2 重现期。K_C的表达式为

$$K_C(q)=P(C(u,v)\leqslant q) \tag{14}$$

其主要特点是能将多元变量投影到一元变量上。Archimedean Copula 的K_C具有解析式

$$K_C(q)=q-\frac{\varphi(q)}{\varphi'(q^+)} \tag{15}$$

式中，$\varphi'(q^+)$为生成元 φ 的右微分，φ 在表 3 中已经给出。

对于第 2“或”联合重现期（$\rho_q^{\vee}$）表示为

$$\rho_q^{\vee}=\frac{\mu_T}{1-K_C(q)} \tag{16}$$

4 结果分析

4.1 干旱历时和干旱严重程度之间的相关关系

通过计算中国南方 96 站干旱历时和干旱严重程度间的肯德尔相关系数 τ（表略）时发现，中国南方 96 站干旱历时与干旱严重程度存在很高的相关性，相关系数为 0.71～0.86，其中，临沧的相关度最高，相关系数达到了 0.86，重庆站的相关度最低，相关系数为 0.71，图 3 给出了重庆站干旱历时和干旱严重程度间的散点分布。鉴于中国南方干旱历时和干旱严重程度间的这种高相关性，可以用 Copula 来构造干旱变量间的联合分布，文中将构建基于 Copula 函数的中国南方 96 站干旱特征变量联合分布模型。

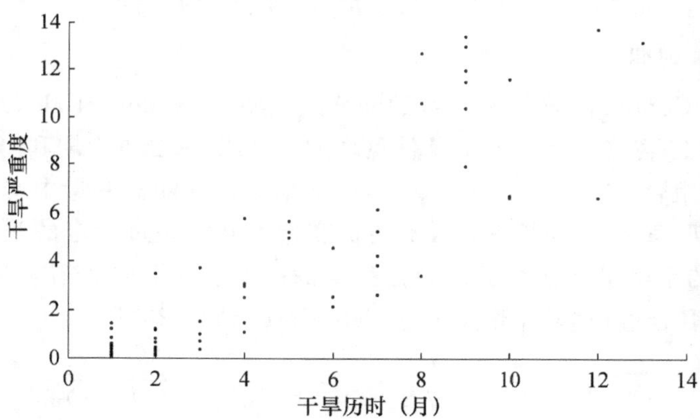

图 3 重庆站干旱历时与干旱严重程度散点图

4.2 中国南方 Copula 函数模型

通过计算干旱历时的 4 种分布检验统计量，即经验累积分布与理论分布的最大差值（表略）。当两者间的差距很小时，推断该样本取自已知的理论分布函数。中国南方 96 站中 50 个站点最小的检验统计量所对应的分布函数为威布尔分布，占站点总数的 52.1%。因此，选用威布尔分布函数为干旱历时的分布函数。此外，假设干旱严重程度符合对数正态分布，在

10%显著性水平条件下,在 96 个站点中有 95 个站点接受原假设,因此可以认为,干旱严重程度的最适合的分布函数为对数正态分布。鉴于篇幅所限,不再一一赘述 96 个站点的 K-S 检验统计量,而仅以重庆站为例来进行说明。重庆站干旱事件的样本量为 70,在 10%显著性水平下,K-S 检验统计量的临界值为 0.144,经验累积分布与对数正态理论分布的最大差值为 0.10,小于临界值 0.144,故 10%的显著性水平接受原假设。

由于不同的 Copula 函数代表不同相关结构,而 Copula 函数的选择将直接影响到分析和统计推断的结果(Embrechts,et al,2003),因此,选择最优的 Copula 函数显得十分重要。表 4 显示,96 个站点中有 75 个站点最小 AIC 值所对应的 Copula 为 FrankCopula。因此,选取 Frank Copula 为最优的拟合函数。结合上述分析可知,用 Frank Copula 连接威布尔分布和对数正态分布两个边际分布函数,能够有效描述中国南方干旱历时与干旱严重程度的相关联合分布,为进一步得到干旱条件概率分布及干旱频率奠定了基础。

表 4 各站 5 个 Copula 的 AIC 值

序号	站名	Clayton	Plackett	Frank	Gumbel	Galambos	序号	站名	Clayton	Plackett	Frank	Gumbel	Galambos
1	甘孜	553.96	508.43	506.01	522.41	524.11	49	酉阳	555.90	517.46	511.71	512.20	511.55
2	道孚	600.45	553.86	553.39	540.37	540.01	50	毕节	562.71	515.63	507.17	513.95	514.27
3	马尔康	540.13	508.19	501.56	506.32	506.16	51	遵义	532.81	494.66	488.65	497.88	498.43
4	松潘	555.32	504.12	500.74	508.93	509.61	52	思南	534.03	491.77	487.26	504.80	506.31
5	都江堰	591.29	554.83	551.25	554.19	554.60	53	黔西	583.46	535.74	529.71	542.28	542.83
6	绵阳	634.56	573.02	566.96	577.53	578.15	54	安顺	513.41	480.96	473.91	484.51	484.98
7	新龙	577.15	549.63	547.17	538.43	537.59	55	贵阳	534.69	498.27	492.60	496.57	496.40
8	雅安	606.44	563.28	556.91	555.95	555.45	56	凯里	532.01	494.68	491.99	495.32	496.29
9	成都	648.35	593.79	585.69	593.84	594.07	57	三穗	512.12	466.88	465.59	460.01	459.97
10	康定	563.33	527.31	520.72	517.14	516.37	58	兴仁	533.90	497.72	494.63	492.30	493.14
11	峨眉山	522.44	488.37	486.02	483.88	483.72	59	罗甸	568.74	517.89	516.09	515.41	515.18
12	乐山	581.76	539.88	534.78	535.18	534.91	60	独山	570.89	521.18	516.62	519.59	520.81
13	德钦	476.21	443.52	440.42	449.31	450.30	61	榕江	540.11	501.96	496.73	500.74	501.31
14	九龙	559.43	534.09	527.66	534.61	534.29	62	桂林	485.38	472.21	471.44	474.51	474.76
15	越西	566.58	522.07	516.93	530.81	531.83	63	南雄	474.46	448.85	443.18	456.27	456.52
16	昭觉	526.24	492.87	484.81	491.73	491.79	64	河池	555.99	521.35	518.45	522.50	522.28
17	雷波	537.84	498.78	494.17	506.94	507.41	65	都安	577.00	534.94	528.04	532.09	532.67
18	宜宾	520.22	479.36	472.24	484.35	484.37	66	柳州	555.81	519.40	513.08	520.96	521.01
19	贡山	480.80	441.65	433.88	445.77	446.10	67	蒙山	561.25	531.89	525.72	535.51	535.40
20	维西	537.74	498.57	492.24	499.13	498.95	68	贺县	522.16	479.06	474.12	485.22	485.40
21	西昌	528.18	491.71	488.98	493.32	493.63	69	连县	522.74	482.58	473.60	481.78	481.42
22	丽江	538.67	501.56	497.07	503.98	504.89	70	韶关	562.32	518.79	508.31	523.59	524.03
23	会理	529.11	482.57	475.60	480.68	480.57	71	佛冈	564.69	515.99	515.60	524.90	526.09
24	会泽	554.52	517.86	513.85	501.79	501.49	72	连平	559.12	513.80	509.62	511.23	511.06
25	威宁	537.70	497.17	497.05	499.44	500.88	73	那坡	536.34	499.96	494.57	500.59	500.36

续表

序号	站名	Clayton	Plackett	Frank	Gumbel	Galambos	序号	站名	Clayton	Plackett	Frank	Gumbel	Galambos
26	腾冲	504.73	477.15	475.32	476.15	476.06	74	百色	601.59	556.84	557.76	552.12	552.60
27	保山	547.98	513.44	508.98	499.93	499.45	75	来宾	544.18	504.30	497.56	507.27	507.32
28	大理	482.36	450.24	445.65	451.99	452.23	76	桂平	569.78	527.68	521.73	520.87	520.46
29	楚雄	549.50	514.08	512.90	516.77	517.07	77	梧州	574.65	526.29	519.73	530.97	531.75
30	昆明	519.96	475.19	469.69	480.17	480.31	78	高要	467.21	438.07	429.64	444.14	444.29
31	沾益	545.35	508.83	503.80	518.07	518.92	79	广州	511.20	463.99	459.98	462.80	462.91
32	盘县	518.25	472.15	467.73	477.54	478.42	80	河源	530.35	495.40	495.91	499.63	500.23
33	瑞丽	510.84	478.23	476.91	477.20	477.57	81	增城	529.25	490.64	488.68	481.40	480.99
34	泸西	528.38	497.87	494.36	504.00	504.80	82	惠阳	510.67	470.02	464.15	481.30	481.89
35	临沧	500.67	467.03	462.54	462.57	461.94	83	五华	516.96	486.69	479.97	485.78	485.04
36	景洪	560.30	527.57	521.28	530.43	530.63	84	汕头	593.43	539.45	536.53	549.19	550.42
37	勐腊	565.57	516.29	515.37	515.95	515.86	85	惠来	531.55	502.05	504.02	498.41	498.26
38	蒙自	495.59	459.49	455.43	460.58	460.29	86	龙州	497.34	463.78	458.55	462.76	462.68
39	巴中	594.31	547.52	545.80	552.81	553.95	87	南宁	548.05	525.05	518.54	521.50	520.96
40	达县	558.53	515.32	510.07	514.18	514.80	88	灵山	551.83	504.43	497.34	517.05	517.94
41	奉节	582.13	537.85	534.39	543.52	544.44	89	信宜	511.05	480.66	476.05	478.98	479.11
42	遂宁	575.94	526.66	522.29	534.88	536.61	90	罗定	514.68	480.71	476.61	484.27	484.51
43	南充	543.99	509.63	505.77	513.41	514.30	91	深圳	540.04	494.71	495.62	491.04	491.31
44	梁平	606.63	559.71	551.32	557.87	558.15	92	东兴	556.57	524.83	522.21	533.51	534.72
45	内江	591.90	553.39	548.22	547.77	547.64	93	钦州	572.96	538.55	533.10	538.52	538.77
46	重庆	593.19	553.21	549.49	545.56	545.22	94	北海	591.95	544.78	540.80	540.41	541.27
47	桐梓	624.67	578.14	571.05	573.19	573.50	95	湛江	581.20	533.30	529.17	534.60	536.02
48	叙永	553.93	525.73	524.32	530.05	530.50	96	阳江	525.02	484.62	475.81	483.48	483.10

注：粗体表示相应站点最小 AIC 值。

4.3 干旱事件条件概率分析

分别计算了给定干旱历时超过某一阈值d'时的干旱严重程度的概率分布及给定干旱严重程度超过某一阈值s'时的干旱历时的概率分布。结果表明，干旱严重程度（干旱历时）的条件概率分布随着干旱历时阈值d'（干旱严重程度阈值s'）的增大而减小。以图 4a 的重庆站为例，当给定干旱历时大于等于 6 个月，干旱严重程度小于等于 9 的概率为 0.51；给定干旱历时大于等于 9 个月，干旱严重程度小于等于 9 的概率为 0.39。以图 4b 重庆站为例，当给定干旱严重程度大于等于 6 时，干旱历时小于等于 6 个月的概率为 0.20；给定干旱严重程度大于等于 9 时，干旱历时小于等于 6 个月的概率为 0.15。

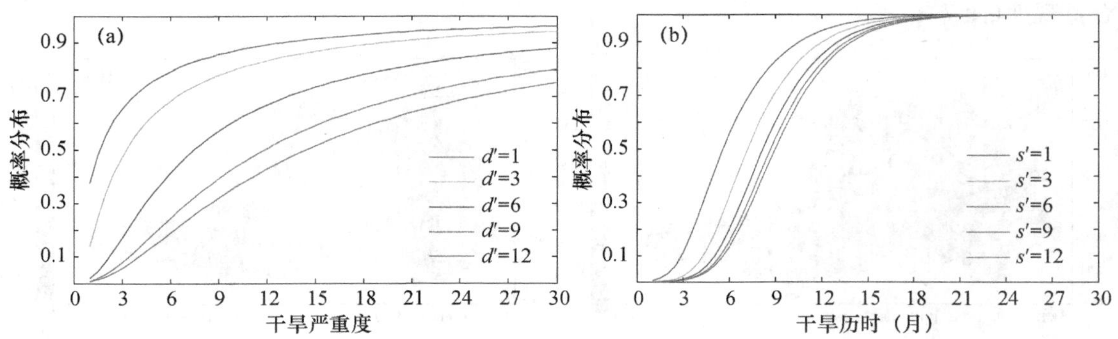

图4　重庆站干旱严重程度的概率分布(给定干旱历时 $D \geqslant d'$ 条件下)(a)；
干旱历时的概率分布(给定干旱严重程度 $S \geqslant s'$ 条件下)(b)

4.4　干旱事件频率分析

4.4.1　干旱事件条件重现期分析

分别计算了给定干旱历时超过某一阈值d'时的干旱严重程度的重现期、给定干旱严重程度超过某一阈值s'时的干旱历时的重现期。结果表明，干旱严重程度的条件重现期与干旱历时d'的值成正比；干旱历时的条件重现期与干旱严重程度的s'值成正比关系。以图5a重庆站为例，当干旱持续时间大于等于6个月时，干旱严重程度大于等于9的干旱事件重现期为28.10 a；干旱持续时间大于等于9个月时，干旱严重程度大于等于9的干旱事件重现期为133.56 a。以图5b重庆站为例，当干旱严重程度大于等于6，而干旱持续时间大于等于6个月的干旱事件的重现期为28.32 a；当干旱严重程度大于等于9，而干旱持续时间大于等于6个月的干旱事件的重现期为55.25 a。

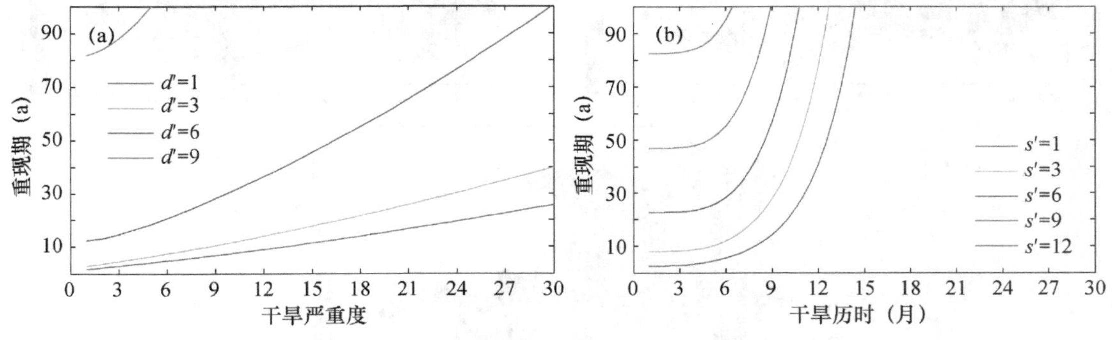

图5　重庆站干旱严重程度重现期(给定干旱历时 $D \geqslant d'$ 条件下)(a)；
干旱历时重现期(给定干旱严重程度 $S \geqslant s'$ 条件下)(b)

4.4.2　干旱事件第1联合重现期及第2联合重现期空间分布特征

由上述定义的第1联合重现期及第2联合重现期计算中国南方96个站点联合重现期的值，对其进行克里金(Kriging)插值处理后，得到中国南方区域联合重现期的空间分布特征。本研究中主要考虑两种干旱情景：(1)干旱历时阈值为6个月、干旱严重程度阈值为6的第1、第2联合重现期(图6)；(2)干旱历时阈值为9个月、干旱严重程度阈值为13.5的第1、第2联合重现期(图 7)。

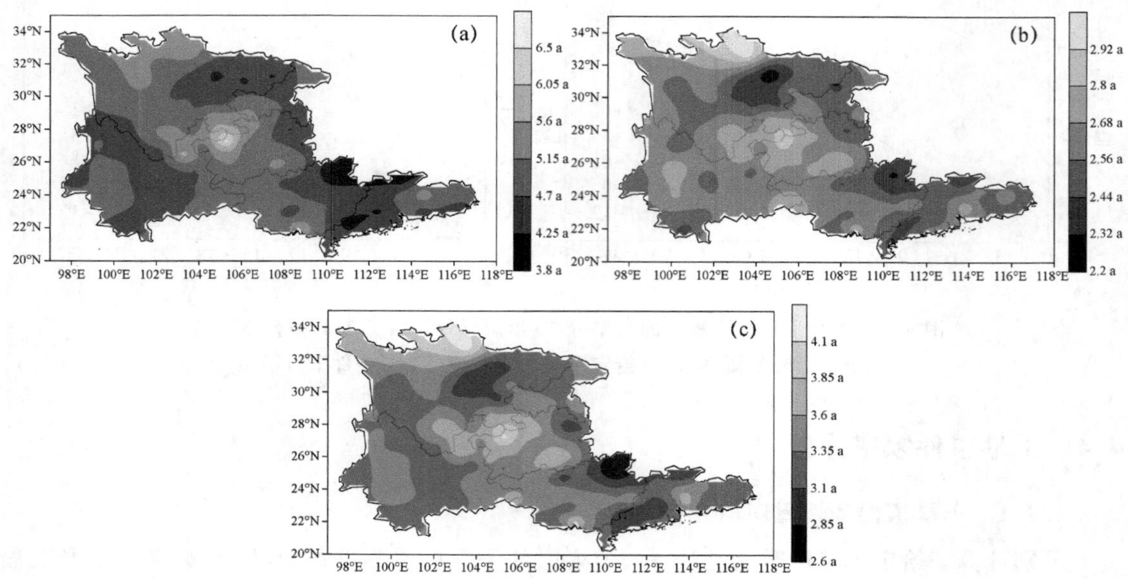

图 6 中国南方干旱事件联合重现期

(a、b 和 c 分别为 $(D>d \wedge S>s)$、$(D>d \vee S>s)$ 和第 2 联合重现期 $(D>d \vee S>s)$；其中 $d=6, s=6$)

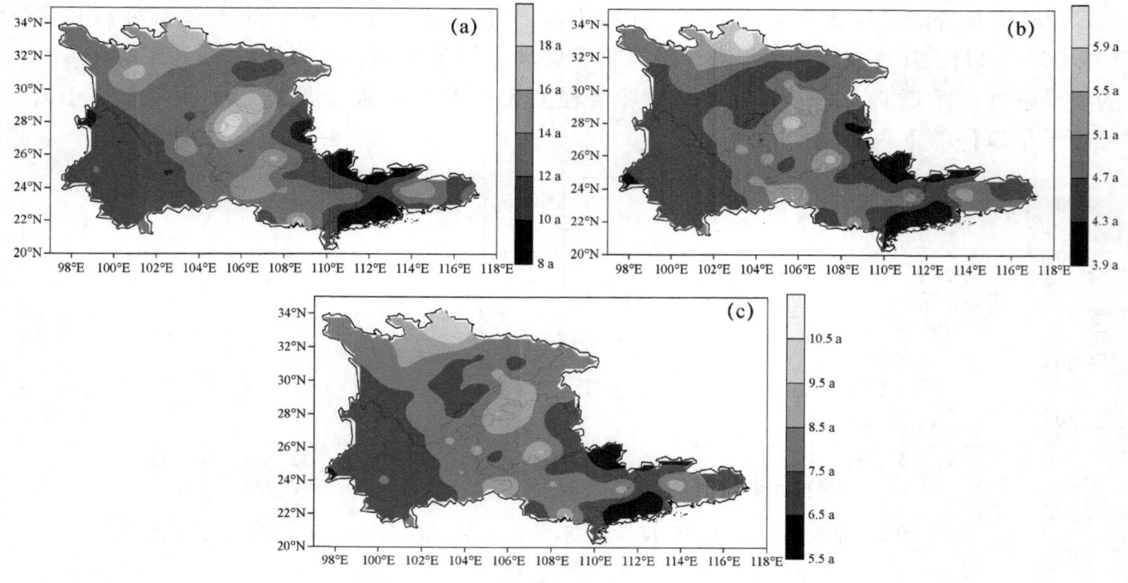

图 7 中国南方干旱事件联合重现期

(a、b 和 c 分别为 $(D>d \wedge S>s)$、$(D>d \vee S>s)$ 和第 2 联合重现期 $(D>d \vee S>s)$；其中 $d=9, s=13.5$)

图 6 为中国南方地区发生第 1 种干旱情景时的联合重现期分布特征。根据统计结果，中国南方整体上第 1“且”(干旱历时和干旱严重程度均超过给定的阈值)联合重现期平均为4.8 a 一遇(图 6a)，第 1“或”(干旱历时和干旱严重程度中有一个超过给定的阈值)联合重现期平均

为2.6 a一遇(图6b),第2"或"联合重现期平均为3.5 a一遇(图6c),表明中国南方干旱风险较大。对比图6a与c可以发现,第1"且"与第2"或"具有相似的联合重现期低值区(干旱高风险区),分别位于四川盆地、贵州东北部、广西北部、广东西部以及云南大部;第1"且"与第2"或"具有相似的联合重现期高值区(干旱低风险区),其中,最为一致的是四川、云南、贵州三省交汇地并呈"∞"型分布的区域,而位于四川西北部的干旱低风险区在第2"或"上较第1"且"的范围有所扩大。图6b与c具有类似的高、低风险中心,但第1"或"较第2"或"低风险区范围扩大,高风险区范围缩小。Vandenberghe等(2011)认为,第2"或"联合重现期相对于第1"或"联合重现期能更加真实的描述干旱危险事件。因此,以第2"或"联合重现期结果为准。

图7为中国南方地区发生第2种干旱情景时的联合重现期分布特征。根据统计结果,中国南方地区第一"且"联合重现期平均为12.6 a一遇(图7a),第一"或"联合重现期平均为4.7 a一遇(图7b),第2"或"联合重现期平均为7.7 a一遇(图7c)。对比图7a与图7c可以发现,第1"且"联合重现期和第2"或"联合重现期的分布图具有两个相似的高风险区,其中一个位于贵州东北部、广西北部及广东西部,另一个位于云南大部;不同的是前者的第3个高风险区主要位于四川盆地东北部,而后者的第3个高风险区则主要位于四川盆地西部。第1"且"联合重现期和第2"或"联合重现期的分布图上的低风险区主要位于四川西北部,四川、云南、贵州三省交汇地以及广东中部。依据Vandenberghe等(2011)的观点,第2"或"联合重现期相对于第1"或"联合重现期能更加真实的描述干旱危险事件。不再对第1"或"联合重现期进行赘述。

5 结论

气候变暖背景下,气候相对湿润的中国南方地区近年来干旱事件也频繁发生。利用中国南方96个气象站点1961—2012年逐月降水资料,计算了6个月时间尺度的SPI值(SPI6),通过游程理论从SPI6中提取了干旱历时和干旱严重程度两个特征变量,计算了该地区干旱条件概率、条件重现期以及该区域干旱发生频率的空间特征,对比研究了该区域的干旱风险。主要结论如下:

(1)干旱历时和干旱严重程度选取γ分布、对数正态分布、威布尔分布以及指数分布进行拟合,使用Kolmogorov-Smirnov(K-S)方法对各分布函数进行了拟合优度检验,表明中国南方干旱历时最优分布函数为威布尔分布,干旱严重程度最优分布为对数正态分布。

(2)利用Clayton、Frank、Galambos、Gumbel以及Plackett Copula五个函数,建立了干旱历时和干旱严重程度之间的二元相关统计模型,依据Akaike information Criteria(AIC)准则对上述五个模型的拟合优度检验表明,Frank Copula函数表示的中国南方干旱持续时间和干旱严重程度之间的相关结构最优。总体来看,中国南方干旱严重程度(干旱历时)的条件概率分布随着干旱历时(干旱严重程度)阈值的增大而减小。干旱严重程度(干旱历时)的条件重现期与干旱历时(干旱严重程度)的阈值成正比。

(3)在干旱历时阈值为6个月、干旱严重程度阈值为6的第一种干旱情景下,中国南方整体第一"且"(干旱历时和干旱严重程度均超过给定的阈值)联合重现期平均为4.8 a一遇,第1"或"(干旱历时和干旱严重程度中有一个超过给定的阈值)联合重现期平均为2.6 a一遇,第2"或"联合重现期平均为3.5 a一遇。在干旱历时阈值为9个月、干旱严重程度阈值为13.5的第二种干旱情景下,中国南方地区第一"且"联合重现期平均为12.6 a一遇,第1"或"联合重现期平均为 4.7 a 一遇，第 2“或”联合重现期平均为 7.7 a 一遇。

(4)通过对比两种干旱情景下第 1“且”，第 1“或”及第 2“或”联合重现期空间分布特征发现中国南方的干旱高风险的区域主要位于四川盆地、贵州东北部、广西北部、广东西部以及云南大部；低风险的区域主要位于四川西北部，四川、云南、贵州三省交汇地以及广东中部地区。

参考文献

兰州干旱气象研究所干旱监测预测研究室，2009. 2009 年秋季全国干旱状况及其影响[J]. 干旱气象，27(4)：419-423.

陆桂华，闫桂霞，吴志勇，等，2010. 基于 Copula 函数的区域干旱分析方法[J]. 水科学进展，21(2)：188-193.

夏军，佘敦先，杜鸿，2012. 气候变化影响下极端水文事件的多变量统计模型研究[J]. 气候变化研究进展，8(6)：394-402.

肖名忠，张强，陈晓宏，2012. 基于多变量概率分析的珠江流域干旱特征研究[J]. 地理学报，67(1)：83-92.

中国气象局，2007. 中国气象灾害年鉴(2007)[M]. 北京：气象出版社：16.

中国气象局，2012. 中国气象灾害年鉴(2011)[M]. 北京：气象出版社：12-16.

Abramowitz M, Stegun I A, 1965. Handbook of Mathematical Functions with Formulas, Graphs, and Mathematical Tables[M]. New York: Dover Publications Inc.

AbuduRauf U F, Zeephongsekul P, 2014. Copula based analysis of rainfall severity and duration: a case study [J]. Theor Appl Climatol, 115(1-2): 153-166

Chen L, Singh V P, Gao S L, 2011. Drought analysis based on copulas. Symposium on Data-Driven Approachesto Droughts[Z]. Drought Research Initiative Network.

Córdova J R, Rodríguez-Iturbe I, 1985. On the probabilistic structure of storm surface runoff[J]. Water Resour Res, 21(5): 755-763

Dai A G, 2012. Increasing drought under global warming in observations and models[J]. Nat Clim Change, 3(1): 52-58, doi: 10.1038/nclimate1633.

Ding Y, Hayes M J, Widhalm M, 2011. Measuring economic impacts of drought: a review and discussion[J]. Disaster Prev Manage, 20(4): 434-446, doi: 10.1108/09653561111161752.

Edwards D C, McKee T B, 1997. Characteristics of 20th century drought in the United States at multiple timescales[M]. Fort Collis: Colorado State University.

Embrechts P, Lindskog F, McNeil A, 2003. Modeling dependence with copulas and applications to risk management//Rachev S. Handbook of Heavy Tailed Distributions in Finance[M]. New York: Elsevier Science Publishers: 329-384

Fu G T, Bulter D, 2014. Copula-based frequency analysis of overflow and flooding in urban drainage systems [J]. J Hydrol, 510: 49-58

Gangguli P, Reddy M J, 2012. Risk assessment of droughts in Gujarat using bivariate copulas[J]. Water Resour Manage, 26(11): 3301-3327.

IPCC, 2013. Climate Change 2013: The Physical Science Basis. Working Group I to the AR5[M]. Cambridge: Cambridge University Press.

IPCC, 2014. Climate Change 2014: Impacts, Adaptation, and Vulnerability. Working Group II to the AR5[M]. Cambridge: Cambridge University Press.

Joe H, Xu J J, 1996. The estimation method of inference functions for margins for multivariate models[M]. Technical Report 166, Department of Statistics. Canada: University of British Columbia.

Li X Y, Waddington S R, Dixon J, et al, 2011. The relative importance of drought and other water-related constraints for major food crops in South Asian farming systems[J]. Food Security, 3(1): 19-33, doi: 10.1007/s12571-011-0111-x

Lloyd-Hughes B, Saunders M A, 2002. A drought climatology for Europe [J]. Int J Climatol, 22 (13): 1571-1592.

McKee T B, Doesken N J, Kleist J, 1993. The relationship of drought frequency and duration to time scales// Preprints, 8th Conference on Applied Climatology[C]. Anaheim, California: 179-184.

Mirabbasi R, Fakheri-Fard A, Dinpashoh Y, 2012. Bivariate drought frequency analysis using the Copula method[J]. Theor Appl Climatol, 108(1-2): 191-206

Mishra A K, Singh V P, 2010. A review of drought concepts[J]. J Hydrol, 391(1-2): 202-216

Reddy M J, Singh V P, 2014. Multivariate modeling of droughts using copulas and meta-heuristic methods[J]. Stoch Environ Res Risk Assess, 28(3): 475-489, doi: 10.1007/s00477-013-0766-2.

Requena A I, Mediero L, Garrote L, 2013. A bivariate return period based on copulas for hydrologicdam design: accounting for reservoir routing in risk estimation[J]. Hydrol Earth Syst Sci, 17(8): 3023-3038.

Salvadori G, de Michele C, 2004. Frequency analysis via copulas: theoretical aspects anapplicationsto hydrological events[J]. Water Resour Res, 40(12): W12511, doi: 10.1029/2004WR003133.

Salvadori G, de Michele C, 2010. Multivariate multiparameter extreme value models and returnperiods: A copula approach[J]. Water Resour Res, 46(10): W10501, doi: 10.1029/2009WR009040.

Salvadori G, De Michele C, Durante F, 2011. On the return period and design in a multivariate frame work[J]. Hydrol Earth Syst Sci, 15(11): 3293-3305, doi: 10.5194/hess-15-3293-2011.

Shiau J T, 2006. Fitting drought duration and severity with two-dimensional copulas [J]. Water Resour Manage, 20(5): 795-815, doi: 10.1007/s11269-005-9008-9.

Shiau J T, Modarres R, 2009. Copula-based drought severity-duration-frequency analysis in Iran[J]. Meteor Appl, 16(4): 481-489.

Sklar A, 1959. Fonctions de répartition *à* n dimensions et leura marges[J]. Public Inst Stat Univ Paris, 8: 229-231.

Vandenberghe S, Verhoest N E C, Onof C, et al, 2011. A comparative copula-based bivariate frequency analysis of observed and simulated storm events: A case study on Bartlett-Lewis modeled rainfall[J]. Water Resour Res, 47(7): W07529.

Wang X L, 2008a. Accounting for autocorrelation in detecting mean-shifts in climate data series using the penalized maximal t or F test[J]. J Appl Meteor Climatol, 47(9): 2423-2444.

Wang X L, 2008b. Penalized maximal F test for detecting undocumented mean-shifts without trend change[J]. J Atmos Oceanic Technol, 25(3): 368-384, doi: 10.1175/2007/JTECHA982.1.

Wang X L, Feng Y, 2013. RH tests V4 User Manual Climate Research Division[Z]. Atmospheric Science and Technology Directorate, Science and Technology Branch, Environment Canada, 28 pp. [Available online at http://etccdi.pacificclimate.org/software.shtml].

Wong G, Lambert M F, Leonard M, et al, 2010. Drought analysis using trivariate copulas conditional on climatic states[J]. J Hydrol Eng, 15(2): 129-141.

Yevjevich V, 1967. An objective approach to definitions and investigations of continent a hydrologic droughts [J]. Hydrology Paper No. 23, Colorado State, USA: Colorado State University Fort Collins.

Zhang L, Singh V P, 2006. Bivariate flood frequency analysis using the copula method[J]. J Hydrol Eng, 11(2): 150-164.

基于主成分分析的中国南方干旱脆弱性评价*

王 莺[1] 王 静[1] 姚玉璧[1,2] 王劲松[1]

(1. 中国气象局兰州干旱气象研究所/甘肃省干旱气候变化与减灾重点实验室/中国气象局干旱气候变化与减灾重点开放实验室,兰州,730020;2. 甘肃省定西市气象局,定西,743003)

摘 要 干旱脆弱性是干旱灾害形成的根本原因。遵循全面性、系统性和可操作性原则,选取水资源脆弱性、经济脆弱性、社会脆弱性、农业脆弱性和防旱抗旱能力脆弱性5个准则层,共32个指标,建立了中国南方农业干旱脆弱性评价指标体系,运用主成分分析的理论方法确定评价指标权重,建立中国南方地区的干旱脆弱性评价模型,得到不同省市的干旱脆弱性指数、分级阈值和区划,以期为南方地区防旱减灾工作提供基础数据和理论支持。得出以下结论:(1)通过主成分分析法得到四个主成分,第一主成分方差贡献率为54.90%,主要反映农业脆弱性和社会脆弱性;第二主成分方差贡献率为23.64%,主要反映水资源脆弱性和经济脆弱性;第三主成分和第四主成分所占比重较小,主要反映防旱抗旱能力脆弱性。(2)以四个主成分的方差贡献率为系数建立南方干旱脆弱性评价模型,得到中国南方干旱脆弱性综合评价得分及其排名,其中水资源脆弱性由高到低依次为云南、广西、贵州、四川、重庆和广东;经济脆弱性由高到低依次为广西、云南、贵州、四川、重庆和广东;社会脆弱性由高到低依次为贵州、云南、广西、重庆、四川和广东;农业脆弱性从高到低依次为贵州、云南、广西、重庆、四川和广东;防旱抗旱能力脆弱性由高到低分别为云南、贵州、四川、广西、重庆和广东;干旱脆弱性综合评价由高到低依次为云南、贵州、广西、四川、重庆和广东。(3)对干旱脆弱性指数进行正态分布性检验,发现该指数基本服从正态分布。根据正态分布原理,得到干旱脆弱性分级阈值,将干旱脆弱性指数小于0.3842定义为低风险,大于1.0758定义为高风险,介于两者之间的定义为中等风险,获得干旱脆弱性分级区划图。广东省位于干旱的低脆弱区,四川和重庆位于干旱的中等脆弱区,云南、贵州和广西位于干旱的高脆弱区。

关键词 主成分分析;干旱;脆弱性;指标权重;中国南方

灾害形成机制的研究理论众多,主要有致灾因子论、孕灾环境论和区域灾害系统论。随着对灾害研究的深入,从20世纪80年代开始国际灾害学界就开始重视脆弱性在灾害形成过程中的作用(史培军,1996)。政府间气候变化专门委员会对脆弱性的定义是指系统容易遭受和有没有能力对付气候变化(包括气候变率和极端气候事件)的不利影响的程度(IPCC,2013)。自然灾害领域对脆弱性的定义是承灾体面对潜在的灾害危险时,在自然、经济、社会、环境等因素共同作用下所表现出的暴露性、敏感性和防抗风险的能力(葛全胜 等,2008)。灾害学理论认为致灾因子是灾害形成的直接原因,而脆弱性是灾害形成的根本原因。也就是说灾害的破坏性程度不仅取决于灾害发生的强度,更取决于社会环境在灾害面前表现出的脆弱性大小(刘铁民,2010)。因此防灾减灾工作要从减小致灾因子风险性和降低灾害脆弱性两方面入手。但是目前的科学发展水平还不能改变致灾因子的发生过程,无法完全规避其风险,所以降低干旱脆弱性就成了防灾减灾工作的主要途径(史培军,1996)。

* 发表在:《生态环境学报》,2014,32(10):1897-1904.

干旱是天然降水异常引起的水分短缺现象，所以湿润地区和干旱地区都有可能发生干旱(Ashok and Vijay，2010；张强 等，2011)。干旱灾害则是由降水减少导致水分供应短缺而对生活、生产和生态造成危害的事件，具有自然和社会的双重属性，是制约社会可持续发展的一个重要因素(亚行支援中国干旱管理战略研究课题组，2011)。中国地处亚洲季风气候区，是一个干旱灾害频发的国家(涂长望等 1944)。IPCC 第五次评估报告指出，北半球 1983—2012 年可能是最近 1400 a 来气温最高的 30 a(IPCC，2013)。在这个背景下，中国的降水年际年内变异增大，干旱发生频率升高，不同地域、不同季节发生严重及特大干旱灾害的年份增多，甚至有可能出现连季和连年性的极端干旱气候事件(IPCC，2012；黄小燕 等，2014)。更需要注意的是，近年来在我国北方干旱形式依然严峻的情况下，南方干旱出现明显的增加和加重趋势(姚玉璧等，2014a，2014b；王莺 等，2014；尹晗和李耀辉，2013；段海霞 等，2014)。1951—1990 年中国南方出现的重大干旱事件占全国总事件数的 37.5%，1991—2000 年的数据为 60%，而 2001—2012 年这一数据就达到了 100%。由此可见，中国南方地区防旱抗旱工作面临的形式非常严峻。

国外学者在干旱脆弱性方面做了大量研究，主要分为基于农户的微观视角和基于区域的宏观视角两个方面。Slegers(2008)从农户角度分析了旱灾脆弱性，认为其脆弱性程度由土壤类型、土地管理和农民类型等因素决定。Wilhelmi 等(2002)根据农业旱灾的生物物理和社会因素，以地理信息系统为工具，通过数值加权分类表来获得每个因素的干旱潜力。Naumann 等(2014)建立了一个综合的干旱脆弱性指标(DVI)，从可再生自然资本、经济能力、人口资源和基础设施四个方面反映非洲的干旱脆弱性。Zornitsa 等(2012)通过 WINISAREG 模型以及 SPI2 指数获得了保加利亚的农业旱灾脆弱性。Antwi-Agyei 等(2012)从暴露性、敏感性和适应性方面开发了多尺度方法来评估加纳地区农业干旱的脆弱性。中国对农业干旱脆弱性研究主要采用定性与定量相结合的方法，例如情景模拟和产量分析等(孙芳等 2005，段兴武 等，2008)。对指标权重的确定主要采用德尔菲法、层次分析法、熵值法等(倪深海 等，2005；武玉艳 等，2009；阮本清 等，2005)。但德尔菲法和层次分析法的主观性较强，熵值法虽客观，但不能将相关指标有效分开。随着多元统计方法的普及和应用，主成分分析法作为一种较新的评估方法被应用在脆弱性评价工作中(凌子燕 等，2010；马细霞 等，2011；Abson 等，2012)。该方法的本质是对高维变量系统做最佳综合和简化，同时客观确定各指标的权重，避免主观随意性。鉴于此，本文以中国南方地区的干旱脆弱性为研究目标，应用主成分分析法来确定各评价指标的权重，建立适宜于该区域的干旱脆弱性评价指标体系和评价模型，发现干旱脆弱性的影响因素，以期为南方地区干旱风险的主动防控工作提供基础数据和理论支持。

1 研究方法

1.1 研究区简介

中国南方地区位于中国东部季风区南部，主要指秦岭—淮河一线以南、青藏高原以东地区。该区域是中国主要的粮油产区，主要粮食作物是水稻，主要经济作物是甘蔗、油菜、棉花、茶叶和烤烟。选择华南(广东、广西)和西南(贵州、云南和四川省以及重庆)为案例区来评价气候变暖背景下南方农业干旱脆弱性(图 1)。从地形看，案例区自东南向西北逐渐增高。分省来看，广东省自北向南分别为中亚热带、南亚热带和热带气候区，年平均温度 19～24 ℃，年平均降水量 1300～2500 mm；广西区岩溶地貌较为发育，年平均温度 16.5～23.1 ℃，年平均降水量1500～2000 mm；贵州省属亚热带湿润季风气候区，位于中国西南部高原山地，立体农业特征明显，年平均温度 14～18 ℃，年平均降水量 1100～1300 mm；云南省兼有低纬气候、季风气候和山原气候的特点，年平均温度 5～24 ℃，年平均降水量 1100 mm 左右；四川省以山地为主，气候区域差异显著，川西南年平均气温 12～20 ℃，年平均降水量 900～1200 mm，川西北年平均温度 4～12 ℃，年平均降水量 500～900 mm；重庆市以丘陵和山地为主，立体气候显著，年平均气温 16～18 ℃，年平均降水量 1000～1350 mm。

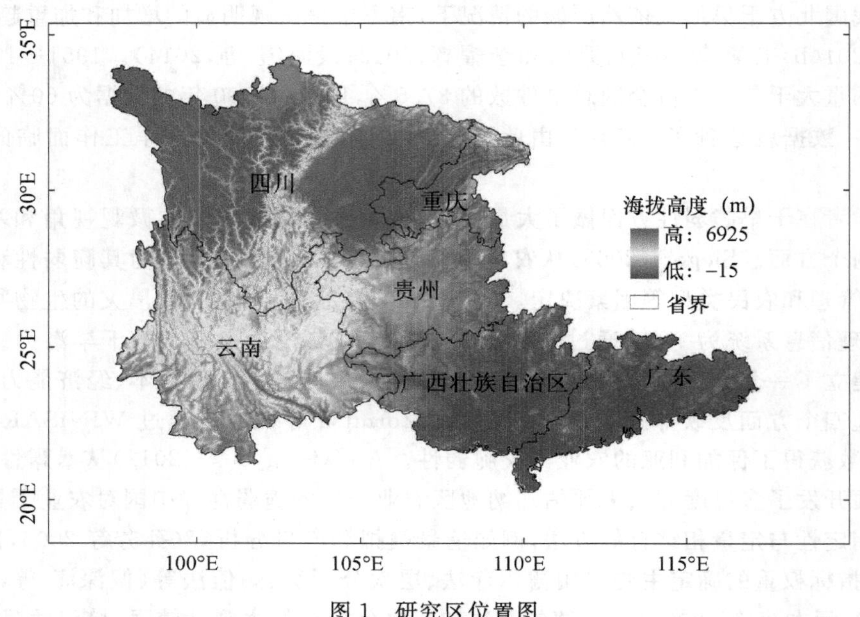

图 1　研究区位置图

1.2　资料及其来源

(1)水资源数据来源于《中国环境统计年鉴 2013》；

(2)社会经济数据来源于《中国统计年鉴 2013》和《中国区域经济统计年鉴 2013》；

(3)农业和农村数据来源于《中国农村统计年鉴 2013》和《中国民政统计年鉴(中国社会服务统计资料)2013》。

1.3　评价指标的选择

通过对案例区干旱情况的调查和综合分析，遵循全面性、系统性和可操作性原则，选取水资源脆弱性、经济脆弱性、社会脆弱性、农业脆弱性和防旱抗旱能力脆弱性 5 个准则层，共 32 个指标，建立了案例区农业干旱脆弱性评价指标体系(表 1)。

表 1 研究区干旱脆弱性评价指标

目标层	准则层	指标层	准则层	指标层
南方干旱脆弱性评价	水资源脆弱性	地表水资源量/面积(X_1)	社会脆弱性	城乡居民消费水平对比(X_{17})
		地下水资源量/面积(X_2)		乡村人口数占总人口数比重(X_{18})
		降水量/面积(X_3)		农村家庭劳动力中不识字或识字很少人数比重(X_{19})
		人均水资源量(X_4)		粮食人均占有量(X_{20})
		人均用水量(X_5)	农业脆弱性	旱涝保收面积/播种面积(X_{21})
		农业用水/用水总量(X_6)		农作物播种面积/总面积(X_{22})
		工业用水/用水总量(X_7)		夏收粮食单位面积产量(X_{23})
		生活用水/用水总量(X_8)		秋收粮食单位面积产量(X_{24})
		生态环境补水/用水总量(X_9)		大牲畜单位面积年末存栏数(X_{25})
	经济脆弱性	人均生产总值(X_{10})		旱田/耕地面积(X_{26})
		农林牧渔业生产总值/地区生产总值(X_{11})	防旱抗旱能力脆弱性	节水灌溉机械/播种面积(X_{27})
		第一产业增加值占地区生产总值比重(X_{12})		机电排灌面积/播种面积(X_{28})
		农村居民家庭人均纯收入(X_{13})		节水灌溉面积/有效灌溉面积(X_{29})
	社会脆弱性	农村居民人均消费支出(X_{14})		有效灌溉面积/播种面积(X_{30})
		农村居民人均食品支出(X_{15})		水库库容量/面积(X_{31})
		城乡居民收入水平对比(X_{16})		每千农业人口村卫生室人员(X_{32})

1.4 评价指标的标准化

在干旱脆弱性评价过程中，不同指标间的量纲可显著影响主成分分析的结果，因此在分析前有必要对所选指标做标准化无量纲处理(舒晓惠 等，2004)。因为有的指标对干旱脆弱性呈正效应，另一些指标呈负效应，所以在处理过程中要区别对待。

正效应的指标处理方法为：

$$X_{ij}=(x_{ij}-\min x_{ij})/(\max x_{ij}-\min x_{ij}) \tag{1}$$

负效应的指标处理方法为：

$$X_{ij}=(\max x_{ij}-x_{ij})/(\max x_{ij}-\min x_{ij}) \tag{2}$$

式中：X_{ij}为标准化数据；x_{ij}为第i个评价对象的第j项评价指标；$\max x_{ij}$和$\min x_{ij}$分别为第j项评价指标的最大值和最小值。经处理后的X_{ij}为$\in[0,1]$，X_{ij}越趋于1，说明其对干旱脆弱性的贡献越大；反之，则越小。

1.5 主成分分析法

主成分分析(principal component analysis，PCA)最早由 Pearson 于 1901 年发明，主要通过对协方差矩阵进行特征分析，达到在减少数据维数的同时保持数据集对方差贡献最大的目的(Pearson，1901)。也就是在数据信息损失最小的情况下，通过降维把原来的多个指标转化为一个或几个综合指标，即主成分。各主成分间互不相关。具体计算过程为：

(1)求出标准化数据指标的矩阵。设干旱脆弱性评价指标个数为 n,地区个数为 m,数据矩阵为 X,x_{ij} 表示第 i 个地区的第 j 个数值,则:

$$X=\begin{vmatrix} x_{11} & \cdots & x_{1n} \\ \vdots & \ddots & \vdots \\ x_{m1} & \cdots & x_{mn} \end{vmatrix} \tag{3}$$

(2)求相关系数矩阵:

$$r_{ij}=\frac{\sum_{k=1}^{n}\left|(x_{ki}-\overline{x_i})\right|\left|(x_{kj}-\overline{x_j})\right|}{\sqrt{\sum_{k=1}^{n}(x_{ki}-\overline{x_i})^2\sum_{k=1}^{n}((x_{kj}-\overline{x_j})^2)}} \tag{4}$$

式中:r_{ij} 为标准化数据的第 i 个指标与第 j 个指标间的相关系数。可得相关系数矩阵 R。

(3)求相关系数矩阵的特征值和特征向量,以及特征值对应的方差贡献率和累计贡献率。取特征值大于 1 且累计方差贡献率大于 85%的前 q 个主成分综合原始数据信息,记其方差贡献率为:

$$C=(c_1,c_2,\cdots,cq) \tag{5}$$

(4)取对应的 q 个特征向量,将其标准化:

$$A=[e_f-\min(e_f)]/[\max(e_f)-\min(e_f)] \tag{6}$$

式中:e 是特征向量,$f\in[1,q]$

(5)各指标对总体的贡献率为:

$$P=C\cdot A^Q/\sum_{i=1}^{q}C_i=(p_1,p_2,\cdots,p_n) \tag{7}$$

(6)对 P 做归一化得:

$$W=p_j/\sum_{1}^{n}p_j=(w_1,w_2,\cdots,w_n) \tag{8}$$

式中:w_j 为第 j 个指标的权重。

1.6 干旱脆弱性评价模型

选用综合评价法模型计算中国南方地区干旱脆弱性指数 Y,指数越大说明风险越大,反之则越小。

$$Y=\sum_{i=1}^{n}w_ix_i \tag{9}$$

2 结果与分析

2.1 主成分特征分析

为了判断提取的主成分与原始变量间的关系,用 SPSS16.0 软件计算各变量间的共同度。从计算结果可以看出,所有影响因素变量与原始变量之间的依赖度均在 85%以上,且绝大多数变量之间的依赖程度在 95%以上,因此可以说明即将提取的主成分与原始变量间相关程度强,提取出的主成分具有代表性。

对表1中的数据进行标准化处理，并在SPSS16.0软件中求出其相关矩阵的特征值和各主成分贡献率，见表2。一般选取特征根大于1且累计方差贡献率大于85%的 q 个主成分，即使信息利用率达85%以上。从表2中可知，前4个主成分的特征根大于1，且累计贡献率达到97.69%，仅丢失2.31%的信息，基本可以反映原指标的大部分信息。因此用4个主成分来代替原来的32个原始变量，降低原始数据的复杂性，达到降维的目的。

表2　相关系数矩阵的特征值

成分	特征根	贡献率/%	累计贡献率/%
1	17.5669	54.8966	54.8966
2	7.5644	23.6388	78.5354
3	3.7773	11.8042	90.3396
4	2.3513	7.3480	97.6876
5	0.7400	2.3124	100.00
6	0.0000	0.0000	100.00
…	…	…	…
32	0.0000	0.0000	100.00

因子载荷矩阵反映了原始变量与主成分间的相关系数。从本文中因子载荷矩阵结果可以看出，4个主成分对原始数据信息的反映不清晰，无侧重性，使各主成分无明显的实际意义，因此选用最大方差法对因子进行旋转，得到因子旋转矩阵。从因子旋转矩阵可以看出，第一主成分主要包括生态环境补水、夏收粮食单位面积产量、农村居民消费支出、节水灌溉机械、地表水资源、旱涝保收面积、旱田面积、机电排灌面积、降水量等，其方差贡献率为54.90%，主要反映了干旱脆弱性中的农业脆弱性和社会脆弱性；第二主成分主要包括生活用水、人均水资源量、农业用水、农林牧渔业总产值、节水灌溉面积、工业用水和第一产业增加值占地区生产总值的比重，其方差贡献率为23.64%，主要反映了干旱脆弱性中的水资源脆弱性和经济脆弱性；第三主成分和第四主成分所占比重较小，主要反映了干旱脆弱性中的防旱抗旱能力脆弱性。

2.2　干旱脆弱性评价

以四个主成分的方差贡献率为系数建立南方干旱脆弱性评价模型：

$$Y=(54.8966\%\cdot W_1+23.6388\%\cdot W_2+11.8042\%\cdot W_3+7.3480\%\cdot W_4)/97.6876\% \tag{10}$$

由于32个原始指标量纲不同，会对评价结果带来较大影响，所以需要在做干旱脆弱性评价前对原始指标做标准化处理，将标准化之后的数据代入式(10)，得到中国南方干旱脆弱性综合评价得分及其排名(表3)。

表3　中国南方干旱脆弱性综合评价及排名

地区	水资源脆弱性		经济脆弱性		社会脆弱性		农业脆弱性		防旱抗旱能力脆弱性		综合脆弱性	
	得分	排名	得分	排名	得分	排名	得分	排名	得分	排名	得分	排名
云南	0.21	6	0.41	5	0.32	5	0.21	5	0.29	6	1.43	6
贵州	0.08	4	0.37	4	0.38	6	0.26	6	0.26	5	1.36	5

续表

地区	水资源脆弱性		经济脆弱性		社会脆弱性		农业脆弱性		防旱抗旱能力脆弱性		综合脆弱性	
	得分	排名	得分	排名	得分	排名	得分	排名	得分	排名	得分	排名
四川	0.07	3	0.31	3	0.14	2	−0.02	2	0.26	4	0.76	3
重庆	−0.10	2	0.16	2	0.15	3	−0.01	3	0.22	2	0.42	2
广西	0.10	5	0.42	6	0.25	4	0.07	4	0.25	3	1.09	4
广东	−0.27	1	0.00	1	−0.15	1	−0.22	1	−0.04	1	−0.68	1

从水资源脆弱性来看，云南的脆弱性最高，以下依次为广西、贵州、四川、重庆和广东。由主成分分析法获取的指标权重可知，单位面积地表水资源量的权重系数最大，说明该指标对这6个地区水资源脆弱性影响最大。据《中国环境统计年鉴2013》统计，云南省单位面积地表水资源量仅为0.0043亿$m^3 \cdot km^{-2}$，为6个地区中最低，而农业用水所占比重又较高，占用水总量的68.38%，单位面积地下水资源量和单位面积年降水量均不高，因此水资源脆弱性最高。广西虽然人均水资源量在6个地区中排名第一，但是人均用水量和农业用水比例也在6个地区中排名第一，因此水资源脆弱性较高。贵州省主要存在的问题是水资源压力较大，单位面积地表水资源量、地下水资源量和降水量在6个地区中均排在中间。四川省的单位面积降水量最低，农业用水所占比例较高，但是它的地下水资源丰富，人均用水量较低，因此水资源脆弱性较低。重庆市水资源比较丰富，单位面积地下水资源量和人均水资源量在6个地区中排名第一，人均用水量少，农业用水所占比例最低，虽然工业用水和生活用水所占比例较大，但是由于权重较低，所以对结果的影响较小。广东省水资源丰富，单位面积地表水(0.0112亿$m^3 \cdot km^{-2}$)、地下水(0.0027亿$m^3 \cdot km^{-2}$)和降水量(0.0195亿$m^3 \cdot km^{-2}$)均为6个地区中最高，其主要的水资源问题是人口众多带来的人均水资源量较低、生活用水和生态环境补水所占比例较高，以及经济快速发展下的工业用水所占比例较高等问题。

从经济脆弱性来看，广西的脆弱性最高，以下依次为云南、贵州、四川、重庆和广东。对比指标权重可知，农村居民家庭人均纯收入和人均生产总值权重较高，说明这两种指标对经济脆弱性的影响较大。一般来说，农村居民人均纯收入和人均生产总值越高，说明居民抵御干旱风险的能力越强，干旱脆弱性就越低；第一产业增加值占地区生产总值比重和农林牧渔业生产总值占地区生产总值比重越高，说明该地区对农业的依赖度越大，在同样的干旱等级下，干旱带来的影响越严重，干旱脆弱性程度越高。从统计数据可知，广西农村居民家庭人均纯收入为6007.5元·人$^{-1}$，人均生产总值较低(2.5亿元·万人$^{-1}$)，而农林牧渔业生产总值和第一产业增加值占地区生产总值的比重都很高，分别为25.8%和16.7%，说明广西的经济非常依赖于农业发展。云南省的经济脆弱性指标与广西近似，也是一个对农业依赖度很高的省份，其经济脆弱性程度较高。贵州省经济欠发达，农村居民人均纯收入(4753.0元·人$^{-1}$)和人均生产总值(2.0亿元·万人$^{-1}$)均为6个地区中最低，说明该省对干旱的经济抵御能力较弱。四川省和重庆市的经济水平在西南地区排名第一，但重庆的农业依赖性低于四川，因此四川的经济脆弱性比重庆市高。广东省是中国的经济发达省份，农村居民人均纯收入(10542.8元·人$^{-1}$)和人均生产总值(5.8亿元·万人$^{-1}$)均位于前列，而农林牧渔业生产总值和第一产业增加值占地区生产总值的比重却非常低，分别为7.0%和5.0%，因此其经济脆弱性非常低。

从社会脆弱性来看，贵州省的社会脆弱性最高，以下依次为云南、广西、重庆、四川和广东。

分析指标权重可知，农村居民消费支出、城乡居民收入水平对比和乡村人口数占总人口数比重的权重较高。一般来说，农村居民消费支出越多，说明其可支配收入越多，对干旱风险的抵御能力越强；农村居民食品支出所占比例越多，说明其家庭收入越少，生活水平越低，脆弱性程度越高；城乡居民收入水平和消费水平之比反映了城乡收入差距，该比例越高，说明城乡收入差距越小，农村经济发展水平越高，脆弱性程度越低；乡村人口数比重越高，说明该地区城镇化水平越低，对农业依赖度越高，脆弱性程度越高；文盲人数越多，政策落实和技术推广的难度越大，脆弱性程度越高；粮食人均占有量越高，说明社会对干旱灾害的抵御能力越强，脆弱性越低。具体来看，贵州省主要存在的社会问题是城乡居民收入水平和消费水平之比高，分别为3.9和3.5，农村居民消费支出低（3901.7元·人$^{-1}$），农村人口数所占比例高（63.6%），农村居民中文盲和半文盲人数所占比例高（10.4%），因此社会脆弱性非常高。云南省的情况与贵州省相似，农村人口所占比例达60.7%，农村居民食品支出为45.6%，说明其农村居民生活水平低，社会脆弱性高。广西的问题主要存在于农村人口数所占比例高（56.5%），城乡居民消费水平比较高（3.3），说明城镇化水平较低。重庆市也存在着城镇化水平较低的问题。四川省虽然农村人口所占比重较大，但城镇化水平较高，粮食人均占有量高（411.1 kg·人$^{-1}$），因此社会脆弱性较低。广东省的城镇化水平非常高，农村居民消费支出很高（7458.6元·人$^{-1}$），农村人口和文盲半文盲人数所占比重很低，分别为32.6%和2.8%，因此社会脆弱性很低。

从农业脆弱性来看，从高到低依次为贵州、云南、广西、重庆、四川和广东。分析权重值可知，旱田面积百分比和单位面积大牲畜年末存栏量的权重值较高。贵州省单位面积年末大牲畜存栏量在6个省市中最高，为31头·km^{-2}，旱田所占比例为67.7%，而旱涝保收面积占播种面积的比例较低（12.3%）。云南省旱田所占比例最高（73.4%），旱涝保收面积占播种面积的比例较低（13.6%）。广西旱田所占比例为48.2%，单位面积大牲畜年末存栏量为21头·km^{-2}。重庆市农业脆弱性主要体现在旱涝保收面积比例低（10.2%），农作物播种面积比例高（40.5%）。四川省农业脆弱性主要体现在秋收粮食单位面积产量高（5858.7 kg·hm^{-2}），一旦发生干旱，粮食产量的损失远高于其他地区。广东省夏收粮食单位面积产量高（4652.1 kg·hm^{-2}），旱涝保收面积比例高（29.8%），旱田比例低（26%），说明该地区农业生产抵御干旱的能力强，农业脆弱性低。

从防旱抗旱能力脆弱性来看，由高到低分别为云南、贵州、四川、广西、重庆和广东。从权重值可知，机电排灌面积、有效灌溉面积和单位播种面积节水灌溉机械对防旱抗旱能力脆弱性的影响较大。云南省在防旱抗旱方面主要存在的问题是单位面积水库库容量低，仅为3.6万m^3·km^{-2}，机电排灌面积和有效灌溉面积占播种面积比例较低，分别为2.6%和24.3%，单位播种面积上节水灌溉机械数很低，为1.6套·khm^{-2}。贵州省的机电排灌面积和有效灌溉面积占播种面积比例也比较低，分别为1.4%和23.4%，但其单位面积水库库容量比较高（20万m^3·km^{-2}）。四川省单位面积水库库容量小，为4.5万m^3·km^{-2}，但其节水灌溉面积占有效灌溉面积比例高（53.2%）。广西有效灌溉面积占播种面积的比重较低，为25.3%，但单位播种面积上节水灌溉机械数较高，为10.1套·khm^{-2}。重庆市有效灌溉面积占播种面积的比重是6个地区中最低的，仅为20.2%，但每千农业人口中村卫生室人员最多，为1.48人。广东省水资源丰富，单位面积水库库容量（24万m^3·km^{-2}）、有效灌溉面积占播种面积比例（40.1%）、机电排灌面积占播种面积比例（13.6%）和单位播种面积节水灌溉机械（22.5套）均为最高，其防旱抗旱脆弱性能力最低。

从6个地区的干旱脆弱性综合评价来看，云南的干旱脆弱性最高，具体体现在水资源和防旱抗旱脆弱性指数都比较高。接下来是贵州和广西，其中贵州的社会和农业脆弱性指数相对偏高，而广西是经济和水资源脆弱性较高。干旱脆弱性风险较低的是四川和重庆，因为它们的水资源、经济、社会和农业脆弱性都比较低，只有四川的防旱抗旱脆弱性稍高。广东省由于水资源丰富、经济发达和城镇化水平高，使得其干旱脆弱性低。

2.3　干旱脆弱性分级

对6个地区的干旱脆弱性指数进行正态分布性检验，发现该指数基本服从正态分布，估计值落在95%的置信区间内。样本均值 μ 为0.73，标准差 σ 为0.786。根据正态分布原理，将中国南方地区干旱脆弱性等级按照干旱脆弱性指数小于 $(\mu-0.44\sigma)$ 定义为低风险，大于 $(\mu+0.44\sigma)$ 定义为高风险，介于两者之间的定义为中等风险。根据以上原则得到中国南方地区干旱脆弱性分级阈值(表4)，并得到干旱脆弱性分级的空间分布图(图2)。从图中可以看出广东省位于干旱的低脆弱区，四川和重庆位于干旱的中等脆弱区，云南、贵州和广西位于干旱的高脆弱区。总体来说，西南地区的干旱脆弱性大于华南地区。

表4　干旱脆弱性分级

干旱脆弱性指数	<0.3842	0.3842～1.0758	>1.0758
干旱脆弱性等级	低脆弱性	中等脆弱性	高脆弱性

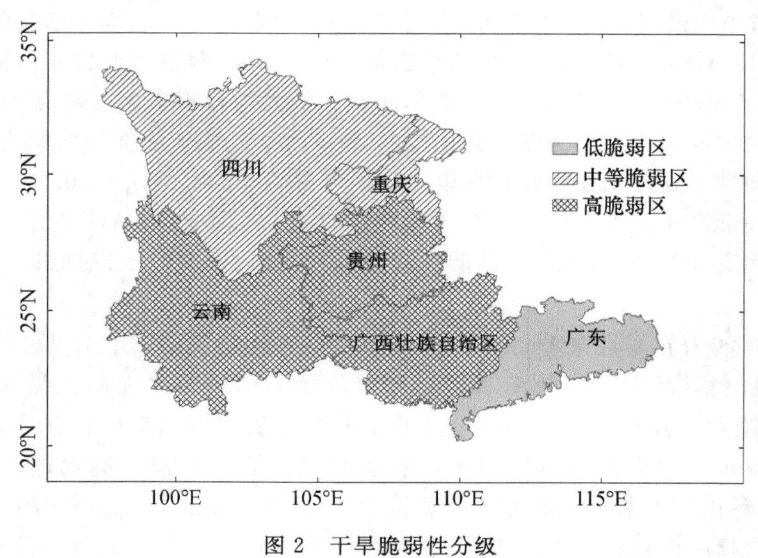

图2　干旱脆弱性分级

3　结论与讨论

3.1　结论

基于主成分分析的理论方法，综合考虑水资源、经济、社会、农业和防旱抗旱能力等方面内容，建立了中国南方地区干旱脆弱性评价模型，得到不同省市的干旱脆弱性指标和分级区划。

得到以下结论：

(1)通过主成分特征分析，将32个原始指标降维简化，得到4个主成分。第一主成分主要反映农业脆弱性和社会脆弱性；第二主成分主要反映水资源脆弱性和经济脆弱性；第三主成分和第四主成分所占比重较小，主要反映防旱抗旱能力脆弱性。

(2)以四个主成分的方差贡献率为系数建立南方干旱脆弱性评价模型，得到中国南方干旱脆弱性综合评价得分及其排名。水资源脆弱性由高到低依次为云南、广西、贵州、四川、重庆和广东；经济脆弱性由高到低依次为广西、云南、贵州、四川、重庆和广东；社会脆弱性由高到低依次为贵州、云南、广西、重庆、四川和广东；农业脆弱性从高到低依次为贵州、云南、广西、重庆、四川和广东；防旱抗旱能力脆弱性由高到低分别为云南、贵州、四川、广西、重庆和广东；干旱脆弱性综合评价由高到低依次为云南、贵州、广西、四川、重庆和广东。

(3)建立干旱脆弱性分级阈值，得到干旱脆弱性分级区划图。广东省位于干旱的低脆弱区，四川和重庆位于干旱的中等脆弱区，云南、贵州和广西位于干旱的高脆弱区。

3.2 讨论

从方法来说，用主成分分析法确定区域干旱脆弱性指标权重，可以从各指标所代表的信息量大小和系统效应来确定，避免了德尔菲法和层次分析法的人为因素干扰，使量化管理简单易行。从指标选择来说，由于影响干旱脆弱性的因素众多，且各因素间关系复杂，因此很难完整描述干旱的实际发生情况。本文在指标选择中侧重于社会经济因素，较少考虑自然环境背景，而这个背景也是影响干旱脆弱性的重要因素，今后需要加强这方面的研究。虽然本研究存在一些不足，但是由主成分分析法得到的中国南方地区干旱脆弱性评价及等级区划结果在实际工作中仍具有积极意义。由于各地区干旱脆弱性的原因各异，各部门在应对干旱风险时应有针对性的制定决策方案，提高防旱抗旱效率。

参考文献

段海霞，王素萍，冯建英，2014. 2013年全国干旱状况及其影响与成因[J]. 干旱气象，32(2)：310-316.

段兴武，谢云，刘刚，等，2008. 黑龙江省粮食生产对气候变化影响的脆弱性分析[J]. 中国农业气象，29(1)：6-11.

葛全胜，邹铭，郑景云，等，2008. 中国自然灾害风险综合评估初步研究[M]. 北京：科学出版社：23-206.

黄小燕，王小平，王劲松，等，2014. 中国大陆1960—2012年持续干旱日数的时空变化特征[J]. 干旱气象，32(3)：326-333.

凌子燕，刘锐，2010. 基于主成分分析的广东省区域水资源紧缺风险评价[J]. 资源科学，32(12)：2324-2328.

刘铁民，2010. 脆弱性——突发事件形成与发展的本质原因[J]. 中国应急管理(10)：32-35.

马细霞，李艳，刘磊，2011. 基于主成分分析的农业旱灾等级区划研究[J]. 郑州大学学报：工学版，32(1)：125-128.

倪深海，顾颖，王会容，2005. 中国农业干旱脆弱性分区研究[J]. 水科学进展，16(5)：705-709.

阮本清，彭宇平，王浩，等，2005. 水资源短缺风险的模糊综合评价[J]. 水利学报，36(8)：906-912.

史培军，1996. 再论灾害研究的理论与实践[J]. 自然灾害学报，5(4)：6-17.

舒晓惠，刘建平. 2004. 利用主成分回归法处理多重共线性的若干问题[J]. 统计与决策(10)：25-26.

孙芳，杨修，2005. 农业气候变化脆弱性评估研究进展[J]. 中国农业气象，26(3)：170-173.

涂长望，黄士松，1944. 中国夏季风之进退[J]. 气象学报，18(1)：1-20.

王莺，王劲松，姚玉璧，等，2014. 中国华南地区持续干期日数时空变化特征[J]. 生态环境学报，23(1)：86-94.

武玉艳，葛兆帅，蒲英磊，等，2009. 基于熵值法的农业洪涝灾害脆弱性评价——以江苏省盐城市为例[J]. 安徽农业科学，37(4)：1681-1682.

亚行技援中国干旱管理战略研究课题组，2011. 中国干旱灾害风险管理战略研究[M]. 北京：中国水利水电出版社：1-3.

姚玉璧，王劲松，尚军林，等，2014a. 基于相对湿润度指数的西南春季干旱 10 年际演变特征[J]. 生态环境学报，23(4)：547-554.

姚玉璧，张强，王劲松，等，2014b. 中国西南干旱对气候变暖的响应特征[J]. 生态环境学报，23(9)：1409-1417.

尹晗，李耀辉，2013. 我国西南干旱研究最新进展综述[J]. 干旱气象，31(1)：182-193.

张强，张良，崔显成，等，2011. 干旱监测与评价技术的发展及其科学挑战[J]. 地球科学进展，26(7)：763-778.

Abson D J, Dougill A J, Stringer L C, 2012. Using principal component analysis for information-rich socio-ecological vulnerability mapping in Southern Africa[J]. Applied Geography, 35(1): 515-524.

Antwi-Agyei P, Fraser ED, Dougill AJ, et al, 2012. Mapping the vulnerability of crop production to drought in Ghana using rainfall, yield and socioeconomic data[J]. Applied Geography, 32(2): 324-334.

Ashok K M, Vijay P S, 2010. A review of drought concepts[J]. Journal of Hydrology, 391(1-2): 202-216.

IPCC, 2012. Summary for Policymakers. In: Managing the Risks of Extreme Events and Disasters to Advance Climate Change Adaptation. A Special Report of Working GroupsI and II of the Intergovernmental Panel on Climate Change[M]. Cambridge University Press, Cambridge, UK, and New York, NY, USA: 1-19.

IPCC, 2013. Climate Change 2013: The Physical Science Basis. Contribution of Working Group I to the Fifth Assessment Report of the Intergovern-mental Panel on Climate Change[M]. Cambridge University Press, Cambridge, United Kingdom and New York, NY, USA: 159-255.

Naumann G, Barbosa P, Garrote L, et al, 2014. Exploring drought vulnerability in Africa: an indicator based analysis to be used in early warning systems[J]. Hydrology and Earth System Sciences, 18(5): 1591-1604.

Pearson K, 1901. Principal components analysis [J]. The London, Edinburgh, and Dublin Philosophical Magazine and Journal of Science, 6(2): 559.

Slegers M F W, 2008. "If only it would rain": Farmers' perceptions of rainfall and drought in semi-arid central Tanzania[J]. Journal if Arid Environments, 72(11): 2106-2123.

Wilhelmi O V, Wilhite D A, 2002. Assessing vulnerability to agricultural drought: a Nebraska case study[J]. Natural Hazards, 25(1): 37-58.

Zornitsa P, Maria I, Luis S P, et al, 2012. Assessing drought vulnerability of bulgarian agriculture through model simulations[J]. Journal of Environmental Science and Engineering B 1: 1017-1036.

中国南方干旱灾害风险特征及其防控对策*

张 强[1] 姚玉璧[1,2] 王 莺[1] 王素萍[1] 何文平[3]
王劲松[1] 杨金虎[1,2] 王 静[1] 李亿平[1]

(1. 中国气象局兰州干旱气象研究所/甘肃省干旱气候变化与减灾重点实验室/
中国气象局干旱气候变化与减灾重点开放实验室，兰州，730020；
2. 甘肃省定西市气象局，定西，743000；3. 国家气候中心，北京，100081)

摘 要 应用中国南方区域14省(区、市)252个国家基本气象站1961—2015年逐日地面气象观测资料及干旱灾害资料，研究中国南方干旱灾害影响的时空变化特征，分析中国南方干旱灾害风险变化特征，提出干旱灾害风险防控策略与防御对策。结果表明：近55 a中国南方区域降水量呈现波动变化，降水量线性拟合趋势特征不明显。但进入21世纪后南方区域平均降水量明显偏少，且平均降水量年际振荡幅度增大。近55 a研究区气温呈显著上升趋势，南方平均地表气温升高速率高于全球地表升温速率；研究区气温从1976年开始持续上升，气温升高的突变年在1997年。重旱风险高发区主要集中于西南，随着气候变暖，干旱灾害频率、强度和受旱面积均增加，干旱灾害风险增大。气温突变后次高干旱灾害风险区明显扩大。未来10年(2016—2025年)中国南方地区的干旱发生频率可能升高。因此，要加强干旱灾害风险管理，生态环境脆弱区域实施生态环境修复，农业主产区域以保障粮食安全为主，解决水资源时空分布不均和资源供需加剧矛盾，提高干旱灾害风险防控水平。

关键词 干旱；灾害风险；空间特征；对策；中国南方

人类从诞生伊始就遭受干旱灾害的困扰，干旱灾害与地球环境相伴而生，是全球均可发生的自然灾害(张强 等，2015；Ashok et al.，2010)。联合国政府间气候变化专门委员会(IPCC)第五次评估报告指出，在21世纪，全球水循环响应气候变暖的变化将不是均匀的。尽管有可能出现区域异常情况，但潮湿和干旱地区之间、雨季与旱季之间的降水对比度会更强烈。到21世纪末，在高(RCP8.5)温室气体排放情景下，位于中纬度干燥地区和副热带的干燥地区，平均降水将减少。在区域到全球尺度上预估的土壤水分是减少，目前为干旱区的农业干旱可能性(中等信度)会增加(IPCC，2012，2013)；随着未来气候变暖，水循环会进一步加快，植物的蒸腾和地表的蒸散等水分平衡随之变化，农业生产的不稳定性和风险加大(王劲松 等，2015)。例如，2016年2—3月，地处东南亚的湄公河流域气温偏高1～3 ℃，降水稀少，越南南部遭遇近百年来的严重干旱，该区域以栽培水稻为主，需水量较大，干旱影响尤为严重，湄公河三角洲区域农业严重受灾。

中国是干旱灾害频繁发生的国家之一，每年平均农业受旱面积为 $2.4\times10^{7}\,hm^{2}$，20世纪末以来，中国农业干旱发生频率增多、强度增强、危害更大。1997年、1999—2002年、2009年北方出现区域性大旱；2003年和2004年江南、华南遭受严重区域性干旱；2006年川渝地区出现百年一遇的大旱；2010—2013年西南地区连续4年出现干旱；2011年1—5月，长江中下游

* 发表在：《生态学报》，2017，37(21)：7206-7218.

地区降水为近 50 a 来历史同期最少，无降水日数为 1961 年以来历史同期最大，受干旱影响范围为近 60 a 来同期最广(黄荣辉 等，2012；罗伯良 等，2014；李忆平 等，2015)。

气候变暖不仅使干旱灾害危害加重、形成机理和发展过程更加复杂，而且也使影响干旱灾害风险的因素更加复杂多样(Neelin et al.，2006；Lu et al.，2007；Sheffield et al.，2008)。农业旱灾综合损失率与降水量成负相关，年降水量每减少 100 mm 中国南方综合损失率大约增大 0.76%(张强 等，2015)。降水量偏少的区域，致灾因子危险性偏高，农业旱灾综合损失率增大。承灾体脆弱性偏高的区域如云贵高原主体，农业旱灾综合损失率偏高(姚玉璧，2016)。中国西南的四川盆地、贵州东北部和云南大部，华南的广西北部、广东西部是干旱灾害高风险的区域(王莺 等，2014，2015；刘晓云 等，2015)。

中国干旱灾害防御的传统模式主要是应急方式的危机管理，即在灾情出现后才临时组织和动员公共和社会力量投入防灾减灾。而不是在干旱灾害发生前就进行机制化和制度的预防，容易出现"过度"应对或应对"缺失"。随着干旱灾害频发和经济社会发展对防灾减灾要求的提高，要求对干旱灾害从应急管理转向更加重视风险管理(张强 等，2014)。要实现干旱灾害风险管理必须对干旱灾害风险识别为前提，以干旱灾害风险评估和预警技术的发展为重要技术支撑。目前对我国南方干旱灾害风险特征和规律认识十分有限，而且气候变暖引起的干旱灾害风险因子变异使干旱风险评估的技术问题更加复杂(Tol et al.，1999；Neelin et al.，2006；Lu et al.，2007；Sheffield et al.，2008；Feyen et al.，2009；Feyen et al.，2009)，致使干旱灾害风险管理缺乏必要技术支撑，研究南方干旱灾害风险特征既有迫切需求，又是突出科学问题！

分析气候变暖背景下南方干旱灾害风险的物理要素变化规律，研究干旱灾害风险时空变异特征，提出针对性地干旱灾害风险应对策略与防控措施，对应对气候变化，提高干旱灾害防灾减灾能力有重要意义。

1 研究区域与数据分析方法

1.1 研究区域

中国南方一般是指秦岭-淮河一线以南和青藏高原以东的区域，属于西南季风和东南季风区的南部。选取中国南方 14 省区市(广东、福建、浙江、海南、广西、云南、四川、重庆、贵州、湖南、湖北、江西、安徽、江苏)为研究区域。区域空间范围为 97.4°—123.0°E，20.2°—35.3°N。研究区域主要以亚热带季风气候为主，年降水量主要分布在 600～2700 mm，年平均温度在16～24 ℃。

1.2 研究数据

研究站点选取原则是空间代表性好、年代连续一致，选取中国南方 14 省区市(广东、福建、浙江、海南、广西、云南、四川、重庆、贵州、湖南、湖北、江西、安徽、江苏)256 个国家基本气象站 1961－2015 年逐日地面气象观测资料。干旱受灾面积数据为 1951－2015 年农业部农作物干旱受灾面积数据。

1.3 数据分析方法

气候要素的趋势倾向率为

$$X_i = a + bt_i (i = 1, 2, \cdots, n) \tag{1}$$

式中：X_i为气候要素变量，用 t_i表示 X_i所对应的时间；a 为回归常数；b 为回归系数；n 为样本量。b 的 10 a 变化称为气候倾向率。

气温升高突变检测采用累积距平分析和 Mann-Kendall 突变检测法（魏凤英，2007）。M-K 突变检测法是在原假设 H_0：气候序列没有变化的情况下，设此气候序列为 $x_1, x_2, \cdots x_N$，m_i表示第 i 个样本 x_i 大于 $x_j(1 \leqslant j \leqslant i)$的累计数，定义一统计量，给定一显著性水平 α_0，当 $\alpha_1 > \alpha_0$ 时，接受原假设 H_0，当 $\alpha_1 < \alpha_0$ 时，则拒绝原假设，它表示此序列将存在一个强的增长或减少趋势，组成一条顺序统计曲线 UF，通过信度检验可知其是否有变化趋势。把此方法引用到反序列中，将组成一条逆序统计曲线 UB；当曲线 UF 超过信度线，既表示存在明显的变化趋势时，如果曲线 UF 和 UB 的交叉点位于信度线之间，这点便是突变的开始点。

1.4 干旱灾害风险评估方法

干旱灾害风险评估是对干旱灾害风险发生的强度和形式进行评定和估计。干旱灾害评估主要是指灾后影响评估，干旱灾害风险评估主要是对可能灾害风险的预评估，带有预测性质。干旱灾害风险评估方法是建立在对干旱灾害风险形成机理认识基础上的，传统灾害风险理论重点关注了自然环境因素，即充分认识到灾害形成的客观因素，形成的评估结论属相对稳定的静态结论。本文在 IPCC 灾害风险形成机理（IPCC，2012）的基础上，引入了气候变化和人类活动的影响并考虑到孕灾环境的敏感性，提出了一个新的灾害风险形成机理概念模型（图 1）。概念模型引入气候变化和人类活动的影响后能全面、客观表征出干旱灾害风险的形成机理，反映出干旱灾害风险的可变性与动态过程特征。其形成的干旱灾害风险评估特征更加科学、客观，更接近干旱灾害风险的本质特征。

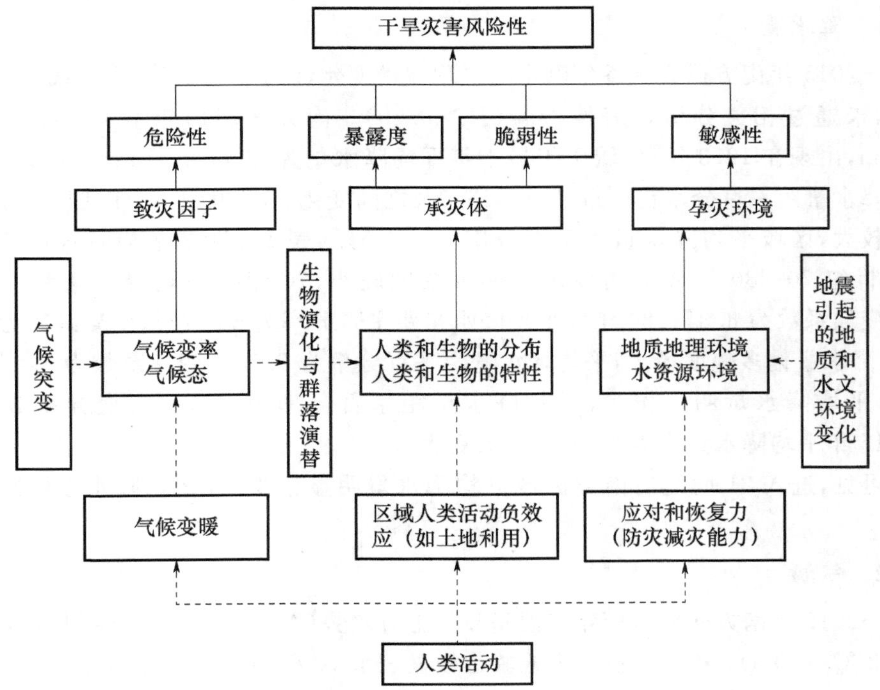

图 1　干旱灾害风险形成机理概念模型

根据干旱灾害风险形成机理概念模型可将干旱灾害风险系统分解为致灾因子危险性(h)、承灾体暴露度或脆弱性(e)、孕灾环境的敏感性(s),即,干旱灾害风险指数=致灾因子危险性∩承灾体的暴露度或脆弱性∩孕灾环境的敏感性。可构建干旱灾害风险的表达式:

$$R_d = f(h,e,s) = f_1(h) \times f_2(e) \times f_3(s) \tag{2}$$

采用层次分析法对干旱灾害风险元素进行分解。元素分解的基本原则是被分离元素间应该是相互独立的。因为只有独立的变量才能够分离,其解才能成为独立变量函数的乘积。因此干旱灾害风险评估方法如下:

$$R_d = H_d \cdot E_b \cdot V_e \cdot V_f \cdot P_c \tag{3}$$

式中:R_d为干旱灾害风险;H_d为干旱致灾因子的强度和概率;E_b是承灾体的社会物理暴露度(考虑自然环境条件);V_e为承灾体脆弱性;V_f是孕灾环境的敏感性;P_c为应对和恢复力(防灾减灾能力)。

1.5 空间分布表达方法

干旱指数及其特征向量空间分布特征分析根据统计计算数据,应用反距离权重法(inverse distance weighted interpolation,IDW)进行空间分布内插;空间栅格数据生成时,设定 Cell size 参数为 0.005;用 ArcGIS 软件生成图件。

2 气候变化及干旱灾害风险特征

2.1 气候变化背景分析

2.1.1 降水量

1961—2015 年南方研究区逐年降水量呈现波动变化(图 2a),历年降水量线性拟合趋势特征不明显,未通过相关分析显著性检验($P>0.10$)。南方区域历年最大年平均降水量为 1530.7 mm,出现在 1973 年;区域历年最小年平均降水量为 1095.8 了 mm,出现在 2011 年。区域平均降水量距平百分率在-17.6%~15.0%之间变化。20 世纪 60 年代区域平均降水量偏少幅度较大,区域平均降水量距平百分率为-2.5%(表 1),区域平均降水量变异系数为 6.9%;20 世纪 70—80 年代平均降水量偏少幅度较小,70 年代平均降水量距平百分率为-0.5%,变异系数为 8.3%;80 年代平均降水量距平百分率为-0.7%,变异系数为 6.3%;90 年代 平均降水量偏多幅度最大,平均降水量距平百分率为 2.5%,变异系数为 4.4%;21 世纪初的 10 年平均降水量明显偏少,平均降水量距平百分率为-1.8%,变异系数为 8.3%。2010—2015 年平均降水量也偏少,变异系数更大。

由此可见,进入 21 世纪后南方区域平均降水量明显偏少,且平均降水量年际振荡幅度增大。

2.1.2 气温

1961—2015 年南方研究区历年气温呈显著上升趋势(图 2b),气温曲线线性拟合气候倾向率为 0.192 ℃/(10 a),相关分析信度检验达极显著水平($P<0.001$),南方平均地表气温升高速率高于全球地表升温速率(Ashok et al.,2010)。南方平均气温距平 Cubic 函数在 20 世纪 60 年代有所下降,70 年代后持续上升,Cubic 函数拟合方程为 $y=-0.00003x^3+0.0033x^2$

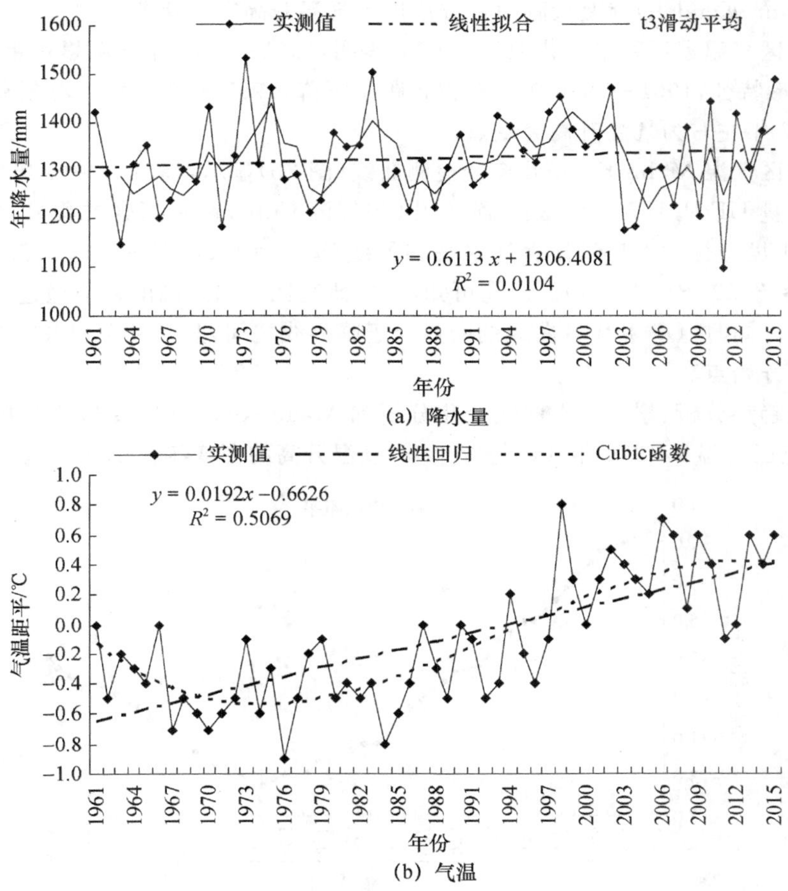

图 2　南方研究区域历年降水量(a)和气温(b)变化曲线

$-0.0747x-0.0625$，对其线性化后的复相关系数 $R=0.806$（$P<0.001$），对 Cubic 函数求导，令 $dy/dt=0$，可求导 1975 年之后气温持续上升。

南方研究区平均气温在 20 世纪 80 年代前均为负距平，其距平值为－0.4℃，之后距平≥0 ℃，且变异系数增加，气温振荡幅度加大。

表 1　南方研究区各年代际降水量距平百分率及气温距平

年代	降水量		气温	
	距平百分率/%	变异系数	距平/%	变异系数
1961—1970 年	－2.5	6.9	－0.4	1.6
1971—1980	－0.5	8.3	－0.4	1.5
1981—1990	－0.7	6.3	－0.4	1.5
1991—2000	2.5	4.4	0.0	2.3
2001—2010	－1.8	8.3	0.4	1.1
2010—2015	－0.3	9.2	0.4	1.6

为了进一步分析近 55 a 来南方气温升高的突变特征，采用累积距平曲线变化分析方法和

曼-肯德尔(Mann-Kendall)突变检测两种方法进行气温升高突变特征检测。

南方研究区气温累积距平变化曲线(图 3a)表明,1961—2015 年气温累积距平呈明显的先降后升的"V"形特征,1961—1996 年气温累积距平下降,1997—2015 年气温累积距平上升,可初步确定 1997 年左右为气温升高突变点。

南方研究区气温 Mann-Kendall 突变检测曲线(图 3b)显示,1961—2015 年气温距平 M-K 检测顺序统计量 UF 从 1976 年开始持续上升(与气温 Cubic 函数拟合方程 $dy/dt=0$ 的点基本吻合),在 21 世纪初大大超过显著性水平临界线($u_{0.05}=1.96, P=0.05$),甚至超过了极显著水平($u_{0.001}=3.29, P=0.001$)。由此可知,南方研究区气温升高的趋势通过了显著检验,且呈极显著水平。同时,UF 和 UB 曲线的交点介于临界线之间,其交叉点(1997 年)即可确定为气温变化突变开始点。

上述气温趋势分析、累积距平曲线变化分析和 Mann-Kendall 突变检测分析一致显示,近 55 年南方研究区气温从 1976 年开始持续上升,气温升高的突变年在 1997 年。

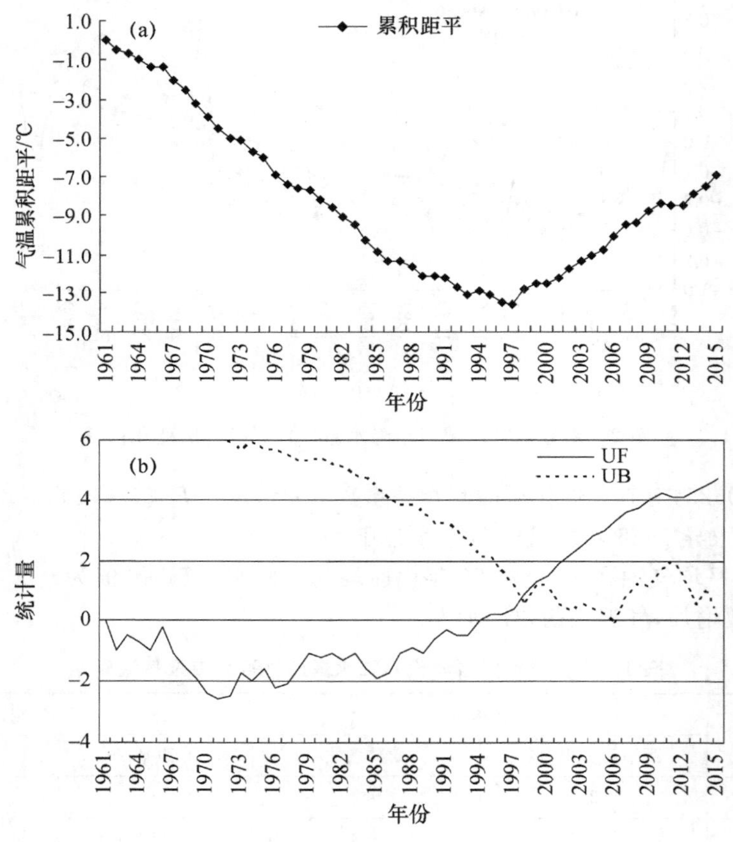

图 3 南方研究区气温累积距平(a)及 M-K 检测(b)曲线

2.2 干旱灾害变化特征

2.2.1 干旱受灾面积区域分布

南方农业在我国占有非常重要的地位,水稻播种面积占全国总面积的 81.2%;冬小麦播种面积占 34.9%，玉米播种面积占 20.5%。1951—2014 年历年平均受旱面积区域差异显著(图 4)，其中，四川省年平均受旱面积最大，为 134.4×10^4 hm^2，占南方受旱总面积的 17.4%；安徽省次之，受旱面积为 117.8×10^4 hm^2，占南方受旱总面积的 15.2%；湖北、湖南和江苏省受旱面积 83.9×10^4～108.0×10^4 hm^2，占比在 10%～14%之间；云南、广西、贵州、重庆、江西和广东省受旱面积 45.0×10^4～60.6×10^4 hm^2，占比在 6%～8%之间；浙江、福建和海南受旱面积 26.6×10^4 hm^{2}以下，占比在 5%以下；海南省年平均受旱面积最小，为 10.7×10^4 hm^2，占南方受旱总面积的 1.4% 。

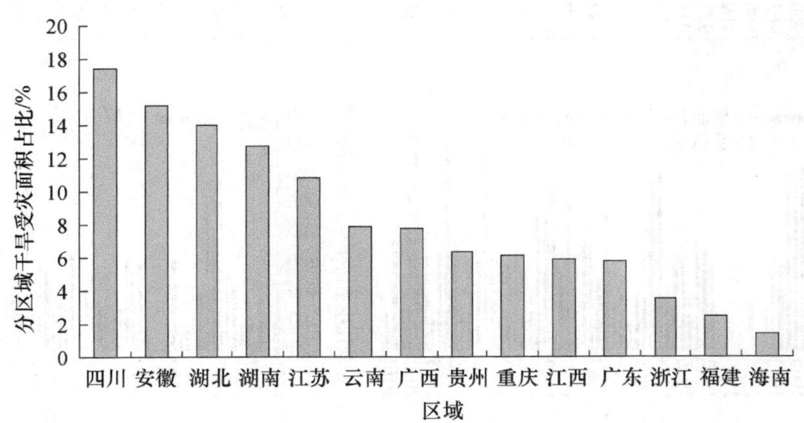

图 4　中国南方历年平均受旱面积区域分布

2.2.2　干旱受灾面积时间变化

1951—2014 年我国南方干旱年均受旱面积 774.0×10^4 hm^2(图 5a)，干旱受旱面积最大的是 1978 年，达到 1889.5×10^4 hm^2。近 64 a 南方干旱受旱面积呈波动上升趋势，线性拟合趋势倾向率为 28.02×10^4 hm^2/(10 a)；其中，西南区域干旱受旱面积显著上升(图 5c)，线性拟合倾向率为 31.3×10^4 hm^2/(10 a)($P<0.01$)，即每 10 a 干旱受旱面积增加 31.3×10^4 hm^2；华南略呈波动上升(图 5b)、长江中下游区域略呈波动下降(图 5d)。

2.3　干旱灾害风险特征

2.3.1　典型区域干旱灾害风险评估

选择西南、华南区域为典型区域进行干旱灾害风险评估。根据公式(3)，考虑干旱致灾因子的强度和概率、承灾体的社会物理暴露度(考虑自然环境条件)、承灾体脆弱性、孕灾环境的敏感性、应对和恢复力(防灾减灾能力)。应用层次分析法得到典型区域干旱灾害风险分布评估(图 6)。

可见，西南、华南区域高干旱灾害风险区包括云南省中东部、川东部盆地；次高干旱灾害风险区包括云南省大部、川西高原、川西南山地和川东部盆地大部；中等干旱灾害风险区包括云贵高原、川西高原、川西南山地和四川东部、广西中西部和广东南部。

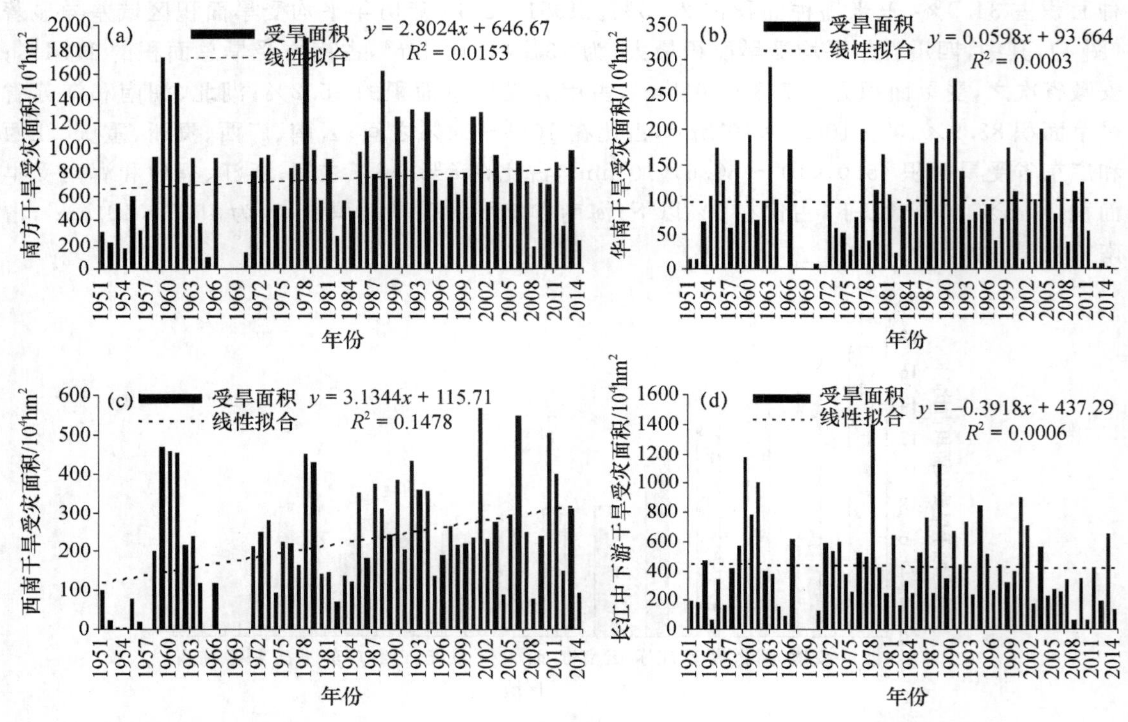

图 5　南方(a)及华南(b)、西南(c)和长江中下游(d)地区农作物干旱受灾面积变化

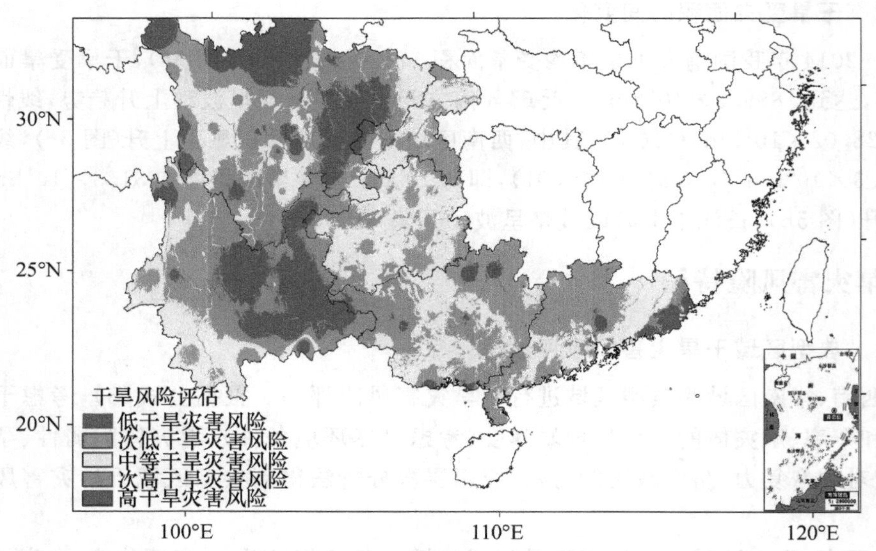

图 6　典型区域干旱灾害风险分布评估

2.3.2　气温突变前后典型区域干旱灾害风险变化特征

中国南方气候变暖，气温升高的突变年出现在 1997 年左右。图 7 给出了气温突变前后典型区域干旱灾害风险变化特征。气温突变前高干旱灾害风险区主要在云南省中东部、和广东

南部沿海(图 7a),气温突变后高干旱灾害风险区主要在云南省东北部、四川东部(图 7b)。气温突变前次高干旱灾害风险区主要在云南省大部、川北山区、广东南部,气温突变后次高干旱灾害风险区扩展到云贵高原、四川东部、广西中西部。

可见,气温突变后次高干旱灾害风险区明显扩大。

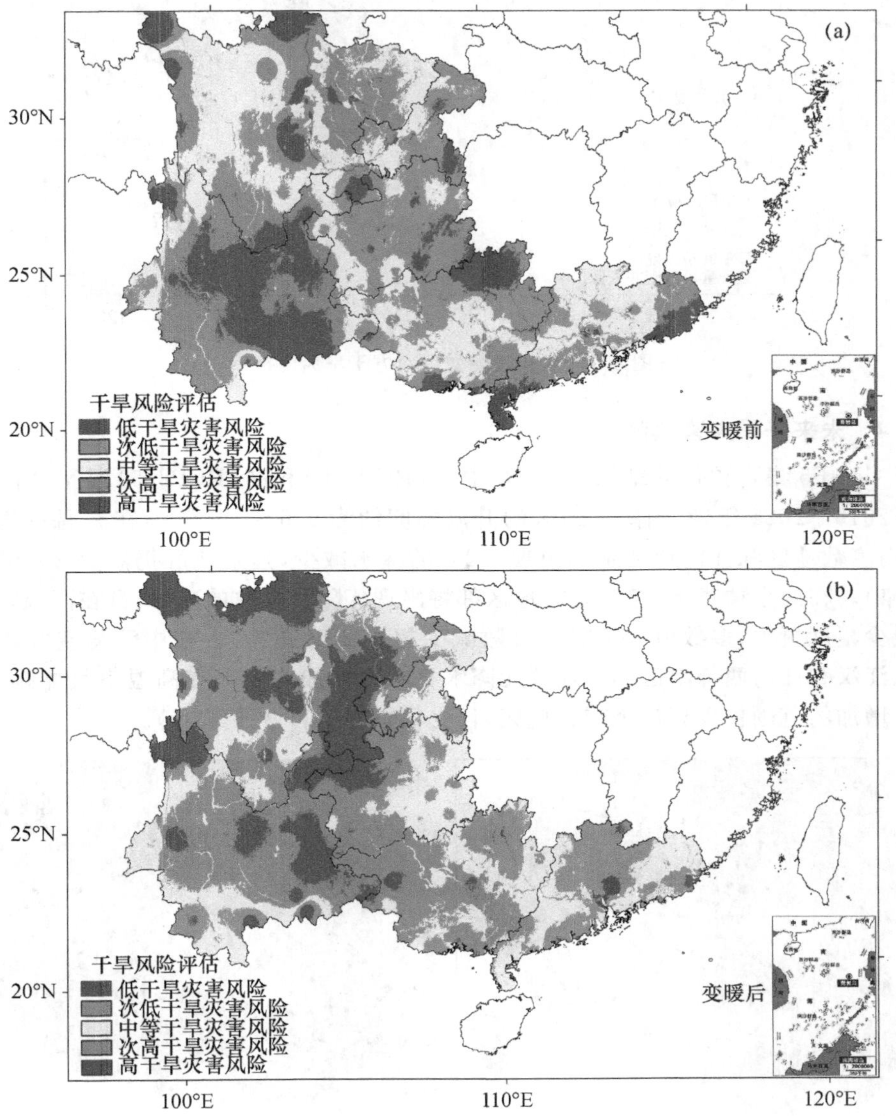

图 7 气温突变前(a)后(b)典型区域干旱灾害风险变化特征

2.3.3 重旱风险概率分布

由干旱受灾面积变化分析可知,西南干旱受灾面积呈显著增加趋势;进一步分析干旱风险概率,在气温变暖突变后,重旱风险高发区主要集中于西南,包括四川中东部、云南中东部、贵州大部、重庆大部和湖北西部(图 8);上述区域随着气候变暖,干旱灾害频率、强度和受旱面积均增加,干旱灾害风险增大。

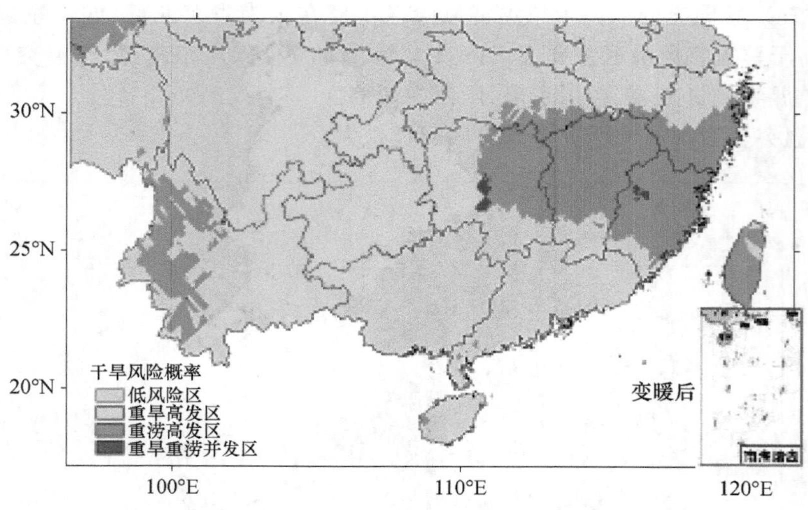

图 8　气温变暖突变后南方干旱风险概率

2.3.4　未来干旱灾害预测

基于 CMIP5 集合预估的结果显示，在中等(RCP4.5)和高(RCP8.5)温室气体排放情景下，未来(2016－2025 年)我国南方地区的升温幅度约为 0.6～0.7 ℃。在高温室气体排放情景下，华南多数地区和江南地区东部出现－2%的降水减少，其余地区仍然是 2%以内的降水增加(图略)。在两个情景下，整个南方地区都将出现年降水日数的减少，且在高温室气体排放情景下减少幅度更大，多数地区年降水日数减少超过 2 d(图略)。在中等温室气体排放情景下，江淮、江汉和江南西部地区的年连续无降水日数也增加约 1 d；在高温室气体排放情景下，干旱日数增加的范围扩大到整个南方地区，且变化幅度也有增强(图 9)。

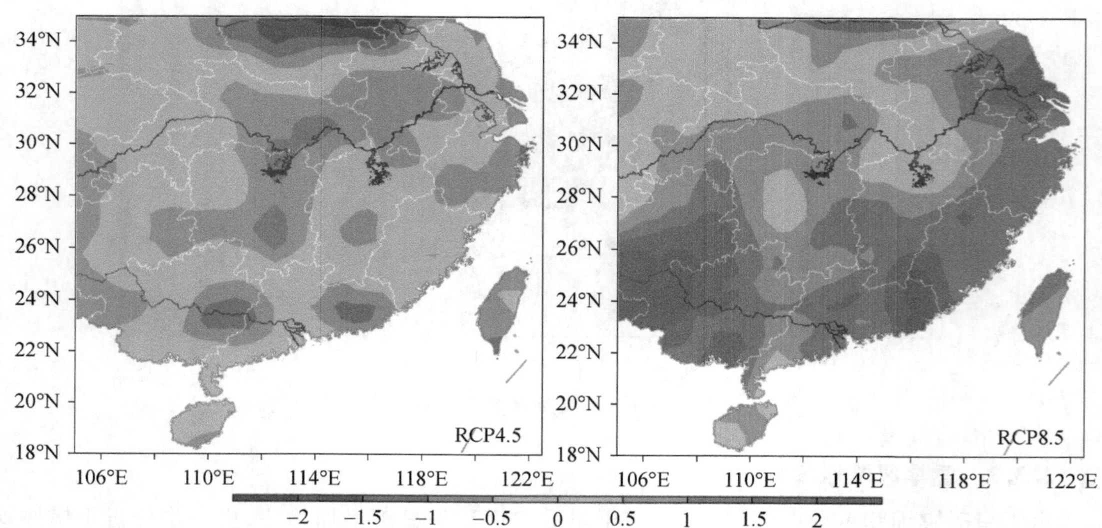

图 9　RCP4.5 和 RCP8.5 情景下，2016—2025 年连续无降水日数(CDD，单位：d)变化的空间分布(相对 1986—2005 年)

3 南方干旱灾害风险管理与防控技术对策

干旱灾害风险管理是通过设计、实施和评价各项战略、政策和措施，以增进对灾害风险的认识，鼓励减少和转移灾害风险，并促进备灾、应对灾害和灾后恢复措施的不断完善，其目标是提高人类的安全、福祉、生活质量、应变能力和可持续发展(IPCC，2013)。

3.1 干旱灾害风险管理策略结构

图 10 给出了针对不同风险控制因子的干旱灾害风险控制策略结构概念模型。一是对于致灾因子高危险性区域，要采取科学措施干预、影响致灾因子，主要策略包括加强人工增雨，提高露水利用效率，规避高危险期(即暴露期与高危险期错开)，地膜覆盖减少蒸发等措施。二是对于承灾体高暴露性区域，要提高承灾体的抗旱机能，主要策略包括开发抗旱植物品种，提高干旱适应性；实施产业多样化战略，减少社会经济脆弱性；退耕或移民工程，减少干旱承灾体暴露度；改变作物生长期，缩短干旱承灾体暴露时间。三是对于孕灾环境高敏感区域，要改善干旱孕灾环境的条件，主要策略包括改善生态环境，提高水分涵养能力；改进水文条件，增强水资源保障能力；改进土壤条件，提高土壤保墒能力。四是对于防灾减灾能力弱区域，要多方面增强干旱防灾能力，主要策略包括加强干旱减灾技术开发、加大抗旱工程建设；提高公众抗旱科学素养等多方面措施；加强干旱监测预警，提高风险管理能力。

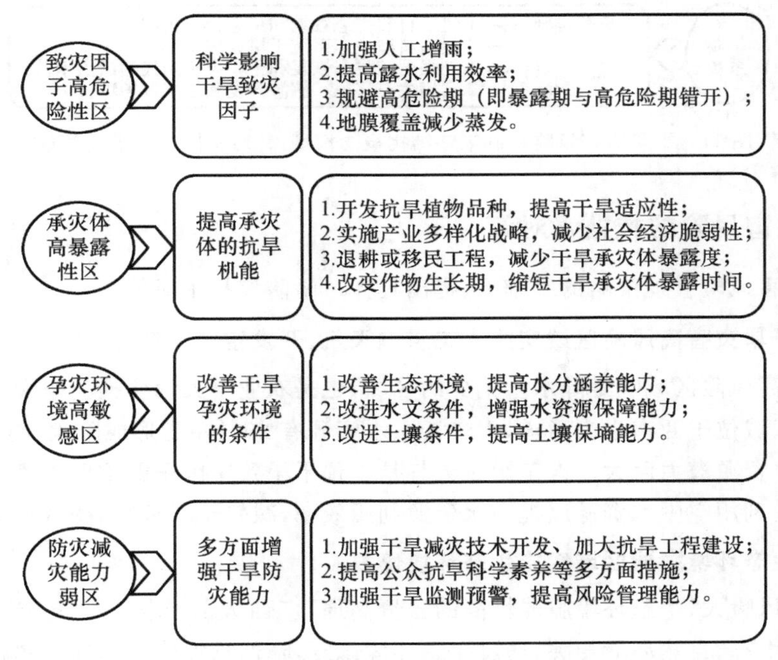

图 10 干旱灾害风险控制策略结构概念模型(针对风险因子)

图 11 给出了针对不同风险承受领域的干旱灾害风险控制策略结构概念模型。针对农业领域干旱灾害风险，一是要开展风险预警，建立干旱气象灾害的监测预警及响应体系；二是风险规避，形成可以有效规避干旱风险的精细化种植模式；三是风险控制，提高农田干旱灾害风险防控标准，适应发展多元化和规模化经营；四是风险应对，加强农业干旱适应技术的研发和

推广，建立农业干旱灾害政策保险制度。

针对水资源干旱灾害风险，一是开展风险预警，建立干旱气象灾害的监测预警及响应体系；二是风险防控，提高水利工程和供水系统的安全运行标准，加强水资源调蓄管理和决策系统，严格落实“三条红线”制度；三是风险应对，加强重点区域防洪抗旱减灾体系建设，利用市场机制优化水资源配置效率。

针对生态系统干旱灾害风险，一是风险控制，建立自然生态红线和生态补偿机制，提高典型生态系统干旱灾害防御能力；二是风险应对，加强区域生态恢复和干旱灾害防控的试点示范，实施生态移民、旅游开发和生态保护项目。

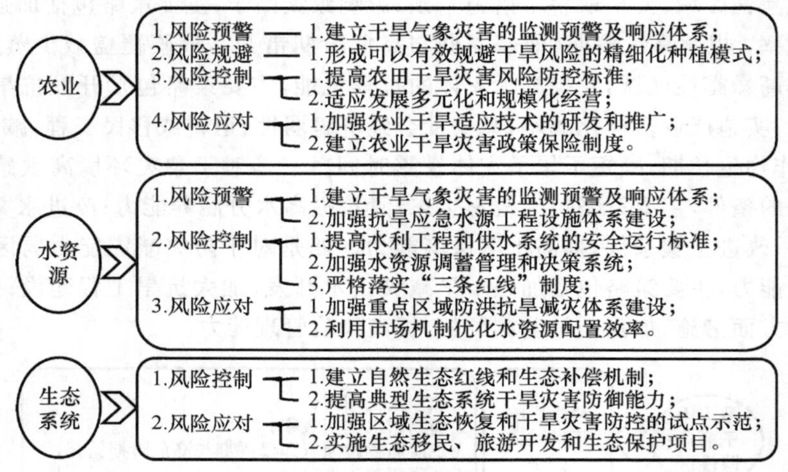

图 11　干旱灾害风险控制策略结构概念模型（针对不同风险承受领域）

3.2　干旱灾害风险防控技术对策

在干旱灾害风险管理策略的基础上，提出具体风险防控技术对策。

3.2.1　干旱灾害高风险区域实施人工影响天气，开发空中水资源

干旱灾害高风险区域既是降水量偏少的区域，也是农业旱灾综合损失率大的区域，如云贵高原区域，该区域位于西南水汽通道，大气云系水资源有 20%左右形成降水，约 80%流出该区域，开发空中水资源潜力巨大。人工影响天气是干预干旱致灾因子的重要手段，通过干旱时段人工增雨，开发利用空中水资源以提高水资源利用效率，减轻干旱危害，降低干旱灾害风险。

3.2.2　生态环境脆弱区域实施生态环境修复

干旱灾害风险大、生态环境脆弱性高的云贵高原、广西大部及长江中上游区域，干旱灾害风险大与区域生态、自然环境相关，通过生态环境修复，降低承灾体脆弱性。实施退耕还林（还草），农林结合，发展农、林、牧复合型生态农业，恢复良好的生态环境。保护和发展生态防护林、水源涵养林，建立平衡、稳定的生态系统。提高生态系统的抗逆性和可恢复性，增加干旱灾害风险防御能力。

3.2.3　农业主产区域以保障粮食安全为主，综合施策应对农业风险

干旱灾害对农业生产的风险主要是增加了粮食生产的不稳定性，加剧了农业气象灾害和

农业病虫草害，增加农田管理和农牧业生产成本，威胁粮食安全。为此，针对农业领域风险建议采取综合对策，建立农业应对气候变化和天气气候灾害的监测、预警、响应和防灾减灾服务体系，加强农业防灾减灾规划和基础设施建设，提高农田水利工程的灾害风险防护标准，完善农业灾害政策保险制度。在农业主产区开展农业抗旱防涝示范区建设，细化农业气候区划，调整作物栽培方式、种植结构和种植制度，探索更具适应性的农林地、草地等资源管理模式；加强农业节水、抗旱、防涝、抗逆和保护性耕作等适应技术的研发、培训与推广。

3.2.4 围绕解决水资源时空分布不均和资源供需加剧矛盾，合理利用水资源

干旱灾害对水资源的风险主要是使水资源时空分布的不均匀加剧，区域水资源供需矛盾加剧；需水量增加，资源趋紧，约束加大；水文干旱、极端降水及城市洪涝风险加大，威胁水生态与水环境安全。针对水资源领域风险建议完善极端水文和天气气候事件的监测和应急管理体系，提高水利工程和供水系统的安全运行标准，加强重点城市、重点河流湖泊水库、防洪保护区和重旱地区的防洪抗旱减灾体系建设。利用市场机制优化水资源配置效率，推动水权改革和水资源有偿使用制度，鼓励雨洪利用、循环水、海水和盐碱水淡化等节水技术和节水产品研发和应用，应对未来水资源短缺。

3.2.5 围绕国土资源可持续利用，降低干旱灾害对国土资源的影响风险

干旱灾害对国土资源的风险主要是影响土地资源质量及可持续利用，增加土地治理与保护成本；加剧水土保护、地质安全和环境保护压力；引发或加剧泥石流、地面塌陷、滑坡、山体崩塌等地质灾害风险。针对国土资源的风险建议加强土地总体规划，重视资源环境承载力评估，开展重大工程气象地质灾害风险评估，加强土地资源开发利用、监管与保护。综合采取工程措施和生态修复措施，减轻水土流失和地质灾害，加强矿山地质环境保护与恢复治理工程。加强地质环境监测与综合预警，减轻洪涝干旱引发的灾变地质环境事件对社会经济带来的不利影响。

4 结论与讨论

1961—2015 年中国南方区域降水量呈现波动变化，降水量线性拟合趋势特征不明显。但进入 21 世纪后南方区域平均降水量明显偏少，且平均降水量年际振荡幅度增大。近 55 年南方研究区气温呈显著上升趋势，南方平均地表气温升高速率高于全球地表升温速率；南方研究区平均气温在 20 世纪 80 年代前均为负距平，之后距平≥0 ℃，且变异系数增加，气温振荡幅度加大。近 55 年南方研究区气温从 1976 年开始持续上升，气温升高的突变年在 1997 年。四川省年平均受旱面积最大，占南方受旱总面积的 17.4%；安徽省次之，西南区域干旱受旱面积显著上升。重旱风险高发区主要集中于西南，随着气候变暖，干旱灾害频率、强度和受旱面积均增加，干旱灾害风险增大。气温突变后次高干旱灾害风险区明显扩大。

未来 10 年(2016—2025 年)与 1986—2005 年相比，我国南方地区的升温幅度约为 0.6～0.7 ℃。整个南方地区年降水日数将减少，在江淮、江汉和江南西部地区，连续干旱日数将增加，意味着未来随着温室气体排放浓度的升高，我国南方地区的干旱发生频率可能升高。

干旱灾害具有自然与社会双重属性，应该以自然科学和社会科学相结合的视角来认识干旱灾害。干旱灾害风险评估也要在深入认识干旱气候规律的同时，重视对生态环境和社会经济系统的综合研究，干旱风险评估的理论和方法也要将气象学与其他科学相融合。干旱灾害

风险管理要在遵从干旱发生发展的自然规律的基础上，体现干旱风险共担原则和经济最优化原则等社会经济学规律(张强 等，2014)。

气候变暖背景下，中国南方干旱灾害频率增高、强度增强、影响范围增大，农业旱灾综合损失率增加。但对于干旱灾害对农业、水资源和生态系统的风险及其机制的系统性认识还比较欠缺，加强干旱灾害风险科学评估与对策研究尤为重要。风险评估是认识风险本质和决定风险水平的过程。在研究干旱灾害致灾因子危险性、承灾体的暴露度(脆弱性)和孕灾环境敏感性的基础上(史培军，2002；魏凤英，2007；杨晓光 等，2010；张继权 等，2012；张强 等，2012)，进行干旱灾害风险评估与对策研究，由被动抗灾向主动防御灾害转变，为灾害管理和防御提供科学依据。

参考文献

黄荣辉，刘永，王林，王磊，2012. 2009年秋至2010年春我国西南地区严重干旱的成因分析[J]. 大气科学，36(3)，443-457.

李忆平，王劲松，李耀辉，2015. 2009/2010年中国西南区域性大旱的特征分析[J]. 干旱气象，33(4)：537-545.

刘晓云，王劲松，李耀辉，等，2015. 基于Copula函数的中国南方干旱风险特征研究[J]. 气象学报，73(6)：1080-1093.

罗伯良，李易芝，2014. 2013年夏季湖南严重高温干旱及其大气环流异常[J]. 干旱气象，32(4)：593-598.

史培军，2002. 三论灾害研究的理论与实践[J]. 自然灾害学报，11(3)：1-9.

王劲松，张强，王素萍，等，2015. 西南和华南干旱灾害链特征分析[J]. 干旱气象，33(2)：187-194.

王莺，王静，姚玉璧，王劲松，2014. 基于主成分分析的中国南方干旱脆弱性评价[J]. 生态环境学报，23(12)：1897-1904.

王莺，沙莎，王素萍，等，2015. 中国南方干旱灾害风险评估[J]. 草业学报，24(5)：12-24.

魏凤英，2007. 现代气候统计诊断与预测技术[M]. 北京：气象出版社：36-69.

杨晓光，李茂松，霍治国，2010. 农业气象灾害及其减灾技术[M]. 北京：化学工业出版社.

姚玉璧，王莺，王劲松，2016. 气候变暖背景下中国南方干旱风险特征及对策[J]. 生态环境学报，25(3)：432-439.

张继权，严登华，王春乙，等，2012. 辽西北地区农业干旱灾害风险评价与风险区划研究[J]. 防灾减灾工程学报，32(3)：300-306.

张强，韩兰英，郝晓翠，等，2015. 气候变化对中国农业旱灾损失率的影响及其南北区域差异性[J]. 气象学报，73(6)：1092-1103.

张强，韩兰英，张立阳，等，2014. 气候变暖背景干旱和干旱灾害风险特征及管理策略[J]. 地球科学进展，29(1)，80-91.

张强，王润元，邓振镛，2012. 中国西北干旱气候变化对农业与生态影响及对策[J]. 北京：气象出版社：442-448.

张强，姚玉璧，李耀辉，等，2015. 中国西北地区干旱气象灾害监测预警与减灾技术研究进展及其展望[J]. 地球科学进展，30(2)：196-213.

张强，张良，崔县成，等，2011. 干旱监测与评价技术的发展及其科学挑战[J]. 地球科学进展，26(7)，763-778.

Ashok K M, Vijay P S, 2010. A review of drought concepts[J]. Journal of Hydrology, 391(1-2): 202-216.

Feyen L, Dankers R, 2009. Impact of global warming on stream flow drought in Europe[J]. Journal of Geophysical Research, 114: D17116.

Feyen L, Dankers R, 2009. Impact of global warming on streamflow drought in Europe[J]. J Geophys Res, 114: D17116.

IPCC,2013. Climate Change 2013:The Physical Science Basis[M]. Cambridge:Cambridge University Press,in press. 2013-09-30 [2013-09-30]. http://www. ipcc. ch/report/ar5/wg1/ #. Uq_tD7KBRR1.

IPCC,2012. Summary for Policymakers. In:Managing the Risks of Extreme Events and Disasters to Advance Climate Change Adaptation. A Special Report of Working Groups I and II of the Intergovernmental Panel on Climate Change[M]. Cambridge University Press,Cambridge,UK,and New York,NY,USA:1-19.

Lu J, Vecchi G A, Reichler T,2007. Expansion of the Hadley cell under global warming[J]. Geophysical Research Letters, 34:L06805. doi:06810. 01029/02006GL028443.

Lu J, Vecchi GA, Reichler T,2007. Expansion of the Hadley cell under global warming[J]. Geophys Res Lett, 34:L06805.

Neelin J D, Munnich M, Su H,et al,2006. Tropical drying trends in global warming models and observations [J]. Proceedings of the National Academy of Sciences,103:6110-6115.

Neelin JD, Munnich M, Su H,et al,2006. Tropical drying trends in global warming models and observations [J]. P Natl Acad Sci, 103:6110-6115.

Sheffield J, Wood E F,2008. Projected changes in drought occurrence under future global warming from multimodel, multi-scenario, IPCC AR4 simulations[J]. Climate Dynamics,31:79-105.

Tol R S J,Leek F P M,1999. Economic analysis of natural disasters// Downing T E, Olsthoorn A A,Tol R, SJ(eds). Climate, Change and Risk[M]. London:Routlegde:308-327.

影响南方农业干旱灾损率的气候要素关键期特征*

张　强[1,2]　韩兰英[3]　王　胜[3]　王　兴[3]　林婧婧[3]

(1. 中国气象局兰州干旱气象研究所/甘肃省干旱气候变化与减灾重点实验室/中国气象局干旱气候变化与减灾重点开放实验室，兰州，730020；2. 甘肃省气象局，兰州，730020；3. 西北区域气候中心，兰州，730020)

摘　要　我国南方地区是全国粮食主要产区，在全球气候变化背景下近年来该区域干旱灾害不断加剧，农业旱灾损失十分突出，异常特征也比较明显。然而，对于我国南方农业旱灾损失的变化特征及其受干旱致灾因素的影响机理至今并不十分清楚，这严重影响了对南方农业旱灾规律的深入认识及其影响程度的客观评估。鉴于此，本文利用我国南方农业干旱灾情实况、农作物种植面积、气象干旱监测指数和常规气象要素等相关资料，系统分析了中国南方地方近 50 年来农业旱灾综合损失率变化特征及其与气候致灾因子的关系。分析发现：南方地区近 50 年来农业旱灾综合损失率明显增加，西南比华南和东南增加更为明显。而且，由于农作物各个生长阶段对气候要素的依赖程度不同及气候要素的非均匀季节分布特征，农业旱灾损失率主要受关键期的气象干旱、降水和温度等气候要素变化的影响，而其他时段气候要素变化对农业旱灾损失率影响并不明显。因此，南方地区农业旱灾损失率与关键期气候要素的拟合关系要明显好于与全年气候要素的关系，并且与关键期气候要素的多因子拟合关系与单因子拟合关系相比更具有明显的优势。同时，对这种多因子关系建立的农业旱灾损失率评估模型进行交叉检验的相关性、误差水平、信度均比较理想，表明该模型对估算南方地区农业旱灾损失率具有较好的效果。该文研究结果对于发展我国南方农业干旱灾损评估方法具有重要科学参考意义。

关键词　农业旱灾；综合灾损率；气候致灾因子；关键影响期；多因子拟合关系

我国是全球典型的干旱灾害多发区(黄荣辉 等，1997)，干旱灾害造成的损失十分巨大(李茂松 等，2003)，严重侵蚀着我国经济发展成果。农业生产活动对气候条件的依赖性更强，受干旱灾害影响尤其突出，是受干旱灾害影响最严重的领域之一(Grayson et al.，2013)，我国平均每年农业干旱受灾面积超过 2443 万 hm^2，每年因旱灾造成的粮食损失高达 300 亿 kg(杨春喜，1997)，占自然灾害总损失的 60％以上，几乎是一个中等人口国家全年的粮食消耗量。所以，农业干旱灾害问题一直是我国农业发展所面临的严峻挑战之一。

然而，我国地域十分广阔，既有沿海湿润地区，也有内陆较干旱地区，大陆性季风气候特征非常显著。正是由于受夏季风分布和大型山脉或地形的影响，我国气候环境具有显著的南北分界(杨建平 等，2003)，南方和北方气候各自具有一定的独立性，区域差异十分明显(毛飞等，2011)。也由此，我国南方地区和北方地区的干旱灾害致灾因子、承灾体和孕灾环境等也各自具有显著的区域特征，干旱灾害的时空变化规律及其气候要素致灾机理也会很不相同。为深入认识我国干旱灾害的变化规律和影响机制，将我国南方地区与北方地区的干旱灾害作为不同研究对象进行针对性研究是十分必要的。

* 发表在：《科学通报》，2018，63(23)：2378-2392.

虽然，由于总体而言我国南方地区较北方地区干旱灾害发生概率低，以往对我国北方地区干旱灾害研究的相对较多(李维京 等,2003;马柱国,2007;陈权亮 等,2010;Hao et al.,2010),而对南方地区干旱灾害关注比较少。然而，由于南方地区既是我国经济发展中心及人口和工商业密集区，也是我国传统农业生产发达地区和主要粮食产区，干旱承灾体的暴露度更高，往往更容易受干旱灾害的影响(周巧兰 等,2005)。同时，随着全球气候变暖，我国南方地区干旱灾害呈现范围不断扩大和强度逐渐增加的趋势，且干旱灾害的反常特征也比较明显，近年来重、特大干旱比较频发(Huang et al.,2010)。因此，我国南方地区干旱灾害造成的损失实际上并不比北方地区少(张强 等,2017),尤其是21世纪以来有些年份已经能够占到全国干旱灾害总损失的55%左右，对我国南方区域社会经济发展、农业生产活动和生态环境的改善造成了极为不利的影响。所以说，南方地区已经逐渐成为我国干旱灾害防御的重要地区。

随着全球干旱灾害的影响范围越来越广泛，影响程度越来越深刻，影响事件越来越普遍，国际上对干旱灾害的变化规律及防御技术进行了大量研究(黄会平,2010; Wang et al.,2013; Dai,2013;Spinoni et al.,2014;Yuan et al.,2014;Gunda et al.,2015;Murthy et al.,2015),对如何科学防御干旱灾害的认识也在不断发展和完善(Huang et al.,1998)。当前，干旱灾害防御理念正在从减少干旱灾害损失向减轻干旱灾害风险转变，从传统上的以减灾为主要目的被动、应急性的危机管理向以防灾为主要目的主动、制度化的风险管理转变(Zhang et al.,2015),干旱灾害风险管理的角色在干旱灾害防御体系中已越来越突出。并且，由于干旱灾害风险管理必须以干旱灾害风险评估为技术支撑，这势必需要对干旱灾害风险特征和变化规律有深入地认识和了解(He et al.,2011)。

目前，对干旱灾害风险的认识一方面是通过基于灾害学原理建立的风险因子分析法，另一方面是基于概率统计原理建立的经验分析法。经验分析方法避免了因子分析法中风险因子权重的主观随意性和一些内部关键参数的不确定性，可以通过对历史灾情实况资料的统计分析更直观认识干旱灾害风险特征。农业干旱灾害综合损失率是经验分析法中表征农业干旱灾害风险状态的主要指标(韩兰英 等,2014;Zhang,2016),对其时空变化特征及其影响机理的深入研究对提高农业干旱灾害风险评估技术和风险管理水平具有重要科学意义。

鉴于此，本文试图利用中国南方地区农业干旱灾情实况、农作物种植面积、气象干旱指数和常规气象要素等多种资料，系统分析中国南方近50年来农业旱灾综合损失率的时空变化特征，研究南方农业旱灾综合损失率与气象干旱指数、降水和气温等气候要素的关系，揭示干旱致灾因子对南方干旱灾害风险的影响机理，对中国南方地区农业干旱灾害风险变化特征及风险形成机制方面获得新的科学认识，为我国南方地区干旱灾害防御能力和风险管理水平的提升提供科学参考依据。

1 研究区及资料与方法

1.1 研究区划分

本文主要以我国南方地区为研究区域。关于我国南方地区与北方地区的划分，历史上曾有过多种观点，有以长江为界划分的，也有以大型山脉为界划分的。相对而言，19世纪初张相文(韩兰英 等,2014)提出的以“秦岭—淮河一线”划分我国南方与北方的方法比较科学明确地界定了我国南方与北方的地理自然分界线，这种南方与北方分界线的划分方法无论从地理环境角度还是从气候角度都有一定的合理性，至今仍然被许多研究工作沿用(张家团 等，2008；国家统计局，1961—2010)。本文对我国南方区域的划分主要根据张相文的南北方划分原则，利用地理信息系统数据提取出了我国的南北分界线。同时，由于青藏高原的天气气候系统具有相对独立性，再加之该区域观测站过于稀少及干旱灾情实况统计资料不够完整，所以本文研究特意将该地区排除在研究区范围之外。本文所指的南方地区实际上是我国"秦岭—淮河线"以南及青藏高原以东的区域，部分跨界的省市依据该省所在辖区的主要分布范围确定划界线。

1.2 研究资料

本文所用资料为我国南方地区的1961年以来的18个省农业干旱灾情实况资料(包括受灾面积、成灾面积和绝收面积)、农作物种植面积、284个气象站气象干旱指数(MCI)及日降水和温度等常规气象观测数据。农业干旱灾情数据主要来源于《中国统计年鉴》《中国农业统计资料》《中国气象灾害大典》和《中国气象灾害年鉴》等文献资料(国家科委全国重大自然灾害综合研究组，1993；国家统计局，1961—2010；中国气象局，2005)，该资料已经与国家统计局出版的资料校对和核审，并已经在不少研究中被使用(孙荣强，1993；周进生，1993；冯丽文，1988)。常规气象数据来源于国家气候中心及中国气象数据共享服务网(http:// cdc. cma. gov. cn/ home. Do)，该资料经过标准化的质量控制，在业务和研究中被广泛应用。由常规气象资料，计算284个气象站的气象干旱监测指数(MCI)，MCI是中国学者建立的、正在业务中使用的干旱监测指标(张存杰 等，2014)，其公式如下：

$$\mathrm{MCI}=a\times \mathrm{SPIW}_{60}+b\times \mathrm{MI}_{30}+c\times \mathrm{SPI}_{90}+d\times \mathrm{SPI}_{150} \tag{1}$$

式中，SPIW_{60}是近60 d权重标准化降水指数，SPI_{90}和SPI_{150}分别是近90 d和近150 d的标准化降水指数，MI_{30}是近30 d相对湿润度指数。SPIW和MI的计算见式(2)。权重系数a,b,c,d随区域和季节调整(张存杰 等，2014)，在南方冬半年(10月至翌年3月)分别取0.3、0.5、0.3、0.2，在夏半年(4—9月)分别取0.5、0.6、0.2、0.1。MCI指数的等级划分标准参照了SPI的划分标准，具体见表1(徐新创 等，2011)。MCI指数考虑了1～5个月的水分持续亏盈状况，有效克服了干旱监测中存在的对季节以上旱情反映偏轻以及空间和时间不连续等问题。

标准化降水指数(SPI)是目前国际常用的气象干旱监测指数，具体计算见式(2)(Hayes et al.，1999)，等级标准见表1；相对湿润度指数(MI)是反映了实际降水供给的水量与最大水分需要量之间平衡的干旱监测指标(式4)，等级标准见表2；R为某时段降水量，ET_0为某时段的可能蒸散量，用Thornthwaite方法或FAO推荐的Penman-Monteith公式计算(LI et al.，2014)，等级标准见表2。

$$\mathrm{SPI}=S\,\frac{t-(c_2t+c_1)t+c_0}{((d_3t+d_2)t+d_1)t+1.0} \tag{2}$$

$$\mathrm{WAP}=\sum_{n=0}^{N}\alpha^nP_n\Big/\sum_{n=0}^{N}\alpha^n \tag{3}$$

式中，t为累积概率的函数；c_0,c_1,c_2,d_1,d_2,d_3均为系数，$c_0=2.515517$，$c_1=0.802853$，$c_2=0.010328$，$d_1=1.432788$，$d_2=0.189269$，$d_3=0.001308$；当累积概率小于0.5时S取负号，否则S取正值。将加权平均降水量指标WAP标准化定义为SPIW。参数N为超前当前日的最大天数；P_n为前期第n天的降水量；n为超前当前日的天数，$n=0$代表当前日；α为贡献参数，其取值范围在0～1之间。

$$\mathrm{MI}=\frac{R-ET_0}{ET_0} \tag{4}$$

表 1 SPI 和 MCI 指数干旱等级划分表

等级	类型	SPI 指数
1	无旱	$-0.5<\mathrm{SPI}$
2	轻旱	$-1.0<\mathrm{SPI}\leqslant-0.5$
3	中旱	$-1.5<\mathrm{SPI}\leqslant-1.0$
4	重旱	$-2.0<\mathrm{SPI}\leqslant-1.5$
5	特旱	$\mathrm{SPI}\leqslant-2.0$

表 2 MI 指数干旱等级划分表

等级	类型	MI 指数
1	无旱	$-0.40<\mathrm{MI}$
2	轻旱	$-0.65<\mathrm{MI}\leqslant-0.40$
3	中旱	$-0.80<\mathrm{MI}\leqslant-0.65$
4	重旱	$-0.95<\mathrm{MI}\leqslant-0.80$
5	特旱	$\mathrm{MI}\leqslant-0.95$

1.3 资料处理方法

本文主要将农业干旱灾害综合损失率作为表征农业干旱灾害损失程度或风险性特征的指标进行分析。农业干旱灾害综合损失率实际上是利用农作物不同等级的受灾面积和种植面积,构建的一个能够比较客观反映农业干旱灾害损失程度的综合性指标(徐新创 等,2011;韩兰英 等,2014)

$$I_A=I_3\times90\%+(I_2-I_3)\times50\%+(I_1-I_2)\times20\% \tag{5}$$

式中,I_A是农业干旱灾害的综合损失率,单位为%;I_1,I_2和 I_3分别为轻度农业干旱灾害(受灾)、中度农业干旱灾害(成灾)和重度农业干旱灾害(绝收)的面积比率,单位为%。它们可以表示为

$$I_1=(D_1/A)\times100\% \tag{6}$$

$$I_2=(D_2/A)\times100\% \tag{7}$$

$$I_3=(D_3/A)\times100\% \tag{8}$$

式中,D_1,D_2和 D_3分别是轻度(受灾)、中度(成灾)和重度(绝收)的农业干旱灾害面积,单位为 km^2;A 为农作物种植总面积,单位为 km^2。轻度、中度和重度农业干旱灾害面积分别指当年因旱灾导致农作物产量较正常年份减产 1 成以上的农作物播种面积,中度干旱灾害面积是指当年农作物产量较正常年份减少 3 成以上的农作物播种面积,度干旱灾害面积是指当年农作物产量较正常年份减少 7 成以上的农作物播种面积(韩兰英 等,2014;Zhang et al.,2016)。

由(5)式可见,计算农业干旱灾害综合损失率时,根据灾害影响程度确定其对综合损失率贡献的权重,单位面积上受灾程度越重所占的权重就越大,轻灾、中灾和重灾的权重分别为20%、50%和 90%(韩兰英 等,2014;Zhang et al.,2016)。

在本文后面分析农业干旱灾害综合损失率与气候要素的关系时，为了使建立的经验拟合关系（经验模型）更具有代表性，本文用了 1961 年以来所有的历史实况资料，所以没有其他历史实况资料可用来对建立的拟合关系式的可靠性进行检验和验证。所以，本文使用目前常用的交叉检验方法（熊秋芬 等，2011）来分析用经验拟合关系作为经验模型在评估农业干旱灾害综合损失情况时的可靠性。本文在做交叉检验时，将 50 个观测数据随机分成 10 份，在拟合关系式时随机抽取 9 份数据拟合建立模型，保留 1 份观测数据作为验证数据，并用最先被排除的那 1 份观测数据来验证这个模型的精度，并对估算出的数据与保留的实况数据进行相关性和误差分析，如此重复 10 次，这样就可得到全部交叉检验的相关性和拟合误差。具体可以表示为式(9)—式(12)。

$$S=\sqrt{\frac{1}{n-m-1}SSe} \tag{9}$$

$$SSe=\sum_{i=1}^{n}(y_i-\hat{y}_i)^2 \tag{10}$$

$$MAE=\frac{1}{n}\sum_{i=1}^{n}|y_i-\hat{y}_i| \tag{11}$$

$$RMSE=\sqrt{\frac{\sum_{i=1}^{n}(y_i-\hat{y}_i)^2}{n}} \tag{12}$$

式中，S 为标准误差，SSe 为剩余平方和（也称残差平方和），$RMSE$ 为均方根误差，MAE 为平均绝对误差，n 为样本数，m 为变量数，y_i 和$\hat{y}_i$分别为第 i 个样本对应的实况数据和模型估算数据。

2　南方农业干旱灾害综合损失率时空变化特征

目前，国际上一般将干旱分为气象干旱、农业干旱、水文干旱和社会经济干旱（张强 等，2017），但气象干旱是包括农业干旱在内其他所有干旱致灾的源头因素，而降水和温度等气象要素又是气象干旱的主要控制因素。所以，在分析我国南方地区农业干旱灾害综合损失率的时空变化特征之前，十分有必要首先对我国南方地区降水、温度和气象干旱等气候因子的变化特征进行分析，以便了解农业干旱灾害变化的气候驱动背景。

图 1 给出了我国南方地区 1961—2011 气象要素（温度和降水）与气象干旱指数的变化趋势特征。由图 1 可见，我国南方地区降水要素虽然年际波动较大，但总体变化趋势并不明显；而温度要素不仅年际波动较大，而且总体上也呈显著增加趋势；气象干旱指数波动也很大，也呈现较明显的下降趋势即气象干旱在不断加剧。并且，从降水和温度的变化趋势可以初步判定，该地区气象干旱不断加剧的趋势主要是温度增加趋势的贡献。可见，气候变暖对该地区气象干旱的影响比较明显。

气象干旱程度的变化必然会向农业干旱传递，从而驱动农业干旱灾害发生。由图 2 给出的南方地区农业干旱灾害综合损失率的变化趋势可以看出，我国南方地区农业干旱灾害综合损失率总体呈现出增加趋势，与气象干旱指数的变化趋势基本一致。具体而言，近 50 年来综合损失率增加幅度为 2.5%，相对增幅高达 80%左右；平均每 10 年增加幅度也接近 0.36%，相对增幅也高达 20%。这表明，我国南方地区农业干旱灾害的影响在不断加剧，干旱灾害风险在明显加大。

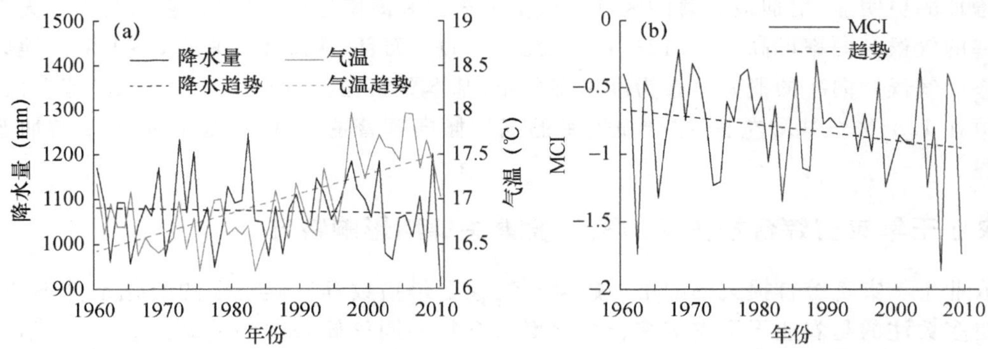

图 1　我国南方地区 1961—2011 气候要素(温度和降水)(a)与气象干旱指数 MCI(b)变化趋势

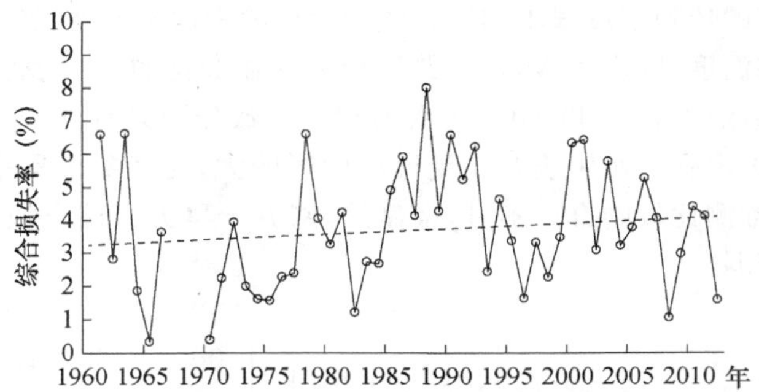

图 2　南方农业干旱灾害综合损失率的变化趋势

由于气候分布的空间不均匀性和农业种植结构的区域差异性，我国南方地区农业干旱灾害综合损失率变化趋势也必然会存在一定程度的空间差异。为此，在图 3 中给出了中国南方地区农业综合损失率的气候倾向率的空间分布和概率分布。图 3 表明，在整个南方地区，除了安徽局部区域以外，农业干旱灾害综合损失率的气候倾向率基本都为正值，即就是说农业干旱灾害综合损失率气候倾向率都在升高。如果更细致地看，还可以进一步发现，西南地区比其他

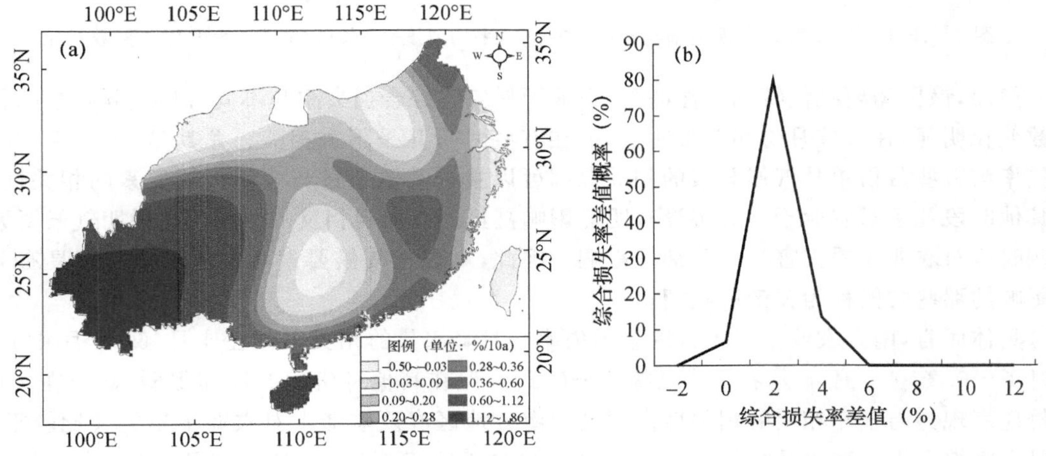

图 3　中国南方农业综合损失率气候倾向率的空间分布(a)和概率分布(b)

地区增加的更明显，增加最显著的区域在云南中东部和海南省两个区域，它们的干旱灾害综合损失率的气候倾向率可高达(1.12～1.86)%/(10a)。而且，从总体上来看，整个南方地区综合损失率的气候倾向率的概率分布为准正态分布，基本分布在(0.1～1.8)%/(10a)范围内，分布的峰值在1.86%/(10a)左右，综合损失率的气候倾向率普遍较大，即综合损失率增加普遍比较明显。

3　农业干旱灾害综合损失率的气候要素关键期影响特征

农业干旱灾害综合损失率的增加趋势与气象干旱指数等气候要素的变化是分不开的，但以往更多关注的是农业干旱灾害综合损失率与全年不同气候条件的关系。事实上，不仅不同气候要素对农业干旱灾害综合损失率的影响程度不同，而且由于农作物各个生长阶段对气候要素的依赖程度不同及气候要素大都具有不均匀的季节分布特征，农业干旱灾害综合损失率对不同时段气候要素的依赖程度很不相同。图4给出的中国南方地区农业干旱灾害综合损失率分别与年和月平均温度、降水和MCI指数的相关系数变化的对比表明，南方农业干旱灾害综合损失率与年平均温度、降水和MCI指数的相关系数分别只有0.25、−0.37和−0.51，可见，干旱灾害综合损失率受降水影响要比受温度的影响大，受气象干旱指数MCI的影响相对最大，这与一般性的推测比较吻合。不过，很显然，南方干旱灾害综合损失率与全年气候要素的相关性总体都比较弱。

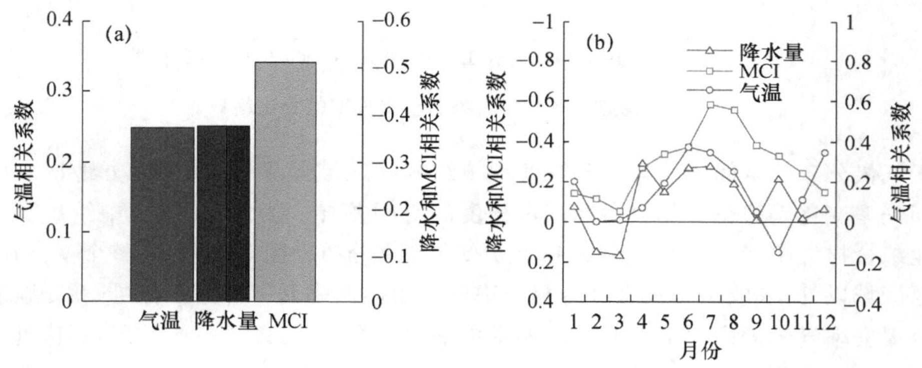

图4　农业干旱灾害综合损失率与年(a)和月(b)平均温度、降水和MCI指数的相关系数对比

然而，该图需要我们特别关注的是，农业干旱灾害综合损失率与不同月份气候要素的相关系数变化明显，在有些月份相关很明显，而在有些月份几乎不太相关。尤其是，干旱灾害综合损失率与有些月份单月气候要素的相关性都可以接近甚至超过与全年气候要素的相关性，而在其他时段几乎对农业干旱灾害没有明显影响甚至还会出现相反的影响。这说明气候要素在有些时段对农业干旱灾害具有关键性影响。因此，可以把气候要素对农业干旱灾害具有关键性影响的那些时段称为关键影响期。

具体而言，南方农业干旱灾害综合损失率与月降水量的相关系数在4月、6—8月和10月超过了−0.2，在4月、6月和7月已接近−0.27。但在其他月份相关性却很弱，甚至在2和3月份还表现为与全年相反的相关性。这说明南方地区春夏季降水对农业干旱灾害比较重要。干旱灾害综合损失率与月平均温度的相关系数在6月、7月和12月超过了0.35，在6月份甚至接近0.40，远远超过了与全年气温的相关性。但在2—4月和9—11月相关性较弱，甚至在

10月还表现为与全年相反的相关性。这说明,盛夏和严冬的温度对南方农业干旱灾害比较重要。而与MCI指数的相关系数在5—10月超过了-0.38,6—9月的相关系数都超过了与全年MCI指数的相关系数,在7和8月份甚至接近-0.6,这说明夏旱对农业干旱灾害的影响至关严重。在1—3月和12月虽然相关性较弱,但没有像降水和温度那样在个别月份表现出与全年相反的相关性。从MCI气象干旱指数总体上每月相对比较高的相关系数及相对比较一致的相关性特征都反映出,MCI气象干旱指数的干旱致灾性比降水和温度要素的致灾性都更显著。

同时,由图4还可以看出,综合损失率与各月MCI指数的相关系数的年变化特征更多与温度的相关系数变化保持了一致性,而不是与降水的相关系数变化保持一致性,这说明在南方地区温度变化对干旱的影响是比较突出的,这与南方地区更容易发生由于温度剧增引起的骤发性干旱有直接关系。

为了了解不同气候要素在全年12个月中那个时段的变化对南方农业干旱灾害综合损失率的影响比较关键,即哪些月份是关键影响期,需要看它们的累积作用对相关性的贡献如何。一般,从某个气候要素与综合损失率相关性最高的月份开始,如果累积增加次高相关系数月份的气候要素值后,累积值与综合损失率相关性有所增加,这就说明该累积月份的气候要素对农业干旱灾害综合损失率的相关性是正贡献。依次从月相关系数由高到低往下累积。如果累积到某个月份的要素值后,综合损失率与累积值得相关性开始有所减少,这就说明该累积月份的气候要素对综合损失率的相关性是负贡献。本文把出现转折之前综合损失率与气候要素累积值的最高相关系数叫累计最大相关系数或临界相关系数,而把包括出现临界相关系数月份在内的之前所有高相关系数的月份都可称为关键影响期,之前所累积的月数也可称为关键期月数。在干旱灾害评估中,需要特别关注的恰恰就是这些关键期的气候要素变化情况。

为此,在图5中给出了农业干旱灾害综合损失率与不同月数累积的平均温度、降水和MCI指数值的相关系数变化及其关键期月数分布。由该图5可见,降水要素一直累积到6个月后,其与综合损失率的相关性才开始下降,4—8月和10月都是关键影响期;温度要素也一直累积了5个月后,其与综合损失率的相关系数才开始下降,6—8月份及1月和12月都是关

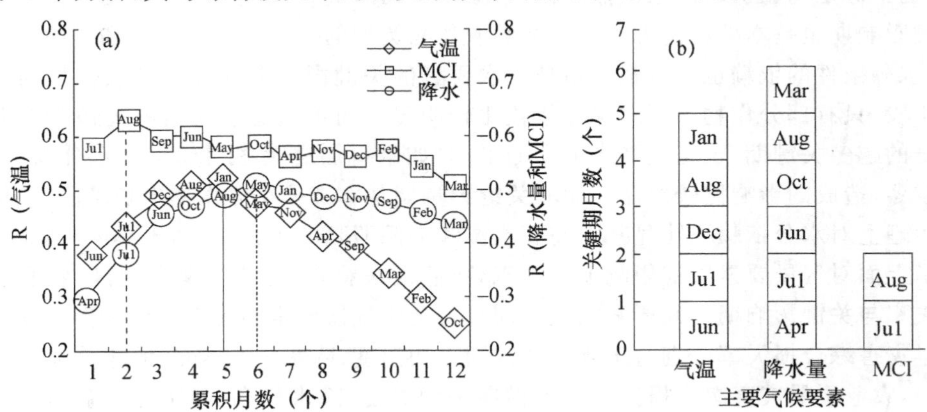

图5 农业干旱灾害综合损失率与不同月数累积的平均温度、降水量和MCI指数的相关系数变化(a)及其关键期月数分布(b)

(气候要素累积过程从相关系数由高到低依次累积,图中英文缩写字母代表新纳入累积的月份)

键影响期。相对而言，降水作用在夏季比较关键，而温度不只在盛夏比较关键，在隆冬季节出现异常也很重要。MCI 指数只累积了 2 个月后，其与综合损失率的相关系数很快就开始下降，只有 7 月和 8 月是关键影响期。可见，虽然气象干旱对我国南方地区农业的影响更显著，但其关键影响时段却相对比较短。

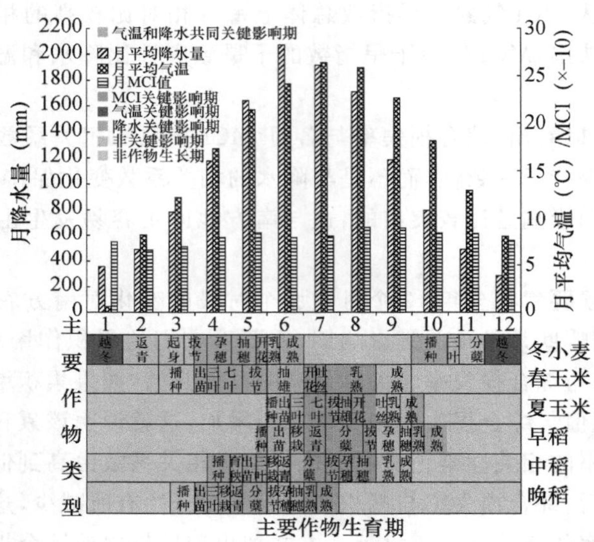

图 6　温度、降水和 MCI 指数的关键影响期及作物生长阶段与月温度、降水量和 MCI 指数分布的对照图

农业干旱灾害综合损失率与温度、降水量和干旱指数等气候要素之间所表现出的关键期影响特征，既与气候要素的季节分布特征有关，更与南方地区农作物的生长特征有关。正如图 6 给出的温度、降水量和 MCI 指数的关键影响期及作物生长阶段与月温度、降水量和 MCI 指数分布的对照图所表明的那样，MCI 指数的关键影响期恰好处在南方地区大多数农作物类型的返青、拔节、抽雄、开花、吐丝和分蘖等关键生长阶段。这些阶段不仅生长过程对水分需求最大，而且也正好是高温引起的强蒸散时段，气象干旱的影响无疑应该十分突出。温度和降水的共同关键影响期也基本处在南方地区大多数农作物类型的播种、出苗、孕穗和抽穗等主要生长阶段，对水分条件的依赖也比较强。单独降水要素的关键影响期处在部分农作物的主要或关键生长阶段，只有部分作物类型对水分依赖比较明显。而单独温度要素的关键影响期正好处在冬小麦的越冬关键期，也正是降水最少的旱季，如果再加之暖冬引起土壤水分损失，会严重影响其越冬，造成的影响比较致命。而非关键影响期基本都处在非作物生长阶段，或作物生长过程在生理上对水分依赖不明显甚至需要高温和太阳照晒的生长阶段，干旱的影响不太重要。

有了上面对气候要素关键影响期的认识，我们再来看看，在我国南方地区，农业干旱灾害综合损失率与关键影响期气候要素的关系同其与全年气候要素的关系有何区别。图 7 给出的农业干旱灾害综合损失率分别与全年和关键期平均温度、降水量和 MCI 的相关性对比可以看出（图略），农业干旱灾害综合损失率与关键期平均温度、降水量和 MCI 的关系均与全年的显著不同，离散程度和拟合曲线斜率均有较大差别，尤其对温度和降水而言表现的尤其明显。而且，图 7 给出的农业干旱灾害综合损失率与全年和关键期温度、降水量和 MCI 的相关系数与倾向率（直线斜率）对比也表明，综合损失率与关键期平均温度、降水量和 MCI 的相关系数均明显比与全年的高，相关系数分别提高了 0.31、0.15 和 0.13，其中温度要素提高的最明显。

而且，线性斜率即倾向率也均比全年的大一些，分别增加了 0.29%/℃、0.004%/mm 和 0.097%，也是温度要素的增加的最明显，说明其关键期影响特征最突出。很显然，农业干旱灾害综合损失率与关键期气候要素的相关性更好，而且对关键期气候要素的敏感性也更高。

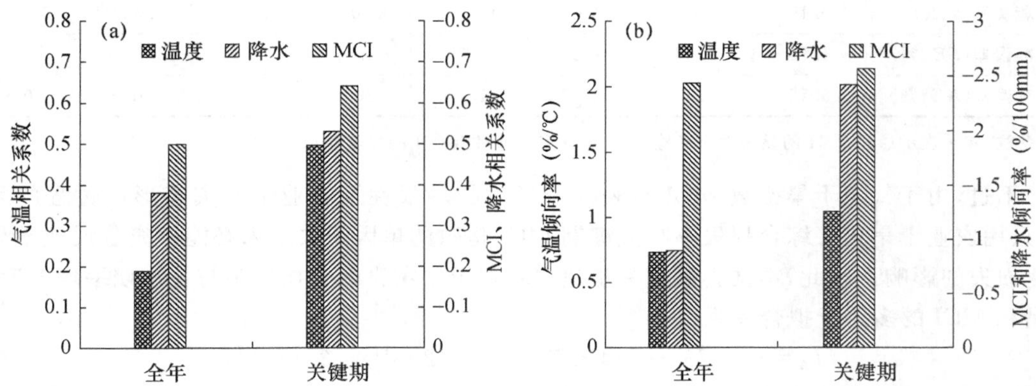

图 7　农业干旱灾害综合损失率与全年和关键期温度、降水和 MCI 的相关系数(a)与倾向率(b)对比

4　干旱灾害综合损失率与关键期气候要素关系及其经验模型验证

由上面分析可见，农业干旱灾害综合损失率与关键期温度、降水量和 MCI 的关系要明显好于与全年温度、降水量和 MCI 的相关性。因此，这里可以给出了农业干旱灾害综合损失率分别与关键期平均温度(a)、降水量(b)和 MCI(c)的线性拟合关系式，为

$$I_A = 2.02 \times T_k - 32.90 \tag{13}$$

$$I_A = -0.0125 \times P_k + 15.49 \tag{14}$$

$$I_A = -2.57 \times M_k + 1.09 \tag{15}$$

式中，I_A 干农业干旱灾害综合损失率，单位均为%；T_k 和 P_k 分别为关键期气温和降水量，单位为℃和 mm；M_k 为关键期 MCI 指数，为无量纲量。

从表 1 给出的南方干旱综合损失率与全年和关键期气温、降水量和 MCI 的相关性参数可以看出，农业干旱灾害综合损失率与关键期平均温度、降水量和 MCI 的线性拟合公式(13)、(14)和(15)的相关系数分别达到了 0.50、0.53 和 0.63，其标准误差分别为 1.57%、1.54%和 1.41%，其绝对误差为 2.48%、2.73%和 1.99%。并且，这 3 个线性拟合关系均超过了 0.001 的显著性水平检验。而与全年降水量的线性拟合关系式只能通过了 0.01 的显著性水平检验，与全年平均温度的线性拟合关系式甚至还没有通过显著性水平检验，只有与 MCI 的线性拟合关系勉强通过了 0.001 的显著性水平检验。而且，还显而易见，农业干旱灾害综合损失率与关键期 MCI 指数的线性拟合关系要明显好于与关键期温度和降水的线性拟合关系，与关键期降水的线性拟合关系次之，与关键期温度的线性拟合关系相对最差，这与农业干旱灾害形成的基本规律比较吻合。因此，一般即使在未知灾情损失的情况下，基本上可以用农业干旱灾害综合损失率与关键期 MCI 指数的线性拟合关系即公式(13)来较为客观地估算出干旱灾害对农业的影响程度。

表 1　南方农业干旱综合损失率与全年和关键期气温、降水量和 MCI 的相关性参数

相关性参数	全年				关键期			
	气温	降水量	MCI	综合	气温	降水量	MCI	综合
相关系数(R)	0.19	0.38**	0.50***	0.51**	0.50***	0.53***	0.63***	0.73***
标准误差(SE,%)	1.78	1.68	1.58	1.60	1.57	1.54	1.41	1.29
绝对误差(AE,%)	3.18	2.83	2.48	1.21	2.48	2.37	1.99	0.97

备注：**表示通过 0.01 的显著性水平检验，***表示通过 0.001 的显著性水平检验

不过，由于气象干旱指数 MCI 对表征干旱时的局限性及农业干旱灾害形成过程的复杂性，只用农业干旱灾害综合损失率与关键期 MCI 指数的单因子关系未必能够充分反映干旱对农业损失的影响。因此，本文尝试进一步建立农业干旱灾害综合损失率与关键期平均温度、降水量和 MCI 的多因子拟合关系

$$I_A=-2.25+0.14\times T_k+0.0042\times P_k-3.17\times M_k \tag{16}$$

表 1 表明，该多因子拟合关系式的相关系数达到了 0.73，标准误差和绝对误差分别降低到了 1.29%和 0.97%。该关系式不仅超过了 0.001 的显著性水平检验，而且其相关性和误差水平明显好于任何一个单因子拟合关系，其相关系数、标准误差和绝对误差甚至比最好的单因子关系(与关键期 MCI 指数的关系)分别改进了 0.09、0.12%和 1.02%，改善效果十分明显。这很可能是由于多因子关系能够补充反映高温引起的剧烈蒸散和短期透雨对干旱过程的作用，从原理上弥补了农业干旱灾害综合损失率与关键期 MCI 指数单因子关系的局限性。因此，用这个多因子关系(16)式作为模型来评估干旱灾害对农业产量的影响应该比单因子关系式更有优势。

当然，作为要能够推广使用的评估模型，应该通过比较充分的检验和验证来说明其可靠性。鉴于本文已没有多余的灾情实况资料来对比验证该评估模型，并且国际上常用的交叉验证方法也有其特定的优势，所以这里用交叉检验方法来验证前面建立的经验统计模型的可靠性。在图 8 中，给出了南方农业干旱灾害综合损失率与关键期气温、降水量、MCI 和多因子拟合关系式(经验模型)的估算值与实况数据的交叉检验的散点图。从该图可以看出，散点总体上都分布在对角线附近，表明估算值与实况值基本上都有比较好的一致性，尤其是多因子拟合关系式估算的农业干旱灾害综合损失率与实况值的一致性相当好。并且，图 9 给出的关键期气候要素建立的南方农业干旱灾害综合损失率估算模型交叉验证的相关系数、标准差、均方根误差和绝对误差对比结果进一步表明，不仅农业干旱灾害综合损失率的三因子拟合关系式估算模型的交叉检验相关系数明显较单因子估算模型的高，而且其交叉检验的标准差、均方根误差和绝对误差均明显较单因子的小。从表 2 中的关键期气候要素建立的估算模型交叉检验的统计参量还可以看出，单因子评估模型的交叉检验相关系数都在 0.57 以下，标准差、均方根误差和绝对误差都分别高于 1.50%、1.16%和 1.45%，虽然也都通过了 0.001 或 0.01 的显著性水平检验，但相关性和误差水平都不是十分理想。而三因子估算模型的表现要乐观得多，其相关系数高达 0.72，其标准差、均方根误差和绝对误差也分别达到了 1.07%、1.02%和 1.20%，均通过了 0.001 的显著性水平检验。可见，三因子拟合关系估算模型不仅表现出了非常好的交叉检验效果，而且其估算农业干旱灾害综合损失率的误差水平也较为理想。

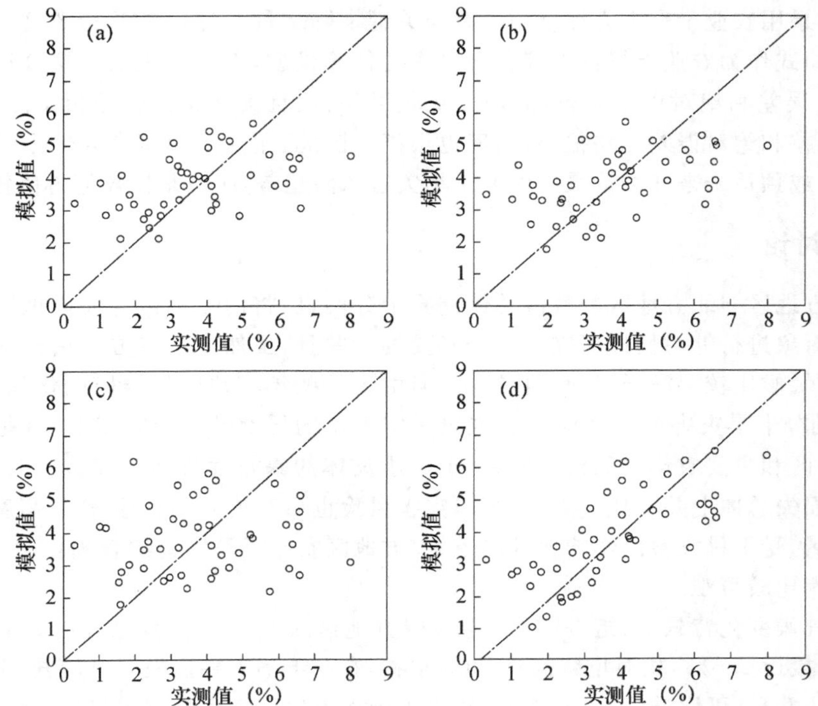

图 8　南方农业干旱灾害综合损失率与关键期气温(a)、降水(b)、MCI(c)和多因子(d)拟合关系(经验模型)的估算值与实况数据交叉检验的散点图

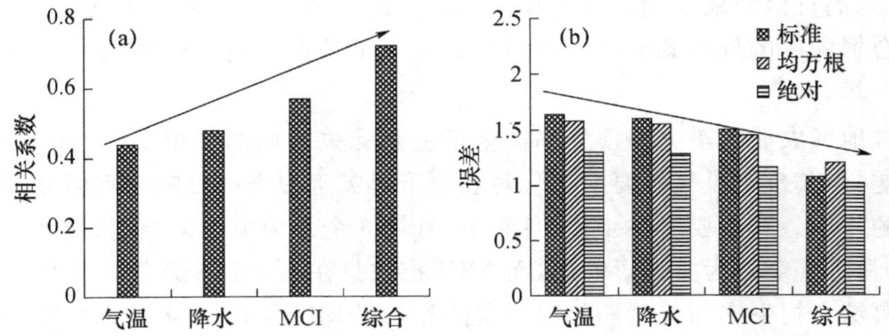

图 9　关键期气候要素建立的南方农业干旱灾害综合损失率估算模型交叉验证的相关系数(a)及标准差、均方根误差和绝对误差(b)对比

表 2　关键期气候要素建立的估算模型交叉检验的统计参量

统计参量	全年				关键期			
	气温	降水	MCI	综合	气温	降水	MCI	综合
相关系数(R)	0.002	0.28	0.40**	0.39**	0.44**	0.48***	0.57***	0.72***
标准误差(S)	1.85	1.75	1.56	1.21	1.64	1.60	1.50	1.07
绝对误差(MAE)	1.52	1.40	1.26	1.29	1.30	1.28	1.16	1.02
均方根误差($RMSE$)	1.81	1.70	1.54	1.61	1.58	1.55	1.45	1.20
P 值	0.98	0.056	0.005	0.008	0.002	0.00078	0.00001	0.00001

注：**表示通过 0.01 的显著性水平检验，***表示通过 0.001 的显著性水平检验。

总之,如果用农业干旱灾害综合损失率与关键期降水量、气温、MCI 指数这三因子的综合拟合关系(16)式作为农业干旱灾害综合损失率的估算模型,不仅其关系式拟合过程的相关系数较高,标准误差和绝对误差均较低,信度比较可靠,而且其交叉检验的相关性也很高,标准差、均方根误差和绝对误差也均很小,信度也很高。因此,用这个模型来评估干旱灾害对农业损失的影响,或预估未来气候情景下农业干旱灾害风险趋势,应该是比较值得信任的。

5 结论与讨论

中国南方地区与北方地区的气候总体差异十分明显,将南方地区与北方地区干旱灾害作为不同研究对象进行针对性地研究是十分必要的。并且,虽然中国南方地区地处东亚夏季风影响区,总体气候比较湿润,干旱相对较少。但由于近些年该地区气候极端化趋势加剧,重大干旱事件增加,干旱灾害分布和演化表现出一定程度的异常性;再加之该地区是我国经济中心、人口稠密区和主要农作物的传统产地,干旱承灾体的暴露度总体较高。所以,中国南方地区干旱灾害损失总体上并不比北方轻,干旱灾害风险也相对较大。而且,作为高度依赖气候条件的农业领域,受干旱灾害的影响尤其严重,南方地区农业干旱灾害综合损失率大约为 2%～5%,损失程度比较可观。

在当前气候变化背景下,近 50 年来中国南方地区农业干旱灾害综合损失率增加比较显著,增加幅度接近 2.5%,相对增幅高达 80%左右,农业干旱灾害损失明显加剧,干旱灾害风险也明显加大。并且,可以推测,由于近 50 年来中国南方地区降水量变化趋势不明显,其农业干旱灾害损失率的增加无疑主要是气候变暖造成的蒸散加剧所致。就空间分布而言,中国南方地区综合损失率的气候倾向率的概率基本分布在(0.1～1.8)%/(10 a)范围,综合损失率升高普遍比较明显,而且西南地区相比华南和东南地区的气候倾向率升高的更为显著。西南地区更显著的综合损失率的气候倾向率特征与该地区干旱孕灾环境比较脆弱,对气候变暖响应更敏感有关。

我国南方地区农业干旱灾害损失率在全年主要受关键期的气象干旱、降水和温度等气候要素变化影响,而其余时段气候要素变化对农业干旱灾害损失率影响并不明显,甚至个别时候还具有相反的作用。降水要素在 4—8 月和 10 月等 6 个月为关键影响期,温度要素在 6—8 月及 1 月和 10 月等 5 个月为关键影响期,而 MCI 指数只在 7 月和 8 月等 2 个月为关键影响期。农业干旱灾害综合损失率与关键期气候要素的相关性均明显比与全年的相关性高,其中温度要素的关键期影响特征最为明显。

农业干旱灾害综合损失率的气候要素关键期影响特征主要与农作物各个生长阶段对水分和气候要素的依赖程度不同及气候要素具有不均匀的季节分布特征有极大关系。在中国南方地区,MCI 指数的关键影响期恰好处在大多数农作物品种的关键生长阶段,温度和降水的共同关键影响期正好处在南方地区大多数农作物品种的主要生长阶段,单独降水的关键影响期则处在部分作物的主要或关键生长阶段,单独温度的关键影响期则处在冬小麦的越冬关键期。而非关键影响期基本处在非作物生长期或作物生理上对水分依赖不明显甚至需要高温和太阳照晒的生长阶段。所以,农业干旱灾害综合损失率与关键期气候要素的相关性要明显好于与全年气候要素的相关性。由此可见,以往分析农业干旱灾害综合损失率与气候要素的关系时,大多研究用全年总体气候要素作为致灾因子,这不仅忽视了气候要素对干旱灾害影响的复杂性和多面性,而且还引入了一些多余时段的误差,往往会掩盖农业干旱灾害综合损失率与气候要素的某些本质关系。

南方地区农业干旱灾害综合损失率与关键期 MCI 指数的线性拟合关系要明显好于与温度和降水的线性拟合关系，相关系数达到了 0.63，标准误差和绝对误差分别为 1.41％和 1.99％，而与关键期温度的线性拟合关系最差。不过，农业干旱灾害综合损失率与关键期平均温度、降水量和 MCI 的多因子拟合关系明显比任何单因子拟合关系更有优势，相关系数达到了 0.73，标准误差和绝对误差分别降到了 1.29％和 0.97％，这与多因子关系不仅能够刻画气象干旱的致灾作用，而且还能够补充反映高温引起的剧烈蒸散和透雨过程对干旱致灾过程的作用。对三因子拟合关系(14)式建立的估算模型进行交叉检验也表明，其相关系数、标准差、均方根误差和绝对误差分别达到了 0.72、1.07％、1.02％和 1.20％，并很容易通过了 0.001 的显著性水平检验，不仅表现出了非常好的交叉检验效果，而且其估算农业干旱灾害综合损失率的误差水平也很理想。因此，该模型对评估我国南方地区干旱灾害对农业产量的影响或预估未来气候情景下农业干旱灾害风险而言，是可供选择的比较可靠的客观模型。

本文虽然对中国南方地区农业干旱灾害综合损失率受气候要素影响的关键期总体特征及其与关键期气候要素的关系有了比较深入的认识。但中国南方地区气候还有一定的地域差异，农业干旱灾害综合损失率的气候要素关键期影响特征也会有一定的区域差异性。同时，不同类型作物的生长习性及对气候的依赖程度不同，所以不同作物品种的农业干旱灾害综合损失率与关键期气候要素的关系也会有所不同。这都是该文目前还顾及不到的问题，需要我们在今后的工作中进一步针对不同气候区域和不同作物类型开展农业旱灾综合损失率与关键期气候要素的关系研究，对南方地区农业干旱灾害综合损失率的气候要素关键期影响特征进行更细致深入的科学认识。

参考文献

陈权亮，华维，熊光明，等，2010. 2008—2009 年冬季我国北方特大干旱成因分析[J]. 干旱区研究，27(2)：182-187.

冯丽文，1988. 我国近 35 年来干旱灾害及其对国民经济部门的影响[J]. 灾害学，3(2)：1-71.

国家科委全国重大自然灾害综合研究组，1993. 中国重大自然灾害及减灾对策(分论)[M]. 北京：科学出版社.

国家统计局，1961—2010. 中国统计年鉴[M]. 北京：中国统计出版社.

韩兰英，张强，姚玉璧，等，2014. 近 60 年中国西南地区干旱灾害规律与成因[J]. 地理学报，69(5)：632-639.

黄会平，2010. 1949—2007 年全国干旱灾害特征、成因及减灾对策[J]. 干旱区资源与环境，11(24)：94-98.

黄建平，冉津江，季明霞，2014. 中国干旱半干旱区洪涝灾害的初步分析[J]. 气象学报，72(6)：1096-1107.

黄荣辉，郭其蕴，孙安健，等，1997. 中国气候灾害图集[M]. 北京：海洋出版社：190.

李茂松，李森，李育慧，2003. 中国近 50 年来旱灾灾情分析[J]. 中国农业气象，24(1)：7-10，1.

李维京，赵振国，李想，等，2003. 中国北方干旱的气候特征及其成因的初步研究[J]. 干旱气象，21(4)：1-5.

马柱国，2007. 华北干旱化趋势及转折性变化与太平洋年代际振荡的关系[J]. 科学通报，52(10)：1199-1206.

毛飞，孙涵，杨红龙，2011. 干湿气候区划研究进展[J]. 地理科学进展，30(1)：17-26.

孙荣强，1993. 中国农业重旱区及其特征[J]. 灾害学，8(2)：49-521.

熊秋芬，黄玫，熊敏诠，等，2011. 基于国家气象观测站逐日降水格点数据的交叉检验误差分析. 高原气象，30(6)：1615-1625.

徐新创，葛全胜，郑景云，等，2011. 区域农业干旱风险评估研究：以中国西南地区为例[J]. 地理科学进展，30(7)：883-890.

杨春喜,1997. 农业大丰收水利做贡献[J]. 黑龙江金融(12):8-9.

杨建平,丁永建,陈仁升,等,2003. 近 50 年中国干湿气候界线波动及其成因初探[J]. 气象学报,61(3):364-373.

张存杰,王胜,宋艳玲,等,2014. 我国北方地区冬小麦干旱灾害风险评估[J]. 干旱气象,32(6):883-893.

张家团,屈艳萍,2008. 近 30 年来中国干旱灾害演变规律及抗旱减灾对策探讨[J]. 中国防汛抗旱(8):47-52.

张强,王劲松,姚玉璧,2017. 干旱灾害风险及其管理[M]. 北京:气象出版社.

张强,姚玉璧,王莺,2017. 中国南方干旱灾害风险特征及其防控技术对策[J]. 生态学报,37(21):7206-7218.

张强,张良,崔县成,曾剑,2011. 干旱监测与评价技术的发展及其科学挑战[J]. 地球科学进展,26(7),763-778.

张相文,1908. 新撰地文学[M]. 中国国家地理,上海:文明书局.

中国气象局,2005. 中国气象灾害年鉴[M]. 北京:气象出版社.

周进生,1993. 我国旱灾特点及经济损失评估[J]. 灾害学,8(3):45-491.

周巧兰,刘晓燕,2005. 我国南方干旱成因与对策[J]. 上海师范大学学报(自然科学版),34(3):80-86.

Dai Aiguo, 2013. Increasing drought under global warming in observations and models[J]. Nature Climate Change, 3(1):52-58.

Murthy C S, Laxman B, Sesha M V R, 2015. Geospatial analysis of agricultural drought vulnerability using acomposite index based on exposure, sensitivity and adaptive capacity[J]. International Journal of Disaster Risk Reduction, 12:163-171.

Grayson M, 2013. Agriculture and drought[J]. Nature, 501(7468):1-9.

Hao Z X, Zheng J Y, Wu G F, et al, 2010. 1876-1878 severe drought in North China: Facts, impacts and climatic background[J]. Science Bulletin, 55(26):3001-3007.

Hayes M J, Svoboda M D, Wilhite D A, et al, 1999. Monitoring the 1996 drought using the standardized precipitation index[J]. Bulletin of the American Meteorological Society, 80:429-438.

He Bin, LÜ Aifeng, Wu Jianjun, et al, 2011. Drought hazard assessment and spatial characteristics analysis in China[J]. J Geogr Sci, 21(2):235-249.

Huang C F, Liu X L, Zhou G X, et al, 1998. Agriculture natural disaster risk assessment method according to the historic disaster data[J]. Journal of Natural Disasters, 7(2):1- 9.

Huang W H, Yang X G, Li M S, et al, 2010. Evolution characteristics of seasonal drought in the south of China during the past 58 years based on standardized precipitation index. [J]. Transactions of the Chinese Society of Agricultural Engineering, 26(7):50-59.

Spinoni J, Naumann G, Carrao H, et al, 2014. World drought frequency, duration, and severity for 1951-2010 [J]. Int J Climatol, 34:2792-2804.

Ram S, Borgaonkar H P, et al, 2008. Tree-ring analysis of teak in Central India and its relationship with rainfall and moisture index[J]. J Earth Syst Sci, 117(5):637-645.

LI Rui , Tsunekawa A, TSUBO M, 2014. Index-based assessment of agricultural drought in a semi-arid region of Inner Mongolia, China[J]. J Arid Land, 6(1):3-15.

Gunda T, Hornberger G M, Gilligan J M, 2015. Spatiotemporal Patterns of Agricultural Drought in Sri Lanka: 1881-2010[J]. Int J Climatol, DOI:10. 1002/joc. 4365.

Wang L, Yuan X, Xie Z, et al, 2016. Increasing flash droughts over China during the recent global warming hiatus[J]. Sci Rep, 6:30571.

Yuan X Y, Tang B J, Wei Y M, et al, 2014. China's regional drought risk under climate change: a two-stage process assessment approach[J]. Nat Hazards, DOI 10. 1007/s11069-014-1514-8.

Zhang Qiang, Han Lanying, 2015. Management of Drought Risk Under Global Warming[J]. Theoretical and

Applied Climatology, DOI: 10. 1007/s00704-015-1503-1.

Zhang Qiang, Han Lanying, 2016 . North-South differences in Chinese agricultural losses due to climate-change-influenced droughts[J]. Theoretical and Applied Climatology, DOI: 10. 1007/s00704-016-2000-x.

Wang Z Q, He F, Fang W H, et al, 2013. Assessment of physical vulnerability to agricultural drought in China [J]. Nat Hazards, 67: 645-657.

基于自然灾害风险理论和 ArcGIS 的西南地区玉米干旱风险分析*

贯建英[1,2]　贺　楠[3]　韩兰英[1,2]　张　强[1,4]　张玉芳[5]　胡家敏[6]

(1. 中国气象局兰州干旱气象研究所/甘肃省干旱气候变化与减灾重点实验室/中国气象局干旱气候变化与减灾重点开放实验室,兰州,730020;2. 西北区域气候中心,兰州,730020;3. 中国气象局公共气象服务中心,北京,100081;4. 甘肃省气象局,兰州,730020;5. 四川省农业气象中心,成都,610072;6. 贵州省气候中心,贵阳,550002)

摘　要　本文选用西南四省(市)60 个气象站 1961—2012 年逐日常规气象观测资料及西南地区玉米农业生产相关资料,基于自然灾害风险理论,从危险性、暴露性、脆弱性、防灾能力四个因子出发,建立了西南地区玉米干旱灾害风险评估模型,并用 ARCGIS 对西南地区玉米进行干旱风险区划与分析。结果表明:(1)西南地区玉米春旱主要发生在Ⅰ区大部、Ⅱ区、Ⅲ区,夏旱主要发生在Ⅰ区北部、Ⅲ区和Ⅳ区大部、Ⅴ区、Ⅵ区,全生育期干旱高危险区和次高危险区主要位于Ⅰ区和Ⅱ区部分、Ⅲ区;(2)高暴露区和次高暴露区集中在Ⅱ区和Ⅲ区,高脆弱区和次高脆弱区主要位于Ⅱ区东部、Ⅳ区和Ⅴ区部分,次低抗灾能力区和低抗灾能力区主要位于Ⅱ区和Ⅳ区部分;(3)西南地区玉米高风险区和次高风险区主要位于Ⅲ区,Ⅰ区、Ⅱ区、Ⅳ区和Ⅴ区局部;中度风险区,主要集中在Ⅴ区和Ⅵ区,其他分区都有不同范围分布;次低风险区和低风险区主要位于Ⅰ区中部、Ⅱ区西南部、Ⅳ区南部和东部。本研究成果将为西南玉米生产风险管理及可持续发展提供一定理论依据。

关键词　西南地区;玉米;干旱;风险分析

引　言

中国是一个干旱频发的国家,干旱是造成农业经济损失最严重的气象灾害(李茂松 等,2003),而且随着全球气候的变化,呈现出干旱区域不断增大、干旱损失日渐加剧的趋势(IPCC,2001,2007)。我国西南地区本来是一个雨水充沛、气候湿润的地区,但最近几年,该地区屡屡发生严重的干旱灾害,造成了难以估量的损失,引起了许多学者们的关注(马振锋 等,2006;李永华 等,2009;黄荣辉 等,2012;Zhang et al. ,2013)。

西南地区是我国三大玉米生产基地之一,其播种面积和产量占全国玉米播种总面积和总产量的 15%左右。同时,玉米是该地区的主要粮食作物之一,该地区也是我国饲料生产的最大地区,也是玉米调入的最大地区(李高科 等,2005)。西南地区年降水量充沛,但时空分布不均,年际变率大(杨素雨 等,2011),加上该地区多丘陵山地蓄引水困难,造成玉米季节性干旱时常发生(王明田 等,2012;刘宗元 等,2014)。农业干旱风险评估有助于提升区域灾害风险管理和决策水平,减轻干旱灾害造成的损失(徐新创 等,2010)。20 世纪 80 年代以来,国内外在开展自然灾害风险评估研究方面已经取得了一定成果。Maskrey (1989)提出自然灾害风险度可通过易损性与危险性之和来评价。Smith(1996)提出风险度是由概率和损失的乘积。

* 发表在:《农业工程学报》,2015,31(4):152-159.

Okada 等(2004)认为自然灾害风险是由致灾因子危险性、承灾体暴露性和承灾体脆弱性这三个因素相互作用形成的。在国内,史培军等(2002)认为,自然灾害是由孕灾环境、致灾因子和承灾体三者综合作用的结果。陈香等(2007)在此基础上把防灾能力因素考虑进去。张继权(2007)将危险性、暴露性、脆弱性、防灾减灾能力四个因子的相互乘积作为评价自然灾害风险度的指标,该评价方法在我国自然灾害风险评估中得到了广泛的应用(张会 等,2005;王建华,2009;张继权 等,2012)。目前,我国农业干旱风险研究大都集中在北方(王素艳 等,2003;薛昌颖 等,2005;单琨 等,2012),针对西南地区农作物干旱风险分析的研究则甚少(徐新创 等,2011)。本文基于自然灾害风险理论(张继权等 2007),分别从危险性、暴露性、脆弱性、防灾能力四个因子出发,建立了西南地区玉米干旱灾害风险评估模型,对西南地区玉米进行风险分析与区划,以期为西南玉米生产风险管理及可持续发展提供一定理论依据。

1　资料与方法

1.1　资料及来源

本文研究区域西南地区包括四川(除去川西高原的甘孜州、阿坝州)、重庆、云南、贵州四省市。选用 1961—2012 年西南地区 60 个气象站逐日平均气温、最高气温、最低气温、降水量、日照时数、平均风速、相对湿度,资料来源于中国气象局国家气象信息中心。产量资料选用 1961—2012 年四省市及 60 个县玉米单产、播种面积、总产和农作物种植面积,资料来源于中国种植业信息网(http://202.127.42.157/moazzys/nongqingxm.aspx)。

参考刘宗元等(2014)西南地区玉米种植分区结果,将研究区玉米细分为 6 个子区域,子区域及气象站点分布见图 1,子区域及播种成熟期值见表 1。

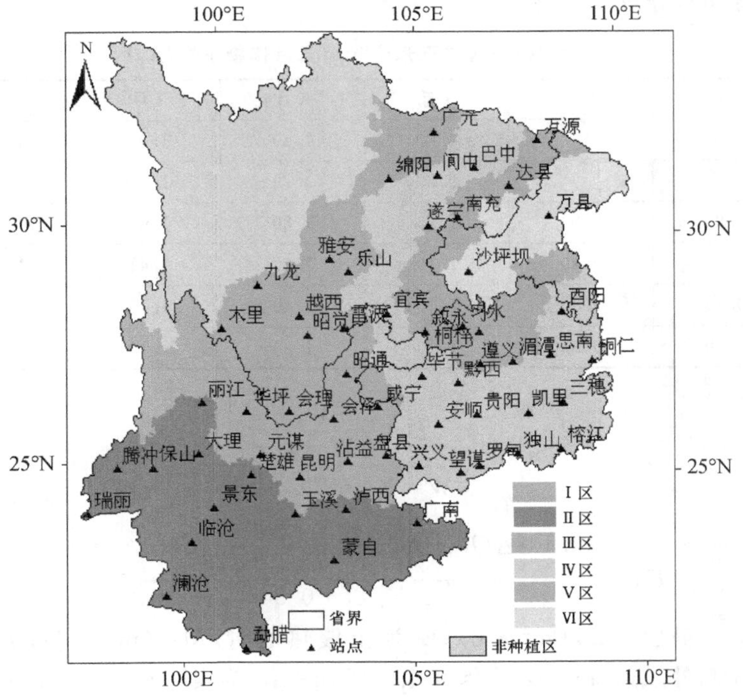

图 1　西南地区玉米种植子区域分布及气象站点分布

表 1　西南地区玉米种植子区域划分及生长时期

子区域	播种期—成熟期
Ⅰ区：四川盆地边缘山区及四川省西部	5月上旬至9月下旬
Ⅱ区：云南省西部、南部、东南部	5月上旬至10月中旬
Ⅲ区：云南省西北部、中部、东北部和四川省南部	3月下旬至9月下旬
Ⅳ区：四川盆地西部、贵州省西部、南部和东部	4月上旬至8月下旬
Ⅴ区：四川盆地中部、东部、南部及贵州省中部、北部	3月上旬至8月中旬
Ⅵ区：重庆市中部、西部、东北部以及四川省广安地区	3月上旬至7月下旬

1.2　方法

本文选用张继权等提出的自然灾害风险形成机理，认为：自然灾害风险度＝危险性×暴露性×脆弱性×防灾减灾能力（张继权 等，2007）。

1.2.1　危险性

1.2.1.1　作物水分盈亏指数

作物水分盈亏指数（L）表征了作物需水量（W）与降水量（R）之间的盈亏程度，是一个基于农田水分收支原理的旱涝评价指标。作物需水量（W）为作物参考蒸散量（ET_0）和作物系数（K_c）之积，作物参考蒸散量采用 FAO 推荐用 Penman-Monteith（Allen et al.，1998）计算，不同子区域玉米 K_c值参考张玉芳等（2011）、李泽明等（2014）、白树明等（2003）、肖厚军等（2004）研究成果（表 2）。本文分别计算了 60 个气象站 1961—2012 年玉米 3—5 月（春季）、6—8 月（夏季）及全生育期水分盈亏指数。

表 2　各子区域玉米生长期各月作物系数（K_c）

子区域	3月	4月	5月	6月	7月	8月	9月
Ⅰ区			0.80	1.20	1.35	1.25	0.95
Ⅱ区			0.80	1.20	1.35	1.25	1.05
Ⅲ区	0.80	0.80	1.25	1.30	1.40	1.05	0.95
Ⅳ区		0.80	1.10	1.30	1.40	1.25	
Ⅴ区	0.80	0.80	1.10	1.40	1.30	1.10	
Ⅵ区	0.80	0.80	1.10	1.30	1.10		

$$L=\frac{R-W}{W} \tag{1}$$

$$W=K_c \cdot ET_0 \tag{2}$$

$$ET_0=\frac{0.408\Delta(R_n-G)+\gamma\dfrac{900}{T_{mean}+273}u_2(e_s-e_a)}{\Delta+\gamma(1+0.34u_2)} \tag{3}$$

式中：R_n为地表净辐射，MJ/(m^2·d)；G 为土壤热通量，MJ/(m^2·d)；T_{mean} 为日平均气温，℃；u_2为 2 m 高处风速，m/s；e_s为饱和水汽压，kPa；e_a为实际水汽压，kPa；Δ 为饱和水汽压曲线斜率，kPa/℃；γ 为干湿表常数，kPa/℃。

1.2.1.2 不同水分盈亏指数出现概率

利用偏度峰度检验法分别对60个县1961—2012年春季、夏季、全生育期水分盈亏指数序列进行正态性检验，结果表明通过正态性检验的占91%。对没有通过正态性检验的，采用偏态分布正态化处理（李世奎 等，1999），根据正态分布的概率计算方法（李世奎 等，1999；薛昌颖 等，2005）分别计算出春季、夏季和全生育期不同水分盈亏指数在1961—2012年间出现的概率（P）。

1.2.1.3 干旱危险性指数

作物某一发育阶段的干旱危险性指数是作物不同水分盈亏指数（L）和发生概率（P）的函数，表达式为

$$D=\sum_{i=1}^{n} L_i \cdot P_i \tag{4}$$

式中：D 为玉米干旱危险性指数，L_i 为玉米不同水分盈亏指数，其值为-0.3、-0.2、-0.1，P_i 为不同水分盈亏指数发生的概率，n 为某一发育阶段玉米不同水分盈亏指数出现的总个数。D 值越小，绝对值越大，说明玉米在该发育阶段出现干旱的危险性越高。

1.2.2 暴露性

针对某一区域可种植面积来说，玉米种植面积越大，意味该区域暴露于气象危险因子的玉米越多，可能遭受的潜在损失就越大，气象灾害风险越大。因此，玉米种植面积相对暴露性指数（E）在一定程度上可以进行区域间玉米暴露性的比较，其值越大，表明暴露性越大。

$$E=\frac{1}{n}\sum_{i=1}^{n}\frac{a_i/z_i}{A_i/Z_i} \tag{5}$$

式中：a_i 为某县第 i 年玉米种植面积，z_i 为该县第 i 年农作物种植面积，A_i 为西南地区第 i 年玉米种植面积，Z_i 为西南地区第 i 年农作物种植面积，n 为总年数。

1.2.3 脆弱性

脆弱性表征承灾体自身承受灾害能力的大小。一个地区产量的波动大小能体现该作物对外来干扰的适应能力，因此产量波动的差异可以看作作物脆弱性的体现，产量波动大的区域作物相对比较脆弱，产量波动小的区域作物适应能力强。产量波动的差异可以用变异系数来表示，区域间玉米生产的脆弱性的差异，在一定程度上可以用相对变异系数来表示：

$$F=\frac{x}{X} \tag{6}$$

$$x=\frac{\sqrt{\dfrac{\sum_{i=1}^{n}(y_i-y)^2}{n}}}{y} \tag{7}$$

$$X=\frac{\sqrt{\dfrac{\sum_{i=1}^{n}(Y_i-Y)^2}{n}}}{Y} \tag{8}$$

式中：F 为某县脆弱性指数；x 为某县玉米单产变异系数；X 为西南地区玉米单产变异系数；

y_i为某一县第 i 年玉米单产；y 为该县玉米单产多年平均值；Y_i为西南地区第 i 年玉米单产，Y 为西南地区玉米单产多年平均值，n 为总年数。

1.2.4 防灾减灾能力

防灾减灾能力指作物能够从干旱灾害中恢复生产能力的大小，是作物自身抗逆性和人为参与抗灾共同作用的结果，以防灾减灾能力指数来表示。一个地区产量的高低是作物适应性和当地生产力水平的反映，因此将各个县玉米单产多年平均值与西南地区玉米单产多年平均值的比值作为抗灾性能指数：

$$T=\frac{y}{Y} \tag{9}$$

式中：T 为某县防灾减灾能力指数；y 为该县玉米单产多年平均值；Y 为西南地区玉米单产多年平均值。

1.2.5 干旱风险度

由于构成灾害风险的四项要素中，灾害的危险性、脆弱性、暴露性和灾害风险生成的作用方向是相同的，而防灾减灾能力与灾害风险生成的作用方向是相反的，即，某区域的防灾减灾能力越强，灾害危险性、脆弱性和暴露性对灾害生成的作用力就会受到一定的抑制，从而减少灾害的风险度。在实际应用时，考虑到防灾减灾能力的反向作用力，在本研究中，采用自然灾害风险指数法，将灾害风险评价模型定义为(Davidson et al.，2001)：

$$R=|D^{W_D}|\times E^{W_E}\times F^{W_F}\times T^{-W_T} \tag{10}$$

式中：R 为风险度指数值；D，E，F，T 分别为危险性、暴露性、脆弱性和防灾减灾能力指数值；W_D，W_E，W_F，W_T分别为危险性、暴露性、脆弱性和防灾减灾能力对应的权重，表示各因子对形成灾害风险的相对重要性，由于危险性指数值为负值，这里取绝对值。本文权重的确定采用灰色关联度分析法，计算 60 个站点全生育期危险性、暴露性、脆弱性和防灾减灾能力指数与减产率多年平均值的灰色关联度，从而确定各影响因子权重。

2 结果与分析

2.1 西南玉米干旱危险性分析

本文计算了 1961—2012 年西南地区 60 个站点玉米春季、夏季、全生育期内干旱的危险性指数，参考张玉芳等(2011)采用水分盈亏指数对四川玉米干旱等级划分指标，利用 ArcGIS 克里格差值，按表 3 中不同发育阶段干旱危险性评价界限值，对西南地区玉米春旱、夏旱、全生育期干旱的等级进行划分并制图。

表 3 西南地区玉米干旱危险性评价界限值

	低危险	次低危险	中度危险	次高危险	高危险
春旱	$D>-0.08$	$-0.08\leqslant D<-0.24$	$-0.24\leqslant D<-0.4$	$-0.4\leqslant D<-0.56$	$D\leqslant -0.56$
夏旱	$D>-0.01$	$-0.01\leqslant D<-0.04$	$-0.04\leqslant D<-0.07$	$-0.07\leqslant D<-0.1$	$D\leqslant -0.1$
全生育期干旱	$D>-0.01$	$-0.01\leqslant D<-0.04$	$-0.04\leqslant D<-0.07$	$-0.07\leqslant D<-0.1$	$D\leqslant -0.1$

2.1.1 西南玉米春旱危险性分析

西南玉米春季干旱空间分布呈现出自东向西危险性递增，在云南中西部达到春旱高危险区，再向西南方向危险性逐步降低的趋势（图2）。中度以上危险区主要位于在Ⅰ区大部、Ⅱ区、Ⅲ区，其中高危险区和次高主要位于Ⅱ区、Ⅲ区大部，其他区域属于次低危险区和低危险区，主要位于Ⅳ区、Ⅴ区、Ⅵ区。而该分布结果与刘宗元等（2014）基于农业干旱参考指数（ARID）分析的西南玉米出苗至拔节期干旱频率分布大致吻合。

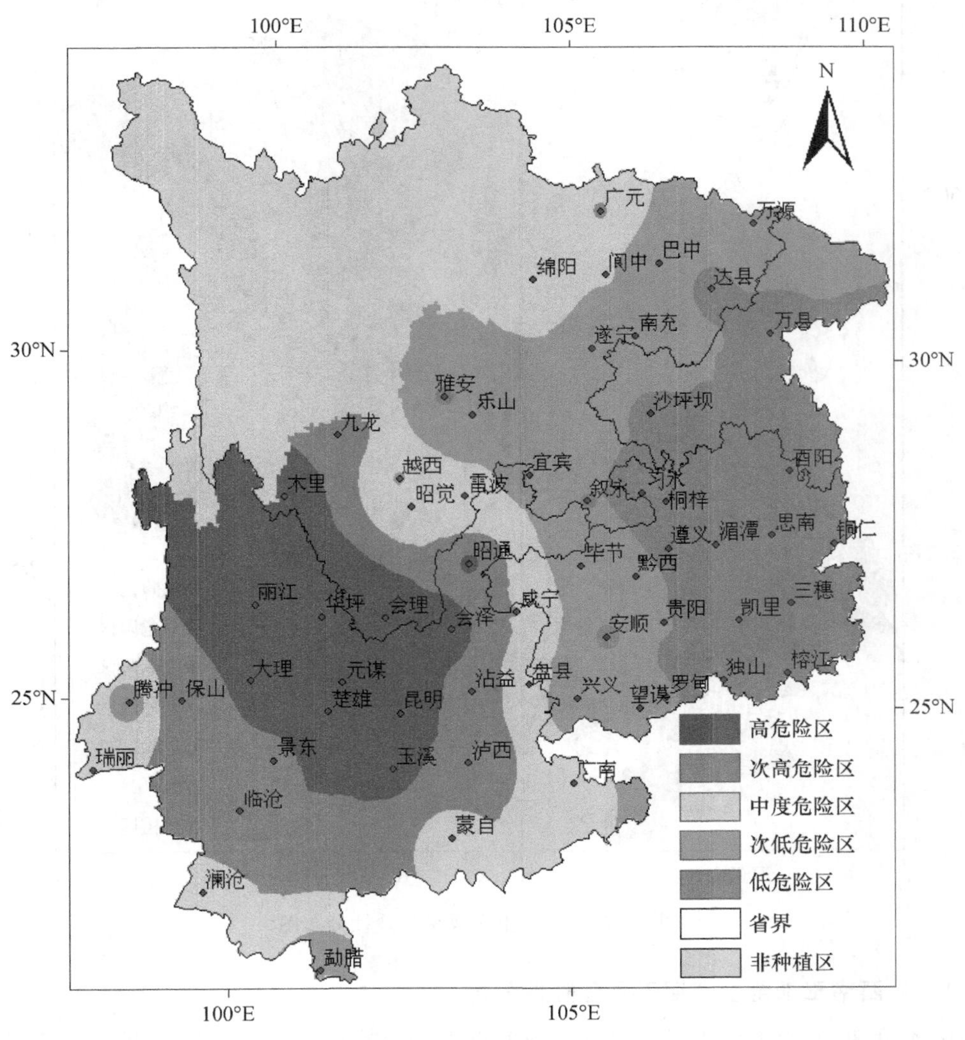

图2　西南地区玉米春旱危险性分布图

2.1.2　西南玉米夏旱危险性分析

西南地区玉米夏季中度以上干旱危险区主要分布在Ⅰ区北部、Ⅲ区和Ⅳ区大部、Ⅴ区、Ⅵ区（图3），其中高危险区和次高危险区主要位于Ⅰ区北部、Ⅳ区部分、Ⅴ区、Ⅵ区，低危险区和次低危险区主要位于Ⅰ区中南部、Ⅱ区、Ⅲ区和Ⅳ区部分。该分布结果与刘宗元等（2014）西南玉米拔节至抽雄、抽雄至灌浆、灌浆至成熟期的干旱频率分布结果有所差别，这主要与所选的干旱指数有关，本文的危险性指数主要是由作物水分盈亏指数和不同水分盈亏指数发生概率建立，在今后的业务应用中需要比较和验证两种干旱指数的适用性。

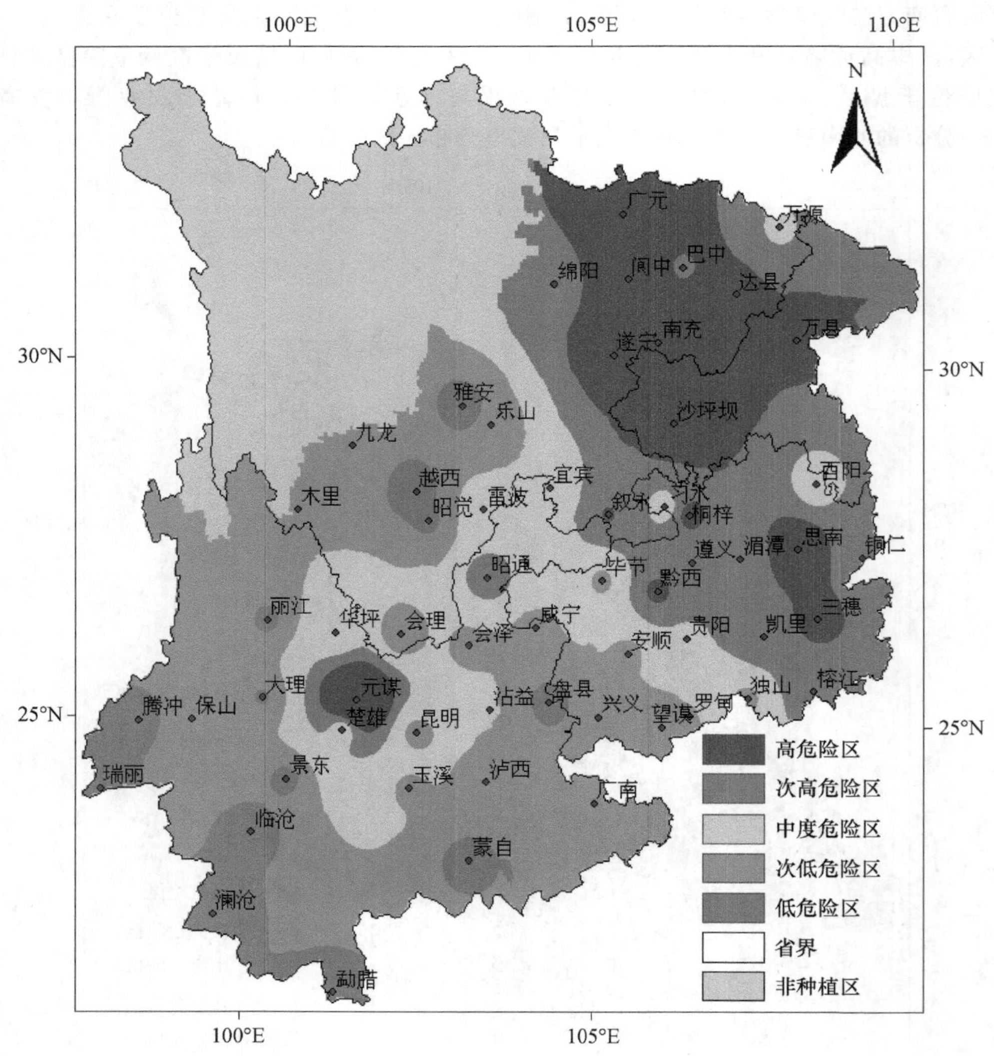

图 3 西南地区玉米夏旱危险性分布图

2.1.3 西南玉米全生育期干旱危险性分析

由图 4 可知，西南地区玉米全生育期中度以上干旱主要分布于Ⅰ区和Ⅱ区大部、Ⅲ区、Ⅳ区和Ⅴ区部分，其他区域属于次低危险区和低危险区。其中高危险区和次高危险区主要位于Ⅰ区和Ⅱ区部分、Ⅲ区，该区域属于云南境内区域和川西南春旱特别严重，夏旱也达到中度以上危险，全生育期干旱属于西南地区最为严重的区域，而盆西、贵州毕节地区东部是夏旱较为严重，春旱接近中度，全生育期干旱为西南地区次严重区域。该分布结果与刘宗元等(2014)近50 年西南玉米全生育期内干旱频率分布结果基本一致，但局部地方存在一定差别。

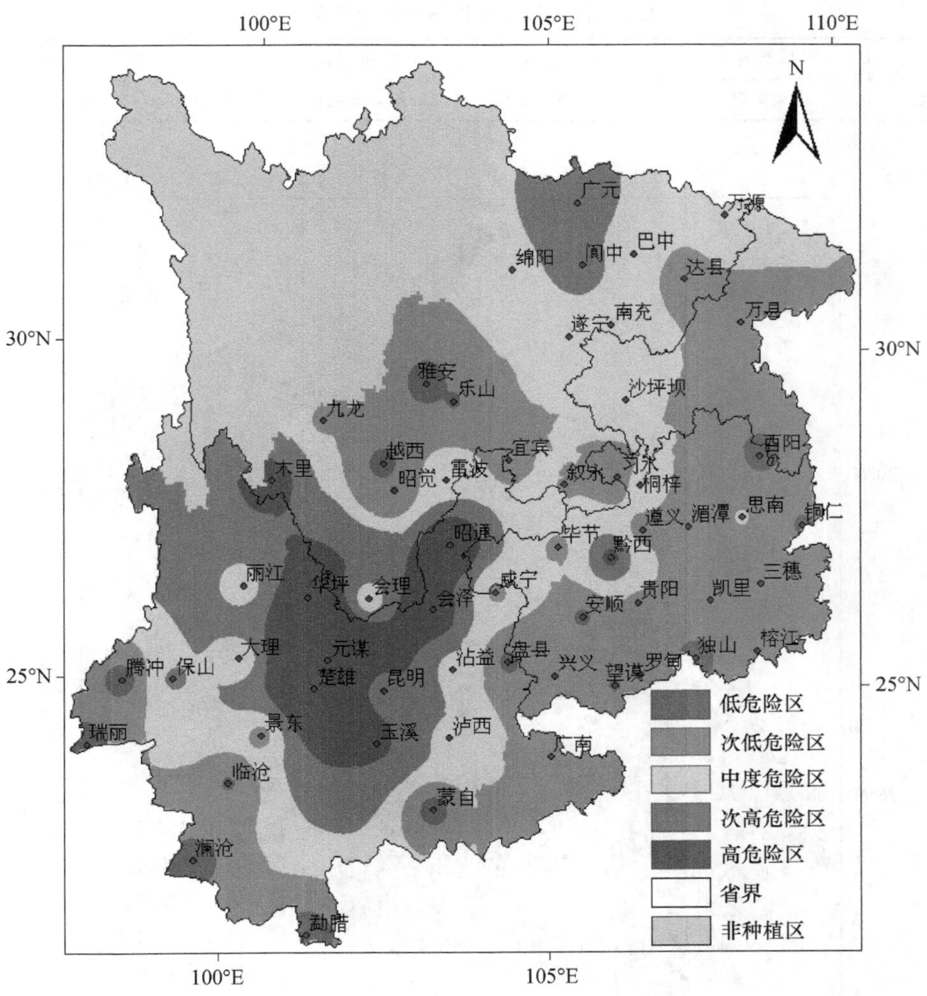

图 4　西南地区玉米全生育期干旱危险性分布图

2.2　西南玉米暴露性分析

暴露性反映了玉米种植面积在当地农作物种植面积中所占比重，比重越高意味着暴露于干旱危险中的风险越高。利用 ARCGIS 中的克里格差值对西南地区玉米暴露性进行评价并制图（表 4、图 5），1961—2012 年间西南地区玉米高暴露区和次高暴露区主要集中在Ⅱ区和Ⅲ，该区域玉米种植面积占农作物种植面积比例高于西南地区玉米种植面积比例平均水平，意味着该区域暴露于干旱危险中的风险也较高；中度暴露区主要分布于Ⅰ区、Ⅳ区和Ⅴ区部分、Ⅵ区，该区域玉米种植面积比例与西南地区玉米种植面积比例平均水平相当，玉米暴露于干旱危险中的风险也介于中间；其他区域属于次低暴露区和低暴露区，该区域玉米种植面积比例低于西南地区玉米种植面积比例平均水平，即暴露于干旱危险中的风险相对较低。

表 4　西南地区玉米暴露性评价界限值

	低暴露	次低暴露	中度暴露	次高暴露	高暴露
暴露度	$E<0.55$	$0.55\leqslant E<0.85$	$0.85\leqslant E<1.15$	$1.15\leqslant E<1.45$	$E\geqslant 1.45$

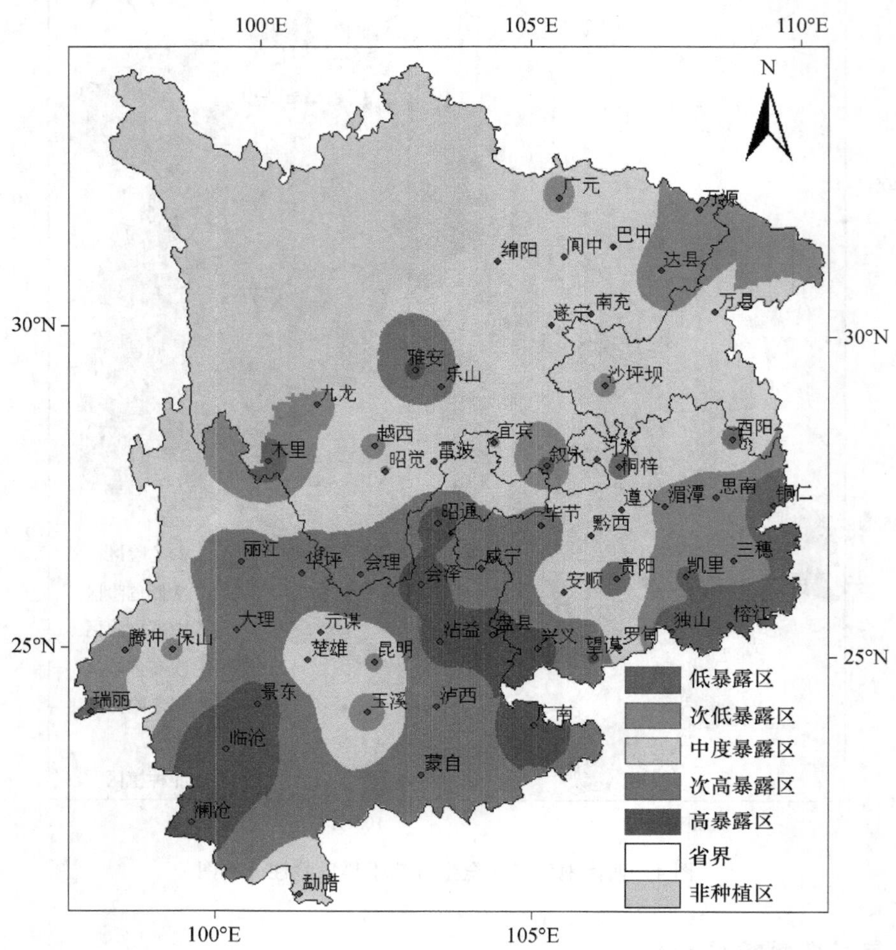

图 5　西南地区玉米暴露性分布图

2.3　西南玉米脆弱性

西南地区玉米脆弱性是由作物产量波动大小反映的，产量波动大的地区说明当地玉米生产较为脆弱，波动小的地区说明玉米生产相对比较稳定。依据表 5 脆弱性评价界限值，利用 ARCGIS 克里格差值制图(图 6)可知，1961—2012 年间高脆弱区和次高脆弱区主要位于Ⅱ区东部、Ⅳ区和Ⅴ区部分，该区域玉米产量波动大小高于西南地区玉米产量平均波动水平，玉米生产较为不稳定；次低脆弱区和低脆弱区主要位于Ⅰ区、Ⅲ区部分，该区域玉米产量波动大小低于西南地区玉米产量平均波动水平，生产相对比较稳定，脆弱性较低；其他区域属于中度脆弱区，该区域玉米产量波动大小接近于西南地区玉米产量平均波动水平。

表 5　西南地区玉米脆弱性评价界限值

	低脆弱区	次低脆弱区	中度脆弱区	次高脆弱区	高脆弱区
脆弱度	$F<0.7$	$0.7\leqslant F<09$	$0.9\leqslant F<1.1$	$1.1\leqslant F<1.3$	$F\geqslant 1.3$

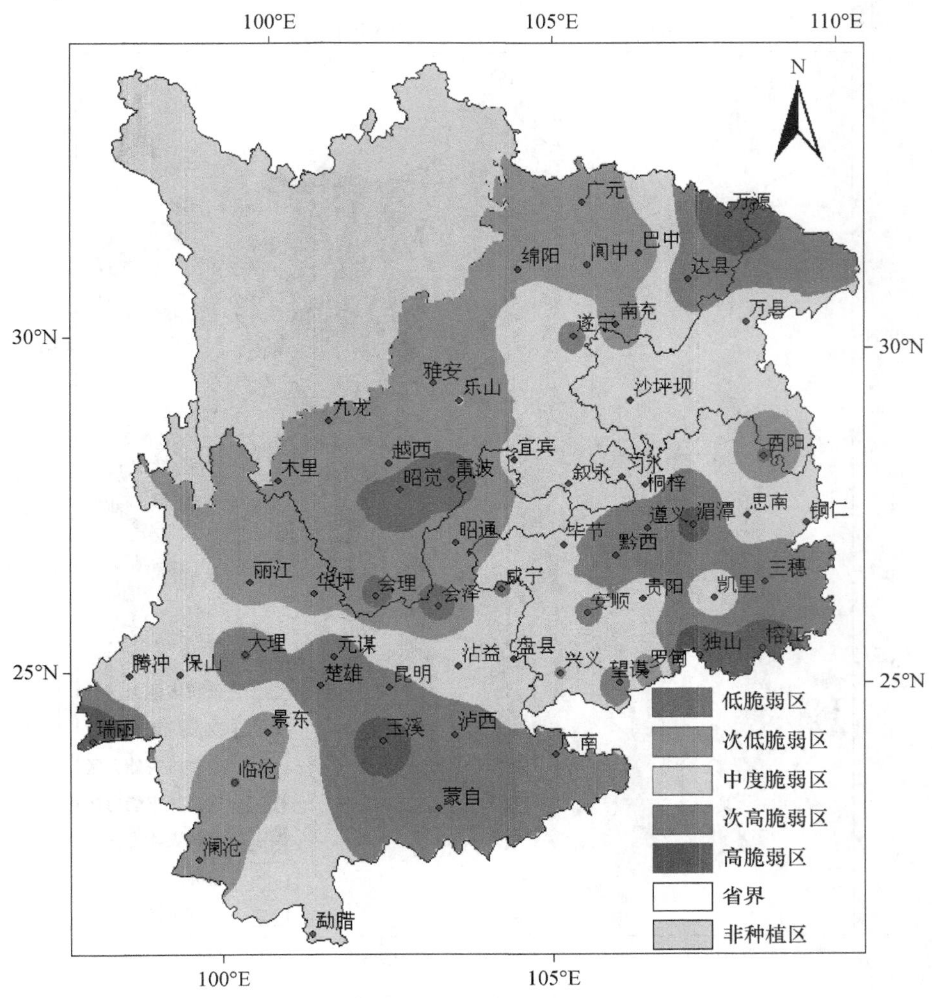

图 6　西南地区玉米脆弱性分布图

2.4　西南玉米抗灾能力

西南地区玉米抗灾能力大小是通过当地玉米产量高低水平来表现的，产量的高低反映了当地玉米品种的适应性和当地玉米的生产力水平。利用 ArcGIS 的克里格差值(表 6)，从图 7 可知，1961—2012 年间次低抗灾能力区和低抗灾能力区主要位于Ⅱ区和Ⅳ区部分，该区域玉米产量相对较低，说明该区域玉米生产力整体水平低；高抗灾能力区和次高抗灾能力区主要位于Ⅲ区、Ⅰ区和Ⅳ区部分，该区域玉米产量高于西南地区玉米产量平均水平，意味着当地玉米品种的适应性强，玉米生产力整体水平较高；其他区域属于中度抗灾能力区，玉米生产力水平介于中间。

表 6　西南地区玉米抗灾能力评价界限值

	低抗灾能力	次低抗灾能力	中度抗灾能力	次高抗灾能力	高抗灾能力
抗灾能力	$T<0.7$	$0.7\leqslant T<0.9$	$0.9\leqslant T<1.1$	$1.1\leqslant T<1.3$	$T\geqslant 1.3$

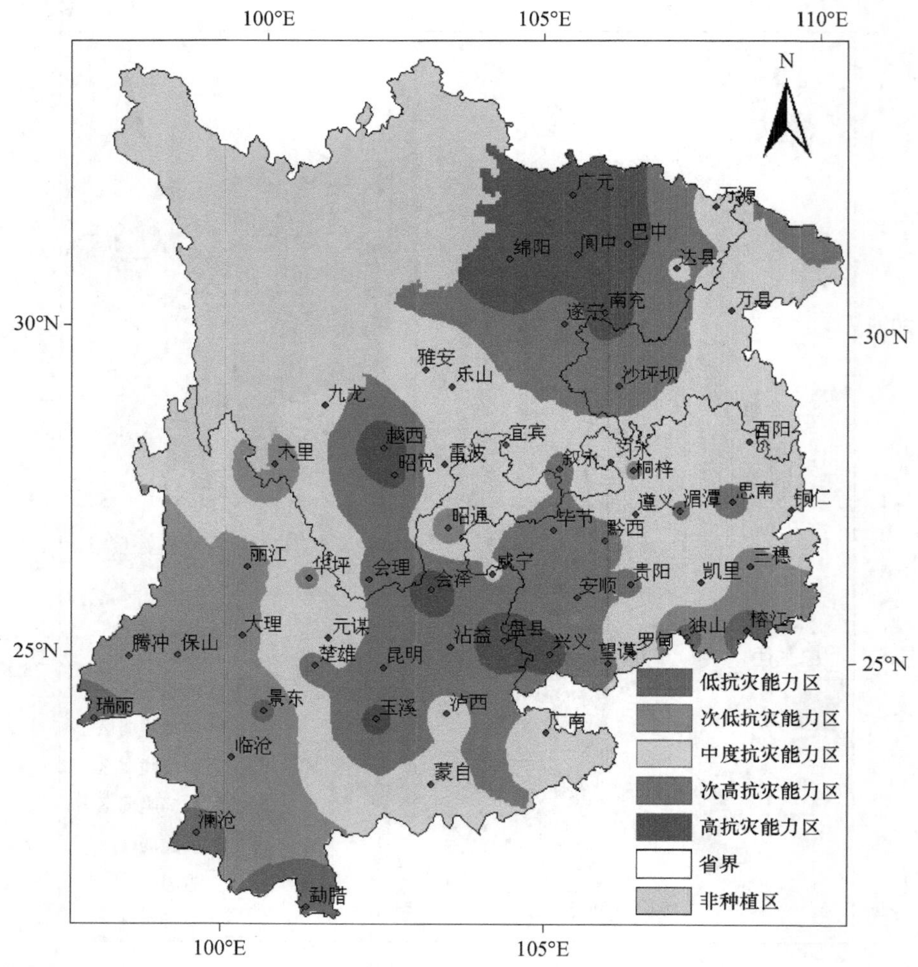

图 7　西南地区玉米抗灾能力分布图

2.5　西南玉米干旱风险性分析

本文采用灰色关联度方法确定的全生育期玉米干旱危险性、暴露性、脆弱性和抗灾能力对应的权重分别为 0.3489、0.1574、0.2209、0.2728，其中以危险性权重最高，抗灾能力权重较高，脆弱性权重次之，暴露性权重最低。为评价西南地区玉米干旱风险程度，将西南地区玉米干旱风险划分为 5 级(表 7)，并用 ArcGIS 中的克里格差值进行区划(图 8)。

表 7　西南地区玉米干旱风险评估界限值

	低风险区	次低风险区	中度风险区	次高风险区	高风险区
风险度	$R<0.18$	$0.18\leqslant R<0.26$	$0.26\leqslant R<0.34$	$0.34\leqslant R<0.42$	$R\geqslant 0.42$

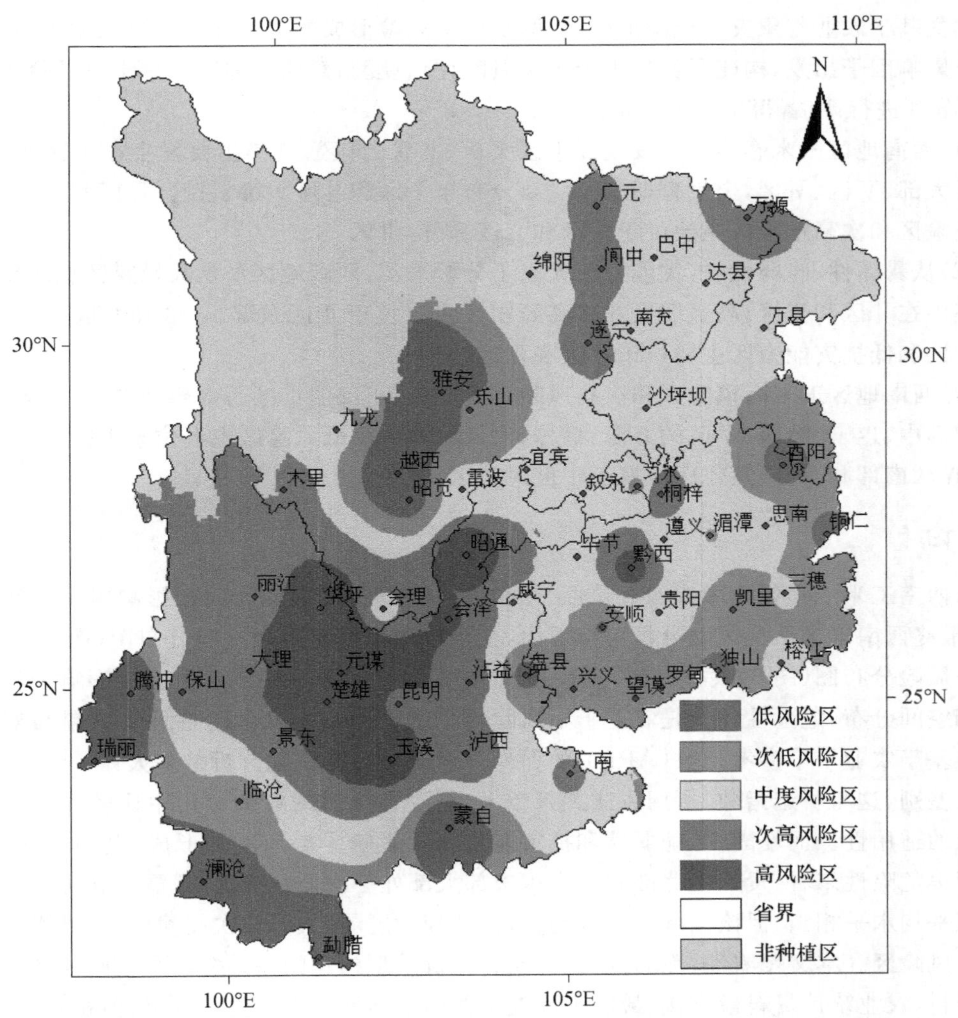

图 8　西南地区玉米干旱风险分布图

由图 8 可知,西南地区玉米高风险区和次高风险区主要位于Ⅲ区,Ⅰ区西南部和广元,Ⅱ区的北部,Ⅳ区的阆中、遂宁、黔西,Ⅴ区的万源、桐梓,该区域玉米全生育期本身干旱危险性就较高,大部处于次高危险区和高危险区,且大部玉米种植面积比例高,且该区域属于西南地区玉米生产的高产区,干旱成为限制该区域玉米稳产的主要因子之一。

次低风险区和低风险区主要位于Ⅰ区中部、Ⅱ区西南部、Ⅳ区南部和东部。该区域降水充沛,玉米生产遭受干旱危害的概率本身较低,尽管该区域不同地区玉米生产水平不同,但该区域确为西南地区玉米生产遭受干旱危害的低风险区。

其他区域属于中度风险区,主要分布于Ⅴ区和Ⅵ区,其他分区都有不同范围分布,该区域玉米全生育期大部处于中度干旱危险区，部分区域处于次低干旱危险区，玉米种植面积比例、产量波动大小、产量水平大部高于或与西南地区平均水平相当。

3 结论

本文基于农业气象灾害风险形成机理，从干旱风险形成的危险性、暴露性、脆弱性、抗灾能力四个影响因子出发，构建了西南玉米干旱风险评估模型，对西南地区玉米干旱风险程度进行5级划分并进行评估，得出以下结论。

(1)西南地区玉米春旱主要发生在Ⅰ区大部、Ⅱ区、Ⅲ区，夏旱主要发生在Ⅰ区北部、Ⅲ区和Ⅳ区大部、Ⅴ区、Ⅵ区，全生育期干旱主要分布于Ⅰ区和Ⅱ区大部、Ⅲ区、Ⅳ区和Ⅴ区部分，其中高危险区和次高危险区主要位于Ⅰ区和Ⅱ区部分、Ⅲ区。

(2)从暴露性、脆弱性、抗灾能力三大因子分析来看，西南地区玉米高暴露区和次高暴露区主要集中在Ⅱ区和Ⅲ区；高脆弱区和次高脆弱区主要位于Ⅱ区东部、Ⅳ区和Ⅴ区部分；次低抗灾能力区和低抗灾能力区主要位于Ⅱ区和Ⅳ区部分。

(3)西南地区玉米高风险区和次高风险区主要位于Ⅲ区，Ⅰ区西南部和广元，Ⅱ区的北部，Ⅳ区的阆中、遂宁、黔西，Ⅴ区的万源、桐梓；次低风险区和低风险区主要位于Ⅰ区中部、Ⅱ区西南部、Ⅳ区南部和东部；其他区域属于中度风险区，主要集中在Ⅴ区和Ⅵ区。

4 讨论

从西南玉米干旱风险形成的危险性、暴露性、脆弱性、抗灾能力四个影响因子空间分布分析，到最终西南玉米干旱风险分析可以看出，全生育期干旱危险性空间分布图(图4)与西南玉米干旱风险分布图(图8)大体一致，也就是说，在四个影响因子中危险性直接影响干旱风险的大小和空间分布，危险性评价是农业干旱风险评估的主体。本文危险性评价结果与刘宗元等(2014)基于农业干旱参考指数(ARID)的西南玉米干旱时空变化分析结果大体一致，但局部地方存在差别，这与所选指数、所用方法关系较大，需要在今后的业务应用中比较和验证两种干旱指数的适用性。而暴露性、脆弱性和抗灾能力间接影响干旱风险的形成，例如，从全生育期玉米干旱危险性来看，贵州中北部和云南东南部大部处于次低危险区，暴露性和抗灾能力与西南地区平均水平相当，但该区域产量波动大，生产较为脆弱，大部为次高脆弱区，最终被归为中度干旱风险区。本文暴露性、脆弱性、抗灾能力评价模型构建的基础资料是西南地区玉米农业统计资料，农业统计资料最直接、最客观反映了西南不同地区玉米生产状况，但相对有些单一，下一步将社会经济因素等考虑进去。干旱风险的形成是一个非常复杂的过程，每个影响因子从不同角度、不同程度影响着干旱风险的形成，以当前有限的评估资料和技术手段全面准确地分析评价干旱灾害风险仍有一定难度，今后可通过业务验证结果，不断优化模型和相应因子、指标，使评估结果更具针对性和指导意义。

参考文献

白树明，黄中艳，王宇，2003. 云南玉米需水规律及灌溉效应的试验研究[J]. 中国农业气象，24(3)：18-21.

陈香，2007. 福建省台风灾害风险评估与区划[J]. 生态学杂志，26(6)：961-966.

单琨，刘布春，刘园，等，2012. 基于自然灾害系统理论的辽宁省玉米干旱风险分析[J]. 农业工程学报，28(8)：186-194.

黄荣辉，刘永，王林，等，2012. 2009 年秋至 2010 年春我国西南地区严重干旱的成因分析[J]. 大气科学，36(3)，443-457.

李高科，潘光堂，2005. 西南玉米区种质利用现状及研究进展[J]. 玉米科学，13(2)：3-7.

李茂松，李森，李育慧，2003. 中国近 50 年旱灾灾情分析[J]. 中国农业气象，24(1)：6-9.

李世奎，霍治国，王道龙，1999. 中国农业灾害风险评价与对策[M]. 北京：气象出版社.

李永华，徐海明，刘德，等，2009. 2006 年夏季西南地区东部特大干旱及其大气环流异常[J]. 气象学报，67(1)：124-134.

李泽明，何永坤，唐余学，等，2014. 近 50 年重庆地区玉米干旱时空特征分析[J]. 西南农业学报，27(1)：363-368.

刘宗元，张建平，罗红霞，等，2014. 基于农业干旱参考指数的西南地区玉米干旱时空变化分析[J]. 农业工程学报，30(2)：105-115.

马振锋，彭骏，高文良，等，2006. 近 40 年西南地区的气候变化事实[J]. 高原气象，25(4)：633-642.

史培军，2002. 三论灾害研究的理论与实践[J]. 自然灾害学报，11(3)：1-9.

王建华，2009. 基于模糊综合评判法的洪水灾害风险评估[J]. 水利科技与经济，15(4)：338-340.

王明田，张玉芳，马均，等，2012. 四川省盆地区玉米干旱灾害风险评估及区划[J]. 应用生态学报，23(10)：2803-2811.

王素艳，霍治国，李世奎，等，2003. 干旱对北方冬小麦产量影响的风险评估[J]. 自然灾害学报，12(3)：118-125.

肖厚军，蒋太明，夏锦慧，等，2004. 贵州省几种作物需水量的估算与分析[J]. 贵州农业科学，32(1)：41-42.

徐新创，葛全胜，郑景云，等，2010. 农业干旱风险评估研究综述[J]. 干旱地区农业研究，28(6)：263-269.

徐新创，葛全胜，郑景云，等，2011. 区域农业干旱风险评估研究——以中国西南地区为例[J]. 地理科学进展，30(7)：883-890.

薛昌颖，霍治国，李世奎，等，2005. 北方冬小麦产量灾损风险类型的地理分布[J]. 应用生态学报，16(4)：620-625.

杨素雨，张秀年，杞明辉，等，2011. 2009 年秋季云南降水极端偏少的显著异常气候特征分析[J]. 云南大学学报(自然科学版)，33(3)：317-324.

张会，张继权，韩俊山，2005. 基于 GIS 技术的洪涝灾害风险评估与区划研究——以辽河中下游地区为例[J]. 自然灾害学报，14(6)：141-146.

张继权，李宁，2007. 主要气象灾害风险评价与管理的数量化方法及其应用[M]. 北京：北京师范大学出版社：27-244.

张继权，严登华，王春乙，等，2012. 辽西北地区农业干旱灾害风险评价与风险区划研究[J]. 防灾减灾工程学报，6(3)：300-306.

张玉芳，王锐婷，陈东东，等，2011. 利用水分盈亏指数评估四川盆地玉米生育期干旱状况[J]. 中国农业气象，32(4)：615-620.

Allen R G, Pereira L S, Raes D, et al, 1998. Crop evapotranspiration-guidelines for computing crop water requirement[Z]. Rome: Food and Agriculture Organization of the United Nations, Irrigation and Drainage: 56.

Davidson R A, Lamber K B, 2001. Comparing the hurricane disaster risk of U. S. coastal counties[J]. Natural Hazards Review, 8: 132-142.

IPCC, 2001. Climate Change 2001: Impacts, Adaptation and Vulnerability of Climate Change, working group Ⅱ report[M]. London: Cambridge University Press.

IPCC, 2007. Climate Change 2007: Impacts, Adaptation and Vulnerability-Working Group II[M]. London: Cambridge University Press.

Maskrey A, 1989. Disaster Mitigation: A Community Based Approach[M]. Oxford: Oxfam.

Okada N, Tatano H, Hagihara, Y et al, 2004. Integrated Research on Methodological Development of Urban Diagnosis for Disaster Risk and its Applications[M]. Disaster Prevention Research Institute Annuals, Kyoto University, 47:1-8.

Smith K, 1996. Environmental Hazards: Assessing Risk and Reducing Disaster[M]. New York: Routledge.

Zhang MJ, He J Y, Wang B L, et al, 2013. Extreme drought changes in Southwest China from 1960 to 2009[J]. Journal of Geographical Sciences, 23(1): 3-16.

南方洪涝灾害综合风险评估*

温泉沛[1,2]　霍治国[1]　周月华[2]　车　钦[3]　肖晶晶[4]　黄大鹏[5]

（1. 中国气象科学研究院，北京，100081；2. 武汉区域气候中心，武汉，430074；
3. 武汉中心气象台，武汉，430074；4. 浙江省气候中心，杭州，310017；5. 国家气候中心，北京，100081）

摘　要　利用中国南方地区12个省（区、市）2004—2012年的洪涝灾情资料，在综合表征洪涝灾情特点的基础上选取具有可比性的受灾面积比重、受灾人口比重和直接经济损失比重等相对灾情指标，剔除了耕地复种、人口变化、物价上涨和地域尺度限制等因素的影响，通过灰色关联法、正态信息扩散法，构建洪涝灾害综合相对灾情指数及其风险估算模型，对南方地区洪涝灾害的综合风险进行了研究。结果表明：综合相对灾情指数能较好反映不同省份每年受灾的差异情况，各省（区、市）的综合相对灾情指数与实际灾情的相关系数均达0.7以上（$P<0.05$）；洪涝灾害主要为中灾和小灾，江西、湖北、四川、重庆发生大灾的可能性较大，福建、湖南、广西和安徽次之，广东、云南、江苏和浙江可能性较小；在排除热带气旋带来的洪涝灾害影响下，洪涝灾害综合相对灾情风险分布是内陆地区高于沿海地区，内陆地区中湖北的风险最高，沿海地区中江苏最低。本研究结果解决了区域间综合相对灾情等级的风险量化及可比性问题，可为区域防洪救灾对策措施以及洪涝灾害保险政策制定提供科学依据。

关键词　洪涝灾害；综合相对灾情指数；风险评估；正态信息扩散；南方地区

中国是世界上洪涝灾害最严重的国家之一，约有2/3的资产，1/2的人口，1/3的耕地暴露在洪涝灾害威胁的区域内（丁一汇 等，2009）。洪涝灾害对社会和经济的影响十分巨大，尤其在全球气候变暖背景下，中纬度大部分陆地区域的强降水强度可能加大、发生频率可能增加，即降水将呈现“干者愈干，湿者愈湿”的趋势（秦大河 等，2014），南方的洪涝灾害也将会扩大加剧（施雅风，1996）。因此，准确、定量地对洪涝灾害进行综合风险评估，是科学管理洪涝灾害风险的必要前提，也是区域防洪救灾措施和洪涝灾害保险政策制定的重要依据。

目前，国内的洪涝灾害风险评估研究，大多是针对洪涝造成的单项绝对或相对损失进行评估（刘敏 等，2001；刘家福 等，2009；刘亚彬 等，2010；温泉沛 等，2011；扈海波 等，2014），但洪涝所造成的影响是灾害范围、灾害对人的影响和灾害对经济的影响等方面的综合体（杨仕升，1997），故单项绝对或相对损失评估结果无法综合反映区域洪灾的严重程度并体现区域灾情的差异。本文针对中国南方地区，基于洪涝灾情特点的综合表征，选取表征灾害影响范围、灾害对人影响、灾害对经济影响的受灾面积、受灾人口和直接经济损失等因子，采用具有可比性的受灾面积比重、受灾人口比重和直接经济损失比重等相对灾情指标，构建洪涝灾害综合相对灾情指数（下文将洪涝灾害综合相对灾情指数简称为综合相对灾情指数）及其模型；采用灰色关联法、正态信息扩散法，构建综合相对灾情指数风险估算模型，进行南方地区洪涝灾害的综合风险评估，分析其区域性分异规律。

* 发表在：《生态学杂志》，2015，34(10)：2900-2906.

1 材料与方法

1.1 数据来源

洪涝灾害灾情资料来自于 2005—2013 年的《中国气象灾害年鉴》(中国气象局,2005—2013),《中国统计年鉴》(中华人民共和国国家统计局,2005—2013)和国家统计局的统计数据检索平台。文中的南方地区范围指秦岭—淮河以南、青藏高原以东的广大南方地区,由于资料的缺失,以省级行政单位作为研究区域,包括江苏、安徽、湖北、湖南、江西、浙江、四川、重庆、云南、广西、广东和福建共 12 个省(区、市)(不包括上海、海南、贵州、港、澳特区和台湾省)。

按照中国灾情统计数据的要求,文中采用的资料包括南方 12 省(区、市)因洪涝导致的农作物受灾面积、受灾人口和直接经济损失以及各省的农作物播种面积,当年年末的总人口和国内生产总值。

1.2 南方地区洪涝概况

我国南方地区雨量充沛,降水多集中在 4 — 9 月,其中以华南前汛期和江淮梅雨期最容易发生大范围持续性暴雨,引发洪涝灾害(王黎娟 等,2009)。1951—2000 年南方地区发生暴雨洪涝灾害的频率远高于中国其他地区,达 30%～50%,其中华南局部地区和江淮局部地区超过 50%。

南方洪涝灾害季节分布的一般规律(丁一汇 等,2009;温克刚 等,2008)为:

华南地区降水集中期为 4—9 月,洪涝主要发生在 5—6 月和 8—9 月。即夏涝最多,春涝次之,秋涝第三,偶尔有冬涝。4 月—6 月上半月是华南前汛期,其降水量至少占全年降水的一半以上,降水集中带常形成暴雨。珠江流域的洪水一般会出现第一高峰。

长江中下游地区 6 月中旬—7 月上旬是梅雨期,雨量大,洪涝集中发生。大部地区的洪涝集中在 5—7 月,受涝次数占全年的 80%。夏涝最多,春涝次之,秋涝第三,个别年份有小范围的冬涝。

西南地区由于地形复杂,各地雨季起止时间不一,雨量集中期也不一样,故洪涝出现时间和集中期也不尽相同。贵州洪涝多发生在 4—8 月,偶有秋涝。四川、重庆除东部外,洪涝集中在 6—8 月,9—10 月还有秋渍,一般无春涝。云南洪涝集中在夏季,但春秋时节局地山洪时有发生。

综上,7—8 月南方进入汛期全盛期,历史上南方各大江河在这个时期都会发生严重的洪涝灾害。这阶段发生的洪涝灾害不仅发生频繁,而且范围广、灾情重。

1.3 综合相对灾情指数的构建

采用洪涝灾害相对灾情指标,即灾害造成的某方面的损失量与同地区同类型总量的百分比大小(高庆华 等,2006),进行综合相对灾情指数的构建。相对灾情指标包括受灾面积比重(农作物受灾面积与播种面积之比)、受灾人口比重(受灾人口和当年年末总人口之比)、直接经济损失比重(直接经济损失与国内生产总值之比),表 1 给出了 2004—2010 年江西、四川洪涝灾害绝对、相对灾情指标对比。与卞洁等(2011)采用绝对灾情指标构建的洪涝灾害综合灾情指数相比，相对灾情指标剔除了耕地复种、人口变化、物价上涨和地域尺度限制等因素的影响。例如：2010年江西的受灾人口虽然比四川少，但考虑到江西的总人口数与四川的差别，不能认为受灾人口的绝对数量大就是灾情重，可以看到在消除地域背景的影响即当地的总人口数的不同后，江西的受灾人口比重实际要大于四川；同一区域，每一年的播种面积、人口总数与GDP也是变化的，四川2007年的直接经济损失比2004年多，但是直接经济损失比重却相反。表明采用相对灾情指标可以更为准确地反映灾害对区域的影响程度。

表1　2004—2010年江西、四川洪涝灾害绝对、相对灾情指标对比

年份	受灾面积（万公顷）		受灾人口（万人）		直接经济损失（亿元）		受灾面积比重（%）		受灾人口比重（%）		直接经济损失比重（%）	
	江西	四川	江西	四川	江西	四川	江西	四川	江西	四川	江西	四川
2004	31.0	74.4	454.3	1423.1	11.7	74.7	6.0	7.9	10.6	16.3	0.3	1.2
2005	55.5	96.0	916.5	1732.1	28.2	95.6	10.6	10.1	21.3	21.1	0.7	1.3
2006	46.0	26.1	499.2	560.1	42.5	13.9	8.7	2.8	11.5	6.9	0.9	0.2
2007	12.6	89.0	227.4	2070.0	15.5	76.0	2.5	9.6	5.2	25.5	0.3	0.7
2008	89.4	26.3	901.9	767.0	51.0	43.7	16.8	2.8	20.5	9.4	0.7	0.3
2009	47.2	67.2	879.2	1688.6	51.1	111.3	8.8	7.1	19.8	20.6	0.7	0.8
2010	181.3	150.8	1752.4	2557.7	502.1	450.8	33.2	15.9	39.3	31.8	5.3	2.6

1.3.1　综合相对灾情指标分级标准

基于所选的相对灾情指标，参照于庆东和沈荣芳(1997)的相对灾情单指标分级标准，得到洪涝灾害的5个等级：巨灾、大灾、中灾、小灾和微灾。各指标及分级标准见表2。

表2　灾害等级和单指标分级标准

等级	受灾面积比重(%)	受灾人口比重(%)	直接经济损失比重(%)
巨灾	(40,100]	(40,100]	(10,+∞)
大灾	(4,40]	(4,40]	(1,10]
中灾	(0.4,4]	(0.4,4]	(0.1,1]
小灾	(0.04,0.4]	(0.04,0.4]	(0.01,0.1]
微灾	(0.004,0.04]	(0.004,0.04]	(0.001,0.01]

由于不同指标间的同一等级对应的数值不同，在此引入转换函数，目的在于实现不同指标同一等级的可比性，以及通过对原分级标准的等价变换，得到与原分级标准等价，并对所有的分级指标具备普适性的无量纲的新分级标准。

针对受灾面积比重和受灾人口比重x引入转换函数公式(1)，直接经济损失比重z，引入转换函数公式(2)(于庆东和沈荣芳，1997)对表2的分级标准进行等价变化后，单项指标转换函数对应的洪涝灾害等级如表3所示。

$$U(x)=\begin{cases}0.8+1/300(x-40) & 40<x\leqslant 100\\ 0.2\lg(10^3x/4) & 0.004<x\leqslant 40\\ 0 & x\leqslant 0.004\end{cases} \tag{1}$$

$$U(z)=\begin{cases}0.8+1/300(4z-40) & 10<z\leqslant 25\\ 0.2\lg(10^3z) & 0.001<z\leqslant 10\\ 0 & z\leqslant 0.001\end{cases} \tag{2}$$

表 3　单项转换函数值与灾害等级的关系

巨灾	大灾	中灾	小灾	微灾
(0.8,1.0]	(0.6,0.8]	(0.4,0.6]	(0.2,0.4]	(0,0.2]

1.3.2　综合相对灾情指数的量化计算

经过等价转换后，各单项指标变成了具备可比性的无量纲值，对这三项指标运用灰色关联分析法，建立综合相对灾情指数，具体步骤详见温泉沛等(2011)和杨仕升(1997)。

建立综合相对灾情指数的步骤大致为：

(1)计算关联系数 $\xi_{0i}(j)$：

$$\xi_{0i}(j)=\frac{1}{1+\Delta_{0j}(j)} \tag{3}$$

式中：$\Delta_{0j}(j)$，表示比较序列 U_i 的第 j 项指标与参考序列 U_0 的绝对差值。绝对差值越大，说明该单项指标与参考序列中的同项指标的距离就越大，关联系数就越小；反之亦然。$\Delta_{0j}(j)$ 的取值区间为[0,1]，关联系数的取值区间为[0.5,1]。

(2)计算关联度 r_{0i}：

$$r_{0i}=\frac{1}{m}\sum_{j=1}^{m}\xi_{0i}(j) \tag{4}$$

采用等权处理，将 m 个关联系数都体现在一个值上，即关联度。由此可知关联度是比较序列与参考序列各项指标的关联系数总和的平均值，集中反映了比较序列与参考序列的关联程度。关联度的大小可反映灾情的轻重，通过其取值来划分灾害等级。表 4 给出了关联度与灾害等级的对应关系。将关联度从大到小排序，关联顺序可反映灾情由重到轻的排序，由此得到综合灾情轻重的比较关系。研究中定义综合相对灾情指数等于关联度 r_{0i}。

表 4　关联度与灾害等级的对应关系

巨灾	大灾	中灾	小灾	微灾
(0.9,1.0]	(0.8,0.9]	(0.7,0.8]	(0.6,0.7]	[0.5,0.6]

1.4　综合相对灾情指数的风险估算

由于只有近 9 年的灾害数据资料，建立在大数法则之上的经典统计风险概率估算分析方法无法适用，本文采用正态信息扩算法，即通过观测样本点集值化，进行概率密度估计与风险概率计算，以提高风险识别精度，弥补资料在时间上不完备的缺陷(黄崇福 等，1995；黄崇福，2005)，此方法在灾害风险评估领域已经获得广泛使用(冯利华，1993；刘引鸽 等，2005；杜晓燕 等，2009；娄伟平 等，2009；吴立 等，2014)。

计算步骤如下：

(1)信息扩散方式：

$$f_j(u_i)=\frac{2}{h\sqrt{2\pi}}\mathrm{e}^{-\frac{(y_j-u_i)2}{2h2}} \tag{5}$$

式中，u_i是指数论域$U=\{u_1,u_2,\cdots,u_n\}$中的值，y_j是指数样本$y=\{y_1,y_2,\cdots,y_m\}$中的值，h为扩散系数，可根据样本集合中样本的最大值b、最小值a和样本个数m来确定。

(2)观测样本点集值化(模糊子集的隶属函数)：

$$\mu_{yj}(u_i)=\frac{f_j(u_i)}{C_j} \tag{7}$$

$$C_j=\sum_{i=1}^{n}f_j(u_i)$$

式中，$\mu_{yj}(u_i)$为样本y_i的归一化信息分布，通过模糊子集的隶属函数，单值样本点y变成了一个以$\mu_{yj}(u_i)$为隶属函数的模糊子集。

(3)风险概率估计值(超越概率值)：

$$P(u\geqslant u_i)=\sum_{k=i}^{n}p(u_k) \tag{8}$$

式中：$p(u_i)=\dfrac{q(u_i)}{\sum_{i=1}^{n}q(u_i)}$，就是样本落在$u_i$处的频率值，可以作为概率估计值，故超越概率值，即指数达到或超过u_i的概率值。

1.5 综合相对灾情风险指数的计算

综合考虑综合相对灾情指数的不同强度等级及其等级出现的风险概率，利用下式计算综合相对灾情风险指数(以Z表示)：

$$Z=\sum_{i=1}^{n}J_iP_i \tag{9}$$

式中，J_i为第i个综合相对灾情等级的灾情强度，P_i为第i个综合相对灾情等级出现的风险概率，n为综合相对灾情等级总数。文中n取5进行计算。

2 结果与分析

2.1 南方各省(区、市)综合相对灾情指数与受灾等级分析

表5给出了基于综合相对灾情的南方各省(区、市)2004—2012年洪涝灾害受灾等级。由表可知，灾害等级主要集中于中灾和小灾。大灾仅江西发生了1次，其他年份江西遭受7次中灾和1次小灾。湖南9年中全部遭遇中灾的侵袭；湖北、广西、重庆、四川则是9年中有8年遭遇中灾，1年是小灾。安徽、云南9年中分别有7年、6年遭遇中灾，2年、3年是小灾。浙江、江苏、广东和福建则是以小灾为主，灾害损失相对较轻。

综上，浙江、江苏、福建和广东以小灾为主，灾情较轻；而湖北、湖南、江西、安徽、四川、重庆、广西和云南则以中灾为主，灾情较重。

表 5　基于综合相对灾情的南方各省(区、市)2004—2012 年洪涝灾害受灾等级

年份	江苏	浙江	安徽	福建	江西	湖北	湖南	广东	广西	重庆	四川	云南
2004	小灾	小灾	小灾	小灾	中灾	中灾	中灾	小灾	中灾	中灾	中灾	中灾
2005	小灾	小灾	中灾	中灾	中灾	中灾	中灾	小灾	中灾	中灾	中灾	小灾
2006	中灾	小灾	中灾	中灾	中灾	小灾	中灾	小灾	中灾	小灾	小灾	中灾
2007	中灾	小灾	中灾	小灾	小灾	中灾	中灾	小灾	中灾	中灾	中灾	中灾
2008	小灾	中灾	中灾	小灾	中灾	中灾	中灾	中灾	中灾	中灾	中灾	中灾
2009	小灾	小灾	中灾	小灾	中灾	中灾	中灾	小灾	中灾	中灾	中灾	小灾
2010	小灾	中灾	中灾	中灾	大灾	中灾	中灾	中灾	中灾	中灾	中灾	中灾
2011	小灾	中灾	中灾	微灾	中灾	中灾	中灾	小灾	小灾	中灾	中灾	小灾
2012	小灾	小灾	小灾	小灾	中灾	中灾	中灾	小灾	中灾	中灾	中灾	中灾

为验证该指数的合理性，计算了该指数与实际各相对灾情的相关系数(表 6)，其中与受灾面积比重的相关系数达 0.85 以上($P<0.01$)；与受灾人口比重的相关系数除重庆和云南为 0.78、0.72($P<0.05$)外，其他均达 0.8 以上($P<0.01$)；与直接经济损失的相关系数仅广东和重庆为 0.79、0.77($P<0.05$)，其他均达 0.8 以上($P<0.01$)，表明构建的综合相对灾情指数能较好地反映洪涝灾害受灾等级的差异性。

表 6　不同省(区、市)综合相对灾情指数与实际相对灾情的相关关系

各地综合相对灾情指数	受灾面积比重	受灾人口比重	直接经济损失比重
江苏	0.935**	0.955**	0.893**
浙江	0.935**	0.943**	0.923**
安徽	0.925**	0.925**	0.85**
福建	0.903**	0.896**	0.814**
江西	0.909**	0.937**	0.855**
湖北	0.952**	0.931**	0.856**
湖南	0.892**	0.845**	0.872**
广东	0.923**	0.888**	0.790*
广西	0.908**	0.918**	0.879**
重庆	0.861**	0.783*	0.769*
四川	0.851**	0.809**	0.819**
云南	0.911**	0.722*	0.799**

注：* 表示 $P<0.05$，* * 表示 $P<0.01$。

2.2　洪涝灾害综合相对灾情风险分析

2.2.1　南方各省的综合相对灾情等级风险概率

通过灰色关联得到各省市的综合相对灾情指数的值域为[0.5,1]。为提高计算的精确度，

以 0.005 作为步长，将各省(区、市)综合相对灾情指数按正态信息扩散模型进行估算。最后得到各等级下综合相对灾情发生的概率。

表 7 给出了南方各省(区、市)在不同等级灾情发生的风险概率，可以看出，除沿海省份江苏、浙江、福建和广东外，各省发生中灾的风险概率是最大的。福建、江西有发生巨灾的可能，但可能性很小，为千年一遇；江西、湖北、四川、重庆发生大灾的可能性较大，每 7 a、8 a、8 a、10 a 一遇。福建、湖南、广西和安徽次之，20 a 左右一遇。广东，云南，江苏和浙江遭受大灾的可能性较小；除江苏、浙江、福建和广东外，中灾对于湖南、重庆、湖北、广西、四川、云南、安徽和江西发生都极为频繁，2 a 不到一遇；小灾则广东最为集中，其次为江苏、浙江和福建。为验证风险估算结果与实际情况的吻合性，表 7 中还给出了南方各省市不同灾害等级灾情实际发生的频率统计，灾害风险概率与实际发生频率二者相关系数除福建为 0.96，通过 0.05 显著性水平检验外，其他均达 0.98 以上，且通过 0.01 显著性水平检验。表明估算结果与实际情况吻合性很好。

表 7 南方 12 省(区、市)不同等级灾情发生的风险概率与 2004—2012 年实际发生频率

省份	巨灾 (0.9,1.0]		大灾 (0.8,0.9]		中灾 (0.7,0.8]		小灾 (0.6,0.7]		微灾 [0.5,0.6]	
	概率	频率	概率	频率	概率	频率	概率	频率	概率	频率
江苏	0	0	0.009	0	0.275	0.22	0.644	0.78	0.073	0
浙江	0	0	0.011	0	0.378	0.33	0.555	0.67	0.056	0
安徽	0	0	0.039	0	0.702	0.78	0.259	0.22	0.001	0
福建	0.001	0	0.068	0	0.373	0.33	0.416	0.56	0.142	0.11
江西	0.001	0	0.137	0.11	0.694	0.78	0.167	0.11	0.001	0
湖北	0	0	0.128	0	0.773	0.89	0.099	0.11	0	0
湖南	0	0	0.063	0	0.837	1	0.1	0	0	0
广东	0	0	0	0	0.311	0.22	0.664	0.78	0.025	0
广西	0	0	0.054	0.	0.726	0.89	0.22	0.11	0	0
重庆	0	0	0.087	0.	0.781	0.89	0.132	0.11	0	0
四川	0	0	0.125	0	0.723	0.89	0.151	0.11	0.001	0
云南	0	0	0.003	0	0.721	0.67	0.276	0.33	0	0

2.2.2 南方 12 省(区、市)的综合相对灾情风险分布

图 1 给出了南方 12 省(区、市)的综合相对灾情风险指数，可以看出，综合相对灾情风险指数的高值区主要位于湖北、江西、四川、湖南和重庆，指数高达 2.9 以上；其次是广西、安徽和云南，指数为 2.7～2.8；江苏、浙江、广东和福建是低值区，指数都在 2.4 以下。在排除热带气旋带来的洪涝灾害影响下，得到的洪涝灾害综合相对灾情风险内陆地区高于沿海地区。内陆地区中湖北的综合相对灾情风险湖北最高，达 3.03，沿海地区中江苏最低，为 2.22。

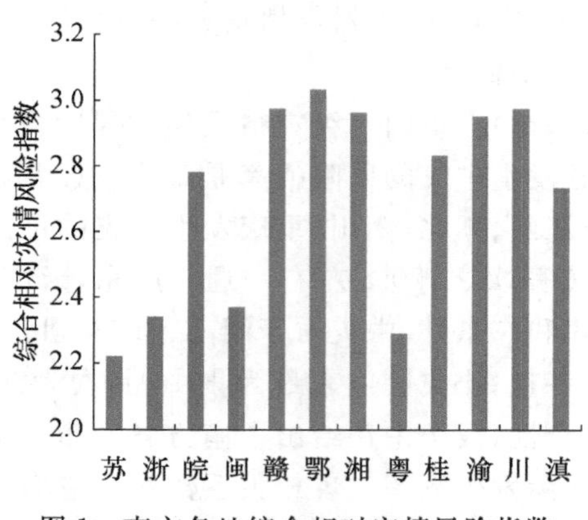

图 1　南方各地综合相对灾情风险指数

3　讨论

基于构建的受灾面积比重、受灾人口比重和直接经济损失比重等洪涝灾害相对灾情指标，采用灰色关联法构建综合相对灾情指数、正态信息扩算法构建风险评估模型，实现了基于短序列灾情资料的南方 12 省(区、市)的洪涝综合相对灾情风险的量化评估。南方 12 省(区、市)的综合相对灾情等级主要集中于中灾和小灾，内陆地区的洪涝灾害综合相对灾情风险高于沿海地区，其中湖北最高，江苏最低。评估结果较好地反映了灾害对区域的影响程度和分异性规律。

构建的综合相对灾情指数模型，综合考虑受灾面积、受灾人口和直接经济损失的因素，剔除了耕地复种、人口变化、物价上涨以及地域尺度限制等因素的影响，是一个适合综合权衡区域受灾对比分析的指标，解决了区域间综合灾情等级的风险量化和可比性问题，可为建立和完善洪涝灾害保险方案提供技术支撑。与采用绝对灾情指标、同种方法所得的评估结果(卞洁等，2011)相比，在相同研究时段 2004—2008 年中除江苏、浙江、湖南结果一致外，安徽、江西和湖北的洪涝灾害受灾等级均有所降低，如安徽实际并未出现大灾，这也反映出灾情的判别受到地域范围和灾害承受能力的影响，即绝对意义上的大灾与相对意义上的并不相同。与采用单项相对灾情指标(温泉沛 等，2011)相比，在相同研究时段 2004—2008 年中，考虑了洪涝灾害灾情的综合影响后，灾情指数(安徽、江西和广东)大部均有不同程度的减小，其中广东 2005—2007 年的受灾等级有所降低。而风险指数方面，与采用单项相对灾情指标(温泉沛 等，2011)构建的相对灾情风险指数相比，在综合考虑受灾面积、受灾人口和直接经济损失等多因子后，广东的风险值差别最大，由高值区降为低值区，其次是江苏，风险值也有所减小，其他省市的风险高低分布基本一致，湖北、湖南和江西都属于的高值区，浙江和福建都是低值区。

本文未考虑热带气旋导致的洪涝灾害的影响，如在南方 12 个省(区、市)洪涝灾害的综合相对灾情灾害等级和综合相对灾情风险分布中，内陆省份灾情(风险)等级高于沿海省份的结果，可能受到本文灾情资料未包括热带气旋中伴随发生的暴雨洪涝灾害资料的影响，热带气旋引发的暴雨洪涝灾害风险评估工作将在今后作进一步研究。构建综合相对灾情风险指数时，相对灾情强度取为对应的相对灾情等级，这种做法也较为粗糙，未来将对相对灾情强度做进一步细化研究。

参考文献

卞洁，李双林，何金海，2011. 长江中下游地区洪涝灾害风险性评估[J]. 应用气象学报，22(5)：604-609.

丁一汇，张建云，2009. 暴雨洪涝[M]. 北京：气象出版社.

杜晓燕，黄岁，赵庆香，2009. 基于信息扩散理论的天津旱涝灾害危险性评估[J]. 灾害学，24(1)：22-25.

冯利华，1993. 基于信息扩散理论的气象要素风险分析[J]. 灾害学，8(2)：17-19.

高庆华，马宗晋，张业成，等，2006. 自然灾害评估[M]. 北京：气象出版社.

扈海波，张艳莉，2014. 暴雨灾害人员损失风险快速预评估模型[J]. 灾害学，29(1)：30.

黄崇福，王家鼎，1995. 模糊信息优化处理技术及其应用[M]. 北京：北京航空航天大学出版社.

黄崇福，2005. 自然灾害风险评价理论与实践[M]. 北京：科学出版社.

刘家福，梁雨华，2009. 基于信息扩散理论的洪水灾害风险分析[J]. 吉林师范大学学报：自然科学版(3)：78-80.

刘敏，杨宏青，2001. 湖北省雨涝灾情评估模式的研究[J]. 湖北气象(2)：16-18.

刘亚彬，刘黎明，许迪，等，2010. 基于信息扩散理论的中国粮食主产区水旱灾害风险评估[J]. 农业工程学报，26(8)：1-7.

刘燕华，李钜章，赵跃龙，1995. 中国近期自然灾害程度的区域特征[J]. 地理研究，14(3)：14-25.

刘引鸽，缪启龙，高庆九，2005. 基于信息扩散理论的气象灾害风险评价方法[J]. 气象科学，25(1)：84-89.

娄伟平，吴利红，邱新法，等，2009. 柑橘农业气象灾害风险评估及农业保险产品设计[J]. 应用气象学报，24(6)：1030-1039.

秦大河，Stocker T，259 名作者和 TSU(驻伯尔尼和北京)，2014. IPCC 第五次评估报告第一工作组报告的亮点结论[J]. 气候变化研究进展，10(1)：1-6.

施雅风，1996. 全球变暖影响下中国自然灾害的发展趋势[J]. 自然灾害学报，5(2)：102-116.

王黎娟，陈璇，管兆勇，等，2009. 我国南方洪涝暴雨期西太平洋副高短期位置变异的特点及成因[J]. 大气科学，33(5)：1047-1057.

温克刚，丁一汇，李黄，等，2008. 中国气象灾害大典·综合卷[M]. 北京：气象出版社.

温泉沛，霍治国，马振峰，等，2011. 中国中东部地区暴雨气候及其农业灾情的风险评估[J]. 生态学杂志，30(10)：2370-2380.

吴立，霍治国，姜燕，等，2014. 南方晚稻寒露风风险要素的地理分布特征[J]. 生态学杂志，33(10)：2817-2823.

杨仕升，1997. 自然灾害等级划分及灾情比较模型探讨[J]. 自然灾害学报，6(1)：8-13.

于庆东，沈荣芳，1997. 自然灾害综合灾情分级模型及应用[J]. 灾害学，12(3)：12-13.

中国气象局，2005—2013. 中国气象灾害年鉴[M]. 北京：气象出版社.

中华人民共和国国家统计局，2005—2013. 中国统计年鉴[M]. 北京：中国统计出版社.

暴雨诱发富水流域洪涝灾害风险研究*

李　兰[1]　彭　涛[2]　叶丽梅[1]　周月华[1]　周黄贞[3]

刘　敏[1]　柳晶辉[1]　梁益同[1]　史瑞琴[1]

(1. 武汉区域气候中心,武汉,430074;2. 中国气象局武汉暴雨研究所,武汉,430074;
3. 宜昌市气象局,宜昌,443000)

摘　要　采用历史灾情分析、统计、水文模型及水动力模型等方法,分析富水流域上游历史洪水过程特点、致洪降水时程特征;以年最大致洪降水序列为基础,采用耿贝尔极值Ⅰ型分布法求取上游不同重现期面雨量,运用新安江模型模拟 100 a 一遇暴雨诱发的洪水流量线,并以此为基础,分析下游洪涝风险,模拟溃堤风险下的淹没情景。结果表明:富水上游一个洪水过程持续 24～72 h,多为单峰型;暴雨诱发的洪水过程占总数 77%,诱发洪水的暴雨多为区域性强降水,100 a 一遇致洪暴雨过程诱发的洪水可使库水位超过历史最高水位;在设计的溃口条件下,阳新县部分村镇有淹没风险。

关键词　暴雨诱发;洪涝风险;富水流域

引　言

中小河流的流域面积大,汇流时间较长,同时,中小河流上多有防洪坝、水库等,使洪水风险的不确定性增加。所以,做好中小河流洪涝灾害风险分析是开展中小河流洪水风险预警的基础。李军玲等(2010)在分析洪灾形成的各主要因子的基础上,提出了基于地理信息系统(GIS)的洪灾风险评估指标模型,以降雨、地形和区域社会经济易损性为主要指标,得出河南省洪灾风险综合区划图;俞布等(2011)构建一个集致灾因子、孕灾环境、承灾体及防灾能力为一体的区域台风暴雨洪涝灾害风险评价模型,通过 GIS 实现各评价指标的栅格化,并利用模糊综合评价方法,编制以 100 m×100 m 栅格为基本评价单元的杭州市台风暴雨洪涝灾害风险区划图;郭广芬等(2009)利用重现期和百分位法给出了湖北省统一指标和分区指标统计的各站渍涝、轻涝、一般洪涝、较重洪涝、严重洪涝的历史发生次数空间分布图;苏布达等(2005)运用 Floodarea 模型进行了荆江分洪区洪水演进动态模拟。欧美等国家从 20 世纪 70 年代开始采用水文、水力学数值模拟方法编制洪水风险图,加拿大、澳大利亚等国编绘的洪水风险图标出了 20 a 一遇和 100 a 一遇的洪水淹没范围;美国的洪水风险图中指出了 10 a、50 a、100 a、500 a 一遇的洪水淹没范围(章国材,2010);李兰等(2013)提出了基于 GIS 淹没模型的流域暴雨洪涝风险区划方法,以水库汛线水位为致灾标准,用二维水动力模型计算不同重现期降水造成水库上游洪涝灾害的风险;金哲等(2014)用种子蔓延算法制作了洪水淹没区分析;潘薪宇等(2014)应用丹麦水利研究院(DHI)开发的 MIKE21 模型,构建青龙莲花河漫堤时,泛洪区平面二维洪水淹没的数值模拟模型。张情等(2014)针对中小流域洪水资料匮乏情况,以数字高

* 发表在:《暴雨灾害》,2017,36(1):60-65.

程模型(DEM)为基础,结合历史洪水调查水位资料,绘制典型洪水淹没范围和水深分布图。从近几年湖北等地发生的中小河流洪涝案例综合分析可以发现中小河流洪涝有其特殊性。本文尝试在考虑水库调蓄作用下,用计算得到的 100 a 一遇致洪暴雨量,分析中小河流洪涝灾害的风险。

1 研究概况以及资料与方法

1.1 流域概况

富水为长江中游下段南岸一级支流,流域面积 5 310 km^2,发源于湖北省的通山、崇阳和江西省修水三县交界处的幕阜山北麓,向东流经通山、阳新两县,沿途顺次纳入龙港河和三溪河等支流及湖泊来水,至富池口汇入长江,境内地势西南高东北低,干流长度 194.6 km。富水流域的西南山区,系湖北省多雨中心及暴雨中心,流域多年平均降水量 1 594 mm,降水分配不均,4—8 月占全年降水量的三分之二,洪涝灾害时有发生,富池口与长江相连,当长江中游下段水位高时,江水从富池口倒灌进入富水下游,当富水流域强降水过程遭遇长江中下游高水位时,流域性洪涝灾害不可避免的发生。富水水库于 1966 年基本建成,位于湖北省阳新境内(阳新县水利志编纂委员会,2010),水库控制流域面积 2450 km^2,富水水库既表征了上游汇水特征(图 1),又可控制下游的洪涝灾害,所以可通过研究该处的水位变化或洪水过程(富水站)来研究流域洪涝灾害风险。

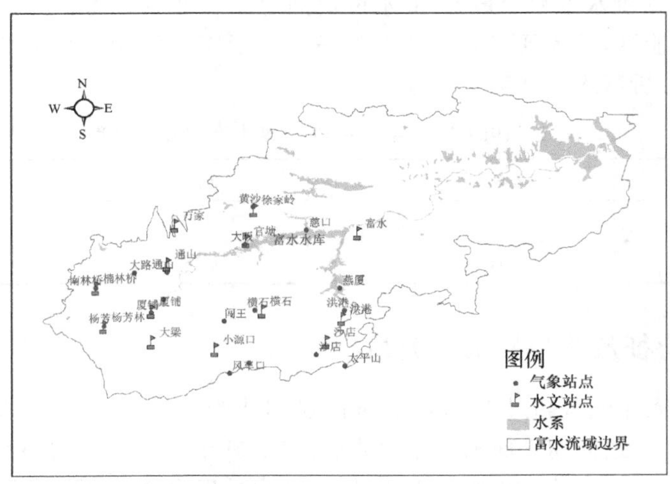

图 1　富水水库上游水文雨量站点和气象站点

1.2 资料

本文所用的资料包括:富水水库 1969 年洪水流量、灾情资料,1983—2013 年每年一个最大洪水过程逐时流量资料,流域上游 13 水文雨量站(图 1)逐日面雨量、单站雨量资料,2003—2013 年流量≥1 000 m^3/s 洪水过程水位流量资料,2006—2013 年上游 17 气象站(图 1)逐小时雨量资料,富水水库历史灾情资料,富水流域 1∶25 万地理信息资料、1995 年土地利用资料。

1.3 方法

在分析水库历史洪水典型案例的基础上，统计分析入库洪水特征、致洪暴雨过程时程特征、暴雨过程天气学特性、洪峰时刻与降水峰值的时间关系。在此基础上，建立年致洪降水极值序列，采用耿贝尔极值Ⅰ型分布法求取流域不同重现期面雨量，用新安江模型模拟 100 a 一遇致洪暴雨洪水流量过程曲线，以此为基础，利用水动力模型模拟洪涝风险情景，并用历史灾情对风险情景进行检验。

2 富水水库上游洪水过程特征及降水特征

2.1 历史典型洪涝灾害分析

富水水库建成后，共发生 5 次大的入库洪水，分别是 1964 年 6 月 24 日，1967 年 6 月 24 日，1969 年 7 月 17 日，1973 年 6 月 22 日，1999 年 6 月 28 日，其中，1969 年 7 月 17 日大坝出险。

1969 年 6 月下旬至 7 月上旬，富水水库上游出现持续降水，6 月 21 日至 7 月 12 日上游累计面雨量 545 mm，雨日 21 d，其中 6 月 24 日、7 月 4 日分别出现了面雨量 125 mm、64 mm 的暴雨。1969 年 7 月 15—17 日，富水上游再次出现强降水，3 日面雨量见表 1，连续 2 d 面雨量达到大暴雨级别，诱发洪水过程，7 月 17 日，入库洪峰流量达 5 211 m^3/s，入库 3 日洪量 $6.96\times10^8 m^3$，为 5 次洪水过程中最大，库水位达到建库以来最大高度 59.28 m，溢洪道 1# 闸门在半开启状态下泄洪，导致闸门支臂扭曲失事。由于库水位 59.28 m 为历史最高水位，以此水位为特定值，分析富水流域洪涝风险。

表 1 1969 年 7 月 15—17 日富水上游降水过程

时间	降水量/ mm	时间	降水量/ mm
7 月 15 日	104.77	7 月 17 日	30.40
7 月 16 日	102.43	7 月 15—17	237.60

2.2 入库洪水特征及其与暴雨的关系

以富水水库站入库流量超过 1 000 m^3/s 的过程作为一次洪水过程，得到 1983—2013 年洪水过程共 74 个。通过同期日面雨量数据分析发现，其中 57 个洪水过程在洪峰前日或当日水库上游有≥50 mm 的面雨量出现，可见 77％的洪水过程为暴雨诱发。

2.2.1 入库洪水特征

对洪水过程逐时流量分析表明，入库洪水一个过程持续时间约 24～72 h，多为单峰型洪水，如 2013 年 6 月 26—28 日洪水过程(图略)；亦有双峰型洪水，如 2011 年 6 月 14—19 日洪水过程(图略)。入库洪水不仅与雨量有关，而且与降雨时程分布、汇流时间有关。利用逐时流量资料和日面雨量资料，对所有洪水过程及相关的降水过程进行分析，洪水大部发生于 6—7 月。洪峰出现第一高值时段为 16—18 时，第二高值区为上午 08 时。对暴雨过程中仅出现一个暴雨日(或大暴雨日)的洪水过程分析表明，洪峰时刻位于暴雨当日 16 时后，或者暴雨日次日的 16 时前。

2.2.2 致洪暴雨时程特征

分析致洪暴雨时程分布、降水空间分布特点、降水性质，对洪涝灾害风险防范有重要意义。利用57个暴雨洪水过程水文雨量资料，分析暴雨过程时程特征。降水以2～4日为最常见（图2），第4日雨量占比仅0.015，因此，致洪暴雨过程取3 d。为了分析暴雨过程雨量空间分布特征，选择水文雨量站数稳定的2000—2012年的16个暴雨过程，统计发现13站平均过程雨量100～127 mm，分布相对均匀，说明诱发富水流域上游洪水的暴雨多为系统性区域强降水，而非局地强降水。

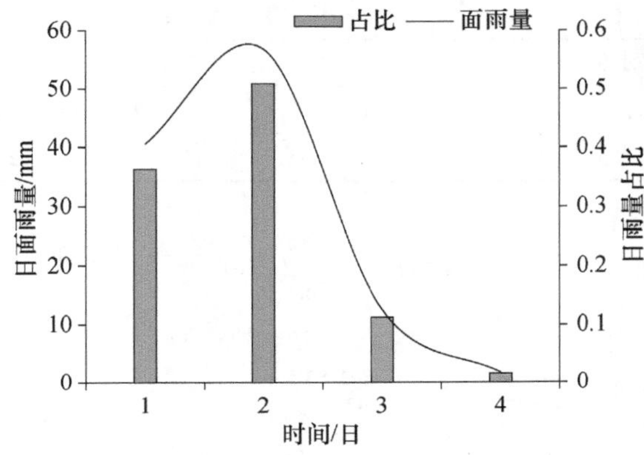

图2 富水水库上游致洪暴雨过程日面雨量分布

由于水文雨量站仅有日雨量资料，为了得到暴雨日逐小时雨型分布，利用2006—2013年富水上游17气象站逐小时降水资料，用泰森多边形法求取面雨量，得到17个≥50 mm的暴雨日（时间为世界时00—23时，即北京时08—08时），其逐小时雨量分布形态如图3。雨型大致为偏态分布，暴雨日降水峰值区位于北京时16时左右。利用洪峰出现时间特点及暴雨时程特点，判定暴雨过程峰值出现后4～24 h出现洪峰，平均为14 h。

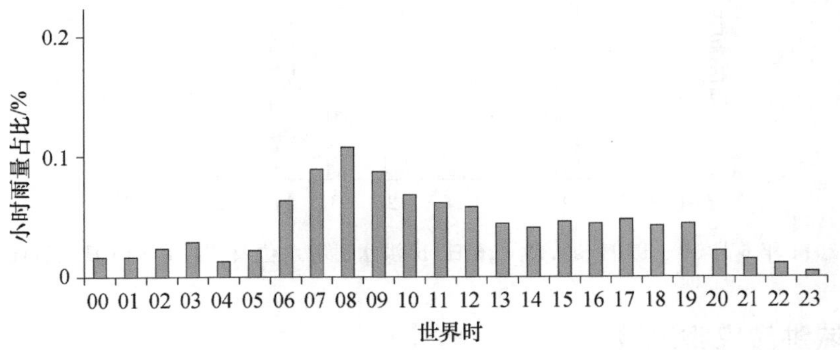

图3 富水水库上游暴雨逐时分布

2.2.3 库水位与前期降水

从富水水库特征水位（表2）可见，多年平均库水位51.87 m，汛限水位55 m。对洪水过程及库水位的相关分析（图4、图5）表明，正常发电时，从多年平均水位上升到汛限水位，需要至少两个洪水过程，或连续2 d面雨量达到暴雨以上级别、日数大于4日的降水过程。2011年6

月10—11日的洪水过程使库水位从51.47 m涨到54.02 m(图4),2011年6月13—16日的洪水过程才使水位上升到汛限水位以上(图5),在后一洪水过程的流量达2 167 m^3/s时(6月14日22时),达到55.03 m。同时也说明,多年平均库水位下,一个暴雨过程对库水位的威胁不大。

表2 富水水库特征水位

富水水库相关指数	特征水位/m
多年平均库水位	51.87
汛限水位	55.00
防洪高水位	58.60
历史最高水位	59.28(1969年大坝闸门出险)
设计洪水位	62.06

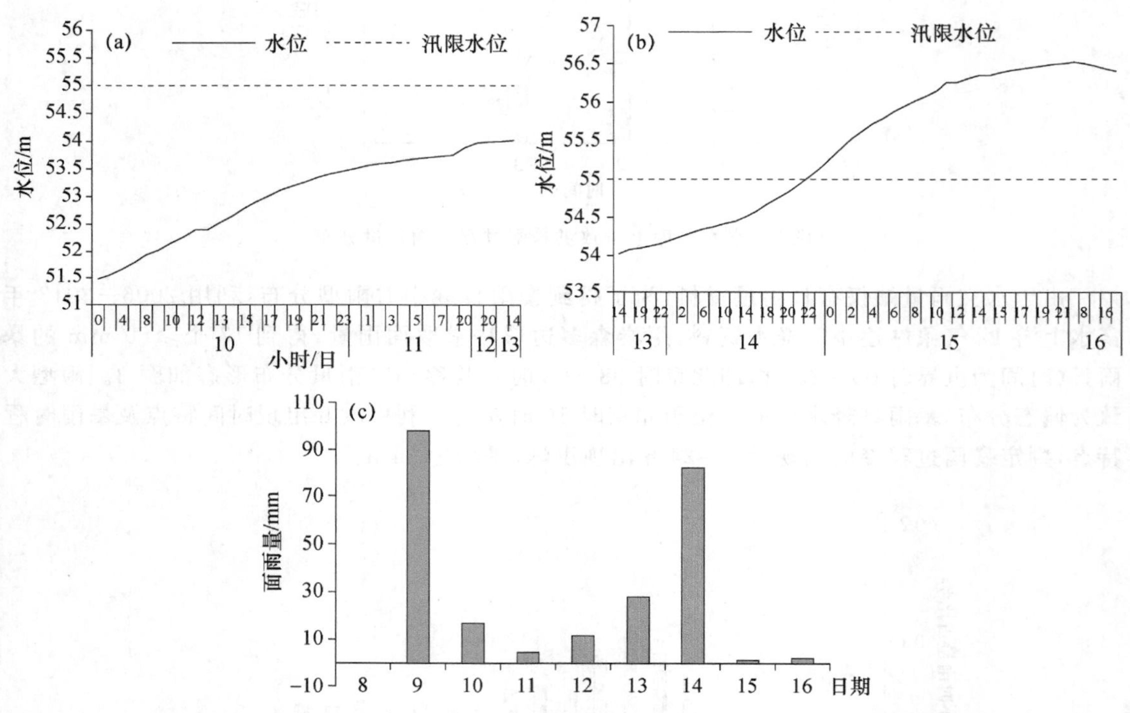

图4 2011年6月10—11日(a)、13—16日(b)洪水过程水位及6月8—16日逐日面雨量(c)

3 富水流域洪涝灾害风险

3.1 富水水库上游不同重现期致洪面雨量

致洪降水过程为3日分布,故重现期的雨量过程以3日为时长。选取1983—2013年每年一个最大的致洪降水过程资料建立序列,运用耿贝尔极值Ⅰ型分布法原理(郭广芬 等,2009)求取重现期面雨量:

极值Ⅰ型分布函数为：

$$F(x)=P(X_{\max}<x)=e^{-e^{-a(x-u)}} \tag{1}$$

其超过保证率函数，即 Gumbel 概率分布函数是：

$$p(x)=1-e^{-e^{-a(x-u)}} \tag{2}$$

重现期为概率的倒数，a 及 u 是极大值分布参数，计算公式为：

$$a=\frac{\sigma_y}{\sigma_x} \tag{3}$$

$$u=\overline{x}-\frac{\sigma_x}{\sigma_y}\overline{y} \tag{4}$$

式中：$\overline{x}$，σ_x 分别为样本序列的数学期望和均方差；$\overline{y}$，σ_y 可根据不同的样本数通过查表得到。

不同重现期的面雨量可通过下式求得：

$$X_p=u-\frac{1}{a}\ln[-\ln(1-p)] \tag{5}$$

式中：p 为概率，即重现期的倒数。由公式(5)计算得到表 3。

表 3　富水水库上游重现期致洪面雨量

重现期/a	2	5	10	20	30	50	100	1 000
3 日雨量/mm	128.1	190.6	232	271.7	294.5	323.1	361.6	488.8

3.2　洪涝灾害基础水位的设定

在多年平均库水位(51.87 m)时，一个暴雨过程对水库威胁不大。汛限水位是水库在汛期的法定最高水位，是防洪时的起调水位。当水库到达汛限以后，洪涝风险才有可能发生，因此汛限水位设定为富水水库洪涝灾害风险的基础水位(55 m)。

3.3　洪涝灾害风险分析

3.3.1　洪水过程模拟分析

采用水文模型来模拟极端降水条件下富水水库的洪水过程曲线，在此基础上开展富水流域暴雨洪涝风险分析。结合流域气候特点，选用三水源新安江水文模型来进行水文模拟，该模型采用蓄满产流与马斯京根汇流原理，有分单元、分水源、分汇流阶段的特点，其结构简单、参数较少，且各参数具有明确的物理意义，计算精度较高(赵人俊 等，1988；阳新县水利志编纂委员会，2010)。

结合富水水库流域暴雨洪水过程，首先选取 30～40 场洪水过程开展水文模拟试验，将降水和流量等资料输入新安江水文模型，进行初步洪水模拟计算，将计算结果与实际水文站监测结果进行对比分析，采取人工干预结合优化的方法对水文参数进行修正，直到计算结果与实际监测结果相近，最后确定水文模型参数。根据《水文情报预报规范：SL 25—2000》采用模型的过程效率系数、洪峰流量相对误差及峰现时差指标来评定所确定参数，并采用 2008—2011 期间的 7 场洪水过程对参数进行验证(表 4)，2011 年 6 月 9 日的洪水模拟与实况对比见图 5。可见所率定的水文模型参数可用于洪水模拟试验。

表 4　富水水库 7 次洪水模拟过程参数验证

洪号	实测洪峰流量 /(m^3/s)	模拟洪峰流量 /(m^3/s)	洪峰相对误差 /%	峰现时差 /h	过程效率系数 /%
20081105	2135	2125.7	0.46	0	85.6
20100304	1334	1375	3.09	1	77.8
20100412	1556	1558	0.13	0	90.5
20100419	1660	1731	4.30	2	88.6
20100519	1260	1203	4.52	0	82.6
20101012	1500	1215	19	3	71.6
20110609	2501	2521	0.79	1	83.5

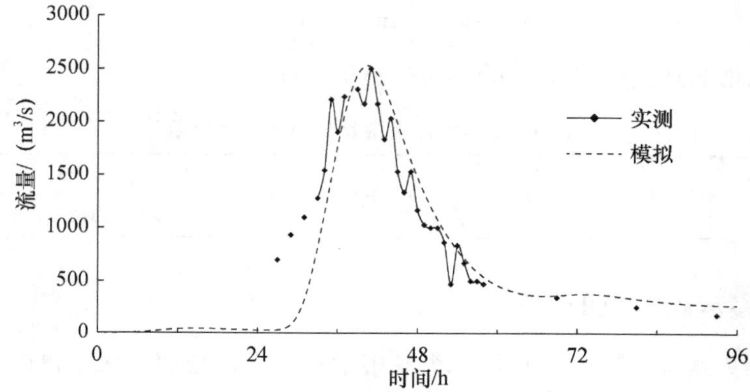

图 5　洪水过程(20110609)模拟与实况对比

3.3.2　100 a 一遇致洪暴雨诱发洪水模拟

根据富水流域上游重现期致洪面雨量计算结果，选取富水流域 100 a 一遇致洪面雨量 362 mm模拟富水流域暴雨洪涝风险。降水时程采取图 2 的分布，其中暴雨日小时雨量采取图 3 所示的分布，非暴雨日采用均匀分布，总降水分布见图 4 中降水量分布。

由于水库在洪水期间具有调蓄功能，利用 1983—2013 年洪水过程各水位泄流数据，发电所用流量(通常情况下为 140 m^3/s)，结合富水水库防洪抢险预案(收集到的个例资料不能涵盖所有水位，故高水位段排泄量参考应急预案)，设定富水水库调蓄方案见表 5，降水前库水位为洪涝风险的基础水位——汛限水位 55 m。

表 5　富水水库调蓄方案

水位(H)限制/m	排水量(Q_P)/(m^3/s)
$H \leqslant 57.5$	140
$57.5 < H \leqslant 57.8$	510
$57.8 < H \leqslant 58.4$	966
$58.4 < H \leqslant 59.7$	2 000
$H > 59.7$	2 440

图 6 中的流量曲线为富水水库 100 a 一遇强降水条件下的入库洪水过程线，5000 m^3/s 以上的流量维持 8 h，最大流量达 5685 m^3/s，超过 1969 年 7 月 17 日的最大流量（5211 m^3/s），水位最高达 59.42 m，超过历史最高水位 59.28 m 达 9 h，可见，当富水上游出现百年一遇的致洪暴雨过程时，有洪涝灾害发生的风险。

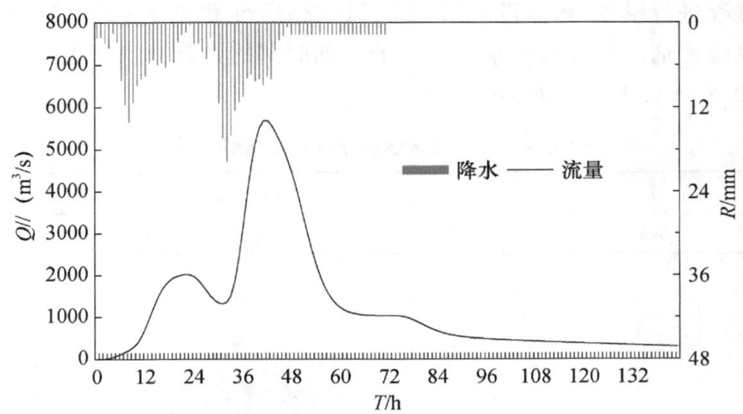

图 6　富水水库 100 a 一遇降水条件下洪水入库过程曲线

3.4　富水流域溃堤风险情景模拟

极端降水洪水模拟试验表明：富水水库在 100 a 一遇降水条件（362 mm）下，库前水位可达到 59.41 m，超过历史最高水位 59.28 m，持续 9 h，并且可在防洪高水位 58.6 m 上维持 32 h，堤坝存在溃决风险（图 7）。

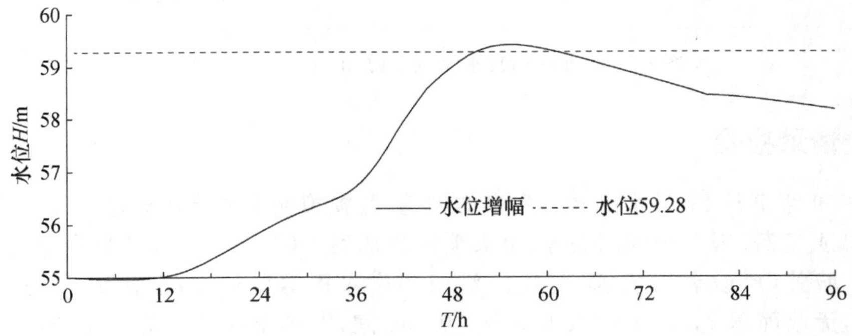

图 7　富水水库 100 a 一遇降水条件下水位变化曲线

坝体溃决后，洪水迅速向下游传播，如何获取溃口处的洪水过程是暴雨洪涝淹没模拟的重要基础条件之一。目前国内外溃坝最大流量计算的方法及经验公式很多，如波额流量法、波流与堰流相交法等。根据富水大坝工程情况及富水流域的洪水特征，采用部分溃坝的波流与堰流相交简化法模拟溃坝最大流量具体公式如下：

$$Q_m = \frac{8}{27}\sqrt{g}\left(\frac{B}{b_m}\right)^{1/4} b_m H_0^{2/3} \tag{6}$$

式中：Q_m，g，b_m，H_0分别表示堤坝溃决最大流量（m^3/s）、重力加速度（m/s^2）、坝长（m）、溃决水深(m)。

富水电站溃口坝前水深 26 m,堤坝长度 30 m,溃口宽度设为 6 m,由式(5)计算得到溃口最大流量为 67 160 m^3/s。入流量 Q_0 忽略不计,将溃坝洪水过程概化无因次过程线(略)。

将模拟溃堤洪水逐小时流量作为输入量,运用基于 GIS 的暴雨洪涝淹没模型中的溃坝模型对溃坝淹没过程进行模拟,该淹没模型在 2011—2015 年汛期进行了多次实例检验,广泛运用于洪涝灾害风险评估。计算富水水库下游的不同时刻的风险淹没情景如表 6,溃堤 48 h 后,风险淹没面积(0.2 m 以上)为 66 khm^2(图 8)。

表 6　富水流域溃堤不同时刻淹没情景

淹没历时/h	1	6	12	24	48
面积/$10^3 hm^2$	3.2	11.8	18.7	34	66

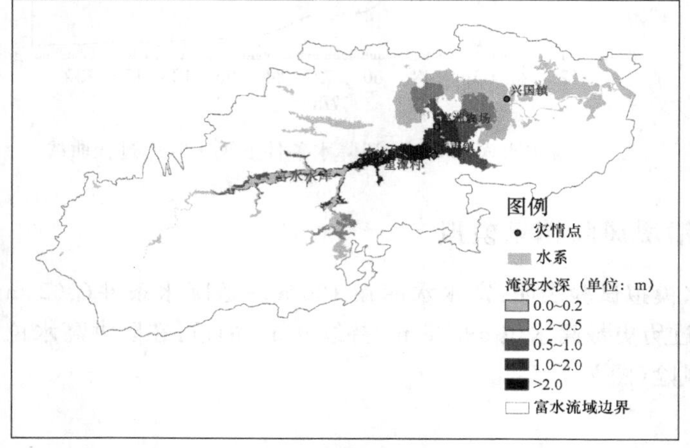

图 8　100 a 一遇富水流域下游 48 h 溃堤淹没情景

3.5　风险情景检验

选择 1969 年 7 月 17 日水库闸门失事的灾情,与模拟溃堤风险情景进行比较。《富水水库志》①42～43 页记载,因 1 号闸门失控,最大泄洪量达到 4 000 m^3/s,致水库以下的富水、星潭、排市、率州、城关(已改名兴国镇)等地的沿河两岸农田房屋被淹,渍涝成灾,全县受灾面积 34.34 万亩,无收面积 24.2 万亩,倒塌房屋 10 156 间,毁坏塘堰堤垸等 561 处,死亡 20 人,伤 54 人。

为了检验风险情景图,将 1969 年 7 月闸门失事造成的受淹村镇作为灾情点按经纬度标识在风险淹没情景图上(图 8),从图上可见富水、星潭、排市、率州、兴国镇均处于淹没风险区。

由于灾情记录为农田受灾面积,而风险图表达的是洪水淹没区所有面积,为了进行比较,选用能获取的早期富水流域土地利用资料(1995 土地分类)得到图 9,可以看到阳新覆盖富水水库下游,北部地区虽有一区域未包含在流域内,但由于流域边界的阻挡,溃堤洪水不会越过流域边界进入该区域,对比淹没情景图(图 8)及土地利用分类图(图 9),在富水镇至排市镇的

① 富水水库管理局,1993. 富水水库志.

区域，风险淹没区域覆盖了沿河的全部耕地及河道两岸的部分其他用地，排市镇至兴国镇风险淹没区则基本覆盖的是耕地，所以风险淹没面积大于农田受灾面积。换算 1969 年 7 月 17 日闸门失事的农田受灾面积为 23.2 khm^2，小于设计大坝溃堤后 24～48 h 的淹没面积。同时，溃堤最大流量也远远大于闸门失事的最大流量，所以认为风险情景图基本合理。

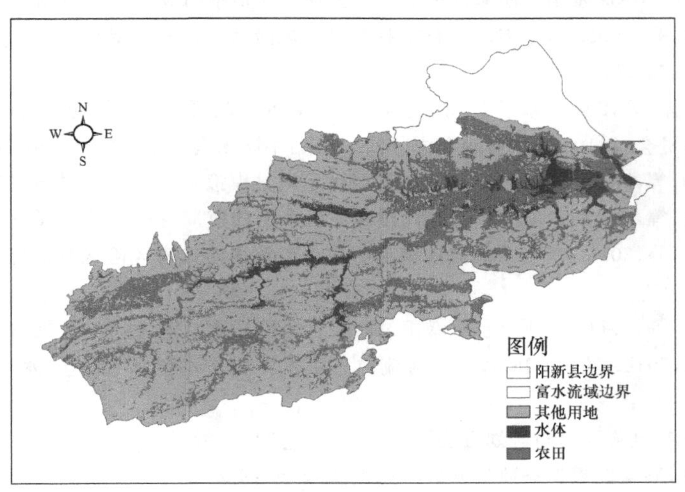

图 9　1995 年富水流域土地利用分类

4　结论

(1)富水流域上游洪水过程中，77％的洪水过程为暴雨诱发。致洪暴雨过程的时长为 3 d，暴雨日降水峰值位于北京时 16 时左右，诱发富水流域上游洪水的暴雨过程多为系统性区域强降水，而非局地强降水。

(2)100 a 一遇的致洪降水在统计的雨型分布下可以导致库水位超过历史最高水位(59.28 m)并持续 9 h，在防洪高水位 58.6 m 以上可维持 32 h，最高水位可达 59.41 m，最大流量达 5 685 m^3/s，可能出现堤坝溃决风险。

(3)以百年一遇的致洪降水过程计算所达到的库水位，在设定的溃口情景下，富水水库下游 48 h 的风险淹没面积(0.2 m 以上)达 66 khm^2，阳新县部分村镇有淹没风险。

致谢：文章所用资料得到阳新富水水库管理站、黄石市水文局、阳新县气象局的大力支持，特此感谢！

参考文献

郭广芬，周月华，史瑞琴，等，2009. 湖北省暴雨洪涝致灾指标研究[J]. 暴雨灾害，28(4)：357-361.

郭生练，熊立华，杨井，等，2000. 基于 DEM 的分布式流域水文物理模型[J]. 武汉水利电力大学学报，33(6)：1-5.

贾界峰，赵井卫，陈客贤，2010. 曼宁公式及其误差分析[J]. 山西建筑，36(7)：313-314.

金哲，肖旎旎，张海波，等，2014. 基于 GIS 洪水淹没区分析[J]. 甘肃水利水电技术，50(5)：5-7.

李杰友，吴永强，杨树滩，等，2002. 泉水水库溃坝洪水模拟计算[J]. 河海大学学报(自然科学版)，30(6)：35-39.

李军玲，刘忠阳，邹春辉，2010. 基于 GIS 的河南省洪涝灾害风险评估与区划研究[J]. 气象，36(2)：87-92.

李兰，周月华，叶丽梅，等，2013. 基于 GIS 淹没模型的流域暴雨洪涝风险区划方法[J]. 气象，39(1)：112-117.

李启龙，黄金池，2011. 瞬间全溃流量常用公式适用范围的分析比较[J]. 人民长江，42(1)：54-58.

潘薪宇，张洪雨，2014. 基于 MIKEFLOOD 的青龙河下游漫滩模拟研究[J]. 黑龙家水利科学，42(2)：12-16.

彭涛，李俊，殷志远，等，2010. 基于集合降水预报产品的汛期洪水预报试验[J]. 暴雨灾害，29(3)：274-278.

史瑞琴，刘宁，李兰，等，2013. 暴雨洪涝淹没模型在洪灾损失评估中的应用[J]. 暴雨灾害，32(4)：379-384.

苏布达，姜彤，郭业友，等，2005. 基于 GIS 栅格数据的洪水风险动态模拟模型及其应用[J]. 河海大学学报(自然科学版)，33(4)：870-374.

孙艳玲，刘洪斌，谢德体，等，2004. 基于 DEM 流域河网水系的提取研究[J]. 资源调查与环境，25(1)：18-22.

阳新县水利志编纂委员会，2010. 阳新县水利志[M]. 北京：中国水利水电出版社：167-170.

叶丽梅，彭涛，周月华，等，2016. 基于 GIS 淹没模型的洪水演进模拟及检验[J]. 暴雨灾害，35(3)：285-290.

叶丽梅，周月华，李兰，等，2013. 通城县一次暴雨洪涝淹没个例的模拟与检验[J]. 气象，39(6)：699-703.

叶丽梅，周月华，向华，等，2016. 基于 GIS 淹没模型的城市道路内涝灾害风险区划研究[J]. 长江流域资源与环境，25(6)：1002-1008.

俞布，缪启龙，潘文卓，等，2011. 杭州市台风暴雨洪涝灾害风险区划与评价[J]. 气象，37(11)：1415-1422.

张情，贾艾晨，许士国，2014. 基于 GIS 的中小河流典型洪水淹没图编制研究[J]. 水利与工程建筑学报，12(4)：81-184.

章国材，2010. 气象灾害风险评估与区划方法[M]. 北京：气象出版社：120-160.

赵人俊，王佩兰，1988. 新安江模型参数的分析[J]. 水文，8(6)：2-9.

中华人民共和国水利部，2000. 水文情报预报规范：SL 25—2000[S]. 北京：中国水利水电出版社：18-22.

周远方，2010. 大南川水库溃坝的数值模拟研究[D]. 长沙：长沙理工大学：1-4.

暴雨洪涝淹没模型在洪灾损失评估中的应用*

史瑞琴[1]　刘　宁[2]　李　兰[1]　叶丽梅[1]　刘旭东[3]　郭广芬[1]

（1. 武汉区域气候中心，武汉，430074；2. 湖北经济学院，武汉，430074；3. 中国地质大学，武汉，430074）

摘　要　为了开展客观定量的暴雨洪涝灾害评估，本文探讨了基于暴雨洪涝淹没模型的暴雨洪涝灾害损失评估业务流程，其核心环节有两部分：估算因降水造成的淹没范围和建立适用的经济损失评估模型。其中暴雨洪涝淹没模型以最大坡降算法和曼宁公式计算暴雨洪涝汇流过程，通过给定汇流时间得到研究区域的淹没面积和水深；经济损失评估模型由直接经济损失和间接经济损失构成，直接经济损失由淹没范围内各类财产的价值乘以其相应的损失率得到。以武汉市江夏区2010年7月一次暴雨洪涝灾害过程为例给出了整个评估流程的实现过程，结果表明基于暴雨洪涝淹没模型的洪涝灾害损失评估业务流程物理意义清楚，表达了暴雨—径流—洪涝灾害全过程，可用以提高洪涝灾害影响评估的定量化程度，同时也为暴雨洪涝风险管理提供一定的依据。

关键词　淹没模型；致灾雨量；损失评估；风险管理

引　言

国际减灾十年委员会(IDNDR)指出，洪水是人类面临的最严重的自然灾害之一，占自然灾害引起死亡的55%，占自然灾害引起经济损失的31%（韩平 等，2012）。中国自然条件十分复杂，洪灾发生更是频繁。据统计，中国平均每年约有700万 hm^2 农田遭受洪水灾害，洪水灾害所造成的经济损失达150亿～200亿元，占全年主要自然灾害损失的30%～30.3%（中国大百科全书编委会，1985）。洪涝灾害已成为中国实现可持续发展的严重障碍，开展洪水灾害损失评估的研究，是当今防洪减灾中的一项迫切要求。

传统的洪灾统计评估对数据资料完整性要求高，需耗费大量的人力物力，不适合灾前损失预评估（文康 等，1993；陆孝平 等，1993）。基于数学方法的损失评估目前分为两类，一类是通过承灾体洪灾损失率模型来计算洪灾损失（Das et al.，1998；Srikantha et al.，1998；吕娟，2002）。如美国、加拿大提出水深-损失曲线，并考虑了淹没历时和水流速度，预报时间对损失的影响，进行曲线调整（Das et al.，1998）。施国庆等还指出洪灾损失率的确定方法有多元回归分析法、逐步回归分析法和洪灾损失率综合值计算法（施国庆，1990）。另一类是利用人工智能等快速评估洪灾损失的方法（黄涛珍 等，2003；王宝华 等，2008；王志军，2008），如金菊良(1988)、唐明等(2007)利用遗传算法和BP进行的洪灾的损失评估，以及黄志伟提出的基于SVM的洪水灾情综合评价模型（Huang et al.，2010）。

随着科技的发展，洪水数值模拟、遥感和GIS技术在洪水灾害评估中得到广泛应用（刘仁义 等，2001；郭利华，2002；丁志雄，2004），使洪灾评估更加科学、实用。李云等基于GIS和二维不恒定模型对洪水演进数值模拟、经济损失评估等进行了研究，并开发了一套大型行蓄洪区

* 发表在：《暴雨灾害》，2013，32(3)：1-6.

防洪减灾决策支持系统软件(李云 等,2005)。苏布达等用 Floodarea 模型模拟长江流域不同洪峰流量下分洪区的洪水淹没范围、水深(苏布达 等,2005)。2011—2012 年在中国气象局现代气候业务试点项目支持下,武汉区域气候中心、中国地质大学联合开发了基于强降水的"暴雨洪涝淹没模型"(章国材,2012)。本文借助该模型输出的淹没面积、水深,以武汉市江夏区一次暴雨洪涝灾害为例,探讨了暴雨洪涝淹没模型在洪灾损失评估中的应用。

1 资料与来源

本文使用的资料包括:江夏区各区域自动站 2010 年 7 月 11 日 01 时—2010 年 7 月 13 日 15 时逐时雨量资料、江夏国家气象站 2010 年 6 月 27 日—2010 年 7 月 13 日降水量资料;江夏区 1∶5 万地理信息资料;江夏区 2005 年 TM 卫星资料制作的土地利用类型数据;江夏区 1961—2010 年历史旱涝灾情资料;江夏区暴雨过程实际灾情损失数据来源于湖北省民政厅。

2 暴雨洪涝灾害损失评估业务流程

暴雨洪涝灾害损失评估主要涉及致灾雨量的确定、暴雨洪涝淹没范围和淹没水深的模拟、淹没范围内承灾体信息的采集以及经济损失评估四个环节,其中估算因降水造成的淹没范围、建立适用的经济损失评估模型是洪涝灾害损失评估的两个重要环节。建立业务流程如图 1 所示:采用面雨量计算技术和致灾临界雨量确定方法,提取模拟区域内的致灾雨量空间分布;基于 1∶5 万高程数据,利用暴雨洪涝淹没模型,模拟受淹范围和水深分布;提取淹没范围内承灾体信息,通过经济损失评估模型完成淹没范围内承灾体价值量损失评估,并结合实际灾情数据,对模型模拟效果进行检验。

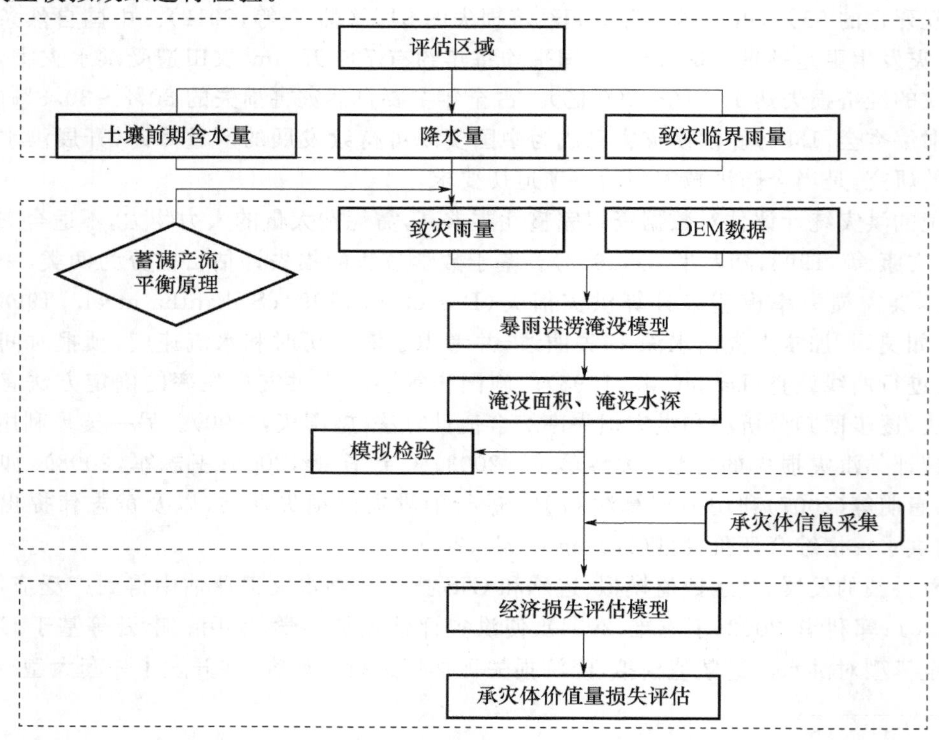

图 1 暴雨洪涝灾害损失评估业务流程示意图

3 暴雨洪涝淹没模型

利用暴雨洪涝淹没模型对淹没范围和淹没水深进行模拟是暴雨洪涝灾害损失评估的重要环节之一。章国材(2012)给出了暴雨洪涝淹没模型的详细介绍,其基本原理是基于 GIS 栅格数据的水动力学暴雨洪涝演进模型,在可产流的前提下,运用改进的 D8(最大坡降算法)(郭生练 等,2000;孙艳玲 等,2004;王莉莉 等,2007)来计算水流方向,运用曼宁公式(贾界峰 等,2010)来计算流量,从而确定淹没区水深分布。下面从致灾雨量的确定、汇流计算、水量体积和水深计算三个方面进行阐述。

3.1 致灾雨量的确定

致灾临界雨量是指可能造成暴雨洪涝灾害的致灾因子量值,超过致灾临界雨量的雨量即为致灾雨量。致灾临界雨量的确定方法主要有水文模型法、统计方法、物理模型法和灾情解析法(李兰 等,2011)。湖北省大部地区位于淮河以南,因此本文假设产流方式为蓄满产流,致灾雨量可根据蓄满产流水量平衡原理,由下式求得:

$$R = H - (I_m - P_a)$$

式中,R 为致灾雨量,H 为实际降水量,I_m 为致灾临界雨量,P_a 为前期土壤含水量(以前 15 d 降水量考虑蒸发因素后求得)。

3.2 汇流计算

致灾雨量以栅格格点为单位在地表产生径流,依据 D8 法计算出每个栅格的汇流方向,汇流到地势低洼的栅格点上。模型采用的 D8 算法原理是对传统水文模型 D8 算法的改进,传统 D8 算法只考虑地形高程值对水量的分配,而本文中的暴雨洪涝淹没模型所采用的 D8 算法除地形高程值外,还考虑了相应的水量值。

3.2.1 坡降计算

坡降就是中心栅格与周围八个栅格的高程差与距离比值。坡降(S_L)的计算按照中心栅格的 z 值和周围栅格的 z 值进行差值计算产生 Δz_i,用 Δz_i 除以两个栅格之间的距离 d。

$$S_L = \Delta z / d$$

两个栅格之间的距离 d 的计算不同,分别对应于 X 轴方向的距离、Y 轴方向的距离和对角线方向的距离,逐个计算。

3.2.2 水流方向计算

水流方向为单流向模型,即一个栅格的水量最多流向一个栅格。水流的方向(D_T)就是上述计算的坡降取最大值。公式如下:

$$D_T = \max(S_L)$$

如果 $\max(S_L) < 0$,则赋以 -1 以表明此格网水流不向任何一个栅格流;如果 $\max(S_L) \geqslant 0$,且最大值只有一个,则将对应此方向值作为中心格网处的方向值;如果 $\max(S_L) = 0$,且有一个以上的 0 值,则以这些 0 值所对应的方向值相加。在极端情况下,如果 8 个邻域高程值都与中心格网高程值相同,则中心格网方向值赋以 -1,也就是不允许水流;如果 $\max(S_L) > 0$,且有一个以上的最大值,则按照顺时针编码去顶水流方向。

3.3 水量体积、水深计算

致灾雨量栅格单元在地面正射投影 DEM 栅格单元上产流、汇流及水量分配。原理为逐时致灾雨量栅格数据，配合相应的时间步长，利用曼宁公式，结合 D8 法，以栅格为单位，进行水量体积、水深的计算。

$$V = K_{\mathrm{St}} \cdot r_{kv}^{2/3} \cdot I^{1/2}$$

式中，V 表示断面平均流速，K_{St}表示曼宁值，r_{kv}表示水力半径，I 表示坡度。其中，曼宁值 K_{St}（苏布达 等，2006，贾界峰等 2010）与土地利用类型有关。对于栅格地形而言，水力半径 r_{kv} 即网格单元水深，坡度 I 即上述计算的网格单元水位最大坡降。

上式计算得出水流速度 V，是当水动力学运动受力平衡时得到的，同时还满足能量守恒定律，因此它仅对于一般泄流是有效的，即摩擦力损失的能量等于内能增加，而对于其他情况，由上述公式计算得到的水流速度可能很大，为了控制这种情况，规定速度值受速度阀值所限制。速度阀值公式如下：

$$V_{\mathrm{T}} = \sqrt{g \cdot h}$$

计算出截面水流速度后，可根据单位时间 Δt 和水流截面面积和水流速度 V 的乘积，计算出流向下一个栅格的水量，而当前栅格的水量相应地减掉这部分。

4 暴雨洪涝淹没经济损失评估模型

在获取受淹范围和水深分布的基础上，若叠加淹没范围内承灾体信息，利用经济损失评估模型便可完成淹没范围内承灾体价值量的损失评估。一次洪灾总的经济损失由人员伤亡的损失、洪灾经济财产损失、生态环境损失和灾害救援损失共同构成。由于人员伤亡损失、生态环境损失和灾害救援损失不好定量化评估，因此，本文主要对暴雨洪涝灾害造成的经济损失进行评估，它分为直接经济损失与间接经济损失两大类。

4.1 直接经济损失

4.1.1 基本公式

直接经济损失是由淹没范围内各类财产的价值乘以其相应的损失率，再求和得到，采用如下计算公式：

$$S_{\mathrm{D}} = \sum_{i=1}^{N} \sum_{j=1}^{M} \sum_{k=1}^{L} \beta_{ijk}(h,t) V_{ijk} = \sum_{j=1}^{M} S_{\mathrm{D}j}$$

式中，S_{D}为根据洪灾损失率计算的一次洪灾引起的直接经济损失值；$S_{\mathrm{D}j}$ 为第 j 类财产的直接经济损失值；β_{ijk}为第 k 种淹没程度下第 i 个经济分区内第 j 类财产的损失率；V_{ijk} 为第 k 种淹没程度下第 i 经济分区内第 j 类财产值；N 为淹没区人为划分的单元数；M 为第 i 个经济区内的财产种类数；L 为淹没程度等级数。

4.1.2 损失率估算

影响损失率的因素很多，包括地形地貌、地区社会经济发展水平、财产类型、洪水淹没参数等。精确的损失率数据很难求解，通常用经验方法来估算。刘树坤等（1999）和丁大发（1999）曾研究出黄河下游洪灾相关损失的各行业损失率，本文参考以上黄河流域相关文献资料，并与长江中游地区淹没区社会经济实际情况(张建民 等,2008)对比,调整、整合损失率数据,确定了本文中的分项资产损失率数据,结果如表1—表4。

表1 洪水淹没影响区农林业损失率

水深/m	0～0.5	0.5～1	1～2	2～3	>3
农业	25%	50%	80%	100%	100%
林业	2%	5%	10%	30%	40%
牧业	10%	20%	30%	40%	50%
渔业	10%	20%	30%	60%	100%

表2 洪水淹没影响区工商企事业单位损失率

水深/m	0～0.5	0.5～1	1～2	2～3	>3
工业	5%	10%	15%	30%	40%
建筑业	3%	5%	7%	10%	20%
批发零售业	5%	10%	25%	40%	50%
餐饮业	5%	10%	15%	25%	35%
行政事业单位	3%	7%	15%	20%	25%

表3 洪水淹没影响区居民财产损失率

水深/m	0～0.5	0.5～1	1～2	2～3	>3
房屋	5%	15%	40%	60%	80%
家庭财产	3%	8%	30%	50%	70%

表4 洪水淹没影响区基础设施损失率

水深/m	0～0.5	0.5～1	1～2	2～3	>3
水利设施	5%	10%	15%	20%	30%
市政设施	4%	8%	17%	25%	30%

4.2 间接经济损失

间接经济损失是由直接经济损失波及带来的或派生的损失,不表现为实物形态的损失,揭示了未来社会生产的下降程度,是一种深层次的经济损失。

间接损失很难作直接的定量核算,一般定损方法是假定洪水在淹没区内不同土地利用状况下所造成的间接损失与直接损失成一定比例关系。其表达式为:

$$S_{\mathrm{I}} = \sum_{j=1}^{M} a_j S_{\mathrm{D}j}$$

式中,S_{I}为洪水给淹没区造成的间接损失值;a_j为第j类财产的关系系数;$S_{\mathrm{D}j}$为第j类财产的直接经济损失值。其中,洪灾间接损失系数a_j的取值,国内外曾作过一些研究,表5是几个国家推荐使用的a_j值。

表 5　各国推荐采用的 a_j 值

国别	a_j 值
美国	住宅区 15%，商业 37%，工业 45%，公用事业、农业 10%，公路 25%，铁路 23%
前苏联	统一采用 20%～25%
澳大利亚	住宅区 15%，商业 37%，工业 45%
中国	农业 15～28%，工业 16～35%

5　暴雨洪涝灾害损失评估实例分析

江夏区位于湖北省武汉市南，属江汉平原向鄂南丘陵过渡地段。地形特征是中部高，西靠长江，东向湖区缓斜。东、北、西南三面临湖，水域面积占区域总面积的 28.3%。其地貌格局和水系结构使得江夏区水网平原"临水性"特点十分明显，境内沿长江 31.5 km 干堤向东部内伸的水网平原地区(海拔高度在 20～23 m)是江夏区洪涝灾害多发区。下面以江夏区 2010 年 7 月 11—13 日暴雨洪涝灾害过程为例，按照暴雨洪涝灾害损失评估的实现流程，分别对各个环节进行系统的分析和阐述。

5.1　降水实况

2010 年 7 月 10 日武汉市入梅，7 月 20 日出梅，梅雨期内出现多次较强的持续性降雨，降雨主要集中在 7 月 8—16 日，累计降水量为 177～581 mm，是历年同期的 2～3 倍。此次暴雨中心位于江夏区，暴雨历时长强度大，其中法泗站 7 日最大暴雨量 581 mm，排该站历史第一位；土地堂站 7 日最大暴雨量 546 mm，排该站历史第一位；金口站 7 日最大暴雨量 530 mm，排该站历史第二位。

5.2　致灾雨量的计算

通过灾情解析法(李兰 等，2011)得到江夏区致灾临界雨量为 87 mm，由前 15 d 降水量求得江夏区前期土壤含水量(考虑蒸发因素后)为 120 mm，可见前期降水已使江夏区土壤水分达饱和，后期雨量直接产流。致灾雨量为前期降水导致土壤的多余含水量(33 mm)与后期直接产流的雨量共同构成。利用反距离权重插值法将江夏区各区域站 2010 年 7 月 11 日 01 时—7 月 13 日 15 时(北京时，下同)的逐时雨量插值到栅格格点上，得到逐时的致灾雨量栅格数据(表 6)。

表 6　2010 年 7 月 11 日 01 时—7 月 13 日 15 时江夏区各站致灾雨量及雨强较大时段的雨量分布(单位:mm)

站名	致灾雨量	7 月 11 日 (03—05 时)	7 月 11 日 (06—08 时)	7 月 11 日 (09—11 时)	7 月 11 日 (12—14 时)	7 月 13 日 (07—09 时)	7 月 13 日 (10—12 时)	7 月 13 日 (13—15 时)
豹澥	204.4	37.1	30.1	10.4	7.9	7.8	13.9	13.4
安山	316.2	5.8	60.2	44.8	37.9	2.3	33.4	27.2
郑店	403.0	49.9	41.9	29.3	9.1	53.4	17.4	30.1
法泗	310.7	13.6	27.9	28.5	42.6	6.7	24.1	42.1
五里界	313.9	28.4	30.8	40.6	12.8	32.3	33.6	16.7

续表

站名	致灾雨量	7月11日(03—05时)	7月11日(06—08时)	7月11日(09—11时)	7月11日(12—14时)	7月13日(07—09时)	7月13日(10—12时)	7月13日(13—15时)
山坡	267.7	5.5	40.7	50.6	42.3	6.6	11.4	22.8
湖泗	207.3	1.3	30.6	42.1	48.7	0.1	1.4	11.9
舒安	237.5	2.5	38.9	42.8	48.4	6.9	14	12.9
乌龙泉	310.3	17.0	42.2	51.2	30.8	8.1	27.3	22.2
流芳	184.5	52.2	43.4	11.5	5.9	0	0	0
鲁湖	218.4	11.7	20.6	28.3	16.3	6.2	10.4	24.5
梁子湖	318.2	12.6	58.0	78.4	27.4	2.9	30.5	16.8
江夏	428.7	42.4	46.8	37.6	17.4	60.8	25	22.3

5.3 暴雨洪涝淹没模拟

将江夏区2010年7月11日01时—7月13日15时的逐时致灾雨量栅格数据代入暴雨洪涝淹没模型，由此推算江夏区此次暴雨洪涝灾害的淹没面积和渍水深度情况。结果表明淹没范围较大的地区分布在西部的金口镇和法泗镇西部以及大桥新区、纸坊大街、五里界北部、鲁湖北部、安山镇、山坡乡等乡镇的部分地区。而受淹水深较大的地区分布在梁子湖、汤逊湖等湖泊的周边地区，尤其以西部的金口镇、法泗镇西部、鲁湖周边以及纸坊街道受淹较为集中，大部分地区淹没水深在0.5 m以下，部分地区在0.5～2 m(图2)。

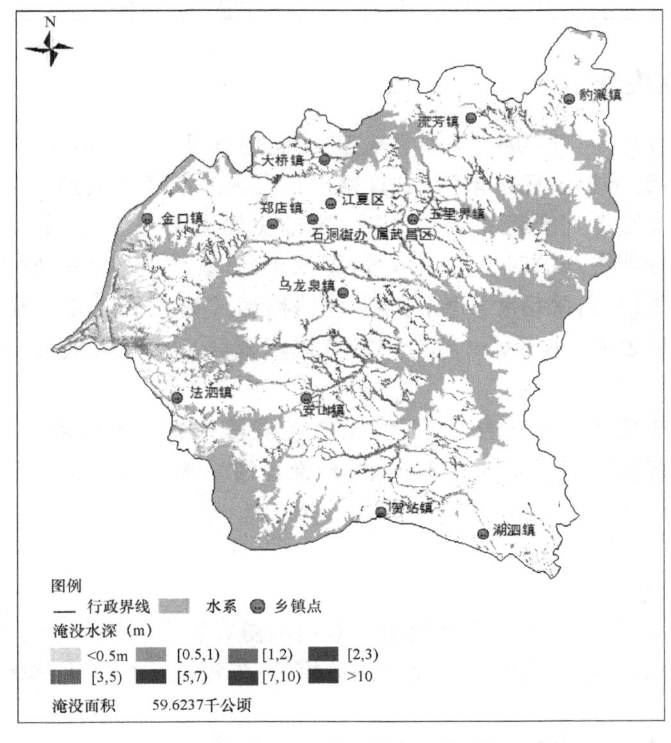

图2 武汉市江夏区暴雨洪涝淹没模拟分布图

从湖北省民政厅和湖北省气象局收集的灾情获知，江夏区法泗街卫东村因遭受暴雨，全村几千亩水稻被淹；鲁湖农场 60 家农户的上千亩农田也被淹，颗粒无收；暴雨造成纸坊城区 6 片、9 点、12 处 86 户受渍，纸坊街道被淹最深处近 2 m。通过实际灾情与模拟结果点对点、面对面的淹没水深定量化对比分析，表明淹没结果与实际情况接近，暴雨洪涝淹没模型模拟结果可信度较高。

为更进一步地检验暴雨洪涝淹没模型推算得到的淹没范围和淹没水深的合理性，本文还利用江夏区 2005 年通过 TM 卫星资料制作完成的土地利用类型数据，大致推算了各种土地利用类型在各水深段的淹没面积，如表 7 所示。选取土地利用类型中的最大一类，以耕地表示农业这一行业，那么模型推算的作物受淹面积约 210.51 km^2，与江夏区此次暴雨洪涝灾害过程中作物实际成灾面积(215.10 km^2)是比较相符的。

表 7　各土地利用类型在各水深段推算的淹没面积(单位:km^2)

土地类型	水深(m)						合计
	0	0～0.5	0.5～1	1～2	2～3	≥3	
耕地	1117.49	99.46	42.79	37.89	16.79	13.58	1328.00
林地	96.98	0.68	1.15	1.14	0.58	0.49	101.03
草地	24.07	0.15	0.10	0.05	0.02	0.04	24.44
城乡工矿居民用地	53.36	3.22	1.14	0.80	0.31	0.23	59.05
未利用地	20.63	5.05	0.41	0.30	0.24	0.21	26.83
水域							471.68
合计	1312.54	108.56	45.58	40.17	17.93	14.55	2011.02

5.4　洪灾经济损失评估

在获取江夏区各行业实际资产分布的基础上，利用淹没面积与渍水深度数据，结合分项资产损失率，采用直接经济损失评估模型，求算得出江夏区此次暴雨洪涝灾害的直接经济损失状况。而间接经济损失则由直接经济损失乘以一定的比例关系来确定，本文采用中国间接损失系数的中间值作为分项资产的间接损失系数，即农业 22%、林业 22%、牧业 22%、渔业 22%、工业 26%、城乡居民 15%，采用间接经济损失评估模型求算江夏区此次暴雨洪涝灾害的间接经济损失状况。评估表明，此次暴雨洪涝灾害造成江夏区直接经济损失 60107.82 万元，间接经济损失达 12107.5 万元。

将模型推算的江夏区暴雨洪涝灾害造成的直接经济损失评估结果与实际灾情对比发现，推算结果比实际的直接经济损失小约 24%，模型推算结果基本能够反映此次洪涝灾害所造成的经济损失。

6　结论与展望

(1)本文探讨了基于暴雨洪涝淹没模型的暴雨洪涝灾害损失评估业务流程，其主要涉及致灾雨量的确定、暴雨洪涝淹没范围和淹没水深的模拟、淹没范围内承灾体信息的采集以及经济损失评估四个环节。

(2)暴雨洪涝淹没模型以最大坡降算法和曼宁公式计算暴雨洪涝汇流过程，给定汇流时间从而得到研究区域的淹没面积和水深，在叠加承灾体的基础上，可定量评估各类承灾体的经济损失。

(3)以武汉市江夏区 2010 年 7 月一次暴雨洪涝灾害过程为例，对该过程的暴雨洪涝过程进行了模拟，并将模拟的淹没面积和水深与实际灾情进行了点对点、面对面的对比分析，对灾害造成的经济损失进行了定量评估，评估结果较实际灾害损失约小 24%。

(4)在全球洪水灾害日益加重、非工程防洪倍受重视的背景下，开展洪涝灾害损失评估方法研究具有十分重要的现实意义。暴雨洪涝淹没模型用于洪涝灾害损失评估的方法基本可行，用于灾害评估日常业务可提高灾害影响评估的定量化程度，同时其结果也为防洪和救灾提供一定的指导作用。

参考文献

丁大发，1999. 黄河下游防洪工程体系减灾效益分析方法及计算模型研制报告[R].

丁志雄，2004. 基于 Rs 与 GIS 的洪涝灾害损失评估技术方法研究[D]. 北京：中国水利水电科学研究院：25-41.

郭利华，2002. 基于 DEM 的洪水淹没分析[J]. 测绘通报，11：25-30.

郭生练，熊立华，2000. 基于 DEM 的分布式流域水文物理模型[J]. 武汉水利电力大学学报，33(6)：2-5.

韩平，程先富，2012. 洪水灾害损失评估研究综述[J]. 环境科学与管理，37(4)：61-64.

黄涛珍，王晓东，2003. BP 神经网络在洪涝灾损失快速评估中的应用[J]. 河海大学学报(自然科学版)，31(4)：457-460.

贾界峰，赵井卫，陈客贤，2010. 曼宁公式及其误差分析[J]. 山西建筑，36(7)：313-314.

金菊良，魏一鸣，1998. 基于遗传算法的洪水灾情评估神经网络模型探讨[J]. 灾害学，13(2)：6-11.

李兰，周月华，史瑞琴，等，2011. "实需排模比值"在荆州地区洪涝灾害评估中的应用[J]. 暴雨灾害，30(2)：28-31.

李云，范子武，吴时强，等，2005. 大型行蓄洪区洪水演进数值模拟与三维可视化技术[J]. 水利学报，36(10)：1158-1164.

刘仁义，刘南，2001. 基于 GIS 复杂地形洪水淹没区计算方法[J]. 地理学报，56(1)：1-6.

刘树坤，宋玉山，程晓陶，1999. 黄河滩区及分滞洪区风险分析和减灾对策[M]. 郑州：黄河水利出版社.

陆孝平，谭培伦，王淑绮，1993. 水利工程防洪经济效益分析方法与实践[M]. 南京：河海大学出版社：56-59.

吕娟，2002. 区域洪水灾害损失即时评估模型研究[J]. 河北水利水电技术(4)：43-44.

施国庆，1990. 洪灾损失率及其确定方法探讨[J]. 水利经济(2)：37-42.

苏布达，姜彤，郭业友，等，2005. 基于 GIS 栅格数据的洪水风险动态模拟模型及其应用[J]. 河海大学学报(自然科学版)，33(4)：370-374.

苏布达，施雅风，姜彤，等，2006. 长江荆江分蓄洪区历史演变、前景和风险管理[J]. 自然灾害学报，15(5)：19-27.

孙艳玲，刘洪斌，谢德体，等，2004. 基于 DEM 流域河网水系的提取研究[J]. 资源调查与环境，25(1)：18-22.

唐明，邵东国，唐绪荣，2007. 基于遗传程序设计的洪水灾害损失评估及自动建模[J]. 武汉大学学报(工学版)，40(3)：5-9.

王宝华，付强，冯艳，等，2008. 洪灾经济损失快速评估的混合式模糊神经网络模型[J]. 39(6)：47-51.

王莉莉，李致家，包红军，2007. 基于 DEM 栅格的水文模型在沂河流域的应用[J]. 水利学报，38(增刊 1)：417-422.

王志军，顾冲时，刘红彩，2008. 基于 GIS 与支持向量机的溃坝损失评估[J]. 长江科学院院报，25(4)：28-32.

文康，金管生，1993. 洪灾损失的调查与评估[Z]. 水利部南京水文水资源研究所，11：23-28.

张建民,陈锋,2008. 10 世纪以来长江中游区域环境、经济与社会变迁[M]. 武汉:武汉大学出版社.

章国材,2012. 暴雨洪涝预报与风险评估[M]. 北京:气象出版社:7,119-125.

中国大百科全书编委会,1985. 中国大百科全书·水文卷[M]. 北京:中国大百科全书出版社.

DasS,Lee R,1998. A Nontrasitional methodology for flood stage-samage calculations[J]. Water Resources Bulletin,24(6):1263-1272.

Herath S,Dutta D. Flood inundation Modeling and loss estimation using distributed hydrologic model,GIS and RS[C]//Proceeding of International Workshop on the Utilization of Remote Sensing Technology to Natural Disaster Reduction,Tsukuba Japan,October,1998:239-250.

Huang Z W,Zhou J Z,2010. Flood disaster loss comprehensive evaluation and model based on optimization support vector machine[J]. Expert System with Applications,(37):3810-3814.

基于GIS淹没模型的城市道路内涝灾害风险区划研究*

叶丽梅[1] 周月华[1] 向 华[1] 牛 奔[2,3] 高 伟[4] 周 羽[5]

(1. 武汉区域气候中心,武汉,430074;2. 武汉中心气象台,武汉,430074;3. 湖北省仙桃市气象局,仙桃,433000;4. 中国地质大学信息工程学院,武汉,430074;5. 湖北省襄阳市气象局,襄阳,441021)

摘 要 在求取襄阳中心城区重现期雨量与可抽排雨量的基础上,采用基于GIS暴雨洪涝淹没模型计算不同重现期致灾雨量的淹没水深和范围;依据城市内涝对道路的实际影响,制作城市道路内涝灾害风险区划图。结果表明,该方法能够直观表达研究区域内不同雨量阈值的内涝灾害淹没风险分布,定量评估淹没水深、淹没范围。同时给出了城市道路内涝灾害风险区划图,结合城市道路信息,准确定位高风险易涝街区,为政府部门决策提供科学依据。

关键词 淹没模型;城市内涝;风险区划

引 言

城市是政治、经济和文化中心,人口密集,工商业发达,财富集中,一旦遭受洪灾,将造成政治影响和经济损失,因此探讨城市内涝淹没风险显得十分重要。近年来,随着计算机的发展,发达国家提出了如SWMM、STORM、MOUSE、MIKE和Wallingford Model等城市暴雨径流模型,在国外暴雨径流方面的研究中得到了广泛的应用(Freni et al.,2003;Jang et al.,2007;Lee,2010)。国内的学者虽然自主构建了一些城市内涝模型(李娜 等,2002;解以扬 等,2004),但多数还是基于国外的模型本地化运用(陈明辉 等,2014;贺法法 等,2015),而且主要是对城市内涝灾害风险分析,而对于不同暴雨重现期下的暴雨风险评估和内涝灾害风险区划的研究相对薄弱。2011—2012年在中国气象局现代气候业务试点项目支持下,武汉区域气候中心、中国地质大学联合开发了"暴雨洪涝淹没模型"(章国材,2012),该淹没模型在2011—2015年汛期得到多次实例检验,可运用于灾害评估(叶丽梅 等,2013;史瑞琴 等,2013;李兰 等,2013),并取得了较好的效果。本文利用暴雨洪涝淹没模型输出的淹没水深数据,绘制城市内涝淹没风险图,同时结合承灾体脆弱性指标与分布数据,制作承灾体的城市内涝灾害风险区划图,为政府决策、实时灾害风险评估、灾害防御规划及其防御工程的建设提供更准确的资料。

1 研究区域和资料

1.1 研究区概况

襄阳位于湖北省西北部,汉江中游平原腹地,是省辖市、省域副中心城市,城区面积仅次于武汉的第二大城市。襄阳主要灾害以暴雨洪涝为首,发生次数最多,占全部灾害记录的37.6%;从直接经济损失看,暴雨洪涝所占的比例也是最大的,占全部气象灾害损失的51.9%①。

* 发表在:《长江流域资源与环境》,2016,25(6):1002-1008.

① 武汉区域气候中心,阳城市气候影响评估报告.2014.

襄阳市城区位于112°00′—112°14′E,31°54′—32°10′N,东西最大横距21 km(西起隆中华严寺最西端,东至三董水库),南北最大纵距29 km(南起永丰水库,北至叶家店北1 km),包含樊城区、襄城区,面积212.7 km²。中心城区位于112°02′—112°03′E,32°00′—32°02′N,面积63.3 km²,本文的城市道路内涝风险评估以中心城区为主要研究区域。

1.2 研究资料

(1)地理信息数据:襄阳城区的矢量边界数据,来源湖北省气象局;襄阳城区1∶5万DEM和河网地理信息数据,来源中国气象局;襄阳中心城区的30 m地表覆盖数据产品,来源国家基础地理信息中心;襄阳中心城区街区道路数据,来源襄阳市规划局。

(2)气象观测数据:襄阳区域加密气象站2006—2012年的逐小时、逐日的降水量数据,来源湖北省气象局。

(3)城市管网数据:襄阳城区泵站现状抽排水量、泵站汇水面积、排水管网流向、城区易涝街道数据,均来源襄阳市政排水处。

2 研究方法

2.1 方法流程

基于襄阳城区区域加密气象站历史逐时降水数据,利用广义帕累托分布法(generalized pareto distribution,GPD)(欧阳资生 等,2005;王芳 等,2013)计算各站不同重现期小时雨量,同时考虑城市的抽排能力,即通过泵站的现状抽排水量与汇水面积数据换算成小时排雨量,进而求取不同重现期情景下城市内涝的致灾雨量;然后将致灾雨量输入暴雨洪涝淹没模型中,输出不同重现期阈值的淹没范围、水深;最后结合城市道路内涝灾害脆弱性指标及城市街区道路数据,给出襄阳中心城区道路的内涝高风险区(图1)。

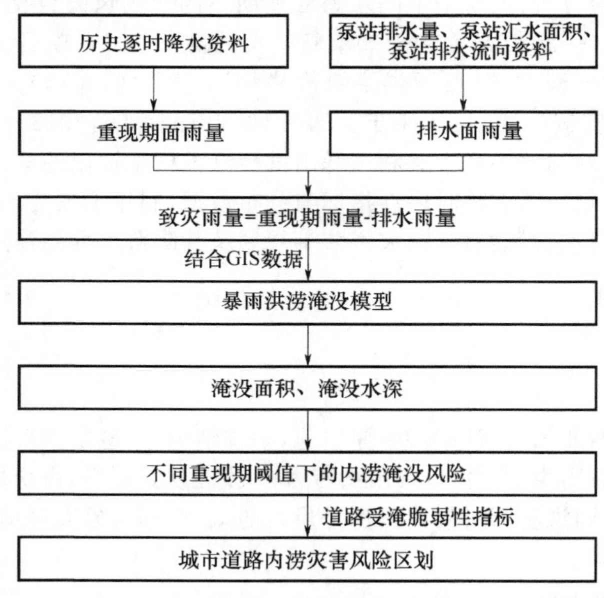

图1 城市道路内涝灾害风险区划制作流程图

2.2 暴雨洪涝淹没模型

2.2.1 基本原理

淹没模型基本原理是基于GIS栅格数据的二维水动力学暴雨洪涝演进模型，利用圣维南方程组的扩散波近似值来表示，具体公式如下：

$$\frac{\partial U}{\partial t}+\frac{\partial F}{\partial x}=G \tag{1}$$

其中

$$U=\begin{pmatrix}h\\0\end{pmatrix},F=\begin{pmatrix}uh\\h\end{pmatrix},G=\begin{pmatrix}r-f\\S_0-S_f\end{pmatrix} \tag{2}$$

式中，h 为水深(L)；u 为平均流速(LT^{-1})；x 为距离(L)；t 为时间(T)，r 为降雨速度(LT^{-1})；f 为下渗速度(LT^{-1})；S_0为地面比降；S_f为摩擦比降。

为了解决连续性方程中有关单元网格水流的流入和流出以及网格单元的体积变化，根据曼宁公式(贾界峰 等，2010)计算各个方向的动量方程。由实际的土地利用情况(叶丽梅 等，2013)，将土地利用类型分8大类，分别为水域、水田、草地、旱地、林地、居民地、城市工业用地、未用地，其曼宁值分别赋予33，25，20，20，10，6，5，25(史瑞琴 等，2013；江志红 等，2009)。

2.2.2 致灾雨量的确定

致灾临界雨量是指可能造成暴雨洪涝灾害的致灾因子量值，超过致灾临界雨量的雨量即为致灾雨量，是暴雨洪涝淹没模型重要参数之一。在城区中当降雨量超过排水量与下渗量之和时，地表产生径流而造成积水淹没。城市用地根据类型的不同，可分为透水、不透水两部分，两者下渗量不同。从襄阳中心城区土地利用类型数据可知(图2)，中心城区以人造表面用地为主，占总面积的93.5%，而耕地、林地、草地等透水用地一共只占4.5%，其余部分为湿地和水体。由于研究区域的透水地面占极少数，为了简化模型，在此忽略下渗项，给出致灾雨量的计算公式：

图2　襄阳中心城区土地利用类型分布图

$$R_{致灾雨量}=C-X \tag{3}$$

式中，$R_{致灾雨量}$为实际用于计算襄阳中心城区淹没面积的致灾雨量；C 为降雨量；X 为可抽排雨量。

3 结果分析

3.1 襄阳城区不同重现期雨量

本文采用广义帕累托分布法计算襄阳城区区域加密自动站的 10 a、20 a、30 a、50 a、100 a 一遇重现期小时降水量。广义帕累托分布在模拟极端降水事件，推算一定重现期的极端降水量上具有更高精度的实用性和稳定性，该方法基本不受原始序列样本量的影响，具有全部取值域的高精度稳定拟合(欧阳资生等 2005，王芳等 2013，程炳岩 等，2008，江志红 等，2009)。考虑参数估计的精确性和简便性，采用基于概率加权矩(PWM)的 L 矩估计方法计算其分布参数。通过 Hill 图，选取图中尾指数稳定区域起始点对应的横坐标值为门限值，利用柯尔莫哥洛夫检验对 GPD 模型参数估计效果进行了检验，结果表明其通过了 $\alpha=0.05$ 的显著性水平检验。

为了直观表现雨量的分布特征，运用 GIS 工具，使用反距离权重插值法，利用襄阳 22 个区域自动站(站点空间分布均匀)的重现期小时雨量进行空间插值(图 3，其他重现期雨量图略)，中心城区 10 a 一遇小时雨量大部在 24～30 mm，空间上呈东多西少分布。

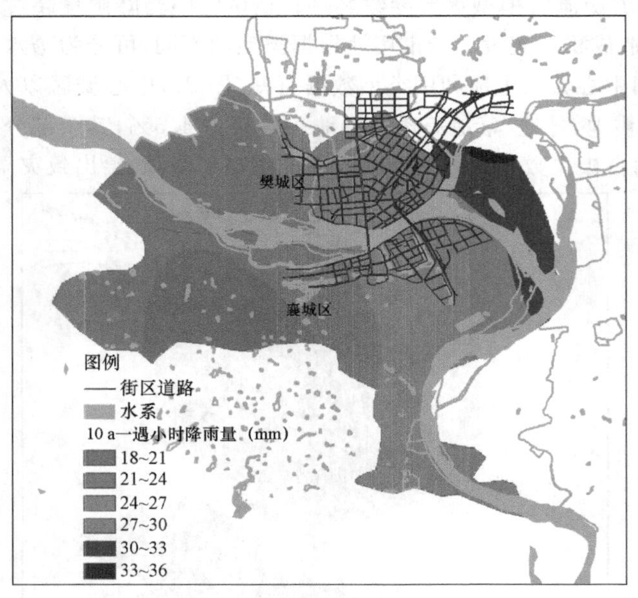

图 3 襄阳城区 10 a 一遇小时降雨量分布图(单位：mm)

3.2 城区排雨量计算

当强降水或连续性降水超过城市排水能力时，城市内出现积水产生内涝。城市排水能力是影响城市内涝的另一个重要因素。依据城市排水管网流向数据，划分各泵站的汇水范围，并利用公式(4),由襄阳市政排水处提供的襄阳城区各泵站现状抽排量和汇水面积数据,计算出各汇水面的小时排雨量(图 4)。

$$X = V/S \times 0.001 \times 3600 \tag{4}$$

式中,X 为小时排雨量(mm/h);V 为抽排量(m^3/s);S 为汇水面积(km^2)。

图 4 襄阳中心城区小时排雨量分布图(单位:mm)

3.3 不同重现期降水淹没风险

基于暴雨洪涝淹没模型,使用不同重现期的致灾雨量计算襄阳城区淹没范围和淹没水深(图 5,其他时段重现期的淹没水深分布图略)。由图 5 可见,随着面雨量的增大,淹没水深和淹没范围也在不断地加深、加大。不同重现期的淹没水深空间分布特征基本一致,即淹没水深大部在 0.2 m 以下,淹没水深大于 0.2 m 主要分布在襄城区西部及南部、樊城区中北部地区及境内河流两岸低洼地区。

3.4 城市道路内涝灾害风险区划

由于不同承灾体的耐淹脆弱性指标不同,本文重点研究针对城市道路交通的内涝灾害风险。根据内涝对道路产生的实际影响,并参考已有划分标准(石勇,2013),将城市道路内涝划分为四个风险等级:(1)低风险区:水深在 5 cm 以下,基本无积涝;(2)次低风险:水深为 5～20 cm,轻度积涝,路面有积水,但对交通影响不大;(3)次高风险:路面积水为 20～40 cm,中度积涝,行人行走困难,交通受到明显影响;(4)高风险:路面积水在 40 cm 以上,重度涝灾,车辆熄火、交通堵塞,道路两旁的商店和居民家庭也受到严重影响。由襄阳中心城区城市道路内涝脆弱性指标与淹没水深数据,划分不同重现期雨量情景下的道路内涝灾害风险区划图(图 7)。图 7 中显示,不同重现期雨量下,襄城区西部及南部、樊城区中北部地区及境内河流两岸低洼

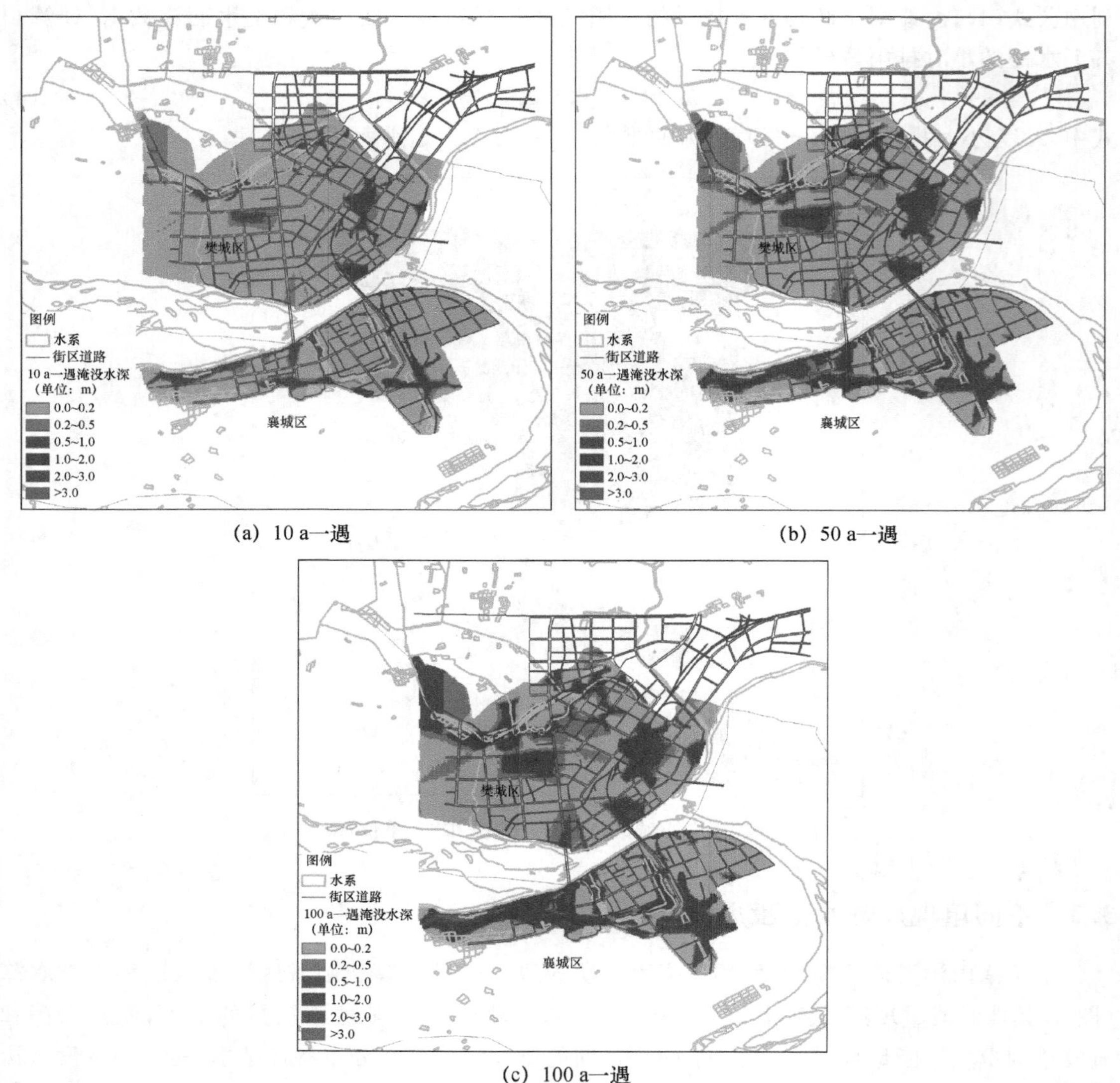

(a) 10 a一遇　　(b) 50 a一遇

(c) 100 a一遇

图 5　襄阳中心城区不同重现期降水量内涝淹没水深分布图(单位:m)

地区都是城市道路内涝高风险区域,该区域内道路达到重度内涝标准。另外,随着雨量的增大,高风险区域的范围也是增大的。

将襄阳中心城区道路分布信息分别与城市内涝灾害风险分布数据进行叠加分析,提取不同重现期情景的道路淹没长度(图 6)。从图 6 中可见,对于不同重现期雨量,道路的淹没水深大部均在 5 cm 以下,其次是 40 cm 以上,5～40 cm 水深段的道路长度最小。随着重现期雨量的增加,小于 5 cm 水深段的道路长度随着雨量的增加而减小,大于5 cm 水深段的道路长度是增加的,其中大于 40 cm 长度增加明显。即高风险道路随着雨量值的增加,风险范围是扩大的。

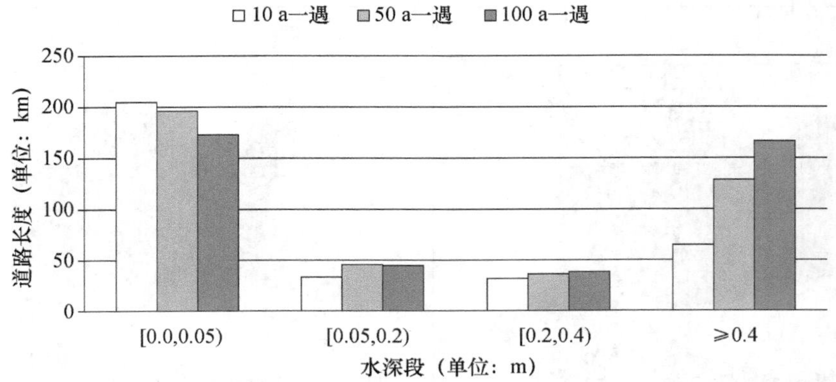

图6　不同重现期情景下襄阳中心城区不同水深段道路长度(单位:km)

3.5　城市道路内涝灾害风险区划检验

为了验证城市道路内涝灾害风险区划的准确性,利用不同重现期雨量下的受淹街区,与市政排水处提供的襄阳市中心城区积水点进行对比分析(图7)。定义出现大于5 cm水深的街区道路与中心城区积水点有重合区域,即模拟结果与实际情况匹配。模拟检验定量评估使用匹配率来衡量,计算公式如下:

$$MAT=\frac{N_{\mathrm{m}}}{N_{\mathrm{s}}}\times 100\% \tag{5}$$

式中,MAT为匹配率;N_{m}为模拟点与实际点的重合数;N_{s}为收集到的实际积水点总数。结果可见:10 a一遇、50 a一遇、100 a一遇的街区道路积水点匹配率分别为52%、78%、81%。模拟的受淹街区与中心城区积水点存在一定的差异,一是因为人工改造造成地形数据失真,二是本文采用的是1∶5万的地形数据,反应不出涵洞、小巷等此类精细地形地貌。

(a) 积水点实况

(b) 10 a一遇

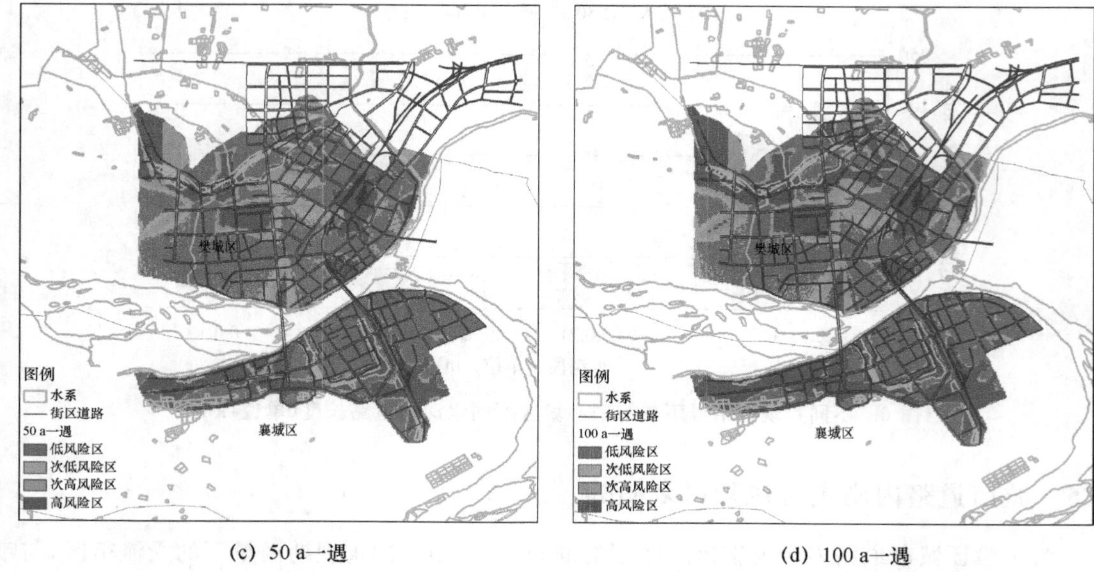

(c) 50 a一遇 (d) 100 a一遇

图 7 不同重现期情景下襄阳中心城区道路内涝风险区划图

4 总结与讨论

(1)本文运用暴雨洪涝淹没模型，给出了襄阳中心城区不同重现期雨量阈值的淹没水深空间分布，直观地反映了襄城区西部及南部、樊城区中北部地区及境内河流两岸低洼地区是淹没高风险区域，结合气象台预报预警信息，可定量评估淹没高风险分布。

(2)考虑城市内涝对道路产生的实际影响，结合街区道路的空间分布数据，绘制城市道路内涝灾害风险区划图，为城市交通预警服务、建设街区道路风险回避提供有力的科学依据。

(3)城市排水管网是个复杂的系统，随着城市迅速发展，管网受人工干预影响大，排水能力处于不断的变化中，加之很难获取到高分辨率的城市地形数据，一定程度上影响了淹没模拟精度。

(4)将二维水动力模型与风险理论相结合，选择城市道路交通承灾体进行了有益的探索，为小尺度风险区划研究提供了一种新思路。但是风险因素众多，本研究仅考虑积水深度，而未考虑积水历时、车速和车流、以及道路行人以及交通流等因素，建议在以后的工作中进一步完善。

致谢：湖北省襄阳市政排水处、襄阳市规划局提供了有益的数据，谨致谢忱！

参考文献

陈明辉，黄培培，吴非，等，2014. 基于 GIS 和 RS 的水力模型构建与多情景分析[J]. 测绘通报(6)：29-33.

程炳岩，丁裕国，张金铃，等，2008. 广义帕累托分布在重庆暴雨强降水研究中的应用[J]. 高原气象，27(5)：1005-1009.

贺法法，陈晓丽，张雅杰，等，2015. GIS 辅助的内涝灾害风险评价——以豹澥社区为例[J]. 测绘地理信息，40(2)：35-39.

贾界峰，赵井卫，陈客贤，2010. 曼宁公式及其误差分析[J]. 山西建筑，36(7)：313-314.

江志红，丁裕国，朱莲芳，等，2009. 利用广义帕累托分布拟合中国东部日极端降水的试验[J]. 高原气象，28(3)：573-580.

李兰，周月华，叶丽梅，等，2013. 基于GIS淹没模型的流域暴雨洪涝区划方法[J]. 气象，39(1)：174-179.

李娜，仇劲卫，程晓陶，等，2002. 天津市城区暴雨沥涝仿真模拟系统的研究[J]. 自然灾害学报，11(2)：112-118.

欧阳资生，龚曙明，2005. 广义帕累托分布模型：风险管理的工具[J]. 财经理论与实践(双月刊)，26(137)：88-92.

石勇，2013. 基于情景模拟的上海中心城区道路的内涝危险性评价[J]. 世界地理研究，22(4)：152-158.

史瑞琴，刘宁，李兰，等，2013. 暴雨洪涝淹没模型在洪灾损失评估中的应用[J]. 暴雨灾害，32(4)：379-384.

苏布达，施雅风，姜彤，等，2006. 长江荆江分蓄洪区历史演变、前景和风险管理[J]. 自然灾害学报，15(5)：19-27.

王芳，门慧，2013. 三参数广义帕累托分布的似然矩估计[J]. 数学年报，34A(3)：299-312.

解以扬，韩素芹，由立宏，等，2004. 天津市暴雨内涝灾害风险分析[J]. 气象科学，24(3)：342-349.

叶丽梅，周月华，李兰，等，2013. 通城县一次暴雨洪涝淹没个例的模拟与检验[J]. 气象，39(6)：699-703.

章国材，2012. 暴雨洪涝预报与风险评估[M]. 北京：气象出版社：7，119-125.

Bates P D, Matthew S, 2010. A simple inertial formulation of the shallow water equations for efficient two-dimensional flood inundation modelling[J]. Journal of Hydrology, 387: 33-45.

Freni G, Maglionico M, Di Federico V. 2003. State of the art in Urban Drainage Modelling[R]. CARE-S Report, D7: 9-170.

Jang S, Cho M, 2007. Yoon J, et al, 2007. Using SWMM as a tool for hydrologic impact assessment[J]. Desalinatin, 212(1/3): 344-356.

Lee S B, Yoon C G 2010. Kwang W J Comparative evaluation of runoff and water quality using HSPF and SWMM[J]. Water Science and Technolocg, 62(6): 1401-1409.

Zheng N S, Tachikawa Y, Takara A, 2008. A Distributed Flood Inundation Model Integrating with Rainfall-Runoff Processes Using GIS And Remote Sensing Data[C]. The International Archives of the Photogrammetry, Remote Sensing and Spatial Information Sciences, Beijing, 37(B4): 1513-1518.

湖北暴雨洪涝灾害脆弱性评估的定量研究*

温泉沛[1,2]　周月华[1]　霍治国[2,3]　李　兰[1]　方思达[1]　史瑞琴[1]　车　钦[4]

(1. 武汉区域气候中心，武汉，430074；2. 中国气象科学研究院，北京，100081；
3. 南京信息工程大学气象灾害预报预警与评估协同创新中心，南京，210044；
4. 武汉中心气象台，武汉，430074)

摘　要　基于湖北省76个气象站1961—2016年逐日降水资料、2004—2016年主汛期(6—8月)主要暴雨过程的灾情资料以及《降雨过程强度等级》行业标准，通过灰色关联法和曲线拟合法，针对强降水过程，构建湖北省暴雨洪涝灾害脆弱性曲线模型，其中2004—2015年数据用于模型的构建和回代检验，2016年数据用于模型的外延预评估，以期定量化评估强降水过程造成的暴雨洪涝灾害的影响。结果表明：以受灾面积比重、受灾人口比重、直接经济损失比重和表征灾情综合影响的综合相对灾情指数作为脆弱性定量化评估对象，构建的湖北省暴雨洪涝灾害脆弱性曲线模型，在外延预评估中，除直接经济损失比重的一致准确率为60%外，其他指标的一致准确率均在80%以上，等级预评估检验误差均在1个等级以内，模型评价效果较好。

关键词　暴雨洪涝灾害；脆弱性曲线；湖北

湖北省位于长江中下游地区，人口密集，是中国经济高度发达的地区之一。受东亚季风的影响，降水过程频繁，暴雨日数多，有“洪水走廊”之称，是中国易发生洪涝的地区之一，几乎每年都会遭到不同程度的洪涝灾害影响，洪灾已经成为制约国民经济发展的主要因素(李茂松等，2004；刘可群 等，2007；陈波 等，2010；卞洁 等，2011；周悦 等，2016)。在气候变化背景下，自然灾害风险及其造成的损失有增加的趋势(World Bank，2006)，随着全球经济一体化的深入，自然灾害的脆弱性将越发敏感。经济一体化的深入一方面促进了社会经济的发展与进步，另一方面也产生了不利因素，比如某个国家或地区发生自然灾害时，全球经济都会受到影响。因此，对湖北省暴雨洪涝灾害进行脆弱性定量化评估，对防洪救灾工作的开展具有非常重要的意义。

脆弱性定量化研究是自然灾害风险评估的重要环节，在基于历史灾情的脆弱性定量化研究中，脆弱性曲线的拟合是重要研究内容。脆弱性曲线又称灾损(率)曲线(函数)，用来衡量不同灾种的灾变强度与其承灾体相应损失(率)之间的关系，主要以曲线、曲面或表格的形式表现出来。脆弱性曲线模型的研究，近年来在多领域被广泛运用，成为灾情估算、风险定量分析以及风险地图编制的关键环节(史培军，2010；周瑶 等，2012)。在实际研究中，由于暴雨洪涝致灾因子和承灾体的种类多样，且区域差异大，因此，脆弱性曲线表达的方法繁多，指标种类也各不相同。从国外已有研究成果来看，洪水脆弱性曲线的研究发展已较完善，洪水危险性经常选用水深、流速、淹没时长等指标中的某个典型指标进行分析，房屋建筑和财产损失等则是最受关注的承灾体对象(Dutta et al.，2003；Scawthorn et al.，2006；Gissing et al.，2010；Kappes et

* 发表在：《中国农业气象》，2018(8)：547-557.

al.,2012;Pistrika et al.,2014)。而国内相关工作仍处于起步阶段,洪灾脆弱性曲线模型一般基于情景模拟、灾后调查或历史灾情来进行研究,且这些研究多以北京、上海、浙江余饶、温州等经济发达的城市为例构建脆弱性曲线模型(刘耀龙 等,2011;董姝娜 等,2012;权瑞松,2014;石勇,2015;莫婉媚 等,2016;郭桂祯 等,2017)。

尽管形成暴雨洪涝的灾害系统异常复杂,但其致灾因子主要是过强或过于集中的降水(郭广芬 等,2009),因此,本研究拟以降水为主导因子,参照气象行业标准《降雨过程强度等级:QX T 341—2016》建立湖北省强降水过程综合指数表征暴雨过程的综合强度,基于历史灾情构建综合相对灾情指数表征暴雨洪涝造成的灾情大小(温泉沛 等,2015),通过构建脆弱性曲线,定量化研究湖北省在暴雨洪涝灾害中的宏观脆弱性,并基于脆弱性曲线对不同强度降水过程下的可能损失进行估算,以期为湖北暴雨洪涝灾后损失评估、风险评价,以及制定相关应急预案提供参考依据。

1 资料与方法

1.1 资料来源

气象资料为1961—2016年湖北省76个县(市)国家基本气象站逐日降水量观测资料。2004—2016年主汛期(6—8月)湖北暴雨洪涝灾害灾情数据包括暴雨过程的受灾面积比重(暴雨洪涝灾害造成的农作物受灾面积与播种面积之比)、受灾人口比重(暴雨洪涝灾害造成的受灾人口和当年年末总人口之比)和直接经济损失比重(暴雨洪涝灾害造成的直接经济损失与国内生产总值之比)等,主要来源于《中国气象灾害年鉴》(中国气象局,2005—2016)、《中国农业统计资料》(中华人民共和国农业部,2005—2016)、《中国统计年鉴》(中华人民共和国国家统计局,2005—2017)以及武汉区域气候中心编制的《湖北省汛期评价》《湖北省梅雨期评价》等。

1.2 区域强降水过程的定义

强降水过程是暴雨洪涝灾害的主要致灾因子。根据气象行业标准《降雨过程强度等级》,并结合湖北省实际降雨情况,定义强降水过程的起始日为全省至少4个测站的日雨量达到暴雨强度(日雨量≥50 mm)的第一天,最后一天定义为过程结束日。

1.3 研究思路

首先,利用近46年湖北省76个国家基本气象站的逐日降水量资料构建强降水过程综合指数(RPI)模型,利用历史灾情构建暴雨洪涝过程的综合相对灾情指数(Z)模型;其次选用2004—2015年主汛期(6—8月)的湖北省24次暴雨洪涝过程的RPI作为自变量,各灾情因子、Z作为因变量来建立脆弱性曲线模型;最后利用脆弱性曲线模型对2004—2015年主汛期湖北24次强降水过程造成的受灾人口比重、受灾面积比重、直接经济损失比重和综合灾情指数进行计算,得到的灾情等级进行回代评估检验,对2016年主汛期5次暴雨洪涝过程的灾害发生等级进行预评估检验。

2 结果与分析

2.1 湖北暴雨洪涝灾害脆弱性评估模型的构建

2.1.1 强降水过程综合指数的计算

(1)降雨强度(R)及其指数(I)

计算降雨过程中降雨强度指数,一要考虑降雨过程日平均降雨量,二要考虑过程日最大降雨量,因此,将降雨强度(R)定义为:日雨量达表1标定区间的测站日最大雨量平均值和过程雨量平均值的加权平均,权重取0.5。

$$R=\frac{\sum_{i=1}^{n}(r_{\max})_i+\sum_{i=1}^{n}\left[\frac{\sum_{j=1}^{m}r_j}{m}\right]_i}{2n} \tag{1}$$

式中,n 为按照强降水过程定义选取的测站数(个);i 的取值范围在$[1,n]$;$(r_{\max})_i$ 为该强降水过程中第 i 个测站最大日雨量值(mm);m 为强降水过程的持续时间(d);j 的取值范围在$[1,m]$;r_j 为该强降水过程中第 i 个测站第 j 天日雨量(mm)。依据《降雨过程强度等级》中降雨强度及其指数的划分并结合湖北情况,将降雨强度(R)及其指数(I)划分为4个等级,见表1。

表1 区域强降水过程降雨强度指数(I)的赋值标准

降雨强度(R,mm·d^{-1})	I 值
≥80.0	1
[60.0,80.0)	2
[40.0,60.0)	3
[20.0,40.0)	4

(2)覆盖范围(C_p)及其指数(C)

降雨覆盖范围指达到表1定义的降雨强度的测站占评估区域测站总数的比例。即

$$C_p=n/N \tag{2}$$

式中,n 为按照强降水过程定义选取的所有测站数(个);N 为评估区测站总数(76个)。根据《降雨过程强度等级》中覆盖范围及其指数的划分并结合湖北情况,对降雨覆盖范围及其指数进行划分,见表2。

表2 降雨覆盖范围指数(C)的等级划分

覆盖范围(C_p,%)	C 值
≥70	1
[40,70)	2
[20,40)	3
(0,20)	4

(3)持续时间(D)及其指数(T)

强降水过程开始至结束的时间定义为降雨过程持续时间。根据强降水过程定义,对湖北

省 1961—2016 年 76 个国家基本气象站资料进行分析，计算得到 842 个强降水过程。由图 1 可见，湖北省强降水过程持续 4 d 及以上的仅占总过程的 2.7%，持续 1～2 d 的占总过程的 90.8%(图 1)，故对持续时间指数进行划分如表 3。

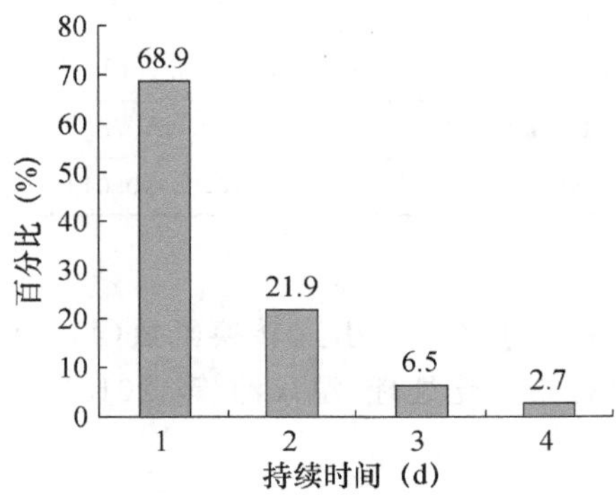

图 1　湖北省 1961—2016 年不同持续天数的强降水过程出现频率

表 3　强降水过程持续时间指数(T)的等级划分

持续时间(d)	T 值
≥4	1
3	2
2	3
1	4

(4)强降水过程综合指数(RPI)

综合考虑降雨强度指数、覆盖范围指数以及持续时间指数，建立强降水过程综合指数(RPI)，即

$$RPI = I \times C \times T \tag{3}$$

根据 RPI 大小对强降水过程综合指数进行等级划分，见表 4。

表 4　湖北省强降水过程综合指数(RPI)等级划分

RPI	等级	严重程度
$1 \leqslant RPI \leqslant 6$	Ⅰ	特强
$6 < RPI \leqslant 16$	Ⅱ	强
$16 < RPI \leqslant 36$	Ⅲ	较强
$36 < RPI \leqslant 64$	Ⅳ	中等

2.1.2　暴雨洪涝灾害综合相对灾情指数计算

(1)灾情因子计算

参照于庆东等(1997)的相对灾情单指标分级标准，得到洪涝灾害的 5 个等级：巨灾、大灾、中灾、小灾和微灾。各指标及分级标准见表 5。

表 5　单一指标灾害分级标准

等级	受灾面积比重(PAA,%)	受灾人口比重(PAP,%)	直接经济损失比重(PEL,%)
巨灾	(40,100]	(40,100]	(10,+∞)
大灾	(4,40]	(4,40]	(1,10]
中灾	(0.4,4]	(0.4,4]	(0.1,1]
小灾	(0.04,0.4]	(0.04,0.4]	(0.01,0.1]
微灾	(0.004,0.04]	(0.004,0.04]	(0.004,0.01]

(2)灾情指数计算

针对受灾面积比重和受灾人口比重 x 引入转换函数(4)、直接经济损失比重 y 引入转换函数(5)对表 5 的分级标准进行指数化处理(温泉沛 等,2015),单项指标转换函数对应的洪涝灾害等级如表 6 所示。

$$U(x)=\begin{cases}0.8+\dfrac{1}{300}(x-40) & 40<x\leqslant 100\\ 0.2\lg(10^3x/4) & 0.004<x\leqslant 40\\ 0 & x\leqslant 0.004\end{cases}\tag{4}$$

$$U(z)=\begin{cases}0.8+\dfrac{1}{300}(4y-40) & 10<y\leqslant 25\\ 0.2\lg(10^3y) & 0.001<y\leqslant 10\\ 0 & y\leqslant 0.001\end{cases}\tag{5}$$

表 6　单一灾情指数的分级标准

等级	转换函数值	等级	转换函数值
巨灾	(0.8,1.0]	小灾	(0.2,0.4]
大灾	(0.6,0.8]	微灾	(0,0.2]
中灾	(0.4,0.6]		

(3)综合相对灾情指数计算

利用各单项指标的指数序列(无量纲值)进行灰色关联分析,建立综合相对灾情指数(Z)计算模型(温泉沛等,2015),将关联度 r_{0i} 定义为综合相对灾情指数(Z)。计算式为

① 计算关联系数 $\xi_{0i}(j)$

$$\xi_{0i}(j)=\frac{1}{1+\Delta_{0j}(j)}\tag{6}$$

式中,$\Delta_{0j}(j)$表示比较序列 U_i 的第 j 项指标与参考序列 U_0 的绝对差值。绝对差值越大,说明该单项指标与参考序列中的同项指标的距离就越大,关联系数就越小;反之亦然。$\Delta_{0j}(j)$的取值区间为[0,1],关联系数的取值区间为[0.5,1]。

② 计算关联度 r_{0i}

$$r_{0i}=\frac{1}{m}\sum_{j=1}^{m}\xi_{0i}(j)\tag{7}$$

采用等权处理,将 m 个关联系数都体现在一个值上,即关联度。由此可知关联度是比较序列与参考序列各项指标的关联系数总和的平均值,集中反映了比较序列与参考序列的关联

程度。计算得到 Z 的范围为 0.5～1，指数越大表示强降水过程造成的灾情越严重。Z 与灾害等级的对应关系见表 7。

表 7　综合相对灾情指数(Z)分级标准

等级	综合灾情指数(Z)	等级	综合灾情指数(Z)
巨灾	(0.9,1.0]	小灾	(0.6,0.7]
大灾	(0.8,0.9]	微灾	[0.5,0.6]
中灾	(0.7,0.8]		

2.1.3　暴雨洪涝灾害脆弱性曲线模型

将 2004—2015 年 6—8 月湖北省 24 次强降水过程造成的受灾面积比重、受灾人口比重、直接经济损失比重和综合相对灾情指数与其 RPI 数据进行 Pearson 相关性分析。结果表明(表 8)，这 4 个指标均通过 0.05 水平的显著性检验。因此，最终选取 *RPI* 作为致灾因子自变量，损失数据因变量包括综合相对灾情指数、受灾人口比重、受灾面积比重和直接经济损失比重。将强降水过程综合指数(*RPI*)作为暴雨洪涝强度的关键数据，将强降水过程的受灾面积比重、受灾人口比重、直接经济损失比重以及综合相对灾情指数作为暴雨洪涝灾损的关键数据，拟合暴雨洪涝强度与不同承灾体受灾情况的关系曲线，即脆弱性曲线。

表 8　*RPI* 与各灾损失数据的相关性分析(Pearson 相关)

损失数据	*RPI*	损失数据	*RPI*
受灾面积比重 PAA	−0.52**	直接经济损失比重 PEL	−0.41*
受灾人口比重 PAP	−0.56**	综合相对灾情指数 Z	−0.66***

注：*、**、***分别表示相关系数通过 0.05、0.01、0.001 的显著性水平检验。下同。

构建的脆弱性曲线模型对灾害发生等级的评估准确率检验包括两部分：回代及外延预评估检验。对历史强降水过程由模型统计得到的回代和预评估与由指标统计得到的实际值进行对比，分别定义“一致”准确率(P)和“基本一致”准确率(Q)，即

$$P=\frac{n_1}{N_1} \tag{8}$$

式中，n_1为回代评估(或等级外延预评估)准确的样本量，N_1为回代总数评估(或外延预评估总数)。

$$Q=\frac{n_2}{N_1} \tag{9}$$

式中，n_2为回代评估(或等级外延预评估)与实际值相差在 1 个等级以内的预测样本量，N_1为回代总数评估(或外延预评估总数)。

2.2　湖北暴雨洪涝灾害脆弱性评估模型的应用和检验

2.2.1　强降水过程指数

利用 2004—2016 年湖北省 76 站逐日降水资料，对湖北省强降水过程进行统计，结果发现，建立暴雨洪涝灾害脆弱性曲线模型选取的 2004—2015 年主汛期(6—8 月)24 次强降水过程中，综合指数评价结果为“强”和“特强”的有 17 次(表 9)，据此建立暴雨洪涝灾害脆弱性曲

线模型；2016 年 6—8 月强降水过程综合指数评价结果为"强"和"特强"的有 5 次（表 9），用来检验暴雨洪涝灾害脆弱性曲线模型的应用效果。

表 9　2004—2016 年 6—8 月湖北省主汛期强降水过程指数计算结果

开始/结束日期 (yyyy-mm-dd)	降雨强度 $R(\text{mm}\cdot\text{d}^{-1})$	覆盖范围 C_p(%)	持续时间 D(d)	综合指数 RPI	RPI 等级
2004-06-14/06-15	40.2	78.9	2	9	Ⅱ
2004-07-10/07-11	52.57	69.7	2	18	Ⅲ
2004-07-16/07-19	67.69	77.6	4	2	Ⅰ
2005-06-26/06-27	69.29	48.7	2	12	Ⅱ
2005-07-09/07-11	56.42	93.4	3	6	Ⅰ
2005-08-03/08-03	51.04	46.1	1	24	Ⅲ
2007-06-22/06-23	46.77	43.4	2	18	Ⅲ
2007-07-09/07-09	38.92	22.4	1	48	Ⅳ
2007-07-12/07-14	61.36	89.5	3	4	Ⅰ
2008-07-21/07-23	62.47	71.1	3	4	Ⅰ
2008-08-14/08-16	69.29	88.2	3	4	Ⅰ
2008-08-29/08-30	64.46	82.9	2	6	Ⅰ
2009-06-29/06-30	77.19	76.3	2	6	Ⅰ
2010-06-08/06-08	56.27	90.8	1	12	Ⅱ
2010-07-04/07-05	46.72	47.4	2	18	Ⅲ
2010-07-08/07-14	68.66	86.8	7	2	Ⅰ
2011-06-09/06-10	63.67	50	2	12	Ⅱ
2011-06-14/06-14	75.67	85.5	1	8	Ⅱ
2011-06-18/06-18	83.96	86.8	1	4	Ⅰ
2012-06-26/06-28	59.81	65.8	3	12	Ⅱ
2012-08-05/08-05	45.61	23.7	1	36	Ⅲ
2013-07-06/07-06	70.81	43.4	2	12	Ⅱ
2014-07-12/07-12	41.31	61.8	1	24	Ⅲ
2015-06-01/06-02	56.75	72.4	2	9	Ⅱ
2016-06-19/06-20	80.76	68.4	2	6	Ⅰ
2016-06-24/06-25	55.2	78.9	2	9	Ⅱ
2016-06-28/06-28	83.58	27.6	1	12	Ⅱ
2016-06-30/07-04	97.58	86.8	5	1	Ⅰ
2016-07-19/07-20	81.41	65.8	2	6	Ⅰ

注：R 为降雨强度，C_p为覆盖范围，D 为持续时间，RPI 为强降水过程综合指数。下同。

2.2.2　综合灾情评估

由表 10 可以看出，这 29 次强降水过程中的综合相对灾情指数为 0.6～0.8，灾害集中于小灾以及中灾等级，分别占75.9%和24.1%。2016年6月30日—7月4日的强降水过程造成的受灾最为严重，受灾人口比重、受灾面积比重以及直接经济损失比重也是历次过程中最高的，其综合相对灾情指数达0.77，其次是2010年7月8—14日。

表10　2004—2016年6—8月湖北省主汛期强降水过程的受灾情况及综合相对灾情指数

开始/结束日期 (yyyy-mm-dd)	受灾人口比重 *PAP*(%)	受灾面积比重 *PAA*(%)	直接经济损失比重 *PEL*(%)	综合相对灾情指数 *Z*
2004-06-14/06-15	2.43	0.57	0.021	0.6425
2004-07-10/07-11	5.62	1.17	0.073	0.6687
2004-07-16/07-19	9.97	3.91	0.389	0.7167
2005-06-26/06-27	2.00	1.35	0.065	0.6528
2005-07-09/07-11	6.44	3.19	0.134	0.6845
2005-08-03/08-03	2.34	1.39	0.039	0.6564
2007-06-22/06-23	6.12	2.65	0.108	0.6845
2007-07-09/07-09	1.45	0.6	0.021	0.6266
2007-07-12/07-14	8.11	5.38	0.164	0.7028
2008-07-21/07-23	5.27	3.64	0.117	0.6845
2008-08-14/08-16	5.14	3.08	0.095	0.6845
2008-08-29/08-30	9.22	6.22	0.221	0.7167
2009-06-29/06-30	11.23	5.43	0.117	0.7028
2010-06-08/06-08	4.98	2.59	0.034	0.6723
2010-07-04/07-05	1.69	0.89	0.02	0.6405
2010-07-08/07-14	14.95	13.72	0.52	0.735
2011-06-09/06-10	2.36	1.01	0.093	0.6687
2011-06-14/06-14	2.56	1.45	0.064	0.6687
2011-06-18/06-18	7.49	4.49	0.071	0.7028
2012-06-26/06-28	1.73	1.21	0.017	0.6296
2012-08-05/08-05	2.18	0.79	0.143	0.6528
2013-07-06/07-06	3.66	2.32	0.058	0.6845
2014-07-12/07-12	0.58	0.34	0.012	0.6019
2015-06-01/06-02	1.67	1.16	0.063	0.6528
2016-06-19/06-20	6.12	2.98	0.077	0.6845
2016-06-24/06-25	1.04	0.55	0.019	0.6266
2016-06-28/06-28	1.46	1.19	0.014	0.6296
2016-06-30/07-04	22.9	16.87	0.997	0.7723
2016-07-19/07-20	5.33	3.75	0.285	0.6984

2.2.3　暴雨洪涝灾害脆弱性曲线模型

利用湖北省2004—2015年6—8月24次强降水过程的*RPI*值(强降水过程综合指数)，

与其相应的强降水过程造成的受灾人口比重、受灾面积比重、直接经济损失比重以及综合相对灾情指数分别进行拟合，得到基于强降水过程的暴雨洪涝灾害脆弱性曲线，见图 2。由图 2 可见，*RPI* 与受灾人口比重、受灾面积比重、直接经济损失比重以及综合相对灾情指数间均为幂函数关系，方程的决定系数(R^2)均大于 0.6，相关系数均通过 0.05 的显著性水平检验，具有较高拟合度。

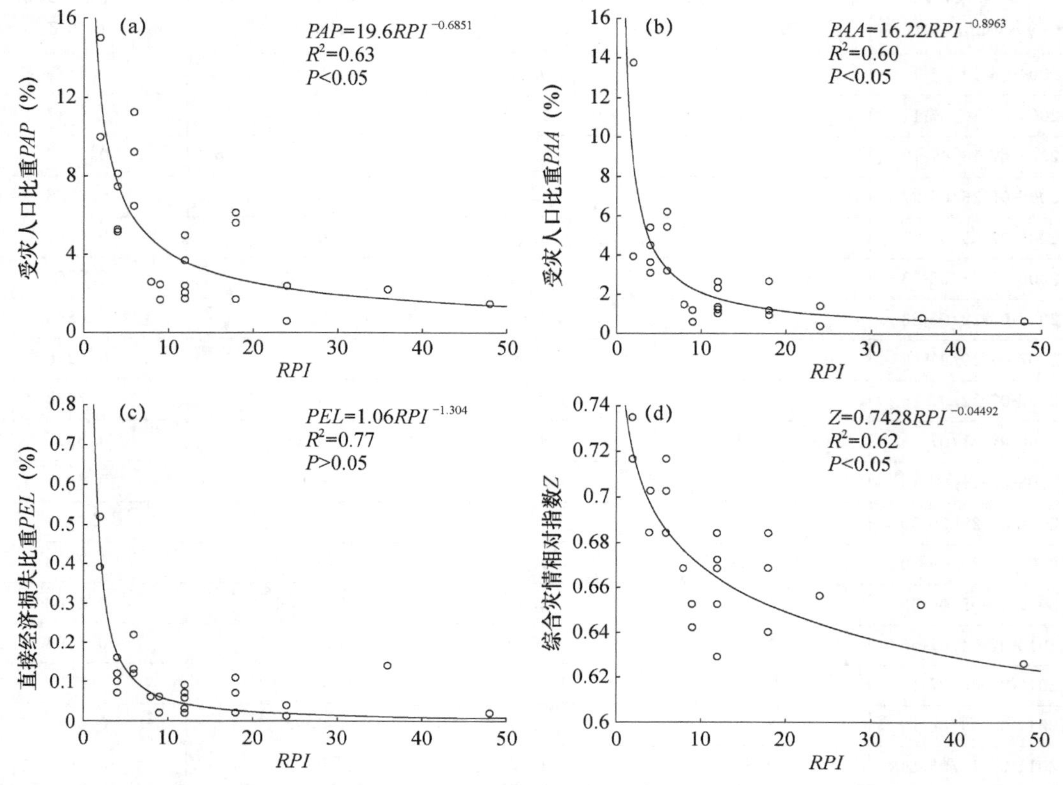

图 2　湖北省暴雨洪涝灾害脆弱性曲线

2.2.4　暴雨洪涝灾害脆弱性曲线模型的检验

利用建立的脆弱性曲线模型对 2004—2015 年主汛期湖北强降水过程造成的受灾人口比重、受灾面积比重、直接经济损失比重和综合灾情指数进行计算，发生的灾情等级进行回代评估检验，对 2016 年主汛期的灾害发生等级进行预评估，与实际分级结果进行对比，等级无相差的为“一致”，相差 1 个等级的为“基本一致”，结果见表 11。由表可见，2004—2015 年主汛期湖北 24 次强降水过程造成的受灾人口比重、受灾面积比重、直接经济损失比重和综合灾情指数模拟等级与实际等级相同的强降水过程分别为 18、18、19 和 20 个，回代评估检验“一致”的准确率分别为 75％、75％、79.2％和 83.3％，模拟结果与实际等级误差为 1 级的过程分别为 6、6、5 和 4 个，回代评估达“基本一致”的准确率均为 100％。

2016 年 5 次强降水过程引发洪涝灾害造成的受灾人口比重、受灾面积比重、直接经济损失比重和综合灾情指数 Z 的预评估等级与实际等级之间的外延预评估“一致”准确率分别为 80％、100％、60％和 100％，外延预评估在“基本一致”以上的准确率均为 100％。

表 11 依据模型模拟因子划分的灾害等级与实际灾害等级的相差级数

开始/结束日期 (yyyy-mm-dd)	受灾人口比重 *PAP*(%)	受灾面积比重 *PAA*(%)	直接经济损失比重 *PEL*(%)	综合相对灾情指数 *Z*
2004-06-14/06-15	1	0	0	0
2004-07-10/07-11	1	0	0	0
2004-07-16/07-19	0	1	0	0
2005-06-26/06-27	0	0	0	0
2005-07-09/07-11	0	0	0	0
2005-08-03/08-03	0	0	0	0
2007-06-22/06-23	1	0	1	0
2007-07-09/07-09	0	0	1	0
2007-07-12/07-14	0	0	0	1
2008-07-21/07-23	0	1	0	0
2008-08-14/08-16	0	1	1	0
2008-08-29/08-30	0	1	0	1
2009-06-29/06-30	0	1	0	1
2010-06-08/06-08	1	0	0	0
2010-07-04/07-05	0	0	0	0
2010-07-08/07-14	0	0	0	0
2011-06-09/06-10	0	0	0	0
2011-06-14/06-14	1	0	0	0
2011-06-18/06-18	0	0	1	1
2012-06-26/06-28	0	0	0	0
2012-08-05/08-05	0	0	1	0
2013-07-06/07-06	0	0	0	0
2014-07-12/07-12	0	1	0	0
2015-06-01/06-02	1	0	0	0
2016-06-19/06-20	0	0	1	0
2016-06-24/06-25	1	0	0	0
2016-06-28/06-28	0	0	0	0
2016-06-30/07-04	0	0	1	0
2016-07-19/07-20	0	0	0	0

3 结论与讨论

以湖北省为例，选取强降水过程综合指数(*RPI*)作为致灾因子自变量，损失数据因变量包括受灾人口比重、受灾面积比重、直接经济损失比重和表征灾情综合影响的综合相对灾情指数，构建的湖北省暴雨洪涝灾害脆弱性曲线模型的回代评估检验一致准确率均为70%以上，外延预评估一致准确率除直接经济损失比重为60%，其他均在80%以上，并且回代评估和外延评估的结果与实际等级误差均在1级以内，评价效果较好。

考虑到脆弱性曲线分析的时效性、暴雨洪涝灾害发生的主要时段以及灾情数据的不完备性，强降水过程造成的洪涝灾情数据资料采用2004—2016年主汛期(6—8月)，所以研究结果对2016年以后的暴雨洪涝灾害的宏观脆弱性评估将更为适用。

相较于基于重现期或情景模式建立的暴雨洪涝灾害脆弱性曲线模型(石勇，2015；杨佩国2016)，基于强降水过程的湖北省暴雨洪涝灾害脆弱性曲线模型的建立，时间尺度上将更为精细化，且在业务中更易于推广。

RPI 在评估湖北省强降水过程的综合强度中，对于强降水过程起止时间和过程强度的评估基本合理，但对于主雨带的多次叠加重合方面的表达存在不足，下一步将加强相关研究，以进一步提高暴雨洪涝灾害脆弱性评价曲线的准确性。

基于历史灾情数据构建的脆弱性曲线模型，由于灾情指标的特点，利于评估或比较灾害中区域间的宏观脆弱性(杨佩国 等，2016)，但在不同区域之间推广还需注意区域差异并进行修正(石勇 等，2009；Pistrika et al.，2014)，另外，若要涉及更精细的地域尺度或更细化的指标，可以结合模型模拟或系统调查(权瑞松，2014；曹诗嘉 等，2016；颜廷武 等，2017)来进行研究分析，针对脆弱性高敏感区或高脆弱性承灾体的研究将是对本研究的很好补充。今后还应不断加入最新强降水过程的灾情信息，提高脆弱性曲线模型的准确性。

参考文献

卞洁，李双林，何金海，2011. 长江中下游地区洪涝灾害风险性评估[J]. 应用气象学报，22(5)：604-611.

曹诗嘉，方伟华，谭骏，2016. 基于海南省“威马逊”及“海鸥”台风次生海岸洪水灾后问卷调查的室内财产脆弱性研究[J]. 灾害学，31(2)：188-195.

陈波，史瑞琴，陈正洪，2010. 近45年华中地区不同级别强降水事件变化趋势[J]. 应用气象学报，21(1)：47-54.

董姝娜，姜鎏鹏，张继权，等，2012. 基于“3S”技术的村镇住宅洪灾脆弱性曲线研究[J]. 灾害学，27(2)：34-38.

郭广芬，周月华，史瑞琴，等，2009. 湖北省暴雨洪涝致灾指标研究[J]. 暴雨灾害，28(4)：357-361.

郭桂祯，赵飞，王丹丹，2017. 基于脆弱性曲线的台风-洪涝灾害链房屋倒损评估方法研究[J]. 灾害学，32(4)：94-97.

李茂松，李森，李育慧，2004. 中国近50年洪涝灾害灾情分析[J]. 中国农业气象，25(1)：40-43.

刘可群，陈正洪，张礼平，等，2007. 湖北省近45年降水气候变化及其对旱涝的影响[J]. 气象，33(11)：58-64.

刘耀龙，陈振楼，王军，等，2011. 经常性暴雨内涝区域房屋财(资)产脆弱性研究：以温州市为例[J]. 灾害学，26(2)：66-71.

莫婉媚，方伟华，2016. 浙江省余姚市室内财产洪水脆弱性曲线：基于台风菲特(201323)灾后问卷调查[J]. 热带地理，36(4)：633-641.

权瑞松，2014. 基于情景模拟的上海中心城区建筑暴雨内涝脆弱性分析[J]. 地理科学，34(11)：1399-1402.

石勇，2015. 城市居民住宅的暴雨内涝脆弱性评估：以上海为例[J]. 灾害学，30(3)：94-98.

石勇，许世远，石纯，等，2009. 洪水灾害脆弱性研究进展[J]. 地理科学进展，28(1)：41-46.

史培军，2010. 中国自然灾害风险地图集[M]. 北京：科学出版社.

中国气象局政策法规司，2017. 降雨过程强度等级：QX/T 341—2016[S]. 北京：气象出版社.

温泉沛，霍治国，周月华，等，2015. 南方洪涝灾害综合风险评估[J]. 生态学杂志，34(10)：2900-2906.

颜廷武，张童朝，张俊飚，2017. 特困地区自然灾害脆弱性及其致贫效应的调查分析[J]. 中国农业气象，38(8)：526-536.

杨佩国，靳京，赵东升，2016. 基于历史暴雨洪涝灾情数据的城市脆弱性定量研究[J]. 地理科学，36(5)：733-739.

于庆东，沈荣芳，1997. 自然灾害综合灾情分级模型及应用[J]. 灾害学，12(3)：12-17.

中国气象局，2005—2016. 中国气象灾害年鉴[M]. 北京：气象出版社.

中华人民共和国国家统计局，2005—2017. 中国统计年鉴[M]. 北京：中国统计出版社.

中华人民共和国农业部，2005—2016. 中国农业统计资料[M]. 北京：中国农业出版社.

周瑶，王静爱，2012. 自然灾害脆弱性曲线研究进展[J]. 地球科学进展，27(4)：435-442.

周悦，周月华，叶丽梅，等，2016. 湖北省旱涝灾害致灾规律的初步研究[J]. 气象，42(2)：221-229.

Dutta D, Herath S, Musiake K, 2003. A mathematical model for flood loss estimation [J]. Journal of Hydrology, 277(1): 24-49.

Gissing A, Blong R, 2010. Accounting for variability in commercial flood damage estimation[J]. Australian Geographer, 35(2): 209-222.

Kappes M S, Keliler M, von Elverfeldt K, et al, 2012. Challenges of analyzing multi-hazard risk: a review[J]. Natural Hazards, 64(2): 1925-1958.

Pistrika A, Tsakiris G, Nalbantis I, 2014. Flood depth-damage functions for built environment [J]. Environmental Processes, 1(4): 553-572.

Scawthorn C, Flores P, Blais N, et al, 2006. HAZUS-MH flood loss estimation methodology II: damage and loss assessment[J]. Natural Hazards Review, 7(2): 72-81.

World Bank, 2006. Hazards of nature. risk to development: an IEG evaluation of World Bank assistance for natural disaster[R]. Washington DC: World Bank.

5　旱涝的影响及防御

西北干旱区气候暖湿化的进程和多尺度特征及其对生态植被的影响*

张 强[1,2] 杨金虎[3] 王 玮[1] 马鹏里[3] 卢国阳[3] 刘晓云[1] 于海鹏[4] 方 锋[3]

(1. 中国气象局兰州干旱气象研究所/甘肃省干旱气候变化与减灾重点实验室/中国气象局干旱气候变化与减灾重点开放实验室，兰州，730020；2. 甘肃省气象局，兰州，730020；3. 兰州区域气候中心，兰州，730020；4. 中国科学院西北生态环境资源研究院，兰州，730000)

摘 要 中国西北干旱区气候变化及其对生态环境的影响是一个十分重要的科学问题，由于有研究发现西北干旱区气候暖湿化现象，这一问题更是受到了各方的高度关注。但至今对于这种暖湿化趋势的进程和尺度特征并不清楚，对生态环境响应气候暖湿化规律的认识也十分有限，对这种暖湿化现象的形成机制和未来长远影响也缺乏深入讨论。本文利用卫星遥感数据、常规观测数据和CMIP6模式集成数据，系统分析了西北干旱区暖湿化的进程和尺度特征及其对生态植被的影响。结果发现，在西北干旱区，近60年来不仅温度和降水均呈显著增加趋势，而且降水增加趋势还在明显加剧。即使考虑了降水和温度综合影响的干燥度指数，变化趋势同样在明显减少，变湿趋势也在不断加剧。从暖湿化的空间分布来看，温度增加趋势在全区域表现一致，而降水增加趋势分布在全区域93.4%的范围，这说明暖湿化趋势在西北干旱区具有空间一致性。从多时间尺度的贡献来看，气候暖湿化以趋势变化和年际变化贡献为主，温度增加的趋势变化贡献大于年际，而降水增加的年际变化贡献大于趋势。当前的气候暖湿化总体有利于生态植被生长，自20世纪80年代以来82.4%的区域植被长势向好发展。从长期趋势看植被指数总体与降水和温度均呈现显著正相关，从年际波动看植被指数对降水的响应更显著，但在不同土地利用类型区域植被对温度和降水的响应特征具有明显差异性。从温度和降水的协同作用看，暖湿匹配的气候类型最有利于植被生长，而冷干匹配的气候类型则相反。西北干旱区气候暖湿化趋势很可能与西风环流和上升运动有所增强有关。预估这种暖湿化趋势在21世纪期间可能还会持续，但会有所减弱，很难改变西北干旱区的基本气候形态。该研究对“一带一路”建设及加快新时代推进西部大开发战略具有重要科学参考意义。

关键词 西北干旱区；暖湿化趋势；生态植被；多尺度；协同影响

1 引言

我国西北干旱区地处中纬度地带，地形复杂，多戈壁和沙漠地貌，是全球典型的气候变化敏感区和生态环境脆弱区，在全球气候环境系统中具有一定独特地位(张强 等，2010)。该区域生态环境和水资源等对气候变化的响应十分显著，气候变化对自然环境和社会经济发展的影响均十分突出。因此该地区的气候变化及其对生态环境的影响问题一直是我国政府和科学家关注的热点问题(叶笃正 等，1991；钱正安 等，2001)。

以往已有不少对西北干旱区气候变化的研究工作(徐国昌，1997；李栋梁 等，2003)，曾在

* 《气象学报》(英文版)，2020，待刊.

相当长的时间内主流观点一直认为20世纪西北干旱区气候总体表现为变干趋势，虽然也有一些研究给出了降水增加的现象(翟盘茂 等，1999)，但并未引起真正的重视。直到21世纪初，施雅风先生(2002)敏锐地提出了西北干旱区气候从暖干向暖湿转型的科学认识，引起了社会各界普遍关注，并带动了科学界对西北地区气候变化研究的一时热潮。不过，由于当时降水增加时段还比较短，增加幅度也比较小，再加之温度升高引起的蒸散增强对降水增加的部分抵消作用，以及缺乏对降水增加机制具有说服力的科学解释，当时对西北干旱区气候暖湿化问题并未形成广泛共识(张强，2010)。

近年来，对西北干旱区气候暖湿化问题的研究又取得了新进展(马柱国 等，2018)，有研究(任国玉 等，2016)利用实测资料分析表明，西北干旱区近60年以来降水一直呈现为显著上升趋势。张强等(2019)也认为到目前为止西北地区西部汛期降水一直呈现增加趋势，与其东部半干旱区汛期降水呈跷跷板变化特征。并且，还有研究认为在不同区域、不同季节植被对温度和降水的时滞响应存在明显差异(韦振锋 等，2014；周梦甜等)，且植被同温度和降水之间的相关性随着时间尺度的增大会更加显著(贾俊鹤 等，2019)。总之，目前西北干旱区降水增加趋势期已超过了30年的气候态平均时段，降水增加幅度也已比较明显，对生态植被的影响也逐渐显现出来，这使得各界对西北干旱区的暖湿化趋势有了比以往更加充分的认可，对其影响的广泛性和深远性也空前地高度重视。

然而，西北干旱区气候变化是个比较复杂的问题，其暖湿化过程并非是线性进程和受单一尺度控制，而很可能会表现为非线性过程和多尺度作用。降水增加趋势可能会表现加速或减速，甚至会出现突变性变化。而且，引起气候要素变化的因子可能是多时间尺度的，且不同气候要素变化的影响因子也会很不相同，这背后隐藏着驱动气候变化的各类因子的尺度特征。同时，西北干旱区植被在气候变化中充当着指示器的作用(郑玉坤，2002)，它对温度和降水等气候因子的变化非常敏感(Nemani et al.，1984)。由于植被生理生态特征与气候水热特征的耦合性和最佳匹配性问题，气候变化对生态植被的影响往往是双刃剑。它们之间并不是简单的单向和单一因子之间的作用关系，往往受气候背景和植被类型及气候要素之间协同作用所制约(Fang et al.，2004)。另外，西北干旱区气候变化不仅受不同大气环流系统的影响，而且还受其南面青藏高原的多重作用，区域内陆-气相互作用也是不能忽视的重要因素。另外，当前国际上普遍流行的“干的地区会变得更干，而湿的地区会变得更湿”的学术观点(Nicholson et al.，1998)及对其成因的解释(Nicholson et al.，2001)也是对西北干旱区气候暖湿化问题研究的巨大挑战。

至今，对于西北干旱区暖湿化趋势的程度在加速还是在减缓以及在暖湿化过程中受什么时间尺度因子的控制等问题并不清楚，关于气候暖湿化过程中温度和降水变化对不同土地利用类型区生态植被影响特征的认识也十分有限，对西北干旱区暖湿化现象的形成机制还远远缺乏科学明确的结论，西北干旱区暖湿化现象未来是否会持续及其有何长远影响也缺乏深入讨论。

基于此，本文试图将卫星遥感数据、常规观测数据和CMIP6模式集成数据结合起来，深入分析西北干旱区暖湿化的进程和尺度特征，研究在当前暖湿化趋势下温度和降水对生态植被的协同影响特征，探讨西北干旱区气候暖湿化的形成机制和未来发展趋势，为制定西北干旱区长远发展规划和加快新时代推进西部大开发战略实施提供基础科技支撑。

2 研究资料与方法

2.1 研究区域

西北干旱区是指如图 1 所示的多年平均降水量在 250 mm 以下的区域(Huang et al., 2017a),包括新疆维吾尔自治区全境、甘肃河西走廊、青海柴达木盆地和祁连山地区、内蒙古阿拉善高原及黄河宁夏段以西的宁夏回族自治区部分,总面积约为 280 万 km^2,约占全国陆地面积的 27.3%。该区域地形地貌复杂多样,不仅有天山、阿尔泰山、昆仑山及祁连山等高大山脉,而且还分布着塔里木、准噶尔、柴达木等内陆盆地和河西走廊以及塔克拉玛干沙漠、古尔班通古特沙漠、腾格里沙漠和巴丹吉林沙漠等四大沙漠和大片戈壁区域。区域内植被状况较差,有限植被主要分布在高山和绿洲区域,荒漠约占 65.13%,草地和耕地仅分别占 25.10% 和 2.07%。

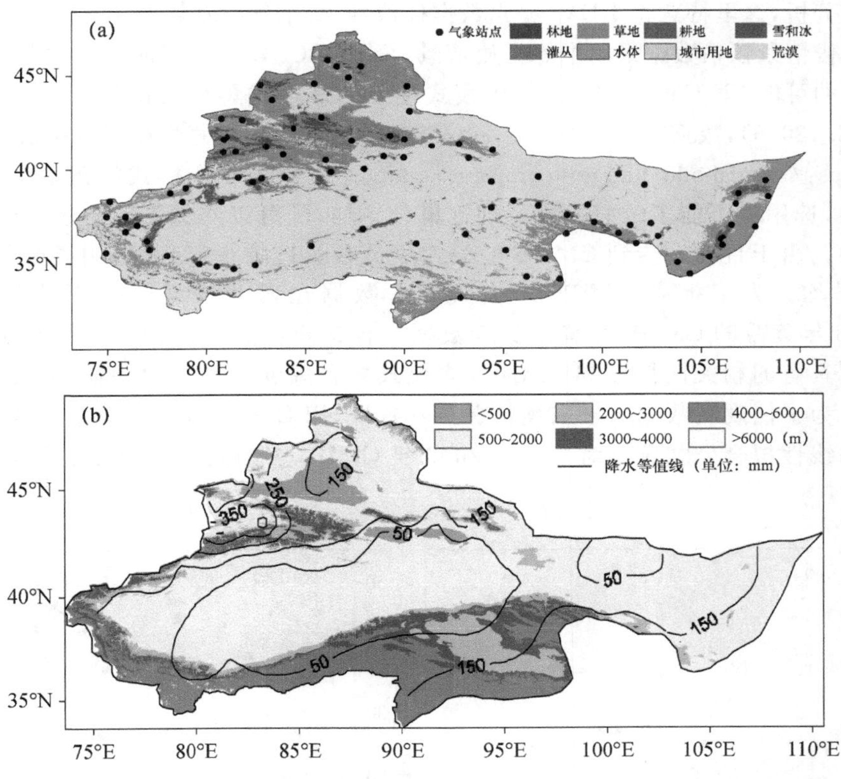

图 1 研究区域植被类型和气象站点分布(a)以及地理高程和降水等值线分布(b)

2.2 研究资料

本文所用资料包括气象台站常规观测数据、环流数据、卫星遥感反演的植被数据以及未来气候情景预估数据等四类。其中,气象台站常规观测数据是国家气象信息中心提供的西北干旱区 91 个站 1961—2018 年逐日平均气温、最高气温、最低气温、降水量、风速、相对湿度和日照时数等常规气象要素数据。为了保证观测数据的代表性和时间序列的一致性,资料已经过统一的质量控制和均一化订正处理(李庆祥 等,2010;杨溯 等,2014)。环流数据来自美国国家环境预报中心(NCEP)与美国国家大气研究中心(NCAR)联合制作的1961—2018年再分析高度场、风场、垂直速度场,该数据已经被众多研究所广泛应用(Kalnay et al.,1996)。

卫星遥感的植被数据来自美国国家航天航空局(NASA)全球监测与模型研究组GIMMS(Global Inventory Modeling and Mapping Studies)发布的第三代全球覆盖NDVI(Normalized Difference Vegetation Index)产品数据集(NDVI 3g)。该数据集是在NOAA系列气象卫星搭载的AVHRR(Advanced Very High Resolution Radiometer)传感器采集数据的基础上,通过轨道筛选、辐射定标、云检测、大气校正、卫星漂移校正及双向反射率分布函数(BRDF)处理后生成的全球逐日网格数据。该数据集的空间分辨率约为8 km,时间分辨率为15d,时间序列从1981年至2015年,是目前国际上时间序列最长的植被遥感资料。该数据集采用最大值合成法(Maximum Value Composite,MVC)对半月合成标准NDVI数据进行最大化处理,得到了年NDVI数据,该数据的测量误差≤±0.005(Pinzon et al.,2014)。本文为便于与温度和降水进行相关分析,这里特意将NDVI格点数据插值到91个气象站点上。

未来气候情景预估数据采用中等排放情景(SSP2-RCP4.5:与当前实际情况接近,而且在未来有实现的可能)下CMIP6 13个气候模式逐月的多模式集合数据(O'Neill et al.,2016;Eyring et al.,2016),数据时段为2015—2099年,并将集合模式的格点资料插值到91个气象台站上(https://esgf-node.llnl.gov/projects/ cmip6/)。由于单个模式的预估结果存在很大的不确定性,选用尽可能多的模式成员进行集合平均,既可以降低不确定性,同时减少内部变率的影响。由于目前上传到CMIP6的模式成员数量还较少,因此选用了全部13个模式进行集合平均。为了提高CMIP6多模式集合数据在西北地区的适用性,在图2中对2015—2018年逐月的CMIP6多模式集合数据与台站观测数据进行了相关性对比分析,发现两者之间具有的相关性很好,但CMIP6多模式集合温度略小于观测值,而降水则明显大于观测值。为了使观测数据与未来预估保持一致性,用CMIP6多模式集合数据与台站观测数据之间的线性拟合公式分别对2019—2099年CMIP6多模式集合的温度和降水数据进行了偏差订正

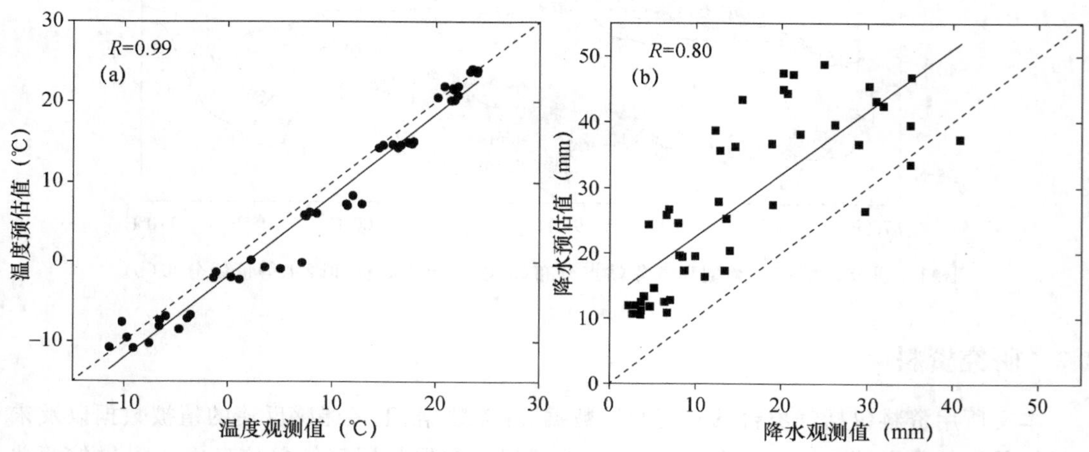

图2 CMIP6多模式集合值温度(a)和降水(b)与观测值的相关性散点图

$$T=0.96\times t_y+1.99 \tag{1}$$

$$P=0.66\times p_y-3.85 \tag{2}$$

式中，T，P 分别为 CMIP6 多模式集合温度和降水的订正值，单位分别为℃和 mm；t_y 和 p_y 分别为 CMIP6 多模式集合温度和降水的原始值，单位分别为℃和 mm。

2.3 研究方法

干燥度指数采用 Zhang 等(2016)给出的定义：

$$I_{AI}=\frac{ET_0-P_{RE}}{ET_0} \tag{3}$$

式中，ET_0为潜在蒸发量，用 Penman-Monteith 模型(Paredes et al.，2018)计算所得，单位为 mm；P_{RE}为降水量，单位为 mm；I_{AI}为干燥度。指数越大，表明气候越干燥，反之亦然。该指数已在西北干旱区做了检验，具有较好的适用性。

西风指数采用李万莉等(2008)给出的定义。该指数用 70°—110°E 经度范围内的 35°N 与 50°N 纬向平均 500hPa 高度场的差值来表示，可表示为如下公式：

$$WI=\frac{1}{17}\left[\sum_{\lambda=1}^{17}H(\lambda,35°N)-\sum_{\lambda=1}^{17}H(\lambda,50°N)\right] \tag{4}$$

式中，WI 为西风指数，单位为 gpm；H 为沿 35°N 和 50°N 纬向平均的 500hPa 高度场，单位为 gpm；λ 为沿纬圈取定的经度数，间距为 2.5°。

集合经验模态分解(ensemble empirical mode decomposition，EEMD)方法的原理是对多次分解的测量值进行平均，将适当大小的白噪音添加到原始数据里，以模拟多次观测值，然后经过多次计算后对集合进行平均，它是经验模态分解方法(EMD)的改进。EMD 方法适用于处理非平稳的数据序列，并逐级分解信号中各尺度的波动和趋势，得到本征模函数(intrinsic mode function，IMF)分量，即具有不同特征时间尺度的一系列数据序列。在信号分析中，EMD 方法具有明显的优势，但同时也存在着边缘效应以及尺度混合等缺陷。为了解决 EMD 方法的尺度混合问题，采用一种新的噪声辅助数据分析方法即 EEMD 方法，该方法的特点是引入了高斯白噪声，对集合进行平均，从而有效地避免了尺度混合，令获得的 IMF 分量具有物理上的唯一性。最重要的是，各个 IMF 分量都需要遵守两个前提：首先，整个分析时段来看，局部极值点数与过零点数需等同或顶多相差 1；其次，在任何时刻，由局部极大值与局部极小值决定的包络线平均值需等于 0。EEMD 方法已得到广泛的应用(Huang et al.，2005；Wu et al.，2009；毕硕本 等，2018)。

3 西北干旱区气候暖湿化特征

关于西北干旱区气候暖湿化趋势已有不少研究进行过分析(刘芸芸 等，2011；任国玉 等，2016)，并且已经形成了相对比较一致的认识，在这里要着重进一步揭示这种暖湿化趋势的进程和多尺度特征及其空间分布格局。

3.1 气候暖湿化的进程和空间分布

为了弄清西北干旱区暖湿化趋势的具体进程，图 3 给出了该地区 1961—2018 年温度、降水和干燥度变化特征。很显然，从总趋势看近 60 年以来温度和降水均呈一致增加趋势，温度增加率为 0.34℃/(10 a)；降水量增加率为 7.7 mm/(10 a)，这与其他研究结论大体一致(任国

玉 等,2016)。而且,近 60 年以来干燥度也在持续明显减小。这意味着,即使考虑到温度升高引起的蒸散增加对降水增加的抵消作用,只降水增加还不足以说明气候变湿趋势,而通过综合表征降水和温度协同影响的干燥度指数所表现出的减小趋势则更有说服力的证实了西北干旱区气候变湿趋势。

不过,这里更值得我们注意的是,降水和干燥度指数变化表现为明显的非线性增加或减少趋势。降水增加速度在 1961—1986 年相对平缓,大约为 3.5 mm/(10 a);而在 1986 年之后增速显著加快,大约为 10.2 mm/(10 a);干燥度指数在 1961—1986 年减少速度很小,但在 1986 年之后减小速度显著加快。很显然,降水和干燥度指数的变化特征均表现出明显的非线性变化趋势,降水增加得越来越剧烈,而干燥度指数减少得越来越剧烈,这在图 3 中给出的降水和干燥度的年代际变化特征中也有类似的表现。

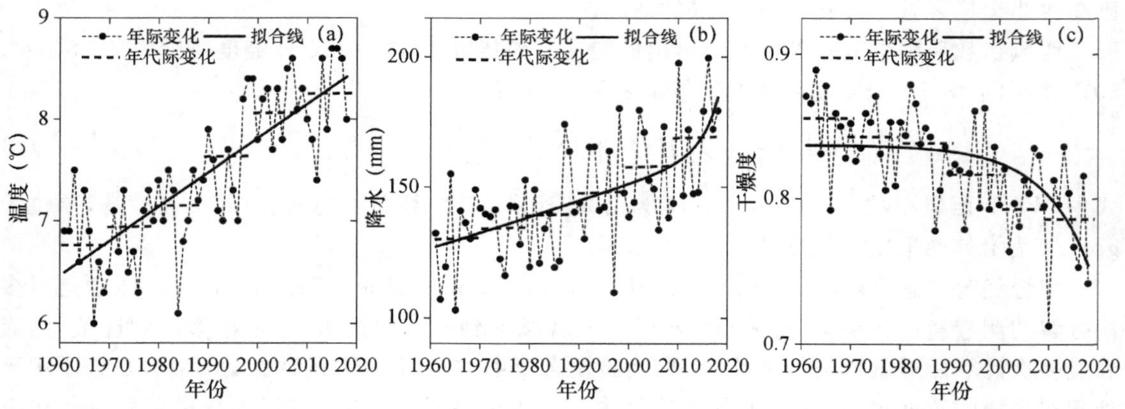

图 3 1961—2018 年温度(a)、降水(b)及干燥度指数(c)变化特征

这种增加或减少趋势不断加剧的变化特点在图 4 给出的 1961—1990 年与 1991—2018 年两个时段降水、温度和干燥度指数的变化率对比图中表现得更为清楚。为了使这种对比更具有气候学意义,这里特意采用一般在计算气候平均态时的 30 年为一个时间段,将近 60 年的资料时间序列以 1990 年为界,大致分为两个 30 年的时段。由图 4 可见,1991—2018 年期间的降水和温度增加率分别为 10.5 mm/(10 a)和 0.37℃/(10 a),而 1961—1990 年期间的降水和温度增加率分别只有 5.6 mm/(10 a)和 0.19℃/(10 a),前者几乎是后者的 2 倍左右。1991—2018 年期间的干燥度指数变化率为－0.014/(10 a),而 1961—1990 年期间只有－0.011/(10 a),前者减小幅度也明显大于后者。

西北干旱区降水、温度和干燥度指数的这些变化特征清楚表明,当前西北干旱区气候暖湿化趋势不仅是无疑的,而且重要是这种暖湿化趋势还在明显加速,并且降水增加的加速程度更加显著,这值得我们对西北干旱区气候变湿趋势所产生的影响更加警惕。

西北干旱区温度和降水增加趋势在空间上是否具有广泛性也是认识西北干旱区气候暖湿化程度的重要视角。为此在图 5a 中给出了 1961—2018 年温度变化率的空间分布。由图 5a 可见,近 60 年来在整个西北干旱区温度表现为很一致的增加趋势,增加幅度在 0.0～0.8 ℃/(10 a)之间。图 6a 给出的 1961—2018 年温度变化率概率分布进一步表明,增温幅度在 0.2～0.4℃/(10 a)之间的占整个区域的 61.8%,增温幅度在 0.4～0.6 ℃/(10 a)之间的占整个区域的 25.8%,增温幅度在 0.0～0.2 ℃/(10 a)和 0.6～0.8 ℃/(10 a)之间的分别只占

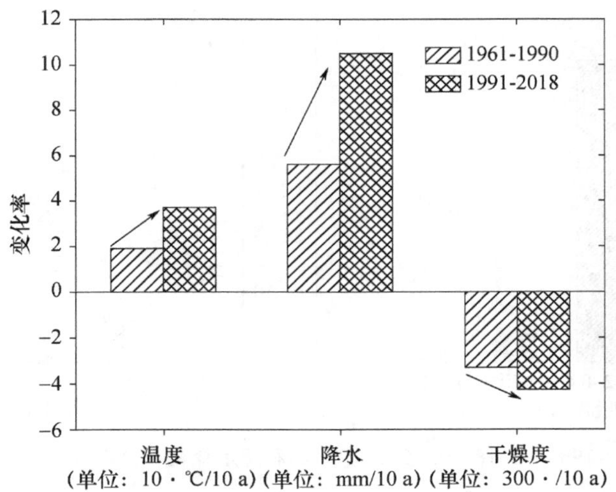

图 4　1961—1990 年和 1991—2018 年温度、降水及干燥度平均变化率对比

整个区域的 10.1%和 2.3%。可见，绝大多数区域增温幅度在 0.2～0.6 ℃/(10 a)，相比较而言，北疆地区、柴达木盆地及内蒙古阿拉善高原增暖更为显著。

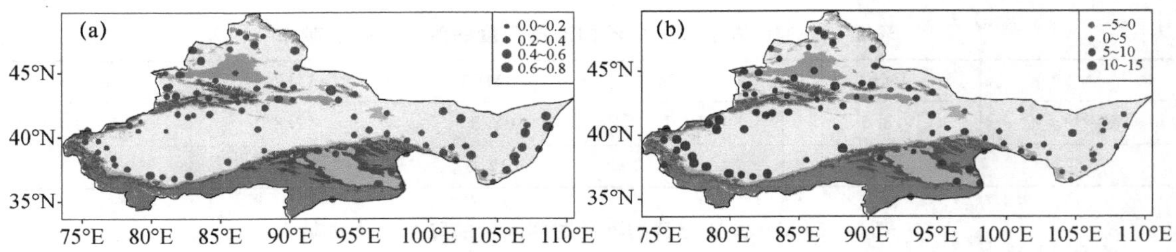

图 5　1961—2018 年温度变化率(a)和降水变化百分率(b)空间分布
(温度变化率单位：℃/(10 a)；降水变化百分率单位：%/(10 a))

由图 5b 和图 6b 同时可以看出，近 60 年来降水变化百分率(降水变化率与降水多年平均值的比值)在－5%～15%/(10 a)之间，但降水增加趋势在整个西北干旱区占到了 93.4%，基本覆盖了西北干旱区的绝大多数范围，几乎呈现了比较一致的增加趋势，只有贺兰山的极少范围呈弱减少。其中，降水增加幅度在 5%～10%/(10 a)和 0%～5%/(10 a)的范围分别占整个区域的 40.6%和 38.5%，而增加幅度在 10%～15%/(10 a)的范围占整个区域的 14.3%。降水减少幅度为－5%～0%/10a，总共只占整个区域的 6.6%。总体来看，新疆地区、柴达木盆地和河西走廊一带降水增加幅度更明显一些。温度和降水变化率的这种空间分布特征充分表明，西北干旱区暖湿化趋势是全区域范围内十分一致的系统性的气候趋势特征，具有很突出的区域共性。

3.2　气候暖湿化的多时间尺度贡献

由于气候变化具有多尺度特征，西北干旱区气候暖湿化也会受到多时间尺度因子的影响。从前面给出的近 60 年西北干旱区温度和降水的变化特征初步可以看出，尽管温度和降水都呈现比较一致的长期增加趋势，但年际和年代际变化特征也很明显，为了揭示不同时间尺度变化

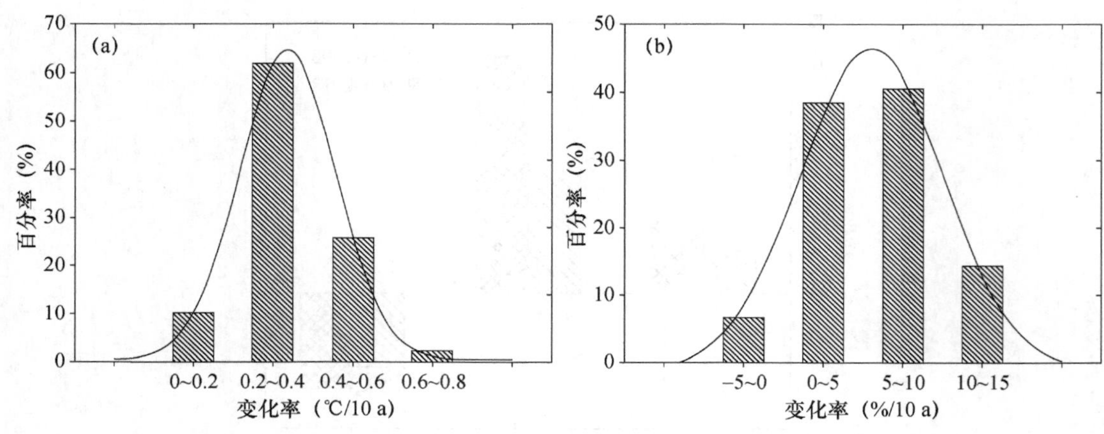

图 6　1961—2018 年温度变化率(a)和降水变化百分率(b)概率分布

过程对温度和降水总体变化特征的贡献，这里采用最新发展的时间尺度分解法即 EEMD 方法，对年平均温度和年降水序列进行多时间尺度分解，提取不同时间尺度振荡分量/本征函数及长期趋势信号。分别以 IMF1、IMF2、IMF3、IMF4、ST 表示从年际到多年代际四个时间尺度及趋势项，以此来进一步认识西北干旱区近 60 年以来温度与降水变化的多尺度特征。

表 1　EEMD 方法分解的不同时间尺度的温度变化贡献率

	IMF1	IMF2	IMF3	IMF4	ST
贡献率/%	18.9	12.1	2.3	2.8	63.9
周期/a	3.2	8.9	17.3	37.5	—

表 2　EEMD 方法分解的不同时间尺度的降水变化贡献率

	IMF1	IMF2	IMF3	IMF4	ST
贡献率/%	51.5	12.9	1.8	1.7	32.1
周期/a	3.1	7.3	16.6	38.7	—

从表 1 和表 2 分别给出的 EEMD 方法分解的不同时间尺度温度和降水变化的贡献率可以看出，温度变化特征主要受长期趋势变化的贡献为主，贡献率达 63.9%；但 2.2 a 的准年际尺度和 8.9 a 的准年代际尺度的贡献比较大，贡献率分别为 18.9% 和 12.1%。而 17.3 a 和 37.5 a 两个准多年代尺度的贡献相对较弱，两者之和也只有 5.1%。而降水变化特征的尺度贡献特征则有所不同，3.1 a 的准年际尺度对其贡献最显著，贡献率达 51.5%；其次是趋势变化的贡献，贡献率为 32.1%；7.2 a 准年代际尺度也有较大贡献，贡献率为 12.9%；而 16.6 a 和 38.7 a 两个准多年代尺度的贡献同样相对较弱，两者之和也只有 3.5%。

从图 7 给出的基于 EEMD 分解的不同时间尺度温度和降水变化分量曲线可以进一步看出，1961 年以来之所以表现为持续显著增暖，主要原因是趋势项显著增加所致。降水之所以在 1986 年之前增加趋势较弱，不仅与趋势项变化比较平稳有关，而且还与 IMF4(38.7 a)准多年代尺度处于变干通道有关。而降水 1986 年以后之所以增加明显，特别是在 2000 年以后增加更为显著，一方面是因为降水趋势项有了显著的增加，另一方是 IMF3(16.6 a)准多年代尺度正处在变湿通道上。

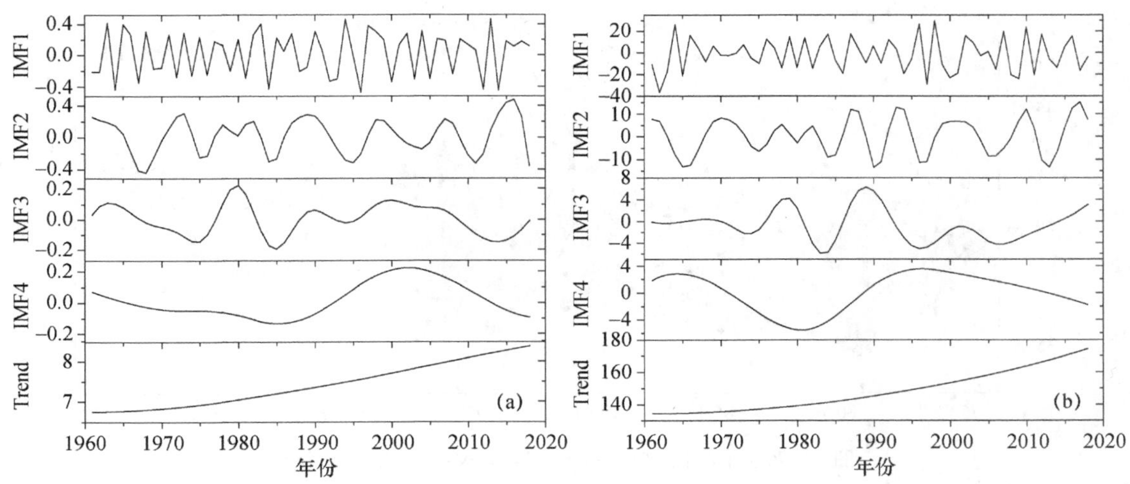

图 7　基于 EEMD 分解的不同时间尺度温度(a)和降水(b)变化分量曲线

由温度和降水变化的尺度贡献特征可以推测，正是温室气体持续增加导致的全球变暖使得温度变化特征中长期趋势项的贡献占主导，而 ENSO 的控制作用使得降水变化特征中年际尺度项的贡献占主导，PDO 的控制作用也在降水变化的准年代际尺度项的贡献率上得到一定程度体现。同时，正是由于降水对温度变化的响应，降水变化特征中长期趋势项的贡献也相当大；同样也正是由于温度对降水变化的响应，在温度变化特征中准年际和准年代际尺度项的贡献也比较明显一些。

4　气候暖湿化对生态植被的影响

西北干旱区生态植被的重要性十分突出。由图 8 可见 西北干旱区主要以荒漠为主，南疆盆地、柴达木盆地、甘肃河套及内蒙古阿拉善高原 NDVI 指数小于 0.3，而 NDVI 指数在 0.4 以上的区域范围较小，主要位于高海拔的天山、阿尔泰山、昆仑山以及贺兰山及绿洲和大沙漠边缘地带。从西北干旱区植被分布格局看，其生态植被的前沿屏障作用十分关键。

而且，西北干旱区生态植被是对气候变化响应最敏感的自然因子之一，该区域暖湿化趋势必然会引起植被分布格局的改变，从而影响其生态屏障作用的发挥。图 9 给出的西北干旱区 1981—2015 年 NDVI 变化幅度的空间分布及其增幅概率分布特征表明，自 1981 年以来西北干旱区 82.4%的区域植被指数呈增加趋势，而且植被指数 NDVI 增加幅度在 0.0～0.015/10a 和 0.015～0.030/10a 的范围分别占到整个区域的 39%和 30%，只有 17.6%的区域 NDVI 呈减少趋势，这充分反映了西北干旱区气候暖湿化尤其是降水增加对生态植被的显著影响。并且，需要我们注意的，植被指数呈增加趋势的区域主要分布在植被条件本身相对较好的高山地区，而在塔克拉玛干沙漠、库木塔格沙漠以及巴丹格林沙漠等植被条件本身比较差的区域 NDVI 大多呈减少趋势。这意味着目前西北干旱区气候暖湿化对生态植被的影响主要发生在具有一定气候环境基础条件的区域，而对于气候环境条件很差的区域，即使降水有所增加，也难以达到生态植被的生长条件，对生态植被的影响十分有限。

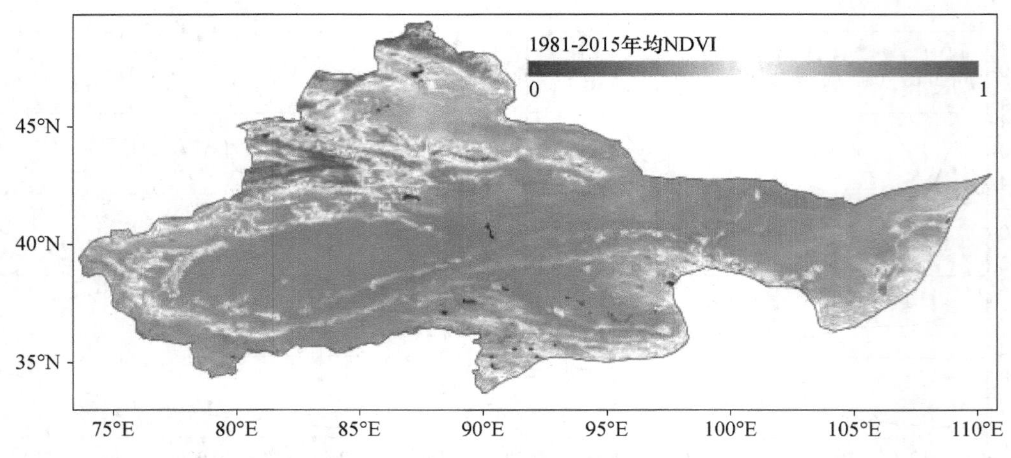

图 8 西北干旱区 1981—2015 年 NDVI 平均值空间分布

我们知道，虽然影响生态植被的气候因素比较多，但温度和降水直接决定着生态植被生长的水热条件，是影响生态植被的关键要素。从表 3 给出的 1981—2015 年西北干旱区温度和降水在去趋势前后分别与 NDVI 指数的相关系数可以看出，在趋势项之前，NDVI 同当年和上年温度与降水均存在较高的正相关，这反映出处于干旱少雨和中温带的西北干旱区的植被生长总体对热量和水分条件均有显著依赖性。不过，出乎我们预料的是，植被指数 NDVI 与温度的相关性还要稍高于与降水的相关性，并且与上年温度的相关性比与当年的还高，这意味着在植被主要分布的高寒山区植被生长受热量的约束性要更明显一些，而且上年的热量作用还要更为重要一些。当然，这些气候影响特征更多表现了西北干旱区气候长期变化趋势即气候多年持续暖湿化趋势对生态植被改善的贡献，甚至一定程度上还有近些年退耕还林还草和生态环境保护工程的长期贡献。

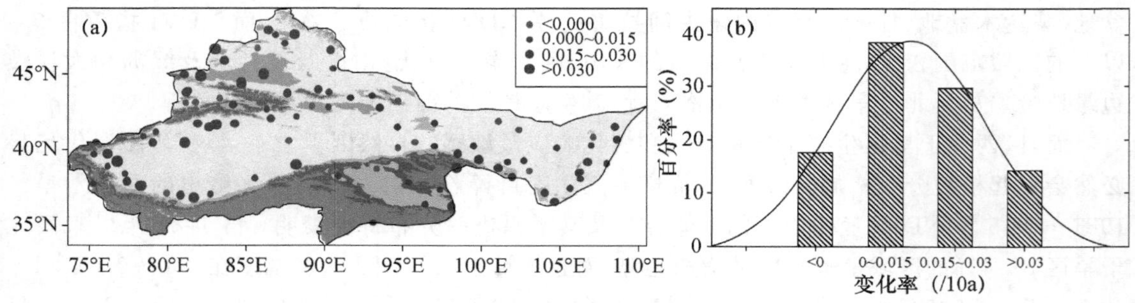

图 9 1981—2015 年西北干旱区 NDVI 变化幅度的空间分布(a)
及增幅的概率分布(b)特征(变化率单位：/10 a)

为了进一步了解生态植被对气候年际波动的响应特征，分别对温度、降水和 NDVI 指数进行去趋势项处理。表 3 也表明，去趋势项之后，西北干旱区 NDVI 与温度和降水的相关性比去趋势项之前明显减小，这说明大部分生态植被生长状态的改善更多依赖于气候条件长期稳定改善的支持。不过，NDVI 与当年降水仍然存在较显著的正相关性，同上年的温度和降水均存在一定程度正相关。这意味着生态植被生长对降水年际波动的响应还是比较明显的，对温度年际变化的作用也需要关注。

表 3　西北干旱区温度和降水在去趋势前后分别与 NDVI 指数的相关系数

	去趋势前				去趋势后			
	上年降水	当年降水	上年温度	当年温度	上年降水	当年降水	上年温度	当年温度
NDVI	0.38**	0.51***	0.62***	0.56***	0.19	0.37**	0.17	−0.04

注：*、**、***分别表示通过 90%、95%、99%的显著性水平。

进一步深入来看，生态植被对气候变化的响应特征与植被类型和气候背景也有很大关系，从图 10 给出的荒漠、草地、耕地及城镇等区域植被指数与温度和降水的相关性对比图可以看出，无论任何土地利用类型区域的植被，其 NDVI 与上年和当年降水均呈显著正相关，这与前面的结论是基本一致，这说明在干旱气候背景下降水对生态植被的普遍作用。并且，在荒漠和城镇区域，NDVI 与当年降水的相关性明显高于上年的；而在草地和耕地区域，NDVI 与当年降水的相关性与上年的基本相当。其主要因为在于，在荒漠区域降水很快就被蒸发完了，在城镇区域大部分地面隔断了水分下渗和上移过程，降水一般只能在当年发挥作用；而在草地和耕地区域上年降水下渗形成的底墒对植被生长具有重要作用。

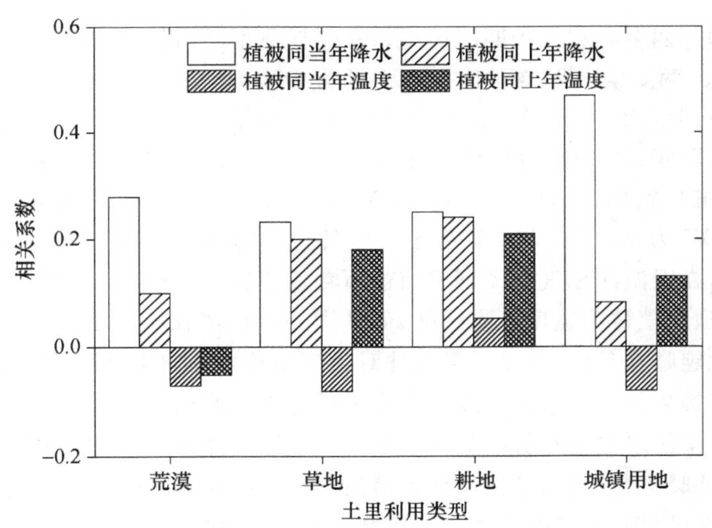

图 10　荒漠、草地、耕地及城镇等区域植被指数与温度和降水的相关系数对比

不过，与降水相比，温度与不同土地利用类型区域植被的相关性差异更大，也更为复杂一些。植被指数在荒漠区域与当年和上年温度均呈弱负相关；在草地和城镇区域虽然也与当年温度呈弱的负相关，但与上年温度呈相对显著的正相关；而在耕地区域与当年和上年温度均呈正相关，且与上年的相关性明显高于当年的。这种相关性差异的原因可能是：荒漠区本身热量资源比较充足，植被生长对热量条件变化不太敏感，但温度增加引起的蒸发增加却会造成水分条件变差，从而对植被生长产生不利影响；而耕地区域一般为绿洲灌溉农业，水分条件基本能够得到满足，温度增加可以在一定程度上改善热量条件，从而会对植被生长产生一定程度的有利影响；草地和城镇区域植被与温度的关系比较复杂，目前还很难解释清楚。

事实上，植被生长与气候要素之间并不是简单的单因子关系，而是存在着十分复杂的相互耦合及匹配关系，不过这种复杂关系的核心主要体现在温度和降水对植被的协同作用方面。为了进一步分析温度与降水对植被的协同影响，这里将温度与降水的匹配关系简单分为冷干、

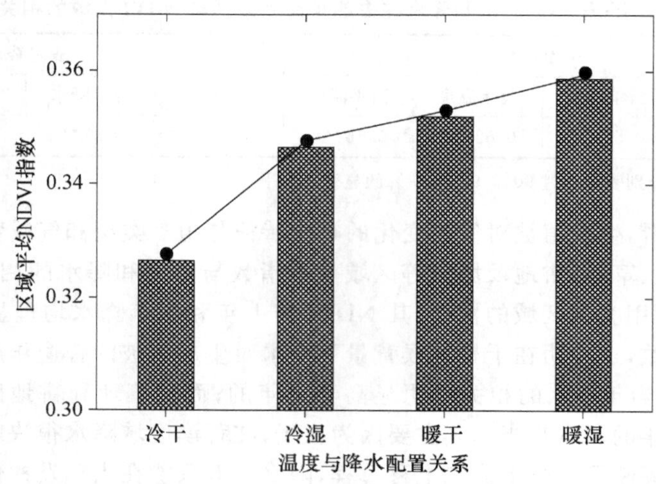

图 11　在不同温度与降水条件组合下区域平均的 NDVI 指数对比

冷湿、暖干和暖湿等四个典型气候匹配类型。在选择典型干、湿、冷和暖年份时，单要素距平绝对值必须大于 0.5，两要素距平绝对值之和必须大于 1.5。最后，选择 1982 年、1986 年、1997 年为典型冷干年；1987 年、1993 年、1996 年为典型冷湿年；1991 年、2000 年、2008 年为典型暖干年；2002 年、2007 年、2010 年为典型暖湿年。从图 11 可以看出，西北干旱区暖湿匹配的气候类型最有利于植被生长，区域平均 NDVI 为 0.359；而冷干匹配的气候类型下植被长势最差，区域平均 NDVI 为 0.327。与冷湿匹配气候类型相比，暖干匹配气候类型下植被覆盖要略好一些。应该说，在暖湿匹配气候类型下植被覆盖度更高，是比较容易理解的；而暖干气候类型比冷湿气候类型的植被覆盖度更高一些，似乎进一步说明在植被主要分布的高寒和绿洲区域，由于已具有一定降水条件，所以热量条件对生态植被生长的约束性可能比水分条件的约束性更强，降水对植被生长的约束性可能只有在荒漠边缘占比很少的植被区才会比较突出。

总之，西北干旱区暖湿化趋势明显有利于生态植被条件的改善，也正是由于 20 世纪 60 年代以来持续的显著暖湿化趋势，使得该地区植被总体正在朝向好的态势发展。不过，植被条件改善的区域主要在已具有一定降水条件的区域，而并非干旱少雨的荒漠区域。

5　讨论

由于西北干旱区暖湿化趋势形成机制的复杂性及未来气候情景预估结果的不确定性，目前很难对这两个问题给出很系统和明确的分析结论，这里想从某些特定视角对这两个问题做一些科学讨论。

关于西北干旱区暖湿化趋势影响机制，各种研究的说法并不太一致(Guan et al,2015；Huang et al,2017b)。不过，从根本上讲，其影响因素不外乎空中水汽输送来源及其在本区域的降水转化率。就西北干旱区环流影响系统来看，该地区空中水汽来源主要靠西风带环流输送(王可丽,2005)，为此在图 12 中给出了西风指数和降水指数(标准化降水距平)的变化曲线及其相关性散点图。由图可见，降水指数与西风指数同步呈现增加趋势，二者的相关系数达到了 0.36，并通过了 99%的显著性检验。这说明西北干旱区降水增加与西风指数的增强不无关系，正是西风环流对水汽输送能力增强可能促进了降水的增加。不过，我们也发现，西风指数的增加趋势明显不如降水指数的增加趋势，这意味着影响西北干旱区降水显著增加的原因应该不仅仅只是西风环流引起的水汽输送增强所致，很可能还与水汽到达西北干旱区后的降水效率增加有关。

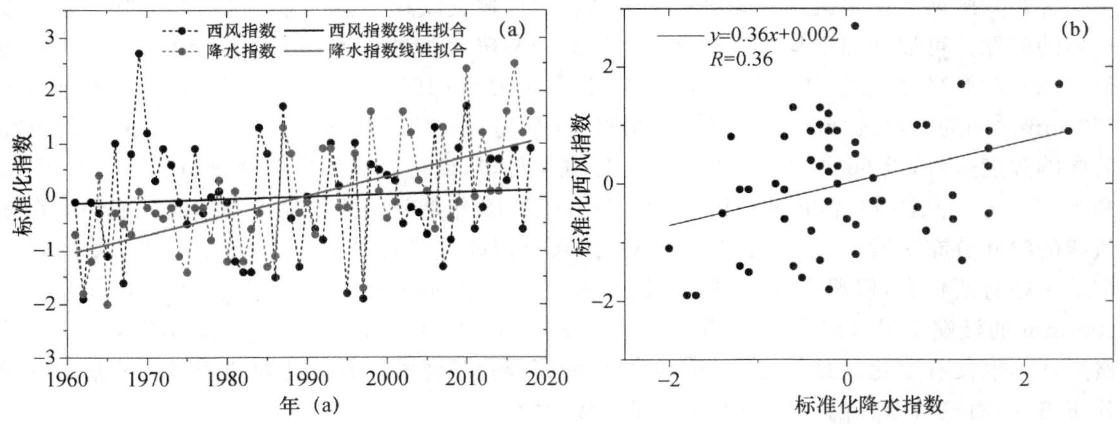

图 12　西风指数和降水指数变化曲线(a)及其相关性散点图(b)

从理论上讲，区域水汽净通量实际上就是区域净输入或净输出的水汽量，如果是净输入就说明这部分水汽转化成了降水，而如果是净输出就说明这部分水汽需要蒸散发来补充。从任国玉等(2016)近期给出的1979—2012年西北干旱区上空水汽净通量的变化来看(图13a)，西北干旱区空中水汽净通量在明显增加，这充分说明流经西北干旱区的水汽转化为降水的效率在不断增加。而且，图13b也表明，西北干旱区空中水汽净通量与降水指数之间也具有很好的相关性，且通过了90%的显著性检验。

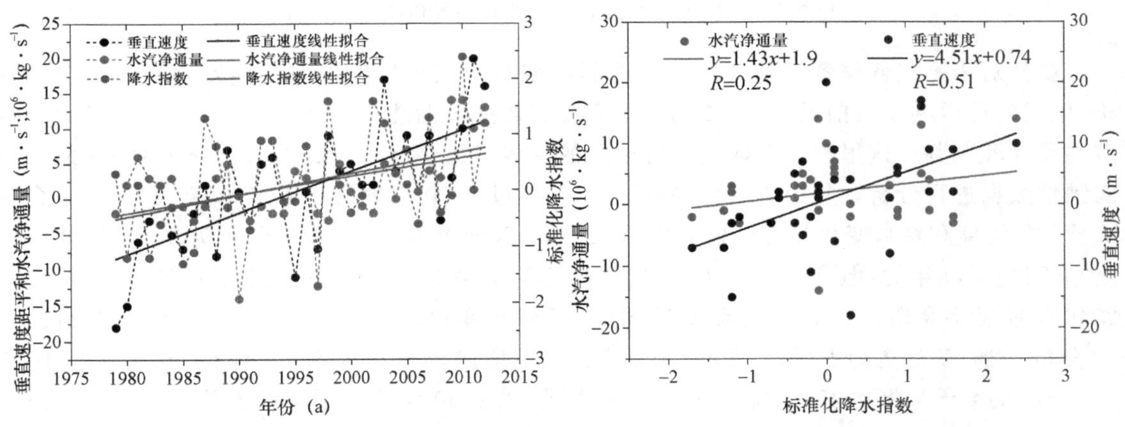

图 13　垂直速度、水汽净通量、降水指数变化曲线(a)及其散点图(b)

那么，又是什么因素引起了西北干旱区空中水汽的降水转化率在增加呢？从影响降水的物理机制看，最值得我们关注的就是大气的垂直运动，它是在水汽条件不变的前提下影响降水效率的最关键因素。由图13a给出的700～200hPa平均垂直速度变化趋势果然发现，垂直速度与空中水汽净通量也在同步明显增加，而且它与降水指数的相关系数高达0.51，并通过了99.5%的显著性检验(图13b)。

这说明，西北干旱区降水增加趋势很可能是西风环流和垂直运动加强有关，垂直运动加强也许与近些年青藏高原降水增加引起的高原周边补偿性下沉气流减弱有关，但它们与全球气候变暖之间存在怎样的关系目前还很难说清楚(Zhang et al,2007)。

客观判断西北干旱区气候暖湿化趋势到底对区域气候状态会有怎样的影响实际上是个很重要的问题。可以按照平均气温和降水对温度带和降水带进行大致分类：大约 4.5 ℃为寒温带，4.5～9.3 ℃之间为中温带，而 9.3 以上为暖温带；100 mm 以下为极端干旱区，100～250 mm之间为干旱区，250 mm 以上为半旱区(马超 等，2017；Huang et al.，2017a)。就目前的影响程度来看，近 60 年来呈现出的显著暖湿化趋势，使得温度和降水量分别增加了 1.97 ℃和 44.7 mm。从图 14 给出的西北干旱区 1961—2018 年期间两段气候平均态的温度和降水等值线的空间分布来看，虽然温度低于 4.5℃的寒温带区域略有所缩小，温度高于 9.3℃的暖温带地区略有所扩大，但温度带分布的格局基本没有变化；降水带也与之类似，虽然年降水小于 100 mm 的极端干旱区略有缩小，年降水大于 250 mm 的半干旱区略有扩大，但降水带分布的格局基本也没有变化。总之，过去 60 年持续的暖湿化趋势并没有改变西北干旱区的基本气候分布格局，对气候条件的改变是十分局部和微弱的。

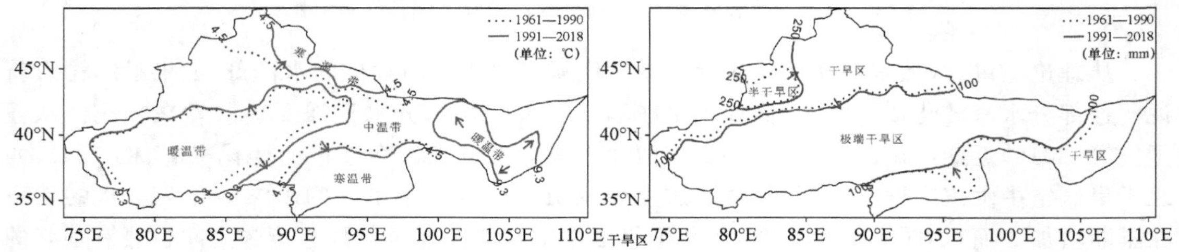

图 14　1961—1990 年与 1991—2018 年两段气候平均态的温度(a)与降水(b)等值线分布对比(箭头指向等值线变化方向)

虽然对未来气候情景预估的不确定性制约着对西北干旱区未来气候发展趋势的定量分析，但我们可以利用目前最新的 CMIP6 集合模式数据对西北干旱区 21 世纪未来气候做一些定性展望和预判。这里我们选取经过订正后的中等排放情景下(SSP2-4.5)下 CMIP6 集合模式预估数据进行分析。从图 15 给出的西北干旱区过去 60 年观测和未来 80 年 CMIP6 集合模式预估的温度和降水变化趋势可以看出，在 2019—2099 年期间，温度变化率为0.32 ℃/(10 a)，略小于过去 60 年的，但到 2099 年时平均将会比当前高 2.5 ℃左右，达到 11 ℃以上，而且在 2040 年前后将会超过 9.3 ℃的暖温带阈值；而降水变化率为 3.0 mm/(10 a)，还不到过去 60 年的一半，变化更为平缓，到 2099 年将会比当前增加 24 mm 左右，达到 200 mm 左右，距离 250 mm 的半干旱区阈值还比较遥远。由此可见，未来 20 年西北干旱区仍然会维持目前的基本气候状态，即使到 2099 年对气候状态的改变也仍然十分有限，即使有所改变，也许对温度状态的改变比降水状态的改变更加值得我们重视。

需要引起我们注意的是，虽然西北干旱区过去 60 年的气候暖湿化总体有利于生态植被改善，但未来温度增加比降水增加更为显著的气候趋势可能导致温度的角色发生改变，温度增加对热量资源的积极作用会大大减弱，而其增加蒸散所产生的消极作用会大大突出，降水增加的有限积极作用也可能会被显著的温度增加所抵消。所以，即使西北干旱区未来继续维持暖湿化趋势，但对生态植被的影响很不确定，很可能从长远看是不利于植被条件改善的。

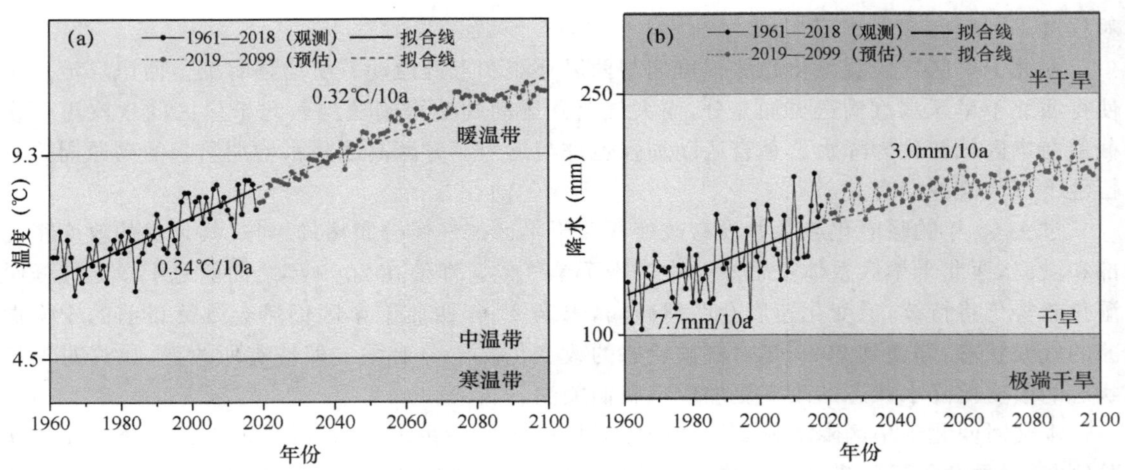

图 15 西北干旱区过去 60 年观测和未来 80 年 CMIP6 集合模式预估的温度(a)和降水(b)变化趋势

6 结论

西北干旱区近 60 年来不仅温度和降水均呈显著增加趋势，而且降水增加趋势还在明显加剧。即使考虑了降水和温度综合影响的干燥度指数，它也在明显加速减少，进一步表明了气候变湿的总趋势，而且变湿趋势在不断加剧，所以西北干旱区气候暖湿化趋势确信无疑是显著的，而且这种不断加剧变化的特点更加值得引起各界特别重视。

从西北干旱区暖湿化的空间分布格局看，温度增加趋势在全区域表现很一致，变暖幅度主要在 0.2～04 ℃/(10 a)之间；而降水增加趋势分布在全区域 93.4%的范围，基本占了西北干旱区的绝大多数区域，降水增加幅度主要在 5～10 mm/(10 a)之间。这说明西北干旱区暖湿化趋势是整个区域范围内十分一致的系统性的气候趋势特征。

从多时间尺度的贡献来看，虽然气候暖湿化总体以趋势项和年际时间尺度项的贡献为主，但温度变化主要受长期趋势项的贡献为主，准年际和准年代际时间尺度项的贡献也不可忽视；而降水变化特征受准年际时间尺度项的贡献最显著，其次才是趋势项的贡献。可以推测，温室气体持续增加导致的全球变暖使得温度变化特征中长期趋势项贡献占主导，而 ENSO 对降水的控制作用使得降水变化特征中年际时间尺度项的贡献占主导，PDO 对降水的影响作用使降水变化特征的准年代际时间尺度的贡献率也得到了体现。当前，各种时间尺度的贡献率也能在一定程度上反映出温度和降水相互反馈作用。

西北干旱区当前的气候暖湿化趋势总体有利于植被条件的改善，21 世纪 80 年代以来 82.4%的区域植被长势向好发展。从目前的长期趋势看，植被指数总体与降水和温度均呈现显著正相关，从年际波动看植被指数对降水的响应更显著。并且，无论在任何土地利用类型区，植被指数与当年和上年降水均存在正相关，但在城镇和荒漠区域与当年降水的相关性更好，而在草地和耕地区域与当年和上年降水的相关性基本相当；在大多数土地利用类型区，植被指数与上年温度的相关性似乎都比当年温度的还好，并且上年温度与植被指数除在荒漠区呈弱的负相关外，在草地、耕地及城镇区域均呈显著的正相关。从气候要素的协同作用来看，暖湿匹配的气候类型最有利于植被生长，而冷干匹配的气候类型则相反，这说明西北干旱区植被生长对水分条件和热量条件均有显著依赖性，只是在不同植被类型和不同气候背景下的依赖程度不同而已。

西北干旱区气候暖湿化趋势很可能与西风环流和上升运动有所增强有关。西风环流加强使得西北干旱区水汽输送更加充分,而大气上升运动则使得输送到西北干旱区的水汽可更多截留在本区域转化为降水。垂直运动加强也许与近些年青藏高原降水增加引起的高原周边补偿性下沉气流减弱有关。

过去60年的暖湿化趋势并没有改变西北干旱区的气候分布格局,对气候条件的改变很局部和微弱,西北干旱区整体上仍然是中温带干旱气候。即使在2099年之前西北干旱区气候暖湿化趋势仍将持续,但变化速度会明显减弱,未来20年西北干旱区仍然会维持目前的干燥温凉的气候状态,即使到2099年对气候状态的改变仍然十分有限。即使有所改变,也许对温度状态的改变比降水状态的改变更加值得我们关注。

本文对西北干旱区降水显著增加的原因只进行了一些统计分析,并未进行系统的模拟实验研究,对西北干旱区未来气候趋势的预估也具有很大的不确定性,需利用先进的降尺度方法获得更精细化的数据及对数据进行系统的检验和订正。这些方面还需要在今后进行大量系统性的工作来实现。

参考文献

毕硕本,孙力,李兴宇,等,2018. 基于EEMD的1470—1911年黄河中下游地区旱涝灾害多时间尺度特征分析[J]. 自然灾害学报,27(1):137-147.

贾俊鹤,刘会玉,林振山,2019. 中国西北地区植被NPP多时间尺度变化及其对气候变化的响应[J]. 生态学报,39(14):5058-5069.

李栋梁,魏丽,蔡英,等,2003. 中国西北现代气候变化事实与未来趋势展望[J]. 冰川土. 25:135-142.

李庆祥,董文杰,李伟,等,2010,近百年中国气温变化中的不确定性估计[J]. 科学通报,55(16):1544-1554.

李万莉,王可丽,傅慎明,等,2008. 区域西风指数对西北地区水汽输送及收支的指示性[J]. 冰川冻土,30(1):28-34.

刘芸芸,张雪芹,孙杨,2011. 全球变暖背景下西北干旱区雨季的降水时空变化特征[J]. 气候变化研究进展,7(2):97-103.

马超,赵鹏飞,马威,等,2017. 最近30 a中国内陆温度场的差异性分析[J]. 河南理工大学学报(自然科学版),36(5):53-59.

马柱国,符淙斌,杨庆,等,2018. 关于北方干旱化及其转折性变化[J]. 大气科学,42(4):951-961.

钱正安,吴统文,宋敏红,等,2001. 干旱灾害和我国西北干旱气候的研究进展及问题[J]. 地球科学进展,16(1):28- 35.

任国玉,袁玉江,柳艳菊,等,2016. 我国西北干燥区降水变化规律[J]. 干旱区研究. 33(1):1-19.

施雅风,沈永平,胡汝骥,2002. 西北气候由暖干向暖湿转型的信号影响和前景初步探讨[J]. 冰川冻土,24(3):219-226.

王可丽,江灏,赵红岩,2005. 西风带与季风对中国西北地区的水汽输送[J]. 水科学进展,16(3):432-438.

韦振锋,任志远,张翀,等,2014. 西北地区植被覆盖变化及其与降水和气温的相关性[J]. 水土保持通报,34(3):283- 289.

徐国昌,1997. 中国干旱半干旱区气候变化[M]. 北京:气象出版社:19-65.

杨溯,李庆祥,2014. 中国降水量序列均一性分析方法及数据集更新完善[J]. 气候变化研究进展,10(4):276-281.

叶笃正,黄荣辉,1991. 我国长江黄河两流域旱涝规律成因与预测研究的进展[J]. 地球科学进展,6(4):

24-29.

翟盘茂,任福民,1999. 中国降水极值变化趋势检测[J]. 气象学报,57(2):208-216.

张强,张存杰,白虎志,等,2010. 西北地区气候变化新动态及对干旱环境的影响——总体暖干化,局部出现暖湿迹象[J]. 干旱气象,28(1):1-7.

张强,林婧婧,刘维成,等,2019. 西北地区东部与西部汛期降水跷跷板变化现象及其形成机制研究[J]. 中国科学:地球科学,49(12):2064-2078.

郑玉坤,2002. 多时相 AVHRR-NDVI 数据的时间序列分析及其在土地覆盖分类中的应用[D]. 北京:中国科学院研究生院.

周梦甜,李军,朱康文,2015. 西北地区 NDVI 变化与气候因子的响应关系研究[J]. 水土保持研究,22(3):182-187.

Eyring V,Bony S,Meehl G A,et al,2016. Overview of the Coupled Model Intercomparison Projectphase 6 (CMIP6)experimental design and organization[J]. Geoscientific Model Development,9:1937-1958.

Fang J Y,Piao S L,He J S,2004. Increasing terrestrial vegetation activity in China,1982-1999[J]. Science in China:Series C,47(3):229-240.

Guan X D,Huang J P,Guo R X,et al,2015. The role of dynamically induced variability in the recent warming trend slowdown over the Northern Hemisphere[J]. Sci Rep,5,doi:10. 1038/srep12669.

Huang J P,Xie Y K,Guan X D,et al,2017. The dynamics of the warming hiatus over the Northern Hemisphere [J]. Clim Dyn,48:429-446.

Huang J P,Yu H P,Dai A G,et al,2017. Drylands face potential threat under 2℃ global warming target[J]. Nature Climate Change,7(6):417-429.

Huang N E,Shen S P,2005. Hibert-Huang transform and its applications[M]. Singapore:World Scientific Publishing Co Pte Ltd:56-62.

Kalnay E,Kanamitsu M,Kistler R,et al,1996. The NCEP/NCAR 40-year reanalysis project[J]. Bulletin of the American Meteorological Society,77:437-472.

Nemani R,Keeling C,Kanemasu E,et al,1984. Estimating absorbed photosynthetic radiation and leaf area index from spectral reflectance in wheat[J]. Agronomy Journal,76(2):300-306.

Nicholson S E,Tucker C J,Ba M B,1998. Desertification,drought,and surface vegetation:An example from the West African Sahel[J]. Bull Amer Meteor Soc,79(5):815-829.

Nicholson S E,Grist J P,2001. A conceptual model for understanding rainfall variability in the West African Sahel on interannual and interdecadal timescales[J]. Int J Climatol,21:1733-1757.

O'Neill B C,Tebaldi C,van Vuuren D P,et al,2016. The Scenario 20 Model Intercomparison Project(ScenarioMIP)for CMIP6 [J]. Geoscientific Model Development,9:3461-3482.

Paredes P,Fontes J C,Azevedo E B,et al,2018. Daily reference crop evapotranspiration in the humid enviroments of Azores islands using reduced data sets:Accuracy of FAO-PM temperature and Hargreaves-Samani methods[J]. Theoretical and Applied Climatology,134:595-611.

Pinzon J E,Tucker C J,2014. A Non-Stationary 1981—2012 AVHRR NDVI3g Time Series[J]. Remote Sens,6:6929-6960.

Wu Z H,Huang N E,2009. Ensemble empirical mode decomposition:A noise-assisted data analysis method[J]. Adv Adapt Data Anal,1(1):1-41.

Zhang H L,Zhang Q,Yue P,2016. Aridity over a semiarid zone in northern China and responses to the East Asian summer monsoon[J]. J Geophys Res Atmos,121(23):13901-13918.

Zhang X,Zwiers F W,Hegerl G C,et al,2007. Detection of human influence on twentieth-century precipitation trends[J]. Nature,448:461-466.

气候变暖对西北雨养农业及农业生态影响研究进展*

姚玉壁[1,2] 杨金虎[2] 肖国举[3] 雷 俊[2] 牛海洋[2] 张秀云[2]

(1. 中国气象局兰州干旱气象研究所/甘肃省干旱气候变化与减灾重点实验室/
中国气象局干旱气候变化与减灾重点开放实验室,兰州,730020;
2. 甘肃省定西市气象局,定西,743000;3. 宁夏大学新技术研究应用开发中心,银川,750021)

摘　要　以全球年平均地表气温升高为主要特征的全球气候变暖给农业、农业生态和区域粮食安全带来严峻挑战。气候变暖对农业发展、农业生态的影响已成为社会各界关注的热点。气候变暖对作物生育期、形态特征、植物生理、产量形成和品质变化的影响特征及其机理的研究,是认识气候变暖对农业影响,制定应对气候变化策略的科学基础。本文在给出西北区域气候变化基本特征的基础上,综述了气候变暖对西北旱作区主要粮食作物、经济作物和特色林果生长发育、生理生态、产量和品质影响研究的进展,以及气候变暖对农田生态环境、农业气象灾害及病虫害影响的主要进展。提出了以往研究中存在的问题,展望了将来西北地区应对全球变暖的农业研究重点,即:充分利用模拟试验观测手段,揭示气候变化多因子对主要农作物的综合影响;有必要探索气候变暖对主要作物生理生态的影响;开展农业气象灾害对气候变暖的响应特征研究,开展农业气象灾害风险评估与应对技术研究;进行精细化动态农业种植区划、农业结构布局及种植制度方面应对气候变暖的技术策略研究。

关键词　气候变暖;农业;农业生态;进展;西北

全球气候变暖已成为不争的事实,1880—2012 年,全球地表平均温度增高 0.85 ℃(升温速率为 0.065 ℃·$(10a)^{-1}$)(IPCC,2013)。并且 20 世纪中叶以来,升温速率呈现加速提高的趋势。1951—2012 年,全球平均地表温度的升温速率 0.12 ℃·$(10a)^{-1}$,20 世纪中叶以来的增温速率几乎是 1880 年以来增温速率的两倍;1983—2012 年的三个 10 a 段是 1850 年以来最暖的三个 10 a 段(IPCC,2013)。值得高度关注是气候变暖的许多影响可能是不可逆的(IPCC,2014),尤其对农、林、牧业生产、水资源与水循环、生态与自然环境等造成重大影响,对人类生存与可持续发展构成严峻挑战。

全球气候变暖背景下,中国地表年平均气温以 0.23 ℃·$(10a)^{-1}$速率增加,高于全球及北半球陆地表面平均气温增温速率(中国气象局气候变化中心,2017)。中国西北区域气温呈显著上升趋势的同时,降水量新疆维吾尔自治区北部、祁连山区、柴达木盆地等区域增加,但甘肃黄河以东、青海省东部、陕西省、宁夏回族自治区等区域明显减少,导致中国西北区域整体暖干化趋势明显和局部暖湿现象(张强 等,2010)。

气候变暖已经对西北农业生产构成显著影响。已引起西北有限生长习性的农作物(如玉米、小麦和大豆等)营养生长期缩短,生殖生育期略延长,全生育期缩短,引起无限生长习性的农作物(棉花、马铃薯和胡麻等)营养生长期略缩短,生殖生育期延长,全生育期延长(姚玉璧

* 发表在:《生态学杂志》,2018,37(7):257-266.

等,2013;张强 等,2015)。气温升高,导致叶片气孔导度、净光合速率和蒸腾速率等作物生理发生改变(Rawson,1988;Zhou et al.,2011)。在植物生态环境阈值范围,随着环境温度升高,叶片气孔导度增加,当叶片净光合速率的增幅大于蒸腾速率的增幅时,植物叶片水分利用效率提高;但当气温超过临界阈值时,气温升高,蒸腾速率增加,又导致叶片水分利用效率降低(Rodin,1992;王润元 等,2006;Ben-Asher et al.,2008)。气候变暖在加速作物同化作用的同时,也使作物异化作用增强,高温环境下作物呼吸作用增强,异化消耗增加,干物质积累减少,导致生物量和产量降低(Wang et al.,2008;赵鸿 等,2007;2016),例如,气温每升高 1℃,玉米产量将减少 3%。小麦产量也会因升温和降水量减少而减产(Parry et al.,1992)。气候变暖通过对作物痕量元素利用率的影响,直接影响作物品质以及食品安全(Li et al.,2012)。增温使土壤养分降低、土壤盐碱化程度加重(肖国举 等,2010)。气候变暖使农业气象灾害的强度频率和时空特征发生变化,农业干旱灾害、高温灾害和干热风灾害的频率增加,强度增大,危害加重,作物病虫害增加(张强 等,2012)。

由此来看,农业是对全球变暖响应最为敏感的行业之一,尤其是中国西北脆弱的农业生态环境对气候变暖的响应可能更加明显,粮食安全压力和农业生产的不稳定性增加,不同农业气候区域的生产布局和结构出现变动,农业成本和投资大幅度增加。因此,开展气候变暖对西北旱作农业及农业影响的研究,对西北农业可持续发展,保障粮食安全具有重要意义。

1 西北地区气候变化的基本事实

1.1 气温变化

西北区域气温趋势变化呈现出显著上升的特征。1961 — 2012 年气温变化曲线线性拟合倾向率为 0.312 ℃·$(10a)^{-1}$($R^2=0.60, P<0.001$)。其中,冬季升温更为显著,其倾向率达 0.50 ℃·$(10a)^{-1}$;秋季气温上升速率仅次于冬季,倾向率为 0.34 ℃·$(10a)^{-1}$;春季、夏季气温也呈持续上升趋势,倾向率分别为 0.27 ℃·$(10a)^{-1}$、0.25℃·$(10a)^{-1}$;该区域年均或季节的增温幅度,均显著高于中国地表增温的平均值(张秀云 等,2017)。

从 20 世纪 60 年代至 21 世纪,年气温增幅增加,进入 90 年代后,增幅更大。20 世纪 90 年代气温较 60 年代增加了 0.83 ℃、较 70 年代增加了 0.63 ℃、较 80 年代增加了 0.47 ℃;2001—2010 年比 20 世纪 90 年代又升高了 0.56 ℃,2001—2010 年为该区域近 50 年来最暖的时段。

由西北年气温线性变化拟合倾向率空间分布可见,气温线性拟合倾向率除个别站点为负值外,其余均为正值,呈现出一致上升的趋势特征。年气温线性拟合倾向率≥0.3 ℃·$(10a)^{-1}$的区域位于新疆维吾尔自治区北部、南疆东南部、青海省、甘肃省河西走廊、甘肃陇中北部、陇东、宁夏回族自治区大部。其他区域倾向率在 0.1~0.3℃·$(10a)^{-1}$变化。

气候突变检测表明,年气温顺序统计曲线 UF 从 1971 年开始持续上升,在 1991 年超过了显著性水平检验临界线($\alpha=0.05$)。气温突变检测顺序统计曲线与逆序统计曲线相交于 1991 年,可以确定,西北区域气候变暖的突变年发生在 1991 年左右。

1.2 降水量变化

西北区域年降水量呈表现为波动振荡特征,20 世纪 70 年代、90 年代两个时段是降水量相对偏少期，20 世纪 60 年代、80 年代和 21 世纪初 10 a 的三个时段是降水量相对偏多期，反映出西北降水量 20 a 左右的周期性振荡特征。年代际变化特征显著，趋势变化特征不显著。

西北区域西部与中部降水量呈增多趋势，东部降水量呈减少趋势；降水量线性拟合倾向率趋势变化的区域性差异显著。以黄河沿线为界，降水量线性拟合倾向率黄河以西区域增加，黄河以东区域减少，就倾向率变幅而言，其递减的速率明显大于递增的速率；其中，青海省中部、甘肃省河西中部年降水量倾向率≥10 mm·$(10a)^{-1}$，其最大值位于青海省德令哈，降水量线性拟合倾向率≥25.1 mm·$(10a)^{-1}$；而黄河以东区域降水量倾向率≤－10 mm·$(10a)^{-1}$，陕南降水量线性拟合倾向率≤－40 mm·$(10a)^{-1}$，降水量倾向率负中心位于陕西南部的宁强，其值为－53.6 mm·$(10a)^{-1}$（张秀云 等，2017）。

西北区域气候变化表现为整体暖干，局部暖湿现象。近 50 年来西北地区干燥指数变化特征说明，西北中西部尽管降水量有所增加，但干燥指数的变化不显著，而西北东部地区干燥度指数增加显著，表明西北中西部地区变湿不明显，而东部暖干趋势明显（张强 等，2010）。

2 气候变暖对作物生理过程的影响

气温升高会降低作物叶片光合酶的活性，从而破坏叶片叶绿体结构，引起气孔关闭，进而影响光合作用（Peng et al.，2004）。高温导致农作物呼吸强度增强，消耗明显增多，而使净光合积累减少。气候变暖使植物蒸腾增加，对西北半干旱区春小麦、豌豆等夏粮作物生产造成不利影响。增温使春小麦穗分化和形成受到抑制，孕穗期同化作用及干物质的累积受到抑制，穗粒数、千粒重、产量减小，增温越高，减小越明显。增温 1.0～2.5 ℃，春小麦穗粒数减少 1～5 粒，千粒重降低 1.3～8.8 g；增温 2.0～2.5 ℃，春小麦穗粒数减少 5 粒，千粒重降低 6.5～8.8 g（肖国举 等，2011a）。

增温使春小麦最大光能转换效率（F_v/F_m）下降，但不同时期表现不一样，孕穗期较迟钝，开花期和灌浆期比较敏感，特别在增温 3℃时，极显著低于对照。在孕穗期、开花期、灌浆期，实际光化学效率（$\Phi_{PS\,II}$）随着温度的升高而降低，高温限制了春小麦的光化学效率。春小麦超氧化物歧化酶（SOD）、过氧化氢酶（CAT）、过氧化物酶（POD）和抗坏血酸过氧化物酶（APX）随温度升高而提高，增温使春小麦抗氧化能力有一定的提高（王鹤龄，2013）。

CO_2浓度增加有利于作物株高和叶面积指数增加。当大气中 CO_2浓度增加 250 μL·L^{-1}后，春小麦株高和叶面积指数（LAI）在拔节期 FACE 处理与对照区虽有差异，但没有达到显著水平（$P>0.05$）；从抽穗期以后，株高显著增高，LAI 显著增大（$P\leqslant0.05$）。CO_2浓度增加有利于半干旱区春小麦植株长高和 LAI 增大（张凯，2016）。

3 气候变暖对作物生育期的影响

增温使西北春小麦生育期缩短。增温 0.5～2.5 ℃，宁夏引黄灌区春小麦全生长期缩短 1～22 d；增温 2.0～2.5 ℃，全生育期缩短 18～22 d。CO_2浓度升高春小麦的生殖生长阶段延长。当前浓度下春小麦从播种～成熟的全生育期为 143 d，CO_2浓度升高 250 μL·L^{-1}后，生育期天数平均延长了 5 d，共 148 d，其中主要是灌浆-乳熟期延长了 4 d，为变化极明显的一个生育时期（肖国举 等，2011a；张凯 等，2014）。

气温增高使冬小麦越冬停止生长时段缩短，返青后营养生长期加快，全生育期缩短。近 30 多年来，随着气候变暖，西北冬小麦播种期推迟 2～3 d·$(10a)^{-1}$；返青期提前 4～

5 d·(10a)$^{-1}$，开花期和成熟期提前 5～6 d·(10a)$^{-1}$。冬小麦越冬期缩短 5～6 d·(10a)$^{-1}$、全生育期缩短 7～8 d·(10a)$^{-1}$(姚玉璧，2012)。

气候变暖使玉米播种期提前 2 d，灌溉区玉米营养生长期变化不大，但生殖生长期延长 6 d，全生育期延长 6 d；雨养区玉米受暖干气候共同作用，营养生长期提早 4～5 d，生殖生长期提早 6～7 d，全生育期缩短 6 d(姚玉璧 等，2013)。

由于气候变暖，甘肃省冬油菜播种期 20 世纪 90 年代较 80 年代推迟 7～13 d，冬季越冬停止生长期也推迟 16～24 d，返青期提前 8～12 d，甘肃省冬油菜全生育期缩短 17～32 d。陕西省作物生育期热量资源增加，其中，冬油菜生长发育期≥0 ℃积温的增速为 12.8℃·(10a)$^{-1}$，油菜全生育期平均缩短 4 d。

气候变暖使西北棉花播种期提前 5～12 d，营养阶段提前；棉花开花期提前 4～12 d，停止生长期推后 6～9 d，生殖生长阶段延长 6～12 d，棉花全生育期延长 14～18 d(张强 等，2012)。

气温增高，马铃薯花序形成期提早 8～9 d·(10a)$^{-1}$，开花期提早 4～5 d·(10a)$^{-1}$，花序形成至可收期延长了 9～10 d·(10a)$^{-1}$，马铃薯全生育期也延长 9～10 d·(10 a)$^{-1}$(姚玉璧 等，2010a；张凯 等，2012)；胡麻生育前期的营养生长阶段缩短，生殖生长阶段延长，全生育期延长(姚玉璧 等，2011)。

4 气候变暖对作物产量及种植区的影响

研究表明，冬小麦越冬死亡率与冬季≤0 ℃负积温呈显著相关，冬季增温，≤0 ℃负积温逐年减少，冬小麦越冬风险大大降低(Xiao et al.，2008；2010)。甘肃省陇东区域冬小麦越冬死亡率降低速率为 2.4 %·(10 a)$^{-1}$，至 1994 年以后，冬小麦越冬死亡接近于 0。但拔节—开花期气温对产量影响为负效应，此时段气温对冬小麦产量影响的敏感阶段，旬平均气温每上升 1 ℃，冬小麦产量下降 10～15 g·m^{-2}。

土壤贮水量对冬小麦产量及其构成要素的影响更为显著。土壤贮水量增加，千粒重、穗粒数增加，不孕小穗率下降，产量提高。拔节期 2 m 深度土壤贮水量与千粒重呈极显著相关，其贮水量每增加 10 mm，千粒重提高 0.8 g。气温升高、降水减少导致土壤贮水量明显减少，气候产量下降。20 世纪 90 年代以来，甘肃河东区域土壤贮水量明显下降，导致冬小麦气候产量下降，冬小麦气候产量 20 世纪 90 年代比 80 年代下降了 125.7%(邓振镛 等，2011)。

气候变暖使冬小麦最适宜栽培区域缩小，不适宜种植区也缩小，适宜栽培区域、次适宜栽培区域、可种植区却快速扩大，适宜种植区域西移北扩。近 30 多年来，西北东部冬小麦适宜种植区域向北扩展了 50～120 km；甘肃冬小麦西伸尤为明显。冬小麦种植海拔上限高度提高 200 m 左右，从 1900 m 提高到 2100 m；适宜种植面积扩大 20%～30%；宁夏回族自治区冬小麦海拔高度也上升明显，种植面积快速扩大；陕西省自 1985 年来，冬小麦种植界限北移西伸，目前，全省大部分区域均能种冬小麦(张强 等，2015；吴乾慧 等，2017)。

气候变暖使春小麦成熟期提前、气候产量下降、适宜种植区域和面积减少。不增加灌溉量时，增温 0.5～2.5 ℃，春小麦减产 0.5%～18.5%；增温 2.0～2.5 ℃，减产 16.5%～18.5%(王鹤龄 等，2015)。宁夏引黄灌区气温上升，其突变发生在 1988 年，气温突变前的 1961—1988 年气温对春小麦产量的影响系数为 0.0269，突变后的 1989—2004 年气温对春小麦产量的影响系数为 0.0081，突变后影响系数下降，春小麦气候产量突变前为 84.8 kg·hm^{-2}，突变后为 39.8 kg·hm^{-2}，气候变暖对春小麦产量的贡献率为－2.6%，气候变暖使宁夏区域春小麦气候产量下降(刘玉兰 等,2008a)。

气候变暖、变干,使西北半干旱区春小麦最适宜种植区域缩小,适宜种植区也缩小,不适宜种植区扩大;半湿润区春小麦适宜种植区扩大,不适宜种植区缩小。甘肃省春小麦种植海拔上限高度也提高 100～200 m,春小麦种植海拔上限高度达 2800 m(王鹤龄 等,2017)。

气温升高对玉米增产有正效应、玉米适宜种植区扩展(张强 等,2008)。甘肃省河西灌区玉米气候产量与≥10 ℃积温呈显著正相关($P<0.01$),气象因素对玉米产量的贡献率在 52%～60%,其贡献率超过其他因素对产量的贡献率。甘肃省河西气温突变点在 1991 年,气温突变后的气候产量较突变前增加了 124%～301%。宁夏灌区玉米产量与各生育期平均最高气温呈正相关,气温升高,玉米产量增产。该区域 1981—1993 年气温对玉米气候产量的影响系数为 0.0329,而 1994—2004 年气温对玉米气候产量的影响系数为 0.0382,提高了 0.0053。1994—2004 年平均最高气温较 1981—1993 年升高 0.5～0.6 ℃,1994—2004 年玉米气候产量较 1981—1993 年相应提高 119.92 kg·hm^{-2}(刘玉兰 等,2008b)。

而甘肃河东雨养农业区玉米气候产量与全生育期土壤贮水量呈极显著正相关($P<0.001$),与拔节～乳熟期土壤贮水量也呈极显著正相关($P<0.001$)。气候变暖导致土壤贮水量下降,玉米气候产量相应降低。

气候变暖使玉米最适宜种植区扩大,次适宜种植区也扩大;玉米适宜种植区缩小,可种植区也缩小;不适宜种植区域变化不大。玉米种植区向北扩展,种植区上限海拔高度提高 150 m 左右,玉米种植上限海拔高度提高到 1900 m;玉米最适宜种植区海拔高度在 1200～1400 m。品种向偏中晚熟高产品种变化(张强 等,2012)。

马铃薯属于喜凉作物,气候变暖对马铃薯产量增加为负效应。气候变暖使马铃薯生长季延长、气候产量年际波动增大。长期定点观测研究表明(姚玉璧 等,2016),马铃薯产量年际波动在温度愈高的地域波动愈大。马铃薯块茎膨大期气温与其气候产量呈显著负相关,气温增高,马铃薯产量下降。夏季高温易导致马铃薯块茎形成受阻,薯块发育停滞,造成畸形薯和屑薯率增加。

气候变暖,马铃薯最适宜种植区和适宜种植区均缩小,次适宜种植区和可种植区快速扩大。马铃薯种植海拔高度上限提高 100～200 m,种植海拔高度上限可到海拔 3000 m 左右(姚玉璧 等,2017)。

气候变暖使棉花播种期提前、气候产量增加、面积扩大、品质提高。生长期积温对棉花产量有显著的正效应。近 30 多年来,甘肃省河西棉花主产区棉花生育期≥10 ℃积温增加了 131 ℃·d,棉花裂铃至停止生长阶段≥10 ℃积温增加了 30 ℃·d。棉花气候产量在 20 世纪 90 年代较 80 年代提高 54.3%,气候产量增加 81.5 kg·hm^{-2};棉花霜前花增加了 30%,棉花衣分率提高 2.0%,品质提高(邓振镛,2005)。

甘肃省棉花种植面积扩大,棉花适宜种植海拔高度上限提高了 100 m,棉花种植海拔高度上限达到 1400 m。

气候变暖使冬油菜播种期推迟、气候产量增加、种植面积逐年扩大。由于冬季变暖,冬油菜越冬死亡率下降,丰产品种面积比例增大,种植面积逐年扩大。冬季平均气温对冬油菜气候产量影响显著,每升高 1 ℃,气候产量增加 172 kg·hm^{-2}。近 30 多年来,种植带向北扩展约 100 km,种植高度提高 150～200 m(蒲金涌 等,2006)。

气候变暖使胡麻播种期提前,气候产量下降,胡麻气候产量与籽粒期(6—7 月)平均气温负相关显著，气温升高，产量降低。气温每升高1℃，甘肃中部胡麻产量下降2.6%、陇东胡麻产量下降2.1%、陇东南胡麻产量下降1.9%、河西胡麻产量下降1.5%。近30多年来，胡麻适宜种植区扩大。适宜种植海拔高度上限提高100～200 m（姚玉璧 等，2006）。

气候变暖使新疆农业热量资源更为丰富，农作物潜在的适宜生长季延长，两年三熟的种植区域北移扩大；使棉花的播种期提早，全生育期延长，产量提高；而冬小麦的播种期推迟，全生育期缩短（曹占洲 等，2013）。

5 气候变暖对林果、中药材的影响

气候变暖，苹果的生长发育速度加快，苹果果实成熟之前的发育期期均提前，果实成熟后至果树叶变色阶段延长，果树落叶期推后。根据1984—2005年观测数据表明，甘肃陇东苹果叶芽开放期、展叶盛期和开花盛期线性拟合倾向率为7 d·$(10\ a)^{-1}$（$P<0.01$），而叶变色、落叶期平均推后线趋势倾向率均为5 d·$(10\ a)^{-1}$（$P<0.1$），但未通过显著性检验（蒲金涌 等，2008）。

桃树休眠期缩短，花芽萌动提前，生育期间隔缩短，整个物候期明显提前，特别是早熟品种表现尤甚。桃树早熟种20世纪90年代物候期较80年代提前5～7 d，2000—2005年比20世纪80年代提前10 d左右（万梓文 等，2016）。

苹果、桃、大樱桃气候产量与4月最低气温均呈显著正相关，4月最低气温上升，减少对果树花的冻害，有利提高产量（王润元 等，2015）。花期温度升高、冻害减轻有利于果树产量的提高。

西北区域酿酒葡萄主产区中早熟品种生长发育期在170～180 d，生育期≥10 ℃积温为3100～3400 ℃·d，葡萄幼果出现至成熟期≥10 ℃积温为2150～2230 ℃·d。酿酒葡萄成熟期8—9月平均气温在2001—2007年较20世纪70年代增加了1.1 ℃，积温相应增加，使葡萄生长速度加快，生长期缩短，产量提高。葡萄果实含糖量积累阶段主要在8月，其含糖量积累与≥10 ℃积温及气温日较差呈正相关，积温增加，气温日较差，葡萄果实含糖量增加，果品质量提高（赵东旭 等，2015）。

气温稳定通过10 ℃日期时移栽党参、黄芪、甘草、枸杞等中药材，产量最高，为最佳移栽期。历史观测资料表明（王润元 等，2015）：中药材主产区气候变暖使稳定通过≥10 ℃初日提前，党参根生长量与≥10 ℃积温、甘草鲜根重与≥15 ℃积温均呈显著正相关，热量增加有利于中药材产量提高。

近30多年来，气候变暖导致西北主产区桃树、大樱桃等果树以及党参、黄芪、甘草、枸杞等中药材种植高度提高100～150 m，酿酒葡萄种植高度提高50～100 m，优质种植区向西北扩展，适宜种植区域扩大，给西北地区发展果业和中药材提供了机遇。

气候变暖使新疆农业热量资源更为丰富，冬季温度升高，利于特色林果等安全越冬（曹占洲 等，2013）。

6 气候变暖对作物品质及微量元素含量的影响

气候变暖已经显著地改变了西北地区小麦籽蛋白质、营养与非营养元素等品质指标。生长发育期平均气温每升高1 ℃，春小麦淀粉含量下降1.6%，而春小麦蛋白质含量却增加0.8%（王鹤龄 等，2015）。

气候变暖将导致小麦籽粒中营养元素与非营养元素的含量发生变化，直接影响小麦品质及食品安全。最高升温3了℃处理使西旱1号、2号和3号小麦籽粒中镉(Cd)浓度相比对照分别下降43.4%、11.1%和13.4%，铜(Cu)浓度相比对照处理分别下降了30.4%、25.1%和10.8%。但铁(Fe)和锌(Zn)的情况却不同，1 ℃和2 ℃升温处理使西旱1号籽粒中锌(Zn)浓度比对照处理分别增加了28.9%和35.8%。随着全球气候变暖，预计到2050年，西北半干旱区域春小麦籽粒中铜(Cu)含量将保持在限量标准值安全范围之内，而锌(Zn)将超过限量标准值27%，镉(Cd)将超过限量标准值490%(李裕 等，2011)。

3 ℃的升温处理导致马铃薯块茎中镉(Cd)、铅(Pb)、铁(Fe)、锌(Zn)和铜(Cu)浓度分别下降了27.27%、54.68%、41.18%、29.16%和22.62%，1～3 ℃的升温处理使马铃薯叶片中铜(Cu)、锌(Zn)和铁(Fe)浓度分别提高4.68%～25.27%、6.04%～27.36%和6.35%～24.05%，但叶片中镉(Cd)和铅(Pb)浓度却分别下降4.81%～10.58%和8.32%～20.21%(肖国举 等，2012)。

气候变暖带来的食品营养品质的改变，尤其是小麦非营养毒性元素镉富集对人体健康的潜在风险，有必要进一步深入研究。

7 气候变暖对农田生态环境的影响

温度升高导致土壤中养分分解速度加快，土壤中有机质含量提高；但温度升高，土壤酶活性下降。试验研究表明，冬季土壤增温0.5～2.5 ℃与未增温对照土壤比较，则增温土壤中有机质含量增加0.01～0.62 $g\cdot kg^{-1}$；而土壤过氧化氢酶活性下降0.08～1.20 $mL\cdot g^{-1}$，脲酶活性下降0.004～0.019 $mg\cdot g^{-1}$，磷酸酶活性下降0.10～0.25 $mg\cdot kg^{-1}$(肖国举 等，2012)。

增温使土壤盐化程度加重。近35年在宁夏引黄灌区开展土壤盐分定位观测，该区域随着年平均气温的升高，土壤中全盐含量呈显著增加趋势。其中，轻盐化土壤中全盐增加了0.08 $g\cdot kg^{-1}$，中盐化土壤中全盐增加了0.13 $g\cdot kg^{-1}$，重盐化土壤中全盐增加0.19 $g\cdot kg^{-1}$(肖国举，2010)。

增温使土壤pH值、总碱度增高明显。试验研究表明，冬季土壤增温0.5～2.0 ℃与对照土壤比较，土壤pH值提高0.14～0.39；冬季土壤增温1.0～2.5 ℃与对照土壤比较，土壤0～60 cm层中总碱度上升0.01～0.03 $cmol\cdot kg^{-1}$(肖国举，2010)。

研究表明，冬季土壤增温后，土壤中CO_3^{2-}、HCO_3^-、Na^+和Mg^{2+}等离子向上移动聚集在表面，导致土壤盐碱化增加。其机理主要是气候变暖加速了土壤水分蒸发，水分蒸发带动土壤盐离子向地表移动，导致耕作层土壤盐离子增加，耕作层土壤盐渍化加重(肖国举 等，2011b)。

利用宁夏引黄灌区温度升高和土壤全盐变化的模拟研究表明(肖国举 等，2011b)，预测未来气温升高0.5～3.0 ℃，该区域轻盐化土壤全盐、中盐化土壤全盐和重盐化土壤全盐分别提高0.03～0.17 $g\cdot kg^{-1}$、0.06～0.24 $g\cdot kg^{-1}$和0.09～0.32 $g\cdot kg^{-1}$。据此预计，宁夏引黄灌区每年淋洗由于气候变暖引起的土壤盐分增加所需要的灌水量为(1.29～1.40)亿m^3。

8 气候变暖对农业气象灾害及病虫害的影响

受气候变暖影响，西北地区≥30℃以上的高温天数逐年增加，1996年以来增加明显，高温灾害加剧。近50年来，西北干旱频率、强度、受灾面积增加，旱灾损失加重。春、秋季干旱发生的频次增加，夏季干旱发生频次下降，春、秋干旱多于夏旱，特重旱多出现在春季。根据全球气候系统模式的预估结果，模拟分析表明，到 2100 年，甘肃省的干旱灾损的风险值将会由目前的 10.6%增加到 12.6%～31.5%，即甘肃省未来气候变化情景下农业干旱灾害综合风险会呈持续上升趋势。西北区域干旱灾害频率增加，危害加重(张强 等，2017)。

西北霜冻初日略有推迟，结束日提前，无霜期逐年沿长，霜冻频率减小、强度增加，灾害损失有加重趋势。初霜冻日出现最早是青海高原西南部，向北逐次推迟，东南部的陕西省出现最晚。终霜日结束最早的为四北区东南部，最晚的是在青海高原西南部。西北无霜期从东向西南逐渐缩短。≤－10 ℃、－20 ℃的低温天数在减少，低温对作物、果树越冬及设施农业的危害减轻(陈少勇 等，2013)。

西北干热风灾害呈加重趋势。甘肃省 6—7 月干热风次数逐年增加，其中，1961—1975 年为干热风多发阶段，1976—1989 年为干热风偏少阶段，1990—2006 年干热风增多阶段。宁夏灌区、柴达木盆地干热风对气候变暖的响应也有类似结果。干热风次数与同期平均温度指标、蒸发量呈显著正相关(张强 等，2012)。

西北冰雹灾害年际变化地域差异较大，一些区域冰雹灾害次数呈增加趋势，而有些区域呈波动变化，部分区域呈减少趋势。

甘肃省马铃薯主产区晚疫病表现为增加趋势特征。马铃薯主产区晚疫病发病率逐年上升显著，其年际变化曲线线性拟合倾向率为 0.355 %·$(10\ a)^{-1}$(姚玉璧 等，2009；2010b)。统计分析表明。马铃薯主产区晚疫病发病率与马铃薯生育期主要气象要素如相对湿度、降水量和气温表现为正相关关系，而与生育期日照时数、平均风速表现为负相关关系。

西北区域玉米田棉铃虫危害也表现为加重趋势。冬季气温升高，导致虫蛹越冬基数增加，虫蛹越冬界限北移，春季气温升高，使棉铃虫羽化期提早，繁育和危害期也相应提早，棉铃虫危害时段延长。研究表明，棉铃虫幼虫发育起点温度 8～9 ℃，蛹期发育起点温度 12～13 ℃。由于气候变暖，≥10 ℃积温增加，玉米田棉铃虫生育周期加快，生育代数增加，危害加剧(邓振镛 等，2012)。

气温升高使红蜘蛛的发生和蔓延加剧。观测表明，甘肃省武威市在 1991 年之前未观测到红蜘蛛危害；在 1991—1998 年观测到红蜘蛛危害年平均面积 0.1×10^4 hm^2；而 1999 年开始红蜘蛛危害急剧增加，在 1999—2006 年红蜘蛛危害年平均危害面积 2.9×10^4 hm^2(邓振镛，2012)。

大田模拟试验表明：在半干旱地区，随着温度的升高，春小麦蚜虫呈先增后减趋势，而条锈病发病率呈上升趋势。蚜虫数量与温度增加呈二次抛物线型关系，其临界温度是增温 1.3 ℃；条锈病的发病率与温度增加呈指数曲线关系，温度平均升高 1 ℃，条锈病发病率上升 10.5%(邓振镛，2012)。

气候变暖对西北旱作农业已经产生了诸多影响，利弊兼有。总体来看，变暖的影响利大于弊，开发利用变暖的气候资源、减小不利影响将有助于西北农业的可持续发展。

9 目前研究不足之处

气候变暖对西北旱作农业及农业生态影响研究取得了重大进展，为应对气候变化奠定了一定的基础，但仍存在以下不足。

(1)气候变化对作物生长发育、产量形成影响的研究大多基于大气增温、水分变化和 CO_2 浓度升高等单因子或双因子的影响研究，缺乏交互协同影响研究，在长期、多因子的综合模拟及观测试验等方面进展不足，制约着气候变化对西北粮食安全影响的全面认识。

(2)气候变化对作物生理生态、品质和耕作环境的研究尚不够深入和系统化，如气温升高、土壤水分变化和CO_2浓度倍增等多因素交互作用对主要作物碳交换过程，包括光合作用和呼吸作用过程以及胞间二氧化碳浓度变化等；水分生理生态过程，包括蒸腾速率变化、气孔导度变化、水势梯度、叶片水平水分利用效率和产量水平水分利用效率等；以及品质变化等的影响，需要通过综合模拟，系统观测试验深入研究。

(3)气候变化对农业气象灾害和农业病虫害的及其与农业产量的相互作用研究不够深入，气候变化对农业气象灾害和农业病虫害强度、频率和持续性特征的影响机理有待进一步加强，气候变化对农业气象灾害和农业病虫害与农业生产的定量关系需要进一步深化。

(4)气候变暖背景下农业气象灾害风险变化特征及其评估尚不够全面系统。如何全面认识农业气象灾害风险特征及其形成机制，动态、定量、全面地评估农业气象灾害风险需要进一步深入研究。

10　气候变化对西北农业与农业生态影响研究展望

IPCC第五次评估报告预估，采用“典型浓度目标”情景，用全球变化评估模式(GCAM)模拟，在中低排放情景(RCP4.5)下，当2100年后辐射强迫稳定在4.5 W·m^{-2}，大气CO_2浓度稳定在650 mL·m^{-3}左右。全球地表平均温度与1986－2005年对比，预计2016－2035年全球平均地表温度将升高0.3～0.7 ℃；2081—2100年升温可能在1.1～2.6 ℃范围(IPCC，2013)。热量将从海表传向深海，并影响海洋环流；高温热浪、干旱、强降水等极端事件发生频率将增加，干的区域变得更干(秦大河，2014)。气候变暖的影响将产生不可逆转的效应(IPCC，2014)。与20世纪末比较，全球地表平均气温上升≥2℃，将对热带区域和温带区域的小麦、玉米和水稻等主要粮食作物生产造成负效应；全球地表平均气温上升≥4℃，则对全球粮食安全产生重大负效应(郑冬晓，2014；周广胜，2015)。

气候变化对西北农业与农业生态的影响研究关系到西北区域应对气候变化战略，关系西北区域粮食安全与生态安全，需要针对气候变化背景下西北农业面临的挑战和资源特点，开展针对性研究，及时采取应对气候变化策略，为西部农业高产、优质、高效、生态、安全和可持续发展提供科技支撑。

(1)充分利用模拟试验观测手段，揭示气候变化多因子综合效应对主要农作物的影响。随着科学技术创新和综合试验研究手段的进一步发展，气候变化对作物影响研究的模拟试验条件也将进一步完善。充分利用综合试验模拟观测手段，如红外辐射增温试验与CO_2-FACE试验(CO_2 free-air concentration enrichment)结合、改进新型OTC(Open-top chamber)结合温室、人工气候室等模拟控制试验，开展增温、水分条件变化和CO_2浓度升高交互综合作用对主要农作物生长发育产量形成的影响，结合长序列田间观测资料分析、作物模型模拟方法，研究气候变化背景下气温增高、CO_2浓度增加、水分胁迫等的综合影响效应，深入研究气候变化因子影响的机理和阈值，揭示主要农作物对气候变暖，CO_2浓度增加、水分胁迫等响应的特征。

(2)紧盯国际前沿，深入研究气候变化对主要作物生理生态的影响。气候变化对作物生理反应过程与生态环境的影响研究是全球变化研究的重要领域，也是国内外相关学者关注的热点课题之一(Moreno-Sotomayor et al.，2002，Awada et al.，2003，Damesin，2003，叶子飘，2010)。分析大气增温、CO_2浓度升高和水分变化对作物光合作用、呼吸作用和胞间CO_2浓度等碳交换的影响特征，模拟植物光响应过程（Ye，2007，2012；闫小红，2013），揭示净光合速率与光合有效辐射通量密度之定量关系，确定植物光响应曲线特征及其叶片光合能力重要参数。分析研究水分生理过程，作物蒸腾、叶片气孔导度、作物水势梯度、叶片水平及产量水平水分利用效率对气候变化的响应特征及其机理（Ainsworth，2008；Ali et al.，2004；Asseng et al.，2004；邵在胜 等，2014）。揭示气候变化对作物品质与痕量元素及其土壤环境等的响应特征（吴杨周 等，2016）。

（3）围绕问题导向，开展农业气象灾害对气候变化的响应特征研究。研究气候变暖背景下，农业气象灾害变化及其对作物的影响特征，揭示高温、干旱、洪涝、霜冻、低温冷害等农业气象灾害对作物生理、产量和品质的影响与机制，开发农作物生育期天气气候条件、农业气象灾害对作物生育、产量和品质影响评估技术方法和系统模型，建立基于不同区域、不同作物的农作物生长发育农业气象指标体系。

（4）针对农业气象灾害危害，开展农业气象灾害风险评估与应对研究。各类灾害的风险分析方法是研究具有不确定性系统的有效技术途径，农业气象灾害种类繁多，形成机理复杂，不确定程度较高，区域差异显著。因此，将灾害风险理论应用于西北农业气象灾害风险研究非常迫切（姚玉璧 等，2013；张强 等，2017），充分应用灾害风险理论最新进展和成果，应用灾害风险量化、风险评价技术结合农业气象灾害损失，研究农业重大气象灾害的风险识别技术，揭示致灾因子危险性，孕灾环境敏感性，承灾体暴露度和脆弱性特征，开展农业气象灾害风险评估，提高风险等级评估可靠性与可信度，给出动态、定量的不同区域农业气象灾害风险分布结论，提出分层次风险应对策略与防御措施。

（5）结合区域资源特征，开展精细化动态农业种植区划及结构布局研究。围绕西北主要粮食作物和经济作物，通过田间试验和长序列定位观测，研发基于气候资源的精细化农业气候区划指标体系，建立年际尺度精细化动态农业种植区划。研究适应气候变化的作物布局结构和种植制度，揭示气候变化背景下，西北作物布局结构和种植制度变化特征，基于高分辨率地理信息系统，给出适应气候变化的农业结构调整方案和农业种植制度优化方案。为应对气候变化提供科学依据。

参考文献

曹占洲，毛炜峄，陈颖，等，2013. 近50年气候变化对新疆农业的影响[J]. 农业网络信息，12(6)：123-130.

陈少勇，郑延祥，楼望萍，等，2013. 中国西北地区初霜冻的气候变化特征[J]. 资源科学，35(1)：165-175.

邓振镛，张强，王强，等，2011. 黄土高原旱塬区土壤贮水量对冬小麦产量的影响[J]. 生态学报，31(18)：5281-5290.

邓振镛，张强，王润元，等，2012. 农作物主要病虫害对甘肃气候暖干化的响应及应对技术的研究进展[J]. 地球科学进展，27(11)：1281-1287.

邓振镛，2005. 高原干旱气候作物生态适应性研究[M]. 北京：气象出版社：25-163.

李裕，张强，王润元，等，2011. 气候变暖对春小麦籽粒痕量元素利用率的影响[J]. 农业工程学报，27(12)：96-104.

刘玉兰，张晓煜，刘娟，等，2008a. 气候变暖对宁夏引黄灌区春小麦生产的影响[J]. 气候变化研究进展，4(2)：90-94.

刘玉兰，张晓煜，刘娟，等，2008b. 气候变暖对宁夏引黄灌区玉米生产的影响[J]. 玉米科学，16(2)：147-149.

蒲金涌，姚小英，邓振镛，等，2006. 气候变化对甘肃冬油菜种植的影响[J]. 作物学报，32(9)：1397-1401.

蒲金涌，姚小英，姚晓红，等，2008. 气候变暖对甘肃黄土高原苹果物候期及生长的影响[J]. 中国农业气象，29(2)：181-183.

邵在胜，赵轶鹏，宋琪玲，等，2014. 大气 CO_2 和 O_3 浓度升高对水稻"汕优 63"叶片光合作用的影响[J]. 中国生态农业学报，22(4)：422-429.

万梓文，许彦平，姚晓琳，等，2016. 甘肃天水近 30 a 气候变化对桃产量形成的影响分析[J]. 干旱区地理，39(4)：738-746.

王鹤龄，张强，王润元，等，2015. 增温和降水变化对西北半干旱区春小麦产量和品质的影响[J]. 应用生态学报，26(1)：67-75.

王鹤龄，张强，王润元，等，2017. 气候变化对甘肃省农业气候资源和主要作物栽培格局的影响[J]. 生态学报，37(18)：6099-6110.

王鹤龄，2013. 增温和降水变化对半干旱区春小麦影响及作物布局对区域气候变化的响应研究[D]. 兰州：甘肃农业大学：56－123.

王润元，杨兴国，赵鸿，等，2006. 半干旱雨养区小麦叶片光合生理生态特征及其对环境的响应[J]. 生态学杂志，25(10)：1161-1166.

王润元，邓振镛，姚玉璧，2015. 旱区名特优作物气候生态适应性与资源利用[M]. 北京：气象出版社：52-145.

吴乾慧，张勃，马彬，等，2017. 气候变暖对黄土高原冬小麦种植区的影响[J]. 生态环境学报，26(3)：429-436.

吴杨周，陈健，胡正华，等，2016. 水分减少与增温处理对冬小麦生物量和土壤呼吸的影响[J]. 环境科学，37(1)：280-287.

肖国举，李裕，2012. 中国西北地区粮食与食品安全对气候变化的响应[M]. 北京：气象出版社：38-189.

肖国举，张强，李裕，等，2010. 气候变暖对宁夏引黄灌区土壤盐分及其灌水量的影响[J]. 农业工程学报，26(6)：7-14.

肖国举，张强，李裕，等，2011a. 冬季增温对土壤水分及盐碱化的影响[J]. 农业工程学报，27(8)：46-51.

肖国举，张强，张峰举，等，2011b. 增温对宁夏引黄灌区春小麦生产的影响[J]. 生态学报，31(21)，6588-6593.

闫小红，尹建华，段世华，等，2013. 四种水稻品种的光合光响应曲线及其模型拟合[J]. 生态学杂志，32(3)：604-610.

姚玉璧，杨金虎，肖国举，等，2017. 气候变暖对马铃薯生长发育及产量影响研究进展与展望[J]. 生态环境学报，26(3)：538-546.

姚玉璧，邓振镛，王润元，等，2006. 气候变化对甘肃胡麻生产的影响[J]. 中国油料作物学报．28(1)：49-54.

姚玉璧，雷俊，牛海洋，等，2016. 气候变暖对半干旱区马铃薯产量的影响[J]. 生态环境学报，25(8)：1264-1270.

姚玉璧，万信，张存杰，等，2009. 甘肃省马铃薯晚疫病气象条件等级预报[J]. 中国农业气象，30(3)：445-448.

姚玉璧，王瑞君，王润元，等，2013. 黄土高原半湿润区玉米生长发育及产量形成对气候变化的响应[J]. 资源科学，35(11)：2273-2280.

姚玉璧，王润元，邓振镛，等，2010a. 黄土高原半干旱区气候变化及其对马铃薯生长发育的影响[J]. 应用生态学报．21(2)：287-295.

姚玉璧，王润元，杨金虎，等，2011. 黄土高原半干旱区气候变暖对胡麻生育和水分利用效率的影响[J]. 应用生态学报，22(10)：2635-2642.

姚玉璧，王润元，杨金虎，等，2012. 黄土高原半湿润区气候变化对冬小麦生长发育及产量的影响[J]. 生态学报，32(16)：5154-5163.

姚玉璧，王润元，赵鸿，2013. 甘肃黄土高原不同海拔气候变化对马铃薯生育脆弱性的影响[J]. 干旱地区农业研究，31(2)：52-58.

姚玉璧，张强，李耀辉，等，2013. 干旱灾害风险评估技术及其科学问题与展望[J]. 资源科学，35(9)：1884-1897.

姚玉璧,张存杰,万信,等,2010b. 气候变化对马铃薯晚疫病发生发展的影响[J]. 干旱区资源与环境,24(1):173—178.

叶子飘,2010. 光合作用对光和 CO_2 响应模型的研究进展[J]. 植物生态学报,34(6):727-740.

张凯,冯起,王润元,等,2014. CO_2 浓度升高对春小麦灌浆特性及产量的影响[J]. 中国农学通报,30(3):189-195.

张凯,王润元,李巧珍,等,2012. 播期对陇中黄土高原半干旱区马铃薯生长发育及产量的影响[J]. 生态学杂志,31(9):2261-2268.

张凯,王润元,王鹤龄,等,2016. 模拟增温对半干旱雨养区春小麦物质生产与分配的影响[J]. 农业工程学报,32(16):223-232.

张强,邓振镛,赵映东,等,2008. 全球气候变化对我国西北地区农业的影响[J]. 生态学报,28(3):1210-1218.

张强,王劲松,姚玉璧,2017. 干旱灾害风险及其管理[M]. 北京:气象出版社:1-10,157-166.

张强,王润元,邓振镛,2012. 中国西北干旱气候变化对农业与生态影响及对策[M]. 北京:气象出版社:136-191,442-462.

张强,姚玉璧,李耀辉,等 . 2015. 中国西北地区干旱气象灾害监测预警与减灾技术研究进展及其展望[J]. 地球科学进展,30(2):196-213.

张强,姚玉璧,王莺,等,2017. 中国南方干旱灾害风险特征及其防控对策[J]. 生态学报,37(21):7206-7218.

张强,张存杰,白虎志,2010. 西北地区气候变化新动态及对干旱环境的影响[J]. 干旱气象,28(1):1-7.

张秀云,姚玉璧,杨金虎,等,2017. 中国西北气候变暖及其对农业的影响对策[J]. 生态环境学报,26(9):1514-1520.

赵东旭,刘明春,曾婷,2015. 气候变化情景下河西酿酒葡萄生态气候种植区划研究[J]. 山东农业科学,47(7):38-45.

赵鸿,王润元,王鹤龄,等,2007. 西北干旱半干旱区春小麦生长对气候变暖响应的区域差异 . 地球科学进展,22(6):636-641.

赵鸿,王润元,尚艳,等,2016. 粮食作物对高温干旱胁迫的响应及其阈值研究进展与展望[J]. 干旱气象,34(1):1-12.

郑冬晓,杨晓光,2014. ENSO 对全球及中国农业气象灾害和粮食产量影响研究进展[J]. 气象与环境科学,37(4):90-101.

中国气象局气候变化中心,2017. 中国气候变化监测公报(2016 年)[M]. 北京:科学出版社:1-10.

周广胜,2015. 气候变化对中国农业生产影响研究展望[J]. 气象与环境科学,38(1):80-94.

Ainsworth E A,2008. Rice production in a changing climate: A meta-analysis of responses to elevated carbon dioxide and elevated ozone concentration[J]. Global Change Biology,14:1-9.

Ali R T,Theib Y O,2004. The role of supplemental irrigation and nitrogen in producing bead wheat in the highlands of Iran[J]. Agric Water Manage,65:225-236.

Asseng S,Jamieson P D,Kimball B,et al,2004. Simulated wheat growth affected by rising temperature,increased water deficit and elevated atmospheric CO_2[J]. Field Crops Res,85:85-102.

Awada T,Radoglou K,Fotelli M N,et al,2003. Ecophysiology of seedlings of three Mediterranean pine species in contrasting light regimes[J]. Tree Physiology,23:33-41.

Ben-Asher J,Garcia A G Y,Hoogenboom G,2008. Effect of high temperature on photosynthesis and transpiration of sweet corn(Zea mays L. var. rugosa[J]). Photosynthetica,46(4):595-603.

Damesin C,2003. Respiration and photosynthesis characteristics of current 2 year stems of Fagus sylvatica: from the seasonal pattern to an annual balance[J]. New Phytologist,158:465-475.

IPCC,2013. Climate Change 2013: the physical science basis. Contribution of Working Group I to the fifth assessment report of the Intergovernmental Panel on Climate Change[M]. Cambridge & New York: Cambridge University Press.

IPCC,2014. Climate Change 2014:impacts,adaptation and vulnerability. Contribution of Working Group II to the fifth assessment report of the Intergovernmental Panel on Climate Change[M]. Cambridge & New York:Cambridge University Press.

Li Y,Zhang Q,Wang RY,et al,2012. Temperature changes the dynamics of trace element accumulation in Solanum tuberosum L[J]. Climatic Change,112(3/4):655-672.

Moreno-Sotomayor A, Weiss A, Paparozzi E T, Arkebauer T J, 2002. Stability of leaf anatomy and light response curves of field grown maize as a function of age and nitrogen status[J]. Journal of Plant Physiology,159(8):819-826.

Parry M L, Swaminathan M S, 1992. Effects of Climate Change on Food Production[M]. Cambridge: Cambridge University Press.

Peng S,Huang J,Sheehy JE,et al,2004. Rice yields decline with higher night temperature from global warming [J]. P Natl Acad Sci USA,101(27):9971-9975.

Rodin J W, 1992. Reconciling water-use efficiencies of cotton in field and laboratory[J]. Crop Science, 32: 13-18.

Wang H L,Gan Y T,Wang R Y,et al,2008. Phenological trends in winter wheat and spring cotton in response to climate changes in northwest China[J]. Agricultural and Forests Meteorology,148:1242-1251.

Xiao G J,Zhang Q,Li Y,et al,2010. Impact of temperature increase on the yield of winter wheat at low and high altitudes in semi-arid northwestern China[J]. Agricultural Water Management,97:1360-1364.

Xiao G J,Zhang Q ,Yao Y B,et al,2008. Impacts of recent climatic change on the yields of winter wheat at different altitudes above sea level in semi-arid northwestern China[J]. Agriculture,Ecosystems & Environment,127:37-42.

Ye Z P,Yu Q,Kang H J,2012. Evaluation of photosynthetic electron flow using simultaneous measurements of gas exchange and chlorophyll fluorescence under photorespiratory conditions[J]. Photosynthetica, 50: 472-476.

Ye Z P,2007. A new model for relationship between irradiance and the rate of photosynthesis in Oryza sativa [J]. Photosynthetica,45:637-640.

Zhou J B,Wang C Y,Zhang H,et al. 2011. Effect of water saving management practices and nitrogen fertilizer rate on crop yield and water use efficiency in a winter wheat-summer maize cropping system[J]. Field Crops Research,122:157-163.

黄土高原半湿润区玉米生长发育及产量形成对气候变化的响应*

姚玉璧[1,2] 王瑞君[3] 王润元[1] 杨金虎[2] 张谋草[4] 肖国举[5]

(1. 中国气象局兰州干旱气象研究所/甘肃省干旱气候变化与减灾重点实验室/中国气象局干旱气候变化与减灾重点开放实验室，兰州，730020；2. 甘肃省定西市气象局，定西，743000；3. 黄河水利委员会宁蒙水文水资源局巴彦高勒蒸发实验站，磴口，015200；4. 甘肃省庆阳市气象局，西峰，745000；5. 宁夏大学新技术应用研究开发中心，银川，750021)

摘　要　利用黄土高原半湿润区西峰农业气象试验站玉米生长发育观测资料、加密观测和对应平行气象观测资料，分析气候变化对玉米生长发育的影响，以及玉米穗干重生长与气象条件的关系。结果表明，1951—2010 年，试验区逐年降水量呈波动变化，20 世纪 90 年代降水量较其他年代为最少。降水量序列 3 a、8 a 的周期变化特征明显。试验区逐年气温为上升趋势，逐年气温序列线性拟合气候倾向率为 0.325℃/(10 a)。逐年作物生长季干燥指数显著上升，逐年干燥指数序列线线性拟合气候倾向率为 0.051/(10 a)，进入 20 世纪 70 年代，试验区气候暖干化特征明显。气候变暖使玉米拔节—成熟期提前(5～6)d/(10 a)，全生育期缩短。玉米穗干重在播种 102 d 后，从缓慢生长期转为迅速生长期，在播种 129 d 后，又从迅速生长期转为缓慢生长期，玉米穗的干物质积累最大速率出现在播后 115 d 左右。气候变暖使玉米大部分生育期可利用热量资源充裕，玉米产量形成对抽雄—开花期气温变化十分敏感，大部分时段气温对玉米产量形成呈负效应。气温变化的影响函数与降水量变化的影响函数表现为反相位特征。在玉米成熟期，降水对产量的影响为负效应，其余生育期降水的影响为正效应，玉米产量形成对三叶—拔节期降水变化十分敏感。灌浆—成熟期光照对玉米产量形成呈显著的正效应。

关键词　黄土高原；气候变化；玉米；生育；穗干重

2012 年 2 月发布的《IPCC SREX 决策者摘要》报告指出，不断变化的气候可导致极端天气和气候事件在频率、强度、空间范围、持续时间和发生时间上的变化，并能够导致前所未有的极端天气和气候事件。极端事件对与气候有密切相关的行业(如水利、农业和粮食安全、林业、健康和旅游业)将有更大的影响(IPCC，2012)。气候系统变暖的事实是明确的，人为增暖对许多自然和生物系统的影响是可辨别的(IPCC，2007a)。几乎可以确定，如不采取适应措施，偏暖环境下农业产量降低，病虫害多发(IPCC，2007b)。全球气候变暖意味着外界向农田生态系统输入更多的能量。气候变暖增加农田热量资源，≥0℃的积温有所增加，各地作物潜在生长季有所延长，无疑对多熟种植有利。气候变化造成西北种植制度界限不同程度的北移，大部分地区小麦-玉米稳产种植北界向西北方向移动。与 1950—1980 年相比，预计 2011—2040 年和 2041—2050 年的一年两熟带和一年三熟带种植北界都不同程度向北移动，其中陕西省一年一熟区和一年二熟区分界线的空间位移最大，2041—2050 年种植北界北移情况更为明显(杨晓光 等，2011)。

* 发表在：《资源科学》，2013，35(11)：2273-2280.

气温上升，我国东北地区玉米延迟型冷害进入低发期。随着热量资源的增加，玉米可种植区范围不断扩大，种植北界北移东扩，玉米适播起始时间提前(纪瑞鹏 等，2012)。气候变化已经导致早熟品种逐渐被中、晚熟品种取代，中、晚熟品种可种植面积不断扩大(赵俊芳 等，2009)。但如果水分得不到满足，气候的暖干化趋势会使东北地区的中、西部玉米主产区的农业干旱变得更加严重且频繁，造成产量下降和不稳定(马树庆 等，2008)。未来气候变化情景下，东北三省玉米需水量距平百分率大多表现为增加的趋势(张建平 等，2009)。甘肃天水1980—2005年玉米生育期内平均气温升高，促使玉米生长加快，发育期提前，全生育期缩短(赵国良 等，2012)。国内外学者开展了不同区域玉米种植区域及生育期变化特征的研究(王润元 等，2004；刘德祥 等，2005；张强 等，2008；邓振镛 等，2008)，但就黄土高原半湿润区气候变化对玉米生长发育及产量影响的研究尚不够深入，为此，利用黄土高原半湿润区玉米生长发育定位观测资料、加密观测和对应平行气象观测资料，研究其对气候变化的响应特征，为玉米生产应对气候变化提供理论依据。

1　试验区概况和方法

1.1　试验区概况

试验在甘肃省庆阳市西峰农业气象试验站开展，试验区为半湿润气候区，该地历年平均降水量为528.2 mm，夏季6—8月降水量最多，为278.1 mm，占全年降水量的52.7%；秋季9—11月降水量次之，为131.7 mm，占全年降水量的24.9%；春季3—5月降水量为101.5 mm，占全年降水量的19.2%；冬季12月至翌年1—2月降水量最少，为16.9 mm，占全年降水量的3.2%。年平均气温为9.2 ℃，一年中最热月为7月，平均气温为21.4 ℃；最冷月为1月，平均气温为−4.2 ℃；历年平均太阳总辐射5547.3 MJ/m^2，历年平均日照时数2445.9 h。

1.2　试验取样设计

试验取样观测时段为1990—2010年玉米生育期，观测地段在西峰农业气象试验站，按照中国气象局《农业气象观测规范》观测方法(中国气象局，1993)，共设4个小区，分为4个重复，观测玉米各个发育期出现日期、种植密度、植株高度、叶面积指数，茎、叶、穗等的鲜重和干重，产量构成要素等。种植制度与栽培方式及品种与大田相同，品系及品种的熟性基本未变。试验栽培方式、熟制均未变。观测取样地段为旱作、未灌溉，中壤土、碱性，地段面积0.42 hm^2，每年均倒茬。2007—2008年，在玉米生育期加密观测次数，每旬逢3日、5日、8日、10日增加观测。

1.3　数据统计分析方法

气候要素的趋势系数变化采用一次线性方程表示，其斜率的10 a变化称为气候倾向率，可以从气候趋势系数求出气候倾向率(魏凤英，2007)。

小波分析中采用有边界Morlet小波能量谱分析(吴洪宝 等，2005)：

$$\Psi(\mathrm{t}) = \mathrm{e}^{-2\pi i t}\exp[-(2\pi/k\psi)^2|t|^2] \tag{1}$$

小波变换系数为

$$\xi(t',a) = a^{-1/2}\int f(t)\Psi^*(t/a - t'/a)\mathrm{d}t \tag{2}$$

式中，$\xi(t',a)$是小波系数，$f(t)$是资料序列，Ψ^*是Ψ的共轭函数。

作物生长季(4—10月)干燥指数(I_a)公式如下：

$$I_a=\frac{ET_0}{R} \tag{3}$$

式中，I_a为地表干燥指数；R为降水量(mm)；ET_0为最大可能蒸散量(mm)；ET_0采用联合国粮农组织(FAO)在1998年修正并推荐的Penman-Monteith(P-M)模型计算(Allen et al.，1998)。

气象要素对作物产量形成影响函数采用积分回归模式：

$$Y=C_0+\int_0^{\tau}a(t)x(t)\mathrm{d}t \tag{4}$$

式中，Y为气候产量；C_0为积分常量；$x(t)$为气象要素；$a(t)$为偏回归系数或影响函数。

2 结果分析

2.1 主要气候特征

2.1.1 降水量变化特征

试验区历年降水量(1951—2010年)序列曲线为波动下降特征，历年降水量气候倾向率为－8.915 mm/(10 a)，但是，没有通过显著性检验。年降水量最大值为828.2了mm，出现在2003年；年降水量最小值为333.8mm，出现在1995年。降水量气候平均值按1981—2010年30年平均计，则降水量距平百分率的年际变化在－36.7%～56.9%之间。降水量20世纪50年代偏少，为－3.6%，60年代偏多12.6%，80年代偏多3.5%，90年代偏少－13.0%；70年代和2001年后10年接近平均值。

冬季(12月至翌年1—2月)降水量呈略增趋势，倾向率为1.154 mm/(10 a)($P<0.09$)。夏季(6—8月)降水量也呈略增趋势，倾向率为0.289 mm/(10 a)($P>0.10$)，未通过显著性检验。春季(3—5月)降水量呈减少趋势，倾向率为－5.126 mm/(10 a)($P>0.10$)，秋季(9—11月)降水量也呈减少趋势，倾向率为－4.546 mm/(10 a)($P>0.10$)，作物生长季(4—10月)降水量亦呈减少趋势，倾向率为－7.378 mm/(10 a)($P>0.10$)，但均未通过显著性检验。试验区历年降水量序列呈明显的3 a、8 a的周期振荡特征，且在1955—1970年的时域内3 a周期振荡较强，在1963年为中心的时域内3 a周期振荡最强。在1980年为中心时域内8 a振荡最强。

2.1.2 气温变化特征

试验区历年气温(1951—2010年)序列曲线为呈显著上升趋势，历年气温气候倾向率为0.325 ℃/(10 a)($P<0.01$)。气温Cubic函数呈先降后升型特征，20世纪70年代后气温明显上升。

年平均气温距平20世纪50—80年代为负距平，其中50年代为－0.4 ℃、60年代为－0.7 ℃、70年代－0.4 ℃、80年代－0.4 ℃、20世纪90和2001年后的10年为正距平，其中90年代为0.4 ℃、2001年后为1.2 ℃。

各季节气温均呈显著上升趋势，冬季气温的倾向率最大，为0.463 ℃/(10 a)($P<0.01$)；春季气温的倾向率为0.365 ℃/(10 a)($P<0.01$)；秋季气温的倾向率为0.295 ℃/(10 a)($P<$

0.01)；夏季气温的倾向率较小，为 0.159 ℃/(10 a)($P<0.01$)；作物生长季气温倾向率为 0.255 ℃/(10 a)($P<0.01$)。

2.1.3 干燥指数变化特征

试验区 1951—2010 年历年 4—10 月作物生长季干燥指数序列曲线呈显著上升趋势，干燥指数序列气候倾向率为 0.051/(10 a)($P<0.05$)。

20 世纪 50 年代研究区生长季干燥指数有所下降，60 为相对湿润期，70 年代后暖干化特征明显，干燥指数上升显著。

2.2 玉米发育期对气候变化的响应

研究区域玉米一般播种期在 4 月下旬左右，5 月上旬左右出苗，5 月中旬左右为三叶期，5 月下旬左右为七叶期，6 月下旬左右为拔节期，7 月中旬为抽雄期—开花期，8 月中旬为乳熟期，9 月上中旬为成熟期。播种到成熟期天数为 130～150 d，期间≥0 ℃积温为 2500～2700 ℃·d，降水量为 300～400 mm，日照时数为 1100～1300 h。

1990—2010 年，玉米拔节—成熟期间隔日数序列曲线呈逐年减小的特征(图 1)，间隔日数气候倾向率为−5.403 d/(10 a)($r=0.483$，$P<0.01$)，即间隔日数每 10 a 缩短 5～6 d。拔节—成熟期间隔日数与夏季平均气温呈极显著的负相关($r=-0.675$，$P<0.001$)，即夏季气温升高，玉米拔节—成熟期间隔日数缩短。拔节—成熟期隔日数与夏季降水量呈显著的正相关($r=0.422$，$P<0.05$)，即夏季降水增加，玉米拔节—成熟期间隔日数缩短。

从播种—成熟，玉米全生育期年际变化曲线也呈逐年减小的趋势(图 1)，线性拟合倾向率为−3.766 d/(10 a)，但 $P>0.05$，未通过信度检验。全生育期隔日数与全生育期平均气温呈极显著的负相关($r=-0.611$，$P<0.01$)，即生育期气温升高，玉米生育期期间隔日数缩短。全生育期隔日数与全生育期降水量相关不显著。

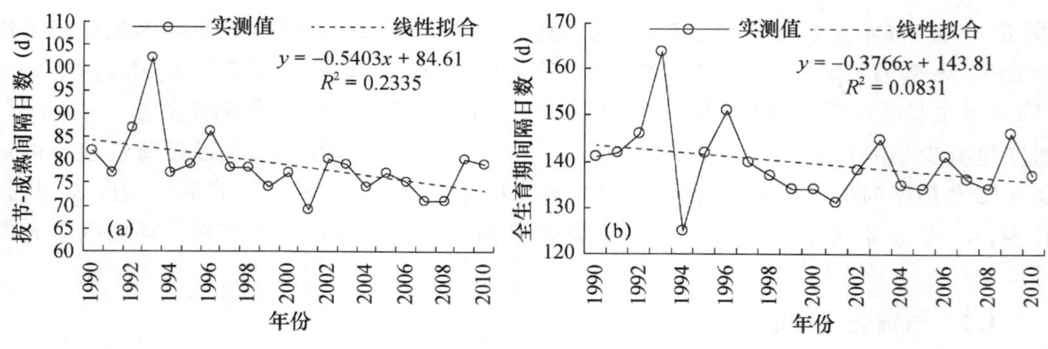

图 1　玉米生育期间隔日数逐年演变特征

2.3 玉米穗干重增长特征

玉米穗的生长发育速度表现为由慢变快再转慢的动态生长过程。首先开始为缓慢生长进程，其后转入快速生长进程，期间生长速度较快且有一极大值，后期生长又趋于缓慢，直至停止生长。2007 年每隔 2 日测定玉米穗干、鲜重，建立玉米穗干重增长特征模型。因 2007 年作物生育期气候条件接近常年，其生物量变化接近平均状态(图 2)。

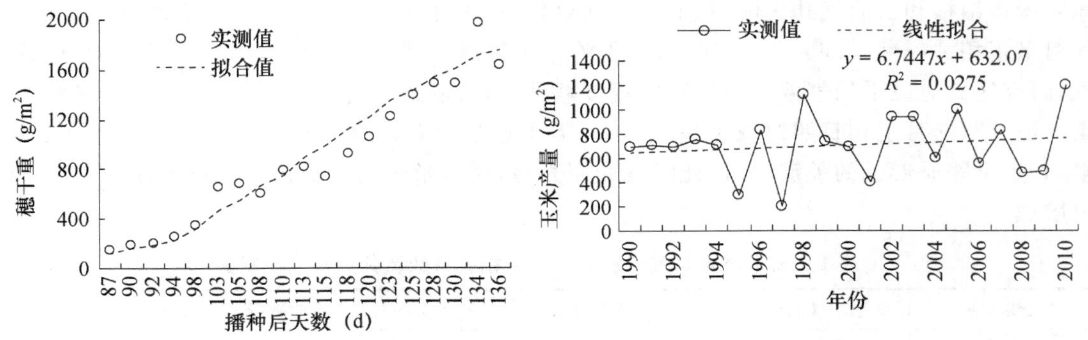

图 2　玉米穗干物质积累和历年产量变化特征

玉米穗干重增长特征模型为：

$$y=\frac{2002.1}{1+e^{(11.065-0.096x)}} \tag{5}$$

其模型线性化后的相关系数 $R=0.922$，$F=96.1$，$P<0.01$。

对玉米穗干重增长特征模型求导，可得穗干重增长速度模型如下：

$$v=\frac{dy}{dx}=\frac{kbe^{a-bx}}{(1+e^{a-bx})^2}=\frac{11.04e^{(11.065-0.096x)}}{(1+e^{(11.065-0.096x)})^2} \tag{6}$$

对玉米穗干重增长速度模型再求导，令$\frac{dv}{dx}=0$，可求得 $x=115.3\approx115$(d)，此时穗干重增长速度最大，其值为：$v_{max}=48.0$g/(m² · d)。即在玉米播种后 115 d，穗干重增长速度最大，其值为 48.0 g/(m² · d)。

对玉米穗干重增长速度模型求二阶导数得：

$$\frac{d^2v}{dx^2}=\frac{d^3y}{dx^3}=kb^3e^{a-bx}\frac{1-4e^{a-bx}+e^{2a-2bx}}{(1+e^{a-bx})^4} \tag{7}$$

令

$$\frac{d^2v}{dx^2}=0$$

即

$$1-4e^{a-bx}+e^{2a-2bx}=0$$

求解穗干重增长速度模型的两个特征点，解得：

$$x_1=\frac{a-\ln(2+\sqrt{3})}{b}=101.5\approx102(d),x_2=\frac{a-\ln(2-\sqrt{3})}{b}=129.0\approx129(d)$$

式中，x_1为玉米穗干重增长由缓慢生长进程转为迅速生长进程的时间节点，x_2为迅速生长进程变为缓慢生长进程的时间节点。即穗干重增长在播种后 102 d 由缓慢生长进程转为快速生长进程，在播种后 129 d，又由快速生长进程变为缓慢生长进程。穗干重增长快速进程约 27 d。

2.4　产量形成与气候波动的关系

玉米产量与 7 月最高气温呈负相关($r=-0.399$，$P<0.10$)(表 1)，7 月最高气温偏高，则产量下降。7 月为玉米抽雄—开花—吐丝期，玉米花粉含水量只有 60%，且保水能力弱，在高温干燥环境下易失水干瘪丧失活力；花丝也不易吐出，即使吐出也易枯萎，易造成受精不完全而缺粒的现象，使玉米果穗籽粒空秕率增大，降低产量。高温还可降低玉米光合酶的活性，破

坏叶绿体结构和引起气孔关闭，从而影响光合作用，使净光合积累减少。玉米产量与9月平均气温呈正相关（$r=0.566, P<0.01$），9月平均气温偏高，则产量增加。9月为玉米成熟期，可见，研究区此时段平均气温较玉米适宜温度略偏低，气温适度升高，有利于玉米干物质积累，提高产量。与9月上旬日照时数也呈正相关，但未通过显著性水平检验。9月上旬正值玉米灌浆期，是干物质形成的关键阶段，此时段光照充裕，对玉米灌浆和干物质积累十分有利，产量相应增加。

表1　玉米产量与气候影响因子的相关系数及其直接通径系数

气候要素	9平均气温(℃)	7月最高气温平均(℃)	9月上旬日照时数(h)	4—8月降水量(mm)
相关系数	0.556★	−0.399△	0.317	0.562★
直接通径系数	0.460	−0.101	0.200	0.438

注：△表示 $P<0.10$，★表示 $P<0.01$。

产量与5月降水量呈正相关（$r=0.536, P<0.01$），5月为玉米出苗期—七叶期，5月上旬玉米苗期是茎、节、叶分化形成的营养生长时期，降水充足，则出苗齐，苗全苗壮；5月中下旬为生长锥伸长的营养生长阶段，降水量适宜，促进生长锥伸长，为小穗分化奠定基础。与4—8月降水量呈正相关（$r=0.562, P<0.01$），4—8月降水充足，对玉米生长发育及其产量形成有利。

相关分析表明，影响玉米产量的主要气候因子为9平均气温、7月平均最高气温、9月上旬日照时数、5月降水量、4—8月降水量。因为5月降水量和4—8月降水量呈显著互相关，故选9月平均气温、7月平均最高气温、9月上旬日照时数和4—8月降水量等4个气候影响因子，应用通径分析方法计算各气候影响因子的直接通径系数，直接通径系数绝对值越大，说明该气候因子对玉米产量形成的影响越大，反之亦然。直接通径系数由大到小依次为：9月平均气温>4—8月降水量>9月上旬日照时数>7月最高气温。其中9月平均气温和4—8月降水量的影响大于其他气候因子。

由此可见，开花期气温升高易造成花器官生理干旱，丧失活力，花丝枯萎，不能授粉，降低结实率，影响产量。成熟期气温适度升高有利于玉米干物质积累，提高产量。5月降水充足则出苗齐，苗全苗壮，促进生长锥伸长，为小穗分化奠定基础。4—8月降水充足，玉米生长发育良好，产量增加。

2.5　玉米产量对气象要素变化的响应

2.5.1　玉米产量对气温变化的响应

气温对玉米产量影响大部分时段为负效应，只有播种期和成熟期气温对玉米产量的影响为正效应。其中，气温在抽雄—开花期对产量形成的影响为显著负效应（图3），玉米产量高低对气温响应的敏感性大，旬均温升高1℃，玉米减产20～40 g/m²，敏感期持续40～50 d左右（图3）。气温升高，一方面易造成花器官生理干旱，花器官失水干瘪，丧失活力，花丝难以吐出，吐出后也易枯萎，影响授粉；另一方面气温升高土壤蒸发和作物蒸腾加剧，农田蒸散量增大，致使作物水分亏缺。高温还可降低光合酶的活性，破坏叶绿体结构，使气孔关闭，光合作用受阻。虽然本地区7月平均气温仍处于对玉米生长发育有利的范围，但最高气温偏高会使白天光照充足时段的气温超出光合作用的适宜温度范围并使呼吸消耗增大。

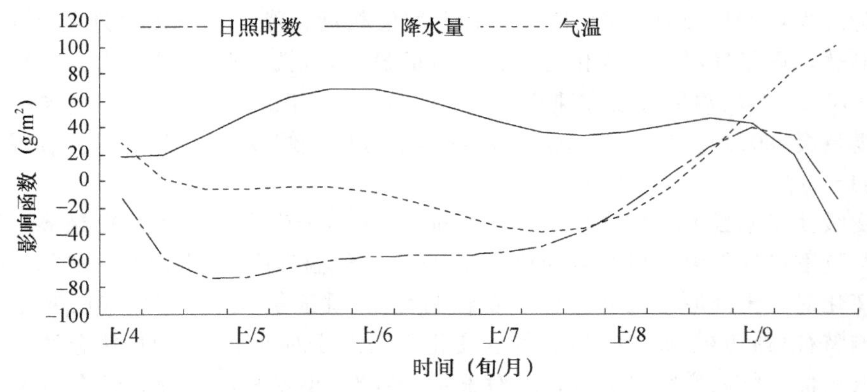

图 3 气候因子对玉米产量的影响函数曲线

成熟期气温升高有利于玉米产量形成，气温的影响为正效应，旬均温升高 1 ℃，玉米增产 50～90 g/m^2。其机理是成熟期气温升高，籽粒干燥速度变快，收获进度加快，损失减少，若此时段气温偏低，则对应阴雨天气增多，收获受阻，损失增加。9 月份处于玉米灌浆后期，多年平均气温已低于光合与同化的适宜温度，气温偏高可促进光合作用和加速同化。

2.5.2 玉米产量对降水量变化的响应

玉米产量形成对降水量的响应特征函数与对气温响应特征函数的相位分布相反，降水量对玉米产量形成影响大部分时段为正效应，只有成熟期影响为负效应。玉米产量在三叶—拔节期对降水量响应的敏感性大，每旬增加降水量 1 mm，玉米增产 50～70 g/m^2，影响敏感期 50～60 d。其机理是常年此时期春旱缺水，如降水量增加，水分供应充裕，玉米营养生长阶段将生长发育良好，进而使小穗分化和小花分化充分，穗粒数增加。大喇叭口至抽雄虽然是玉米生理上对水分需求最旺盛和对缺水最敏感的时期，但由于处在雨季，降水正距平虽然也有增产效果，但不如苗期的作用大。而成熟期降水量过多，则造成籽粒呼吸消耗，加之雨水淋泡导致产量降低。

2.5.3 玉米产量对光照变化的响应

灌浆—成熟期光照对玉米产量的影响为明显的正效应；每旬增加光照 1 h，玉米增产 20～40 g/m^2，影响敏感期 25～35 d；光照充足，干物质积累加快。

一般而言，在作物生长发育进程中，假定气候生态环境适宜时，增加日照，则光合作用速度增加，有利于作物生长发育。但是，某一时段光照增加时，相应时段会出现降水偏少的情形，水分亏缺影响作物生长发育。这就是为何在玉米播种—抽雄期光照对产量为负效应的原因。

2.6 玉米产量气候模型

根据相关分析和积分回归分析，建立玉米产量的气候模型：

$$Y=-706.195-38.923T_{m7}+129.280T_9+1.286R_{4-8} \quad (8)$$

式中，Y 为玉米产量；T_{m7} 为 7 月最高气温平均；T_9 为 9 月平均气温；R_{4-8} 为 4—8 月降水量。

复相关系数为 $R=0.760(F=7.75, P<0.01)$。

3 结论与讨论

1951—2010 年试验区域逐年降水量历史序列为波动变化特征，20 世纪 90 年代降水量较其他年代为最少，2001—2010 降水量与气候平均值相近。降水量历史序列的 3 a、8 a 的周期变化特征显著。逐年气温序列变化上升趋势特征显著，气温变化序列线性拟合气候倾向率为 0.325 ℃/(10 a)，其增温的幅度和速率大于 1951—2009 年的全国平均值(气候变化国家评估报告编写委员会，2011)。进入 20 世纪 70 年代，试验区气候暖干化特征明显，表现为干燥指数逐年上升明显。

气候变暖使玉米拔节—成熟期每 10a 提前 5～6 d，全生育期也呈缩短趋势。拔节—成熟期隔日数与夏季平均气温呈极显著的负相关，即夏季气温升高，玉米拔节—成熟期间隔日数缩短。气候变化对黄土高原半湿润区冬小麦影响特征(姚玉璧 等，2012)、气候变化对半干旱区春小麦影响特征(姚玉璧 等，2011)和气候变化黄土高原对油菜的影响(蒲金涌，2006)研究结论基本观点相似。气候变暖，气温增高，对玉米、冬(春)小麦和油菜等属于有限生长习性的作物，其生长发育过程中营养生长进程缩短、整个生育进程缩短。而对马铃薯、棉花和胡麻等属于无限生长习性的作物，其生长发育过程中生殖生长进程延长、整个生育进程延长(姚玉璧 等，2010)。

玉米穗干重增长特征模拟结果表明，玉米在播种后 102 d，穗干重从缓慢生长进程转入快速生长进程，播种后 115 d，穗干重增长速度最快，其值达 48.0 $g/(m^2 \cdot d)$，播种后 129 d，又从快速生长进程转入缓慢生长进程，穗干重增长快速积累进程约 27 d。其穗干重积累过程和冬(春)小麦干物质积累过程有相似特征(姚玉璧 等，2011；2012)。

气温对玉米产量影响大部分时段为负效应，只有播种期和成熟期气温对玉米产量的影响为正效应。其中，气温在抽雄—开花期对产量形成的影响为显著负效应，玉米产量高低对气温响应的敏感性大，旬均温升高 1 ℃，玉米减产 20～40 g/m^2，敏感期持续 40～50 d。其机理是气温升高，花粉失水干瘪，影响吐丝授粉。降水量对玉米产量形成影响大部分时段为正效应，只有成熟期影响为负效应。玉米产量在三叶—拔节期对降水量响应的敏感性大，每旬增加降水量 1 mm，玉米增产 50～70 g/m^2，影响敏感期 50～60 d。其机理是此时段降水量增加，水分供应充裕，玉米营养生长进程良好，进而使小穗分化和小花分化充分，穗粒数增加。灌浆—成熟期光照对玉米产量的影响为明显的正效应；每旬增加光照 1 h，玉米增产 20～40 g/m^2，影响敏感期 25～35 d；光照充足，可保证作物对光照的需求干物质积累加快(姚玉璧 等，2011)。

统计分析表明夏季气温偏高对产量不利，开花期气温升高，易造成花器官生理干旱，丧失活力，花丝枯萎，不能授粉，降低结实率，影响产量。高温还可降低光合酶的活性，破坏叶绿体结构，导致气孔关闭，影响光合作用，使净光合积累减少。成熟期气温适度升高，有利于玉米干物质积累，提高产量。5 月降水充足，则出苗齐；促进生长锥伸长，为小穗分化奠定基础。4—8 月降水充足，玉米生长发育良好，产量增加。统计结果表明因降水量偏多，而造成水分过多，影响玉米正常发育进程的状况在研究区频率很低；降水量不足，水分亏缺的频率较高。降水量的影响函数同热量的影响函数呈反相位分布，表明本地区缺水是主要矛盾，特别是幼苗期降水有利苗全苗壮，拔节—抽雄降水适宜有利小穗分化和小花分化，增加小穗数，提高穗粒数。研究区域玉米播种期可适当提前，以避开开花期高温，增加成熟期热量资源。

尽管试验结果表明玉米全生育期的大部分时段气温升高对产量形成不利，但图 2 显示，随着气候变暖，本地区玉米的单产水平仍持续提高。表明采取适应措施能够在很大程度上克服气候变化的不利影响和充分利用气候变化带来的某些有利因素，包括调整品种、播期和增加物质投入等。

参考文献

邓振镛,张强,蒲金涌,等,2008. 气候变暖对中国西北地区农作物种植的影响[J]. 生态学报,28(8):3760-3768.

纪瑞鹏,张玉书,姜丽霞,等,2012. 气候变化对东北地区玉米生产的影响[J]. 地理研究,31(2):290-298.

刘德祥,董安祥,邓振镛,2005. 中国西北地区气候变暖对农业的影响[J]. 自然资源学报,20(1):119-125.

马树庆,王琪,罗新兰,2008. 基于分期播种的气候变化对东北地区玉米(Zeamays)生长发育和产量的影响[J].生态学报,28(5):2131-2139.

蒲金涌,姚小英,邓振镛,等 . 2006. 气候变暖对甘肃冬油菜种植的影响[J]. 作物学报,32(9):1397-1401.

气候变化国家评估报告编写委员会,2011. 第二次气候变化国家评估报告[M]. 北京:科学出版社:74-91.

王润元,张强,王耀林,等,2004. 西北干旱区玉米对气候变暖的响应[J]. 植物学报,46(12):1387-1392.

魏凤英,2007. 现代气候统计诊断与预测技术[M]. 北京:气象出版社:175-181.

吴洪宝,吴蕾,2005. 气候变率诊断和预测方法[M]. 北京:气象出版社:208-244.

杨晓光,刘志娟,陈阜,2011. 全球气候变暖对中国种植制度可能影响:Ⅳ. 未来气候变化对中国种植制度北界的可能影响[J]. 中国农业科学,44(8):1562-1570.

姚玉璧,王润元,邓振镛,等,2010. 黄土高原半干旱区气候变化及其对马铃薯生长发育的影响[J]. 应用生态学报,21(2):379-385.

姚玉璧,王润元,杨金虎,等,2012. 黄土高原半湿润区气候变化对冬小麦生长发育及产量的影响[J]. 生态学报,32(16):5154-5163.

姚玉璧,王润元,杨金虎,等 . 2011. 黄土高原半干旱区气候变化对春小麦生长发育的影响——以甘肃定西为例[J]. 生态学报,31(15):4225-4234.

张建平,王春乙,杨晓光,等,2009. 未来气候变化对中国东北三省玉米需水量的影响预测[J]. 农业工程学报,25(7):50-55.

张强,邓振镛,赵映东,等,2008. 全球气候变化对我国西北地区农业的影响[J]. 生态学报,28(3):1210-1218.

赵国良,高强,姚小英,等,2012. 天水市玉米生长对气候变暖的响应[J]. 中国生态农业学报,20(3):363-368.

赵俊芳,杨晓光,刘志娟,2009. 气候变暖对东北三省春玉米严重低温冷害及种植布局的影响[J]. 生态学报,29:6544-6551.

中国气象局,1993. 农业气象观测规范[M]. 北京:气象出版社:27-31.

Allen R G, Pereira L S, Raes D, 1998. Crop evapotranspiration-guidelines for computing crop water requirements[Z]. FAO Irrigationand drainage paper 56,Rome:FAO.

IPCC,2007a. Climate Change 2007:Impacts,Adaptation and Vulnerability. Contribution of Working Group II to the Fourth Assessment Report of the Intergovernmental Panel on Climate Change[M]. Cambridge,UK and New York,USA:Cambridge University Press.

IPCC,2007b. Summary for Policymakers of the Synthesis Report of the IPCC Fourth Assessment Report[M]. Cambridge,UK:Cambridge University Press.

IPCC,2012. Summary for Policymakers//Managing the Risks of Extreme Events and Disasters to Advance Climate Change Adaptation. A Special Report of Working GroupsI and II of the Intergovernmental Panel on Climate Change[M]. Cambridge University Press,Cambridge,UK,and New York,NY,USA:1-19.

气候变暖对马铃薯生长发育及产量影响研究进展与展望*

姚玉壁[1,2]　杨金虎[2]　肖国举[3]　赵　鸿[1]　雷　俊[2]　牛海洋[2]　张秀云[2]

（1. 中国气象局兰州干旱气象研究所/甘肃省干旱气候变 化与减灾重点实验室/
中国气象局干旱气候变化与减灾重点开放实验室，兰州，730020；
2. 甘肃省定西市气象局，定西，743000；3. 宁夏大学，银川，750021）

摘　要　以全球平均地表温度升高和区域降水波动为特征的全球气候变暖给农业和粮食安全带来严峻挑战。气候变暖对农业的影响已引起了各国政要、相关领域的科学家以及社会各界的广泛关注。农作物生长发育进程、植物形态结构、生理生化过程等对全球气候变暖的响应特征及其机理研究，对认识气候变化对作物的影响及其过程特征机制具有重要意义，是应对全球变化，制定适应对策的重要科学基础。马铃薯是水稻、小麦和玉米之后的第四大粮菜兼用型作物，本文总结回顾了国内外马铃薯生长发育、植物形态结构及块茎形成、水分利用效率、产量形成、品质变化、主要疫病发生发展等对气候变暖的响应特征及其机理，评述大气增温影响过程中马铃薯的适应性及其临界阈值，讨论了当前气候变暖对马铃薯影响研究中存在的问题。在此基础上，展望了该研究领域研究的前沿需要和有可能突破的关键科学问题：一是采用模拟试验研究手段更深入地了解地区增温和CO_2浓度增加的交互作用对马铃薯的影响；二是大气增温与CO_2浓度升高交互协同作用的强度、时段、持续性与马铃薯碳交换、水分生理生态、品质变化过程特征的关系，以及细胞和分子水平上的响应机制；三是进一步开展高温胁迫、水分胁迫以及CO_2浓度倍增等多种气候生态环境因子协同作用下马铃薯的生长发育可逆性极限。

关键词　马铃薯；进展；气候变暖；生长发育；产量形成

1　引言

近百年来全球气候变暖毋庸置疑，1880—2012 年的 130 a，全球平均地表温度升高了 0.85 (0.65～1.06)℃；20 世纪中叶以来，1951—2012 年，全球平均地表温度的升温速率[0.12 (0.08～0.14)℃·$(10\ a)^{-1}$]几乎是 1880 年以来的两倍；1983—2012 年是自 1850 年以来最暖的三个 10 年，气候变暖的趋势特征几乎在全球各地均可以观测到(IPCC，2013)。气温是农作物生存的基本因子，它直接决定着作物生长发育的适宜气候生态条件，在适宜的气温阈值内，作物生长发育速率与温度相关显著。温度变化导致叶片的气孔导度和土壤蒸发速率发生变化，进而作用于作物水分循环和蒸散发过程(Rawson，1988，Zhou，2011)。马铃薯覆膜栽培增温试验通过耕作面覆膜，直接影响土壤和植物生长生态微环境，提高土壤温度，减少水分蒸发(Kar，2003；王琦 等，2011)，增加了作物产量和质量(Lamont et al.，1999，Luis et al.，2011；Wang et al.，2011)，提高了水分利用效率(Wang et al.，2005；Zhao et al.，2012)。模拟大气增温所开展的红外线辐射器田间增温试验表明，增温使马铃薯生理生态和产量形成过程均发生了显著变化(Xiao et al.，2013a；2013b)。

* 发表在：《生态环境学报》，2017，26(3)：538-546.

采用模式模拟研究方法得到，随着气候变暖，气温升高，未来 2080—2100 年，南亚区域印度的马铃薯产量将降低 10%～40%(Dua et al.,2013)。在一定的阈值范围内，随着环境温度上升，植物叶片气孔导度增大，净光合速率的增幅就会大于蒸腾速率的增幅；但当超过温度阈值时，温度升高，叶片蒸腾速率增加超过净光合速率(Ben-Asher et al.,2008；Rodin,1992；王润元 等,2006)；气温升高超过最高温度阈值，作物光合酶的活性降低，叶绿体结构遭破坏并引起气孔关闭，直接导致光合作用降低或停滞；高温下新陈代谢、生长发育和蒸散发等进程加快，使作物对水分需求加快易造成水分胁迫(Peng et al.,2004)。高温环境条件呼吸强度也相应增强，消耗显著增加，净光合积累随之减少(赵鸿 等,2016)。高温会减少马铃薯块茎数目和大小(Khan et al.,2002；Peet et al.,2000)。马铃薯块茎形成和总光合速率在较高的环境温度下会受到抑制，进而影响生物量和块茎产量(Fleisher et al.,2006；Wien,1997)。光合作用是地球碳-氧循环的重要媒介，是生物赖以生存的基础。开展气候变暖对作物生理生态、产量及其品质影响的研究是农业气象学科中重要科学问题。

马铃薯是继水稻、小麦和玉米之后的第四大粮菜兼用型作物，全球 2/3 以上的国家种植马铃薯，产量达 3.2 亿 t。马铃薯以其耐寒、耐旱、耐瘠薄，适应性强、栽培区域广、增产潜力大等独特优势，成为发展态势良好，前景广阔的高产作物之一。中国已启动马铃薯主粮化进程，在未来几年推动马铃薯逐渐成为水稻、小麦和玉米之后的第四大主粮作物。目前，中国马铃薯种植面积达 5557 万 hm^2，鲜薯产量 9500 万 t，种植面积和产量均占全球的 25%左右，均居各国前列(张强 等,2012b)。

马铃薯生长发育及其产量形成受气候变暖地影响也十分突出，近年对这一问题的研究较多，涉及气候变化影响作物种植制度(王鹤龄 等,2012)、栽培方式(Kar,2003；Katarzyna et al.,2015；张强 等,2008)、生理生态(David et al.,2016；Xiao et al.,2012；赵鸿 等,2016)、产量与品质等各个方面(Dua et al.,2013；Krystyna,2015；谢立勇 等,2014；张强 等,2012a)，但比较零散和繁杂，为此，对该领域研究成果进行归纳、梳理、总结分析，就认识气候变化对马铃薯的影响及其过程特征和生物学机制具有重要意义，是应对全球变化，制定适应对策的重要科学基础。本文总结回顾了国内外气候变暖对马铃薯生育、植株形态结构变化，地下块茎形成、水分循环利用、经济产量、品质变化、主要疫病等的影响特征及生物学机理，分析马铃薯的适应性及其大气增温影响临界阈值，探讨气候变暖背景下马铃薯生长发育及产量形成研究的主要问题，展望了相关研究领域的发展方向和前沿需求，为进一步深入开展马铃薯应对气候变暖研究奠定基础，为应对气候变化提供科学依据。

2 气候变暖对马铃薯生理生态及产量影响研究进展

2.1 气候变暖对发育期的影响

中国马铃薯主要栽培区西北黄土高原气温升高 0.5～2.5 ℃，马铃薯播种—出苗期间隔日数减少 1～4 d。马铃薯苗期生长发育的适宜温度为 18～20 ℃，苗期生长发育对温度的响应敏感；在马铃薯出苗—现蕾期，当气温升高 0.5～2.5 ℃，马铃薯出苗—现蕾间隔日数缩短 1～2 d。现蕾—开花期气温升高 0.5～2.5 ℃，则现蕾—开花间隔日数延长 1～2 d。现蕾—开花期是马铃薯块茎形成和决定产量高低的关键期。气温在阈值范围内升高有利于延长开花期。盛花期—茎叶枯萎期是马铃薯干物质积累的主要时段，该时段气温升高 0.5～2.5 ℃，开花—成熟期间隔日数延长1～10 d。随着气温升高，马铃薯营养生长时段（播种—现蕾期）缩短，而马铃薯生殖生长时段（现蕾—成熟期）延长，全生育期延长，有利于薯块膨大生长。增温0.5～2.5 ℃，马铃薯播种—成熟期全生育期延长1～5 d（肖国举 等，2015）。

利用西北温凉半湿润区马铃薯生长发育长期连续定位观测研究表明，随着气候变暖，气温增高，西北温凉半湿润区马铃薯播种—出苗期缩短；马铃薯花序形成期提前8～9 d·$(10a)^{-1}$、开花期提前4～5 d·$(10a)^{-1}$，开花期间隔日数延长。花序形成—可收期间隔日数延长，全生育期延长（图1）。

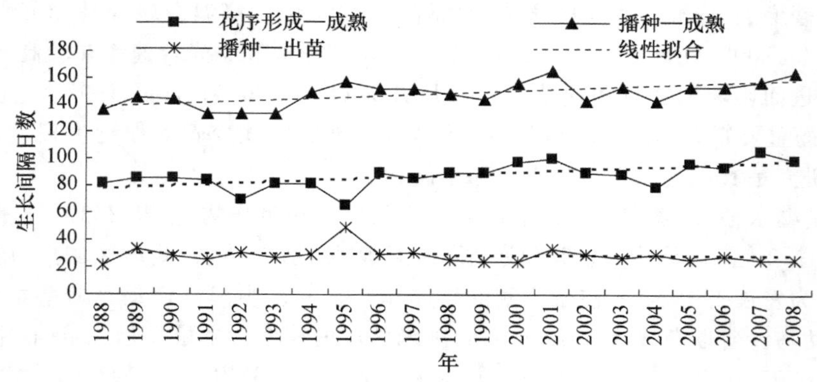

图1 马铃薯发育期间隔日数变化曲线

气温是影响中国北方马铃薯发育期间隔日数变化的关键气象因子，随着气候变暖，气温增高，中国北方马铃薯生长发育周期前段的营养生长时段缩短，而生长发育周期后段的生殖生长时段延长，马铃薯生长季生长发育时段延长（姚玉璧 等，2010a）。

2.2 气候变暖对植物形态结构及块茎形成的影响

2.2.1 气候变暖对马铃薯植株高度变化的影响

在马铃薯全生育时段，和其他植物形态变化一样，马铃薯植株形态高度呈现"S"形曲线变化特征。采用土壤增温处理方法试验表明，土壤增温区域（DFRPM）与对照区域（CK）株高变化存在明显差异（图2a），当土壤增温3～3.5 ℃，在马铃薯生长初期，土壤增温与对照间株高差异不大，随着株高增加，两者间差异递增，达到显著差异，越到生长后期差异越大。

马铃薯株高生长速率苗期较慢，分枝期后速率加快后期减慢，成熟时会出现负增长现象（图2b）。土壤增温区域与对照区域株高增长速率的变化特征为，在生长发育前期，土壤增温处理株高速率大于对照；在生长发育中后期，土壤增温处理株高速率小于对照（赵鸿 等，2013）。

2.2.2 气候变暖对马铃薯叶片与叶面积指数的影响

植物叶片是进行光合作用、形成营养的主要器官，是植物干物质积累与产量形成的主要部位。在土壤增温处理和对照试验中，两者叶片干重存在显著差异，土壤增温处理区域叶片干重始终高于对照区域，在生长发育初期，试验区域之间差异不大，随着马铃薯植株生长，土壤增温处理区域与对照区域叶片干重的差异逐渐增大，越到生长发育后期差异越大。

在土壤增温处理和对照试验中，马铃薯叶面积指数（LAI）的变化与马铃薯叶干重变化相

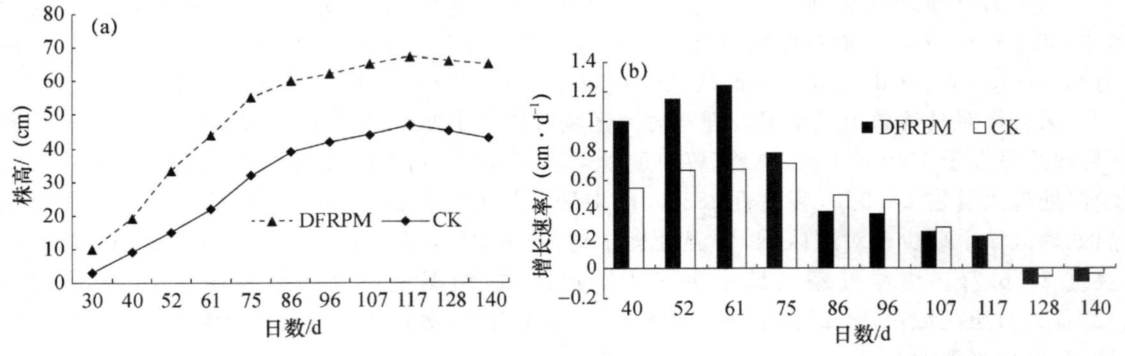

图 2　马铃薯植株高度变化(a)与株高增长速率(b)变化

似，但叶面积指数快速增大持续的时段相对较短。随着马铃薯株高和叶片重量的增加，叶面积指数同样增加，至成熟期后叶面积指数逐渐变小，土壤增温处理和对照均表现为单峰型曲线特征，但两者出现峰值的时间各不相同。在生长发育前期，土壤增温处理区域叶面积指数高于对照，且呈显著差异($P<0.05$)，生长发育前期土壤增温的叶面积指数增速也高于对照，到播种后 90 d 达到峰值，而对照区域在生长发育前期增速较慢，至播种后 120 d 左右时达到峰值。土壤增温处理和对照叶面积指数在播种后 80 d 左右差异最大，之后差异逐渐缩小（张凯等，2012）。

2.2.3　气候变暖对马铃薯块茎的影响

马铃薯块茎是植物储藏营养物质的器官，植物叶片光合作用所产生的有机营养物质，绝大部分储藏在其块茎并形成经济产量。块茎的生长发育过程中呈“缓慢增长→快速增长→缓慢增长”的动态变化过程，其与植物生长 Logistic 曲线一致（图 3），黄土高原半干旱区马铃薯块茎生长发育模拟曲线表明，该区域马铃薯播种后的 82 d 左右块茎形成，其后进入缓慢增长期，播种后 96 d 左右，由缓慢增长期转入快速增长期，在 110 d 左右，其块茎增长速度达最大($51.7\ g \cdot m^{-2} \cdot d^{-1}$)，124 d 左右又转入缓慢增长期，块茎快速增长期为 28 d 左右（姚玉璧等，2010b）。

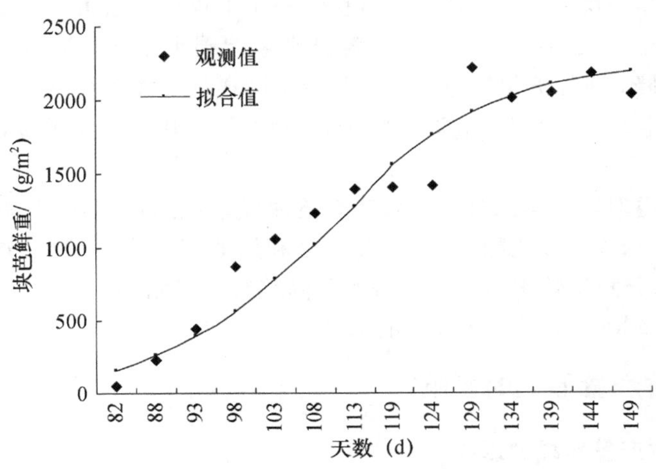

图 3　黄土高原半干旱区马铃薯块茎生长发育曲线

马铃薯土壤增温处理块茎干重高于对照，在块茎形成期，增温处理区域薯块干重为0.2138 $g \cdot g^{-1} \cdot d^{-1}$，而对照区域为0.1715 $g \cdot g^{-1} \cdot d^{-1}$。在收获期，增温处理区域薯块干重为0.0039$g \cdot g^{-1} \cdot d^{-1}$，高于对照区域的0.0037 $g \cdot g^{-1} \cdot d^{-1}$，两者呈显著差异。

为分析对马铃薯土壤增温处理与对照区域薯块大小差异，按大薯（薯块重量＞150g）、中薯（薯块重量介于150～50 g）、小薯（薯块重量＜50 g）分级，则增温处理区域大薯数量高于对照，增温处理大薯占22.2%，薯块重2833.3g，对照区域大薯仅占13.0%，薯块重1093.3g。而增温处理区域中薯少于对照区域，增温处理中薯占56.2%，薯块重3779.3g，对照占63.7%，薯块重2376.7g。增温处理区域小薯多于对照区域，增温处理区域小薯占21.6%，薯块重421.7g，对照区域占23.2%，薯块重213.3g。总体而言，增温处理区域马铃薯产量高于对照区域，两者呈显著差。

2.2.4 气候变暖对马铃薯根冠比与收获指数的影响

作物经济产量是根冠共同作用形成的，马铃薯根系生长依靠冠层叶片同化形成的有机营养物质，作物根系与冠层间有互相依存和互相竞争的关系。它们之间关系可用根冠比（地下部分与地上部分的鲜重或干重的比值）来表示。增温处理区域与对照区域相比，马铃薯地下部分和地上部分生物量均高。在成熟期，增温处理区域根冠比为1.63，对照区域根冠比为0.98，呈显著差异。增温处理区域根冠比显著提高表明，植株地上部分同化形成的碳水化合物能更有效的运输到地下，转化为有机营养物质贮存到块茎。增温处理区域的收获指数较对照区域提高31.1%。可见，增温处理较对照根冠比增加、作物收获指数提高。也有学者利用1974—2000年波兰中部马铃薯早熟、中熟和晚熟品种栽培观测资料分析研究表明，马铃薯生育期气温与其出苗—冠层死亡时间呈指数关系（Mazurczyk et al.，2003）。

2.3 气候变暖对水分利用效率的影响

气候变暖对中国黄土高原半干旱区马铃薯水分利用效率的影响研究表明（姚玉璧 等，2016a），黄土高原半干旱区6月上—中旬气温与马铃薯水分利用率呈极显著的负相关（$r=-0.573$，$P<0.01$），该时段为黄土高原半干旱区马铃薯分枝—花序形成期，随着气温增高，土壤蒸发加剧，常常造成干旱胁迫，使得分枝及花序形成受阻，植株发育不良，影响营养物质形成，马铃薯水分利用效率下降。7月上旬气温与水分利用率也呈显著的负相关（$r=-0.389$，$P<0.05$），该时段为半干旱区马铃薯开花期，气温升高影响碳水化合物形成，导致产量下降，马铃薯水分利用效率下降。8月下旬气温与水分利用率同样呈负相关（$r=-0.360$，$P<0.10$），该时段为该区域马铃薯块茎膨大期，高温影响干物质积累，使块茎膨大缓慢，薯块发育变形、小薯和屑薯率增加。

图4给出了增温对马铃薯水分利用效率影响曲线，可见，增温初期，马铃薯水分利用效率增加，当增温在0.5～1.5 ℃范围时，马铃薯水分利用效率呈明显增加趋势。但是，当增温＞1.5 ℃时，马铃薯水分利用效率出现了显著的下降趋势。当增温＞2.5 ℃时，马铃薯水分利用效率将低于目前8.2 $kg \cdot hm^{-2} \cdot mm^{-1}$的水平。

2.4 气候变暖对产量形成的影响

2.4.1 增温对产量形成的影响

增温对中国黄土高原半干旱区马铃薯产量形成研究表明（姚玉璧 等，2013），马铃薯产量

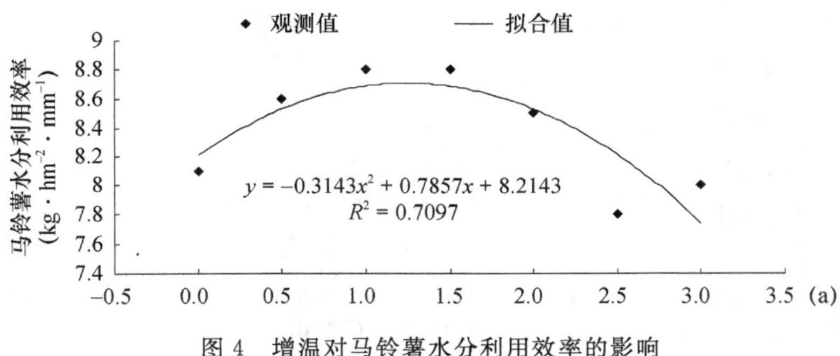

图 4　增温对马铃薯水分利用效率的影响

与 6 月气温呈极显著负相关($r=-0.510$，$P<0.01$)，6 月气温与马铃薯产量相关回归模式为 $y=-679.846x+13799.974$($R^2=0.26$，$P<0.01$)(图 5a)；6 月研究区域马铃薯处于分枝期，马铃薯抗逆性弱，对高温和干旱水分敏感，气温升高常常与干旱共同作用，使得植株生长发育受阻，高温胁迫严重者失去活性，茎叶枯萎，最终影响马铃薯产量形成。由相关回归模式可见，当 6 月平均气温升高 1℃，则产量下降 6798.46 kg·hm^{-2}。

8 月气温与马铃薯产量呈负相关($r=-0.349$，$P<0.10$)，8 月气温与产量相关回归模式为 $y=-439.139x+10050.865$($R^2=0.122$，$P<0.10$)(图 5b)；8 月该区域马铃薯处于块茎干物质积累膨大期，高温影响有机营养的形成，使干物质积累缓慢，薯块生长发育不良、形成畸形薯和屑薯，马铃薯产量下降。当该时段平均气温升高 1 ℃，则产量会下降 4391.39 kg·hm^{-2}。

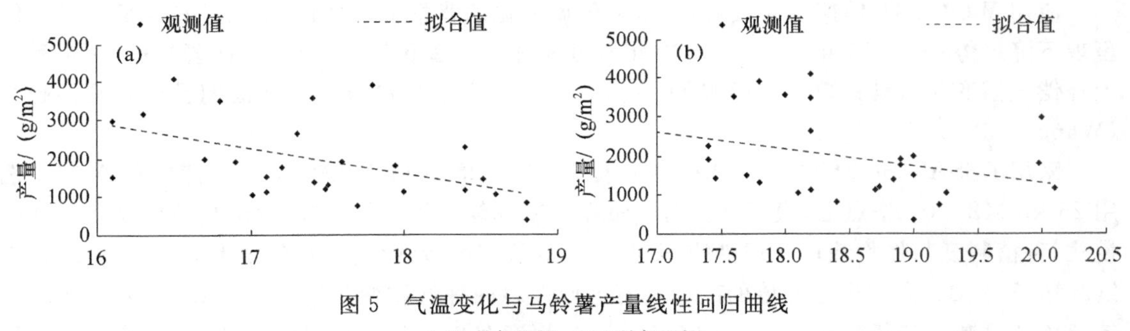

图 5　气温变化与马铃薯产量线性回归曲线

(a)6 月气温℃；(b)8 月气温℃

5—10 月≥0 ℃马铃薯生育期积温与产量呈显著负相关($r=-0.434$，$P<0.05$)，马铃薯产量与 5—10 月≥0℃积温呈抛物线形(图 6)，其二次函数拟合方程为 $y=-0.0054x^2+24.920x-25438.179$($R^2=0.193$，$P<0.05$)；对模拟函数求导数，并令 $dy/dx=0$，可求得极值点为 2307.4 ℃·d 时，马铃薯产量最高，可见，马铃薯生育期 5—10 月≥0 ℃最适宜的积温阈值是 2307.4 ℃·d，当 5—10 月≥0℃积温>2307.4 ℃·d 时，≥0 ℃积温升高，则马铃薯产量下降(姚玉璧等，2016b)。

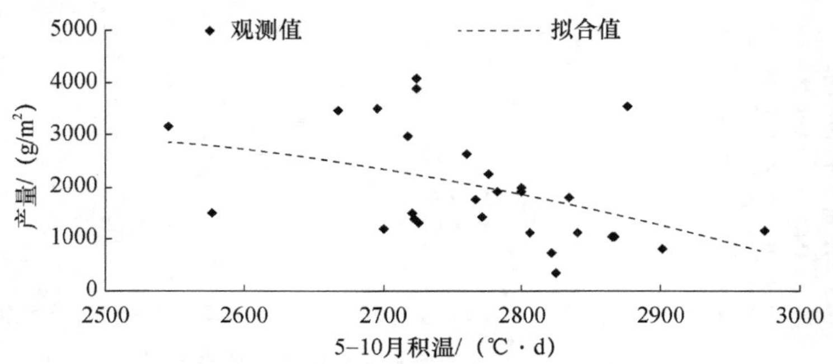

图 6 生育期积温变化与马铃薯产量模拟曲线

2.4.2 未来气候变化情景下马铃薯产量的变化

根据未来全球变暖对马铃薯影响研究表明（Hijmas，2003），未来（2040—2069 年）全球变暖将导致马铃薯产量降低 18%～32%，高纬度区域可采取调整播种期，提前播种，品种调整，种植晚熟品种等应对措施，在低纬度地区的应对措施收效甚微。但是 Peiris 等（1996）在苏格兰的研究结果却表明，在未来不同增温下，马铃薯产量呈增加趋势，最高可增加 33%显示，降水增加对马铃产量影响不大。Holden 等（2003）人在爱尔兰的研究结果为，到 2055 年，爱尔兰大部分地区的马铃薯产量都将下降。Rosenzweig 等（1996）模拟了三种增温情景（温度增加 1.5℃、2.5℃、5℃），以及三种 CO_2浓度（440 ppm，530 ppm，600 ppm）下马铃薯产量变化，结果表明，美国北部马铃薯产量受增温危害较大，而 CO_2浓度增加影响很小。

应用 WOFOST 模拟结果表明，在未来气候变化的背景下，中国黄土高原马铃薯产量总体呈现下降趋势；未来 50 年（2011—2060 年），可通过改善灌溉条件，增加马铃薯产量，一定程度上补偿气候变化对马铃薯负面影响（王春玲，2015）。未来马铃薯的最佳播期呈现后延的趋势（Wang et al.，2015）。

采用 DSSAT-SUBSTOR 作物模型嵌套于 PRECIS 区域气候模式（李剑萍 等，2009），选用 25 km×25 km 格点上，模拟马铃薯产量在未来气候情景下的响应，设定当前作物栽培种植模式、种植制度与作物栽培管理措施不变，当 A2（假定区域性合作，对新技术的适应较慢，人口继续增长。）、B2（假定生态环境的改善具有区域性。）两种气候变化情景下，西北区域宁夏的马铃薯单产呈减少趋势特征，2020s 到 2080s 减产幅度在 8.7%～41.3%；且 A2 气候变化情景下的减产幅度比 B2 气候变化情景下的减幅更大，在空间分布特征上，宁夏中部干旱带马铃薯减产幅度较宁夏南部山区更大。

2.5 气候变暖对马铃薯品质的影响

干物质、淀粉、蛋白质、糖类和维生素等物质含量的多少决定了马铃薯块茎的品质。气候变暖不但影响到马铃薯生长发育及其产量形成，也影响着马铃薯块茎中干物质、淀粉、蛋白质、糖类和维生素等物质含量的多寡。研究表明（肖国举 等，2015），随着气温升高，马铃薯块茎中干物质呈显著增加趋势，马铃薯块茎干物质变化与气温增高呈抛物线形变化，其二次曲线拟合方程为 $Y=0.1714X^2+0.7771X+22.406$（$R^2=0.8753$，$P<0.01$），当气温升高 0.5～2.0 ℃，块茎中干物质含量增加 22.4%～24.5%。可见，气温升高有利于马铃薯块茎干物质积累。

马铃薯块茎中淀粉含量随着气温升高也呈显著增加趋势，块茎中淀粉含量与气温二次曲线拟合方程为 $Y=0.8114X^2-0.2549X+71.956$（$R^2=0.8495$，$P<0.01$），当气温升高 0.5～2.0 ℃，块茎淀粉含量增加 72.1%～74.4%。气温升高有利于块茎淀粉含量提高。

马铃薯块茎中粗蛋白质随着气温升高呈显著下降趋势，块茎中粗蛋白质与气温升高的二次曲线拟合方程为 $Y=0.1288X^2-0.4071X+1.8203$（$R^2=0.9999$，$P<0.01$），当气温升高 0.5～2.0℃，块茎中粗蛋白含量下降 1.82%～1.52%。增温对马铃薯粗蛋白形成不利。

块茎中还原糖随着气温升高也呈显著下降趋势，块茎中还原糖与气温升高的二次曲线拟合方程为 $Y=0.0117X^2-0.0304X+0.2427$（$R^2=0.6577$，$P<0.01$），当气温升高 0.5～2.0 ℃，块茎中还原糖含量下降 0.24%～0.22%。气温增高不利于马铃薯还原糖的形成。

马铃薯块茎中维生素 C 随着气温升高的变化呈先增后降的变化特征。块茎维生素 C 与气温二次曲线拟合方程为 $Y=-1.0429X^2+2.7077X+8.4846$（$R^2=0.6684$，$P<0.01$），块茎中维生素 C 形成增温阈值为 1.5℃，当增温<1.5 ℃时，随着温度增加，块茎维生素 C 含量呈明显增加，当增温>1.5 ℃时，随着温度增加，块茎维生素 C 含量呈下降。

2.6 气候变暖对马铃薯晚疫病的影响

气候变暖导致马铃薯晚疫病呈上升趋势。历年马铃薯晚疫病感病率（发病面积占播种面积的百分比）呈显著上升趋势，感病率气候倾向率为 0.355%·$(10\ a)^{-1}$（图 7）。

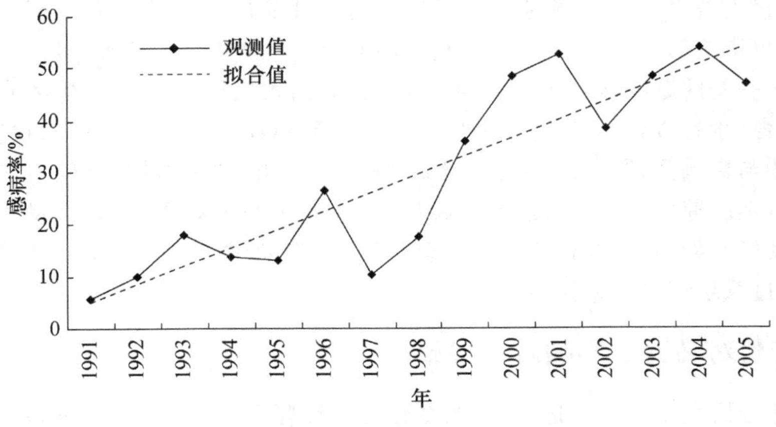

图 7　马铃薯晚疫病感病率变化

马铃薯晚疫病感病率与马铃薯生育期气温、降水量和相对湿度呈正相关，与马铃薯生育期日照时数和平均风速呈负相关（姚玉璧 等，2010）。

马铃薯晚疫病迅速蔓延流行的气象条件存在区域差异。在甘肃省东部区域，当日平均气温 T 在 19～23 ℃、日平均相对湿度 $H\geqslant80\%$，持续时间 10～20 d 时，马铃薯晚疫病会迅速蔓延流行。在甘肃省南部区域，当日平均气温 T 在 20～24 ℃、日平均相对湿度 $H\geqslant85\%$，持续时间 15～25 d 时，马铃薯晚疫病会迅速蔓延流行。在甘肃中部区域，当日平均气温 T 在 18～22 ℃、日平均相对湿度 $H\geqslant80\%$，持续时间 10～20 d 时，马铃薯晚疫病会迅速蔓延流行。在甘肃省临夏州及中部二阴山区，当日平均气温 T 在 16～2 0 ℃、日平均相对湿度 $H\geqslant85\%$，持续时间 15～25 d 时，马铃薯晚疫病会迅速蔓延流行（姚玉璧 等，2009）。

3 目前研究存在问题与展望

3.1 目前研究存在问题

IPCC 第五次评估报告指出，自 1750 年以来，由于人类活动，大气中的CO_2浓度不断增加，到 2011 年达到 391 mL・m^{-3}。按照典型浓度目标中低排放情景(RCP4.5)，辐射强迫稳定在 4.5 W・m^{-2}，2100 年后CO_2当量浓度稳定在约 650 mL/m^3。预计 2016—2035 年全球平均地表温度将继续升高 0.3～0.7 ℃(IPCC，2013)，热浪、强降水等极端事件的发生频率将增加，热量将从海表传向深海，并影响大洋环流，全球水资源环境将呈现“干者愈干、湿者愈湿”的趋势特征(秦大河，2014)。气候变暖的影响很容易产生不可逆转的效应(IPCC，2014)。与 20 世纪末比较，若全球平均气温升高≥2 ℃，将会给全球热带区域及温带区域的小麦、玉米和水稻等主要粮食作物生产造成负面效应；若全球平均气温升高≥4 ℃，则有可能对全球粮食安全产生重大负面影响(周广胜，2015；郑冬晓 等，2014)。国内外就大气增温和CO_2浓度升高对水稻(Ainsworth，2008；邵在胜 等，2014)、小麦(Asseng et al.，2004；吴杨周 等，2016；张凯 等，2014)、玉米(Ali et al.，2004；孟凡超 等，2015)、和其他植物生长发育(Kirschbaum et al.，1998；Song et al.，2016)、生理生态和品质的分别影响和协同影响均进行了较深入地研究，取得显著进展。

就CO_2浓度升高和大气增温对马铃薯生理生态和品质影响的研究主要集中在大气增温单因素对马铃薯影响的研究，CO_2浓度升高单因素对马铃薯影响的研究，其交互协同影响方面虽有进展，但对一些问题的认识不够明确和系统化，如大气增温与CO_2浓度升高交互协同对马铃薯生长发育(生育进程)、植物形态结构及块茎形成(植株高度、叶面积、块茎形成、块茎形态)的系统作用与影响问题，协同作用与碳交换(光合作用、呼吸作用、胞间二氧化碳浓度等)、水分生理生态(蒸腾速率、气孔导度、水势梯度、叶片水平水分利用效率、产量水平水分利用效率等)影响及其机制如何，协同作用对马铃薯品质(淀粉、蛋白质、脂肪、粗纤维变化)的影响等，有待进一步通过系统试验深入探讨。

3.2 气候变化对马铃薯影响研究展望

(1)随着综合研究手段的改进，在气候变化对马铃薯研究中试验手段的改进与应用显得十分重要。利用各种模拟试验研究手段，如大田控制试验、CO_2大气开放研究平台(CO_2 free-air concentration enrichment，CO_2-FACE)、新型开顶式气室 OTC(Open-top chamber)红外辐射增温、温室、人工气候室等模拟农作物的生长环境，通过模拟研究等试验研究手段更深入地了解CO_2浓度增加和气温升高的交互作用对马铃薯的影响，结合历史资料统计特征分析、作物生长模型模拟方法，研究主要气候环境因子变化如温度变化、CO_2浓度变化、水分变化等的影响和效应，明确各因子的影响机理和阈值，揭示马铃薯对气候变暖，CO_2 浓度升高、干旱缺水等胁迫响应的特征。

(2)大气增温和CO_2浓度升高是气候变化的两个主要特征，在研究气候变化对马铃薯影响中要加强大气增温与CO_2浓度升高交互协影响过程。研究马铃薯生长发育进程、植物形态结构及块茎形成，包括植株高度、叶面积、块茎形成和块茎形态等对交互作用的响应，明确大气增温与CO_2浓度升高与马铃薯生育期变化、生育期间隔日数的关系；揭示马铃薯株高、密度、鲜(干)重、叶面积指数、株(穴)薯块数和薯块重等的变化规律及其机理。建立气温与CO_2浓度和马铃薯生长发育及产量形成气候模型。

(3)气候变化对马铃薯生理生态特征的研究是目前国内外学者关注的重点课题之一。分析大气增温与CO_2浓度升高交互协同作用对碳交换(光合作用、呼吸作用、胞间CO_2浓度等)影响特征，揭示对光合速率、最大光能转换效率、光补偿点、光饱和点、三基点温度、CO_2浓度补偿点、CO_2浓度饱和点的变化规律及其机制；分析对马铃薯呼吸作用的影响，揭示对呼吸速率、光呼吸和暗呼吸的影响和机理。研究水分生理生态(蒸腾速率、气孔导度、水势梯度、叶片水平水分利用效率、产量水平水分利用效率等)影响，明确大气增温与CO_2浓度升高交互协同作用马铃薯气孔导度、蒸腾速率、水势梯度的关系，建立大气增温与CO_2浓度升高与叶片水平水分利用效率、产量水平水分利用效率的多元回归模型。研究大气增温与CO_2浓度升高交互协同作用对马铃薯品质(淀粉、蛋白质、脂肪、粗纤维、块茎)的影响，揭示马铃薯薯块淀粉含量、蛋白质含量、脂肪含量和粗纤维含量等的变化特征及其机制。

(4)气候变化相伴随的干旱胁迫对马铃薯的影响研究也是气候变化与农业生态领域的热点问题。开展高温胁迫、水分胁迫以及CO_2浓度倍增等多种气候生态环境因子协同作用下马铃薯的生长发育可逆性极限，各因子间的相互作用及其关系等，更深入地分析研究马铃薯对气候变化响应与适应的关键指标，促进马铃薯研究领域有关水循环生理生态、抗逆性生理生态、干旱胁迫响应、农业干旱与气象干旱影响与应对等研究的交叉渗透。更加重视研究高温以及干旱胁迫的强度、时段、持续性与马铃薯生理、生态和生化过程的关系，系统研究高温、干旱胁迫过程中马铃薯各个生长发育期的各种生理、生态参数、形态结构、碳交换、水循环等过程特征，研究其表征指标的持续性特征、变化特征、动态过程轨迹及突变，对这些过程特征进行定量描述，深入了解气候变暖对马铃薯影响的生理、生态和生化机制，马铃薯植物细胞和分子水平上的响应机制，为应对气候变化提供科学依据。

4 结语

马铃薯属喜温凉、不耐高温的作物，气候变暖对马铃薯生长发育、产量形成及其品质变化带来严峻挑战，为此，增温对马铃薯生理生态及产量影响的研究不仅具有重要的学科价值，还能够为马铃薯产业发展、保障国家粮食安全提供科技支撑，对促进区域社会经济发展具有重要意义。本文回顾梳理国内外近年来就气温升高对马铃薯生长发育进程、生理生态变化、形态结构特征、块茎形成和产量等影响的研究进展和存在问题，为进一步深入开展马铃薯应对气候变暖研究提供基础线索，为应对和适宜气候变化提供学科依据。但由于篇幅所限对一些研究成果的梳理总结仍不够全面，部分内容较为详细，部分内容较简略，例如就气候变暖对马铃薯生理生态的影响方面仍需进一步加强。

参考文献

李剑萍，杨侃，曹宁，等，2009. 气候变化情景下宁夏马铃薯单产变化模拟[J]. 中国农业气象，30(3)：407-412.

孟凡超，张佳华，郝翠，等，2015. CO_2浓度升高和不同灌溉量对东北玉米光合特性和产量的影响[J]. 生态学报，(7). http://dx.doi.org/10.5846/stxb201306041336.

秦大河，2014. 气候变化科学与人类可持续发展[J]. 地理科学进展，33(7)：874-883.

邵在胜，赵轶鹏，宋琪玲，等，2014. 大气CO_2和O_3浓度升高对水稻“汕优63”叶片光合作用的影响[J]. 中国生态农业学报,22(4):422-429.

王春玲,2015. 气候变化对西北半干旱地区马铃薯生产影响的研究[D]. 南京:南京信息工程大学:141-142.

王鹤龄,王润元,张强,等,2012. 甘肃马铃薯种植布局对区域气候变化的响应[J]. 生态学杂志,31(5):1111-1116.

王琦,张恩和,李凤民,等,2005. 半干旱地区沟垄微型集雨种植马铃薯最优沟垄比的确定[J]. 农业工程学报,21(2):38-41.

王润元,杨兴国,赵鸿,等 . 2006. 半干旱雨养区小麦叶片光合生理生态特征及其对环境的响应[J]. 生态学杂志,10:1161-1166.

吴杨周,陈健,胡正华,等,2016. 水分减少与增温处理对冬小麦生物量和土壤呼吸的影响[J]. 环境科学,37(1):280-287.

肖国举,仇正跻,张峰举,等,2015. 增温对西北半干旱区马铃薯产量和品质的影响[J]. 生态学报,35(3):830-836.

谢立勇,李悦,徐玉秀,等,气候变化对农业生产与粮食安全影响的新认知[J]. 气候变化研究进展,2014,(4):235-239.

姚玉璧,雷俊,牛海洋,等,2016b. 气候变暖对半干旱区马铃薯产量的影响[J]. 生态环境学报,25(8):1264-1270.

姚玉璧,万信,张存杰,等,2009. 甘肃省马铃薯晚疫病气象条件等级预报[J]. 中国农业气象,30(3):445-448.

姚玉璧,王润元,邓振镛,等,2010b. 黄土高原半干旱区气候变化及其对马铃薯生长发育的影响 . 应用生态学报,21(2):287-295.

姚玉璧,王润元,刘鹏枭,等,2016a. 气候暖干化对半干旱区马铃薯水分利用效率的影响[J]. 土壤通报,47(2):30-38.

姚玉璧,王润元,赵鸿,2013. 甘肃黄土高原不同海拔气候变化对马铃薯生育脆弱性的影响[J]. 干旱地区农业研究,31(2):52-58.

姚玉璧,张存杰,万信,等,2010c. 气候变化对马铃薯晚疫病发生发展的影响[J]. 干旱区资源与环境,24(1):173-178.

姚玉璧,张秀云,王润元,等,2010a. 西北温凉半湿润区气候变化对马铃薯生长发育的影响——以甘肃岷县为例[J]. 生态学报 . 30(1):101-108.

张强,邓振镛,赵映东,等,2008. 全球气候变化对我国西北地区农业的影响[J]. 生态学报,28(3):1210-1218.

张凯,冯起,王润元,等,2014. CO_2浓度升高对春小麦灌浆特性及产量的影响[J]. 中国农学通报,30(3):189-195.

张凯,王润元,李巧珍,等,2012. 播期对陇中黄土高原半干旱区马铃薯生长发育及产量的影响[J]. 生态学杂志,31(9):2261-2268.

张强,陈丽华,王润元,2012a. 气候变化与西北地区粮食和食品安全[J]. 干旱气象,30(4):509-513.

张强,王润元,邓振镛,2012b. 中国西北干旱气候变化对农业与生态影响及对策[M]. 北京:气象出版社:148-152.

赵鸿,王润元,王鹤龄,2013. 半干旱雨养区苗期土壤温湿度增加对马铃薯生物量积累的影响[J]. 干旱气象,31(2):290-297.

赵鸿,王润元,尚艳,等,2016. 粮食作物对高温干旱胁迫的响应及其阈值研究进展与展望[J]. 干旱气象,34(1):1-12.

郑冬晓,杨晓光,2014. ENSO 对全球及中国农业气象灾害和粮食产量影响研究进展[J]. 气象与环境科学,37(4):90-101.

周广胜,2015. 气候变化对中国农业生产影响研究展望[J]. 气象与环境科学,38(1):80-94.

AINSWORTH E A,2008. Rice production in a changing climate:A meta-analysis of responses to elevated carbon dioxide and elevated ozone concentration[J] . Global Change Biology(14):1-9.

ALI R T,Theib Y O,2004. The role of supplemental irrigation and nitrogen in producing bead wheat in the highlands of Iran[J]. Agric Water Manage,65:225-236.

ASSENG S, JAMIESON P D, KIMBALL B, et al, 2004. Simulated wheat growth affected by rising temperature,increased water deficit and elevated atmospheric CO_2[J]. Field Crops Res,85:85-102.

BEN-ASHER J,GARCIA A G Y,HOOGENBOOM G,2008. Effect of high temperature on photosynthesis and transpiration of sweet corn(Zea mays L. var. rugosa)[J]. Photosynthetica,46(4):595-603.

DAVID S,EVELYN R F, RAYMUNDO G,et al,2016. Yield and physiological response of potatoes indicate different strategies to cope with drought stress and nitrogen fertilization[J]. American Journal of Potato Research,93:288-295.

DUA V,SINGH B,GOVINDAKRISHNAN P,et al,2013. Impact of climate change on potato productivity in Punjab-a simulation study[J]. Currentfs Cience,105(6):787.

FLEISHER D H,TIMLIN D J,REDDY V R,2006. Temperature influence on potato leaf and branch distribution and on canopy photosynthetic rate[J]. Agronomy Journal,98(6):1442-1452.

HIJMAS R J,2003. The effect of climate change on global potato production[J]. American Journal of Potato Research,80(4):271-279.

HOLDEN N M,BRERDON A J,FEALY R,et al,2003. Possible change in Irish climate and its impact on barky and potato yields[J]. Agricultural and Forest Meteorology,16(3):181-196.

IPCC,2014. Climate Change 2014:Impacts,adaptation and vulnerability. Contribution of Working Group II to the fifth assessment report of the Intergovernmental Panel on Climate Change[M]. Cambridge & New York:Cambridge University Press.

IPCC,2013. Climate Change 2013:the physical science basis. Contribution of Working Group I to the fifth assessment report of the Intergovernmental Panel on Climate Change[M]. Cambridge & New York: Cambridge University Press.

KAR G,2003. Tuber yield of potato as influenced by planting dates and mulches[J]. J Agrometeorol,5:60-67.

KATARZYNA R,FRANCISZEK B,RENATA G,et al,2015. Effects of Cover Type and Harvest Date on Yield,Qualityand Cost-Effectiveness of Early Potato Cultivation[J]. American Journal of Potato Research, 92:359-366.

KHAN I A,DEADMAN M L,AI-NABHANI H S,et al,2002. Interactions between temperature and yield components in exotic potato cultivars grown in Oman// XXVI International Horticultural Congress: potatoes,Healthy Food for Humanity[C]. International Developments in Breeding,619:353-359.

KIRSCHBAUM M U F,MEDLYN B E,KING D A,1998. Modeling forest-growth response to increasing CO_2 concentration in related to various factors affecting nutrient supply[J]. Global Change Biology,4:23-41.

KRYSTYNA R,2015. The effect of high temperature occurring in subsequent stages of plant development on potato yield and tuber physiological defects[J]. American Journal of Potato Research,92:339-349.

LAMONT W J,ORZOLEK M D,OTJEN L,et al,1999. Production of potatoes using plastic mulches,drip irrigation and row covers[J]. Proc Natl Agr Plast Congr,28:63-66.

LUIS I J,LIRA-SALDIVAR R H,LUIS A V A,et al,2011. Colored plastic mulches affect soil temperature and tuber production of potato[J]. Acta Agriculturae Scandinavica, Section B—Plant Soil Science, 61(2): 1651-1913.

MAZURCZYK W,LUTOMIRSKA B,WIERZBICKA A,2003. Relation between air temperature and length of vegetation period of potato crops[J]. Agricultural and forest meteorology,118(3):169-172.

PEET M M,WOLFE D W,REDDY K R,et al,2000. Crop ecosystem responses to climatic change: vegetable crops//Climate Change and Global Crop Productivity[M]. CAB International, Oxon-New York: 213-243.

PEIRIS D R, CRAWFORD J W, GRASHOFF, et al, 1996. A simulation study of crop growth and development under climate change[J]. Agricultural and Forest Meteorology, 79(4): 271-287.

PENG S, HUANG J, SHEEHY J E, et al, 2004. Rice yields decline with higher night temperature from global warming[J]. P Natl Acad Sci USA, 101(27): 9971-9975.

RAWSON H M, 1988. Effect of high temperatures on the development and yield of wheat and practices to reduce deleterious effects //Klatt A R, eds. Wheat Production Constraints in Tropical Environments [M]. Mexico, DF, CIMMYT: 44-62.

RODIN J W, 1992. Reconciling water-use efficiencies of cotton in field and laboratory[J]. Crop Science, 32: 13-18.

ROSENZWEIG C, PHILLIPS J, GOLDBERG R, et al, 1996. Potential impacts of climate change on citrus and potato production in US[J]. Agricultural Systems, 52(4): 455-479.

SONG X L, ZHOU G S, XU Z Z, et al, 2016. A self-photoprotection mechanism helps Stipa baicalensis adapt to future climate change[J]. Scientific Reports, (6): 25839 , DOI: 10. 1038/srep25839.

WANG C L, SHEN S H, ZHANG S Y, et al, 2015. Adaptation of potato production to climate change by optimizing sowing date in the Loess Plateau of Central Gansu, China[J]. Journal of Integrative Agriculture, 14 (2): 398-409.

WANGF X, WU X X, CLINTON C S, et al, 2011. Effects of drip irrigation regimes on potato tuber yield and quality under plastic mulch in arid Northwestern China[J]. Field Crops Research, 122(1): 78-84.

WANG X L, LI F M, JIA Y, et al, 2005. Increasing potato yields with additional water and increased soil temperature[J]. Agric Water Manage, 78: 181-194.

WIEN H C, 1997. The physiology of vegetable crops[Z]. Cab International: 120-128.

XIAO G J, ZHANG F J, QIU Z J, et al, 2013a. Response to climate change for potato water use efficiency in semi-arid areas of China[J]. Agricultural Water Management, 127(8), 119-123.

XIAO G J, ZHANG Q, BI J T, et al, 2012. The relationship between winter temperature rise and soil fertility properties[J]. Air Soil and Water Research, 5(5), 15-22.

XIAO G J, ZHENG F J, QIU Z J, et al, 2013b. Impact of climate change on water use efficiency by wheat, potato and corn in semiarid areas of China[J]. Agriculture, Ecosystems & Environment, 181(181): 108-114.

ZHAO H, XIONG YC, LI FM, et al, 2012. Plastic film mulch for half growing-season maximized WUE and yield of potato via moisture-temperature improvement in a semi-arid agro ecosystem[J]. Agric Water Manage, 104: 68-78.

ZHOU J B, WANG C Y, ZHANG H, et al, 2011. Effect of water saving management practices and nitrogen fertilizer rate on crop yield and water use efficiency in a winter wheat-summer maize cropping system[J]. Field Crops Research, 122(2): 157-163.

甘肃冬小麦主产区40年干旱变化特征及影响风险评估*

姚小英[1,2]　张　强[1]　王劲松[1]　王　莺[1]　周忠文[3]　马　杰[2]

(1. 中国气象局兰州干旱气象研究所/甘肃省干旱气候变化与减灾重点实验室/中国气象局干旱气候变化与减灾重点开放实验室，兰州，730020；2. 甘肃省天水市气象局，天水，741000；3. 甘肃省庆阳市气象局，西峰，745000)

摘　要　干旱是影响甘肃省冬小麦生产的主要气象灾害。运用1971—2010年甘肃省冬小麦主产区8县(区)气象站降水资料及冬小麦产量资料，分析了40年干旱时空变化特征，建立了干旱影响冬小麦产量的风险评估指数，对冬小麦在不同季节受不同等级干旱风险进行了分析评估。结果表明，春旱以陇东黄土高原出现频率最高，为0.35～0.39次/a；徽成盆地及两江流域出现频率最少，为0.18次/a；初夏旱出现频次最高的地区为环县，为0.35次/a，最少为西峰、成县及秦安；伏旱出现频率最高地区为环县及麦积，最低为张家川；秋旱出现频率最高为环县，最低为武都。各地干旱均以轻旱为主，其次为中旱。40年中，20世纪90年代干旱出现频次最多，80年代最少。进入21世纪，秋旱发生频次明显减少，春旱则有相对增多的趋势。冬小麦全生育期徽成盆地及两江流域受旱灾影响风险最小，种植保险率最高，为92%～93%；其次为关山区，种植保险率为91%，干旱风险较小；渭河流域及渭北旱区风险较大，种植保险率为88%～89%；陇东黄土高原种植保险率最低，为83%～85%，冬小麦生长受干旱胁迫最大。

关键词　冬小麦主产区；干旱灾害；变化特征；风险；评估

干旱是一定地区一定时段内近地面生态系统和社会经济水分缺乏时的一种自然现象，也是最严重的气象灾害之一(张书余 等，2008)。近年来，随着全球气候变暖，干旱灾害频繁发生、灾害程度加重，粮食安全威胁加大，种植风险增高，引起了许多严重的经济、政治问题(李茂松 等，2003；宋连春 等，2003；张书余 等，2008)。我国干旱也从北方扩展到西南、华南地区，对当地工农业生产及人们的正常生活造成极为严重的影响。甘肃冬小麦主产区地处内陆，90%以上耕地为山地，降水的多寡及时空分布直接影响到粮食作物的丰歉，干旱成为影响当地粮食生产的最主要气象灾害，已成为农业生产面临的主要问题，也是迫切需要研究的课题。长期以来，许多学者关于干旱发生机理、时空变化、评估方法、影响及防御技术等方面进行过大量研究(王延禄，1990；张存杰 等，1998；李茂松 等，2003；宋连春 等，2003；邓振镛 等，2003；尹宪志 等，2005；邓振镛 等，2007；2010；张书余 等，2008；姚玉璧 等，2007)，而针对干旱的评估方法定性描述研究的较多，定量化的实际应用相对较少。本文就是在前人研究及以往所做工作的基础上(蒲金涌 等，2007；王位泰 等，2007)，根据甘肃冬小麦主产区产量及有关气象资料，进行干旱对冬小麦生长影响评估的分析研究和实际应用，为合理利用气候资源，调整作物种植比例，保障粮食生产安全提供参考。

* 发表在：《干旱地区农业研究》，2014，32(2)：1-6.

1 研究方法及资料

1.1 研究地域概况

研究区域为陇东及陇东南，受西风带环流、高原季风和东亚季风的共同影响，大气降水及土壤水分季节性亏缺，干旱频繁出现，成为制约当地粮食作物生产的主要气象灾害。作物种植丰歉由天，属于典型雨养农业区，主要夏粮作物为冬小麦，播种面积达 568.75×10^3 hm^2，总产 144.7 万 t，主要分布在陇东及陇东南地区(图 1)。根据地理位置分布状况，选取麦积(代表渭河流域)、武山(代表渭北旱区)、张家川(代表关山区)、崆峒、西峰、环县(代表陇东黄土高原)、成县(代表徽成盆地)、武都(代表陇南白龙江、白水江流域)8 个站点为研究代表站点。

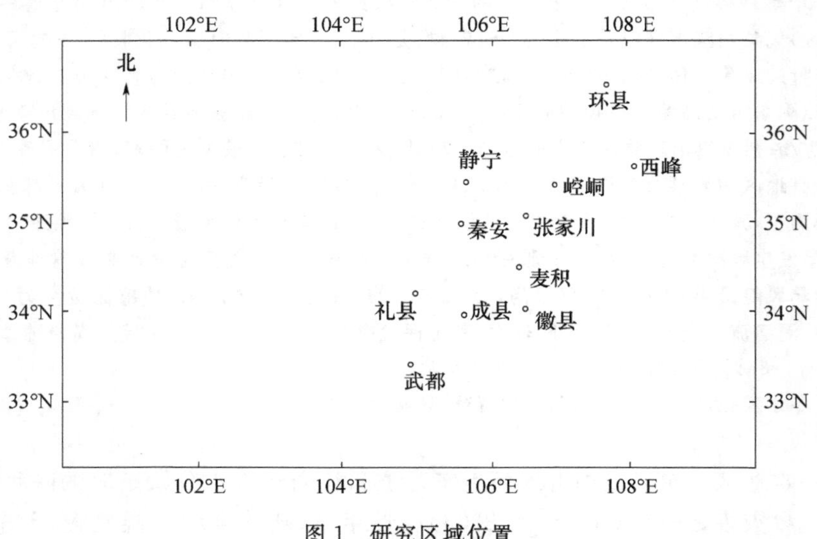

图 1 研究区域位置

1.2 研究方法

1.2.1 农业气象干旱指标

农业气象干旱指标是对干旱进行评估的标准，可对干旱发生的强度进行量化评价。关于干旱指标的划分方法较多(姚玉璧 等，2007)，本文采用气象上常用的降水量距平百分率法

$$P_a=\frac{P-\overline{P}}{\overline{P}}\times100\% \tag{1}$$

式中：P_a为月降水距平百分率；$\overline{P}$ 为多年平均同期降水量(mm)，P 为月实际降水量(mm)。

陇东及陇东南冬小麦主要生长季为 9 月到次年 6 月，由于冬季小麦停止生长，进入越冬阶段，春季 3 月起身期间，深层土壤翻浆水分向上层流动，因此 11 月至翌年 3 月期间降水量的多少对冬麦影响较小。因此，确定影响冬小麦生育的 3 个主要干旱时段为春旱(4—5 月)、初夏旱(6 月)、秋旱(9—10 月)。根据不同时间尺度及降水距平确定不同干旱等级(表 1)。

表1 单站降水量距平百分率划分的干旱等级(单位:%)

干旱类型		无旱	轻旱	中旱	重旱	特旱
时间尺度	30 d	$-40<P_a$	$-60<P_a\leqslant-40$	$-80<P_a\leqslant-60$	$-95<P_a\leqslant-80$	$P_a\leqslant-95$
	60 d	$-30<P_a$	$-50<P_a\leqslant-30$	$-70<P_a\leqslant-50$	$-85<P_a\leqslant-70$	$P_a\leqslant-85$

1.2.2 资料处理

各地单产资料用滑动平均方法进行趋势产量与气候产量的分离(姚小英 等,2009)。相关计算采用Excel统计方法。

1.2.3 风险指数

风险是某一特定危险情况发生的可能性和后果的组合,是因危险情况发生损失的概率(陈仕亮等,1994)。根据风险的定义及实际意义,定义干旱对冬小麦影响的风险指数为:

$$R=H\times V \tag{2}$$

式中:R 为风险指数,其值在0～1间,数值越大,越接近1,表明风险程度越高;H 为干旱对粮食作物产量影响系数;V 为不同等级干旱灾害发生的频率。

定义保险率 U 为:

$$U=(1-R)\times 100\% \tag{3}$$

1.3 资料来源

所用1971—2010年历年月降水量资料取自8个气象观测站历年实测值;相应时段冬小麦种植面积及产量资料来自各地市统计局。

2 分析与结果

2.1 干旱时空分布特征

2.1.1 空间变化特征

统计计算结果表明,甘肃冬小麦主产区春旱以陇东黄土高原出现频率最高,均在0.35次/a以上(表2),其次为天水市渭北地区,为0.29次/a,陇南市徽成盆地及两江流域发生频率最低,为0.18次/a。其中重旱陇东黄土高原崆峒区出现频次为0.08次/a,渭河流域、渭北旱区出现频次为(0.03～0.08)次/a,属小概率事件;特旱仅环县出现,出现频次为0.05次/a,属小概率事件。初夏旱出现频率最高的为环县,为0.35次/a,其次为平凉崆峒区,出现频率最少的为西峰、成县和秦安,均为0.16次/a。其中崆峒、西峰及麦积重旱偶有出现,频次为0.03次/a,各地均无特旱出现。伏旱出现频率最高的地区为环县及麦积,为0.31次/a,出现频率最低的为张家川,为0.19次/a,其中重旱只有秦安、张家川、武都、环县出现,频率均为0.03次/a,均为小概率事件,特旱各地均无。秋旱出现频率最高的地区为环县,为0.39次/a,出现频率最低的为武都,为0.15次/a,其中重旱只有崆峒区、环县出现,频率均为0.03次/a,均为小概率事件,特旱各地均无。

表 2　甘肃冬小麦主产区干旱发生频率空间分布(次/a)

干旱类型		天水			陇南		平凉	西峰	
		渭河流域	渭北旱区	关山区	徽成盆地	两江流域	陇东黄土高原		
		麦积	秦安	张家川	成县	武都	崆峒区	西峰	环县
春旱	干旱	0.26	0.29	0.23	0.18	0.18	0.39	0.35	0.38
	重旱	0.03	0.03	0	0	0	0.08	0.03	0.03
	特旱	0	0	0.0	0	0	0	0	0.05
初夏旱	干旱	0.21	0.16	0.18	0.16	0.23	0.29	0.16	0.35
	重旱	0.03	0	0	0	0	0.03	0.03	0
	特旱	0	0	0	0	0	0	0	0
伏旱	干旱	0.31	0.21	0.19	0.28	0.29	0.25	0.23	0.31
	重旱	0	0.03	0.03	0	0.03	0	0	0.03
	特旱	0	0	0	0	0	0	0	0
秋旱	干旱	0.21	0.30	0.20	0.16	0.15	0.33	0.33	0.39
	重旱	0	0	0	0	0	0.03	0	0.03
	特旱	0	0	0	0	0	0	0	0

各地各时段干旱均以轻旱为主，占所有干旱次数的 45%～80%；其次为中旱，占 10%～44%；重旱占 0～14%；属小概率事件；特旱，仅有环县在春季偶有出现，其他各地出现可能性极小。

不同时段干旱在不同地区出现的频次不同。各地出现频次最多的旱段为：麦积的伏旱，其次是春旱；秦安的秋旱和春旱；张家川的春旱；成县、武都的伏旱；崆峒区的春旱；西峰、环县的春旱及秋旱。

2.1.2　年代纪变化特征

从 40 年干旱的变化情况来看，各地 20 世纪 90 年代干旱出现频次最多，80 年代出现频次最少，陇东黄土高原 21 世纪干旱频次及程度仅次于 20 世纪 90 年代。20 世纪 90 年代是各类干旱的多发期，进入 21 世纪，除陇东黄土高原，其余地区秋旱发生频次明显减少，除去 90 年代，和其他年代比，春旱则有相对增多的趋势，伏旱和初夏旱年代变化不明显(表 3)。

2.2　不同干旱时段对冬小麦产量的影响

20 世纪 80 年代以来，各地冬小麦产量均呈逐年增高趋势。如天水 2010 年总产达到 32070 万 kg 的最高值，比 80 年代增产 33%，比 90 年代增产 24%。但单产起伏变化较大，1991 年为 2119.5 kg/hm^2，1999 年降至 1110 kg/hm^2，2010 年升至 2374.5 kg/hm^2。用滑动平均方法分离天水冬小麦单产资料(1971—2010 年)(来自县统计局)(图 2)(姚小英 等，2009)，可以明显看到，气候产量变化较大，单产很不稳定，说明气候因子对冬小麦产量影响较大。特别是 90 年代以来，气候产量波动加剧。1998 年达到了 40 年来的最高值 395 kg/hm^2，2007 年达到－366.5 kg/hm^2 的最低值。由于冬小麦生育周期长，分布范围广，对于地处干旱半干旱地区、以雨养农业为主的陇东和陇东南来讲，影响其产量的最主要气象因子为干旱。对冬小麦单产气候产量资料与相应年代不同等级干旱指标进行相关计算(姚小英 等，2009)，结果表明，影响冬小麦生长的主要干旱时段为春旱，其次为秋旱，初夏旱影响相对较小。

表3　甘肃省冬小麦主产区不用种类干旱出现频次年代分布(次/a)

地域及干旱类型		1971—1980		1981—1990		1991—2000		2001—2010	
		干旱	重旱	干旱	重旱	干旱	重旱	干旱	重旱
渭河流域	春旱	0.1	0.1	0.1	0	0.5	0	0.3	0
	初夏旱	0.3	0	0.1	0.1	0.3	0	0.2	0
	伏旱	0.3	0	0.3	0	0.3	0	0.3	0
	秋旱	0.3	0	0.2	0	0.2	0	0	0
	总和	1.0	0.1	0.7	0.1	1.3	0	0.8	0
徽成盆地	春旱	0.2	0		0	0.2	0	0.3	0
	初夏旱	0.1	0	0.1	0	0.2	0	0.2	0
	伏旱	0.2	0	0.3	0	0.4	0	0.2	0
	秋旱	0.3	0	0.2	0	0	0	0.1	0
	总和	0.8	0	0.6	0	0.8	0	0.8	0
陇东黄土高原	春旱	0.2	0	0.3	0	0.7	2	0.3	0.1
	初夏旱	0.5	0	0.1	0	0.4	0	0.4	0
	伏旱	0.3	0	0.3	0	0.3	0.1	0.3	0
	秋旱	0.2	0	0.4	0.1	0.5	0	0.4	0
	总和	1.2	0	1.1	0.1	1.9	0.3	1.4	0.1

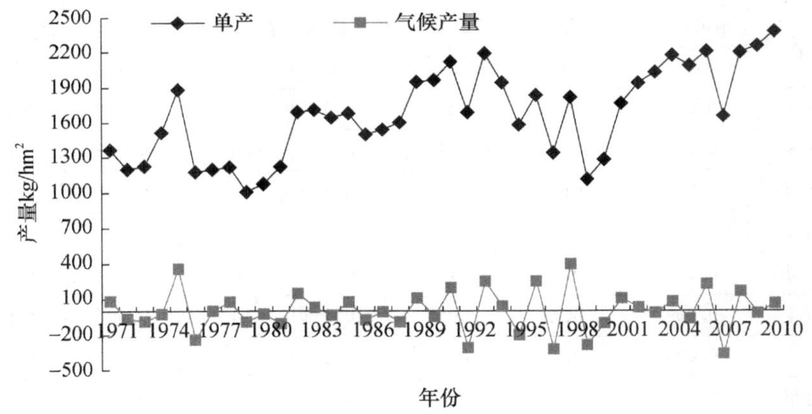

图2　天水冬小麦产量变化

由此，确定出不同时段干旱、不同干旱程度对冬小麦产量的影响系数值(表4)。

表4　不同时期不同等级干旱对冬小麦产量的影响系数

时期	春				初夏				秋			
干旱类型	轻旱	中旱	重旱	特旱	轻旱	中旱	重旱	特旱	轻旱	中旱	重旱	特旱
影响系数	0.2	0.3	0.4	0.5	0.05	0.1	0.2	0.3	0.1	0.15	0.2	0.5

2.3 冬小麦生产受旱灾影响风险评价

春季4—5月是冬小麦孕穗—抽穗—开花时段，也是生殖生长与营养生长并进的旺盛生长阶段，此期是水分供给敏感期，也是需求最大期，干旱直接威胁到小麦小穗形成和穗粒数的增多，进而影响产量。根据风险指数计算结果表明，高风险指数区为陇东黄土高原的崆峒区和环县。次高风险区域为渭北旱区及渭河流域，其他地区均为风险低值区。其中轻旱风险指数最高地区为环县，为0.05，其次为张家川，为0.04，中旱风险指数最高为西峰，其次为崆峒和秦安；重旱风险指数最高为崆峒，其他各地均较低；特旱风险指数较高地区为环县，其余各地无风险。初夏是小麦生殖生长的主要时段，小麦灌浆、乳熟等都在此时段完成，干旱会影响小麦产量的最终形成(姚小英 等，2002；蒲金涌 等，2005)。初夏6月后期降水量过多，雨日集中，反倒会影响小麦光合作用的形成，不利于后期成熟，初夏干旱风险指数远小于春季。此期干旱风险指数最高地区为陇东黄土高原，为0.023～0.032，其次为渭河流域。其中轻旱风险指数最高地区为环县，其他均较低，基本对冬小麦产量形成不构成威胁；中旱的风险指数较高地区为陇东黄土高原及张家川，均≥0.01，其他地区风险较小；重旱崆峒、西峰、麦积偶有发生，其他地区无风险；特旱各地均无风险。秋季麦田休闲期，干旱将影响冬小麦播种质量及冬前的苗期生长及分蘖形成(姚小英，2002；蒲金涌 等，2005)。秋旱风险指数陇东黄土高原最高，为0.033～0.042，次高区为渭北地区及渭河流域。其中轻旱环县风险最高，其次为崆峒及秦安；其他地区风险较小；中旱风险指数较高地区为西峰，为0.013，其次为环县及麦积，其他地区风险较低；重旱环县及崆峒有风险，其余地区无种植风险；特旱各地均无种植风险(表5)。

表5 不同时段、不同等级干旱对冬小麦产量影响的风险指数

干旱类型		天水			陇南		平凉	西峰	
		渭河流域	渭北旱区	关山区	徽成盆地	两江流域	陇东黄土高原		
		麦积	秦安	张家川	成县	武都	崆峒区	西峰	环县
春旱	轻旱	0.030	0.026	0.040	0.016	0.026	0.036	0.030	0.050
	中旱	0.024	0.039	0.009	0.030	0.015	0.039	0.045	0.015
	重旱	0.012	0.012	0	0	0	0.032	0.012	0.012
	特旱	0	0	0	0	0	0	0	0.025
	合计	0.066	0.077	0.049	0.046	0.041	0.107	0.087	0.102
初夏旱	轻旱	0.009	0.004	0.004	0.004	0.009	0.007	0.007	0.013
	中旱	0.005	0.012	0.015	0.012	0.008	0.020	0.015	0.010
	重旱	0.006	0	0	0	0	0.006	0.006	0
	特旱	0	0	0	0	0	0	0	0
	合计	0.020	0.016	0.019	0.016	0.017	0.032	0.028	0.023
秋旱	轻旱	0.013	0.025	0.015	0.013	0.010	0.025	0.020	0.028
	中旱	0.008	0.005	0.005	0.003	0.005	0.005	0.013	0.008
	重旱	0	0	0	0	0	0.006	0	0.006
	特旱	0	0	0	0	0	0	0	0
	合计	0.021	0.030	0.020	0.016	0.015	0.036	0.033	0.042
总计		0.107	0.123	0.088	0.078	0.073	0.175	0.148	0.167

由此，可计算得到冬小麦全生育期保险率，徽成盆地及两江流域最高，为92%～93%，冬小麦种植所受干旱影响最低，风险最小；其次为关山区，为91%，冬麦种植风险较小；渭河流域及渭北旱区为88%～89%，干旱对冬麦种植有一定影响，风险较大；陇东黄土高原保险程度最低，为83%～85%；冬小麦种植受干旱胁迫最大，风险程度最高(表6)。

表6　各地冬小麦生产全生育期保险率

地域	渭河流域	渭北旱区	关山区	徽成盆地	两江流域	陇东黄土高原		
	麦积	秦安	张家川	成县	武都	崆峒区	西峰	环县
保险率(%)	89.3	87.7	91.2	92.2	92.8	82.5	85.3	83.3

3　结论与讨论

(1)甘肃省冬小麦主产区春旱以陇东黄土高原出现频率最高，其次为渭北地区，徽成盆地及两江流域发生频率最低；初夏旱出现频率最高的为环县，其次为平凉崆峒区，出现频率最少的为西峰、成县和秦安；伏旱出现频率最高的地区为环县及麦积，出现频率最低的为张家川；秋旱出现频率最高的地区为环县，出现频率最低的为武都。各地干旱均以轻旱为主，占所有干旱次数的45%～80%；中旱占10%～44%；重旱及特旱均属小概率事件，特别是特旱，虽然对小麦影响严重，但出现可能性极小，仅有环县在春季偶有出现。

(2)20世纪90年代是各类干旱的多发期，进入21世纪，除陇东黄土高原，其余地区秋旱发生频次明显减少，除去90年代，和其他年代比，春旱则有相对增多的趋势。

(3)春旱高风险指数区为陇东黄土高原，次高风险区域为渭北旱区及渭河流域；初夏干旱风险指数远小于春季，最高地区为陇东黄土高原，其次为渭河流域，次高区为渭北地区及渭河流域；秋旱风险指数陇东黄土高原最高，次高区为渭北地区及渭河流域。冬小麦全生育期陇东黄土高原干旱风险程度最高，干旱对冬小麦生产影响最大；渭河流域及渭北旱区次高风险区；关山区干旱风险程度较低；徽成盆地及两江一水流域风险程度最低，干旱对冬小麦生育影响最小。各类干旱中，陇东黄土高原的春旱及秋旱、渭河流域的伏旱和春旱、渭北旱区及关山区的春旱、徽成盆地及两江流域的伏旱出现频次最多，对冬麦影响最大。特别需要关注的是，陇东黄土高原及渭河流域、渭北旱区的春季重旱及陇东黄土高原北部的春季特旱对冬麦生长造成的极其不利影响。

(4)用降水量距平百分率指标作为农业干旱指标，资料容易获取，计算方便，对评估冬小麦种植干旱风险有一定实际意义和参考价值。但由于降水的脉冲性及时空分布的不均一性与冬小麦生长的持续性不相匹配，而干旱的发生机理又及其复杂，还受到温度、地形等自然因素及作物布局、品种、生长状况等人为因素的影响。因此，评估还需要在实际应用中做进一步的修订和完善。

参考文献

陈仕亮，等，1994. 风险管理[M]. 成都：西南财经大学出版社.

邓振镛，王強，张强，2010. 中国北方气候暖干化对粮食作物的影响及应对措施[J]. 生态学报，30(22)：627-628.

邓振镛，张强，尹宪志，等，2007. 干旱灾害对干旱气候变化的响应[J]. 冰川冻土，29(1)：143-147.

邓振镛，董安祥，郝志毅，等，2003. 干旱与可持续发展及抗旱减灾技术研究[J]. 气象科技，32(3)：187-190.

李茂松，李森，李育慧，2003. 中国近 50 年旱灾灾情分析[J]. 中国农业气象，24(1)：7-10.

蒲金涌，邓振镛，姚小英，等，2005. 甘肃省冬小麦生态气候分析及适生种植区划[J]. 干旱地区农业研究，23(1)：179-185.

蒲金涌，张存杰，姚小英，等，2007. 干旱气候对陇东南主要粮食作物产量影响的评估[J]. 干旱地区农业研究，25(1)：167-174.

宋连春，邓振镛，董安祥等，2003. 干旱[M]. 北京：气象出版社：54-56，99-111.

王位泰，黄斌，张天锋，等，2007. 陇东黄土高原冬小麦生长对气候变暖的响应特征[J]. 干旱地区农业研究，25(1)：153-157.

王延禄，1990. 中国建立、引进和验证气象干旱指标综述[J]. 干旱区地理，1(3)：80-86.

姚小英，蒲金涌，2002. 天水市夏秋作物种植布局风险决策的研究[J]. 甘肃科学学报，14(1)：87-90.

姚小英，杨小利，蒲金涌，等，2009. 天水市大樱桃种植中影响产量的生态气候因素分析[J]. 干旱地区农业研究，27(5)：261-264.

姚玉璧，张存杰，邓振镛，等，2007. 气象、农业干旱指标综述[J]. 干旱地区农业研究，25(1)：185-189.

尹宪志，邓振镛，董安祥，等，2005. 甘肃省近 50 年干旱灾情研究[J]. 干旱区农业研究，22(1)：120-124.

张存杰，王宝灵，刘德祥，等，1998. 西北地区干旱指标的研究[J]. 高原气象，17(4)：381-386.

张书余，等，2008. 干旱气象学[M]. 北京：气象出版社：1-3.

广东近40年土壤水蒸散发时空变化特征*

姚小英[1,2]　张　强[3]　吴　丽[2]　王劲松[1]　王　莺[1]

（1. 中国气象局兰州干旱气象研究所/甘肃省干旱气候变化与减灾重点实验室/
中国气象局干旱气候变化与减灾重点开放实验室，兰州，730020；
2. 甘肃省天水市气象局，天水，741020；3. 甘肃省气象局，兰州，730020）

摘　要　用Peman公式计算了华南广东12个气象站1971—2010年潜在蒸散值，并分析了其时空变化特征。潜在蒸散值随纬度的升高减少，变化范围为680～1800 mm・a^{-1}；潜在蒸散的大小主要受温度和降水支配，20世纪80年代最小，90年代以后，随气候变暖，潜在蒸散值增加明显，21世纪00年代达到最高值，突变年为2004年。中亚热带夏季最高，南亚热带及北热带春季最高，各地冬季均最小。一年当中，地表湿润指数最高的时段为5月及6月，最低时段为冬季及秋季11月，最高的季节为春季，其次为夏季和秋季，最低为冬季。湿润度指数随纬度的降低下降明显，春季和冬季最为突出，湿润程度最好的时期为20世纪80年代，最差为21世纪的00年代，以春季下降最多。广东各地不同季节出现不同程度的土壤水分亏缺，作物生长所需水分未及最适宜状态，造成不同程度的季节性干旱，主要为各地的秋旱、南部地区的春旱和中南部的冬旱，南部地区春旱重于秋旱，北部地区秋旱重于春旱。针对不同地域不同旱灾，采取有效防旱抗旱措施成为保障当地农业产业持续发展的有效途径之一。

关键词　广东；土壤水；蒸散发；时空变化

近百年来地球气候正经历着以变暖为主要特征的显著变化，这一变暖趋势正在并将持续地对干旱生态系统和社会经济系统产生多方面、多层次的影响（张书余 等，2008）。我国干旱也从北方扩展到西南、华南地区，对当地社会及经济的发展造成严重影响（张勇 等，2000；杜尧东 等，2004）。蒸散发作为一个重要的水循环要素，是制约土壤水分的重要因子，对区域干旱的研究有重要意义。张新时1989年就已经将蒸散发作为指标和变量引入到国家区域的气候-植被关系研究中（张新时，1989），麦苗等开展了中国西部地区农田蒸散量分布特征研究（买苗等2004），王书功等提出了黑河山区蒸散发的估算方法（王书功 等，2003），靳立亚等通过研究蒸散发揭示了中国西北地区干湿状况时空变化特征（靳立亚 等，2004）。关于干旱及蒸散发的研究落区更多倾向北方地区，特别是西北黄土高原等典型干旱区，而对华南地区的研究则相对较少。华南地跨中亚热带、南亚热带和北热带，濒临海洋，降雨量充沛，但时空分布极不均匀，年际变化大。加之，太阳辐射强，气温高且高温持续时间长，特别是自20世纪90年代以来，气候变暖，气温升高，增温速率高于全球（黄珍珠 等，2008），土壤蒸发和作物蒸腾强烈，经常发生区域性和阶段性干旱。如广东省1998年及1999年的春旱，导致一些地区水库干涸，蒸散加强，酿成各类大河断流，农田龟裂，人畜饮水困难，咸潮倒灌，对农业生产及人们的生产生活造成严重影响（张勇 等，2000）。因此，分析研究华南蒸散发变化特征，为干旱评估及有效应对旱

* 发表在：《土壤通报》，2015，46(1)：87-92.

灾影响，合理利用气候资源提供依据，有着重要的现实及科学意义。

1 材料与方法

1.1 研究区域

研究区域为广东，根据气候带划分及地理位置分布特点（黄珍珠 等，2008），选取韶关、南雄（代表中亚热带）；广宁、佛冈、梅县、连县（代表南亚热带北区）；阳江、惠阳、罗定、广州（代表南亚热带南区）；湛江、徐闻（代表北热带）12 个站点为研究代表站点（图 1）。

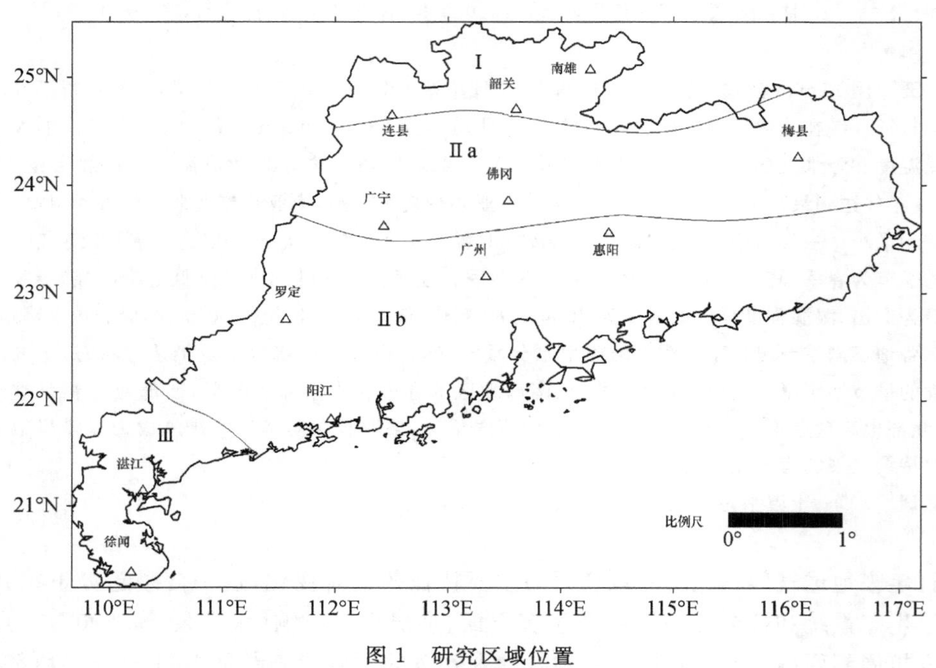

图 1 研究区域位置

（Ⅰ，Ⅱa，Ⅱb，Ⅲ分别代表中亚热带、南亚热带北区、南亚热带南区及北热带）

1.2 资料来源

计算所需逐月平均气温、降水量、本站气压、相对湿度、平均风速、日照百分率、最高气温、最低气温值取自各代表站点基本气象站 1971—2010 年历年实测值。净辐射 R_n 是计算潜在蒸散的基础，鉴于辐射观测站点稀少，故采用日照百分率根据经验公式计算。本研究采用有关文献中广东省逐月经验系数值（杜尧东 等，2003）。

1.3 研究方法

1.3.1 潜在蒸散

潜在蒸散量是指下垫面足够湿润条件下，水体保持充分供应的蒸发量。研究表明，当水体面积增大到 20 m^2 以上时，蒸发量趋于稳定或接近于自由水面的蒸发量。受条件限制，在实际研究中潜在蒸散一般都由经验公式计算得到。Penman-Monteith（P-M）方法是一个具有物理基础的计算蒸散量的方法，考虑了辐射、温度、空气湿度等各项因子的综合影响，物理意义明确，能够更加客观真实地反映土壤蒸散情况及气候的干湿状况。因此，FAO 推荐该方法作为估算蒸散发的唯一标准方法。本文使用的是由 FAO(1998)推荐的 Penman-Monteith 公式计算(Allen et al.,1998)。

$$P_e=\frac{0.408\Delta(R_n-G)+\gamma\dfrac{900}{T+273}u_2(e_a-e_d)}{\Delta+\gamma(1+0.34u_2)} \tag{1}$$

式中：P_e为潜在蒸散量，mm·d^{-1}；R_n为冠层表面净辐射，MJ·m^{-2}·d^{-1}；G 为土壤热通量，MJ·m^{-2}·d^{-1}；γ 为湿度计常数，kPa·℃$^{-1}$；u_2为 2 m 高处的风速，m·s^{-1}，由于目前气象站普遍无 2 m 高处风速观测资料，风速用订正公式：$u_2=4.78\times u_k/\ln(67.8\times h-5.42)$计算，式中 h 高度，m，u_k为 h 高处的风速，m s^{-1}，风速换算公式为 $u_2=0.738\times u_{10}$，u_{10}为气象站所测风速，m·s^{-1}；T 为日平均气温，℃；e_a为饱和水汽压，kPa，$e_a=33.8639\times[(0.00738t_a+0.8072)^8-0.000019\times|1.8t_a+48|+0.001316]$($t_a$为空气温度，℃)；$e_d$为实际水汽压，kPa，$e_d=e_a\times RH$(RH 为空气相对湿度，%)；$\Delta$ 为饱和水汽压-温度曲线斜率，kPa·℃$^{-1}$。

1.3.2 Mann-Kendall 突变检验

Mann-Kendall 法是一种非参数统计检验方法，用于检验序列的变化趋势。

$$d_i=\sum_{i=1}^{k}m_i(2\leqslant k\leqslant N) \tag{2}$$

式中，d_i为 统计量，m_i为第 i 个样本 $x_i>x_j$ $(1\leqslant j\leqslant i)$的累计值。假设该序列无趋势，采用双边趋势检验，在正态分布表查临界值 $M_\alpha/2$。在 Kendall 秩此相关分析中，取显著水平 $\alpha=0.05$，当给定显著性水平 $\alpha_0<\alpha$ 时，则拒绝原假设，表示序列存在一个强的增长或减少趋势。所有 d_k值$(1\leqslant k\leqslant N)$组成曲线 UF。同理，得到反序列曲线 UB，两条曲线的交叉点如位于正负零界值 P，D 线之间，此点即为突变点。

1.3.3 土壤水分盈亏

降水量与潜在蒸散的比值(地表湿润度指数)及差值均可表征一个地区土壤水分的盈余与亏缺状况(曲曼丽，1990；姚小英 等，2007)。

$$H_i=\frac{R}{P_e} \tag{3}$$

$$C_i=R-P_e \tag{4}$$

式中，H_i为地表湿润度指数，R 为降水量，P_e为潜在蒸散，C_i为降水量与潜在蒸散的差值。

2 结果与分析

2.1 潜在蒸散的年际变化特征

公式(1)计算结果表明，广东各地潜在蒸散值随纬度的升高而减少，从较高纬度的 675.5 mm·a^{-1} 到较低纬度的 1808.5 mm·a^{-1}，变化范围较大，与郭晶等利用 1954—2005 年资料计算的纬向分布趋势一致。40 年变化表明，潜在蒸散值 20 世纪 80 年代最小，距平值除惠阳为-37.1 mm·a^{-1}外，均在-60 mm·a^{-1}以下，以北热带的湛江负距平值最大，为 199.7 mm·a^{-1}。进入 90 年代以后，随着气候变暖，气温升高明显，大部分地区潜在蒸散值明显大于平均值，特别是21世纪00年代，达到40年的最高值，以南亚热带南区的阳江及北热带的湛江增幅最为显著，距平值达到200 mm·a^{-1}以上（表1）。从各地潜在蒸散的年平均值变化来看（图2），自1971年开始，潜在蒸散随时间呈二阶函数变化。

$$P_e = 0.486x^2 - 15.73x + 1198 (R^2 = 0.7782, P < 0.01)$$

式中，x 为从1971年开始算起的年代序数，即1971年，$x=1$；1972年，$x=2$；……；以此类推，2010年，$x=40$。

表1　广东各地1971—2010年潜在蒸散(Be)与40 a平均比较(mm)

年代	气候区	中亚热带	南亚热带北区			南亚热带南区				北热带
	地名	韶关	梅县	佛冈	广宁	广州	惠阳	罗定	阳江	湛江
	纬度(°)	24.8	24.6	23.9	23.1	23.2	23.1	22.8	21.9	21.1
1971—1980	全年值	752.9	696.7	1057.1	1033.7	1125.5	1210.4	1217.0	1554.8	1525.1
	距平	−61.6	−70.4	−0.8	−24.2	60.2	3.7	1.9	−43.4	−44.4
1981—1990	全年值	675.5	685.0	993.1	977.8	962.9	1169.6	1098.6	1502.2	1369.8
	距平	−139.0	−82.1	−64.8	−80.1	−102.4	−37.1	−116.5	−96.0	−199.7
1991—2000	全年值	854.4	830.6	1085.6	1096.6	1010.5	1208.9	1223.2	1527.4	1579.6
	距平	39.9	63.5	27.7	38.7	−54.8	2.2	8.1	−70.8	10.1
2001—2010	全年值	975.2	856.0	1095.7	1123.5	1162.2	1238.0	1321.5	1808.5	1803.6
	距平	160.7	88.9	37.8	65.6	96.9	31.3	106.4	210.3	234.1
1971—2010	平均	814.5	767.1	1057.9	1057.9	1065.3	1206.7	1215.1	1598.2	1569.5

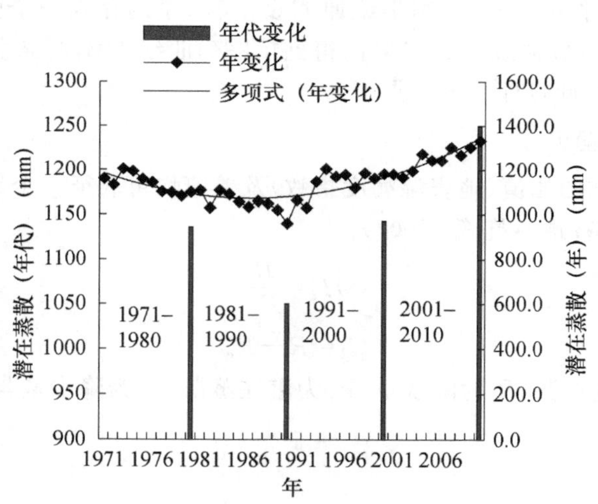

图2　广东各地潜在蒸散值的年代变化

1990年以前各地潜在蒸散随时间线性下降速度为−82.5 mm·a^{-1}($R^2=0.7476, P<0.01$)；1990年以后随时间线性上升速度为130 mm·a^{-1}($R^2=0.7847, P<0.01$)，潜在蒸散的低值时期出现在20世纪80年代末期，从1990年开始，气候变暖加剧了蒸散，潜在蒸散值随时间上升趋势加大，1992—1996年急剧上升，上升持续到2010年，M-K突变检验表明，上升突变年为2004年（图3）。

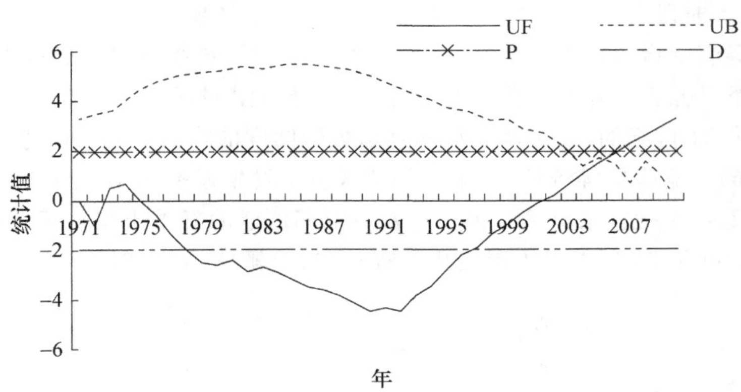

图3　广东各地潜在蒸散值的M-K检验曲线图

2.2　季节变化特征

根据广东气候特点，四季划分为：春季2—5月，夏季6—8月，秋季9—11月，冬季12月至次年1月。各地40年潜在蒸散的四季变化表明(图4)，中亚热带夏季最高，平均为275 mm·a^{-1}，其次为春、秋季，冬季最小，平均为81 mm·a^{-1}；南亚热带及北热带春季最高，为334～524 mm·a^{-1}，其次为夏季、秋季，冬季最小，为144～204 mm·a^{-1}。年代变化表现为21世纪初期基本为各季的高值点，20世纪80年代为低值点，其中冬季增幅最为明显，为27%～63%。据统计，广东各气候带增温速率最大的季节为冬季，说明蒸散受气温的支配比较大，在其他影响因子相对稳定的状况下，冬季气温的升高的结果必然导致蒸散的加剧。

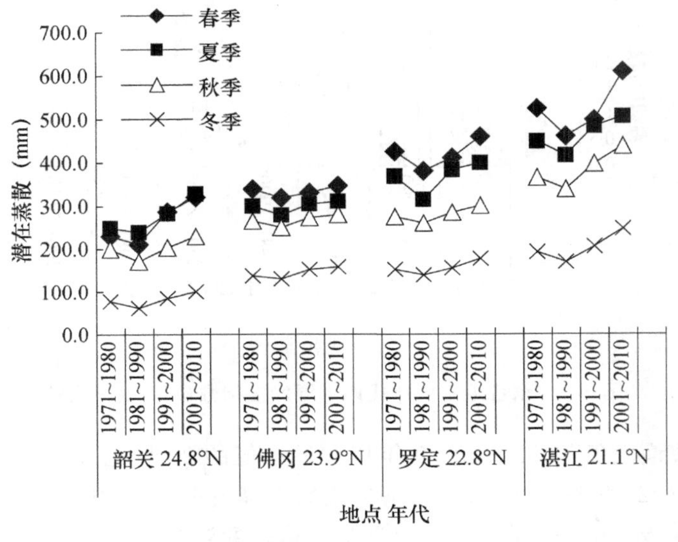

图4　广东各地1971—2010年潜在蒸散四季变化

2.3　土壤水分盈亏时空变化特征

地表湿润度指数(H_i)计算结果表明，广东各地湿润度指数的年变化基本为一正抛物线。

湿润度指数最高的时段为5月及6月，最低的时段为冬季及秋季11月。7月由于蒸散达到一年当中的峰值，湿润度指数跌至整个季的谷点(图5)。湿润度指数最高的季节为春季，其次为夏季和秋季，冬季最低。除夏季变化不明显外，其他季节湿润程度最好的时期为20世纪80年代，最差的时期为21世纪的00年代。湿润度指数随纬度的降低呈减少趋势，特别是春季和冬季最为突出(图6)。据张勇等统计，广东南部地区春旱发生概率为10年中5～7一遇；北部地区则为10年中2～4一遇(张勇 等，2000)，表明南部地区的春季干旱重于北部。这与郭晶等计算的1971—2000年30年气候干湿变化趋势相吻合(郭晶 等，2008)。

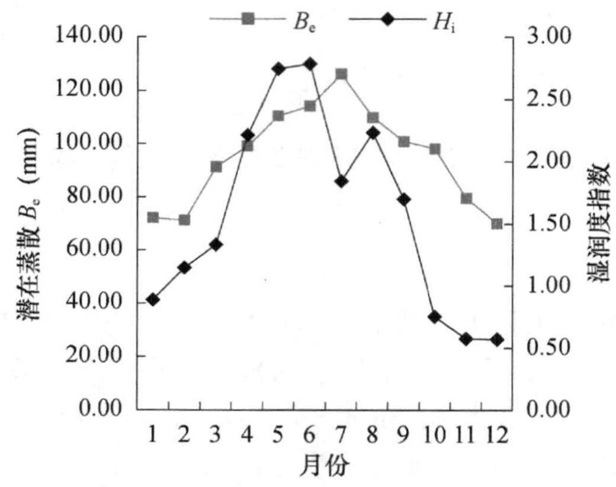

图5　广东各地湿润度指数(Hi)及潜在蒸散(B_e)变化

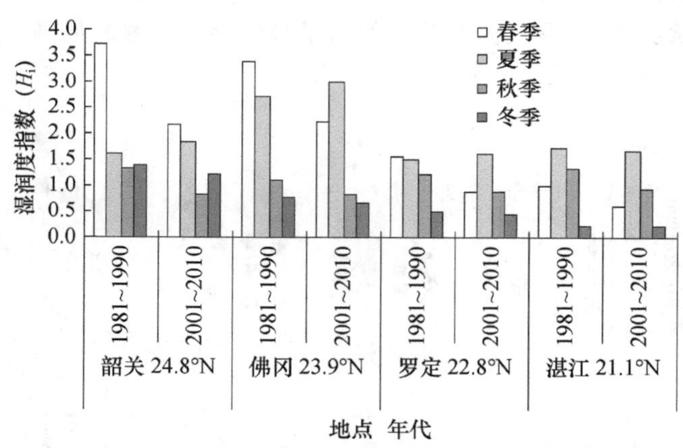

图6　广东各地不同年代四季湿润度指数(H_i)变化比较

选取潜在蒸散最大值的21世纪00年代和最小值的20世纪80年代进行比较(图6，图7)。结果表明，进入21世纪以来，春季湿润度指数下降最多，其中中亚热带的韶关春季由3.7降为2.2，降幅达40%，南亚热带南区的罗定及北热带的湛江均降至1.0以下，干燥程夏度增加；秋季各地湿润度指数均降至1.0以下，南部略高于北部；夏季各地湿润度指数变化不大，均在1.5以上，降水量基本为蒸发力的1.7倍左右，湿润程度较好；冬季除韶关外，均在1.0以下，北部的降幅略高于南部，这主要是由于90年代以来，冬季气温虽然增高明显，但随之降水量比80年代增加较多，统计表明，以湛江增加最多，达到40%，导致冬季干燥指数较80年代增高幅度反倒不显著。

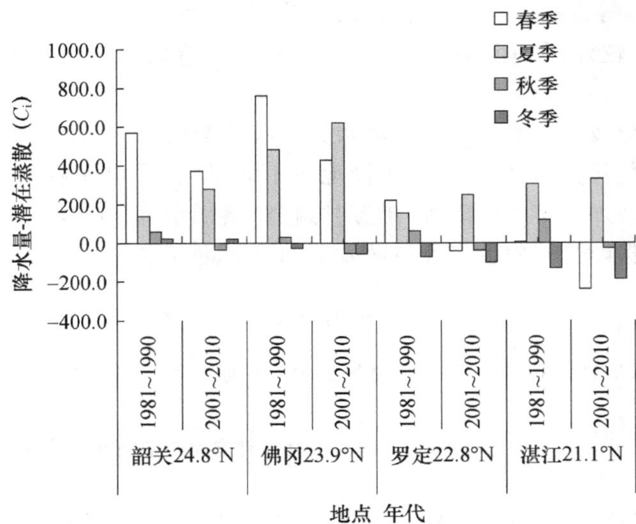

图7 广东各地不同年代四季降水量与潜在蒸散的差值(C_i)变化比较

降水量与潜在蒸散的差值(C_i)标志着土壤水分对蒸散的不满足程度。夏季为降水的高峰时段，且21世纪以来，各地降水量较80年代呈增多趋势，降水充盈，气候湿润度高；春季随降水量呈减少趋势，温度增高，蒸散加大，特别是南部降水量入不敷出，土壤水分亏缺，出现春旱，尤以湛江亏缺最多，达到237 mm；秋季自20世纪90年代以来，降水量亦呈减少趋势，气温的增高导致土壤蒸散的加剧，各地均呈现不同程度的水分亏缺状态，其中北部比南部亏缺偏多，以佛冈亏缺值最大，为52.4 mm；冬季因潜在蒸散增幅最多，土壤水分亏缺增大，以湛江亏缺值最多，为185.4 mm，除中亚热带的韶关外，各地水分亏缺均较为严重。

3 讨论与结论

(1)广东各地潜在蒸散值随纬度的升高减少，变化范围从纬度较高的675.5 mm·a^{-1}到纬度较低的1808.5 mm·a^{-1}。40年变化表明，潜在蒸散20世纪80年代最小，90年代以后，随着气候变暖，增加明显，21世纪00年代达到最高值，突变年份为2004年。季节变化特点为：中亚热带夏季最高，其次为春、秋季；南亚热带及北热带春季最高，其次为夏季、秋季，各地冬季均最小。年代变化表现为21世纪初期为各季的高值点，20世纪80年代为低值点，各地冬季增幅最大。

(2)湿润度指数随纬度的降低下降明显，春季和冬季最为突出。各地湿润度指数最高的时段为5月及6月，最低的时段为冬季及秋季11月，最高的季节为春季，其次为夏季和秋季，冬季最低。除夏季变化不明显外，其他季节湿润程度最好的时期为20世纪80年代，最差的时期为21世纪00年代，其中春季湿润度指数下降最多，南部均降至1.0以下，干燥程度增加；秋季各地均降至1.0以下，南部略高于北部；夏季变化不大，湿润程度总体较好；冬季除韶关外，均在1.0以下，北部的降幅略高于南部。

(3)20世纪90年代以来，随气候变暖，广东各地不同季节出现不同程度的土壤水分亏缺，作物生长所需水分未及最适宜状态，造成不同程度的季节性干旱，主要为各地的秋旱、南部地区的春旱和中南部的冬旱，南部地区春旱重于秋旱，北部地区秋旱重于春旱。春旱及秋旱对水稻等粮食作物及荔枝等果树的生长发育造成影响，导致减产；由于广东各地冬种作物多为旱作，需水较少，耐旱性较好，冬旱影响程度相对较小，但易造成越冬病虫害的发生及危害，使山林火险等级升高。

(4)因气候变暖导致的与时俱增的土壤水分亏缺给当地社会、经济的发展带来了严峻的挑战。保护生态环境、优化种植结构，针对不同地域不同旱灾，采取深耕保水、地膜覆盖、节水灌溉等防旱抗旱措施，增加土壤水库库容，借鉴甘肃省“集雨节灌”工程方法，尽最大限度提高水资源利用效率，成为保障当地农业产业持续发展的有效途径之一。

参考文献

杜尧东，毛慧琴，刘爱君，等，2003. 广东省太阳总辐射的气候学计算及其分布特征[J]. 资源科学，25(6)：66-70.

杜尧东，宋丽莉，毛慧琴，等，2004. 广东地区的气候变暖及其对农业的影响与对策[J]. 热带气象学报，20(3)：302-310.

郭晶，吴举开，李远辉，等，2008. 广东省气候干湿状况及其变化特征[J]. 中国农业气象，29(2)：157-161.

黄珍珠，张锦华，石小军，等，2008. 全球变暖与广东气候带变化[J]. 热带地理，28(4)：302-305.

靳立亚，李静，王新，等，2004. 近50年来中国西北地区干湿状况时空分布[J]. 地理学报，59(6)：847-854.

买苗，邱新法，曾艳，2004. 西部部分地区农田实际蒸散量分布特征[J]. 中国农业气象，25(4)：28-32.

曲曼丽，1990. 农业气候实习指导[M]. 北京：农业大学出版社：36-39.

王书功，康尔泗，金博文，等，2003. 黑河山区草地蒸散发量估算方法研究[J]. 冰川冻土，25(5)：558-565.

姚小英，王澄海，宋连春，等，2007. 甘肃黄土高原40a来土壤水分蒸散量变化特征[J]. 冰川冻土，29(1)：126-130.

张书余，等，2008. 干旱气象学[M]. 北京：气象出版社：1-5.

张新时，1989. 植被的PE(可能蒸散)指标与植被-气候分类(一)——几种主要方法与PEP程序介绍[J]. 植物生态学与地植物学学报，13(1)：1-9.

张勇，王春林，罗晓玲，等，2000. 广东干旱害的气候成因及其防御对策[J]. 热带地理，20(1)：302-305.

Allen R G, Pereira L S, Rases D, et al, 1998. Crop Evapotranspiration Guidelines for Computing Crop Water Requirements-FAO Irrigation and Drainage[Z]. Published by FAO-Food and Agriculture Organization: 56.

基于 GIS 淹没模型的洪水演进模拟及检验*

叶丽梅[1]　彭　涛[2,3]　周月华[1]　高　伟[4]　牛　奔[5,6]　刘旭东[4,7]

(1. 武汉区域气候中心,武汉,430074;2. 中国气象局武汉暴雨研究所/暴雨监测预警湖北省重点实验室,武汉,430074;3. 中国气象科学研究院灾害天气国家重点实验室,北京,100081;4. 中国地质大学,武汉,430074;5. 武汉中心气象台,武汉,430074;6. 湖北省仙桃市气象局,仙桃,433000;7. 内蒙古自治区航空遥感测绘院,呼和浩特,010050)

摘　要　用部分溃坝的波流与堰流相交法拟淦河流域溃口点的流量。以溃口点的流量、DEM 为基础数据,利用 GIS 的暴雨洪涝淹没模型,对 2010 年 7 月 14 日淦河流域由强降水引发的溃口式洪水淹没过程进行模拟,并利用实际灾情对模拟结果进行检验分析。模拟结果表明:随着洪水演进,淦河流域的淹没面积不断地增大,其中 0.5～1 m 水深段的淹没面积增长最快;14 日 18 时,洪水到达任窝村,20 时淹没至马桥镇,22 时淹没至严洲村。灾情调查检验结果显示,对于洪水到达时间和地点,淹没模型模拟值与实况值较为吻合,表明该模型在溃口式洪水淹没过程方面具有较好的洪水淹没模拟效果。

关键词　暴雨洪涝;淹没模型;洪水演进模拟;模型检验

引　言

淦河流域位于咸宁市咸安区境内,是咸宁境内的三大水系之一,其所处的鄂东南是湖北的暴雨中心之一,年平均降水量均在 1 400 mm 以上,降雨时间集中在 6—7 月(汪高明,2009)。淦河流域所在的咸安区是一个暴雨洪涝灾害频发的地区,根据全国历史灾情普查数据,对暴雨洪涝灾害次数进行统计,该区 1983—2010 年共发生 60 次暴雨洪涝灾害。2010 年 7 月 4—14 日受持续强降水影响,淦河流域发生严重的洪涝灾害,灾情资料显示,此次强降水过程受灾 23.8 万人,死亡 2 人,直接经济损失 12.794 1 亿元。

暴雨洪涝灾害致灾方式主要有河堤水库溃口、河网漫水及强降水内涝。关于水库溃坝造成的洪水淹没的研究有很多,苏布达等(2005;2006)运用二维水动力模型,对荆江分蓄洪区 1954 年的分洪过程进行了模拟和验证,根据分洪区 1954 年分洪情况和规划运用设计,模拟了不同分洪方案下的洪水淹没范围、水深;落全富等(2010)采用二维浅水模型对青山水库溃坝进行了模拟计算,根据主坝可能出现的溃坝风险,模拟了主坝溃决后保护区内洪水过程。这些研究工作主要是采用水动力模型来计算洪水淹没,对暴雨洪涝灾害的风险评估具有重要意义,但大多侧重于不同情景的大型水库洪峰进行洪水淹没模拟,对实际发生的病险中小水库、河堤溃口洪水淹没个例缺乏研究。2011 年中国气象局现代气候业务试点项目“气象灾害评估业务之流域暴雨灾害风险评估”支持开发了暴雨洪涝淹没模型。该淹没模型在 2011—2015 年汛期进行了多次实例检验,广泛运用于灾害评估(叶丽梅 等,2013;史瑞琴 等,2013;李兰 等,2013)。

* 发表在:《暴雨灾害》,2016,35(3):1-6.

本文利用暴雨洪涝淹没模型对 2010 年 7 月 14 日溰河流域溃口造成的洪水过程进行模拟分析，并用实际灾情对动态模拟结果进行跟踪检验，旨在为今后准确地预估和评估暴雨洪涝淹没灾害提供参考。

1 暴雨洪涝淹没模型

章国材(2012)详细介绍了暴雨洪涝淹没模型，该模型包含溃口式、河网漫顶式及强降水洪水淹没模型三种类型。本文采用溃口式洪水淹没模型，重点对该模型的计算流程与模型基本原理进行阐述。

1.1 溃口式洪水淹没模型计算流程

基于二维水动力学的溃口型有源淹没是通过溃口流量曲线得到当前流量，再利用曼宁公式求解当前水位并计算其八邻域方向的水位和流量。迭代计算求解流量交换，水位变更，并计算当前水流速度，最后再通过平均速度得到水流时间，从而得到溃流后某时间的淹没情况。具体计算过程如图 1 所示。

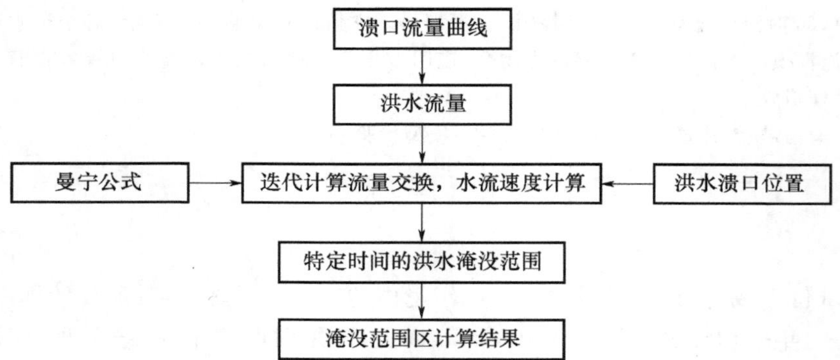

图 1 溃口式洪水淹没计算过程(章国材，2012)

1.2 基本原理

淹没模型基本原理是基于 GIS 栅格数据的二维水动力学暴雨洪涝过程模型，利用圣维南方程组的扩散波近似值来表示洪过程。

坡面和河道的洪水过程不同。坡面流通常是降水或者土壤中的水分饱和之后流入到河道。图 2 为二维坡面洪水路径和河道路径方案，从图 2 中可见，当河道里的水深超过河道本身的深度时，水就会溢出河道，流向相邻的区域，在这个过程中，运用一维通道流模型计算河道表面水流的高程，而用二维模型模拟坡面流。坡面流和河道流的过程可以运用圣维南方程组近似模拟，可适用于许多实际的案例(赵思健 等，2010；Paul et al.，2010)。在控制方程中，Zheng 等(2008)采用近似扩散波计算坡地和河道的水流通量，具体公式如下：

$$\frac{\partial U}{\partial t}+\frac{\partial F}{\partial x}=G \tag{1}$$

式中

$$U=\begin{pmatrix}h\\0\end{pmatrix},F=\begin{pmatrix}uh\\h\end{pmatrix},G=\begin{pmatrix}r-f\\S_0-S_f\end{pmatrix} \tag{2}$$

式中，h 为水深（L）；u 为平均流速（LT^{-1}）；x 为距离（L）；t 为时间（LT），r 为降雨速度（LT^{-1}）；f 为下渗速度（LT^{-1}）；S_0为地面比降；S_f为摩擦比降。

为了解决连续性方程中有关单元网格水流的流入和流出以及网格单元的体积变化，根据曼宁公式计算各个方向的动量方程：

$$\frac{dh^{i,j}}{dt}=\frac{Q_{up}+Q_{down}+Q_{left}+Q_{right}+R_e}{\Delta x\Delta y} \tag{3}$$

$$Q_x^{i,j}=\pm\frac{h_{flow}^{5/3}}{n}\left|\frac{h^{i-1,j}-h^{i,j}}{\Delta x}\right|^{1/2}\Delta y \tag{4}$$

式中，$h^{i,j}$为网格单元(i,j)的无水面高度；t 为时间；Δx 和 Δy 为网格单元的大小；n 为曼宁摩擦系数，根实际的土地利用情况，将土地利用类型分 8 大类，分别为水域、水田、草地、旱地、林地、居民地、城市工业用地、未用地，其曼宁值分别赋予 33、25、20、20、10、6、5、25（苏布达 等，2006；叶丽梅，2013）；Q_x和Q_y为网格单元在 x 和 y 方向上的容积流量，其符号取决于流动方向。Q_y的定义与(4)类似；Q_{up}，Q_{down}，Q_{left}和 Q_{right}分别表示相邻网格单元的上下左右的流量（包括正面和负面），根据图 2 可以表示为 Q_x和Q_y；水深 h_{flow}代表了在两个网格单元之间流动的水的深度。

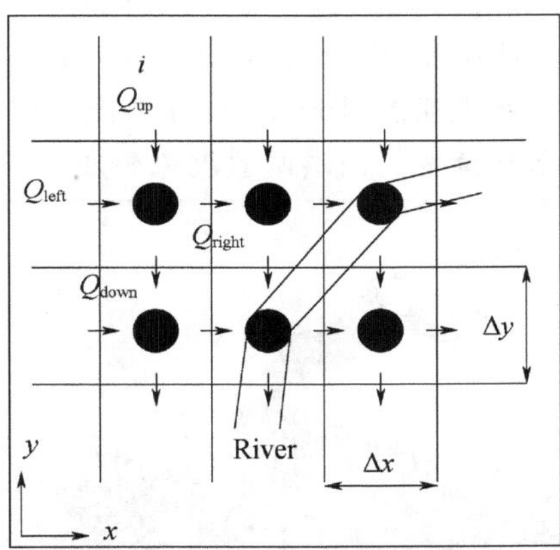

图 2　二维坡面洪水路径和河道路径方案（Zheng et al.，2008）

2　资料

本文的资料包括地理信息、气象观测、灾情等数据。具体为：(1)地理信息数据：淦河流域矢量边界，来源湖北省气象局；1∶25 万地理信息资料、分辨率为 30 m 的土地利用类型栅格数据，来源中国气象局。(2)气象观测数据：咸宁市内国家观测站、区域自动站 2010 年 7 月 1—16 日逐小时、逐日(20—20 时，下同)雨量资料，来源湖北省气象局。(3)灾情数据：淦河流域灾情资料，来源于咸宁市民政部门、咸宁市水利部门、咸宁市气象局及新闻媒体报道。

3　实例分析

3.1　研究区域

淦河从大幕山南麓出发，河床上横跨桥梁 50 余座，流域面积 774 km^2。淦河流域境内包含南川水库、巴坑水库、二五水库，集水面积分别为 4.17 km²、0.1 km²、0.1 km²。

3.2 致灾因子分析

2010 年 7 月 14 日下午，受强降雨影响，咸宁市南川水库下游至马桥镇高赛水电站之间部分地区出现内涝，超警戒水位的南川水库堤坝出现险情，高赛水电站的拦水坝炸坝泄洪流量与突发的山洪两股洪流叠加，行洪的淦河水位暴涨，造成淹没。

3.2.1 降水

利用淦河流域 8 个区域气象站 2010 年 7 月 1—15 日逐日降水量资料，求取淦河流域逐日面雨量数据。

$$R=\frac{1}{n}\sum_{i=1}^{n}H_i \tag{5}$$

式中，R 为流域日面雨量，H_i 为气象雨量站点日雨量（$i=1,2,\cdots,n$，单位为 mm），n 为站点数。

2010 年 7 月 5 日开始，咸宁市连降大暴雨，咸宁国家气象站 5—8 日累积雨量达 162 mm，地表基本饱和(李兰 等，2011；李兰 等，2013)。图 3 给出 2010 年 7 月 8—14 日咸宁市累积雨量分布，从中可见，8—14 日，淦河流域持续大暴雨，7 d 累积面雨量达 417 mm；14 日 15 时 40 分(北京时，下同)高赛水电站拦水坝泄洪，16—20 时淦河流域面雨量达 55.5 mm，拦水坝泄洪后遭遇持续性强降水，泄洪流量与突发的山洪两股洪流叠加。

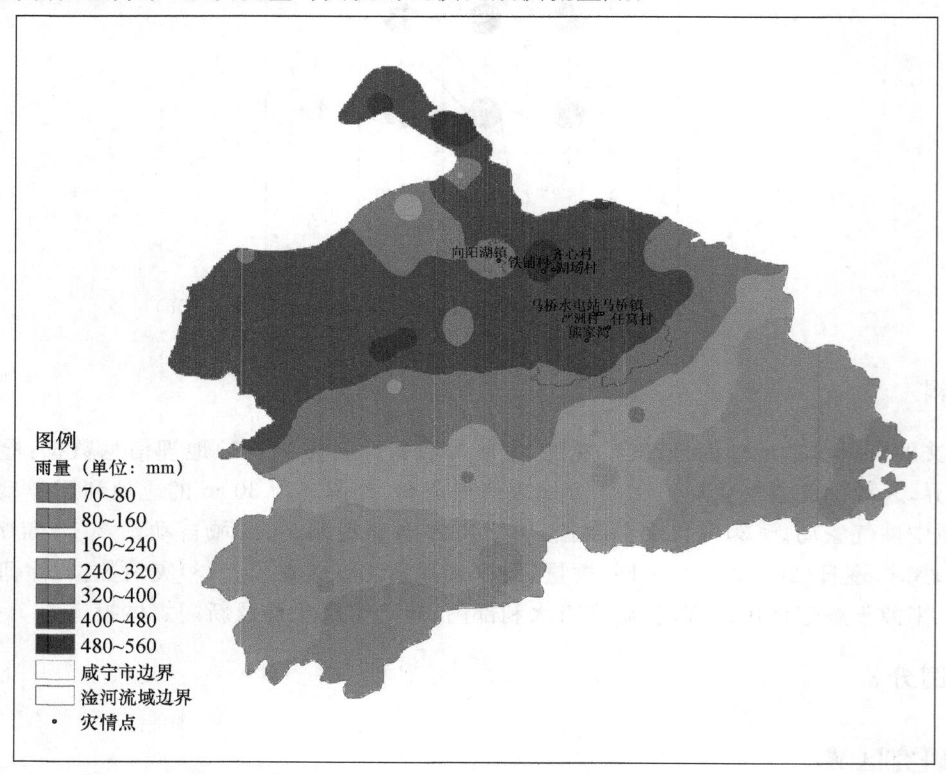

图 3 2010 年 7 月 8—14 日咸宁市累积雨量分布图(单位：mm)

3.2.2 地形和河网

从地形、河网因子分析，淦河流域的上游地区地势复杂，地形起伏度大，多山区，一旦受强降水影响，易发生山洪灾害(图 4)。另外，淦河流域上游区域的南川水库，处于地势较高的山区，若泄洪或漫坝，下游地区存在一定的洪涝灾害风险。淦河流域下游地势平坦，暴雨洪涝灾害风险源不仅来自当地强降水，还来源于流域上游洪水，当上游洪水与当地强降水共同影响时，洪涝灾害将累积扩大。

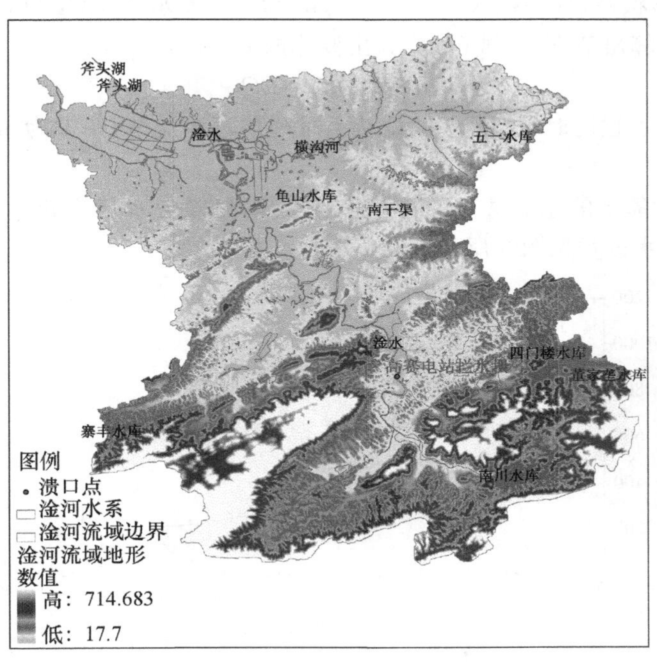

图 4　淦河流域地形图

3.3 溃坝最大流量及洪水过程计算

坝体溃决后，洪水迅速向下游传播，如何获取溃口处的洪水过程是开展暴雨洪涝淹没模拟的重要基础条件之一。目前国内外溃坝最大流量计算的方法及经验公式很多，如波额流量法、波流与堰流相交法等，李启龙等(2011)对主要瞬间全溃流量公式进行了深入分析，发现波堰流相交公式适用范围较广，可以基本满足各种条件下的瞬间全溃最大流量计算；周远方(2010)利用堰流计算公式和水量平衡原理建立瞬时溃坝模型。根据高赛河水电站工程情况及淦河流域的洪水特征，采用部分溃坝的波流与堰流相交简化法模拟溃坝最大流量(李杰友 等，2002)，具体公式如下：

$$Q_m = 0.206\left(\frac{B}{b}\right)^{1/4} \cdot b\sqrt{2g} \cdot h^{3/2} \tag{6}$$

式中，Q_m 为溃坝最大流量，单位为 m^3/s；B 为坝长，采用主坝设计长度，单位为 m；h 为坝前水深，采用校核水位下坝前水深，单位为 m；b 为溃口宽度，单位为 m；小型水库取 b 为 B，中型水库取 b 为 $0.6\sim0.7B$，大型水库取 b 为下游主河槽宽度的 1.5 倍；g 为重力加速度，单位为 m/s^2。高赛河水电站溃口坝前水深 26 m，坝长 30 m，溃口宽度 6 m，由式(6)计算得到溃口最大流量为 1 097 m^3/s。

瞬时溃坝的洪水过程与溃坝初最大流量 Q_m、溃坝时的入流量 Q_0 及溃坝前水库的蓄水量有关其过程可近似为 4 次抛物线。由溃坝初流量急增达 Q_m，紧接着迅速下降，最后趋近于入流量 Q_0，因高赛河水电站坝址以上集水面积较小，入流量 Q_0 忽略不计，将溃坝洪水过程概化无因次过程线。瞬时溃坝泄流过程总历时 T 应满足：

$$T=\psi \cdot W/Q_m \tag{7}$$

式中，ψ 为过程线形状系数（一般取 4.0～5.0）；W 为可泄蓄水量，单位为 m^3；已知 W 和 Q_m，假定 ψ 值，由式(7)可算出值 T；由式(8)可算出概化的溃坝洪水过程。

$$t=aT, Q=BQ_m \tag{8}$$

式中，t 为溃坝泄流过程历时，单位为 h；Q 为 t 时刻溃坝泄流量，单位为 m^3/s；a，B 为无因次系数，无量纲。

若 T 历时内计算出的总泄量与可泄蓄量不等，则另假定 ψ 值重新计算，直到两者一致为止。计算的溃坝洪水过程见图 5 所示。

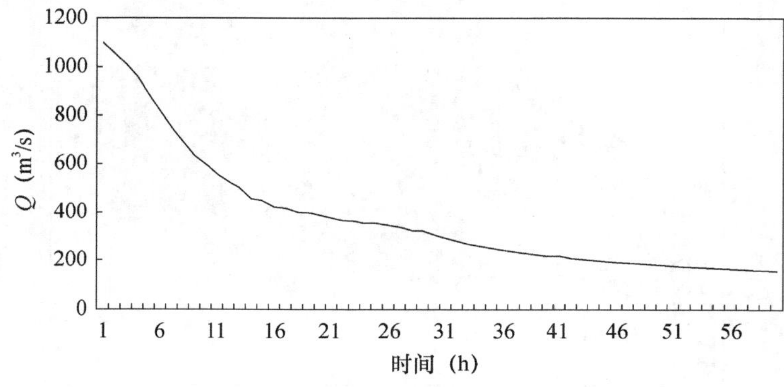

图 5　电站溃坝流量过程曲线

3.4　淹没演进模拟

以淦河流域高赛河水电站溃口点的流量数据、DEM、流域边界为基础数据，利用溃口式暴雨洪涝淹没模型对 2010 年 7 月 14 日淦河流域泄洪溃口淹没过程情景进行了淹没模拟。图 6 给出淦河流域不同时次、不同水深段的淹没面积变化，从中可见，流域大部集中在 0.2～2 m，并随着时间的推移，淹没面积在不断地扩大，其中 0.5～1 m 段的淹没面积增长最快，由 14 日 08 时的 507.9 hm^2 增加到 15 日 04 时的 3 451.8 hm^2。图 7 给出 14 日不同时次淦河流域淹没模拟，图 8 给出 14—15 日任窝村、马桥镇和严洲村淹没水深变化，从空间演变来看，14 日 18 时，淦河流域大部淹没水深 0.2～1 m，溃口点附近淹没深度最大，在 1.5～1.8 m 之间，此时任窝村受淹，随着洪水不断的淹没，任窝村的受淹水深加大，最深达到 0.9 m(15 日 03:30)。20 时，淹没水深加深，淹没面积加大，大部水深在 0.2～2 m 之间，洪水淹没至马桥镇，最深达到 0.6 m(15 日 04 时)。22 时，洪水继续向低洼地区淹没，大部淹没水深在 0.2～2 m 之间，此时淹没至严洲村，最深 0.7 m(15 日 04 时)。22 时后，洪水不断地向下游低洼地区淹没，淹没范围进一步扩大。

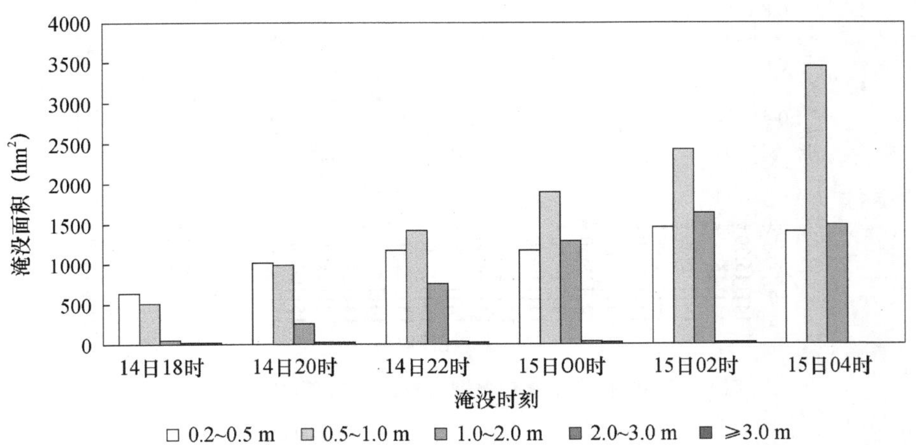

图 6　淦河流域不同时次、不同水深段的淹没面积变化图(单位:hm²)

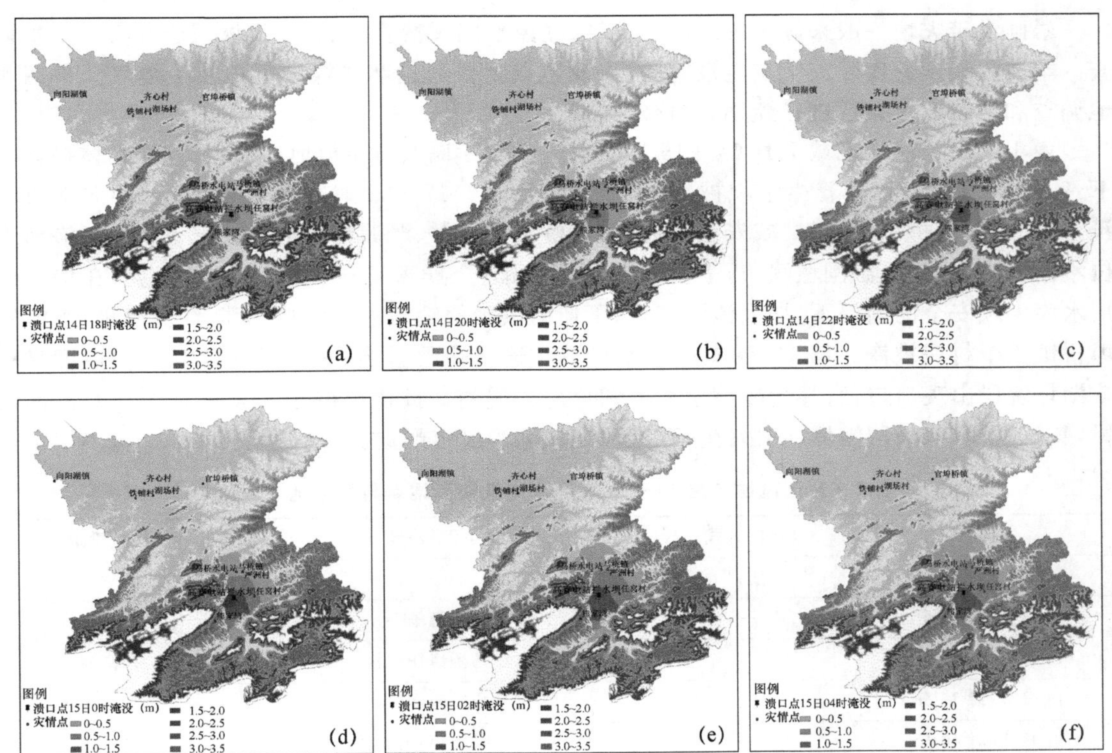

图 7　2010 年 7 月 14 日 18 时(a),20 时(b),22 时(c),15 日 00 时(d),02 时(e),04 时(f)淦河流域淹没模拟(单位:m)

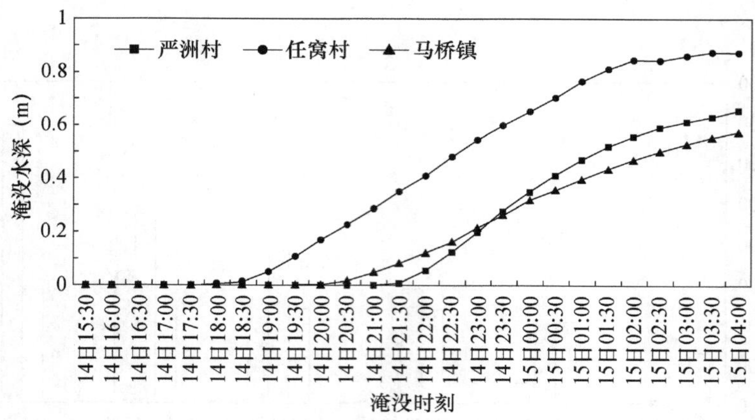

图 8　任窝村、马桥镇和严洲村淹没水深变化图(单位:m)

3.5　模拟验证

3.5.1　灾情演变

暴雨洪涝灾情一般来源于民政部门统计、气象部门灾情直报、新闻媒体报道及实地采集调查。本文收集到的实际灾情点淹没时间、淹没地点主要通过新闻媒体报道及当地气象部门实地调查和访谈双重渠道进行甄别,以核定灾情。

表 1 给出了淦河流域 7 月 14—15 日洪水淹没实际地点与模拟地点对比情况,具体描述如下:7 月 14 日 15 时,随着拦水坝被炸,洪流倾泻而下。17—22 时左右,洪水从上游向下游淹没,依次经过马桥镇任窝村,咸安区余佐村,马桥镇马桥村、严洲村。由于咸宁市咸安区淦河水位不断上涨,导致下游围堰溃口,下游向阳湖镇铁铺村、熊家湾村受淹。15 日凌晨,在保证南川水库大坝安全的前提下,增大泄洪流量,下泄的洪水使淦河水位急骤上涨、河堤漫堤,下游官埠桥镇三个村庄被淹。15 日,受南川水库泄洪和连日暴雨影响,淦河咸安区官埠桥镇度泉村滨湖圩垸段出现溃口,官埠桥镇度泉村滨湖圩垸段受淹。此次强降水引发多地溃口及河网漫堤,甚至是溃口、河网漫堤同时发生,致淦河流域洪涝灾害严重。

表 1　淦河流域 7 月 14—15 日洪水淹没实际地点与模拟地点对比

时间	致灾方式	实际受淹地点	模拟淹没地点
14 日 15 时 40 分	溃口	—	—
14 日 17 时 00 分	—	石狮子桥	—
14 日 18 时 00 分	—	马桥镇任窝村	任窝村
14 日 20 时 15 分	—	咸安区余佐村	—
14 日 20 时 40 分	—	马桥镇马柏大道	马桥镇
14 日 22 时 00 分	—	马桥镇马桥村、严洲村等	严洲村
14 日 23 时 23 分	下游围堰溃口	向阳湖镇铁铺村和熊家湾村	—
15 日 02 时 30 分	漫堤	官埠桥镇齐心垸、湖心村、湖场村	—
15 日 20 时 00 分	溃口	南川水库道路	—

3.5.2 模拟验证

通过收集实际灾情，对暴雨洪涝淹没模拟结果（包括模拟中间输出量、淹没模拟结果等数据）进行检验，模拟检验定量评估使用灾情匹配度来衡量，计算式如下：

$$MAT = \frac{N_m}{N_s} \times 100\% \tag{9}$$

式中，MAT 为灾情匹配度，N_m为模拟点与灾情点的重合数，N_s为收集到的实际灾情点总数。

淹没模拟结果显示，7月14日18时洪水淹没任窝村，20时淹没马桥镇，22时淹没严洲村。对于14日23时23分后出现多地方溃口及河网漫堤导致的洪涝淹没，由于无法准确获取到溃口及漫堤的地理信息数据，因此无法模拟。将此次洪水过程模拟结果与实际灾情点进行对比分析，主要从洪水到达时间、洪水到达地点进行评价。结果表明，暴雨洪涝淹没模拟的任窝村、马桥镇、严洲村三个地点的洪水到达时间与实际灾情点一致，灾情匹配度达到60%。而石狮子桥和咸安区的余佐村两个模拟值与灾情点不符，一方面可能是核灾的困难造成的灾情不确定，另一方面可能是淹没模型存在一定的模拟误差。总体而言，通过淹没模拟与实际灾情点的洪水过程进行定时定点的比较，表明7月14日溃口淹没模拟演变与受灾点演变吻合较好。

4 总结与讨论

（1）运用暴雨洪涝淹没模型对淦河流域2010年7月14日强降水引发的溃口式洪水淹没个例进行模拟研究，并用实际收集的灾情与模拟结果进行对比分析，表明该模型在溃口式洪水淹没的模拟效果较好，可用于定量评价暴雨洪涝淹没模拟精度，动态监测洪水过程。

（2）对淦河流域强降水引发的溃口式洪水过程淹没模拟与检验可知，影响模拟效果主要有两个因素。一是暴雨洪涝淹没模型自身的模拟精度，模拟区域的地形地貌、产流情况等是否满足水动力模型的内在要求尤为重要。二是溃坝点的流量数据能否准确模拟，直接影响模拟精度。

（3）暴雨过程造成的灾害往往是河网漫水与强降水淹没过程的叠加，或者是河堤水库溃口、河网漫水及强降水淹没过程的叠加。另外，洪涝灾害不仅来自当地强降水，还受到上级河流的洪水以及下游河流高水位顶托的影响。致灾过程机理更为复杂，这是今后暴雨洪涝淹没模型研究的一个热点问题和难题。

咸宁市气象局在2010年7月14日淦河流域暴雨洪涝灾情调查中提供了有益的帮助，谨致谢忱！

参考文献

贾界峰，赵井卫，陈客贤，2010. 曼宁公式及其误差分析[J]. 山西建筑 .36(7)：313-314.

李杰友，吴永强，杨树滩，等，2002. 泉水水库溃坝洪水模拟计算[J]. 河海大学学报（自然科学版），30(6)：35-39.

李兰，周月华，史瑞琴，等，2011. "实需排模比值"在荆州地区洪涝灾害评估中的应用[J]. 暴雨灾害，30(2)：173-176.

李兰，周月华，叶丽梅，等，2013. 基于GIS淹没模型的流域暴雨洪涝区划方法[J]. 气象，39(1)：174-179.

李兰，周月华，叶丽梅，等，2013. 一种依据旱涝灾情资料确定分区暴雨洪涝临界雨量的方法[J]. 暴雨灾害，32

(3):280-283.

李启龙,黄金池.2011. 瞬间全溃流量常用公式适用范围的分析比较[J]. 人民长江,42(1):54-58.

落全富,安莉娜,2010. 青山水库溃坝洪水模拟计算[J]. 浙江水利科技,168(2):17-19.

史瑞琴,刘宁,李兰,等,2013. 暴雨洪涝淹没模型在洪灾损失评估中的应用[J]. 暴雨灾害,32(4):379-384.

苏布达,姜彤,郭业友,等,2005. 基于GIS栅格数据的洪水风险动态模拟模型及其应用[J]. 河海大学学报(自然科学版),33(4):370-374.

苏布达,施雅风,姜彤,等,2006. 长江荆江分蓄洪区历史演变、前景和风险管理[J]. 自然灾害学报,15(5):19-27.

汪高明,2009. 湖北省近47年气温和降水气候特征分析[D]. 兰州:兰州大学:14-15.

叶丽梅,周月华,李兰,等,2013. 通城县一次暴雨洪涝淹没个例的模拟与检验[J]. 气象,39(6):699-703.

章国材,2012. 暴雨洪涝预报与风险评估[M]. 北京:气象出版社:119-125.

赵思健,黄崇福,2010. 情景驱动的淮河流域水稻洪涝灾害风险评估[C]//北京:中国灾害防御协会风险分析专业委员会第四届年会论文集:392-399.

周远方,2010. 大南川水库溃坝的数值模拟研究[D]. 长沙:长沙理工大学:1-4.

Paul D B, Matthew S H, Timothy J F, 2010. A simple inertial formulation of the shallow water equations for efficient two-dimensional flood inundation modelling[J]. Journal of hydrology, 387(1-2):33-45.

Zheng N S, Tachikawa Y, Takara A, 2008. A Distributed Flood Inundation Model Integrating With Rainfall-Runoff Processes Using GIS And Remote Sensing Data[C]//The International Archives of the Photogr ammetry, Remote Sensing and Spatial Information Sciences. Beijing:1513-1518.

暴雨洪涝灾情采集手机App设计与应用*

梁益同[1]　周月华[1]　高　伟[2]　李　兰[1]

(1. 武汉区域气候中心,武汉,430074;2. 中国地质大学(武汉),武汉,430074)

摘　要　针对暴雨洪涝风险预警、区划、评估业务的需求,提出了一种面向任务的移动灾情快速采集直报方法。在设计暴雨洪涝灾情实时采集流程和确定灾情记录内容的基础上,解决采集过程中的任务接收、现场定位、一体化采集、即时传输等关键技术,研发了基于智能手机的暴雨洪涝灾情实时采集手机App。通过汛期实际暴雨过程的相关业务试验表明,暴雨洪涝灾情实时采集方法及手机App,可以在第一时间内获取灾害现场信息,为灾情验证评估提供实时资料,满足业务化应用的需求。

关键词　暴雨洪涝;灾情采集;手机App

引　言

为了预防暴雨洪涝灾害的发生、减轻灾害造成的损失,做好气象防灾减灾工作,中国气象局从2011年开始推进暴雨洪涝风险预警服务业务试验。在这项业务中,有许多关键流程,如暴雨洪涝风险普查、致灾临界面雨量的科学确定、定量化风险评估、气象灾害风险预警、业务检验和效益评估等。在诸多流程中,暴雨洪涝灾情采集是一项基础性工作,这主要体现在以下几个方面:第一,在暴雨洪涝风险普查工作中,需要进行大量的灾害风险和隐患点排查以及其他基础资料收集,全面普查历史洪涝灾情,建立暴雨洪涝灾害基础数据库(周月华 等,2015);第二,致灾临界面雨量的科学确定,也需要大量的灾情资料进行统计分析,如李兰等(2013)依据旱涝灾情资料提出一种分区暴雨洪涝临界雨量确定的方法;第三,定量化评估越来越朝着数值模拟方向发展(苏布达 等,2005;李云 等,2005;史瑞琴 等,2013;谢五三 等,2015),而数值模拟需要大量的灾情资料进行建模、验证、优化(李京 等,2012),如Sayama等(2015)在预测了2011年10月中旬的泰国洪涝之后,又利用实际的流量、水位、GPS等实际采集数据与模拟数据做比较分析,在得出精度和误差后对预测模型进行了优化改进,从而获取更精确的预测结果;第四,在风险预警、业务检验和效益评估等流程中,也需要快速、全面地获取现场受灾情况,以便分析研判灾情,及时启动应急救助预案。但目前暴雨洪涝灾情远不能满足预警业务的需要,一是采集人员参与面窄,目前一般有民政部、气象局、水利部等少部分人员参与,导致灾情信息量少;二是采集的技术手段落后,采集工具一般是依靠纸笔、相机等,缺乏现代技术手段,如智能技术、通信技术、互联网技术等;三是实时性不强,一般只有暴雨过程结束后才陆续收到灾情,而没有暴雨过程中的现场灾情;三是缺乏必要的灾情要素,如淹没水深、淹没范围、持续时间等;四是缺乏定点性,目前上报的灾情是一个面上的灾情,属于一个行政区域内灾情总描述。而风险预警服务的诸多流程需要大量定点的灾情资料,特别是一些隐患点、代表点、重点

* 发表在:《暴雨灾害》,2017,36(3):1-6.

监测点的灾情资料。

近年来，随着移动网络基础设施的建设，智能手机逐渐成为重要的信息载体，基于信息采集能力和互联网连接能力，智能手机应用程序(application program，App)已经普遍应用于各行各业，极大地提高了生活质量、工作效率，如在交通信息获取(刘程程 等，2011；周崇华 等，2012)、订车服务(田苗 等，2013)、现场灾情调查(刘瑞，2012；廖永丰 等，2013)中，手机App发挥着重要作用。在气象业务服务领域，手机App也开始应用，主要是实现了将天气预报及实况信息推送到客户端的功能(邹建明 等，2015；林雪仪 等，2016)，但手机App用于气象灾情信息采集的研究较为少见。针对暴雨洪涝实时灾情采集存在的问题，本文设计基于智能手机的暴雨洪涝灾情采集App，目的在于利用智能手机的普及、便携性特点，实现暴雨洪涝灾情的实时采集和上传，以期为暴雨洪涝灾害风险预警业务中基础灾情数据的实时获取，提供一种有效手段。

1 暴雨洪涝灾情采集手机App设计

1.1 灾情采集业务流程

暴雨洪涝灾情随着暴雨的时空及强度的变化而变化，在空间上既有区域性又有局地性，在时间上有突发性也有持续性，因此暴雨洪涝灾情的采集需求在时空上是不确定的，有时需要进行大范围区域灾情采集作业，有时只要局地的采集作业；对同一地点灾情，有时需要进行连续采集作业，有时一次采集作业即可。增对这些不确定性，需要设计一个合理的灾情采集流程，以便保证的灾情采集时效性和完整性。图1给出了暴雨洪涝灾情实时获取流程，从中可见，灾情采集业务流程具体可以分解为：灾情采集任务产生与分发、灾情数据采集、数据存储与同步。当获得暴雨或暴雨洪涝灾害风险预警信息后，控制中心自动制定灾情采集任务，通过服务端向移动端以消息推送的方式，向智能手机App发送采集任务信息；接到任务后，手机App根据任务要求，将灾情采集人员导航到指定位置；采集人员到达现场后，采集现场灾情信息(记录采集信息、填写灾情要素和获取辅助信息)；灾情采集完成后，手机App将灾情数据打包封装存储，并利用通信网络上传至控制中心服务器。

1.2 暴雨洪涝灾情记录

暴雨洪涝灾情记录包括采集信息、灾情要素和辅助信息等，是暴雨洪涝现场灾情的原始记录。其中采集信息包括灾情采集时间、地点、采集人等相关记录等；灾情要素是描述暴雨洪涝灾情的基本特征量；辅助信息包括现场照片、特征物距离和高度等一些信息等。灾情要素是灾情记录的核心部分，要素的设计要遵循几点原则：一要准确描述洪涝灾情状况，二要满足精细化暴雨洪涝灾害风险预警和评估业务需要，三要保证历史暴雨洪涝灾情的相关性和连续性，四要与现代智能移动设备的现场信息快速获取能力相匹配。综合考虑，确定的暴雨洪涝灾情要素包括开始时间、结束时间、最大水深、受灾人口、淹没区域、土地利用类型、主要作物、致灾方式、灾害类型等。暴雨洪涝灾情记录类型、内容及获取方式见表1。

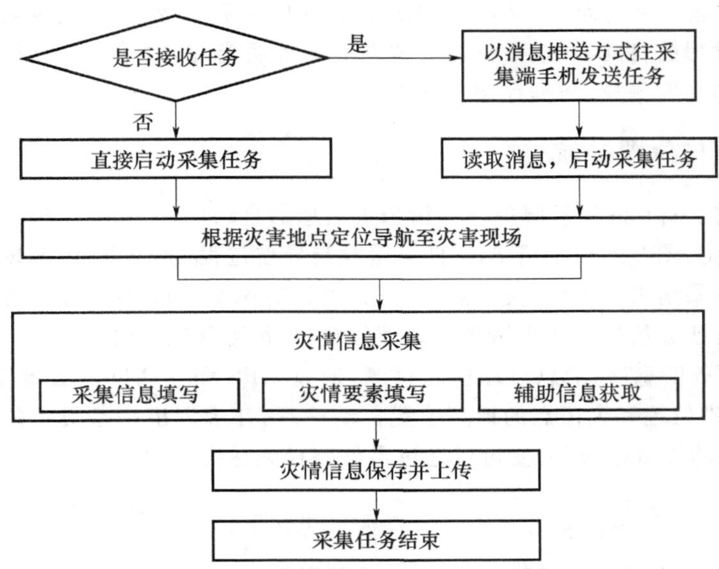

图 1　暴雨洪涝灾情实时获取流程

表 1　暴雨洪涝灾情记录类型、内容及获取方式

记录类型	记录内容	获取方式
采集信息	采集地点	自动获取或填写
	采集时间	自动获取
	采集人	自动获取或填写
	手机号码	自动获取或填写
	备注	填写
灾情要素	灾情地点	自动获取或填写
	开始时间	填写
	结束时间	填写
	最大水深	填写
	淹没区域	填写
	受灾人口	填写
	土地利用类型	选择(耕地,水体,林地,草地,城镇用地,未利用地)
	主要作物	选择(早稻、中稻、晚稻、油菜、小麦、棉花、蔬菜、其他)
	致灾方式	选择(溃口、漫堤、强降水)
	灾害类型	选择(内涝、山洪、泥石流)
辅助信息	现场照片	手机拍摄
	特征物距离和高度	手机测量

2　暴雨洪涝灾情采集手机 App 关键技术的实现

利用智能手机附带的地图、时间、消息、摄像、电话、无线网络连接等功能，暴雨洪涝灾情采集手机 App 将智能手机变为一个移动的无线灾情实时获取平台,从而实现对暴雨洪涝灾情信息的提取、采集过程的自动导航、数据的封装和上传等功能,其关键技术有任务接收与位置导航、特征物距离和高度测量、数据存储与同步。

2.1 任务接收与位置导航

为了实现手机 App 的信息服务与灾情采集信息的自动化,需要将任务信息和整个导航过程完全实现自动化,图 2 给出手机 App 任务接收与导航过程,从中可见,实现自动化的过程如下:假设某地发生暴雨洪涝灾情,灾情点附近的手机 App,会接收到后台中心的根据业务需求编制的任务信息,任务信息包括灾情点的地理位置、灾情可能发生时间、进行采集的人员等,手机 App 收到的任务信息后,消息自动检测过滤,通过 GPS 和互联网内置地图多源定位,将采集人员的当前地理位置和灾情点的地理位置自动整理,并规划出一条最佳的路径。当采集人员启动手机 App 的导航模块时,便可以通过最佳路径到达灾情点。

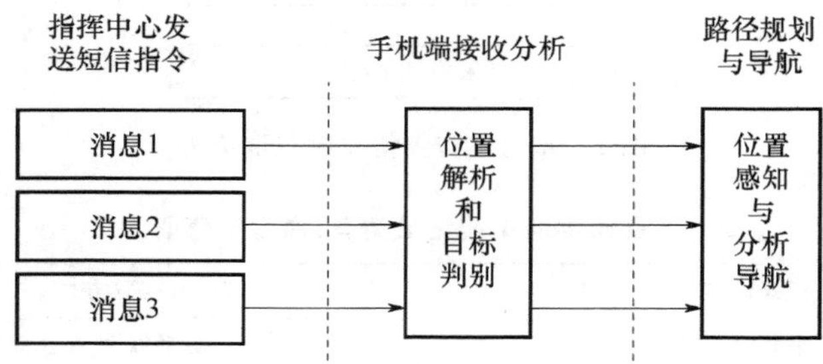

图 2 手机 App 任务接收与导航过程

2.2 高度、距离测量

高度和距离测量用于在野外调查时测量特征物的高度、测量者到特征物的距离。图 3 给出了距离和高度算法示意图,从中可见,如果知道测量者的身高 h、测量者头部到特征物顶部的仰角 α、到特征物底部俯角 β 等参数,利用几何知识,很容易求出特征物的高度 H 和距离 d。α 和 β 可以利用手机进行测量,具体操作如下:测量者利用手机边缘瞄准特征物的顶部,保持手机边沿线段部分完全重合在测量者的眼睛和特征物顶部之间的直线之中,这时手机本身的重力感应功能即可测出 α;同样瞄准特征物底部可测出 β。

2.3 数据的存储与传输

暴雨洪涝灾情采集完成后,灾情数据按照编码标识统一进行组织管理。一个编码用于标识一次特定的灾情数据。为了使暴雨洪涝灾情记录从手机端及时同步传输至后台服务器,手机 App 设计过程中采用基于 TCP/IP 协议的 Socket 通信,以 IP 地址+端口号的形式描述进程,实现网络连接。但由于无线网络的不可靠性以及野外灾情现场环境复杂性,网络连接有时出现故障,导致灾情数据传输无法完成,因此需要设计一个自动的内部存储机制。图 4 给出 App 数据存储与传输机制,从中可见,若灾情数据未自动传输到服务器,当网络畅通时,手机 App 自动检测未发送成功的灾情数据,并进行批量的传输。

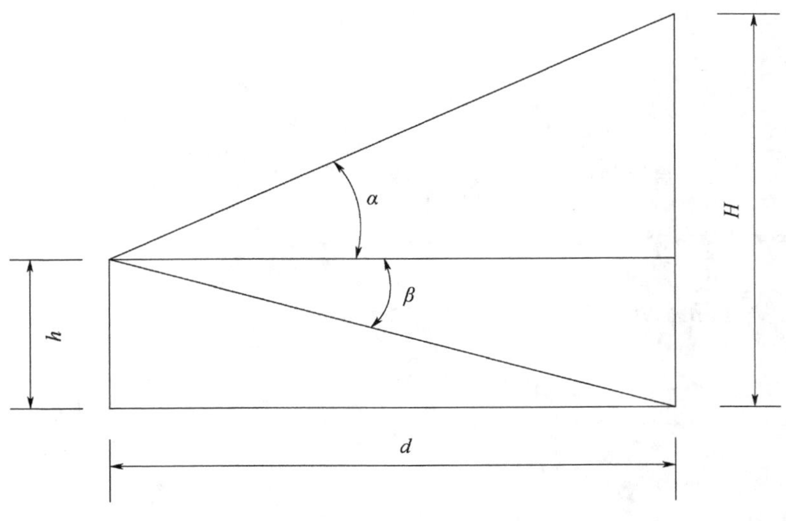

图 3 距离和高度算法示意图

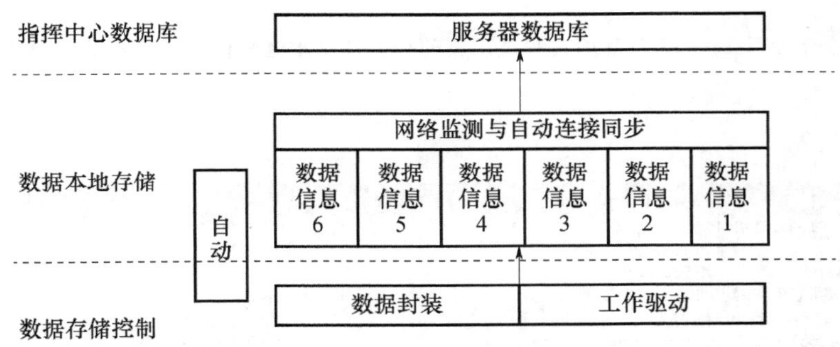

图 4 手机 App 的数据存储与传输机制

3 暴雨洪涝灾情采集手机 App 应用

3.1 暴雨洪涝灾情的快速掌握

2015 年 6 月 16—17 日，湖北省自西向东发生强降水天气过程，强降水中心位于鄂东北。洪水淹没模拟结果显示，英山县出现严重洪涝灾害。根据洪水淹没模拟结果，暴雨洪涝灾情采集手机 App 的后台中心发布灾情采集任务，在两条线路上进行灾情采集，线路 A 为英山县杨柳湾镇水口桥村东河岸边两处楼房垮塌处，沿东河往上游直到老虎头村，线路约 6 km，线路 B 从杨柳湾镇出发直到雷家铺镇(雷店镇)的熊家湾，线路约 10 km。根据任务，采集人员通过手机 App，迅速完成暴雨后洪涝灾情现场采集及上传任务。图 5 是后台终端将手机灾情点在洪水淹没模拟结果上叠加显示，图 6 是后台终端查询到的部分手机 App 灾情记录。通过分析手机 App 实时采集灾情并结合洪水淹没模拟结果，可以发现英山县部分乡镇出现严重洪涝灾害，其中杨柳湾、雷店镇等地出现桥梁冲毁、洪水漫坝、房屋垮塌、人员伤亡等严重灾情。

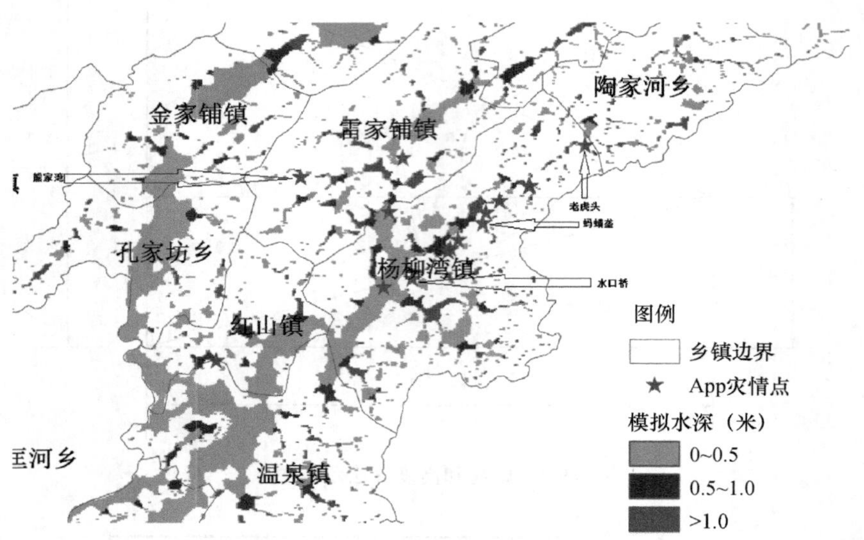

图 5　2015 年 6 月 16—17 日暴雨过程英山县部分乡镇洪水淹没模拟和手机 App 灾情叠加分析

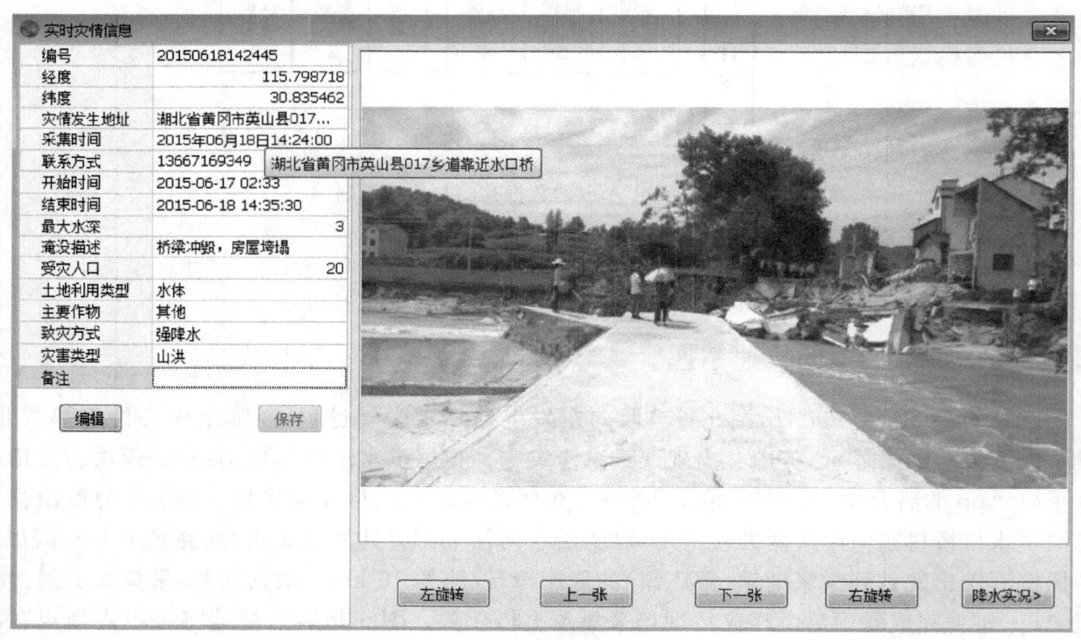

(a) 桥梁冲毁，民房倒塌

(b) 洪水漫坝

(c) 民房倒塌，人员伤亡

图 6　2015 年 6 月 16—17 日暴雨过程英山县部分乡镇灾情手机 App 记录

3.2 洪水数值模拟模型的检验

手机 App 采集的暴雨洪涝灾情中，包含灾情位置、淹没水深等信息，可以对洪水数值模拟模型进行检验。武汉区域气候中心和中国地质大学联合研发了基于强降水的暴雨洪涝淹没模型(史瑞琴 等，2013)，表 2 给出 2014 年 7—8 月典型暴雨过程手机 App 实时灾情应用于该模型洪水模拟的检验结果，从中可见，该模型的灾情匹配率为 75%，淹没水深平均误差为 34.6%。

表 2　手机 App 实时灾情在 2014 年 7—8 月暴雨过程的洪水模拟检验

时间(年月日)	县区	地理位置		手机 App 采集水深/m	模型模拟水深/m	是否匹配
		经度(°E)	纬度(°N)			
20140716	通城县	113.677772	29.274989	0.7	0.6	是
20140716	通城县	113.680809	29.291461	2	0.5	是
20140716	通城县	113.747678	29.253989	3	0	否
20140716	通城县	113.747688	29.253998	1	0	否
20140716	通城县	113.887974	29.200231	1.2	1.4	是
20140716	通城县	113.912814	29.214246	1.2	0.4	是
20140716	通城县	113.937563	29.217296	0.8	0.6	是
20140704	崇阳县	114.074514	29.588563	2	0.6	是
20140704	崇阳县	114.194471	29.48225	0.6	0.6	是
20140704	崇阳县	114.220512	29.43928	3	0	否
20140704	崇阳县	114.155832	29.493661	1.1	1.3	是
20140807	宜昌市	111.322169	30.670167	1.5	0.6	是

4 结论与讨论

针对我国暴雨洪涝风险预警、区划和评估业务需求及暴雨洪涝实时灾情采集现状，提出了一种面向任务的移动灾情快速采集直报技术，系统地解决了暴雨洪涝实时灾情调查工作中多元灾情信息的任务接收、现场定位、一体化采集、快速集成、即时传输等技术难题，并以业务化应用为目标研发了暴雨洪涝灾情采集手机 App，为洪涝灾情信息的快速获取提供了一个便捷通道。且 2014 年和 2015 年汛期的业务试验表明，暴雨洪涝灾情采集手机 App 达到了预先设计目标。

当然，暴雨洪涝灾情采集手机 App 在应用中也出现了一些问题，一是在灾情采集中出现记录、描述不规范的问题，比如对同一次灾情，不同采集人的采集记录会有较大差异；二是灾情要素的设置合理性问题，比如经济损失、倒塌房屋等这些比较传统要素是否加入。针对这些问题，首先可考虑在手机 App 中附加一些暴雨洪涝灾情采集的培训教程，以提高使用者的专业素质，减少人为误差；其次要开展暴雨洪涝灾情现场采集规范化、标准化研究，以便规范灾情采集要素和手机 App 功能设置。

现代信息技术的发展，为高精度定位、多元数据一体化采集、现场直报等灾情报送技术提供了有力支撑。暴雨洪涝灾情现场采集工作时效性要求很高，要求灾后第一时间获得灾情调查及文字描述等报表数据，还要求同步上报灾情定位信息和图片信息。集卫星导航定位、嵌入式 GIS、移动通信及智能移动设备等技术为一体的信息采集报送技术，将是暴雨洪涝及其他气象灾情现场采集报送的新发展方向。

参考文献

李京，陈云浩，唐宏，等，2012. 自然灾害灾情评估模型与方法体系[M]. 北京：科学出版社.

李兰，周月华，叶丽梅，等，2013. 一种依据旱涝灾情资料确定分区暴雨洪涝临界雨量的方法[J]. 暴雨灾害，32(3)：280-283.

李云，范子武，吴时强，等，2005. 大型行蓄洪区洪水演进数值模拟与三维可视化技术[J]. 水利学报，36(10)：1158-1164.

廖永丰，李博，雷宇，等，2013. 面向任务的移动灾情快速采集直报技术与应用[J]. 地球信息科学学报，15(4)：538-545.

林雪仪，李春梅，2016. 自媒体时代基于手机 App(应用)的农业气象服务探索[J]. 广东气象，38(2)：54-57.

刘程程，张凌浩. 2011. 移动互联网时代手机服务型 App 产品设计研究[J]. 包装工程，32(12)：68-71.

刘瑞，2012. 基于手持移动终端的灾情数据采集系统研究[D]. 上海：上海师范大学.

史瑞琴，刘宁，李兰，等，2013. 暴雨洪涝淹没模型在洪灾损失评估中的应用[J]. 暴雨灾害，32(4)：379-384.

苏布达，姜彤，郭业友，等，2005. 基于 GIS 栅格数据的洪水风险动态模拟模型及其应用[J]. 河海大学学报(自然科学版)，33(4)：370-374.

田苗，周旭升，2013. 电子商务新领域出租车订车应用软件的发展趋势与建议[J]. 中国电子商务，(22)：33-34.

谢五三，田红，卢燕宇，2015. 基于 FloodArea 模型的大通河流域暴雨洪涝灾害风险评估[J]. 暴雨灾害，34(4)：384-387.

周崇华，高作刚，徐琛，等，2012. 基于智能手机 App 的交通信息服务系统规划研究[J]. 交通与运输，(28)：76-79.

周月华，田红，李兰，2015. 暴雨诱发的中小河流洪水风险预警服务业务技术指南[M]. 北京：气象出版社.

邹建明，李迅，丁德平，等，2015."北京气象"手机客户端气象信息 GIS 快速可视化技术[J]. 气象科技，43(4)：634-639.

TSayama, Tatebe Y, Iwami Y, et al, 2015. Hydrologic sensitivity of flood runoff and inundation: 2011 Thailand floods in the Chao Phraya River basin[J]. Natural Hazards and Earth System Sciences, 15(7): 1617-1630.

2016 年湖北省梅雨期暴雨特征及灾情影响分析*

岳岩裕[1] 吴翠红[1] 毛以伟[1] 秦鹏程[2] 周 悦[2] 叶丽梅[2]

(1. 武汉中心气象台,武汉,430074;2. 武汉区域气候中心,武汉,430074)

摘 要 通过对 2016 年湖北省梅雨期降雨量特征及其与灾情之间的关系进行分析,得到承灾体与雨量的关系及暴雨致灾阈值。结果表明,梅雨期六轮降水灾度均在 3 以上,6 月 30 日—7 月 6 日的暴雨过程灾度高达 8。不同承灾体(受灾人口、倒损房屋、受灾面积)与直接经济损失均为正相关,其中倒损房屋最高,达 0.9 以上。灾情发生阈值日最大降雨量和过程雨量分别为 35 mm 和 50 mm。过程降雨量和有效降雨指数与灾情的相关性较好,大于 0.5。承灾体中死亡人口集中区域与降水量大值区对应,分散区域与局地短时强降雨有关;而农作物绝收面积在降雨强度指数相当或偏低时,降雨叠加效应会促使其占比增加。

关键词 梅雨期;暴雨;过程降雨量;灾情

引 言

湖北省地处典型的季风气候区,暴雨频次高,持续时间长,影响广,危害非常严重。省内地貌类型复杂多样,河流湖泊众多,季风气候明显(崔讲学,2014)。每年夏初,在湖北省宜昌以东 28°—34°N 的江淮流域常会出现连阴雨天气,雨量很大。长时间、高强度的降雨极易诱发山洪、滑坡、泥石流等各类次生灾害,而气象灾害的致灾因子、承灾体和孕灾环境的不同都会产生不同的影响。

暴雨洪涝灾害是指一段时间内的强降雨或持续较长时间的降雨引起的河水泛滥、河道决口及水库垮坝造成的淹没田地、平地积水,对国民经济和人民生命财产破坏性严重的气象灾害(温克刚 等,2008)。周月华等(2010)提出可以基于历史和实时气象资料建立综合指数来描述灾害性天气过程本身的程度,实现灾害性天气过程预评估方案。暴雨洪涝灾害致灾等级可以作为评估灾害的基础;秦鹏程等(2016)提出利用有效降水指数(EP)来研究湖北省暴雨洪涝强度,指出频发重发区域主要位于鄂西南、鄂东南及鄂东北地区,这与湖北省的地形和降水分布特征一致。沈澄等(2015)指出江苏梅雨锋引发的灾害频次最多,引发暴雨洪涝灾害的临界雨强是 18～20 mm/h,过程最大 24 h 降水量的临界值为 35～40 mm。学者们进一步基于 GIS 空间分析技术,从致灾因子、孕灾环境、承灾体的研究出发,构建暴雨洪涝灾害评价模型,进行风险评估(万君 等,2007;俞布 等,2011)。在灾情分析方面,徐敬海等(2012)认为灾度是灾害社会属性的定量描述,提出了以死亡人数、受灾人数以及直接经济损失为基本影响因子的灾度计算模型;王豫燕等(2016)又从暴露度和脆弱性角度出发,对人口、农作物和经济进行分析。

对湖北省而言,暴雨过程的影响主要表现在湖泊水库安全度汛;中小河流洪水、山洪、地质

* 发表在:《长江流域资源与环境》,2018,27(2):412-420.

灾害;城市洪涝灾害;局部雷暴、大风等强对流天气灾害以及长江上游降水与本地降水叠加效应等。以往对于暴雨灾害的研究多集中于灾情特征,很少将降雨量与灾情联系起来研究暴雨致灾阈值。2016 年梅雨期间降雨过程频繁、强度大、范围广、累计雨量大,因而造成的灾害重。气象部门的早预报、早服务、早预警为相关防汛部门早部署提供了决策支持,但同时也发现建立暴雨与灾情之间的联系,可以为灾情评估提供客观依据。因此,本文从多种指标和相关性角度出发,对此次“98+”过程从以下几方面进行了分析:梅雨期降水过程的分布特征及洪涝程度;不同承灾体受灾程度及之间的相关性;最后通过建立灾情信息与降水量信息之间的关系,来研究主要参考指标和致灾阈值。

1 资料和方法

降水量资料为 2016 年 6 月 18 日 08 时至 7 月 21 日 08 时国家站和区域站的逐小时降雨量;降水历史数据来自湖北省气象信息与技术保障中心资料库;灾情资料为各县市灾情直报和月报信息及省民政厅发布的全省灾情信息,包括经济损失、受灾人口、死亡人口、农业受灾面积等。

根据徐敬海等(2012)提出的灾度计算模型结合沈澄等(2015)提出的加入农作物受灾面积,计算湖北省灾度,计算公式如下:

$$D=\lg(P+1)+\lg K+10^{(E/\mathrm{GDP})}+10^{(S_D/S_A)} \tag{1}$$

式中,D 为灾度;P 为死亡人口(单位:人);K 为受灾人数(单位:万人);E 为直接经济损失(单位与 GDP 一致);S_D为受灾面积;S_A为耕地面积。

EP 指数(秦鹏程 等,2016)反映的暴雨洪涝空间格局与实际灾情相符,洪涝发生的范围和强度与农作物受灾面积也有较好的对应关系。

$$\mathrm{EP}=\sum_{t=0}^{N} a^t P_t \tag{2}$$

式中,a 为降水衰减参数,取值 0～1,$P(t)$为 t 时刻降水量,t 为距离检测日的日数,$t=0$ 表示检测当日,$t=1$ 表示前一日。

降雨过程综合强度是日降水强度、覆盖范围和持续时间 3 个指标共同作用的结果,在评估降水过程综合强度时 3 个评价指标缺一不可。王莉萍等(2015)建立了降水过程综合强度评估模型,计算降水过程综合指数。评估区跨越江汉和江淮两个区域,计算公式如下:

$$RPI=\bar{I}\times C\times\bar{T} \tag{3}$$

式中,$\bar{I}$ 为平均日降水强度指数;C 为覆盖范围指数;$\bar{T}$ 为平均持续时间指数。

表 1 降雨过程综合强度等级划分表

降雨过程综合强度指数范围	降雨过程综合强度等级
$1\leqslant RPI\leqslant 12$	特强(Ⅰ级)
$12<RPI\leqslant 24$	强(Ⅱ级)
$24<RPI\leqslant 36$	较强(Ⅲ级)
$36<RPI\leqslant 64$	中等(Ⅳ级)

2 结果与分析

2.1 降水量及洪涝分布特征

2016年6月18日入梅,接近常年入梅时间(6月17日),7月21日出梅,较常年出梅时间(7月10日)偏晚11 d,梅雨期长度33 d,较常年梅雨期长度(23.8 d)偏多9 d。梅雨期体现出降水过程多、雨量大、强度猛、范围广、超极值和创历史等六大特点。过程多:梅雨期共经历六轮强降雨过程(6月18—20日、6月23—25日、6月27—28日、6月30日—7月6日、7月12—15日、7月17—20日)。雨量大:累计雨量鄂西北100~300 mm、局地300~400 mm,其他大部地区300~900 mm,随州东部、荆门东部、孝感、黄冈、武汉和恩施东部等地局部900~1500 mm,与梅雨期历史平均值(273.4 mm)相比降雨量偏多1.2倍。强度猛:小时最大雨强达100~160 mm,最大值为7月8日00时宜昌龙泉山村159 mm,其次为7月20日16时天门皂市镇127 mm。范围广:全省所有县市梅雨期均出现过暴雨,最多的为应城出现了12个暴雨日,降水量大于100 mm的区域面积与湖北省面积比值有四次过程超过10%,过程4甚至达到61%,区域性暴雨日分别为1 d、2 d,1 d,6 d,1 d,2 d,占过程总降水日数25%~85%。超极值:江夏等27县市(区)出现极端日降水事件,其中麻城、大悟、红安、江夏、蔡甸和建始日降水量突破历史极值,麻城、大悟、红安日降水量达百年一遇。创历史:六轮强降雨过程累计造成我省直接经济损失589.61亿元,造成严重的人员伤亡和经济损失,产生了“98+”的社会影响力。

六轮强降雨过程中第1、2、3、4、6轮属于大范围持续性强降雨(图1),第5轮属于分散性强降雨。第1轮强降雨过程发生在鄂东南北部、鄂东北、江汉平原东部和鄂西南南部;第2轮强降雨相较于第1轮雨区缩小略有北移,但是整体上有雨循旧路的特点;第3轮强降雨带南压至鄂东南,范围进一步收窄,250 mm以上的区域站数由第一轮42站收缩到0站;第4轮强降雨过程与第一轮发生区域重叠,250 mm以上的雨区范围甚至达到全省面积的31%,范围最广;第6轮强降雨主要发生在鄂西南至江汉平原北部和鄂东北西部一线,虽然250 mm以上发生区域仅有6%,但降雨相对集中,因此产生的影响也很大;而第5轮强降雨过程中“坨子雨”的特点明显,强降雨区分散。而与常年同期相比(图2),仅鄂西北部分地区偏少1~3成,其他大部地区偏多8成~3倍,鄂东北中西部、江汉平原北部、鄂东南北部偏多2~3倍。

郭广芬等(2009)采用耿贝尔极值Ⅰ型分布和百分位方法,基于日最大降水量和过程最大降水量计算湖北省暴雨洪涝各等级的阈值。本文洪涝监测图是基于有效降水指数(EP)构建单站和区域暴雨洪涝监测、评估指标(秦鹏程等 2016),确定降水衰减参数及致涝阈值后,应用在暴雨洪涝过程的监测中。暴雨洪涝的等级划分主要包括轻度、中度、重度三级。图3为四轮降水过程洪涝监测图,过程1(图3a)综合强度为强(Ⅱ级),降雨区集中在鄂东北,与洪涝轻度以上区域一致;其中中度-重度洪涝区域面积与过程2、3(图3b,c)相比基本相当,但实际上过程1降雨量更大、灾情更重,过程1为梅雨期第一轮降雨,前期降水不明显,因此在洪涝等级上中度-重度范围不大。过程5(图3e)“坨子雨”特点明显,主要考虑瞬时致灾,综合强度等级较强(Ⅲ级),洪涝程度最轻,只处于轻度,导致7市24县出现灾情,致灾程度没有累积致灾明显。过程4(图3d)和过程6(图3f)洪涝灾害最严重,属于特强(Ⅰ级),其中过程4整个东部地区洪涝程度均处于中度-重度级别,全省受灾面积广,达到17市83县。

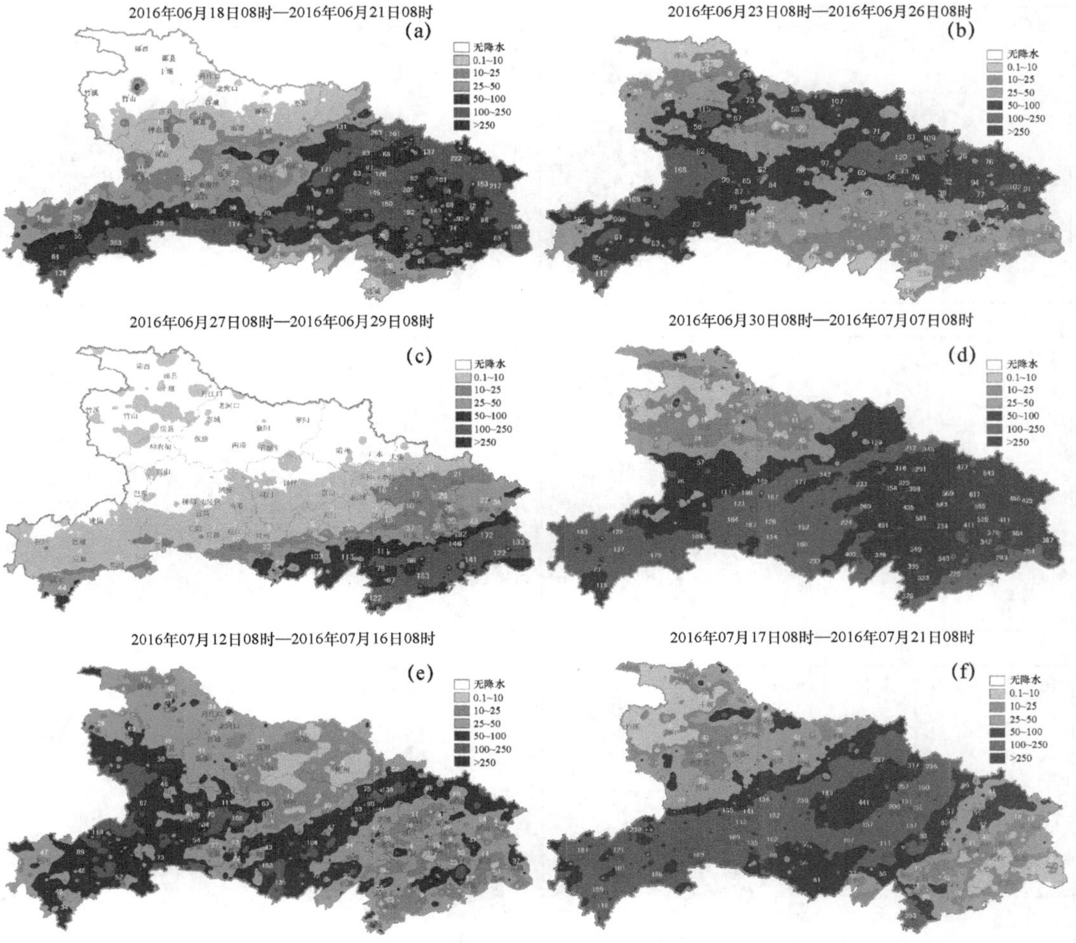

2016年06月18日08时—2016年06月21日08时 (a)

2016年06月23日08时—2016年06月26日08时 (b)

2016年06月27日08时—2016年06月29日08时 (c)

2016年06月30日08时—2016年07月07日08时 (d)

2016年07月12日08时—2016年07月16日08时 (e)

2016年07月17日08时—2016年07月21日08时 (f)

无降水
0.1~10
10~25
25~50
50~100
100~250
>250

图 1　湖北省梅雨期六轮降水过程的累计降水量(单位:mm)

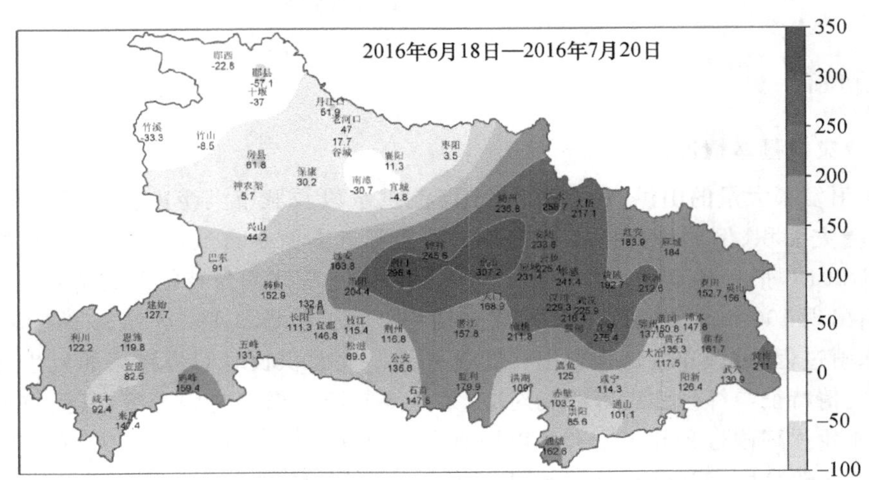

图 2　湖北省梅雨期降水量距平百分率分布(单位:%)

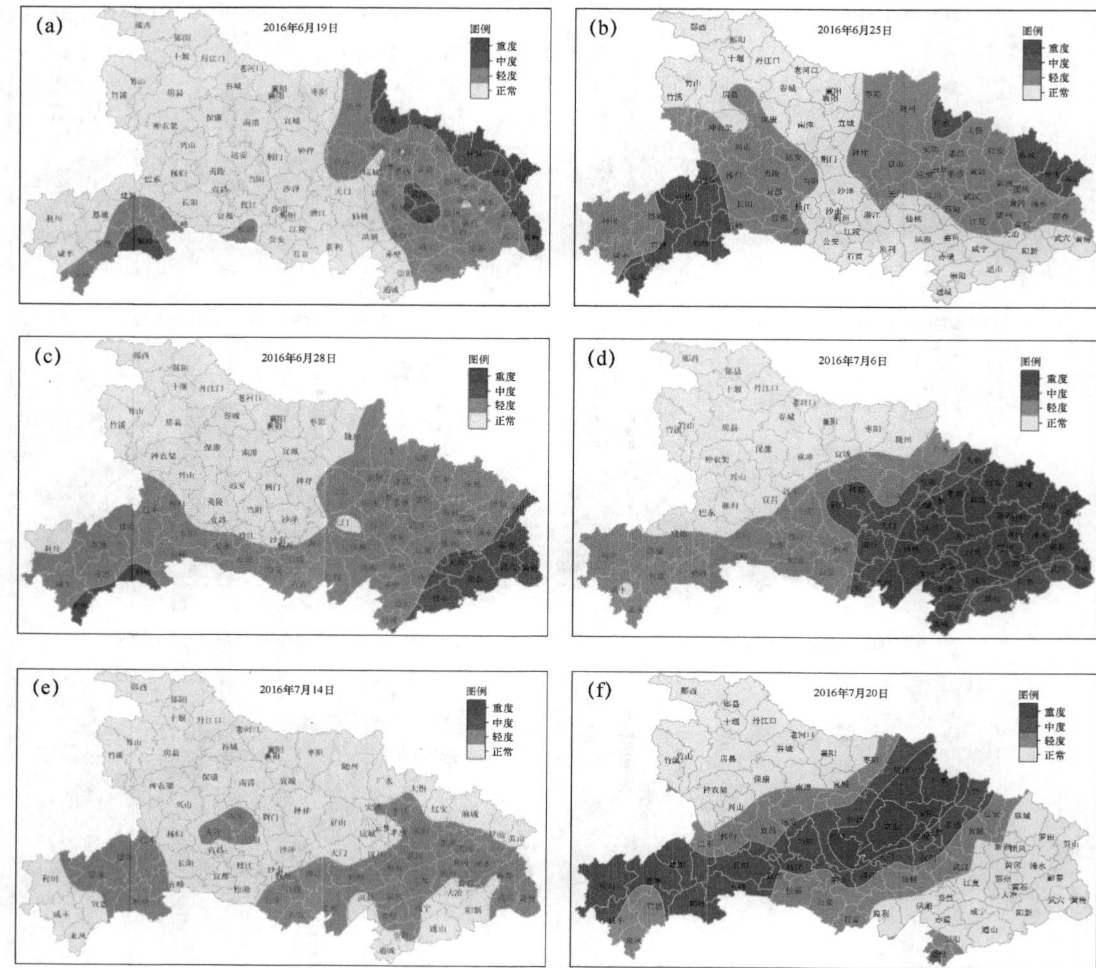

图 3　六轮降雨洪涝等级强度

2.2　灾情特征

2.2.1　灾情基本情况

强降水引发了大量的山洪、泥石流、中小河流洪水以及城市洪涝灾害。死亡人口、受灾人口、农作物受灾面积、倒塌房屋以及直接经济损失等五方面是自然灾害统计工作的主要内容(万金红 等,2012,张卫星 等,2013)。表 2 为六轮降水过程降雨量特征及灾情基本信息。六轮降水国家站出现 100 mm 以上降水的站数分别为 20 站、8 站、9 站、53 站、8 站、33 站,均出现了区域性暴雨过程,过程 4 区域性暴雨日高达 6 天。大面积长时间强降雨的发生促使综合强度等级高,灾情特征与综合强度等级相对应,第 4、6 轮降雨属于特强Ⅰ级,其受灾情况最为严重,其中第 4 轮强降雨过程几乎所有县市均有灾情出现,近 1/5 的人口受灾,农作物的受灾面积高达 1330.2 千公顷。强降水同时导致了严重的汛情,监利到九江除黄石外全线超警戒水位;汉江汉川站水位超警戒水位;汉北河超保证水位,创历史记录,富水、环水、滠水、大富水超警戒水位；梁子湖超保证水位，斧头湖、长湖、洪湖超警戒水位。

通过灾度计算可以看出六轮降水过程灾度均大于 3（表 2），第 4 轮和第 6 轮的灾度达到 6 以上，全省启动防汛Ⅲ级、重大自然灾害暴雨 II 级、自然灾害救助Ⅱ级应急响应，其中第 4 轮灾度达到 8.22。灾害的分级研究不同学者给出的标准不一，徐敬海等（2012）的灾度计算是基于亚洲地区的巨灾提出的，其达到巨灾对应的灾度为 9.1。江苏省（沈澄 等，2015）的灾度计算时考虑到受灾人口降低，在计算灾度时是以人为单位，且把伤亡人数和受灾人数放在第一位，修订后的巨灾灾度为 7。可以看出灾害等级划分有着明显的局限性，灾情大小难以互相比较（冯利华，2000），因此湖北省基于灾度数据对灾害级别的描述需要大量样本来进一步分析。

表 2　2016 年入梅以来六轮区域性强降水过程降雨及灾情情况对比

过程时间（月．日）	受灾县市	综合强度等级	100mm 以上面积比（%）	灾度	死亡及受灾人口贡献比	受灾人口（万人）	直接经济损失（亿元）
6.18—6.20	15 市 52 县	强（Ⅱ级）	20	5.86	63%	360.36	25.12
6.23—6.25	9 市 30 县	强（Ⅱ级）	12	4.41	54%	60.92	6.3
6.27—6.28	6 市 23 县	强（Ⅱ级）	7	4.47	54%	85.87	4.68
6.30—7.6	17 市 83 县	特强（Ⅰ级）	61	8.22	60%	1347.55	338
7.12—7.15	7 市 24 县	较强（Ⅲ级）	6	3.18	37%	14.98	1.5
7.17—7.20	13 市 53 县	特强（Ⅰ级）	39	6.26	63%	425.88	214.01

2.2.2　人口受灾规律

洪涝灾害对社会的影响首先表现在人员伤亡上，人口密度和孕灾环境的危险性都会造成人口脆弱性的不同。葛鹏等（2013）指出人口密度、经济密度是决定南京市洪涝灾害承灾体易损性水平高低的主要因素。图 4 给出了梅雨期间死亡人口与县市降雨量分布情况，降雨量色斑图是通过县市站点雨量插值得到的。死亡人口的分布情况与强降雨的分布特征基本吻合（图 4），在降雨量的大值区域也是死亡人口相对集中的区域，表现在鄂东北至江汉平原北部一带。蕲春、广水、麻城、江夏为死亡人口最多的区域，四个地区的累积降雨量分别为 729.9 mm、891 mm、956.4 mm、1086.7 mm。除此，恩施地区的死亡人口也相对较多，这与当地降雨量大、地质脆弱有关，如 6 月 24 日建始县天鹅池煤矿周边突发山洪，煤矿职工小食堂后墙倒塌，造成 2 人死亡 2 人受伤。其他地区分散的死亡人口与局地的强降雨天气有关，如宜昌市夷陵区出现短时强降雨，受其影响当地多处发生山洪、泥石流，部分农房倒塌，导致 4 人被埋死亡。人口的死亡类型主要表现为溺亡（占 40%以上）。脆弱性是承灾体受到自然灾害外力作用下的损坏程，人口的脆弱性用死亡人口和受伤人口之和占总受灾人口的百分比来反映，湖北省六次过程人口脆弱性变化范围在 0.0002%～0.0007%。江苏省近 28a（1984—2011 年）的平均值为 0.05%，至 21 世纪，平均脆弱度下降到 0.008%。脆弱性呈下降趋势，即灾害造成的人口伤亡的风险降低（王豫燕 等，2016）。与江苏相比，湖北省 2016 年梅雨期的人口伤亡风险更低。

2.2.3　农作物受灾规律

农业物作为承灾体，由于其直接暴露在致灾因子影响下，其易损性较高。农田渍水、农田淹没冲毁及雨日低温寡照都会给农作物生长带来不利影响，造成减产甚至绝收。就灾情整体

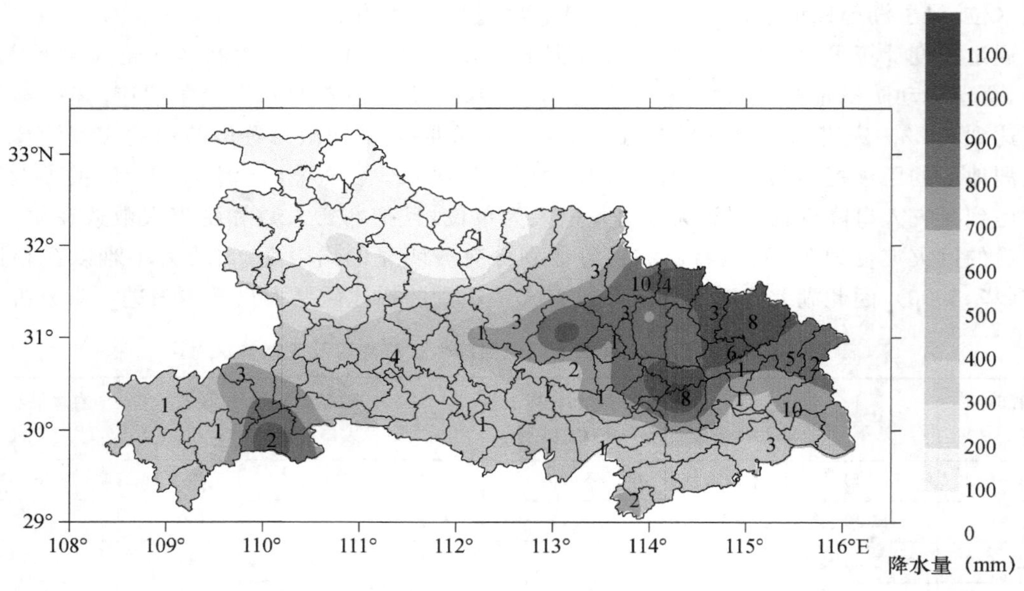

图 4　死亡人口与降水量空间分布(红色数字为死亡人口,单位个)

分布而言,农业受灾面积较大出现在黄冈、荆州、荆门、潜江、武汉、仙桃、天门,主要集中在江汉平原和鄂东北,而降水的大值区发生在鄂西南南部、江汉平原和鄂东北,江汉平原地处平原地带农业耕地面积大,因此江汉平原地区所有市县均受灾严重。图 5 给出了六轮强降水过程的强度指数、农作物受灾面积、绝收面积与受灾面积比值的变化。六轮强降水过程的强度指数分别为 85.17、55.43、82.98、96.33、36.98 和 82.64,农作物的受灾面积也与强度指数趋势基本一致,分别为 233.67 khm^2、43.07 khm^2、93.07 khm^2、1330.2 khm^2、6.8 khm^2、404.91 khm^2。过程 3 虽然 100 mm 以上降水的面积比过程 2 小,但是过程强度指数高,且过程 2 中发生区域在鄂西南高山地区,农作物分布和人口分布可能都不如东部密集,因此,其受灾面积没有过程 3 大。绝收面积和受灾面积的比值可以看出过程 2 虽然强度不如过程 1,但绝收面积的比值增长,说明两次过程产生了叠加效应,促使绝收面积所占比例增长;过程 3 发生区域与过程 2 没有重叠雨区,且与过程 1 发生时间有一定间隔,因此,绝收面积占比下降。过程 4 由于过程持续时间长、强度大,造成的受灾面积和绝收面积都是最大的。过程 5 由于属于分散性的强对流过程,受灾面积最小且绝收面积占比低;过程 6 受灾面积仅次于过程 4,但其绝收面积比例最大,主要因为此次过程多站创历史极值、强度大,虽然雨区没有过程 4 大,但是梅雨期前五轮降水影响造成江河湖库普遍高水位运行,漫堤现象严重,致灾程度高。

2.2.4　承灾体与经济损失的关系

建筑物的损坏和倒塌是造成直接经济损失的重要组成,周悦等(2016)对损坏房屋与经济损失的关系研究中发现,决定系数为 0.6,能够较好地反映经济损失的多少。通过图 6 回归分析发现,倒塌房屋和损坏房屋数与直接经济损失均为正相关,分别建立的回归方程 $y=-2271+109x$,$y=7246+28x$ 其相关系数均高达 0.9 以上,效果很好。六轮强降水过程中损坏房屋数分别为 7317 间、3061 间、1428 间、82600 间、923 间和 101800 间;倒塌房屋/损坏房屋分别为 0.38、0.17、0.69、0.38、0.41 和 0.11。损坏房屋数与直接经济损失的正相关性表明损坏房屋

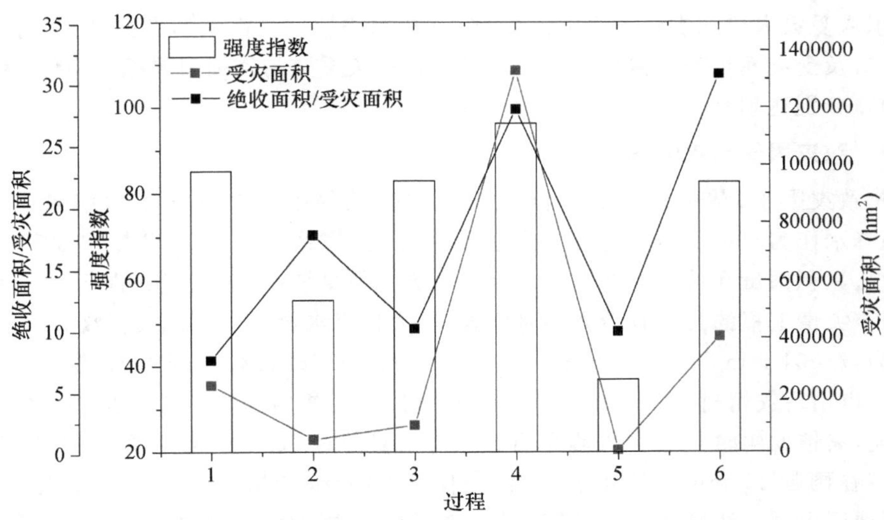

图 5 六次过程强度指数、受灾面积、绝收面积与受灾面积比值的变化

数少、灾情小。倒塌房屋与损坏房屋之间的正相关性也比较高，随着损坏房屋数的增加，倒塌房屋数也在增长。但在第 2 轮和第 5 轮过程倒塌房屋/损坏房屋占比增加，为最大，但是强降水范围比第 1、4、6 轮要小，意味着灾情发生区域较小，瞬时致灾的特征明显，其破坏性强，倒塌房屋数多。

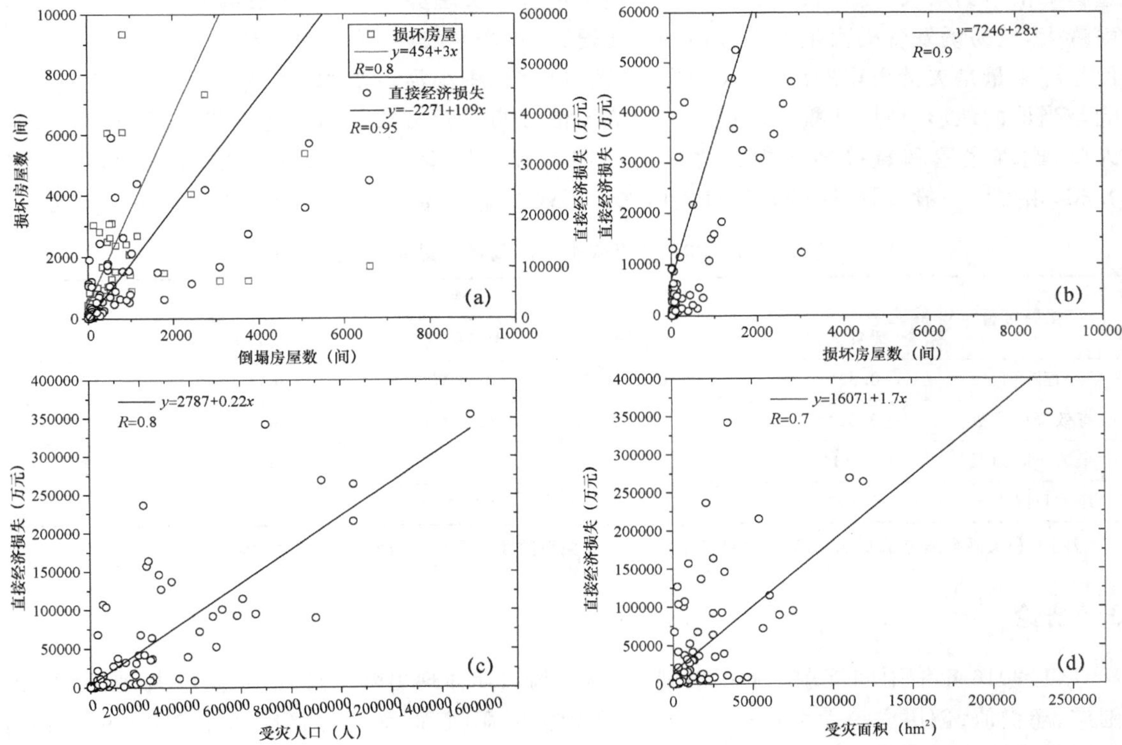

图 6 各类灾情与直接经济损失之间的关系

(a)倒塌房屋；(b)损坏房屋；(c)受灾人口；(d)受灾面积

同时引入受灾人口和农作物受灾面积，探讨其相关性。与倒塌房屋数和损坏房屋数与相比，受灾人口及受灾面积与直接经济损失之间的正相关系数与倒损房屋相比降低，但其正相关性仍比较高，分别达到0.8和0.7。

2.2.5 致灾因子与灾情关系

灾情是致灾因子、孕灾环境的危险性与承灾体的易损性共同作用的结果（张卫星 等，2013）。强降水作为致灾因子其与承灾体之间存在一定联系，瞬时致灾和累积致灾主要由降水过程的雨强、累积雨量和持续时间决定。为了与灾情信息统一，基于县市的降雨量及雨强数据进行分析，有灾情上报的县市其最大小时雨强、最大日降水量、过程雨量、有效降雨指数的变化范围分别为：7～64 mm/h、20～285 mm、46～585 mm、37～452。结合灾情数据可以看出，湖北省不同县市出现灾情时雨强小于20 mm/h占到43%，短时强降水并不是必要条件；累积致灾特征明显，灾情发生时94%的站点单日最大降雨量超过35 mm、过程雨量超过50 mm。个别灾情出现在雨强15 mm/h左右、过程雨量低于50 mm的情况下，这些灾情主要出现在山区，在平原地区出现上述情况时EP值高达100，说明灾情是由前期的降雨累积效应引起的。

通过分析过程降雨量、有效降雨指数、日最大降雨量、最大小时雨量与不同灾情数据之间的相关关系可以看出（表3），最大小时雨强、最大日降雨量的相关性一般，均低于0.4；过程降雨量和有效降雨指数与不同灾情的关系有所提高，尤其是与受灾人口、倒塌房屋、直接经济损失，超过0.5，其中过程降雨量的关系要略优于EP。因此主要利用过程降雨量来建立回归关系。因此主要考虑建立过程降雨量与受灾情况（受灾人口和直接经济损失）之间的关系，随着过程降雨量的增长，受灾人口和直接经济损失也呈增长趋势，尤其在降雨量大于150 mm。降雨量大，更易诱发各类次生灾害，对农业、交通、建筑产生破坏，从而增加受灾人口和经济损失。但是降雨量是灾情出现的诱因，灾情发生类型（山洪、中小河流洪水、滑坡等）和灾情产生的影响与当地的地形、地质地貌、人口密度、河流湖泊分布等都有关。通过建立过程降雨量与受灾人口、倒塌房屋和直接经济损失之间的回归方程可以看出决定系数分别为0.31、0.35和0.36，相关性一般，因此回归方程直接用来计算误差偏大，但其可以反映相关性和变化趋势。

表3 2016年梅雨期灾情与降雨特征量的相关关系

降雨特征量	灾情				
	受灾人口	倒塌房屋	受损房屋	直接经济损失	受灾面积
过程降雨量	0.56**	0.61**	0.20*	0.60**	0.36**
有效降雨指数	0.52**	0.59**	0.27*	0.56**	0.32**
最大小时雨强	0.26*	0.22*	0.21*	0.19	0.16
最大日降雨量	0.40**	0.41**	0.28**	0.35**	0.26*

注：*相关系数通过了0.05的显著性水平检验；* *相关系数通过了0.01的显著性水平检验。

3 结论

（1）2016年梅雨期较常年梅雨期偏多9 d。梅雨期体现出降水过程多、雨量大、强度大、范围广、超极值、创历史等六大特点。共经历六轮强降雨过程，大部地区降水量300～900 mm，与历史平均值相比偏多1.2倍；江夏等27县市（区）出现极端日降水事件。其中第4、6轮降雨综合强度等级属于特强Ⅰ级，灾度达到6以上，受灾情况最为严重。

(2)湖北省六次过程人口脆弱性变化范围为(2～7)$\times10^{-4}$%。蕲春、广水、麻城、江夏为死亡人口最多的区域，其与降雨量的大值区域对应；分散的死亡人口与局地强降雨有关。在降雨强度指数相当或偏低时，降雨过程的叠加效应会促使绝收面积占比增加；当两次降雨过程雨区范围不重叠或者间隔时间较长时，会造成绝收面积占比下降。倒塌、损坏房屋数与直接经济损失之间的正相关系数比受灾人口及受灾面积的高，达 0.9 以上。

(3)通过研究降雨特征量与灾情的关系发现，湖北省不同县市出现灾情时累积致灾特征明显，灾情发生时 94%的单日最大降雨量超过 35 mm、过程雨量超过 50 mm。过程降雨量和有效降雨指数与不同灾情的关系有所提高，超过 0.5。

参考文献

崔讲学，2014. 湖北省公共气象服务手册[M]. 北京：气象出版社.

冯利华，2000. 灾害等级研究进展[J]. 灾害学，15(3)72-76.

葛鹏，岳贤平，2013. 洪涝灾害承灾体易损性的时空变异——以南京为例[J]. 灾害学，28(1)：107-111.

郭广芬，周月华，史瑞琴，等，2009. 湖北省暴雨洪涝致灾指标研究[J]. 暴雨灾害，28(4)：357-361.

秦鹏程，刘敏，李兰，2016. 有效降水指数在暴雨洪涝监测和评估中的应用[J]. 中国农业气象，37(1)：84-90.

沈澄，孙燕，尹东屏，等，2015. 江苏省暴雨洪涝灾害特征分析[J]. 自然灾害学报，24(2)：203-212.

万金红，张葆蔚，谭徐明，等，2012. 洪涝灾情评估标准关键技术问题的探讨. 灾害学，27(4)：55-59.

万君，周月华，王迎迎，等，2007. 基于 GIS 的湖北省区域洪涝灾害风险评估方法研究[J]. 暴雨灾害，26(4)：328-333.

王莉萍，王秀荣，王维国，2015. 中国区域降水过程综合强度评估方法研究及应用[J]. 自然灾害学报，24(2)：186-194.

王豫燕，王艳君，姜彤，2016. 江苏省暴雨洪涝灾害的暴露度和脆弱性时空演变特征[J]. 长江科学院院报，33(4)：27-32.

温克刚，臧建升，2008. 中国气象灾害大典[M]. 北京：气象出版社：76-77.

徐敬海，聂高众，李志强，等，2012. 基于灾度的亚洲巨灾划分标准研究[J]. 自然灾害学报，21(3)：64-69.

俞布，缪启龙，潘文卓，等，2011. 杭州市台风暴雨洪涝灾害风险区划与评价[J]. 气象，37(11)：1415-1422.

张卫星，史培军，周洪建，2013. 巨灾定义与划分标准研究——基于近年来全球典型灾害案例的分析[J]. 灾害学，28(1)：15-22.

周月华，郭广芬，等，2010. 基于多指标综合指数的灾害性天气过程预评估方案[J]. 气象，36(9)：87-93.

周悦，周月华，叶丽梅，等，2016. 湖北省旱涝灾害致灾规律的初步研究[J]. 气象，42(2)：195-203.

未来 80 a 华中区域暴雨洪涝灾害风险变化预估*

温泉沛[1] 张 蕾[2] 刘 敏[1] 周月华[1] 李 杨[3] 车 钦[4] 任永建[1] 叶丽梅[1]

(1. 武汉区域气候中心,武汉,430074;2. 中国气象局国家气象中心,北京,100081;
3. 北京师范大学环境遥感与数字城市北京市重点实验室,北京,100875;
4. 武汉中心气象台,武汉,430074)

摘 要 利用 RegCM425 km 分辨率降水数据,结合 IPCC 共享社会经济路径(SSPs)下人口、GDP 最新预估数据以及地形高度数据,在 RCP4.5 排放情景下,对基准期(1981—2010 年)和未来 4 个时期(2021—2040 年、2041—2060 年、2061—2080 年、2081—2098 年)华中区域暴雨洪涝灾害致灾危险性、承灾体易损度和暴雨洪涝灾害风险的变化进行了定量评估。结果表明:华中地区未来暴雨洪涝致灾危险度等级较高的地区集中在中部,致灾危险度将先减小后有所增加;暴雨洪涝承灾体易损度高值区位于华中地区的主要城市,特别是郑州、武汉和长沙等省会城市,承灾体易损度总体趋势较基准期是略微逐渐增加;未来洪涝灾害风险高值区主要位于河南中部,武汉地区和长沙地区及其周边区域。未来随着温室气体排放的增加,发生暴雨洪涝灾害的高风险区域较基准期将先减小后有所扩大,并且呈现北扩南缩的趋势。

关键词 RCP4.5;华中区域;暴雨洪涝灾害;风险预估

引 言

华中区域包括河南、湖北和湖南三省,是我国暴雨洪涝灾害最为频繁的地区之一。该地区汛期时间长,从四五月开始直至 9 月均可能有洪灾。地形除低山丘陵外,为冲积平原,多湖泊。平原湖区高程普遍低于江河洪水位几米至几十米,汛期江湖高水位持续时间长,如洞庭湖区极易产生洪涝灾害。在梅雨季节,受梅雨锋影响,常发生区域性洪灾(丁一汇 等,2009)。2016 年汛期我国,特别是长江流域遭受了严重的暴雨洪涝灾害,湖北、湖南、河南多条河流出现超警戒甚至超历史超保证水位洪水,已引起广泛关注(杨卫忠 等,2017;于晶晶 等,2017,岳岩裕 等,2018;赵俊虎 等,2018),因此开展华中区域未来不同时期的暴雨洪涝灾害的风险预估,对暴雨洪涝灾害风险防范方面具有十分重要的意义。

在暴雨洪涝灾害风险预估方面,很多学者基于气候模式,针对中国或中国不同的区域在未来不同时期的暴雨洪涝灾害风险进行了评估,为研究区域未来暴雨洪涝灾害防灾及减灾工作提供了科学依据(吴绍洪 等,2011a;2011b;徐影 等,2014;李柔珂 等,2018;尹晓东 等,2018)。但针对华中区域未来情景下暴雨洪涝灾害风险分析的研究还较少,并且气候模式模拟数据空间分辨率一般以 1.0°×1.0°或 0.5°×0.5°为主,社会经济、人口预估数据对中国国情、政策考虑也不够完善。

* 未发表。

若要在华中地区(更小尺度的区域)进行气候变化情景预估,则需要采用降尺度方法。降尺度方法主要分为统计降尺度和动力降尺度,动力降尺度相较于统计降尺度,物理意义更明确而且能应用于任何地方而不受观测资料的影响(范丽军 等,2005)。常用的动力降尺度一般使用区域气候模式进行。意大利国际理论物理中心(ICTP)研发的RegCM系列区域气候模式在国内外都有广泛的应用(Gao et al.,2017),研究表明该系列模式对东亚和中国地区气候有较好的模拟能力(Gao et a1.,2008;2012)。IPCC共享社会经济路径(SSPs)下人口和GDP的预估结果,综合考虑了各地区经济发展不均衡、全面二孩政策实施、城市化与户籍约束等对人口年龄结构和分省迁移的影响(姜彤 等,2017;2018)。综上,本文利用来自于国家气候中心提供的RegCM4动力降尺度预估数据集,空间分辨率为0.25°×0.25°,并结合SSPs共享社会经济路径下中国社会经济、人口数据,对华中地区未来暴雨洪涝灾害风险进行初步分析,期望对暴雨洪涝灾害的风险管理以及进一步提高对气候变化适应能力工作提供参考依据。

1 数据与方法

1.1 数据来源

本文以华中区域为主要研究对象,包括河南省、湖北省和湖南省。本文所用的未来气候变化预估数据集由国家气候中心提供,是由CMIP5全球气候模式HadGEM2-ES的逐6 h输出驱动RegCM4区域气候模式进行动力降尺度,并经过分位数映射法订正后(童尧 等,2017,韩振宇 等,2018)的预估数据结果,模拟试验中采用的温室气体排放方案是中等温室气体排放情景RCP4.5。误差订正针对各个网格点的逐日序列进行,参照的观测数据使用格点化的CN05.1数据(吴佳 等,2013)。在选定的历史参照时段内,分别计算观测和模式模拟值的累积概率分布函数,构建两者之间的传递函数。然后利用传递函数,订正所有模拟时段内(包括未来预估)模拟值的累积概率分布函数,最终达到模式误差订正的目的。结果包括1980—2098年逐日降水数据,空间分辨率均为0.25°×0.25°。华中区域的江南地区连续出现极端降水的概率较大,易造成几天内强降水量的堆积,从而增加暴雨洪涝灾害发生的可能性;河南的黄河中下游段出现强降水的概率高,连续出现极端降水的频率也相对较高(闵屾 等,2008)。综上,选取暴雨洪涝灾害相关的致灾因子:连续5天最大降水量(R5d)和日雨量≥20 mm的降雨日数(R20),进一步计算逐年的R5d和R20。为了评估气候模式对致灾因子的模拟效果,选取包括华中区域在内的河南、湖北和湖南的289个气象台站1981—2010年的观测资料进行对比分析。

人口、GDP情景数据为共享社会经济路径(shared socioeconomic pathways,SSPs)下人口和GDP的预估结果,包括用5种不同的社会经济发展路径,其中SSP1情景是考虑可持续发展目标,同时降低对资源强度和化石能源依赖度,与RCP4.5情景设定相当(张杰 等,2013)。SSP1人口、GDP情景数据的时间分辨率为10 a,空间分辨率为0.5°× 0.5°。地形高度来自SRTM数据,主要是由美国航空航天局(NASA)和美国国家图象和测绘局(NIMA)联合测量,数据分辨率为1 km。为保持人口、GDP数据、地形数据与日降水数据在空间尺度上的一致性,均采用平均值计算方法插值到0.25°×0.25°的网格上。

1.2 方法

徐影等(2014)利用 CMIP5 的 1.0°×1.0°格点模拟数据、奥地利国际应用系统分析研究所(IIASA)的 GDP 和 POP 预估数据，对 RCP8.5 排放情景下对 21 世纪中国未来区域暴雨洪涝灾害做了初步分析，本文参考其研究方法，基于动力降尺度后的 0.25°×0.25°格点模拟数据以及考虑了目前中国国情、政策的 SSPs 路径下的人口和 GDP 未来数据，对华中区域的暴雨洪涝灾害进一步进行风险评估。为了能将两者结果间进行比较分析，文中致灾危险度、承灾体易损度和风险等级划分的依据均依照徐影等(2014)的等级划分。

(1)致灾危险性评估

将 R5d、R20 和地形高度(E)分别进行归一化处理。地形高度标准化(E_1)公式为：

$$E_1=100/(E+145)$$

对 R5d、R20 和 E 归一化后的指标进行权重相加，分别赋权重 0.5、0.4 和 0.1。相加后的结果再标准化至[0,1]，即为致灾危险度指数，根据危险度值将暴雨洪涝致灾危险度划分为 5 个等级，即[0,0.3)(Ⅰ级)，[0.3,0.4)(Ⅱ级)，[0.4,0.5)(Ⅲ级)，[0.5,0.6)(Ⅳ级)，[0.6,1](Ⅴ级)。

(2)华中区域承灾体易损度评估：先将人口、GDP 归一化，然后根据专家打分法，等权重建立承灾体易损度的评估模型，

$$V_F=0.5\times D_{pop}+0.5\times D_{GDP}$$

式中，V_F为评估区域承灾体易损度指数，D_{pop}、D_{GDP}分别为评估区域归一化后的人口、GDP；对计算得到的承灾体易损度指数进行标准化，即将所有格点上承灾体易损度取值范围限定于[0,1]。

(3)华中地区灾害风险预估：参照风险评估的模型"风险＝致灾危险性×承灾体易损度(脆弱性和暴露度)"，将计算得到的致灾危险度和承灾体易损度的结果相乘和最后标准化，得到华中区域基准期和未来各时段的灾害风险度指数，根据风险指数的数值将灾害风险划分为 5 个等级：[0,0.02)(Ⅰ级)，[0.02,0.05)(Ⅱ级)，[0.05,0.1)(Ⅲ级)，[0.1,0.2)(Ⅳ级)，[0.2,1.0](Ⅴ级)。

与基于站点气候变化的研究采用的基准时段一致，本文以 1981—2010 年为基准期；将未来划分为 4 个时段，2021—2040 年、2041—2060 年、2061—2080 年和 2081—2098 年，以此分析未来不同时段与基准期的暴雨洪涝风险的时空变化特征。

2 洪涝灾害风险变化预估

首先根据华中区域 289 个国家气象站 1981—2010 年的观测资料，对 1981—2010 年基于动力降尺度后模式模拟的 R5d 和 R20 在华中区域的模拟能力进行评估，结果表明，模拟与观测数据间的相关系数分别为 0.90 和 0.97，对两者的散点图进行核密度分析，采用的核函数为高斯核，基于 Scott 带宽估计法(Scott et al.，1992)计算带宽 h(图 1)，可知图中的密集区在 1∶1 线附近；空间分布上，模拟值与观测值分布较一致，能较好地描述极端降水的特征，故可用其模拟结果对 RCP4.5 情景下的暴雨洪涝灾害进行风险预估。

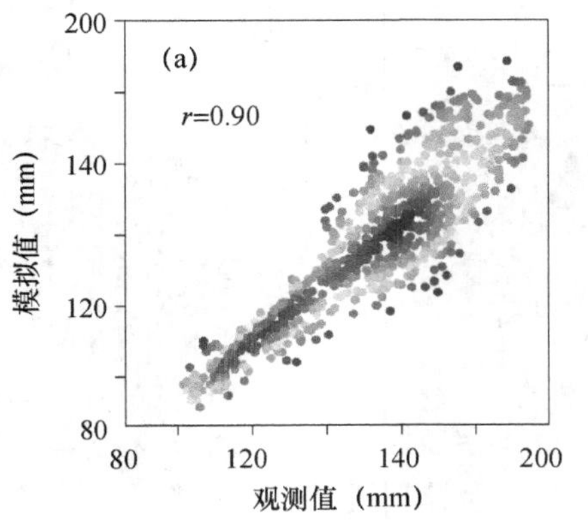

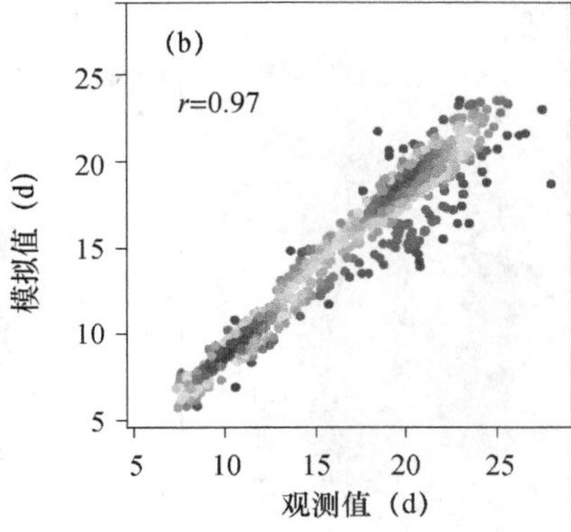

图1 1981—2010年华中地区R5d(a)、R20(b)观测值与模拟值的核密度分析

2.1 降水强度和降水日数的变化

华中地区基准期以及未来不同时期致灾因子的平均值和最大值如表1所示。

表1 华中区域1981—2098年极端降水指数R5d,R20的变化

时间段	R5d/mm		R20/d	
	平均值	最大值	平均值	最大值
1981—2010年	136.5	188.2	14.6	23.8
2021—2040年	149.3	220.3	15.4	25.1
2041—2060年	152.3	218.0	14.8	25.3
2061—2080年	151.7	241.5	14.9	28.8
2081—2098年	162.3	286.0	16.6	26.2

对华中地区不同时段年平均R5d时空变化的分析表明,随着温室气体浓度的升高,未来不同时段华中区域R5d的年平均值以及最大值较基准期大体上是逐渐增大的,并在2081—2098年达到最大值(年平均为162.3 mm,最大值为286 mm)。1981—2010年150~175 mm的区域相较于徐影等(2014)基准期的结果,除了湖南省,还主要分布在湖北省东部,局部达175 mm以上(图2a)。2021—2040年(图2b),R5d>150 mm的区域向北扩展至河南省东南部,并且河南和湖北东部交界处、湖北和湖南西部交界处达到175 mm以上。2041—2060年(图2c)150 mm的范围南延至几乎整个湖南省,但北扩不明显,湖北省东部、西部以及湖南省西北部将达到175 mm以上,湖南、湖北局部达到200 mm以上。2061—2080年(图2d),150 mm以上的范围有所缩小,河南省东部和湖南省西北、东南部将达到175mm以上,湖南、湖北局部达到200 mm以上。2081—2098年(图2e),150 mm的范围继续向北扩展至河南省北部,湖北省中南部、河南东南部和湖南省北部、东南部将达到175 mm以上,湖北东部、湖南西北部等地达到200 mm以上。

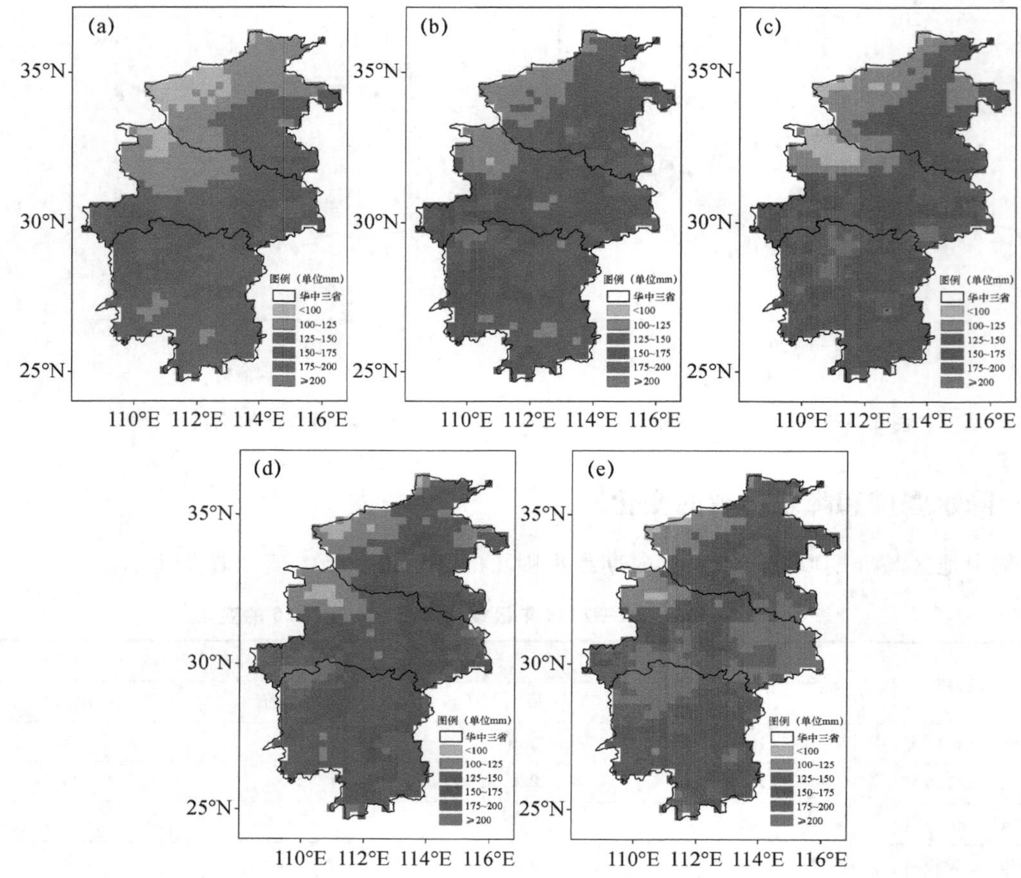

图 2 RCP4.5 排放情景下华中地区年平均 R5d 分布

(a)1981—2010;(b)2021—2040;(c)2041—2060;(d)2061—2080;(e)2081—2098

对年平均 R20 的空间分布分析表明，未来 4 个时段华中区域 R20 的年平均值较基准期是增加 0.9 d,0.2 d,0.3 d,2 d，最大值是增加 1.3 d,1.5 d,5 d 和 2.4 d。1981—2010 年 R20＞15 d 的地区较徐影等(2014)的结果，除了集中在湖南和湖北的南部，还北扩至湖北中部，其中湖北东南部和湖南东部达到 20 d 以上(图 3a)。2021—2040 年(图 3b)，华中区域平均值略有增加，为 15.4 d，最大值为 25.1 d，年均高于 15 d 的地区与基准期基本一致，10～15 d 区域的北扩至河南北部，但 20 d 以上区域有所缩小。到 2041—2060 年(图 3c)和 2061—2080 年(图 3d)，20 d 以上区域先增加后又减小。2081—2098 年(图 3e)，R20＞20 d 的区域比基准期和其他未来时段有所扩大，湖南北部、南部部分地区和湖北省南部将达到 20 d 以上，湖南南部局部以及湖北南部局部达到 25 d 以上。

2.2 致灾危险度的时空变化

基于上述 R5d、R20 和地形高度数据，对各指标进行叠加后，得到华中区域暴雨洪涝致灾危险度评估结果(图 4)。

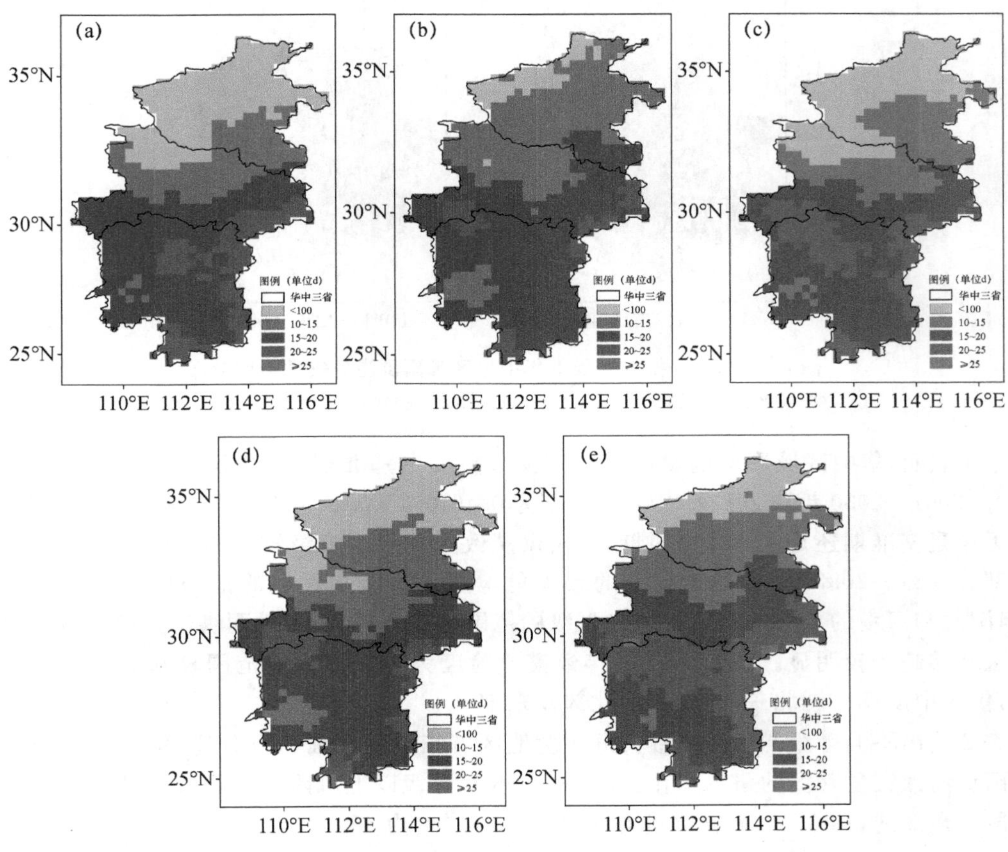

图 3 RCP4.5 排放情景下华中地区年平均 R20 分布

(a)1981—2010;(b)2021—2040;(c)2041—2060;(d)2061—2080;(e)2081—2098

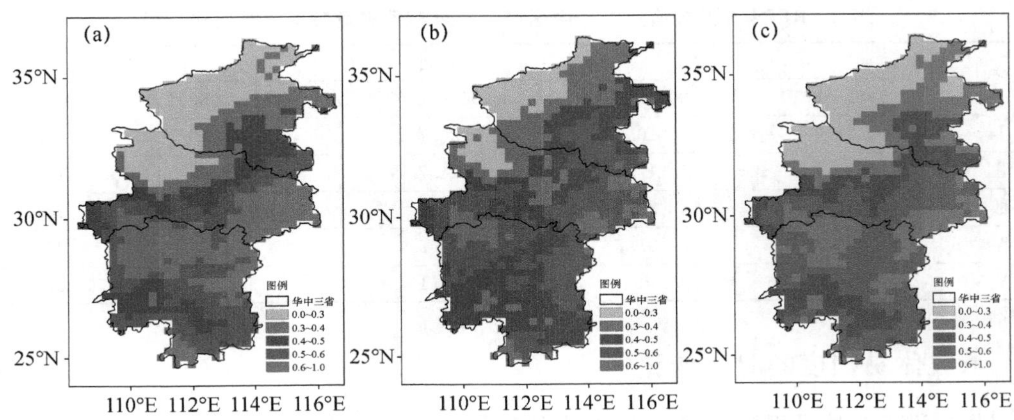

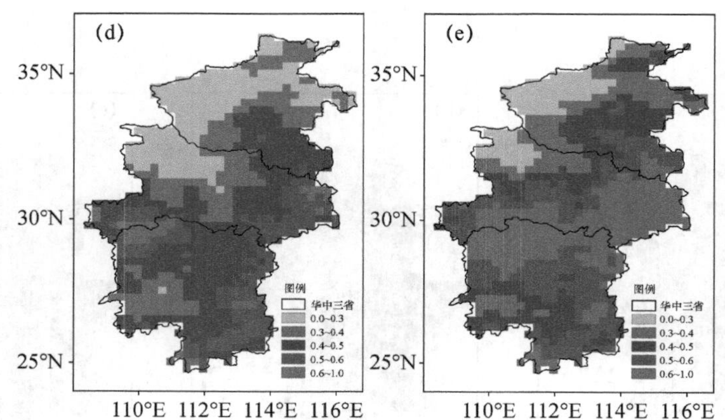

图 4　RCP4.5 排放情景下华中地区暴雨洪涝致灾危险度分布

(a)1981—2010;(b)2021—2040;(c)2041—2060;(d)2061—2080;(e)2081—2098

结果表明,华中区域平均的暴雨洪涝致灾危险度在基准期为 0.47,2021—2040 年、2041—2060 年、2061—2080 年和 2081—2100 年分别为 0.46、0.45、0.41、0.50,呈先减小后增加的趋势。

无论是基准期还是未来 4 个时期,暴雨洪涝致灾危险度等级较高的地区集中在华中地区的中部。2081—2098 年,原位于湖南的致灾危险度为Ⅴ级和Ⅳ级的范围比基准期的范围减少,但湖北和河南的致灾危险度Ⅴ级和Ⅳ级的范围则有所扩大,即暴雨洪涝致灾危险度等级较高地区北移趋势较明显。2061—2080 年致灾危险度为Ⅳ级以上的范围较基准期的范围整体锐减,仅集中出现在湖北东部、湖南西北部及东部。

表 2 给出不同等级暴雨洪涝致灾危险度地区占华中地区面积百分比,可看出未来华中地区暴雨洪涝致灾危险度的格局变化:2081—2098 年Ⅳ级以上风险的面积较基准期以及其他未来时段是最高的,达 53.3%,次高的是 1981—2010 年,为 48.6%。2061—2080 年Ⅳ级以上风险的面积较基准期以及其他未来时段也是最低的,为 21.3%。2021—2040 年、2041—2060 年Ⅳ级以上风险的面积较基准期是缓慢减少。由上可知,未来随着温室气体排放的增加,暴雨洪涝灾害的致灾危险度较高区域将先减小后有所增加。

表 2　RCP4.5 排放情景下华中区域暴雨洪涝致灾危险度等级变化(%)

等级	时间				
	1981—2010	2021—2040	2041—2060	2061—2080	2081—2098
Ⅰ	22.0	10.8	20.1	21.5	10.2
Ⅱ	13.1	17.2	14.7	21.4	15.3
Ⅲ	16.4	32.8	19.9	35.8	21.2
Ⅳ	23.7	31.7	31.2	17.5	26.2
Ⅴ	24.9	7.4	14.1	3.8	27.1

2.3　承灾体易损度的时空变化

根据洪涝承灾体易损度计算公式,综合得到华中地区基准期及未来四个时期的暴雨洪涝承灾体易损度分布(图 5)。华中地区平均暴雨洪涝承灾体易损度在 1981—2010 年、2021—2040 年、2041—2060 年、2061—2080 年和 2081-2100 年平均为 0.21、0.22、0.23、0.23、0.23,

虽然华中地区的平均承灾体易损度在未来不同时段与1981—2010年相比变化不大，但趋势是略微逐渐增加。

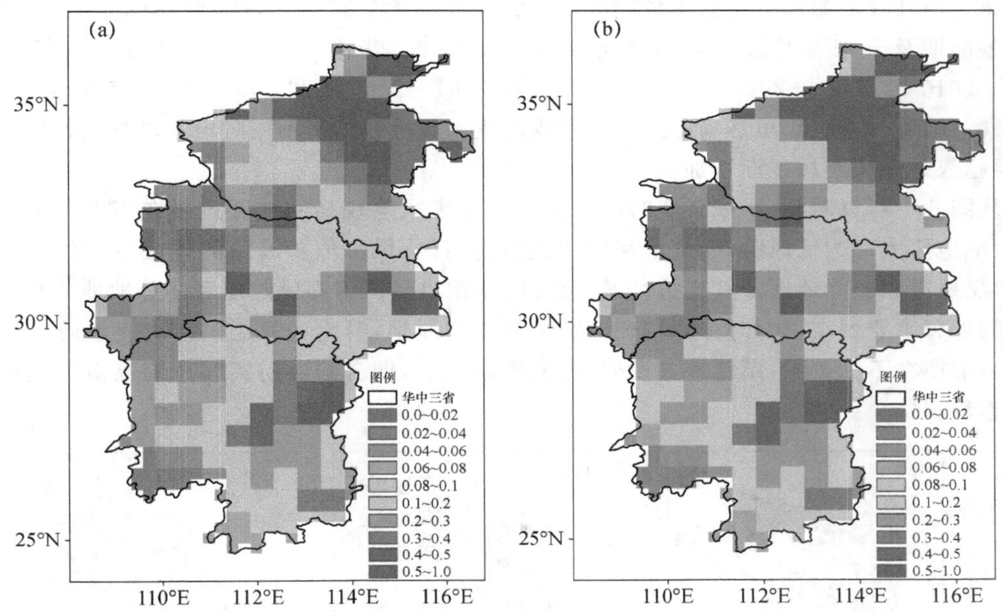

图5 SSP1路径下华中地区暴雨洪涝承灾体易损度分布

(a)1981—2010;(b)2081—2098

暴雨洪涝承灾体易损度高值区(易损度>0.4)集中在华中地区省会城市及其周边地区，主要是因为这些城市的人口密度和GDP都非常高。1981—2010年易损度的高值区主要位于河南的中北部，湖北和湖南的中东部，易损度中等和较低的地区主要分布于西部山区。2081—2100年较1981—2010年，高易损度的范围湖北和湖南的变化不大，河南增加趋势较明显。

表3给出不同等级暴雨洪涝承灾体易损度地区占华中地区面积百分比，可看出未来华中地区暴雨洪涝承灾体易损度的格局变化：未来易损度≥0.1的地区不断扩大，在2041—2060年和2081—2098年分别达到最大值，较基准期增大了2.4%。

表3 RCP4.5排放情景下华中地区暴雨洪涝承灾体易损度等级变化(%)

等级	时间				
	1981—2010	2021—2040	2041—2060	2061—2080	2081—2098
[0,0.02)	1.2	1.2	1.4	1.4	1.1
[0.02,0.04)	6.4	5.5	5.2	5.2	6.4
[0.04,0.06)	7.0	7.0	7.0	7.1	7.4
[0.06,0.1)	17.5	18.0	16.8	17.1	15.5
[0.1,0.2)	29.3	27.0	28.2	27.2	29.6
[0.2,0.3)	14.6	16.8	15.8	16.8	15.3
[0.3,0.4)	10.8	10.0	8.6	8.9	9.4
[0.4,0.5)	3.2	3.9	5.8	5.0	4.5
[0.5,1]	9.6	10.3	10.7	10.7	10.3

2.4 洪涝灾害风险预估

将上面计算的暴雨洪涝致灾危险度和承灾体易损度的结果进行综合和标准化，得到华中地区基准期及未来各时段的暴雨洪涝灾害风险分布。华中地区平均暴雨洪涝灾害风险在1981—2010年、2021—2040年、2041—2060年、2061—2080年和2081—2100年平均为0.10、0.10、0.10、0.09、0.11，虽然华中地区暴雨洪涝灾害风险在未来不同时段与基准期相比变化不大，但趋势是略减小后逐渐增加。

从图6中可以看到，未来各个时段暴雨洪涝灾害风险较高的地区主要在华中的中东部地区，西部地区大部为低风险，暴雨洪涝灾害风险高值区(风险值≥0.2)的地区主要位于河南中部，武汉地区和长沙地区及其周边区域。此外，暴雨洪涝灾害高风险地区还分散地分布于华中地区的部分主要城市，比如宜昌、荆州等。未来4个时期，河南的暴雨洪涝灾害风险高值区范围较基准期在不断扩大，湖北基本没变，湖南则略减少，即暴雨洪涝灾害风险高值区呈现北扩南缩趋势。

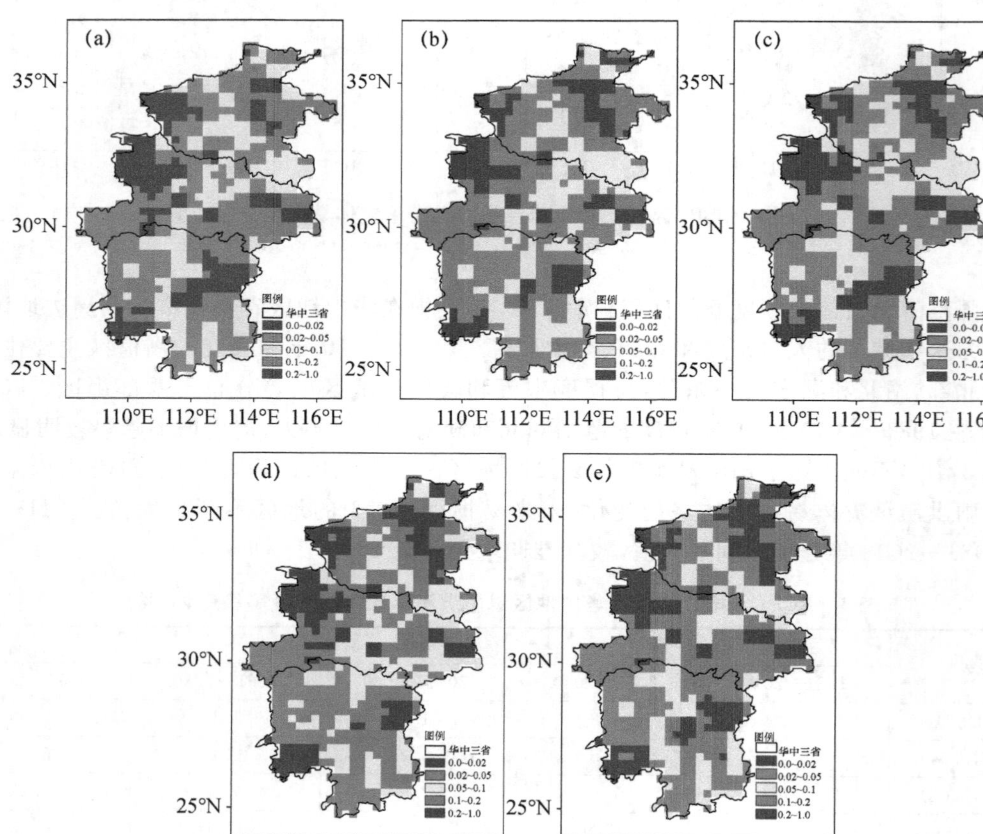

图6 RCP4.5排放情景下华中地区暴雨洪涝灾害风险预估等级分布

(a)1981—2010;(b)2021—2040;(c)2041—2060;(d)2061—2080;(e)2081—2098

对各个时段的统计分析表明(表4)，2081—2098年暴雨洪涝灾害高风险地区面积(Ⅳ级和Ⅴ级的面积)较其他时段是最高的，分别为31.7%和13.4%。2061—2080年高风险地区面积较其他时段也是最低的，分别为 24.1%和 9.4%，而 2021—2040 年、2041—2060 年的高风险地区面积较 1981—2010 年的减少了 0.9%以及增加 1.1%。由此可知，未来随着温室气体排放的增放，高风险的区域大体上将先减小后有所增加。

表 4　RCP4.5 排放情景下华中地区暴雨洪涝风险等级变化(%)

等级	时间(年份)				
	1981—2010	2021—2040	2041—2060	2061—2080	2081—2098
Ⅰ	11.9	8.8	10.6	11.4	9.3
Ⅱ	24.3	26.9	24.7	28.3	24.1
Ⅲ	24.7	26.2	24.5	26.8	21.4
Ⅳ	29.5	28.1	29.5	24.1	31.7
Ⅴ	9.6	10.1	10.7	9.4	13.4

3　结论与讨论

利用经过分位数映射法订正后的 RegCM4 气候预估数据集，结合 SSPs 下人口、GDP 预估数据以及地形高度数据，计算并分析了 RCP4.5 排放情景下，基准期(1981 —2010 年)和未来 4 个时期(2021—2040 年、2041—2060 年、2061—2080 年、2081—2098 年)暴雨洪涝灾害风险的时空分布，结论如下。

(1)华中地区未来暴雨洪涝致灾危险度等级较高的地区集中在其中部。2081—2098 年暴雨洪涝致灾危险度等级较高地区由湖南向湖北、河南转移，2061—2080 年致灾危险度为Ⅳ级以上的范围较基准期的范围整体锐减最为突出，仅集中出现在湖北东部、湖南西北部及东部。总体来看，暴雨洪涝致灾危险度等级较高地区将先减小后有所扩大，而且北移趋势较明显。

(2)暴雨洪涝承灾体易损度高值区位于华中地区各大主要城市，特别是郑州、武汉和长沙等省会城市。承灾体易损度总体趋势较基准期是略微逐渐增加。未来易损度＞0.1 的地区不断扩大，在 2041—2060 年和 2081—2098 年分别达到最大值，较基准期增大了 2.4%。

(3)未来暴雨洪涝灾害风险最高的地区位于河南中部，武汉地区北部和长沙地区，此外，高暴雨洪涝灾害风险的地区还分散地分布于华中地区的部分主要城市。未来随着温室气体排放的增加，暴雨洪涝高风险区域大体上将先减小后有所增加，并且呈现北扩南缩趋势。

较徐影等(2014)对未来暴雨洪涝灾害的风险预估结果，本文得到的未来暴雨洪涝灾害风险的空间分布与其大致相同，较高风险区均位于华中地区的中东部，但是时间上风险变化趋势将先减小后扩大，风险变化趋势并不一致。原因可能有 3 点：首先本文数据来源不一致，其次是文中设定的基准期以及未来划分的时段不一致，以及气候模式预估数据分辨率较之前有所提高，社会经济、人口预估数据也进一步考虑了中国特有的国情特点。但是由于模式本身在模拟能力上还有待提高，体现在对气候系统内部各种反馈过程的理解有待完善，IIASA 人口预估模型在二孩政策影响下的人口参数设定尚存在主观因素(姜彤 等，2017)等，因此相应的预估结果还是存在一些不确定性。此外，危险度、易损度权重系数的选取等也是不确定性的来源。在构建灾害风险指数的定量评估模型中，指标考虑也不够全面，比如暴雨洪涝承灾体易损度指标中今后将考虑河网密度、径流数据等。

致谢：本文所使用的气候模式预估数据和 SSPs 下的人口、GDP 预估数据，由国家气候中心研究人员对数据进行整理、分析和惠许使用，谨致谢忱。

参考文献

丁一汇，张建云，王遵娅，等，2009. 暴雨洪涝[M]. 北京：气象出版社：250.

范丽军，符淙斌，陈德亮，2005. 统计降尺度法对未来区域气候变化情景预估的研究进展[J]. 地球科学进展，20(3)：320-329.

韩振宇，童尧，高学杰，等，2018. 分位数映射法在 RegCM4 中国气温模拟订正中的应用[J]. 气候变化研究进展，14(4)：331-340.

姜彤，赵晶，曹丽格，等，2018. 共享社会经济路径下中国及分省经济变化预测[J]. 气候变化研究进展，14(1)：50-58.

姜彤，赵晶，景丞，等，2017. IPCC 共享社会经济路径下中国和分省人口变化预估[J]. 气候变化研究进展，13(2)：128-137.

李柔珂，李耀辉，徐影，2018. 未来中国地区的暴雨洪涝灾害风险预估[J]. 干旱气象，36(3)：341-352.

闵屾，钱永甫，2008. 我国近四十年各类降水事件的变化趋势[J]. 中山大学学报(自然科学版)，47(3)：105-111.

童尧，高学杰，韩振宇，等，2017. 基于 RegCM4 的中国区域日尺度降水模拟误差订正[J]. 大气科学，41(6)：1156-1166.

吴佳，高学杰，2013. 一套格点化的中国区域逐日观测资料及与其他资料的对比[J]. 地球物理学，56(4)：1102-1111.

吴绍洪，戴尔阜，葛全胜，等，2011a. 综合风险防范：中国综合气候变化风险[M]. 北京：科学出版社.

吴绍洪，潘韬，贺山峰，等，2011b. 气候变化风险研究的初步探讨[J]. 气候变化研究进展，7(5)：363-368.

徐影，张冰，周波涛，等，2014. 基于 CMIP5 模式的中国地区未来洪涝灾害风险变化预估[J]. 气候变化研究进展，10(4)：268-275.

杨卫忠，张葆蔚，符日明，2017. 2016 年洪涝灾情综述[J]. 中国防汛抗旱，27(1)：26-29.

尹晓东，董思言，韩振宇，等，2018. 未来 50a 长江三角洲地区干旱和洪涝灾害风险预估[J]. 气象与环境学报，34(5)：66-75.

于晶晶，许田柱，2017. 2016 年长江流域洪涝灾情探析[J]. 人民长江，48(4)：78-80.

岳岩裕，吴翠红，毛以伟，等，2018. 2016 年湖北省梅雨期暴雨特征及灾情影响分析[J]. 长江流域资源与环境，27(2)：412-420.

张杰，曹丽格，李修仓，等，2013. IPCCAR5 中社会经济新情景(SSPs)研究的最新进展[J]. 气候变化研究进展，9(3)：225-228.

赵俊虎，陈丽娟，王东阡，2018. 2016 年我国梅雨异常特征及成因分析[J]. 大气科学，42(5)：1055-1066.

Gao X J, Giorgi F, 2017. Use of the RegCM system over East Asia: Review and perspectives[J]. Engineering, 3: 766-772.

Gao X J, Shi Y, Song R Y, et al, 2008. Reduction of future monsoon precipitation over China: comparison between a high resolution RCM simulation and the driving GCM[J]. Meteor Atmos Phys, 100: 73-86.

Gao X J, Shi Y, Zhang D F, et al, 2012. Uncertainties in monsoon precipitation projections over China: results from two high-resolution RCM simulations[J]. Climate Research, 52: 213-226.

Scott D W, 1992. Multivariate Density Estimation: Theory, Practice and Visualization[M]. New York: John Wiley & Sons Inc.

主要编著者简介

张强 男，甘肃靖远人，生于1965年，毕业于南京大学大气科学系。现任甘肃省气象局总工程师，二级研究员，兼任兰州大学、复旦大学、南京信息工程大学和中国气象科学研究院等学术机构的博士生导师及部分机构的博士后合作导师。入选国家级新世纪百千万人才和2016年度科学中国人年度人物，获全国创新争先奖，享受国务院政府特殊津贴专家，是甘肃省第一层次领军人才、第六届全国优秀科技工作者，获首届邹竞蒙气象科技人才奖和赵九章优秀中青年科学家工作奖等荣誉。主要从事干旱气象和陆面过程研究，在干旱防灾减灾技术和陆-气相互作用研究方面做出了突出贡献。先后主持完成包括国家“973”、国家科技支撑计划、国家科技攻关和国家自然基金重点项目等多项国家级课题及项目；出版专著14部，发表论文500余篇，其中以第一或通讯作者发表论文200余篇，被SCI收录论文120多篇；发表的论著被引用6300余次，其中被SCI收录刊物引用1320次，在中国知网统计的发文数量、被引频次、H指数、G指数等指标中均居全国气象领域前列，获得国际学术界较高评价。科技成果获得了国家科技进步二等奖，促进了气象科技发展。

王莺 女，甘肃兰州人，生于1984年。2012年获兰州大学生态学博士学位。现任中国气象局兰州干旱气象研究所副研究员。主要研究方向为干旱及其风险评估。主持完成国家自然科学基金、中国博士后科学基金、甘肃省自然科学基金等；参加完成国家重点基础研究发展计划、公益性行业(气象)科研重大专项、国家自然科学基金等多项国家级项目。发表论文40余篇，其中第一作者发表论文20余篇。成果获省部级二等奖1项，厅局级一、二等奖多项。

王劲松 女，贵州凯里人，生于1968年。2006年获兰州大学自然地理学专业博士学位。2009年6—12月，在美国国家干旱减灾中心做访问学者。现为中国气象局兰州干旱气象研究所二级研究员，主要从事干旱监测技术和干旱区气候变化研究。主持完成国家自然科学基金项目、甘肃省自然科学基金项目、国家重点基础研究发展规划(973计划)专题、科技部项目专题、执行主持完成973计划课题多项；骨干参加完成国家自然科学面上基金、科技部行业专项和中国气象局气候变化专项等国家和省部级项目。围绕干旱区气候变化和干旱监测研究领域的科学问题，发表论文120余篇，其中第一作者论文40余篇。获国家科技进步二等奖1项、省部级科技进步二等奖4项。

姚玉璧 男，甘肃定西人，生于1962年，中共党员，本科学历，理学学士，正研高级工程师。现任兰州资源环境职业技术学院教师。中国气象局兰州干旱气象研究所客座研究员；中国气象学会干旱气象学委员会委员。主要从事气候变化对生态环境、农业的影响和农业气象灾害风险评估研究工作。第一作者发表论文80余篇，合作出版专著3部。主持完成国家级科研项目、国家公益性行业科研专项专题、中国气象局业务项目；骨干参加完成国家重点基础研究计划(973计划)项目。参加完成省部级以上科研规划计划3项；参加或执笔完成重大决策气象服务、重要气象科技咨询报告4项。

张良　男，陕西白水人。2016年获兰州大学气象学专业博士学位。于2007年7月—2008年2月，在澳大利亚气象局BMRC做访问学者，2012年10—12月，在美国犹他大学做访问学者。现为中国气象局兰州干旱气象研究所副研究员，主要从事陆-气相互作用和干旱监测预警研究。主持国家自然科学基金、省部级与厅局级项目；骨干参加国家自然科学重点及面上基金、科技部行业专项和中国气象局气候变化专项等多项国家级和省部级项目。围绕陆-气相互作用、干旱监测与预警和水资源问题，在国内外期刊发表论文近40篇，其中第一作者论文10余篇。获省部级科技进步二等奖1项、厅局级科技进步奖5项。

主要作者简介（按姓氏拼音排序）

郭晓梅　女，2016年获成都信息工程大学气象学硕士学位。现任云南省气象服务中心专业服务部工程师，主要从事水利、交通、电网等部门天气预报、中南半岛流域天气预报以及气象灾害风险评估等方面的业务科研工作。

韩兰英　女，2016年获兰州大学气象学博士学位。现任兰州区域气候中心正研级高级工程师，主要从事气候变化影响评价和气象灾害风险评估等方面的业务和科研工作。

郝小翠　女，2013年获兰州大学气象学硕士学位，主要从事卫星遥感应用和陆-气相互作用相关业务科研工作，以第一作者在SCIE或核心期刊发表科技论文8篇。

贾建英　女，2009年获中国气象科学研究院大气科学硕士学位。现任兰州区域气候中心高级工程师，主要从事农业气象灾害监测评估及风险区划等方面的业务科研工作。

李兰　女，1984年毕业于南京气象学院天气动力专业，现任武汉区域气候中心正研级高级工程师，主要从事气象灾害风险评估业务及科研。

梁益同　男，1992年成都气象学院大气电子工程学士学位，现任武汉区域气候中心正研级高级工程师，主要从事卫星遥感应用、气候变化、气象灾害风险评估等方面的业务科研工作。

刘晓云　女，2012年获南京信息工程大学气象学硕士学位。现任中国气象局兰州干旱气象研究所高级工程师，主要从事气候变化、气象灾害风险评估等方面的科研业务工作。

秦鹏程　男，2012年获中国科学院研究生院气象学硕士学位。现任武汉区域气候中心高级工程师，主要从事水资源和旱涝灾害监测评估技术研究。

史瑞琴　女，2006年获南京信息工程大学大气物理与大气环境硕士学位。现任武汉区域气候中心高级工程师，主要从事气候影响评价、气象灾害风险评估等方面的业务科研工作。

王劲松　女，2006年获兰州大学自然地理学专业博士学位。现任中国气象局兰州干旱气象研究所研究员，主要从事干旱区气候变化和干旱监测研究方面的科研工作。

王素萍　女,2007年获兰州大学气象学硕士学位。现任中国气象局兰州干旱气象研究所副研究员,主要从事干旱气候变化和干旱监测等方面的科研工作。

王莺　女,2012年获兰州大学生态学博士学位。现任中国气象局兰州干旱气象研究所副研究员,主要从事干旱灾害及其风险评估方面的科研工作。

王芝兰　女,2011年获兰州大学气象学硕士学位。现任中国气象局兰州干旱气象研究所副研究员,主要从事气象干旱监测、干旱灾害风险评估等方面的科研工作。

温泉沛　女,2011年获成都信息工程大学硕士学位。现任湖北省气象局武汉区域气候中心高级工程师,主要从事气象灾害风险评估的相关研究。

杨金虎　男,2010年获南京信息工程大学气候系统与全球变化专业博士学位。现任兰州区域气候中心正研级高级工程师,主要从事干旱气候变化及影响研究业务和科研工作。

姚小英　女,2005年获兰州大学气象学硕士学位。现任天水农试站正研级高级工程师,主要从事气候变化对作物生长影响、作物气候适宜性评估等方面的业务科研工作。

姚玉璧　男,本科学历,理学学士,正研高级工程师。现任兰州资源环境职业技术学院教师。主要从事气候变化对生态环境、农业的影响和农业气象灾害风险评估研究工作。

叶丽梅　女,2010年获南京信息工程大学气候系统与全球变化硕士学位。现任武汉区域气候中心高级工程师,主要从事气候影响评价、灾害风险评估等方面的业务科研工作。

岳岩裕　女,2013年获南京信息工程大学博士学位。现任武汉区域气候中心高工,主要从事环境气象研究和灾害性天气评估。

张强　男,毕业于南京大学大气科学系。现任甘肃省气象局总工程师,主要从事干旱防灾减灾技术和陆-气相互作用方面的科研工作。

周月华　女,江苏宜兴人,1963年出生在湖北省武汉市,1984年获南京气象学院理学学士学位,中国气象局首席气象服务专家,现任武汉区域气候中心二级正研级高工,主要从事气象灾害风险评估等方面的业务科研工作。

周悦　男,2012年获南京信息工程大学大气物理与大气环境博士学位。现任武汉区域气候中心研究员,主要从事云雾降水物理和大气环境污染监测评估技术研究。